电力专业技术监督培训教材

电气设备性能监督

直流设备

国家电网有限公司　编

U0221047

中国电力出版社
CHINA ELECTRIC POWER PRESS

内 容 提 要

国家电网有限公司编写了《电力专业技术监督培训教材》，包括电气设备性能监督（7 类设备）、金属监督、电能质量监督、化学监督 10 个分册。

本书为《电气设备性能监督 直流设备》分册，共 4 部分 13 章，主要内容为概述，直流设备的技术监督基本知识、《全过程技术监督精益化管理实施细则》条款解析、技术监督典型案例。

本书主要可供电力企业及相关单位从事直流设备技术监督工作的各级管理和技术人员学习使用。

图书在版编目（CIP）数据

电气设备性能监督. 直流设备 / 国家电网有限公司编. —北京：中国电力出版社，2022.3
电力专业技术监督培训教材
ISBN 978-7-5198-5697-7

Ⅰ. ①电⋯ Ⅱ. ①国⋯ Ⅲ. ①电气设备–技术监督–技术培训–教材②直流输电–电气设备–技术监督–技术培训–教材 Ⅳ. ①TM92②TM-81

中国版本图书馆 CIP 数据核字（2021）第 106998 号

出版发行：中国电力出版社
地　　址：北京市东城区北京站西街 19 号（邮政编码 100005）
网　　址：http://www.cepp.sgcc.com.cn
责任编辑：肖　敏（010-63412363）
责任校对：黄　蓓　郝军燕　李　楠　王海南
装帧设计：张俊霞
责任印制：石　雷

印　　刷：三河市万龙印装有限公司
版　　次：2022 年 3 月第一版
印　　次：2022 年 3 月北京第一次印刷
开　　本：889 毫米×1194 毫米　16 开本
印　　张：38.75
字　　数：1056 千字
印　　数：0001—2000 册
定　　价：170.00 元

《电力专业技术监督培训教材
电气设备性能监督 直流设备》
编 委 会

前 言

　　随着我国电网规模的不断扩大，经济社会发展对电力供应可靠性和电能质量的要求不断提升，保障电网设备安全稳定运行意义重大。技术监督工作以提升设备全过程精益化管理水平为中心，依据技术标准和预防事故措施，针对电网设备开展全过程、全方位、全覆盖的监督、检查和调整，是电力企业的基础和核心工作之一。为加大技术监督管控力度，突出监督工作重点，国家电网有限公司设备管理部于 2020 年发布修订版《全过程技术监督精益化管理实施细则》，明确了规划可研、工程设计、设备采购、设备制造、设备验收、设备安装、设备调试、竣工验收、运维检修和退役报废等监督阶段的具体监督要求。

　　为进一步加强技术监督工作培训学习，深化技术监督工作开展，提升技术监督工作水平，确保修订版《全过程技术监督精益化管理实施细则》精准落地、有效执行，国家电网有限公司编写了《电力专业技术监督培训教材》，包括电气设备性能监督（7 类设备）、金属监督、电能质量监督、化学监督 10 个分册。

　　本书为《电气设备性能监督　直流设备》分册，共 4 部分 13 章，主要内容为概述，直流设备技术监督基本知识、《全过程技术监督精益化管理实施细则》条款解析、技术监督典型案例。

　　本书由国家电网有限公司设备管理部组织，国网陕西省电力公司、国网浙江省电力有限公司、国网湖北省电力有限公司、国网山东省电力公司、国网四川省电力公司、国网上海市电力公司、国网江苏省电力有限公司及国家电网有限公司技术学院分公司等选派专家共同编写。本套教材在编写过程中得到了许多单位的大力支持，也得到了许多专家的指导帮助，在此表示衷心感谢！

　　鉴于编写人员水平有限、编写时间仓促，书中难免有不妥或疏漏之处，敬请读者批评指正。

编　者

2021 年 12 月

前　言

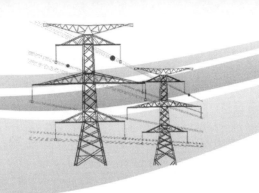

目 录

第2部分　换流阀、直流测量装置及接地极技术监督

第3部分　换流变压器和平波电抗器技术监督

第4部分　直流开关设备技术监督

第1部分

概　　述

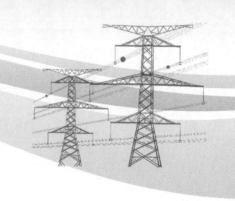

1

技术监督工作简介

1.1 总体要求

技术监督是指在电力设备全过程管理的规划可研、工程设计、设备采购、设备制造、设备验收、设备安装、设备调试、竣工验收、运维检修、退役报废等阶段,采用有效的检测、试验、抽查和核查资料等手段,监督国家电网有限公司有关技术标准和预防设备事故措施在各阶段的执行落实情况,分析评价电力设备健康状况、运行风险和安全水平,并反馈到发展、基建、运检、营销、科技、信通、物资、调度等部门,以确保电力设备安全可靠经济运行。

技术监督工作以提升设备全过程精益化管理水平为中心,在专业技术监督基础上,以设备为对象,依据技术标准和预防事故措施并充分考虑实际情况,全过程、全方位、全覆盖地开展监督工作。

技术监督工作实行统一制度、统一标准、统一流程、依法监督和分级管理的原则,坚持技术监督管理与技术监督执行分开、技术监督与技术服务分开、技术监督与日常设备管理分开,检查技术监督工作独立开展。

技术监督工作应坚持"公平、公正、公开、独立"的工作原则,按全过程、闭环管理方式开展工作,并建立动态管理、预警和跟踪、告警和跟踪、报告、例会五项制度。

1.2 全过程技术监督简述

技术监督贯穿设备的全寿命周期,在电能质量、电气设备性能、化学、电测、金属、热工、保护与控制、自动化、信息通信、节能、环保、水机、水工、土建等各个专业方面,对电力设备(电网输变配电一、二次设备,发电设备,自动化、信息通信设备等)的健康水平和安全、质量经济运行方面的重要参数、性能和指标,以及生产活动过程进行监督、检查、调整及考核评价。

技术监督工作以技术标准和预防事故措施为依据,以《全过程技术监督精益化管理实施细则》为抓手,对当年所有新投运工程开展全过程技术监督,选取一定比例对已投运工程开展运维检修阶段的技术监督,对设备质量进行抽检,有重点、有针对性地开展专项技术监督工作,后一阶段应对前一阶段开展闭环监督。

全过程技术监督不同阶段具体要求如下:

（1）规划可研阶段。规划可研阶段是指工程设计前进行的可研及可研报告审查工作阶段。该阶段技术监督工作由各级发展部门组织技术监督实施单位，通过参加可研审查会等方式监督并评价规划可研阶段工作是否满足国家、行业和国家电网有限公司有关可研规划标准、设备选型标准、预防事故措施、差异化设计、环保等要求。

各级发展部门应组织各级经研院（所）将规划可研阶段的技术监督工作计划和信息及时录入管理系统。

（2）工程设计阶段。工程设计阶段是指工程核准或可研批复后进行工程设计的工作阶段。该阶段技术监督工作由各级基建部门组织技术监督实施单位通过参加初设（初步设计）评审会等方式监督并评价工程设计工作是否满足国家、行业和国家电网有限公司有关工程设计标准、设备选型标准、预防事故措施、差异化设计、环保等要求，对不符合要求的出具技术监督告（预）警单。

各级基建部门应组织各级经研院（所）将工程设计阶段的技术监督工作计划和信息及时录入管理系统。

（3）设备采购阶段。设备采购阶段是指根据设备招标合同及技术规范书进行设备采购的工作阶段。该阶段技术监督工作由各级物资部门组织技术监督实施单位通过参与设备招标技术文件审查、技术协议审查及设计联络会等方式监督并评价设备招、评标环节所选设备是否符合安全可靠、技术先进、运行稳定、高性价比的原则，对明令停止供货（或停止使用）、不满足预防事故措施、未经鉴定、未经入网检测或入网检测不合格的产品以技术监督告（预）警单形式提出书面禁用意见。

各级物资部门应组织各级电力科学研究院（简称电科院）（地市检修分公司）将设备采购阶段的技术监督工作计划和信息及时录入管理系统。设备采购阶段存在的问题如不能及时发现，可能导致后续安装、竣工等阶段出现问题，整改周期较长。因此，应尽量在设备采购阶段对设备质量进行把关，避免因设备采购不到位引起的系列问题。

（4）设备制造阶段。设备制造阶段是指在设备完成招标采购后，在相应厂家进行设备制造的工作阶段。该阶段技术监督工作由各级物资部门组织技术监督实施单位监督并评价设备制造过程中订货合同、有关技术标准及《国家电网有限公司关于印发十八项电网重大反事故措施（修订版）的通知》（国家电网设备〔2018〕979号）（简称反措）的执行情况，必要时可派监督人员到制造厂采取过程见证、部件抽测、试验复测等方式开展专项技术监督，对不符合要求的出具技术监督告（预）警单。

各级物资部门应组织各级电科院（地市检修分公司）将设备制造阶段的技术监督工作计划和信息及时录入管理系统。

（5）设备验收阶段。设备验收阶段是指设备在制造厂完成生产后，在现场安装前进行验收的工作阶段，包括出厂验收和现场验收。该阶段技术监督工作由各级物资部门组织技术监督实施单位在出厂验收阶段通过试验见证、报告审查、项目抽检等方式监督并评价设备制造工艺、装置性能、检测报告等是否满足订货合同、设计图纸、相关标准和招投标文件要求；在现场验收阶段，监督并评价设备供货单与供货合同及实物一致性以及设备运输、储存过程是否符合要求，对不符合要求的出具技术监督告（预）警单。

各级物资部门应组织各级电科院（地市检修分公司）将设备验收阶段的技术监督工作计划和信息及时录入管理系统。

（6）设备安装阶段。设备安装阶段是指设备在完成验收工作后，在现场进行安装的工作阶段。该阶段技术监督工作由各级基建部门组织技术监督实施单位通过查阅资料、现场抽查、抽检等方式监督并评价安装单位及人员资质、工艺控制资料、安装过程是否符合相关规定，对重要工艺环节开展安装质量抽检，对不符合要求的出具技术监督告（预）警单。

各级基建部门应组织各级电科院（地市检修分公司）将设备安装阶段的技术监督工作计划和信息及时录入管理系统。

（7）设备调试阶段。设备调试阶段是指设备完成安装后，进行调试的工作阶段。该阶段技术监督工作由各级基建部门组织技术监督实施单位通过查阅资料、现场抽查、抽检等方式监督并评价调试方式、参数设置、试验成果、重要记录、调试仪器设备、调试人员是否满足相关标准和反措的要求，对不符合要求的出具技术监督告（预）警单。

各级基建部门应组织各级电科院（地市检修分公司）将设备调试阶段的技术监督工作计划和信息及时录入管理系统。

（8）竣工验收阶段。竣工验收阶段是指输变电工程项目竣工后，检验工程项目是否符合设计规划及设备安装质量要求的阶段。该阶段技术监督工作由各级基建部门组织技术监督实施单位对前期各阶段技术监督发现问题的整改落实情况进行监督检查和评价，运检部门参与竣工验收阶段中设备交接验收的技术监督工作，对不符合要求的出具技术监督告（预）警单。

各级基建部门应组织各级电科院（地市检修分公司）将竣工验收阶段的技术监督工作计划和信息及时录入管理系统。

（9）运维检修阶段。运维检修阶段是指设备运行期间，对设备进行运维检修的工作阶段。该阶段技术监督工作由各级运检部门组织技术监督实施单位通过现场检查、试验抽检、系统远程抽查、单位互查等方式监督并评价设备状态信息收集、状态评价、检修策略制订、检修计划编制、检修实施和绩效评价等工作中相关技术标准和反措的执行情况，对不符合要求的出具技术监督告（预）警单。

各级运检部门应组织各级电科院（地市检修分公司）将运维检修阶段的技术监督工作计划和信息及时录入管理系统。

（10）退役报废阶段。退役报废阶段是指设备完成使用寿命后，退出运行的工作阶段。该阶段技术监督工作由各级运检部门组织技术监督实施单位通过报告检查、台账检查等方式监督并评价设备退役报废处理过程中相关技术标准和反措的执行情况，对不符合要求的出具技术监督告（预）警单。

各级运检部门应组织各级电科院（地市检修分公司）将退役报废阶段的技术监督工作计划和信息及时录入管理系统。

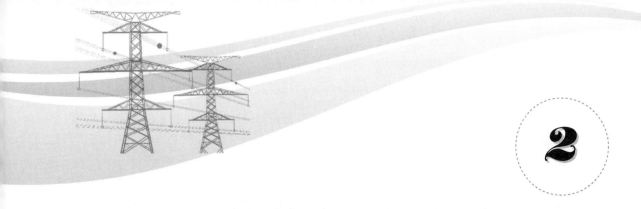

换流阀、直流测量装置及接地极全过程技术监督工作简介

2.1 规划可研阶段

2.1.1 换流阀

设备规划选型时重点考虑阀塔选型、主体结构和触发方式等重要监督要求。大功率晶闸管换流阀应设计为组件式，并应考虑足够的冗余度，宜为空气绝缘、水冷却户内式布置。当采用单相双绕组换流变压器时可采用二重阀或四重阀布置，当采用单相三绕组换流变压器时宜采用四重阀布置。

阀塔设备规划选型确定后，阀厅主体结构需满足阀塔设备对阀厅的要求。大功率晶闸管换流阀阀厅宜采用钢结构与钢筋混凝土结构相结合的混合结构型式，或钢筋混凝土框排架结构体系，屋架宜选用钢结构。选择屋面结构体系时，应考虑构造简单、施工方便、易于连接。

2.1.2 换流阀冷却系统

对于换流阀冷却系统，应重点关注换流阀冷却系统工作运行环境，如海拔、污秽、温度、抗振等，以及能否满足换流阀对温度、压力、流量、冷却容量等运行参数的要求。

对于换流阀外水冷设备，应重点关注工程附近是否有满足系统正常运行要求的充足水源。

2.1.3 直流电流测量装置

规划可研阶段应重点关注直流电流测量装置选型、结构设计等方面。设备的误差特性、短路电流、动热稳定性能、外绝缘水平、环境适用性应满足现场运行实际要求和远景发展规划需求。中重污区的直流电流测量装置宜采用硅橡胶外绝缘。

2.1.4 直流电压测量装置

规划可研阶段应关注直流电压测量装置的选型、结构设计等监督要点。设备的误差特性、动热稳定性能、外绝缘水平、环境适用性应满足现场运行实际要求和远景发展规划需求。中重污区的直流电压测量装置宜采用硅橡胶外绝缘。

2.1.5 接地极

设备规划选型时重点考虑系统条件、极址选择、工程设想以及对周围环境影响等重要监督要求。极址选择方案应包含自然条件、周围设施和规划的调查资料。接地极馈电元件布置形式采用水平型或垂直型，接地极的长度或占地面积应以允许的最大跨步电位差为基础。

接地极极址与有中性点有效接地的变电站、发电厂以及地下金属管道、地下电缆等的直线距离应满足相关规程、规范要求。应测定的接地极土壤主要物理参数包括大地电性特性及其结构（含表层土壤电阻率和深层岩石电阻率），土壤热导率、热容率，土壤最高温度、湿度，地下水位等。

2.2 工 程 设 计 阶 段

2.2.1 换流阀

工程设计时重点考虑对晶闸管、阀控、阀厅消防等设备的监督要求。晶闸管的主要监督项目包括晶闸管冗余度、过电压安全系数、连续运行额定值和过负荷能力、浪涌电流值、触发角和熄弧角的工作范围。阀控设计时重点就冗余性、降低单一元件数量、供电可靠性、备用光纤数量、与控保联调要求、切换逻辑及触发保护和监视功能的完整性方面进行监督。

此阶段，还需对阀厅空调配置、阀厅密闭性能、门的尺寸、阀厅地坪面、作业通道、阀控屏防水等提出明确监督要求，满足设备运行、现场检修及日常巡视的需要。

2.2.2 换流阀冷却系统

（1）热工专业。应重点关注设计中保护设置、传感器配置、主循环泵设计及电源设计是否满足反事故措施及换流阀水冷保护技术规范要求。

（2）土建专业。应重点关注水池防水性能、主循环泵基础设计，避免后期水池漏水、主循环泵因振动过大导致损坏。

2.2.3 直流电流测量装置

（1）电气设备性能专业。应关注设备参数是否满足相关标准、反事故措施及保护与控制功能要求。直流电流测量装置应具有良好的暂态响应和频率响应特性，动热稳定性能应满足安装地点系统短路容量的要求。

设计时应充分考虑台风、暴雨、覆冰、地震等环境条件的影响，采取有针对性的防范措施。新建和扩建输变电设备应依据最新版污区分布图进行外绝缘配置。

（2）保护与控制专业。每套保护的直流电流测量回路应完全独立，一套保护测量回路出现异常，不应影响其他各套保护的运行。针对直流线路纵差保护，当一端的直流线路电流互感器自检故障时，应具有及时退出本端和对端线路纵差保护的功能。

禁止采用不同特性的电流互感器（电子式和电磁式等）构成差动保护，保护设计时应具有防止互感器暂态特性不一致引起保护误动的措施。直流电子式电流互感器设备输出的数字量信号应避免经多级数模、模数转化后接入控制保护系统。

2.2.4　直流电压测量装置

（1）电气设备性能专业。应关注设备参数是否满足相关标准、反事故措施及保护与控制功能要求。直流电压测量装置应具有良好的暂态响应和频率响应特性。

设计时应充分考虑台风、暴雨、覆冰、地震等环境条件的影响，采取有针对性的防范措施。新建和扩建输变电设备应依据最新版污区分布图进行外绝缘配置。

（2）保护与控制专业。每套保护的直流电压测量回路应完全独立，一套保护测量回路出现异常，不应影响其他各套保护的运行。非电量保护跳闸触点和模拟量采样不应经过中间元件转接，应直接接入控制保护系统或非电量保护屏。

2.2.5　接地极

工程设计阶段重点考虑系统条件、技术条件、接地极本体设计、导流系统、接地极在线监测装置电源系统等的重要监督要求。应对本区域电网未来规划影响、接地极任意一点温度、跨步电位、接触电压进行分析，通过技术经济论证及综合考虑，择优选择接地极类型，确定导流系统布置方式。

还需就辅助设施中检测井、引流井、注（渗）水装置、排气装置、标桩提出明确的技术监督要求。应对地下金属构件距离、金属管道等的泄漏电流予以明确，开展相关技术监督工作。对土壤参数和地形图中大地电性特性及其结构、土壤热容率、热导率、土壤湿度及勘测方法，应提出明确监督要求。

2.3　设 备 采 购 阶 段

2.3.1　换流阀

在设备采购阶段，应对换流阀总体结构、连接、模块设计、抗振设计、阻燃设计、阀塔防渗漏设计、漏水检测功能、晶闸管及换流阀避雷器（简称阀避雷器）参数、内冷却水（简称内冷水）介质予以明确，并对阀厅烟雾探测和紫外火焰探测配置、各类表计安装位置提出监督要求，满足系统各种工况下的安全运行及信息上送。

对于换流阀保护、触发系统，应对晶闸管进行过电压保护、du/dt 保护和暂态恢复保护等，保证在各种运行工况下晶闸管不受损坏，触发系统如果采用光纤，其布置应便于光纤连接和更换，同时还应避免安装时对光纤造成机械损伤。晶闸管状态监视功能，应至少包括晶闸管等元件损坏、晶闸管结温过高以及过电压保护、du/dt 保护、暂态恢复保护等保护动作信息。

换流阀触发板应可靠固定，防止因连接松动导致局部放电，继而引发设备起火故障。换流阀运行中应有合理的手段以分辨阀中各晶闸管元件，并对其进行实时监控。

2.3.2　换流阀冷却系统

（1）化学专业。应重点关注去离子装置采购满足使用寿命和过滤精度的要求。

（2）热工专业。应重点关注主循环泵及电动机选型、注意稳压系统配置的液位传感器数量，冷却塔布置和噪声要求，换流阀外风冷（简称阀外风冷）系统布置、材料及压力要求，传感器型式及主过滤器精度要求。

（3）金属专业。应重点关注各部件材料、使用寿命要求，对焊接质量和选用材料品质进行监督。

2.3.3　直流电流测量装置

（1）电气设备性能专业。应审核物资采购技术规范书的合理性，技术规范书应与国家电网有限公司设备技术条件及相关反事故措施等规定一致，并充分考虑特殊环境调节，如强风沙、地震频次等因素。

供应商应提供同型设备 5 年内且有效的型式试验报告。重点关注设备电气参数要求，如绝缘要求、数字量输出要求、耐压试验和局部放电要求等。

测量装置的户外端子箱和接线盒防尘防水等级至少满足 IP54 要求。电子式直流电流互感器中有密封要求的部件（如一次转换器箱体及光缆熔接箱体）的防护性能应满足 IP67 要求。

（2）电测专业。电磁式直流电流互感器设备的电流测量误差应满足保护和测量的要求。

（3）保护与控制专业。电流测量装置的选型配置及二次绕组的数量应能够满足直流控制、保护及相关继电保护装置的要求。相互冗余的控制、保护系统的二次回路应完全独立，不得共用回路。不同控制系统、不同保护系统所用回路应完全独立，任一回路发生故障，不应影响其他回路的运行。

（4）环境保护专业。应关注无线电干扰及电磁兼容要求，在试验电压下，其无线电干扰电压不应大于 2500μV。电子式直流电流互感器的电磁兼容性能还应满足相关标准要求。

2.3.4　直流电压测量装置

（1）电气设备性能专业。应审核物资采购技术规范书的合理性，技术规范书应与国家电网有限公司设备技术条件及相关反事故措施等规定一致，并充分考虑特殊环境调节，如强风沙、地震频次等因素。

供应商应提供同型设备 5 年内且有效的型式试验报告。重点关注设备电气参数要求，如直流电压耐受试验、雷电冲击试验、操作冲击试验、局部放电试验等。

直流电压测量装置的户外端子箱和接线盒防尘防水等级至少满足 IP54 要求；电子式直流电压互感器中有密封要求的部件（如一次转换器箱体及光缆熔接箱体）的防护性能应满足 IP67 要求。

（2）电测专业。直流电压测量装置的测量准确度应满足保护和测量要求。

（3）保护与控制专业。直流电压测量装置各模块及回路数的设计应能够满足控制、保护、录波等设备对回路冗余配置的要求。不同控制系统、不同保护系统所用回路应完全独立，任一回路发生故障，不应影响其他回路的运行。

（4）环境保护专业。应关注无线电干扰及电磁兼容要求。在试验电压下，直流电压测量装置与电网连接的外部零件表面在晴天的夜间不应有可见电晕，其无线电干扰电压不应大于 2500μV。电子式直流电压互感器的电磁兼容性能还应满足相关标准要求。

2.3.5　接地极

（1）电气设备性能专业。应重点考虑系统条件、技术条件、接地极本体设计、导流系统、接地极在线监测装置电源系统等的重要监督要求。对于本区域电网未来规划影响分析，接地极任意一点温度、跨步电位、接触电位分析，通过技术经济论证及综合考虑，择优选择接地极类型，确定导流系统布置方式。

（2）土建专业。应就辅助设施中检测井、引流井、注（渗）水装置、排气装置、标桩提出明确的技术监督要求。应对地下金属构件距离、金属管道等的泄漏电流予以明确，开展相关技术监督工作。对土壤参数和地形图中大地电性特性及其结构、土壤热容率、热导率、土壤湿度及勘测方法提出明确监督要求。

2.4　设 备 制 造 阶 段

2.4.1　换流阀

在设备制造阶段，应对换流阀晶闸管、阻尼电阻、阻尼电容、均压电容、阀电抗器、晶闸管电子板等主、辅件的出厂合格证、检验报告进行检查监督，并对部分元件试验进行抽测见证，型式试验各项参数应满足技术规范书的要求。

2.4.2　换流阀冷却系统

（1）金属专业。应重点关注金属焊接质量是否符合要求。

（2）热工专业。应重点关注设备生产制造时对应的过程资料、记录是否完整，设备制造过程应严格按照相关标准规定执行。对设备工艺、材料选择、绝缘等级、防护配置等进行重点跟踪、关注，在内、外冷接口处应仔细检查管径、接口是否统一，外冷塔材质是否满足不锈钢等级等。

2.4.3　直流电流测量装置

（1）电气设备性能专业。应检查供应商的工艺文件和质量管理体系文件等资料是否齐全。外购原材料/组部件原厂质量保证书、检验报告应齐全、合格；查看实物应与检验记录和订货技术协议一致。

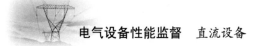

在关键节点和重要工艺阶段应进行现场见证和检查。

（2）金属专业。检查硅钢片、底座、法兰等金属部件的原材料材质检测报告，保证使用合格的金属材料。膨胀器材料（用于油浸型）外罩材质应选用不锈钢或铝合金。除不锈钢外，所有设备底座、法兰应采用热镀锌防腐，其他金属部件均应采用先进的防腐工艺。

2.4.4 直流电压测量装置

（1）电气设备性能专业。应检查供应商的工艺文件和质量管理体系文件等资料是否齐全。外购原材料/组部件原厂质量保证书、入厂检验报告应齐全、合格；查看实物应与检验记录和订货技术协议一致。在关键节点和重要工艺阶段应进行现场见证和检查，严格把控设备制造工艺。

（2）金属专业。应检查底座、法兰等金属部件的原材料材质检测报告，保证使用合格的金属材料。膨胀器材料（用于油浸型）外罩材质应选用不锈钢或铝合金。除不锈钢外，所有设备底座、法兰应采用热镀锌防腐，其他金属部件均应采用先进的防腐工艺。

2.4.5 接地极

设备制造阶段，电气设备性能专业应对馈电元件、石油焦炭、导流电缆、石油焦炭、高硅铬铁、低碳钢等的出厂合格证、检验报告进行检查监督，并对部分元件试验进行抽测见证，型式试验各项参数应满足技术规范书的要求。

2.5 设 备 验 收 阶 段

2.5.1 换流阀

本阶段主要针对设备运输、到货开箱验收，从技术资料的完备性、设备外观检查及到货后的设备保管等方面开展技术监督工作。

2.5.2 换流阀冷却系统

（1）金属专业。应重点关注到货时金属焊接资料是否齐全、焊缝工艺是否平滑、良好，并进行现场探伤。

（2）土建专业。应重点关注主循环泵基础的设计规范及图纸资料，结合现场实际情况进行检查。

2.5.3 直流电流测量装置

（1）电气设备性能专业。设备验收阶段分为厂内验收和现场验收两个部分。

1）对于厂内验收，根据设备重要程度，选择部分关键试验项目进行现场见证，如直流耐压试验、局部放电测量、直流电流测量准确度试验、光纤损耗测试等。

2）对于现场验收，主要检查设备外观和设备资料，如检查设备供货单与供货合同及实物的一致性，出厂试验报告、产品合格证、安装说明书和装箱单等资料应齐全，出厂试验报告中的试验项目应齐全，各试验结果合格。检查设备外观是否清洁、美观，所有部件应齐全、完整、无变形。

（2）电测专业。在厂内见证测量准确度试验或者现场检查出厂试验报告，测量准确度应满足相关标准要求。

（3）保护与控制专业。根据设备说明书和图纸资料，检查直流电流测量装置传输环节中的模块，如合并单元、模拟量输出模块、差分放大器等，应由两路独立电源或两路电源经 DC/DC 转换耦合后供电，且对每路电源进行监视。

2.5.4　直流电压测量装置

（1）电气设备性能专业。设备验收阶段分为厂内验收和到站现场验收两个部分。

1）对于厂内验收，根据设备重要程度，选择部分重要出厂试验进行现场见证，如一次端直流耐压试验、局部放电测量、分压器参数测量等。

2）对于到站现场验收，主要检查设备外观和设备资料，如检查设备供货单与供货合同及实物的一致性，产品是否附有出厂试验报告、产品合格证、安装说明书和装箱单等资料，出厂试验报告中的试验项目应齐全，各试验结果合格。检查设备外观是否清洁、美观，所有部件应齐全、完整、无变形。

（2）电测专业。在厂内见证测量准确度试验或者到站现场检查出厂试验报告，测量准确度试验应满足相关标准要求。

（3）保护与控制专业。根据设备说明书和图纸资料，检查直流电压测量装置传输环节中的模块，如合并单元、模拟量输出模块、差分放大器等，应由两路独立电源或两路电源经 DC/DC 转换耦合后供电，每路电源应具有监视功能。

2.5.5　接地极

对于电气设备性能专业，本阶段主要对设备运输、到货开箱验收，从技术资料的完备性、设备外观检查及到货后的设备保管等方面开展技术监督工作。

2.6　设备安装阶段

2.6.1　换流阀

对于设备安装土建工作，对阀厅、阀塔、阀控及光纤二次回路的安装都必须按照规范性、正确性的要求开展工作。

对于换流阀电气安装，需从准备阶段、安装阶段及安装检查等三个不同阶段进行监督。安装前应检查元器件包装应无破损、外观无异常；安装过程中应按照制造厂的装配图、产品编号和规定的程序进行，并确保设备安装水平参数满足要求；设备组装完毕，应采用一次通流等必要的试验手段，

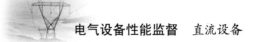

初检安装的设备是否存在明显异常。

2.6.2 换流阀冷却系统

（1）金属专业。应重点关注安装过程中的金属部件接地及金属管道连接情况，对安装设备进行现场检查。

（2）热工专业。应重点关注安装过程中动力柜（控制柜）的安装是否规范，检查传感器安装位置是否便于后期维护，是否采用了与冷却水隔离的措施，方便在线更换、安装管道等，现场进行接地检查、动力柜（控制柜）电缆布置方式检查及管道压力试验。

（3）土建专业。应重点关注水池防水施工情况，施工结束后进行闭水试验。

2.6.3 直流电流测量装置

（1）电气设备性能专业。应检查电气设备安装质量，如均压环外观应清洁、无损坏，安装水平、牢固，光纤安装应符合光纤弯曲半径要求，油浸式设备油位指示器应位于便于观察的一侧，接地应满足要求。

检查安装记录、工艺控制资料、隐蔽工程记录、中间验收记录等资料是否齐全。

（2）保护与控制专业。检查电子式电流互感器、电磁式直流电流互感器等设备的远端模块、合并单元、接口单元及二次输出回路设置，应能满足保护冗余配置要求，且完全独立。

（3）金属专业。结合金属技术监督检测工作，对设备构架、附属金属元器件进行检测检验，保证金属材料合格，防腐性能良好。

2.6.4 直流电压测量装置

（1）电气设备性能专业。应重点检查电气设备安装质量，如均压环外观应清洁、无损坏，安装水平、牢固，光纤安装应符合光纤弯曲半径要求，油浸式设备油位指示器应位于便于观察的一侧，接地应满足要求。

检查安装记录、工艺控制资料、隐蔽工程记录、中间验收记录等资料是否齐全。

（2）保护与控制专业。检查直流电压测量装置的远端模块、合并单元、接口单元及二次输出回路设置，应能满足保护冗余配置要求，且完全独立。

（3）化学专业。检查气体绝缘的直流电压测量装置所配置的密度继电器、压力表等，应经校验合格，并有检定证书。安装时，气体绝缘的直流电压测量装置应检查气体压力或密度是否符合产品技术文件的要求，密封检查合格后方可对直流电压测量装置充 SF_6 气体至额定压力。

（4）金属专业。结合金属技术监督检测工作，对设备构架、附属金属元器件进行检测检验，保证金属材料合格，防腐性能良好。

2.6.5 接地极

对于设备安装土建工作，对极址内设备以及极环设备等一、二次设备的安装都必须按照规范性、正确性的要求开展工作。

2.7　设备调试阶段

2.7.1　换流阀

换流阀调试阶段，需从试验条件是否完备、试验项目是否齐全、试验参数是否符合相关规程、标准要求等几个方面开展技术监督工作。

换流阀保护与控制调试阶段，应对换流阀阀控、阀厅消防等系统的联调试验、设备配置是否满足相关规程、规范要求的角度开展监督工作。

2.7.2　换流阀冷却系统

（1）金属专业。应重点关注设备金属部件接地情况，对金属管道连接螺栓力矩进行现场检查。

（2）热工专业。应重点关注控制（动力）柜电缆及附件的结构型式，检查传感器灵敏度及安装方式，应便于维护和调试，应对管道压力进行现场测试，不具备测试条件的应查阅前期试验记录。

（3）土建专业。应重点关注水池闭水试验记录。

2.7.3　直流电流测量装置

（1）电气设备性能专业。应检查设备调试方案、重要记录、调试仪器设备和调试人员等，应满足相关规程、规范及反事故措施要求。

现场交接试验报告中，试验项目应齐全，试验结果应合格。重要试验应旁站监督，如直流电流测量准确度试验、直流耐压试验等。

（2）电测专业。现场旁站监督设备的测量准确度试验，电子式直流电流互感器应满足相关标准要求。

（3）化学专业。应关注设备的绝缘介质试验要求。对于充气式设备：气体年泄漏率应不大于0.5%；SF_6 气体充入设备 24h 后取样检测，其含水量应小于 150μL/L。对于充油式设备，油中微量水分含量和油中溶解气体组分含量（μL/L）应满足相关标准要求。

（4）保护与控制专业。要求现场对直流电流测量装置传输环节各设备的断电试验、光纤抽样拔插试验等进行现场见证。检查电流互感器极性是否正确，避免区外故障导致保护误动。

2.7.4　直流电压测量装置

（1）电气设备性能专业。设备调试阶段应检查设备调试方案、重要记录、调试仪器设备和调试人员等，应满足相关规程、规范及反事故措施要求。

现场交接试验报告中，试验项目应齐全，试验结果应合格。重要试验应旁站监督，如一次端直流耐压试验、分压器参数测量等。

（2）电测专业。现场旁站监督设备的测量准确度试验。若现场具备条件，应试验直流电压测量

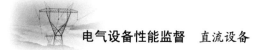

装置在 $0.1U_n$、$0.2U_n$、$1.0U_n$ 电压点的误差，要求误差小于 0.2%。

（3）化学专业。应关注设备的绝缘介质试验要求。对于充气式设备：气体年泄漏率应不大于 0.5%；SF_6 气体充入设备 24h 后取样检测，其含水量应小于 150μL/L。对于充油式设备：油中微量水分含量和油中溶解气体组分含量（μL/L）应满足相关标准要求。

（4）保护与控制专业。要求现场对直流电压测量装置传输环节各设备的断电试验、光纤抽样拔插试验等进行现场见证，检验当单套设备故障、失电时，是否导致保护装置误出口。

2.7.5 接地极

（1）电气设备性能专业。需从试验条件是否完备、试验项目是否齐全、试验参数是否符合相关规程、标准要求等几个方面开展技术监督工作，主要包括接地电阻、电流分布测量、最大跨步电位差试验、接触电位差试验、在线监测系统调试等工作。

（2）保护与控制专业。对于安装了接地极线路保护的换流站，需进行保护与控制的调试的监督工作。

2.8 竣 工 验 收 阶 段

2.8.1 换流阀

竣工验收阶段，应对所有设备及元器件，从外观、试验过程及结果，移交的技术资料、工器具的完备性等角度，全过程开展技术监督工作。

2.8.2 换流阀冷却系统

对于换流阀冷却系统，应重点关注主循环泵及喷淋泵等泵体的配置、安装和试验记录，对有疑问的进行现场检查、试验，检查冷却塔的布置、通风及噪声情况，对保护配置及逻辑进行现场检查并查阅图纸及校验资料。

2.8.3 直流电流测量装置

（1）电气设备性能专业。应关注技术资料的完整性，检查技术协议、监造报告、图纸资料、使用说明书、出厂试验报告、型式试验报告、施工记录、交接试验报告、监理报告、调试报告、验收记录等资料是否已移交存档。重点检查设备本体及组部件是否完好、清洁，接地排及接地标识是否满足要求，检查前期各阶段技术监督发现的问题是否已全部整改完毕，各类试验报告特别是交接试验报告结果是否合格。

（2）保护与控制专业。根据图纸资料检查电子式电流互感器、电磁式直流电流互感器的远端模块、合并单元、接口单元及二次输出回路设置能否满足保护冗余配置要求，是否完全独立；检查备用模块是否充足。

2.8.4　直流电压测量装置

（1）电气设备性能专业。应关注技术资料的完整性，检查技术协议、监造报告、图纸资料、使用说明书、出厂试验报告、型式试验报告、施工记录、交接试验报告、监理报告、调试报告、验收记录等资料是否完成移交存档。重点检查设备本体及组部件是否完好清洁，接地排及接地标识是否满足要求，检查前期各阶段技术监督发现的问题是否整改完毕，各类试验报告特别是交接试验报告结果是否合格。

（2）保护与控制专业。根据图纸资料检查直流电压测量装置的远端模块、合并单元、接口单元及二次输出回路设置是否满足保护冗余配置要求，是否完全独立；检查备用模块是否充足。

2.8.5　接地极

竣工验收阶段，电气设备性能专业应对所有设备及元器件，从设备的外观、试验过程及结果、移交技术资料、工器具的完备性等角度，全过程开展技术监督工作。

2.9　运 维 检 修 阶 段

2.9.1　换流阀

运维检修阶段，应从现场技术资料的完备性、设备的运维、检修、试验及执行等方面，开展现场技术监督工作。

2.9.2　换流阀冷却系统

（1）电气设备性能专业。应重点关注换流阀内、外冷却设备运行是否存在异常及报警，主要包括泵及电动机是否存在漏油、漏水，进、出阀水温是否正常，红外测温有无发热点；同时对巡视记录、检修资料、缺陷记录、反措落实情况进行检查监督，核查备品备件配置是否齐全、完好。

（2）化学专业。应重点关注水质监测报告：水质分析应按照周期进行；加盐、加药记录完整，药品合格；氮气压力正常，更换记录完善；反渗透性能完善。

2.9.3　直流电流测量装置

（1）电气设备性能专业。应关注设备精益化管理质量，检查设备运维资料应完整、齐全，如运行巡视记录、红外测温记录及图谱库、缺陷记录及分析报告、检修试验记录及报告、现场运行规程、最新系统接线图和设备台账等。重点检查各类记录及报告是否满足国家电网有限公司相关技术标准和管理规程的要求，以及室外端子箱防雨防潮、外绝缘强度不满足污秽等级的设备是否喷涂防污闪涂料或加装防污闪辅助伞裙等反事故措施要求是否完成。

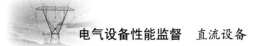

（2）化学专业。直流电流测量装置的油气试验属于诊断性试验，若设备异常，可能需要进行相关试验。化学专业人员需要根据标准判断油中微量水分、油中溶解气体组分、油击穿强度，SF_6 气体年泄漏率、SF_6 含水量、SF_6 成分等指标是否满足要求。

（3）金属专业。检查室外构架、端子箱、接线盒等金属部件的锈蚀情况，根据情况及时采取相应防腐、防锈蚀措施。

2.9.4　直流电压测量装置

（1）电气设备性能专业。应关注设备精益化管理质量，检查设备运维资料应完整、齐全，如运行巡视记录、红外测温记录及图谱库、缺陷处理记录、故障记录及分析报告、检修试验报告及检修记录、现场运行规程、最新系统接线图和设备台账等。重点检查各类记录及报告是否满足国家电网有限公司相关技术标准和管理规程的要求，以及室外端子箱防雨防潮、外绝缘强度不满足污秽等级的设备是否喷涂防污闪涂料或加装防污闪辅助伞裙等反事故措施要求是否完成。

（2）化学专业。直流电压测量装置的油气试验属于诊断性试验，若设备异常，可能需要进行相关试验。化学专业人员需要根据标准判断油中微量水分、油中溶解气体组分、油击穿强度，SF_6 气体年泄漏率、SF_6 含水量、SF_6 成分等指标是否满足要求。

（3）金属专业。检查室外构架、端子箱、接线盒等金属部件的锈蚀情况，根据情况及时采取相应防腐防锈蚀措施。

2.9.5　接地极

运维检修阶段，应从现场技术资料的完备性、设备的运维、检修、试验及反事故措施执行等方面，开展现场技术监督工作。

2.10　退役报废阶段

2.10.1　换流阀

主要从设备是否满足退役报废条件、设备退役后的处理等方面开展技术监督工作。

2.10.2　换流阀冷却系统

重点关注阀水冷设备退役鉴定审批手续应规范，阀水冷设备退役、再利用信息应及时更新，备品存放管理应规范，设备再利用管理应规范，报废鉴定审批手续应规范，设备报废信息应及时更新。

2.10.3　直流电流测量装置

重点关注设备退役鉴定审批手续应规范，设备再利用管理应规范，报废鉴定审批手续应规范，报废信息应及时更新，报废管理应符合要求。

　　设备履行报废审批程序后，应按照国家电网有限公司废旧物资处置管理有关规定统一处置，严禁留用或私自变卖，防止废旧设备重新流入电网。

2.10.4　直流电压测量装置

　　设备退役报废阶段，应检查设备退役鉴定审批手续应规范，设备再利用管理应规范，报废鉴定审批手续应规范，报废信息应及时更新，报废管理应符合要求。

　　设备履行报废审批程序后，应按照国家电网有限公司废旧物资处置管理有关规定统一处置，严禁留用或私自变卖，防止废旧设备重新流入电网。

2.10.5　接地极

　　退役报废阶段，主要从设备是否满足退役报废条件、设备退役后的处理等方面开展技术监督工作。

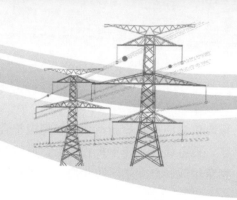

3

换流变压器及平波电抗器全过程
技术监督工作简介

3.1 规划可研阶段

电气设备性能专业，应重点关注设备配置及选型是否符合相关技术标准及反事故措施要求。

3.2 工程设计阶段

电气设备性能专业，应重点关注设备使用条件和参数等是否符合相关技术标准及反事故措施要求。

3.3 设备采购阶段

3.3.1 电气设备性能专业

应重点关注设备物资采购技术规范书、使用条件、技术参数、组附件要求等是否符合相关技术标准及反事故措施要求。

3.3.2 保护与控制专业

应重点关注设备保护与控制性能是否符合相关技术标准及反事故措施要求。

3.4　设备制造阶段

3.4.1　电气设备性能专业

应重点关注监造工作、原材料、组部件检查、重要制造工序、重要装配工序、出厂试验等是否满足订货合同、相关技术标准、反事故措施以及制造厂工艺要求。

3.4.2　化学专业

应重点关注 SF_6 气体和绝缘油是否满足订货合同和相关规程的要求。

3.4.3　金属专业

应重点关注金属原材料的验收、焊接质量管理、焊缝无损检测情况是否满足相关标准及反事故措施要求。

3.5　设备验收阶段

3.5.1　电气设备性能专业

应重点关注设备出厂资料、出厂试验、包装、储存及发运、设备本体及组附件等是否符合订货合同、相关技术标准及反事故措施要求。

3.5.2　化学专业

应重点关注 SF_6 气体和绝缘油是否满足订货合同和相关规程的要求。

3.6　设备安装阶段

3.6.1　电气设备性能专业

应重点关注设备安装前保管与检查、内检、本体安装、组附件安装、安装密封处理、安装后密封检查、静置等是否符合订货合同、相关技术标准及反事故措施要求。

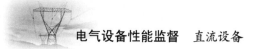

3.6.2 热工专业

应重点关注气体密度继电器、温度计、压力释放阀等是否符合订货合同、相关技术标准及反事故措施要求。

3.7 设 备 调 试 阶 段

3.7.1 电气设备性能专业

应重点关注设备调试工作组织开展、相关试验过程及结果等是否符合订货合同、相关技术标准及反事故措施要求。

3.7.2 热工专业

应重点关注气体密度继电器、温度计、压力释放阀等是否符合订货合同、相关技术标准及反事故措施要求。

3.8 竣 工 验 收 阶 段

3.8.1 电气设备性能专业

应重点关注设备遗留问题、技术资料完整性、试验超期、外绝缘等是否符合订货合同、相关技术标准及反事故措施要求。

3.8.2 化学专业

应重点关注 SF_6 气体和绝缘油是否满足订货合同和相关规程的要求。

3.9 运 维 检 修 阶 段

3.9.1 电气设备性能专业

应重点关注设备巡视、试验、检修、检修、试验装备配置、管理、反事故措施执行、状态评价等是否符合相关技术标准及反事故措施要求。

3.9.2　化学专业

应重点关注 SF_6 气体和绝缘油是否满足订货合同和相关规程的要求。

3.10　退役报废阶段

电气设备性能专业，应重点关注产品退役报废阶段储存、处理情况。报废鉴定审批手续应规范，报废信息应及时更新，应按照国家电网有限公司废旧物资处置管理有关规定统一处置，严禁留用或私自变卖，防止废旧设备重新流入电网。

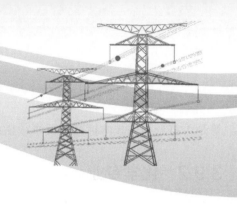

4 直流开关设备全过程技术监督工作简介

4.1 规划可研阶段

4.1.1 直流转换开关

电气设备性能专业，应重点关注设备的额定运行电压、额定运行电流、额定转换电流等参数是否满足实际要求，外绝缘水平、环境适用性（海拔、污秽、温度、抗振等）是否满足实际要求和远景发展规划要求。

4.1.2 直流隔离开关与接地开关

电气设备性能专业，应重点关注设备参数的选择是否满足换流站的需求，特别是覆冰条件下的操作和外绝缘爬距的选择。

4.2 工程设计阶段

4.2.1 直流转换开关

电气设备性能专业，应重点关注额定运行电压、额定运行电流、最大持续运行电流、额定转换电流、额定短时耐受电流、额定峰值耐受电流、外绝缘水平、环境适用性（海拔、污秽、温度、抗振等）等参数是否满足实际要求。对于改变运行方式的直流开关（如金属回路转换开关和大地回路转换开关），是否满足在无冷却的情况下按进行两次连续转换设计的要求；振荡回路避雷器持续运行电压、额定电压、能量吸收能力、压力释放等级、绝缘外套爬电比距等主要参数是否满足现有实际需求；电容器外绝缘是否符合当地海拔高度及污秽等级的要求；电抗器动、热稳定性能是否满足容量的要求；支柱绝缘子外绝缘是否满足使用地点污秽等级要求，对于易发生黏雪、覆冰的区域，支柱绝缘子在采用大小相间的防污伞形结构基础上，每隔一段距离是否采用一个超大直径伞裙（可采用硅橡胶增爬裙）。

4.2.2 直流隔离开关与接地开关

电气设备性能专业，应重点关注设备参数的选择是否满足换流站的需求、支柱绝缘子的爬距选择以及隔离开关联闭锁的设计。

4.3 设 备 采 购 阶 段

4.3.1 直流转换开关

（1）电气设备性能专业。应重点关注设备参数、装置选型以及振荡回路选型是否满足工程具体要求。

（2）保护与控制专业。应重点关注开关设备机构箱、汇控箱内是否有完善的驱潮、防潮装置。

4.3.2 直流隔离开关与接地开关

电气设备性能专业，应重点关注设备参数的选择是否满足换流站的需求，是否选用符合完善化技术要求的产品，设备结构型式合理性、操动机构的可靠性、支柱绝缘子的爬距选择、隔离开关联闭锁的设计、接地体的材质、尺寸是否满足技术要求。

4.4 设 备 制 造 阶 段

4.4.1 直流转换开关

（1）电气设备性能专业。应重点关注开断装置机械特性试验、电容器耐压试验、电容器短路试验、避雷器能量耐受试验、避雷器电阻片单元试验、避雷器局部放电试验、避雷器伏安特性试验、充电装置端子间操作冲击试验、充电装置交流耐压和局部放电试验以及密度继电器安装方式是否满足要求。

（2）保护与控制专业。应重点关注开关设备机构箱、汇控箱内是否有完善的驱潮、防潮装置。

4.4.2 直流隔离开关与接地开关

（1）电气设备性能专业。应重点关注监造工作、结构型式、操动机构、支持或操作绝缘子、支

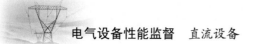

柱绝缘子选型、组装、机械闭锁、绝缘子探伤、绝缘件等是否满足订货合同、相关技术标准、反事故措施以及制造厂工艺要求。

（2）金属专业。应重点关注导电杆和触头镀银层厚度检测情况是否满足相关标准要求。

4.5　设备验收阶段

4.5.1　直流转换开关

（1）电气设备性能专业。应重点关注监造报告、出厂试验报告是否齐全，开断装置机械磨合试验，开断装置机械特性试验，外观、密度继电器安装情况是否满足要求。

（2）保护与控制专业。应重点关注开关设备机构箱、汇控箱内是否有完善的驱潮、防潮装置。

（3）化学专业。应重点关注 SF_6 的数量和质量是否满足要求。

4.5.2　直流隔离开关与接地开关

电气设备性能专业，应重点关注设备外形图、基础安装图、二次原理图及接线图、出厂试验报告、组部件试验报告、主要材料检验报告及安装使用说明书是否齐全，支柱绝缘子选型、绝缘试验、回路电阻检测、触指接触压力试验、机械操作试验、包装与运输、外观检查等是否满足订货合同、相关技术标准、反事故措施以及制造厂工艺要求。

4.6　设备安装阶段

4.6.1　直流转换开关

（1）电气设备性能专业。应重点关注安装质量管理、导体连接、安全接地施工、抽真空处理、开断装置安装、避雷器安装、电容器安装是否满足要求。

（2）化学专业。应重点关注 SF_6 气体是否经 SF_6 气体质量监督管理中心抽检合格并出具检测报告，SF_6 气体注入设备后是否进行湿度试验且对设备内气体进行 SF_6 纯度检测，必要时是否进行气体成分分析。

（3）土建专业。应重点关注支撑绝缘子安装基面水平误差是否不大于 2mm，各个绝缘拉紧装置链接和接地是否可靠，检查拉紧调节装置位置是否正常，测量拉力是否正确、平衡。

4.6.2　直流隔离开关与接地开关

电气设备性能专业，应重点关注安装质量管理、隐蔽工程检查、安全接地施工、支柱绝缘子、联闭锁、操动机构、二次电缆等是否满足相关技术标准、反事故措施以及制造厂工艺要求。

4.7　设 备 调 试 阶 段

4.7.1　直流转换开关

（1）电气设备性能专业。应重点关注单体调试、系统调试、系统启动调试的调试方案、重要记录、调试仪器设备、调试人员是否满足相关标准和预防事故措施的要求，绝缘平台试验、开断装置回路电阻测量、分合闸时间测量、分合闸线圈绝缘电阻和直流电阻测量、操动机构试验、辅助回路试验、充电装置试验、避雷器试验、电容器试验、电抗器试验是否满足要求。

（2）化学专业。应重点关注灭弧室微量水含量是否小于 $150\mu L/L$，年泄漏率是否不大于 0.5%。

（3）热工专业。应重点关注气体密度继电器的动作值是否符合产品技术条件的规定，压力表指示值的误差及其变差是否在产品相应等级的允许误差范围内。

4.7.2　直流隔离开关与接地开关

电气设备性能专业，应重点关注调试准备的调试方案和相关要求、主回路电阻、操动机构试验、瓷件探伤试验、联闭锁等是否满足相关技术标准、反事故措施以及制造厂工艺要求。

4.8　竣 工 验 收 阶 段

4.8.1　直流转换开关

（1）电气设备性能专业。应重点关注竣工验收准备工作是否合格，技术文件和备品备件是否齐全，交接试验项目、开断装置验收项目、辅助回路验收项目、绝缘平台验收项目是否合格，回路电阻、分合闸时间、电容器电容量、电抗器直流电阻及电感量、避雷器试验是否满足要求。

（2）化学专业。应重点关注灭弧室微量水含量是否小于 $150\mu L/L$。

4.8.2　直流隔离开关与接地开关

电气设备性能专业，应重点关注竣工验收准备工作、技术文件完整性、隔离开关和接地开关本体、操动机构功能、主回路电阻、操动机构试验、安全接地、联闭锁等是否满足相关技术标准、反事故措施以及制造厂工艺要求。

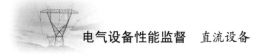

4.9　运维检修阶段

4.9.1　直流转换开关

（1）电气设备性能专业。应重点关注运维巡视、带电检测、故障/缺陷管理、状态评价、检修试验、装备配置、装备管理、反事故措施执行情况等是否满足相关技术标准、反事故措施以及制造厂工艺要求。

（2）土建专业。应重点关注观测次数是否在第一年观测 3～4 次、第二年 2～3 观测次、第三年后每年观测一次，直至稳定为止。

（3）化学专业。应重点关注气体密度继电器校验是否符合设备技术文件要求。

4.9.2　直流隔离开关与接地开关

电气设备性能专业，应重点关注运维巡视、带电检测、故障/缺陷管理、状态评价、检修试验、装备配置、装备管理、反事故措施执行情况等是否满足相关技术标准、反事故措施以及制造厂工艺要求。

4.10　退役报废阶段

4.10.1　直流转换开关

（1）电气设备性能专业。应重点关注设备退役转备品和设备退役报废的相关手续、信息更新等是否满足相关技术标准、反事故措施以及制造厂工艺要求。

（2）化学专业。应重点关注 SF_6 气体是否回收处理。

4.10.2　直流隔离开关与接地开关

电气设备性能专业，应重点关注设备退役转备品和设备退役报废的相关手续、信息更新等是否满足相关技术标准、反事故措施以及制造厂工艺要求。

第 2 部分

换流阀、直流测量装置及
接地极技术监督

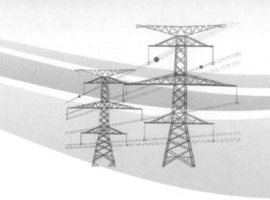

1

换流阀、直流测量装置及接地极技术监督基本知识

1.1 换流阀、直流测量装置及接地极简介

1.1.1 换流阀

1.1.1.1 换流阀的分类

换流阀中的每个单阀由完全相同的晶闸管级串联组成。每个晶闸管级包括一个晶闸管、门极电路和阻尼均压电路。阻尼元件保证阀两端的直流电压和冲击电压在阀内部均匀分布，并在阀触发和恢复期间控制电压和暂态电流。门极电路用于在正常和非正常运行条件下对晶闸管进行门极控制。按照触发原理的不同，换流阀可分为以下两类。

（1）电触发晶闸管（Electric Trigger Thyristor，ETT）。由 ETT 组成的换流单元称为 ETT 换流器。ETT 工作原理：将阀控系统来的触发信号转化为光信号，由光纤将光信号传送到每个晶闸管级，在门极控制单元把光信号再次转换成电信号，经放大后触发晶闸管元件。这种触发方式利用了光电器件和光纤的优良特性，实现了触发脉冲发生装置和换流阀之间低电位和高电位的隔离，同时也避免了电磁干扰，减小了各元件触发脉冲的传递时差，使均压阻尼回路简化和小型化，同时使得能耗减小、造价降低，是当今直流输电工程的主流。

（2）光触发晶闸管（Light Trigger Thyristor，LTT）。由 LTT 组成的换流单元称为 LTT 换流器。LTT 工作原理：在晶闸管门极区周围，有一个小光敏区，当一定波长的光被光敏区吸收后，在硅片的耗尽层内吸收光能而产生电子空穴对，形成注入电流使晶闸管元件触发。这种触发方式与电触发方式相比，省去了控制单元的光电转换、放大环节及电源回路，简化了阀的辅助元件，改善了阀的触发特性，提高了阀的可靠性。

目前在运换流阀主要有 ABB 技术换流阀（电触发）、西门子技术换流阀（含光触发、电触发）和 AREVA 技术换流阀（光触发）。

1.1.1.2　换流阀结构设计

1. 阀结构

目前直流输电工程的阀塔均采用悬吊式设计，即换流阀通过绝缘子悬吊在阀厅顶部的钢梁上。按照每个阀塔包含单阀数量的不同，可划分为双重阀或四重阀：双重阀每个阀塔内含两个单阀，四重阀每个阀塔内含四个单阀。单重阀和多重阀连接方式如图 2-1-1 所示。

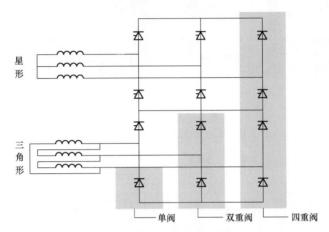

图 2-1-1　单重阀和多重阀连接方式示意图

2. 悬吊绝缘子

悬吊绝缘子位于顶部屏蔽罩和阀厅顶部钢梁之间、阀组件之间以及最下部组件与底屏蔽罩之间，所有这些绝缘子都是同一规格，仅最顶部的绝缘子长度不同。悬吊绝缘子的作用是将阀组件、顶部和底部屏蔽罩机械地串接在一起，组成一个水平方向可摆动的柔性结构，以满足抗振要求。由于阀内各层电位不同，为了保证层间的空气绝缘距离和爬电距离（简称爬距），采用具有足够长度和特殊外形的层间悬吊绝缘子，它们具有足够的机械强度和良好的电气绝缘性能。阀内上、下两个组件由绝缘铰链连接，这样当阀体摆动时，组件之间总是相互平行的，并始终平行于水平面。

3. 阀避雷器

阀避雷器用绝缘子悬吊于阀塔外侧。每个单阀配置有阀避雷器，防止换流阀承受过大电压。其通过软连接母线与每个单阀并联连接，形成柔性连接系统，从而满足机械应力及抗振设计的要求。阀避雷器如图 2-1-2 所示。

4. 屏蔽罩

屏蔽罩在四重阀的底部，表面光洁、平整，无毛刺和凸出部分，可有效降低静电放电的危险。屏蔽罩的边缘和棱角按圆弧设计，确保它们在高电压下对地没有火花放电。另外，底部屏蔽还装有漏水集水装置及漏水检测装置，可检测整个阀塔的漏水情况。

5. 硅堆

晶闸管硅堆主要包括晶闸管、散热器、碟形弹簧、绝缘板等。为保证散热充分，硅堆内散热器和晶闸管交叉叠放在一起，散热器通过两边的拉簧悬吊在绝缘板之间，晶闸管通过散热器上的塑料销钉卡在相邻的两个散热器之间，然后通过两端的压紧螺钉和碟形弹簧使它们压紧在一起。晶闸管硅堆如图 2-1-3 所示。

(a)

(b)

图 2-1-2　阀避雷器

（a）悬吊在阀厅内的避雷器；（b）未吊装的阀避雷器

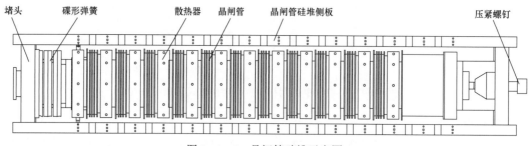

图 2-1-3　晶闸管硅堆示意图

6. 晶闸管散热器

由于晶闸管运行时对温度比较敏感，所以要求散热器具有较大的散热面积。散热器内部的冷却液高速流动，将晶闸管运行过程中产生的热量带走，确保晶闸管温度在允许范围内，同时，散热器也是晶闸管电流回路的一部分。

7. RC 阻尼回路

RC 阻尼回路由阻尼电容和阻尼电阻串联而成，阻尼电阻直接插入散热器中的孔中，采用间接冷却的方式进行散热。

8. 直流均压电阻

直流均压电阻由厚膜电阻器串联组成。安装时，直接用螺钉将直流均压电阻固定在散热器上，并用导线将其串联。电阻值取决于晶闸管两端所允许的最高电压和晶闸管控制单元测量装置的电流限值。

9. 均压电容

每个阀段并联一个均压电容，主要用来改善因杂散电容和暂态陡波冲击而造成在阀段间的电压分布不均匀。均压电容位于两个并排布置的硅堆的外侧。

10. 饱和电抗器

饱和电抗器外形尺寸的设计兼顾阀内元件数量尽可能少、质量尽可能轻和易于维护的要求，一个阀段内采用 2 个电抗器的形式。饱和电抗器采用水冷却方式。

11. 换流阀防火

换流阀在电气设计、材料选择和机械设计方面采用了提高换流阀防火性能的措施，主要包括以下几点：

（1）晶闸管级的阻尼回路采用单只阻尼电阻和单只阻尼电容串联，减少了电气连接的数量，从而减少了发热的风险。

（2）换流阀材料选择时，充分考虑材料的阻燃性能，采用无油化设计。阀内的非金属材料都是阻燃的，并具有自熄灭性能。

（3）采用组件结构，较大层间距可以有效防止火势的蔓延；整个阀层采用铝型材屏蔽罩，可以阻止火势的扩大。

（4）所有承受电压应力的绝缘件在设计时均采取了相应措施，避免漏水集中形成水通道，导致爬距的降低。

（5）换流阀组件内的所有器件处于同一水平位置，保证了较大的垂直绝缘距离，可防止火势扩大。

（6）印制电路板（PCB）采用阻燃 PCB 板。电路板采用立式安装，阻燃的 PCB 板也对火源起着隔离作用，而且晶闸管电压监测线路远离水路，降低了冷却水泄漏时被淋湿的可能性。

（7）主回路的元件基本都安装在阻燃的绝缘板上，这些绝缘板平行垂直安装，而且板子之间有较大的空间距离，对火源起着隔离作用。

（8）换流阀设计时采取了多种避免产生电晕的措施，以防在运行电压下绝缘材料性能降低。在开展换流阀型式试验和例行试验时，会对此特性进行检验。

12. 阀塔水冷却回路

阀塔水冷却回路设计的目的是把晶闸管换流阀在各种运行情况和环境温度下产生的绝大部分热损耗散去，使晶闸管的温度保持在较低的水平。水冷系统采用去离子水作为冷却剂，电导率极低，可以使漏电流维持在一个很低的水平，增强了晶闸管运行的可靠性，提高了功率传输能力。

1.1.1.3 换流阀控制

换流阀是直流输电系统中的关键设备，换流阀控制保护系统（简称阀控系统，CCP）是换流阀的核心。目前在运换流阀主要有 ABB 技术换流阀、西门子技术换流阀和 AREVA 技术换流阀，本教材以 ABB 技术换流阀为例进行介绍。

1. 阀控系统功能

阀控制单元（VCU）是极控制保护系统（简称极控系统，PCP）和晶闸管控制单元（TCU）的接口，它将来自极控控制脉冲发生器的控制脉冲（CP）转换为触发单个晶闸管的触发脉冲（FP），收集晶闸管控制单元反馈的晶闸管状态信息并进行处理，监视避雷器动作和阀塔漏水等。

阀控制单元包含互为备用的两套中央处理单元 PS900A（A 套和 B 套）以及共用的光接口板 PS906A。冗余的阀控制单元 A、B 通过光纤连接到上层极控系统。每块 PS906A 板内包含两套冗余的光驱动单元，冗余系统的公共连接点是 PS906A 板内的发光二极管，意味着阀控制单元到发光二极管驱动器回路采用冗余设计。

2. 阀控系统原理

在换流阀触发控制系统，控制脉冲发生器按一定的时间间隔发出控制脉冲 CPA 和 CPB 至相应的阀控制单元。阀控制单元将接收到的控制脉冲 CP 转换为触发脉冲 FP，并发送至光接口板 PS906A 中的 IR 二极管单元，IR 二极管单元将 FP 的电脉冲转换为光 FP 脉冲，通过光缆发送到晶闸管控制单元。光信号指示脉冲 IP 从晶闸管控制单元发出，用于指示相应晶闸管已承受正向电压。每个 IP 脉冲指示相应晶闸管的正常与否，通过晶闸管监视系统的信息，指示晶闸管状态。

3. 晶闸管级监视（THM）

（1）THM 是阀控制单元跳闸和报警信息的采集单元，收集故障晶闸管信息和来自阀控制单元的状态信息，并向 OWS（运行人员工作站）发出的相关事件信息。

（2）THM 按照双重化冗余配置，在两个系统都正常工作的情况下，可以在备用系统中调试程序。所有的阀控和阀监测都是从主用系统发出的。

（3）启动阀控制单元时，THM 经 CAN 总线发送一些跳闸和报警信号，还会为每个光接口板发送相应的晶闸管位置信息。

（4）当检测到故障晶闸管时，THM 就会向监控服务器发送事件信息。这些事件可通过"New thyristor failure"（新型晶闸管失效）触发动态事件功能分配地址。在 THM 中，实际的晶闸管位置信息可以通过选择程序进行选择监视。阀控制单元中央单元的报警信号作为数字单点事件分配到监控服务器中。

4. 晶闸管保护

（1）阀误触发保护。阀误触发保护作为控制脉冲发生器（CPG）的一部分，除了保护功能外还有很强的监视功能，监测控制脉冲发生器和阀控制单元之间的通信故障。该功能通过比较送到阀控制单元的 CP 与从阀控制单元发出的 FP 来检测无触发或误触发。如果收到 CP 时，FP 还没有收到，判定不触发；如果 FP 在 CP 脉冲间隔外则判定误触发。另外，监测不触发或误触发时，监测系统还会检查顺序传送的 12 个 CP 以及 CP-FP 时延，在工作系统中检测到故障会导致系统切换。

（2）保护触发。如果一个晶闸管出于某种原因在阀触发时没有得到 FP，那么这个晶闸管承受的电压会随着其他晶闸管的正常导通而升高。当电压达到晶闸管的一个预定水平时，晶闸管控制单元就会产生一个内部门极脉冲去触发此晶闸管从而保护其不被击穿。保护性触发（PF）会发送一个作为保护性触发指示的额外的指示脉冲（IP）。晶闸管监视系统以相同的方式监测健康的晶闸管。

1.1.2 换流阀冷却系统

1.1.2.1 换流阀冷却系统的分类

换流站阀冷却系统包括换流阀内水冷系统（简称阀内冷系统）和换流阀外冷系统（简称阀外冷系统）两部分。阀内冷系统是一个密闭的循环系统，它通过冷却介质的流动带走换流阀产生的热量，其冷却介质采用去离子水。其中一小部分经过水处理回路，在这个回路中冷却介质被持续进行去离子和过滤。

阀外冷系统根据冷却方式的不同分为换流阀外水冷（简称阀外水冷）和阀外风冷两种形式。阀外水冷系统是一个开放式的水循环系统，使用经过软化处理的水通过冷却塔持续对阀内水冷系统管道进行冷却，降低内冷水温度。

1.1.2.2 阀内水冷系统组成

1. 主循环泵

主循环泵的作用是提供系统循环的动力。阀内冷系统有两台主循环泵，一台运行，另一台备用。用于主循环泵的电动机是两速型的（高速和低速）。控制系统通过软启动器（早期工程使用变频器启动）来启动主循环泵高速运行，当主循环泵高速运行后，软启动器将被自动短接、退出运行。主循环泵及电动机如图 2-1-4 所示。

主循环泵为卧式结构，泵与电动机底座为单独的铸铁或钢座上，以免运行时产生振动造成轴封损坏。电动机与泵体之间采用弹性联轴器连接，弹性联轴器可对运行中的轻微振动进行缓冲。

主循环泵应设置机械密封，防止内冷水漏出。机械密封外应设置检漏装置，当有内冷水流出时，检漏装置可检测到主循环泵漏水并发出报警。

2. 主水过滤器

主水过滤器位于主循环泵出水管路，采用极微小不锈钢网孔烧结网滤芯，防止刚性颗粒进入阀体。主水过滤器两侧设置压差表，检测主水过滤器的堵塞情况。主水过滤器前后设置蝶阀，方便主水过滤器的清洗和更换。主水过滤器如图2-1-5所示。

图2-1-4　主循环泵及电动机

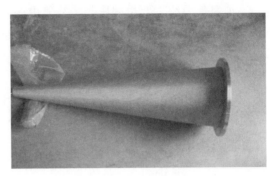

图2-1-5　主水过滤器

3. 脱气罐

脱气罐置于主循环冷却水回路主循环泵进口，罐顶设自动排气阀（阀冷室内管路最高点），可在阀内冷系统运行过程中彻底排出冷却水中气体。

4. 电加热器

电加热器置于脱气罐内，在内冷水温度设定值之上时不工作，其作用是在冬天温度极低及阀体停运时的冷却水温度调节，避免冷却水温度过低。如电加热器密封圈受损或老化，电加热器接线盒可能受潮引起绝缘降低，影响电加热器运行；因此，每年检修时都应对电加热器的密封情况进行检查。电加热器如图2-1-6所示。

5. 电动三通阀

电动三通阀置于主循环冷却水回路阀外冷却设备进水侧，使用一台电动机构，通过杠杆原理控制两个电动蝶阀开合，实现调节节流经阀外冷却设备的冷却水流量与不经过阀外冷却设备的冷却水流量的比例。电动三通阀通过内冷水温度控制开合角度，实现内、外循环流量的调整。

6. 去离子装置

去离子装置包括非再生离子交换树脂的离子交换器、高精度的精密过滤器、流量调节阀、流量传感器和去离子回路电导率传感器。去离子装置通过离子交换树脂对内冷水内的离子进行交换，软化内冷水水质，使电导率进一步降低。高精度过滤器可阻挡内冷水中微小的杂质，电导率传感器用于监视离子交换树脂是否失效。离子交换器如图2-1-7所示。

图2-1-6　电加热器

图2-1-7　离子交换器

7. 氮气稳压装置

为保证管路的内冷水压力恒定并充满管路，内冷系统配置氮气稳压装置。氮气稳压装置由膨胀罐、高纯氮气系统组成。膨胀罐用于缓冲内冷水因温度变化而产生的容量变化；配置磁翻板式液位计和电容式液位变送器，装在膨胀罐外侧，可显示膨胀罐中的液位及通过 PLC 发出液位报警信号。高纯氮气系统主要由减压阀、补气电磁阀、排气电磁阀、安全阀、氮气瓶、监控仪表等组成，通过各级阀门向膨胀罐内补充高纯氮气，以维持膨胀罐内压力稳定。氮气稳压装置如图 2-1-8 所示。

8. 高位水箱（如有）

为保证管路的内冷水压力恒定并充满管路，阀内冷系统可设置高位水箱。高位水箱位于阀内冷管道的最高点，通过重力作用将内冷水充满内冷管道。高位水箱应配置液位监视模块。

9. 补水回路

补水回路由原水罐、原水泵、补水罐和补水泵组成。补水罐用于存储补充内冷水，设置可视液位传感器。当膨胀罐液位降至设定点时，系统报警，补水泵将补水罐内的内冷水补充到膨胀罐，开始补水。当补水罐液位低于设定值时，提示操作人员启动原水泵补水，维持补水箱中的液位。原水泵如图 2-1-9 所示。

图 2-1-8　氮气稳压装置　　　　　图 2-1-9　原水泵

10. 管道及回路

所有的不锈钢设备、管道焊接采用氩弧焊工艺，并经过严格的试压、酸洗、清洗。现场管道采用厂内预制、现场装配形式，以确保质量、安全和施工的快捷。由于系统在高电压条件下工作，为避免冷却介质中存在杂质离子导致各元件之间形成漏电流，要求冷却介质具有很低的电导率；为保持冷却介质的低电导率，循环管路均采用 AISI304 以上材质不锈钢管。管道系统的最高位置设有特殊设计的自动排气阀，能自动有效地进行汽水分离和排气，保证最少的液体泄漏。为方便检修、维护及保养，阀冷却系统管道的最低位置设置了泄空阀，并保留有足够的检修空间。

11. 交流电源

阀内冷系统有四路交流电源，其中两路交流电源分别接入主循环泵动力柜，单独为两台主循环泵供电；另两路经交流动力柜形成交流母线后为阀内冷交流负荷供电。

12. 直流电源

阀内冷系统配置多路直流电源，其中两路组成 A 系统电源，另两路组成 B 系统电源，其他组成第三路仪表电源。直流电源经 DC/DC 转换模块变为低压直流电源，经二极管耦合模块选择一路，给传感器及其他仪器仪表供电。

13. 控制系统

控制系统是阀内冷系统的关键部分，目前在用阀内冷系统主要有高澜技术、许继技术和 Sweden Water 技术，本教材将对三家控制系统进行简介。

高澜与许继晶锐阀内冷系统采用两台冗余 PLC（采用西门子系列 PLC），实现对阀内冷系统的控制与保护。阀内冷的各传感器及信号通过 I/O 模块上传至 PLC，PLC 处理后通过 I/O 模块传递到相应设备进行控制调节。两台 PLC 之间接有同步光纤，使两台 PLC 信息同步。两台 PLC 一主一备，在主系统故障时自动切换主系统。

对于 Sweden Water 技术的阀内冷系统，阀控系统 CCP 是基于 MACH2 系统的分布式控制系统，为双重化设计（CCP A 和 CCP B），用于对换流阀内水冷系统和冷却塔进行控制和保护，对阀外水冷系统进行监视。它配备了与极控系统相连的接口，通过双重化的光通信桥（HDLC）与极控系统 PCP 连接。极控系统 PCP 实时监测 CCP 系统的运行状态，如果两个极控系统都检测到 CCP A、CCP B 均不在主用状态，将闭锁直流系统。CCP A 和 CCP B 两套系统互为备用，控制和保护逻辑功能均在 PS830 板卡中实现。

阀内冷控制系统用于控制主循环泵运行与切换，补水泵、原水泵运行与停止，电动三通阀的运行角度，电加热器的启停，氮气稳压装置的控制等。

（1）阀内冷保护。阀内冷系统配置温度保护、流量及压力保护、液位保护、微分泄漏保护、电导率保护。

（2）温度保护。温度保护配置 3 个进阀温度传感器和 2 个出阀温度传感器，进阀温度按"三取二"逻辑进行报警和跳闸，出阀温度投功率回降和报警（是否需要投功率回降功能按国家电网有限公司相关要求执行）。温度传感器如图 2-1-10 所示。

（3）流量及压力保护。流量及压力保护应在换流阀内水冷主管道上至少装设 2 个流量传感器，在换流阀主循环泵出口装设 3 个进阀压力传感器，在换流阀主循环泵进口装设 2 个出阀压力传感器；2 个流量传感器按"二取一"原则报警，当出现超低报警，且进阀压力低或高报警，按照换流阀提供的最低流量延时时间为准发跳闸请求；3 个流量传感器按"三取二"原则报警，当出现超低报警，且进阀压力低或高报警，按照换流阀提供的最低流量延时时间为准发跳闸请求；流量保护跳闸延时应大于主循环泵切换不成功再切回原泵的时间；主循环水流量保护投报警和跳闸，若配置了阀塔分支流量保护或主循环泵压力差保护，应投报警。

（4）液位保护。液位保护在膨胀罐或高位水箱装设电容式液位传感器和磁翻板式液位传感器，用于液位保护和泄漏保护；液位保护投报警和跳闸；膨胀罐液位变化定值和延时设置应有足够裕度，能躲过最大温度及传输功率变化引起的液位波动，防止液位正常变化导致保护误动。电容式液位传感器如图 2-1-11 所示。

（5）泄漏保护。微分泄漏保护投报警和跳闸，泄漏保护仅投报警；微分泄漏保护通过电容式液位传感器，按"三取二"逻辑设置；膨胀罐液位变化定值和延时设置应有足够裕度，能躲过最大温度及传输功率变化引起的液位波动，防止液位正常变化导致保护误动；微分泄漏保护可手动投退，在检修及内外循环方式切换、补排水过程中应进行泄漏屏蔽。

（6）电导率保护。电导率保护仅投报警。

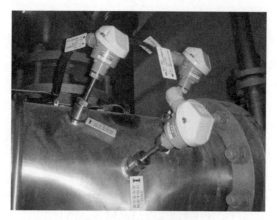

图 2-1-10 温度传感器

图 2-1-11 电容式液位传感器

1.1.2.3 阀外水冷系统组成

1. 冷却塔

冷却塔应采用引风式或鼓风式结构形式。在不影响进风的前提下，应在冷却塔侧风口处交错安装降噪棉或格栅挡板以防止杂物进入冷却塔。冷却塔采用冗余配置，总冷却容量的裕度应不小于设定值。冷却盘管应由多组蛇形换热管组成。阀外冷却塔如图 2-1-12 所示。

冷却塔风挡（若有）状态信号量不得用于判断冷却塔运行状态。冷却塔的布置应通风良好，远离高温或有害气体，并应避免飘逸水和蒸发水对环境和电气设备的影响。冷却塔设计时应采取积极措施降低噪声。

2. 冷却塔风机电动机

风机电动机应有相应的绝缘等级和防护等级，能在冷却系统要求的转速下运行；风扇电动机变频器保护配置应正确。

风扇电源回路应独立，单台风扇故障不得停运整台冷却塔。

3. 管路及阀门

管道及阀门配置应合理，且应加装阀门闭锁装置。喷淋泵前后应设置蝶阀，以便对喷淋泵进行在线检修、更换。蝶阀如图 2-1-13 所示。

图 2-1-12 阀外冷却塔

图 2-1-13 蝶阀

波纹补偿器的位置应充分考虑安装地点的管道应力、基础沉降、允许位移量和位移方向等因素，其材质及使用寿命在设备招标技术规范书中明确。

4. 喷淋系统

喷淋系统包括喷淋泵、喷淋水管道及其附件、排水泵等。

（1）喷淋泵选用卧式离心优质水泵，每台闭式冷却塔均配置两台喷淋循环水泵，互为备用。喷淋泵如图 2-1-14 所示。

（2）喷淋水管道及其附件。为保证水质，管道、阀门均采用优质不锈钢，确保系统的高稳定性与可靠性，为方便检修和维护，在泵的入口端设置泄空阀以彻底排空喷淋管道中的水。为实时观察喷淋泵运行情况，在喷淋泵出口设置压力表。

（3）喷淋泵坑内应设置集水坑，集水坑内必须设置规定数量的排水泵；排水泵应可同时启动，并应配置冗余设置的液位开关以控制排水泵的动作。阀厅配置适合主水管道安装的支架或固定装置。

5. 平衡水池

为了保证冷却塔喷淋水的稳定性和可靠性，室外设置地下水池，水池中配有液位传感器和液位开关，便于检测液位。

为了保证冷却塔喷淋水的稳定性和可靠性，室外将设置大约能储存 24h 用水量的地下水池。

6. 旁滤水处理设备

为提高阀冷却系统运行的可靠性，应配置喷淋水旁滤水处理设备，且旁滤水处理系统处理水量可按总循环水流量考虑。旁滤水处理系统如图 2-1-15 所示。

图 2-1-14　喷淋泵

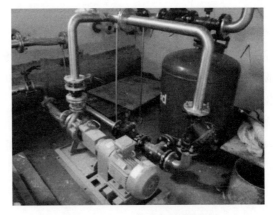
图 2-1-15　旁滤水处理系统

7. 控制保护

控制保护设备包括传感器和测量元件等。

（1）传感器应具有自检功能，当传感器故障或测量值超范围时能自动提前退出运行，不会导致保护误动。

（2）仪表、传感器、变送器等测量元件的装设位置和工艺应便于维护。除主水流量传感器外，其他测量元件应与管道之间采取隔离措施，能满足故障后不停运直流而进行检修及更换的要求。

8. 外冷电源

阀外水冷采用冷却塔（N 台冷却塔）模式，其交流电源配置方案宜使用 2N+2 路交流电源进线，其中 2N 路交流电源中每两路切换形成一段母线，只给喷淋泵和风机供电，且保证每台冷却塔的喷

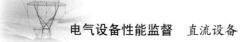

淋泵、风机供电分配在不同的母线段上。其他两路交流进线经过两套双电源切换装置后，形成两段母线供电，其他水处理及辅助设备可均匀分布在这两段母线上。

冷却风机电动机供电回路应增加工频强投功能，确保当变频器异常时，能自动投入工频回路运行。冷却风机的变频回路和工频回路应具有电气联锁隔离功能，避免变频和工频回路同时运行。

9. 主设备材料

换流阀冷却系统采用的是优质材料和先进工艺，并在各方面符合相关标准规定的质量、规格和性能。供应商应保证换流阀冷却系统在正确安装、正常操作和保养条件下，使用寿命不少于35年。

应采用洁净的管路系统或采用适当的防腐措施，避免与冷却水接触的各种材料（简称接液材料）中离子的过度析出，以保证循环冷却水的高纯度以及离子交换树脂的使用寿命。接液材料一般选择不锈钢06Cr19Ni10及以上等级的材质。

1.1.2.4 阀外风冷系统组成

1. 空气冷却器

空气冷却器主要由换热管束、管箱、风机、构架、楼梯、栏杆、检修平台、百叶窗等组成。空气冷却器作为阀冷却系统的室外换热设备，对阀内水冷系统冷却介质进行冷却，将内冷水温度、进阀温度控制在允许范围内。

2. 管路及阀门

管路与管道件采用自动氩弧焊接、经精细打磨工艺而成，外部亚光处理，无可见斑痕，内部经多道清洗，通过严格的耐压检验。现场管道安装采用厂内预制、现场装配的形式，杜绝了现场焊接后处理不善造成的一系列隐患。管路系统实施可靠接地，保持等电位，以杜绝可能产生的电腐蚀现象。

3. 电加热器

为了防止环境温度较低、系统负荷较小时阀内冷水温度过低，在空气冷却器总出口处的不锈钢罐体内设置一定数量的电加热器，用于对内冷水冷却液进行加热。在电加热器进出口均设置截断用的不锈钢阀门，在检修时可以方便地关掉相应阀门。

4. 风机

冷却风机电动机供电回路应增加工频强投功能，确保当变频器异常时，能自动投入工频回路运行。冷却风机的变频回路和工频回路应具有电气联锁隔离功能，避免变频和工频回路同时运行。

5. 控制保护

控制保护设备包括传感器和测量元件等。

（1）传感器应具有自检功能，当传感器故障或测量值超范围时能自动提前退出运行，不会导致保护误动。

（2）仪表、传感器、变送器等测量元件的装设位置和工艺应便于维护。除主水流量传感器外，其他测量元件应与管道之间采取隔离措施，能满足故障后不停运直流而进行检修及更换的要求。

6. 电源设计

现场端子箱不应交、直流混装，现场机构箱内应避免交、直流接线出现在同一段或串端子排上。

阀控室内的通风管道禁止设计在阀控屏柜顶部，以防冷凝水顺着屏柜顶部电缆流入阀控屏柜。

阀冷控制柜内照明电源用于检修和维护，其电源需独立于阀冷控制柜，禁止取自阀冷控制柜内的交流母线和电源，应单独取自站用电系统。

7. 主设备材料

换流阀冷却系统采用的是优质材料和先进工艺，并在各方面符合相关标准规定的质量、规格和性能。

应采用洁净的管路系统或采用适当的防腐措施，避免接液材料中离子的过度析出，以保证循环冷却水的高纯度以及离子交换树脂的使用寿命。

1.1.2.5 阀外风冷串联阀外水冷系统

部分换流站受所在的地区环境影响，采用外风冷系统，如灵宝背靠背换流站，使用大功率风扇对内冷水管道进行冷却。部分特高压输电工程，因水资源相对匮乏，单纯采用阀外风冷系统无法满足换热量要求的，在阀外风冷系统后串联阀外水冷系统作为备用，根据内冷水进阀温度控制阀外水冷系统投退。该串联系统组部件同阀外风冷系统和阀外水冷系统一致。

1.1.3 直流电流测量装置

1.1.3.1 直流大电流测量方法

1. 分流器法

利用电阻量具测量直流大电流是人们最早采用的一种方法，它是利用被测电流通过已知电阻上的电压降来测量电流大小。电阻量具通常有两种形式，一种是标准电阻，另一种是分流器。标准电阻法一般用于实验室，作为校验直流大电流测量装置的标准；分流器可以流过比标准电阻大得多的电流，用于测量大电流。

分流器一般由锰-镍-铜合金制成，有 2 个电流端子和 2 个电压端子。

利用分流器测量直流电流的优点是结构简单，无需辅助电源，测量准确度不受外磁场影响。分流器的缺点也很突出，接入系统时必须断开被测电流，且分流器功率消耗大，从而引起发热出现附加误差，所以分流器一般仅用于测量 10kA 以下的电流。

2. 霍尔变换器法

被测直流电流产生的磁场的大小可以表征被测电流的大小，而磁场大小可以通过霍尔变换器来测量，因此可以通过霍尔变换器间接测量电流大小。霍尔变换器的原理如图 2-1-16 所示。

载流半导体在磁场中会产生霍尔电动势。当在霍尔半导体薄片上的两个极 M、N 上加电压，施加一个控制电流 I_c，半导体薄片的垂直方向再加上被测电流的磁场 B，半导体载流子（电子和空穴，图 2-1-16 中以空穴为例）由于受到洛伦兹力 f 的作用，在薄片

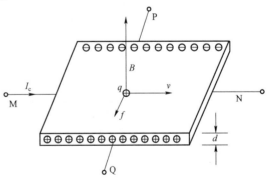

图 2-1-16 霍尔变换器原理图

的两个较长的边不断积累电荷，其中一边为正电荷，另一边为负电荷，于是就形成霍尔电场。该电场对载流子也产生力的作用，此时的载流子不但受到洛伦兹力，而且还受到霍尔电场的相反力作用，载流子在这两个力的作用下最终达到稳定状态。此时半导体薄片两个长边（P、Q 两个电极所对应的边）所呈现的电动势称之为霍尔电势，在理想情况下有：

$$U_h = R_h BI_c / d \tag{2-1-1}$$

式中：U_h 为霍尔电势；R_h 为霍尔效应系数；B 为磁感应强度；I_c 为外加控制电流；d 为霍尔片的厚度。

因此，通过霍尔电势 U_h 即可得到被测电流产生的磁感应强度 B，通过标定，从而得到被测电流值。这种测量装置的优点是灵敏度高，缺点是线性误差大。

3. 直流电流比较仪法

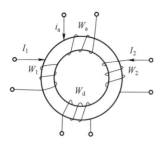

图 2-1-17　直流电流比较仪原理图

比较仪在电磁测量技术中应用十分广泛，有的比较仪将被测量与已知的同种类的量直接相比较，也有的将被测量和已知量变换为别的相同量间接相比较。直流电流比较仪属于后者，它是将被测电流和已知电流变换为与电流有关的磁学量进行比较。

直流电流比较仪的原理如图 2-1-17 所示，在图中所示的闭合铁心上，绕组 W_1 通过被测电流；绕组 W_2 称为平衡绕组，它通过的是已知电流或比较容易测定的电流；W_d 为检测绕组，判断铁心中的磁通势是否平衡。在利用比较仪测量直流电流时，根据平衡绕组通过已知电流所产生的磁通势与被测电流产生的磁通势相互平衡，从而确定被测电流。当这两个磁通势达到平衡时有：

$$I_1 W_1 = I_2 W_2 \tag{2-1-2}$$

式中：I_1 为被测电流；W_1 为被测电流绕组匝数；I_2 为已知电流；W_2 为平衡绕组匝数。

对于交流比较仪而言，因为交变电流产生交变的磁通，因此很容易从检测绕组测出是否达到磁通势平衡。但是对于直流比较仪而言没有这么简单，因为铁心磁通势不平衡时，铁心内部虽然存在一个恒定磁通，但是此时在检测绕组上不能产生感应电动势，无法判断磁通是否平衡。

为判断直流电流所产生的磁通势是否相互平衡，通常在铁心上再绕一个辅助绕组 W_a，用交流电流激励铁心，然后再进行检测。检测方法有两种：① 利用磁调制原理，根据检测绕组 W_d 感应电压中双倍于交流激励电源频率的分量来判断；② 利用磁放大器原理，根据辅助交流电路中电流奇次谐波的分量来判断。

4. 饱和电抗器式直流电流传感器

最早的饱和电抗器式直流电流互感器于 1936 年在德国问世，经过不断改进，准确度不断提高。它利用被测直流改变带有铁心扼流线圈的感抗，间接地改变辅助交流电路的电流，从而反映被测电流的大小。一种饱和电抗器式直流电流传感器的接线原理如图 2-1-18 所示。

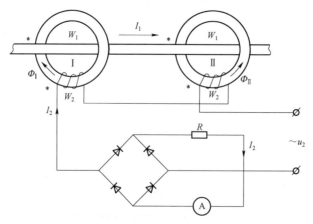

图 2-1-18　一种饱和电抗器式直流电流传感器接线原理图

直流电流互感器的两个闭合铁心是用导磁系数很高的铁磁物质制成的，且大小相同。一次绕组相同，其中通过直流被测电流 I_1。两个独立的二次绕组相同并反相串联，通过桥式整流器接到辅助交流电源上。假定铁心的基本磁化曲线为理想的矩形磁化曲线，则在很少的安匝下就可达到饱和。由于两个二次绕组相对连接，因而在辅助交流 I_2 的每半个周期中，一个铁心的交流分量与一次绕组直流所产生的磁通相加，同时在另一铁心里则相减。在磁通相减的铁心里，当 $I_1W_1 = I_1W_2$ 时，两部分安匝相等，磁通发生急剧的变化，使二次绕组感生电动势，如果略去互感器二次侧和负荷上的压降，则此电动势和二次侧加上的电流电压相平衡。在磁通相加的铁心中，由于二者磁通同向，磁感应强度不变。因此只要做到 $I_1W_1 = I_2W_2$，则二次电流大小同所加的交流电源大小无关，而与一次直流电流成正比。

5. 磁光效应法

在光学各向同性的透明介质中，外加磁场 H 可以使介质中沿磁场方向传播的线偏振光的偏振面发生旋转，这种现象称为法拉第（Faraday）效应或磁光效应，利用此原理可以实现直流电流的测量。法拉第磁光效应的原理如图 2-1-19 所示。

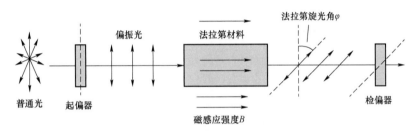

图 2-1-19　法拉第磁光效应原理图

线偏振光通过处于磁场中的法拉第材料（磁光玻璃或光纤）后，在与光传输方向平行的磁场 H 的作用下，偏振光的偏振面将会发生旋转，旋转角度 θ 由下式决定：

$$\theta = V \int_L H \mathrm{d}l \qquad (2-1-3)$$

式中：V 为材料的维尔德（Verdet）常数；H 为磁场强度；l 为光在材料中通过的路径。

当磁场 H 由待测载流导体的电流 i 产生，且光行进的路线围绕载流导体闭合时，由安培环路定律可知：

$$\theta = V \int H \mathrm{d}l = Vi \qquad (2-1-4)$$

因此，测出角度 θ 即可测出电流 i。

6. 其他方法

在电磁波作用下，原子核在外磁场中的磁能级之间的共振跃迁现象称为核磁共振（Nuclear Magnetic Resonance）。核磁共振法是近代测量均匀恒定磁场最精密的一种方法，它是利用具有自旋角动量的原子核在恒定磁场中会引起振动，其振动频率与磁感应强度成比例这一原理来实现的。20 世纪 70 年代，苏联的斯佩克托尔将这一原理用来测量直流大电流。

采用该方法测量直流大电流，只要保证一次变换器的误差较小，就可以获得较高的测量准确度。但是核磁共振测量磁场需要昂贵的仪器设备及复杂的检测方法，目前还不能在现场高压下进行实时测量。

1.1.3.2 换流站用直流电流测量装置

1. 直流电流测量装置概述

直流电流测量装置也称为直流电流互感器,用于将一次直流大电流按一定比例转换成低压信号,供二次系统控制、保护和录波使用,保证直流输电系统可靠、稳定、安全地运行。根据不同的测量原理,人们研制了各种直流电流测量装置,其性能比较见表 2-1-1。

表 2-1-1　　　　　　　　　　　　不同原理的直流电流测量装置性能比较

性能	分流器法	霍尔变换器式	直流电流比较仪	饱和电抗器式	磁光效应法
响应速度	快	较快	慢	较慢	快
测量范围	<10kA	宽	100kA	>100kA	较宽
准确度	较高	差	高	较差	中
温度影响	较小	较大	较小	较小	大
消耗功率	大	较大	较大	较大	无
辅助电源	无	有	有	有	无
高压绝缘	好	较差	较差	较差	好
外磁场影响	无	易受影响	影响小	易受影响	影响小
系统复杂性	易	较易	较复杂	较易	复杂
短时过载能力	较强	较差	较差	较差	强

（1）采用分流器原理的直流电流测量装置在换流站中应用很多,常见类型为光电型。这种电流测量装置的特征为测量直流电流精度高,高电位一般采用光能电子设备,利用光纤传输信号没有电磁干扰问题,不含铁心故没有磁饱和及磁滞现象,体积小、结构简单。但是分流器本身消耗功率大,一般仅用于测量 10kA 及以下的额定直流电流。

（2）霍尔变换器式直流电流测量装置在冶金行业直流电解槽的电流测量中得到了较广泛的应用,但这种电流检测方式的不足在于霍尔元件性能易受温度影响,另外长期的测量准确度也难以保障。

（3）基于直流比较仪原理的直流电流测量装置在换流站中应用较多,常见类型为零磁通型。这种电流测量装置既能够测量直流电流,也能够测量交流电流。它的优点是准确度较高,可以较容易达到 0.2 级;缺点是绝缘水平较低,难以实现高压极线上的直流电流测量。

（4）饱和电抗器式直流电流测量装置具有功率消耗较小、稳定可靠、二次负载能力较强等优点。但其测量准确度不够高,需要交流或直流辅助电源,尤其在直流高压情况下,绝缘的要求将使辅助设备的体积大大增加,因此它只适用于较低的电压等级。

（5）采用磁光效应法的直流电流测量装置,实用化比较成功的是全光纤型。这种类型的测量装置技术门槛较高,目前只有少数几家厂家能够生产,价格昂贵。

目前,直流输电工程中采用的直流电流测量装置主要分为光电型和零磁通型两大类。

（1）光电型总体上分为两种:一种是基于分流器、罗氏线圈（Rogowski Coil,罗哥夫斯基线圈）或者低功率线圈（Low Power Current Transformer,LPCT）原理的有源型;另一种是基于磁光效应的全光纤型，也就是无源型；它们都可以简称为光电流互感器（光 TA）。根据《高压直流输电系统直流电流测量装置　第 1 部分：电子式直流电流测量装置》（GB/T 26216.1—2019）的称谓，光电型也可以统称为电子式直流电流测量装置。

（2）零磁通型基于直流比较仪原理，根据《高压直流输电系统直流电流测量装置　第 2 部分：电磁式直流电流测量装置》（GB/T 26216.2—2019）的称谓，零磁通型也称为电磁式直流电流测量装置。

目前国内直流输电系统采用的直流电流互感器有南瑞继保公司、瑞典 ABB 公司、德国西门子（Siemens）公司、Ritz 公司、荷兰 Hitech 公司、法国 AREVA 公司等公司的产品。其中，瑞典 ABB 公司、德国西门子公司的产品主要为电子式；德国 Ritz 公司、荷兰 Hitech 公司、法国 AREVA 公司的产品主要为电磁式。

直流输电系统的换流装置是一个谐波器，它在交流侧和直流侧产生谐波电压和谐波电流。对直流输电系统谐波电流的测量非常重要，这是对系统运行状态的实时监测，为系统的控制和保护提供数据。目前，换流站极母线高压侧一般采用有源电子式直流电流测量装置，其内部有分流器和罗氏线圈两种传感器，分流器用于测量直流大电流，罗氏线圈测量谐波分量；直流滤波器场高压侧一般采用低功率线圈原理的有源电子式直流电流测量装置测量交流电流；中性线区域的谐波电流测量采用电磁式直流电流测量装置。

2. 直流电流测量装置配置实例

某±500kV 换流站直流场电流测量装置的配置情况（仅包括单极和中性线部分）如图 2-1-20 所示。极母线上为有源电子式直流电流互感器，传感器类型为分流器和罗氏线圈两种，既能测直流电流，也能测谐波电流。直流滤波器场的高压侧电流互感器和电容器组不平衡电流互感器为有源电子式直流电流互感器，传感器为低功率线圈，测量交流电流。中性线区域母线上为电磁式电流互感器。中性线区域内，电容器和避雷器接地端的互感器为常规交流电流互感器；直流滤波器场低压侧（靠近中性线区域）的互感器也为常规交流电流互感器。

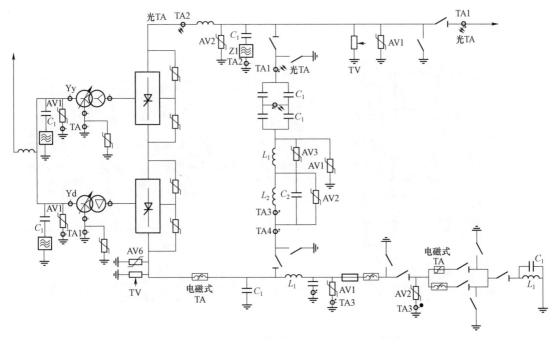

图 2-1-20　某±500kV 换流站直流场电流测量装置配置图

⚡—有源电子式直流电流互感器；▨—电磁式电流互感器；⏀—常规交流电流互感器

为了便于理解，以换流站实际设备为例，极母线电子式电流互感器如图 2-1-21 所示，阀厅内极母线电子式电流互感器如图 2-1-22 所示，直流滤波器场高压侧电子式电流互感器如图 2-1-23所示；直流滤波器场电容器组不平衡电子式电流互感器如图 2-1-24 所示。

(a)　　　　　　　　　　　　　　　(b)

图 2-1-21　换流站极母线电子式电流互感器

（a）±800kV 换流站电子式电流互感器；（b）±500kV 换流站电子式电流互感器

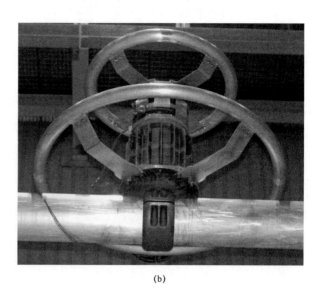

(a)　　　　　　　　　　　　　　　(b)

图 2-1-22　换流站阀厅内极母线电子式电流互感器

（a）互感器及悬挂绝缘子；（b）互感器本体

(a)　　　　　　　　　　　　　　(b)

图 2－1－23　换流站直流滤波器场高压侧电子式电流互感器

（a）±800kV 换流站电子式电流互感器；（b）±500kV 换流站电子式电流互感器

(a)　　　　　　　　　　　　　　(b)

图 2－1－24　换流站直流滤波器场电容器组不平衡电子式电流互感器

（a）±800kV 换流站电子式电流互感器；（b）±500kV 换流站电子式电流互感器

　　除了直流场区域外，在某些换流站中，交流滤波器场也配置有源电子式电流互感器，其配置如图 2－1－25 所示。交流滤波器场高压侧电流互感器 TA1、电容器组不平衡电流互感器 TA2 为电子式电流互感器，传感器采用低功率线圈，测量交流电流。换流站交流滤波器场高压侧电子式电流互感器如图 2-1-26 所示，换流站交流滤波器场电容器组不平衡电子式电流互感器如图 2-1-27 所示。

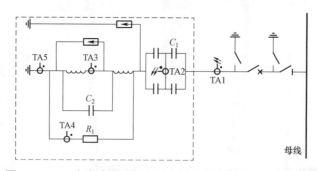

图 2-1-25　交流滤波器场有源电子式电流互感器配置示意图

图 2-1-26　换流站交流滤波器场
高压侧电子式电流互感器

图 2-1-27　换流站交流滤波器场电容器组
不平衡电子式电流互感器

1.1.3.3　有源电子式直流电流互感器

有源电子式直流电流互感器（OCT）可以应用在换流站的直流场极线、阀厅极线、交直流滤波器场电容器组附近等位置，测量电流从几十安到几千安不等，被测电流可以是直流电流，也可以是谐波电流。

有源电子式直流电流互感器的主要特征包括：测量直流电流精度高，高电位采用光能电子设备，光纤信号传输系统没有电磁干扰问题，用光缆做信号传输系统实现高低电位信号的完全隔离，不饱和、测量范围大、频带宽、体积小、质量轻、结构简单。与零磁通型相比，其对地绝缘支柱直径小，电子回路更加简单，对减少闪络故障、减少电磁干扰具有显著优势。但是，有源电子式直流电流测量装置的响应速度目前还不及零磁通型。

有源电子式直流电流互感器主要由一次传感器、信号采集及数据处理模块、光纤传输系统、光供电部件等部分组成。有源电子式直流电流互感器的典型结构如图 2-1-28 所示，有源电子式直流电流互感器测量回路如图 2-1-29 所示。

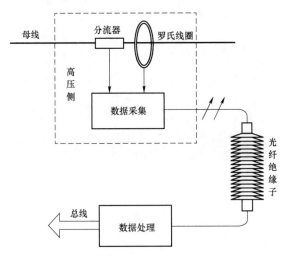

图 2-1-28　有源电子式直流电流互感器典型结构示意图

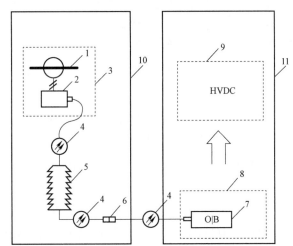

图 2-1-29　有源电子式直流电流互感器测量回路示意图

1—高压直流母线；2—远端模块（一次电流转换器）；3—电子式电流互感器本体；4—光纤；

5—高压绝缘子；6—光纤接线盒；7—光接口板；8—控制保护主机；

9—HVDC（高压直流）控制保护系统；10—户外部分；11—户内部分

1. 一次传感器

有源电子式直流电流互感器测量直流电流时一次传感器采用分流器，测量交流电流时一次传感器采用罗氏线圈或者低功率线圈，直流和交流两类传感器也可以同时使用。

某直流输电工程有源电子式直流电流互感器一次传感器俯视图如图 2-1-30 所示。

分流器作为一次传感器测量直流电流时，具有结构简单、不需辅助电源、不受外磁场影响等显著优点；结合光纤传输信号，可将分流器无电隔离的不足转化为易于绝缘的优势。

分流器一般利用由锰—铜合金制成低欧姆四端电阻，其电流端子接入被测电路，而电压降则由电位端子引出。分流器实际是具有分布参数的无源四端元件。不同结构类型的分流器结构如图 2-1-31 所示。

图 2-1-30　有源电子式直流电流互感器一次传感器俯视图

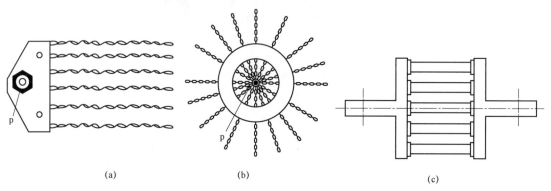

(a)　　　　　　　　　　　(b)　　　　　　　　　　　(c)

图 2-1-31　不同结构类型的分流器示意图

(a) 绞线式分流器侧视图；(b) 绞线式分流器正视图；(c) 笼式分流器

罗氏线圈是空心线圈，多由漆包线均匀绕制在环形骨架上而成。骨架采用塑料、陶瓷等非铁磁材料，其相对磁导率与空气的相对磁导率相同，这是空心线圈有别于带铁心线圈的显著特征。

低功率线圈是传统带铁心线圈的一种发展形式，按照高阻抗设计，饱和特性得到改善，扩大了测量范围，降低了功率消耗；对应的互感器大多可以准确地测量高达短路电流的电流值。

2. 信号采集及数据处理模块

直流电流信号采集处理模块的作用是将高压侧含有被测电流信息的电压信号转换成数字信号，再变换成光信号，通过光纤以光脉冲的形式传输至低压侧。模块包括模拟前端调理部分、A/D 转换器及其参考基准、控制器、光电转换及信号传输部分。其中影响整体准确度、可靠性和稳定性的关键器件是 A/D 转换器和控制器。模块中的电源电路由位于控制保护屏内的光电源通过光纤进行供电。某直流输电工程有源电子式直流电流互感器高压端的数据处理模块与传输光纤连接图如图 2-1-32 所示。

由于分流器输出的直流电流信号在直流场换流站的工作环境下属于弱电信号，同时它还有可能伴有谐波及噪声等方面的干扰，所以在设计时还要考虑一定的抗干扰性能。

3. 光纤传输系统

当装置应用于高压系统时，需要利用高压绝缘子进行绝缘。光纤回路一般预埋设在绝缘子内，作为信号传输通道，将高压侧直流电流信号传输至低压侧，起到传输数据和光供能的作用，因此直流电流互感器的主绝缘主要由光纤绝缘子承担。将光纤依附于绝缘子需要采用特殊工艺，同时也会对绝缘子的绝缘性能产生影响。

（a）　　　　　　　　　　　　　（b）

图 2-1-32　有源电子式直流电流互感器高压端数据处理模块与传输光纤连接图

（a）侧视图；（b）俯视图

4. 光供电部件

对于有源电子式直流电流互感器而言，由于高压侧存在信号采集电路，必须要对电子电路提供电源；因此高压侧电子模块的供电成为一项重要技术，换流站常见方式为光供电方式。

光供电方式是从低电位发射激光，光二极管发出的光能通过光纤传送到高压侧，由光电转换器件将光能量转换为电能，再将此电能供给高压电子电路。其突出优点是能量以光的形式通过光纤传输，完全实现高、低压之间电的隔离，不受电磁干扰的影响，稳定可靠，也不受电网波动等外界因素的影响，可长期安全、可靠地供电，同时有利于电力系统向光纤化、数字化的方向发展。光供电方式的不足在于传输的能量有限，较大功率激光器长期工作的可靠性有待提高。

现以某±500kV 换流站为例进行说明，该站的电子式直流电流测量装置包括直流极线高压侧电子式电流互感器、极线阀厅内电子式电流互感器以及直流滤波器支路电子式电流互感器。其中，极线阀厅内电子式电流互感器、直流极Ⅰ母线高压侧电子式电流互感器为 ABB 公司产品，极Ⅱ母线高压侧电子式电流互感器为 Schniewindt（斯尼汶特）公司产品，均采用相同的配置方式，保证二次输出特性一致。该±500kV 换流站极Ⅰ母线高压侧电子式电流互感器如图 2-1-33 所示，对应的设备参数见表 2-1-2。

图 2-1-33　某±500kV 换流站极Ⅰ母线高压侧电子式电流互感器

表 2-1-2　　　　某±500kV 换流站极Ⅰ母线电子式电流互感器设备参数

名称/项目	设备参数
型式或型号	直流极Ⅰ线路侧：COCT/X-OIB 加罗氏线圈 五通道，1.66V/3000A
	阀厅内：COCT-OIB 四通道，1.66V/3000A
	直流滤波器高压侧：COCT-OIB 四通道，1.66V/3000A

名称/项目	设备参数
标称直流电压	500kV DC
外绝缘电压等级	515kV DC
一次最大持续直流电流（2h）	3600A
稳态直流测量界限	4487A/3s
暂态测量界限	18kA
额定二次测量比率（V/A）	1.66/3000
雷电波全波冲击耐压（1.2/50μs）	1412kV（峰值）
操作波冲击耐压	1364kV（峰值）
1min 工频耐压	631kV
直流电压耐受及局部放电水平（60min）	773kV
额定短时热电流（1s）	11.2kA（极线和阀厅有源电子式直流电流互感器）
	28kA（滤波器支路有源电子式直流电流互感器）
额定动稳定电流	28kA（极线和阀厅有源电子式直流电流互感器）
	71kA（滤波器支路有源电子式直流电流互感器）
直流电流测量系统的精度	（0～134%）I_d，0.5%
	（134%～300%）I_d，1.5%
	（300%～600%）I_d，10%
自振频率	极线有源电子式直流电流互感器：0.85Hz

1.1.3.4　电磁式直流电流互感器

电磁式直流电流互感器是一种高精度、无触点的电流测量装置，可以在毫安至千安级的测量范围内保持测量精度，具有很高的稳定性和较大的信噪比，时间响应快，有良好的动态性能。电磁式直流电流互感器主要用于测量直流场中性线上的直流电流和谐波电流，它由安装于绝缘子上的一次载流导体、铁心、绕组和二次控制部分等部件组成。电磁式直流电流互感器的原理基于完全的磁通势平衡。

电磁式直流电流互感器典型结构原理如图 2-1-34 所示，电路部分的主要部件及功能如下。

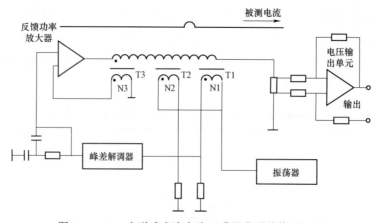

图 2-1-34　电磁式直流电流互感器典型结构原理图

（1）振荡器：辅助电路的激励电源，它将高频激励电流输入调制检测绕组 N1 和 N2。

（2）峰差解调器：将调制检测绕组检测出的有用峰差信号，转换成一个直流控制电压。

（3）反馈功率放大器：对解调器输出的直流电压信号进行放大，供给二次绕组，形成反馈电流，实现一、二次安匝平衡。

（4）电压输出单元：输出运算放大器对负载电阻上的电压信号进行放大并输出。

峰差解调器是电磁式直流电流互感器的核心。振荡器把高频激励电流施加于两个反向串接的调制检测绕组 N1 和 N2 上，使调制铁心每周期进入适当饱和状态。被测直流电流和反馈放大器输出电流在每一个检测铁心内将建立一个合成直流磁通势，称之为净直流磁通势。净直流磁通势代表了电磁式直流电流互感器的误差分量。这样在任一瞬间，如一个检测铁心上的合成磁通势由净直流磁通势和激励电流建立的磁通势（激励磁通势）相加，则在另一个铁心上一定是磁通势相减。

当净直流磁通势为零时，由于两个调制检测铁心的对称性，每个调制解调绕组采样电阻上的电压相等，功率放大器的输入差分电压为零。当净直流磁通势不为零时，依据之前的分析，相对于两个调制解调绕组中激励磁通势，净直流磁通势的方向是相反的。调制解调绕组采样电阻上的电压一个变大，另一个变小。功率放大器输入差分电压变大，输出电流使得净直流磁通势变小，进而其输入差分电压变小，直到达到一个平衡状态。在该平衡状态下，存在一个微小的净直流磁通势，该净直流磁通势使得峰差解调器产生一个控制电压，这个控制电压维持着反馈电流。

很显然，净直流磁通势表征着电磁式直流电流互感器的测量误差。定义电磁式直流电流互感器开环增益为功率放大器输出的直流电压与净直流磁通势的比值，也称该开环增益为磁调制器的灵敏度。如果开环增益非常大，一个微小的净直流磁通势即可维持系统的平衡，直流电流测量误差越小。然而开环增益越大，也会带来系统不稳定的问题。这是实验室用直流电流比较仪和换流站用电磁式直流电流互感器的一个重要区别。

电磁式直流电流互感器的主要优点是准确度较高，可以很容易达到 0.2 级；缺点是绝缘水平较低，难以实现高压极线上的直流电流测量。

现以某换流站为例进行说明，该站的电磁式直流电流互感器都采用户外油浸式互感器，类似于油浸倒立式电流互感器，该换流站中性线电磁式直流电流互感器如图 2-1-35 所示。每个互感器包括安装在一次导电体上的作为采样的二次测量线圈以及位于控制室内的电子模块，整合为一个宽带的可以测量交、直流电流的电磁式电流互感器。每套互感器含 3 个独立的一次传感器单元。每个传感器单元含 4 套相互独立的电子模块，分别输出 2 个测量信号和 2 个保护信号。该换流站中性线电磁式直流电流互感器典型电气参数见表 2-1-3。

图 2-1-35　某换流站中性线电磁式直流电流互感器

表 2-1-3　　　　　　　某换流站中性线电磁式直流电流互感器典型电气参数

名称	设备参数
型式或型号	自立式 OSKFG10
最大直流电压	±15kV DC
额定一次直流电流	3000A
一次最大持续直流电流（2h）	3600V DC
稳态直流测量界限	4487A

续表

名称	设备参数
暂态测量界限	18kA
二次测量铁心及绕组数	3 分裂单元
额定二次测量比率（V/A）	1.667/3000
雷电波全波冲击耐压（1.2/50μs）	125kV（峰值）
额定短时热电流（持续时间）	11.2kA（1s）
额定动稳定电流	28kA（峰值）
直流电流测量系统的精度	（0～134%）I_d，0.2%
	（134%～300%）I_d，1.5%
	（300%～600%）I_d，10%

　　另一种电磁式直流电流互感器的结构形式为 T 型，它有左右两个绝缘子用于支撑一次导电杆并隔离高低电位，内部的一次导电部分通过绝缘油与外部绝缘，中部的传感器部分（二次绕组及其相关部件）处于地电位，钢质构架直接与中部的传感器部分连接。其结构类似于油浸正立式电流互感器，结构如图 2－1－36 所示。

(a)

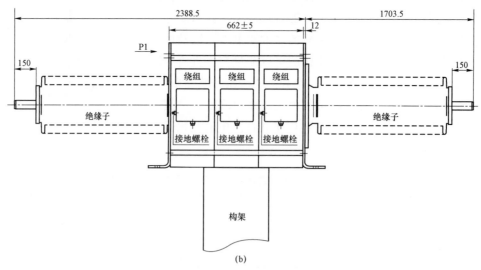

(b)

图 2－1－36　T 型电磁式电流互感器结构图

（a）实物图；（b）结构示意图

1.1.3.5 无源电子式直流电流互感器

无源电子式直流电流互感器又称全光纤电流互感器（all-Fiber Optical Current Transformer，FOCT），相对传统的电磁式直流电流互感器，具有绝缘性好、抗电磁干扰能力强、动态范围大、频带宽、质量轻、体积小、安全性高以及可测交、直流信号等优点。它适应电力系统数字化、智能化和网络化发展的需要，将来可能成为数字化变电站电流测量装置的首选。

全光纤电流互感器利用法拉第磁光效应原理来测量电流。法拉第磁光效应是指由于待测电流产生的磁场作用，当一束线性偏振光通过放置在磁场中的法拉第材料（如磁光玻璃）时，若磁场方向与光的传播方向相同，则光的偏振面将产生旋转，旋转角正比于磁场强度沿偏振光通过材料路径的线积分。由于磁场强度与产生磁场的电流成正比，因此检测偏振面旋转角度便可求得被测电流。全光纤电流互感器的工作原理如图 2-1-37 所示。

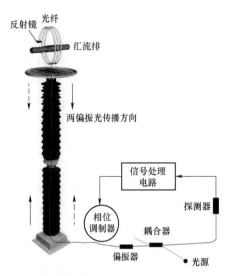

图 2-1-37　全光纤电流互感器工作原理图

全光纤电流互感器典型光路系统如图 2-1-38 所示，主要由超辐射发光二极管（Super Luminescent Diode，SLD）光源、分束器、起偏器、检偏器、相位调制器、保偏光纤延迟线、波片、传感光纤和光电探测器等器件组成。

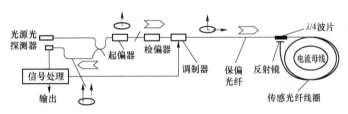

图 2-1-38　全光纤电流互感器典型光路系统示意图

由光源发出的光经过耦合器进入起偏器变为线偏振光，光纤起偏器的尾纤与光纤检偏器的尾纤以 45°熔接。这样的话，偏振光就被平分为两部分，分别沿保偏光纤的 X 轴和 Y 轴传输。这两个正交模式的线偏振光在相位调制器处受到相位调制，经保偏光纤延迟线后这两束光经过 $\lambda/4$ 波片，分别变成左旋和右旋的圆偏振光，并进入传感光纤。由于传输电流会产生磁场和在传感光纤中的法拉第磁光效应，这两束圆偏振光的相位会发生变化（$\Delta\theta=2VNI$），并以不同的速度传输，在反射膜端面处反射后，两束圆偏振光的偏振模式互换，再次穿过传感光纤，使磁光效应产生的相位加倍（$\Delta\theta=4VNI$）。在两束光再次通过 $\lambda/4$ 波片后，恢复成为线偏振光。分别沿保偏光纤 X 轴、Y 轴传播的光在光纤偏振器处发生萨格纳克（Sagnac）干涉。两偏振光相干叠加如图 2-1-39 所示。通过测量相干的两束偏振光的非互易相位差，就可以间接地测量出导线中的直流电流值：

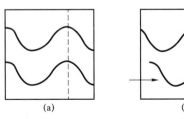

图 2-1-39　两偏振光相干叠加示意图
（a）没有出现相位差；（b）出现了相位差

$$I_\mathrm{d} = \frac{I_0}{2}(1 + \cos\varphi_\mathrm{s}) \qquad (2-1-5)$$

式中：φ_s 为两路相干偏振光的相位差，$\varphi_\mathrm{s}=4VNI$；V 为维尔德常数；N 为光纤绕载流导体的圈数；I_0 为穿过光纤环的电流强度，为峰值光强（$\varphi_\mathrm{s}=0$ 时的干涉信号光强）。

目前，制约全光纤电流互感器大范围推广应用的主要是温度、振动等因素对精度和稳定性的影响。因此，减小这些因素引入的误差成为全光纤电流互感器必须解决的问题，下面以温度因素的影响为例简要说明。

在实际应用中，全光纤电流互感器受环境温度影响较大的主要是室外部分光路，包括传输光缆和光纤敏感环。传输光缆使用的光纤为保偏光纤，其光学特性对温度不是很敏感，因此受环境温度影响较小。光纤敏感环包含 $\lambda/4$ 波片、传感光纤圈和反射镜三部分，其中受温度影响较严重的器件是 $\lambda/4$ 波片和传感光纤圈。

1.1.4　直流电压测量装置

1.1.4.1　直流高电压测量方法

在电学上，测量直流高电压可分为直接测量法和间接测量法两种。直接测量法是通过观测直流高电压直接作用产生的物理效应来确定电压大小。间接测量则需要通过电阻变换，把直接高电压变换为直流低电压或直流小电流，然后通过直流电压表或直流电流表测量后计算出被测直流高电压的大小。与直接测量法相比，间接测量方法使用更为普遍。

1. 静电电压表法

加电压于两个相对的电极，由于两个电极上分别充上异性电荷，电极就会受到静电机械力的作用。测量此静电力的大小或是测量由静电力所引起的某一极板的偏移（或偏转）来反映所加电压大小的表计称为静电电压表。静电电压表可用于测量直流高电压。

静电电压表有两种类型，一种是绝对仪静电电压表，另一种是工程上应用的静电电压表，是非绝对仪。

为了测量方便，工程上常应用结构简单的非绝对仪静电电压表，其测量不确定度一般为 1%～3%，量程可达 1000kV。这种非绝对仪静电电压表在测量电压时，可动电极可产生位移（偏转），可动电极移动（偏转）时，张丝所产生的扭矩或是弹簧的弹力等产生反力矩，当反力矩与静电场力矩平衡时，可动电极的位移（偏转）到达一稳定值。与可动电极连接在一起的指针或反射光线的小镜子就指出了被测电压数值。静电电压表如图 2-1-40 所示。非绝对仪静电电压表需要用别的测量仪表来校正它的电压刻度。

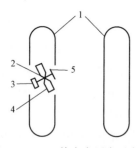

图 2-1-40　静电电压表示意图
1—电极；2—张丝；3—反射镜；
4—阻尼片；5—活动电极

普通高压静电电压表在使用时，应注意高压源及引线对仪表的电场影响，引线应水平地从接地极板后侧引入。因为仪表虽已有电场屏蔽装置，但外界电场的影响仍然存在。若静电电压表的安放位置（或方向）或是高压引线的路径处置不当，往往会造成显著的测量误差。此外，高压静电电压表不像低压表那样四周已被封闭起来，所以不宜在有风的环境中使用，否则活动电极会被风吹动，造成测量误差。

2. 电阻串联直流电流表法和电阻分压法

间接法测量直流高电压一般包括电阻串联直流电流表法和电阻分压法。

（1）电阻串联直流电流表法是将直流电压施加在高阻值电阻两端，用直流电流表测量流过电阻的电流，然后按照欧姆定律计算出直流电压大小，测量原理如图 2－1－41（a）所示。但是这种方法测量准确度不高，当被测直流电压较高时，如果接入的电阻阻值太低，会导致电阻发热严重，使得电阻阻值发生变化；如果接入的电阻阻值过高，又会使流过电阻的电流太小而影响测量准确度。

（2）电阻分压法是利用电阻分压器将直流高电压转换成直流低电压，用直流电压表测量此直流低电压，然后将测量得到的直流低电压乘上电阻的分压比，就可以得到被

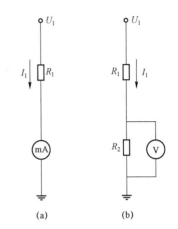

图 2－1－41　间接法测量直流高电压原理图
（a）电阻串联直流电流表法；（b）电阻分压法

测直流高电压的大小，测量原理如图 2－1－41（b）所示。由于电阻分压器和直流电压表的准确度很高，因此这种方法准确度很高。

在电阻分压法测量系统中，由于电阻分压器工作在高电压下，容易受到外部电场的干扰；同时，由于被测直流电压高，分压器发热会导致分压器的分压比发生变化。因此，电阻分压器成为这种测量方法的主要误差来源。

3. 光电式电压测量法

光电式电压互感器（Optic－electric Voltage Transformer，OVT）从测量原理上大致可分为基于普克尔（Pockels）效应、克尔（Kerr）效应、逆压电效应、电致伸缩效应这几类。目前，研究制作的光电式电压互感器大多是基于普克尔效应。

晶体折射率随外加电压呈线性变化的现象称为线性电光效应，即普克尔效应。普克尔效应只存在于无对称中心的晶体中。普克尔效应有两种工作方式：① 通光方向与被测电场方向重合，称为纵向普克尔效应；② 通光方向与被测电场方向垂直，称为横向普克尔效应。

基于普克尔效应制作的光电传感器具有体积小巧、抗电磁干扰能力强、测量回路和高压回路彻底隔离以及无爆炸危险等优点。但是，由于基于普克尔效应的光电式电压互感器结构复杂、对晶体加工精度要求高、对环境温度较敏感等因素，大大限制了光电式电压互感器的工程实际应用，目前还未应用于直流输电工程。

4. 其他测量直流高电压的方法

用直流高压加速电子束产生 X 射线，根据量子力学，电子从电场获得的能量与电子波频率相关，通过光谱法测量频率后可计算出施加在加速电极上的电压值。用这种方法测量 40～120kV 的直流电压，误差可小于 0.15%。如果改用超导谐振腔测量频率，不确定度则可达到 1.2×10^{-4}。测量 10kV 等级的直流电压，还可以用电压天平实现电场力与重力的平衡，再用电磁学公式计算出电场力，并根据当地的重力加速度计算出电压值。

1.1.4.2　换流站用直流电压测量装置

1. 直流电压测量装置概述

直流电压测量装置的主要作用是在满足一定准确度的要求下，将需要测量的一次直流高电压按一定比例转换成低压信号，供二次系统的控制、保护和录波使用。同时，直流电压测量装置还应具

有一定的电气隔离功能，起到电气隔离一次直流高压和二次测量保护系统的作用，保证工作人员及二次设备的安全。

直流电压测量装置的低压输出信号通常是多路输出，根据二次测量系统和二次保护系统对输入低压信号的要求不同，低压输出信号既可能是数字量，也可能是模拟量；即可能是电信号，也可能是光信号。直流电压测量装置也称为直流电压互感器。

目前，换流站中应用的直流电压测量装置基本都是分压器型，因此，直流电压测量装置也称为直流分压器。

直流电压测量装置的生产厂家主要有南瑞继保、西电集团、Schniewindt、ABB、西门子等。

极线上的直流电压测量装置，其额定电压与极线电压相同，常用的电压等级有±500、±660、±800kV以及近几年建设的±1100kV。此外，新兴的高压柔性直流输电工程中，极线上的电压等级有±320、±200、±30kV等。

2. 直流电压测量装置配置实例

在换流站中，需要分别对极线电压和中性线电压进行测量，因此，通常在极线上和中性线上各配置一台直流电压互感器。某±500kV换流站直流电压测量装置配置如图2-1-42所示（仅包括单极和中性线部分）。

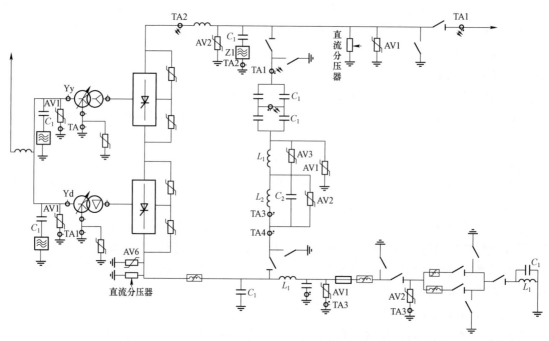

图2-1-42 某±500kV换流站直流电压测量装置配置图

极线上的直流电压互感器一般位于极线的母线上，在平波电抗器和直流滤波电容器组后面，极母线上的直流电压互感器如图2-1-43所示。中性线上的直流电压互感器一般位于换流站阀厅内，直接接在换流阀组的中性线出线位置，中性线上的直流电压互感器如图2-1-44所示。

1.1.4.3 分压器型直流电压测量装置

分压器型直流电压测量装置主要由直流场中的阻容分压器、将信号传输至控制室的传输回路以及负责信号调理和转换的二次转换器三部分组成，分压器型直流电压测量装置系统组成如图2-1-45所示。

(a)

(b)

图 2-1-43　极母线上的直流电压互感器

（a）±800kV 换流站设备；（b）±500kV 换流站设备

(a)

(b)

图 2-1-44　中性线上的直流电压互感器

（a）实物图；（b）结构示意图

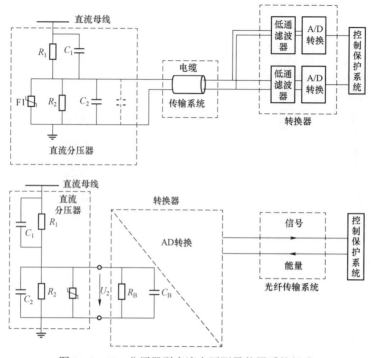

图 2-1-45　分压器型直流电压测量装置系统组成

R_1—高压臂电阻；R_2—低压臂电阻；C_1—高压臂电容；C_2—低压臂电容；

F1—低压臂电压保护装置

1. 阻容分压器

阻容分压器是在电阻分压器的基础上，为了增大分压器的纵向电容，改善分压器上的电位分布，减小对地杂散电容的影响发展而来的。

阻容分压器是直流电压互感器的核心部件，它由高压臂和低压臂串联而成，高压臂由电阻和电容器并联组成，低压臂由电阻、电容器、避雷器以及测量元件组成。按本体一次绝缘介质不同，阻容分压器可分为充气式和充油式两种类型，目前应用最普遍的为充 SF_6 气体的分压器。充气式分压器密度计如图 2-1-46 所示。

(a)

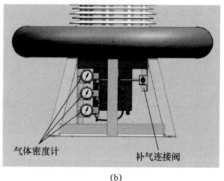

气体密度计　　　　补气连接阀

(b)

图 2-1-46　充气式分压器密度计

（a）实物图；（b）结构示意图

（1）分压器中电阻部分的主要作用是将极母线上的直流高电压按照一定的比例转换成直流低电压，因此高压臂电阻 R_1 和低压臂电阻 R_2 的比值应该满足一定的准确度要求。在直流输电系统中，直流电压互感器的准确度一般要求满足 0.2%。为了达到直流电压互感器整体准确度 0.2% 的要求，对高压臂电阻 R_1 和低压臂电阻 R_2 的稳定性分别做出了相应的规定：高压臂电阻 R_1 的稳定性要求不大于 0.1%，低压臂电阻 R_2 的稳定性要求不大于 0.05%。

（2）分压器中电容部分的主要作用是均匀雷电冲击电压的分布，以防止阻容分压器在雷电冲击电压到来时因电压分布不均而损坏。当雷电冲击电压到来时，对纯电阻直流高压分压器来说，由于存在对地杂散电容的影响，使得纯电阻分压器上的冲击电压分布极不均匀，靠近高压侧的电阻元件承受的冲击电压将远大于中低压侧电阻元件承受的冲击电压，这极有可能造成靠近高压侧的电阻元件击穿损坏，从而导致整个分压器的损坏。在纯电阻分压器上并联电容，能够有效减小杂散电容对冲击电压分布的影响，从而使冲击电压分布均匀，有效提高了分压器的耐受雷电冲击电压的能力。为了保证二次侧的安全，在低压臂上并联一个电压限制装置 F1，以限制抽头与地之间的电压。

2. 传输回路

直流电压信号的传输回路既可以采用电缆，也可以采用光纤。当采用电缆传输信号时，直流场中分压器输出的低压模拟信号通过电缆传输接入分压板或者放大器，经转换后再进入控制保护系统到控制室内，由控制室内的二次转换器转换为控制保护系统需要的信号。当采用光纤传输信号时，位于直流场分压器底部的二次转换器将分压器输出的低压模拟信号就地转换为数字光信号，通过光纤传输到控制室内。采用电缆传输信号的优点在于传输系统结构简单，但是由于电缆传输的是模拟电信号，容易受到电磁干扰；采用光纤传输信号的优点在于信号抗干扰能力强，缺点在于位于直流场的二次转换器受环境的影响，容易发生故障，影响可靠性。

3. 二次转换器

根据接入的控制保护系统的要求，控制室内或现场的二次转换器将测量回路输出的测量信号进行多路滤波、放大、A/D 转换等处理后，转换为控制保护系统所需的信号。当阻容分压器的输出信号通过光纤传输时，二次转换器还要进行相应的电光转换等。

某 ±800kV 直流工程的直流电压测量装置部分电气参数见表 2-1-4。

表 2-1-4   **某 ±800kV 直流工程直流电压测量装置部分电气参数**

项目	单位	极母线	中性线（送端）	中性线（受端）
额定直流电压	kV（DC）	800	60	4
最大持续直流电压	kV（DC）	816	95	20
测量范围	kV（DC）	±1200	±120	±90
瞬时测量范围	kV（DC）	±1200	±393	±341
额定电流（通过分压电阻）	mA（DC）	2.0	2.0	2.0
电阻稳定性要求（高压臂）	%	<0.1	<0.1	<0.1
电阻稳定性要求（低压臂）	%	<0.05	<0.05	<0.05
测量精度（0～40℃）	%	<0.2	<0.2	<0.2
测量精度（-15～0℃，40～50℃）	%	<0.3	<0.3	<0.3

1.1.5 接地极

1.1.5.1 接地极系统

1. 基本概念

高压直流接地极系统是指在高压直流输电系统中，为实现正常运行或故障时以大地或海水作为电流回路的运行而专门设计和建造的一组装置的总称，它主要由接地极线路、接地极馈电电缆和接地极组成。

（1）接地极线路：连接换流站中性母线与接地极馈电电缆的架空线路。

（2）接地极馈电电缆：连接接地极和接地极线路的电缆。

（3）直流接地极：放置在大地中，在直流电路的一点与大地间构成低阻通路，由可以通过持续一定时间电流的一组导体及活性回填材料组成。

（4）接地极极址：接地极所在地点。

（5）极址设备：包括电容器、电抗器、引流线、馈电电缆、渗水井、检测井、引流井、极环及极址附属设备。极址与接地极线路以终端塔导线悬垂线夹极址侧出口处第一个间隔棒为界，极址侧所有电气设备（包括第一个间隔棒）属于极址设备。

2. 系统实例

下面以常规直流±500kV 德阳换流站为例，介绍直流接地极系统。德阳换流站接地极包括站内临时接地装置、接地线路和站外接地极。站内接地极主要包括断路器、直流隔离开关、滤波装置、电磁式电流互感器等设备。德阳换流站接地极线路如图 2－1－47 所示。

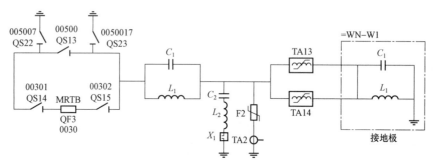

图 2－1－47　德阳换流站接地极线路示意图

德阳换流站站外接地极极址位于四川省安县永河，采用架空线路接入，接地极线路全长 25.3km，共有铁塔 80 基。接地极采用双环异型浅埋水平布置，外环长 2319m，内环长 1950m，内外环共计长 4269m。馈电棒（包括引流棒）总长 4658m，采用 $\phi70$ 低碳钢棒，埋设深度 3.5m；焦炭截面为正方形，外环边长 1.0m，内环边长 0.8m，焦炭量 4176m³；导流系统采用地下电缆引流方式，从德阳换流站引来的接地极线路经终端塔后通过地下馈电电缆与极环相连。16 根电缆分 4 路，每路 4 根电缆，从极址中心引向位于内极环和外极环的引流井。永河接地极极环布置如图 2－1－48 所示。

1.1.5.2 接地极装置功能单元

1. 极环单元

（1）极环布置。按极址导电媒质的不同，直流输电接地极可分为海洋接地极、海岸接地极和陆地接地极三类。在选择极址时，应根据换流站所在地理位置和附近环境条件，通过技术经济论证及综合考虑，择优选择接地极类型。

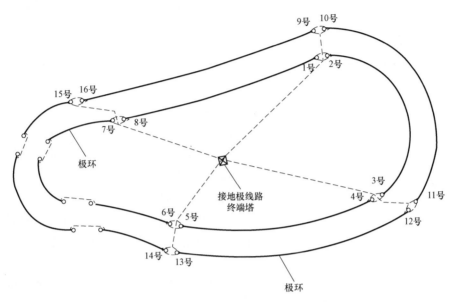

图 2-1-48　永河接地极极环布置示意图

接地极馈电元件布置型式可采用水平型和垂直型两种。设计时，应根据系统条件、极址地形条件及土壤电阻率参数分布情况，通过技术经济综合比较确定接地极的布置型式。

水平型接地极可分为普通型、紧凑型和分体式接地极。在极址条件良好且不受约束的情况下，宜选用普通型接地极。当极址条件受到限制时，可采用紧凑型或分体式接地极。

在一个接地极极址不能满足接地极技术要求情况下，可采用分体式接地极。设计分体式接地极时，宜通过合理布线和调节相关线路参数，使流过接地极的电流与其长度大致成比例。必要时，可通过选择分导流线型号或在其中一条支路中串入均流装置来调节电流。在受到接地极极址场地尺寸限制，采用常规接地极设计其主要特征参数难以满足要求时，可以采用紧凑型接地极。

紧凑型接地极是通过在部分支路上串入电阻装置，控制电流分配以改善接地极主要特征参数。设计时，应结合接地极极址土壤参数，深入研究电极布置、电阻装置参数对接地极特征参数的影响，优化电极布置和电阻装置参数配置，改善特征参数（或压缩占地面积）的效果。

垂直型接地极底端埋深一般为数十米，少数达到数百米。其最大优点在于跨步电位差较小，占地面积较小，且由于这种接地极可直接将电流导入地层深处，因而对环境的影响较小。

直流接地极一般是由馈电元件和活性材料构成，且水平或垂直于地面布置。水平型电极宜采用方形或矩形断面，垂直型电极断面宜为圆形，馈电元件位于中央，四周填充焦炭。电极断面如图 2-1-49 所示。

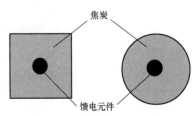

图 2-1-49　电极断面示意图

（2）活性材料。活性填充材料应采用石油焦炭。石油焦炭材料必须经过 1350℃煅烧，驱散其挥发成分。要求煅烧后的石油焦炭的含碳量不低于 95%，挥发性不大于 0.5%，含硫量不大于 1%，其物理特性见表 2-1-5。

表 2-1-5 接地极石油焦炭的物理特性

电阻率（当容重为 1.1g/cm³ 时）*	<0.3Ω·m
容重	0.9（1.1）g/cm³
密度	2g/cm³
空隙率	45%（55%）
热容率	>1.0J/（cm³·K）

* 采用《接地降阻材料技术条例》（DL/T 380—2010）提供的测量方法测量。

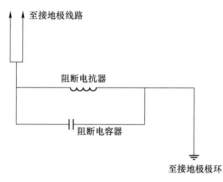

图 2-1-50 接地极中心设备区电气接线示意图

2. 导流系统单元

（1）中心设备区。接地极线路应经中心设备区内的电抗器、电容器后接至管型母线，通过连接在管型母线上的导流电缆引接至接地极极环。中心设备区的电气接线如图 2-1-50 所示。

阻断电容器应采用套管式电容器，阻断电抗器应采用干式空心电抗器。阻断电抗器、电容器应接在管型母线之前。

（2）导流电缆。导流电缆采用直埋敷设，埋深一般为 1.5m；电缆周围宜填充黄沙，黄沙上方用混凝土预制板覆盖，以防止来自地面因耕种等原因造成的破坏。

对于水平浅埋型双环直流接地极，其内、外环电极均应分隔成 4 段，以便监测和检修。且当其中一段退出运行（或检修）时，其他段仍然能够在所规定的最大过负荷电流下安全可靠运行。首尾不连续的馈电元件的间隔不应大于 2m。在极环的分段处应设检测井，用于导流电缆接入和接地极运行期间的状态检测。

（3）配电电缆。对于采用高硅铬铁等导电性能较差的材料，应敷设配电电缆。配电电缆沿电极直埋敷设，埋深一般为 1.5m；电缆周围填充黄沙，黄沙上方用混凝土盖板覆盖。配电电缆与馈电元件之间用馈电元件自带的引流电缆连接，每 8 根高硅铬铁棒的引流电缆与配电电缆在一处放热焊接，高硅铬铁棒长度一般为 1.5m，棒与棒之间间隔 0.5m。配电电缆与导流电缆间也应采用放热焊接，焊接应牢固可靠并用环氧树脂可靠密封，包封长度不小于 500mm，焊接的接触电阻不应大于同等长度原规格材料的电阻。接地极极环的一般平面布置如图 2-1-51 所示。

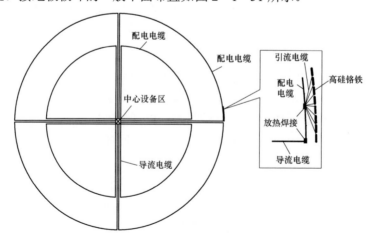

图 2-1-51 接地极极环平面布置示意图

1.1.5.3 接地极装置关键元件

1. 馈电元件

馈电元件即为放置在大地（或水）中的接地导体，其作用是将直流输电系统经接地极线路传导而来的电流导入大地（或水）中，馈电元件周围通常填充石油焦炭。馈电元件材料应具有良好的导电性能和抗腐蚀性能，机械加工方便、无毒副作用、经济性好，一般采用碳钢、高硅铸铁、高硅铬铁、石墨等。馈电元件一般为棒型，目前工程中馈电元件一般采用低碳钢棒或高硅铬铁棒（自带引流电缆），其外观分别如图 2-1-52 和图 2-1-53 所示，其化学成分分别见表 2-1-6 和表 2-1-7。为保证馈电元件的正常工作，馈电元件需满足腐蚀寿命要求，即馈电棒具有足够的半径并满足材质要求；石油焦炭敷设厚度需满足温升要求，即任意点的最高温度不得超过所在位置的水的沸点，水的沸点应计及海拔和水压的影响。

图 2-1-52 低碳钢棒

图 2-1-53 高硅铬铁棒（自带引流电缆）

表 2-1-6 　　　　　　　　　碳 钢 化 学 成 分

牌号	等级	脱氧方法	化学成分	质量分数（%，≤）
Q235	B	F、Z	碳	0.20
			硅	0.35
			锰	1.40
			磷	0.045
			硫	0.045
			铬	0.30
			镍	0.30

续表

牌号	等级	脱氧方法	化学成分	质量分数（%，≤）
Q235	B	F、Z	铜	0.30
			氮	0.008
			砷	0.080
			铁	其余部分

表 2-1-7　　　　　　　　高硅铸铁和高硅铬铁化学成分　　　　　　　　（%）

化学成分	高硅铸铁	高硅铬铁
硅	14.25～15.25	14.25～15.25
锰	＜0.5	≤0.5
碳	＜1.4	＜1.4
磷	＜0.25	＜0.25
硫	＜0.1	＜0.1
铬	0	4～5
铁	＞82.5	＞77.5

2. 石油焦炭

馈电元件周围通常填充石油焦炭。直流接地极采用的石油焦炭须经 1350℃ 温度的煅烧并为粉末状，其化学成分、物理特性需满足要求；敷设厚度需满足温升要求，即任意点的最高温度不得超过所在位置水的沸点，水的沸点应计及海拔和水压的影响。石油焦炭的化学成分见表 2-1-8，颗粒成分占比见表 2-1-9。

表 2-1-8　　　　　　　　　石 油 焦 炭 化 学 成 分　　　　　　　　　（%）

湿度	＜0.1	湿度	＜0.1
挥发性	≤0.5	硅	＜0.06
灰尘	＜1.0	碳	≥95
硫	＜1.0	其他	余量
铁	＜0.04		

表 2-1-9　　　　　　　　　石油焦炭的颗粒成分占比

筛号	占比（%）	筛号	占比（%）
13×25cm	5	80cm	25～30
25×40cm	10～15	100cm	余量
40×80cm	20～25		

3. 导流线（电缆）

导流线是连接母线与馈电电缆的主干支路，它将直流输电系统经接地极线路传导而来的电流传输到馈电电缆。导流线可以采用架空线或埋地电缆，早期工程为节省投资一般采用架空线，现在工程一般采用 6kV 单芯交联聚乙烯电力电缆。导流线需满足使用条件（如直埋）、载流量等要求，电缆中间不允许接头。在设计时，需通过技术经济比较，明确采用架空线或埋地电缆；导流线绝缘水平应满足最大暂态过电流下不发生闪络或击穿，导流电缆选择、敷设、连接应满足环境、温度、绝缘等相关要求。

4. 馈电电缆

馈电电缆是连接导流线和馈电元件的电缆的总称，当馈电元件采用高硅铬铁棒时，馈电电缆即为配电电缆、引流电缆。其中，引流电缆由高硅铬铁棒自带，当馈电元件采用低碳钢棒时，一般无馈电电缆，即导流电缆直接与低碳钢棒连接或通过引流棒连接。馈电电缆的要求与导流电缆相同。

1.2 换流阀、直流测量装置及接地极技术监督依据的标准体系

1.2.1 换流阀

大功率晶闸管换流阀设备包含换流阀本体、阀冷系统、阀控系统等诸多单元，因此其标准体系包含对多类单元技术条件、设计选型、安装施工、交接试验、运行维护、状态评价、竣工验收等方面的要求以及国家电网有限公司发布的一系列反事故措施文件，具体分类如下。

1. 大功率晶闸管换流阀及其功能单元产品技术要求

主要是指对大功率晶闸管换流阀内部晶闸管、阀避雷器等功能单元的使用条件、额定参数、设计与结构以及试验等方面的相关要求，具体包括：

《高压直流输电换流阀水冷却设备》（GB/T 30425—2013）；

《继电保护和安全自动装置技术规程》（GB/T 14285—2006）；

《高压直流换流站设计技术规定》（DL/T 5223—2019）；

《±800kV 级直流系统电气设备监造导则》（Q/GDW 1263—2014）；

《特高压直流输电换流阀技术规范》（Q/GDW 10491—2016）；

《±800kV 级直流输电用换流阀通用技术规范》（Q/GDW 288—2009）；

《防止电力生产事故的二十五项重点要求》（国能安全〔2014〕161 号）；

《国家电网公司关于印发防止直流换流站单、双极强迫停运二十一项反事故措施的通知》（国家电网生〔2011〕961 号）；

《国家电网有限公司关于印发十八项电网重大反事故措施（修订版）的通知》（国家电网设备〔2018〕979 号）；

《国家电网公司特高压变电站和直流换流站技术监督服务管理标准》（生直流函〔2011〕32 号）。

2. 大功率晶闸管换流阀及其功能单元设计选型标准

主要是指电网规划设计单位在开展大功率晶闸管换流阀本体选型、参数核算及设计等工作时依据的产品设计、计算规程及选用导则，具体包括：

《高压直流换流站设计技术规定》（DL/T 5223—2019）；

《特高压直流输电换流阀技术规范》（Q/GDW 10491—2016）；

《国家电网有限公司关于印发十八项电网重大反事故措施（修订版）的通知》（国家电网设备〔2018〕979 号）；

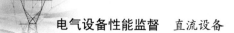

《国家电网公司关于印发防止直流换流站单、双极强迫停运二十一项反事故措施的通知》（国家电网设备〔2011〕961号）；

《国网运检部关于印发换流站阀厅防火改进措施讨论会纪要的通知》（运检一〔2013〕356号）。

3. 大功率晶闸管换流阀安装施工及验收规范

主要是指设备安装单位在开展大功率晶闸管换流阀安装工程的施工与质量验收时依据的相关规范，具体包括：

《±800kV及以下换流站换流阀施工及验收规范》（GB/T 50775—2012）；

《±800kV换流站换流阀施工及验收规范》（Q/GDW 1221—2012）；

《±800kV级直流系统电气设备监造导则》（Q/GDW 1263—2014）；

《特高压直流输电换流阀技术规范》（Q/GDW 10491—2016）；

《高压直流输电换流阀运行规范》（Q/GDW 492—2010）；

《±800kV换流站大型设备安装工艺导则》（Q/GDW 255—2009）；

《±800kV换流站屏、柜安装及二次回路接线施工及验收规范》（Q/GDW 224—2008）。

4. 大功率晶闸管换流阀检测试验标准

主要是指设备检测试验负责单位在开展大功率晶闸管换流阀现场调试、交接试验以及检验测量等工作时依据的相关标准，具体包括：

《电气装置安装工程　电气设备交接试验标准》（GB 50150—2016）；

《高压直流设备验收试验》（DL/T 377—2010）；

《高压直流换流站设计技术规定》（DL/T 5223—2019）；

《特高压直流输电换流阀技术规范》（Q/GDW 10491—2016）；

《±800kV直流系统电气设备交接验收试验》（Q/GDW 1275—2015）；

《输变电设备状态检修试验规程》（Q/GDW 1168—2013）；

《国家电网有限公司关于印发十八项电网重大反事故措施（修订版）的通知》（国家电网设备〔2018〕979号）；

《国家电网公司关于印发防止直流换流站单、双极强迫停运二十一项反事故措施的通知》（国家电网设备〔2011〕961号）；

《国网运检部关于印发换流站阀厅防火改进措施讨论会纪要的通知》（运检一〔2013〕356号）。

5. 大功率晶闸管换流阀运维检修相关标准

主要是指设备运维单位在开展大功率晶闸管换流阀状态检修、运行维护、预防性试验及状态评价等工作时依据的相关标准，具体包括：

《输变电设备状态检修试验规程》（Q/GDW 1168—2013）；

《高压直流输电换流阀运行规范》（Q/GDW 492—2010）；

《高压直流输电换流阀检修规范》（Q/GDW 493—2010）；

《高压直流输电换流阀状态评价导则》（Q/GDW 498—2010）；

《国网运检部关于加强换流站接头发热治理工作的通知》（运检一〔2014〕143号）；

《国网运检部关于加强换流站阀塔漏水治理，落实阀塔检修"十要点"的通知》（运检一〔2015〕42号）。

6. 大功率晶闸管换流阀技术监督相关标准

主要是指技术监督单位在开展大功率晶闸管换流阀全过程技术监督时依据的相关规定，具体包括：

《国家电网公司特高压变电站和直流换流站技术监督服务管理标准》（生直流函〔2011〕32 号）。

7. 大功率晶闸管换流阀反事故措施发文

主要是指在大功率晶闸管换流阀设计选型、运输、安装、试验、验收和运行维护等全过程管理方面制订的一系列反事故措施，具体包括：

《国家电网有限公司关于印发十八项电网重大反事故措施（修订版）的通知》（国家电网设备〔2018〕979 号）；

《国家电网公司关于印发防止直流换流站单、双极强迫停运二十一项反事故措施的通知》（国家电网设备〔2011〕961 号）。

1.2.2 换流阀冷却系统

1. 换流阀冷却系统及其功能单元产品技术要求

主要是指对换流阀冷却系统的使用条件、额定参数、设计与结构以及试验等方面的相关要求，具体包括：

《高压直流输电换流阀水冷却设备》（GB/T 30425—2013）；

《高压直流输电换流阀冷却系统技术规范》（Q/GDW 1527—2015）；

《高压直流输电换流阀冷却系统运行规范》（Q/GDW 528—2010）；

《高压直流输电换流阀冷却系统检修规范》（Q/GDW 529—2010）；

《±800kV 级直流系统电气设备监造导则》（Q/GDW 1263—2014）；

《高压直流输电换流阀冷却系统技术规范》（Q/GDW 527—2010）；

《换流阀冷却系统标准化设计指导书（试行）》。

2. 换流阀冷却系统及其功能单元设计选型标准

主要是指对换流阀冷却系统内电器设备以外的设备的设计标准，具体包括：

《旋转电机 定额和性能》（GB/T 755—2019）；

《固定式压力容器安全技术监察规程》（TSG 21—2016）；

《换流阀冷却系统保护技术规范（试行）》的通知（国家电网生输电〔2009〕203 号）。

3. 换流阀冷却系统安装施工及验收规范

主要是指设备安装单位在开展换流阀冷却系统安装工程的施工与质量验收时依据的相关规范，具体包括：

《高压直流输电换流阀水冷却设备》（GB/T 30425—2013）；

《高压直流输电换流阀冷却系统技术规范》（Q/GDW 1527—2015）；

《±800kV 级直流系统电气设备监造导则》（Q/GDW 1263—2014）；

《国家电网公司关于印发防止直流换流站单、双极强迫停运二十一项反事故措施的通知》（国家电网设备〔2011〕961 号）；

《国家电网有限公司关于印发十八项电网重大反事故措施（修订版）的通知》（国家电网设备〔2018〕979 号）。

4. 换流阀冷却系统检测试验标准

主要是指设备检测试验负责单位在开展换流阀冷却系统现场调试、交接试验以及检验测量等工作时依据的相关标准，具体包括：

《高压直流输电换流阀水冷却设备》（GB/T 30425—2013）；

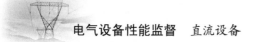

《直流输电阀冷系统仪表检测导则》（DL/T 1582—2016）；

《高压直流输电换流阀冷却系统技术规范》（Q/GDW 1527—2015）。

5. 换流阀冷却系统运维检修相关标准

主要是指设备运维单位在开展换流阀冷却系统状态检修、运行维护、预防性试验、状态评价等工作时依据的相关标准，具体包括：

《高压直流输电换流阀水冷却设备》（GB/T 30425—2013）；

《高压直流输电换流阀检修规范》（Q/GDW 493—2010）；

6. 换流阀冷却系统技术监督相关标准

主要是指技术监督单位在开展换流阀冷却系统全过程技术监督时依据的相关规定，具体包括：

《国家电网公司关于印发电网设备技术标准差异条款统一意见的通知》（国家电网科〔2014〕315 号）；

《国家电网公司特高压变电站和直流换流站技术监督服务管理标准》（生直流函〔2011〕32 号）；

《国家电网公司电网实物资产管理规定》（国家电网企管〔2014〕1118 号）；

《国家电网公司电网设备状态检修管理规定》［国网（运检/3）298—2014］；

《国家电网公司电网设备缺陷管理规定》［国网（运检/3）297—2014］；

《国家电网公司电网备品备件管理规定》［国网（运检/3）410—2014］。

7. 换流阀冷却系统反事故措施发文

主要是指在流阀冷却系统设计选型、运输、安装、试验、验收和运行维护等全过程管理方面制订的一系列反事故措施，具体包括：

《国家电网公司关于印发防止直流换流站单、双极强迫停运二十一项反事故措施的通知》（国家电网生〔2011〕961 号）；

《国家电网有限公司关于印发十八项电网重大反事故措施（修订版）的通知》（国家电网设备〔2018〕979 号）。

1.2.3　直流电流测量装置

直流电流测量装置标准体系包含对多类单元技术条件、设计选型、安装施工、交接试验、运行维护、状态评价、竣工验收等方面的要求以及国家电网有限公司发布的一系列反事故措施文件，具体分类如下。

1. 直流电流测量装置及其功能单元产品技术要求

主要是指对直流电流测量装置及其内部功能单元与绝缘介质的使用条件、额定参数、设计与结构以及试验等方面的相关要求，具体包括：

《互感器　第 1 部分：通用技术要求》（GB 20840.1—2010）；

《互感器　第 8 部分：电子式电流互感器》（GB/T 20840.8—2007）；

《高压直流输电系统直流电流测量装置　第 1 部分：电子式直流电流测量装置》（GB/T 26216.1—2019）；

《高压直流输电系统直流电流测量装置　第 2 部分：电磁式直流电流测量装置》（GB/T 26216.2—2019）；

《电力用电流互感器使用技术规范》（DL/T 725—2013）；

《高压直流输电直流电子式电流互感器技术规范》（Q/GDW 10530—2016）。

2. 直流电流测量装置及其功能单元设计选型标准

主要是指电网规划设计单位在开展直流电流测量装置选型、参数核算以及设计等工作时依据的产品设计、计算规程及选用导则，具体包括：

《导体和电器选择设计技术规定》（DL/T 5222—2005）；

《高压直流换流站设计技术规定》（DL/T 5223—2019）；

《电力用电流互感器使用技术规范》（DL/T 725—2013）；

《±800kV 直流换流站设计技术规定》（Q/GDW 1293—2014）。

3. 直流电流测量装置安装施工及验收规范

主要是指设备安装单位在开展直流电流测量装置安装工程的施工与质量验收时依据的相关规范，具体包括：

《电气装置安装工程　电力变压器、油浸电抗器、互感器施工及验收规范》（GB 50148—2010）；

《电气装置安装工程质量检验及评定规程　第 3 部分：电力变压器、油浸电抗器、互感器施工质量检验》（DL/T 5161.3—2018）；

《±800kV 及以下直流换流站电气装置安装工程施工及验收规程》（DL/T 5232—2010）；

《变压器油中溶解气体分析和判断导则》（DL/T 722—2014）；

《国家电网公司直流换流站验收管理规定　第 8 分册　光电流互感器验收细则》[国网（运检/3）912—2018]；

《国家电网公司直流换流站验收管理规定　第 9 分册　零磁通电流互感器验收细则》[国网（运检/3）912—2018]；

《电气装置安装工程质量检验及评定规程　第 3 部分：电力变压器、油浸电抗器、互感器施工质量检验》（DL/T 5161.3—2018）。

4. 直流电流测量装置检测试验标准

主要是指设备检测试验负责单位在开展直流电流测量装置现场调试、交接试验以及检验测量等工作时依据的相关标准，具体包括：

《互感器　第 1 部分：通用技术要求》（GB 20840.1—2010）；

《高电压试验技术　第 1 部分：一般定义及试验要求》（GB/T 16927.1—2011）；

《高电压试验技术　第 2 部分：测量系统》（GB/T 16927.2—2013）；

《互感器试验导则　第 1 部分：电流互感器》（GB/T 22071.1—2018）；

《高压直流输电系统直流电流测量装置　第 1 部分：电子式直流电流测量装置》（GB/T 26216.1—2019）；

《高压直流输电系统直流电流测量装置　第 2 部分：电磁式直流电流测量装置》（GB/T 26216.2—2019）；

《变压器油中溶解气体分析和判断导则》（DL/T 722—2014）；

《高压直流输电直流电子式电流互感器技术规范》（Q/GDW 10530—2016）。

5. 直流电流测量装置运维检修相关标准

主要是指设备运维单位在开展直流电流测量装置状态检修、运行维护、预防性试验、状态评价等工作时依据的相关标准，具体包括：

《输变电设备状态检修试验规程》（DL/T 393—2010）；

《高压直流输电直流测量装置状态检修导则》（Q/GDW 499—2010）；

《高压直流输电直流测量装置检修规范》（Q/GDW 533—2010）；

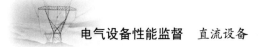

《输变电设备状态检修试验规程》（Q/GDW 1168—2013）；

《高压直流输电直流测量装置运行规范》（Q/GDW 1532—2014）；

《直流电流互感器状态检修导则》（Q/GDW 1956—2013）；

《国家电网公司变电运维管理规定（试行）第 6 分册　电流互感器运维细则》[国网（运检 3）828—2017]；

《国家电网公司变电检修管理规定（试行）第 6 分册　电流互感器检修细则》[国网（运检 3）831—2017]；

《国家电网公司变电评价管理规定（试行）第 6 分册　电流互感器精益化评价细则》[国网（运检 3）830—2017]。

6. 直流电流测量装置技术监督相关标准

主要是指技术监督单位在开展直流电流测量装置全过程技术监督时依据的相关规定，具体包括：

《电力环境保护技术监督导则》（DL/T 1050—2016）；

《电流互感器技术监督导则》（Q/GDW 11075—2013）；

《国家电网公司直流电子式电流互感器抽检作业规范》。

7. 直流电流测量装置反事故措施发文

主要是指在直流电流测量装置设计选型、运输、安装、试验、验收和运行维护等全过程管理方面制订的一系列反事故措施，具体包括：

《国家电网有限公司关于印发十八项电网重大反事故措施（修订版）的通知》（国家电网设备〔2018〕979 号）；

《国家电网公司防止变电站全停十六项措施（试行）》（国家电网运检〔2015〕376 号）；

《国家电网公司关于印发防止直流换流站单、双极强迫停运二十一项反事故措施的通知》（国家电网生〔2011〕961 号）；

《国网运检部关于开展竣工验收阶段专项技术监督工作的通知》（运检技术〔2015〕81 号）；

《国网运检部关于印发绝缘子用常温固化硅橡胶防污闪涂料（试行）的通知》（运检二〔2015〕116 号）。

8. 直流电流测量装置退役报废发文

主要是指在直流电流测量装置退役报废管理方面制订的一系列反事故措施，具体包括：

《电网一次设备报废技术评估导则》（Q/GDW 11772—2017）。

1.2.4　直流电压测量装置

直流电压测量装置标准体系包含对多类单元技术条件、设计选型、安装施工、交接试验、运行维护、状态评价、竣工验收等方面的要求以及国家电网有限公司发布的一系列反事故措施文件，具体分类如下。

1. 直流电压测量装置及其功能单元产品技术要求

主要是指对直流电压测量装置及其内部功能单元与绝缘介质的使用条件、额定参数、设计与结构以及试验等方面的相关要求，具体包括：

《高压直流输电系统直流电压测量装置》（GB/T 26217—2019）；

《互感器　第 7 部：分电子式电压互感器》（GB/T 20840.7—2007）；

《电力用电磁式电压互感器使用技术规范》（DL/T 726—2013）；

《高压直流输电直流电子式电压互感器技术规范》（Q/GDW 10531—2016）；

《互感器　第 1 部分：通用技术要求》（GB 20840.1—2010）。

2. 直流电压测量装置及其功能单元设计选型标准

主要是指电网规划设计单位在开展直流电压测量装置选型、参数核算以及设计等工作时依据的产品设计、计算规程及选用导则，具体包括：

《电力用电磁式电压互感器使用技术规范》（DL/T 726—2013）；

《导体和电器选择设计技术规定》（DL/T 5222—2005）；

《高压直流换流站设计技术规定》（DL/T 5223—2019）；

《±800kV 直流换流站设计技术规定》（Q/GDW 1293—2014）。

3. 直流电压测量装置安装施工及验收规范

主要是指设备安装单位在开展直流电压测量装置安装工程的施工与质量验收时依据的相关规范，具体包括：

《电气装置安装工程　电力变压器、油浸电抗器、互感器施工及验收规范》（GB 50148—2010）；

《电气装置安装工程质量检验及评定规程　第 3 部分：电力变压器、油浸电抗器、互感器施工质量检验》（DL/T 5161.3—2018）；

《±800kV 及以下直流换流站电气装置安装工程施工及验收规程》（DL/T 5232—2010）；

《变压器油中溶解气体分析和判断导则》（DL/T 722—2014）；

《国家电网公司直流换流站验收管理规定　第 7 分册　直流分压器验收细则》［国网（运检/3）912—2018］。

4. 直流电压测量装置检测试验标准

主要是指设备检测试验负责单位在开展直流电压测量装置现场调试、交接试验以及检验测量等工作时依据的相关标准，具体包括：

《互感器　第 8 部分：电子式电流互感器》（GB/T 20840.8—2007）；

《高压直流输电系统直流电压测量装置》（GB/T 26217—2019）；

《高电压试验技术　第 1 部分：一般定义及试验要求》（GB/T 16927.1—2011）；

《高电压试验技术　第 2 部分：测量系统》（GB/T 16927.2—2013）；

《变压器油中溶解气体分析和判断导则》（DL/T 722—2014）；

《高压直流输电直流电子式电压互感器技术规范》（Q/GDW 10531—2016）。

5. 直流电压测量装置运维检修相关标准

主要是指设备运维单位在开展直流电压测量装置状态检修、运行维护、预防性试验、状态评价等工作时依据的相关标准，具体包括：

《输变电设备状态检修试验规程》（DL/T 393—2010）；

《高压直流输电直流测量装置状态检修导则》（Q/GDW 499—2010）；

《高压直流输电直流测量装置检修规范》（Q/GDW 533—2010）；

《输变电设备状态检修试验规程》（Q/GDW 1168—2013）；

《高压直流输电直流测量装置运行规范》（Q/GDW 1532—2014）；

《直流电压分压器状态检修导则》（Q/GDW 1954—2013）。

6. 直流电压测量装置技术监督相关标准

主要是指技术监督单位在开展直流电压测量装置全过程技术监督时依据的相关规定，具体包括：

《六氟化硫电气设备气体监督导则》（DL/T 595—2016）；

《电力环境保护技术监督导则》（DL/T 1050—2016）；

《电压互感器技术监督导则》（Q/GDW 11081—2013）；

《直流电子式电压互感器抽检作业规范》；

《电网设备金属技术监督导则》（Q/GDW 11717—2017）。

7. 直流电压测量装置反事故措施发文

主要是指在直流电压测量装置设计选型、运输、安装、试验、验收和运行维护等全过程管理方面制订的一系列反事故措施，具体包括：

《国家电网有限公司关于印发十八项电网重大反事故措施（修订版）的通知》（国家电网设备〔2018〕979 号）；

《国家电网公司防止变电站全停十六项措施（试行）》（国家电网运检〔2015〕376 号）；

《国家电网公司关于印发防止直流换流站单、双极强迫停运二十一项反事故措施的通知》（国家电网生〔2011〕961 号）；

《国网运检部关于开展竣工验收阶段专项技术监督工作的通知》（运检技术〔2015〕81 号）；

《国网运检部关于印发绝缘子用常温固化硅橡胶防污闪涂料（试行）的通知》（运检二〔2015〕116 号）。

8. 直流电流测量装置退役报废发文

主要是指在直流电流测量装置退役报废管理方面制订的一系列反事故措施，具体包括：

《电网一次设备报废技术评估导则》（Q/GDW 11772—2017）。

1.2.5　接地极

接地极装置主要包括电容器、电抗器、引流线、馈电电缆、渗水井、检测井、引流井、极环及极址附属设备，因此其标准体系包含对多类功能单元技术条件、设计选型、安装施工、交接试验、运行维护、状态评价、竣工验收等方面的要求以及国家电网有限公司发布的一系列反事故措施文件，具体分类如下。

1. 接地极装置及其功能单元产品技术要求

主要是指对接地极装置的使用条件、额定参数、设计与结构以及试验等方面的相关要求，具体包括：

《高压直流接地极技术导则》（DL/T 437—2012）；

《高压直流输电大地返回系统设计技术规程》（DL/T 5224—2014）；

《国家电网公司关于印发交流高压开关设备技术监督导则等 11 项技术标准的通知》（国家电网企管〔2014〕890 号）；

《国网运检部关于印发接地极线路差动保护和接地极在线监测系统技术原则讨论会纪要的通知》（国网运检一〔2015〕150 号）。

2. 接地极装置及其功能单元设计选型标准

主要是指电网规划设计单位在开展接地极装置选型、参数核算以及零部件设计等工作时依据的产品设计、计算规程及选用导则，具体包括：

《±800kV 特高压直流输电工程换流站标准化设计文件之（二）　接地极本体标准化设计指导书（试行）》（国家电网有限公司直流建设部文件）；

《高压直流隔离开关和接地开关》（GB/T 25091—2010）；

《接地极监视装置和 PLCRI 电容器（通用部分）》（1051001－Z002）；

《直流滤波器电抗器通用技术规范》（1051001－Z003）；

《碳素结构钢》（GB/T 700—2006）；

《±800kV 直流换流站设计规范》（GB/T 50789—2012）；

《接地装置特性参数测量导则》（DL/T 475—2017）。

3. 接地极装置安装施工及验收规范

主要是指设备安装单位在开展接地极安装工程的施工与质量验收时依据的相关规范，具体包括：

《±800kV 及以下直流输电接地极施工及验收规程》（DL/T 5231—2010）；

《电气装置安装工程　高压电器施工及验收规范》（GB 50147—2010）；

《电气装置安装工程　母线装置施工及验收规范》（GB 50149—2010）；

《电气装置安装工程　电气设备交接试验标准》（GB 50150—2016）；

《电气装置安装工程　电缆线路施工及验收规范》（GB 50168—2018）；

《±800kV 直流输电系统接地极施工及验收规范》（Q/GDW 227—2008）；

《直流换流站电气装置施工质量检验及评定规程》（DL/T 5233—2019）。

4. 接地极装置检测试验标准

主要是指设备检测试验负责单位在开展接地极装置现场调试、交接试验以及检验测量等工作时依据的相关标准，具体包括：

《直流接地极接地电阻、地电位分布、跨步电位和分流的测量方法》（DL/T 253—2012）。

5. 接地极装置运维检修相关标准

主要是指设备运维单位在接地极装置状态检修、运行维护、预防性试验、状态评价等工作时依据的相关标准，具体包括：

《国家电网公司直流换流站设备状态检修管理标准及工作标准》（国家电网设备〔2011〕309 号）；

《输变电设备状态检修试验规程》（Q/GDW 1168—2013）；

《国网运检部关于开展直流接地极管理提升工作的通知》（国网运检一〔2014〕134 号）；

《国家电网公司输变电装备配置管理规范》（国家电网设备〔2009〕483 号）；

《国家电网公司电网实物资产管理规定》（国家电网企管〔2014〕1118 号）。

6. 接地极装置技术监督相关标准

主要是指技术监督单位在开展接地极装置全过程技术监督时依据的相关规定，具体包括：

《国家电网公司关于印发国家电网公司技术监督管理规定的通知》（国家电网运检〔2013〕859 号）。

7. 接地极装置反事故措施发文

主要是指在接地极装置设计选型、运输、安装、试验、验收和运行维护等全过程管理方面制订的一系列反事故措施，具体包括：

《国家电网有限公司关于印发十八项电网重大反事故措施（修订版）的通知》（国家电网设备〔2018〕979 号）；

《国家电网公司关于印发防止直流换流站单、双极强迫停运二十一项反事故措施的通知》（国家电网设备〔2011〕961 号）；

《电网设备技术标准差异条款统一意见》（国家电网科〔2014〕315 号）；

《国家电网公司防止变电站全停十六项措施（试行）》（国家电网运检〔2015〕376 号）。

1.3 换流阀、直流测量装置及接地极技术监督方法

1.3.1 资料检查

1.3.1.1 换流阀

通过查阅工程可研报告、产品图纸、技术规范书、工艺文件、试验报告、试验方案等文件资料，判断监督要点是否满足监督要求。

1. 规划可研阶段

规划可研阶段换流阀资料检查监督要求见表 2-1-10。

表 2-1-10　　　　　　　规划可研阶段换流阀资料检查监督要求

监督项目	检查资料	监督要求
换流阀本体选型	查阅可研报告、可研审查意见/可研审查会议纪要	1. 换流阀宜为空气绝缘、水冷却户内式换流阀；阀的触发方式可采用电触发方式或光触发方式；换流阀应设计为组件式，并应考虑足够的冗余度。 2. 换流阀宜采用悬吊式换流阀
阀厅布置	查阅可研报告、可研审查意见/可研审查会议纪要	1. 空气绝缘的晶闸管换流阀应采用户内布置。 2. 当采用单相双绕组换流变压器时，应采用二重阀或四重阀布置；当采用单相三绕组换流变压器时，采用四重阀布置
阀厅结构	查阅可研报告、可研审查意见/可研审查会议纪要	1. 阀厅主体结构宜采用钢结构与钢筋混凝土结构相结合的混合结构型式，或钢筋混凝土框排架结构体系。 2. 阀厅屋架一般选用钢结构。屋面结构体系选择时，应考虑构造简单、施工方便、易于连接

2. 工程设计阶段

工程设计阶段换流阀资料检查监督要求见表 2-1-11。

表 2-1-11　　　　　　　工程设计阶段换流阀资料检查监督要求

监督项目	检查资料	监督要求
阀厅消防	查阅工程设计资料、技术规范书或成套设计方案	1. 阀厅内极早期烟雾探测系统的管路布置以探测范围覆盖阀厅全部面积为原则，至少要有 2 个探测器检测到同一处的烟雾。 2. 在阀厅空调进风口处装设烟雾探测探头，启动周边环境背景烟雾浓度参考值设定功能，防止外部烧秸秆等产生的烟雾引起阀厅极早期烟雾探测系统误动。 3. 极早期烟雾探测系统一般分为 4 级报警，分别是警告、行动、火警 1 和火警 2（最高级别报警），采用火警 2 作为跳闸信号。 4. 阀厅紫外（红外）探测系统的探头布置完全覆盖阀厅面积，阀层中有火焰产生时，发出的明火或弧光能够至少被 2 个探测器检测到。 5. 极早期烟雾探测系统和紫外（红外）探测系统发出的跳闸信号直接送到冗余的直流控制保护系统（不经过火灾中央报警器），由直流控制保护系统执行闭锁命令
换流阀本体选型	查阅可研报告、可研审查意见/可研审查会议纪要	1. 换流阀宜为空气绝缘、水冷却户内式换流阀；阀的触发方式可采用电触发方式或光触发方式；换流阀应设计为组件式，并应考虑足够的冗余度。 2. 换流阀的连续运行额定值和过负荷能力应根据系统要求确定。 3. 换流阀的浪涌电流取值应不小于流经阀的最大短路电流。 4. 换流阀的耐压设计应有足够的安全裕度。 5. 稳态控制时，整流站换流阀的触发角的工作范围可取 15°±2.5°；逆变站换流阀的熄弧角的工作范围可取 17°～19.5°。 6. 换流阀的设计和保护应保证阀能够承受阀的触发系统误动，以及站内外各部故障所产生的电气应力。 7. 换流阀宜采用悬吊式换流阀

监督项目	检查资料	监督要求
晶闸管冗余度	查阅工程设计资料、技术规范书或成套设计方案	各换流阀中的冗余晶闸管级数应不小于 12 个月运行周期内损坏的晶闸管级数的期望值的 2.5 倍，也不应少于 2～3 个晶闸管
电压耐受能力	查阅工程设计资料、技术规范书或成套设计方案	换流阀应能承受所有冗余晶闸管级数都损坏的条件下各种过电压： （1）对于操作冲击电压，超过避雷器保护水平的 10%～15%。 （2）对于雷电冲击电压，超过避雷器保护水平的 10%～15%。 （3）对于陡波头冲击电压，超过避雷器保护水平的 15%～20%
电流耐受能力	查阅工程设计资料、成套设计方案	换流阀在最小功率至 2h 过负荷之间的任意功率水平运行后，不投入备用冷却时至少应具备 3s 暂时过负荷能力，同时应能承受的暂态过电流能力，包括： （1）带后续闭锁的短路电流承受能力。 （2）不带后续闭锁的短路电流承受能力。 （3）附加短路电流的承受能力
交流故障下的运行能力	查阅工程设计资料、技术规范书或成套设计方案	1. 在交流系统故障使得在换流站交流母线所测量到的三相平均整流电压值大于正常电压的 30%，但小于极端最低持续运行电压并持续长达 1s 的时段内，直流系统应能持续稳定运行。 2. 在发生严重的交流系统故障，使得换流站交流母线三相平均整流电压测量值为正常值的 30%或低于 30%时，换流阀应维持触发能力 1s。如果可能，应通过继续触发阀换相组维持直流电流以某一幅值运行，从而改善高压直流系统的恢复性能。如果为了保护高压直流设备而必须闭锁阀换相组并投旁通对，则阀换相组应能在换流站交流母线三相整流电压恢复到正常值的 40%之后的 20ms 内解锁
阀控设计	查阅工程设计资料、成套设计方案	1. 阀控系统应双重化冗余配置，并具有完善的晶闸管触发、保护和监视功能，准确反映晶闸管、光纤、阀控系统板卡的故障位置和故障信息。 2. 除光纤触发板卡和接收板卡外，两套阀控系统不得有共用元件。 3. 阀控系统应全程参与直流控制保护系统联调试验。当直流控制系统接收到阀控系统的跳闸命令后，应先进行系统切换。 4. 每套阀控系统应由两路完全独立的电源同时供电，一路电源失电，不影响阀控系统的工作
阀厅	查阅工程设计资料、成套设计方案	1. 底层门的大小尺寸应满足换流阀安装检修用升降机的出入，并均应采用电磁屏蔽防火门。 2. 阀厅地坪面应采用耐磨、不起尘的建筑材料。 3. 阀厅内应设置便于搬运和车辆出入的通道以及巡视用的通道和观察窗，门和通道的设置应考虑紧急疏散的需要。 4. 阀控室内的通风管道禁止设计在阀控屏柜顶部，以防冷凝水顺着屏柜顶部电缆流入阀控屏柜。 5. 阀控屏柜顶部应装有防冷凝水和雨水的挡水隔板。 6. 阀厅内应保持微正压状态，正压值维持在 5Pa 左右。当大量使用新风时，正压不应超过 50Pa
阀厅巡视通道	现场检查/查阅土建资料	阀厅应设置供运行人员巡视用的安全通道及运行观察窗，巡视安全通道应设置在阀厅内屋架下弦与阀塔之间的位置，并可通向主控楼
阀厅空调	现场检查/查阅土建资料及阀厅空调设计资料	1. 阀厅可采用通风或空调方案。采用空调方案时，应考虑在合适的室外气象条件下大量使用新风以节省能源。空调设备应 100%备用。 2. 集中式空调系统的空气处理设备宜按照设计冷负荷及风量的 2×100%配置

3. 设备采购阶段

设备采购阶段换流阀资料检查监督要求见表 2-1-12。

表 2-1-12 设备采购阶段换流阀资料检查监督要求

监督项目	检查资料	监督要求
晶闸管元件	查阅工程设计资料，包括设计图纸、说明书/技术协议、设计联络会纪要	晶闸管应符合《高压直流输电用普通晶闸管的一般要求》（GB/T 20992—2007）和《高压直流输电用光控晶闸管的一般要求》（GB/T 21420—2008）的规定。 （1）同一单阀的晶闸管应采用同一供应商的同型号产品，不可混装。 （2）晶闸管元件的各种特性应满足换流阀的技术要求和可靠性要求。 （3）每只晶闸管元件都具有独立承担额定电流、过负荷电流及各种暂态冲击电流的能力。 （4）每只晶闸管元件应单独试验并编号，并提供相应的试验记录以供追溯。 （5）每只晶闸管出厂试验都需进行高温阻断试验

监督项目	检查资料	监督要求
晶闸管触发系统	审阅设备技术规范书、设计联络会纪要	1. 在一次系统正常或故障条件下，触发系统都应能按照《特高压直流输电换流阀技术规范》（Q/GDW 10491—2016）的规定正确触发晶闸管。 2. 无论以整流模式还是以逆变模式运行，当交流系统故障引起换流站交流母线电压降低并持续相应时间，紧接着这类故障清除及换相电压恢复时，所有晶闸管级触发电路中的储能装置应具有足够的能量持续向晶闸管元件提供触发脉冲，使得换流阀可以安全导通。不允许因储能电路需要充电而造成恢复复的任何延缓。 3. 交流系统故障母线电压降及持续的对应时间如下：① 交流系统单相对地障，故障相电压降为 0，持续时间至少为 0.7s；② 交流系统三相对地短路故障，电压降至正常电压的 30%，持续时间至少为 0.7s；③ 交流系统三相对地金属短路故障，电压降至 0，持续时间至少为 0.7s
晶闸管保护系统	审阅设备技术规范书、设计联络会纪要	1. 换流阀内每一晶闸管级都应具有保护触发系统，对晶闸管进行过电压保护、du/dt 保护和暂态恢复保护等，保证在各种运行工况下晶闸管阀不受损坏。 2. 换流阀的设计中应允许晶闸管级在保护触发持续动作的条件下运行，但在某些故障条件下不能误动作。 3. 在正常控制过程中的触发角快速变化不应引起保护触发动作
阀避雷器	查阅工程设计资料，包括设计图纸、说明书/技术协议、设计联络会纪要	1. 阀避雷器应采用无间隙金属氧化物避雷器，满足《高压直流换流站无间隙金属氧化物避雷器导则》（GB/T 22389—2008）相关要求。 2. 考虑电压不均匀分布后，阀的触发保护水平应高于避雷器保护水平。 3. 阀避雷器参数选择时应保证换流阀在各种运行工况下，不会导致阀避雷器加速老化或其他损伤，同时阀避雷器应在各种过电压条件下有效保护换流阀。 4. 阀避雷器应具有记录冲击放电次数功能。计数器的动作信号应通过 VBE 接口传输至直流控制保护系统
阀塔漏水检测装置	重点审阅设备技术规范书、设计联络会纪要	换流阀阀塔漏水检测装置动作宜投报警，不投跳闸。若厂家设计要求必须跳闸，则其传感器、跳闸回路及逻辑应按照"三取二"原则设计
阀塔防火	查阅工程设计资料、成套设计方案	1. 换流阀内的非金属材料应是阻燃的，并具有自熄灭性能。 2. 非金属材料应按照美国材料和试验协会（ASTM）的 E135-90 标准进行燃烧特性试验。 3. 换流阀内应采用无油化设计。 4. 换流阀设计应考虑尽量减少电气连接点的数量，并采用各种防松措施。 5. 阀塔内应设置纵横向隔板，防止起火时火势蔓延，防火隔板布置要合理。 6. 晶闸管电子单元设计要合理，避免产生过热和电弧。 7. 在晶闸管电子单元的设计中，应避免由于电子元件质量问题引起更大事故的隐患
阀厅消防	审阅设备技术规范书、设计联络会纪要	1. 换流站阀厅应配置极早期烟雾探测和紫外火焰探测两套阀厅火灾报警系统，由上述两套阀厅火灾报警系统综合判断后方可执行直流闭锁。 2. 每个阀厅按照阀塔的弧光至少有 2 个紫外探头能监测到为原则进行配置。 3. 每个阀厅极早期烟雾探测传感器应有 3 个独立的火警探头
阀厅空调	现场检查/查阅阀厅空调技术规范书	1. 阀厅空调设备应 100%备用。 2. 集中式空调系统的空气处理设备宜按照设计冷负荷及风量的 2×100%配置
阀控系统	审阅设备技术规范书、设计联络会纪要	1. 换流阀冷却控制保护系统至少应双重化配置，并具备完善的自检和防误动措施。 2. 作用于跳闸的内冷水传感器应按照三套独立冗余配置，每个系统的内冷水保护对传感器采集量按照"三取二"原则出口。 3. 控制保护装置及各传感器电源应由两套电源同时供电，任一电源失电不影响控制保护及传感器的稳定运行。 4. 阀控系统应实现完全冗余配置，除触发板卡和光接收板卡外，其他板卡应能够在换流阀不停运的情况下进行故障处理

4. 设备制造阶段

设备制造阶段换流阀资料检查监督要求见表 2-1-13。

表 2-1-13   设备制造阶段换流阀资料检查监督要求

监督项目	检查资料	监督要求
晶闸管元件厂内抽检	现场检查/查阅出厂合格证、检验报告	抽查同一批次晶闸管阻尼电阻、阻尼电容、均压电容、阀电抗器、晶闸管电子板、散热器及光纤等元器件的出厂合格证、检验报告，以及抽测见证、检查元件的型号、规格、数量符合订货合同内容，抽检比例不少于 5%

监督项目	检查资料	监督要求
阀基电子设备（VBE）/阀控单元（VCU）接口	现场检查/查阅监造记录、出厂验收报告	1. 元器件查看材料、零部件（外协）的验收报告；控制保护设备的硬件制造、软件编制、重要部件或关键生产阶段的制造过程现场见证。 2. 硬件制造查看盘柜机械结构和布置、组装；现场见证制造过程中的质量保证的执行情况。 3. 功能试验检查阀控设备输入/输出接口、输入交流电源、直流保护继电系统、各类盘面信号灯显示状态正确与否
换流阀装配中的标记	现场检查/查阅监造记录、出厂试验报告	1. 换流阀在工厂装配、检验过程所有连接处均须有明确的不同颜色的双线标记线，装配人员自检合格后作第一条标记线，专业质检人员检验后用另一颜色的笔作第二条标记线。 2. 驻厂监造人员随机选取不少于 10% 的点检查双线标识、复核扭矩。 3. 对只在现场安装时的连接部位也采用上述双线标记线措施，即现场换流阀安装完成，施工单位完成三级自检后，完成第一条标记线；监理旁站、施工单位参加的条件下由换流阀厂家对安装完成的换流阀所有连接部位进行逐点验收后，用另一颜色的笔作第二条标记线

5. 设备验收阶段

设备验收阶段换流阀资料检查监督要求见表 2-1-14。

表 2-1-14 设备验收阶段换流阀资料检查监督要求

监督项目	检查资料	监督要求
抽样试验	现场检查/查阅出厂合格证、检验报告	1. 换流阀的抽样试验抽样项目齐全，试验方案/大纲、试验结果满足相关标准要求。 2. 晶闸管换流阀的晶闸管元件抽样试验的抽样比例不低于 1%，试验项目应包含全部出厂试验项目，抽样比例至少为 5%
出厂试验	现场检查/查阅出厂合格证、检验报告	1. 外观检查：检查换流阀的外观是否完好无损。 2. 连接检验：检查所有大电流电路的连接是否正确。 3. 均压电路检验：检测均压电路的元件参数并由此确保电压在串联连接的晶闸管元件上的合理分布。 4. 辅助设备检验：检查每一阀组件中的每一个晶闸管级的辅助设备以及整阀的辅助设备功能是否正常。 5. 触发监视以及信号返回功能的检验：检查当触发脉冲加到晶闸管级上时晶闸管级是否能正常开通，检查触发电路在失去交流电源电压至少 1s 后是否能够根据控制器所发信号而发出触发脉冲。 6. 耐受电压检验（冲击波和工频）：检查晶闸管级能否耐受对应于全阀所规定的最大过电压的电压水平。在试验时应进行局部放电测量以检验晶闸管级的装配是否正确、绝缘是否完好。 7. 压力试验：检验冷却水管是否有漏水现象。 8. 单个换流阀元部件试验：换流阀中每一个元部件都要进行严格的试验、检查和质量评定。对于晶闸管元件这样的元部件，因具有国际电工技术委员会（IEC）所推荐的试验程序或者国际上其他可接受的标准，应根据这些试验程序或标准进行试验并出具试验报告
到货验收	开展外观检查、数量清点和备品备件与图纸检查等	1. 换流阀及附件等外包装密封性检查，无破损、断裂；开箱后，到货设备、器材和备品备件的种类、数量、规格应与到货单上相对应。 2. 开箱检查清点，规格应符合设计要求，设备、器材及备品备件应齐全。 3. 产品的技术文件应齐全，如产品说明书、安装图纸、装箱单、试验记录及产品合格证等技术文件。 4. 进口产品应提供商检证明。 5. 原材料、零部件的出厂检验单和制造厂的验收报告齐全
换流阀运到现场后的保管	现场检查设备和器材的保管情况	1. 设备和器材应按原包装置于干燥清洁的室内保管。室内温度和相对湿度应符合产品技术文件的规定，当制造厂无规定时，储存温度应在 5~40℃ 之间，相对湿度不应大于 60%。 2. 当保管期超过产品技术文件的规定时，应按产品技术要求进行处理。 3. 备品备件长期存放应符合产品技术文件的规定。 4. 换流阀安装前，元器件的内包装不应拆解。当设备和器材受潮时，应先评估其各项性能，再采取针对性处理措施。 5. 开箱场地的环境条件应符合产品技术文件的规定。 6. 已拆解内包装的元器件未及时安装时，应置于满足换流阀安装环境的室内保管

6. 设备安装阶段

设备安装阶段换流阀资料检查监督要求见表 2-1-15。

表 2-1-15　　　　　　　　设备安装阶段换流阀资料检查监督要求

监督项目	检查资料	监督要求
一次通流部位检查	现场见证/查阅设备安装检查记录与评定报告	1. 导体和电器接线端子的接触表面应平整、清洁、无氧化膜，并涂以薄层电力复合脂，镀银部分不得挫磨。 2. 连接螺栓应按制造厂技术要求进行力矩紧固，并应做好标记；导体的连接不应使电器接线端子受到额外应力。 3. 载流部分表面应无凹陷、凸起及毛刺。 4. 电气主回路的电流方向应符合产品技术文件的规定
阀体冷却水管的安装	现场见证/查阅设备安装检查记录与评定报告	1. 安装前检查水管及相关连接件应清洁、无异物。 2. 安装过程应防止因撞击、挤压和扭曲而造成水管变形、损坏。 3. 管道连接应严密、无渗漏，已用过的密封垫（圈）不得重复使用。 4. 等电位电极的安装及连线应符合产品的技术规定。 5. 水管在阀塔上应固定牢靠。 6. 连接螺栓应按厂家要求进行紧固，并做好力矩标识。 7. 阀塔主母管为 PVDF 专用管，注意连接时法兰连接紧固、均匀，螺栓紧固方法和力应符合厂家说明书要求
阀避雷器的安装	现场见证/查阅设备安装检查记录与评定报告	1. 阀避雷器安装前应经试验合格。 2. 各连接处的金属接触表面应清洁、无氧化膜，接触面涂覆物应符合产品技术的规定。 3. 各节位置、喷口方向应符合产品技术文件的规定。 4. 均压环安装应符合设计图纸要求，与伞裙间隙均匀一致。 5. 动作计数器与阀避雷器的连接应符合产品技术文件的规定。 6. 连接螺栓应按制造厂技术要求进行力矩紧固，并应做好标识
阀控安装要求	现场检查/查阅土建资料	1. 屏、柜及屏、柜内设备与各构件间连接应牢固，屏、柜等不宜与基础型钢焊死。 2. 屏、柜、箱等的金属框架和底座均应可靠接地。装有电器的可开启的门应以多股软铜线与接地的金属构架可靠地连接。 3. 电缆芯线和所配导线的端部应标明其回路编号，编号应正确，字迹清晰且不易脱色。 4. 每个接线端子的每侧接线宜为 1 根，不得超过 2 根；对于插接式端子，不同截面的两根导线不得接在同一端子上；对于螺栓连接端子，当接两根导线时，中间应加垫片。 5. 用于静态保护、控制等逻辑回路的控制电缆应采用屏蔽电缆，其屏蔽层应按设计要求的接地方式进行接地。 6. 屏、柜内的电缆芯线，应按垂直或水平有规律地配置，不得任意歪斜交叉连接。备用芯长度应留有适当余量，且不得有导线裸露。 7. 强、弱电回路不应使用同一根电缆，并应分别成束分开排列。 8. 阀厅火灾跳闸信号接入两套直流控制保护系统，火灾跳闸信号动作后经直流控制系统切除后跳闸。接入两套控制保护系统的回路、接口、信号电源应独立
光纤施工要求	现场见证/查阅设备安装检查记录与评定报告	1. 光纤槽盒的切割、安装应在光纤敷设前进行。 2. 光纤敷设前核对光纤的规格、长度和数量，应符合产品的技术规定，外观完好、无损伤，并检测合格。 3. 光纤端头应按传输触发脉冲和回报指示脉冲两种型式用不同颜色分别标识区别，光纤与晶闸管的编号应一一对应，光纤接入设备的位置及敷设路径应符合产品的技术规定。 4. 光纤接入设备前，临时端套不得拆卸，光纤端头的清洁应符合产品的技术规定。 5. 光纤敷设沿线应按照产品的技术规定进行包扎保护和绑扎固定，绑扎力度应适中，槽盒出口应采用阻燃材料封堵。 6. 阻燃材料在光纤槽盒内应固定牢靠，距离光纤槽盒的固定螺栓及金属连接件不应小于 40mm。 7. 光纤敷设及固定后的弯曲半径应符合产品的技术规定，不得弯折和过度拉伸光纤
换流阀安装前阀厅的土建要求	现场检查阀厅结构设计状况/查阅土建资料（设备安装评定报告）	1. 换流阀安装前，沿阀厅的钢屋架、墙面和地面布置的内冷却管道和光缆槽盒宜安装到位；阀悬吊结构应安装完毕，螺栓紧固、接地良好。 2. 阀厅钢结构屏蔽接地应满足设计和产品技术要求。 3. 阀悬挂结构安装前应检查阀吊孔已加工完成且间距正确，阀塔悬挂结构安装应调整完成，并应可靠接地。 4. 阀厅应全封闭，套管伸入阀厅入口处应封闭良好

7. 设备调试阶段

设备调试阶段换流阀资料检查监督要求见表 2-1-16。

表 2-1-16　　　　　　　　　　设备调试阶段换流阀资料检查监督要求

监督项目	检查资料	监督要求
设备现场试验要求	现场检查/查阅设备调试记录与报告	1. 进行绝缘试验时，除制造厂装配的成套设备外，宜将连接在一起的各种设备分离开单独试验。同一试验标准的设备可以连在一起试验。为便于现场试验工作，已有出厂试验记录的同一电压等级、不同试验标准的电气设备，在单独试验有困难时，可以连在一起试验，试验标准应采用连接的各种设备中的最低标准。 2. 在进行与温度和湿度有关的各种试验时，应同时测量被试品温度、周围空气的温度和湿度。绝缘试验应在天气良好，且被试品周围的温度及仪器的温度不低于5℃，空气相对湿度不高于80%的条件下进行
阀厅环境要求	现场检查、测量/查阅设备调试记录与报告	阀厅内应保持微正压状态，正压值宜维持在5Pa左右，当大量使用新风时，正压不应超过50Pa
阀体试验	现场检查/查阅设备调试记录、试验记录与报告	阀体的电气试验应在冷却水回路中注入合格去离子水的条件下进行。 （1）换流阀的直流耐压试验：试验方法、电压值、加压程序和评定标准应符合技术规范的规定。 （2）换流阀的交流耐压试验：试验方法、电压值、加压程序和评定标准应符合技术规范的规定。 （3）阀组件的试验： 1）每一个晶闸管级的正常触发和闭锁试验。 2）晶闸管级的保护触发和闭锁抽查试验，抽查数量不少于晶闸管级总数的20%。 3）每一个模块中晶闸管级和阀电抗器的均压试验。 4）晶闸管级的安全限值试验。 以上试验结果应符合设计要求
阀避雷器试验	现场检查/查阅设备调试记录与报告	金属氧化物避雷器的试验项目应包括下列内容： （1）测量金属氧化物避雷器及基座绝缘电阻。 （2）测量金属氧化物避雷器的工频参考电压和持续电流。 （3）测量金属氧化物避雷器直流参考电压和 0.75 倍直流参考电压下的泄漏电流。 （4）工频放电电压试验
阀基电子设备及光缆	现场检查/查阅设备调试记录与报告	1. 阀基电子设备电源检查：交流电源连接应正确，各直流电源电压幅值及极性应正确、功耗应符合设计要求。 2. 从极控和极保护到阀基电子设备的信号检查：在阀基电子设备上测得的所有从极控和极保护来的信号应符合设计要求。 3. 从阀基电子设备到极控和极保护的信号检查：在极控或极保护上测得的所有从阀基电子设备来的信号应符合设计要求。 4. 从阀基电子设备到晶闸管电子设备的光缆检查和试验： （1）对发光元件和接收元件进行一对一的检查，以判断光缆的连接是否正确、可靠。 （2）测量光缆的损耗率，其值应符合设计要求。 5. 功能试验： （1）时间编码信号和打印机检查； （2）备用切换； （3）漏水检测； （4）避雷器监测； （5）机箱监测和报警试验
阀塔冷却回路	现场抽检/查阅设备调试记录与报告	1. 对水冷系统施加110%～120%额定静态压力15min（如制造厂有明确要求，按之），对冷却系统进行如下检查： （1）检查每个阀塔主水路的密封性，要求无渗漏。 （2）检查冷却水管路、水接头和各个通水元件，要求无渗漏。 （3）检查漏水检测功能，要求其动作正确。 2. 检查冷却水管路，接头应紧密可靠，冷却水软管不得接触晶闸管外壳及大功率电阻，不允许有任何折弯，不得接触那些与其电位差为一个及以上晶闸管级的金属部件、绝缘导线或其他管道。 3. 冷却系统应安全可靠，避免因漏水、堵塞及冷却系统腐蚀等原因导致的电弧和火灾

监督项目	检查资料	监督要求
阀控系统	现场检查阀控装置/查阅设备调试记录与报告	1. 在二次设备联调试验阶段，应安排阀控系统与极控系统之间的联调试验，防止不同厂家设备接口工作异常。 2. 检查阀控系统电源冗余配置情况，并对相关板卡、模块进行断电试验，验证电源供电可靠性。 3. 检查阀漏水检测装置动作结果是否正确。 4. 阀控系统应双重化冗余配置，并具有完善的晶闸管触发、保护和监视功能，准确反映晶闸管、光纤、阀控系统板卡的故障位置和故障信息。除光纤触发板卡和接收板卡外，两套阀控系统不得有共用元件，一套系统停运不影响另外一套系统。阀控系统应全程参与直流控制保护系统联调试验。当直流控制系统接收到阀控系统的跳闸命令后，应先进行系统切换。 5. 当阀冷保护检测到严重泄漏、主水流量过低或者进阀水温过高时，应自动闭锁换流器以防止换流阀损坏。
阀厅消防	现场检查装置/查阅设备调试记录与报告	1. 阀厅内极早期烟雾探测系统的管路布置以探测范围覆盖阀厅全部面积为原则，至少要有2个探测器检测到同一处的烟雾。 2. 在阀厅空调进风口处装设烟雾探测探头，启动周边环境背景烟雾浓度参考值设定功能，防止外部烧秸秆等产生的烟雾引起阀厅极早期烟雾探测系统误动。 3. 极早期烟雾探测系统一般分为4级报警，分别是警告、行动、火警1和火警2（最高级别报警），采用火警2作为跳闸信号。 4. 阀厅紫外（红外）探测系统的探头布置完全覆盖阀厅面积，阀层中有火焰产生时，发出的明火或弧光能够至少被2个探测器检测到。 5. 极早期烟雾探测系统和紫外（红外）探测系统发出的跳闸信号直接送到冗余的直流控制保护系统（不经过火灾中央报警器），由直流控制保护系统执行闭锁命令

8. 竣工验收阶段

竣工验收阶段换流阀资料检查监督要求见表2-1-17。

表2-1-17   竣工验收阶段换流阀资料检查监督要求

监督项目	检查资料	监督要求
阀塔	现场抽查/查阅设备安装评定报告	1. 阀塔屏蔽罩清洁、完好，无破损、无污物、无放电痕迹、无氧化。 2. 阀塔悬吊杆无裂痕，绝缘子表面无裂纹和闪络痕。 3. 电气连接应可靠，且接触良好。 4. 设备接地线连接应符合设计要求和产品的技术规定；接地应良好，且标识清晰；支架及接地引线应无锈蚀和损伤。
晶闸管及其附件	现场抽查/查阅设备安装评定报告	1. 各器件外观清洁、完好，无异物。 2. 电气连接正确、紧固。 3. 光纤接入正确、到位。 4. 冷却水回路无渗漏。 5. 散热器压接可靠，无松动。 6. 晶闸管触发监视单元及其屏蔽罩完好，无异常
饱和电抗器	现场抽查/查阅设备安装评定报告	1. 内外层绝缘漆均匀、完好，无破损。 2. 电抗器安装紧固，无松动。 3. 接线正确、可靠。 4. 检查阀电抗器，其表面颜色无异常；检查连接水管、水接头，要求无漏水、渗水现象；检查各电气元件的支撑横担，要求无积尘、积水等现象
均压电容器	现场抽查/查阅设备安装评定报告	1. 接线正确、可靠。 2. 外观检查无变形、渗漏。 3. 电容器固定牢固，无松动
阀漏水检测装置	现场抽查/查阅设备安装评定报告	1. 功能设计、安装位置符合设计要求。 2. 装置功能试验正常
阀避雷器	现场抽查/查阅设备安装评定报告	1. 避雷器绝缘子清洁，无破损。 2. 避雷器动作后，监测装置动作正确。 3. 连接螺栓紧固、无松动，各螺栓受力均匀。 4. 避雷器计数器外观正常，接线连接良好

监督项目	检查资料	监督要求
阀控盘、柜	现场抽查/查阅设备安装评定报告	1. 内部电器的铭牌、型号、规格应符合设计要求，外壳、漆层、手柄、瓷件、胶木电器应无损伤、裂纹或变形。 2. 接线应排列整齐、清晰、美观，绝缘良好、无损伤。接线应采用铜质或有电镀金属防锈层的螺栓紧固，且应有防松装置，引线裸露部分不大于5mm；连接导线截面符合设计要求、标志清晰。 3. 元件外壳、框架的接零或接地应符合设计要求，连接可靠。 4. 内部元件及转换开关各位置的命名应正确无误并符合设计要求。 5. 密封良好，内外清洁、无锈蚀，端子排清洁、无异物，驱潮装置工作正常。 6. 交、直流应使用独立的电缆，回路分开。 7. 盘、柜及电缆管道安装完后，应做好封堵
水冷系统试验	现场见证试验/查阅设备安装评定报告	1. 检查水冷系统管道的安装，应与图纸一致。 2. 进行压力试验，试验过程中整个水冷系统应无水滴泄漏现象。 3. 流量及压差试验，在规定的水流量下测量阀模块出口与入口的压差，在各个冷却水支路中测量水流量，测量结果应符合设计要求。 4. 净化水特性检查，水质应符合规定要求

9. 运维检修阶段

运维检修阶段换流阀资料检查监督要求见表2-1-18。

表2-1-18 运维检修阶段换流阀资料检查监督要求

监督项目	检查资料	监督要求
运行巡视	对监督要点项目进行抽检/查阅运行记录	1. 运行巡视周期应符合相关规定。 2. 巡视项目重点关注：阀控板卡及电源模块是否有发热情况，阀本体红外测试、紫外测试是否有异常，本体水管是否存在渗漏现象
状态检测	查阅红外热像检测记录，重点对缺陷记录进行检查	1. 换流站应制订换流阀红外测温的周期和要求，重点检查易发热设备，如电抗器、设备接头等温升是否过大。 2. 用红外热像仪对换流阀可视部分进行检测，阀的各组件应无局部过热，热成像图谱与上次比较应无明显变化。 3. 一般一个月测量一次，但在高温、大负荷时应缩短周期
状态评价与检修决策	现场见证/查阅检修、试验记录，检查试验台账	1. 状态评价应基于巡检及例行试验、诊断性试验、在线监测、带电检测、家族缺陷、不良工况等状态信息，包括其现象强度、量值大小以及发展趋势，结合与同类设备的比较，作出综合判断。 2. 依据设备检修、试验周期要求，结合设备运行情况，制订设备检修试验周期
故障/缺陷处理	现场检查/查阅试验记录	1. 当单阀内再损坏一个晶闸管即跳闸时，或者短时内发生多个晶闸管连续损坏时，应及时申请停运直流系统，避免发生强迫停运。 2. 运行期间应定期对换流阀设备进行红外测温，必要时进行紫外检测，出现过热、弧光等问题时应密切跟踪，必要时申请停运直流系统处理。若发现火情，应立即停运直流系统，采取灭火措施，避免事故扩大。 3. 检修期间应对内冷水系统水管进行检查，发现水管接头松动、磨损、渗漏等异常要及时分析处理
反事故措施落实	查阅缺陷记录/检修记录	1. 要利用停电机会加大对内冷水系统水管的检查频次，每年至少检查一次。特别是对阀塔内电阻、电抗器等元件的水管接头进行检查，对电抗器振动引起的水管接头松动、磨损等情况，发现异常及时处理，避免水管漏水导致阀损坏及直流系统停运。 2. 对于运行超过15年的换流阀，当故障晶闸管数量接近单阀冗余晶闸管数量，或者短期内连续发生多个晶闸管故障时，应申请停运并进行全面检查，更换故障元件后方可再投入运行，避免发生雪崩击穿。 3. 晶闸管换流阀运行15年后，每3年应随机抽取部分晶闸管进行全面检测和状态评估，避免因部分阀元件老化引起雪崩击穿

10. 退役报废阶段

退役报废阶段换流阀资料检查监督要求见表2-1-19。

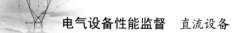

表 2-1-19　　　　　　　退役报废阶段换流阀资料检查监督要求

监督项目	检查资料	监督要求
技术鉴定	由资产运维单位（部门）申报报废	1. 电网一次设备进行报废处理，应满足以下条件之一：① 国家规定强制淘汰报废；② 设备厂家无法提供关键零部件供应，无备品备件供应，不能修复，无法使用；③ 运行日久，其主要结构、机件陈旧，损坏严重，经大修、技术改造仍不能满足安全生产要求；④ 退役设备虽然能修复但费用太大，修复后可使用的年限不长，效率不高，在经济上不可行；⑤ 腐蚀严重，继续使用存在事故隐患，且无法修复；⑥ 退役设备无再利用价值或再利用价值小；⑦ 严重污染环境，无法修治；⑧ 技术落后不能满足生产需要；⑨ 存在严重质量问题不能继续运行；⑩ 因运营方式改变全部或部分拆除，且无法再安装使用；⑪ 遭受自然灾害或突发意外事故，导致毁损，无法修复。 2. 当换流阀及其附属设备严重老化，事故损坏严重无法修复，换流阀容量不满足电网要求，或换流阀损耗过大且主要零部件缺陷较多时，换流阀可申请更新和改造，并根据技术和经济的综合分析，决定换流阀的报废

1.3.1.2　换流阀冷却系统

通过查阅工程可研报告、产品图纸、技术规范书、工艺文件、试验报告、试验方案等文件资料，判断监督要点是否满足监督要求。

1. 规划可研阶段

规划可研阶段换流阀冷却系统资料检查监督要求见表 2-1-20。

表 2-1-20　　　　　　规划可研阶段换流阀冷却系统资料检查监督要求

监督项目	检查资料	监督要求
设备使用条件	查阅电网发展规划、污区分布图、可研报告、可研审查意见	阀水冷系统设备使用条件、环境适用性（海拔、污秽、温度、抗振等）应满足要求
设备参数选择	查阅可研报告、可研审查意见	阀水冷系统设备系统参数应满足换流阀温度、压力、流量、冷却容量等参数要求
内冷水水质要求合理性	查阅可研报告、可研审查意见	内冷水水质满足换流阀要求，即内冷水为纯净水（可视需要按比例混合乙二醇作为防冻液），pH 值为 6.5～8.5；内冷补充水电导率小于 5.0μS/cm，内冷水电导率小于 0.5μS/cm，去离子水电导率小于 0.3μS/cm
外冷水水质要求合理性	查阅可研报告、可研审查意见	采用阀外水冷方式的系统，外冷水补水水源应满足系统参数要求，需提供水源类型、水量、取水方案、水质报告

2. 工程设计阶段

工程设计阶段换流阀冷却系统资料检查监督要求见表 2-1-21。

表 2-1-21　　　　　　工程设计阶段换流阀冷却系统资料检查监督要求

监督项目	检查资料	监督要求
功能设计	查阅技术规范书、图纸	1. 换流阀冷却控制保护系统至少应双重化配置，并具备完善的自检和防误动措施。 2. 所有传感器必须至少双重化配置，其中进阀温度传感器因其重要性宜三重化配置。双重化或三重化配置的传感器的供电和测量回路应完全独立，避免单一元件故障引起保护误动。 3. 内冷水主泵电源塑壳断路器应专用，禁止连接其他负荷。同一极相互备用的两台内冷水泵电源应取自不同母线。外冷水系统喷淋泵、冷却风扇的两路电源应取自不同母线，且相互独立，不得有共用元件。 4. 阀内冷系统保护的配置。两套水冷保护全被闭锁后，闭锁直流系统。 5. 内冷水应满足换流阀对水质、水压、流量及水温的要求。内冷水的阀出水温度和阀进水温度应根据水冷系统的现场运行环境温度及换流阀温度要求确定，换流阀运行时内冷水的阀进水温度应不低于露点温度
防寒、防汛措施	查阅技术规范书、图纸	1. 在东北、华北、西北地区，要考虑设置电加热器、添加防冻剂、设置电动三通回路等措施，以防止室内外设备及管道内的冷却介质在冬季直流系统停运时冻结。 2. 在泵坑外墙宜做防水处理，泵坑应设置集水池并设置排污泵，集水池应设置液位报警功能并能自动启动排污泵

监督项目	检查资料	监督要求
建筑规模及结构	查阅可研报告、可研审查意见	1. 阀冷却设备间应设置在控制楼底层并靠近阀厅。 2. 阀冷却设备间的设备布置和管道连接，主要通道的宽度不宜小于 1.5m，非主要通道的宽度不应小于 0.8m。 3. 阀冷却设备间应设计供水系统和通畅的排水系统，阀冷却设备间地面宜有 0.005 的排水坡度，并应设地漏。当设备布置在地下室时，宜设置通向地下室的楼梯，并应考虑防止雨水倒灌措施和设置事故排水设施。 4. 阀冷却设备间应考虑吊装孔，对检修频繁和重量较重的设备或部件应配置电动单轨吊，必要时配置电动双轨吊。 5. 阀冷却配电和控制设备宜设置在单独的房间内，并紧靠阀冷却设备间。阀冷却配电和控制设备室应设置采暖通风及空调装置，室内温度应保持在 16～28℃之间。相对湿度不宜高于 70%。 6. 换流阀外冷却的室外散热设备应布置在通风良好、远离高温或有害气体的地方，并避免飘逸水和蒸发水对周围环境和电气设备的影响。室外散热设备四周应有充足的安装、操作和检修空间

3. 设备采购阶段

设备采购阶段换流阀冷却系统资料检查监督要求见表 2-1-22。

表 2-1-22　　　　　　　设备采购阶段换流阀冷却系统资料检查监督要求

监督项目	检查资料	监督要求
设备型式试验报告管理	查阅设备型式试验报告	1. 产品型式试验报告的出具单位必须为国家认可的质检中心。 2. 产品必须具备有效的、全套设备的型式试验报告、出厂试验报告
设备选型	查阅技术规范书	技术规范书应满足以下参数要求： （1）在设备选型阶段，重点审查反事故措施执行情况、是否存在家族性缺陷等。 （2）冷却容量、额定功率满足换流阀要求，并应有足够裕度。 （3）电源条件满足单套电源丢失不影响阀冷系统运行要求。 （4）根据换流阀最大功率损耗满足冷却容量要求。 （5）换流阀要求的最小流量。 （6）内冷水电导率高值要求
主循环泵及电动机选型合理性	查阅技术规范书、图纸	1. 内冷水系统设置两台循环水泵，一主一备，具备手动切换功能；单台工作泵应能满足系统最大设计流量，保证内冷水以恒定的流速通过发热器件。 2. 主循环泵及其电动机应固定在一个单独的铸铁或钢座上。 3. 主循环泵都应通过弹性联轴器和电动机相连，卧式联轴器都应有保护装置。 4. 主循环泵和驱动器的旋转部分应静态平衡和动态平衡。 5. 在超出泵特性曲线的情况下，电动机功率应满足最大功率的要求。 6. 主循环泵应符合国家规定的相关振动标准。 7. 主循环泵的轴封应采用机械密封，且必须密封完好，不能漏水。 8. 主循环泵电动机的绝缘等级不低于 F 级，防护等级不低于 IP54。 9. 在电压和频率变化均在额定值的 10%以内的运行条件下，频率变化在额定值的 1%的运行条件下，电动机仍应能良好地运行，在 80%额定电压情况下仍能启动。 10. 电动机应配置变频器或软启动器，应能在要求的转速下运行，变频器或软启动器的控制电源应取自站内直流系统。 11. 全电压下启动时，启动电流不能超过满负荷正常工作电流的 6 倍（有效值）。 12. 主循环泵电动机应使用耐摩擦的含润滑油的轴承。正常维护情况下，所有耐磨轴承要求保证至少正常运行 50000h。电动机的转子都应动态平衡和静态平衡。 13. 主循环泵进出口应设置柔性连接接头。 14. 主循环泵应冗余配置漏水检测装置，及时检测轻微漏水。 15. 主循环泵前后应设置阀门，以便在不停运内冷系统时进行主循环泵故障检修。 16. 核查主循环泵保护定值设置是否正确、主循环泵电源配置是否合理、主循环泵启动方式是否恰当。 17. 验收阶段应进行主循环泵切换试验，检查主循环泵塑壳断路器保护定值能否躲过启动冲击。 18. 主循环泵若采用变频调速启动，应按照以下原则配置主循环泵启动方式：主循环泵启动成功后，可保持变频器方式运行，或采用经延时转工频的运行方式。 19. 主循环泵若采用变频调速启动，应按照以下原则配置主循环泵启动方式：具有工频启动的应急运行方式，在两台主循环泵变频器均故障的情况下，可实现主循环泵变频与工频的自动切换或工频直接启动的方式。 20. 根据需要安排评审人员进行现场旁站监督、抽检等工作

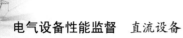

监督项目	检查资料	监督要求
主过滤器选型合理性	查阅技术规范书、图纸	1. 主过滤器两侧应设置蝶阀，以满足其能在不停运阀冷系统的条件下进行清洗或更换。 2. 配置过滤器压差表，则压差表读数正常，指针无卡涩。 3. 根据需要安排评审人员进行现场旁站监督、抽检等工作
去离子装置选型合理性	查阅技术规范书、图纸	1. 在内冷水回路应设置去离子装置，该装置应包含由离子交换树脂构成的去离子罐、精密过滤器和调节纯水流量的调节阀。 2. 去离子装置应设置两套离子交换器，采用一用一备工作方式，每个离子交换器中的离子交换树脂应能满足至少 1 年的使用寿命。在去离子水出口应设置电导率传感器，用于监视离子交换树脂是否失效。 3. 去离子水量在系统的设计流量应能满足在 2～3h 内将内冷水循环一遍的要求。 4. 去离子系统应具备去离子水流量监视和调节功能。 5. 根据需要安排评审人员进行现场旁站监督、抽检等工作
稳压系统选型合理性	查阅技术规范书、图纸	1. 根据换流阀对水质的要求，内冷系统应选择氮气稳压或高位水箱稳压方式。 2. 氮气补充应设置主备用切换装置，应满足可在线更换氮气瓶。 3. 氮气瓶应配置压力监测功能，当氮气瓶压力低时应报警提示。 4. 根据需要安排评审人员进行现场旁站监督、抽检等工作
阀内水冷设备选型合理性	查阅技术规范书、图纸	1. 补水泵应具备手动、自动启停功能。 2. 自动补水泵可根据膨胀罐或高位水箱水位自动进行补水。 3. 阀内水冷系统互为备用的两台补水泵具有自动启停控制和故障切换功能。 4. 根据需要安排评审人员进行现场旁站监督、抽检等工作
阀外水冷设备选型合理性	查阅技术规范书、图纸	1. 冷却塔应采用引风式或鼓风式结构形式。在不影响进风的前提下，应在冷却塔侧风口处交错安装降噪棉或格栅挡板以防止杂物进入冷却塔。 2. 冷却塔冗余配置，所有冷却塔总冷却容量的裕度应不小于 50%。 3. 冷却盘管应由多组蛇形换热管组成。 4. 风机电动机的绝缘等级不低于 F 级，防护等级不低于 IP54；电动机应配置变频器，电动机能在冷却系统要求的转速下运行；风扇电动机变频器保护配置应正确，工作正常。 5. 风扇电源回路应独立，单台风扇故障不得停运整台冷却塔。 6. 冷却塔风挡（若有）状态信号量不得用于判断冷却塔运行状态。 7. 冷却塔的布置应通风良好，远离高温或有害气体，并应避免飘逸水和蒸发水对环境和电气设备的影响。 8. 冷却塔设计时应采取积极措施降低噪声，闭式冷却塔综合噪声控制值在离风机进口 1.5 倍的冷却塔当量直径处所测得的等效连续噪声值应不大于 85dB（A）。 9. 为提高阀冷却系统运行的可靠性，应配置喷淋水旁滤水处理设备，且旁滤水处理系统处理水量可按总循环水流量的 5% 考虑。 10. 喷淋泵坑内应设置集水坑，集水坑内必须设置不少于 2 台排水泵；排水泵应可同时启动，并应配置冗余设置的液位开关以控制排水泵的动作。 11. 根据需要安排评审人员进行现场旁站监督、抽检等工作
阀外风冷设备选型合理性	查阅技术规范书、图纸	1. 空气冷却器的管束数量应在满足换流阀额定冷却容量的基础上进行 $N+1$ 设计，即：N 台管束可满足换流阀额定冷却容量的要求，$N+1$ 台管束投入使用时总冷却容量的裕度应在 20% 以上。 2. 空气冷却器宜布置在站区主要建筑物及露天配电装置的冬季主导风向的下风侧。 3. 空气冷却器应远离站内露天热源（距离大于 30m）。 4. 空气冷却器的每台风机应配备独立的电动机，以避免单台电动机故障时该电动机对应的风扇均无法工作的问题。 5. 风机电动机的绝缘等级不低于 F 级，防护等级不低于 IP54。 6. 在电压和频率变化均在额定值的 10% 以内的运行条件下，电动机仍应能良好地运行，在 80% 额定电压情况下仍能启动。全电压下启动时，启动电流不能超过满负荷正常工作电流的 6～8 倍。 7. 阀外风冷系统设计中应考虑现场热岛效应，设计最高温度应在气象统计最高温度的基础上增加 3～5℃，必要时启动辅助喷淋设施。 8. 根据需要安排评审人员进行现场旁站监督、抽检等工作
管道布局合理性	查阅技术规范书、图纸	1. 管道及阀门配置合理，主循环泵前后应设置阀门，以便在不停运阀内冷系统时进行主循环泵故障检修。 2. 波纹补偿器的位置充分考虑安装地点的管道应力、基础沉降、允许位移量和位移方向等因素，其材质及使用寿命在设备招标技术规范书中明确。 3. 阀厅配置适合主水管道安装的支架或固定装置。 4. 根据需要安排评审人员进行现场旁站监督、抽检等工作

监督项目	检查资料	监督要求
控制柜及动力柜	查阅技术规范书、设备资料	1. 设备控制柜内应有完善的驱潮、防潮装置，设置干燥剂等。 2. 阀控室内的通风管道禁止设计在阀控屏柜顶部，以防冷凝水顺着屏柜顶部电缆流入阀控屏柜
保护设计	查阅技术规范书、图纸	1. 作用于跳闸的内冷水传感器应按照三套独立冗余配置，每个系统的内冷水保护对传感器采集量按照"三取二"原则出口；当一套传感器故障时，进阀温度传感器按照"二取二"逻辑执行；其他传感器执行"二取一"逻辑，并增加辅助判据防止误动；当两套传感器故障时，出口采用"一取一"逻辑出口。 2. 传感器应具有自检功能，当传感器故障或测量值超范围时能自动提前退出运行，不会导致保护误动。 3. 内冷水保护装置及各传感器电源应由两套电源同时供电，任一电源失电不影响保护及传感器的稳定运行。 4. 仪表、传感器、变送器等测量元件的装设位置和工艺应便于维护；除主水流量传感器外，其他测量元件应与管道之间采取隔离措施，能满足故障后不停运直流系统而进行检修及更换的要求；阀进出水温度传感器应装设在阀厅外；流量传感器应装设在阀厅外或有巡视通道可到达的位置。 5. 根据需要在调试期间安排评审人员进行现场监督、抽检
温度保护设计	查阅技术规范书、图纸	1. 进水温度保护投报警和跳闸。 2. 换流阀出水温度保护动作后应向极控系统发功率回降命令，不宜发直流闭锁命令。功率回降定值由运行单位根据厂家意见设定。 3. 根据需要在调试期间安排评审人员进行现场监督、抽检
流量及压力保护设计	查阅技术规范书、图纸	1. 主水流量保护投报警和跳闸。 2. 若配置了阀塔分支流量保护，应投报警。 3. 主循环泵在切换不成功时应能自动切回，整个过程的时间应小于流量低保护动作时间。切换时间的选择应恰当，防止切换过程中出现低流量保护误动作闭锁直流。 4. 主循环泵切换不成功判据延时与回切时间的总延时应小于流量低保护动作时间。 5. 应在换流阀内水冷主管道上至少装设两个流量传感器，在换流阀主循环泵前装设三个进阀压力传感器，在换流阀主循环泵后装设两个出阀压力传感器。 6. 三个流量传感器按"三取二"原则判低、超低报警，当出现超低报警，且进阀压力低或高报警，按照换流阀提供的最低流量延时时间为准发跳闸请求。 7. 三个进阀压力传感器按"三取二"原则判低、超低、高、超高报警；两个出阀压力传感器按"二取二"逻辑判超高、超低报警，按"二取一"原则判高、低报警。 8. 根据需要在调试期间安排评审人员进行现场监督、抽检
液位保护设计	查阅资料（技术规范书、图纸）	1. 膨胀罐水位保护投报警和跳闸。 2. 膨胀罐宜装设两套电容式液位传感器和一套磁翻板式液位传感器，用于液位保护和泄漏保护，按"三取二"原则。 3. 当膨胀罐的液位低于30%时，液位保护延时5s报警；低于10%时，液位保护延时10s跳闸。 4. 膨胀罐应装设可视的液位计或磁翻板式液位传感器，便于巡视。 5. 低水位触点动作后仅报警。 6. 根据需要在调试期间安排评审人员进行现场监督、抽检
微分泄漏保护设计	查阅技术规范书、图纸	1. 微分泄漏保护投报警和跳闸，24h泄漏保护仅投报警。 2. 对于采取内冷水内外循环运行方式的系统，在内外循环方式切换时应退出泄漏保护，并设置适当延时，防止膨胀罐水位在内外循环切换时发生变化导致泄漏保护误动。 3. 阀内冷水系统内外循环设计应结合地区特点，年最低温度高于0℃的地区，宜取消内循环运行方式。 4. 温度、传输功率变化及内外循环切换等引起的水位波动，防止水位正常变化导致保护误动。 5. 微分泄漏保护采集装设在膨胀罐中的三个液位传感器的液位，按"三取二"原则动作，采样和计算周期不应大于2s。在30s内，当检测到膨胀罐液位持续下降速度超过换流阀泄漏允许值时，延时闭锁直流并在收到换流阀闭锁信号后5min内自动停止主循环泵。 6. 在阀内冷水系统手动补水和排水期间，应退出泄漏保护功能，防止保护误动。 7. 根据需要在调试期间安排评审人员进行现场监督、抽检
电导率保护设计	查阅技术规范书、图纸	电导率保护仅投报警

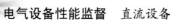

监督项目	检查资料	监督要求
主泵电源设计	查阅技术规范书、图纸	1. 主循环泵供电电源塑壳断路器应配置电流速断和反时限过负荷保护，其定值应躲过主循环泵的启动电流。 2. 主循环泵电动机可装设热敏电阻并构成过热监视，只报警。 3. 主循环泵应装设轴封漏水检测装置，可向远方发送报警信号，提醒运行人员检查处理。 4. 一台主循环泵故障时，应切换到另一主循环泵且发出报警信号。两台主循环泵都故障时，不必直接闭锁直流系统，可由流量低保护闭锁直流系统。 5. 主循环泵控制电源应与水冷控制保护装置的电源分开，各由独立的电源供电。 6. 每台主循环泵应采用独立的信号电源，并由两路供电；信号电源丢失后，应维持设备原运行状态，不得停运
控制系统电源设计	查阅技术规范书、图纸	1. 阀冷 A、B 控制系统及公用单元的直流输入电源应相互独立，各有两路冗余且独立的站用直流电源供电。任何一路电源异常或丢失后，不能影响控制系统正常工作。 2. 阀冷控制系统中 A、B 系统 I/O 模块及公用元件 I/O 模块电源宜采用 DC24V 供电，应采用三路独立的 DC 24V 供电，每路 DC24V 电源系统的输入均来自两段站用直流母线。 3. 涉及控制和保护功能的开入、开出信号应双重化配置，其信号电源分别取自 A、B 段。 4. 三重化配置的传感器电源分别取自 A、B、C 段，双重化配置的传感器电源分别取自 A、B 段。 5. 来自阀控系统（CCP）的开入信号电源或到极控系统（PCP）的开出信号以及到室外设备的信号，禁止采用 DC24V 电源供电，以免引进干扰
工作电源设计	查阅技术规范书、图纸	1. 阀冷控制单元的工作电源禁止采用站用交流电源供电，应采用稳定可靠的站用 DC110V 或 DC220V 电源供电，或经过具有电气隔离功能的 DC/DC 变换器输出的直流电供电。 2. 向阀冷却设备供电的直流电源应采用分别来自两段站用直流母线，经过自动切换后向直流设备或负荷供电或者两路直流电源经过冗余的 DC/DC 变换器，取得稳定可靠的直流电源后，向直流设备或负荷供电。 3. 直流电源切换装置或 DC/DC 变换器应保证其两路直流输入电源之间具有电气隔离功能，一路直流电源异常或接地时，不会影响另外一路直流电源
外冷电源设计	查阅技术规范书、图纸	1. 阀外水冷采用冷却塔（N 台冷却塔）模式，其交流电源配置方案宜使用 2N+2 路交流电源进线，其中 2N 路交流电源中每两路切换形成一段母线，只给喷淋泵和风机供电，且保证每台冷却塔的喷淋泵、风机供电分配在不同的母线段上。其他两路交流进线经过两套双电源切换装置后，形成两段母线供电，其他水处理及辅助设备可均匀分布在这两段母线上。 2. 冷却风机电机供电回路应增加工频强投功能，确保当变频器异常时，能自动投入工频回路运行。冷却风机的变频回路和工频回路应具有电气联锁隔离功能，避免变频和工频回路同时运行。 3. 为了便于检修和维护，冷却风机和喷淋泵电机侧应增加电动机安全隔离开关
电源设计	查阅技术规范书、图纸	1. 现场端子箱不应交、直流混装，现场机构箱内应避免交、直流接线出现在同一段或串端子排上。 2. 阀冷控制柜内照明电源用于检修和维护，其电源需独立于阀冷控制柜，禁止取自阀冷控制柜内的交流母线和电源，应单独取自站用电系统
主设备材料合理性	查阅技术规范书、图纸	1. 换流阀冷却系统采用的是优质材料和先进工艺，并在各方面符合相关标准规定的质量、规格和性能。供应商应保证换流阀冷却系统在正确安装、正常操作和保养条件下，使用寿命不少于 35 年。 2. 应采用洁净的管路系统或采用适当的防腐措施，避免接液材料中离子的过度析出，以保证循环冷却水的高纯度以及离子交换树脂的使用寿命。接液材料选择不锈钢 06Cr19Ni10 及以上等级的材质
水质要求	查阅技术规范书、图纸	内冷水应采用纯净水，防止内冷水系统结垢
通信方式合理性	查阅技术规范书、图纸	1. 阀内冷水控制保护系统送至两套极控（阀组控制）系统的跳闸信号应交叉上送，防止单套传输回路元件或接线故障后导致保护拒动。 2. 除后备跳闸及功率回降外，不应采用硬触点方式上送

4. 设备制造阶段

设备制造阶段换流阀冷却系统资料检查监督要求见表 2-1-23。

表 2-1-23　　　　　　　　　设备制造阶段换流阀冷却系统资料检查监督要求

监督项目	检查资料	监督要求
设备监造工作	查阅监造记录	制造厂在设备监造阶段提供的有关资料应完整、齐全
阀内水冷	查阅设备说明书、出厂试验报告	1. 主循环泵电动机的绝缘等级不低于 F 级，防护等级不低于 IP54。主循环泵进出口应设置柔性连接接头，主循环泵电动机应使用耐摩擦的含润滑油的轴承，电动机的转子都应动态平衡和静态平衡。 2. 主水过滤器过滤精度不宜低于 600μm。 3. 在去离子水出口应设置精密过滤器，用于防止树脂流入主水回路中，去离子过滤装置过滤精度不宜低于 10μm
阀外水冷	查阅出厂试验报告	1. 冷却塔制作时应采取积极措施降低噪声，闭式冷却塔综合噪声控制值在离风机进口 1.5 倍的冷却塔当量直径处所测得的等效连续噪声值应不大于 85dB（A）。 2. 应结合当地极端环境最低温度情况增加室外设备防冻棚，以避免阀冷却系统停运时室外设备冻结
阀外风冷	查阅出厂试验报告	1. 外冷系统冷却设计应以换流阀厂家提出的冷却容量为依据，结合冷却介质类型、介质流量、极端最高环境温度，对空气冷却器进行设计；鉴于不同规格翅片管、风机、电动机存在差别，以及换流站允许的安装空间限制。空气冷却器设计时，应保证在一台管束退出后（退出管束的风机均不运行，不关闭空气冷却器阀门），经退出空气冷却器的热水与经正常运行空气冷却器后的冷水混合后，进阀温度低于换流阀进阀温度跳闸值。 2. 应结合当地极端环境最低温度情况增加室外设备防冻棚，以避免阀冷却系统停运时室外设备冻结。 3. 空气冷却器的布置应通风良好，远离高温或有害气体。 4. 空气冷却器满负荷运行时，在距离设备外壳 1.5m 及地面上 1.0m 处得的声压级应不超过 85dB（A）
仪表及传感器	查阅出厂合格证、校验记录	水冷却设备出厂前对所有压力、流量、温度、电导率、液位等仪表及传感器进行校验，并提供相关具备资质部门出具的校验合格证或报告
焊接及焊缝验收	查阅焊工资质、焊接检测报告	1. 焊接质量管理文件体系健全，一般应包括压力容器加工质量手册、压力容器加工程序文件、焊接工艺及焊接工艺评定报告、无损检测作业指导文件等，焊渣应及时处理。 2. 焊接、无损检测人员应持证上岗，且所从事的工作与所持证件相匹配。 3. 罐体纵环焊缝进行了 100%超声或射线检测且检测过程符合制造厂工艺文件，检测结果合格。 4. 现场焊接、检测作业与作业指导文件相一致
罐体及管道水压试验和气密性试验	查阅出厂试验报告、设备说明书	1. 所有罐体均应进行水压试验，试验压力不小于 1.25MPa，试验时间 1h，设备及管路应无破裂或渗漏水现象（试验时，短接与换流阀塔对接处的管道）。 2. 对于采用气体密封的膨胀缓冲系统，应对膨胀缓冲系统设备进行密封性试验。施加正常工作压力的 2.0 倍气压保持 12h，在温度恒定的状态下压力变化应不大于初始气压的 5%
设备及管道	查阅设备管道相关资料	1. 水冷却系统的设备及管道均应采用厂内预制、现场拼装的施工方式，金属焊接须按照《工业金属管道工程施工规范》（GB 50235—2010）要求进行。 2. 不锈钢焊接须采用惰性气体保护，对焊焊口需干净、正圆、平直以及配合良好。 3. 预制后的管道组件安装时不得承受过大拉伸或挤压应力，所有管线必须伸展自如，以保证在热胀冷缩过程中不致引起管接头及管支撑破坏。 4. 冷却系统管道、设备装配中应保持内部洁净。 5. 冷却系统管路及设备安装牢固、焊接平整，水平及垂直方向公差执行《工业金属管道工程施工规范》（GB 50235—2010）。 6. 水冷却设备运到现场前必须经过严格的清洗，以去除管道中的氧化层、油脂、颗粒异物、悬浮物，不允许任何死角存在污物。如管道进行了酸洗，还必须中和，并冲洗至中性的范围。 7. 管道清洗完成后需及时密封管口，运至现场时密封不应破损。 8. 清洗后的金属表面应清洁，无残留氧化物、焊渣、二次锈蚀、点蚀及明显金属粗晶析出，设备上的阀门、仪表等不应受到损伤

5. 设备验收阶段

设备验收阶段换流阀冷却系统资料检查监督要求见表 2-1-24。

表 2-1-24   设备验收阶段换流阀冷却系统资料检查监督要求

监督项目	检查资料	监督要求
设备到货验收及保管	查阅设备现场交接记录	1. 随箱记录资料齐全，设备技术参数应与设计要求一致。 2. 检查三维冲击记录仪冲击加速度不大于 3g。 3. 验收过程资料应齐全、规范
出厂试验报告	查阅出厂试验报告	出厂试验报告齐全、完整，应包括： （1）制造厂提供的说明书、图纸及出厂试验报告。 （2）交接试验报告。 （3）阀冷却设备安装全过程的记录。 （4）阀冷却设备保护回路的安装竣工图。 （5）水质化验及分析报告。 （6）备品备件清单。 （7）阀冷却设备安装工程监理及验收报告
主循环泵	查阅设计图纸、出厂试验报告、合格证	1. 无过热、振动、噪声等异常现象。 2. 润滑油的油位正常。 3. 轴承运转稳定，无松动
管道及罐体	查阅设计图纸、出厂试验报告、合格证	1. 水压试验记录满足要求。 2. 气压试验记录满足要求。 3. 进厂时已酸洗过的管道两端密封应完好，如密封破损应在现场进行重新酸洗。 4. 管道内外表面应无明显划痕、凹陷及砂眼等机械损伤
备品备件及专用工具配置完整性	查阅备品备件到货验收报告	1. 换流阀备品由运行维护单位负责保管。所有备品备件在开箱验收合格后，应恢复包装后入库，附属零件应随本体存放。 2. 备品备件保管单位应具有相应的设备专业知识和管理经验。保管单位应根据备品备件的特性，保证相宜的环境，按期保养和测试，并做好记录，确保备品备件随时处于良好状态。保管单位做到账、物、卡相符，并按时寄送报表
金属焊接工艺	查阅工艺评定报告、无损检测作业指导文件、焊缝探伤报告	1. 焊接部位过渡平滑、焊缝均匀、无沙眼，符合相关要求。 2. 焊接质量管理文件体系健全。 3. 应有监检人员对焊接过程进行监督。 4. 具有焊接工艺及焊接工艺评定报告、无损检测作业指导文件等

6. 设备安装阶段

设备安装阶段换流阀冷却系统资料检查监督要求见表 2-1-25。

表 2-1-25   设备安装阶段换流阀冷却系统资料检查监督要求

监督项目	检查资料	监督要求
隐蔽工程检查	查阅隐蔽工程验收资料	隐蔽工程（地基基础质量、接地引下线、地网）、中间验收应按要求开展，资料齐全、完备

7. 设备调试阶段

设备调试阶段换流阀冷却系统资料检查监督要求见表 2-1-26。

表 2-1-26   设备调试阶段换流阀冷却系统资料检查监督要求

监督项目	检查资料	监督要求
电源调试	查阅电源调试记录	1. 双重化配置的阀冷控制保护直流电源均应独立、完整，各套保护出口前不应有任何电气联系。 2. 主机和板卡电源应冗余配置，对主机和相关板卡、模块进行断电试验，验证电源供电是否可靠。 3. 应通过模拟试验逐个验证保护定值及动作结果正确性，并通过站用电切换试验检查主循环泵切换是否正确、时间配合有无问题。 4. 控制保护装置及各传感器电源应由两套电源同时供电，任一电源失电不影响控制保护及传感器的稳定运行。 5. 同一极相互备用的两台内冷水泵电源应取自不同母线。外冷水系统喷淋泵、冷却风扇的两路电源应取自不同母线且相互独立，不得有共用元件。禁止将阀外风冷系统的全部风扇电源设计在一条母线上，阀外风冷系统风扇电源应分散布置在不同母线上

续表

监督项目	检查资料	监督要求
主循环泵功能调试	查阅主循环泵出厂试验报告、安装调试记录	1. 内冷水系统设置两台循环水泵，一主一备，单台工作泵应能满足系统最大设计流量，保证内冷水以恒定的流速通过发热器件。 2. 在电压和频率变化均在额定值的 10%以内的运行条件下，电动机仍应能良好地运行，在 80%额定电压情况下仍能启动。 3. 内冷水系统应能定期自动切换主、备水泵，切换周期不长于一周，切换时系统流量和压力不引起报警。 4. 应进行主循环泵切换试验，在备用泵无故障时可平稳切换，备用泵模拟故障时自动切回运行泵，且切换不成功判据延时与回切时间的总延时应小于流量低保护动作时间及压力低保护动作时间
喷淋泵功能调试	查阅喷淋泵出厂试验报告、安装调试记录	1. 单台喷淋泵应满足系统设计流量，喷淋系统应配置备用喷淋泵。 2. 喷淋泵和驱动器的旋转部分应静态平衡和动态平衡。 3. 喷淋泵应符合国家规定的相关振动标准。 4. 喷淋泵的轴封应采用机械密封，且必须密封完好，不能漏水。 5. 喷淋泵电动机的绝缘等级不低于 F 级，防护等级不低于 IP54。 6. 在电压和频率变化均在额定值的 10%以内的运行条件下，电动机仍应能良好地运行，在 80%额定电压情况下仍能启动。 7. 全电压下启动时，启动电流不能超过满负荷正常工作电流的 6 倍
冷却塔功能调试	查阅冷却塔出厂试验报告、安装调试记录	1. 在电压和频率变化均在额定值的 10%以内的运行条件下，电动机仍应能良好地运行，在 80%额定电压情况下仍能启动。 2. 电动机应配置变频器，电动机应能在冷却系统要求的转速下运行。 3. 全电压下启动时，启动电流不能超过满负荷正常工作电流的 6 倍。 4. 风机的轴承应采用可在线润滑的滚珠轴承，具有承载重负荷的能力。 5. 电动机及风机的转动部件都应静态平衡和动态平衡。 6. 风机的驱动部分，如联轴器、皮带、皮带轮、齿轮、轴等，都应至少能承受额定功率数的 150%
排污泵功能调试	查阅排污泵出厂试验报告、安装调试记录	1. 平衡水池内的水位测量装置需定期进行功能检查，确保其正确性。 2. 排污泵绝缘测量和功能试验：用 1000V 绝缘电阻表检查电动机绝缘电阻应不小于 1MΩ，相间电阻基本相同
水处理系统功能试验	查阅出厂试验报告、现场调试记录	水处理系统运转正常，处理后水质符合外冷水水质要求［软水模块、砂滤模块、碳滤模块（如有）、反渗透模块（如有）、加药系统］。外冷水溶解性总固体不大于 1000mg/L，pH 值 6.5～8.5，硬度（以 $CaCO_3$ 计）不大于 450mg/L，氯化物不大于 250mg/L，硫酸盐不大于 250mg/L；细菌总数不大于 80CFU/mL（CFU 为菌落形成单位）
整体耐压试验	查阅现场耐压试验报告	电气耐压合格：二次回路绝缘试验采用 1000V 绝缘电阻表，辅助回路如有储能电动机用 500V 绝缘电阻表，应无明显异常，绝缘电阻不小于 10MΩ
检漏（密封试验）试验	查阅现场试验报告、调试记录	1. 水压、气压试验合格，系统无渗水、漏气现象。 2. 电磁阀、压力释放阀、自动排气阀等配合得当、正常动作
逻辑控制	查阅现场调试记录	水冷设备所有逻辑控制试验合格
功能保护	查阅传感器调试记录、现场调试记录	1. 作用于跳闸的内冷水传感器应按照三套独立冗余配置，每个系统的内冷水保护对传感器采集量按照"三取二"原则出口。当一套传感器故障时，进阀温度传感器按照"二取二"逻辑执行；其他传感器执行"二取一"逻辑，并增加辅助判据防止误动。当两套传感器故障时，出口采用" 取一"逻辑出口。 2. 传感器应具有自检功能，当传感器故障或测量值超范围时能自动提前退出运行，不会导致保护误动。 3. 内冷水保护装置及各传感器电源应由两套电源同时供电，任一电源失电不影响保护及传感器的稳定运行。 4. 仪表、传感器、变送器等测量元件的装设应便于维护，能满足故障后不停运直流系统而进行检修及更换的要求；阀出口水温传感器应装设在阀厅外。 5. 在东北、华北、西北地区，内冷水系统要考虑两台主循环泵长期停运时户外管道的防冻措施，应采取添加乙二醇或搭建防冻棚等措施
温度保护	查阅电气原理图、控制逻辑图及现场调试记录	1. 进水温度保护投报警和跳闸。 2. 阀内冷系统应装设三个阀进水温度传感器，在每套水冷保护内，阀进水温度保护按"三取二"原则出口，动作后闭锁直流。保护动作延时应小于晶闸管换流阀过热允许时间，延时定值按照换流阀厂家提供的时间为准。 3. 当进出阀温度差超过请求功率回降定值且出阀温度达到高报警时，保护动作后执行功率回降请求，或参照换流阀厂家要求执行相应动作逻辑；保护动作延时应小于晶闸管换流阀过热允许时间。 4. 换流阀进水温度差超过换流阀厂家规定值时应进行相应的报警或跳闸指令。 5. 温度保护的动作定值应根据水冷系统运行环境、晶闸管温度要求整定

监督项目	检查资料	监督要求
流量及压力保护	查阅电气原理图、控制逻辑图及现场调试记录	1. 应在换流阀内水冷主管道上至少装设 2 个流量传感器，在换流阀主循环泵出口装设 3 个进阀压力传感器，在换流阀主循环泵进口装设 2 个出阀压力传感器。 2. 两个流量传感器按"二取一"原则判低、超低、高、超高报警，当出现超低报警，且进阀压力低或高报警，按照换流阀提供的最低流量延时时间为准发跳闸请求。 3. 三个流量传感器按"三取二"原则判低、超低、高、超高报警，当出现超低报警，且进阀压力低或高报警，按照换流阀提供的最低流量延时时间为准发跳闸请求。 4. 流量保护跳闸延时应大于主循环泵切换不成功再切回原泵的时间。 5. 主水流量保护投报警和跳闸，若配置了阀塔分支流量保护或主循环泵压力差保护，应投报警
液位保护	查阅电气原理图、控制逻辑图及现场调试记录	1. 膨胀罐或高位水箱液位保护投报警和跳闸。 2. 应在膨胀罐或高位水箱装设三个电容式液位传感器和一个直读液位计，用于液位保护和泄漏保护。 3. 三台膨胀罐或高位水箱液位传感器按"三取二"原则；当电容式液位传感器测量的液位低于 30%时液位保护延时 5s 报警，低于 10%时液位保护延时 10s 跳闸。 4. 低液位保护动作后仅报警。 5. 膨胀罐液位变化定值和延时设置应有足够裕度，能躲过最大温度及传输功率变化引起的液位波动，防止液位正常变化导致保护误动
微分泄漏保护	查阅电气原理图、控制逻辑图及现场调试记录	1. 微分泄漏保护投报警和跳闸，24h 泄漏保护仅投报警。 2. 微分泄漏保护采集三个电容式液位传感器的液位，按照"三取二"逻辑跳闸。采样和计算周期不应大于 2s，在 30s 内，当检测到膨胀罐液位持续下降速度超过换流阀泄漏允许值时，延时闭锁直流并在收到换流阀闭锁信号后 5min 内自动停止主循环泵。 3. 膨胀罐液位变化定值和延时设置应有足够裕度，能躲过最大温度及传输功率变化引起的液位波动，防止液位正常变化导致保护误动。 4. 微分泄漏保护应具备手动投退功能。 5. 对于采取内冷水内外循环运行方式的系统，在内外循环方式切换时应闭锁泄漏保护，并设置适当延时，防止膨胀罐液位在内外循环切换时发生变化，导致泄漏保护误动。 6. 在阀内水冷系统手动补水和排水期间，应退出泄漏保护，防止保护误动
电导率保护	查阅电气原理图、控制逻辑图及现场调试记录	电导率保护仅投报警
传感器保护	查阅现场调试记录	1. 传感器的测量精度应能满足保护的灵敏性要求。水冷保护应能及时检测到传感器或测量回路故障，并采取有效措施避免保护误动。 2. 阀冷控制系统若 3 冗余配置传感器，采样值应按"三取二"原则处理，即三个传感器均正常时，取采样值中最接近的两个值参与控制；当一个传感器故障，两个传感器正常时，进阀温度传感器按照"二取二"逻辑执行；其他传感器执行"二取一"逻辑，并增加辅助判据防止误动；当仅有一个传感器正常时，以该传感器采样值参与控制
控制保护系统	查阅现场调试记录	1. 换流阀冷却控制保护系统至少应双重化配置，并具备完善的自检和防误动、防拒动措施。作用于跳闸的内冷水传感器应按照三套独立冗余配置，每个系统的内冷水保护对传感器采集量按照"三取二"原则出口。控制保护装置及各传感器电源应由两套电源同时供电，任一电源失电不影响控制保护及传感器的稳定运行。当阀冷保护检测到严重泄漏、主水流量过低或者进阀水温过高时，应自动闭锁换流器以防止换流阀损坏。 2. 根据直流控制与保护系统确定的通信接口要求，进行水冷却设备的通信与远程控制功能试验
报警功能调试	查阅现场调试记录	阀冷却保护装置应能向就地人机接口和后台监控系统发送报警和状态事件，至少包括传感器故障事件、处理器、总线故障事件、测量板卡故障事件、报警或跳闸动作事件、主循环泵启动、停运、切换和故障事件、喷淋泵或冷却风机启动、停运和故障事件、交流电源工作状态和故障事件、直流电源工作状态和故障事件

监督项目	检查资料	监督要求
水质检测试验	查阅水质检测报告	1. 内冷水 pH 值为 6.5～8.5；内冷补充水电导率小于 5.0μS/cm，内冷水电导率小于 0.5μS/cm，去离子水电导率小于 0.3μS/cm。 2. 外冷水溶解性总固体不大于 1000mg/L，pH 值 6.5～8.5，硬度（以 $CaCO_3$ 计）不大于 450mg/L，氯化物不大于 250mg/L，硫酸盐不大于 250mg/L，细菌总数不大于 80CFU/mL
连续运行试验	查阅现场调试记录	整套设备连续运行试验符合要求

8. 竣工验收阶段

竣工验收阶段换流阀冷却系统资料检查监督要求见表 2-1-27。

表 2-1-27　　　　竣工验收阶段换流阀冷却系统资料检查监督要求

监督项目	检查资料	监督要求
技术资料完整性	查阅相关技术资料	1. 设计施工资料齐全并准确。 2. 采购技术协议、技术规范书、设备说明书等资料齐全并准确。 3. 定值表、设备基本信息台账等资料齐全并准确。 4. 出厂试验报告齐全并准确。 5. 交接试验报告齐全并准确。 6. 安装质量检验及评定报告齐全并准确。 7. 试验和检验项目完整并正确。 8. 控制保护配置及定值计算技术报告齐全并准确
传感器	查阅水冷电气原理图、保护逻辑图	1. 验证三重化配置的传感器采样值"三取二"动作逻辑是否正确，模拟一个传感器故障时"二取一"动作逻辑是否正确，模拟仅有一个传感器工作时，以该传感器采样值参与控制逻辑是否正确。 2. 传感器均应满足相应防电磁干扰标准要求，并具有自检功能。传感器故障或测量值超范围时能自动提前退出运行，而不会导致保护误动。同一测点的温度测量值相互比对不超过传感器最大误差值。 3. 内冷水保护各传感器电源应由两套电源同时供电，任一电源失电不影响保护及传感器的稳定运行。 4. 仪表、传感器、变送器等测量元件的装设应便于维护，能满足故障后不停运直流而进行检修及更换的要求；换流阀进出口水温传感器应装设在阀厅外。 5. 对于直接与内冷水接触的传感器，如压力传感器，应有防止传感器接头漏水的措施
主循环泵	查阅主循环泵出厂资料、土建施工图	1. 主循环泵无锈蚀、无渗漏，润滑油油位正常。运行时无异常声响、无异常振动，运行时无过热。 2. 阀内冷水系统互为备用的两台主循环泵应具有故障切换、定时切换、手动切换、远程切换、主循环泵计时复归功能。 3. 主循环泵应配过热保护装置，备用泵可用时允许切换主泵，备用泵不可用时禁止切换主循环泵；一台主循环泵故障时应切换到另一主循环泵且发出报警信号。两台主循环泵都故障时可由流量低保护闭锁直流系统；切换不成功时应能自动切回，整个过程的时间应小于流量低保护动作时间，防止切换过程中出现低流量保护动作闭锁直流系统。 4. 主循环泵前后应设置阀门，以便在不停运阀内冷系统时进行主循环泵故障检修。 5. 主循环泵电源塑壳断路器应只配置电流速断和反时限过负荷保护，其定值应躲过主循环泵的启动电流。 6. 主循环泵电源应采取分段供电，其馈线开关应专用，禁止连接其他负荷。 7. 主循环泵启动方式禁止变频启动转工频运行；对于电压波动频繁的换流站可以工频直接启动。 8. 主循环泵变频器（软启动器）保护设置正确，校核变频器测量元件的精度，变频器内置保护应能适应站用电最大的电压波动范围和站用电备自投（备用电源自动投入）切换时间；变频器应采用三相控制型并具有独立的外置工频旁通回路，主循环泵采用软启动器启动后应转为工频旁通回路运行，在软启动器故障时具有工频启动功能

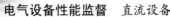

监督项目	检查资料	监督要求
直流电源配置	查阅电气原理图、控制逻辑图及校验记录	1. 直流电源应分别来自两段站用直流母线，双重化或多重化配置的各功能系统，如阀内冷控制系统、控制保护、传感器、主循环泵控制及信号等，其电源应分别独立。 2. 来自极控系统的开入信号电源或到极控系统的开出信号以及到室外设备的信号，禁止采用 DC24V 电源供电，应采用控制系统 A 段或 B 段 DC110V 或 DC220V 直流母线供电。 3. 对主机和相关板卡、模块进行断电试验，其电源配置应满足冗余要求
阀内冷控制系统功能	查阅电气原理图、控制逻辑图及现场调试记录	1. 阀冷系统控制保护装置按双重化冗余配置，具备自诊断功能，并具备手动或故障时自动切换功能；当阀内冷两套控制保护系统均不可用时，应向控制保护发跳闸请求信号，闭锁换流阀；水冷闭锁指令、水冷功率回降指令无单触点隐患。 2. 阀内冷系统和极控系统的接口应采用交叉冗余配置。 3. 在阀内冷系统的各种运行状况中，不能自行停止阀内冷系统，而应发出请求停止命令或请求跳闸命令后由控制保护确定采用相应的具体措施。 4. 自检功能完善，控制系统切换功能正常；通信功能正常；报警事件定义清楚；运行人员操作站界面显示正常、无报警信号。 5. 阀内冷系统中非重要 I/O 板卡故障不应导致相应控制保护系统紧急故障。 6. 主循环泵电动机安全开关辅助触点信号只能用于报警，不得用于程序中的主循环泵运行状态判断。 7. 当冷却介质温度低于阀厅露点温度，管路及器件表面有凝露危险时，电加热器应开始工作。 8. 温度保护、流量保护、压力保护的动作定值应根据水冷系统运行环境、晶闸管温度要求整定
阀内冷保护系统功能	查阅电气原理图、控制逻辑图及现场调试记录	保护配置原则及出口设置： （1）阀内冷保护应按双重化配置，每套保护装置有一个处理器，每套保护装置应能完成整套阀内冷系统的所有保护功能。 （2）保护出口信号采用每套保护两个出口均有动作信号才出口，防止误动；同时在另一套保护装置检修或故障时，单套系统能保证保护正确出口，防止拒动。 （3）阀内水冷不应设置流量高跳闸保护。 （4）阀内冷系统到极控系统的开出信号宜采用无源接点、冗余输出。 （5）当阀内冷系统采用 PLC 控制方式，保护出口跳闸信号触点，应采用 A、B 系统两个动合触点串联方式输出。 （6）当阀内冷系统采用 PLC 控制方式，A、B 系统 CPU 同时故障时，应采用 A、B 系统串联的动断触点方式输出，动断触点应单独引入到 PLC 系统进行状态监视，触点异常能发出报警。 （7）模拟阀内冷系统保护动作，测试跳闸功能、功率回降功能应正确
阀外水冷技术要求	查阅现场调试记录	1. 冷却塔失去冗余能力后（喷淋泵和风机停运，进出水阀门不关），应保证在极端工况下，进阀温度低于跳闸值。 2. 喷淋泵坑内集水坑的两台排污泵应具备自动启动、手动切换和故障报警功能。 3. 阀外冷房电缆沟封堵良好，集水坑排污泵能自动启动排水，不会发生水淹泵房事故。 4. 使用反渗透单元（若有），主过滤器应设置蝶阀，以满足其能在不停运阀冷系统的条件下进行清洗或更换；滤芯应具备足够的机械强度以防止在冷却水冲刷下的损伤。 5. 盐池应设置液位监测及报警功能，液位开关应冗余配制，盐池液位开关工作正常。 6. 盐池应采取防渗漏措施，无渗漏水现象。 7. 外冷水房电缆沟封堵良好，不会发生水淹泵房的故障。 8. 平衡水池应配置两套液位开关，并设置高低液位报警
管道及阀门	查阅管道图、阀门指示记录	1. 自动排气阀不宜安装在阀厅内，若必须安装在阀厅内，需采取可靠措施防止排气阀漏水。 2. 按照技术规范要求对管道及阀门开展压力试验，试验结果符合要求。 3. 与冷却介质接触的各种材料表面无腐蚀。金属材料应采用 AISI304L 不锈钢及以上等级的耐腐蚀材料。 4. 管道表面及连接处无裂纹、无锈蚀，表面不得有明显凹陷，焊缝无明显夹渣、疤痕；管道及阀门运行过程中无异常振动，无漏水、溢水现象；管道本体表计安装处密封良好，无渗漏。 5. 阀门位置正确、无松动，阀冷系统中的各种阀门均应设置自锁装置以防止设备运行过程中因振动而导致阀门开度变化。 6. 内冷水系统冲洗干净，主过滤器滤网无杂质。 7. 在东北、华北、西北地区，户外有两台主泵长期停运时户外内冷水管道的防冻措施应满足要求

9. 运维检修阶段

运维检修阶段换流阀冷却系统资料检查监督要求见表 2 - 1 - 28。

表 2 - 1 - 28　　　　　　　运维检修阶段换流阀冷却系统资料检查监督要求

监督项目	检查资料	监督要求
新设备投运前的技术文件	检查新设备投运前的技术文件	设备投运技术文件齐全： （1）制造厂提供的说明书、图纸及出厂试验报告。 （2）交接试验报告。 （3）阀冷却设备安装全过程的记录。 （4）阀冷却设备保护回路的安装竣工图。 （5）水质化验及分析报告。 （6）备品备件清单。 （7）阀冷却设备安装工程监理及验收报告
缺陷管理	检查现场缺陷管理记录	1. 缺陷记录完整，应包含运行巡视、检修巡视、带电检测、检修过程中发现的缺陷。 2. 结合现场核查，不存在现场缺陷没有记录的情况。 3. 检修班组应结合消缺，对记录中不严谨的缺陷现象表述进行完善；缺陷原因应明确；更换的部件应明确；缺陷定级正确。 4. 缺陷处理应闭环，及时、准确、完整地将设备缺陷信息录入生产管理信息系统，按规定时间完成流程的闭环管理。 5. 事故应急处置应到位，事故分析报告、应急抢修记录及时规范
检修资料	抽查检修作业指导书、检修记录卡	1. 检修资料齐全，检修施工的组织、技术、安全措施、检修记录表以及修前、修后各类检测报告、各责任人及检查、操作人员签字齐全，检修报告结论明确。 2. 检修报告内容完整，具备检修项目及名称、检修时间、检修责任人及成员、检修内容、发现问题及处理情况、遗留问题及处理建议、备品更换情况、材料消耗情况、器具使用情况、检测数据等。 3. 具有完善的检修方案
带电检测	查阅带电检测记录	1. 应定期对水泵、电动机和动力柜进行红外检测，并做好记录存档，保存红外图谱，做好横向和纵向比对分析，发现问题及时处理。 2. 对风机、电动机等大功率设备进行检修或更换后，应进行红外测温，以确认温升正常，并做好基础数据存档。 3. 主循环泵轴承红外测温记录完整，符合要求。 4. 应定期测量主循环泵电源回路接触器运行温度，并且对接触器触头烧蚀情况进行检查，烧蚀严重时应进行更换
状态检修	检查状态检修记录	1. 定期评价周期符合要求，评价报告完整、准确。 2. 动态评价（新设备首次评价、缺陷评价、经历不良工况后评价、检修评价、家族缺陷评价、特殊时期专项评价）及时，报告完整、准确。 3. 设备运行分析报告完整、准确
反事故措施管理	检查反事故措施排除记录	1. 运行单位应根据国家电网有限公司高压直流输电换流阀冷却系统事故预防的相关要求，定期对换流阀冷却系统的落实情况进行检查，督促落实。 2. 配合主管部门按照反事故措施的要求，分析设备现状，制订落实计划。 3. 做好反事故措施执行单位施工过程中的配合和验收工作，对现场反事故措施执行不利的情况应及时向有关主管部门反映。 4. 定期对换流阀冷却系统反事故措施的落实情况进行总结、备案，并上报有关部门
运维检修管理	检查运维检修规定	1. 在阀内冷水系统手动补水和排水期间，应退出泄漏保护，防止保护误动。 2. 应加强内冷水系统各类阀门管理，装设位置指示装置和阀门闭锁装置，防止人为误动阀门或者阀门在运行中受振动发生变位，引起保护误动。 3. 每年校准主循环泵与电动机同心度，避免长期振动造成主循环泵轴承损坏，引起内冷水系统泄漏保护动作。 4. 严禁未经批准随意修改阀内冷水控制保护系统定值、参数，系统检修后应核对定值、参数与正式批准值一致，系统方可投入运行。 5. 检修期间应对内冷水系统水管进行检查，发现水管接头松动、磨损、渗漏等异常要及时分析处理。 6. 每年至少进行一次内冷水主循环泵切换试验，模拟运行时的各种工况，检验主循环泵切换是否正常，验证定值配置是否恰当
水/药品/气/滤料	检查化验记录、加盐、加药记录、氮气瓶压力记录、滤料记录	1. 水质化验记录完善，周期（一季度/一年）、指标符合要求，阀外水冷系统水质化验宜一季度一次，阀内水冷系统水质化验宜一年一次。 2. 加盐、加药记录完整，药品性能合格（报告）。 3. 氮气瓶压力正常，更换记录完整。 4. 滤料性能完善，功能正常

10. 退役报废阶段

退役报废阶段换流阀冷却系统资料检查监督要求见表 2 - 1 - 29。

表 2 - 1 - 29 退役报废阶段换流阀冷却系统资料检查监督要求

监督项目	检查资料	监督要求
设备退役转备品	查阅项目可研报告、项目建议书、阀冷却设备鉴定意见	1. 各单位及所属单位发展部在项目可研阶段对拟拆除阀冷却设备进行评估论证，在项目可行性研究报告或项目建议书中提出拟拆除阀冷却设备作为备品备件、再利用等处置建议。 2. 国家电网有限公司运检部、各单位及所属单位运检部根据项目可研审批权限，在项目可研评审时同步审查拟拆除阀冷却设备处置建议。 3. 在项目实施过程中，项目管理部门应按照批复的拟拆除阀冷却设备处置意见，组织实施相关阀冷却设备拆除工作。阀冷却设备拆除后由运检部门组织开展技术鉴定，确定其留作备品、再利用或报废的处置意见。履行鉴定手续后的阀冷却设备由物资部门负责后续保管工作。 4. 需修复后再利用的阀冷却设备，应由运检部门编制修理项目并组织实施
退役、再利用信息管理	现场核查 PIMS 系统，抽查 1 台退役阀冷却设备相关记录	1. 阀冷却设备退役、调拨时应同步更新 PMS（生产管理系统）、TMS（运输管理系统）、OMS（订单管理系统）等相关业务管理系统、ERP（企业资源计划）系统信息，确保资产管理各专业系统数据完备准确，保证资产账、卡、物动态一致。 2. 阀冷却设备退役后，由资产运维单位（部门）及时进行设备台账信息变更，并通过系统集成同步更新资产状态信息。 3. 阀冷却设备调出、调入单位在 ERP 系统履行资产调拨程序，做好业务管理系统中设备信息变更维护工作。产权所属发生变化时，调出、调入单位应同时做好相关设备台账及历史信息移交，保证设备信息完整
设备存放管理	查阅资料/现场检查，包括退役设备台账、退役设备定期试验记录，现场检查备品设备存储条件，抽查 1 台备品设备的台账和定期试验记录	1. 物资管理单位对入库的退役阀冷却设备，应根据退役资产入库单上的资产信息及时维护台账，阀冷却设备备品备件的台账清册应做到基础信息详实、准确，图纸、合格证、说明书等原始资料应妥善保管。仓储管理人员应定期盘查，对台账进行核对，确保做到账、卡、物一致，定期或根据实际需要进行台账发布。 2. 物资管理单位（运检部门配合）应根据阀冷却设备仓储要求妥善保管，备品备件存放的环境温度、湿度应满足存放保管要求，同时应做好防火、防潮、防水、防腐、防盗和清洁卫生工作；设备上易损伤、易丢失的重要零部件、材料均应单独保管，并应注意编号，以免混淆和丢失。 3. 物资部门配合运检部门定期组织相关人员，对库存备品备件进行检查维护及必要的试验，保证库存备品备件的合格与完备。对于经检查不符合技术要求的备品备件应及时更换
设备再利用管理	查阅阀冷却设备备品台账和再利用记录	1. 各单位及所属单位应加强阀冷却设备再利用管理，最大限度发挥资产效益。退役阀冷却设备再利用优先在本单位内部进行，不同单位间退役阀冷却设备再利用工作由上级单位统一组织。 2. 工程项目原则上优先选用库存可再利用阀冷却设备，基建、技改和其他项目可研阶段应统筹考虑阀冷却设备再利用，在项目可行性研究报告或项目建议书中提出是否使用再利用阀冷却设备及相应再利用方案。 3. 对于使用再利用阀冷却设备的工程项目，项目单位（部门）应根据可研批复办理资产出库领用手续；对跨单位再利用的阀冷却设备应办理资产调拨手续。 4. 各单位及所属单位应加强库存可再利用阀冷却设备的修复、试验、维护保养及信息发布等工作，每年对库存可再利用阀冷却设备进行状态评价，对不符合再利用条件的阀冷却设备履行固定资产报废程序，并及时发布相关信息
设备退役报废鉴定审批手续	查阅资料/现场检查	1. 各单位及所属单位发展部在项目可研阶段对拟拆除阀冷却设备进行评估论证，在项目可行性研究报告或项目建议书中提出拟拆除阀冷却设备报废处置建议。 2. 国家电网有限公司运检部、各单位及所属单位运检部根据项目可研审批权限，在项目可研评审时同步审查拟报废阀冷却设备处置建议。 3. 在项目实施过程中，项目管理部门应按照批复的拟报废阀冷却设备处置意见，组织实施相关阀冷却设备拆除工作。阀冷却设备拆除后由运检部门组织开展技术鉴定，确定其留作备品、再利用或报废的处置意见。履行鉴定手续后的阀冷却设备由物资部门负责后续处置工作

监督项目	检查资料	监督要求
报废信息更新	查阅资料/现场抽查,包括阀冷却设备资产管理相关台账和信息系统,抽查1台退役阀冷却设备	1. 阀冷却设备报废时应同步更新生产管理系统(PMS)、运输管理系统(TMS)、订单管理系统(OMS)等相关业务管理系统、ERP系统信息,确保资产管理各专业系统数据完备准确,保证资产账、卡、物动态一致。 2. 阀冷却设备退役后,由资产运维单位(部门)及时进行设备台账信息变更,并通过系统集成同步更新资产状态信息
可作报废处理工况	查阅资料/现场检查,包括阀冷却设备退役设备评估报告,抽查1台退役阀冷却设备	1. 设备额定短路开断电流小于安装地计算短路电流水平。 2. 断路器累积开断电流超过其制造厂给出的电寿命曲线。 3. 断路器操作次数大于其制造厂给出的机械操作次数限值。 4. 设备额定电流小于所安装回路的最大负荷电流。 5. 运行日久,其主要结构、机件陈旧,损坏严重,经鉴定再给予大修也不能符合生产要求;或虽然能修复但费用太大,修复后可使用的年限不长,效率不高,在经济上不可行。 6. 腐蚀严重,继续使用将会发生事故,又无法修复。 7. 严重污染环境,无法修治。 8. 淘汰产品,无零配件供应,不能利用和修复;国家规定强制淘汰报废;技术落后不能满足生产需要。 9. 存在严重质量问题或其他原因,不能继续运行。 10. 进口设备不能国产化,无零配件供应,不能修复,无法使用。 11. 因运营方式改变全部或部分拆除,且无法再安装使用。 12. 遭受自然灾害或突发意外事故,导致毁损,无法修复
报废管理	查阅资料/现场检查,包括阀冷却设备报废处理记录,抽查1台退役阀冷却设备	1. 阀冷却设备报废应按照国家电网有限公司固定资产管理要求履行相应审批程序,其中国家电网有限公司总部电网资产和整站阀冷却设备、原值在2000万元及以上且净值在1000万元及以上的阀冷却设备报废由国家电网有限公司总部审批,各单位编制固定资产报废审批表并履行内部程序后,上报国家国网有限公司总部办理固定资产报废审批手续。 2. 阀冷却设备履行报废审批程序后,应按照国家电网有限公司废旧物资处置管理有关规定统一处置,严禁留用或私自变卖,防止废旧设备重新流入电网

1.3.1.3 直流电流测量装置

资料检查旨在通过查阅工程可研报告、设备设计图纸、设备技术规范书、工艺文件、试验报告、试验方案等文件资料,判断监督要点是否满足监督要求。

1. 规划可研阶段

规划可研阶段直流电流测量装置资料检查监督要求见表 2-1-30。

表 2-1-30　　　　规划可研阶段直流电流测量装置资料检查监督要求

监督项目	检查资料	监督要求
设备选型	查阅工程可研报告、可研评审意见	1. 直流电流测量装置选型、结构设计、误差特性、短路电流、动热稳定性能、外绝缘水平、环境适用性应满足现场运行实际要求和远景发展规划需求。 2. 极线和中性母线上的直流电流测量装置可选用直流电子式电流互感器或电磁式直流电流测量装置
外绝缘配置	查阅工程可研报告和污区分布图	1. 新建和扩建输变电设备应依据最新版污区分布图进行外绝缘配置,选用合理的绝缘子材质和伞形。 2. 中重污区的外绝缘配置宜采用硅橡胶外绝缘。 3. 站址位于 c 级及以下污区的设备外绝缘提高一级配置;d 污区按照 d 级上限配置;e 级污区按照实际情况配置,适当留有裕度

2. 工程设计阶段

工程设计阶段直流电流测量装置资料检查监督要求见表 2-1-31。

表2-1-31   工程设计阶段直流电流测量装置资料检查监督要求

监督项目	检查资料	监督要求
设备选型	查阅设计说明和图纸	1. 监督并评价工程设计工作是否满足国家、行业和国家电网有限公司有关工程设计标准、设备选型标准、预防事故措施、差异化设计、环保等要求,对不符合要求的出具技术监督告(预)警单。 2. 极线和中性母线上的直流电流测量装置可选用直流光纤传感器或电磁式直流电流测量装置。 3. 直流电流测量装置应具有良好的暂态响应和频率响应特性,并满足高压直流控制保护系统的测量精度要求。 4. 直流电流测量装置的动、热稳定性能应满足安装地点系统短路容量的远期要求,一次绕组串联时也应满足安装地点系统短路容量的要求
外绝缘配置	查阅工程设计资料和污区分布图	1. 新建和扩建输变电设备应依据最新版污区分布图进行外绝缘配置,选用合理的绝缘子材质和伞形。 2. 中重污区的外绝缘配置宜采用硅橡胶外绝缘。 3. 站址位于c级及以下污区的设备外绝缘提高一级配置;d污区按照d级上限配置;e级污区按照实际情况配置,适当留有裕度
接地要求	查阅设计图纸、施工图纸	应有两根与主地网不同干线连接的接地引下线,并且每根接地引下线均应符合热稳定校核的要求。连接引线应便于定期进行检查测试
功能要求	查阅设计图纸、施工图纸	1. 每套保护的直流电流测量回路应完全独立,一套保护测量回路出现异常,不应影响到其他各套保护的运行。 2. 针对直流线路纵差保护,当一端的直流线路电流互感器自检故障时,应具有及时退出本端和对端线路纵差保护的功能。 3. 电子式电流互感器传输环节存在接口单元或接口屏时,双极电流信号不得共用一个接口模块或板卡,双极测量系统应完全独立,避免单极测量系统异常影响另外一极直流系统运行。 4. 采用不同性质的电流互感器(电子式和电磁式等)构成的差动保护,保护设计时应具有防止互感器暂态特性不一致引起保护误动的措施。 5. 直流电子式电流互感器二次回路应简洁、可靠;输出的数字量信号宜直接输入直流控制保护系统,避免经多级数模、模数转化后接入

3. 设备采购阶段

设备采购阶段直流电流测量装置资料检查监督要求见表2-1-32。

表2-1-32   设备采购阶段直流电流测量装置资料检查监督要求

监督项目	检查资料	监督要求
动、热稳定要求(电子式)	查阅技术规范书	1. 额定短时热电流的实际值根据具体工程要求确定。在无具体工程要求时,直流电子式电流互感器应可以通过额定一次电流6倍的短时热电流,短时热电流的持续时间为1s。 2. 额定动稳定电流的标准值为额定短时热电流的2.5倍
绝缘要求(电子式)	查阅技术规范书、型式试验报告	1. 直流电子式电流互感器的一次端和低压器件的绝缘水平应满足《高压直流输电直流电子式电流互感器技术规范》(Q/GDW 10530—2016)的要求。 2. 直流局部放电要求:在干式直流耐压试验的最后10min内局部放电量大于1000pC的脉冲数应小于10个(试验电压为1.5倍的额定一次电压)。在极性反转试验的最后10min内局部放电量大于1000pC的脉冲数应小于10个(试验电压为1.25倍的额定一次电压)。 3. 交流局部放电要求:试验电压$1.1U_{\mathrm{m}}/\sqrt{2}$下局部放电量应小于10pC,试验电压$1.5U_{\mathrm{m}}/\sqrt{2}$下局部放电量应小于20pC
其他重要参数(电子式)	查阅技术规范书、型式试验报告	1. 阶跃响应要求:阶跃响应最大过冲应小于阶跃的10%;阶跃响应的上升时间宜小于150μs,最大不超过400μs。 2. 频率特性要求:在50~1200Hz频率范围,幅值误差不超过3%,相位偏移不超过500μs。 3. 截止频率不小于3kHz

监督项目	检查资料	监督要求
耐压试验和局部放电测量（电磁式）	查阅技术规范书、型式试验报告	1. 设备应进行干式直流耐压试验和局部放电测量，对户外直流电流测量装置还应该进行湿试。干式直流耐压试验电压为 1.5 倍负极性直流电压，持续 60min。 2. 局部放电要求：直流电磁式电流互感器在 1.5 倍的额定一次电压下，局部放电量大于 1000pC 的脉冲数 10min 内应小于 10 个；极性反转试验过程中局部放电量大于 2000pC 的脉冲数 10min 内不应超过 10 个（试验电压取额定电压的 1.25 倍）
其他重要参数（电磁式）	查阅技术规范书、型式试验报告	1. 要求在 $1.1U_{dm}$（U_{dm} 为最高持续运行电压）$/\sqrt{2}$ 下无线电干扰电压（RIV）不超过 2500μV。 2. 频率响应要求：在 50～1200Hz 频率范围内，误差不超过 3%。 3. 阶跃响应要求： （1）对于过冲不超过 $1.1I_r$（I_r 为额定一次直流电流）的阶跃，响应时间小于 400μs。 （2）趋稳时间（幅值误差不超过阶跃值 1.5%）小于 5ms
结构要求	查阅技术规范书	1. 通用： （1）户外端子箱和接线盒防尘、防水等级至少满足 IP54 要求。 （2）金属件外表面应具有良好的防腐蚀层，所有端子及紧固件应有良好的防锈镀层或由耐腐蚀材料制成。 2. 直流电子式电流互感器： （1）直流电子式电流互感器中有密封要求的部件（如一次转换器箱体及光缆熔接箱体）的防护性能应满足 IP67 要求。 （2）直流电子式电流互感器应有直径不小于 8mm 的接地螺栓或其他供接地用的零件，接地处应有平坦的金属表面，并标有明显的接地符号。 3. 直流电磁式电流互感器： （1）直流电磁式电流互感器应有直径不小于 8mm 的接地螺栓或其他供接地用的零件；二次回路出线端子螺杆直径不小于 6mm，应用铜或铜合金制成，并有防转动措施。 （2）直流电磁式电流互感器应满足卧式运输要求
测量准确度要求（电子式）	查阅技术规范书、型式试验报告	直流电流测量准确度应满足： （1）一次电流在 $10\%I_n$～$110\%I_n$ 之间时，准确级为 0.2 级的设备误差限值为 0.2%，准确级为 0.5 级的设备误差限值为 0.5%； （2）一次电流在 $110\%I_n$～$300\%I_n$ 之间时，误差限值为 1.5%； （3）一次电流在 $300\%I_n$～$600\%I_n$ 之间时，误差限值为 10%
测量准确度要求（电磁式）	查阅技术规范书、型式试验报告	1. 设备的电流测量误差应满足《高压直流输电系统直流电流测量装置 第 2 部分：电磁式直流电流测量装置》（GB/T 26216.2—2019）中表 2 的要求。 2. 误差测定时，应在 $\pm 0.1I_n$、$\pm 1I_n$、$\pm 1.1I_n$、$\pm 2I_n$、$\pm 3I_n$、$\pm 6I_n$ 电流时进行误差测量。同时，为得到饱和曲线，电流应升到 $9I_n$
无线电干扰及电磁兼容要求（电子式）	查阅技术规范书、型式试验报告	1. 无线电干扰电压要求：试验电压 $1.1U_m/\sqrt{2}$ 下无线电干扰电压不应大于 2500μV；晴天夜晚应无可见电晕。 2. 直流电子式电流互感器的电磁兼容性能应满足《高压直流输电直流电子式电流互感器技术规范》（Q/GDW 10530—2016）的要求
数字量输出要求（电子式）	查阅技术规范书、型式试验报告	1. 直流电子式电流互感器的二次输出是数字量。 2. 直流电子式电流互感器的额定采样率为 10kHz。额定采样率以外的其他值可根据工程需要由用户与供货商协商确定。 3. 直流电子式电流互感器数字量输出的格式应遵循《互感器 第 8 部分：电子式电流互感器》（IEC 60044-8—2002）要求或 TDM 标准格式

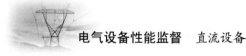
续表

监督项目	检查资料	监督要求
功能要求	查阅技术规范书	1. 通用： （1）不同控制系统、不同保护系统所用回路应完全独立，任一回路发生故障不应影响其他回路的运行。 （2）电压、电流回路上的元件、模块应稳定可靠，不同回路间各元件、模块、电源应完全独立，任一回路元件、模块、电源故障不得影响其他回路的运行。 （3）测量回路应具备完善的自检功能，当测量回路或电源异常时，应发出报警信号并给控制或保护装置提供防止误出口的信号。 （4）电子式电流互感器、电磁式电流互感器等设备测量传输环节中的模块，如合并单元、模拟量输出模块、差分放大器等，应由两路独立电源或两路电源经 DC/DC 转换耦合后供电，每路电源具有监视功能。 2. 直流电子式电流互感器： （1）直流电子式电流互感器本体应至少配置一个冗余远端模块，该远端模块至控制楼的光纤应做好连接并经测试后作为热备用。对于设备确无空间再增加远端模块的，可不安装备用模块，但应具备停运后更换模块的功能。 （2）直流电子式电流互感器二次回路应有充足的备用光纤，备用光纤一般不低于在用光纤数量的 100%，且不得少于 3 根

4. 设备制造阶段

设备制造阶段直流电流测量装置资料检查监督要求见表 2－1－33。

表 2－1－33　　　　　　　设备制造阶段直流电流测量装置资料检查监督要求

监督项目	检查资料	监督要求
原材料和组部件	查验组部件质量证书、合格证、试验报告并进行外观检查	1. 外购件与投标文件或技术协议中厂家、型号、规格应一致；外购件应具备出厂质量证书、合格证、试验报告；外购件进厂验收、检验、见证记录应齐全。 2. 漆包线应为防水结构，应有良好的密封性能。 3. 绝缘材料应具有高机械强度、低介电损耗和抗老化特性，提供绝缘材质耐压试验合格报告。 4. 瓷套材质宜选用硅橡胶，伞裙结构宜选用不等径大小伞。 5. 硅橡胶外套应设计有足够的机械强度、绝缘强度和刚度
关键工序	查看设备重要工序过程资料	1. 线圈制造应保证线圈绕组无变形、倾斜、位移；各部分垫块无位移、松动、排列整齐；导线接头无脱焊、虚焊；二次引线端子应有防转动措施，防止外部引线转动造成内部引线扭断。 2. 电子板卡和电子线路部分所有芯片选用微功率、宽温芯片，应为满足现场运行环境的工业级产品，电源端口应设置过电压或浪涌保护器件。 3. 产品装配车间应整洁、有序，具有空气净化系统，严格控制元件及环境净化度。 4. 器身内应无异物、无损伤，连线无折弯；引线固定可靠，排列顺序、标识应符合工艺要求。产品器身所有紧固螺栓（包括绝缘螺栓）按力矩要求拧紧并锁牢。产品器身应洁净，无污染和杂物，铁心无锈蚀
材料要求	查阅设备材质抽样检测报告	1. 二次绕组屏蔽罩宜采用铝板旋压或铸造成型的高强度铝合金材质，电容屏连接筒应要求采用强度足够的铸铝合金制造。 2. 气体绝缘互感器充气接头不应采用 2 系或 7 系铝合金。 3. 除非磁性金属外，所有设备底座、法兰应采用热浸镀锌防腐。 4. 金属材料应经质量验收合格，应有合格证或者质量证明书，且应标明材料牌号、化学成分、力学性能、金相组织、热处理工艺等

5. 设备验收阶段

设备验收阶段直流电流测量装置资料检查监督要求见表 2－1－34。

表 2－1－34　　　　　　　　设备验收阶段直流电流测量装置资料检查监督要求

监督项目	检查资料	监督要求
耐压试验和局部放电测量（电子式）	查阅出厂试验报告等资料	1. 一次端直流耐压试验及直流局部放电试验：对一次端施加额定运行电压 1.5 倍的负极性直流电压（即 $1.5U_n$）60min，如果未出现击穿及闪络现象，则互感器通过直流耐压试验；在直流耐压试验的最后 10min 内，若局部放电量不小于 1000pC 的放电脉冲数不超过 10 个，则直流局部放电试验合格。 2. 一次端交流耐压试验及交流局部放电试验：按照《高压直流输电系统直流电流测量装置　第 1 部分：电子式直流电流测量装置》（GB/T 26216.1—2019）第 7.3.6 条的规定进行工频耐受电压试验及工频局部放电试验；试验电压 $1.1U_m/\sqrt{2}$ 下局放电量应小于 10pC，试验电压 $1.5U_m/\sqrt{2}$ 下局放电量应小于 20pC
光纤损耗测试（电子式）	查阅出厂试验报告等资料	直流电子式电流互感器光纤损耗应小于 2dB
直流耐压试验和局部放电测量（电磁式）	查阅出厂试验报告等资料	1. 施加正极性直流电压，时间为 60min，试验电压取 1.5 倍直流电压（即 $1.5U_n$），应无击穿及闪络现象。 2. 局部放电试验：在直流耐受试验最后 10min 内进行局部放电试验。通过的判据是：直流耐压最后 10min 内最大的脉冲幅值为 1000pC 的脉冲个数不超过 10 个
工频耐压试验（电磁式）	查阅出厂试验报告等资料	1. 二次绕组的工频耐压试验：对二次绕组之间及对地进行工频耐压试验，试验电压 3kV，持续 1min，应无击穿及闪络现象。 2. 一次绕组的工频电压耐受试验：试验电压按《互感器　第 1 部分：通用技术要求》（GB 20840.1—2010）表 2 选取，持续 1min，应无击穿及闪络现象。试验电压施加在连在一起的一次绕组与地之间，二次绕组、支撑构架、箱壳（如果有）、铁心（如果有接地端子）均应接地
误差测定（电磁式）	查阅出厂试验报告等资料	误差测定应在 $\pm 0.1I_n$、$\pm 1I_n$、$\pm 1.1I_n$、$\pm 2I_n$、$\pm 3I_n$、$\pm 6I_n$ 电流时进行误差测量，误差应满足相关标准及技术协议要求。同时，为得到饱和曲线，电流应升到 $9I_n$
密封性能试验（电磁式）	查阅出厂试验报告等资料	1. 对于带膨胀器的油浸式设备，应在未装膨胀器之前进行密封性能试验。 2. 在密封试验后静放不少于 12h，方可检查渗漏油情况。若外观检查无渗、漏油现象，则通过密封性能试验

6. 设备安装阶段

设备安装阶段直流电流测量装置资料检查监督要求见表 2－1－35。

表 2－1－35　　　　　　　　设备安装阶段直流电流测量装置资料检查监督要求

监督项目	检查资料	监督要求
接地要求	查阅安装图纸、安装记录	1. 应有两根与主地网不同干线连接的接地引下线，并且每根接地引下线均应符合热稳定校核的要求。连接引线应便于定期进行检查测试。 2. 凡不属于主回路或辅助回路的且需要接地的所有金属部分都应接地。 3. 外壳、构架等的相互电气连接宜采用紧固连接（如螺栓连接或焊接）
控制保护要求	查阅安装图纸、安装记录	1. 直流电子式电流互感器、电磁式电流互感器传输环节中的模块，如合并单元、模拟量输出模块、差分放大器等，应由两路独立电源或两路电源经 DC/DC 转换耦合后供电，每路电源具有监视功能。 2. 备用模块应充足；备用光纤不低于在用光纤数量的 100%，且不得少于 3 根。 3. 电子式电流互感器、电磁式直流电流互感器等设备的远端模块、合并单元、接口单元及二次输出回路设置应能满足保护冗余配置要求，且完全独立

7. 设备调试阶段

设备调试阶段直流电流测量装置资料检查监督要求见表 2－1－36。

表 2−1−36　　　　　　设备调试阶段直流电流测量装置资料检查监督要求

监督项目	检查资料	监督要求
极性测试（电子式）	查阅现场交接试验报告	在互感器的一次端由 P1 到 P2 通以 $0.1I_n$ 的直流电流，由合并单元录取输出数据波形，若输出数据为正，则互感器的极性关系正确
光纤损耗测试（电子式）	查阅现场交接试验报告	1. 直流电子式电流互感器光纤损耗应小于 2dB。 2. 若产品不宜进行现场光纤损耗测试，设备供应商应给出保证光纤损耗满足要求的技术说明
直流耐压试验（电磁式）	查阅现场交接试验报告	试验电压为出厂试验时的 80%，持续时间 5min（出厂试验电压为 $1.5U_m$）
测量准确度试验（电子式）	查阅现场交接试验报告	试验直流电子式电流互感器在 $0.1I_n$、$0.2I_n$、I_n、$1.2I_n$ 电流点的误差，误差应满足设备测量准确度要求
油气要求（电磁式）	查阅调试记录、检测报告	1. 充气式设备。 （1）SF_6 气体年泄漏率不大于 0.5%。 （2）SF_6 气体充入设备 24h 后取样检测，其含水量小于 150μL/L。 （3）氮气、混合气体等充气式设备年泄漏率和含水量应符合上述规定和厂家规定。 2. 充油式设备。 （1）油中微量水分应符合下述规定： 1）对于 300kV 以上直流电流测量装置，不大于 10mg/L； 2）对于 300～150kV 直流电流测量装置，不大于 15mg/L； 3）对于 150kV 以下直流电流测量装置，不大于 20mg/L。 （2）对电压等级在 100kV 以上的充油式设备，油中溶解气体组分含量（μL/L）不应超过下列任一值，总烃：10，H_2：50，C_2H_2：0.1
控制保护要求	查阅调试记录	1. 对直流电流测量装置传输环节各设备进行断电试验、对光纤进行抽样拔插试验，检验当单套设备故障、失电时，是否导致保护装置误出口。 2. 试验检查电流互感器极性是否正确，避免区外故障导致保护误动。 3. 电子式互感器在现场投运前应开展隔离开关分/合容性小电流干扰试验

8. 竣工验收阶段

竣工验收阶段直流电流测量装置资料检查监督要求见表 2−1−37。

表 2−1−37　　　　　　竣工验收阶段直流电流测量装置资料检查监督要求

监督项目	检查资料	监督要求
接地	查阅设备安装调试记录	1. 应有两根与主地网不同干线连接的接地引下线，并且每根接地引下线均应符合热稳定校核的要求。连接引线应便于定期进行检查测试。 2. 凡不属于主回路或辅助回路且需要接地的所有金属部分都应接地（如爬梯等）。外壳、构架等的相互电气连接宜采用紧固连接（如螺栓连接或焊接），以保证电气上连通
端子箱防潮	查阅设备安装调试记录	1. 对户外端子箱和接线盒的盖板和密封垫进行检查，防止变形进水受潮。 2. 检查户外端子箱、汇控柜的布置方式，确认端子箱、汇控柜底座和箱体之间有足够的敞开通风空间，以免潮气进入，潮湿地区的设备应加装驱潮装置。 3. 检查户外端子箱、汇控柜电缆进线开孔方向，确保雨水不会顺着电缆流入户外端子箱、汇控柜
控制保护要求	查阅调试记录	1. 检查电子式电流互感器、电磁式直流电流互感器的远端模块、合并单元、接口单元及二次输出回路设置能否满足保护冗余配置要求，是否完全独立；检查备用模块是否充足。 2. 对直流电流测量装置传输环节各设备进行断电试验、对光纤进行抽样拔插试验，检验当单套设备故障、失电时，是否导致保护装置误出口。 3. 二次回路端子排接线整齐，无松动、锈蚀、破损现象，运行及备用端子均有编号。电缆、光纤排列整齐、编号清晰、避免交叉、固定牢固

9. 运维检修阶段

运维检修阶段直流电流测量装置资料检查监督要求见表 2-1-38。

表 2-1-38   **运维检修阶段直流电流测量装置资料检查监督要求**

监督项目	检查资料	监督要求
运行巡视	查阅设备运维资料	1. 巡视周期：检查巡视记录是否完整，要求每天至少一次正常巡视；每周至少进行一次熄灯巡视；每月进行一次全面巡视。 2. 重点巡视项目包括： （1）检查瓷套是否清洁、无裂痕，复合绝缘子外套和加装硅橡胶伞裙的瓷套有无电蚀痕迹及破损，无老化迹象； （2）检查直流测量装置有无异常振动、异常声音； （3）检查直流测量装置的接线盒是否密封完好； （4）检查油位是否正常，油位上下限标识应清晰；SF_6 压力正常
状态检测	查阅带电检测记录和红外图谱库	1. 红外测温要求：运维单位每周测温一次，省电科院 3 个月测温一次；在高温大负荷时应缩短周期。 2. 应定期进行红外测温，建立红外图谱档案，进行纵、横向温差比较，便于及时发现隐患并处理。 3. 紫外检测要求：运维单位、省电科院均 6 个月检测一次，对于硅橡胶套管应缩短检测周期
状态评价与检修决策	查阅状态评价报告、年度检修计划、例行试验报告	1. 状态评价应实行动态化管理，每次检修或试验后应进行一次状态评价。定期评价每年不少于一次。检修策略应根据设备状态评价的结果动态调整，年度检修计划每年至少修订一次。 2. 新设备投运满 1 年（220kV 及以上），以及停运 6 个月以上重新投运前的设备，应进行例行试验。 3. 现场备用设备应视同运行设备进行例行试验；备用设备投运前应对其进行例行试验；若更换的是新设备，投运前应按交接试验要求进行试验
状态检修	查阅例行试验报告	1. 直流电子式电流互感器：火花间隙检查（如有），周期为 1 年。 2. 直流电磁式电流互感器。 （1）一次绕组绝缘电阻检测：周期为 3 年，要求不小于 3000MΩ（注意值）。 （2）电容量及介质损耗因数检测：周期为 3 年，要求电容量初值差不超过±5%（警示值），介质损耗因数不大于 0.006
故障/缺陷处理	查阅缺陷记录、消缺记录、异常及故障处理记录、故障处理报告/生产管理系统（PMS）	1. 检查消缺记录，审查设备缺陷分类是否正确。 2. 审查设备缺陷是否及时按要求处理。危急缺陷处理时限不超过 24h；严重缺陷处理时限不超过 7d；需停电处理的一般缺陷处理时限不超过一个例行试验检修周期，可不停电处理的一般缺陷处理时限原则上不超过 3 个月。 3. 缺陷处理相关信息应及时录入生产管理系统（PMS）。 4. 出现下列情况时，应进行设备更换。 （1）瓷套出现裂纹或破损； （2）直流测量装置严重放电，已威胁安全运行； （3）直流测量装置内部有异常响声、异味、冒烟或着火等现象； （4）经红外热像检测发现内部有过热现象。 5. 若有明显漏气（油）点或气（油）压持续下降，则应在气（油）压降至直流系统闭锁前，将相应直流系统停运
反事故措施落实	查阅憎水性测试报告，巡视记录等资料	1. 对外绝缘强度不满足污秽等级的设备，应喷涂防污闪涂料或加装防污闪辅助伞裙。防污闪涂料的涂层表面要求均匀、完整、不缺损、不流淌，严禁出现伞裙间的连丝，无拉丝、滴流；RTV（室温硫化硅橡胶涂料）涂层厚度不小于 0.3mm。 2. 每年对已喷涂防污闪涂料的绝缘子进行憎水性抽查，及时对破损或失效的涂层进行重新喷涂。若复合绝缘子或喷涂了 RTV 的瓷绝缘子的憎水性下降到 3 级，应考虑重新喷涂。 3. 对于体积较小的室外端子箱、接线盒，应采取加装干燥剂、增加防雨罩、保持呼吸孔通畅、更换密封圈等手段，防止端子箱内端子受潮、绝缘降低。 4. 定期检查室外端子箱、接线盒锈蚀情况，及时采取相应防腐、防锈蚀措施。对于锈蚀严重的端子箱、接线盒应及时更换

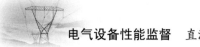

10. 退役报废阶段

退役报废阶段直流电流测量装置资料检查监督要求见表 2－1－39。

表 2－1－39　　　　　退役报废阶段直流电流测量装置资料检查监督要求

监督项目	检查资料	监督要求
技术鉴定	查阅退役设备评估报告	1. 电网一次设备进行报废处理，应满足以下条件之一：① 国家规定强制淘汰报废；② 设备厂家无法提供关键零部件供应，无备品备件供应，不能修复，无法使用；③ 运行日久，其主要结构、机件陈旧，损坏严重，经大修、技术改造仍不能满足安全生产要求；④ 退役设备虽然能修复但费用太大，修复后可使用的年限不长，效率不高，在经济上不可行；⑤ 腐蚀严重，继续使用存在事故隐患，且无法修复；⑥ 退役设备无再利用价值或再利用价值小；⑦ 严重污染环境，无法修治；⑧ 技术落后不能满足生产需要；⑨ 存在严重质量问题不能继续运行；⑩ 因运营方式改变全部或部分拆除，且无法再安装使用；⑪遭受自然灾害或突发意外事故，导致毁损，无法修复。 2. 直流电流测量装置满足下列技术条件之一，且无法修复，宜进行报废：① 严重渗漏油、内部受潮，电容量、介质损耗、乙炔含量等关键测试项目不符合《电磁式电压互感器状态评价导则》（Q/GDW 458—2010）、《输变电设备状态检修试验规程》（Q/GDW 1168—2013）要求；② 瓷套存在裂纹、复合绝缘伞裙局部缺损；③ 测量误差变大，严重影响系统、设备安全；④ 采用 SF_6 绝缘的设备，气体的年泄漏率大于 0.5%或可控制绝对泄漏率大于 $10^{-7}MPa \cdot cm^3/s$；⑤ 电子式互感器、光电互感器存在严重缺陷或二次规约不具备通用性
废油、废气处置	查阅退役报废设备处理记录	退役报废设备中的废油、废气严禁随意向环境中排放，确需在现场处理的，应统一回收、集中处理，并做好处置记录

1.3.1.4　直流电压测量装置

资料检查旨在通过查阅工程可研报告、设备设计图纸、设备技术规范书、工艺文件、试验报告、试验方案等文件资料，判断监督要点是否满足监督要求。

1. 规划可研阶段

规划可研阶段直流电压测量装置资料检查监督要求见表 2－1－40。

表 2－1－40　　　　　规划可研阶段直流电压测量装置资料检查监督要求

监督项目	检查资料	监督要求
设备选型	查阅工程可研报告、可研评审意见	1. 直流电压测量装置选型、结构设计、误差特性、动热稳定性能、外绝缘水平、环境适用性应满足现场运行实际要求和远景发展规划需求。 2. 用于极线和中性母线的直流电压分压器应采用阻容分压器
外绝缘配置	查阅工程可研报告和污区分布图	1. 新建和扩建输变电设备应依据最新版污区分布图进行外绝缘配置，选用合理的绝缘子材质和伞形。 2. 中重污区的外绝缘配置宜采用硅橡胶外绝缘。 3. 站址位于 c 级及以下污区的设备外绝缘提高一级配置；d 级污区按照 d 级上限配置；e 级污区按照实际情况配置，适当留有裕度

2. 工程设计阶段

工程设计阶段直流电压测量装置资料检查监督要求见表 2－1－41。

表 2-1-41   工程设计阶段直流电压测量装置资料检查监督要求

监督项目	检查资料	监督要求
设备选型	查阅设计说明和图纸	1. 监督并评价工程设计工作是否满足国家、行业和国家电网有限公司有关工程设计标准、设备选型标准、预防事故措施、差异化设计、环保等要求，对不符合要求的出具技术监督告（预）警单。 2. 用于极线和中性母线的直流电压分压器应采用阻容分压器，绝缘子应不存在中间法兰。 3. 直流电压测量装置应具有良好的暂态响应和频率响应特性，并满足高压直流控制保护系统的测量精度要求
外绝缘配置	查阅工程设计资料和污区分布图	1. 新建和扩建输变电设备应依据最新版污区分布图进行外绝缘配置，选用合理的绝缘子材质和伞形。 2. 中重污区的外绝缘配置宜采用硅橡胶外绝缘。 3. 站址位于 c 级及以下污区的设备外绝缘提高一级配置；d 级污区按照 d 级上限配置；e 级污区按照实际情况配置，适当留有裕度
接地要求	查阅设计图纸、施工图纸	应有两根与主地网不同干线连接的接地引下线，并且每根接地引下线均应符合热稳定校核的要求
功能要求	查阅设计图纸、施工图纸	1. 每套保护的直流电压测量回路应完全独立，一套保护测量回路出现异常，不应影响到其他各套保护的运行。 2. 非电量保护跳闸触点和模拟量采样不应经过中间元件转接，应直接接入控制保护系统或非电量保护屏

3. 设备采购阶段

设备采购阶段直流电压测量装置资料检查监督要求见表 2-1-42。

表 2-1-42   设备采购阶段直流电压测量装置资料检查监督要求

监督项目	检查资料	监督要求
绝缘要求	查阅技术规范书	1. 直流分压器的一次端和低压器件的绝缘水平应满足《高压直流输电直流电子式电压互感器技术规范》（Q/GDW 10531—2016）表 1 和表 2 的要求。 2. 直流局部放电要求：在干式直流耐压试验的最后 10min 内，局部放电量大于 1000pC 的脉冲数小于 10 个（试验电压为 1.5 倍的额定一次电压）；在极性反转试验的最后 10min 内，局部放电量大于 1000pC 的脉冲应小于 10 个（试验电压为 1.25 倍的额定一次电压）。 3. 交流局部放电要求：试验电压 $1.1U_m/\sqrt{2}$ 下局部放电量应小于 10pC，试验电压 $1.5U_m/\sqrt{2}$ 下局部放电量应小于 20pC。 4. 外绝缘爬距：直流电子式电压互感器能够耐受Ⅳ级污秽，其爬电比距应大于 48mm/kV，同时爬距与弧闪距离的比值应小于 4.0
其他重要参数	查阅技术规范书	1. 阶跃响应要求：阶跃响应最大过冲应小于阶跃的 20%；阶跃响应的上升时间应小于 150μs。 2. 频率特性要求：在 50～1200Hz 频率范围内，幅值误差不大于 1%，相位误差不大于 500μs；截止频率不小于 3kHz
结构要求	查阅技术规范书	1. 直流电压测量装置的结构应便于现场安装、运行、维护，并满足卧式运输要求。 2. 直流电压测量装置的外部套管应当是一个整体，不允许分节，绝缘子内的放电现象不应影响其信号输出。 3. 直流电压测量装置应有直径不小于 8mm 的接地螺栓或其他供接地用的零件；二次回路出线端子螺杆直径不小于 6mm，应用铜或铜合金制成，并有防转动措施。 4. 直流电子式电压互感器中有密封要求的部件（如一次转换器箱体及光缆熔接箱体）的防护性能应满足 IP67 要求。 5. 户外端子箱和接线盒防尘、防水等级至少满足 IP54 要求。 6. 对于充 SF_6 气体的直流分压器，SF_6 密度继电器与互感器设备本体之间的连接方式应满足不拆卸校验密度继电器的要求，户外安装应加装防雨罩

监督项目	检查资料	监督要求
测量准确度要求	查阅技术规范书	直流电压测量准确度应满足： （1）一次电压在 $10\%U_n \sim 120\%U_n$ 之间时，误差限值为 0.2%； （2）一次电压在 $120\%U_n \sim 150\%U_n$ 之间时，误差限值为 0.5%
无线电干扰及电磁兼容要求	查阅技术规范书	1. 无线电干扰电压要求：试验电压 $1.1U_m/\sqrt{2}$ 下无线电干扰电压不应大于 2500μV；晴天夜晚应无可见电晕。 2. 直流电子式电压互感器的电磁兼容性能应满足的《高压直流输电直流电子式电压互感器技术规范》（Q/GDW 10531—2016）中表 3 的要求
数字量输出要求	查阅技术规范书	1. 直流电子式电压互感器的二次输出是数字量，目前数字量的输出通道采用十六进制（7FFFH），其额定值为 3A98H（对应的十进制数为 15 000）。 2. 直流电子式电压互感器的额定采样率为 10kHz；额定采样率以外的其他值可根据工程需求由用户与供货商协商确定。 3. 直流电子式电压互感器数字量输出的格式应遵循《互感器　第 8 部分：电子式电流互感器》（IEC 60044-8—2002）要求或 TDM 标准格式
功能要求	查阅技术规范书	1. 不同控制系统、不同保护系统所用回路应完全独立，任一回路发生故障，不应影响其他回路的运行。 2. 电压回路上的元件、模块应稳定可靠，不同回路间各元件、模块、电源应完全独立，任一回路元件、模块、电源故障不得影响其他回路的运行。 3. 测量回路应具备完善的自检功能，当测量回路或电源异常时，应发出报警信号并给控制或保护装置提供防止误出口的信号。 4. 直流电压测量装置传输环节中的模块，如合并单元、模拟量输出模块、差分放大器等，应由两路独立电源或两路电源经 DC/DC 转换耦合后供电，每路电源具有监视功能。 5. 光纤传输的直流电压测量装置二次回路应有充足的备用光纤，备用光纤一般不低于在用光纤数量的 100%，且不得少于 3 根。 6. 充气式直流电压测量装置的压力或密度继电器应分级设置报警和跳闸。在设备采购阶段，应在技术规范书中明确要求作用于跳闸的非电量元件都应设置三副独立的跳闸触点，按照"三取二"原则出口，三个开入回路要独立，不允许多副跳闸触点并联上送，"三取二"出口判断逻辑装置及其电源应冗余配置。 7. 直流分压器应具有二次回路防雷功能，可采取在保护间隙回路中串联压敏电阻、二次信号电缆屏蔽层接地等措施，防止雷击时放电间隙动作导致直流停运

4. 设备制造阶段

设备制造阶段直流电压测量装置资料检查监督要求见表 2-1-43。

表 2-1-43　　　　　　设备制造阶段直流电压测量装置资料检查监督要求

监督项目	检查资料	监督要求
原材料和组部件	查验供应商工艺文件、质量管理体系文件；查验组部件入厂检验报告	1. 外购件与投标文件或技术协议中厂家、型号、规格应一致；外购件应具备出厂质量证书、合格证、试验报告；外购件进厂验收、检验、见证记录应齐全。 2. 硅橡胶套管完好，达到防污要求；硅橡胶表面不存在龟裂、起泡和脱落。 3. SF_6 气体微水检测含水量应小于 150μL/L。氮气、混合气体等充气式设备含水量应符合上述规定和厂家规定

监督项目	检查资料	监督要求
关键工序	查看设备重要工序过程资料	1. 电容芯子制作时，现场的环境温度、相对湿度、洁净度应满足要求；电容元件卷制及元件耐压应符合设计文件要求。 2. 高压电阻焊接时，现场的环境温度、相对湿度、洁净度应满足要求；高压电阻焊接应牢靠，符合设计文件要求。 3. 电子线路部分所有芯片选用微功率、宽温芯片，应为满足现场运行环境的工业级产品，电源端口应设置过电压或浪涌保护器件。 4. 光纤熔接后，光纤损耗与标准跳线相比应不大于 1dB。 5. 干燥处理过程满足工艺要求，厂家应出具书面结论（含干燥曲线）。 6. 器身装配车间应整洁、有序，具有空气净化系统，严格控制元件及环境净化度。 7. 抽真空的真空度、温度与保持时间应符合制造厂工艺要求；充油（气体）时的真空度、温度与充油（气体）时间应符合制造厂工艺要求。 8. 产品装配要求：器身内无异物、无损伤，连线无折弯；引线固定可靠、绕组排列顺序、标识符合工艺要求；产品器身所有紧固螺栓（包括绝缘螺栓）应按力矩要求拧紧并锁牢
金属材料	查阅设备材质抽样检测报告	1. 气体绝缘互感器充气接头不应采用 2 系或 7 系铝合金。 2. 除非磁性金属外，所有设备底座、法兰应采用热浸镀锌防腐。 3. 金属材料应经质量验收合格，应有合格证或者质量证明书，且应标明材料牌号、化学成分、力学性能、金相组织、热处理工艺等

5. 设备验收阶段

设备验收阶段直流电压测量装置资料检查监督要求见表 2－1－44。

表 2－1－44　　　　　　设备验收阶段直流电压测量装置资料检查监督要求

监督项目	检查资料	监督要求
直流耐压试验和局部放电测量	查阅出厂试验报告，对比技术采购协议	1. 一次端直流耐压试验及直流局部放电试验：对直流电子式电压互感器的一次端施加额定运行电压 1.5 倍的负极性直流电压（即 $1.5U_n$）60min，如果未出现击穿及闪络现象，则互感器通过直流耐压试验；在直流耐压试验的最后 10min 内，若局部放电量不小于 1000pC 的放电脉冲数不超过 10 个，则直流局部放电试验合格。 2. 一次端交流耐压试验及交流局部放电试验：按照《互感器　第 8 部分：电子式电流互感器》（GB 20840.8—2007）第 9.2.1 条的规定进行工频耐受电压试验，试验电压选取 GB 20840.8 表 1 中的相应值；试验电压 $1.1U_m/\sqrt{2}$ 下局部放电量应小于 10pC，试验电压 $1.5U_m/\sqrt{2}$ 下局部放电量应小于 20pC
分压器参数测量	查阅出厂试验报告，对比技术采购协议	1. 直流电压测量装置的一次电压传感器采用阻容分压器，需要分别测量分压器高压臂电阻、电容及低压臂等效电阻、电容。 2. 若电阻和电容的测量值在设计值误差范围内，则互感器通过试验
密封性能试验	查阅出厂试验报告，对比技术采购协议	1. 对于充气式或充油式直流电压测量装置，应进行密封性能试验。 2. 对充气式直流电压测量装置，采用累积漏气量测量计算泄漏率，要求年泄漏率小于 0.5%。 3. 对油浸式直流电压测量装置，按正常运行状态装配和充以规定的绝缘液体，应以超过其最高工作压强 50kPa±10kPa 的压强至少保持 8h。如无泄漏现象，则通过试验

监督项目	检查资料	监督要求
外观检查	查看设备图纸资料	1. 设备外观清洁、美观；所有部件齐全、完整、无变形。 2. 金属件外表面应具有良好的防腐蚀层，所有端子及紧固件应有良好的防锈镀层或由耐腐蚀材料制成。 3. 产品端子应符合图样要求。 4. 直流电子式电压互感器应有直径不小于 8mm 的接地螺栓或其他供接地用的零件，接地处应有平坦的金属表面，并标有明显的接地符号。 5. 对户外端子箱和接线盒的盖板和密封垫进行检查，防止变形进水受潮。 6. 充气设备运输时气室应为微正压，压力为 0.01M～0.03MPa；到货后检查三维冲击记录仪，充气式设备应小于 10g，油浸式设备应小于 5g
测量准确度试验	查阅出厂试验报告，对比技术采购协议	1. 试验直流电压测量装置在 $0.1U_n$、$0.2U_n$、$0.5U_n$、$1.0U_n$、$1.2U_n$ 电压点的误差，要求误差小于 0.2%。 2. 试验直流电压测量装置在 $1.5U_n$ 电压点的误差，要求误差小于 0.5%

6. 设备安装阶段

设备安装阶段直流电压测量装置资料检查监督要求见表 2-1-45。

表 2-1-45 设备安装阶段直流电压测量装置资料检查监督要求

监督项目	检查资料	监督要求
安装质量管理	查阅安装记录、工艺控制文件、隐蔽工程记录、中间验收记录	1. 安装记录、工艺控制资料、隐蔽工程记录、中间验收记录等资料应齐全。 2. 安装过程应符合相关标准规定
接地要求	查阅安装图纸、安装记录	1. 应有两根与主地网不同干线连接的接地引下线，并且每根接地引下线均应符合热稳定校核的要求。连接引线应便于定期进行检查测试。 2. 凡不属于主回路或辅助回路且需要接地的所有金属部分都应接地。 3. 外壳、构架等的相互电气连接宜采用紧固连接（如螺栓连接或焊接）
气体监测装置	查阅检定证书、检测报告	1. 气体绝缘的直流电压测量装置所配置的密度继电器、压力表等应经校验合格，并有检定证书。 2. 安装时，气体绝缘的直流电压测量装置应检查气体压力或密度是否符合产品技术文件的要求，密封检查合格后方可对直流电压测量装置充 SF_6 气体至额定压力
控制保护要求	查阅安装图纸、安装记录	1. 直流电压测量装置传输环节中的模块，如合并单元、模拟量输出模块、差分放大器等，应由两路独立电源或两路电源经 DC/DC 转换耦合后供电，每路电源具有监视功能。 2. 备用模块应充足；备用光纤不低于在用光纤数量的 100%，且不得少于 3 根。 3. 直流分压器等设备的远端模块、合并单元、接口单元及二次输出回路设置应能满足保护冗余配置要求，且完全独立

7. 设备调试阶段

设备调试阶段直流电压测量装置资料检查监督要求见表 2-1-46。

表 2-1-46 设备调试阶段直流电压测量装置资料检查监督要求

监督项目	检查资料	监督要求
一次端直流耐压试验	查阅现场交接试验报告	1. 若现场具备条件，按下述要求进行一次端直流耐压试验。 2. 对一次端施加正极性或负极性额定运行电压 60min，可以通过直流系统空载加压试验（Open Line Tests，OLT）模式达到额定运行电压 60min；如果未出现击穿及闪络现象，则互感器通过试验

续表

监督项目	检查资料	监督要求
光纤损耗测试	查阅现场交接试验报告	1. 直流电子式电压互感器光纤损耗应小于 2dB。 2. 若产品不宜进行现场光纤损耗测试，设备供应商应给出保证光纤损耗满足要求的技术说明
测量准确度试验	查阅现场交接试验报告	1. 若现场具备条件，按下述要求进行测量准确度试验。 2. 试验直流电压测量装置在 $0.1U_n$、$0.2U_n$、$1.0U_n$ 电压点的误差，要求误差小于 0.2%
分压器参数测量	查阅现场交接试验报告	1. 直流电压测量装置的一次电压传感器采用阻容分压器，需要分别测量分压器高压臂电阻、电容及低压臂等效电阻、电容。 2. 若电阻和电容的测量值在设计值误差范围内，则互感器通过试验
油气要求	查阅调试记录、检测报告	1. 充气式设备。 （1）SF_6 气体年泄漏率不大于 0.5%。 （2）SF_6 气体充入设备 24h 后取样检测，其含水量小于 150μL/L。 （3）氮气、混合气体等充气式设备年泄漏率和含水量应符合上述规定和厂家规定。 2. 充油式设备。 （1）油中微量水分应符合下述规定： 1）对于 300kV 以上直流电压测量装置，不大于 10mg/L； 2）对于 300～150kV 直流电压测量装置，不大于 15mg/L； 3）对于 150kV 以下直流电压测量装置，不大于 20mg/L。 （2）对电压等级在 100kV 以上的充油式分压器，油中溶解气体组分含量（μL/L）不应超过下列任一值，总烃：10，H_2：50，C_2H_2：0.1
保护与控制	查阅调试记录	对互感器传输环节各设备进行断电试验、对光纤进行抽样拔插试验，检验当单套设备故障、失电时，是否导致保护装置误出口

8. 竣工验收阶段

竣工验收阶段直流电压测量装置资料检查监督要求见表 2-1-47。

表 2-1-47　　　　竣工验收阶段直流电压测量装置资料检查监督要求

监督项目	检查资料	监督要求
接地	查阅设备安装调试记录	1. 应有两根与主地网不同干线连接的接地引下线，并且每根接地引下线均应符合热稳定校核的要求。连接引线应便于定期进行检查测试。 2. 凡不属于主回路或辅助回路且需要接地的所有金属部分都应接地（如爬梯等）。 3. 外壳、构架等的相互电气连接宜采用紧固连接（如螺栓连接或焊接），以保证电气上连通
端子箱防潮	查阅资料	1. 对户外端子箱和接线盒的盖板和密封垫进行检查，防止变形进水受潮。 2. 检查户外端子箱、汇控柜的布置方式，确认端子箱、汇控柜底座和箱体之间有足够的敞开通风空间，以免潮气进入，潮湿地区的设备应加装驱潮装置。 3. 检查户外端子箱、汇控柜电缆进线开孔方向，确保雨水不会顺着电缆流入户外端子箱、汇控柜
控制保护要求	查阅图纸资料、调试记录	1. 二次回路端子排接线整齐，无松动、锈蚀、破损现象，运行及备用端子均有编号。线缆应排列整齐、编号清晰，避免交叉并固定牢固。 2. 直流分压器的远端模块、合并单元、接口单元及二次输出回路设置应满足保护冗余配置要求，应完全独立；检查备用模块应充足

9. 运维检修阶段

运维检修阶段直流电压测量装置资料检查监督要求见表 2-1-48。

表 2-1-48　　　　　　　　　　运维检修阶段直流电压测量装置资料检查监督要求

监督项目	检查资料	监督要求
运行巡视	查阅设备运维资料	1. 巡视周期：检查巡视记录完整，要求每天至少一次正常巡视；每周至少进行一次熄灯巡视；每月进行一次全面巡视。 2. 重点巡视项目包括： （1）检查瓷套是否清洁、无裂痕，复合绝缘子外套和加装硅橡胶伞裙的瓷套，应无电蚀痕迹及破损、无老化迹象； （2）检查直流测量装置有无异常振动、异常声音； （3）检查直流测量装置的接线盒是否密封完好； （4）检查油位是否正常，油位上下限标识应清晰；SF_6 压力应正常
状态检测	查阅带电检测记录和红外图谱库	1. 红外测温要求：运维单位每周测温一次，在高温大负荷时应缩短周期。 2. 应定期进行红外测温，建立红外图谱档案，进行纵、横向温差比较，精确测温的测量数据和图像应存入数据库。 3. 紫外检测要求：运维单位、省电科院均 6 个月检测一次，对于硅橡胶套管应缩短检测周期
状态检修	查阅例行试验报告	1. 直流分压器例行试验包括以下项目。 （1）分压电阻、电容值测量，周期为 3 年；测量高压臂和低压臂电阻阻值，同等测量条件下，初值差不应超过±2%；如属阻容式分压器，应同时测量高压臂和低压臂的等值电阻和电容值，同等测量条件下，初值差不超过±3%，或符合设备技术文件要求。 （2）电压限制装置功能验证，周期为 3 年。 （3）SF_6 气体湿度（充气型），周期为 3 年；SF_6 气体湿度不大于 500μL/L（警示值）。 2. 应使用中性清洗剂对直流分压器复合绝缘子表面进行清洗
状态评价与检修决策	查阅状态评价报告、年度检修计划、例行试验报告	1. 状态评价应实行动态化管理，每次检修或试验后应进行一次状态评价。定期评价每年不少于一次。检修策略应根据设备状态评价的结果动态调整，年度检修计划每年至少修订一次。 2. 新设备投运满 1 年（220kV 及以上），以及停运 6 个月以上重新投运前的设备，应进行例行试验。 3. 现场备用设备应视同运行设备进行例行试验；备用设备投运前应对其进行例行试验；若更换的是新设备，投运前应按交接试验要求进行试验
缺陷管理	查阅缺陷记录、消缺记录、异常及故障处理记录、故障处理报告	1. 检查消缺记录，审查设备缺陷分类是否正确。 2. 检查消缺记录，审查设备缺陷是否及时要求处理。危急缺陷处理时限不超过 24h，严重缺陷处理时限不超过 7d，需停电处理的一般缺陷处理时限不超过一个例行试验检修周期，可不停电处理的一般缺陷处理时限原则上不超过 3 个月。 3. 缺陷处理相关信息应及时录入生产管理系统（PMS）。 4. 出现下列情况时，应进行设备更换。 （1）瓷套出现裂纹或破损。 （2）直流测量装置严重放电，已威胁安全运行。 （3）直流测量装置内部有异常响声、异味、冒烟或着火等现象。 （4）经红外热像检测发现内部过热现象。 5. 若有明显漏气（油）点或气（油）压持续下降，则应在气（油）压降至直流系统闭锁前，将相应直流系统停运
反事故措施落实	查阅憎水性测试报告，巡视记录等资料	1. 对外绝缘强度不满足污秽等级的设备，应喷涂防污闪涂料或加装防污闪辅助伞裙。防污闪涂料的涂层表面要求均匀完整，不缺损、不流淌，严禁出现伞裙间的连丝，无拉丝滴流；RTV 涂层厚度不小于 0.3mm。 2. 每年对已喷涂防污闪涂料的绝缘子进行憎水性抽查，及时对破损或失效的涂层进行重新喷涂。若复合绝缘子或喷涂了 RTV 的瓷绝缘子的憎水性下降到 3 级，应考虑重新喷涂。 3. 对于体积较小的室外端子箱、接线盒，应采取加装干燥剂、增加防雨罩、保持呼吸孔通畅、更换密封圈等手段，防止端子箱内端子受潮、绝缘降低。 4. 定期检查室外端子箱、接线盒锈蚀情况，及时采取相应防腐防锈蚀措施。对于锈蚀严重的端子箱、接线盒应及时更换

续表

监督项目	检查资料	监督要求
油气要求	查阅设备气体检测报告、油中溶解气体和微水分析试验报告等资料	1. 充油式设备： （1）油中微量水分要求：330kV 及以上，不大于 15mg/L（注意值）；220kV 及以下，不大于 25mg/L（注意值）。 （2）油中溶解气体组分含量要求（注意值）：C_2H_2 不大于 2μL/L；H_2 不大于 150μL/L；总烃不大于 150μL/L。 2. 充气式设备： （1）SF_6 气体年泄漏率不大于 0.5%；运行中设备 SF_6 含水量不大于 500μL/L；设备新充气后至少 24h 后取样检测，含水量不大于 250μL/L。 （2）SF_6 气体组分含量要求：CF_4 增加不大于 0.1%（新投运不大于 0.05%）（注意值）；空气（O_2+N_2）不大于 0.2%（新投运不大于 0.05%）（注意值）；SO_2 不大于 1μL/L（注意值）；H_2S 不大于 1μL/L（注意值）

10. 退役报废阶段

退役报废阶段直流电压测量装置资料检查监督要求见表 2−1−49。

表 2−1−49　　　　　　　退役报废阶段直流电压测量装置资料检查监督要求

监督项目	检查资料	监督要求
电气设备性能	查阅退役设备评估报告等资料	1. 电网一次设备进行报废处理，应满足以下条件之一：① 国家规定强制淘汰报废；② 设备厂家无法提供关键零部件供应，无备品备件供应，不能修复，无法使用；③ 运行日久，其主要结构、机件陈旧，损坏严重，经大修、技术改造仍不能满足安全生产要求；④ 退役设备虽然能修复但费用太大，修复后可使用的年限不长，效率不高，在经济上不可行；⑤ 腐蚀严重，继续使用存在事故隐患，且无法修复；⑥ 退役设备无再利用价值或再利用价值小；⑦ 严重污染环境，无法修治；⑧ 技术落后不能满足生产需要；⑨ 存在严重质量问题不能继续运行；⑩ 因运营方式改变全部或部分拆除，且无法再安装使用；⑪遭受自然灾害或突发意外事故，导致毁损，无法修复。 2. 直流电流测量装置满足下列技术条件之一，且无法修复，宜进行报废：① 严重渗漏油、内部受潮，电容量、介质损耗、乙炔含量等关键测试项目不符合《电磁式电压互感器状态评价导则》（Q/GDW 458—2010）、《输变电设备状态检修试验规程》（Q/GDW 1168—2013）要求；② 瓷套存在裂纹、复合绝缘伞裙局部缺损；③ 测量误差较大，严重影响系统、设备安全；④ 采用 SF_6 绝缘的设备，气体的年泄漏率大于 0.5%或可控制绝对泄漏率大于 $10^{-7}MPa \cdot cm^3/s$；⑤ 电子式互感器、光电互感器存在严重缺陷或二次规约不具备通用性
化学	查阅退役报废设备处理记录	退役报废设备中的废油、废气严禁随意向环境中排放，确需在现场处理的，应统一回收、集中处理，并做好处置记录

1.3.1.5　接地极

通过查阅工程可研报告、产品图纸、技术规范书、工艺文件、试验报告、试验方案等文件资料，判断监督要点是否满足监督要求。

1. 规划可研阶段

规划可研阶段接地极资料检查监督要求见表 2−1−50。

表 2−1−50　　　　　　　　规划可研阶段接地极资料检查监督要求

监督项目	检查资料	监督要求
系统条件	查阅可研报告	1. 额定电流及持续时间。 2. 最大过负荷电流及持续时间。 3. 最大暂态电流。 4. 不平衡电流

续表

监督项目	检查资料	监督要求
极址选址	查阅可研报告	1. 极址选择方案应包含自然条件、周围设施和规划的调查资料。 2. 极址导电媒质选择方案对比
工程设想	查阅可研报告	1. 接地极馈电元件布置形式采用水平型或垂直型，接地极的长度或占地面积应以允许的最大跨步电位差为基础；接地极材料及设备应包括馈电元件、石油焦炭及其他辅助材料。 2. 新建工程应考虑安装在线监测系统，包含可见光、红外测温设备、馈线电流传感器、极址围墙和电子围栏以及运行安时数统计和监测系统主机
对周围设施影响的评估	查阅可研报告中对周围设施的评估报告	1. 接地极极址与有中性点有效接地的变电站、发电厂的直线距离不宜小于10km，接地极与架空地线接地的电力线路的最近距离不宜小于5km；若小于以上距离，应有相应说明。 2. 接地极应避免穿越建筑物，其正上方与地面建筑物的最小水平距离应不小于20m。 3. 在接地极与地下金属管道、地下电缆、非电气化铁路、天然气管道等地下金属构件的最小距离（d）小于10km，或者地下金属管道、地下电缆、非电气化铁路等地下金属构件的长度大于d的情况下，应计算接地极地电流对这些设施产生的不良影响
土壤参数	查阅可研报告	应测定的接地极土壤主要物理参数包括大地电性特性及其结构（含表层土壤电阻率和深层岩石电阻率），土壤热导率、热容率，土壤最高温度、湿度，地下水位等

2. 工程设计阶段

工程设计阶段接地极资料检查监督要求见表 2-1-51。

表 2-1-51　　　　　工程设计阶段接地极资料检查监督要求

监督项目	检查资料	监督要求
技术条件	查阅设计文件、可研、初设评审意见	1. 任一点温度，应计及海拔和水压对水沸点的影响。 2. 最大跨步电位差按下式计算：$U_{pm}=7.42+0.0318\rho_s$（ρ_s为电阻率），且不应超过50V。 3. 接触电位满足要求。 4. 通信系统最大转移电位宜不大于60V。 5. 额定电流下最大面电流密度应符合要求
接地极本体设计	查阅设计文件、可研、初设评审意见	1. 择优选择接地极类型和极环尺寸。 2. 直流接地极埋深一般不小于1.5m
导流系统	查阅设计文件、可研、初设评审意见	1. 导流系统布置方式。 2. 导流线的绝缘水平应满足最大暂态过电流下不发生闪络或击穿。 3. 电缆的选择、敷设、连接应满足型式、温度、绝缘等要求。 4. 馈电元件与引流电缆和跳线电缆应按规程要求进行连接、续接、密封和保护
接地极电气性能参数选择	查阅设计文件	设备及导体额定电流、过负荷电流（包含隔离开关、电抗器、电流互感器、导线、管型母线）应满足系统运行的各种工况要求
地下金属构件和铁路	查阅设计文件	1. 地下金属构件的距离满足要求。 2. 对地相关管道的泄漏电流和极化电位超标时，应采取保护措施。 3. 对通信电缆，应计算接地极电流对接地装置的腐蚀和电位升高
电力设施	查阅设计文件	1. 与中性点有效接地的变电站、发电厂的直线距离以及与架空地线接地的电力线路的距离应满足要求，若不满足应有说明。 2. 流过变压器中性点的直流电流不宜超过其允许值。 3. 在流过变压器绕组的直流电流大于计算允许值的情况下，应采用合适的限流、隔直装置或其他措施
建筑物	查阅设计文件	接地极正上方与地面建筑物的最小水平距离应不小于20m

监督项目	检查资料	监督要求
土壤参数和地形图	查阅设计文件	1. 应测定的接地极土壤主要物理参数。 2. 土壤电阻率参数测量范围应满足要求。 3. 应测量电极埋设层土壤热容率、热导率、土壤湿度等参数，掌握自然最高温度。 4. 宜采用钻探方式进行地质勘探，勘探深度宜至基岩。 5. 应测量 1:1000 或 1:2000 地形图，测量范围应满足接地极布置要求
接地极线路差动保护	查阅国家电网有限公司部门文件、设计文件	1. 一、二次设备配置应满足接地极线路配置差动保护的要求。 2. 接地极线路差动保护属于双极中性区保护的一部分，采用双重化或三重化配置，每套保护的测量回路、接地极至换流站的通信回路（单一路由、纤芯独立）、接地极侧装置电源（一路站用电源、两电三充）等应完全独立。 3. 接地极线路差动保护退出运行时，不能影响直流系统正常运行
接地极在线监测系统	查阅国家电网有限公司部门文件、设计文件	1. 可见光装置和红外测温装置。 2. 设计馈线电流传感器。 3. 设计极址围墙和电子围栏。 4. 设计运行安时数。 5. 设计监测系统主机

3. 设备采购阶段

设备采购阶段接地极资料检查监督要求见表 2－1－52。

表 2－1－52 设备采购阶段接地极资料检查监督要求

监督项目	检查资料	监督要求
导流电缆、配电电缆	查阅资料（包括设计文件中的当地温度和电缆的设计最高运行温度及其绝缘水平）	1. 导流系统中的导流线、配电电缆、引流电缆的最高允许温度不应低于接地极的最高温度。 2. 对地绝缘水平不应低于 6kV。 3. 当馈电元件采用如高硅铸造（铬）铁材料时，自带的引流电缆对地绝缘水平不应低于 750V
馈电元件	查阅资料（包括设计资料和接地极中电极材料的技术报告）	1. 对于额定电压为±800kV、额定电流为 5000A/6250A 的直流换流站接地极，其馈电元件应采用高硅铬铁。 2. 馈电元件材料应通过技术经济比较确定。 3. 宜选用碳钢、高硅铸铁、高硅铬铁、石墨等材料。要求碳钢的含碳量宜小于 0.5%，石墨材料必须经过亚麻油浸泡处理，高硅铸铁和高硅铬铁化学成分符合要求。 4. 当选用高硅铸铁或高硅铬铁作馈电元件时，其成品应带有引流电缆
石油焦炭	查阅资料（包括设计资料和接地极石油焦炭材料的技术报告）	石油焦炭原材料必须经过 1350℃温度的煅烧，驱散其挥发成分；要求煅烧后的石油焦炭的含碳量不应低于 95%，挥发性不应大于 0.5%，含硫量不应大于 1%
在线监测系统	查阅设计报告、在线监测技术方案等资料	1. 设计可见光、红外测温设备。 2. 设计馈线电流传感器。 3. 设计极址围墙和电子围栏。 4. 设计运行安时数。 5. 设计监测系统主机

4. 设备制造阶段

设备制造阶段接地极资料检查监督要求见表 2－1－53。

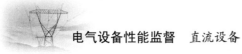

表2-1-53　　　　　　　　　设备制造阶段接地极资料检查监督要求

监督项目	检查资料	监督要求
馈电元件基本技术要求	查阅高硅铬铁电气性能试验报告	1. 如选用高硅铸铁或高硅铬铁，其成品应带有引流电缆。 2. 单元电极带的引流电缆在土壤环境温度为90℃时的额定载流量是否不小于15A。 3. 单元电极引流电缆绝缘强度不低于1kV；最高工作温度不小于90℃。 4. 电缆与高硅铬铁的连接必须牢固可靠，其接触电阻应小于4mΩ，抗拉力不小于电缆拉断力的70%。 其中，2～4条仅针对±800kV直流换流站
石油焦炭电气性能	查阅有资质的第三方检测机构提供的抽检报告	仅仅针对±800kV直流换流站石油焦炭成品，其物理特性应符合：电阻率小于0.3Ω·m，容重0.9～1.1g/cm^3，密度2g/cm^3，孔隙率45%～55%，热容量不小于1J/（cm^3·K）
导流电缆电气性能	查阅产品材料检测报告或有资质的第三方检测机构提供的抽检报告	应具备电缆的原材料、电缆本体、制造工艺对应的抽检试验报告
石油焦炭化学性能	查阅产品材料检测报告或有资质的第三方检测机构提供的抽检报告	煅烧后的石油焦炭的化学成分应符合：含碳量不低于95%，含水量不大于0.1%，挥发性不大于0.5%，含硫量不大于1%，含铁量不大于0.04%，含硅量不大于0.06%
高硅铬铁化学性能	查阅设备安装记录、监理报告和音像资料	高硅铬铁化学特性应满足（成分含量）：硅14.25%～15.25%，锰0.5%～1.5%，碳0.80%～1.4%，铬4%～5%，磷不大于0.25%，硫不大于0.1%
低碳钢化学性能	查阅设备安装记录、监理报告和音像资料	碳钢化学特性应满足（成分含量）：硅0.3%～0.35%，锰0.5%～1.5%，碳0.1%～0.25%，磷不大于0.045%，硫不大于0.05%
高硅铬铁金属性能	查阅产品材料检测报告或有资质的第三方检测机构提供的抽检报告	1. 经自由跌落试验后，高压直流接地极用馈电元件表面不应有裂纹、裂缝等缺陷。 2. 经自由跌落试验后，高硅铸铁和高硅铬铁的抗拉强度应不小于103N/mm^2。 3. 高硅铸铁、高硅铬铁腐蚀率应不大于1.0kg/（A·a）。 4. 在20℃时，高硅铸铁、高硅铬铁电阻率应不大于7.2×10^{-5}Ω·m
低碳钢金属性能	查阅资料抽检试验报告或有资质的第三方检测机构提供的抽检报告	1. 经自由跌落试验后，高压直流接地极用馈电元件表面不应有裂纹、裂缝等缺陷。 2. 经自由跌落试验后，碳钢的抗拉强度应不小于300N/mm^2。 3. 碳钢腐蚀率应不大于10kg/（A·a）。 4. 碳钢电阻率应在1.746×10^{-7}～3.026×10^{-7}Ω·m之间

5. 设备验收阶段

设备验收阶段接地极资料检查监督要求见表2-1-54。

表2-1-54　　　　　　　　　设备验收阶段接地极资料检查监督要求

监督项目	检查资料	监督要求
馈电元件验收	查阅检查报告	馈电元件材质、馈电元件外观无损伤，不得有泥土等杂物，设备原始资料（包括型式试验报告、原材料检验报告和出厂试验报告）应齐全
焦炭验收	查阅技术资料、产品存放核对情况	随产品发送的资料中应包括产品合格证、物理成分检验报告，焦炭在施工现场应集中存放；接地极焦炭的主要成分的含量及特性如下：炭大于95%；硫小于1%；挥发物小于0.5%；孔隙率45%～55%；热容率大于1J/（cm^3·K）

6. 设备安装阶段

设备安装阶段接地极资料检查监督要求见表2-1-55。

表 2-1-55　　　　　　　　　　　　设备安装阶段接地极资料检查监督要求

监督项目	检查资料	监督要求
电极工程活性填充材料铺设	查阅标准化作业卡、安装/监理记录	应符合《±800kV 直流输电系统接地极施工及验收规范》(Q/GDW 227—2008)要求： (1)活性填充材料铺设前应保持干燥；施工现场临时堆放及转运，应做好必要的保护措施，防止对环境的污染及破坏。 (2)铺设前，炭床槽应清理干净；铺设活性填充材料时不应混入杂质，严禁包装袋残留在炭床中。 (3)铺设后应取样送检做密实度试验，其结果应符合设计要求
电极工程电缆施工	查阅设备安装记录、监理报告	1. 电缆严禁接续。 2. 直埋电缆应埋设在细砂中央，电缆保护应满足要求。 3. 直埋电缆在直线段每隔 50～100m 处、转弯处、穿越沟渠的两岸等处，应设置明显的方位标志或标桩。 4. 与馈电元件接续前，电缆应经耐压试验合格；接续应采用放热焊接，焊接接头应经过无损探伤检查合格。 5. 电缆的首端、末端和分支处宜做好标识，标明电缆编号、型号、起始位置
配流电缆土方回填	查阅设备安装记录、监理报告	1. 炭床上部 600mm 厚的回填土应采用人工回填，回填时不应破坏炭床形状。 2. 开挖时，分开堆放的表层土壤应铺设在回填土的最上层，并适当高于坑口周围的地面。当设计有集水要求时，按设计要求施工
导流系统工程	查阅设备安装记录、监理报告	1. 当导流系统采用架空导线分流方式时应符合《±800kV 直流输电系统架空接地极线路施工及验收规范》(Q/GDW 229—2008)的相关规定。 2. 当导流系统采用电缆分流方式时应符合《±800kV 直流输电系统接地极施工及验收规范》(Q/GDW 227—2008)的相关规定。 3. 电缆头采用环氧树脂密封时，应符合电缆头施工及验收要求
电极工程土方开挖	查阅设备安装记录、监理报告	开挖前应复测路径进行校验
电极工程土方回填	查阅设备安装记录、监理报告	1. 炭床上部 600mm 厚的回填土应采用人工回填。 2. 土方回填分层夯实，每回填 300mm 厚度夯实一次。 3. 开挖时分开堆放的表层土壤应铺设在回填土的最上层，并适当高于坑口周围的地面。当设计有集水要求时，按设计要求施工。 4. 电极穿越沟、渠、塘等低洼地带时，回填应符合设计边坡坡度、基底处理、基槽标高偏差等要求，以使跨步电位满足安全运行要求。 5. 回填完毕后应按设计要求设置标志桩；设计无要求时宜按直线段 50、100m、圆弧段 50m 的间距适当设置标桩
电极工程检测井、引流井施工	查阅设备安装记录、监理报告	1. 复测定位应符合设计要求。 2. 检测井内功能管安装位置及深度应符合设计要求。 3. 引流棒安装：引流棒与馈电元件的焊接长度应符合设计要求。 4. 井体编号标识应醒目、清晰、准确
电极工程渗水井施工	查阅设备安装记录、监理报告	1. 复测定位应符合设计要求。 2. 断面尺寸应符合设计要求。 3. 基础应夯实，以防止其发生沉降。 4. 井体编号标识应醒目、清晰、准确
电极工程馈电元件敷设	查阅设备安装记录、监理报告	1. 馈电元件应敷设于炭床中心位置，中心偏差不宜大于炭床边长的 5%。 2. 馈电元件敷设路径应圆滑，圆弧段敷设的馈电元件应提前做预弯，不得出现突变及急弯。 3. 电极自然分段点的位置应符合设计要求。 4. 电极采用电缆跳线穿越沟渠时，每段跳线应不少于两根并联且其规格符合设计要求
馈电元件接续	查阅设备安装记录、监理报告	1. 馈电元件与馈电元件的焊接方式应符合设计要求。 2. 馈电元件与其他材质材料焊接应采用放热焊接。 3. 焊接前应进行焊接试验，每名焊工应焊接不少于 3 个试件，检验焊接工艺及焊接质量，进行外观和剖面检查，并记录检查结果。 4. 焊接完成并经自检合格后，应在焊接接头位置打上操作人员钢印

7. 设备调试阶段

设备调试阶段接地极资料检查监督要求见表2-1-56。

表2-1-56 设备调试阶段接地极资料检查监督要求

监督项目	检查资料	监督要求
接地极电流分布测量	查阅试验方案、试验原始记录	应有测量方案、检测报告，报告内应包括电流和电缆分流系数的设计值与测试值
接地极最大跨步电位试验	查阅试验方案、试验原始记录	应有测量方案、检测报告，报告内应包括总的入地电流，最大跨步电压设计值、测量点及测量值，以及换算到最大过负荷电流下的最大跨步电压值
接地极接触电位试验	查阅试验方案、试验原始记录	应有测量方案、检测报告，报告内应包括应包括总的入地电流，接触电位差设计值、测量点及测量值，以及换算到最大过负荷电流下的最大接触电位差
接地极在线监测系统	查阅设备安装记录、监理报告和音像资料	1. 接地极板址围墙内的可见光、红外测温设备能对各种设备及接头进行在线测温和视频监视。 2. 监测系统应能监测每根导流电缆的电流数据。 3. 电子围栏应能按设计规定在相应事件触发下准确发出告警信号。 4. 监测系统应能实时统计运行安时数，能分别计算流入安时数和流出安时数。 5. 监测系统能实时将数据和图像传送至相应换流站。监测系统与接地极线路差动保护共用OPGW通信和10kV电源
接地极接地电阻	查阅试验方案、试验原始记录	应有测量方案、检测报告，报告内应包括设计值与测试值

8. 竣工验收阶段

竣工验收阶段接地极资料检查监督要求见表2-1-57。

表2-1-57 竣工验收阶段接地极资料检查监督要求

监督项目	检查资料	监督要求
电极电缆	查阅设备安装记录、监理报告和音像资料	仅仅针对±800kV直流换流站： （1）导流电缆走向与路径应与设计保持一致，直埋电缆地面应设置标桩； （2）电缆路径上应设立明显的警示标志，对可能产生外力破坏的区域应采取可靠的防护措施
电极辅助工程	查阅装置竣工记录、试验报告	仅仅针对±800kV直流换流站： （1）水平浅埋型接地极宜安装渗水井，渗水方式应为自然渗水。 （2）渗水井应位于极环正上方，每隔约50m设置一处渗水井。 （3）接地极正上方适当位置应安装标桩，并在其上清晰地涂上红白相间的油漆
竣工前试验	查阅环境影响报告	工程在竣工验收合格后、投运前，应进行以下试验：单极带负荷试运行时，测量接地电极周边跨步电位，应满足要求；电缆分流应满足电缆的额定载流量要求

9. 运维检修阶段

运维检修阶段接地极资料检查监督要求见表2-1-58。

表2-1-58 运维检修阶段接地极资料检查监督要求

监督项目	检查资料	监督要求
运行巡视	查阅巡视记录	1. 换流站每月开展一次专业巡视。 2. 巡视项目重点关注：检测井水位正常，土壤无严重干燥情况；渗水井回填土无沉陷，低于附近地面；接地极上回填土不高于附近地面；在线监测系统接地极入地电流平衡；在线监测系统接地极温湿度在正常范围内

监督项目	检查资料	监督要求
状态检测	查阅设计文件、测量记录、试验报告	至少每两年测量一次跨步电位和接触电压（单极大地回线运行期间，至少测量一次）。每 6 年测量一次接地电阻
反事故措施执行情况	查阅巡视报告、检修记录、开挖报告/现场检查	1. 应在监测井和渗水井等上方设置防护栏和警示标志，以防止其遭到破坏；极址围墙完好，无异常声响。 2. 至少每季度检测 1 次温升、电流分布和水位。 3. 应每 5 年或必要时开挖局部检查接地体腐蚀情况，针对发现的问题要及时进行处理
最大跨步电位和接触电位	查阅设备安装记录、监理报告和音像资料	最大跨步电位和接触电位应满足设计要求
直流偏磁对交流变压器的影响	查阅接地极附近变压器中性点电流记录、油色谱记录	1. 应实地测量流过周边有效接地系统变压器中性点的直流电流，直流电流不应超过允许值。 2. 变压器油色谱检测无异常；铁心和绕组温升不应超过相关标准限值

1.3.2 旁站监督

1.3.2.1 换流阀

通过现场查看安装施工、试验检测过程和结果，判断监督要点是否满足监督要求。

1. 设备制造阶段

设备制造阶段换流阀旁站监督要求见表 2-1-59。

表 2-1-59　　　　　　　　设备制造阶段换流阀旁站监督要求

监督项目	监督方法	监督要求
制造厂应提供的有关资料	查阅监督要点中涉及的相关资料	制造厂在设备监造阶段提供的有关资料应完整齐全，应包括如下种类： （1）设备的重要原材料的物理、化学特性和型号及必要的出厂检验报告。 （2）设备的重要零部件和附件的验收试验报告及全部例行试验报告。 （3）铭牌图。 （4）试验方案。 （5）设备例行试验报告、半成品试验报告。 （6）设备的型式试验报告。 （7）设备的产品改进和完善的技术报告。 （8）制造厂与分包者的技术协议和分包合同副本。 （9）在工作需要时，设备的工程内部设计图纸及相关文件应提供给监造人员在厂内查看。 （10）设备的生产进度表。 （11）设备制造过程中出现的质量问题及处理意见的备忘录
晶闸管	现场抽查厂家相关工艺	抽查同一批次晶闸管的出厂合格证、检验报告，以及抽测见证，检查元件的型号、规格、数量，晶闸管外观包装应完好，标识清晰
阻尼电阻、阻尼电容、均压电容、阀电抗器	现场抽查厂家相关工艺	抽查同一批次元件设备的出厂合格证、检验报告，并抽测见证
晶闸管电子板	现场抽查厂家相关工艺	抽查同一批次晶闸管电子板的外观有无异常
散热器	现场抽查外观、尺寸、表面处理情况、试漏	检查散热器出厂合格证、型号、规格、数量，检查外观、尺寸、表面处理情况、试漏

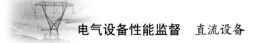
监督项目	监督方法	监督要求
光纤	现场检查光纤外观	光纤外观应光滑、均匀、颜色一致，检查光缆头、护套，以及光衰减率等参数是否符合要求，查看光纤验收报告和阻燃性能见证报告是否符合要求
光纤槽、水管及接头	现场检查厂家相关工艺	查看晶闸管级间导线和水管有无交链搭接
VBE（阀基电子设备）/VCU（阀控单元）接口	重要部件或关键生产阶段的制造过程现场见证	1. 元器件：查看材料、零部件（外协）的验收报告；控制保护设备的硬件制造、软件编制、重要部件或关键生产阶段的制造过程现场见证。 2. 硬件制造：查看盘、柜机械结构和布置、组装，现场见证制造过程中的质量保证的执行情况。 3. 功能试验：检查阀控设备输入/输出接口、输入交流电源、直流保护继电系统、各类盘面信号灯显示状态正确与否
辅件	现场检查辅件是否齐全	检查、验收换流阀支架、绝缘子、放气阀、漏水检测装置等是否齐全
型式试验	现场见证	型式试验项目齐全，包括： （1）多重阀（MVU）的绝缘型式试验。 （2）换流阀的悬吊/支承结构的绝缘型式试验。 （3）单阀的绝缘型式试验。 （4）单阀的运行特性型式试验。 （5）试验方案满足技术规范要求
例行试验	现场见证	检查阀例行检查（试验）方案/试验大纲、检查（试验）结果是否满足判据要求。 （1）外观检查：检查换流阀的外观是否完好无损。 （2）连接检验：检查所有大电流电路的连接是否正确。 （3）均压电路检验：检测均压电路的元件参数并由此确保电压在串联连接的晶闸管元件上的合理分布。 （4）辅助设备检验：检查每一阀组件中的每一个晶闸管级的辅助设备以及整阀的辅助设备功能是否正常。 （5）触发监视以及信号返回功能的检验：检查当触发脉冲加到晶闸管级上时晶闸管级是否能正确开通，检查触发电路在失去交流电源电压至少 1s 后是否能够根据控制器所发信号而发出触发脉冲。 （6）耐受电压检验（冲击波和工频）：检查晶闸管级能否耐受对应于全阀所规定的最大过电压的电压水平。在试验时应进行局部放电测量以检验晶闸管级的装配是否正确、绝缘是否完好。 （7）压力试验：检验冷却水管是否有漏水现象
抽样试验	现场检查造记录，出厂试验报告	晶闸管换流阀的晶闸管元件抽样试验的抽样比例不低于1%
换流阀装配中的标记	现场检查	1. 换流阀在工厂装配、检验过程所有连接处均须有明确的不同颜色的双线标记线，装配人员自作合格后作第一条标记线，专业质检人员检验后用另一颜色的笔作第二条标记线。 2. 驻厂监造人员随机选取不少于10%的点检查双线标识、复核扭矩

2. 设备验收阶段

设备验收阶段换流阀旁站监督要求见表 2-1-60。

表 2 - 1 - 60   设备验收阶段换流阀旁站监督要求

监督项目	监督方法	监督要求
采购技术协议或技术规范书	现场检查	技术资料内容应齐全、完整，包括以下内容。 （1）换流阀总体结构、连接及模块结构的详细说明，以及抗振设计的详细说明。 （2）换流阀电气设计的详细说明，包括晶闸管元件数的确定、阻尼回路的设计、均压回路的设计、换流阀内的电压分布等。 （3）换流阀保护装置的详细设计说明，包括避雷器、保护性触发、恢复期的保护，以及供应商采用的其他保护装置。供应商应阐明各种保护的原理、电路以及保护水平的设定与元件能力的关系等。 （4）冗余晶闸管级数的计算报告。 （5）大角度的运行能力。 （6）晶闸管的短路电流承受能力，应阐明结温与短路电流的关系，短路期间晶闸管闭锁过电压的能力以及晶闸管的短路电流承受能力。 （7）换流阀在交流系统故障下的运行能力。 （8）晶闸管监视系统的详细设计说明。 （9）晶闸管触发系统的详细设计说明。 （10）换流阀控制设备的详细设计说明，包括晶闸管电子设备、阀基电子设备、晶闸管监视设备等。 （11）换流阀运行限制的说明。 （12）换流阀损耗的详细试验、计算报告。 （13）换流阀详细的试验方案。 （14）换流阀各种过负荷能力的详细计算报告。 （15）冷却系统详细设计说明。 （16）换流阀内所有塑料部件（如换流阀元件支持件、冷却介质管、导线、光导纤维铠装、光导纤维管道、维护平台）的完整的可燃性清单。 （17）所有其他附件的说明。 （18）换流阀特殊工具和仪器以及相应的说明书、产品样本和手册等。 （19）换流阀备品、备件的详细说明
换流阀的现场运输和装卸	外观检查、工艺、备品备件、图纸检查等	1. 设备和器材在运输和装卸过程中不得倒置、倾翻、碰撞和受到剧烈的振动。制造厂有特殊规定的，应按产品的技术规定装运。 2. 按照产品包装的重量选择合适的运输工具和起重设备。 3. 在阀厅内转运设备时，应采取保护地面和墙面不受到损伤的措施
到货验收	外观检查、数量清点、备品备件、图纸检查等	1. 换流阀及附件等外包装密封性检查：无破损、断裂；开箱后，到货设备、器材和备品备件的种类、数量、规格应与到货单上相对应。 2. 开箱检查清点：规格应符合设计要求，设备、器材及备品备件应齐全
外观检查	现场抽检外观	1. 元器件的内包装应无破损。 2. 所有元件、附件及专用工器具应齐全，无损伤、变形及锈蚀。 3. 各连接件、附件及装置性材料的材质、规格、数量及安装编号应符合产品的技术规定。 4. 电子元件及电路板应完整，无锈蚀、松动及脱落。 5. 光纤的外护层应完好，无破损；光纤端头应清洁，无杂物，临时端套应齐全。 6. 均压环及屏蔽罩表面应光滑，色泽均匀一致，无凹陷、裂纹、毛刺及变形。 7. 换流阀组件的紧固螺栓应齐全，无松动。 8. 冷却水管的临时封堵件应齐全
换流阀运到现场后的保管	现场检查设备和器材的保管情况	1. 设备和器材应按原包装置于干燥清洁的室内保管。室内温度和相对湿度应符合产品技术文件的规定；当制造厂无规定时，储存温度应在 5~40℃ 之间，相对湿度不应大于 60%。 2. 当保管期超过产品技术文件的规定时，应按产品技术要求进行处理。 3. 换流阀安装前，元器件的内包装不应拆解。当设备和器材受潮时，应先评估其各项性能，再采取针对性处理措施。 4. 开箱场地的环境条件应符合产品技术文件的规定。 5. 已拆解内包装的元器件未及时安装时，应置于满足换流阀安装环境的室内保管
绝缘子检查	现场检查外观，必要时抽查探伤测试	悬吊绝缘子表面应光滑，无裂纹及破损

3. 设备安装阶段

设备安装阶段换流阀旁站监督要求见表2-1-61。

表2-1-61　　　　　　　　　设备安装阶段换流阀旁站监督要求

监督项目	监督方法	监督要求
换流阀安装前阀厅的土建要求	现场检查阀厅结构设计状况	1. 换流阀安装前，沿阀厅的钢屋架、墙面和地面布置的内冷却管道和光缆槽盒宜安装到位。阀悬吊结构应安装完毕，螺栓紧固、接地良好。 2. 阀塔悬挂结构安装前应检查悬吊孔已加工完成且间距正确，阀塔悬挂结构安装应调整完成，并应可靠接地。 3. 阀厅应全封闭，套管伸入阀厅入口处应封闭良好
阀厅的环境要求	现场检查阀厅环境/查阅土建资料	1. 安装前对阀厅进行除尘，确保阀厅足够清洁。 2. 阀厅内暖通系统和照明系统应正常投运，温湿度、照明条件应满足产品技术要求。 3. 阀厅内应保持微正压。 4. 进入阀厅内的人员及机械设备的防护措施应满足阀厅内洁净度要求
换流阀吊装	现场见证	1. 吊装换流阀组件，吊装方法和吊带、吊点选择应符合产品的技术规定，悬吊绝缘子的挂环、挂板及锁紧销之间应互相匹配。 2. 电抗器应从上至下吊装。 3. 屏蔽罩吊装应使用尼龙吊绳起吊
均压环的安装要求	现场见证	均压环及屏蔽罩表面无凹陷、变形及裂纹，与伞裙间隙均匀一致
水平度与间距要求	现场见证	阀架的水平度和上、下阀组件的间距应符合产品的技术规定
光纤施工要求	现场见证	1. 光纤槽盒切割、安装应在光纤敷设前进行。 2. 光纤敷设前核对光纤的规格、长度和数量应符合产品的技术规定，外观完好无损伤，并检测合格。 3. 光纤端头应按传输触发脉冲和回报指示脉冲两种型式用不同颜色分别标识区别，光纤与晶闸管的编号应一一对应，光纤接入设备的位置及敷设路径应符合产品的技术规定。 4. 光纤接入设备前，临时端套不得拆卸，光纤端头的清洁应符合产品的技术规定。 5. 光纤敷设沿线应按照产品的技术规定进行包扎保护和绑扎固定，绑扎力度应适中，槽盒出口应采用阻燃材料封堵。 6. 阻燃材料在光纤槽盒内应固定牢靠，距离光纤槽盒的固定螺栓及金属连接件不应小于40mm。 7. 光纤敷设及固定后的弯曲半径应符合产品的技术规定，不得弯折和过度拉伸光纤。 8. 每个阀段如果有 n 个晶闸管，则其回报光纤数量为 $n+1$；每个阀段如果有 m 个RPU（反向恢复期保护单元），则RPU的回报光纤数量为 $m+1$
阀控安装要求	现场检查	1. 强、弱电回路不应使用同一根电缆，并应分别成束分开排列。 2. 屏、柜及屏、柜内设备与各构件间连接应牢固，屏柜等不宜与基础型钢焊死。 3. 屏、柜、箱等的金属框架和底座均应可靠接地。装有电器的可开启的门，应以多股软铜线与接地的金属构架可靠地连接。 4. 屏、柜电器元件质量良好，型号、规格应符合设计要求，外观应完好，且附件齐全、排列整齐、固定牢固、密封良好。 5. 电缆芯线和所配导线的端部应标明其回路编号，编号应正确，字迹清晰且不易脱色。 6. 每个接线端子的每侧接线宜为1根，不得超过2根；对于插接式端子，不同截面的两根导线不得接在同一端子上；对于螺栓连接端子，当接两根导线时，中间应加平垫片。 7. 用于静态保护、控制等逻辑回路的控制电缆应采用屏蔽电缆，其屏蔽层应按设计要求的接地方式进行接地。 8. 屏、柜内的电缆芯线应按垂直或水平有规律地配置，不得任意歪斜交叉连接。备用芯长度应留有适当余量，且不得有导线裸露

续表

监督项目	监督方法	监督要求
换流阀安装前的检查	现场抽查	1. 元器件的内包装应无破损。 2. 所有元件、附件及专用工器具应齐全，无损伤、变形及锈蚀。 3. 各连接件、附件及装置性材料的材质、规格、数量及安装编号应符合产品的技术规定。 4. 电子元件及电路板应完整，无锈蚀、松动及脱落。 5. 光纤的外护层应完好，无破损；光纤端头应清洁、无杂物，临时端套应齐全。 6. 均压环及屏蔽罩表面应光滑，色泽均匀一致，无凹陷、裂纹、毛刺及变形。 7. 换流阀组件的紧固螺栓应齐全，无松动。 8. 冷却水管的临时封堵件应齐全
装配要求	现场见证	换流阀安装应按照制造厂的装配图、产品编号和规定的程序进行
阀架吊装	现场见证	阀架吊装按顺序从上至下，每吊装一层宜用水准仪测量校正底架的水平是否符合厂家要求
一次通流部位检查	现场见证	1. 导体和电器接线端子的接触表面应平整、清洁、无氧化膜，并涂以薄层电力复合脂，镀银部分不得挫磨。 2. 连接螺栓应按制造厂技术要求进行力矩紧固，并应做好标记；导体的连接不应使电器接线端子受到额外应力。 3. 载流部分表面应无凹陷、凸起及毛刺。 4. 电气主回路的电流方向应符合产品技术文件的规定
阀体冷却水管的安装	现场见证	1. 安装前检查水管及相关连接件，应清洁、无异物。 2. 安装过程应防止撞击、挤压和扭曲而造成水管变形、损坏。 3. 管道连接应严密、无渗漏，已用过的密封垫（圈）不得重复使用。 4. 等电位电极的安装及连线应符合产品的技术规定。 5. 水管在阀塔上应固定牢靠。 6. 连接螺栓应按厂家要求进行紧固，并做好力矩标识。 7. 阀塔主母管为 PVDF 专用管，注意连接时法兰连接紧固、均匀，螺栓紧固方法和力矩应符合厂家说明书要求
阀避雷器的安装	现场见证	1. 阀避雷器安装前应经试验合格。 2. 各连接处的金属接触表面应清洁、无氧化膜，接触面涂覆物应符合产品技术的规定。 3. 各节位置、喷口方向应符合产品技术文件的规定。 4. 均压环安装应符合设计图纸要求，与伞裙间隙均匀一致。 5. 动作计数器与阀避雷器的连接应符合产品技术文件的规定。 6. 连接螺栓应按制造厂技术要求进行力矩紧固，并应做好标记

4. 设备调试阶段

设备调试阶段换流阀旁站监督要求见表 2－1－62。

表 2－1－62　　　　　设备调试阶段换流阀旁站监督要求

监督项目	监督方法	监督要求
设备现场试验要求	现场检查	1. 供应商应按照《电气装置安装工程　电气设备交接试验标准》（GB 50150—2016）、《高压直流输电晶闸管阀　第 1 部分：电气试验》（GB/T 20990.1—2020）、《直流换流站高压直流电气设备交接试验规程》（Q/GDW 111—2004）和《高压直流输电换流阀技术规范》（Q/GDW 491—2010）的要求，组织编制详细的现场试验方案，提交业主审查。审查通过后，供应商应配合业主的技术人员和运行人员进行现场试验。 2. 在安装调试阶段，技术监督单位应及时派各专业人员进驻，协助运维单位进行交接试验。 3. 进行绝缘试验时，除制造厂装配的成套设备外，宜将连接在一起的各种设备分离开单独试验。同一试验标准的设备可以连在一起试验。为便于现场试验工作，已有出厂试验记录的同一电压等级、不同标准的电气设备，在单独试验有困难时，可以连在一起试验，试验标准应采用连接的各种设备中的最低标准。 4. 在进行与温度和湿度有关的各种试验时，应同时测量被试品温度、周围空气的温度和相对湿度。绝缘试验应在天气良好，且被试品周围的温度及仪器的温度不低于 5℃，空气相对湿度不高于 80% 的条件下进行

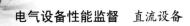

续表

监督项目	监督方法	监督要求
试验项目	现场检查	试验项目齐全且结果合格，包括： （1）外观检查。 （2）阀体的电气试验。 （3）阀基电子设备及光缆的试验。 （4）水冷系统的加压试验
阀厅的环境要求	现场检查	阀厅内应保持微正压状态，正压值宜维持在 5Pa 左右。当大量使用新风时，正压不应超过 50Pa
阀体的试验	现场检查	1. 阀体的电气试验应在冷却水回路中注入合格去离子水的条件下进行。 2. 阀组件的试验： （1）每一个晶闸管级的正常触发和闭锁试验。 （2）晶闸管级的保护触发和闭锁抽查试验，抽查数量不少于晶闸管级总数的20%。 （3）每一个模块中晶闸管级和阀电抗器的均压试验。 （4）晶闸管级的安全限值试验
阀避雷器	现场检查	1. 测量金属氧化物避雷器及基座绝缘电阻。 2. 测量金属氧化物避雷器的工频参考电压和持续电流。 3. 测量金属氧化物避雷器直流参考电压和 0.75 倍直流参考电压下的泄漏电流。 4. 检查放电计数器动作情况及监视电流表指示。 5. 工频放电电压试验
阀基电子设备及光缆	现场检查	1. 阀基电子设备电源检查：交流电源连接应正确，各直流电源电压幅值及极性应正确、功耗应符合设计要求。 2. 从极控和极保护到阀基电子设备的信号检查：在阀基电子设备上测得的所有从极控和极保护来的信号应符合设计要求。 3. 从阀基电子设备到极控和极保护的信号检查：在极控或极保护上测得的所有从阀基电子设备来的信号应符合设计要求。 4. 从阀基电子设备到晶闸管电子设备的光缆检查和试验： （1）对发光元件和接收元件进行一对一的检查，以判断光缆的连接是否正确、可靠。 （2）测量光缆的损耗率，其值应符合设计要求。 5. 功能试验： （1）时间编码信号和打印机检查。 （2）备用切换。 （3）漏水检测。 （4）避雷器监测。 （5）机箱监测和报警试验
阀塔冷却回路	现场抽检	对水冷系统施加 110%～120%额定静态压力 15min（如制造厂有明确要求，按之），对冷却系统进行如下检查： （1）检查每个阀塔主水路的密封性，要求无渗漏。 （2）检查冷却水管路、水接头和各个通水元件，要求无渗漏。 （3）检查漏水检测功能，要求其动作正确。 （4）检查冷却水管路，接头应紧密可靠，冷却水软管不得接触晶闸管外壳及大功率电阻，不允许有任何折弯，不得接触那些与其电位差为一个及以上晶闸管级的金属部件、绝缘导线或其他管道
阀控系统	现场检查	1. 在二次设备联调试验阶段，应安排阀控系统与极控系统之间的联调试验，防止不同厂家设备接口工作异常。 2. 检查阀控系统电源冗余配置情况，并对相关板卡、模块进行断电试验，验证电源供电可靠性。 3. 检查阀塔漏水检测装置动作结果是否正确。 4. 阀控系统应双重化冗余配置，并具有完善的晶闸管触发、保护和监视功能，准确反映晶闸管、光纤、阀控系统板卡的故障位置和故障信息。除光纤触发板卡和接收板卡外，两套阀控系统不得有共用元件，一套系统停运不影响另外一套系统。阀控系统应全程参与直流控制保护系统联调试验。当直流控制系统接收到阀控系统的跳闸命令后，应先进行系统切换

续表

监督项目	监督方法	监督要求
阀厅消防	现场检查	1. 阀厅内极早期烟雾探测系统的管路布置以探测范围覆盖阀厅全部面积为原则，至少要有 2 个探测器检测到同一处的烟雾。 2. 在阀厅空调进风口处装设烟雾探测探头，启动周边环境背景烟雾浓度参考值设定功能，防止外部烧秸秆等产生的烟雾引起阀厅极早期烟雾探测系统误动。 3. 极早期烟雾探测系统一般分为 4 级报警，分别是警告、行动、火警 1 和火警 2（最高级别报警），采用火警 2 作为跳闸信号。 4. 阀厅紫外（红外）探测系统的探头布置完全覆盖阀厅面积，阀层中有火焰产生时，发出的火或弧光能够至少被 2 个探测器检测到。 5. 极早期烟雾探测系统和紫外（红外）探测系统发出的跳闸信号直接送到冗余的直流控制保护系统（不经过火灾中央报警器），由直流控制保护系统执行闭锁命令

5. 竣工验收阶段

竣工验收阶段换流阀旁站监督要求见表 2-1-63。

表 2-1-63 竣工验收阶段换流阀旁站监督要求

监督项目	监督方法	监督要求
图纸及出厂资料	现场查阅制造厂提供的产品说明书、安装图纸、装箱单、试验记录及产品合格证等文件，备品备件、专用工器具及仪表清单，施工图和工程变更文件	验收时，应提交下列资料： （1）施工图和工程变更文件。 （2）制造厂提供的产品说明书、安装图纸、装箱单、试验记录及产品合格证件等技术文件。 （3）安装技术记录。 （4）质量验收评定记录。 （5）交接试验报告。 （6）阀冷却系统试运行记录。 （7）备品备件、专用工器具及测试仪器清单。 （8）设备监造报告（2007 年之后出厂设备）
阀塔	现场抽查	1. 阀塔屏蔽罩清洁、完好，无破损、无污物、无放电痕迹、无氧化。 2. 阀塔悬吊杆无裂痕，绝缘子表面无裂纹和闪络痕。 3. 电气连接应可靠，且接触良好。 4. 设备接地线连接应符合设计要求和产品技术规定；接地应良好，且标识清晰；支架及接地引线应无锈蚀和损伤
晶闸管及其附件	现场抽查	1. 各器件外观清洁、完好，无异物。 2. 电气连接正确、紧固。 3. 光纤接入正确、到位。 4. 冷却水回路无渗漏。 5. 散热器压接可靠，无松动。 6. 晶闸管触发监视单元及其屏蔽罩完好，无异常
饱和电抗器	现场抽查	1. 内外层绝缘漆均匀、完好，无破损。 2. 电抗器安装紧固，无松动。 3. 接线正确、可靠。 4. 检查阀电抗器，其表面颜色应无异常；检查连接水管、水接头，要求无漏水、渗水现象；检查各电气元件的支撑横担，要求无积尘、积水等现象
均压电容器	现场抽查	1. 接线正确，可靠。 2. 外观检查无变形、渗漏。 3. 电容器固定牢固，无松动
阀漏水检测装置	现场见证	1. 功能设计、安装位置符合设计要求。 2. 装置功能试验正常

监督项目	监督方法	监督要求
阀避雷器	现场抽查	1. 避雷器绝缘子清洁，无破损。 2. 避雷器动作后，监测装置动作正确。 3. 连接螺栓紧固、无松动，各螺栓受力均匀。 4. 避雷器计数器外观正常，接线连接良好
阀控盘柜	现场抽查	1. 内部电器的铭牌、型号、规格应符合设计要求，外壳、漆层、手柄、瓷件、胶木电器应无损伤、裂纹或变形。 2. 接线应排列整齐、清晰、美观，绝缘良好、无损伤。接线应采用铜质或有电镀金属防锈层的螺栓紧固，且应有防松装置，引线裸露部分不大于5mm；连接导线截面符合设计要求、标志清晰。 3. 元件外壳、框架的接零或接地应符合设计要求，连接可靠。 4. 内部元件及转换开关各位置的命名应正确无误并符合设计要求。 5. 密封良好，内外清洁、无锈蚀，端子排清洁、无异物，驱潮装置工作正常。 6. 交、直流应使用独立的电缆，回路分开。 7. 盘、柜及电缆管道安装完后，应做好封堵
阀组件的试验	现场见证	1. 电气试验应在冷却水回路中注入合格去离子水的条件下进行。 2. 换流阀的直流耐压试验：试验方法、电压值、加压程序和评定标准应符合技术规范的规定。 3. 换流阀的交流耐压试验：试验方法、电压值、加压程序和评定标准应符合技术规范的规定。 4. 阀组件的试验： （1）每一个晶闸管级的正常触发和闭锁试验。 （2）晶闸管级的保护触发和闭锁抽查试验，抽查数量不少于晶闸管级总数的20%。 （3）每一个模块中晶闸管级和阀电抗器的均压试验。 （4）晶闸管级的安全限值试验
阀控设备及光缆的试验	现场见证	1. 阀控设备电源检查：交流电源连接应正确，各直流电源电压幅值及极性应正确、功耗应符合设计要求。 2. 从极控和极保护到阀控设备的信号检查：在阀控设备上测得的所有从极控和极保护来的信号应符合设计要求。 3. 从阀控设备到极控和极保护的信号检查：在极控或极保护上测得的所有从阀控设备来的信号应符合设计要求。 4. 从阀控设备到晶闸管电子设备的光缆检查和试验： （1）对发光元件和接收元件进行一对一的检查，以判断光缆的连接是否正确、可靠。 （2）测量光缆的损耗率，其值应符合设计要求。 5. 功能试验： （1）时间编码信号和打印机检查。 （2）备用切换。 （3）漏水检测。 （4）避雷器监测。 （5）机箱监测和报警试验
水冷系统的试验	现场见证	1. 检查水冷系统管道的安装，应与图纸一致。 2. 进行压力试验，试验过程中整个水冷系统应无水滴泄漏现象。 3. 流量及压差试验，在规定的水流量下测量阀模块出口与入口的压差，在各个冷却水支路中测量水流量，测量结果应符合设计要求。 4. 净化水特性检查，水质应符合规定要求
备品备件配置完整性	现场检查	1. 所有备品备件应该是新的，与所提供设备的相应部件可以互换，并应是以同样规范、同样材料和工艺制造的。 2. 对于影响换流阀运行的重要部件和生产周期长的部件，现场应有备品
专用工具配置完整性	检查专用工具（数量符合订货合同，型号相符、外观无损坏、合格证齐备）	1. 供应商应提供运行单位所需的专用工具和仪表。 2. 制造厂根据产品需要，推荐所需的专用工具和仪表，以供运行单位参考。 3. 所有工具和仪表应是新式和完好的，并有完整的资料

6. 运维检修阶段

运维检修阶段换流阀旁站监督要求见表 2-1-64。

表 2-1-64　　　　　　　　　　运维检修阶段换流阀旁站监督要求

监督项目	监督方法	监督要求
设备技术资料	查阅技术资料、运行资料和档案	1. 换流阀履历卡片。 2. 换流阀及其附属设备历次的检修原因和检修全过程记录。 3. 换流阀及其附属设备历年的试验报告。 4. 换流阀红外测温记录。 5. 换流阀保护和测量装置的校验记录。 6. 换流阀事故及异常运行记录。 7. 竣工验收发现的遗留问题的整改报告及整改措施
换流阀控制保护装置运行	现场抽查控制保护装置的运行情况	1. 直流输电系统运行时，应采取措施避免两套控制保护系统同时不可用。 2. 换流阀控制保护系统的维护检查工作必须在系统处于"试验"状态下进行，若无法切至"试验"状态时应采取必要措施。 3. 换流阀控制保护系统处理过程中应注意采取防静电措施。 4. 若故障处理会影响其他相关系统并可能造成直流系统闭锁、断路器跳闸等后果，应将相关系统也置于"试验"状态后，才能开始工作。 5. 故障处理完毕，将系统由"试验"状态手动切至"服务"状态之前，应对板卡或主机进行一次重启动，并检查该系统和相关系统功能正常且不存在直流系统闭锁、断路器跳闸等命令。 6. 所有换流阀控制保护系统的重启必须在"试验"状态下进行
日常运行巡视	对监督要点项目进行抽检	1. 换流阀监控设备：检查事件记录报警、控制保护装置等，正常运行时应无故障报警信息。 2. 正常时换流阀运行声音应均匀，不应有其他异常声响。 3. 现场检查阀塔外壳及屏蔽罩，正常时应外形完好、清洁，无放电痕迹。 4. 阀厅熄灯检查，正常运行时应无异常放电弧光。 5. 正常时仪表外观应无异常，读数合理、指示正常。 6. 换流阀结温：通过监控系统对换流阀结温进行检查。 7. 红外测温仪检查：检查设备及其接头，正常时应无过热现象。 8. 阀厅的温度、相对湿度、通风检查：检查阀内的温湿度表计以及通风装置，正常时应在设备允许范围内。 9. 现场检查设备支持绝缘子，正常时应清洁无杂物，并无放电和闪络的痕迹，无裂纹和破损。 10. 现场检查避雷器，正常时应清洁、无杂物，绝缘子无放电和闪络的痕迹，无裂纹和破损，计数器正常。 11. 现场检查阀厅密封，正常时应无渗漏现象，室内无异物。 12. 现场检查阀厅内地面，正常时应清洁、无杂物并且地面无漏水痕迹。 13. 现场检查阀塔悬吊器件，正常时应牢固，阀塔无异常晃动。 14. 控制保护系统和相关接口设备：重点检查板卡指示、后台报警信息、电源模块指示等，正常时应无报警，板卡无过热现象
特殊巡视	对监督要点项目进行抽检	1. 设备变动后的巡视。 2. 新投入或经过大修的换流阀的巡视。 3. 异常情况下的巡视。 4. 带缺陷设备的巡视。 5. 过负荷时的巡视
其他异常巡视	对监督要点项目进行抽检	1. 新投入或经过大修的换流阀的巡视要求： （1）换流阀运行声音应正常，如发现响声变大、不均匀或有放电声，则可能存在故障。 （2）检查结温和水冷系统温度，若有异常升高，则应加强监视。 （3）加强对换流阀的红外测温工作。 2. 异常情况下的巡视：在换流阀运行中发现不正常现象时，应设法尽快消除，并报告上级部门和做好记录。 （1）换流阀交、直流侧发生故障后，应加强对换流阀运行情况的监视。 （2）换流阀冷却系统发生故障，造成换流阀运行可靠性降低时，应加强换流阀及其冷却系统的监视，及时安排进行检修处理

监督项目	监督方法	监督要求
其他异常巡视	对监督要点项目进行抽检	（3）当交流系统电压升高或换流变压器分接头调节不正常引起换流阀电压应力升高时，应加强监视，及时采取措施降低系统电压或调整换流变压器分接头。 （4）直流系统为非正常运行方式时，应加强系统的巡检、监视。 3. 带缺陷设备的巡视项目和要求： （1）换流阀运行过程中发生监视报警、保护性触发等异常情况时，应加强对换流阀的监视，同时通过在线检测系统检查晶闸管故障情况，当晶闸管故障数量达到现场规程规定时，应及时申请停运检修。 （2）换流阀运行过程中出现阀避雷器频繁动作时，应加强系统监视，并根据现场规程进行处理。 （3）换流阀元器件或接线发生过热时，应加强系统监视，并根据现场规程采取相关措施。 （4）近期缺陷有发展时，应加强巡视或派专人巡视。 4. 过负荷时的巡视项目和要求： （1）换流阀的负荷超过允许的正常负荷时，值班人员应及时汇报调度。 （2）换流阀过负荷运行时，应检查并记录系统功率、负荷电流、换流阀冷却系统温度、晶闸管结温等，检查换流阀声音是否正常、设备接头是否发热等。 （3）换流阀过负荷运行时，应加强换流阀红外测温监视
换流阀红外热像检测要求	现场查阅红外测温记录，重点对缺陷记录进行检查	1. 换流站应制订换流阀红外测温的周期和要求，重点检查易发热设备，如电抗器、设备接头等温升是否过大。 2. 用红外热像仪对换流阀可视部分进行检测，换流阀的各组件无局部过热，热成像图谱与上次比较应无明显变化。 3. 一般一个月测量一次，但在高温大负荷时应缩短周期
检修试验	现场见证	检修、试验周期应满足要求，包括： （1）按周期（不大于 3 年）对阀厅的内壁、阀屏蔽罩、绝缘子、阳极电抗器等元器件进行清揩、清扫。 （2）按周期检查所有电气连接是否完好。 （3）在年度检修中对主通流回路上的接头测量并记录直流电阻。 （4）按周期（3 年）开展换流阀试验，阻抗测试应合格（仅 ABB 技术阀）。晶闸管阻断试验应合格。晶闸管正常触发试验应合格。 （5）按周期（1 年）进行漏水报警和跳闸试验。 （6）按周期（6 年）测量均压电阻值，与初值差不大于±3%。 （7）按周期（6 年）测量晶闸管阻尼电容值，与初值差不大于±5%。 （8）按周期（6 年）测量晶闸管均压电容，与初值差不大于±5%。 （9）按周期（不大于 6 年）对冷却回路进行检查。 所有试验、检修结果应符合设备技术文件要求
光缆检查	现场检查	确认光缆传输功率是否正常时进行。用光通量计测量到达各 TCU、TE、TVM 或 GEU 的光功率，要求初值差不超过技术文件要求
均压电极抽检	现场抽查	检查冷却水管内的等电位电极是否清除沉积物，在电极有效体积减小到相关标准规定的程度时，是否更换过 O 形密封圈
晶闸管散热器检查	现场抽查/查阅检修记录	散热器表面有锈蚀，轻微变色，清洁散热器；散热器变形、有严重变色、变形，更换散热器，并更换 O 形密封圈
阀塔水压试验	现场见证	对水冷系统施加 110%～120%额定静态压力 30min，额定动态压力运行 24h 应无渗漏
阀塔漏水检测	现场见证	每年年度检修期间对阀塔水接头进行"十要点"法检查
阀塔主通流回路检测	现场见证	每年年度检修期间对阀塔主通流回路进行"十步法"检查

监督项目	监督方法	监督要求
反事故措施	现场见证	1. 要利用停电机会加大对内冷水系统水管的检查频次，每年至少检查一次，特别是对阀塔内电阻、电抗器等元件的水管接头进行检查，对电抗器振动引起的水管接头松动、磨损等情况，发现异常及时处理，避免水管漏水导致换流阀损坏及直流系统停运。 2. 对于运行超过 15 年的换流阀，当故障晶闸管数量接近单阀冗余晶闸管数量，或者短期内连续发生多个晶闸管故障时，应申请停运并进行全面检查，更换故障元件后方可再投入运行，避免发生雪崩击穿。 3. 晶闸管换流阀运行 15 年后，每 3 年应随机抽取部分晶闸管进行全面检测和状态评估，避免因部分阀元件老化引起雪崩击穿
阀塔水质	现场抽查	阀塔内冷水的电导率符合要求

1.3.2.2 换流阀冷却系统

通过现场查看安装施工、试验检测过程和结果，判断监督点是否满足监督要求。

1. 设备制造阶段

设备制造阶段换流阀冷却系统旁站监督要求见表 2-1-65。

表 2-1-65　　　　　　　　　设备制造阶段换流阀冷却系统旁站监督要求

监督项目	监督方法	监督要求
阀内水冷	查阅设备说明书、出厂试验报告，现场检查	1. 主循环泵电动机的绝缘等级不低于 F 级，防护等级不低于 IP54；主循环泵进出口应设置柔性连接接头；主循环泵电动机应使用耐摩擦的含润滑油的轴承，电动机的转子都应动态平衡和静态平衡。 2. 主水过滤器过滤精度不宜低于 600μm。 3. 在去离子水出口应设置精密过滤器，用于防止树脂流入主水回路中，去离子过滤装置过滤精度不宜低于 10μm
仪表及传感器	查阅出厂合格证、校验记录，现场检查	水冷却设备出厂前，应对所有压力、流量、温度、电导率、液位等仪表及传感器进行校验，并提供相关资质部门出具的校验合格证或报告
焊接及焊缝验收	查阅焊工资质、焊接检测报告，现场检查	1. 焊接质量管理文件体系健全。一般应包括压力容器加工质量手册、压力容器加工程序文件、焊接工艺及焊接工艺评定报告、无损检测作业指导文件等，焊渣应及时处理。 2. 焊接、无损检测人员应持证上岗，且所从事的工作与所持证件相匹配。 3. 罐体纵环焊缝应进行 100%超声或射线检测且检测过程符合制造厂工艺文件，检测结果合格。 4. 现场焊接、检测作业与作业指导文件相一致
罐体及管道水压试验和气密性试验	查阅出厂试验报告、设备说明书，现场检查	1. 所有罐体均应进行水压试验，试验压力不小于 1.25MPa，试验时间 1h，设备及管路应无破裂或渗漏水现象（试验时，短接与阀塔对接处的管道）。 2. 对于采用气体密封的膨胀缓冲系统，应对膨胀缓冲系统设备进行密封性试验。施加正常工作压力的 2.0 倍气压保持 12h，在温度恒定的状态下压力变化应不大于初始气压的 5%

监督项目	监督方法	监督要求
设备及管道	查阅设备管道相关资料，现场检查	1. 水冷却系统的设备及管道均应采用厂内预制、现场拼装的施工方式，金属焊接须按照《工业金属管道工程施工规范》（GB 50235—2010）的要求进行。 2. 不锈钢焊接须采用惰性气体保护，对焊焊口需干净、正圆、平直以及配合良好。 3. 预制后的管道组件安装时不得承受过大拉伸或挤压应力，所有管线必须伸展自如，以保证在热胀冷缩过程中不致引起管接头及管支撑破坏。 4. 冷却系统管道、设备装配中应保持内部洁净。 5. 冷却系统管路及设备安装牢固、焊接平整，水平及垂直方向公差执行《工业金属管道工程施工规范》（GB 50235—2010）。 6. 水冷却设备运到现场前必须经过严格的清洗，以去除管道中的氧化层、油脂、颗粒异物、悬浮物，不允许任何死角存在污物。如管道进行了酸洗，还必须中和，并冲洗至中性的范围。 7. 管道清洗完成后需及时密封管口，运至现场时密封不应破损。 8. 清洗后的金属表面应清洁，无残留氧化物、焊渣、二次锈蚀、点蚀及明显金属粗晶析出，设备上的阀门、仪表等不应受到损伤

2. 设备验收阶段

设备验收阶段换流阀冷却系统旁站监督要求见表 2-1-66。

表 2-1-66 设备验收阶段换流阀冷却系统旁站监督要求

监督项目	监督方法	监督要求
设备到货验收及保管	查阅设备现场交接记录	1. 随箱记录资料齐全，设备技术参数应与设计要求一致。 2. 检查三维冲击记录仪，冲击加速度应不大于 3g。 3. 验收过程资料应齐全、规范
金属焊接工艺	查阅工艺评定报告、无损检测作业指导文件、焊缝探伤报告	1. 焊接部位过渡平滑，焊缝均匀、无沙眼，符合相关要求。 2. 焊接质量管理文件体系健全。 3. 应有监检人员对焊接过程进行监督。 4. 具有焊接工艺及焊接工艺评定报告、无损检测作业指导文件等
罐体焊缝质量抽检	现场检查	采用超声波探伤方式对罐体纵环焊缝质量进行抽查，其质量等级不低于《承压设备无损检测 第 3 部分：超声检测》（NB/T 47013.3—2015）规定的 II 级标准

3. 设备安装阶段

设备安装阶段换流阀冷却系统旁站监督要求见表 2-1-67。

表 2-1-67 设备安装阶段换流阀冷却系统旁站监督要求

监督项目	监督方法	监督要求
设备接地施工	现场检查	1. 凡不属于主回路或辅助回路且需要接地的所有金属部分都应接地（如爬梯等）。 2. 外壳、构架等的相互电气连接宜采用紧固连接（如螺栓连接或焊接），以保证电气上连通
控制柜及动力柜	现场检查	在潮湿环境（如冷却塔内）控制、动力电缆不应从上部安装，防止水沿电缆进入控制柜、动力柜
水冷装置传感器及安全阀校验	现场检查	传感器的装设位置和安装工艺应便于维护。仪表及变送器应与管道之间采取隔离措施，冷却塔出水温度等传感器应装设在阀厅外，满足故障后在线检修及更换的要求
基础及接地	现场检查	1. 检查主循环泵及其电动机的基础是否有足够深度，且单独固定在铸铁或钢座上。 2. 检查接地引出排是否与变电站地网相连且接地电阻符合要求

4. 设备调试阶段

设备调试阶段换流阀冷却系统旁站监督要求见表 2-1-68。

表 2-1-68 设备调试阶段换流阀冷却系统旁站监督要求

监督项目	监督方法	监督要求
水处理系统功能试验	检查现场调试记录	水处理系统运转正常，处理后水质符合外冷水水质要求［软水模块、砂滤模块、碳滤模块（如有）、反渗透模块（如有）、加药系统］。外冷水溶解性总固体不大于 1000mg/L，pH 值 6.5～8.5，硬度（以 $CaCO_3$ 计）不大于 450mg/L，氯化物不大于 250mg/L，硫酸盐不大于 250mg/L，细菌总数不大于 80CFU/mL
检漏（密封试验）试验	检查现场调试记录	1. 水压、气压试验合格，系统无渗水、漏气现象。 2. 电磁阀、压力释放阀、自动排气阀等配合得当，正常动作
逻辑控制	检查现场调试记录	水冷设备所有逻辑控制试验合格
功能保护	检查现场调试记录	1. 作用于跳闸的内冷水传感器应按照三套独立冗余配置，每个系统的内冷水保护对传感器采集量按照"三取二"原则出口；当一套传感器故障时，进阀温度传感器按照"二取二"逻辑执行；其他传感器执行"二取一"逻辑，并增加辅助判据防止误动。当两套传感器故障时，出口采用"一取一"逻辑出口。 2. 传感器应具有自检功能，当传感器故障或测量值超范围时能自动提前退出运行，不会导致保护误动。 3. 内冷水保护装置及各传感器电源应由两套电源同时供电，任一电源失电不影响保护及传感器的稳定运行。 4. 仪表、传感器、变送器等测量元件的装设应便于维护，能满足故障后不停直流系统而进行检修及更换的要求；换流阀进出口水温传感器应装设在阀厅外。 5. 在东北、华北、西北地区，内冷水系统要考虑两台主循环泵长期停运时户外管道的防冻措施，应采取添加乙二醇或搭建防冻棚等措施
温度保护	检查现场调试记录	1. 进水温度保护投报警和跳闸。 2. 阀内冷系统应装设三个阀进水温度传感器，在每套水冷保护内，阀进水温度保护按"三取二"原则出口，动作后闭锁直流。保护动作延时应小于晶闸管换流阀过热允许时间，延时定值按照换流阀厂家提供的时间为准。 3. 当出阀温度差值超过请求功率回降定值且出阀温度达到高报警时，保护动作后执行功率回降请求，或参照换流阀厂家要求执行相应动作逻辑；保护动作延时应小于晶闸管换流阀过热允许时间。 4. 换流阀进水温度差超过换流阀厂家规定值时应进行相应的报警或跳闸指令。 5. 温度保护的动作定值应根据水冷系统运行环境、晶闸管温度要求整定
流量及压力保护	检查现场调试记录	1. 应在换流阀内水冷主管道上至少装设两个流量传感器，在换流阀主循环泵出口装设三个进阀压力传感器，在换流阀主循环泵进口装设两个出阀压力传感器。 2. 两个流量传感器按"二取一"原则判低、超低、高、超高报警，当出现超低报警，且进阀压力低或高报警，按照换流阀提供的最低流量延时时间为准发跳闸请求。 3. 三个流量传感器按"三取二"原则判低、超低、高、超高报警，当出现超低报警，且进阀压力低或高报警，按照换流阀提供的最低流量延时时间为准发跳闸请求。 4. 流量保护跳闸延时应大于主循环泵切换不成功再切回原泵的时间。 5. 主水流量保护投报警和跳闸，若配置了阀塔分支流量保护或主循环泵压力差保护，应投报警
液位保护	检查现场调试记录	1. 膨胀罐或高位水箱液位保护投报警和跳闸。 2. 应在膨胀罐或高位水箱装设三个电容式液位传感器和一个直读液位计，用于液位保护和泄漏保护。 3. 三个膨胀罐或高位水箱液位传感器按"三取二"原则；当电容式传感器测量的液位低于 30% 时液位保护延时 5s 报警，低于 10% 时液位保护延时 10s 跳闸。 4. 低液位触点动作后仅报警。 5. 膨胀罐液位变化定值和延时设置应有足够裕度，能躲过最大温度及传输功率变化引起的液位波动，防止液位正常变化导致保护误动

监督项目	监督方法	监督要求
微分泄漏保护	检查现场调试记录	1. 微分泄漏保护投报警和跳闸，24h 泄漏保护仅投报警。 2. 微分泄漏保护采集三个电容式液位传感器的液位，按照"三取二"逻辑跳闸。采样和计算周期不应大于 2s，在 30s 内，当检测到膨胀罐液位持续下降速度超过换流阀泄漏允许值时，延时闭锁直流系统并在收到换流阀闭锁信号后 5min 内自动停止主循环泵。 3. 膨胀罐液位变化定值和延时设置应有足够裕度，能躲过最大温度及传输功率变化引起的液位波动，防止液位正常变化导致保护误动。 4. 微分泄漏保护应具备手动投退功能。 5. 对于采取内冷水内外循环运行方式的系统，在内外循环方式切换时应闭锁泄漏保护，并设置适当延时，防止膨胀罐液位在内外循切换时发生变化，导致泄漏保护误动。 6. 在阀内冷系统手动补水和排水期间，应退出泄漏保护，防止保护误动
电导率保护	检查现场调试记录	电导率保护仅投报警
传感器保护	检查现场调试记录	1. 传感器的测量精度应能满足保护的灵敏性要求。水冷保护应能及时检测到传感器或测量回路故障，并采取有效措施避免保护误动。 2. 阀冷控制系统若三冗余配置传感器，采样值应按"三取二"原则处理，即三个传感器均正常时，取采样值中最接近的两个值参与控制；当一个传感器故障，两个传感器正常时，进阀温度传感器按照"二取二"逻辑执行；其他传感器执行"二取一"逻辑，并增加辅助判据防止误动；当仅有一个传感器正常时，以该传感器采样值参与控制
控制保护系统	检查现场调试记录	1. 换流阀冷却控制保护系统至少应双重化配置，并具备完善的自检和防误动、防拒动措施。作用于跳闸的内冷水传感器应按照三套独立冗余配置，每个系统的内冷水保护对传感器采集量按照"三取二"原则出口。控制保护装置及各传感器电源应由两套电源同时供电，任一电源失电不影响控制保护及传感器的稳定运行。当阀冷保护检测到严重泄漏、主水流量过低或者进阀水温过高时，应自动闭锁换流器以防止换流阀损坏。 2. 根据直流控制与保护系统确定的通信接口要求，进行水冷却设备的通信与远程控制功能试验
报警功能调试	检查现场调试记录	阀冷却保护装置应能向就地人机接口和后台监控系统发送报警和状态事件，至少包括传感器故障事件、处理器、总线故障事件、测量板卡故障事件、报警或跳闸动作事件、主循环泵启动、停运、切换和故障事件、喷淋泵或冷却风机启动、停运和故障事件、交流电源工作状态和故障事件、直流电源工作状态和故障事件
水质检测试验	检查现场调试记录	1. 内冷水 pH 值为 6.5～8.5；内冷补充水电导率小于 5.0μS/cm，内冷水电导率小于 0.5μS/cm，去离子水电导率小于 0.3μS/cm。 2. 外冷水溶解性总固体不大于 1000mg/L，pH 值为 6.5～8.5，硬度（以 $CaCO_3$ 计）不大于 450mg/L，氯化物不大于 250mg/L，硫化物不大于 250mg/L，细菌总数不大于 80CFU/mL
连续运行试验	检查现场调试记录	整套设备连续运行试验符合要求

5. 竣工验收阶段

竣工验收阶段换流阀冷却系统旁站监督要求见表 2−1−69。

表 2−1−69　　　　　　竣工验收阶段换流阀冷却系统旁站监督要求

监督项目	监督方法	监督要求
技术要求	现场检查	1. 主循环泵未运行、冷却水流量超低、进阀温度高等任一条件满足时，禁止自动启动电加热器。 2. 当冷却介质温度低于阀厅露点温度、管路及器件表面有凝露危险时，电加热器应开始工作。 3. 去离子装置应设置两套离子交换器，并采用一用一备工作方式，每个离子交换器中的离子交换树脂应能满足至少 1 年的使用寿命。

监督项目	监督方法	监督要求
技术要求	现场检查	4. 在去离子水出口应设置电导率传感器和精密过滤器，前者用于监视离子交换树脂是否失效，后者用于防止树脂流入主水回路中，去离子过滤装置过滤精度不宜低于 10μm。 5. 氮气补充设置的主备用切换装置应切换正常，可满足在线更换氮气瓶；氮气稳压控制中，应根据膨胀罐压力实时值自动启停补气或排气。 6. 内冷系统补充水宜采用纯净水，水质应满足《高压直流输电换流阀水冷却设备》(GB/T 30425—2013)，电导率应小于 5μS/cm，pH 值介于 6.5～8.5 之间，厂家应提供内冷水补水水质报告。 7. 主过滤器应能在不停运阀内冷系统的条件下进行清洗或更换，滤芯应具备足够的机械强度以防止在冷却水冲刷下的损伤，过滤精度应满足换流阀的要求
二次回路	现场检查	1. 二次回路电缆绝缘良好（500V 或 1000V 电压下测量二次回路电缆绝缘电阻不小于 2MΩ）。 2. 跳闸输入、输出回路及其电源按双重化或三重化布置且各自独立。 3. 同一测点冗余的传感器（流量、温度等）不应接入控制系统输入或输出模块的同一个 I/O 板，应根据冗余数量分别接入各自独立的输入、输出模块，避免单一模块故障导致所有传感器采样异常。 4. 对于通过硬触点方式送往极控的水冷跳闸指令，其跳闸出口回路应要采用双继电器、双触点串联出口方式，以防止误动及拒动。 5. 采用双继电器、双触点串联出口方式的跳闸回路，每个跳闸触点都应具有动作监视回路并上送后台，避免一个触点闭合后，运维人员无法及时发现
冷却塔	现场检查	1. 在不影响进风的前提下，应在冷却塔侧风口处交错安装降噪棉或格栅挡板以防止杂物进入冷却塔。 2. 冷却塔冗余配置，所有冷却塔总冷却容量的裕度应不小于 50%。 3. 风机电动机的绝缘等级不低于 F 级，防护等级不低于 IP54；电动机应配置变频器，电动机应能在冷却系统要求的转速下运行；风扇电动机变频器保护配置应正确，工作正常。 4. 风扇电源回路应独立，单台风扇故障不得停运整台冷却塔。 5. 冷却塔风挡（若有）状态信号量不得用于判断冷却塔运行状态。 6. 冷却塔设计时应采取积极措施降低噪声，闭式冷却塔综合噪声控制值在离风机进口 1.5 倍的冷却塔当量直径处所得的等效连续噪声值应不大于 85dB（A）。 7. 喷淋泵坑内应设置集水坑，集水坑内必须设置不少于 2 台排水泵；排水泵应可同时启动，并应配置冗余设置的液位开关以控制排水泵的动作
喷淋泵	现场检查	1. 单台喷淋泵应满足系统设计流量，喷淋系统应配置备用喷淋泵。 2. 喷淋泵和驱动器的旋转部分应静态平衡和动态平衡。 3. 喷淋泵应符合国家规定的相关振动标准。 4. 喷淋泵的轴封应采用机械密封且必须密封完好，不能漏水。 5. 喷淋泵电动机的绝缘等级不低于 F 级，防护等级不低于 IP54。 6. 在电压和频率变化均在额定值的 10% 以内的运行条件下，电动机仍应能良好地运行，在 80% 额定电压情况下仍能启动。 7. 全电压下启动时，启动电流不能超过满负荷正常工作电流的 6 倍。 8. 保证喷淋水泵一定的吸水压头
阀外水冷控制系统	现场检查	1. 阀外水冷平衡水池应配置至少双重化的触点式液位开关和一个电容式液位传感器。平衡水池水位低时启动自动补水，水位高时停止自动补水，并向远方发送报警信号，提醒运行人员检查处理。当平衡水池水位过低时，向远方发送严重警告。 2. 阀外水冷喷淋泵和冷却风扇的电源应由两段 400V 母线经电源切换装置供电。切换装置应配置低电压监视和过流保护
阀外风冷技术条件	现场检查	1. 阀外风冷变频器和冷却电机的电源应由两段 400V 母线经电源切换装置供电。电源切换装置应配置低电压监视和过流保护。 2. 阀外风冷变频器和冷却电动机的空气开关应配置过流保护

监督项目	监督方法	监督要求
风机	现场检查	1. 在电压和频率变化均在额定值 10%内的运行条件下，电机仍应能良好地运行，在 80%额定电压情况下仍能启动。 2. 全电压下启动时，启动电流不能超过满负荷正常工作电流的 6 倍。 3. 配置变频器的风机数量应不低于总电动机台数的 1/4，电动机投切应保证进阀温度平稳。 4. 风机信号电源应分组独立，不得采用同一路电源，避免该路电源故障后信号状态全丢。开入信号全丢时，保持冷却塔正常运行，不得停运冷却塔
电源及硬件配置	现场检查	1. 风机宜按照设计冷却冗余能力为最小单位进行分组（例如当设计冗余能力为 20%，风机分组数 $N=6$）。 2. 风机应配置 $2N+2$ 路交流电源，经过各自双电源切换形成 N 段交流母线，每组风机平均分配到一段母线上，其他负荷（如加热器等）由两路交流电源分别供电。 3. 阀外风冷系统风扇电源应分散布置在不同母线上；每组风机两路电源应相互独立，不得有共用元件。 4. 电源自动切换装置功能正常，且应配置低电压监视功能和过流保护。 5. 电源切换装置低电压监视动作时间应与 400V 备自投动作时间配合。 6. 当采用阀外风冷和阀外水冷组合配置时，冷却塔冗余风机和喷淋泵应分别由两路交流电源直接供电，阀外水冷水处理系统及其他辅助设备由两路交流电源经电源切换装置形成的一段交流母线供电。 7. PLC 模块（若有）、PLC 模块工作电源、传感器电源、接口模块、I/O 模块均按双重化冗余配置。 8. 直流供电回路不应使用交流空气开关。 9. 当采用变频器控制和调节冷却风机运行时，应有工频强投回路，当变频器异常时，能通过工频回路继续控制冷却风机运行
阀外风冷控制逻辑	现场检查	1. 应有手动、自动、停止三种运行模式。 2. 换流阀解锁期间，系统默认为自动模式。 3. 双 PLC 互为热备用，当一个控制系统出现故障时，可无扰切换至无故障系统。 4. 换流阀解锁期间，当进阀温度传感器故障时，所有风机均工频启动运行。 5. "内冷系统停运""内冷系统电加热器停运"等外部开入信号不能用于对阀外风冷系统风机的控制。 6. 风机的电加热带、冷却风扇等空气开关应接入监视系统。 7. 加热器的控制应满足设计要求，且具有先启先停、轮循启动、故障切换的控制功能，当电加热器过温时停止加热器

6. 运维检修阶段

运维检修阶段换流阀冷却系统旁站监督要求见表 2−1−70。

表 2−1−70 运维检修阶段换流阀冷却系统旁站监督要求

监督项目	监督方法	监督要求
阀内水冷系统运行状况	现场检查	1. 检查主循环泵、内冷水管道、各阀门及法兰连接处外观是否正常，有无严重锈蚀、渗漏水等现象，若有充油表计，应检查表计无渗漏油现象。 2. 检查主循环泵、各控制盘、柜运行声音有无异常，内冷水管道有无异常振动，现场气味有无异常。 3. 内冷水电源就地控制盘面无报警，各指示灯状态正确，控制保护板卡无报警灯亮。 4. 内冷水进、出水温度正常，流量正常，水膨胀罐水位不低于报警值。 5. 内冷水电导率低于报警值，氮气罐压力不低于正常值。 6. 主循环泵、母线排、空气开关、接触器无明显过热点。 7. 电源就地控制盘、控制保护盘接地连接良好、无凝露现象，各元器件标识清楚、无缺失损坏

监督项目	监督方法	监督要求
阀外水冷系统运行状况	现场检查	1. 现场检查反洗泵、喷淋泵、软化罐、反渗透膜管、水管道、各电磁阀及阀门法兰连接处有无漏水现象。 2. 检查各阀门位置是否正确，喷淋泵、冷却塔风扇应无异常声音和明显振动，无渗漏水、溢水等现象。 3. 冷却塔风扇的转速应平衡。 4. 平衡水池、盐池、盐井水位应正常，盐池中盐量充足，盐箱盐水耗量正常。 5. 检查各测量表计指示应在正常范围之内，就地控制盘柜的控制方式与参数显示正常。 6. 检查软化罐的出水硬度必须符合要求。 7. 红外测温检查外冷水系统控制柜内空气开关、接触器、继电器、二次端子，应无温度异常
风冷系统运行状况	现场检查	1. 检查整个系统有无渗漏、锈蚀现象。 2. 检查各阀门位置，开度正常。 3. 检查冷却风机和电动机有无振动、噪声等异常现象；风叶有无松动、变形。 4. 检查百叶窗开闭把手功能应正常。 5. 检查变频器运行应正常，无异常现象
巡视检查	现场检查	1. 检查例行巡视记录是否齐全，应符合运行规范及反事故措施要求。 2. 检查特殊巡视记录应齐全，符合运行规范及反事故措施要求。 3. 新投入或经过大修的阀冷却设备的巡视记录应齐全，符合运行规范及反事故措施要求
缺陷管理	检查现场缺陷管理记录	1. 缺陷记录完整，应包含运行巡视、检修巡视、带电检测、检修过程中发现的缺陷。 2. 结合现场核查，不存在现场缺陷没有记录的情况。 3. 检修班组应结合消缺，对记录中不严谨的缺陷现象表述进行完善；缺陷原因应明确；更换的部件应明确；缺陷定级正确。 4. 缺陷处理应闭环，及时、准确、完整地将设备缺陷信息录入生产管理信息系统，按规定时间完成流程的闭环管理。 5. 事故应急处置应到位，事故分析报告、应急抢修记录及时、规范
带电检测	现场检查/抽查	1. 应定期对水泵、电动机和动力柜进行红外检测，并做好记录存档，保存红外图谱，做好横向和纵向比对分析，发现问题及时处理。 2. 对风机、电动机等大功率设备进行检修或更换后，应进行红外测温，以确认温升正常，并做好基础数据存档。 3. 主循环泵轴承红外测温记录应完整，符合要求。 4. 应定期测量主循环泵电源回路接触器运行温度，并且对接触器触头烧蚀情况进行检查，烧蚀严重时应进行更换
反事故措施管理	现场检查	1. 运行单位应根据国家电网有限公司高压直流输电换流阀冷却系统事故预防的相关要求，定期对阀冷却系统的落实情况进行检查，督促落实。 2. 配合主管部门按照反事故措施的要求，分析设备现状，制订落实计划。 3. 做好反事故措施执行单位施工过程中的配合和验收工作，对现场反事故措施执行不利的情况，应及时向有关主管部门反映。 4. 定期对阀冷却系统反事故措施的落实情况进行总结、备案，并上报有关部门

1.3.2.3 直流电流测量装置

通过现场查看安装施工、试验检测过程和结果，判断监督点是否满足监督要求。

1. 设备制造阶段

设备制造阶段直流电流测量装置旁站监督要求见表 2-1-71。

表 2-1-71　　　　　　　设备制造阶段直流电流测量装置旁站监督要求

监督项目	监督方法	监督要求
原材料和组部件	外观检查	1. 漆包线应为防水结构，应有良好的密封性能。 2. 绝缘材料应具有高机械强度、低介电损耗和抗老化特性，提供绝缘材质耐压试验合格报告。 3. 瓷套材质宜选用硅橡胶，伞裙结构宜选用不等径大小伞。 4. 硅橡胶外套应设计有足够的机械强度、绝缘强度和刚度
关键工序	查看设备重要工序过程资料，必要时现场见证设备工艺过程	1. 线圈制造：应保证线圈绕组无变形、倾斜、位移；各部分垫块无位移、松动、排列整齐；导线接头无脱焊、虚焊；二次引线端子应有防转动措施，防止外部转动造成内部引线扭断。 2. 电子板卡和电子线路部分所有芯片选用微功率、宽温芯片，应为满足现场运行环境的工业级产品，电源端口应设置过电压或浪涌保护器件。 3. 产品装配车间应整洁、有序，具有空气净化系统，严格控制元件及环境净化度。 4. 器身内应无异物、无损伤，连线无折弯；引线固定可靠、排列顺序，标识应符合工艺要求。产品器身所有紧固螺栓（包括绝缘螺栓）按力矩要求拧紧并锁牢。产品器身应洁净，无污染和杂物，铁心无锈蚀

2. 设备验收阶段

设备验收阶段直流电流测量装置旁站监督要求见表 2-1-72。

表 2-1-72　　　　　　　设备验收阶段直流电流测量装置旁站监督要求

监督项目	监督方法	监督要求
耐压试验和局部放电测量（电子式）	现场查看试验过程和试验结果	1. 一次端直流耐压试验及直流局部放电试验：对一次端施加额定运行电压 1.5 倍的负极性直流电压（即 $1.5U_n$） 60min，如果未出现击穿或闪络现象，则互感器通过直流耐压试验；在直流耐压试验的最后 10min 内，若局部放电量不小于 1000pC 的放电脉冲数不超过 10 个，则直流局部放电试验合格。 2. 一次端交流耐压试验及交流局部放电试验：按照《高压直流输电系统直流电流测量装置　第 1 部分：电子式直流电流测量装置》（GB/T 26216.1—2019）第 7.3.6 条的规定进行工频耐受电压试验及工频局部放电试验；试验电压 $1.1U_m/\sqrt{2}$ 下局部放电量应小于 10pC，试验电压 $1.5U_m/\sqrt{2}$ 下局放电量应小于 20pC
光纤损耗测试（电子式）	现场查看	直流电子式电流互感器光纤损耗应小于 2dB
直流耐压试验和局部放电测量（电磁式）	现场查看试验过程和试验结果	1. 施加正极性直流电压，时间为 60min，试验电压取 1.5 倍直流电压（即 $1.5U_n$），应无击穿及闪络现象。 2. 局部放电试验：在直流耐受试验最后 10min 内进行局部放电试验。通过的判据是：直流耐压最后 10min 内最大的脉冲幅值为 1000pC 的脉冲个数不超过 10 个
工频耐压试验（电磁式）	现场查看试验过程和试验结果	1. 二次绕组的工频耐压试验：对二次绕组之间及对地进行工频耐压试验，试验电压 3kV，持续 1min，应无击穿及闪络现象。 2. 一次绕组的工频电压耐受试验：试验电压按《互感器　第 1 部分：通用技术要求》（GB 20840.1—2010）中表 2 选取，持续 1min，应无击穿及闪络现象。试验电压施加在连在一起的一次绕组与地之间，二次绕组、支撑构架、箱壳（如果有）、铁心（如果有接地端子）均应接地
误差测定（电磁式）	现场查看试验过程和试验结果	误差测定应在 $\pm 0.1I_n$、$\pm 1I_n$、$\pm 1.1I_n$、$\pm 2I_n$、$\pm 3I_n$、$\pm 6I_n$ 电流时进行误差测量，误差应满足相关标准及技术协议要求。同时，为得到饱和曲线，电流应升到 $9I_n$
密封性能试验（电磁式）	现场查看试验过程和试验结果	1. 对于带膨胀器的油浸式设备，应在未装膨胀器之前进行密封性能试验。 2. 在密封试验后静放不少于 12h，方可检查渗漏油情况。若外观检查无渗、漏油现象，则通过密封性能试验

监督项目	监督方法	监督要求
外观检查	现场查看设备外观	1. 设备外观清洁、美观；所有部件齐全、完整、无变形。 2. 金属件外表面应具有良好的防腐蚀层，所有端子及紧固件应有良好的防锈镀层或由耐腐蚀材料制成。 3. 产品端子应符合图样要求。 4. 接地处应有明显的接地符号。 5. 对户外端子箱和接线盒的盖板和密封垫进行检查，防止变形进水受潮。 6. 到货后检查三维冲击记录仪，充气式设备应小于 10g，油浸式设备应小于 5g

3. 设备安装阶段

设备安装阶段直流电流测量装置旁站监督要求见表 2-1-73。

表 2-1-73　　　　　设备安装阶段直流电流测量装置旁站监督要求

监督项目	监督方法	监督要求
本体及组部件安装	结合工艺控制文件等资料现场查看核对	1. 设备铭牌、油浸式设备油位指示器、充气式设备密度继电器应位于便于观察的一侧，且油位正常。 2. 直流电子式电流互感器光纤接头接口螺母应紧固，接线盒进口和穿电缆的保护管应用硅胶封堵，防止潮气进入。 3. 均压环外观应清洁、无损坏，安装水平、牢固且方向正确；安装在环境温度 0℃及以下地区的均压环，应在均压环最低处打排水孔；均压环与瓷裙间隙应均匀一致。 4. 光纤端子盒内光纤弯曲半径应大于纤（缆）径的 15 倍，端子盒外壳不得挤压光纤，防止光纤折断
接地要求	现场查看	1. 应有两根与主地网不同干线连接的接地引下线，并且每根接地引下线均应符合热稳定校核的要求，连接引线应便于定期进行检查测试。 2. 凡不属于主回路或辅助回路且需要接地的所有金属部分都应接地。 3. 外壳、构架等的相互电气连接宜采用紧固连接（如螺栓连接或焊接）
端子箱防潮	现场查看	1. 端子箱、汇控柜底座和箱体之间有足够的敞开通风空间，以免潮气进入。潮湿地区的设备应加装驱潮装置。 2. 应注意户外端子箱、汇控柜电缆进线开孔方向，确保雨水不会顺着电缆流入户外端子箱、汇控柜
控制保护要求	现场查看	1. 直流电子式电流互感器、零磁通电流互感器传输环节中的模块，如合并单元、模拟量输出模块、差分放大器等，应由两路独立电源或两路电源经 DC/DC 转换耦合后供电，每路电源具有监视功能。 2. 备用模块应充足；备用光纤不低于在用光纤数量的 100%，且不得少于 3 根。 3. 光电流互感器、零磁通直流电流互感器等设备的远端模块、合并单元、接口单元及二次输出回路设置应能满足保护冗余配置要求，且完全独立

4. 设备调试阶段

设备调试阶段直流电流测量装置旁站监督要求见表 2-1-74。

表 2-1-74　　　　　设备调试阶段直流电流测量装置旁站监督要求

监督项目	监督方法	监督要求
极性测试（电子式）	现场查看试验过程和试验结果	在互感器的一次端由 P1 到 P2 通以 $0.1I_n$ 的直流电流，由合并单元录取输出数据波形，若输出数据为正，则互感器的极性关系正确
测量准确度试验（电子式）	现场查看试验过程和试验结果	试验直流电子式电流互感器在 $0.1I_n$、$0.2I_n$、I_n、$1.2I_n$ 电流点的误差，要求误差小于 0.2%，误差应满足设备测量准确度要求

监督项目	监督方法	监督要求
光纤损耗测试（电子式）	现场查看试验过程和试验结果	1. 直流电子式电流互感器光纤损耗应小于 2dB。 2. 若产品不宜进行现场光纤损耗测试，设备供应商应给出保证光纤损耗满足要求的技术说明
直流耐压试验（电磁式）	现场查看试验过程和试验结果	试验电压为出厂试验时的 80%，持续时间 5min（出厂试验电压为 1.5U_n）
控制保护要求	现场查看试验过程和试验结果	1. 对直流电流测量装置传输环节各设备进行断电试验、对光纤进行抽样拔插试验，检验当单套设备故障、失电时，是否导致保护装置误出口。 2. 试验检查电流互感器极性是否正确，避免区外故障导致保护误动。 3. 电子式互感器现场在投运前应开展隔离开关分/合容性小电流干扰试验

5. 竣工验收阶段

竣工验收阶段直流电流测量装置旁站监督要求见表 2-1-75。

表 2-1-75　　　　　　　　竣工验收阶段直流电流测量装置旁站监督要求

监督项目	监督方法	监督要求
设备本体及组部件	结合安装记录现场查看	1. 瓷绝缘子无破损、无裂纹，法兰无开裂，金属法兰与瓷套胶装部位粘合牢固，防水胶完好；复合绝缘套管表面无老化迹象，憎水性良好。 2. 现场涂覆 RTV 涂层表面要求均匀、完整，不缺损、不流淌，严禁出现伞裙间的连丝，无拉丝滴流。RTV 涂层厚度不小于 0.3mm。 3. 均压环应安装水平、牢固且方向正确，均压环所在最低处打排水孔
接地	现场检查	1. 应有两根与主地网不同干线连接的接地引下线，并且每根接地引下线均应符合热稳定校核的要求，连接引线应便于定期进行检查测试。 2. 凡不属于主回路或辅助回路且需要接地的所有金属部分都应接地（如爬梯等）。 3. 外壳、构架等的相互电气连接宜采用紧固连接（如螺栓连接或焊接），以保证电气上连通
端子箱防潮	现场查看	1. 对户外端子箱和接线盒的盖板和密封垫进行检查，防止变形进水受潮。 2. 检查户外端子箱、汇控柜的布置方式，确认端子箱、汇控柜底座和箱体之间有足够的敞开通风空间，以免潮气进入。潮湿地区的设备应加装驱潮装置。 3. 检查户外端子箱、汇控柜电缆进线开孔方向，确保雨水不会顺着电缆流入户外端子箱、汇控柜
控制保护要求	现场查看	1. 电子式电流互感器、电磁式直流电流互感器的远端模块、合并单元、接口单元及二次输出回路设置应满足保护冗余配置要求，应完全独立；检查备用模块是否充足。 2. 对直流电流测量装置传输环节各设备进行断电试验、对光纤进行抽样拔插试验，检验当单套设备故障、失电时，是否导致保护装置误出口。 3. 二次回路端子排接线整齐，无松动、锈蚀、破损现象，运行及备用端子均有编号。电缆、光纤排列整齐、编号清晰、避免交叉、固定牢固

6. 运维检修阶段

运维检修阶段直流电流测量装置旁站监督要求见表 2-1-76。

表 2-1-76   运维检修阶段直流电流测量装置旁站监督要求

监督项目	监督方法	监督要求
运行巡视	现场检查设备状态	1. 巡视周期：检查巡视记录是否完整，要求每天至少一次正常巡视；每周至少进行一次熄灯巡视；每月进行一次全面巡视。 2. 重点巡视项目包括： （1）检查瓷套是否清洁、无裂痕，复合绝缘子外套和加装硅橡胶伞裙的瓷套应无电蚀痕迹及破损，无老化迹象。 （2）检查直流测量装置有无异常振动、异常声音。 （3）检查直流测量装置的接线盒是否密封完好。 （4）检查油位是否正常，油位上下限标识应清晰；SF_6 压力应正常
反事故措施落实	现场查看反事故措施情况	1. 对外绝缘强度不满足污秽等级的设备，应喷涂防污闪涂料或加装防污闪辅助伞裙。现场涂覆 RTV 涂层表面要求均匀、完整，不缺损、不流淌，严禁出现伞裙间的连丝，无拉丝滴流；RTV 涂层厚度不小于 0.3mm。 2. 每年对已喷涂防污闪涂料的绝缘子进行憎水性抽查，及时对破损或失效的涂层进行重新喷涂。若复合绝缘子或喷涂了 RTV 的瓷绝缘子的憎水性下降到 3 级，应考虑重新喷涂。 3. 对于体积较小的室外端子箱、接线盒，应采取加装干燥剂、增加防雨罩、保持呼吸孔通畅、更换密封圈等手段，防止端子箱内端子受潮、绝缘降低。 4. 定期检查室外端子箱、接线盒锈蚀情况，及时采取相应防腐、防锈蚀措施。对于锈蚀严重的端子箱、接线盒应及时更换

7. 退役报废阶段

退役报废阶段直流电流测量装置旁站监督要求见表 2-1-77。

表 2-1-77   退役报废阶段直流电流测量装置旁站监督要求

监督项目	监督方法	监督要求
技术鉴定	现场检查（包括退役设备评估报告），抽查 1 台退役设备	1. 电网一次设备进行报废处理，应满足以下条件之一：① 国家规定强制淘汰报废；② 设备厂家无法提供关键零部件供应，无备品备件供应，不能修复，无法使用；③ 运行日久，其主要结构、机件陈旧，损坏严重，经大修、技术改造仍不能满足安全生产要求；④ 退役设备虽然能修复但费用太大，修复后可使用的年限不长，效率不高，在经济上不可行；⑤ 腐蚀严重，继续使用存在事故隐患，且无法修复；⑥ 退役设备无再利用价值或再利用价值小；⑦ 严重污染环境，无法修治；⑧ 技术落后不能满足生产需要；⑨ 存在严重质量问题不能继续运行；⑩ 因运营方式改变全部或部分拆除，且无法再安装使用；⑪遭受自然灾害或突发意外事故，导致毁损，无法修复。 2. 直流电流测量装置满足下列技术条件之一，且无法修复，宜进行报废：① 严重渗漏油、内部受潮，电容量、介质损耗、乙炔含量等关键测试项目不符合《电磁式电压互感器状态评价导则》（Q/GDW 458—2010）、《输变电设备状态检修试验规程》（Q/GDW 1168—2013）要求；② 瓷套存在裂纹、复合绝缘伞裙局部缺损；③ 测量误差较大，严重影响系统、设备安全；④ 采用 SF_6 绝缘的设备，气体的年泄漏率大于 0.5%或可控制绝对泄漏率大于 $10^{-7}MPa \cdot cm^3/s$；⑤ 电子式互感器、光电互感器存在严重缺陷或二次规约不具备通用性

1.3.2.4　直流电压测量装置

通过现场查看安装施工、试验检测过程和结果，判断监督要点是否满足监督要求。

1. 设备制造阶段

设备制造阶段直流电压测量装置旁站监督要求见表 2-1-78。

表 2-1-78　　　　　　　　　设备制造阶段直流电压测量装置旁站监督要求

监督项目	监督方法	监督要求
原材料和组部件	外观检查	1. 外购件与投标文件或技术协议中厂家、型号、规格应一致；外购件应具备出厂质量证书、合格证、试验报告；外购件进厂验收、检验、见证记录应齐全。 2. 硅橡胶套管完好，达到防污要求；硅橡胶表面不存在龟裂、起泡和脱落。 3. 充气式设备 SF_6 气体含水量小于 150μL/L。氮气、混合气体等充气式设备含水量应符合上述规定和厂家规定
关键工序	查看设备重要工序过程资料，必要时现场见证设备工艺过程	1. 电容芯子制作时，现场的环境温度、相对湿度、洁净度应满足要求；电容元件卷制及元件耐压应符合设计文件要求。 2. 高压电阻焊接时，现场的环境温度、相对湿度、洁净度应满足要求；高压电阻焊接应牢靠，符合设计文件要求。 3. 电子线路部分所有芯片选用微功率、宽温芯片，应为满足现场运行环境的工业级产品，电源端口应设置过压或浪涌保护器件。 4. 光纤熔接后，光纤损耗与标准跳线相比应不大于 1dB。 5. 干燥处理过程满足工艺要求，厂家应出具书面结论（含干燥曲线）。 6. 器身装配车间应整洁、有序，具有空气净化系统，严格控制元件及环境净化度。 7. 抽真空的真空度、温度与保持时间应符合制造厂工艺要求；充油（气体）时的真空度、温度与充油（气体）时间应符合制造厂工艺要求。 8. 产品装配要求：器身内无异物、无损伤，连线无折弯；引线固定可靠、绕组排列顺序、标识符合工艺要求；产品器身所有紧固螺栓（包括绝缘螺栓）应按力矩要求拧紧并锁牢

2. 设备验收阶段

设备验收阶段直流电压测量装置旁站监督要求见表 2-1-79。

表 2-1-79　　　　　　　　　设备验收阶段直流电压测量装置旁站监督要求

监督项目	监督方法	监督要求
直流耐压试验和局部放电测量（出厂试验）	现场查看试验过程和试验结果	1. 一次端直流耐压试验及直流局部放电试验：对直流电压测量装置的一次端施加额定运行电压 1.5 倍的正极性直流电压（即 $1.5U_n$）60min，如果未出现击穿及闪络现象，则互感器通过本试验；直流耐压试验的最后 10min 测量产品的局部放电（局部放电试验电压 $1.5U_n$），如果局部放电量大于 1000pC 的脉冲数在 10min 内不超过 10 个，则互感器通过试验。 2. 一次端交流耐压试验及交流局部放电试验：按照《互感器　第 8 部分：电子式电流互感器》（GB 20840.8—2007）第 9.2.1 条的规定进行工频耐受电压试验，试验电压选取 GB 20840.8 表 1 中的相应值。试验电压 $1.1U_m/\sqrt{2}$ 下局放电量应小于 10pC，试验电压 $1.5U_m/\sqrt{2}$ 下局部放电量应小于 20pC
分压器参数测量（出厂试验）	现场查看试验过程和试验结果	1. 直流电压测量装置的一次电压传感器采用阻容分压器，需要分别测量分压器高压臂电阻、电容及低压臂等效电阻、电容。 2. 若电阻和电容的测量值在设计值误差范围内，则互感器通过试验
密封性能试验	现场查看试验过程和试验结果	1. 对于充气式或充油式直流电压测量装置，应进行密封性能试验。 2. 对充气式直流电压测量装置，采用累积漏气量测量计算泄漏率，要求年泄漏率小于 0.5%。 3. 对油浸式直流电压测量装置，按正常运行状态装配和充以规定的绝缘液体，应以超过其最高工作压强 50kPa±10kPa 的压强至少保持 8h。如无泄漏现象，则通过试验
外观检查	现场查看设备外观	1. 设备外观清洁、美观；所有部件齐全、完整、无变形。 2. 金属件外表面应具有良好的防腐蚀层，所有端子及紧固件应有良好的防锈镀层或由耐腐蚀材料制成。 3. 产品端子应符合图样要求。 4. 直流电子式电压互感器应有直径不小于 8mm 的接地螺栓或其他供接地用的零件，接地处应有平坦的金属表面，并标有明显的接地符号。 5. 对户外端子箱和接线盒的盖板和密封垫进行检查，防止变形进水受潮。 6. 充气设备运输时气室应为微正压，压力为 0.01MPa~0.03MPa；到货后检查三维冲击记录仪，充气式设备应小于 10g，油浸式设备应小于 5g

监督项目	监督方法	监督要求
测量准确度试验（出厂试验）	现场查看试验过程和试验结果	1. 试验直流电压测量装置在 $0.1U_n$、$0.2U_n$、$0.5U_n$、$1.0U_n$、$1.2U_n$ 电压点的误差，要求误差小于 0.2%。 2. 试验直流电压测量装置在 $1.5U_n$ 电压点的误差，要求误差小于 0.5%

3. 设备安装阶段

设备安装阶段直流电压测量装置旁站监督要求见表 2-1-80。

表 2-1-80　　　　　　　　设备安装阶段直流电压测量装置旁站监督要求

监督项目	监督方法	监督要求
本体及组部件安装	结合工艺控制文件等资料现场查看核对	1. 油浸式设备油位指示器应位于便于观察的一侧，且油位正常。 2. 直流电子式电压互感器光纤接头螺母应紧固，接线盒进口和穿电缆的保护管应用硅胶封堵，防止潮气进入。 3. 均压环外观应清洁，无损坏，安装水平、牢固且方向正确；安装在环境温度 0℃ 及以下地区的均压环，应在均压环最低处打排水孔；均压环与瓷裙间隙应均匀一致。 4. 光纤（缆）弯曲半径应大于纤（缆）径的 15 倍，防止光纤折断
接地要求	现场查看	1. 宜有两根与主地网不同干线连接的接地引下线，并且每根接地引下线均应符合热稳定校核的要求。连接引线应便于定期进行检查测试。 2. 凡不属于主回路或辅助回路且需要接地的所有金属部分都应接地。 3. 外壳、构架等的相互电气连接宜采用紧固连接（如螺栓连接或焊接）
端子箱防潮	现场查看	1. 端子箱、汇控柜底座和箱体之间有足够的敞开通风空间，以免潮气进入。潮湿地区的设备应加装驱潮装置。 2. 应注意户外端子箱、汇控柜电缆进线开孔方向，确保雨水不会顺着电缆流入户外端子箱、汇控柜
气体监测装置	现场查看	1. 气体绝缘的直流电压测量装置所配置的密度继电器、压力表等，应经校验合格并有检定证书。 2. 安装时，气体绝缘的直流电压测量装置应检查气体压力或密度，应符合产品技术文件的要求，密封检查合格后方可对直流电压测量装置充 SF_6 气体至额定压力
控制保护要求	现场查看	1. 直流电压测量装置传输环节中的模块，如合并单元、模拟量输出模块、差分放大器等，应由两路独立电源或两路电源经 DC/DC 转换耦合后供电，每路电源具有监视功能。 2. 备用模块应充足；备用光纤不低于在用光纤数量的 100%，且不得少于 3 根。 3. 直流分压器等设备的远端模块、合并单元、接口单元及二次输出回路设置应能满足保护冗余配置要求，且完全独立

4. 设备调试阶段

设备调试阶段直流电压测量装置旁站监督要求见表 2-1-81。

表 2-1-81　　　　　　　　设备调试阶段直流电压测量装置旁站监督要求

监督项目	监督方法	监督要求
一次端直流耐压试验（交接试验）	现场见证试验过程和试验结果	1. 若现场具备条件，按下述要求进行一次端直流耐压试验。 2. 对一次端施加正极性额定运行电压或者通过直流系统空载加压试验模式达到额定运行电压 60min，如果未出现击穿及闪络现象，则互感器通过试验
光纤损耗测试（交接试验）	现场见证试验过程和试验结果	1. 直流电子式电压互感器光纤损耗应小于 2dB。 2. 若产品不宜进行现场光纤损耗测试，设备供应商应给出保证光纤损耗满足要求的技术说明

监督项目	监督方法	监督要求
测量准确度试验 （交接试验）	现场见证试验过程和试验结果	1. 若现场具备条件，按下述要求进行测量准确度试验。 2. 试验直流电压测量装置在 $0.1U_n$、$0.2U_n$、$1.0U_n$ 电压点的误差，要求误差小于 0.2%
分压器参数测量 （交接试验）	现场见证试验过程和试验结果	1. 直流电压测量装置的一次电压传感器采用阻容分压器，需要分别测量分压器高压臂电阻、电容及低压臂等效电阻、电容。 2. 若电阻和电容的测量值在设计值误差范围内，则互感器通过试验
控制保护要求	现场查看	对互感器传输环节各设备进行断电试验、对光纤进行抽样拔插试验，检验当单套设备故障、失电时，是否导致保护装置误出口

5. 竣工验收阶段

竣工验收阶段直流电压测量装置旁站监督要求见表 2－1－82。

表 2－1－82　　　　　　　　竣工验收阶段直流电压测量装置旁站监督要求

监督项目	监督方法	监督要求
设备本体及组部件	结合安装记录现场查看	1. 瓷绝缘子及瓷套无破损、无裂纹，法兰无开裂，金属法兰与瓷套胶装部位粘合牢固，防水胶完好；复合绝缘套管表面无老化迹象，憎水性良好。 2. 现场涂覆 RTV 涂层表面要求均匀、完整，不缺损、不流淌，严禁出现伞裙间的连丝，无拉丝滴流。RTV 涂层厚度不小于 0.3mm。 3. 均压环应安装水平、牢固，且方向正确。均压环应在最低处打排水孔
接地	现场检查	1. 应有两根与主地网不同干线连接的接地引下线，并且每根接地引下线均应符合热稳定校核的要求。连接引线应便于定期进行检查测试。 2. 凡不属于主回路或辅助回路且需要接地的所有金属部分都应接地（如爬梯等）。 3. 外壳、构架等的相互电气连接宜采用紧固连接（如螺栓连接或焊接），以保证电气上连通
端子箱防潮	现场查看	1. 对户外端子箱和接线盒的盖板和密封垫进行检查，防止变形进水受潮。 2. 检查户外端子箱、汇控柜的布置方式，确认端子箱、汇控柜底座和箱体之间有足够的敞开通风空间，以免潮气进入，潮湿地区的设备应加装驱潮装置。 3. 检查户外端子箱、汇控柜电缆进线开孔方向，确保雨水不会顺着电缆流入户外端子箱、汇控柜
控保要求	现场查看设备组部件和实际接线	1. 二次回路端子排接线整齐，无松动、锈蚀、破损现象，运行及备用端子均有编号。线缆应排列整齐、编号清晰、避免交叉，并固定牢固。 2. 直流分压器的远端模块、合并单元、接口单元及二次输出回路设置应满足保护冗余配置要求，应完全独立；检查备用模块应充足

6. 运维检修阶段

运维检修阶段直流电压测量装置旁站监督要求见表 2－1－83。

表 2－1－83　　　　　　　　运维检修阶段直流电压测量装置旁站监督要求

监督项目	监督方法	监督要求
运行巡视	现场检查	1. 巡视周期：检查巡视记录是否完整，要求每天至少一次正常巡视；每周至少进行一次熄灯巡视；每月进行一次全面巡视。 2. 重点巡视项目包括： （1）检查瓷套是否清洁、无裂痕，复合绝缘子外套和加装硅橡胶伞裙的瓷套应无电蚀痕迹及破损、无老化迹象； （2）检查直流测量装置有无异常振动、异常声音； （3）检查直流测量装置的接线盒是否密封完好； （4）检查油位是否正常，油位上下限标识应清晰；SF_6 压力应正常

监督项目	监督方法	监督要求
反事故措施要求	现场查看反事故措施情况	1. 对外绝缘强度不满足污秽等级的设备，应喷涂防污闪涂料或加装防污闪辅助伞裙。防污闪涂料的涂层表面要求均匀、完整，不缺损、不流淌，严禁出现伞裙间的连结，无拉丝滴流；RTV 涂层厚度不小于 0.3mm。 2. 每年对已喷涂防污闪涂料的绝缘子进行憎水性抽查，及时对破损或失效的涂层进行重新喷涂。若复合绝缘子或喷涂了 RTV 的瓷绝缘子的憎水性下降到 3 级，应考虑重新喷涂。 3. 对于体积较小的室外端子箱、接线盒，应采取加装干燥剂、增加防雨罩、保持呼吸孔通畅、更换密封圈等手段，防止端子箱内端子受潮、绝缘降低。 4. 定期检查室外端子箱、接线盒锈蚀情况，及时采取相应防腐防锈蚀措施。对于锈蚀严重的端子箱、接线盒应及时更换

7. 退役报废阶段

退役报废阶段直流电压测量装置旁站监督要求见表 2−1−84。

表 2−1−84　　　　　　退役报废阶段直流电压测量装置旁站监督要求

监督项目	监督方法	监督要求
技术鉴定	现场检查（包括退役设备评估报告），抽查 1 台退役设备	1. 电网一次设备进行报废处理，应满足以下条件之一：① 国家规定强制淘汰报废；② 设备厂家无法提供关键零部件供应，无备品备件供应，不能修复，无法使用；③ 运行日久，其主要结构、机件陈旧，损坏严重，经大修、技术改造仍不能满足安全生产要求；④ 退役设备虽然能修复但费用太大，修复后可使用的年限不长，效率不高，在经济上不可行；⑤ 腐蚀严重，继续使用存在事故隐患，且无法修复；⑥ 退役设备无再利用价值或再利用价值小；⑦ 严重污染环境，无法修治；⑧ 技术落后不能满足生产需要；⑨ 存在严重质量问题不能继续运行；⑩ 因运营方式改变全部或部分拆除，且无法再安装使用；⑪遭受自然灾害或突发意外事故，导致毁损，无法修复。 2. 直流电流测量装置满足下列技术条件之一，且无法修复，宜进行报废：① 严重渗漏油、内部受潮，电容量、介质损耗、乙炔含量等关键测试项目不符合《电磁式电压互感器状态评价导则》（Q/GDW 458—2010）、《输变电设备状态检修试验规程》（Q/GDW 1168—2013）要求；② 瓷套存在裂纹、复合绝缘伞裙局部缺损；③ 测量误差较大，严重影响系统、设备安全；④ 采用 SF$_6$ 绝缘的设备，气体的年泄漏率大于 0.5%或可控制绝对泄漏率大于 10^{-7}MPa·cm^3/s；⑤ 电子式互感器、光电互感器存在严重缺陷或二次规约不具备通用性

1.3.2.5　接地极

通过现场查看安装施工、试验检测过程和结果，判断监督要点是否满足监督要求。

1. 设备制造阶段

设备制造阶段接地极旁站监督要求见表 2−1−85。

表 2−1−85　　　　　　设备制造阶段接地极旁站监督要求

监督项目	监督方法	监督要求
馈电元件基本技术要求	现场检查	1. 如选用高硅铸铁或高硅铬铁，其成品应带有引流电缆。 2. 单元电极带的引流电缆在土壤环境温度为 90℃时的额定载流量是否不小于 15A。 3. 单元电极引流电缆绝缘强度不低于 1kV；最高工作温度不小于 90℃。 4. 电缆与高硅铬铁的连接必须牢固可靠，其接触电阻应小于 4mΩ，抗拉力不小于电缆拉断力的 70%。 其中，2～4 条仅针对±800kV 直流换流站

续表

监督项目	监督方法	监督要求
石油焦炭电气性能	现场检查	仅仅针对±800kV直流换流站石油焦炭成品，其物理特性应符合：电阻率小于0.3Ω·m，容重0.9～1.1g/cm³，密度2g/cm³，孔隙率45%～55%，热容量不小于1.0J/（cm³·K）
导流电缆电气性能	现场检查	应具备电缆的原材料、电缆本体、制造工艺对应的抽检试验报告
石油焦炭化学性能	现场检查	煅烧后的石油焦炭的化学成分应符合：含碳量不低于95%，含水量不大于0.1%，挥发性不大于0.5%，含硫量不大于1%，含铁量不大于0.04%，含硅量不大于0.06%
高硅铬铁化学性能	现场检查	高硅铬铁化学特性应满足（成分含量）：硅14.25%～15.25%，锰0.5%～1.5%，碳0.80%～1.4%，铬4%～5%，磷不大于0.25%，硫不大于0.1%
高硅铬铁金属性能	现场检查	1. 经自由跌落试验后，高压直流接地极用馈电元件表面不应有裂纹、裂缝等缺陷。 2. 经自由跌落试验后，高硅铸铁和高硅铬铁的抗拉强度应不小于103N/mm²。 3. 高硅铸铁、高硅铬铁腐蚀率应不大于1.0kg/（A·a）。 4. 电阻率：20℃时，高硅铸铁、高硅铬铁电阻率应不大于7.2×10⁻⁵Ω·m
低碳钢金属性能	现场检查	1. 经自由跌落试验后，高压直流接地极用馈电元件表面不应有裂纹、裂缝等缺陷。 2. 经自由跌落试验后，碳钢的抗拉强度应不小于300N/mm²。 3. 碳钢腐蚀率应不大于10kg/（A·a）。 4. 碳钢电阻率应在1.746×10⁻⁷～3.026×10⁻⁷Ω·m之间

2. 设备验收阶段

设备验收阶段接地极旁站监督要求见表2-1-86。

表2-1-86　　　　　　　　设备验收阶段接地极旁站监督要求

监督项目	监督方法	监督要求
馈电元件验收	现场检查	馈电元件材质、外观无损伤，不得有泥土等杂物。设备原始资料（包括型式试验报告、原材料检验报告和出厂试验报告）应齐全
焦炭验收	现场检查	随产品发送的资料中应包括产品合格证、物理成分检验报告，焦炭在施工现场应集中存放；接地极焦炭的主要成分的含量及特性如下：炭大于95%；硫小于1%；挥发物小于0.5%；孔隙率45%～55%；热容率大于1.0J/（cm³·K）

3. 设备安装阶段

设备安装阶段接地极旁站监督要求见表2-1-87。

表2-1-87　　　　　　　　设备安装阶段接地极旁站监督要求

监督项目	监督方法	监督要求
电极工程活性填充材料铺设	现场检查（本体外观部分）	应符合《±800kV直流输电系统接地施工及验收规范》（Q/GDW 227—2008）要求： （1）活性填充材料铺设前应保持干燥；施工现场临时堆放及转运，应做好必要保护措施，防止对环境的污染及破坏。 （2）铺设前炭床槽应清理干净，铺设活性填充材料时不应混入杂质，严禁包装袋残留在炭床中。 （3）铺设后应取样送检做密实度试验，其结果应符合设计要求

监督项目	监督方法	监督要求
电极工程电缆施工	现场检查	1. 电缆严禁接续。 2. 直埋电缆应埋设不小于 0.3m×0.3m 的细砂中央，并在其正上方覆盖水泥预制板或砖块，其覆盖宽度应超过电缆两侧则各 50mm 以保护电缆。设计有要求时按设计要求执行。 3. 直埋电缆在直线段每隔 50～100m 处、转弯处、穿越沟渠的两岸等处，应设置明显的方位标志或标桩。 4. 与馈电元件接续前，电缆应经耐压试验合格；接续应按《±800kV 直流输电系统接地极施工及验收规范》（Q/GDW 227—2008）第 5.4.2 条的规定，采用放热焊接，焊接接头应经过无损探伤检查合格。 5. 电缆的首端、末端和分支处宜做好标识，标明电缆编号、型号、起始位置
配流电缆土方回填	现场检查	1. 炭床上部 600mm 厚的回填土应采用人工回填，回填时不应破坏炭床形状；500mm 范围内的回填土应为细土壤，不得掺杂砂、石等杂物。 2. 开挖时，分开堆放的表层土壤应铺设在回填土的最上层，并适当高于坑口周围的地面。当设计有集水要求时，按设计要求施工
导流系统工程	现场检查	1. 当导流系统采用架空导线分流方式时，土石方工程、基础工程、铁塔工程、架线工程、接地工程、线路防护工程的施工及验收应符合《±800kV 直流输电系统架空接地极线路施工及验收规范》（Q/GDW 229—2008）的有关规定。 2. 当导流系统采用电缆分流方式时，电缆工程施工及验收应符合《±800kV 直流输电系统接地极施工及验收规范》（Q/GDW 227—2008）第 5.5、6.5、6.6 条的规定。 3. 电缆头采用环氧树脂密封时，环氧树脂的配合比应符合制造厂要求，电缆剥除绝缘层段应密封在环氧树脂封头内；电缆绝缘层密封长度应不小于 20mm；采用成套电缆头制作时，应符合电缆头施工及验收要求
电极工程土方开挖	现场检查	1. 开挖前，应根据设计提供和施工现场调查的地质资料、施工现场周边环境，制订电极开挖措施。 2. 开挖前应复测路径进行校验。 3. 炭床槽的断面尺寸和槽底深度应符合设计要求，不得有负偏差；炭床底沿电极方向应平滑，不应出现突变及急弯
电极工程土方回填	现场检查	1. 炭床上部 600mm 厚的回填土应采用人工回填，回填时不应破坏炭床形状。碳床周围 300～500mm 范围内的回填土应为细土壤，不得掺杂砂、石等杂物。 2. 土方回填分层夯实，每回填 300mm 厚度夯实一次。 3. 开挖时，分开堆放的表层土壤应铺设在回填土的最上层，并适当高于坑口周围的地面。当设计有集水要求时，按设计要求施工。 4. 冻土回填时应先将坑内冻土块中的冰雪清除，将冻土块捣碎后进行回填夯实。冻土坑回填经历一个雨季后应进行二次回填。 5. 电极穿越沟、渠、塘等低洼地带时，回填应符合设计边坡坡度、基底处理、基槽标高偏差等要求，以使跨步电位满足安全运行要求。 6. 回填完毕后应按设计要求设置标桩；设计无要求时宜按直线段 50、100m、圆弧段 50m 的间距适当设置标桩
电极工程检测井、引流井施工	现场检查	1. 复测定位应符合设计要求。 2. 检测井内功能管安装位置及深度应符合设计要求，安装应垂直、牢固。应按设计要求在管的底部装设滤网，有效防止焦炭及淤泥渗入。应在管口标明其用途及长度。应在管口装设可开启的密封盖。 3. 引流棒安装：引流棒与馈电元件的焊接长度应符合设计要求；引流棒应按设计要求进行绝缘处理；引流棒与电缆接续采用放热焊接，焊接接头应进行无损探伤检测，并采用浇筑型环氧树脂密封；引流棒绝缘保护层外应装设保护管。 4. 井体编号标识应醒目、清晰、准确
电极工程渗水井施工	现场检查	1. 复测定位应符合设计要求。 2. 断面尺寸应符合设计要求。 3. 基础应夯实，以防止其发生沉降。 4. 井体编号标识应醒目、清晰、准确

4. 设备调试阶段

设备调试阶段接地极旁站监督要求见表 2-1-88。

表 2-1-88　　　　　　　　　设备调试阶段接地极旁站监督要求

监督项目	监督方法	监督要求
接地极接地电阻	现场检查	应有测量方案、检测报告，报告内应包括设计值与测试值
接地极电流分布测量	现场检查	应有测量方案、检测报告，报告内应包括电流和电缆分流系数的设计值与测试值
接地极最大跨步电位试验	现场检查	应有测量方案、检测报告，报告内应包括总的入地电流、最大跨步电位的设计值、测量点和测量值，以及推算到最大过负荷电流下的最大跨步电位的数值
接地极接触电位试验	现场检查	应有测量方案、检测报告，报告内应包括总的入地电流、最大接触电位的设计值、测量点和测量值，以及推算到最大过负荷电流下的最大接触电位的数值

5. 竣工验收阶段

竣工验收阶段接地极旁站监督要求见表 2-1-89。

表 2-1-89　　　　　　　　　竣工验收阶段接地极旁站监督要求

监督项目	监督方法	监督要求
电极电缆	现场检查	仅仅针对±800kV 直流换流站： （1）导流电缆走向与路径应与设计保持一致，直埋电缆地面应设置标桩，埋深不小于 1.5m；导流电缆周围宜填充黄沙，黄沙上方用混凝土预制板覆盖。 （2）电缆路径上应设立明显的警示标志，对可能产生外力破坏的区域应采取可靠的防护措施
电极辅助工程	现场检查	仅仅针对±800kV 直流换流站： （1）水平浅埋型接地极宜安装渗水井，渗水方式应为自然渗水。 （2）渗水井应位于极环正上方，每隔约 50m 设置一处渗水井。 （3）接地极正上方适当位置应安装标桩，并在其上清晰地涂上红白相间的油漆
投运前试验	现场检查	工程在竣工验收合格后、投运前，应进行以下试验：单极带负荷试运行时，测量接地电极周边最大接触电位，应满足设计要求，电缆分流满足电缆的最大额定载流量的要求

6. 运维检修阶段

运维检修阶段接地极旁站监督要求见表 2-1-90。

表 2-1-90　　　　　　　　　运维检修阶段接地极旁站监督要求

监督项目	监督方法	监督要求
运行巡视	现场检查	1. 换流站每月开展一次专业巡视。 2. 巡视项目重点关注：检测井水位正常，土壤无严重干燥情况；渗水井回填土无沉陷，低于附近地面；接地极上回填土不高于附近地面；在线监测系统接地极入地电流平衡；在线监测系统接地极温湿度在正常范围内
状态检测	现场检查	至少每两年测量一次跨步电位和接触电位（单极大地回线运行期间，至少测量一次）。每 6 年测量一次接地电阻

续表

监督项目	监督方法	监督要求
反事故措施执行情况	现场检查	1. 应在监测井和渗水井等上方设置防护栏和警示标志，以防止其遭到破坏；极址围墙完好，无异常声响。 2. 至少每季度检测一次温升、电流分布和水位。 3. 应每 5 年或必要时开挖局部检查接地体腐蚀情况，针对发现的问题要及时进行处理
最大跨步电位和接触电位	现场检查	最大跨步电位和接触电位应满足设计要求
直流偏磁对交流变压器的影响	现场检查	1. 应实地测量流过周边有效接地系统变压器中性点的直流电流，直流电流不应超过允许值。 2. 变压器油色谱无异常；铁心和绕组温升不应超过相关标准限值；单台变压器噪声不应大于 90dB（A）；空载损耗增量不应大于 4%

1.3.3 设备试验

1.3.3.1 换流阀

换流阀试验是确保换流阀安全运行的关键手段，主要包括检查晶闸管级接线是否正确、均压回路阻抗是否合格、晶闸管级触发和导通压降测试是否合格。目前在运换流阀主要有 ABB 技术换流阀、西门子技术换流阀和 AREVA 技术换流阀，本教材以西门子技术换流阀为例进行介绍。

1. 测量方法

换流阀本体试验采用专用测试仪，对阻尼电容、阻尼电阻、均压电容、晶闸管等元器件参数及功能进行测试。

2. 现场测试步骤

（1）试验接线。连接测试面板上的测试导线、RPU 短接线和回检光纤，TLP687 面板接线如图 2-1-54 所示。

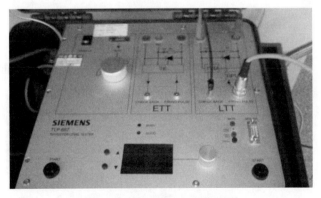

图 2-1-54　TLP687 面板接线

1）连接 RPU 短接线到阀段的 RPU 上；连接接地线到阀组件的中横梁上，连接测试线到晶闸管级两端，连接回检光纤到 TVM 板上。阀段上接线如图 2-1-55 所示，TVM 板上接线 2-1-56 所示。

图2-1-55 阀段上接线

图2-1-56 TVM板上接线

2）打开电源，将旋钮向面板中所示方向旋转，直到"READY"灯亮了为止。装置就绪如图2-1-57所示。

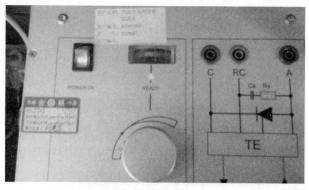

图2-1-57 装置就绪

3）选择测试界面，使用黑色的按钮选择"START TEST"。装置测试界面如图2-1-58所示。

图2-1-58 装置测试界面

（2）试验步骤。

1）阻尼回路测试。

a. 试验步骤。同时按下两个"START"测试按钮，直到显示测试结果，"BUSY"灯熄灭。测试如图 2-1-59 所示。

图 2-1-59　测试

b. 测试结果。

a）测试合格的晶闸管级：显示阻尼电阻和阻尼电容的实测值，同时"GOOD"灯亮。测试合格如图 2-1-60 所示。

图 2-1-60　测试合格

b）阻尼回路故障：测试结果会显示实际的测试值，并指示实际测试值是"高"还是"低"，测试结果异常如图 2-1-61 所示。按照显示结果对阻尼电阻的电气连接回路进行检查，如果元件损坏，需进行更换。测试异常释义见表 2-1-91。

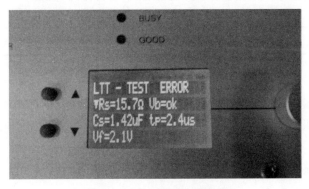

图 2-1-61　测试结果异常

表 2-1-91　　　　　　　　　　　　　测 试 异 常 释 义

阻尼回路故障显示	解释	原因
▼R_S	阻尼电阻 R_S 比定义的最小值要低	R_S 短路或超出容限
▲R_S	阻尼电阻 R_S 比定义的最大值要高	R_S 超出容限
R_S=fail	阻尼电阻 R_S 超出了测量范围	R_S 开路
▼C_S	阻尼电容 C_S 比定义的最小值要低	C_S 超出容限或有问题
▲C_S	阻尼电容 C_S 比定义的最大值要高	C_S 超出容限
C_S=fail	阻尼电容 C_S 超出了测量范围	测试装置接线错误

2）晶闸管级触发和导通压降测试。

a. 试验步骤。同时按下两个"START"测试按钮，直到显示测试结果，"BUSY"灯熄灭。

b. 测试结果。

a）测试合格的晶闸管级：Vf 的实测值，同时"GOOD"灯亮。

b）导通压降不满足要求，会显示"▲Vf"或"Vf=fail"。导通压降不满足要求如图 2-1-62 所示，测试异常释义见表 2-1-92。

图 2-1-62　导通压降不满足要求

表 2-1-92　　　　　　　　　　　　　测 试 异 常 释 义

故障显示	有关元件/描述	可能的原因
▲Vf	晶闸管：Vf 比定义的最大值要高	晶闸管问题
Vf=fail	晶闸管：Vf 超出了测量范围	晶闸管不触发（晶闸管门极，RPU 有问题）

3. 评价标准

依据《输变电设备状态检修试验规程》（Q/GDW 1168—2013）规定：

（1）组件电容和均压电容的电容量，要求初值差不超过±5%；均压电阻的电阻值，要求初值差不超过±3%。

（2）如果监测系统显示在同一单阀内损坏的晶闸管数为冗余数-1 时为注意值，当损坏的晶闸管数等于冗余数时为警示值。

（3）如果监测系统显示在同一单阀内晶闸管正向保护触发（BOD 触发）的晶闸管数为冗余数 − 1 时为注意值，当晶闸管正向保护触发的晶闸管数等于冗余数时为警示值。

（4）晶闸管元件的触发开通试验。采用专用试验装置，按厂家的技术文件执行。

（5）检查晶闸管阀控制单元或阀基电子设备（VBE 或 VCU）和晶闸管阀监测装置（THM 或 TM）功能正常。

（6）如果更换缺陷的晶闸管，需同时检查控制单元和均压回路。

1.3.3.2 换流阀冷却系统

1. 冰点监测

为了防止寒冷天气下内冷水结冰，阀冷却系统内冷水一般需要添加防冻液。此时需要对内冷水进行冰点测试，冰点仪如图 2−1−63 所示。

图 2−1−63　冰点仪

具体测试步骤为：

（1）使用滴管抽取需要测试部位的水质；

（2）将滴管内的水滴入冰点仪，盖上冰点仪上盖；

（3）将冰点仪对着明亮部位，通过目镜观察，蓝色区域指示的刻度即水质冰点，冰点仪检查结果如图 2−1−64 所示。

2. 同心度检查

因泵类设备运行时会产生振动，泵体与电动机之间可能发生相对位移。为了保证泵体与电动机之间连接正常、联轴器无偏离圆心的力，需对泵体及电动机进行同心度检查，检查同心度如图 2−1−65 所示。

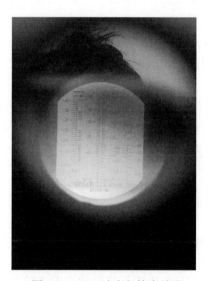

图 2−1−64　冰点仪检查结果

图 2−1−65　检查同心度

具体检查步骤为：

（1）将百分表固定在电动机轴上，表头表针严密卡在泵轴上，使百分表表头可随轴转动；

（2）转动轴，使百分表表头随着轴转动；

（3）此时表头指针即显示两个轴之间的偏差，记录上、下、左、右四个方向的偏差值；

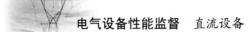

（4）四个方向的偏差值应不大于2mm，如偏差值较大，则应通过将电动机微调、垫垫片等方式进行调整，直至四个方向的偏差都小于2mm。

3. 水压试验

为保证阀内水冷系统管道及阀门正常、无渗漏，应对其进行水压试验。

具体试验方法为：

（1）对阀内水冷系统排气阀、压力报警的定值进行相应修改，避免试验过程中排气泄压或报警。参数设定界面如图2-1-66所示。

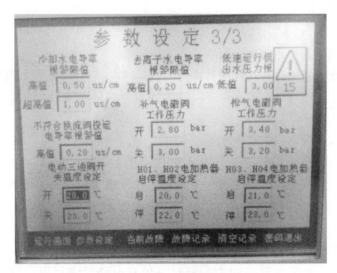

图2-1-66　参数设定界面

（2）通过试压泵或者氮气稳压装置，在阀内水冷系统运行的状态下，将系统压力升至1.2倍额定压力运行1h，检查设备及管路有无破裂或渗漏水现象。

4. 气压试验

为保证膨胀罐等充气设备的气密性，应在设备调试时对阀内水冷系统进行气压试验。具体试验方法为：

（1）对阀内水冷系统排气阀、压力报警的定值进行相应修改，避免试验过程中排气泄压或报警。

（2）在阀内水冷系统停止的状态下，通过试压泵或氮气稳压装置向膨胀罐加压，将系统压力升至2倍额定压力静止12h，在温度恒定的状态下，压力变化应不大于初始压力的5%。

1.3.3.3　直流电流测量装置

1. 电子式直流电流互感器试验

电力设备从设计、生产到运行、退役全寿命周期内的试验可分为型式试验、出厂试验（有的地方也叫例行试验）、现场交接试验、运维检修阶段的例行试验和诊断性试验。根据全过程技术监督要求，电力公司应重点关注后面三类试验。以下对电子式直流电流互感器的主要试验项目进行介绍。

（1）一次端直流耐压试验。

1）出厂试验。

a. 设备应进行干式耐压试验和局部放电测量。

b. 对电子式直流电流互感器的一次端施加额定运行电压1.5倍的正极性直流电压（$1.5U_n$），持续60min。

c. 如果没有发生破坏性放电，则认为直流电流互感器通过试验；如果在外部自恢复绝缘上发生破坏性放电，应在同一试验状况下重复进行试验，如果没有再次发生破坏性放电，则认为直流电流测量装置通过试验。

d. 试验电压波形要求：除非有关技术协议另有规定，试品上的试验电压应是纹波因数不大于 3% 的直流电压。

e. 试验电压误差要求：如果试验持续时间不超过 60s，在整个试验过程中，试验电压测量值应保持在规定电压值的 ±1% 以内；当试验持续时间超过 60s 时，在整个试验过程中，试验电压测量值则应保持在规定电压值的 ±3% 以内。注：必须强调，试验电压误差为试验电压规定值与试验电压测量值之间允许的差值，它与测量不确定度不同。

f. 直流耐压试验程序：对试品施加电压时应从足够低的数值开始，以防止瞬变过程引起的过电压的影响；然后应缓慢地升高电压，以便能在仪表上准确读数，但也不应太慢，以免试品在接近试验电压时耐压的时间过长。当电压高于 $75\%U$ 时以 $2\%U$/s 的速率上升，通常能满足上述要求。将试验电压值保持规定的 60min 后，通过适当的电阻使回路电容（包括试品电容）放电来降低电压。

如果试品上没有破坏性放电发生，则满足耐受试验要求。

2）现场交接试验。试验电压为出厂试验时的 80%，持续时间 5min（出厂试验电压为 $1.5U_n$）。如果没有发生破坏性放电，则认为直流电流测量装置通过了试验；如果在外部自恢复绝缘上发生破坏性放电，应在同一试验状况下重复进行试验，如果没有再次发生破坏性放电，则认为直流电流测量装置成功地通过了试验。

需要注意的是，《高压直流输电系统直流电流测量装置 第 1 部分：电子式直流电流测量装置》（GB/T 26216.1—2019）的现场交接试验有此项目，但是《高压直流输电直流电子式电流互感器技术规范》（Q/GDW 10530—2016）的现场交接试验无此项目。

（2）局部放电测量（出厂试验）。

1）在上述直流耐压出厂试验的最后 10min 内进行局部放电测量，局部放电试验电压仍为 $1.5U_n$。如果最后 10min 内不小 1000pC 的脉冲少于 10 个，则直流电流互感器通过试验。

2）应使用示波器测量单个局部放电脉冲的视在放电量，试验设备和基本试验回路要求参照《局部放电测量》（GB/T 7354—2003）。

（3）低压器件工频耐压试验（出厂试验）。低压电路通常可能包含彼此电气绝缘的多个独立电路，其绝缘水平应参考《互感器 第 8 部分：电子式电流互感器》（GB/T 20840.8—2007）中表 6 的要求；试验程序和试验要求参照 GB/T 20840.8 第 8.7 条对二次转换器与合并单元（如果适用）进行试验。

（4）直流电流测量准确度试验。

1）出厂试验。目前常见的电子式直流电流互感器采用分流器和罗氏线圈作为传感元件，对于采用分流器作为传感元件的设备，需要对互感器施加额定电流一段时间使得分流器达到热稳定，该时间一般为 0.5h。对电子电路来说，一般也应进行预热。

设备应在额定电流（I_n）的 10%、20%、50%、80%、100% 和 120% 的电流点下进行准确度校准。

根据《高压直流输电直流电子式电流互感器技术规范》（Q/GDW 10530—2016），要求误差应小于 0.2%。

2）现场交接试验。试验电子式直流电流互感器在 $0.1I_n$、$0.2I_n$、I_n、$1.2I_n$ 电流点的误差，要求误差应小于 0.2%。相比出厂试验，少了 $0.8I_n$ 的测量点。

3）运维检修阶段诊断性试验。对核心部件或主体进行解体性检修之后，或需要确认电流比时，进行该项目。试验可参考现场交接试验；也可参照《输变电设备状态检修试验规程》

（Q/GDW 1168—2013）第 5.4.2.4 条，在 5%～100%额定电流范围内，从一次侧注入任一电流值，测量二次侧电流，校核电流比。

（5）极性试验（极性检查）。出厂试验和现场交接试验均要求进行此项目。从一次回路注入较小幅值的直流电流，检查极性是否与端子标识相一致。

典型试验方式为：在互感器的一次端由 P1 到 P2 通以 $0.1I_n$ 的直流电流，由合并单元录取输出数据波形，若输出数据为正，则互感器的极性关系正确。

（6）光纤损耗测试。

1）出厂试验和现场交接试验。出厂试验和现场交接试验均要求进行此项目，试验方法相同。若产品不宜进行现场光纤损耗测试，设备供应商应给出保证光纤损耗满足要求的技术说明。

a. 电子式直流电流互感器的绝缘子内埋设有光纤，应进行光纤损耗测试；要求电子式直流电流互感器光纤从远端模块到合并单元系统的损耗应小于 1dB。

b. 典型的光纤损耗测试方法如下，测量方法参照《光纤互连器件和无源器件－光纤和电缆用连接器　第 1 部分：通用规范》（IEC 60874-1—2011）的方法 7。

开始测试前，必须先清洗光纤连接器，然后用一个 ST 适配器连接传感器里的两根测试光纤。需要测量试验光纤的两端，同时，测试需要用到和试验光纤相同特性的参考光纤。光纤系统中两根光纤损耗测试如图 2-1-67 所示。

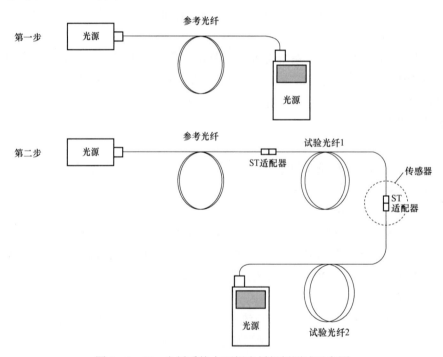

图 2-1-67　光纤系统中两根光纤损耗测试示意图

具体操作步骤如下：

a）清洗连接器；

b）把参考光纤连接到 850nm 光源上，测量期间保持连接；

c）把参考光纤的另一端连接到光功率计上；

d）读取光功率计上的参考值，如果有可能，将光功率计上的参考值调整为 0；

e）把参考光纤从光功率计上拆下；

f) 将光源和连在上面的参考光纤连接到试验光纤上，确保试验光纤上的连接器是清洁的；

g) 把光功率计连接到试验光纤的另一端；

h) 读出衰减值；

i) 把光源和连在一起的参考光纤从试验光纤上拆下，清洗连接器后重新连接；

j) 把光功率计从试验光纤上拆下，清洗连接器后重新连接；

k) 读取衰减值，两次读数之间的差异不应超过 0.25dB。

重复以上步骤，从试验光纤的两端测量损耗；确保光纤和测试回路的测试结果在允许的衰减范围内。各部分衰减值一般应满足表 2-1-93 要求。

表 2-1-93 最 大 衰 减 值

连接方式	最大衰减值
ST 适配器连接	0.5dB
熔接	0.2dB
光纤电缆	0.35dB/km

2) 运维检修阶段诊断性试验。在线监测系统显示光功率不正常时，需进行该项目。用光功率计测量到达受端的激光功率，并与要求值和上次对应位置的测量值进行比较，偏差应不超过 ±5% 或符合设备技术文件要求。必要时，可测量光纤系统的衰减值，测量结果应符合设备技术文件要求。

（7）红外热像检测。红外热像检测是运维检修阶段的例行试验。检测高压引线连接处、互感器本体等部位，红外热像图显示应无异常温升、温差和/或相对温差。检测和分析方法参考《带电设备红外诊断应用规范》（DL/T 664—2016）。

（8）火花间隙检查（如有）。火花间隙检查是运维检修阶段的例行试验。若电流传感器装备了火花间隙，应清洁间隙表面积尘，并确认间隙距离符合设备技术文件要求。

2. 电磁式直流电流互感器试验

以下对电磁式直流电流互感器的主要试验项目进行介绍。由于电磁式直流电流互感器的结构类似于传统倒置式电流互感器，因此其试验项目与传统电磁式互感器有很多相似之处。

（1）绕组变比测量。出厂试验要求进行此项目。此试验可不带电子设备进行；此试验也可在包括电子设备的整个测量装置上进行，这种情况下，通过直流电流测量精度试验来校验匝数。

每个绕组的变比都要进行测量并记录。

通过试验的判据为：总匝数误差应少于 1 匝。

（2）二次绕组的工频耐压试验。出厂试验要求进行此项目。对二次绕组之间及对地进行工频耐压试验，试验电压 3kV，持续时间 1min，应无击穿及闪络现象。

试验时，支撑构架、箱壳（如果有）、铁心（如果有接地端子）和所有其他绕组的出线端均应短接并连在一起接地。

（3）一次绕组的工频电压耐受试验。

1) 出厂试验。试验电压应根据设备最高电压 U_m 取对应的值，取值参考《互感器　第 1 部分：通用技术要求》（GB 20840.1—2010）表 2。

试验持续 1min，应无击穿及闪络现象。试验电压施加在短路的一次绕组与地之间。试验时，二次绕组、支撑构架、箱壳（如果有）、铁心（如果有接地端子）均应接地。

试验方法参照《互感器　第 1 部分：通用技术要求》（GB 20840.1—2010）第 7.3.2 条和《高电

压试验技术 第1部分：一般定义及试验要求》（GB/T 16927.1—2011）的规定进行。

2）运维检修阶段诊断性试验。

a. 需要确认设备绝缘介质强度时进行该项目。一次绕组的试验电压为出厂试验值的80%、二次绕组之间及末屏对地的试验电压为2kV，试验时间为60s。

b. 如SF_6电流互感器压力下降到0.2MPa以下，补气后应做老练和交流耐压试验。试验方法参考GB 20840系列标准。

（4）工频耐压及局部放电测量。

1）出厂试验。试验方法参见《互感器 第1部分：通用技术要求》（GB 20840.1—2010）第7.3.3条。工频耐压及局部放电测量典型的试验接线图如图2-1-68所示。局部放电测量仪器的灵敏度应能测出5pC的局部放电水平。背景噪声应远低于灵敏度，已知的外部干扰脉冲可以忽略。

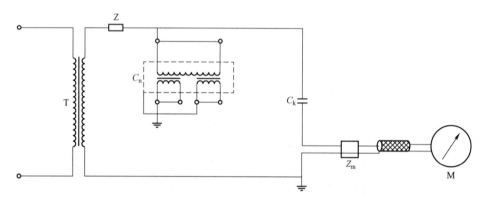

图2-1-68 工频耐压及局部放电测量典型试验接线图

T—试验变压器；C_n—被试互感器；C_k—耦合电容器；M—局部放电测量仪器；Z_m—测量阻抗；

Z—滤波器（如果C_k是试验变压器的电容，则没有滤波器）

根据《互感器 第1部分：通用技术要求》（GB 20840.1—2010）第5.3.3.1条的要求，对于液体浸渍的互感器，局部放电量水平应不大于10pC；对于固体绝缘的互感器，局部放电量水平应不大于50pC。

2）运维检修阶段诊断性试验。检验设备是否存在严重局部放电时进行该项目。测量方法参考《互感器 第1部分：通用技术要求》（GB 20840.1—2010）。

局部放电测量在$1.2U_m/\sqrt{3}$下进行，局部放电量要求如下：不大于20pC（气体）；不大于20pC（油纸绝缘及聚四氟乙烯缠绕绝缘）；不大于50pC（固体）（注意值）。

（5）误差测定。

1）出厂试验。电磁式直流电流互感器的误差主要取决于二次转换器的放大部分和取样电阻部分，因此试验应在额定电流下对互感器进行预热，然后开始测量误差。

根据《高压直流输电系统直流电流测量装置 第2部分：电磁式直流电流测量装置》（GB/T 26216.2—2019）的要求，误差测定应在$\pm 0.1I_n$、$\pm 1I_n$、$\pm 1.1I_n$、$\pm 2I_n$、$\pm 3I_n$、$\pm 6I_n$电流时进行误差测量，误差应满足相关标准及技术协议要求。同时，为得到饱和曲线，电流应升到$9I_n$。各个电流点的测量误差应满足《高压直流输电系统直流电流测量装置 第2部分：电磁式直流电流测量装置》（GB/T 26216.2—2019）表2的要求。

由于国家标准规定的电流测量点都较大，为了保证正常工作电流附近的误差满足要求，可以与厂家协商，增加$0.2I_n$、$0.5I_n$、$0.8I_n$的电流测量点。

试验时，受限于试验设备可能无法获得满足要求的大电流源或大电流标准，可以与厂家协商，将互感器铁心绕组从机壳内拆卸出来，或者采用同样设计的铁心绕组，利用等安匝法试验互感器的大电流误差特性和饱和特性。也可以采用阶跃电流进行试验：阶跃电流的最短持续时间为 20ms，阶跃上升时间为 4ms。

2）现场交接试验。《高压直流输电系统直流电流测量装置　第 2 部分：电磁式直流电流测量装置》（GB/T 26216.2—2019）及相关技术标准中没有对该试验做具体规定。建议在相关技术协议中写明，或者与厂家、试验单位协商，在 0、$\pm 0.2I_n$、$\pm 0.5I_n$、$\pm 0.8I_n$、$\pm 1I_n$ 中选择 2～4 个电流测量点进行误差测量，误差应满足相关标准及技术协议要求。

3）运维检修阶段诊断性试验。对核心部件或主体进行解体性检修之后，或需要确认电流比时，进行该项目。

a. 确认性试验。在一次侧注入 10%～100%额定电流范围的任一电流值，测量二次侧电流，校核电流比误差，测量结果应符合设备技术文件要求。

b. 解体检修后或计量要求时，应按《互感器　第 1 部分：通用技术要求》（GB 20840.1—2010）的规定测量电流误差，测量结果应符合设备计量准确级要求。

（6）直流耐压试验和局部放电测量。同电子式直流电流互感器。

（7）电容量和介质损耗因数测量。

1）出厂试验和现场交接试验。出厂试验和现场交接试验要求进行此项目，试验方法相同。介质损耗因数（tanδ）应采用电桥或其他等效的方法进行。

试验电压施加在短接的一次绕组和地之间。通常，短路的二次绕组端子、屏蔽和绝缘的金属箱壳均应接入测量电桥。如果电流互感器具有一个专用的装置（端子）供介质损耗因数测量用，则所有其他低压端子应短接，并与金属箱壳等一起接地，或者接到测量电桥的屏蔽端。

在 50Hz 频率下，进行下述三级试验电压的电容量测量，试验电压如下所示。测量电容要给出电容值和介质损耗因数，以保证高压电阻的负荷效应不导致测量电容的误差。

a. 第 1 级电压=50%$U_n/\sqrt{2}$（方均根值、kV）；

b. 第 2 级电压=$U_n/\sqrt{2}$（方均根值、kV）；

c. 第 3 级电压=150%$U_n/\sqrt{2}$（方均根值、kV）。

在绝缘试验前后进行测量，介质损耗因数和电容不应有明显的变化。

2）运维检修阶段的例行试验

测量前应确认外绝缘表面清洁、干燥。测量结果要求：电容量初值差不应超过±5%（警示值）；介质损耗因数不大于 0.006（注意值）。

如果测量值异常（测量值偏大或增量偏大），可测量介质损耗因数与测量电压之间的关系曲线，测量电压从 10kV 到 $U_m/\sqrt{3}$，介质损耗因数的增量应不大于±0.003，且介质损耗因数不大于 0.007（$U_m \geqslant 550$kV）、0.008（U_m 为 363kV/252kV）、0.01（U_m 为 126kV/72.5kV）。当末屏绝缘电阻不能满足要求时，可通过测量末屏介质损耗因数做进一步判断，测量电压为 2kV，通常要求小于 0.015。

（8）阶跃响应试验。出厂试验要求进行此项目。根据《高压直流输电系统直流电流测量装置　第 1 部分：电子式直流电流测量装置》（GB/T 26216.1—2019），应对互感器整体进行如下电流的阶跃响应试验（I_n 为额定一次直流电流）：① 0～I_n；② I_n～0。阶跃响应要求：

1）对于过冲不超过 1.1I_n 的阶跃，响应时间小于 400μs；

2）趋稳时间（幅值误差不超过阶跃值 1.5%）小于 5ms。

（9）频率响应试验。出厂试验要求进行此项目。测试互感器对频率为 1200Hz 及以下的正弦输

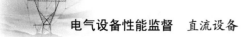

入电流的幅值和相位的测量偏差,可以仅在 50Hz 以及 1200Hz 以下的所有偶次谐波频率下进行试验,但至少应包括 50Hz 频率下的试验。

试验电流的有效值(方均根值)为 0.1 倍的额定一次直流电流。标准器推荐采用准确度高于 0.1% 的同轴分流器。

频率响应要求在 50～1200Hz 范围内,误差不超过 3%。

(10)绝缘介质性能试验。对厂家提供的绝缘介质检测报告进行检查,或在设备调试阶段进行检测。根据《高压直流输电系统直流电流测量装置　第 2 部分:电磁式直流电流测量装置》(GB/T 26216.2—2019)第 7.5.7 条,对绝缘性能有怀疑的电流测量装置,应检测绝缘介质的性能,绝缘介质的性能应符合下列规定。

1)充气式设备。

a. SF_6 气体充入设备 24h 后取样检测,其含水量小于 150μL/L。

b. 氮气、混合气体等充气式设备年泄漏率和含水量应符合上述规定和厂家规定。

2)充油式设备。

a. 油中微量水分应符合下述规定:对于 300kV 以上直流电压测量装置,不大于 10mg/L;对于 300～150kV 直流电压测量装置,不大于 15mg/L;对于 150kV 以下直流电压测量装置,不大于 20mg/L。

b. 对电压等级在 100kV 以上的充油式分压器,油中溶解气体组分含量(μL/L)不应超过下列任一值,总烃:10,H_2:50,C_2H_2:0.1。

(11)密封性能试验。

1)出厂试验。对于充油或充气的直流电流测量装置应按《互感器试验导则　第 1 部分:电流互感器》(GB/T 22071.1—2008)第 5.1 条的规定进行试验。

2)现场交接试验。检查油浸式直流电流测量装置油面,外表面应无可见油渍现象。

SF_6 气体绝缘直流电流测量装置定性检漏应无泄漏点,有怀疑时进行定量检漏,年泄漏率应小于 0.5%。

(12)红外热像检测。红外热像检测是运维检修阶段的例行试验。检测高压引线连接处、电流互感器本体等部位,红外热像图显示应无异常温升、温差和/或相对温差。检测和分析方法参考《带电设备红外诊断应用规范》(DL/T 664—2016)。

(13)绕组绝缘电阻测量。一次绕组绝缘电阻测量是运维检修阶段的例行试验。应采用 2500V 绝缘电阻表测量一次绕组绝缘电阻。一次绕组的绝缘电阻应大于 3000MΩ(注意值)或与上次测量值相比无显著变化(初值差不超过 −50%)。有末屏端子的,还应测量末屏对地绝缘电阻,测量结果应符合要求。

1.3.3.4　直流电压测量装置

以下对常见的直流电压测量装置的主要试验项目进行介绍。

1. 一次端直流耐压试验

(1)出厂试验。设备应进行干式直流耐压试验,对直流电子式电压互感器的一次端施加额定运行电压 1.5 倍的正极性直流电压(即 $1.5U_n$),持续 60min。如果未出现击穿及闪络现象,则互感器通过试验。

1)试验电压波形要求。除非有关技术协议另有规定,试品上的试验电压应是纹波因数不大于 3%的直流电压。

2）试验电压误差要求。如果试验持续时间不超过 60s，在整个试验过程中，试验电压测量值应保持在规定电压值的±1%以内；当试验持续时间超过 60s 时，在整个试验过程中，试验电压测量值则应保持在规定电压值的士 3%以内。注：必须强调，试验电压误差为试验电压规定值与试验电压测量值之间允许的差值，它与测量不确定度不同。

3）直流耐压试验程序。对试品施加电压时应从足够低的数值开始，以防止瞬变过程引起的过电压的影响；然后应缓慢地升高电压，以便能在仪表上准确读数，但也不应太慢，以免试品在接近试验电压时耐压的时间过长。当电压高于 75%U 时以 2%U/s 的速率上升，通常能满足上述要求。将试验电压值保持规定的 60min 后，通过适当的电阻使回路电容（包括试品电容）放电来降低电压。

如果试品上没有破坏性放电发生，则满足耐压试验要求。

（2）现场交接试验。《高压直流输电直流电子式电压互感器技术规范》（Q/GDW 10531—2016）第 6.3.2 条要求做一次端直流耐压试验，具体要求为：对电子式互感器的一次端施加正极性额定运行电压 60min。

《高压直流输电系统直流电压测量装置》（GB/T 26217—2019）第 7.5.5 条要求做直流耐压试验，具体要求为：在一次侧端子上施加直流电压，试验电压值为型式试验中试验电压值的 80%，持续时间 5min。

综合分析建议采用《高压直流输电直流电子式电压互感器技术规范》（Q/GDW 10531—2016）方案进行。同时，由于直流耐压试验设备庞大，现场升压有一定困难，因此在编制《全过程技术监督精益化管理评价细则》时，各位专家认为可不作为强制性试验项目，具体描述如下。

1）若现场具备条件，按下述要求进行一次端直流耐压试验。

2）对一次端施加正极性额定运行电压或者通过直流系统空载加压试验模式达到额定运行电压 60min。如果未出现击穿及闪络现象，则互感器通过试验。

2. 局部放电测量（出厂试验）

（1）在一次端直流耐压试验的最后 10min 内进行局部放电测量，局部放电试验电压仍为 1.5U_n。如果最后 10min 内大于 1000pC 的脉冲数小于 10 个，则设备通过试验。

（2）应使用示波器测量单个局部放电脉冲的视在放电量，试验设备和基本试验回路要求参照《局部放电测量》（GB/T 7354—2003）。

3. 低压器件工频耐压试验（出厂试验）

按照《互感器 第 8 部分：电子式电流互感器》（GB/T 20840.8—2007）第 8.7 条的规定进行低压器件工频耐压试验；试验电压及电压施加端口按 GB/T 20840.8 表 2 的要求进行。若未发生击穿或闪络，则认为互感器通过试验。

4. 直流电压测量准确度试验

（1）出厂试验。试验直流电压测量装置在 0.1U_n、0.2U_n、1.0U_n 电压点的误差（U_n 为额定一次电压），若误差小于 0.2%，则互感器通过试验。

为了保证装置在不同电压条件下的准确度，建议在技术协议内写明或者与厂家协商增加 0.5U_n、1.2U_n 这两个电压测量点。

直流电压测量准确度试验可以采用比较法或稳压法进行。

1）比较法。比较法的基本思想是将被试互感器与基准电压互感器进行比较，从而求得被试电子式电压互感器的误差。比较法试验线路布置如图 2–1–69 所示。

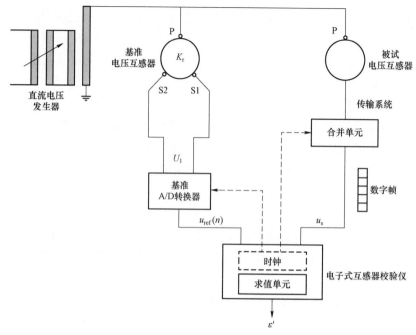

图 2-1-69　比较法试验线路布置图

K_r—基准电压互感器的额定变比；U_1—基准 A/D 转换器的输入电压

2）稳压法。稳压法的基本思想是对被试直流电子式电压互感器施以高精度直流稳定电压，由合并单元直接读取测量值，从而求得直流电子式电压互感器的误差。稳压法要求直流稳压源的准确级好于 0.05%。

（2）现场交接试验。一般试验要求为试验直流电压测量装置在 $0.1U_n$、$0.2U_n$、$1.0U_n$ 电压点的误差，若误差小于 0.2%，则互感器通过试验。

若现场试验设备无法达到一次额定电压（$1.0U_n$），则可以协商降低此测量点电压水平或者通过直流系统空载加压试验模式来测量。

（3）运维检修阶段诊断性试验。二次侧电压值异常时应进行此项目。一般在 80%～100% 的额定电压范围内，在一次侧加任一电压值，测量二次侧电压，校核分压比。简单检查可取更低电压。分压比应与铭牌标识相符。当计量要求时，应测量电压误差，测量结果符合设备计量准确级要求。具体要求参考设备技术文件之规定。

5. 分压器参数测量

（1）出厂试验。目前常见的直流电压测量装置的一次电压传感器采用阻容分压器，需要分别测量分压器高压臂电阻、电容及低压臂等效电阻、电容等参数。各个电阻和电容的测量值应在设计值误差范围内。

1）高压支路电容及介质损耗因数测量。在绝缘试验前后进行分压器高压支路电容及介质损耗因数测量。试验应在 10～40℃ 的环境温度下采用电桥法或其他等效的方法进行。

在 50Hz 频率下，进行分压器高压支路电容的下述三级试验电压的电容量测量，试验电压如下所示。测量电容要给出电容值和介质损耗因数，以保证高压电阻的负荷效应不导致测量电容的误差。

a. 第 1 级电压=$50\%U_n/\sqrt{2}$（方均根值、kV）；

b. 第 2 级电压=$U_n/\sqrt{2}$（方均根值、kV）；

c. 第 3 级电压=$150\%U_n/\sqrt{2}$（方均根值、kV）。

在绝缘试验前后，介质损耗因数和电容量不应有明显的变化。

2）高压支路电阻测量。应在绝缘试验前后进行低电压下分压器高压支路的电阻测量。测量包括正极性和负极性两个方向，测量结果取正、负极性测量值的平均值。

上述电阻测量值的最大偏差如果在规定的电阻精度允许范围内，则试验通过。

3）低压支路电阻测量。对低压支路中的电阻进行测量。阻值精度满足设备技术条件要求。当分压器的电阻为金属膜电阻时，应进行直流电压预烧结处理。

4）低压支路电容测量。对低压支路中的电容进行测量，包括传输系统电容等。对每个试验的分压器分别记录其总的测量值，总电容值应满足设备技术条件要求。

（2）运维检修阶段例行试验。测量高压臂和低压臂电阻阻值，同等测量条件下，初值差不应超过±2%；所用测量仪器的准确度不低于 0.5%。

如设备属于阻容式分压器，应同时测量高压臂和低压臂的等值电阻和电容值，同等测量条件下，初值差不超过±3%，或符合设备技术文件要求。所用测量仪器的准确度不低于 1%。

6. 密封性能试验（出厂试验）

（1）充气或油浸式直流电压测量装置应进行密封性能试验，试验依据参考《互感器　第 8 部分：电子式电流互感器》（GB/T 20840.8—2007）第 8.12 条和第 9.5 条。

（2）对充气式直流电压测量装置，通常采用累积漏气量测量计算泄漏。若年泄漏率小于 0.5%，则互感器通过本试验。合适的试验方法的选用，参考《高压开关设备和控制设备标准的共用技术要求》（GB/T 11022—2011）和《环境试验　第 2 部分：试验方法　试验 Q：密封》（GB/T 2423.23—2013）。

（3）对油浸式直流电压测量装置，按正常运行状态装配和充以规定的绝缘液体，应以超过其最高工作压强 50kPa±10kPa 的压强至少保持 8h。如无泄漏现象，则通过试验。

7. 频率响应试验（出厂试验）

此试验不强制要求进行，可与厂家协商。在测量系统输入端施加频率为 50Hz 正弦波试验电压，对直流电压测量装置输入/输出端之间的交流变比进行测量，包括幅值和相位移。

频率特性要求：50Hz 时频率响应精度要求，幅值误差不大于 1%、相位误差不大于 500μs。

8. 暂态响应试验（出厂试验）

此试验不强制要求进行，可与厂家协商。系统的暂态响应通过阶跃电压响应进行测定。在直流电压测量装置的高压端施加测量范围 10% 以上的一个阶跃电压，在输出端测量暂态响应特性。

阶跃响应试验要求：阶跃响应最大过冲应小于阶跃的 10%；阶跃响应的上升时间应小于 150μs。

9. 光纤损耗测试（现场交接试验）

直流电压测量装置的传输系统通常采用光缆，应进行光纤损耗测试。光纤测试方法参见电子式直流电流互感器。

若光纤损耗小于 1dB，则互感器通过本试验。若产品不宜进行现场光纤损耗测试，设备供应商应给出保证光纤损耗满足要求的技术说明。

10. 红外热像检测

红外热像检测是运维检修阶段的例行试验。

检测高压引线连接处、分压器本体等部位，红外热像图显示应无异常温升、温差和/或相对温差。检测和分析方法参考《带电设备红外诊断应用规范》（DL/T 664—2016）。

11. SF$_6$ 气体湿度（充气型）

SF$_6$ 气体湿度检测是运维检修阶段的例行试验。

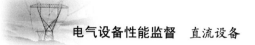

对充 SF$_6$ 气体设备，每 3 年应进行 SF$_6$ 气体湿度检测，运行中设备 SF$_6$ 含水量不大于 500μL/L（警示值）；设备新充气后至少 24h 后取样检测，含水量不大于 250μL/L。

对于充其他气体的设备，也应满足上述要求，并应同时满足厂家技术文件要求。

12. 绝缘油试验（充油式设备）

绝缘油试验是运维检修阶段的诊断性试验。

一般在怀疑油质受潮、劣化，或者怀疑内部可能存在局部放电缺陷时进行该试验。取样时，务必注意设备技术文件的特别提示（如有），并检查油位。全密封或设备技术文件明确禁止取油样时，不进行此项试验。

油中微量水分要求：① 330kV 及以上，不大于 15mg/L（注意值）；② 220kV 及以下，不大于 25mg/L（注意值）。

油中溶解气体组分含量要求（注意值）：C$_2$H$_2$ 不大于 2μL/L；H$_2$ 不大于 150μL/L；总烃不大于 150μL/L。

13. SF$_6$ 气体成分试验

SF$_6$ 气体成分试验是运维检修阶段的诊断性试验。

怀疑 SF$_6$ 气体质量存在问题，或者配合事故分析时，可选择性地进行 SF$_6$ 气体成分分析，测量方法参考《六氟化硫气体酸度测定法》（DL/T 916—2005）、《六氟化硫气体密度测定法》（DL/T 917—2005）、《六氟化硫气体中可水解氟化物含量测定法》（DL/T 918—2005）、《六氟化硫气体中矿物油含量测定法（红外光谱分析法）》（DL/T 919—2005）、《六氟化硫气体中空气、四氟化碳、六氟乙烷和八氟丙烷的测定　气相色法》（DL/T 920—2019）、《六氟化硫气体毒性生物试验方法》（DL/T 921—2005）。SF$_6$ 气体成分分析要求如下：

（1）CF$_4$ 增加不大于 0.1%（新投运不大于 0.05%）（注意值）；

（2）空气（O$_2$+N$_2$）不大于 0.2%（新投运不大于 0.05%）（注意值）；

（3）SO$_2$ 不大于 1μL/L（注意值）；

（4）H$_2$S 不大于 1μL/L（注意值）。

1.3.3.5　接地极

直流接地极安装完毕后，主要通过接地电阻、电流分布、跨步电位、接触电位等试验，保证设备安全运行。

1. 接地电阻试验

（1）试验要求。

1）直流接地极接地电阻测试应采用电流注入法，即电流表－电压表法，不得采用便携式接地电阻测试仪表。

2）在测量直流接地电阻时，注入大地的电流应为直流电流，不得采用交变电流。这种直流电流可以由单独试验用直流电源提供，也可用系统单极大地回路运行时的入地电流。可以通过单独的直流试验电源向接地极注入电流，一般不小于 50A，也可选择运行电流大于额定入地电流的 70% 的时段进行。

3）在采用试验用直流电源时，辅助电流极与接地极的最小距离应大于接地极任意两点间最大距离的 10 倍。此时若不是采用接地极线路作为电流引线，则在测量时，接地极馈流线应与接地极线路断开。测试布线应参照《接地装置特性参数测量导则》（DL/T 475—2017）。

4）当采用实际运行中的接地极入地电流测试接地电阻时，对于电压极的布置方向没有限制。

电压极与接地极的距离应大于接地极任意两点间最大距离的 10 倍。

5）不宜在雨后或土壤冻结时测量接地电阻。

6）试验过程中，在单极大地回路方式运行前后，对接地极的接地电阻至少应重复测量 1 次，以确定接地极周围土壤在通电后流散的电流性能是否变化。

（2）现场测试步骤。接地电阻试验接线如图 2-1-70 所示，图中 L1 为电流线；L2 为电位测量线，将远方接地点的电位引到接地极线路和接地极馈流线的连接点，用以测量接地极与远方接地点之间的电位差。远方接地点与直流接地极的距离至少为直流接地极最远两端距离的 10 倍。

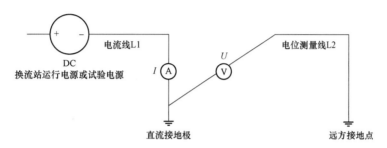

图 2-1-70 接地电阻试验接线示意图

当在直流输电系统单极大地回线运行方式下测量时，接地极线路即为电流线 L1，利用系统提供的电流作为试验电源；电位测量线 L2 采用人工放线。

当使用自备直流试验电源测量时，电源工作地点可设置在换流站或者接地极址。当电源设置在换流站时，以接地极线路作为电流线 L1，通过换流站接地网和直流接地极构成电流回路；电位测量线 L2 采用人工放线。当电源设置在接地极时，可以将接地极线路两条极线中的一条作为电流线 L1，通过辅助电流极和直流接地极构成电流回路；电位测量线 L2 可以用接地极线路两条极线中的另一条极线，也可以采用人工放线。

采用直流钳形电流表 A 测量电流线 L1 内的直流电流 I，用直流电压表 V 测量接地极线路和接地极馈流线的连接点与远方接地点之间的电压 U。

（3）评价标准。依据《±800kV 直流系统电气设备交接验收试验》（Q/GDW 275—2009）规定：实测接地电阻值应符合设计要求。

2. 电流分布测量

（1）试验要求。该试验可在单极大地回线或双极不平衡运行方式下开展，试验电流为直流系统入地电流；也可在接地极及与其连接的接地极线路处于停电检修状态时开展，试验电流由直流电源产生，在接地极及与其连接的接地极线路处于停电检修状态时开展。试验的步骤如下：

1）检查检测接线，确定无误后开始升压至所需检测电流。

2）依次对直流电源输出电流、每根馈电电缆的入地电流进行测量。

3）记录检测数据，按照下面公式计算每根电缆的分流百分比 m_i。

$$m_i = \frac{I_i}{I_{mi}} \qquad (2-1-6)$$

式中：I_i 为第 i 根电缆的入地电流；I_{mi} 为测量 I_i 时进入汇流管母线的总电流。

4）测量完毕，降低直流电源输出电流，关闭装置电源。

5）如果没有后续检测，检测结束，断开电源并整理接线。

（2）现场测试步骤。

1）试验接线。使用外加直流电源时，电流－电压表三极法电极布置如图 2-1-71 所示。

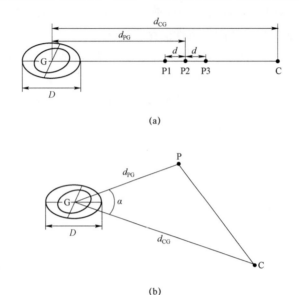

（a）

（b）

图 2-1-71　接地电阻测量电流－电压表三极法电极布置示意图

（a）直线法电极布置图；（b）三角形法电极布置图

2）在单极大地回线或双极不平衡运行方式下进行测量时，可不用人工布置电流回路。

3）电位最远检测点距离接地极中心应不小于 10km，或者直至测量到的电位梯度小于 $8.3 \times 10^{-5} \times I$ V/km（I 为接地极入地电流），最远检测点地电位设为 0。

4）电位分布的测量宜采用参考点法和电位差法结合的测量方法，在接地极附近电位变化较大的区域（距接地极 2km）内采用参考点法，在其他区域采用电位差法。

5）地电位测量点宜以接地极中心为起点向外布置。

6）地电位测量路径应避开金属管道、铁路等；若必须在上述地段进行测量，应在测量记录中加以说明。

7）地电位测量点宜避开水塘、沟、渠等对地电位分布影响较大的位置。

8）在接地极导体上方及附近，相邻电位测量点之间的距离不宜超过 1m。随着地电位测量点与接地极导体距离增加，相邻测量点之间的距离可相应增加。

9）采用参考点法在接地极导体上方及附近测量的电位，应进行多个关键点位的测量，通过比较得到最大值。测量回路布置如图 2-1-72 所示。

（3）评价标准。依据《±800kV 直流系统电气设备交接验收试验》（Q/GDW 275—2009）的规定：实测电流分布值应符合设计要求。

3. 最大跨步电位测量

（1）试验要求：该试验可在单极大地回线运行方式下开展，试验电流为直流系统入地电流；也可在接地极及与其连接的地极线路处于停电检修状态时开展，试验电流由直流电源产生。试验的步骤如下：

1）检查检测接线，确定无误后开始升压至所需测试电流。

2）按照所选择的检测路径，在接地极址内外极环上方地面附近开展测量工作。

3）记录测量数据，按照系统实际入地电流大小进行测试数据的换算。

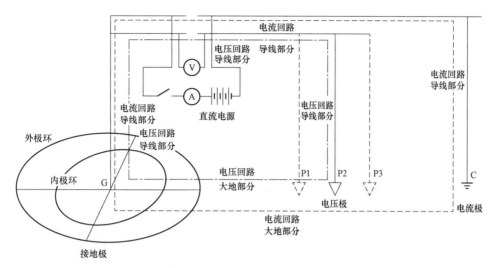

图 2-1-72 测量回路布置示意图

$$U_{sc} = \frac{I_c}{I_m} U_{sm} \qquad (2-1-7)$$

式中：I_m 为测量时的入地电流；U_{sm} 为对应 I_m 的测试电压；I_c 为直流接地极的额定入地电流或最大入地电流；U_{sc} 为对应 I_c 的测试电压。

4）测量完毕，降低直流电源输出电流，关闭装置电源。

5）如果没有后续检测，检测结束，断开电源并整理接线。

（2）现场测试步骤。

1）试验接线。跨步电位测量接线如图 2-1-73 所示，测量点之间的距离为 1m，人体等效电阻选取值为 1400Ω。

2）可使用两只硫酸铜参比电极或固体不极化电极作为电压表表笔的触地部分。

3）采用不极化电极进行测量时，应将地面处理平整且有一定湿度，电极与地面接触良好；如果土壤干燥，则在测量点倒上适量水之后进行测量。

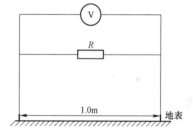

图 2-1-73 跨步电位测量接线示意图

（3）评价标准。依据《高压直流输电大地返回系统设计技术规程》（DL/T 5224—2014）规定：实测最大跨步电位应符合设计要求且不大于 $U_{pm} = 7.42 + 0.0318\rho_s$。

4. 接触电位试验

（1）试验要求：该试验可在单极大地回线运行方式下开展，试验电流为直流系统入地电流；也可在接地极极址及与其连接的地极线路处于停电检修状态时开展，试验电流由直流电源产生。试验的步骤如下：

1）检查检测接线，确定无误后开始升压至所需检测电流。

2）按照所选择的检测点位，在接地极极址围墙、金属构架、杆塔等位置开展测量工作。

3）记录测量数据，按照系统实际入地电流大小进行测试数据的换算。

$$U_{cc} = \frac{I_c}{I_m} U_{cm} \qquad (2-1-8)$$

式中：I_m 为测量时的入地电流；U_{cm} 为对应 I_m 的测试电压；I_c 为直流接地极的额定入地电流或最大入地电流；U_{cc} 为对应 I_c 的测试电压。

4）测量完毕，降低直流电源输出电流，关闭装置电源。

5）如果没有后续检测，检测结束，断开电源并整理接线。

（2）现场测试步骤。

1）试验接线。接触电位测量接线如图 2-1-74 所示，位于地面的表笔与被测对象之间的距离为 0.8m，与被测对象接触的表笔离地面高度为 1.8m，人体等效电阻选取值为 1400Ω。

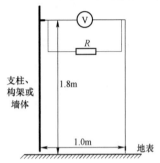

图 2-1-74 接触电位测量接线示意图

2）可使用单只硫酸铜参比电极或固体不极化电极作为电压表表笔的触地部分，结果应消除金属构架存在的极化电位所引入的影响。

3）采用不极化电极进行测量时，表笔接触处应平整且有一定湿度，电极与地面接触良好；如果土壤干燥，则在测量点倒上适量水之后进行测量。

（3）评价标准。依据《高压直流输电大地返回系统设计技术规程》（DL/T 5224—2014）规定：对于公众可接触到的地上金属体，在一极最大过负荷电流下，接触电位差不应大于 $7.42 + 0.008\rho_s$。对于公众不可接触到的地上金属体，在单极额定电流下，接地极导体对导流构架（杆塔）间的电压不宜大于 50V。

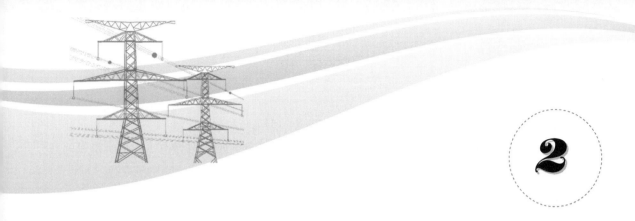

换流阀、直流测量装置及接地极《全过程技术监督精益化管理实施细则》条款解析

2.1 换 流 阀

2.1.1 规划可研阶段

2.1.1.1 换流阀本体选型

1. 监督要点及监督依据

规划可研阶段换流阀本体选型监督要点及监督依据见表 2−2−1。

表 2−2−1 规划可研阶段换流阀本体选型监督

监督要点	监督依据
1. 换流阀宜为空气绝缘、水冷却户内式换流阀；换流阀的触发方式可采用电触发方式或光触发方式；换流阀应设计为组件式，并应考虑足够的冗余度。 2. 换流阀宜采用悬吊式换流阀	《高压直流换流站设计技术规定》（DL/T 5223—2019）7.6.1.1、7.6.1.7

2. 监督项目解析

换流阀型式的合理选择有利于减小故障发生率、提高检修维护的便利性，同时对阀厅内其他设备的选型有重要影响。

空气绝缘、水冷却换流阀设计加工与安装工艺已较为成熟、性能稳定，应用效果良好，组件式、悬吊式结构也已经过多年工程验证，性能可靠。

3. 监督要求

查阅工程可研报告和相关批复、可研审查意见、可研审查会议纪要等，查看换流阀具体选型。

4. 整改措施

当技术监督人员查阅资料发现可研报告不满足相关规程要求时，应及时修改工程可研报告或向设计单位提出修改建议，直至满足要求。

2.1.1.2 阀厅布置

1. 监督要点及监督依据

规划可研阶段换流阀阀厅布置监督要点及监督依据见表2-2-2。

表2-2-2   规划可研阶段换流阀阀厅布置监督

监督要点	监督依据
1. 空气绝缘的晶闸管换流阀应采用户内布置。 2. 当采用单相双绕组换流变压器时，应采用二重阀或四重阀布置；当采用单相三绕组换流变压器时，优先采用四重阀布置	《高压直流换流站设计技术规定》（DL/T 5223—2019）7.3.4.1、7.3.4.2

2. 监督项目解析

主设备尺寸和各种安全净距要求，以及换流变压器型式、结构可对换流阀及阀厅的布置产生重大影响。

户内布置设备不易积污，有利于保持空气绝缘性能；二重阀布置对阀厅高度要求较低但占地面积较大，采用单相双绕组换流变压器时，换流阀与换流变压器间的连接较为简洁；四重阀布置节省阀厅面积但阀厅高度较高，采用单相三绕组换流变压器时，换流阀与换流变压器间的连接较为简洁；阀厅内部分区明确有助于后期开展各类运维检修工作。

3. 监督要求

查阅工程可研报告和相关批复、可研审查意见、可研审查会议纪要等，查看阀厅换流阀组具体布置方式。

4. 整改措施

当技术监督人员查阅资料发现阀厅布置不满足要求时，应及时修改工程可研报告或向设计单位提出修改建议，直至满足要求。

2.1.1.3 阀厅结构

1. 监督要点及监督依据

规划可研阶段换流阀阀厅结构监督要点及监督依据见表2-2-3。

表2-2-3   规划可研阶段换流阀阀厅结构监督

监督要点	监督依据
1. 阀厅主体结构宜采用钢结构与钢筋混凝土结构相结合的混合结构型式，或钢筋混凝土框排架结构体系。 2. 阀厅屋架一般选用钢结构。屋面结构体系选择时，应考虑构造简单、施工方便、易于连接	《高压直流换流站设计技术规定》（DL/T 5223—2019）10.3.3.1、10.3.3.2

2. 监督项目解析

阀厅主体结构的合理选择有利于后期设备安全稳定运行、提高检修维护的便利性。

钢结构及钢筋混凝土框排架结构阀厅构造简单可靠、施工方便，且已经过多个工程验证，能够满足换流阀运行要求。

3. 监督要求

查阅工程可研报告和相关批复、可研审查意见、可研审查会议纪要等，查看阀厅具体结构方式。

4. 整改措施

当技术监督人员查阅资料发现阀厅主体结构不满足相关规程要求，应及时修改工程可研报告或向设计单位提出修改建议，直至满足要求。

2.1.2 工程设计阶段

2.1.2.1 阀厅消防

1. 监督要点及监督依据

工程设计阶段换流阀阀厅消防监督要点及监督依据见表 2-2-4。

表 2-2-4　　　　　　　　　　工程设计阶段换流阀阀厅消防监督

监督要点	监督依据
1. 阀厅内极早期烟雾探测系统的管路布置以探测范围覆盖阀厅全部面积为原则，至少要有 2 个探测器检测到同一处的烟雾。 2. 在阀厅空调进风口处装设烟雾探测探头，启动周边环境背景烟雾浓度参考值设定功能，防止外部烧秸秆等产生的烟雾引起阀厅极早期烟雾探测系统误动。 3. 极早期烟雾探测系统一般分为 4 级报警，分别是警告、行动、火警 1 和火警 2（最高级别报警），采用火警 2 作为跳闸信号。 4. 阀厅紫外（红外）探测系统的探头布置完全覆盖阀厅面积，阀层中有火焰产生时，发出的明火或弧光能够至少被 2 个探测器检测到。 5. 极早期烟雾探测系统和紫外（红外）发出的跳闸信号直接送到冗余的直流控制保护系统（不经过火灾中央报警器），由直流控制保护系统执行闭锁命令	《国网运检部关于印发换流站阀厅防火改进措施讨论会纪要的通知》（运检一〔2013〕356 号）2~6

2. 监督项目解析

灵敏、可靠的阀厅消防系统有助于提早发现事故苗头，减少事故损失。

一方面，若阀厅火警探头无法覆盖阀厅所有设备，发生火警后无法及时告警，将扩大设备受损面积；另一方面，若火灾报警频繁误报，也不利于直流系统稳定运行。因此，从覆盖面、正确性、冗余度等几方面对阀厅消防系统提出要求。

3. 监督要求

查阅工程设计资料、技术规范书或成套设计方案等，查看阀厅消防项目、设备选型。

4. 整改措施

当技术监督人员查阅资料发现阀厅消防系统不满足相关规程要求时，应及时向设计单位提出修改建议，及时修改阀厅消防图纸和技术规范书等设计资料。

2.1.2.2 换流阀本体选型

1. 监督要点及监督依据

工程设计阶段换流阀本体选型监督要点及监督依据见表 2-2-5。

2. 监督项目解析

换流阀本体的选型对直流工程的输电能力有决定性作用，合理选型有利于减小故障发生率、提高检修维护的便利性。

一方面，空气绝缘、水冷却换流阀设计加工与安装工艺已较为成熟、性能稳定，应用效果良好，悬吊式结构也已经过多年工程验证，性能可靠；另一方面，换流阀在运行过程中会承受正常负荷及各种过电流、过电压，综合考虑安全性及经济性，对各项电压、电流耐受能力的合理性作出要求。

表 2-2-5　　　　　　　　　　　　工程设计阶段换流阀本体选型监督

监督要点	监督依据
1. 换流阀宜为空气绝缘、水冷却户内式换流阀；换流阀的触发方式可采用电触发方式或光触发方式；换流阀应设计为组件式，并应考虑足够的冗余度。 2. 换流阀的连续运行额定值和过负荷能力应根据系统要求确定。 3. 换流阀的浪涌电流取值应不小于流经换流阀的最大短路电流。 4. 换流阀应能承受各种过电压，其耐压设计应有足够的安全裕度。 5. 稳态控制时，整流站换流阀的触发角的工作范围可取 $15°±2.5°$，逆变站换流阀的熄弧角的工作范围可取 $17°\sim19.5°$。 6. 换流阀的设计和保护应保证阀能够承受换流阀的触发系统误动，以及站内外各部分故障所产生的电气应力。 7. 换流阀宜采用悬吊式换流阀	《高压直流换流站设计技术规定》（DL/T 5223—2019）7.6.1

3. 监督要求

查阅工程可研报告和相关批复，可研审查意见、可研审查会议纪要等，查看阀组具体选型。

4. 整改措施

当技术监督人员查阅资料发现换流阀本体的选型不满足相关规程要求，向设计单位提出修改建议直至满足要求。

2.1.2.3　晶闸管冗余度

1. 监督要点及监督依据

工程设计阶段换流阀晶闸管冗余度监督要点及监督依据见表 2-2-6。

表 2-2-6　　　　　　　　　　　　工程设计阶段换流阀晶闸管冗余度监督

监督要点	监督依据
各单阀中的冗余晶闸管级数应不小于12个月运行周期内损坏的晶闸管级数的期望值的 2.5 倍，也不应少于 2～3 个晶闸管	《国家电网公司关于印发防止直流换流站单、双极强迫停运二十一项反事故措施的通知》（国家电网生〔2011〕961 号）6.1.2

2. 监督项目解析

合理设置冗余晶闸管有利于降低直流系统故障率。

换流阀若不设冗余晶闸管，一旦运行过程中有晶闸管故障，将导致剩余晶闸管承受过电压甚至击穿，扩大故障范围，不利于系统稳定运行。

3. 监督要求

查阅工程设计资料、技术规范书或成套设计方案等，查看单阀具体晶闸管数量。

4. 整改措施

当技术监督人员查阅资料发现晶闸管冗余数量不足，应及时向设计单位提出修改建议，及时修改技术规范书等设计资料，直至晶闸管冗余数量满足要求。

2.1.2.4　电压耐受能力

1. 监督要点及监督依据

工程设计阶段换流阀电压耐受能力监督要点及监督依据见表 2-2-7。

表 2-2-7	工程设计阶段换流阀电压耐受能力监督

监督要点	监督依据
换流阀应能承受所有冗余晶闸管级数都损坏的条件下各种过电压：① 对于操作冲击电压，超过避雷器保护水平的 10%～15%；② 对于雷电冲击电压，超过避雷器保护水平的 10%～15%；③ 对于陡波头冲击电压，超过避雷器保护水平的 15%～20%	《特高压直流输电换流阀设备技术规范》（Q/GDW 10491—2016）5.5.1

2. 监督项目解析

换流阀拥有合理电压耐受能力对直流系统运行的安全性具有重要意义，有利于减小故障后果、提高检修维护的便利性。

换流阀在运行过程中会承受正常运行电压及各种过电压，综合考虑安全性及经济性，对各项耐压能力的合理性作出要求。

3. 监督要求

查阅工程设计资料、技术规范书或成套设计方案等，查看晶闸管参数。

4. 整改措施

当技术监督人员查阅资料发现换流阀过电压安全系数不满足要求时，应及时向设计单位提出修改建议，及时修改技术规范书等设计资料。

2.1.2.5 电流耐受能力

1. 监督要点及监督依据

工程设计阶段换流阀电流耐受能力监督要点及监督依据见表 2-2-8。

表 2-2-8	工程设计阶段换流阀电流耐受能力监督

监督要点	监督依据
换流阀在最小功率至 2h 过负荷之间的任意功率水平运行后，不投入备用冷却时至少应具备 3s 暂时过负荷能力，同时应能承受的暂态过电流能力，包括：① 带后续闭锁的短路电流承受能力；② 不带后续闭锁的短路电流承受能力；③ 附加短路电流的承受能力	《特高压直流输电换流阀设备技术规范》（Q/GDW 10491—2016）5.5.2

2. 监督项目解析

换流阀拥有合理电流耐受能力对直流系统运行的安全性具有重要意义，有利于减小故障后果、提高检修维护的便利性。

换流阀在运行过程中会承受正常额定电流及各种过负荷电流、冲击电流，综合考虑安全性及经济性，对各项电流耐受能力的合理性作出要求。

3. 监督要求

查阅工程设计资料、技术规范书或成套设计方案等，查看单阀具体晶闸管参数。

4. 整改措施

当技术监督人员查阅资料发现换流阀暂态过电流耐受能力不合格，应及时向设计单位提出修改建议，及时修改技术规范书等设计资料。

2.1.2.6 交流故障下的运行能力

1. 监督要点及监督依据

工程设计阶段换流阀交流故障下运行能力监督要点及监督依据见表 2-2-9。

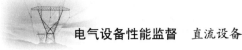

表 2-2-9　　　　　　　　　工程设计阶段换流阀交流故障下运行能力监督

监督要点	监督依据
1. 在交流系统故障使得在换流站交流母线所测量到的三相平均整流电压值大于正常电压的 30%，但小于极端最低持续运行电压并持续长达 1s 的时段内，直流系统应能持续稳定运行。 2. 在发生严重的交流系统故障，使得换流站交流母线三相平均整流电压测量值为正常值的 30% 或低于 30% 时，换流阀应维持触发能力 1s。如果可能，应通过继续触发阀换相组维持直流电流以某一幅值运行，从而改善高压直流系统的恢复性能。如果为了保护高压直流设备而必须闭锁阀换相组并投旁通对，则阀换相组应能在换流站交流母线三相整流电压恢复到正常值的 40% 之后的 20ms 内解锁	《特高压直流输电换流阀设备技术规范》（Q/GDW 10491—2016）6.5.3

2. 监督项目解析

在一定范围内的交流故障下，换流阀能够持续稳定运行对直流系统运行的安全性具有重要意义，有利于减小故障后果、提高系统运行的可靠性。

换流阀在运行过程中，经常会遇到交流侧发生故障、交流母线电压发生畸变的情况，若缺乏相应的故障穿越能力，将导致直流系统频繁闭锁，综合考虑安全性及经济性，对交流故障下的运行能力作出要求。

3. 监督要求

查阅工程设计资料、技术规范书或成套设计方案等，查看具体晶闸管参数。

4. 整改措施

当技术监督人员查阅资料发现晶闸管交流故障下的运行能力不合格，应及时向设计单位提出修改建议，及时修改技术规范书等设计资料。

2.1.2.7　阀控设计

1. 监督要点及监督依据

工程设计阶段换流阀阀控设计监督要点及监督依据见表 2-2-10。

表 2-2-10　　　　　　　　　　工程设计阶段换流阀阀控设计监督

监督要点	监督依据
1. 阀控系统应双重化冗余配置，并具有完善的晶闸管触发、保护和监视功能，准确反映晶闸管、光纤、阀控系统板卡的故障位置和故障信息。 2. 除光纤触发板卡和接收板卡外，两套阀控系统不得有共用元件。 3. 阀控系统应全程参与直流控制保护系统联调试验。当直流控制系统接收到阀控系统的跳闸命令后，应先进行系统切换。 4. 每套阀控系统应由两路完全独立的电源同时供电，一路电源失电，不影响阀控系统的工作	1~3.《国家电网有限公司关于印发十八项电网重大反事故措施（修订版）的通知》（国家电网设备〔2018〕979 号）8.1.1.8。 4.《国家电网公司关于印发防止直流换流站单、双极强迫停运二十一项反事故措施的通知》（国家电网生〔2011〕961 号）6.2

2. 监督项目解析

合理的阀控设计对直流系统运行的安全性具有重要意义，有利于减小故障后果、提高检修维护的便利性。

阀控系统冗余不足会导致直流系统频繁闭锁，冗余过度又会使系统复杂度升高、投资浪费，因此对阀控系统的冗余度、系统切换功能作出要求。

3. 监督要求

查阅工程设计资料、技术规范书或成套设计方案等，查看阀控电源及其他冗余设计选型。

4. 整改措施

当技术监督人员查阅资料发现阀控系统不满足要求时，应及时向设计单位提出修改建议，及时修改技术规范书或成套设计方案等设计资料。

2.1.2.8 阀厅设计

1. 监督要点及监督依据

工程设计阶段换流阀阀厅设计监督要点及监督依据见表 2-2-11。

表 2-2-11　　　　　　　　　　工程设计阶段换流阀阀厅设计监督

监督要点	监督依据
1. 底层门的大小尺寸应满足换流阀安装检修用升降机的出入，并均应采用电磁屏蔽防火门。 2. 阀厅地坪面应采用耐磨、不起尘的建筑材料。 3. 阀厅内应设置便于搬运和车辆出入的通道以及巡视用的通道和观察窗，门和通道的设置应考虑紧急疏散的需要。 4. 阀控室内的通风管道禁止设计在阀控屏柜顶部，以防冷凝水顺着屏柜顶部电缆流入阀控屏柜。 5. 阀控屏柜顶部应装有防冷凝水和雨水的挡水隔板。 6. 阀厅内应保持微正压状态，正压值维持在 5Pa 左右，当大量使用新风时，正压不应超过 50Pa	1~2.《高压直流换流站设计技术规定》（DL/T 5223—2019）7.3.4、10.2.2。 3~4.《国家电网公司关于印发防止直流换流站单、双极强迫停运二十一项反事故措施的通知》（国家电网生〔2011〕961 号）15.2.5、15.2.6。 5.《高压直流换流站设计技术规定》（DL/T 5223—2019）10.4.4

2. 监督项目解析

规范阀厅设计的合理性有利于直流系统的安全稳定运行、提高检修维护的便利性。

阀厅设计合理与否直接关系到阀厅内设备的运行环境，影响后续检修维护的便利性，因此对阀厅设计作出要求。

3. 监督要求

查阅工程设计资料、成套设计方案等，查看阀厅设计是否满足要求。

4. 整改措施

当技术监督人员查阅资料发现阀厅设计不满足要求时，应及时向设计单位提出修改建议，及时修改阀厅设计图纸、技术规范书等设计资料。

2.1.2.9 阀厅巡视通道

1. 监督要点及监督依据

工程设计阶段阀厅巡视通道监督要点及监督依据见表 2-2-12。

表 2-2-12　　　　　　　　　　工程设计阶段阀厅巡视通道监督

监督要点	监督依据
阀厅还应设置供运行人员巡视用的安全通道及运行观察窗，巡视安全通道应设置在阀厅内屋架下弦与阀塔之间的位置，并可通向主控楼	《高压直流换流站设计技术规定》（DL/T 5223—2019）10.2.2

2. 监督项目解析

阀厅巡视通道设计的合理性有利于提高检修维护的便利性。

巡视是设备运行中发现缺陷的重要手段，阀厅内巡视通道应既保证安全，又确保巡视覆盖全面。

3. 监督要求

现场检查及查阅土建资料的方式，查看阀厅巡视通道是否满足要求。

4. 整改措施

当技术监督人员现场检查及查阅土建资料发现阀厅巡视通道设计不满足要求时，应及时向设计单位提出修改建议，及时修改阀厅设计图纸、技术规范书等设计资料。

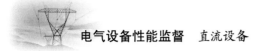

2.1.2.10 阀厅空调

1. 监督要点及监督依据

工程设计阶段换流阀阀厅空调监督要点及监督依据见表 2-2-13。

表 2-2-13　　　　　　　　工程设计阶段换流阀阀厅空调监督

监督要点	监督依据
1. 阀厅可采用通风或空调方案，采用空调方案时，应考虑在合适的室外气象条件下大量使用新风以节省能源。空调设备应 100%备用。 2. 集中式空调系统的空气处理设备宜按照设计冷负荷及风量的 2×100%配置	《高压直流换流站设计技术规定》（DL/T 5223—2019）10.4.2、10.4.5

2. 监督项目解析

阀厅空调的选型及冗余设计应经济合理。

为了满足换流阀运行时对环境温湿度的要求，阀厅空调需全年 24h 不间断运行，在设计时既要考虑经济性，又要确保冗余性。

3. 监督要求

现场检查及查阅土建资料及阀厅空调设计资料，查看阀厅空调选型是否满足要求。

4. 整改措施

当技术监督人员现场检查及查阅土建资料发现阀厅空调配置不满足要求时，应及时向设计单位提出修改建议，及时修改技术规范书等设计资料。

2.1.3　设备采购阶段

2.1.3.1 晶闸管元件

1. 监督要点及监督依据

设备采购阶段换流阀晶闸管元件监督要点及监督依据见表 2-2-14。

表 2-2-14　　　　　　　　设备采购阶段换流阀晶闸管元件监督

监督要点	监督依据
1. 晶闸管应符合《高压直流输电用普通晶闸管的一般要求》（GB/T 20992—2007）或《高压直流输电用光控晶闸管的一般要求》（GB/T 21420—2008）的规定。 2. 同一单阀的晶闸管应采用同一供应商的同型号产品，不可混装。 3. 晶闸管元件的各种特性应满足换流阀的技术要求和可靠性要求。 4. 每只晶闸管元件都应具有独立承担额定电流、过负荷电流及各种暂态冲击电流的能力。 5. 每只晶闸管元件都应单独试验并编号，并提供相应的试验记录以供追溯。 6. 每只晶闸管出厂试验都需进行高温阻断试验	《特高压直流输电换流阀技术规范》（Q/GDW 10491—2016）5.2.1

2. 监督项目解析

由于单阀中晶闸管的串联结构，单只晶闸管应具有独立承担额定及异常工况下电流的能力，并能对单只晶闸管进行监控。

对阀中的每个晶闸管元件都应编号并独立监控，以便在发生故障时迅速准确定位。

3. 监督要求

查阅设计图纸、说明书/技术协议、设计联络会纪要等，查看晶闸管电流、编号等。

4. 整改措施

当技术监督人员查阅资料发现晶闸管元件参数不合格时，应及时向设备采购单位提出修改建议，及时修改技术规范书等设计资料。

2.1.3.2 晶闸管触发系统

1. 监督要点及监督依据

设备采购阶段换流阀晶闸管触发系统监督要点及监督依据见表 2－2－15。

表 2－2－15　　　　　　　　设备采购阶段换流阀晶闸管触发系统监督

监督要点	监督依据
1. 在一次系统正常或故障条件下，触发系统都应能按照 Q/GDW 10491 的规定正确触发晶闸管。 2. 无论以整流模式还是以逆变模式运行，当交流系统故障引起换流站交流母线电压降低并持续相应时间，紧接着这类故障清除及换相电压恢复时，所有晶闸管级触发电路中的储能装置应具有足够的能量持续向晶闸管元件提供触发脉冲，使得换流阀可以安全导通。不允许因储能电路需要充电而造成恢复的任何延缓。 3. 交流系统故障母线电压降及持续的对应时间如下：① 交流系统单相对地故障，故障相电压降至 0，持续时间至少为 0.7s；② 交流系统三相对地短路故障，电压降至正常电压的 30%，持续时间至少为 0.7s；③ 当交流系统三相对地金属短路故障，电压降至 0，持续时间至少为 0.7s	《特高压直流输电换流阀技术规范》（Q/GDW 10491—2016）5.6.1

2. 监督项目解析

在一次系统正常或发生一定限度内的故障时，晶闸管触发系统均应能够正确触发，若因系统扰动导致触发系统延迟，不利于直流系统稳定运行。

3. 监督要求

查阅设备技术规范书、设计联络会纪要等，查看阀触发系统时间等。

4. 整改措施

当技术监督人员查阅资料发现晶闸管触发系统不满足要求时，应及时向设备采购单位提出修改建议，及时修改技术规范书等设计资料。

2.1.3.3 晶闸管保护系统

1. 监督要点及监督依据

设备采购阶段换流阀晶闸管保护系统监督要点及监督依据见表 2－2－16。

表 2－2－16　　　　　　　　设备采购阶段换流阀晶闸管保护系统监督

监督要点	监督依据
1. 换流阀内每一晶闸管级都应具有保护触发系统，对晶闸管进行过电压保护、du/dt 保护和暂态恢复保护等，保证在各种运行工况下晶闸管换流阀不受损坏。 2. 换流阀的设计中应允许晶闸管级在保护触发持续动作的条件下运行，但在某些故障条件下不能误动。 3. 在正常控制过程中的触发角快速变化不应引起保护触发动作	《特高压直流输电换流阀技术规范》（Q/GDW 10491—2016）5.6.3

2. 监督项目解析

每个晶闸管级都应配置灵敏可靠的晶闸管保护。

换流阀除对阀整体配置阀保护以外，对每一晶闸管级配置可靠的晶闸管保护，保证各种运行工况下晶闸管不受损坏，有利于系统稳定运行。

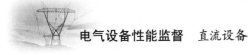
3. 监督要求

查阅设备技术规范书、设计联络会纪要等，记录晶闸管保护系统的动作情况。

4. 整改措施

当技术监督人员查阅资料发现晶闸管保护系统不合格时,应及时向设备采购单位提出修改建议,及时修改技术规范书等设计资料。

2.1.3.4 阀避雷器

1. 监督要点及监督依据

设备采购阶段阀避雷器监督要点及监督依据见表 2-2-17。

表 2-2-17　　　　　　　　　　设备采购阶段阀避雷器监督

监督要点	监督依据
1. 阀避雷器应采用无间隙金属氧化物避雷器，满足《高压直流换流站无间隙金属氧化物避雷器导则》（GB/T 22389—2008）相关要求。 2. 考虑电压不均匀分布后，换流阀的触发保护水平应高于避雷器保护水平。 3. 阀避雷器参数选择时应保证换流阀的各种运行工况下，不会导致阀避雷器的加速老化或其他损伤，同时阀避雷器应在各种过电压条件下有效保护换流阀。 4. 阀避雷器应具有记录冲击放电次数功能。计数器的动作信号应通过 VBE 接口传输至直流控制保护系统	《特高压直流输电换流阀技术规范》（Q/GDW 10491—2016）5.11

2. 监督项目解析

换流阀在各种工况下可能遇到各种过电压，必须配置适当参数的阀避雷器以保护换流阀。

阀避雷器的参数选择应能有效保护换流阀且不会加速老化。

3. 监督要求

查阅设计图纸、说明书/技术协议、设计联络会纪要等，查看对阀避雷器选型等相关要求。

4. 整改措施

当技术监督人员查阅资料发现阀避雷器参数不合格时，应及时向设备采购单位提出修改建议，及时修改技术规范书等设计资料。

2.1.3.5 阀塔漏水检测装置

1. 监督要点及监督依据

设备采购阶段换流阀阀塔漏水检测装置监督要点及监督依据见表 2-2-18。

表 2-2-18　　　　　　　　　设备采购阶段换流阀阀塔漏水检测装置监督

监督要点	监督依据
换流阀阀塔漏水检测装置动作宜投报警，不投跳闸。若厂家设计要求必须投跳闸，则其传感器、跳闸回路及逻辑应按照"三取二"原则设计	《国家电网公司关于印发防止直流换流站单、双极强迫停运二十一项反事故措施的通知》（国家电网生〔2011〕961号）6.2.2

2. 监督项目解析

阀塔水冷却回路在极端情况下可能发生渗漏，为此阀塔设计必须具备阀塔漏水检测功能，防止漏水导致设备损坏。

为避免因保护误动造成直流系统闭锁，阀塔漏水检测应投报警或设置"三取二"跳闸逻辑。

3. 监督要求

查阅设备技术规范书、设计联络会纪要等，查看漏水检测装置报警、跳闸设计原则等。

4. 整改措施

当技术监督人员查阅资料发现阀塔漏水检测装置不满足要求时，应及时向设备采购单位提出修改建议，及时修改技术规范书等设计资料。

2.1.3.6 阀塔防火

1. 监督要点及监督依据

设备采购阶段阀塔防火监督要点及监督依据见表 2－2－19。

表 2－2－19　　　　　　　　　　　设备采购阶段阀塔防火监督

监督要点	监督依据
1. 换流阀内的非金属材料应是阻燃的，并具有自熄灭性能。 2. 非金属材料应按照美国材料和试验协会（ASTM）的 E135－90 标准进行燃烧特性试验。 3. 换流阀内应采用无油化设计。 4. 换流阀设计应考虑尽量减少电气连接点的数量，并采用各种防松措施。 5. 阀塔内应设置纵横向隔离挡板，防止起火时火势蔓延，防火隔板布置要合理。 6. 晶闸管电子单元设计要合理，避免产生过热和电弧。 7. 在晶闸管电子单元的设计中，应避免由于电子元件质量问题引起更大事故的隐患	《特高压直流输电换流阀技术规范》（Q/GDW 10491—2016）5.8

2. 监督项目解析

火灾对阀厅内设备具有致命性影响，因此从防火、防爆、阻燃等几方面对阀塔内部设计提出要求。阀塔内所有元件均应满足相应的防爆、阻燃要求，元件应牢固安装并可靠接触。

3. 监督要求

查阅设备技术规范书、设计联络会纪要等，查看阀塔防火设计。

4. 整改措施

当技术监督人员查阅资料发现阀塔防火性能不满足要求时，应及时向设备采购单位提出修改建议，及时修改技术规范书等设计资料。

2.1.3.7 阀厅消防

1. 监督要点及监督依据

设备采购阶段阀厅消防监督要点及监督依据见表 2－2－20。

表 2－2－20　　　　　　　　　　　设备采购阶段阀厅消防监督

监督要点	监督依据
1. 换流站阀厅应配置极早期烟雾探测和紫外火焰探测两套阀厅火灾报警系统，由上述两套阀厅火灾报警系统综合判断后方可执行直流闭锁。 2. 每个阀厅按照阀塔的弧光应至少有 2 个紫外探头能监测到为原则进行配置。 3. 每个阀厅极早期烟雾探测传感器应有 3 个独立的火警探头	《国家电网公司直流专业精益化管理评价规范》第六章　换流阀厅、阀控评价细则

2. 监督项目解析

灵敏、可靠的阀厅消防系统有助于提早发现事故苗头、减少事故损失。

若阀厅火警探头无法覆盖阀厅所有设备，发生火警后无法及时告警，将扩大设备受损面积。另一方面，若火灾报警频繁误报，也不利于直流系统稳定运行。因此，从覆盖面、正确性、冗余度等几方面对阀厅消防系统提出要求。

3. 监督要求

查阅设备技术规范书、设计联络会纪要等，查看阀厅消防项目、设备选型等。

4. 整改措施

当技术监督人员查阅资料发现阀厅消防系统不满足相关规程要求时，应及时向设备采购单位提出修改建议，及时修改技术规范书等设计资料。

2.1.3.8 阀厅空调

1. 监督要点及监督依据

设备采购阶段阀厅空调监督要点及监督依据见表 2-2-21。

表 2-2-21　　　　　　　　　　　设备采购阶段阀厅空调监督

监督要点	监督依据
1. 阀厅空调设备应 100% 备用。 2. 集中式空调系统的空气处理设备宜按照设计冷负荷及风量的 2×100% 配置	《高压直流换流站设计技术规定》（DL/T 5223—2019）10.4.2、10.4.5

2. 监督项目解析

阀厅空调的选型及冗余设计应经济合理。

为了满足换流阀运行时对环境温湿度的要求，阀厅空调需全年 24h 不间断运行，在设计时既要考虑经济性，又要确保冗余性。

3. 监督要求

查阅阀厅空调技术规范书，查看阀厅空调的采购选型状况等。

4. 整改措施

当技术监督人员查阅资料发现阀厅空调性能不满足要求时，应及时向设备采购单位提出修改建议，及时修改技术规范书等设计资料。

2.1.3.9 换流阀控制保护系统

1. 监督要点及监督依据

设备采购阶段换流阀控制保护系统监督要点及监督依据见表 2-2-22。

表 2-2-22　　　　　　　　　　设备采购阶段换流阀控制保护系统监督

监督要点	监督依据
1. 换流阀冷却控制保护系统至少应双重化配置，并具备完善的自检和防误动措施。 2. 作用于跳闸的内冷水传感器应按照三套独立冗余配置，每个系统的内冷水保护对传感器采集量按照"三取二"原则出口。 3. 控制保护装置及各传感器电源应由两套电源同时供电，任一电源失电不影响控制保护及传感器的稳定运行。 4. 阀控系统应实现完全冗余配置，除触发板卡和光接收板卡外，其他板卡应能够在换流阀不停运的情况下进行故障处理	1～3.《国家电网有限公司关于印发十八项电网重大反事故措施（修订版）的通知》（国家电网设备〔2018〕979 号）8.1.1.5。 4.《国家电网公司关于印发防止直流换流站单、双极强迫停运二十一项反事故措施的通知》（国家电网生〔2011〕961 号）6.1.1

2. 监督项目解析

控制保护系统的灵敏可靠对直流系统的稳定运行具有重要影响。

控制保护系统是直流输电系统的中枢，直接影响直流系统能否正常工作，因此对可靠性、冗余度等方面有较高要求。

3. 监督要求

查阅设备技术规范书、设计联络会纪要等，查看换流阀控制保护系统相关反事故措施要求。

4. 整改措施

当技术监督人员查阅资料发现换流阀控制保护系统冗余设计不足时，应及时向设备采购单位提出修改建议，及时修改技术规范书等设计资料。

2.1.4 设备制造阶段

2.1.4.1 晶闸管元件厂内抽检

1. 监督要点及监督依据

设备制造阶段换流阀晶闸管厂内抽检监督要点及监督依据见表 2-2-23。

表 2-2-23　　　　　　　　设备制造阶段换流阀晶闸管厂内抽检监督

监督要点	监督依据
抽查同一批次晶闸管阻尼电阻、阻尼电容、均压电容、阀电抗器、晶闸管电子板、散热器及光纤等元器件的出厂合格证、检验报告，以及抽测见证，检查元件的型号、规格、数量符合合同内容，抽检比例不少于 5%	《±800kV 级直流系统电气设备监造导则》（Q/GDW 1263—2014）附件二 晶闸管换流阀及水冷质量控制 3.1.1

2. 监督项目解析

直流输电系统使用的换流阀必须型号规格正确，数量齐全，包装完好。

晶闸管阻尼电阻、电容、阀电抗器等元件均是阀组件的重要组成部分，必须保证其合格性与正确性，必须型号规格正确，数量齐全。

3. 监督要求

查阅出厂合格证、检验报告等，查看晶闸管元件数量、规格、质量是否满足要求。

4. 整改措施

当技术监督人员查阅出厂检验报告、合格证发现不满足相关规程要求时，应及时向设备制造厂提出要求，及时补全相关资料。

2.1.4.2 阀基电子设备（VBE）/阀制控单元（VCU）接口

1. 监督要点及监督依据

设备制造阶段换流阀阀基电子设备监督要点及监督依据见表 2-2-24。

表 2-2-24　　　　　　　　设备制造阶段换流阀阀基电子设备监督

监督要点	监督依据
1. 元器件：查看材料、零部件（外协）的验收报告；控制保护设备的硬件制造、软件编制、重要部件或关键生产阶段的制造过程现场见证。 2. 硬件制造：查看盘、柜机械结构和布置、组装；现场见证制造过程中的质量保证的执行情况。 3. 功能试验：检查阀控设备输入/输出接口、输入交流电源、直流保护继电系统、各类盘面信号灯显示状态正确与否	《±800kV 级直流系统电气设备监造导则》（Q/GDW 1263—2014）附件二 晶闸管换流阀及水冷质量控制 3.1.7

2. 监督项目解析

阀基电子设备/阀控制单元接口设备直接面对换流阀与控制保护系统，直接影响控保系统与换流阀能否顺利对接，对换流阀能否正确触发有决定性作用，必须保证其各项软硬件指标合格、功能正确，因此对制造过程、功能试验等方面提出要求。

3. 监督要求

检查监造记录，出厂验收报告等，查看阀基电子设备监造质量是否满足要求。

4. 整改措施

当技术监督人员查阅资料发现出厂检验不全或不合格时，应及时向设备制造厂要求重新检验，必要时更换相应元件，直到检验结果满足要求。

2.1.4.3 换流阀装配中的标记

1. 监督要点及监督依据

设备制造阶段换流阀装配标记监督要点及监督依据见表 2-2-25。

表 2-2-25　　　　　　　　　　设备制造阶段换流阀装配标记监督

监督要点	监督依据
1. 换流阀在工厂装配、检验过程所有连接处均须有明确的不同颜色的双线标记线，装配人员自检合格后作第一条标记线，专业质检人员检验后用另一颜色的笔作第二条标记线。 2. 驻厂监造人员随机选取不少于 10%的点检查双线标识、复核扭矩。 3. 对只在现场安装时的连接部位也采用上述双线标记线措施，即现场换流阀安装完成，施工单位完成三级自检后，完成第一条标记线；监理旁站、施工单位参加的条件下由换流阀厂家对安装完成的换流阀所有连接部位进行逐点验收后，用另一颜色的笔作第二条标记线	《国网直流部关于印发换流阀防连接不良核查专题会纪要的通知》（直流换流〔2013〕311 号）3

2. 监督项目解析

多级检验并留痕是确保换流阀装配质量的重要手段。

换流阀的装配过程、装配质量必须得到 100%的保证，任何环节的错误都对阀塔能否正常工作有巨大影响，因此对装配过程中的标记留痕提出要求。

3. 监督要求

现场检查或查阅资料，检查监造记录、出厂试验报告等，查看换流阀装配中的标记是否满足要求。

4. 整改措施

当技术监督人员查阅资料发现装配过程中标记不全或不合格时，应及时向设备制造厂要求重新检查相应元件是否安装到位并标记，直到检验结果满足要求。

2.1.5 设备验收阶段

2.1.5.1 抽样试验

1. 监督要点及监督依据

设备验收阶段换流阀抽样试验监督要点及监督依据见表 2-2-26。

表 2－2－26 设备验收阶段换流阀抽样试验监督

监督要点	监督依据
1. 换流阀的抽样试验抽样项目齐全，试验方案/大纲、试验结果满足相关标准要求。 2. 晶闸管换流阀的晶闸管元件抽样试验的抽样比例不低于 1%，试验项目应包含全部出厂试验项目，抽样比例至少为 5%	《特高压直流输电换流阀设备技术规范》（Q/GDW 10491—2016）6.3.1、6.3.2

2. 监督项目解析

抽样试验是确保换流阀出厂质量的重要手段，通过抽样试验可进一步确保换流阀出厂后能够经受住运行中各种工况的考验，因此对试验项目、抽样比例提出要求。

3. 监督要求

检查监造记录，出厂试验报告等，查看换流阀的抽样试验项目、试验方案及抽样比例是否满足要求。

4. 整改措施

当技术监督人员查阅资料发现出厂检验不全或不合格、抽样比例不足时，及时向设备制造厂要求重新检验，补足抽样数量，必要时更换相应元件，直到检验结果满足要求。

2.1.5.2　出厂试验

1. 监督要点及监督依据

设备验收阶段换流阀出厂试验监督要点及监督依据见表 2－2－27。

表 2－2－27 设备验收阶段换流阀出厂试验监督

监督要点	监督依据
1. 外观检查：检查换流阀的外观是否完好无损。 2. 连接检验：检查所有大电流电路的连接是否正确。 3. 均压电路检验：检测均压电路的元件参数并由此确保电压在串联连接的晶闸管元件上的合理分布。 4. 辅助设备检验：检查每一阀组件中的每一个晶闸管级的辅助设备以及整阀的辅助设备功能是否正常。 5. 触发监视以及信号返回功能的检验：检查当触发脉冲加到晶闸管级上时晶闸管级是否能正确开通，检查触发电路在失去交流电源电压至少 1s 后是否能够根据控制器所发信号而发出触发脉冲。 6. 耐受电压检验（冲击波和工频）：检查晶闸管级能否承受对应于全阀所规定的最大过电压的电压水平。在试验时应进行局部放电测量以检验晶闸管级的装配是否正确、绝缘是否完好。 7. 压力试验：检验冷却水管是否有漏水现象。 8. 单个换流阀元部件试验：换流阀中每一个元部件都要进行严格的试验、检查和质量评定。对于像晶闸管元件这样的元部件，因具有国际电工技术委员会（IEC）所推荐的试验程序或者国际上其他可接受的标准，应根据这些试验程序或标准进行试验并出具试验报告	《特高压直流输电换流阀设备技术规范》（Q/GDW 10491—2016）7.3

2. 监督项目解析

换流阀必须通过出厂试验方可出厂，试验项目是否恰当齐全，对换流阀在各种工况下能否发挥出应有功能有重要意义，因此对试验项目提出要求。

3. 监督要求

检查监造记录、出厂试验报告等，查看出厂试验是否合格。

4. 整改措施

当技术监督人员查阅资料发现出厂检验不全或不合格时，及时向设备制造厂要求重新检验，必要时更换相应元件，直到检验结果满足要求。

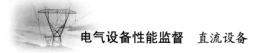

2.1.5.3 到货验收

1. 监督要点及监督依据

设备验收阶段换流阀到货验收监督要点及监督依据见表2-2-28。

表2-2-28　　　　　　　　设备验收阶段换流阀到货验收监督

监督要点	监督依据
1. 换流阀及附件等外包装密封性检查，无破损、断裂；开箱后，到货设备、器材和备品备件的种类、数量、规格应与到货单上相对应。 2. 开箱检查清点，规格应符合设计要求，设备、器材及备品备件应齐全。 3. 产品的技术文件应齐全，如产品说明书、安装图纸、装箱单、试验记录及产品合格证件等技术文件。 4. 进口产品应提供商检证明。 5. 原材料、零部件的出厂检验单和制造厂的验收报告齐全	1～4.《±800kV 换流站换流阀施工及验收规范》（Q/GDW 1221—2014）3.8、4.0.10 5.《±800kV 级直流系统电气设备监造导则》（Q/GDW 1263—2014）3.1

2. 监督项目解析

到货验收是设备验收阶段重要的技术监督项目。

如果设备验收把关不严，验收工作不细致、不深入，将有质量缺陷的设备流入工程中，将对人身和设备安全埋下隐患，甚至可能会酿成大事故。

包装及密封性检验是外观检查设备是否存在缺陷的重要手段，数量检验是保证物资数量准确不可缺少的重要步骤，产品的技术文件、出厂检验单及出厂验收报告是落实产品质量监督的重要依据，因此对产品外观、数量及技术文件等提出要求。

3. 监督要求

开展该项目监督时，可按规范要求作外观检查、数量清点和备品备件与图纸检查等，检查包装、种类与规格等是否完好、对应，到货验收是否合格。

4. 整改措施

当发现该项目相关监督要点不满足时，应及时向建设单位提出修改建议，收集齐全设备资料。

2.1.5.4 换流阀运到现场后的保管

1. 监督要点及监督依据

设备验收阶段换流阀现场保管监督要点及监督依据见表2-2-29。

表2-2-29　　　　　　　　设备验收阶段换流阀现场保管监督

监督要点	监督依据
1. 设备和器材应按原包装置于干燥清洁的室内保管。室内温度和相对湿度应符合产品技术文件的规定，当制造厂无规定时，储存温度应在5～40℃之间，相对湿度不应大于60%。 2. 当保管期超过产品技术文件的规定时，应按产品技术要求进行处理。 3. 备品备件长期存放应符合产品技术文件的规定。 4. 换流阀安装前，元器件的内包装不应拆解。当设备和器材受潮时，应先评估其各项性能，再采取针对性处理措施。 5. 开箱场地的环境条件应符合产品技术文件的规定。 6. 已拆解内包装的元器件未及时安装时，应置于满足换流阀安装环境的室内保管	《±800kV 换流站换流阀施工及验收规范》（Q/GDW 1221—2014）4.1.2

2. 监督项目解析

换流阀运到现场后的保管是设备验收阶段重要的技术监督项目。

设备到现场后的保管不当会导致设备受损，从而影响设备安装进度。设备到现场后的得当保管可以有效防止设备因人为或者不良环境引起的意外损坏，因此对换流阀设备到达现场后的保管措施作出要求。

3. 监督要求

开展该项目监督时，可现场检查设备和器材的保管情况，应符合技术要求的方式，检查到货后现场保管是否合格。

4. 整改措施

当发现该项目相关监督要点不满足时，应及时向建设单位提出修改建议，对保管方式进行整改。

2.1.6 设备安装阶段

2.1.6.1 一次通流部位检查

1. 监督要点及监督依据

设备安装阶段换流阀一次通流部位检查监督要点及监督依据见表 2-2-30。

表 2-2-30　　　　　　　　　设备安装阶段换流阀一次通流部位检查监督

监督要点	监督依据
1. 导体和电器接线端子的接触表面应平整、清洁、无氧化膜，并涂以薄层电力复合脂，镀银部分不得挫磨。 2. 连接螺栓应按制造厂技术要求进行力矩紧固，并应做好标记；导体的连接不应使电器接线端子受到额外应力。 3. 载流部分表面应无凹陷、凸起及毛刺。 4. 电气主回路的电流方向应符合产品技术文件的规定	《±800kV 换流站换流阀施工及验收规范》（Q/GDW 1221—2014）4.3.9

2. 监督项目解析

一次通流部位检查是设备安装阶段非常重要的技术监督项目。

检查不全面会因接头发热等原因引起非正常停运。

一次通流部分的检查有利于日后不会因接头发热等原因引起非正常停运，确保换流阀的安全稳定运行。

3. 监督要求

开展该项目监督时，可采用现场见证/查阅设备安装检查记录与评定报告的方式，记录一次通流数据。

4. 整改措施

当发现该项目相关监督要点不满足时，应及时向建设单位提出修改建议。

2.1.6.2 阀体冷却水管的安装

1. 监督要点及监督依据

设备安装阶段换流阀冷却水管安装监督要点及监督依据见表 2-2-31。

2. 监督项目解析

阀体冷却水管的安装是设备安装阶段非常重要的技术监督项目。

冷却水管的变形、泄漏及被污染等缺陷会影响阀体的正常工作。

为确保冷却液的纯净，防止杂质对元件的破坏，严格地对换流阀冷却管路进行清洁是至关重要的，必须从安装环节注意管孔的清洁；冷却水管的变形、泄漏等缺陷会影响阀体的正常工作，因此对冷却水管的安装提出要求。

表 2-2-31　　　　　　　　　　　设备安装阶段换流阀冷却水管安装监督

监督要点	监督依据
1. 安装前检查水管及相关连接件应清洁、无异物。 2. 安装过程应防止撞击、挤压和扭曲而造成水管变形、损坏。 3. 管道连接应严密、无渗漏，已用过的密封垫（圈）不得重复使用。 4. 等电位电极的安装及连线应符合产品的技术规定。 5. 水管在阀塔上应固定牢靠。 6. 连接螺栓应按厂家要求进行紧固，并做好力矩标识。 7. 阀塔主母管为 PVDF 专用管，注意连接时法兰连接紧固、均匀，螺栓紧固方法和力矩应符合厂家说明书要求	1~6.《±800kV 及以下换流站换流阀施工及验收规范》（GB/T 50775—2012）5.0.9。 7.《±800kV 换流站大型设备安装工艺导则》（Q/GDW 255—2009）5.4.1.7

3. 监督要求

开展该项目监督时，可采用现场见证/查阅设备安装检查记录与评定报告的方式，监督阀体冷却水管的安装。

4. 整改措施

当发现该项目相关监督点不满足时，应及时向建设单位提出修改建议。

2.1.6.3　阀避雷器的安装

1. 监督要点及监督依据

设备安装阶段阀避雷器安装监督要点及监督依据见表 2-2-32。

表 2-2-32　　　　　　　　　　　设备安装阶段阀避雷器安装监督

监督要点	监督依据
1. 阀避雷器安装前应经试验合格。 2. 各连接处的金属接触表面应清洁、无氧化膜，接触面涂覆物应符合产品技术的规定。 3. 各节位置、喷口方向应符合产品技术文件的规定。 4. 均压环安装应符合设计图纸要求，与伞裙间隙均匀一致。 5. 动作计数器与阀避雷器的连接应符合产品技术文件的规定。 6. 连接螺栓应按制造厂技术要求进行力矩紧固，并应做好标记	《±800kV 换流站换流阀施工及验收规范》（Q/GDW 1221—2014）4.4.1~4.4.6

2. 监督项目解析

阀避雷器的安装是设备安装阶段重要的技术监督项目。

阀避雷器安装不当会导致过电压产生时系统受到干扰。阀避雷器是换流阀中过电压的主要保护装置，其重要技术参数的良好性对换流阀的稳定运行具有重要意义，因此对阀避雷器的安装工艺提出要求。

3. 监督要求

开展该项目监督时，可采用现场见证/查阅设备安装检查记录与评定报告的方式，监督阀避雷器的安装。

4. 整改措施

当发现该项目相关监督点不满足时，应及时向建设单位提出修改建议。

2.1.6.4　阀控安装要求

1. 监督要点及监督依据

设备安装阶段换流阀阀控安装监督要点及监督依据见表 2-2-33。

表 2-2-33 设备安装阶段换流阀阀控安装监督

监督要点	监督依据
1. 屏、柜及屏、柜内设备与各构件间连接应牢固，屏、柜等不宜与基础型钢焊死。 2. 屏、柜、箱等的金属框架和底座均应可靠接地。装有电器的可开启的门，应以多股软铜线与接地的金属构架可靠地连接。 3. 电缆芯线和所配导线的端部应标明其回路编号，编号应正确，字迹清晰且不易脱色。 4. 每个接线端子的每侧接线宜为 1 根，不得超过 2 根。对于插接式端子，不同截面的两根导线不得接在同一端子上；对于螺栓连接端子，当接两根导线时，中间应加平垫片。 5. 使用于静态保护、控制等逻辑回路的控制电缆，应采用屏蔽电缆，其屏蔽层应按设计要求的接地方式进行接地。 6. 屏、柜内的电缆芯线，应按垂直或水平有规律地配置，不得任意歪斜交叉连接。备用芯长度应留有适当余量，且不得有导线裸露。 7. 强、弱电回路不应使用同一根电缆，并应分别成束分开排列。 8. 阀厅火灾跳闸信号接入两套直流控制保护系统，火灾跳闸信号动作后经直流控制系统切换后跳闸。接入两套控制保护系统的回路、接口、信号电源应独立	《±800kV 换流站屏、柜安装及二次回路接线施工及验收规范》(Q/GDW 224—2008)

2. 监督项目解析

阀控安装要求是设备安装阶段最重要的技术监督项目之一。

屏、柜及二次回路接线不按标准安装，会使在后期运维过程中出现问题检修查找无据可循，加大检修时间与复杂度。

变电站内电磁干扰严重，二次回路接地能够降低电磁干扰对二次回路及设备的影响，因此对可靠接地及接线工艺有相应要求。

3. 监督要求

开展该项目监督时，可现场检查/查阅土建资料，监督阀控设备安装。

4. 整改措施

当发现该项目相关监督点不满足时，应及时向建设单位提出修改建议。

2.1.6.5　光纤施工要求

1. 监督要点及监督依据

设备安装阶段换流阀光纤施工监督要点及监督依据见表 2-2-34。

表 2-2-34 设备安装阶段换流阀光纤施工监督

监督要点	监督依据
1. 光纤槽盒切割、安装应在光纤敷设前进行。 2. 光纤敷设前核对光纤的规格、长度和数量应符合产品的技术规定，外观完好、无损伤，并检测合格。 3. 光纤端头按传输触发脉冲和回报指示脉冲两种型式用不同颜色分别标识区别，光纤与晶闸管的编号应一一对应，光纤接入设备的位置及敷设路径应符合产品的技术规定。 4. 光纤接入设备前，临时套管不得拆卸，光纤端头的清洁应符合产品的技术规定。 5. 光纤敷设沿线应按照产品的技术规定进行包扎保护和绑扎固定，绑扎力度应适中，槽盒出口应采用阻燃材料封堵。 6. 阻燃材料在光纤槽盒内应固定牢靠，距离光纤槽盒的固定螺栓及金属连接件不应小于 40mm。 7. 光纤敷设及固定后的弯曲半径应符合产品的技术规定，不得弯折和过度拉伸光纤。 8. 每个阀段如果有 n 个晶闸管，则其回报光纤数量为 $n+1$；每个阀段如果有 m 个 RPU，则 RPU 的回报光纤数量为 $m+1$	1~7.《±800kV 换流站换流阀施工及验收规范》(Q/GDW 1221—2014) 4.3.13。 8. 根据多年来国家电网有限公司各换流站运行经验和设备运行实际出发考虑

2. 监督项目解析

光纤施工要求是设备安装阶段非常重要的技术监督项目。

光纤施工过程中不按规定要求施工会引起光纤受损，从而导致通信故障。

由于光纤通信不带电，使用安全，可用于易燃、易爆场所，使用环境温度范围宽，耐化学腐蚀，使用寿命长等特点，因此光纤被广泛使用。随着使用光纤的机会的增多，在施工中必然对光纤电缆敷设的施工方法及施工工艺提出了更高的要求。

3. 监督要求

开展该项目监督时，可现场见证/查阅设备安装检查记录与评定报告，监督光纤施工要求。

4. 整改措施

当发现该项目相关监督要点不满足时，应及时向建设单位提出修改建议。

2.1.6.6　换流阀安装前阀厅的土建要求

1. 监督要点及监督依据

设备安装阶段换流阀安装前阀厅土建监督要点及监督依据见表2-2-35。

表2-2-35　　　　　　　　设备安装阶段换流阀安装前阀厅土建监督

监督要点	监督依据
1. 换流阀安装前，沿阀厅的钢屋架、墙面和地面布置的内冷却管道和光缆槽盒宜安装到位；阀悬吊结构应安装完毕，螺栓紧固，接地良好。 2. 阀厅钢结构屏蔽接地应满足设计和产品技术要求。 3. 阀塔悬吊结构安装前应检查悬吊孔已加工完成且间距正确，阀塔悬挂结构安装应调整完成，并应可靠接地。 4. 阀厅应全封闭，套管伸入阀厅入口处应封闭良好	1.《±800kV 换流站换流阀施工及验收规范》（Q/GDW 1221—2014）4.3.2。 2~4.《±800kV 及以下换流站换流阀施工及验收规范》（GB/T 50775—2012）4.0.2、4.0.3、4.0.5

2. 监督项目解析

换流阀安装前阀厅的土建要求是设备安装阶段重要的技术监督项目。

换流阀安装前阀厅的土建工作不到位会导致后续设备安装等一系列问题，影响施工进度。

阀厅内布置设计的合理性、土建的坚固性直接影响换流站可靠运行。

3. 监督要求

开展该项目监督时，可采用现场检查阀厅结构设计状况/查阅土建资料（设备安装评定报告）的方式，检查换流阀安装前阀厅的土建和电气是否满足要求。

4. 整改措施

当发现该项目相关监督要点不满足时，应及时要求建设单位提出修改建议。

2.1.7　设备调试阶段

2.1.7.1　设备现场试验要求

1. 监督要点及监督依据

设备调试阶段换流阀现场试验监督要点及监督依据见表2-2-36。

表2-2-36　　　　　　　　设备调试阶段换流阀现场试验监督

监督要点	监督依据
1. 进行绝缘试验时，除制造厂装配的成套设备外，宜将连接在一起的各种设备分离开单独试验。同一试验标准的设备可以连在一起试验。为便于现场试验工作，已有出厂试验记录的同一电压等级、不同试验标准的电气设备，在单独试验有困难时，可以连在一起试验，试验标准应采用连接的各种设备中的最低标准。 2. 在进行与温度和湿度有关的各种试验时，应同时测量被试品温度、周围空气的温度和相对湿度。绝缘试验应在天气良好，且被试品周围的温度及仪器的温度不低于5℃，空气相对湿度不高于80%的条件下进行	《高压直流设备验收试验》（DL/T 377—2010）3.3、3.6

2. 监督项目解析

设备现场试验要求是设备调试阶段最重要的技术监督项目之一。

若未提前对设备进行现场试验发现质量等方面问题，则会影响电网稳定运行。

设备的现场试验对电力设施的稳定运行有着直接影响，在设备安装后需在一定的技术要求及操作规范的基础上对所安装的设施进行现场调试试验，以对安装好的设备质量、运行状况进行检查，进而确保电力设施的正常运行。

3. 监督要求

开展该项目监督时，可采用现场检查或查阅设备调试记录与报告的方式，查看现场试验是否满足要求。

4. 整改措施

当发现该项目相关监督要点不满足时，应及时向建设部门提出修改意见，完善现场试验方案。

2.1.7.2 阀厅的环境要求

1. 监督要点及监督依据

设备调试阶段阀厅环境监督要点及监督依据见表 2－2－37。

表 2－2－37　　　　　　　　　　　设备调试阶段阀厅环境监督

监督要点	监督依据
阀厅内应保持微正压状态，正压值宜维持在 5Pa 左右，当大量使用新风时，正压不应超过 50Pa	《高压直流换流站设计技术规定》（DL/T 5223—2019）10.4.4

2. 监督项目解析

阀厅的环境要求是设备调试阶段重要的技术监督项目。

阀厅内正压状态、湿度都会对试验、检修都有很大影响，从而影响换流阀的运行情况。

换流阀安装在阀厅内，其在运行中会向阀厅散发很大热量。为保证换流阀的正常工作，必须保证阀厅室内的气压参数在一定范围之内，防止户外灰尘通过门、孔洞及围护结构的缝隙渗透到阀厅。

3. 监督要求

开展该项目监督时，可采用现场检查或查阅设备调试记录与报告的方式，记录阀厅环境是否满足要求。

4. 整改措施

当发现该项目相关监督要点不满足时，应及时向建设部门提出修改意见，调整阀厅内的环境。

2.1.7.3 阀体试验

1. 监督要点及监督依据

设备调试阶段阀体试验监督要点及监督依据见表 2－2－38。

2. 监督项目解析

阀体的试验是设备调试阶段最重要的技术监督项目之一。

在安装前未对阀体进行各项电气试验，一旦出现问题会影响投运。

阀体的试验是投运前试验换流阀能否正常运行的重要一环，因此对其提出要求。

3. 监督要求

开展该项目监督时，可采用现场检查或查阅设备调试记录、试验记录与报告的方式，查看换流

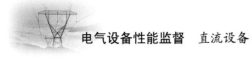

阀本体的试验项目与各项试验结果是否符合要求。

表 2-2-38 设备调试阶段阀体试验监督

监督要点	监督依据
阀体的电气试验应在冷却水回路中注入合格去离子水的条件下进行。 (1) 换流阀的直流耐压试验: 试验方法、电压值、加压程序和评定标准应符合技术规范的规定。 (2) 换流阀的交流耐压试验: 试验方法、电压值、加压程序和评定标准应符合技术规范的规定。 (3) 阀组件的试验: 1) 每一个晶闸管级的正常触发和闭锁试验。 2) 晶闸管级的保护触发和闭锁抽查试验, 抽查数量不少于晶闸管级总数的 20%。 3) 每一个模块中晶闸管级和阀电抗器的均压试验。 4) 晶闸管级的安全限值试验。 以上试验结果应符合设计要求	《±800kV 直流系统电气设备交接验收试验》(Q/GDW 275—2009) 5.3

4. 整改措施

当发现该项目相关监督要点不满足时, 应及时向建设部门提出修改意见, 完善相关试验项目。

2.1.7.4 阀避雷器试验

1. 监督要点及监督依据

设备调试阶段阀避雷器试验监督要点及监督依据见表 2-2-39。

表 2-2-39 设备调试阶段阀避雷器试验监督

监督要点	监督依据
金属氧化物避雷器的试验项目, 应包括下列内容: (1) 测量金属氧化物避雷器及基座绝缘电阻。 (2) 测量金属氧化物避雷器的工频参考电压和持续电流。 (3) 测量金属氧化物避雷器直流参考电压和 0.75 倍直流参考电压下的泄漏电流。 (4) 工频放电电压试验	《电气装置安装工程 电气设备交接试验标准》(GB 50150—2016) 20

2. 监督项目解析

阀避雷器是设备调试阶段非常重要的技术监督项目。

阀避雷器在各种过电压条件下能够有效保护换流阀, 如果未对避雷器按规定进行调试实验, 一旦投运后发生问题则可能使换流阀受过电压击穿。

阀避雷器是换流阀中过电压的主要保护装置, 其重要技术参数的良好性对换流阀的稳定运行具有重要意义。

3. 监督要求

开展该项目监督时, 可采用现场检查或查阅设备调试记录、试验记录与报告的方式, 查看避雷器的试验项目与各项试验结果是否符合要求。

4. 整改措施

当发现该项目相关监督要点不满足时, 应及时向建设部门提出修改意见, 确保阀避雷器工作质量合格。

2.1.7.5 阀基电子设备及光缆

1. 监督要点及监督依据

设备调试阶段阀基电子设备及光缆监督要点及监督依据见表 2-2-40。

表 2-2-40   设备调试阶段阀基电子设备及光缆监督

监督要点	监督依据
1. 阀基电子设备电源检查：交流电源连接应正确，各直流电源电压幅值及极性应正确、功耗应符合设计要求。 2. 从极控和极保护到阀基电子设备的信号检查：在阀基电子设备上测得的所有从极控和极保护来的信号应符合设计要求。 3. 从阀基电子设备到极控和极保护的信号检查：在极控或极保护上测得的所有从阀基电子设备来的信号应符合设计要求。 4. 从阀基电子设备到晶闸管电子设备的光缆检查和试验： （1）对发光元件和接收元件进行一对一的检查，以判断光缆的连接是否正确、可靠； （2）测量光缆的损耗率，其值应符合设计要求。 5. 功能试验： （1）时间编码信号和打印机检查； （2）备用切换； （3）漏水检测； （4）避雷器监测； （5）机箱监测和报警试验	《±800kV 直流系统电气设备交接验收试验》（Q/GDW 275—2009）5.4

2. 监督项目解析

阀基电子设备及光缆是设备调试阶段最重要的技术监督项目之一。

对阀基电子设备及光缆检测试验可以及时发现隐患，提高设备运行可靠性。

阀基电子设备及光缆是换流阀的重要设备，主要承担对换流阀中各晶闸管触发和监测的工作，是连接控制保护系统和换流阀的执行设备，它的稳定可靠性对于换流阀的安全运行具有重要作用，因此对阀基电子设备及光缆提出试验检测要求。

3. 监督要求

开展该项目监督时，可采用现场检查或查阅设备调试记录、试验记录与报告的方式，查看记录阀基电子设备及光缆试验项目是否符合要求。

4. 整改措施

当发现该项目相关监督点不满足时，应及时向建设部门提出修改意见，完善试验项目，确保阀基电子设备及光缆工作质量合格。

2.1.7.6 阀塔冷却回路

1. 监督要点及监督依据

设备调试阶段阀塔冷却回路监督要点及监督依据见表 2-2-41。

表 2-2-41   设备调试阶段阀塔冷却回路监督

监督要点	监督依据
1. 对水冷系统施加 110%～120% 额定静态压力 15min（如制造厂有明确要求，按之），对冷却系统进行如下检查： （1）检查每个阀塔主水路的密封性，要求无渗漏； （2）检查冷却水管路、水接头和各个通水元件，要求无渗漏； （3）检查漏水检测功能，要求其动作正确。 2. 检查冷却水管路，接头应紧密可靠，冷却水软管不得接触晶闸管外壳及大功率电阻，不允许有任何折弯，不得接触那些与其电位差为一个及以上晶闸管级的金属部件、绝缘导线或其他管道。 3. 冷却系统应安全可靠，避免因漏水、堵塞及冷却系统腐蚀等原因导致的电弧和火灾	1. 《高压直流输电系统电气设备状态维修和试验规程》（建运运行〔2007〕114 号）28.1.6。 2. 《±800kV 直流系统电气设备交接验收试验》（Q/GDW 275—2009）5.2。 3. 《特高压直流输电换流阀设备技术规范》（Q/GDW 10491—2016）5.8

2. 监督项目解析

阀塔冷却回路是设备调试阶段最重要的技术监督项目之一。

对冷却系统、冷却水管路进行检查可以有效防止直流系统因水冷故障导致闭锁。

水冷系统将换流阀在各种运行情况和环境温度下产生的热量耗散掉，如果不对水冷系统进行检测，将会降低设备运行的可靠性和功率传输能力。因此，从阀塔密封性、漏水性、冷却水管路等几方面对水冷系统检测提出要求。

3. 监督要求

开展该项目监督时，可采用现场抽检或查阅设备调试记录与报告的方式，查看记录阀塔冷却回路试验项目是否符合要求。

4. 整改措施

当发现该项目相关监督要点不满足时，应及时向建设部门提出修改意见，完善试验项目。

2.1.7.7　阀控系统

1. 监督要点及监督依据

设备调试阶段阀控系统监督要点及监督依据见表 2－2－42。

表 2－2－42　　　　　　　　　　　　　设备调试阶段阀控系统监督

监督要点	监督依据
1. 在二次设备联调试验阶段，应安排阀控系统与极控系统之间的联调试验，防止不同厂家设备接口工作异常。 2. 检查阀控系统电源冗余配置情况，并对相关板卡、模块进行断电试验，验证电源供电可靠性。 3. 检查阀塔漏水检测装置动作结果是否正确。 4. 阀控系统应双重化冗余配置，并具有完善的晶闸管触发、保护和监视功能，准确反映晶闸管、光纤、阀控系统板卡的故障位置和故障信息。除光纤触发板卡和接收板卡外，两套阀控系统不得有共用元件，一套系统停运不影响另外一套系统。阀控系统应全程参与直流控制保护系统联调试验。当直流控制系统接收到阀控系统的跳闸命令后，应先进行系统切换。 5. 当阀冷保护检测到严重泄漏、主水流量过低或者进阀水温过高时，应自动闭锁换流器以防止换流阀损坏	1～3.《国家电网公司关于印发防止直流换流站单、双极强迫停运二十一项反事故措施的通知》（国家电网生〔2011〕961 号）6.3。 4～5.《国家电网有限公司关于印发十八项电网重大反事故措施（修订版）的通知》（国家电网设备〔2018〕979 号）8.1.1.8、8.1.1.5

2. 监督项目解析

阀控系统是设备调试阶段最重要的技术监督项目之一。

合理的阀控设计对直流系统运行的安全性具有重要意义，有利于减小故障后果、提高检修维护的便利性。

阀控系统冗余不足会导致直流系统频繁闭锁，冗余过度又会使系统复杂度升高、投资浪费，因此对阀控系统的冗余度、系统切换功能作出要求。

3. 监督要求

开展该项目监督时，可采用现场抽检或查阅设备调试记录与报告的方式，查看记录阀控系统试验项目是否符合要求。

4. 整改措施

当发现该项目相关监督要点不满足时，应及时向建设部门提出修改意见，完善试验项目。

2.1.7.8　阀厅消防

1. 监督要点及监督依据

设备调试阶段阀厅消防监督要点及监督依据见表 2－2－43。

表 2-2-43　　　　　　　　　　　　设备调试阶段阀厅消防监督

监督要点	监督依据
1. 阀厅内极早期烟雾探测系统的管路布置以探测范围覆盖阀厅全部面积为原则，至少要有 2 个探测器检测到同一处的烟雾。 2. 在阀厅空调进风口处装设烟雾探测探头，启动周边环境背景烟雾浓度参考值设定功能，防止外部烧秸秆等产生的烟雾引起阀厅极早期烟雾探测系统误动。 3. 极早期烟雾探测系统一般分为 4 级报警，分别是警告、行动、火警 1 和火警 2，采用火警 2（最高级别报警）作为跳闸信号。 4. 阀厅紫外（红外）探测系统的探头布置完全覆盖阀厅面积，阀层中有火焰产生时，发出的明火或弧光能够至少被 2 个探测器检测到。 5. 极早期烟雾探测系统和紫外（红外）探测系统发出的跳闸信号直接送到冗余的直流控制保护系统（不经过火灾中央报警器），由直流控制保护系统执行闭锁命令	《国网运检部关于印发换流站阀厅防火改进措施讨论会纪要的通知》（运检一〔2013〕356 号）

2. 监督项目解析

阀厅消防是设备调试阶段重要的技术监督项目。

灵敏、可靠的阀厅消防系统有助于提早发现事故苗头、减少事故损失。

一方面，若阀厅火警探头无法覆盖阀厅所有设备，发生火警后无法及时告警，将扩大设备受损面积。另一方面，若火灾报警频繁误报，也不利于直流系统稳定运行。因此，从覆盖面、正确性、冗余度等几方面对阀厅消防系统提出要求。

3. 监督要求

开展该项目监督时，可采用现场抽检或查阅设备调试记录与报告的方式，查看记录阀厅消防项目是否符合要求。

4. 整改措施

当发现该项目相关监督要点不满足时，应及时向建设部门提出修改意见，完善阀厅消防项目。

2.1.8　竣工验收阶段

2.1.8.1　阀塔

1. 监督要点及监督依据

竣工验收阶段阀塔监督要点及监督依据见表 2-2-44。

表 2-2-44　　　　　　　　　　　　竣工验收阶段阀塔监督

监督要点	监督依据
1. 阀塔屏蔽罩清洁、完好、无破损，无污物，无放电痕迹，无氧化。 2. 阀塔悬吊杆无裂痕、绝缘子表面无裂纹和闪络痕。 3. 电气连接应可靠，且接触良好。 4. 设备接地线连接应符合设计要求和产品的技术规定；接地应良好，且标识清晰；支架及接地引线应无锈蚀和损伤	1~3. 《高压直流输电换流阀运行规范》（Q/GDW 492—2010）4.1。 4. 《±800kV 换流站换流阀施工及验收规范》（Q/GDW 221—2008）7.1

2. 监督项目解析

阀塔是竣工验收阶段非常重要的技术监督项目。

阀塔整体外观验收对能否正常投运有重大影响。在验收时，查看阀塔外观是否正常、引线连接是否良好，对于能否正常投运有重大意义。

3. 监督要求

开展该项目监督时，可现场抽查/查阅设备安装评定报告，查看阀塔外观是否满足要求。

4. 整改措施

当发现该项目相关监督要点不满足时，应及时向运检部反映，及时联系相关厂家、施工单位等处理。

2.1.8.2　晶闸管及其附件

1. 监督要点及监督依据

竣工验收阶段换流阀晶闸管及其附件监督要点及监督依据见表2-2-45。

表2-2-45　　　　　　　竣工验收阶段换流阀晶闸管及其附件监督

监督要点	监督依据
1. 各器件外观清洁、完好，无异物。 2. 电气连接正确、紧固。 3. 光纤接入正确、到位。 4. 冷却水回路无渗漏。 5. 散热器压接可靠，无松动。 6. 晶闸管触发监视单元及其屏蔽罩完好无异常	《高压直流输电换流阀运行规范》（Q/GDW 492—2010）4.1

2. 监督项目解析

晶闸管及其附件是竣工验收阶段非常重要的技术监督项目。

晶闸管及其附件验收对能否正常投运有重大影响。晶闸管是整个换流阀的核心器件，因此，验收时对晶闸管及其附件的外观检查提出要求。

3. 监督要求

开展该项目监督时，可现场抽查/查阅设备安装评定报告，查看晶闸管及其附件是否满足要求。

4. 整改措施

当发现该项目相关监督要点不满足时，应及时向运检部反映，及时联系相关厂家、施工单位等处理。

2.1.8.3　饱和电抗器

1. 监督要点及监督依据

设备调试阶段换流阀饱和电抗器监督要点及监督依据见表2-2-46。

表2-2-46　　　　　　　设备调试阶段换流阀饱和电抗器监督

监督要点	监督依据
1. 内外层绝缘漆均匀、完好，无破损。 2. 电抗器安装紧固，无松动。 3. 接线正确、可靠。 4. 检查阀电抗器，其表面颜色无异常；检查连接水管、水接头，要求无漏水、渗水现象；检查各电气元件的支撑横担，要求无积尘、积水等现象	1～3.《高压直流输电换流阀运行规范》（Q/GDW 492—2010）4.1。 4.《输变电设备状态检修试验规程》（Q/GDW 1168—2013）6.22.1.6

2. 监督项目解析

饱和电抗器是竣工验收阶段重要的技术监督项目。

饱和电抗器是阀组件的重要组成部件，对能否正常投运有重大影响，因此，验收时对其检查提出要求。

3. 监督要求

开展该项目监督时，可现场抽查/查阅设备安装评定报告，查看饱和电抗器是否满足要求。

4. 整改措施

当发现该项目相关监督要点不满足时，应及时向运检部反映，及时联系相关厂家、施工单位等处理。

2.1.8.4 均压电容器

1. 监督要点及监督依据

竣工验收阶段换流阀均压电容器监督要点及监督依据见表 2-2-47。

表 2-2-47　　　　　　　　　　竣工验收阶段换流阀均压电容器监督

监督要点	监督依据
1. 接线正确、可靠。 2. 外观检查无变形、渗漏。 3. 电容器固定牢固，无松动	《高压直流输电换流阀运行规范》（Q/GDW 492—2010）4.1

2. 监督项目解析

均压电容器是竣工验收阶段重要的技术监督项目。

均压电容器是阀组件的重要组成部件，对能否正常投运有重大影响，因此，验收时对其检查提出要求。

3. 监督要求

开展该项目监督时，可现场抽查/查阅设备安装评定报告，查看均压电容器是否满足要求。

4. 整改措施

当发现该项目相关监督要点不满足时，应及时向运检部反映，及时联系相关厂家、施工单位等处理。

2.1.8.5 阀漏水检测装置

1. 监督要点及监督依据

竣工验收阶段阀漏水检测装置监督要点及监督依据见表 2-2-48。

表 2-2-48　　　　　　　　　　竣工验收阶段阀漏水检测装置监督

监督要点	监督依据
1. 功能设计、安装位置符合设计要求。 2. 装置功能试验正常	《高压直流输电换流阀运行规范》（Q/GDW 492—2010）4.1

2. 监督项目解析

阀漏水检测装置是竣工验收阶段非常重要的技术监督项目。

阀漏水检测装置是阀塔的重要组成部件，对能否正常投运有重大影响，因此，验收时对其检查提出要求。

3. 监督要求

开展该项目监督时，可现场见证/查阅设备安装评定报告，查看阀漏水检测装置是否满足要求。

4. 整改措施

当发现该项目相关监督要点不满足时，应及时向运检部反映，及时联系相关厂家、施工单位等处理。

2.1.8.6 阀避雷器

1. 监督要点及监督依据

竣工验收阶段阀避雷器监督要点及监督依据见表 2-2-49。

表 2-2-49　　　　　　　　　　　竣工验收阶段阀避雷器监督

监督要点	监督依据
1. 避雷器绝缘子清洁、无破损。 2. 避雷器动作后，监测装置动作正确。 3. 连接螺栓紧固、无松动，各螺栓受力均匀。 4. 避雷器计数器外观正常，接线连接良好	《高压直流输电换流阀运行规范》（Q/GDW 492—2010）4.1

2. 监督项目解析

阀避雷器是竣工验收阶段重要的技术监督项目。

阀避雷器是阀塔的重要组成部件，对能否正常投运有重大影响，起着对阀过电压保护的功能，因此，验收时对其检查提出要求。

3. 监督要求

开展该项目监督时，可现场抽查/查阅设备安装评定报告，查看阀避雷器是否满足要求。

4. 整改措施

当发现该项目相关监督要点不满足时，应及时向运检部反映，及时联系相关厂家、施工单位等处理。

2.1.8.7 阀控盘、柜

1. 监督要点及监督依据

竣工验收阶段阀控盘、柜监督要点及监督依据见表 2-2-50。

表 2-2-50　　　　　　　　　　　竣工验收阶段阀控盘、柜监督

监督要点	监督依据
1. 内部电器的铭牌、型号、规格应符合设计要求，外壳、漆层、手柄、瓷件、胶木电器应无损伤、裂纹或变形。 2. 接线应排列整齐、清晰、美观，绝缘良好无损伤。接线应采用铜质或有电镀金属防锈层的螺栓紧固，且应有防松装置，引线裸露部分不大于 5mm；连接导线截面符合设计要求、标志清晰。 3. 元件外壳、框架的接零或接地应符合设计要求，连接可靠。 4. 内部元件及转换开关各位置的命名应正确无误并符合设计要求。 5. 密封良好，内外清洁、无锈蚀，端子排清洁、无异物，驱潮装置工作正常。 6. 交、直流应使用独立的电缆，回路分开。 7. 盘、柜及电缆管道安装完后，应做好封堵	《高压直流输电换流阀运行规范》（Q/GDW 492—2010）4.1

2. 监督项目解析

阀控盘、柜是竣工验收阶段非常重要的技术监督项目。

阀控盘、柜是阀控的主要部分，相当于换流阀的大脑，因此，验收时对其检查提出要求。

3. 监督要求

开展该项目监督时，可现场抽查/查阅设备安装评定报告，查看阀控盘、柜是否满足要求。

4. 整改措施

当发现该项目相关监督点不满足时，应及时向运检部反映，及时联系相关厂家、施工单位等处理。

2.1.8.8 水冷系统试验

1. 监督要点及监督依据

竣工验收阶段换流阀水冷系统试验监督要点及监督依据见表 2-2-51。

表 2-2-51   竣工验收阶段换流阀水冷系统试验监督

监督要点	监督依据
水冷系统的试验： （1）检查水冷系统管道的安装，应与图纸一致。 （2）进行压力试验，试验过程中整个水冷系统应无水滴泄漏现象。 （3）流量及压差试验，在规定的水流量下测量阀模块出口与入口的压差，在各个冷却水支路中测量水流量，测量结果应符合设计要求。 （4）净化水特性检查，水质应符合规定要求	《高压直流输电换流阀运行规范》（Q/GDW 492—2010）4.4

2. 监督项目解析

水冷系统试验是设备竣工验收阶段最重要的技术监督项目之一。

水冷系统试验是验证阀冷系统能否正常工作的重要环节，对能否正常投运有重大影响。

水冷系统试验是验证阀冷系统正常运行的必要步骤。因此，验收时对其检查提出要求。

3. 监督要求

开展该项目监督时，可现场见证试验/查阅设备安装评定报告，查看水冷系统试验是否满足要求。

4. 整改措施

当发现该项目相关监督点不满足时，应及时向运检部反映，及时联系相关厂家、施工单位等处理。

2.1.9 运维检修阶段

2.1.9.1 运行巡视

1. 监督要点及监督依据

运维检修阶段换流阀运行巡视监督要点及监督依据见表 2-2-52。

表 2-2-52   运维检修阶段换流阀运行巡视监督

监督要点	监督依据
1. 运行巡视周期应符合相关规定。 2. 巡视项目重点关注：阀控板卡及电源模块是否有发热情况，换流阀本体红外测试、紫外测试是否有异常，本体水管是否存在渗漏现象	《输变电设备状态检修试验规程》（Q/GDW 1168—2013）表 95、6.22.1.3

2. 监督项目解析

运行巡视是运维检修阶段重要的技术监督项目。

运行巡视能够有效、及时地发现换流阀的缺陷，否则会使事故范围扩大，对设备安全稳定运行起着重要的作用，所以运维检修对其提出要求。

3. 监督要求

开展该项目监督时，可对照监督要点项目进行抽检/查阅运行记录，查看运行巡视是否满足要求。

4. 整改措施

当发现该项目相关监督要点不满足时，应及时向运检部反映，及时联系运维检修人员处理。

2.1.9.2　状态检测

1. 监督要点及监督依据

运维检修阶段换流阀状态检测监督要点及监督依据见表 2-2-53。

表 2-2-53　　　　　　　　　运维检修阶段换流阀状态检测监督

监督要点	监督依据
1. 换流站应制订换流阀红外测温的周期和要求，重点检查易发热设备，如电抗器、设备接头等温升是否过大。 2. 用红外热像仪对换流阀可视部分进行检测，阀的各组件无局部过热，热成像图谱与上次比较应无明显变化。 3. 一般一个月测量一次，但在高温大负荷时应缩短周期	《高压直流输电换流阀运行规范》（Q/GDW 492—2010）5.1.2

2. 监督项目解析

换流阀状态检测要求是运维检修阶段非常重要的技术监督项目。

红外测温能够监视换流阀的运行状态，运维检修期间对其需要特别留意；如若未及时发现温度异常，则不能对缺陷位置的确定提供了判断依据，延长缺陷查找时间。

红外测温能够监视换流阀的运行状态，如发现阀元件过热等情况，可及时处理，避免事故，所以运维检修对其提出要求。

3. 监督要求

开展该项目监督时，可现场查阅红外测温记录，重点对缺陷记录进行检查，查看换流阀红外热像检测是否满足要求。

4. 整改措施

当发现该项目相关监督要点不满足时，应及时向运检部反映，及时联系相关厂家、运维检修人员处理。

2.1.9.3　状态评价与检修决策

1. 监督要点及监督依据

运维检修阶段换流阀状态评价与检修决策监督要点及监督依据见表 2-2-54。

表 2-2-54　　　　　　　　运维检修阶段换流阀状态评价与检修决策监督

监督要点	监督依据
1. 状态评价应基于巡检及例行试验、诊断性试验、在线监测、带电检测、家族缺陷、不良工况等状态信息，包括其现象强度、量值大小以及发展趋势，结合与同类设备的比较，作出综合判断。 2. 依据设备检修、试验周期要求，结合设备运行情况，制订设备检修试验周期	《输变电设备状态检修试验规程》（Q/GDW 1168—2013）4.3.1、表 95、表 96

2. 监督项目解析

状态评价与检修决策是运维检修阶段最重要的技术监督项目之一。

状态评价与检修决策是为了及时检测出设备的运行状态能否正常使用，从而避免由于设备运行问题导致非计划性停电检修。

状态评价与检修决策是换流阀状态检测的重要手段，所以运维检修对其提出要求。

3. 监督要求

开展该项目监督时，可现场见证/查阅检修、试验记录，检查试验台账，查看状态评价与检修决策是否满足要求。

4. 整改措施

当发现该项目相关监督点不满足时，应及时向运检部反映，及时联系相关厂家、运维检修人员处理。

2.1.9.4 故障/缺陷处理

1. 监督要点及监督依据

运维检修阶段换流阀故障/缺陷处理监督要点及监督依据见表 2－2－55。

表 2－2－55 运维检修阶段换流阀故障/缺陷处理监督

监督要点	监督依据
1. 当单阀内再损坏一个晶闸管即跳闸时，或者短时内发生多个晶闸管连续损坏时，应及时申请停运直流系统，避免发生强迫停运。 2. 运行期间应定期对换流阀设备进行红外测温，必要时进行紫外检测，出现过热、弧光等问题时应密切跟踪，必要时申请停运直流系统处理。若发现火情，应立即停运直流系统，采取灭火措施，避免事故扩大。 3. 检修期间应对内冷水系统水管进行检查，发现水管接头松动、磨损、渗漏等异常要及时分析处理	《国家电网有限公司关于印发十八项电网重大反事故措施（修订版）的通知》（国家电网设备〔2018〕979 号）8.1.3

2. 监督项目解析

故障/缺陷处理是运维检修阶段重要的技术监督项目。

换流阀各设备故障或异常会对直流系统运行产生较大影响，为确保系统运行正常，对其故障/缺陷处理提出要求。

3. 监督要求

开展该项目监督时，可现场检查/查阅试验记录，查看故障/缺陷处理是否满足要求。

4. 整改措施

当发现该项目相关监督点不满足时，应及时向运检部反映，及时联系相关厂家、运维检修人员处理。

2.1.9.5 反事故措施落实

1. 监督要点及监督依据

运维检修阶段换流阀反事故措施落实监督要点及监督依据见表 2－2－56。

表 2－2－56 运维检修阶段换流阀反事故措施落实监督

监督要点	监督依据
1. 要利用停电机会加大对内冷水系统水管的检查频次，每年至少检查一次，特别是对阀塔内电阻、电抗器等元件的水管接头进行检查，对电抗器振动引起的水管接头松动、磨损等情况，发现异常及时处理，避免水管漏水导致换流阀损坏及直流系统停运。 2. 对于运行超过 15 年的换流阀，当故障晶闸管数量接近单阀冗余晶闸管数量，或者短期内连续发生多个晶闸管故障时，应申请停运并进行全面检查，更换故障元件后方可再投入运行，避免发生雪崩击穿。 3. 晶闸管换流阀运行 15 年后，每 3 年应随机抽取部分晶闸管进行全面检测和状态评估，避免因部分阀元件老化引起雪崩击穿	《国家电网公司关于印发防止直流换流站单、双极强迫停运二十一项反事故措施的通知》（国家电网生〔2011〕961 号）6.4

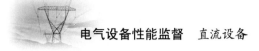

2. 监督项目解析

反事故措施是运维检修阶段最重要的技术监督项目之一。

反事故措施落实情况是运维检修最重要的一项工作之一，所以对其提出要求。

3. 监督要求

开展该项目监督时，可查阅缺陷记录/检修记录，查看反事故措施是否满足要求。

4. 整改措施

当发现该项目相关监督要点不满足时，应及时向运检部反映，及时联系相关厂家、运维检修人员处理。

2.1.10　退役报废阶段

1. 换流阀技术鉴定监督要点及监督依据（见表 2-2-57）

表 2-2-57　　　　　　　　　退役报废阶段换流阀技术鉴定监督

监督要点	监督依据
1. 电网一次设备进行报废处理，应满足以下条件之一：① 国家规定强制淘汰报废；② 设备厂家无法提供关键零部件供应，无备品备件供应，不能修复，无法使用；③ 运行日久，其主要结构、机件陈旧，损坏严重，经大修、技术改造仍不能满足安全生产要求；④ 退役设备虽然能修复但费用太大，修复后可使用的年限不长，效率不高，在经济上不可行；⑤ 腐蚀严重，继续使用存在事故隐患，且无法修复；⑥ 退役设备无再利用价值或再利用价值小；⑦ 严重污染环境，无法治治；⑧ 技术落后不能满足生产需要；⑨ 存在严重质量问题不能继续运行；⑩ 因运营方式改变全部或部分拆除，且无法再安装使用；⑪ 遭受自然灾害或突发意外事故，导致毁损，无法修复。 2. 当换流阀及其附属设备严重老化；事故损坏严重无法修复；换流阀容量不满足电网要求；或换流阀损耗过大且主要零部件缺陷较多时，换流阀可申请更新和改造。并根据技术和经济的综合分析，决定换流阀的报废	1.《电网一次设备报废技术评估导则》（Q/GDW 11772—2017）4。 2.《高压直流输电换流阀运行规范》（Q/GDW 492—2010）12

2. 监督项目解析

换流阀的报废必须满足技术鉴定，过早报废将造成资源浪费。

3. 监督要求

采取现场检查或查阅资料的方式，检查换流阀是否满足报废条件。

4. 整改措施

当技术监督人员查阅资料发现设备不满足技术鉴定时，应及时向设备运维管理单位提出要求，重新评估换流阀是否满足技术鉴定。

2.2　换流阀冷却系统

2.2.1　规划可研阶段

2.2.1.1　设备使用条件

1. 监督要点及监督依据

规划可研阶段换流阀冷却系统设备使用条件监督要点及监督依据见表 2-2-58。

表 2-2-58　　　　　　　　　　　　　规划可研阶段换流阀冷却系统设备使用条件监督

监督要点	监督依据
阀水冷系统设备使用条件、环境适用性（海拔、污秽度、温度、抗振等）应满足要求	《高压直流输电换流阀冷却系统技术规范》（Q/GDW 1527—2015）中"4.2.1 使用条件 内冷却循环系统使用条件如下：a）阀厅温度为+5℃～+50℃，相对湿度不大于 60%（20℃±5℃时）；b）室内环境温度为+5℃～+40℃，相对湿度不大于 90%（20℃±5℃时）；c）内冷却系统补充水水质应满足 GB/T 12145 要求，电导率应小于 10μS/cm，pH 值介于 6.5～8.0 之间。4.3.1.1 外水冷系统使用条件：a）外水冷设备使用环境温度为-40℃～+45℃；b）喷淋水的补充水总硬度、浊度、碱度、pH 值、菌群总数、色度、氯化物、硫酸盐、溶解性总固体、消毒剂、铁、锰等含量应满足 GB 5749 要求"

2. 监督项目解析

设备使用条件是规划可研阶段重要的技术监督项目。

因运行环境为换流阀冷却系统的基础条件，如不满足环境要求且未采取相应补偿措施时，可能对系统运行造成影响，改造难度大。

换流阀冷却系统包括旋转电动机和水回路系统，对海拔、环境温度、污秽度有一定的要求。阀内冷系统的主循环泵一般功率较大，如振动较大会影响其运行，因此对设备的抗振性能有一定的要求。

3. 监督要求

开展该项目监督时，可查阅电网发展规划、污区分布图、可研报告及可研审查意见，对其中涉及系统运行环境的部分重点核对，查看是否满足要求。

4. 整改措施

当发现该项目相关监督要点不满足时，应及时修改工程可研报告或向相关职能部门提出改进建议。

2.2.1.2　设备参数选择

1. 监督要点及监督依据

规划可研阶段换流阀冷却系统设备参数选择监督要点及监督依据见表 2-2-59。

表 2-2-59　　　　　　　　　　　　　规划可研阶段换流阀冷却系统设备参数选择监督

监督要点	监督依据
阀水冷系统设备系统参数应满足换流阀温度、压力、流量、冷却容量等参数要求	《高压直流输电换流阀冷却系统技术规范》（Q/GDW 1527—2015）附录 D 阀冷却系统设计报告及选型参数要求

2. 监督项目解析

设备参数选择是规划可研阶段最重要的技术监督项目之一。

因换流阀冷却系统是与换流阀进行热交换达到为换流阀降温的目的，在规划可研阶段应对换流阀冷却系统的性能参数提出要求，使其满足换流阀正常运行时的冷却能力。设备的参数选择是关系到是否可以完全满足换流站冷却系统冷却能力的一项重要参数，只有当采用了正确、合理的设备参数，才能将处于理论设计、选型阶段的模型落到实处。

因系统运行参数为系统能否正常运行的重要条件，如规划期间对参数性能规划失误，将直接影响投运后系统的运行情况和冷却能力。

3. 监督要求

开展该项目监督时，可采用查阅可研报告、可研审查意见的方式，查看设备参数是否满足要求。

4. 整改措施

一旦发现此类问题，须对项目科研单位、产品设计及生产单位提供的勘察报告、数据分析报告、计算报告重新进行复核，并参照项目国家标准、企业标准进行逐条对照，不满足的条款必须重新修改设计、选型方案，直至完整满足设备要求。

2.2.1.3　内冷水水质要求合理性

1. 监督要点及监督依据

规划可研阶段换流阀冷却系统内冷水水质要求合理性监督要点及监督依据见表 2-2-60。

表 2-2-60　　　　　　规划可研阶段换流阀冷却系统内冷水水质要求合理性监督

监督要点	监督依据
内、外冷水水质满足换流阀要求：内冷水为纯净水（可视需要按比例混合乙二醇作为防冻液），pH 值为 6.5～8.5，电导率不大于 0.5μS/cm（25℃），溶解氧不大于 200μg/L，铝离子不大于 2μg/L；外冷水 pH 值为 6.8～9.0，浊度不大于 10NTU，硬度（以碳酸钙计）不大于 200mg/L，化学耗氧量不大于 100mg/L；去离子水电导率小于 0.3μS/cm。内冷补充水电导率不大于 5.0μS/cm，pH 值为 6.5～8.5	《高压直流输电换流阀水冷却设备》（GB/T 30425—2013）中"6.1.2 内冷却水的水质　内冷水为纯水，pH 值为 6.5～8.5；内冷补充水电导率小于 5.0μS/cm，内冷水电导率小于 0.5μS/cm，去离子水电导率小于 0.3μS/cm。"《高压直流输电换流阀冷却水运行管理导则》（DL/T 1716—2017）

2. 监督项目解析

内冷水水质要求合理性是规划可研阶段最重要的技术监督项目之一。

因对内冷水要求非常严格，如无相关水质水源提供，在应急抢修时将无法及时提供内冷补充水，可能导致抢修工期拖延。

如换流阀内冷系统水质要求不合格，如电导率过高，可能在流经阀组件时在高电压的作用下离子导通造成击穿，影响设备安全。因此，在规划可研阶段应确认当地有能满足系统要求的纯净水源提供。

3. 监督要求

开展该项目监督时，可采用查阅可研报告、可研审查意见的方式，查看内冷水水质是否满足要求。

4. 整改措施

当发现该项目相关监督要点不满足时，应及时查询可提供符合要求水质水源的地址，并对规划适当向水源近的地方偏移。

2.2.2　工程设计阶段

2.2.2.1　流量及压力保护设计

1. 监督要点及监督依据

工程设计阶段换流阀冷却系统流量及压力保护设计监督要点及监督依据见表 2-2-61。

表 2-2-61　　　　　　工程设计阶段换流阀冷却系统流量及压力保护设计监督

监督要点	监督依据
1. 主水流量保护投报警和跳闸。 2. 若配置了阀塔分支流量保护，应投报警。 3. 主循环泵在切换不成功时应能自动切回，整个过程的时间应小于流量低保护动作时间。切换时间的选择应恰当，防止切换过程中出现低流量保护误动作闭锁直流系统	《国家电网公司关于印发防止直流换流站单、双极强迫停运二十一项反事故措施的通知》（国家电网生〔2011〕961 号）3.2.2、11.1.1

2. 监督项目解析

流量及压力保护设计是工程设计阶段非常重要的技术监督项目。

换流阀冷却系统的保护系统直接关系到换流阀冷却系统控制逻辑能否正常运行，保护系统的持久可靠动作是控制系统正常工作的必要条件，工程设计阶段为规范阀内冷系统流量及压力保护的最后阶段，如此时不提出，保护功能出现偏差，则直接影响阀内冷设备正常运行。

3. 监督要求

开展该项目监督时，可采用查阅设备技术规范书、设计图纸等资料的方式，查看是否满足要求。

4. 整改措施

当发现该项目相关监督要点不满足时，应及时反馈工程设计部门，在相应设计规范里面增加对阀内水冷系统主水流量保护的性能及参数的要求。

2.2.2.2 液位保护设计

1. 监督要点及监督依据

工程设计阶段换流阀冷却系统液位保护设计监督要点及监督依据见表 2－2－62。

表 2－2－62　　　　工程设计阶段换流阀冷却系统液位保护设计监督

监督要点	监督依据
1. 膨胀罐水位保护投报警和跳闸。 2. 膨胀罐宜装设两套电容式液位传感器和一套磁翻板式液位传感器，用于液位保护和泄漏保护，按"三取二"原则	《国家电网公司关于印发防止直流换流站单、双极强迫停运二十一项反事故措施的通知》（国家电网生〔2011〕961 号）3.2.4.1、3.2.4.3

2. 监督项目解析

液位保护设计是设备工程设计阶段非常重要的技术监督项目。

换流阀冷却系统的保护系统直接关系到换流阀冷却系统控制逻辑能否正常运行，保护系统的持久可靠动作是控制系统正常工作的必要条件，工程设计阶段为规范阀内冷系统液位保护的最后阶段，如此时不提出，保护功能出现偏差，则直接影响阀内冷设备正常运行。

3. 监督要求

开展该项目监督时，可采用查阅设备技术规范书、设计图纸等资料的方式，查看是否满足要求。

4. 整改措施

当发现该项目相关监督要点不满足时，应及时反馈设备设计部门，在相应设计规范里面增加对阀内水冷系统液位保护性能及参数的要求。

2.2.2.3 微分泄漏保护设计

1. 监督要点及监督依据

工程设计阶段换流阀冷却系统微分泄漏保护设计监督要点及监督依据见表 2－2－63。

2. 监督项目解析

微分泄漏保护设计是工程设计阶段非常重要的技术监督项目。

换流阀冷却系统的保护系统直接关系到换流阀冷却系统控制逻辑能否正常运行，保护系统的持久可靠动作是控制系统正常工作的必要条件，工程设计阶段为规范阀内冷系统微分泄漏保护的最后阶段，如此时不提出，保护功能出现偏差，则直接影响阀内冷设备正常运行。

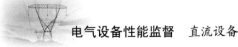

表 2-2-63   工程设计阶段换流阀冷却系统微分泄漏保护设计监督

监督要点	监督依据
1. 微分泄漏保护投报警和跳闸，24h 泄漏保护仅投报警。 2. 对于采取内冷水内外循环运行方式的系统，在内外循环方式切换时应退出泄漏保护，并设置适当延时，防止膨胀罐水位在内外循环切换时发生变化导致泄漏保护误动。 3. 阀内冷水系统内外循环设计应结合地区特点，年最低温度高于 0℃的地区，宜取消内循环运行方式。 4. 膨胀罐液位变化定值和延时设置应有足够裕度，能躲过最大温度、传输功率变化及内外循环切换等引起的水位波动，防止水位正常变化导致保护误动。 5. 微分泄漏保护采集装设在膨胀罐中的电容式液位传感器的液位，采样和计算周期不应大于 2s，当液位下降超过换流阀泄漏允许值时，延时闭锁直流并停运主泵。 6. 在阀内冷水系统手动补水和排水期间，应退出泄漏保护功能，防止保护误动	1～4.《国家电网公司关于印发防止直流换流站单、双极强迫停运二十一项反事故措施的通知》（国家电网生〔2011〕961 号）中"3.2.3 泄漏保护（1）微分泄漏保护投报警和跳闸，24h 泄漏保护仅投报警。（2）对于采取内冷水内外循环运行方式的系统，在内外循环方式切换时应退出泄漏保护，并设置适当延时，防止膨胀罐水位在内外循环切换时发生变化导致泄漏保护误动。（3）阀内冷水系统内外循环设计应结合地区特点，年最低温度高于 0℃的地区，宜取消内循环运行方式。（4）温度、传输功率变化及内外循环切换等引起的水位波动，防止水位正常变化导致保护误动。" 5.《换流阀冷却系统保护技术规范（试行）》（国家电网生输电〔2009〕203 号）中"2.3.5.1 微分泄漏保护采集装设在膨胀罐中的两个电容式液位传感器的液位，采样和计算周期不应大于 2s，当液位下降超过换流阀泄漏允许值时，延时闭锁直流并停运主泵。" 6.《国家电网公司关于印发防止直流换流站单、双极强迫停运二十一项反事故措施的通知》（国家电网生〔2011〕961 号）中"3.5.1 在阀内冷水系统手动补水和排水期间，应退出泄漏保护，防止保护误动"

3. 监督要求

开展该项目监督时，可采用查阅设备技术规范书、设计图纸等资料的方式，查看是否满足要求。

4. 整改措施

当发现该项目相关监督要点不满足时，应及时反馈工程设计部门，在相应设计规范里面增加对阀内水冷系统泄漏保护参数及性能配置的要求。

2.2.2.4 主循环泵设计

1. 监督要点及监督依据

工程设计阶段换流阀冷却系统主循环泵设计监督要点及监督依据见表 2-2-64。

表 2-2-64   工程设计阶段换流阀冷却系统主循环泵设计监督

监督要点	监督依据
1. 主循环泵供电电源空气开关应配置电流速断和反时限过负荷保护，其定值应躲过主循环泵的启动电流。 2. 主循环泵电动机可装设热敏电阻并构成过热监视，只报警。 3. 主循环泵应装设轴封漏水检测装置，可向远方发送报警信号，提醒运行人员检查处理。 4. 一台主循环泵故障时应切换到另一主循环泵且发出报警信号。两台主循环泵都故障时不必直接闭锁直流，可由流量低保护闭锁直流	《高压直流输电换流阀冷却系统技术规范》（Q/GDW1527—2015）中"5.5.3.6 主泵保护 c）主泵供电电源空气开关应配置电流速断和反时限过负荷保护，其定值应躲过主泵的启动电流。d）主泵电机可装设热敏电阻并构成过热监视，只报警。e）主泵应装设轴封漏水检测装置，可向远方发送报警信号，提醒运行人员检查处理。f）一台主泵故障时应切换到另一主泵且发出报警信号。两台主泵都故障时不必直接闭锁直流，可由流量低保护闭锁直流"

2. 监督项目解析

主循环泵设计是工程设计阶段重要的技术监督项目。

主循环泵是阀内冷系统的动力装置，其稳定运行是阀内冷系统正常运行的基本条件。主循环泵配置的相应保护应在工程设计阶段进行规范，防止设备到货时主循环泵的保护不满足运行要求。一旦主循环泵保护不满足要求，系统运行会出现不稳定因素，应及时避免此类情况发生。

因主循环泵的保护配置直接影响主循环泵运行情况，也直接影响阀内冷系统运行的稳定性，所以主循环泵保护是阀内冷系统的重要保护配置。

3. 监督要求

开展该项目监督时，可采用查阅设备技术规范书、设计图纸等资料的方式，查看是否满足要求。

4. 整改措施

当发现该项目相关监督点不满足时，应及时反馈工程设计部门，在相应设计规范里面增加对阀内水冷系统主循环泵保护参数及性能配置的要求。

2.2.2.5 控制系统电源设计

1. 监督要点及监督依据

工程设计阶段换流阀冷却系统控制系统电源设计监督要点及监督依据见表 2-2-65。

表 2-2-65　　　　　　工程设计阶段换流阀冷却系统控制系统电源设计监督

监督要点	监督依据
1. 两套保护装置的测量回路、运算部件、出口回路以及电源回路应完全独立，防止单套系统或元件故障导致系统保护误动。 2. 内冷水保护装置及各传感器电源应由两套电源同时供电，任一电源失电不影响保护及传感器的稳定运行	1.《高压直流输电换流阀冷却系统技术规范》（Q/GDW 1527—2015）中"6.8 防误动和防拒动措施 b）两套保护装置的测量回路、运算部件、出口回路以及电源回路应完全独立，防止单套系统或元件故障导致系统保护误动。" 2.《国家电网公司关于印发防止直流换流站单、双极强迫停运二十一项反事故措施的通知》（国家电网生〔2011〕961 号）中"3.1.3 内冷水保护装置及各传感器电源应由两套电源同时供电，任一电源失电不影响保护及传感器的稳定运行"

2. 监督项目解析

控制系统电源设计是工程设计阶段非常重要的技术监督项目。

换流阀冷却系统的电源是所有设备正常工作的最基本因素，如果不能保证供电的稳定，将无法进行基本的设备运行，更不能保证有效的冷却能力。

3. 监督要求

开展该项目监督时，可采用查阅设备技术规范书、设计图纸等资料的方式，查看是否满足要求。

4. 整改措施

当发现该项目相关监督要点不满足时，应及时反馈工程设计部门，在相应设计规范里面增加对阀控系统电源配置及性能配置的要求。

2.2.2.6 功能设计

1. 监督要点及监督依据

工程设计阶段换流阀冷却系统功能设计监督要点及监督依据见表 2-2-66。

表 2-2-66　　　　　　工程设计阶段换流阀冷却系统功能设计监督

监督要点	监督依据
1. 作用于跳闸的内冷水传感器应按照三套独立冗余配置，每个系统的内冷水保护对传感器采集量按照"三取二"原则出口；当一套传感器故障时，出口采用"二取一"逻辑；当两套传感器故障时，出口采用"一取一"逻辑出口。 2. 内冷水主循环泵电源馈线空气开关应专用，禁止连接其他负荷。同一极（或阀组）相互备用的两台内冷水主循环泵电源应取自不同母线。阀外水冷系统喷淋泵、冷却风扇的两路电源应取自不同母线，且相互独立，不应有共用元件。禁止将阀外风冷系统的全部风扇电源设计在一条母线上。 3. 阀内水冷系统应满足换流阀对水质、水压、流量及水温的要求。冷却介质的出阀温度和进阀温度应根据换流阀冷却系统的现场运行环境温度及换流阀的要求温度进行确定，且应采取避免凝露的措施	1~2.《国家电网公司关于印发防止直流换流站单、双极强迫停运二十一项反事故措施的通知》（国家电网生〔2011〕961 号）中"3.1.1 作用于跳闸的内冷水传感器应按照三套独立冗余配置，每个系统的内冷水保护对传感器采集量按照'三取二'原则出口；当一套传感器故障时，出口采用'二取一'逻辑；当两套传感器故障时，出口采用'一取一'逻辑出口。9.1.3 内冷水主泵电源馈线空气开关应专用，禁止连接其他负荷。同一极相互备用的两台内冷水泵电源应取自不同母线。"《国家电网有限公司关于印发十八项电网重大反事故措施（修订版）的通知》（国家电网设备〔2018〕979 号）中"8.1.1.9 同一极（或阀组）相互备用的两台内冷水主泵电源应取自不同母线。外水冷系统喷淋泵、冷却风扇的两路电源应取自不同母线，且相互独立，不应有共用元件。禁止将外风冷系统的全部风扇电源设计在一条母线上。" 3.《高压直流输电换流阀冷却系统技术规范》（Q/GDW 1527—2015）中"4.2.2 冷却系统总体要求 b）内冷却系统应满足换流阀对水质、水压、流量及水温的要求。冷却介质的出阀温度和进阀温度应根据阀冷却系统的现场运行环境温度及换流阀的要求温度进行确定，且应采取避免凝露的措施"

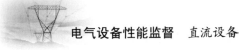

2. 监督项目解析

功能设计是工程设计阶段非常重要的技术监督项目。

为了让阀冷却系统能够正确发出保护指令，故参与跳闸传感器需三重化配置，且需采用"三取二"的出口方式执行。

温度保护是阀内水冷系统重要的保护，其可靠性直接影响系统的控制、保护的准确。如温度保护不按"三取二"逻辑进行，传感器故障时影响增大，无法保证系统的稳定运行。

3. 监督要求

开展该项目监督时，可采用查阅设备技术规范书、设计图纸等资料的方式，查看是否满足要求。

4. 整改措施

当发现该项目相关监督要点不满足时，应及时反馈设备厂家重新进行设计与调试，并重新进行监督。

2.2.2.7　温度保护设计

1. 监督要点及监督依据

工程设计阶段换流阀冷却系统温度保护设计监督要点及监督依据见表 2−2−67。

表 2−2−67　　　　　　工程设计阶段换流阀冷却系统温度保护设计监督

监督要点	监督依据
进水温度保护投报警和跳闸	《国家电网公司关于印发防止直流换流站单、双极强迫停运二十一项反事故措施的通知》（国家电网生〔2011〕961 号）3.2.1

2. 监督项目解析

温度保护设计是工程设计阶段非常重要的技术监督项目。

换流阀冷却系统的保护系统直接关系到换流阀冷却系统控制逻辑能否正常运行，保护系统的持久可靠动作是控制系统正常工作的必要条件，工程设计阶段为规范阀内冷系统温度保护的最后阶段，如此时不提出，保护功能出现偏差，则直接影响阀内冷设备正常运行。

3. 监督要求

开展该项目监督时，可采用查阅设备技术规范书、设计图纸等资料的方式，查看是否满足要求。

4. 整改措施

当发现该项目相关监督要点不满足时，应及时反馈工程设计部门，在相应设计规范里面增加对阀内冷系统温度保护参数及性能的要求。

2.2.2.8　电导率保护设计

1. 监督要点及监督依据

工程设计阶段换流阀冷却系统电导率保护设计监督要点及监督依据见表 2−2−68。

表 2−2−68　　　　　　工程设计阶段换流阀冷却系统电导率保护设计监督

监督要点	监督依据
电导率保护仅投报警	《国家电网公司关于印发防止直流换流站单、双极强迫停运二十一项反事故措施的通知》（国家电网生〔2011〕961 号）3.2.6

2. 监督项目解析

电导率保护设计是工程设计阶段重要的技术监督项目。

换流阀冷却系统的保护系统直接关系到换流阀冷却系统控制逻辑能否正常运行，保护系统的持久可靠动作是控制系统正常工作的必要条件，工程设计阶段为规范阀内冷系统电导率保护的最后阶段，如此时不提出，保护功能出现偏差，则直接影响阀内冷设备正常运行。

3. 监督要求

开展该项目监督时，可采用查阅设备技术规范书、设计图纸等资料的方式，查看是否满足要求。

4. 整改措施

当发现该项目相关监督要点不满足时，应及时反馈设备采购部门，在相应协议里面增加对阀内水冷系统电导率保护参数及性能配置的要求。

2.2.2.9　水池防水性能

1. 监督要点及监督依据

工程设计阶段换流阀冷却系统水池防水性能监督要点及监督依据见表 2-2-69。

表 2-2-69　　　　　工程设计阶段换流阀冷却系统水池防水性能监督

监督要点	监督依据
缓冲水池、盐池应考虑防渗水设计，防水工程完成后进行闭水试验	《国家电网公司关于印发防止直流换流站单、双极强迫停运二十一项反事故措施的通知》（国家电网生〔2011〕961 号）9.3.3

2. 监督项目解析

水池防水性能是工程设计阶段重要的技术监督项目。

水池防水性能直接关系到设备安全、人身安全，如果水池渗漏速度快，对地基冲刷严重，因此对设备防水性能要有要求。

3. 监督要求

开展该项目监督时，可采用查阅土建设计规范的方式，查看是否满足要求。

4. 整改措施

当发现该项目相关监督要点不满足时，应及时反馈设计部门，在相应协议里面增加对水池防水性能的要求。

2.2.2.10　主循环泵基础

1. 监督要点及监督依据

工程设计阶段换流阀冷却系统主循环泵基础监督要点及监督依据见表 2-2-70。

表 2-2-70　　　　　工程设计阶段换流阀冷却系统主循环泵基础监督

监督要点	监督依据
主循环泵及其电动机应固定在一个单独的铸铁或钢座上。主循环泵底座安装基础底面平整度应小于 3mm，混凝土厚度应不小于 600mm，主机底座与安装基础之间采用预埋铁焊接方式固定	《高压直流输电换流阀冷却系统技术规范》（Q/GDW 1527—2015）中"4.2.3 主循环泵技术要求 b）主循环泵及其电动机应固定在一个单独的铸铁或钢座上。主循环泵底座安装基础底面平整度应小于 3mm，混凝土厚度应不小于 600mm，主机底座与安装基础之间采用预埋铁焊接方式固定"

2. 监督项目解析

换流阀冷却系统中的主循环泵的基础将直接影响到阀冷却设备整体的稳定运行，主循环泵的运

行方式、切换逻辑等直接关系到阀内冷系统的冷却能力。所以，在工程设计阶段应明确此类设备的性能和设备参数。

主循环泵是阀内冷系统的动力系统，是最重要的设备之一。主循环泵的基础直接影响阀冷却设备的冷却能力，因此必须在工程设计阶段对其规范。

3. 监督要求

开展该项目监督时，可采用查阅设备技术规范书、设计图纸等资料的方式，查看是否满足要求。

4. 整改措施

当发现该项目相关监督要点不满足时，应反馈工程设计部门，在相应设计规范里面增加对主循环泵基础的要求。

2.2.3 设备采购阶段

2.2.3.1 去离子装置选型要求

1. 监督要点及监督依据

设备采购阶段换流阀冷却系统去离子装置选型要求监督要点及监督依据见表 2-2-71。

表 2-2-71　　　　　设备采购阶段换流阀冷却系统去离子装置选型要求监督

监督要点	监督依据
1. 每个离子交换器中的离子交换树脂应能满足至少一年的使用寿命。 2. 去离子回路应设置精密过滤器，其过滤精度应不大于 10μm。	《高压直流输电换流阀冷却系统技术规范》（Q/GDW 1527—2015）中"4.2.7 去离子回路技术要求 1. 每个离子交换器中的离子交换树脂应能满足至少一年的使用寿命。2. 去离子回路应设置精密过滤器，其过滤精度应不大于 10μm"

2. 监督项目解析

去离子装置选型合理性是设备采购阶段非常重要的技术监督项目。

换流阀冷却系统中去离子装置的合理选型将直接影响阀冷却设备整体的稳定运行，所以在设备采购阶段应明确此类设备的性能和设备参数。

因阀冷却设备的选型将直接关系到设备本身的产品质量，以及设备是否能够充分满足设计的要求，如不在设备采购阶段对其进行规范，则难以保证到场产品的性能。

3. 监督要求

开展该项目监督时，可采用查阅设备采购技术规范书、设备采购合同、技术协议等资料的方式，查看是否满足要求。

4. 整改措施

当发现该项目相关监督要点不满足时，应及时反馈设备采购部门，在相应协议里面增加对去离子装置的参数及功能的要求。

2.2.3.2 主循环泵及电动机选型要求

1. 监督要点及监督依据

设备采购阶段换流阀冷却系统主循环泵及电动机选型要求监督要点及监督依据见表 2-2-72。

表 2 – 2 – 72 设备采购阶段换流阀冷却系统主循环泵及电动机选型要求监督

监督要点	监督依据
1. 主循环泵应通过弹性联轴器和电动机相联，联轴器应设置防护装置。 2. 主循环泵电动机应具有过热检测功能。 3. 主循环泵电动机内部需配 PT100 绕组温度传感器。 4. 主循环泵应设置就地检修空气开关。 5. 主循环泵宜设计轴封漏水检测装置，及时检测轻微漏水。 6. 主循环泵前后应设置阀门，以便在不停运阀内冷系统时进行主循环泵故障检修	1～4.《高压直流输电换流阀冷却系统技术规范》（Q/GDW 1527—2015）中"4.2.3 主循环泵技术要求 c)主循环泵应通过弹性联轴器和电动机相联，联轴器应设置防护装置；i) 主循环泵电机应具有过热检测功能；m) 主循环泵电机内部需配备 PT100 绕组温度传感器；n) 主循环泵应设置就地检修空气开关。" 5～6.《国家电网公司关于印发防止直流换流站单、双极强迫停运二十一项反事故措施的通知》（国家电网生〔2011〕961 号）中"11.1.4 主泵宜设计轴封漏水检测装置，及时检测轻微漏水。11.1.5 主泵前后应设置阀门，以便在不停运阀内冷系统时进行主泵故障检修。"

2. 监督项目解析

主循环泵及电动机选型合理性是设备采购阶段非常重要的技术监督项目。

换流阀冷却系统中的主循环泵的合理选型将直接影响阀冷却设备整体的稳定运行，主循环泵的运行方式、切换逻辑等直接关系到阀内冷系统的冷却能力。所以，在设备采购阶段应明确此类设备的性能和设备参数。

主循环泵是阀内冷系统的动力系统，是最重要的设备之一。主循环泵的运行方式及逻辑直接影响阀冷却设备的冷却能力，因此必须在设备采购阶段对其规范。

3. 监督要求

开展该项目监督时，可采用查阅设备采购技术规范书、设备采购合同、技术协议等资料的方式，查看是否满足要求。

4. 整改措施

当发现该项目相关监督要点不满足时，应及时反馈设备采购部门，在相应协议里面增加对主循环泵参数及功能的要求。

2.2.3.3 稳压系统选型合理性

1. 监督要点及监督依据

设备采购阶段换流阀冷却系统稳压系统选型合理性监督要点及监督依据见表 2 – 2 – 73。

表 2 – 2 – 73 设备采购阶段换流阀冷却系统稳压系统选型合理性监督

监督要点	监督依据
膨胀罐或高位水箱均应配置三台电容式液位计和一台具有就地指示功能的磁翻板式液位计	《高压直流输电换流阀冷却系统技术规范》（Q/GDW 1527—2015）中"4.2.6 稳压系统技术要求 1.膨胀罐或高位水箱均应配置三台电容式液位计和一台具有就地指示功能的磁翻板式液位计。"

2. 监督项目解析

稳压系统选型合理性是设备采购阶段重要的技术监督项目。

换流阀冷却系统中稳压系统的合理选型将直接影响阀冷却设备整体的稳定运行，所以在设备采购阶段应明确此类设备的性能和设备参数。

因阀冷却设备的选型将直接关系到设备本身的产品质量，以及设备是否能够充分满足设计的要求，如不在设备采购阶段对其进行规范，则难以保证到场产品的性能。

3. 监督要求

开展该项目监督时，可采用查阅设备采购技术规范书、设备采购合同、技术协议等资料的方式，查看是否满足要求。

4. 整改措施

当发现该项目相关监督要点不满足时，应及时反馈设备采购部门，在相应协议里面增加对稳压系统的参数及功能的要求。

2.2.3.4 冷却塔选型要求

1. 监督要点及监督依据

设备采购阶段换流阀冷却系统冷却塔选型要求监督要点及监督依据见表 2−2−74。

表 2−2−74　　　　设备采购阶段换流阀冷却系统冷却塔选型要求监督

监督要点	监督依据
1. 冷却塔的布置应通风良好，远离高温或有害气体，避免飘逸水和蒸发水对环境和电气设备的影响。 2. 冷却塔综合噪声应不大于 80dB（A）	《高压直流输电换流阀冷却系统技术规范》（Q/GDW 1527—2015）中"4.3 外冷却系统技术要求 1. 冷却塔的布置应通风良好，远离高温或有害气体，避免飘逸水和蒸发水对环境和电气设备的影响。2. 冷却塔综合噪声应不大于 80dB（A）。"

2. 监督项目解析

阀外水冷系统选型合理性是设备采购阶段重要的技术监督项目。

换流阀冷却系统中阀外水冷设备的合理选型将直接影响阀冷却设备整体的稳定运行，所以在设备采购阶段应明确此类设备的性能和设备参数。

因阀冷却设备的选型将直接关系到设备本身的产品质量，以及设备是否能够充分满足设计的要求，如不在设备采购阶段对其进行规范，则难以保证到场产品的性能。

3. 监督要求

开展该项目监督时，可采用查阅设备采购技术规范书、设备采购合同、技术协议等资料的方式，查看是否满足要求。

4. 整改措施

当发现该项目相关监督要点不满足时，应及时反馈设备采购部门，在相应协议里面增加对阀外水冷设备的参数及功能的要求。

2.2.3.5 阀外风冷设备选型要求

1. 监督要点及监督依据

设备采购阶段换流阀冷却系统阀外风冷设备选型要求监督要点及监督依据见表 2−2−75。

表 2−2−75　　　　设备采购阶段换流阀冷却系统阀外风冷设备选型要求监督

监督要点	监督依据
1. 空气冷却器管束数量应在满足换流阀额定冷却容量的基础上进行 $N+1$ 设计，即：N 管束可满足换流阀额定冷却容量的要求，$N+1$ 台管束投入使用时总冷却容量的裕度应在 20%以上（含污垢修正）。 2. 空气冷却器管束基管应采用 AISI 304L 及以上等级不锈钢材质。 3. 空气冷却器管束设计压力应不小于 1.6MPa。 4. 空气冷却器管束设计应便于将管束内的水顺利放空	《高压直流输电换流阀冷却系统技术规范》（Q/GDW 1527—2015）中"4.3.2.3.2 外冷却系统技术要求 1.空冷器管束数量应在满足换流阀额定冷却容量的基础上进行 $N+1$ 设计，即：N 管束可满足换流阀额定冷却容量的要求，$N+1$ 管束投入使用时总冷却容量的裕度应在 20%以上（含污垢修正）。2.空冷器管束基管应采用 AISI 304L 及以上等级不锈钢材质。3.空冷器管束设计压力应不小于 1.6MPa。4.空冷器管束设计应便于将管束内的水顺利放空。"

2. 监督项目解析

阀外风冷设备选型合理性是设备采购阶段重要的技术监督项目。

换流阀冷却系统中阀外风冷设备的合理选型将直接影响阀冷却设备整体的稳定运行，所以在设备采购阶段应明确此类设备的性能和设备参数。

因阀外风冷设备的选型将直接关系到设备本身的产品质量，以及设备是否能够充分满足设计的要求，如不在设备采购阶段对其进行规范，则难以保证到场产品的性能。

3. 监督要求

开展该项目监督时，可采用查阅设备采购技术规范书、设备采购合同、技术协议等资料的方式，查看是否满足要求。

4. 整改措施

当发现该项目相关监督要点不满足时，应及时反馈设备采购部门，在相应协议里面增加对阀外风冷设备的参数及功能的要求。

2.2.3.6 传感器

1. 监督要点及监督依据

设备采购阶段换流阀冷却系统传感器监督要点及监督依据见表 2－2－76。

表 2－2－76　　　　　　　　　设备采购阶段换流阀冷却系统传感器监督

监督要点	监督依据
1. 传感器应具有自检功能，当传感器故障或测量值超范围时能自动提前退出运行，不会导致保护误动。 2. 内冷水保护装置及各传感器电源应由两套电源同时供电，任一电源失电不影响保护及传感器的稳定运行	《国家电网公司关于印发防止直流换流站单、双极强迫停运二十一项反事故措施的通知》（国家电网生〔2011〕961 号）中"3.1 在设备采购阶段，应在设备规范书中明确如下要求：3.1.2 传感器应具有自检功能，当传感器故障或测量值超范围时能自动提前退出运行，不会导致保护误动。3.1.3 内冷水保护装置及各传感器电源应由两套电源同时供电，任一电源失电不影响保护及传感器的稳定运行。"

2. 监督项目解析

传感器是设备采购阶段非常重要的技术监督项目。

换流阀冷却系统的保护系统直接关系到换流阀冷却系统控制逻辑能否正常运行，保护系统的持久可靠动作是控制系统正常工作的必要条件，设备采购阶段为规范阀内冷系统保护传感器的最后阶段，如此时不提出，保护功能出现偏差，则直接影响阀内冷设备正常运行。

3. 监督要求

开展该项目监督时，可采用查阅设备采购技术规范书、设备采购合同、技术协议等资料的方式，查看是否满足要求。

4. 整改措施

当发现该项目相关监督要点不满足时，应及时反馈设备采购部门，在相应协议里面增加对保护装置及传感器性能及参数的要求。

2.2.3.7 主过滤器选型

1. 监督要点及监督依据

设备采购阶段换流阀冷却系统主过滤器选型监督要点及监督依据见表 2－2－77。

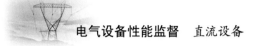

表 2-2-77　　　　　　　　　设备采购阶段换流阀冷却系统主过滤器选型监督

监督要点	监督依据
主过滤器过滤精度应不大于 100μm	《高压直流输电换流阀冷却系统技术规范》（Q/GDW 1527—2015）中"4.2.4 1.主过滤器过滤精度应不大于 100μm。"

2. 监督项目解析

主过滤器选型是设备采购阶段非常重要的技术监督项目。

换流阀冷却系统中的主过滤器的合理选型将直接影响阀冷却设备整体的稳定运行，所以在设备采购阶段应明确此类设备的性能和设备参数。

因阀冷却设备的选型将直接关系到设备本身的产品质量，以及设备是否能够充分满足设计的要求，如不在设备采购阶段对其进行规范，则难以保证到场产品的性能。

3. 监督要求

开展该项目监督时，可采用查阅设备采购技术规范书、设备采购合同、技术协议等资料的方式，查看是否满足要求。

4. 整改措施

当发现该项目相关监督要点不满足时，应及时反馈设备采购部门，在相应协议里面增加对主过滤器的参数及功能的要求。

2.2.3.8　主设备材料合理性

1. 监督要点及监督依据

设备采购阶段换流阀冷却系统主设备材料合理性监督要点及监督依据见表 2-2-78。

表 2-2-78　　　　　　设备采购阶段换流阀冷却系统主设备材料合理性监督

监督要点	监督依据
1. 阀冷却系统采用的是优质材料和先进工艺，并在各方面符合相关标准规定的质量、规格和性能。供应商应保证换流阀冷却系统在正确安装、正常操作和保养条件下，系统类设备使用寿命不少于 40 年，电气类使用寿命不少于 15 年，不包括易损件。 2. 阀冷却系统的罐体及管道均应采用厂内预制，金属焊接应按照《流体输送用不锈钢无缝钢管》（GB/T 14976—2012）中相关标准严格执行。 3. 接液材料应选择 AISI 304 及以上等级的材质.管道内外表面应无明显划痕、凹陷及砂眼等机械损伤	1.《高压直流输电换流阀冷却系统技术规范》（Q/GDW 1527—2015）中"8.1 质量及使用寿命　阀冷却系统采用的是优质材料和先进工艺，并在各方面符合相关标准规定的质量、规格和性能。供应商保证换流阀冷却系统在正确安装、正常操作和保养条件下，系统类设备使用寿命不少于 40 年，电气类使用寿命不少于 15 年，不包括易损件。" 2～3.《高压直流输电换流阀冷却系统技术规范》（Q/GDW 1527—2015）中"4.4 设备及管道要求　2. 阀冷却系统的罐体及管道均应采用厂内预制，金属焊接应按照 GB/T 14976 中相关标准严格执行。7. 接液材料应选择 AISI 304 及以上等级的材质。管道内外表面应无明显划痕、凹陷及砂眼等机械损伤。"

2. 监督项目解析

主设备材料是设备采购阶段重要的技术监督项目。

因换流阀冷却系统所使用的主要材料需保证设备长久可靠地稳定运行，还应保证在日常运行过程中的防锈、防腐等防护等级，所以需对主材的选料进行相应的规范。

因换流阀冷却系统所使用的主要材料直接决定了设备可靠运行的使用周期，及设备是否可以达到国家标准要求的相关防护等级，在设备采购阶段如不进行规定，则难以对材质进行掌控。

3. 监督要求

开展该项目监督时，可采用查阅设备采购技术规范书、设备采购合同、技术协议等资料的方式，查看是否满足要求。

4. 整改措施

当发现该项目相关监督要点不满足时，应及时反馈设备采购部门，在相应协议里面增加对主设备材料的要求。

2.2.4 设备制造阶段

2.2.4.1 设备及管道

1. 监督要点及监督依据

设备制造阶段换流阀冷却系统设备及管道监督要点及监督依据见表 2-2-79。

表 2-2-79 设备制造阶段换流阀冷却系统设备及管道监督

监督要点	监督依据
1. 阀冷却系统的罐体及管道均应采用厂内预制，金属焊接应按照《流体输送用不锈钢无缝钢管》（GB/T 14976—2012）中相关标准严格执行。 2. 预制后的管道组件连接时，不得采用强力对口。 3. 阀冷却系统罐体及管道装配中应保持内部洁净。 4. 阀冷却系统罐体及管道安装牢固，焊接平整，水平及垂直方向公差执行《工业金属管道工程施工规范》（GB 50235—2010）中的要求。 5. 应采用适当的防腐措施，避免与冷却水接触的各种材料中离子的过度析出，以保证循环冷却水的高纯度以及离子交换树脂的使用寿命。 6. 接液材料应选择 AISI 304 及以上等级的材质。管道内外表面应无明显划痕、凹陷及砂眼等机械损伤。 7. 设备及管道运到现场前应进行内部清洗，清洗完成后需及时密封管口；清洗后的金属表面应清洁，无残留氧化物、焊渣、二次锈蚀、点蚀及明显金属粗晶析出，设备上的阀门、仪表等不应受到损伤。 8. 设备及管道运到现场后应保持内部洁净	1～6.《高压直流输电换流阀冷却系统技术规范》（Q/GDW 1527—2015）中"4.4.1 罐体及管道加工、装配要求 a）阀冷却系统的罐体及管道均应采用厂内预制，金属焊接应按照 GB/T 14976 中相关标准严格执行；b）预制后的管道组件连接时，不得采用强力对口；c）阀冷却系统罐体及管道装配中应保持内部洁净；d）阀冷却系统罐体及管道安装牢固，焊接平整，水平及垂直方向公差执行 GB 50235 中的要求；e）应采用适当的防腐措施，避免与冷却水接触的各种材料中离子的过度析出，以保证循环冷却水的高纯度以及离子交换树脂的使用寿命；f）接液材料应选择 AISI 304 及以上等级的材质。管道内外表面应无明显划痕、凹陷及砂眼等机械损伤。" 7～8.《高压直流输电换流阀冷却系统技术规范》（Q/GDW 1527—2015）中"4.4.2 设备及管道清洗要求 a）设备及管道运到现场前应进行内部清洗，清洗完成后需及时密封管口；清洗后的金属表面应清洁，无残留氧化物、焊渣、二次锈蚀、点蚀及明显金属粗晶析出，设备上的阀门、仪表等不应受到损伤；b）设备及管道运到现场后应保持内部洁净。"

2. 监督项目解析

设备及管道是设备制造阶段非常重要的技术监督项目。

因换流阀冷却系统的设备及管道是阀冷却设备中的重要组成部分，承担了阀冷却系统换热能力的绝大部分工作，只有设备及管路正常工作，才能保证阀冷却设备整体运行的稳定。

3. 监督要求

开展该项目监督时，可采用查阅资料（设备技术规范书、图纸）的方式，查看是否满足要求。

4. 整改措施

当发现该项目相关监督要点不满足时，应及时反馈设备制造厂家，重新按照正确技术规范进行设计加工。

2.2.4.2 焊接及焊缝

1. 监督要点及监督依据

设备制造阶段换流阀冷却系统焊接及焊缝监督要点及监督依据见表 2-2-80。

表 2-2-80　　　　　　　　　　设备制造阶段换流阀冷却系统焊接及焊缝监督

监督要点	监督依据
1. 压力容器产品施焊前，受压元件焊缝、与受压元件相焊的焊缝、熔入永久焊缝内的定位焊缝、受压元件母材表面堆焊与补焊，以及上述焊缝的返修焊缝都应当进行焊接工艺评定或者有经评定合格的焊接工艺规程（WPS）支持。 2. 压力容器的焊接工艺评定应当符合《承压设备焊接工艺评定》（NB/T 47014—2011）的要求。 3. 焊接工艺评定技术档案应当保存至该工艺评定失效为止，焊接工艺评定试样应当保存 5 年	《固定式压力容器安全技术监察规程》（TSG 21—2016）中"4.2.1 焊接工艺评定 压力容器焊接工艺评定的要求如下：（1）压力容器产品施焊前，受压元件焊缝、与受压元件相焊的焊缝、熔入永久焊缝内的定位焊缝、受压元件母材表面堆焊与补焊，以及上述焊缝的返修焊缝都应当进行焊接工艺评定或者有经评定合格的焊接工艺规程（WPS）支持。（2）压力容器的焊接工艺评定应当符合 JB 4708《钢制压力容器焊接工艺评定》的要求。（3）焊接工艺评定技术档案应当保存至该工艺评定失效为止，焊接工艺评定试样应当保存 5 年。"

2. 监督项目解析

焊接及焊缝验收是设备制造阶段非常重要的技术监督项目。

因换流阀冷却系统的焊接及焊缝工艺是保证设备长久稳定运行的前提条件，只有保证设备的本身质量可靠，整套阀冷却设备的工作才能稳定。

3. 监督要求

开展该项目监督时，可采用查阅资料（设备技术规范书、图纸）的方式，查看是否满足要求。

4. 整改措施

当发现该项目相关监督要点不满足时，应及时反馈设备制造厂家，重新按照正确技术规范进行设计加工。

2.2.4.3　罐体及管道水压试验和气密性试验

1. 监督要点及监督依据

设备制造阶段换流阀冷却系统罐体及管道水压试验和气密性试验监督要点及监督依据见表 2-2-81。

表 2-2-81　　　设备制造阶段换流阀冷却系统罐体及管道水压试验和气密性试验监督

监督要点	监督依据
1. 换流阀冷却系统主要管道（换流阀外部）设计压力应不低于 1.0MPa，试验压力大于额定压力的 1.1～1.5 倍；保压 1h 设备及管路无破裂或渗漏水现象；对阀外冷系统热交换设备冷却塔或空气冷却器等设备单元，按钢制压力容器标准或相应的制造标准执行，但不低于水压试验的最低要求。 2. 对于采用气体密封的膨胀缓冲系统，应对膨胀缓冲系统设备进行密封性试验。施加正常工作压力的 1.15 倍气压保持 12h，在温度恒定的状态下压力变化应不大于初始气压的 5%	1.《高压直流输电换流阀冷却系统技术规范》（Q/GDW 1527—2015）中"7.2.4 a) 水压试验：阀冷却系统主要管道（换流阀外部）设计压力应不低于 1.0MPa，试验压力大于额定压力的 1.1～1.5 倍；保压 1h 设备及管路应无破裂或渗漏水现象（试验时，短接与换流阀塔对接处的管道）；对外冷系统热交换设备冷却塔或空冷器等设备单元，按钢制压力容器标准或相应的制造标准执行，但不低于本试验的最低要求。" 2.《高压直流输电换流阀冷却系统技术规范》（Q/GDW 1527—2015）中"7.2.4 b) 气密试验：对于采用气体密封的膨胀缓冲系统，应对膨胀缓冲系统设备进行密封性试验。施加正常工作压力的 1.15 倍气压保持 12h，在温度恒定的状态下压力变化应不大于初始气压的 5%。"

2. 监督项目解析

罐体及管道水压试验和气密性试验是设备制造阶段非常重要的技术监督项目。

因换流阀冷却系统的罐体及管道水压试验和气密性试验是验证设备管道密封性的重要手段，只有通过了罐体及管道水压试验和气密性试验，才能保证设备运行无渗漏。

3. 监督要求

开展该项目监督时，可采用查阅资料（设备技术规范书、图纸）的方式，查看是否满足要求。

4. 整改措施

当发现该项目相关监督要点不满足时，应及时反馈设备制造厂家，重新按照正确技术规范进行设计加工。

2.2.4.4 仪表及传感器

1. 监督要点及监督依据

设备制造阶段换流阀冷却系统仪表及传感器监督要点及监督依据见表 2-2-82。

表 2-2-82 　　　　　　　设备制造阶段换流阀冷却系统仪表及传感器监督

监督要点	监督依据
水冷却设备出厂前对所有压力、流量、温度、电导率、液位等仪表及传感器进行校验，并提供相关资质部门出具的校验合格证或报告	《高压直流输电换流阀冷却系统技术规范》（Q/GDW 527—2010）6.3.1

2. 监督项目解析

仪表及传感器是设备制造阶段非常重要的技术监督项目。

因换流阀冷却系统的仪表及传感器是阀冷系统中关键的信号采集者，只有保证仪表及传感器正常工作，整套阀冷系统才能稳定高效地运行。

3. 监督要求

开展该项目监督时，可采用查阅资料（设备技术规范书、图纸）的方式，查看是否满足要求。

4. 整改措施

当发现该项目相关监督要点不满足时，应及时反馈设备制造厂家，重新按照正确技术规范进行设计加工。

2.2.5 设备验收阶段

2.2.5.1 金属焊接工艺

1. 监督要点及监督依据

设备验收阶段换流阀冷却系统金属焊接工艺监督要点及监督依据见表 2-2-83。

表 2-2-83 　　　　　　　设备验收阶段换流阀冷却系统金属焊接工艺监督

监督要点	监督依据
1. 压力容器焊接工艺评定的要求如下： （1）压力容器产品施焊前，受压元件焊缝、与受压元件相焊的焊缝、熔入永久焊缝内的定位焊缝、受压元件母材表面堆焊与补焊，以及上述焊缝的返修焊缝都应当进行焊接工艺评定或者有经评定合格的焊接工艺规程（WPS）支持。 （2）压力容器的焊接工艺评定应当符合《承压设备焊接工艺评定》（NB/T 47014—2011）的要求。 2. 采用衍射时差法超声波检测的焊接接头，合格级别不低于 II 级	《固定式压力容器安全技术监察规程》（TSG 21—2016）中"4.2.1 焊接工艺评定　压力容器焊接工艺评定的要求如下：（1）压力容器产品施焊前，受压元件焊缝、与受压元件相焊的焊缝、熔入永久焊缝内的定位焊缝、受压元件母材表面堆焊与补焊，以及上述焊缝的返修焊缝都应当进行焊接工艺评定或者有经评定合格的焊接工艺规程（WPS）支持。（2）压力容器的焊接工艺评定应当符合 JB 4708《钢制压力容器焊接工艺评定》的要求。（4）采用衍射时差法超声波检测的焊接接头，合格级别不低于 II 级。"

2. 监督项目解析

金属焊接工艺是设备验收阶段重要的技术监督项目。

因换流阀冷却系统的焊接及焊缝工艺是保证设备设备长久稳定运行的前提条件，只有保证设备的本身质量可靠，整套阀冷却设备的工作才能稳定。

3. 监督要求

开展该项目监督时,可采用查阅资料(设备技术规范书、主循环泵性能试验大纲)的方式,查看是否满足要求。

4. 整改措施

当发现该项目相关监督要点不满足时,应及时反馈设备制造厂家,重新按照正确技术规范进行设备焊接加工。

2.2.5.2 主循环泵基础

1. 监督要点及监督依据

设备验收阶段换流阀冷却系统主循环泵基础监督要点及监督依据见表2-2-84。

表2-2-84 设备验收阶段换流阀冷却系统主循环泵基础监督

监督要点	监督依据
主循环泵及其电动机应固定在一个单独的铸铁或钢座上。主循环泵底座安装基础底面平整度应小于3mm,混凝土厚度应不小于600mm,主机底座与安装基础之间采用预埋铁焊接方式固定	《高压直流输电换流阀冷却系统技术规范》(Q/GDW 1527—2015)中"4.2.3 主循环泵技术要求 b)主循环泵及其电动机应固定在一个单独的铸铁或钢座上。主循环泵底座安装基础底面平整度应小于3mm,混凝土厚度应不小于600mm,主机底座与安装基础之间采用预埋铁焊接方式固定。"

2. 监督项目解析

主循环泵是设备验收阶段最重要的技术监督项目之一。

因换流阀冷却系统的主循环泵为整个阀冷却系统中最关键的部分,如果主循环泵设备存在问题,将直接影响整套阀冷却设备的稳定运行。

3. 监督要求

开展该项目监督时,可采用查阅资料(设备技术规范书、主循环泵性能试验大纲)的方式,查看是否满足要求。

4. 整改措施

当发现该项目相关监督要点不满足时,应及时反馈设备制造厂家,重新按照正确技术规范进行设计选型,并重新进行主循环泵验收。

2.2.6 设备安装阶段

2.2.6.1 设备接地施工

1. 监督要点及监督依据

设备安装阶段换流阀冷却系统设备接地施工监督要点及监督依据见表2-2-85。

表2-2-85 设备安装阶段换流阀冷却系统设备接地施工监督

监督要点	监督依据
1. 凡不属于主回路或辅助回路且需要接地的所有金属部分都应接地(如爬梯等)。 2. 外壳、构架等的相互电气连接宜采用紧固连接(如螺栓连接或焊接),以保证电气上连通	《导体和电器选择设计技术规定》(DL/T 5222—2005)12.0.14

2. 监督项目解析

设备接地施工是设备安装阶段重要的技术监督项目。

因设备接地可有效保护人身安全，在雷击或者其他原因造成金属设备带电时，可有效地将电流导入大地，起到保护作用。

换流阀冷却系统普遍采用金属材质，且外冷却设备大多属于露天设备，必须可靠有效接地，保证人身安全。

3. 监督要求

开展该项目监督时，可采用现场检查设备接地及螺栓连接的方式，查看是否满足要求。

4. 整改措施

当发现该项目相关监督要点不满足时，应追究施工方是否未按厂家要求接地，以及厂家是否提供足够的接地说明，现场整改。

2.2.6.2　控制柜及动力柜

1. 监督要点及监督依据

设备安装阶段换流阀冷却系统控制柜及动力柜监督要点及监督依据见表 2-2-86。

表 2-2-86　　　　　　　设备安装阶段换流阀冷却系统控制柜及动力柜监督

监督要点	监督依据
应按照全寿命周期管理的要求，根据线路输送容量、系统运行条件、电缆路径、敷设方式和环境等合理选择电缆和附件结构型式	《国家电网有限公司关于印发十八项电网重大反事故措施（修订版）的通知》（国家电网设备〔2018〕979 号）中"13.1.1.1 应按照全寿命周期管理的要求，根据线路输送容量、系统运行条件、电缆路径、敷设方式和环境等合理选择电缆和附件结构型式。"

2. 监督项目解析

控制柜及动力柜是设备安装阶段最重要的技术监督项目之一。

换流阀冷却系统室外设备大多处于露天位置，且闭式冷却塔内本身环境潮湿；为满足检修需要，室外风机电动机装置会在室外就地设置电动机安全开关，其接线盒应满足该条款要求，否则可能会造成控制误动或者设备失电。

3. 监督要求

开展该项目监督时，可采用现场检查动力柜电缆敷设及附件结构的方式，查看是否满足要求。

4. 整改措施

现场检查如果发现接线方式不符合该项目相关监督要点，应要求厂家和施工方及时整改，提交符合规范的接线方式。

2.2.6.3　传感器

1. 监督要点及监督依据

设备安装阶段换流阀冷却系统传感器监督要点及监督依据见表 2-2-87。

2. 监督项目解析

水冷装置传感器及安全阀校验是设备安装阶段重要的技术监督项目。

传感器需要具备自检功能，传感器异常后控制系统能及时退出异常传感器保护。传感器的装设位置和安装工艺应便于维护，以便传感器异常后及时在线更换。

传感器作为换流阀冷却系统信号、数据的采集装置，其工作稳定性、工作灵敏度等应满足系统要求。如传感器不满足要求，且无法自检并完成在线检修及更换，则难以保证传感器运行的稳定性，对系统运行造成影响。

表 2-2-87　　　　　　　　　　设备安装阶段换流阀冷却系统传感器监督

监督要点	监督依据
1. 传感器的测量精度应能满足保护的灵敏性要求。水冷保护应能及时检测到传感器或测量回路故障，并采取有效措施避免保护误动。 2. 传感器的装设位置和安装工艺应便于维护。仪表及变送器应与管道之间采取隔离措施，冷却塔出水温度等传感器应装设在阀厅外，满足故障后在线检修及更换的要求	《换流阀冷却系统保护技术规范》（国家电网公司生输电〔2009〕203）中"2.6 传感器 2.6.1 传感器的测量精度应能满足保护的灵敏性要求。水冷保护应能及时检测到传感器或测量回路故障，并采取有效措施避免保护误动。2.6.2 传感器的装设位置和安装工艺应便于维护。仪表及变送器应与管道之间采取隔离措施，冷却塔出水温度等传感器应装设在阀厅外，满足故障后在线检修及更换的要求。"

3. 监督要求

开展该项目监督时，可采用查阅传感器说明书、设备工艺图的方式，查看是否满足要求。

4. 整改措施

当发现该项目相关监督要点不满足时，应及时反馈设备厂家重新进行设计修改，重新进行监督。

2.2.6.4　冷却水管道压力性能

1. 监督要点及监督依据

设备安装阶段换流阀冷却系统冷却水管道压力性能监督要点及监督依据见表 2-2-88。

表 2-2-88　　　　　　设备安装阶段换流阀冷却系统冷却水管道压力性能监督

监督要点	监督依据
换流阀安装期间，阀塔内部各水管接头应用力矩扳手紧固，并做好标记。换流阀及阀冷系统安装完毕后应进行冷却水管道压力试验	《国家电网有限公司关于印发十八项电网重大反事故措施（修订版）的通知》（国家电网设备〔2018〕979 号）中"8.1.2.1 换流阀安装期间，阀塔内部各水管接头应用力矩扳手紧固，并做好标记。换流阀及阀冷系统安装完毕后应进行冷却水管道压力试验。"

2. 监督项目解析

冷却水管道压力性能是设备安装阶段重要的技术监督项目。

因换流阀冷却系统的管道压力性能是保证设备长久稳定运行的前提条件，只有保证设备的本身质量可靠，整套阀冷却设备的工作才能稳定。

3. 监督要求

开展该项目监督时，可采用现场检查并查阅试验记录的方式。

4. 整改措施

当发现该项目相关监督要点不满足时，应及时反馈设备厂家重新进行设计修改，重新进行监督。

2.2.6.5　水池防水性能

1. 监督要点及监督依据

设备安装阶段换流阀冷却系统水池防水性能监督要点及监督依据见表 2-2-89。

表 2-2-89　　　　　　　设备安装阶段换流阀冷却系统水池防水性能监督

监督要点	监督依据
缓冲水池、盐池应考虑防渗水设计，防水工程完成后进行闭水试验	《国家电网公司关于印发防止直流换流站单、双极强迫停运二十一项反事故措施的通知》（国家电网生〔2011〕961 号）9.3.3

2. 监督项目解析

水池防水性能是设备安装阶段重要的技术监督项目。

水池防水性能直接关系到设备安全、人身安全；如果水池渗漏速度快，对地基冲刷严重，因此对水池防水性能要有要求。

3. 监督要求

开展该项目监督时，可采用查阅土建设计规范的方式，查看是否满足要求。

4. 整改措施

当发现该项目相关监督要点不满足时，应及时反馈设计部门，在相应协议里面增加对水池防水性能的要求。

2.2.7 设备调试阶段

2.2.7.1 设备接地施工

1. 监督要点及监督依据

设备调试阶段换流阀冷却系统设备接地施工监督要点及监督依据见表 2-2-90。

表 2-2-90　　　　　　　　设备调试阶段换流阀冷却系统设备接地施工监督

监督要点	监督依据
1.凡不属于主回路或辅助回路且需要接地的所有金属部分都应接地（如爬梯等）。 2. 外壳、构架等的相互电气连接宜采用紧固连接（如螺栓连接或焊接），以保证电气上连通	《导体和电器选择设计技术规定》（DL/T 5222—2005）12.0.14

2. 监督项目解析

设备接地施工是设备调试阶段重要的技术监督项目。

因设备接地可有效保护人身安全，在雷击或者其他原因造成金属设备带电时，可有效地将电流导入大地，起到保护作用。

换流阀冷却系统普遍采用金属材质，且外冷却设备大多属于露天设备，必须可靠有效接地，保证人身安全。

3. 监督要求

开展该项目监督时，可采用现场检查设备接地及螺栓连接的方式，查看是否满足要求。

4. 整改措施

当发现该项目相关监督要点不满足时，应追究施工方是否未按厂家要求接地，以及厂家是否提供足够的接地说明，现场整改。

2.2.7.2 控制柜及动力柜

1. 监督要点及监督依据

设备调试阶段换流阀冷却系统控制柜及动力柜监督要点及监督依据见表 2-2-91。

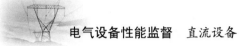

表 2-2-91　　　　　　　　设备调试阶段换流阀冷却系统控制柜及动力柜监督

监督要点	监督依据
应按照全寿命周期管理的要求，根据线路输送容量、系统运行条件、电缆路径、敷设方式和环境等合理选择电缆和附件结构型式	《国家电网有限公司关于印发十八项电网重大反事故措施（修订版）的通知》（国家电网设备〔2018〕979号）中"13.1.1.1 应按照全寿命周期管理的要求，根据线路输送容量、系统运行条件、电缆路径、敷设方式和环境等合理选择电缆和附件结构型式。"

2. 监督项目解析

控制柜及动力柜是设备调试阶段最重要的技术监督项目之一。

换流阀冷却系统室外设备大多处于露天位置，且闭式冷却塔内本身环境潮湿，为满足检修需要，室外风机电动机装置会在室外就地设置安全空气开关，其接线应满足该条款要求，否则可能会造成控制误动或者设备失电。

3. 监督要求

开展该项目监督时，可采用现场检查动力柜电缆敷设及附件结构的方式，查看是否满足要求。

4. 整改措施

现场检查如果发现接线方式不符合该项目相关监督要点，应要求厂家和施工方及时整改，提交符合规范的接线方式。

2.2.7.3　传感器

1. 监督要点及监督依据

设备调试阶段换流阀冷却系统传感器监督要点及监督依据见表 2-2-92。

表 2-2-92　　　　　　　　　设备调试阶段换流阀冷却系统传感器监督

监督要点	监督依据
1. 传感器的测量精度应能满足保护的灵敏性要求。水冷保护应能及时检测到传感器或测量回路故障，并采取有效措施避免保护误动。 　2. 传感器的装设位置和安装工艺应便于维护。仪表及变送器应与管道之间采取隔离措施，冷却塔出水温度等传感器应装设在阀厅外，满足故障后在线检修及更换的要求	《换流阀冷却系统保护技术规范》（国家电网公司生输电〔2009〕203）中"2.6 传感器 2.6.1 传感器的测量精度应能满足保护的灵敏性要求。水冷保护应能及时检测到传感器或测量回路故障，并采取有效措施避免保护误动。2.6.2 传感器的装设位置和安装工艺应便于维护。仪表及变送器应与管道之间采取隔离措施，冷却塔出水温度等传感器应装设在阀厅外，满足故障后在线检修及更换的要求。"

2. 监督项目解析

水冷装置传感器及安全阀校验是设备调试阶段重要的技术监督项目。

传感器需要具备自检功能，传感器异常后控制系统能及时退出异常传感器保护。传感器的装设位置和安装工艺应便于维护，以便传感器异常后及时在线更换。

传感器作为换流阀冷却系统信号、数据的采集装置，其工作稳定性、工作灵敏度等应满足系统要求。如传感器不满足要求，且无法自检并完成在线检修及更换，则难以保证传感器运行的稳定性，对系统运行造成影响。

3. 监督要求

开展该项目监督时，可采用查阅传感器说明书、设备工艺图的方式，查看是否满足要求。

4. 整改措施

当发现该项目相关监督要点不满足时，应及时反馈设备厂家重新进行设计修改，重新进行监督。

2.2.7.4 冷却水管道压力性能

1. 监督要点及监督依据

设备调试阶段换流阀冷却系统冷却水管道压力性能监督要点及监督依据见表 2-2-93。

表 2-2-93　　　　设备调试阶段换流阀冷却系统冷却水管道压力性能监督

监督要点	监督依据
换流阀安装期间,阀塔内部各水管接头应用力矩扳手紧固,并做好标记。换流阀及阀冷却系统安装完毕后应进行冷却水管道压力试验	《国家电网有限公司关于印发十八项电网重大反事故措施(修订版)的通知》(国家电网设备〔2018〕979 号)中"8.1.2.1 换流阀安装期间,阀塔内部各水管接头应用力矩扳手紧固,并做好标记。换流阀及阀冷系统安装完毕后应进行冷却水管道压力试验。"

2. 监督项目解析

冷却水管道压力性能是设备调试阶段重要的技术监督项目。

因换流阀冷却系统的管道压力性能是保证设备长久稳定运行的前提条件,只有保证设备的本身质量可靠,整套阀冷却设备的工作才能稳定。

3. 监督要求

开展该项目监督时,可采用现场检查并查阅试验记录的方式。

4. 整改措施

当发现该项目相关监督要点不满足时,应及时反馈设备厂家重新进行设计修改,重新进行监督。

2.2.7.5 水池防水性能

1. 监督要点及监督依据

设备调试阶段换流阀冷却系统水池防水性能监督要点及监督依据见表 2-2-94。

表 2-2-94　　　　设备调试阶段换流阀冷却系统水池防水性能监督

监督要点	监督依据
缓冲水池、盐池应考虑防渗水设计,防水工程完成后进行闭水试验	《国家电网公司关于印发防止直流换流站单、双极强迫停运二十一项反事故措施的通知》(国家电网生〔2011〕961 号)9.3.3

2. 监督项目解析

水池防水性能是设备调试阶段重要的技术监督项目。

水池防水性能直接关系到设备安全、人身安全,如果水池渗漏速度快,对地基冲刷严重,因此对水池防水性能要有要求。

3. 监督要求

开展该项目监督时,可采用查阅土建设计规范的方式,查看是否满足要求。

4. 整改措施

当发现该项目相关监督要点不满足时,应及时反馈设计部门,在相应协议里面增加对水池防水性能的要求。

2.2.8 竣工验收阶段

2.2.8.1 主循环泵

1. 监督要点及监督依据

竣工验收阶段换流阀冷却系统主循环泵监督要点及监督依据见表2-2-95。

表2-2-95　　　　　　　　竣工验收阶段换流阀冷却系统主循环泵监督

监督要点	监督依据
1. 主循环泵应冗余配置，并采用定期自动切换设计方案，在切换不成功时应能自动切回。切换时间的选择应恰当，防止切换过程中出现低流量保护误动作闭锁直流系统。 2. 主循环泵前后应设置阀门，以便在不停运阀内冷系统时进行主循环泵故障检修。 3. 水冷动力柜内主循环泵塑壳断路器保护应只配置速断和过负荷保护，不再配置过电流保护，保护的定值要能够躲过主循环泵切换过程中的冲击电流。 4. 内冷水主循环泵电源馈线开关应专用，禁止连接其他负荷。同一极相互备用的两台内冷水泵电源应取自不同母线。 5. 核查主循环泵塑壳断路器保护定值设置是否正确，主循环泵电源配置是否合理，主循环泵启动方式是否恰当	1.《国家电网公司关于印发防止直流换流站单、双极强迫停运二十一项反事故措施的通知》（国家电网生〔2011〕961号）中"11.防止内冷水主泵故障 11.1 在设备采购阶段，应在设备规范书中明确如下要求：11.1.1 主泵应冗余配置，并采用定期自动切换设计方案，在切换不成功时应能自动切回。切换时间的选择应恰当，防止切换过程中出现低流量保护误动作闭锁直流。" 2.《高压直流输电换流阀冷却系统技术规范》（Q/GDW 1527—2015）中"4.2.3 主循环泵技术要求 1）主泵前后应设置阀门，以便在不停运阀内冷系统时进行主泵故障检修。" 3.《国家电网公司关于印发防止直流换流站单、双极强迫停运二十一项反事故措施的通知》（国家电网生〔2011〕961号）中"11.2.1 水冷动力柜内主循环泵开关保护应只配置速断和过负荷保护，不再配置过流保护，保护的定值要能够躲过主泵切换过程中的冲击电流。" 4～5.《国家电网公司关于印发防止直流换流站单、双极强迫停运二十一项反事故措施的通知》（国家电网生〔2011〕961号）中"9.1.3 内冷水主泵电源馈线开关应专用，禁止连接其他负荷。同一极相互备用的两台内冷水泵电源应取自不同母线。11.3.1 核查主泵塑壳断路器保护定值设置是否正确，主泵电源配置是否合理，主泵启动方式是否恰当。"

2. 监督项目解析

主循环泵是竣工验收阶段最重要的技术监督项目之一。

因换流阀冷却系统的主循环泵稳定运行是阀冷却设备稳定运行的先决条件，主循环泵需满足苛刻条件下的运行要求。

主循环泵作为阀内水冷系统的动力设备，一旦配置不满足要求，将直接影响阀内水冷系统的运行。

3. 监督要求

开展该项目监督时，可采用查阅现场资料（自控试验报告、设备运行定值单、设备安装记录表）的方式，查看是否满足要求。

4. 整改措施

当发现该项目相关监督点不满足时，应及时反馈设备厂家重新进行设计修改，重新进行监督。

2.2.8.2 冷却塔

1. 监督要点及监督依据

竣工验收阶段换流阀冷却系统冷却塔监督要点及监督依据见表2-2-96。

2. 监督项目解析

冷却塔是竣工验收阶段重要的技术监督项目。

阀外冷系统中，冷却塔是外冷水的主要降温场所，冷却塔风扇电动机故障或进风不佳将导致降温效果变差，从而引发高温报警。

表 2 - 2 - 96 竣工验收阶段换流阀冷却系统冷却塔监督

监督要点	监督依据
1. 冷却塔风机可采用引风式或鼓风式结构形式。 2. 冷却塔的布置应通风良好，远离高温或有害气体，避免飘逸水和蒸发水对环境和电气设备的影响。 3. 冷却塔综合噪声应不大于 80dB（A）。 4. 冷却塔体壁板、集水盘、风筒应采用 AISI 304 及以上等级的耐腐蚀材料制造。 5. 壁板结合处均采用密封材料填实，以防止喷淋水渗出冷却塔体，且所有构件之间的连接应采用高强度不锈钢螺栓。 6. 冷却塔内部的设计应保证内冷盘管外壁和外冷喷淋管内壁清理淤泥方便	《高压直流输电换流阀冷却系统技术规范》（Q/GDW 1527—2015）中 "4.3.1.3.1 总体技术要求 a）冷却塔风机可采用引风式或鼓风式结构形式；b）冷却塔的布置应通风良好，远离高温或有害气体，避免飘逸水和蒸发水对环境和电气设备的影响；c）冷却塔综合噪声应不大于 80dB（A）；d）冷却塔体壁板、集水盘、风筒应采用 AISI 304 及以上等级的耐腐蚀材料制造；e）壁板结合处均采用密封材料填实，以防止喷淋水渗出冷却塔体，且所有构件之间的连接应采用高强度不锈钢螺栓；f）冷却塔内部的设计应保证内冷盘管外壁和外冷喷淋管内壁清理淤泥方便。"

3. 监督要求

开展该项目监督时，可采用查阅现场资料（自控试验报告、设备运行定值单、设备安装记录表）的方式，查看是否满足要求。

4. 整改措施

当发现该项目相关监督要点不满足时，应及时反馈设备厂家重新进行设计修改，重新进行监督。

2.2.8.3 喷淋泵

1. 监督要点及监督依据

竣工验收阶段换流阀冷却系统喷淋泵监督要点及监督依据见表 2 - 2 - 97。

表 2 - 2 - 97 竣工验收阶段换流阀冷却系统喷淋泵监督

监督要点	监督依据
1. 喷淋泵电动机的绝缘等级应不低于 F 级，防护等级应不低于 IP54。 2. 喷淋泵电动机功率应满足喷淋泵特性曲线上最大流量下的功率要求。 3. 喷淋泵的轴封应采用机械密封形式。 4. 喷淋泵叶轮应采用 AISI 316 及以上等级的耐腐蚀材料制造，叶轮的加工工艺应避免出现锈蚀现象。 5. 喷淋泵进出口应设置柔性接头。 6. 喷淋泵出口应具有压力监测功能。 7. 喷淋泵前后应设置阀门，以便在不停运阀外冷系统的情况下进行喷淋泵故障检修	《高压直流输电换流阀冷却系统技术规范》（Q/GDW 1527—2015）中 "4.3.1.4 喷淋泵技术要求 b）喷淋泵电机的绝缘等级应不低于 F 级，防护等级不低于 IP54；c）喷淋泵电机功率应满足喷淋泵特性曲线上最大流量下的功率要求；d）喷淋泵的轴封应采用机械密封形式；e）喷淋泵叶轮应采用 AISI 316 及以上等级的耐腐蚀材料制造，叶轮的加工工艺应避免出现锈蚀现象；f）喷淋泵进出口应设置柔性接头；g）喷淋泵出口应具有压力监测功能；h）喷淋泵前后应设置阀门，以便在不停运阀外冷却系统的情况下进行喷淋泵故障检修。"

2. 监督项目解析

喷淋泵是竣工验收阶段非常重要的技术监督项目。

阀外冷系统中，喷淋泵故障将导致喷头水量不足，从而降低散热效果。

3. 监督要求

开展该项目监督时，可采用查阅现场资料（自控试验报告、设备运行定值单、设备安装记录表）的方式，查看是否满足要求。

4. 整改措施

当发现该项目相关监督要点不满足时，应及时反馈设备厂家重新进行设计修改，重新进行监督。

2.2.8.4 保护逻辑

1. 监督要点及监督依据

竣工验收阶段换流阀冷却系统保护逻辑监督要点及监督依据见表 2 - 2 - 98。

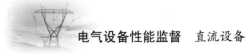

表 2－2－98　　　　　　　　　竣工验收阶段换流阀冷却系统保护逻辑监督

监督要点	监督依据
1. 作用于跳闸的内冷水传感器应按照三套独立冗余配置，每个系统的内冷水保护对传感器采集量按照"三取二"原则出口；当一套传感器故障时，出口采用"二取一"逻辑；当两套传感器故障时，出口采用"一取一"逻辑出口。 2. 感器应具有自检功能，当传感器故障或测量值超范围时能自动提前退出运行，不会导致保护误动。 3. 内冷水保护各传感器电源应由两套电源同时供电，任一电源失电不影响保护及传感器的稳定运行。 4. 仪表、传感器、变送器等测量元件的装设应便于维护，能满足故障后不停运直流而进行检修及更换的要求；阀进出口水温传感器应装设在阀厅外	《国家电网公司关于印发防止直流换流站单、双极强迫停运二十一项反事故措施的通知》（国家电网生〔2011〕961 号）中"3.1.1 作用于跳闸的内冷水传感器应按照三套独立冗余配置，每个系统的内冷水保护对传感器采集量按照'三取二'原则出口；当一套传感器故障时，出口采用'二取一'逻辑；当两套传感器故障时，出口采用'一取一'逻辑出口。3.1.2 传感器应具有自检功能，当传感器故障或测量值超范围时能自动提前退出运行，不会导致保护误动。3.1.3 内冷水保护装置及各传感器电源应由两套电源同时供电，任一电源失电不影响保护及传感器的稳定运行。3.1.4 仪表、传感器、变送器等测量元件的装设应便于维护，能满足故障后不停运直流而进行检修及更换的要求；阀进出口水温传感器应装设在阀厅外。"

2. 监督项目解析

阀内冷保护系统功能是竣工验收阶段最重要的技术监督项目之一。

阀内冷保护系统应具备可靠的防拒动和防误动措施，避免单一元件故障导致保护拒动或误动。

3. 监督要求

开展该项目监督时，可采用查阅现场资料（自控试验报告、设备运行定值单、设备安装记录表）的方式，查看是否满足要求。

4. 整改措施

当发现该项目相关监督点不满足时，应及时反馈设备厂家重新进行设计修改，重新进行监督。

2.2.8.5　电源检查

1. 监督要点及监督依据

竣工验收阶段换流阀冷却系统电源检查监督要点及监督依据见表 2－2－99。

表 2－2－99　　　　　　　　　竣工验收阶段换流阀冷却系统电源检查监督

监督要点	监督依据
检查主机和板卡电源冗余配置情况，并对主机和相关板卡、模块进行断电试验，验证电源供电可靠性	《国家电网公司关于印发防止直流换流站单、双极强迫停运二十一项反事故措施的通知》（国家电网生〔2011〕961 号）中"2.3.3 检查主机和板卡电源冗余配置情况，并对主机和相关板卡、模块进行断电试验，验证电源供电可靠性。"

2. 监督项目解析

电源配置是竣工验收阶段最重要的技术监督项目之一。

如果单段站用直流电源故障，将导致阀冷控制系统信号丢失，从而导致误动以及拒动。另外，单段站用直流电源故障，冗余主机以及板卡会因同挂一段电源下而均导致故障。

3. 监督要求

开展该项目监督时，可采用查阅现场资料（自控试验报告、设备运行定值单、设备安装记录表）的方式，查看是否满足要求。

4. 整改措施

当发现该项目相关监督点不满足时，应及时反馈设备厂家重新进行设计修改，重新进行监督。

2.2.9 运维检修阶段

2.2.9.1 阀冷却系统例行巡视

1. 监督要点及监督依据

运维检修阶段阀冷却系统例行巡视监督要点及监督依据见表 2-2-100。

表 2-2-100　　　　　　　　　　运维检修阶段阀冷却系统例行巡视监督

监督要点	监督依据
1. 阀冷却设备应配备可靠的自动监视和报警系统，设备运行期间指定专人监视，不满足条件的应适当增加对阀冷却设备的巡视次数。 2. 阀冷却系统应安装清晰准确的设备标识牌，包括完整的设备名称及编号。 3. 为确保夜间巡视安全，阀水冷系统室应具备完善的设备区域照明。 4. 运维管理单位应根据阀水冷设备的实际摆放位置和正常运行时的设备状态编制《阀水冷系统巡视作业指导书》，确定巡视项目及标准。 5. 巡视用具应合格、齐备，运行维护人员应清楚阀水冷系统的巡视路径和巡视要点，能熟练操作巡视中使用的各种仪器、设备	《国家电网公司高压直流输电换流阀冷却系统运行规范》（Q/GDW 528—2010）中 "6.1.1.4 a）阀冷却设备应配备可靠的自动监视和报警系统，设备运行期间指定专人监视，不满足条件的应适当增加对阀冷却设备的巡视次数。b）阀冷却系统应安装清晰准确的设备标识牌，包括完整的设备名称及编号。c）为确保夜间巡视安全，阀水冷系统室应具备完善的设备区域照明。d）运维管理单位应根据阀水冷设备的实际摆放位置和正常运行时的设备状态编制《阀水冷系统巡视作业指导书》，确定巡视项目及标准。e）巡视用具应合格、齐备，运行维护人员应清楚阀水冷系统的巡视路径和巡视要点，能熟练操作巡视中使用的各种仪器、设备。"

2. 监督项目解析

阀冷却系统例行巡视是运维检修阶段重要的技术监督项目。

阀冷却系统有各类旋转设备、传感器、阀门和管道，其运行状态是否有异常需要靠巡视来确认。在监督过程中应到现场检查设备运行状态。

换流阀冷却系统的部分状态无法在监控后台发现，需在现场巡视时进行检查。如果不对阀冷却设备进行例行巡视，可能无法及时发现设备的异常情况。因此应在监督时到现场对设备进行巡视，并检查设备巡视记录。

3. 监督要求

现场查阅设备巡视记录，对出现的报警、故障及处理情况进行记录。有条件的应到现场对阀冷却设备进行巡视。

4. 整改措施

如设备有异常，应第一时间通知运维人员到现场进行检查，判断异常情况，及时隔离异常设备，必要时停电处理。

2.2.9.2 缺陷管理

1. 监督要点及监督依据

运维检修阶段换流阀冷却系统缺陷管理监督要点及监督依据见表 2-2-101。

2. 监督项目解析

缺陷管理是运维检修阶段重要的技术监督项目。

阀冷却系统出现缺陷时，应及时针对缺陷类型进行分析、处理，并留存缺陷处理记录。技术监督过程中应对缺陷记录进行检查，统计缺陷类型、同类缺陷发生频次及处理情况等，及时对阀冷却系统的运行情况进行掌握。

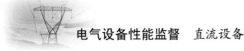

表2-2-101　　　　　　　　　运维检修阶段换流阀冷却系统缺陷管理监督

监督要点	监督依据
1. 执行上级部门颁布的设备缺陷管理相关制度标准及其他规范性文件。 2. 认真开展设备巡检、例行试验和诊断性试验，准确掌握设备的运行状况和健康水平，及时发现设备缺陷。 3. 及时、准确、完整地将设备缺陷信息录入生产管理信息系统，按规定时间完成流程的闭环管理。 4. 根据制订的消缺计划及时开展设备检修，消除设备缺陷；对临时性缺陷，具备处理条件的应及时进行消缺处理，不具备处理条件的应按照缺陷流程进行管理；对于消除的缺陷进行验收。 5. 进行缺陷的分析、收集、整理并上报。 6. 疑似家族缺陷信息收集、初步分析及上报，落实家族缺陷排查治理工作	《国家电网公司电网设备缺陷管理规定》[国网（运检/3）297—2014]中"第三章　第十八条　运检班组职责：（一）执行上级部门颁布的设备缺陷管理相关制度标准及其他规范性文件；（二）认真开展设备巡检、例行试验和诊断性试验，准确掌握设备的运行状况和健康水平，及时发现设备缺陷；（三）及时、准确、完整地将设备缺陷信息录入生产管理信息系统，按规定时间完成流程的闭环管理；（四）根据制订的消缺计划及时开展设备检修，消除设备缺陷；对临时性缺陷，具备处理条件的应及时进行消缺处理，不具备处理条件的应按照缺陷流程进行管理；对于消除的缺陷进行验收；（五）进行缺陷的分析、收集、整理并上报；（六）疑似家族缺陷信息收集、初步分析及上报，落实家族缺陷排查治理工作。"

换流阀冷却系统的缺陷处理应及时、准确，否则缺陷可能扩大，造成不可逆的严重后果。对缺陷的出现频次进行统计，也便于找出运行的薄弱点，方便进行改造处理。

3. 监督要求

现场查阅设备缺陷处理记录，对出现的各类缺陷及处理情况进行记录。对经常发生的同类缺陷类型做好统计，方便分析、治理。

4. 整改措施

如缺陷记录不完善，应要求运维管理单位提供具体的数据、报告等，并规范其缺陷记录格式。

2.2.9.3　状态检修

1. 监督要点及监督依据

运维检修阶段换流阀冷却系统状态检修监督要点及监督依据见表2-2-102。

表2-2-102　　　　　　　　　运维检修阶段换流阀冷却系统状态检修监督

监督要点	监督依据
1. 定期评价周期符合要求，评价报告完整准确。 2. 动态评价（新设备首次评价、缺陷评价、经历不良工况后评价、检修评价、家族缺陷评价、特殊时期专项评价）及时，报告完整准确。 3. 设备运行分析报告完整准确	1～2.《国家电网公司电网设备状态检修管理规定》[国网（运检/3）298—2014]第四章　第三十四条。 3.《国家电网公司高压直流输电换流阀冷却系统运行规范》（Q/GDW 528—2010）11.2

2. 监督项目解析

状态检修是运维检修阶段重要的技术监督项目。

阀冷却系统的状态检修可对设备运行的整体情况进行分析，掌握设备的健康状况，并对设备出现的小缺陷进行及时治理，有助于设备运行。

换流阀冷却系统的状态检修是对设备运行情况的分析，有助于下一次检修计划安排的制订。如不定期对设备进行状态评价，则难以掌控设备运行的整体情况，难以对设备的检修计划进行合理制订。

3. 监督要求

现场查阅设备状态检修记录及状态评价报告，对设备运行情况和运行状态进行记录和分析。

4. 整改措施

如设备状态检修资料不完善或周期不合适，应要求运维管理单位提供具体的数据、报告等，并规范其状态检修周期及数据记录。

2.2.9.4 反事故措施管理

1. 监督要点及监督依据

运维检修阶段换流阀冷却系统反事故措施管理监督要点及监督依据见表 2－2－103。

表 2－2－103 运维检修阶段换流阀冷却系统反事故措施管理监督

监督要点	监督依据
1. 在阀内冷水系统手动补水和排水期间，应退出泄漏保护，防止保护误动。 2. 应加强内冷水系统各类阀门管理，装设位置指示装置和阀门闭锁装置，防止人为误动阀门或者阀门在运行中受振动发生变位，引起保护误动。 3. 每年校准主循环泵与电动机同心度，避免长期振动造成主循环泵轴承损坏，造成内冷水系统泄漏保护动作。 4. 检修期间应对内冷水系统水管进行检查，发现水管接头松动、磨损、渗漏等异常要及时分析处理	1～3.《国家电网公司关于印发防止直流换流站单、双极强迫停运二十一项反事故措施的通知》（国家电网生〔2011〕961 号）中"3.2.3 泄漏保护（2）对于采取内冷水内外循环运行方式的系统，在内外循环方式切换时应退出泄漏保护，并设置适当延时，防止膨胀罐水位在内外循环切换时发生变化导致泄漏保护误动。3.5.2 应加强内冷水系统各类阀门管理，装设位置指示装置和阀门闭锁装置，防止人为误动阀门或者阀门在运行中受振动发生变位，引起保护误动。11.4.1 每年校准主泵与电机同心度，避免长期振动造成主泵轴承损坏，造成内冷水系统泄漏保护动作。" 4.《国家电网有限公司关于印发十八项电网重大反事故措施（修订版）的通知》（国家电网设备〔2018〕979 号）中"8.1 防止换流阀损坏事故 8.1.2.3 检修期间应对内冷水系统水管进行检查，发现水管接头松动、磨损、渗漏等异常要及时分析处理。"

2. 监督项目解析

反事故措施管理是运维检修阶段非常重要的技术监督项目。

阀冷却系统应严格按照国家电网有限公司下发的各类反事故措施细则进行管理、落实，保证设备不违反反事故措施，进而保证设备运行的稳定性。

换流阀冷却系统如不按反事故措施实施细则进行统一规范、管理，可能造成设备隐患，进而造成缺陷，威胁设备的运行。

3. 监督要求

现场查阅设备反事故措施落实记录及设备检修记录，对反事故措施执行情况进行记录。

4. 整改措施

如反事故措施管理资料不全面或未按要求进行反事故措施治理，应做好记录并要求运维单位整改。

2.2.9.5 仪表传感器

1. 监督要点及监督依据

运维检修阶段换流阀冷却系统仪表传感器监督要点及监督依据见表 2－2－104。

表 2－2－104 运维检修阶段换流阀冷却系统仪表传感器监督

监督要点	监督依据
1. 现场检测周期:1 年。 2. 专业检测周期阀冷保护仪表：3 年，或现场检测发现仪表误差过大时；阀冷监控仪表：6 年，或现场检测发现仪表误差过大时	《直流输电阀冷系统仪表检测导则》（DL/T 1582—2016）中"5.1.1 检测周期 a）现场检测：1 年；b）专业检测：阀冷保护仪表：3 年，或现场检测发现仪表误差过大时；阀冷监控表：6 年，或现场检测发现仪表误差过大时。"

2. 监督项目解析

仪表传感器是运维检修阶段重要的技术监督项目。

阀冷却系统的仪表传感器是控制保护系统正常运行的前提，因此为保证系统运行良好，应定期检查。

换流阀冷却系统仪表传感器的性能，直接影响系统控制保护；如不对其定期校验，可能造成水质变差、电导率升高、生藻结垢、气压不足及滤除杂质性能降低等不能被及时发现。

3. 监督要求

现场查阅表计、传感器校验记录等。

4. 整改措施

定期对表计、传感器进行校验。

2.2.9.6 水、药品、气、滤料

1. 监督要点及监督依据

运维检修阶段换流阀冷却系统水、药品、气、滤料监督要点及监督依据见表2-2-105。

表2-2-105 运维检修阶段换流阀冷却系统水、药品、气、滤料监督

监督要点	监督依据
1. 水质化验记录完善，周期（一季度/一年）、指标符合要求，阀外水冷系统水质化验宜一季度一次，阀内水冷系统水质化验宜一年一次。 2. 加盐、加药记录完整，药品性能合格（报告）。 3. 氮气瓶压力正常，更换记录完整。 4. 滤料性能完善，功能正常。 5. 投运前或检修后内冷水系统注水，应检查补充水质量，满足电导率不大于5.0μS/cm，pH值为6.5～8.5	1～4.《国家电网公司高压直流输电换流阀冷却系统运行规范》（Q/GDW 528—2010）5.2.5、5.2.6、7.1.《国家电网公司高压直流输电换流阀冷却系统检修规范》（Q/GDW 529—2010）7.2.2、7.2.6、7.2.9、7.2.11。 5.《高压直流输电换流阀冷却水运行管理导则》（DL/T 1716—2017）6.1

2. 监督项目解析

水、药品、气、滤料是运维检修阶段重要的技术监督项目。

阀冷却系统的水、药品、气、滤料是保证系统水质、散热和压力的前提，因此为保证系统运行良好，应定期检查。

换流阀冷却系统的水、药品、气、滤料的性能，直接影响系统运行和散热能力；如不对其定期检查，可能造成水质变差、电导率升高、生藻结垢、气压不足及滤除杂质性能降低等。

3. 监督要求

现场查阅水、药品、气、滤料的检查维护记录等，对维护情况进行记录。

4. 整改措施

如水、药品、气、滤料维护管理不到位，应做好记录并要求运维单位整改。

2.2.10 退役报废阶段

1. 换流阀冷却系统技术鉴定监督要点及监督依据（见表2-2-106）

2. 监督项目解析

技术鉴定是退役报废阶段重要的技术监督项目。

换流阀冷却系统组部件的退役报废流程，直接关系到资产管理的闭环环节。对满足退役报废要求的组部件，应及时进行更换并按照相关规定进行退役、报废流程，确保退役、报废的设备得到妥善处理。

3. 监督要求

现场查阅项目可研报告、项目建议书及阀冷却设备鉴定意见等，对维护情况进行记录。

4. 整改措施

如应进行退役报废的设备未及时处理,应通知设备运维单位及时进行更换并开展退役报废流程。

表 2 – 2 – 106　　　　　退役报废阶段换流阀冷却系统技术鉴定监督

监督要点	监督依据
1. 电网一次设备进行报废处理,应满足以下条件之一:① 国家规定强制淘汰报废;② 设备厂家无法提供关键零部件供应,无备品备件供应,不能修复,无法使用;③ 运行日久,其主要结构、机件陈旧,损坏严重,经大修、技术改造仍不能满足安全生产要求;④ 退役设备虽然能修复但费用太大,修复后可使用的年限不长,效率不高,在经济上不可行;⑤ 腐蚀严重,继续使用存在事故隐患,且无法修复;⑥ 退役设备无再利用价值或再利用价值小;⑦ 严重污染环境,无法修治;⑧ 技术落后不能满足生产需要;⑨ 存在严重质量问题不能继续运行;⑩ 因运营方式改变全部或部分拆除,且无法再安装使用;⑪ 遭受自然灾害或突发意外事故,导致毁损,无法修复。 2. 直流电流测量装置满足下列技术条件之一,且无法修复,宜进行报废:① 严重渗漏油、内部受潮,电容量、介质损耗、乙炔含量等关键测试项目不符合《电磁式电压互感器状态评价导则》(Q/GDW 458—2010)、《输变电设备状态检修试验规程》(Q/GDW 1168—2013)要求;② 瓷套存在裂纹、复合绝缘伞裙局部缺损;③ 测量误差较大,严重影响系统、设备安全;④ 采用 SF_6 绝缘的设备,气体的年泄漏率大于 0.5%或可控制绝对泄漏率大于 $10^{-7}MPa \cdot cm^3/s$;⑤ 电子式互感器、光电互感器存在严重缺陷或二次规约不具备通用性	1.《电网一次设备报废技术评估导则》(Q/GDW 11772—2017)中"4 通用技术原则 电网一次设备进行报废处理,应满足以下条件之一:a)国家规定强制淘汰报废;b)设备厂家无法提供关键零部件供应,无备品备件供应,不能修复,无法使用;c)运行日久,其主要结构、机件陈旧,损坏严重,经大修、技术改造仍不能满足安全生产要求;d)退役设备虽然能修复但费用太大,修复后可使用的年限不长,效率不高,在经济上不可行;e)腐蚀严重,继续使用存在事故隐患,且无法修复;f)退役设备无再利用价值或再利用价值小;g)严重污染环境,无法修治;h)技术落后不能满足生产需要;i)存在严重质量问题不能继续运行;j)因运营方式改变全部或部分拆除,且无法再安装使用;k)遭受自然灾害或突发意外事故,导致毁损,无法修复。" 2.《电网一次设备报废技术评估导则》(Q/GDW 11772—2017)中"5 技术条件 5.7 互感器满足下列技术条件之一,且无法修复,宜进行报废:a)严重渗漏油、内部受潮,电容量、介质损耗、乙炔含量等关键测试项目不符合 Q/GDW 458、Q/GDW 1168 要求;b)瓷套存在裂纹、复合绝缘伞裙局部缺损;c)测量误差较大,严重影响系统、设备安全;d)采用 SF_6 绝缘的设备,气体的年泄漏率大于 0.5%或可控制绝对泄漏率大于 $10^{-7}MPa \cdot cm^3/s$;e)电容式电压互感器电磁单元或电容单元存在严重缺陷;f)电子式互感器、光电互感器存在严重缺陷或二次规约不具备通用性。"

2.3　直流电流测量装置

2.3.1　规划可研阶段

2.3.1.1　设备选型

1. 监督要点及监督依据

规划可研阶段直流电流测量装置设备选型监督要点及监督依据见表 2 – 2 – 107。

表 2 – 2 – 107　　　　　规划可研阶段直流电流测量装置设备选型监督

监督要点	监督依据
1. 直流电流测量装置选型、结构设计、误差特性、短路电流、动热稳定性能、外绝缘水平、环境适用性应满足现场运行实际要求和远景发展规划需求。 2. 极线和中性母线上的直流电流测量装置可选用直流电子式电流互感器或零磁通直流电流测量装置	1.《电流互感器技术监督导则》(Q/GDW 11075—2013)5.1.3。《国家电网有限公司关于印发十八项电网重大反事故措施(修订版)的通知》(国家电网设备〔2018〕979 号)15.3.9。 2.《±800kV 直流换流站设计技术规定》(Q/GDW 1293—2014)7.6.11。《高压直流换流站设计技术规定》(DL/T 5223—2019)7.6.10

2. 监督项目解析

直流电流测量装置的设备选型是规划可研阶段比较重要的技术监督项目。

工程可研报告应对设备的选型进行要求,为后续设备选型和参数选择奠定基础。设备的类型、环境适用性、外绝缘水平等决定了设备是否满足现场运行实际要求和远景发展规划需求。设备一旦投运，其参数升级或者改造往往非常困难，工作量大、停电时间长，造成资源浪费。

互感器的选型与安装位置会直接影响到继电保护的功能及保护范围，因此应予以全面、充分的考虑。

3. 监督要求

查阅工程可研报告、可研评审意见等资料，对应监督要点，审查是否满足相关标准、预防事故措施、差异化设计要求。

4. 整改措施

当发现该项目相关监督要点不满足时，应及时修改工程可研报告或向设计单位和建设单位反馈。

2.3.1.2　外绝缘配置

1. 监督要点及监督依据

规划可研阶段直流电流测量装置外绝缘配置监督要点及监督依据见表2－2－108。

表2－2－108　　　　　规划可研阶段直流电流测量装置外绝缘配置监督

监督要点	监督依据
1. 新建和扩建输变电设备应依据最新版污区分布图进行外绝缘配置，选用合理的绝缘子材质和伞形。 2. 中重污区的直流电流测量装置宜采用硅橡胶外绝缘。 3. 站址位于 c 级及以下污区的设备外绝缘提高一级配置；d 级污区按照 d 级上限配置；e 级污区按照实际情况配置，适当留有裕度	1～2.《国家电网有限公司关于印发十八项电网重大反事故措施(修订版)的通知》(国家电网设备〔2018〕979 号) 7.1.1、7.1.3。 3.《国网基建部关于加强新建输变电工程防污闪等设计工作的通知》(基建技术〔2014〕10 号)(一)、(三)

2. 监督项目解析

直流电流测量装置的外绝缘配置是规划可研阶段比较重要的技术监督项目。

直流设备由于其电场特性，具有吸灰的特点。直流电流测量装置由于长时间暴露在户外环境中，套管表面易积污，造成污闪的可能性逐年增大，导致设备发生缺陷甚至发生故障。由于每个新建和扩建输变电设备所处环境不同，在规划可研阶段，应合理选址，依据最新版污区分布图，同时结合当地远期规划进行外绝缘配置。

3. 监督要求

查阅工程可研报告和最新版污区分布图，对应监督要点，审查外绝缘配置是否满足相关标准要求。

4. 整改措施

当发现该项目相关监督要点不满足时，应及时修改工程可研报告或向设计单位和建设单位反馈。

2.3.2　工程设计阶段

2.3.2.1　设备选型

1. 监督要点及监督依据

工程设计阶段直流电流测量装置设备选型监督要点及监督依据见表2－2－109。

表 2-2-109 工程设计阶段直流电流测量装置设备选型监督

监督要点	监督依据
1. 监督并评价工程设计工作是否满足国家、行业和国家电网有限公司有关工程设计标准、设备选型标准、预防事故措施、差异化设计、环保等要求，对不符合要求的出具技术监督告（预）警单。 2. 极线和中性母线上的直流电流测量装置可选用直流光纤传感器或零磁通直流电流测量装置。 3. 直流电流测量装置应具有良好的暂态响应和频率响应特性，并满足高压直流控制保护系统的测量精度要求。 4. 直流电流测量装置的动、热稳定性能应满足安装地点系统短路容量的远期要求，一次绕组串联时也应满足安装地点系统短路容量的要求	1.《国家电网公司技术监督管理规定》［国网（运检/2）106—2017］附件 2 2.。 2～3.《±800kV 直流换流站设计技术规定》（Q/GDW 1293—2014）7.6.11.2、7.6.11.3《高压直流换流站设计技术规定》（DL/T 5223—2019）7.6.10。 4.《国家电网有限公司关于印发十八项电网重大反事故措施（修订版）的通知》（国家电网设备〔2018〕979 号）11.1.1.5

2. 监督项目解析

直流电流测量装置的设备选型是工程设计阶段比较重要的技术监督项目。

工程设计阶段应明确设备的选型和参数要求，为后续设备采购奠定基础。设备的类型、外绝缘水平、动热稳定性能、电气参数、短路容量等决定了设备是否满足现场运行实际要求和远景发展规划需求。设备一旦投运，其参数升级或者改造往往非常困难，工作量大、停电时间长，造成资源浪费。

3. 监督要求

查阅工程设计图纸、施工图纸、设备选型等资料，对应监督要点，审查是否满足要求。

4. 整改措施

当发现该项目相关监督要点不满足时，应及时修改工程设计图纸、施工图纸等资料或向设计单位和建设单位反馈。对于标准、设计、反事故措施等不符合要求的部分应出具技术监督告（预）警单。

2.3.2.2 外绝缘配置

1. 监督要点及监督依据

工程设计阶段直流电流测量装置外绝缘配置监督要点及监督依据见表 2-2-110。

表 2-2-110 工程设计阶段直流电流测量装置外绝缘配置监督

监督要点	监督依据
1. 新建和扩建输变电设备应依据最新版污区分布图进行外绝缘配置，选用合理的绝缘子材质和伞形。 2. 中重污区的直流电流测量装置宜采用硅橡胶外绝缘。 3. 站址位于 c 级及以下污区的设备外绝缘提高一级配置；d 级污区按照 d 级上限配置；e 级污区按照实际情况配置，适当留有裕度	1～2.《国家电网有限公司关于印发十八项电网重大反事故措施（修订版）的通知》（国家电网设备〔2018〕979 号）7.1.1、7.1.3。 3.《国网基建部关于加强新建输变电工程防污闪等设计工作的通知》（基建技术〔2014〕10 号）（一）、（三）

2. 监督项目解析

直流电流测量装置的外绝缘配置是工程设计阶段比较重要的技术监督项目。

直流设备由于其电场特性，具有吸灰的特点。直流电流测量装置由于长时间暴露在户外环境中，套管表面易积污，造成污闪的可能性逐年增大，导致设备发生缺陷甚至发生故障。由于每个新建和扩建输变电设备所处环境不同，在工程设计阶段，应根据变电站选址的位置，结合最新版污区分布图、当地远期规划进行外绝缘配置，选择合理的绝缘子材质和伞形。

3. 监督要求

查阅工程设计图纸、施工图纸、设备选型、最新版污区分布图等资料，对应监督要点，审查是否满足要求。

4. 整改措施

当发现该项目相关监督要点不满足时，应及时修改工程设计图纸、设备选型或向设计单位和建设单位反馈。

2.3.2.3 接地要求

1. 监督要点及监督依据

工程设计阶段直流电流测量装置接地要求监督要点及监督依据见表 2-2-111。

表 2-2-111 工程设计阶段直流电流测量装置接地要求监督

监督要点	监督依据
应有两根与主地网不同干线连接的接地引下线，并且每根接地引下线均应符合热稳定校核的要求。连接引线应便于定期进行检查测试	《国家电网有限公司关于印发十八项电网重大反事故措施（修订版）的通知》（国家电网设备〔2018〕979号）14.1.1.4

2. 监督项目解析

直流电流测量装置的接地要求是工程设计阶段重要的技术监督项目。

设备的接地是通过设备与接地网之间的接地引下线来实现的。电气装置未与主地网连接或连接不满足要求，在遭受雷击或者短路电流时，电气装置不能够有效泄流，将影响设备的安全稳定运行。当设备故障时，单根接地引下线严重腐蚀造成截面积减小或者非可靠连接条件下，可能造成设备失地运行；因此，110kV及以上的电流互感器应有两根接地引下线。

3. 监督要求

查阅工程设计图纸、施工图纸等资料，对应监督要点，审查是否满足要求。

4. 整改措施

当发现该项目相关监督要点不满足时，应及时修改工程设计图纸、施工图纸或向设计单位和建设单位反馈。

2.3.2.4 功能要求

1. 监督要点及监督依据

工程设计阶段直流电流测量装置功能要求监督要点及监督依据见表 2-2-112。

表 2-2-112 工程设计阶段直流电流测量装置功能要求监督

监督要点	监督依据
1. 每套保护的直流电流测量回路应完全独立，一套保护测量回路出现异常，不应影响到其他各套保护的运行。 2. 针对直流线路纵差保护，当一端的直流线路电流互感器自检故障时，应具有及时退出本端和对端线路纵差保护的功能。 3. 电子式电流互感器传输环节存在接口单元或接口屏时，双极电流信号不得共用一个接口模块或板卡，双极测量系统应完全独立，避免单极测量系统异常，影响另外一极直流系统运行。 4. 采用不同性质的电流互感器（电子式和电磁式等）构成的差动保护，保护设计时应具有防止互感器暂态特性不一致引起保护误动的措施。 5. 直流电子式电流互感器二次回路应简洁、可靠，输出的数字量信号宜直接输入直流控制保护系统，避免经多级数模、模数转化后接入	1~4.《国家电网公司关于印发防止直流换流站单、双极强迫停运二十一项反事故措施的通知》（国家电网生〔2011〕961号）2.2.1、2.2.4、7.2.1、20.2.2、20.2.3。 5.《国家电网有限公司关于印发十八项电网重大反事故措施（修订版）的通知》（国家电网设备〔2018〕979号）8.5.1.8

2. 监督项目解析

直流电流测量装置的功能要求是工程设计阶段比较重要的技术监督项目。

高压直流输电系统的可靠性至关重要，如果接口模块、测量回路或者保护装置发生异常或故障，可能直接导致保护系统误出口跳闸，因此测量回路应满足冗余配置的要求，且不同回路之间不得相互影响。对于直流电流测量系统，应至少有两套保护，且每套保护的测量回路应完全独立；互感器传输环节存在接口单元或接口屏时，双极电流信号不得共用一个接口模块或板卡，双极测量系统应完全独立。

同时，在快速差动保护中应使用相同暂态特性的电流互感器，避免因电流互感器暂态特性不同造成保护误动。

3. 监督要求

查阅工程设计图纸、设备选型、设备设计资料，对应监督要点，审查是否满足要求。

4. 整改措施

当发现该项目相关监督要点不满足时，应及时修改工程设计图纸、设备选型或向设计单位和建设单位反馈。

2.3.3 设备采购阶段

2.3.3.1 动热稳定要求（电子式）

1. 监督要点及监督依据

设备采购阶段直流电流测量装置（电子式）动热稳定要求监督要点及监督依据见表 2-2-113。

表 2-2-113　　设备采购阶段直流电流测量装置（电子式）动热稳定要求监督

监督要点	监督依据
1. 额定短时热电流的实际值根据具体工程要求确定。在无具体工程要求时，直流电子式电流互感器应可以通过额定一次电流 6 倍的短时热电流，短时热电流的持续时间为 1s。 2. 额定动稳定电流的标准值为额定短时热电流的 2.5 倍	1.《高压直流输电直流电子式电流互感器技术规范》（Q/GDW 10530—2016）5.4 额定短时热电流、5.5 额定动稳定电流。 2.《高压直流输电系统直流电流测量装置　第 1 部分：电子式直流电流测量装置》（GB/T 26216.1—2019）5.3.2 额定动稳定电流

2. 监督项目解析

直流电流测量装置（电子式）的动热稳定要求是设备采购阶段重要的技术监督项目。

直流电流测量装置的动热稳定性能应满足现场实际运行要求和远景发展规划要求，动热稳定电流参数要满足安装地点系统短路容量的要求，否则在发生系统短路时设备可能会出现故障，影响电网安全稳定运行。

3. 监督要求

查阅技术规范书（技术协议）、厂家设备说明书等资料，对应监督要点，审查是否满足要求。

4. 整改措施

当发现该项目相关监督要点不满足时，应及时修改技术规范书（技术协议）或向物资部门反馈。

2.3.3.2 绝缘要求（电子式）

1. 监督要点及监督依据

设备采购阶段直流电流测量装置（电子式）绝缘要求监督要点及监督依据见表 2-2-114。

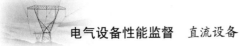

表 2-2-114　　　　　设备采购阶段直流电流测量装置（电子式）绝缘要求监督

监督要点	监督依据
1. 直流电子式电流互感器的一次端和低压器件的绝缘水平应满足《高压直流输电直流电子式电流互感器技术规范》（Q/GDW 10530—2016）的要求。 2. 局部放电要求：在干式直流耐压试验的最后 10min 内局部放电量大于 1000pC 的脉冲数应小于 10 个（试验电压为 1.5 倍的额定一次电压）。在极性反转试验的最后 10min 内局部放电量大于 1000pC 的脉冲数应小于 10 个（试验电压为 1.25 倍的额定一次电压）。 3. 交流局部放电要求：试验电压 $1.1U_\mathrm{m}/\sqrt{2}$ 下局部放电量应小于 10pC，试验电压 $1.5U_\mathrm{m}/\sqrt{2}$ 下局部放电量应小于 20pC	1.《高压直流输电直流电子式电流互感器技术规范》（Q/GDW 10530—2016）5.7.1、5.7.4。 2～3.《高压直流输电直流电子式电流互感器技术规范》（Q/GDW 10530—2016）5.7 绝缘要求

2. 监督项目解析

直流电流测量装置（电子式）的绝缘要求是设备采购阶段最重要的技术监督项目之一。

直流电流测量装置的绝缘水平是一次设备最重要的电气参数，不同电压等级的直流耐受电压、额定雷电全波冲击耐受电压（峰值）、额定操作冲击耐受电压（峰值）等参数不一样，需要严格按照相关标准要求进行检查。

局部放电试验是检验电流互感器绝缘性能和制造工艺的重要试验。设备若在运行时出现局部放电现象，将极大危害设备健康运行，故需提出要求加强监督。

3. 监督要求

查阅技术规范书（技术协议）、厂家设备说明书、型式试验报告等资料，对应监督要点，审查是否满足要求。

4. 整改措施

当发现该项目相关监督要点不满足时，应及时修改技术规范书（技术协议）或向物资部门反馈。

2.3.3.3　其他重要参数（电子式）

1. 监督要点及监督依据

设备采购阶段直流电流测量装置（电子式）其他重要参数监督要点及监督依据见表 2-2-115。

表 2-2-115　　　　设备采购阶段直流电流测量装置（电子式）其他重要参数监督

监督要点	监督依据
1. 阶跃响应要求：阶跃响应最大过冲应小于阶跃的 10%；阶跃响应的上升时间应小于 150μs，最大不超过 400μs。 2. 频率特性要求： （1）在 50～1200Hz 频率范围内，幅值误差不超过 3%，相位偏移应小于 500μs。 （2）截止频率不小于 3kHz	1.《高压直流输电直流电子式电流互感器技术规范》（Q/GDW 10530—2016）5.13 阶跃响应要求 5.13.1、5.13.2。 2.《高压直流输电直流电子式电流互感器技术规范》（Q/GDW 10530—2016）5.14 频率特性要求。《高压直流输电系统直流电流测量装置　第 1 部分：电子式直流电流测量装置》（GB/T 26216.1—2019）7.3.12 频率响应、6.2 截止频率

2. 监督项目解析

直流电流测量装置（电子式）的其他重要参数是设备采购阶段重要的技术监督项目。

该条款提出原因主要考虑所采购的直流电流测量装置除了最重要的参数外，其他技术参数（包阶跃响应要求、频率特性要求等）与设计要求的符合程度，防止招标设备不符合实际需求。

3. 监督要求

查阅技术规范书（技术协议）、厂家设备设计文件、型式试验报告等资料，对应监督要点，审查是否满足要求。

4. 整改措施

当发现该项目相关监督要点不满足时,应及时修改技术规范书(技术协议)或向物资部门反馈。

2.3.3.4 耐压试验和局部放电测量(电磁式)

1. 监督要点及监督依据

设备采购阶段直流电流测量装置(电磁式)耐压试验和局部放电测量监督要点及监督依据见表 2-2-116。

表 2-2-116　设备采购阶段直流电流测量装置(电磁式)耐压试验和局部放电测量监督

监督要点	监督依据
1. 设备应进行干式直流耐压试验和局部放电测量,对户外直流电流测量装置还应该进行湿试。干式直流耐压试验电压为 1.5 倍负极性直流电压,持续 60min。 2. 局部放电要求:直流电磁式电流互感器在 1.5 倍的额定一次电压下,不小于 1000pC 的脉冲数 10min 内应小于 10 个。极性反转试验过程中大于 2000pC 的脉冲数 10min 内不应超过 10 个(试验电压取额定电压的 1.25 倍)	《高压直流输电系统直流电流测量装置　第 2 部分:电磁式直流电流测量装置》(GB/T 26216.2—2019)7.3.2.6 直流耐受电压试验和局部放电测量、7.3.2.7 极性反转试验

2. 监督项目解析

直流电流测量装置(电磁式)的耐压试验和局部放电测量是设备采购阶段最重要的技术监督项目之一。

局部放电和耐压试验是检验电流互感器绝缘性能和制造工艺的重要试验。运行经验表明,很多设备发生缺陷或者故障的起因都是局部放电。若在运行时出现局部放电现象,将极大危害设备健康运行,故需提出要求加强监督。

3. 监督要求

查阅技术规范书(技术协议),对应监督要点,审查是否满足要求。

4. 整改措施

当发现该项目相关监督要点不满足时,应及时修改技术规范书(技术协议)或向物资部门反馈。

2.3.3.5 其他重要参数(电磁式)

1. 监督要点及监督依据

设备采购阶段直流电流测量装置其他重要参数(电磁式)监督要点及监督依据见表 2-2-117。

表 2-2-117　　　设备采购阶段直流电流测量装置其他重要参数(电磁式)监督

监督要点	监督依据
1. 要求在 $1.1U_{dm}$(U_{dm} 为最高持续运行电压)/$\sqrt{2}$ 下无线电干扰电压不超过 2500μV。 2. 频率响应要求:在 50～1200Hz 频率范围内,误差不超过 3%。 3. 阶跃响应要求:对于过冲不超过 $1.1I_r$(I_r 为额定一次直流电流)的阶跃,响应时间小于 400μs;趋稳时间(幅值误差不超过阶跃值 1.5%)小于 5ms	《高压直流输电系统直流电流测量装置　第 2 部分:电磁式直流电流测量装置》(GB/T 26216.2—2019)7.3.2.8 无线电干扰电压测量、7.3.2.13 频率响应试验、7.3.2.12 阶跃响应试验

2. 监督项目解析

直流电流测量装置(电磁式)的其他重要参数是设备采购阶段重要的技术监督项目。

该条款提出原因主要考虑所采购的直流电流测量装置除了最重要的参数外,其他技术参数(包括无线电干扰电压、频率响应、阶跃响应等)与设计要求的符合程度,防止招标设备不符合实际需求。

3. 监督要求

查阅技术规范书（技术协议）、厂家设备设计文件等资料，对应监督要点，审查是否满足要求。

4. 整改措施

当发现该项目相关监督要点不满足时，应及时修改技术规范书（技术协议）或向物资部门反馈。

2.3.3.6　结构要求

1. 监督要点及监督依据

设备采购阶段直流电流测量装置结构要求监督要点及监督依据见表2-2-118。

表2-2-118　　　　　　设备采购阶段直流电流测量装置结构要求监督

监督要点	监督依据
1. 通用： （1）户外端子箱和接线盒防尘防水等级至少满足 IP54 要求。 （2）金属件外表面应具有良好的防腐蚀层，所有端子及紧固件应有良好的防锈镀层或由耐腐蚀材料制成。 2. 直流电子式电流互感器： （1）直流电子式电流互感器中有密封要求的部件（如一次转换器箱体及光缆熔接箱体）的防护性能应满足 IP67 要求。 （2）直流电子式电流互感器应有直径不小于 8mm 的接地螺栓或其他供接地用的零件，接地处应有平坦的金属表面，并标有明显的接地符号。 3. 直流电磁式电流互感器： （1）电流互感器应有直径不小于 8mm 的接地螺栓或其他供接地用的零件；二次回路出线端子螺杆直径不小于 6mm，应用铜或铜合金制成，并有防转动措施。 （2）直流电磁式电流互感器应满足卧式运输要求	1. 通用： （1）《国家电网公司关于印发防止直流换流站单、双极强迫停运二十一项反事故措施的通知》（国家电网生〔2011〕961 号）18.1.1、18.2.1。 （2）《高压直流输电直流电子式电流互感器技术规范》（Q/GDW 10530—2016）5.15 结构要求。《高压直流输电系统直流电流测量装置　第 1 部分：电子式直流电流测量装置》（GB/T 26216.1—2019）6.5 防腐蚀保护。《高压直流输电系统直流电流测量装置　第 2 部分：电磁式直流电流测量装置》（GB/T 26216.2—2019）6.1 一般要求。 2. 直流电子式电流互感器： （1）《高压直流输电直流电子式电流互感器技术规范》（Q/GDW 10530—2016）5.16 防护等级。《国家电网公司关于印发防止直流换流站单、双极强迫停运二十一项反事故措施的通知》（国家电网生〔2011〕961 号）7.1.6。 （2）《高压直流输电直流电子式电流互感器技术规范》（Q/GDW 10530—2016）5.15 结构要求。 3. 直流电磁式电流互感器： （1）《高压直流输电系统直流电流测量装置　第 2 部分：电磁式直流电流测量装置》（GB/T 26216.2—2019）6.1 一般要求。 （2）《国家电网公司物资采购标准　交流电流互感器卷　各电压等级交流电流互感器采购标准　第 1 部分：通用技术规范》5.2 结构要求

2. 监督项目解析

直流电流测量装置的结构要求是设备采购阶段比较重要的技术监督项目。

该条款提出的目的主要考虑到随着运行经验的增加，不同结构的设备其优缺点逐渐明朗；国家电网有限公司也相继颁布了多个反事故措施，对设备结构形式、需要注意的隐患点进行了反事故措施规定，包括户外端子箱和接线盒防尘防水等级、金属防腐蚀、户外端子箱、汇控柜结构形式等。

该条款提出了直流电流测量装置在主要结构及组部件方面的重要技术要求，防止招标设备不符合实际需求或在现场运行中发生重大隐患、缺陷。

3. 监督要求

查阅技术规范书（技术协议）、厂家设备设计文件等资料，对应监督要点，审查是否满足要求。

4. 整改措施

当发现该项目相关监督要点不满足时，应及时修改技术规范书（技术协议）或向物资部门反馈。

2.3.3.7　测量准确度要求（电子式）

1. 监督要点及监督依据

设备采购阶段直流电流测量装置（电子式）测量准确度要求监督要点及监督依据见表2-2-119。

表 2-2-119　　　　设备采购阶段直流电流测量装置（电子式）测量准确度要求监督

监督要点	监督依据
直流电流测量准确度应满足： （1）一次电流在 10%I_n～110%I_n 之间时，准确级为 0.2 级的设备误差限值为 0.2%；准确级为 0.5 级的设备误差限值为 0.5%。 （2）一次电流在 110%I_n～300%I_n 之间时，误差限值为 1.5%。 （3）一次电流在 300%I_n～600%I_n 之间时，误差限值为 10%	《高压直流输电直流电子式电流互感器技术规范》（Q/GDW 10530—2016）5.12　直流电流测量准确级要求

2. 监督项目解析

直流电流测量装置（电子式）的测量准确度要求是设备采购阶段重要的技术监督项目。

直流电流测量装置二次系统输出的信号承担了直流系统控制与保护的作用，误差过大则测量信号不能正确反映电流大小；同时控制保护系统对测量误差也有准确度要求，测量误差过大可能会造成系统误动作。

3. 监督要求

查阅技术规范书（技术协议）、厂家设备说明书、型式试验报告等资料，对应监督要点，审查是否满足要求。

4. 整改措施

当发现该项目相关监督要点不满足时，应及时修改技术规范书（技术协议）或向物资部门反馈。

2.3.3.8　测量准确度（电磁式）

1. 监督要点及监督依据

设备采购阶段直流电流测量装置（电磁式）测量准确度监督要点及监督依据见表 2-2-120。

表 2-2-120　　　　设备采购阶段直流电流测量装置（电磁式）测量准确度监督

监督要点	监督依据
1. 设备的电流测量误差应满足《高压直流输电系统直流电流测量装置　第 2 部分：电磁式直流电流测量装置》（GB/T 26216.2—2019）中表 2 的要求。 2. 误差测定应在 ±0.1I_n、±1I_n、±1.1I_n、±2I_n、±3I_n、±6I_n 电流时进行误差测量，误差应满足相关标准及技术协议要求。同时，为得到饱和曲线，电流应升到 9I_n	《高压直流输电系统直流电流测量装置　第 2 部分：电磁式直流电流测量装置》（GB/T 26216.2—2019）5.7　整个电流测量装置的准确级、7.3.2.11　准确度试验

2. 监督项目解析

直流电流测量装置（电磁式）的测量准确度是设备采购阶段比较重要的技术监督项目。

电磁式直流电流互感器二次系统输出的信号通常作为直流系统控制与保护信号，随时监控系统运行状态，控制保护系统对测量误差有准确度要求，测量误差过大可能会造成系统误动作。

相对电子式直流电流互感器，电磁式直流电流互感器由于通常安装在中性线上，额定电压较低，对准确度的要求相对较低。

3. 监督要求

查阅技术规范书（技术协议）、厂家设备设计文件等资料，对应监督要点，审查是否满足要求。

4. 整改措施

当发现该项目相关监督要点不满足时，应及时修改技术规范书（技术协议）或向物资部门反馈。

2.3.3.9 无线电干扰及电磁兼容要求（电子式）

1. 监督要点及监督依据

设备采购阶段直流电流测量装置（电子式）无线电干扰及电磁兼容要求监督要点及监督依据见表 2−2−121。

表 2−2−121 设备采购阶段直流电流测量装置（电子式）无线电干扰及电磁兼容要求监督

监督要点	监督依据
1. 无线电干扰电压要求：试验电压 $1.1U_m/\sqrt{2}$ 下无线电干扰电压不应大于 2500μV；晴天夜晚应无可见电晕。 2. 直流电子式电压互感器的电磁兼容性能应满足《高压直流输电直流电子式电压互感器技术规范》（Q/GDW 10531—2016）中表 3 的要求	《高压直流输电直流电子式电流互感器技术规范》（Q/GDW 10531—2016）5.9 无线电干扰电压要求、5.10 电磁兼容抗扰度要求

2. 监督项目解析

直流电流测量装置（电子式）的无线电干扰及电磁兼容要求是设备采购阶段比较重要的技术监督项目。

无线电干扰电压要求的目的是检验电子式直流电流互感器一次设备上电晕放电的发射水平，若无线电干扰电压过大，将影响周围通信设备的正常使用，严重时可能造成不利的舆情影响。

同时，电子式直流电流互感器具有较精密的电子器件，电磁兼容必须满足要求，否则可能会影响设备信号的正常转换和传输，造成控制保护系统接收到的信号不稳定。

3. 监督要求

查阅技术规范书（技术协议）、厂家设备设计文件、型式试验报告等资料，对应监督要点，审查是否满足要求。

4. 整改措施

当发现该项目相关监督要点不满足时，应及时修改技术规范书（技术协议）或向物资部门反馈。

2.3.3.10 数字量输出要求（电子式）

1. 监督要点及监督依据

设备采购阶段直流电流测量装置（电子式）数字量输出要求监督要点及监督依据见表 2−2−122。

表 2−2−122 设备采购阶段直流电流测量装置（电子式）数字量输出要求监督

监督要点	监督依据
1. 直流电子式电流互感器的二次输出是数字量。 2. 直流电子式电流互感器的额定采样率为 10kHz。额定采样率以外的其他值可根据工程需求由用户与供货商协商确定。 3. 直流电子式电流互感器数字量输出的格式应遵循《互感器 第 8 部分：电子式电流互感器》（IEC 60044−8—2002）要求或 TDM 标准格式	《高压直流输电直流电子式电流互感器技术规范》（Q/GDW 10530—2016）5.6 数字量输出要求

2. 监督项目解析

直流电流测量装置（电子式）的数字量输出要求是设备采购阶段比较重要的技术监督项目。

直流电子式电流互感器的二次输出是数字量，为了保证数据准确性和设计规范性，需要对额定采样率、数字量输出的格式等项目进行规定，形成统一、规范的数字接口，保证设备接口的通用性，便于备品互用和设备退役后再利用。

3. 监督要求

查阅技术规范书（技术协议）、厂家设备设计文件、型式试验等资料，对应监督要点，审查是否满足要求。

4. 整改措施

当发现该项目相关监督要点不满足时，应及时修改技术规范书（技术协议）或向物资部门反馈。

2.3.3.11 功能要求

1. 监督要点及监督依据

设备采购阶段直流电流测量装置功能要求监督要点及监督依据见表 2－2－123。

表 2－2－123　　　　　　　　　　设备采购阶段直流电流测量装置功能要求监督

监督要点	监督依据
1. 通用： （1）不同控制系统、不同保护系统所用回路应完全独立，任一回路发生故障，不应影响其他回路的运行。 （2）电压、电流回路上的元件、模块应稳定可靠，不同回路间各元件、模块、电源应完全独立，任一回路元件、模块、电源故障不得影响其他回路的运行。 （3）测量回路应具备完善的自检功能，当测量回路或电源异常时，应发出报警信号并给控制或保护装置提供防止误出口的信号。 （4）直流电子式电流互感器、直流电磁式电流互感器等设备测量传输环节中的模块，如合并单元、模拟量输出模块、差分放大器等，应由两路独立电源或两路电源经 DC/DC 转换耦合后供电，每路电源具有监视功能。 2. 直流电子式电流互感器： （1）直流电子式电流互感器本体应至少配置一个冗余远端模块，该远端模块至控制楼的光纤应做好连接并经测试后作为热备用。对于设备确无空间再增加远端模块的，可不安装备用模块，但应具备停运后更换模块的功能。 （2）直流电子式电流互感器二次回路应有充足的备用光纤，备用光纤一般不低于在用光纤数量的 100%，且不得少于 3 根	1. 通用：《国家电网公司防止直流换流站单、双极强迫停运二十一项反事故措施的通知》（国家电网生〔2011〕961 号）7.1.1～7.1.5。 2. 电子式电流互感器：《国家电网公司防止直流换流站单、双极强迫停运二十一项反事故措施的通知》（国家电网生〔2011〕961 号）7.1.7、7.1.8

2. 监督项目解析

直流电流测量装置的功能要求是设备采购阶段比较重要的技术监督项目。

高压直流输电系统的可靠性至关重要，如果接口模块、测量回路或者保护装置发生异常或故障，可能直接导致保护系统误出口跳闸；因此，电压、电流测量回路应满足冗余配置的要求，且不同回路之间不得相互影响。对于直流电流测量系统，应至少有两套保护，且每套保护的测量回路应完全独立；测量回路应具备完善的自检功能；传输环节中的模块应由两路独立电源或两路电源经 DC/DC 转换耦合后供电。

3. 监督要求

查阅技术规范书（技术协议）、厂家设备设计文件等资料，对应监督要点，审查是否满足要求。

4. 整改措施

当发现该项目相关监督要点不满足时，应及时修改技术规范书（技术协议）或向物资部门反馈。

2.3.4　设备制造阶段

2.3.4.1　原材料和组部件

1. 监督要点及监督依据

设备制造阶段直流电流测量装置原材料和组部件监督要点及监督依据见表 2－2－124。

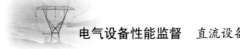

表 2-2-124　　　　设备制造阶段直流电流测量装置原材料和组部件监督

监督要点	监督依据
1. 外购件与投标文件或技术协议中厂家、型号、规格应一致；外购件应具备出厂质量证书、合格证、试验报告；外购件进厂验收、检验、见证记录应齐全。 2. 漆包线应为防水结构，应有良好的密封性能。 3. 绝缘材料应具有高机械强度、低介电损耗和抗老化特性，提供绝缘材质耐压试验合格报告。 4. 瓷套材质宜选用硅橡胶，伞裙结构宜选用不等径大小伞。 5. 硅橡胶外套应设计有足够的机械强度、绝缘强度和刚度	《国家电网公司直流换流站验收管理规定　第8分册　光电流互感器验收细则》[国网（运检/3）912—2018] A.2 光电流互感器关键点见证验收表。《国家电网公司直流换流站验收管理规定　第 9 分册 零磁通电流互感器验收细则》[国网（运检/3）912—2018] A.2 零磁通电流互感器关键点见证标准卡

2. 监督项目解析

直流电流测量装置的原材料和组部件是设备制造阶段比较重要的技术监督项目。

目前，一般除了对 220kV 及以上的互感器开展驻厂监造和现场监督检查外，对较低电压等级的互感器很少开展入厂监督检查工作，各省电力公司开展入厂监督的深度也不一致。总体而言，目前电网各部门和技术监督人员对设备生产制造过程的了解程度还有待进一步提高，建议以后结合物资监造和抽检工作，进一步加强和统一此阶段的技术监督工作。

3. 监督要求

查验供应商工艺文件、质量管理体系文件应齐全；查验组部件入厂检验报告并进行外观检查，对应监督要点，审查是否满足要求。

4. 整改措施

当发现该项目相关监督要点不满足时，应及时向生产厂家反馈或向物资采购和物资监造部门反馈，并视情节严重程度下发技术监督告（预）警单。

2.3.4.2　重要工序

1. 监督要点及监督依据

设备制造阶段直流电流测量装置重要工序监督要点及监督依据见表 2-2-125。

表 2-2-125　　　　设备制造阶段直流电流测量装置重要工序监督

监督要点	监督依据
1. 线圈制造：应保证线圈绕组无变形、倾斜、位移；各部分垫块无位移、松动、排列整齐；导线接头无脱焊、虚焊；二次引线端子应有防转动措施，防止外部转动造成内部引线扭断。 2. 电子板卡和电子线路部分所有芯片选用微功率、宽温芯片，应为满足现场运行环境的工业级产品，电源端口应设置过电压或浪涌保护器件。 3. 产品装配车间应整洁、有序，具有空气净化系统，严格控制元件及环境净化度。 4. 器身内应无异物、无损伤，连线无折弯；引线固定可靠，绕组排列顺序、标识应符合工艺要求。产品器身所有紧固螺栓（包括绝缘螺栓）按力矩要求拧紧并锁牢。产品器身应洁净，无污染和杂物，铁心无锈蚀	《国家电网公司直流换流站验收管理规定　第8分册　光电流互感器验收细则》[国网（运检/3）912—2018] A.2 光电流互感器关键点见证验收表。《国家电网公司直流换流站验收管理规定　第 9 分册 零磁通电流互感器验收细则》[国网（运检/3）912—2018] A.2 零磁通电流互感器关键点见证标准卡

2. 监督项目解析

直流电流测量装置的重要工序是设备制造阶段比较重要的技术监督项目。

重要工序的监督一般通过开展驻厂监造来现场见证。对于未开展监造的较低电压等级的互感器，如果确有必要，可以单独开展专项驻厂技术监督工作；在进行技术监督的同时，进一步熟悉厂家生产能力，掌握设备关键生产过程。建议以后结合物资监造和抽检工作，进一步加强此阶段的技术监督工作。

3. 监督要求

查看设备重要工序过程资料，必要时现场见证设备关键工艺过程，核对制造设备相关参数，对应监督要点，审查是否满足要求。

4. 整改措施

当发现该项目相关监督要点不满足时，应及时向生产厂家反馈或向物资采购和物资监造部门反馈。

2.3.4.3 材料要求

1. 监督要点及监督依据

设备制造阶段直流电流测量装置材料要求监督要点及监督依据见表 2-2-126。

表 2-2-126　　　　　　　设备制造阶段直流电流测量装置材料要求监督

监督要点	监督依据
1. 二次绕组屏蔽罩宜采用铝板旋压或铸造成型的高强度铝合金材质，电容屏连接筒应要求采用强度足够的铸铝合金制造。 2. 气体绝缘互感器充气接头不应采用 2 系或 7 系铝合金。 3. 除非磁性金属外，所有设备底座、法兰应采用热浸镀锌防腐。 4. 金属材料应经质量验收合格，应有合格证或者质量证明书，且应标明材料牌号、化学成分、力学性能、金相组织、热处理工艺等	1~3.《电网设备金属技术监督导则》（Q/GDW 11717—2017）中"10.2.3 二次绕组屏蔽罩宜采用铝板旋压或铸造成型的高强度铝合金材质，电容屏连接筒应要求采用强度足够的铸铝合金制造。10.2.4 气体绝缘互感器充气接头不应采用 2 系或 7 系铝合金。10.2.5 除非磁性金属外，所有设备底座、法兰应采用热浸镀锌防腐。" 4.《电网金属技术监督规程》（DL/T 1424—2015）中"5.1.1 金属材料应经质量验收合格，应有合格证或者质量证明书，且应标明材料牌号、化学成分、力学性能、金相组织、热处理工艺等。"

2. 监督项目解析

直流电流测量装置的材料要求是设备制造阶段最重要的技术监督项目之一。

影响设备性能和寿命的本质因素是设备使用的材料优劣。随着近年来电网金属技术监督检测工作的开展，发现电网设备中部分组部件使用的材质不合格，属于典型的伪劣产品、"三无"产品。因此，从源头上对设备材质进行把控非常重要。

对于直流电流测量装置，要求膨胀器材料（用于油浸型）外罩材质应选用不锈钢或铝合金；所有端子及紧固件应采用防锈材料；除非磁性金属外，所有设备底座、法兰应采用热镀锌防腐；硅钢片等重要原材料应提供材质报告单、物理化学分析报告及合格证等。

3. 监督要求

查阅设备材质抽样检测报告，对应监督要点，审查是否满足要求。开展该项目监督时，可随设备入厂抽检工作现场见证，设备材质、支撑件抽样报告应符合要求。

4. 整改措施

当发现该项目相关监督要点不满足时，应及时向生产厂家反馈或向物资采购和物资监造部门反馈，并视情节严重程度下发技术监督告（预）警单。

2.3.5　设备验收阶段

2.3.5.1　耐压试验局部放电测量（电子式）

1. 监督要点及监督依据

设备验收阶段直流电流测量装置（电子式）耐压试验和局部放电测量监督要点及监督依据见表 2-2-127。

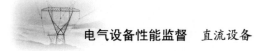

表 2-2-127 设备验收阶段直流电流测量装置（电子式）耐压试验和局部放电测量监督

监督要点	监督依据
1. 对直流电子式电流互感器的一次端施加额定运行电压 1.5 倍的负极性直流电压（即 $1.5U_n$）60min。如果未出现击穿及闪络现象，则互感器通过试验。直流耐压试验的最后 10min 测量产品的局部放电（局部放电试验电压 $1.5U_n$），如果不小于 1000pC 的脉冲数在 10min 内小于 10 个，则互感器通过试验。 2. 一次端交流耐压及交流局部放电试验。按照《高压直流输电系统直流电流测量装置 第 1 部分：电子式直流电流测量装置》（GB/T 26216.1—2019）第 7.3.6 条的规定进行工频耐受电压试验及工频局部放电试验。试验电压 $1.1U_m/\sqrt{2}$ 下局部放电量应小于 10pC，试验电压 $1.5U_m/\sqrt{2}$ 下局部放电量应小于 20pC	《高压直流输电直流电子式电流互感器技术规范》（Q/GDW 10530—2016）6.2.2 一次端直流耐压及直流局部放电试验、6.2.3 一次端交流耐压及交流局部放电试验。《高压直流输电系统直流电流测量装置 第 1 部分：电子式直流电流测量装置》（GB/T 26216.1—2019）7.3.6 直流耐受电压试验和局部放电测量

2. 监督项目解析

直流电流测量装置（电子式）的直流耐压试验和局部放电测量是设备验收阶段最重要的技术监督项目之一。

局部放电和耐压试验是检验电流互感器绝缘性能和制造工艺的重要试验。运行经验表明，很多设备发生缺陷或者故障的起因都是产生局部放电；若在运行时出现局部放电现象，将极大危害设备健康运行，因此提出加强监督的要求。

3. 监督要求

采用厂内现场见证试验或者查阅出厂试验报告等方式进行监督，若现场见证试验，则还应关注试验过程、耐压值等关键参数；对应监督要点，审查是否满足要求。

4. 整改措施

当发现该项目相关监督要点不满足时，应及时向厂家、验收小组反映并向物资采购部门和建设部门反馈。

2.3.5.2 光纤损耗测试（电子式）

1. 监督要点及监督依据

设备验收阶段直流电流测量装置（电子式）光纤损耗测试监督要点及监督依据见表 2-2-128。

表 2-2-128 设备验收阶段直流电流测量装置（电子式）光纤损耗测试监督

监督要点	监督依据
直流电子式电流互感器光纤损耗应小于 2dB	《高压直流输电直流电子式电流互感器技术规范》（Q/GDW 10530—2016）6.2.8 光纤损耗测试

2. 监督项目解析

直流电流测量装置（电子式）的光纤损耗测试是设备验收阶段比较重要的技术监督项目。

光纤损耗是指光纤每单位长度上的衰减，单位为 dB/km。若直流电流测量装置安装后离控制室较远，则需要重点关注此试验项目。光纤损耗产生的原因很多，常见的有光纤连接器问题、光纤本身问题、弯曲半径过小问题等。若系统光纤损耗过大，则可能造成信号不稳定和误码率高等问题。

3. 监督要求

采取赴厂家现场见证试验或者查阅出厂试验报告等方式，对应监督要点，审查是否满足要求。

4. 整改措施

当发现该项目相关监督要点不满足时，应及时向厂家、验收小组反映并向物资采购部门和建设部门反馈。

2.3.5.3 直流耐压试验和局部放电测量（电磁式）

1. 监督要点及监督依据

设备验收阶段直流电流测量装置（电磁式）直流耐压试验和局部放电测量监督要点及监督依据见表 2-2-129。

表 2-2-129 设备验收阶段直流电流测量装置（电磁式）
直流耐压试验和局部放电测量监督

监督要点	监督依据
1. 施加正极性直流电压，时间为 60min，试验电压取 1.5 倍直流电压（即 $1.5U_n$），应无击穿及闪络现象。 2. 局部放电试验：在直流耐受试验最后 10min 内进行局部放电试验。通过的判据是：直流耐压最后 10min 内最大的脉冲幅值为 1000pC 的脉冲个数不超过 10 个	《高压直流输电系统直流电流测量装置 第 2 部分：电磁式直流电流测量装置》（GB/T 26216.2—2019）7.4.8 直流耐受电压试验和局部放电测量

2. 监督项目解析

直流电流测量装置（电磁式）的直流耐压试验和局部放电测量是设备验收阶段最重要的技术监督项目之一。

局部放电和耐压试验是检验电流互感器绝缘性能和制造工艺的重要试验。运行经验表明，很多设备发生缺陷或者故障的起因都是产生局部放电；若在运行时出现局部放电现象，将极大危害设备健康运行，因此提出加强监督的要求。

3. 监督要求

采取赴厂家现场见证试验或者查阅出厂试验报告等方式，对应监督要点，审查是否满足要求。

4. 整改措施

当发现该项目相关监督点不满足时，应及时向厂家、验收小组反映并向物资采购部门和建设部门反馈。

2.3.5.4 工频耐压试验（电磁式）

1. 监督要点及监督依据

设备验收阶段直流电流测量装置（电磁式）工频耐压试验监督要点及监督依据见表 2-2-130。

表 2-2-130 设备验收阶段直流电流测量装置（电磁式）工频耐压试验监督

监督要点	监督依据
1. 二次绕组的工频耐压试验：对二次绕组之间及对地进行工频耐压试验，试验电压 3kV，持续 1min，应无击穿及闪络现象。 2. 一次绕组的工频电压耐受试验：试验电压按《互感器 第 1 部分：通用技术要求》（GB 20840.1—2010）选取，持续 1min，应无击穿及闪络现象。试验电压施加在连在一起的一次绕组与地之间，二次绕组、支撑构架、箱壳（如果有）、铁心（如果有接地端子）均应接地	1.《高压直流输电系统直流电流测量装置 第 2 部分：电磁式直流电流测量装置》（GB/T 26216.2—2019）7.4.5 二次绕组的工频耐压试验。 2.《高压直流输电系统直流电流测量装置 第 2 部分：电磁式直流电流测量装置》（GB/T 26216.2—2019）7.4.6 一次绕组的工频电压耐受试验和局部放电测量 a）工频耐压试验、b）局部放电测量。《互感器 第 1 部分：通用技术要求》（GB 20840.1—2010）5.3.3.1 局部放电

2. 监督项目解析

直流电流测量装置（电磁式）的工频耐压试验是设备验收阶段最重要的技术监督项目之一。

工频耐压试验是考验设备绝缘承受各种过电压（如雷电冲击电压、操作冲击电压）的有效手段，对保证设备安全运行具有重要意义。

电磁式直流电流互感器通常安装在中性线上，既能测量直流电流，又能测量交流分量。正常工作时，中性线上有一定的交流分量，而在特殊情况下，可能出现各种过电压，因此需要进行工频耐压试验。

3. 监督要求

采取赴厂家现场见证试验或者查阅出厂试验报告等方式，对应监督要点，审查是否满足要求。

4. 整改措施

当发现该项目相关监督要点不满足时，应及时向厂家、验收小组反映并向物资采购部门和建设部门反馈。

2.3.5.5 测量准确度试验（电磁式）

1. 监督要点及监督依据

设备验收阶段直流电流测量装置（电磁式）测量准确度试验监督要点及监督依据见表2-2-131。

表2-2-131 设备验收阶段直流电流测量装置（电磁式）测量准确度试验监督

监督要点	监督依据
误差测定应在 $\pm 0.1I_n$、$\pm 1I_n$、$\pm 1.1I_n$、$\pm 2I_n$、$\pm 3I_n$、$\pm 6I_n$ 电流时进行误差测量，误差应满足相关标准及技术协议要求。同时，为得到饱和曲线，电流应升到 $9I_n$	《高压直流输电系统直流电流测量装置 第2部分：电磁式直流电流测量装置》（GB/T 26216.2—2019）7.3.2.11 准确度试验

2. 监督项目解析

直流电流测量装置（电磁式）的测量准确度试验是设备验收阶段最重要的技术监督项目之一。

电磁式直流电流互感器二次系统输出的信号通常作为直流系统控制与保护信号，随时监控系统运行状态，而控制保护系统对测量误差有准确度要求，测量误差过大可能会造成系统误动作。

相对电子式直流电流互感器，电磁式直流电流互感器由于通常安装在中性线上，额定电压较低，对准确度的要求相对较低。

3. 监督要求

采取赴厂家现场见证试验或者查阅出厂试验报告等方式，对应监督要点，审查是否满足要求。

4. 整改措施

当发现该项目相关监督要点不满足时，应及时向厂家、验收小组反映并向物资采购部门和建设部门反馈。

2.3.5.6 密封性能试验（电磁式）

1. 监督要点及监督依据

设备验收阶段直流电流测量装置（电磁式）密封性能试验监督要点及监督依据见表2-2-132。

表2-2-132 设备验收阶段直流电流测量装置（电磁式）密封性能试验监督

监督要点	监督依据
1. 对于带膨胀器的油浸式互感器，应在未装膨胀器之前进行密封性能试验。 2. 在密封试验后静放不少于 12h，方可检查渗漏油情况。若外观检查无渗、漏油现象，则通过密封性能试验	1.《高压直流输电系统直流电流测量装置 第2部分：电磁式直流电流测量装置》（GB/T 26216.2—2019）7.4.14 密封性能试验。 2.《互感器试验导则 第1部分：电流互感器》（GB/T 22071.1—2018）6.9.2.3

2. 监督项目解析

电磁式直流电流互感器的密封性能试验是设备验收阶段比较重要的技术监督项目。

密封性能试验是考核设备密封性能的唯一项目。虽然电磁式直流电流互感器所需绝缘介质较少，密封性能相对较好控制，但是仍存在漏油或漏气的个案。

通常电磁式直流电流互感器绝缘介质有油浸式和 SF$_6$ 式两种，对于带膨胀器的油浸式互感器，应在未装膨胀器之前进行密封性能试验；对于 SF$_6$ 式互感器，应满足气体泄漏要求。

3. 监督要求

采取赴厂家现场见证试验或者查阅出厂试验报告等方式，对应监督要点，审查是否满足要求。

4. 整改措施

当发现该项目相关监督要点不满足时，应及时向厂家、验收小组反映并向物资采购部门和建设部门反馈。

2.3.5.7 外观检查

1. 监督要点及监督依据

设备验收阶段直流电流测量装置外观检查监督要点及监督依据见表 2－2－133。

表 2－2－133　　　　　　　　　设备验收阶段直流电流测量装置外观检查监督

监督要点	监督依据
1. 设备外观清洁、美观；所有部件齐全、完整、无变形。 2. 金属件外表面应具有良好的防腐蚀层，所有端子及紧固件应有良好的防锈镀层或由耐腐蚀材料制成。 3. 产品端子应符合图样要求。 4. 接地处应有明显的接地符号。 5. 对户外端子箱和接线盒的盖板和密封垫进行检查，防止变形进水受潮。 6. 到货后检查三维冲击记录仪，充气式设备应小于 10g，油浸式设备应小于 5g	1.《国家电网公司物资采购标准　交流电流互感器卷　各电压等级交流电流互感器采购标准　第 1 部分：通用技术规范》5.1 外观工艺要 5.1.1、5.1.2。 2～4.《高压直流输电直流电子式电流互感器技术规范》（Q/GDW 10530—2016）5.15 结构要求。《高压直流输电系统直流电流测量装置　第 1 部分：电子式直流电流测量装置》（GB/T 26216.1—2019）6.5 防腐蚀保护。《高压直流输电系统直流电流测量装置　第 2 部分：电磁式直流电流测量装置》（GB/T 26216.2—2019）6.1 一般要求、6.3 防腐蚀保护。 5.《国家电网公司关于印发防止直流换流站单、双极强迫停运二十一项反事故措施的通知》（国网生〔2011〕961 号）18.2.2、18.2.3。 6.《国家电网公司直流换流站验收管理规定　第 9 分册　零磁通电流互感器验收细则》[国网（运检/3）912—2018]　A.4 零磁通电流互感器到货验收标准卡

2. 监督项目解析

直流电流测量装置的外观检查是设备验收阶段比较重要的技术监督项目。

针对设备提出的各项要求，现场验收把关是关键环节，若设备存在质量问题，宜尽早发现处理。

开展该项目监督时，以现场查看实物为主，应检查设备外观清洁、美观，所有部件应齐全、完整、无变形；检查金属件外表面应具有良好的防腐蚀层；户外端子箱和接线盒内密封、无受潮；核对产品铭牌，检查运输过程中安装的三维冲击记录仪及记录，检查是否安装压力表等附件。

3. 监督要求

结合产品的安装使用说明书、图纸等资料，现场查验设备外观是否完好、设备实物与技术协议一致性等项目；对应监督要点，审查是否满足要求。

4. 整改措施

当发现该项目相关监督要点不满足时，应及时向厂家、验收小组反映并向物资采购部门和建设部门反馈。

2.3.6　设备安装阶段

2.3.6.1　本体及组部件安装

1. 监督要点及监督依据

设备安装阶段直流电流测量装置本体及组部件安装监督要点及监督依据见表 2－2－134。

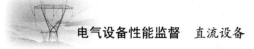

表 2 – 2 – 134　　　　　　　设备安装阶段直流电流测量装置本体及组部件安装监督

监督要点	监督依据
1. 设备铭牌、油浸式设备油位指示器应位于便于观察的一侧，且油位正常。 2. 直流电子式电流互感器光纤接头接口螺母应紧固，接线盒进口和穿电缆的保护管应用硅胶封堵，防止潮气进入。 3. 均压环外观应清洁、无损坏，安装水平、牢固，且方向正确；安装在环境温度 0℃及以下地区的均压环，应在均压环最低处打排水孔；均压环与瓷裙间隙应均匀一致。 4. 光纤安装应符合光纤弯曲半径应大于纤（缆）径的 15 倍，端子盒外壳不得挤压光纤，防止光纤折断	1.《电气装置安装工程质量检验及评定规程　第 3 部分：电力变压器、油浸电抗器、互感器施工质量检验》（DL/T 5161.3—2018）表 3.0.2 油浸式互感器安装。 2.《±800kV 及以下直流换流站电气装置安装工程施工及验收规程》（DL/T 5232—2010）14.7.5。 3.《电气装置安装工程质量检验及评定规程　第 3 部分：电力变压器、油浸电抗器、互感器施工质量检验》（DL/T 5161.3—2018）2 互感器安装 表 2.0.3。《电气装置安装工程　电力变压器、油浸电抗器、互感器施工及验收规范》（GB 50148—2010）5.3.4。 4.《国家电网公司直流换流站验收管理规定　第 8 分册　光电流互感器验收细则》[国网（运检/3）912—2018] A.6 光电流互感器竣工（预）验收表

2. 监督项目解析

直流电流测量装置的本体及组部件安装是设备安装阶段最重要的技术监督项目之一。

在提前制订好安装方案和工艺控制文件后，作业人员应严格按照要求进行本体吊装及组部件安装，确保安装质量。

设备一次端子紧固力矩不应过小，但是也不应超过制造厂规定的允许值。电子式互感器的光纤接头和接口螺母要紧固，否则可能造成接头接续不良。互感器极性应安装正确，否则可能造成保护装置误动或拒动。均压环应注意不要磕碰，安装水平、牢固，从而达到最好的均压及改善电场分布的效果。光纤安装应符合光纤弯曲半径要求，防止光纤折断。

3. 监督要求

结合工艺控制文件、安装方案等资料现场查看核对设备本体及组部件实际状态；对应监督要点，审查是否满足要求。

4. 整改措施

当发现该项目相关监督要点不满足时，应及时向施工队伍、工程监理人员或向工程建设部门反馈。

2.3.6.2　接地要求

1. 监督要点及监督依据

设备安装阶段直流电流测量装置接地要求监督要点及监督依据见表 2 – 2 – 135。

表 2 – 2 – 135　　　　　　　设备安装阶段直流电流测量装置接地要求监督

监督要点	监督依据
1. 应有两根与主地网不同干线连接的接地引下线，并且每根接地引下线均应符合热稳定校核的要求。连接引线应便于定期进行检查测试。 2. 凡不属于主回路或辅助回路且需要接地的所有金属部分都应接地。 3. 外壳、构架等的相互电气连接宜采用紧固连接（如螺栓连接或焊接）	1.《国家电网有限公司关于印发十八项电网重大反事故措施（修订版）的通知》（国家电网设备〔2018〕979 号）14.1.1.4。 2～3.《导体和电器选择设计技术规定》（DL/T 5222—2005）12.0.14

2. 监督项目解析

直流电流测量装置的接地要求是设备安装阶段比较重要的技术监督项目。

原则上，设备上不属于主回路或辅助回路的金属部件都应与地网连接，不应出现悬浮电位的部件。

设备外壳良好接地能防止电气装置的金属外壳带电危及人身和设备安全。当设备故障时，单根接地引下线严重腐蚀造成截面积减少或者非可靠连接条件下，易造成设备失地运行。对于具有末屏的电流互感器，电容式末屏包裹在一次导电杆的多层绝缘层的最外层，运行中必须接地，否则末屏会产生很高的悬浮电位。电磁式直流电流互感器的二次回路有且仅有一点接地，不允许两点或多点接地，以免形成回路或短路。

3. 监督要求

采取检查安装记录，或者结合安装方案、安装图纸等资料现场查看的方式，核对设备接地情况；对应监督要点，审查是否满足要求。

4. 整改措施

当发现该项目相关监督要点不满足时，应及时向施工队伍、工程监理人员或向工程建设部门反馈。

2.3.6.3 端子箱防潮

1. 监督要点及监督依据

设备安装阶段直流电流测量装置端子箱防潮监督要点及监督依据见表 2-2-136。

表 2-2-136　　　　　　设备安装阶段直流电流测量装置端子箱防潮监督

监督要点	监督依据
1. 端子箱、汇控柜底座和箱体之间有足够的敞开通风空间，以免潮气进入。潮湿地区的设备应加装驱潮装置。 2. 应注意户外端子箱、汇控柜电缆进线开孔方向，确保雨水不会顺着电缆流入户外端子箱、汇控柜	《国家电网公司关于印发防止直流换流站单、双极强迫停运二十一项反事故措施的通知》（国家电网生〔2011〕961号）18.2.4

2. 监督项目解析

直流电流测量装置的端子箱防潮是设备安装阶段重要的技术监督项目。

端子箱防潮一直是变电设备反事故措施的重要内容，二次回路发生的缺陷有较大比例是由于端子箱或者回路受潮造成的绝缘电阻下降甚至接地故障。端子箱防潮要从两个方面入手：① 箱体内部设计和接线要合理，潮湿地区的设备应加装驱潮装置；② 注意防止外部潮气和雨水进入箱体。

3. 监督要求

采取检查安装方案、安装图纸等资料或者现场检查的方式，核对设备端子箱防潮情况；对应监督要点，审查是否满足要求。

4. 整改措施

当发现该项目相关监督要点不满足时，应及时向施工队伍、工程监理人员或向工程建设部门反馈。

2.3.6.4 控制保护要求

1. 监督要点及监督依据

设备安装阶段直流电流测量装置控制保护要求监督要点及监督依据见表 2-2-137。

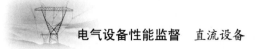

表 2-2-137　　　　设备安装阶段直流电流测量装置控制保护要求监督

监督要点	监督依据
1. 电子式直流电流互感器、电磁式直流电流互感器传输环节中的模块，如合并单元、模拟量输出模块、差分放大器等，应由两路独立电源或两路电源经 DC/DC 转换耦合后供电，每路电源具有监视功能。 2. 备用模块应充足；备用光纤不低于在用光纤数量的 100%，且不得少于 3 根。 3. 电子式直流电流互感器、电磁式直流电流互感器等设备的远端模块、合并单元、接口单元及二次输出回路设置应能满足保护冗余配置要求，且完全独立	《国家电网公司关于印发防止直流换流站单、双极强迫停运二十一项反事故措施的通知》（国家电网生〔2011〕961 号）7.1.5、7.1.8、7.3.1

2. 监督项目解析

直流电流测量装置的控制保护要求是设备安装阶段比较重要的技术监督项目。

高压直流输电系统的可靠性至关重要，如果接口模块、测量回路或者保护装置发生异常或故障，可能直接导致保护系统误出口跳闸；因此测量回路应满足冗余配置的要求，且不同回路之间不得相互影响。要求直流电流测量装置设备的远端模块、合并单元、接口单元及二次输出回路设置应能满足保护冗余配置要求，且完全独立。备用模块及备用光纤应充足。互感器的电源应冗余配置且各路均具有监视功能。

3. 监督要求

采取检查安装图纸和现场检查的方式，核对设备的远端模块、备用光纤等情况；对应监督要点，审查是否满足要求。

4. 整改措施

当发现该项目相关监督要点不满足时，应及时向施工队伍、工程监理人员或向工程建设部门反馈。

2.3.7　设备调试阶段

2.3.7.1　极性测试（电子式）

1. 监督要点及监督依据

设备调试阶段直流电流测量装置（电子式）极性测试监督要点及监督依据见表 2-2-138。

表 2-2-138　　　　设备调试阶段直流电流测量装置（电子式）极性测试监督

监督要点	监督依据
在互感器的一次端由 P1 到 P2 通以 $0.1I_n$ 的直流电流，由合并单元录取输出数据波形，若输出数据为正，则互感器的极性关系正确	《高压直流输电直流电子式电流互感器技术规范》（Q/GDW 10530—2016）6.3.3 极性测试

2. 监督项目解析

直流电流测量装置（电子式）的极性测试是设备调试阶段重要的技术监督项目。

互感器端子极性一般不会弄错，但是一旦弄错，将造成保护装置误动或拒动，后果严重。在生产实际中，由于互感器极性不正确造成的保护装置误动或拒动时有发生。因此，极性测试作为交接试验项目之一，必须严格按标准进行测试。

3. 监督要求

采取现场见证试验（旁站监督）或者查阅调试记录、交接试验报告等资料的方式，对应监督要点，审查是否满足要求。

4. 整改措施

当发现该项目相关监督要点不满足时，应及时向设备调试负责人、工程监理人员或向工程建设部门反馈。

2.3.7.2 光纤损耗测试（电子式）

1. 监督要点及监督依据

设备调试阶段直流电流测量装置（电子式）光纤损耗测试监督要点及监督依据见表 2－2－139。

表 2－2－139　　设备调试阶段直流电流测量装置（电子式）光纤损耗测试监督

监督要点	监督依据
1. 直流电子式电流互感器光纤损耗应小于 2dB。 2. 若产品不宜进行现场光纤损耗测试，设备供应商应给出保证光纤损耗满足要求的技术说明	《高压直流输电直流电子式电流互感器技术规范》（Q/GDW 10530—2016）6.3.4 光纤损耗测试

2. 监督项目解析

直流电流测量装置（电子式）的光纤损耗测试是设备调试阶段比较重要的技术监督项目。

光纤损耗是指光纤每单位长度上的衰减，单位为 dB/km。若直流电流测量装置安装后离控制室较远，则需要重点关注此试验项目。光纤损耗产生的原因很多，常见的有光纤连接器问题、光纤本身问题、弯曲半径过小问题等。若系统光纤损耗过大，则可能造成信号不稳定和误码率高等问题。

3. 监督要求

采取现场见证试验（旁站监督）或者查阅交接试验报告等资料的方式，对应监督要点，审查是否满足要求。

4. 整改措施

当发现该项目相关监督要点不满足时，应及时向设备调试负责人、工程监理人员或向工程建设部门反馈。

2.3.7.3 直流电流互感器（电磁式）直流耐压试验

1. 监督要点及监督依据

设备调试阶段直流电流互感器（电磁式）直流耐压试验监督要点及监督依据见表 2－2－140。

表 2－2－140　　设备调试阶段直流电流互感器（电磁式）直流耐压试验监督

监督要点	监督依据
试验电压为出厂试验时的 80%，持续时间 5min（出厂试验电压为 $1.5U_n$）	《高压直流输电系统直流电流测量装置　第 2 部分：电磁式直流电流测量装置》（GB/T 26216.2—2019）7.5.6 直流耐压试验（现场交接试验）；7.4.7 直流耐压试验和局部放电测量（出厂试验）

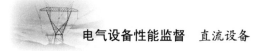

2. 监督项目解析

电磁式直流电流互感器的直流耐压试验是设备调试阶段最重要的技术监督项目之一。

通过直流耐压试验可以发现很多绝缘缺陷，尤其是对集中性绝缘缺陷的检查更为有效。耐压试验是保证电气设备绝缘水平、避免发生绝缘事故的重要手段。

耐压试验也有缺点，在较高的电压作用下，会使绝缘中的一些弱点更加发展（而在耐压试验中还未导致击穿），这样耐压试验本身会引起绝缘内部的累积效应（每次试验对绝缘所造成的损伤叠加起来的效应）。因此，确定合适的试验电压值相当重要。所施加的试验电压，一方面要求能有效地发现绝缘中的缺陷，另一方面又要避免因电压过高而引起的绝缘损伤。根据各种设备绝缘材料和可能遭受的过电压倍数，有关标准已规定了相应的耐压试验值。

耐压试验前应将互感器静置规定的时间，耐压试验前后应进行绝缘电阻和油色谱分析。

另外，需要注意的是，电子式直流电流互感器交接试验中的直流耐压试验存在标准差异。《高压直流输电系统直流电流测量装置 第1部分：电子式直流电流测量装置》（GB/T 26216.1—2019）的现场交接试验有此项目，但是《高压直流输电直流电子式电流互感器技术规范》（Q/GDW 10530—2016）的现场交接试验无此项目，建议建设单位根据实际情况决定。

3. 监督要求

采取现场见证试验（旁站监督）或者查阅交接试验报告等资料的方式，对应监督点，审查是否满足要求。

4. 整改措施

当发现该项目相关监督要点不满足时，应及时向设备调试负责人、工程监理人员或向工程建设部门反馈。

2.3.7.4 测量准确度试验（电子式）

1. 监督要点及监督依据

设备调试阶段直流电流测量装置（电子式）测量准确度试验监督要点及监督依据见表2-2-141。

表2-2-141 设备调试阶段直流电流测量装置（电子式）测量准确度试验监督

监督要点	监督依据
试验直流电子式电流互感器在 $0.1I_n$、$0.2I_n$、I_n、$1.2I_n$ 电流点的误差，误差应满足设备测量准确度要求	《高压直流输电直流电子式电流互感器技术规范》（Q/GDW 10530—2016）6.3.3 直流电流测量准确度试验

2. 监督项目解析

直流电流测量装置（电子式）的测量准确度试验是设备调试阶段最重要的技术监督项目之一。

在设备调试阶段进行测量准确度试验后，设备将很快投入运行，因此，此试验是验证设备测量准确度的最后一道关口，重要程度不言而喻。同时，相对于出厂试验中的测量准确度试验，现场交接试验的电流测量点少了 $0.5I_n$、$0.8I_n$，这是考虑到现场试验设备和试验条件有限，在覆盖测量范围的基础上，减轻调试工作量；如果工程建设单位认为有必要，也可以增加电流测量点。

3. 监督要求

采取现场见证试验（旁站监督）或者查阅交接试验报告等资料的方式，对应监督要点，审查是否满足要求。

4. 整改措施

当发现该项目相关监督要点不满足时，应及时向设备调试负责人、工程监理人员或向工程建设部门反馈。

2.3.7.5 油气要求（电磁式）

1. 监督要点及监督依据

设备调试阶段直流电流测量装置（电磁式）油气要求监督要点及监督依据见表 2 - 2 - 142。

表 2 - 2 - 142　　　　设备调试阶段直流电流测量装置（电磁式）油气要求监督

监督要点	监督依据
1. 充气式设备。 （1）SF_6 气体年泄漏率不大于 0.5%。 （2）SF_6 气体充入设备 24h 后取样检测，其含水量小于 150μL/L。 （3）氮气、混合气体等充气式设备年泄漏率和含水量应符合上述规定和厂家规定。 2. 充油式设备。 （1）油中微量水分应符合下述规定： 1）对于 300kV 以上直流电流测量装置，不大于 10mg/L； 2）对于 300～150kV 直流电流测量装置，不大于 15mg/L； 3）对于 150kV 以下直流电流测量装置，不大于 20mg/L。 （2）对电压等级在 100kV 以上的充油式设备，油中溶解气体组分含量（μL/L）不应超过下列任一值，总烃：10，H_2：50，C_2H_2：0.1	1.《高压直流输电系统直流电流测量装置　第 2 部分：电磁式直流电流测量装置》（GB/T 26216.2—2019）6.7 对于 SF_6 式设备的要求。 2.《高压直流输电系统直流电流测量装置　第 2 部分：电磁式直流电流测量装置》（GB/T 26216.2—2019）6.8 对于充油式设备的要求。《电力用电流互感器使用技术规范》（DL/T 725—2013）6.9 绝缘油介质主要性能要求。《变压器油中溶解气体分析和判断导则》（DL/T 722—2014）9.2 新设备投运前油中溶解气体含量要求

2. 监督项目解析

直流电流测量装置（电磁式）的油气要求是设备调试阶段重要的技术监督项目。

虽然直流电流测量装置的油气要求项目不是重点监督项目，但是此项目其实非常重要。绝缘介质起着加强绝缘、冷却的作用，若绝缘介质出现问题，将直接影响设备运行。

油浸式电流互感器耐压试验前后都应进行绝缘油油中溶解气体分析试验，试验结果应符合相关标准要求，两次试验值不应有明显差别。

充气式电流互感器的 SF_6 气体含水量应小于 150μL/L；若是充氮气、混合气体等充气式设备，也应符合上述规定和厂家规定。

3. 监督要求

采取现场见证取油样过程（旁站监督），并查阅油气试验报告的方式，对应监督要点，审查是否满足要求。

4. 整改措施

当发现该项目相关监督要点不满足时，应及时向设备调试负责人、工程监理人员或向工程建设部门反馈。

2.3.7.6 控制保护要求

1. 监督要点及监督依据

设备调试阶段直流电流测量装置控制保护要求监督要点及监督依据见表 2 - 2 - 143。

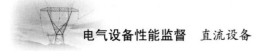

表 2-2-143   设备调试阶段直流电流测量装置控制保护要求监督

监督要点	监督依据
1. 对直流电流测量装置传输环节各设备进行断电试验、对光纤进行抽样拔插试验，检验当单套设备故障、失电时，是否导致保护装置误出口。 2. 试验检查电流互感器极性是否正确，避免区外故障导致保护误动。 3. 电子式互感器现场在投运前应开展隔离开关分/合容性小电流干扰试验	1~2. 《国家电网公司关于印发防止直流换流站单、双极强迫停运二十一项反事故措施的通知》（国家电网生〔2011〕961 号）7.3.2，20.3.3。 3.《国家电网有限公司关于印发十八项电网重大反事故措施（修订版）的通知》（国家电网设备〔2018〕979 号）中"11.3.2.3 电子式互感器现场在投运前应开展隔离开关分/合容性小电流干扰试验。"

2. 监督项目解析

直流电流测量装置的控制保护要求是设备调试阶段比较重要的技术监督项目。

直流电流测量系统的可靠性至关重要，在设备投运前，需要对系统传输性能、各项功能要求等项目进行试验，包括对传输环节各设备进行断电试验、对光纤进行抽样拔插试验、抗干扰试验等。各试验项目不能遗漏，试验结果应合格。

3. 监督要求

采取现场见证试验（旁站监督）或者查阅试验调试报告等资料的方式，对应监督要点，审查是否满足要求。

4. 整改措施

当发现该项目相关监督要点不满足时，应及时向设备调试负责人、工程监理人员或向工程建设部门反馈。

2.3.8 竣工验收阶段

2.3.8.1 设备本体及组部件

1. 监督要点及监督依据

竣工验收阶段直流电流测量装置设备本体及组部件监督要点及监督依据见表 2-2-144。

表 2-2-144   竣工验收阶段直流电流测量装置设备本体及组部件监督

监督要点	监督依据
1. 瓷绝缘子无破损、无裂纹、法兰无开裂，金属法兰与瓷套胶装部位粘合牢固，防水胶完好；复合绝缘套管表面无老化迹象，憎水性良好。 2. 现场涂覆 RTV 时，涂层表面要求均匀完整，不缺损、不流淌，严禁出现伞裙间的连丝，无拉丝滴流。RTV 涂层厚度不小于 0.3mm。 3. 均压环应安装水平、牢固，且方向正确。均压环所在最低处打排水孔	1.《国网运检部关于开展竣工验收阶段专项技术监督工作的通知》（运检技术〔2015〕81 号）附件 3 竣工验收阶段技术监督重点检查内容 2.2 互感器 2.2.10。 2.《国网运检部关于印发绝缘子用常温固化硅橡胶防污闪涂料（试行）的通知》（运检二〔2015〕116 号）4.2.1、4.2.2。 3.《电气装置安装工程 电力变压器、油浸电抗器、互感器施工及验收规范》（GB 50148—2010）5.3.4

2. 监督项目解析

直流电流测量装置的设备本体及组部件是竣工验收阶段比较重要的技术监督项目。

竣工验收是对前期所有工作成效的监督检查。首先要求设备外观良好，瓷绝缘子无破损、无裂纹，复合绝缘套管表面无老化迹象。为避免均压环内积水后严寒天气结冰造成均压环胀裂，需要在均压环最低处打排水孔。

若设备外绝缘防污等级不够而需要涂覆绝缘涂层，那么涂层应满足要求。增涂绝缘涂层的工作一般在运维检修阶段开展，由于涂覆质量检查也属于验收工作，因此也放在竣工验收阶段。

3. 监督要求

采取现场查看设备本体及组部件的方式，对应监督要点，审查是否满足要求。

4. 整改措施

当发现该项目相关监督要点不满足时，应及时向验收小组反映或向建设部门、运检部门反馈。

2.3.8.2 接地

1. 监督要点及监督依据

竣工验收阶段直流电流测量装置接地监督要点及监督依据见表 2 - 2 - 145。

表 2 - 2 - 145 竣工验收阶段直流电流测量装置接地监督

监督要点	监督依据
1. 应有两根与主地网不同干线连接的接地引下线，并且每根接地引下线均应符合热稳定校核的要求。连接引线应便于定期进行检查测试。 2. 凡不属于主回路或辅助回路且需要接地的所有金属部分都应接地（如爬梯等）。外壳、构架等的相互电气连接宜采用紧固连接（如螺栓连接或焊接），以保证电气上连通	1.《国家电网有限公司关于印发十八项电网重大反事故措施（修订版）的通知》（国家电网设备〔2018〕979号）14.1.1.4。 2.《导体和电器选择设计技术规定》（DL/T 5222—2005）12.0.14

2. 监督项目解析

直流电流测量装置的接地是竣工验收阶段比较重要的技术监督项目。

设备外壳良好接地能防止电气装置的金属外壳带电危及人身和设备安全。对于具有末屏的电流互感器，电容式末屏包裹在一次导电杆的多层绝缘层的最外层，运行中必须接地，否则末屏会产生很高的悬浮电位。电磁式直流电流互感器的二次回路有且仅有一点接地，不允许两点或多点接地，以免形成回路或短路。竣工验收是对设备投运前最后进行的检查，特别要注意有末屏的互感器要恢复有效接地，严防出现内部悬空的假接地现象。

3. 监督要求

采取现场查看设备接地或者查阅施工图纸的方式，对应监督要点，审查是否满足要求。

4. 整改措施

当发现该项目相关监督要点不满足时，应及时向验收小组反映或向建设部门、运检部门反馈。

2.3.8.3 端子箱防潮

1. 监督要点及监督依据

竣工验收阶段直流电流测量装置端子箱防潮监督要点及监督依据见表 2 - 2 - 146。

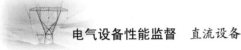

表 2-2-146　　　　　　　　　竣工验收阶段直流电流测量装置端子箱防潮监督

监督要点	监督依据
1. 对户外端子箱和接线盒的盖板和密封垫进行检查，防止变形进水受潮。 2. 检查户外端子箱、汇控柜的布置方式，确认端子箱、汇控柜底座和箱体之间有足够的敞开通风空间，以免潮气进入，潮湿地区的设备应加装驱潮装置。 3. 检查户外端子箱、汇控柜电缆进线开孔方向，确保雨水不会顺着电缆流入户外端子箱、汇控柜	《国家电网公司关于印发防止直流换流站单、双极强迫停运二十一项反事故措施的通知》（国家电网生〔2011〕961 号）18.2.1、18.2.2、18.2.4

2. 监督项目解析

直流电流测量装置的端子箱防潮是竣工验收阶段比较重要的技术监督项目。

端子箱防潮一直是变电设备反事故措施的重要内容，二次回路发生的缺陷有较大比例是由于端子箱或者回路受潮造成的绝缘电阻下降甚至接地故障。

竣工验收工作中，主要现场检查户外端子箱和接线盒的盖板和密封性，检查雨水会不会顺着电缆流入户外端子箱、汇控柜，同时还应检查端子排接线的规范性，箱体内有无遗留物件、是否清洁等。

3. 监督要求

采取现场查看设备端子箱和接线盒的方式，对应监督要点，审查是否满足要求。

4. 整改措施

当发现该项目相关监督要点不满足时，应及时向验收小组反映或向建设部门、运检部门反馈。

2.3.8.4　控制保护要求

1. 监督要点及监督依据

竣工验收阶段直流电流测量装置控制保护要求监督要点及监督依据见表 2-2-147。

表 2-2-147　　　　　　　　竣工验收阶段直流电流测量装置控制保护要求监督

监督要点	监督依据
1. 电子式直流电流互感器、电磁式直流电流互感器的远端模块、合并单元、接口单元及二次输出回路设置能否满足保护冗余配置要求，是否完全独立；检查备用模块是否充足。 2. 对直流电流测量装置传输环节各设备进行断电试验、对光纤进行抽样拔插试验，检验当单套设备故障、失电时，是否导致保护装置误出口。 3. 二次回路端子排接线整齐，无松动、锈蚀、破损现象，运行及备用端子均有编号。电缆、光纤排列整齐、编号清晰、避免交叉，并固定牢固	1~2.《国家电网公司关于印发防止直流换流站单、双极强迫停运二十一项反事故措施的通知》（国家电网生〔2011〕961 号）7.3.1、7.3.2。 3.《国家电网公司直流换流站验收管理规定　第 8 分册　光电流互感器验收细则》[国网（运检/3）912—2018] A.6 光电流互感器竣工（预）验收表

2. 监督项目解析

直流电流测量装置的控制保护要求是竣工验收阶段比较重要的技术监督项目。

在完成设备安装调试工作后，电流互感器的信号输出、保护功能等都已具备。在竣工验收阶段，技术监督人员应结合设备资料，对设备从硬件组成到软件功能进行全面的核查。

3. 监督要求

采取现场检查和查阅试验调试报告的方式，对应监督要点，审查是否满足要求。

4. 整改措施

当发现该项目相关监督要点不满足时，应及时向验收小组反映或向建设部门、运检部门反馈。

2.3.9 运维检修阶段

2.3.9.1 运行巡视

1. 监督要点及监督依据

运维检修阶段直流电流测量装置运行巡视监督要点及监督依据见表 2−2−148。

表 2−2−148　　　　　　　　运维检修阶段直流电流测量装置运行巡视监督

监督要点	监督依据
1. 巡视周期：检查巡视记录完整，要求每天至少一次正常巡视；每周至少进行一次熄灯巡视；每月进行一次全面巡视。 2. 重点巡视项目包括： （1）检查瓷套清洁、无裂痕，复合绝缘子外套和加装硅橡胶伞裙的瓷套，应无电蚀痕迹及破损、无老化迹象； （2）检查直流测量装置无异常振动、异常声音； （3）检查直流测量装置的接线盒密封完好； （4）检查油位正常，油位上下限标识应清晰；SF$_6$压力正常	1.《高压直流输电直流测量装置运行规范》（Q/GDW 1532—2014）9.1.2 设备技术资料。 2.《高压直流输电直流测量装置运行规范》（Q/GDW 1532—2014）5.1.1、5.1.2。《输变电设备状态检修试验规程》（Q/GDW 1168—2013）6.8.1.1 直流电流互感器巡检及例行试验项目（零磁通型）、6.8.1.2 巡检说明、6.9.1.1 光电式电流互感器巡检及例行试验项目、6.9.1.2 巡检说明。《高压直流输电直流测量装置检修规范》（Q/GDW 533—2010）6.1 日常维护内容及要求 6.1.1 外观检查

2. 监督项目解析

直流电流测量装置的运维管理是运维检修阶段比较重要的技术监督项目。

运维管理是设备运维的重要内容，而设备例行巡视是设备运维管理的重要组成部分，是发现设备缺陷的有效有段，因此巡视周期的合理性很重要。

目前，运维检修阶段的相关技术标准中，关于直流电子式电流互感器巡检周期，规定不一致。《输变电设备状态检修试验规程》（DL/T 393—2010）6.9.1 光电式电流互感器巡检及例行试验、《直流电子式电流互感器技术监督导则》（DL/T 278—2012）4.2 巡检、《输变电设备状态检修试验规程》（Q/GDW 1168—2013）6.9.1 光电式电流互感器巡检及例行试验、《高压直流输电直流测量装置运行规范》（Q/GDW 1532—2014）5.1 例行巡视，上述 4 个标准的巡检周期不一致。《输变电设备状态检修试验规程》（DL/T 393—2010）和《输变电设备状态检修试验规程》（Q/GDW 1168—2013）是从通用性的角度对巡检周期进行了规定；《直流电子式电流互感器技术监督导则》（DL/T 278—2012）是从技术监督查看巡视记录的角度进行了规定；《高压直流输电直流测量装置运行规范》（Q/GDW 1532—2014）则是从直流输电重要性和特殊性的角度进行了规定。目前，换流站基本上是执行《高压直流输电直流测量装置运行规范》（Q/GDW 1532—2014）的巡检周期。

综合分析，巡检周期按《高压直流输电直流测量装置运行规范》（Q/GDW 1532—2014）的规定执行。建议将《输变电设备状态检修试验规程》（Q/GDW 1168—2013）中"6.9.1 光电式电流互感器巡检及例行试验：巡检基准周期为 1 月"修改为"6.9.1 光电式电流互感器巡检及例行试验：例行巡视包括正常巡视、熄灯巡视、全面巡视。a）每天至少一次正常巡视；b）每周至少进行一次熄灯巡视，检查设备有无电晕、放电、接头有无过热现象；c）每月进行一次全面巡视。"

3. 监督要求

查阅设备运维资料应完整齐全，现场检查设备状态，对应监督要点，审查是否满足要求。

4. 整改措施

当发现该项目相关监督要点不满足时，应及时向运维人员提出建议并向运检部门反馈。

2.3.9.2 状态检测

1. 监督要点及监督依据

运维检修阶段直流电流测量装置状态检测监督要点及监督依据见表2-2-149。

表2-2-149 运维检修阶段直流电流测量装置状态检测监督

监督要点	监督依据
1. 红外测温要求：运维单位每周测温一次，省电科院3个月测温一次；在高温大负荷时应缩短周期。 2. 应定期进行红外测温，建立红外图谱档案，进行纵、横向温差比较，便于及时发现隐患并处理。 3. 紫外检测要求：运维单位、省电科院均6个月检测一次，对于硅橡胶套管应缩短检测周期	1.《高压直流输电直流测量装置运行规范》（Q/GDW 1532—2014）4.5 带电检测要求 c）。 2.《输变电设备状态检修试验规程》（Q/GDW 1168—2013）6.9.1.1 光电式电流互感器巡检及例行试验项目（表78）；6.8.1.1 直流电流互感器巡检及例行试验项目（零磁通型）（表75）。《国家电网有限公司关于印发十八项电网重大反事故措施（修订版）的通知》（国家电网设备〔2018〕979号）8.4.2.3。 3.《高压直流输电直流测量装置运行规范》（Q/GDW 1532—2014）4.5 带电检测要求 d）

2. 监督项目解析

直流电流测量装置的带电检测是运维检修阶段比较重要的技术监督项目。

带电检测是发现设备潜在隐患和缺陷的重要手段，可以在不停电的情况下，了解设备运行状态；而红外热像检测是目前最有效的手段之一。因此，要求运维单位、电科院要按规定进行红外测温、紫外检测等带电检测项目。

对电压致热型设备，可根据相同型号规格的设备的对应点温升值的差异来判断设备是否正常。电流致热型设备的缺陷宜用允许温升或同类允许温差的判断依据确定。

目前，交流设备还未要求运维单位进行紫外检测，部分运维单位未配置紫外检测仪；根据《高压直流输电直流测量装置运行规范》（Q/GDW 1532—2014）的要求，各换流站运维单位应逐步配置紫外检测仪。

3. 监督要求

查阅带电检测记录和红外图谱库，对应监督要点，审查是否满足要求。

4. 整改措施

当发现该项目相关监督要点不满足时，应及时向运维人员提出建议并向运检部门反馈。

2.3.9.3 状态评价与检修决策

1. 监督要点及监督依据

运维检修阶段直流电流测量装置状态评价与检修决策监督要点及监督依据见表2-2-150。

表2-2-150 运维检修阶段直流电流测量装置状态评价与检修决策监督

监督要点	监督依据
1. 状态评价应实行动态化管理，每次检修或试验后应进行一次状态评价。定期评价每年不少于一次。检修策略应根据设备状态评价的结果动态调整，年度检修计划每年至少修订一次。 2. 新设备投运满1年（220kV及以上），以及停运6个月以上重新投运前的设备，应进行例行试验。 3. 现场备用设备应视同运行设备进行例行试验；备用设备投运前应对其进行例行试验；若更换的是新设备，投运前应按交接试验要求进行试验	1.《直流电流互感器状态检修导则》（Q/GDW 1956—2013）3.2 状态评价工作的要求、5.设备的状态检修策略。《高压直流输电直流测量装置状态检修导则》（Q/GDW 499—2010）3.2 状态评价工作的要求。《电流互感器技术监督导则》（Q/GDW 11075—2013）5.9.4 状态评价监督内容及要求。 2~3.《输变电设备状态检修试验规程》（DL/T 393—2010）4.2.2 试验说明。《输变电设备状态检修试验规程》（Q/GDW 1168—2013）4.2.2 试验说明。《高压直流输电直流测量装置状态检修导则》（Q/GDW 499—2010）3.3 新投运设备状态检修

2. 监督项目解析

直流电流测量装置的状态评价与检修决策是运维检修阶段比较重要的技术监督项目。

状态检修应遵循"应修必修、修必修好"的原则，依据设备状态评价的结果，考虑设备风险因素，动态制订设备的检修计划，合理安排状态检修的计划和内容。直流电流互感器状态检修工作内容包括停电、不停电测试和试验以及停电、不停电检修维护工作。状态评价应实行动态化管理。每次检修或试验后应进行一次状态评价。

3. 监督要求

查阅设备状态评价报告、年度检修计划、例行试验报告等资料，对应监督要点，审查是否满足要求。

4. 整改措施

当发现该项目相关监督要点不满足时，应及时向运维人员提出建议并向运检部门反馈。

2.3.9.4 例行试验

1. 监督要点及监督依据

运维检修阶段直流电流测量装置例行试验监督要点及监督依据见表 2-2-151。

表 2-2-151　　　　　　　　运维检修阶段直流电流测量装置例行试验监督

监督要点	监督依据
1. 直流电子式电流互感器：火花间隙检查（如有），周期为 1 年。 2. 直流电磁式电流互感器： （1）一次绕组绝缘电阻，周期为 3 年，要求不小于 3000MΩ（注意值）； （2）电容量及介质损耗因数，周期为 3 年，要求电容量初值差不超过±5%（警示值），介质损耗因数不大于 0.006	1. 直流电子式电流互感器：《高压直流输电直流测量装置检修规范》（Q/GDW 533—2010）6.检修内容及质量要求 6.2.4.2 b）。《输变电设备状态检修试验规程》（Q/GDW 1168—2013）6.9.1.1 光电式电流互感器巡检及例行试验项目。《输变电设备状态检修试验规程》（DL/T 393—2010）6.9.1 光电式电流互感器巡检及例行试验项目。 2. 直流电磁式电流互感器：《高压直流输电直流测量装置检修规范》（Q/GDW 533—2010）6.检修内容及质量要求 零磁通直流电流互感器例行维修内容及要求。《输变电设备状态检修试验规程》（Q/GDW 1168—2013）6.8.1.1 直流电流互感器巡检及例行试验项目（零磁通型）。《国家电网公司直流换流站检修管理规定（试行）第9 分册 零磁通电流互感器检修细则》1. 检修分类及要求 1.3 C 类检修

2. 监督项目解析

直流电流测量装置的例行试验是运维检修阶段最重要的技术监督项目之一。

根据《输变电设备状态检修试验规程》（Q/GDW 1168—2013）的定义，运维检修阶段的试验分为例行试验和诊断性试验，例行试验通常按周期进行。例行试验是设备状态评价工作的重要依据，是状态检修工作中的重要内容。

在设备运行期间，为掌握设备电气性能状况，按照设备状态检修规程，需要不定期进行例行试验，必要时进行诊断性试验。试验结果是设备状态量的重要组成部分，其准确性直接影响设备状态评价结果。

3. 监督要求

采用现场见证试验过程（旁站监督）或者查阅例行试验报告的方式，对应监督要点，审查试验项目是否完备、试验结果是否合格，若不合格，查看后续处理文件。

4. 整改措施

当发现该项目相关监督要点不满足时，应及时向运维人员提出建议并向运检部门反馈。

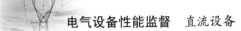

2.3.9.5　故障/缺陷处理

1. 监督要点及监督依据

运维检修阶段直流电流测量装置故障/缺陷处理监督要点及监督依据见表 2-2-152。

表 2-2-152　　　　运维检修阶段直流电流测量装置故障/缺陷处理监督

监督要点	监督依据
1. 检查消缺记录，审查设备缺陷分类是否正确。 2. 检查消缺记录，审查设备缺陷是否及时按要求处理。危急缺陷处理时限不超过 24h；严重缺陷处理时限不超过 7d；需停电处理的一般缺陷处理时限不超过一个例行试验检修周期，可不停电处理的一般缺陷处理时限原则上不超过 3 个月。 3. 缺陷处理相关信息应及时录入生产管理系统（PMS）。 4. 出现下列情况时，应进行设备更换。 （1）瓷套出现裂纹或破损； （2）直流测量装置严重放电，已威胁安全运行时； （3）直流测量装置内部有异常响声、异味、冒烟或着火等现象； （4）经红外热像检测发现内部有过热现象。 5. 若有明显漏气（油）点或气（油）压持续下降，则应在气（油）压至直流系统闭锁前，将相应直流系统停运	1.《高压直流输电直流测量装置运行规范》（Q/GDW 1532—2014）6 缺陷管理及异常处理。 2~3.《电流互感器技术监督导则》（Q/GDW 11075—2013）5.9.3.2 缺陷管理。《高压直流输电直流测量装置运行规范》（Q/GDW 1532—2014）6.1 缺陷管理一般要求。 4~5.《高压直流输电直流测量装置运行规范》（Q/GDW 1532—2014）6.3

2. 监督项目解析

直流电流测量装置的缺陷管理是运维检修阶段比较重要的技术监督项目。

若发现设备出现缺陷，应严格按照要求进行缺陷的划分和评估，并应尽快结合停电检修的机会消缺。设备带缺陷运行是有隐患的，部分缺陷还会逐步扩展恶化；对于油气质量、热点等缺陷，在未消缺之前应持续跟踪检测，严防缺陷快速发展。

缺陷处理相关信息应及时、准确录入生产管理系统（PMS）。

若发现设备出现较严重的缺陷，应召开会议讨论是否进行设备更换；对于特别严重的缺陷或异常，可根据运行规程紧急处理。

3. 监督要求

查阅设备缺陷记录和消缺记录，对应监督要点，审查是否满足要求。

4. 整改措施

当发现该项目相关监督要点不满足时，应及时向运维人员提出建议并向运检部门反馈。

2.3.9.6　反事故措施要求

1. 监督要点及监督依据

运维检修阶段直流电流测量装置反事故措施要求监督要点及监督依据见表 2-2-153。

表 2-2-153　　　　运维检修阶段直流电流测量装置反事故措施要求监督

监督要点	监督依据
1. 对外绝缘强度不满足污秽等级的设备，应喷涂防污闪涂料或加装防污闪辅助伞裙。现场涂覆 RTV 涂层表面要求均匀完整，不缺损，不流淌，严禁出现伞裙间的连丝，无拉丝流淌；RTV 涂层厚度不小于 0.3mm。 2. 每年对已喷涂防污闪涂料的绝缘子进行憎水性抽查，及时对破损或失效的涂层进行重新喷涂。若复合绝缘子或喷涂了 RTV 的瓷绝缘子的憎水性下降到 3 级，应考虑重新喷涂。 3. 对于体积较小的室外端子箱、接线盒，应采取加装干燥剂、增加防雨罩、保持呼吸孔通畅、更换密封圈等手段，防止端子箱内端子受潮、绝缘性能降低。 4. 定期检查室外端子箱、接线盒锈蚀情况，及时采取相应防腐、防锈蚀措施。对于锈蚀严重的端子箱、接线盒应及时更换	1~2.《国家电网有限公司关于印发十八项电网重大反事故措施（修订版）的通知》（国家电网设备〔2018〕979 号）8.4.2 运行阶段。《国网运检部关于印发绝缘子用常温固化硅橡胶防污闪涂料（试行）的通知》（运检二〔2015〕116 号）4.2 涂层。 3~4.《国家电网公司关于印发防止直流换流站单、双极强迫停运二十一项反事故措施的通知》（国家电网生〔2011〕961 号）18.3

2. 监督项目解析

直流电流测量装置的反事故措施要求是运维检修阶段比较重要的技术监督项目。

随着运维经验的积累，国家电网有限公司总结梳理了众多反事故措施，如"十八项反事故措施""二十一项反事故措施"等。在这些反事故措施中，有很多是需要在运维检修阶段落实的，如喷涂防污闪涂料或加装防污闪辅助伞裙；外端子箱、接线盒加装干燥剂、增加防雨罩；室外金属组部件的锈蚀防护等。为了保证设备安全可靠运行，应严格落实国家电网有限公司各项反事故措施。

3. 监督要求

现场查看采取的反事故措施，并查阅憎水性测试报告、反事故措施工作记录、巡视记录等资料，对应监督要点，审查是否满足要求。

4. 整改措施

当发现该项目相关监督要点不满足时，应及时向运维人员提出建议并向运检部门反馈。

2.3.10 退役报废阶段

2.3.10.1 技术鉴定

1. 监督要点及监督依据

退役报废阶段直流电流测量装置技术鉴定监督要点及监督依据见表 2－2－154。

表 2－2－154 退役报废阶段直流电流测量装置技术鉴定监督

监督要点	监督依据
1. 电网一次设备进行报废处理，应满足以下条件之一：① 国家规定强制淘汰报废；② 设备厂家无法提供关键零部件供应，无备品备件供应，不能修复，无法使用；③ 运行日久，其主要结构、机件陈旧，损坏严重，经大修、技术改造仍不能满足安全生产要求；④ 退役设备虽然能修复但费用太大，修复后可使用的年限不长，效率不高，在经济上不可行；⑤ 腐蚀严重，继续使用存在事故隐患，且无法修复；⑥ 退役设备无再利用价值或再利用价值小；⑦ 严重污染环境，无法修治；⑧ 技术落后不能满足生产需要；⑨ 存在严重质量问题不能继续运行；⑩ 因运营方式改变全部或部分拆除，且无法再安装使用；⑪ 遭受自然灾害或突发意外事故，导致毁损，无法修复。 2. 直流电流测量装置满足下列技术条件之一，且无法修复，宜进行报废：① 严重渗漏油、内部受潮，电容量、介质损耗、乙炔含量等关键测试项目不符合《电磁式电压互感器状态评价导则》(Q/GDW 458—2010)、《输变电设备状态检修试验规程》(Q/GDW 1168—2013)要求；② 瓷套存在裂纹、复合绝缘伞裙局部缺损；③ 测量误差较大，严重影响系统、设备安全；④ 采用 SF$_6$ 绝缘的设备，气体的年泄漏率大于 0.5%或可控制绝对泄漏率大于 10^{-7}MPa·cm^3/s；⑤ 电子式互感器、光电互感器存在严重缺陷或二次规约不具备通用性	1.《电网一次设备报废技术评估导则》(Q/GDW 11772—2017)中"4 通用技术原则 电网一次设备进行报废处理，应满足以下条件之一：a) 国家规定强制淘汰报废；b) 设备厂家无法提供关键零部件供应，无备品备件供应，不能修复，无法使用；c) 运行日久，其主要结构、机件陈旧，损坏严重，经大修、技术改造仍不能满足安全生产要求；d) 退役设备虽然能修复但费用太大，修复后可使用的年限不长，效率不高，在经济上不可行；e) 腐蚀严重，继续使用存在事故隐患，且无法修复；f) 退役设备无再利用价值或再利用价值小；g) 严重污染环境，无法修治；h) 技术落后不能满足生产需要；i) 存在严重质量问题不能继续运行；j) 因运营方式改变全部或部分拆除，且无法再安装使用；k) 遭受自然灾害或突发意外事故，导致毁损，无法修复。" 2.《电网一次设备报废技术评估导则》(Q/GDW 11772—2017)中"5 技术条件 5.7 互感器满足下列技术条件之一，且无法修复，宜进行报废：a) 严重渗漏油、内部受潮，电容量、介质损耗、乙炔含量等关键测试项目不符合 Q/GDW 458、Q/GDW 1168 要求；b) 瓷套存在裂纹、复合绝缘伞裙局部缺损；c) 测量误差较大，严重影响系统、设备安全；d) 采用 SF$_6$ 绝缘的设备，气体的年泄漏率大于 0.5%或可控制绝对泄漏率大于 10^{-7}MPa·cm^3/s；e) 电容式电压互感器电磁单元或电容单元存在严重缺陷；f) 电子式互感器、光电互感器存在严重缺陷或二次规约不具备通用性。"

2. 监督项目解析

直流电流测量装置的报废必须满足一定条件，过早报废将造成资源浪费。

3. 监督要求

采取现场检查或查阅资料（包括退役设备评估报告）、抽查 1 台退役设备的方式，检查直流电流测量装置是否满足报废条件。记录是否满足要求，并记录抽查设备出厂编号。

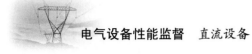

4. 整改措施

当技术监督人员查阅资料发现设备不满足报废条件时，应及时向设备运维管理单位提出要求，重新评估直流电流测量装置是否满足报废条件，明确设备去向。

2.3.10.2 废油、废气处置

1. 监督要点及监督依据

退役报废阶段直流电流测量装置废油、废气处置监督要点及监督依据见表 2-2-155。

表 2-2-155　　　　　退役报废阶段直流电流测量装置废油、废气处置监督

监督要点	监督依据
退役报废设备中的废油、废气严禁随意向环境中排放，确需在现场处理的，应统一回收、集中处理，并做好处置记录	《运行变压器油维护管理导则》（GB/T 14542—2005）11.2.5 旧油、废油回收和再生处理记录。《六氟化硫电气设备中气体管理和检测导则》（GB 8905—2012）中"11.3.1 设备解体前需对气体进行全面分析，以确定其有害成分含量，制定防毒措施。通过气体回收装置将六氟化硫气体全面回收。严禁向大气排放。"

2. 监督项目解析

对于退役设备中存在废油、废气的，应采取安全、环保的方式处理，并做好记录。

3. 监督要求

查阅退役报废设备废油、废气处理记录，废油、废气处置应符合相关标准要求。

4. 整改措施

当技术监督人员查阅资料或现场检查发现废油、废气处置不符合要求时，应及时向设备运维管理单位提出要求，采用标准方式处理。

2.4　直流电压测量装置

2.4.1　规划可研阶段

2.4.1.1　设备选型

1. 监督要点及监督依据

规划可研阶段直流电压测量装置设备选型监督要点及监督依据见表 2-2-156。

表 2-2-156　　　　　规划可研阶段直流电压测量装置设备选型监督

监督要点	监督依据
1. 直流电压测量装置选型、结构设计、误差特性、动热稳定性能、外绝缘水平、环境适用性应满足现场运行实际要求和远景发展规划需求。 2. 用于极线和中性母线的直流电压分压器应采用阻容分压器	1. 《电压互感器技术监督导则》（Q/GDW 11081—2013）5.1 规划可研阶段 5.1.3。 2. 《±800kV 直流换流站设计技术规定》（Q/GDW 1293—2014）7.6.11 直流电压测量装置和直流电流测量装置。《高压直流换流站设计技术规定》（DL/T 5223—2019）7.6.10 直流电压测量装置和直流电流测量装置

2. 监督项目解析

直流电压测量装置的设备选型是规划可研阶段比较重要的技术监督项目。

工程可研报告应对设备的选型进行要求,为后续设备选型和参数选择奠定基础。设备的类型、环境适用性、外绝缘水平等决定了设备是否满足现场运行实际要求和远景发展规划需求。设备一旦投运,其参数升级或者改造往往非常困难,工作量大、停电时间长,造成资源浪费。

互感器的选型与安装位置会直接影响到继电保护的功能及保护范围,因此应全面考虑。

3. 监督要求

查阅工程可研报告、可研评审意见等资料,对应监督要点,审查是否满足相关标准、预防事故措施、差异化设计要求。

4. 整改措施

当发现该项目相关监督要点不满足时,应及时修改工程可研报告或向设计单位和建设单位反馈。

2.4.1.2 外绝缘配置

1. 监督要点及监督依据

规划可研阶段直流电压测量装置外绝缘配置监督要点及监督依据见表2-2-157。

表2-2-157 规划可研阶段直流电压测量装置外绝缘配置监督

监督要点	监督依据
1. 新建和扩建输变电设备应依据最新版污区分布图进行外绝缘配置,选用合理的绝缘子材质和伞形。 2. 中重污区的外绝缘配置宜采用硅橡胶外绝缘。 3. 站址位于c级及以下污区的设备外绝缘提高一级配置;d级污区按照d级上限配置;e级污区按照实际情况配置,适当留有裕度	1~2.《国家电网有限公司关于印发十八项电网重大反事故措施(修订版)的通知》(国家电网设备〔2018〕979号)7.1.1、7.1.3。 3.《国网基建部关于加强新建输变电工程防污闪等设计工作的通知》(基建技术〔2014〕10号)(一)、(三)

2. 监督项目解析

直流电压测量装置的外绝缘配置是规划可研阶段比较重要的技术监督项目。

直流设备由其电场特性,具有吸灰的特点。直流电压测量装置由于长时间暴露在户外环境中,套管表面易积污,造成污闪的可能性逐年增大,导致设备发生缺陷甚至发生故障。硅橡胶表面的憎水迁移性可大幅度提高绝缘子的污闪放电电压,与瓷、玻璃表面相比,憎水性良好状态下可提高一倍甚至两倍,一定程度上实现防污闪配置的"一步到位",避免随环境污染加剧而反复调爬,浪费人力物力。

由于每个新建和扩建输变电设备所处环境不同,在规划可研阶段应合理选址,依据最新版污区分布图,同时结合当地远期规划进行外绝缘配置。

3. 监督要求

查阅工程可研报告和最新版污区分布图,对应监督要点,审查外绝缘配置是否满足相关标准要求。

4. 整改措施

当发现该项目相关监督要点不满足时,应及时修改工程可研报告或向设计单位和建设单位反馈。

2.4.2 工程设计阶段

2.4.2.1 设备选型

1. 监督要点及监督依据

工程设计阶段直流电压测量装置设备选型监督要点及监督依据见表 2-2-158。

表 2-2-158　　　　　工程设计阶段直流电压测量装置设备选型监督

监督要点	监督依据
1. 监督并评价工程设计工作是否满足国家、行业和国家电网有限公司有关工程设计标准、设备选型标准、预防事故措施、差异化设计、环保等要求，对不符合要求的出具技术监督报告（预）警单。 2. 用于极线和中性母线的直流电压分压器应采用阻容分压器。 3. 直流电压测量装置应具有良好的暂态响应和频率响应特性，并满足高压直流控制保护系统的测量精度要求	1.《国家电网公司技术监督管理规定》[国网（运检/2）106—2017]附件2 全过程技术监督各阶段工作内容 2.工程设计阶段。 2～3.《±800kV直流换流站设计技术规定》（Q/GDW 1293—2014）7.6.11.1、7.6.11.3。《高压直流换流站设计技术规定》（DL/T 5223—2019）7.6.10 直流电压测量装置和直流电流测量装置。《国家电网公司直流换流站验收管理规定 第7分册 直流分压器验收细则》[国网（运检/3）912—2018] A.1 直流分压器可研初设审查验收标准卡

2. 监督项目解析

直流电压测量装置的设备选型是工程设计阶段比较重要的技术监督项目。

工程设计阶段应明确设备的选型和参数要求，为后续设备采购奠定基础。设备的类型、外绝缘水平、电气参数等决定了设备是否满足现场运行实际要求和远景发展规划需求。设备一旦投运，其参数升级或者改造往往非常困难，工作量大、停电时间长，造成资源浪费。

3. 监督要求

查阅工程设计图纸、施工图纸、设备选型等资料，对应监督要点，审查是否满足要求。

4. 整改措施

当发现该项目相关监督要点不满足时，应及时修改工程设计图纸、施工图纸等资料或向设计单位和建设单位反馈。

2.4.2.2 外绝缘配置

1. 监督要点及监督依据

工程设计阶段直流电压测量装置外绝缘配置监督要点及监督依据见表 2-2-159。

表 2-2-159　　　　　工程设计阶段直流电压测量装置外绝缘配置监督

监督要点	监督依据
1. 新建和扩建输变电设备应依据最新版污区分布图进行外绝缘配置，选用合理的绝缘子材质和伞形。 2. 中重污区的直流电压测量装置宜采用硅橡胶外绝缘。 3. 站址位于c级及以下污区的设备外绝缘提高一级配置；d级污区按照d级上限配置；e级污区按照实际情况配置，适当留有裕度	1～2.《国家电网有限公司关于印发十八项电网重大反事故措施（修订版）的通知》（国家电网设备〔2018〕979号）7.1.1、7.1.3。 3.《国网基建部关于加强新建输变电工程防污闪等设计工作的通知》（基建技术〔2014〕10号）（一）、（三）

2. 监督项目解析

直流电压测量装置的外绝缘配置是工程设计阶段比较重要的技术监督项目。

直流设备由于其电场特性，具有吸灰的特点。直流电压测量装置由于长时间暴露在户外环境中，套管表面易积污，造成污闪的可能性逐年增大，导致设备发生缺陷甚至发生故障。由于每个新建和扩建输变电设备所处环境不同，在工程设计阶段，应根据变电站选址的位置，结合最新版污区分布图、当地远期规划进行外绝缘配置，选择合理的外绝缘类型、材质和伞形中重污区的外绝缘配置优先采用硅橡胶外绝缘，避免随环境污染加剧而反复调爬，浪费人力物力。

3. 监督要求

查阅工程设计图纸、施工图纸、设备选型、最新版污区分布图等资料，对应监督要点，审查是否满足要求。

4. 整改措施

当发现该项目相关监督要点不满足时，应及时修改工程设计图纸、设备选型或向设计单位和建设单位反馈。

2.4.2.3 接地要求

1. 监督要点及监督依据

工程设计阶段直流电压测量装置接地要求监督要点及监督依据见表 2-2-160。

表 2-2-160　　　　　　　工程设计阶段直流电压测量装置接地要求监督

监督要点	监督依据
应有两根与主地网不同干线连接的接地引下线，并且每根接地引下线均应符合热稳定校核的要求	《国家电网有限公司关于印发十八项电网重大反事故措施（修订版）的通知》（国家电网设备〔2018〕979 号）14.1.1.4

2. 监督项目解析

直流电压测量装置的接地要求是工程设计阶段重要的技术监督项目。

设备的接地是通过设备与接地网之间的接地引下线来实现的，电气装置未与主地网连接或连接不满足要求，在遭受雷击或者短路电流时，电气装置不能够有效泄流，将影响设备的安全稳定运行。当设备故障时，单根接地引下线严重腐蚀造成截面积减小或者非可靠连接条件下，可能造成设备失地运行；因此，110kV 及以上的直流电压测量装置宜有两根接地引下线。

原则上，设备上不属于主回路或辅助回路的金属部件都应与地网连接，不应出现悬浮电位的部件。

3. 监督要求

查阅工程设计图纸、施工图纸等资料，对应监督要点，审查是否满足要求。

4. 整改措施

当发现该项目相关监督要点不满足时，应及时修改工程设计图纸、施工图纸或向设计单位和建设单位反馈。

2.4.2.4 功能要求

1. 监督要点及监督依据

工程设计阶段直流电压测量装置功能要求监督要点及监督依据见表 2-2-161。

表 2-2-161　　　　　　　工程设计阶段直流电压测量装置功能要求监督

监督要点	监督依据
1. 每套保护的直流电压测量回路应完全独立，一套保护测量回路出现异常，不应影响到其他各套保护的运行。 2. 非电量保护跳闸触点和模拟量采样不应经过中间元件转接，应直接接入控制保护系统或非电量保护屏	《国家电网公司关于印发防止直流换流站单、双极强迫停运二十一项反事故措施的通知》（国家电网生〔2011〕961 号）2.2.1、1.2.8

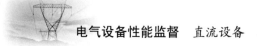

2. 监督项目解析

直流电压测量装置的功能要求是工程设计阶段比较重要的技术监督项目。

高压直流输电系统的可靠性至关重要，如果接口模块、测量回路或者保护装置发生异常或故障，可能直接导致保护系统误出口跳闸，因此测量回路应满足冗余配置的要求，且不同回路之间不得相互影响。对于直流电压测量系统，测量回路应完全独立，一套保护测量回路出现异常，不应影响到其他各套保护的运行。

对于非电量保护，为了保证信号的可靠性，要求跳闸触点和模拟量采样应直接接入控制保护系统或非电量保护屏。

3. 监督要求

查阅工程设计图纸、设备选型、设备设计资料，对应监督要点，审查是否满足要求。

4. 整改措施

当发现该项目相关监督要点不满足时，应及时修改工程设计图纸、设备选型或向设计单位和建设单位反馈。

2.4.3　设备采购阶段

2.4.3.1　绝缘要求

1. 监督要点及监督依据

设备采购阶段直流电压测量装置绝缘要求监督要点及监督依据见表 2-2-162。

表 2-2-162　　　　　　　　　设备采购阶段直流电压测量装置绝缘要求监督

监督要点	监督依据
1. 直流电压分压器的一次端和低压器件的绝缘水平应满足《高压直流输电直流电子式电压互感器技术规范》（Q/GDW 10531—2016）中表 1 和表 2 的要求。 2. 直流局部放电要求：在干式直流耐压试验的最后 10min 内局部放电量大于 1000pC 的脉冲数应小于 10 个（试验电压为 1.5 倍的额定一次电压）。在极性反转试验的最后 10min 内局部放电量大于 1000pC 的脉冲数应小于 10 个（试验电压为 1.25 倍的额定一次电压）。 3. 交流局部放电要求：试验电压 $1.1U_{\mathrm{m}}/\sqrt{2}$ 下局部放电量应小于 10pC，试验电压 $1.5U_{\mathrm{m}}/\sqrt{2}$ 下局部放电量应小于 20pC。 4. 外绝缘爬距：直流电子式电压互感器能够耐受Ⅳ级污秽，其爬电比距应大于 48mm/kV，同时爬距与弧闪距离的比值应小于 4.0	1.《高压直流输电直流电子式电压互感器技术规范》（Q/GDW 10531—2016）5.3 绝缘要求 5.3.1 一次端绝缘水平、5.3.5 低压器件电压耐受能力。 2~4.《高压直流输电直流电子式电压互感器技术规范》（Q/GDW 10531—2016）5.3.2 直流局部放电、5.3.4 外绝缘爬距

2. 监督项目解析

直流电压测量装置的绝缘要求是设备采购阶段最重要的技术监督项目之一。

直流电压测量装置的绝缘水平是一次设备最重要的电气参数。不同电压等级的直流耐受电压、额定雷电全波冲击耐受电压（峰值）、额定操作冲击耐受电压（峰值）等参数不一样，需要严格按照相关标准要求进行检查。

局部放电试验是检验电压互感器绝缘性能和制造工艺的重要试验。设备若在运行时出现局部放电现象，将极大危害设备健康运行，故需提出要求加强监督。

3. 监督要求

查阅技术规范书（技术协议）、厂家设备说明书等资料，对应监督要点，审查是否满足要求。

4. 整改措施

当发现该项目相关监督要点不满足时，应及时修改技术规范书（技术协议）或向物资部门反馈。

2.4.3.2 其他重要参数

1. 监督要点及监督依据

设备采购阶段直流电压测量装置其他重要参数监督要点及监督依据见表 2-2-163。

表 2-2-163　　　　　设备采购阶段直流电压测量装置其他重要参数监督

监督要点	监督依据
1. 阶跃响应要求：阶跃响应应最大过冲应小于阶跃的 10%；阶跃响应的上升时间应小于 150μs。 2. 频率特性要求： （1）在 50～1200Hz 频率范围内，幅值误差不大于 1%、相位误差不大于 500μs； （2）截止频率不小于 3kHz	1.《高压直流输电直流电子式电压互感器技术规范》（Q/GDW 10531—2016）5.10 阶跃响应要求 5.10.1、5.10.2。 2.《高压直流输电直流电子式电压互感器技术规范》（Q/GDW 10531—2016）5.11 频率特性要求。 《高压直流输电系统直流电压测量装置》（GB/T 26217—2019）5.6 性能要求

2. 监督项目解析

直流电压测量装置的其他重要参数是设备采购阶段重要的技术监督项目。

该条款提出原因主要考虑所采购的直流电压测量装置除了最重要的参数外，其他技术参数（包括阶跃响应要求、频率特性要求等）与设计要求的符合程度，防止招标设备不符合实际需求。

3. 监督要求

查阅技术规范书（技术协议）、厂家设备设计文件等资料，对应监督要点，审查是否满足要求。

4. 整改措施

当发现该项目相关监督要点不满足时，应及时修改技术规范书（技术协议）或向物资部门反馈。

2.4.3.3 结构要求

1. 监督要点及监督依据

设备采购阶段直流电压测量装置结构要求监督要点及监督依据见表 2-2-164。

表 2-2-164　　　　　设备采购阶段直流电压测量装置结构要求监督

监督要点	监督依据
1. 直流电压测量装置的结构应便于现场安装、运行、维护，并满足卧式运输要求。 2. 直流电压测量装置的外部套管应当是一个整体，不允许分节，绝缘子内的放电现象不应影响其信号输出。 3. 直流电压测量装置应有直径不小于 8mm 的接地螺栓或其他供接地用的零件；二次回路出线端子螺杆直径不小于 6mm，应用铜或铜合金制成，并有防转动措施。 4. 直流电子式电压互感器中有密封要求的部件（如一次转换器箱体及光缆熔接箱体）的防护性能应满足 IP67 要求。 5. 户外端子箱和接线盒防尘防水等级至少满足 IP54 要求。 6. 对于充 SF₆ 气体的直流分压器，SF₆ 密度继电器与互感器设备本体之间的连接方式应满足不拆卸校验密度继电器的要求，户外安装应加装防雨罩	1～3.《高压直流输电系统直流电压测量装置》（GB/T 26217—2019）6.1.1 结构要求、6.1.2 设计要求。 4.《高压直流输电直流电子式电压互感器技术规范》（Q/GDW 10531—2016）5.13 防护等级。 5.《国家电网公司关于印发防止直流换流站单、双极强迫停运二十一项反事故措施的通知》（国家电网设备〔2011〕961 号）18.1.1、18.2.1 6.《国家电网有限公司关于印发十八项电网重大反事故措施（修订版）的通知》（国家电网设备〔2018〕979 号）11.2.1.4

2. 监督项目解析

直流电压测量装置的结构要求是设备采购阶段重要的技术监督项目。

该条款提出的目的主要考虑到随着运行经验的增加，不同结构的设备其优缺点逐渐明朗；国家电网有限公司也相继颁布了多个反事故措施，对设备结构形式、需要注意的隐患点进行了反事故措施规定，包括户外端子箱和接线盒防尘防水等级、金属防腐蚀、户外端子箱、汇控柜结构形式等。

该条款提出了直流电压测量装置在主要结构及组部件方面的重要技术要求，防止招标设备不符合实际需求或在现场运行中发生重大隐患、缺陷。

3. 监督要求

查阅技术规范书（技术协议）、厂家设备设计文件等资料，对应监督点，审查是否满足要求。

4. 整改措施

当发现该项目相关监督要点不满足时，应及时修改技术规范书（技术协议）或向物资部门反馈。

2.4.3.4 测量准确度要求

1. 监督要点及监督依据

设备采购阶段直流电压测量装置测量准确度要求监督要点及监督依据见表2-2-165。

表2-2-165 设备采购阶段直流电压测量装置测量准确度要求监督

监督要点	监督依据
直流电压测量准确度应满足： （1）一次电压在 $10\%U_n \sim 120\%U_n$ 之间时，误差限值为 0.2%； （2）一次电压在 $120\%U_n \sim 150\%U_n$ 之间时，误差限值为 0.5%	《高压直流输电直流电子式电压互感器技术规范》（Q/GDW 10531—2016）5.8 直流电压测量准确度要求

2. 监督项目解析

直流电压测量装置的测量准确度要求是设备采购阶段最重要的技术监督项目之一。

直流电压测量装置二次系统输出的信号对直流系统控制与保护具有重要作用，误差过大可能会造成系统误动作，同时也使运维人员无法正确判断设备状态。

3. 监督要求

查阅技术规范书（技术协议）、厂家设备说明书等资料，对应监督点，审查是否满足要求。

4. 整改措施

当发现该项目相关监督要点不满足时，应及时修改技术规范书（技术协议）或向物资部门反馈。

2.4.3.5 无线电干扰及电磁兼容要求

1. 监督要点及监督依据

设备采购阶段直流电压测量装置无线电干扰及电磁兼容要求监督要点及监督依据见表2-2-166。

表2-2-166 设备采购阶段直流电压测量装置无线电干扰及电磁兼容要求监督

监督要点	监督依据
1. 无线电干扰电压要求：试验电压 $1.1U_m/\sqrt{2}$ 下无线电干扰电压不应大于 2500μV；晴天夜晚应无可见电晕。 2. 直流电子式电压互感器的电磁兼容性能应满足《高压直流输电直流电子式电压互感器技术规范》（Q/GDW 10531—2016）中表3的要求	1.《高压直流输电直流电子式电压互感器技术规范》（Q/GDW 10531—2016）5.4 无线电干扰电压要求。《高压直流输电系统直流电压测量装置》（GB/T 26217—2019）中"5.6 性能要求 f）无线电干扰电压水平：≤2500μV。" 2.《高压直流输电直流电子式电压互感器技术规范》（Q/GDW 10531—2016）5.5 电磁兼容抗扰度要求

2. 监督项目解析

直流电压测量装置的无线电干扰及电磁兼容要求是设备采购阶段比较重要的技术监督项目。

无线电干扰电压要求的目的是检验直流电压测量装置一次设备上电晕放电的发射水平，若无线电干扰电压过大，将影响周围通信设备的正常使用，严重时可能造成不利的舆情影响。

同时，电子式直流电压互感器具有较精密的电子器件，电磁兼容必须满足要求，否则可能会影响设备信号的正常转换和传输，造成控制保护系统接收到的信号不稳定。

3. 监督要求

查阅技术规范书（技术协议）、厂家设备设计文件等资料，对应监督要点，审查是否满足要求。

4. 整改措施

当发现该项目相关监督要点不满足时，应及时修改技术规范书（技术协议）或向物资部门反馈。

2.4.3.6 数字量输出要求

1. 监督要点及监督依据

设备采购阶段直流电压测量装置数字量输出要求监督要点及监督依据见表 2-2-167。

表 2-2-167　　　　　设备采购阶段直流电压测量装置数字量输出要求监督

监督要点	监督依据
1. 直流电子式电压互感器的二次输出是数字量，目前数字量的输出通道采用十六进制（7FFFH），其额定值为 3A98H（对应的十进制数为 15000）。 2. 直流电子式电压互感器的额定采样率为 10kHz；额定采样率以外的其他值可根据工程需求由用户与供货商协商确定。 3. 直流电子式电压互感器数字量输出的格式应遵循《互感器　第 8 部分：电子式电流互感器》（IEC 60044-8—2002）要求或 TDM 标准格式	《高压直流输电直流电子式电压互感器技术规范》（Q/GDW 10531—2016）5.7 数字量输出要求

2. 监督项目解析

直流电压测量装置的数字量输出要求是设备采购阶段比较重要的技术监督项目。

直流电子式电压互感器的二次输出是数字量，为了保证数据准确性和设计规范性，需要对额定采样率、数字量输出的格式等项目进行规定，形成统一、规范的数字接口，保证设备接口的通用性，便于备品互用和设备退役后再利用。

3. 监督要求

查阅技术规范书（技术协议）、厂家设备设计文件等资料，对应监督要点，审查是否满足要求。

4. 整改措施

当发现该项目相关监督要点不满足时，应及时修改技术规范书（技术协议）或向物资部门反馈。

2.4.3.7 功能要求

1. 监督要点及监督依据

设备采购阶段直流电压测量装置功能要求监督要点及监督依据见表 2-2-168。

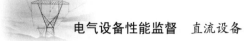

表 2-2-168　　　　　　　设备采购阶段直流电压测量装置功能要求监督

监督要点	监督依据
1. 不同控制系统、不同保护系统所用回路应完全独立，任一回路发生故障，不应影响其他回路的运行。 2. 电压回路上的元件、模块应稳定可靠，不同回路间各元件、模块、电源应完全独立，任一回路元件、模块、电源故障不得影响其他回路的运行。 3. 测量回路应具备完善的自检功能，当测量回路或电源异常时，应发出报警信号并给控制或保护装置提供防止误出口的信号。 4. 直流电压测量装置传输环节中的模块，如合并单元、模拟量输出模块、差分放大器等，应由两路独立电源或两路电源经 DC/DC 转换耦合后供电，每路电源具有监视功能。 5. 光纤传输的直流电压测量装置二次回路应有充足的备用光纤，备用光纤一般不低于在用光纤数量的 100%，且不得少于 3 根。 6. 充气式直流电压测量装置的压力或密度继电器应分级设置报警和跳闸。在设备采购阶段，应在技术规范书中明确要求作用于跳闸的非电量元件都应设置三副独立的跳闸触点，按照"三取二"原则出口，三个开入回路要独立，不允许多副跳闸触点并联上送，"三取二"出口判断逻辑装置及其电源应冗余配置 7. 直流分压器应具有二次回路防雷功能，可采取在保护间隙回路中串联压敏电阻、二次信号电缆屏蔽层接地等措施，防止雷击时放电间隙动作导致直流停运	1~5.《国家电网公司关于印发防止直流换流站单、双极强迫停运二十一项反事故措施的通知》（国家电网生〔2011〕961 号）7.1.1、7.1.2、7.1.3、7.1.4、7.1.5、7.1.8。 6.《国家电网公司关于印发防止直流换流站单、双极强迫停运二十一项反事故措施的通知》（国家电网生〔2011〕961 号）1.1、1.2.6《国家电网公司直流换流站验收管理规定　第 7 分册　直流分压器验收细则》[国网（运检/3）912—2018] A.1 直流分压器可研初设审查验收标准卡。 7.《国家电网有限公司关于印发十八项电网重大反事故措施（修订版）的通知》（国家电网设备〔2018〕979 号）中"8.5.1.12 直流分压器具有二次回路防雷功能，可采取在保护间隙回路中串联压敏电阻、二次信号电缆屏蔽层接地等措施，防止雷击时放电间隙动作导致直流停运。"

2. 监督项目解析

直流电压测量装置的功能要求是设备采购阶段比较重要的技术监督项目。

高压直流输电系统的可靠性至关重要，如果接口模块、测量回路或者保护装置发生异常或故障，可能直接导致保护系统误出口跳闸；因此，测量回路应满足冗余配置的要求，且不同回路之间不得相互影响。对于直流电压测量系统，不同回路间各元件、模块、电源应完全独立，任一回路元件、模块、电源故障不得影响其他回路的运行；测量回路应具备完善的自检功能；传输环节中的模块应由两路独立电源或两路电源经 DC/DC 转换耦合后供电，每路电源具有监视功能；分压器二次回路应具备防雷功能。

3. 监督要求

查阅技术规范书（技术协议）、厂家设备设计文件等资料，对应监督要点，审查是否满足要求。

4. 整改措施

当发现该项目相关监督要点不满足时，应及时修改技术规范书（技术协议）或向物资部门反馈。

2.4.4　设备制造阶段

2.4.4.1　原材料和组部件

1. 监督要点及监督依据

设备制造阶段直流电压测量装置原材料和组部件监督要点及监督依据见表 2-2-169。

表 2-2-169　　　　　设备制造阶段直流电压测量装置原材料和组部件监督

监督要点	监督依据
1. 外购件与投标文件或技术协议中厂家、型号、规格应一致；外购件应具备出厂质量证书、合格证、试验报告；外购件进厂验收、检验、见证记录应齐全。 2. 硅橡胶套管完好，达到防污要求；硅橡胶表面不存在龟裂、起泡和脱落。 3. 充气式设备 SF_6 气体含水量小于 150μL/L。氮气、混合气体等充气式设备含水量应符合上述规定和厂家规定	1~2.《国家电网公司直流换流站验收管理规定　第 7 分册　直流分压器验收细则》[国网（运检/3）912—2018] A.2 光电流互感器关键点见证验收表。 3.《高压直流输电系统直流电压测量装置》（GB/T 26217—2019）6.1.1 结构要求

2. 监督项目解析

直流电压测量装置的原材料和组部件是设备制造阶段比较重要的技术监督项目。

目前，一般除了对 220kV 及以上的互感器开展驻厂监造和现场监督检查外，对较低电压等级的互感器很少开展入厂监督检查工作，各省电力公司开展入厂监督的深度也不一致。总体而言，目前电网各部门和技术监督人员对设备生产制造过程的了解程度还有待进一步提高，建议以后结合物资监造和抽检工作，进一步加强和统一此阶段的技术监督工作。

着重检查硅橡胶材质、SF$_6$ 气体成分，应符合设备要求。

3. 监督要求

查验供应商工艺文件、质量管理体系文件应齐全；查验组部件入厂检验报告并进行外观检查，对应监督要点，审查是否满足要求。

4. 整改措施

当发现该项目相关监督要点不满足时，应及时向生产厂家反馈或向物资采购和物资监造部门反馈，并视情节严重程度下发技术监督告（预）警单。

2.4.4.2 重要工序

1. 监督要点及监督依据

设备制造阶段直流电压测量装置重要工序监督要点及监督依据见表 2-2-170。

表 2-2-170 设备制造阶段直流电压测量装置重要工序监督

监督要点	监督依据
1. 电容芯子制作时，现场的环境温度、湿度、洁净度应满足要求；电容元件卷制及元件耐压应符合设计文件要求。 2. 高压电阻焊接时，现场的环境温度、湿度、洁净度应满足要求；高压电阻焊接应牢靠，符合设计文件要求。 3. 电子线路部分所有芯片选用微功率、宽温芯片，应为满足现场运行环境的工业级产品，电源端口应设置过电压或浪涌保护器件。 4. 光纤熔接后，光纤损耗与标准跳线相比应不大于 1dB。 5. 干燥处理过程满足工艺要求，厂家应出具书面结论（含干燥曲线）。 6. 器身装配车间应整洁、有序，具有空气净化系统，严格控制元件及环境净化度。 7. 抽真空的真空度、温度与保持时间应符合制造厂工艺要求；充油（气体）时的真空度、温度与充油（气体）时间应符合制造厂工艺要求。 8. 产品装配时要求器身内无异物、无损伤，连线无折弯；引线固定可靠，绕组排列顺序、标识符合工艺要求；产品器身所有紧固螺栓（包括绝缘螺栓）应按力矩要求拧紧并锁牢	《国家电网公司直流换流站验收管理规定 第 7 分册 直流分压器验收细则》[国网（运检/3）912—2018] A.2 光电流互感器关键点见证验收表

2. 监督项目解析

直流电压测量装置的重要工序是设备制造阶段比较重要的技术监督项目。

重要工序的监督一般通过开展驻厂监造来现场见证。对于未开展监造的较低电压等级的互感器，如果确有必要，可以单独开展专项驻厂技术监督工作；在进行技术监督的同时，进一步熟悉厂家生产能力，掌握设备关键生产过程。建议以后结合物资监造和抽检工作，进一步加强此阶段的技术监督工作。

3. 监督要求

查看设备重要工序过程资料，必要时现场见证设备关键工艺过程，核对制造设备相关参数，对应监督要点，审查是否满足要求。

4. 整改措施

当发现该项目相关监督要点不满足时，应及时向生产厂家反馈或向物资采购和物资监造部门反馈。

2.4.4.3 金属材料

1. 监督要点及监督依据

设备制造阶段直流电压测量装置金属材料监督要点及监督依据见表 2－2－171。

表 2－2－171　　　　　　　　设备制造阶段直流电压测量装置金属材料监督

监督要点	监督依据
1. 气体绝缘互感器充气接头不应采用 2 系或 7 系铝合金。 2. 除非磁性金属外，所有设备底座、法兰应采用热浸镀锌防腐。 3. 金属材料应经质量验收合格，应有合格证或者质量证明书，且应标明材料牌号、化学成分、力学性能、金相组织、热处理工艺等	1～2.《电网设备金属技术监督导则》（Q/GDW 11717—2017）中"10.2.3 二次绕组屏蔽罩宜采用铝板旋压或铸造成型的高强度铝合金材质，电容屏连接筒应要求采用强度足够的铸铝合金制造。10.2.4 气体绝缘互感器充气接头不应采用 2 系或 7 系铝合金。10.2.5 除非磁性金属外，所有设备底座、法兰应采用热浸镀锌防腐。" 3.《电网金属技术监督规程》（DL/T 1424—2015）中"5.1.1 金属材料应经质量验收合格，应有合格证或者质量证明书，且应标明材料牌号、化学成分、力学性能、金相组织、热处理工艺等。"

2. 监督项目解析

直流电压测量装置的设备金属材质是设备制造阶段比较重要的技术监督项目。

影响设备性能和寿命的本质因素是设备使用的材料优劣。随着近年来电网金属技术监督检测工作的开展，发现电网设备中部分组部件使用的材质不合格，属于典型的伪劣产品、"三无"产品。因此，从源头上对设备材质进行把控非常重要。

对于直流电压测量装置，要求气体绝缘互感器充气接头不得采用 2 系或 7 系铝合金；除非磁性金属外，所有设备底座、法兰应采用热浸镀锌防腐；所有金属材料应提供材质证明书或合格证等。

3. 监督要求

查阅设备材质抽样检测报告，对应监督要点，审查是否满足要求。开展该项目监督时，可随设备入厂抽检工作现场见证，设备材质、支撑件抽样报告应符合要求。

4. 整改措施

当发现该项目相关监督要点不满足时，应及时向生产厂家反馈或向物资采购和物资监造部门反馈，并视情节严重程度下发技术监督告（预）警单。

2.4.5　设备验收阶段

2.4.5.1 耐压试验和局部放电测量（出厂试验）

1. 监督要点及监督依据

设备验收阶段直流电压测量装置耐压试验和局部放电测量（出厂试验）监督要点及监督依据见表 2－2－172。

表 2 – 2 – 172   设备验收阶段直流电压测量装置耐压试验和局部放电测量（出厂试验）监督

监督要点	监督依据
1. 一次端直流耐压及直流局放试验：对直流电压测量装置的一次端施加额定运行电压 1.5 倍的正极性直流电压（即 $1.5U_n$）60min，如果未出现击穿及闪络现象，则互感器通过试验；在直流耐压试验的最后 10min 内，若局部放电量不小于 1000pC 的脉冲数不超过 10 个，则直流局部放电试验合格。 2. 一次端交流耐压及交流局部放电试验：按照《互感器 第 8 部分：电子式电流互感器》（GB/T 20840.8—2007）第 9.2.1 条的规定进行工频耐受电压试验，试验电压选取 GB/T 20840.8 表 1 中的相应值：试验电压 $1.1U_m/\sqrt{2}$ 下局部放电量应小于 10pC，试验电压 $1.5U_m/\sqrt{2}$ 下局部放电量应小于 20pC	《高压直流输电直流电子式电压互感器技术规范》（Q/GDW 10531—2016）6.2.2 一次端直流耐压及直流局放试验、6.2.3 一次端交流耐压及交流局部放电试验

2. 监督项目解析

直流电压测量装置的耐压试验和局部放电测量是设备验收阶段最重要的技术监督项目之一。

局部放电和耐压试验是检验电压互感器绝缘性能和制造工艺的重要试验，运行经验表明，很多设备发生缺陷或者故障的起因都是产生局部放电；若在运行时出现局部放电现象，将极大危害设备健康运行，因此提出加强监督的要求。

3. 监督要求

采用厂内现场见证试验或者查阅出厂试验报告等方式进行监督，若现场见证试验，则还应关注试验过程、耐压值等关键参数；对应监督要点，审查是否满足要求。

4. 整改措施

当发现该项目相关监督要点不满足时，应及时向厂家、验收小组反映并向物资采购部门和建设部门反馈。

2.4.5.2   分压器参数测量

1. 监督要点及监督依据

设备验收阶段直流电压测量装置分压器参数测量监督要点及监督依据见表 2 – 2 – 173。

表 2 – 2 – 173   设备验收阶段直流电压测量装置分压器参数测量监督

监督要点	监督依据
1. 直流电压测量装置的一次电压传感器采用阻容分压器，需要分别测量分压器高压臂电阻、电容及低压臂等效电阻电容。 2. 若电阻和电容的测量值在设计值误差范围内，则互感器通过试验	《高压直流输电直流电子式电压互感器技术规范》（Q/GDW 10531—2016）6.2.6 分压器参数测量

2. 监督项目解析

直流电压测量装置的分压器参数测量（出厂试验）是设备验收阶段比较重要的技术监督项目。

目前直流电压测量装置多为阻容分压型，分压器高压臂和低压臂的电阻、电容等参数决定了直流电压测量装置的分压比、准确性。为了保证直流电压测量准确性，必须要保证电阻和电容的测量值在设计值误差范围内。

3. 监督要求

采取赴厂家现场见证试验或者查阅出厂试验报告等方式，对应监督要点，审查是否满足要求。

4. 整改措施

当发现该项目相关监督要点不满足时，应及时向厂家、验收小组反映并向物资采购部门和建设部门反馈。

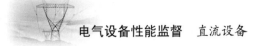

2.4.5.3 密封性能试验（出厂试验）

1. 监督要点及监督依据

设备验收阶段直流电压测量装置密封性能试验（出厂试验）监督要点及监督依据见表2-2-174。

表2-2-174　设备验收阶段直流电压测量装置密封性能试验（出厂试验）监督

监督要点	监督依据
1. 对于充气式或充油式直流电压测量装置，应进行密封性能试验。 2. 对充气式直流电压测量装置，采用累积漏气量测量计算泄漏率，要求年泄漏率小于0.5%。 3. 对油浸式直流电压测量装置，按正常运行状态装配和充以规定的绝缘液体，应以超过其最高工作压强50kPa±10kPa的压强至少保持8h。如无泄漏现象，则通过本试验	1~2.《高压直流输电直流电子式电压互感器技术规范》(Q/GDW 10531—2016) 6.2.9 密封性能试验、6.1.15 密封性能试验。 3.《互感器　第8部分：电子式电流互感器》(GB/T 20840.8—2007) 8.12 密封性能试验

2. 监督项目解析

直流电压测量装置的密封性能试验（出厂试验）是设备验收阶段比较重要的技术监督项目。

密封性能试验是考核设备密封性能的唯一项目。目前，直流电压测量装置的体积仍然较大，所需绝缘介质较多，为了保证设备可靠的绝缘强度，应严格按照相关标准规定进行密封性能试验。

3. 监督要求

采取赴厂家现场见证试验或者查阅出厂试验报告等方式，对应监督要点，审查是否满足要求。

4. 整改措施

当发现该项目相关监督要点不满足时，应及时向厂家、验收小组反映并向物资采购部门和建设部门反馈。

2.4.5.4 外观检查

1. 监督要点及监督依据

设备验收阶段直流电压测量装置外观检查监督要点及监督依据见表2-2-175。

表2-2-175　设备验收阶段直流电压测量装置外观检查监督

监督要点	监督依据
1. 设备外观清洁、美观；所有部件齐全、完整、无变形。 2. 金属件外表面应具有良好的防腐蚀层，所有端子及紧固件应有良好的防锈镀层或由耐腐蚀材料制成。 3. 产品端子应符合图样要求。 4. 直流电子式电压互感器应有直径不小于8mm的接地螺栓或其他供接地用的零件，接地处应有平坦的金属表面，并标有明显的接地符号。 5. 对户外端子箱和接线盒的盖板和密封垫进行检查，防止变形进水受潮。 6. 充气设备运输时气室应为微正压，压力为0.01M~0.03MPa；到货后检查三维冲击记录仪，充气式设备应小于10g，油浸式设备应小于5g	1.《国家电网公司物资采购标准　交流电压互感器卷　各电压等级交流电压互感器采购标准　第1部分：通用技术规范》 5.1 外观工艺要求。 2~4.《高压直流输电直流电子式电压互感器技术规范》(Q/GDW 10531—2016) 5.12 结构要求。《高压直流输电系统直流电压测量装置》(GB/T 26217—2019) 6.1.1 结构要求。《国家电网公司物资采购标准　交流电压互感器卷　各电压等级交流电压互感器采购标准　第1部分：通用技术规范》 5.2 结构要求。 5.《国家电网公司关于印发防止直流换流站单、双极强迫停运二十一项反事故措施的通知》(国家电网设备〔2011〕961号)18.2。 6.《国家电网公司直流换流站验收管理规定　第7分册　直流分压器验收细则》[国网（运检/3）912—2018] A.4 直流分压器到货验收标准卡

2. 监督项目解析

直流电压测量装置的外观检查是设备验收阶段比较重要的技术监督项目。

针对设备提出的各项要求，现场验收把关是关键环节，若设备存在质量问题，应尽早发现处理。

开展该项目监督时，以现场查看实物为主，应检查设备外观清洁、美观，所有部件应齐全、完整、无变形；检查金属件外表面应具有良好的防腐蚀层；核对产品铭牌，检查运输过程中安装的三维冲击记录仪及记录，检查是否安装压力表等附件。

3. 监督要求

结合产品的安装使用说明书、图纸等资料，现场查验设备外观是否完好、设备实物与技术协议一致性等项目；对应监督要点，审查是否满足要求。

4. 整改措施

当发现该项目相关监督要点不满足时，应及时向厂家、验收小组反映并向物资采购部门和建设部门反馈。

2.4.5.5 测量准确度试验（出厂试验）

1. 监督要点及监督依据

设备验收阶段直流电压测量装置测量准确度试验（出厂试验）监督要点及监督依据见表 2-2-176。

表 2-2-176   设备验收阶段直流电压测量装置测量准确度试验（出厂试验）监督

监督要点	监督依据
1. 试验直流电压测量装置在 $0.1U_n$、$0.2U_n$、$0.5U_n$、$1.0U_n$、$1.2U_n$ 电压点的误差，要求误差小于 0.2%。 2. 试验直流电压测量装置在 $1.5U_n$ 电压点的误差，要求误差小于 0.5%	《高压直流输电直流电子式电压互感器技术规范》（Q/GDW 10531—2016）中"6.2.5 直流电压测量准确度试验。5.9 直流电压测量准确度要求 直流电压测量准确度应满足：a）一次电压在 $10\%U_n$～$120\%U_n$ 之间时，误差限值为 0.2%。b）一次电压在 $120\%U_n$～$150\%U_n$ 之间时，误差限值为 0.5%。"

2. 监督项目解析

直流电压测量装置的测量准确度试验（出厂试验）是设备验收阶段最重要的技术监督项目之一。

直流电压测量装置二次系统输出的信号对直流系统控制与保护具有重要作用，误差过大可能会造成系统误动作，同时也使运维人员无法正确判断设备状态。

在编制《全过程技术监督精益化管理评价细则》的过程中，专家讨论决定增加了两个电压测量点，即 $0.5U_n$ 和 $1.2U_n$。

《高压直流输电直流电子式电压互感器技术规范》（Q/GDW 10531—2016）第 6.2.5 条中，只要求试验 $0.1U_n$、$0.2U_n$、$1.0U_n$ 电压点的误差。考虑到 $0.2U_n$ 与 $1.0U_n$ 之间跨度较大，为了进一步考核设备电压测量准确度，特增加 $0.5U_n$ 测量点。

《高压直流输电直流电子式电压互感器技术规范》（Q/GDW 10531—2016）第 5.9 条中，要求直流电压测量准确度应满足一次电压在 $10\%U_n$～$120\%U_n$ 之间时，误差限值为 0.2%。为了判断 $1.2U_n$ 时的误差限值是否满足要求，有必要增加 $1.2U_n$ 的电压测量点。

建议在修订下一版企业标准时，直流电压测量装置的测量准确度试验（出厂试验）增加 $0.5U_n$ 和 $1.2U_n$ 的电压测量点。

3. 监督要求

采取赴厂家现场见证试验或者查阅出厂试验报告等方式，对应监督要点，审查是否满足要求。

4. 整改措施

当发现该项目相关监督要点不满足时，应及时向厂家、验收小组反映并向物资采购部门和建设部门反馈。

2.4.6 设备安装阶段

2.4.6.1 本体及组部件安装

1. 监督要点及监督依据

设备安装阶段直流电压测量装置本体及组部件安装监督要点及监督依据见表2-2-177。

表2-2-177　　　　　　设备安装阶段直流电压测量装置本体及组部件安装监督

监督要点	监督依据
1. 设备铭牌、油浸式设备油位指示器、充气式设备密度继电器应位于便于观察的一侧，且油位正常。 2. 直流电子式电压互感器光纤接头接口螺母应紧固，接线盒进口和穿电缆的保护管应用硅胶封堵，防止潮气进入。 3. 均压环外观应清洁，无损坏，安装水平、牢固，且方向正确；安装在环境温度0℃及以下地区的均压环，应在均压环最低处打排水孔；均压环与瓷裙间隙应均匀一致。 4. 光纤安装应符合光纤弯曲半径要求，防止光纤折断。	1.《电力用电磁式电压互感器使用技术规范》（DL/T 726—2013）7.1.2 对油浸式电压互感器的要求、7.1.3 对SF$_6$气体绝缘电压互感器的要求。《国家电网公司直流换流站验收管理规定第7分册 直流分压器验收细则》[国网（运检/3）912—2018] A.6 直流分压器竣工（预）验收标准卡。 2.《±800kV及以下直流换流站电气装置安装工程施工及验收规程》（DL/T 5232—2010）14.7.5。 3.《电气装置安装工程质量检验及评定规程 第3部分：电力变压器、油浸电抗器、互感器施工质量检验》（DL/T 5161.3—2018）2 互感器安装 表2.0.3。《电气装置安装工程 电力变压器、油浸电抗器、互感器施工及验收规范》（GB 50148—2010）5.3.4。 4.国家电网公司直流换流站验收管理规定 第7分册 直流分压器验收细则》[国网（运检/3）912—2018] A.6 直流分压器竣工（预）验收标准卡

2. 监督项目解析

直流电压测量装置的本体及组部件安装是设备安装阶段最重要的技术监督项目之一。

在提前制订好安装方案和工艺控制文件后，作业人员应严格按照要求进行本体吊装及组部件安装，确保安装质量。

设备一次端子紧固力矩不应过小，但是也不应超过制造厂规定的允许值。电子式互感器的光纤接头和接口螺母要紧固，否则可能造成接头接续不良。互感器极性应安装正确，否则可能造成保护装置误动或拒动。均压环应注意不要磕碰，安装水平、牢固，从而达到最好的均压及改善电场分布的效果。光纤安装应符合光纤弯曲半径要求，防止光纤折断。

3. 监督要求

结合工艺控制文件、安装方案等资料现场查看核对设备本体及组部件实际状态；对应监督要点，审查是否满足要求。

4. 整改措施

当发现该项目相关监督要点不满足时，应及时向施工队伍、工程监理人员或向工程建设部门反馈。

2.4.6.2 接地要求

1. 监督要点及监督依据

设备安装阶段直流电压测量装置接地要求监督要点及监督依据见表2-2-178。

表 2−2−178　　　　　　　　设备安装阶段直流电压测量装置接地要求监督

监督要点	监督依据
1. 应有两根与主地网不同干线连接的接地引下线，并且每根接地引下线均应符合热稳定校核的要求。连接引线应便于定期进行检查测试。 2. 凡不属于主回路或辅助回路且需要接地的所有金属部分都应接地。 3. 外壳、构架等的相互电气连接宜采用紧固连接（如螺栓连接或焊接）	1.《国家电网有限公司关于印发十八项电网重大反事故措施（修订版）的通知》（国家电网设备〔2018〕979 号）14.1.1.4。 2～3.《导体和电器选择设计技术规定》（DL/T 5222—2005）12.0.14

2. 监督项目解析

直流电压测量装置的接地要求是设备安装阶段比较重要的技术监督项目。

原则上，设备上不属于主回路或辅助回路的金属部件都应与地网连接，不应出现悬浮电位的部件。

设备外壳良好接地能防止电气装置的金属外壳带电危及人身和设备安全。当设备故障时，单根接地引下线严重腐蚀造成截面积减少或者非可靠连接条件下，易造成设备失地运行。直流电压互感器的二次回路有且仅有一点接地，不允许两点或多点接地，以免形成回路或短路。

3. 监督要求

采取检查安装记录，或者结合安装方案、安装图纸等资料现场查看的方式，核对设备接地情况；对应监督要点，审查是否满足要求。

4. 整改措施

当发现该项目相关监督要点不满足时，应及时向施工队伍、工程监理人员或向工程建设部门反馈。

2.4.6.3　端子箱防潮

1. 监督要点及监督依据

设备安装阶段直流电压测量装置端子箱防潮监督要点及监督依据见表 2−2−179。

表 2−2−179　　　　　　　设备安装阶段直流电压测量装置端子箱防潮监督

监督要点	监督依据
1. 端子箱、汇控柜底座和箱体之间有足够的敞开通风空间，以免潮气进入。潮湿地区的设备应加装驱潮装置。 2. 应注意户外端子箱、汇控柜电缆进线开孔方向，确保雨水不会顺着电缆流入户外端子箱、汇控柜	《国家电网公司关于印发防止直流换流站单、双极强迫停运二十一项反事故措施的通知》（国家电网生〔2011〕961 号）18.2、18.2.4

2. 监督项目解析

直流电压测量装置的端子箱防潮是设备安装阶段重要的技术监督项目。

端子箱防潮一直是变电设备反事故措施的重要内容，二次回路发生的缺陷有较大比例是由于端子箱或者回路受潮造成的绝缘电阻下降甚至接地故障。端子箱防潮要从两个方面入手：① 箱体内部设计和接线要合理，潮湿地区的设备应加装驱潮装置；② 注意防止外部潮气和雨水进入箱体。

3. 监督要求

采取检查安装方案、安装图纸等资料或者现场检查的方式，核对设备端子箱防潮情况；对应监督要点，审查是否满足要求。

4. 整改措施

当发现该项目相关监督要点不满足时，应及时向施工队伍、工程监理人员或向工程建设部门反馈。

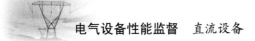

2.4.6.4 气体监测装置

1. 监督要点及监督依据

设备安装阶段直流电压测量装置气体监测装置监督要点及监督依据见表 2-2-180。

表 2-2-180　　　　　　　设备安装阶段直流电压测量装置气体监测装置监督

监督要点	监督依据
1. 气体绝缘的直流电压测量装置所配置的密度继电器、压力表等，应经校验合格，并有检定证书。 2. 安装时，气体绝缘的直流电压测量装置应检查气体压力或密度是否符合产品技术文件的要求，密封检查合格后方可对直流电压测量装置充 SF_6 气体至额定压力	1.《电气装置安装工程　电力变压器、油浸电抗器、互感器施工及验收规范》（GB 50148—2010）中"5.1 一般规定 气体绝缘互感器所配置的密度继电器、压力表等，应经校验合格，并有检定证书。" 2.《电气装置安装工程　电力变压器、油浸电抗器、互感器施工及验收规范》（GB 50148—2010）5.3 安装

2. 监督项目解析

直流电压测量装置的气体监测装置是设备安装阶段比较重要的技术监督项目。

目前，直流电压测量装置的绝缘介质以 SF_6 气体或者混合气体居多，气体绝缘互感器需要安装密度继电器、压力表等；仪表在安装前，应先经过校验合格，并有检定证书。同时，需要按照相关标准要求进行安装和密封检查。

3. 监督要求

采取检查安装方案、检定证书等资料或者现场检查的方式，核对设备气体监测装置的安装情况；对应监督要点，审查是否满足要求。

4. 整改措施

当发现该项目相关监督要点不满足时，应及时向施工队伍、工程监理人员或向工程建设部门反馈。

2.4.6.5 控制保护要求

1. 监督要点及监督依据

设备安装阶段直流电压测量装置控制保护要求监督要点及监督依据见表 2-2-181。

表 2-2-181　　　　　　　设备安装阶段直流电压测量装置控制保护要求监督

监督要点	监督依据
1. 直流电压测量装置传输环节中的模块，如合并单元、模拟量输出模块、差分放大器等，应由两路独立电源或两路电源经 DC/DC 转换耦合后供电，每路电源具有监视功能。 2. 备用模块应充足；备用光纤不低于在用光纤数量的 100%，且不得少于 3 根。 3. 直流分压器等设备的远端模块、合并单元、接口单元及二次输出回路设置应能满足保护冗余配置要求，且完全独立	《国家电网公司关于印发防止直流换流站单、双极强迫停运二十一项反事故措施的通知》（国家电网生〔2011〕961 号）7.1.5、7.1.8、7.3.1

2. 监督项目解析

直流电压测量装置的控制保护要求是设备安装阶段比较重要的技术监督项目。

高压直流输电系统的可靠性至关重要，如果接口模块、测量回路或者保护装置发生异常或故障，可能直接导致保护系统误出口跳闸；因此测量回路应满足冗余配置的要求，且不同回路之间不得相互影响。要求直流电压测量装置设备的远端模块、合并单元、接口单元及二次输出回路设置应能满足保护冗余配置要求，且完全独立。备用模块及备用光纤应充足。

3. 监督要求

采取检查安装图纸和现场检查的方式，核对设备的远端模块、备用光纤等情况；对应监督要点，审查是否满足要求。

4. 整改措施

当发现该项目相关监督要点不满足时，应及时向施工队伍、工程监理人员或向工程建设部门反馈。

2.4.7 设备调试阶段

2.4.7.1 一次端直流耐压试验（交接试验）

1. 监督要点及监督依据

设备调试阶段直流电压测量装置一次端直流耐压试验（交接试验）监督要点及监督依据见表 2-2-182。

表 2-2-182   设备调试阶段直流电压测量装置一次端直流耐压试验（交接试验）监督

监督要点	监督依据
1. 若现场具备条件，按下述要求进行一次端直流耐压试验。 2. 对一次端施加正极性额定运行电压或者通过直流系统空载加压试验模式达到额定运行电压 60min。如果未出现击穿及闪络现象，则互感器通过试验	《高压直流输电直流电子式电压互感器技术规范》（Q/GDW 10531—2016）6.3.2 一次端直流耐压试验

2. 监督项目解析

直流电压测量装置的一次端直流耐压试验（交接试验）是设备调试阶段比较重要的技术监督项目。

通过直流耐压试验可以发现很多绝缘缺陷，尤其是对集中性绝缘缺陷的检查更为有效。耐压试验是保证电气设备绝缘水平、避免发生绝缘事故的重要手段。

虽然《高压直流输电直流电子式电压互感器技术规范》（Q/GDW 10531—2016）第 6.3.2 条规定要进行 60min 的直流耐压试验，但是鉴于目前的试验设备产生的直流电压有限，所以在《全过程技术监督精益化管理评价细则》编制过程中，专家讨论认为现场的直流耐压试验可不作为强制性项目，或者可以通过直流系统空载加压试验来替代。

3. 监督要求

采取现场见证试验（旁站监督）或者查阅交接试验报告等资料的方式，对应监督要点，审查是否满足要求。

4. 整改措施

当发现该项目相关监督要点不满足时，应及时向设备调试负责人、工程监理人员或向工程建设部门反馈。

2.4.7.2 光纤损耗测试（交接试验）

1. 监督要点及监督依据

设备调试阶段直流电压测量装置光纤损耗测试（交接试验）监督要点及监督依据见表 2-2-183。

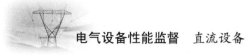

表 2－2－183　　　　设备调试阶段直流电压测量装置光纤损耗测试（交接试验）监督

监督要点	监督依据
1. 直流电子式电压互感器光纤损耗应小于 2dB。 2. 若产品不宜进行现场光纤损耗测试，设备供应商应给出保证光纤损耗满足要求的技术说明	《高压直流输电直流电子式电压互感器技术规范》（Q/GDW 10531—2016）6.3.4 光纤损耗测试

2. 监督项目解析

直流电压测量装置的光纤损耗测试（交接试验）是设备调试阶段比较重要的技术监督项目。

光纤损耗是指光纤每单位长度上的衰减，单位为 dB/km。若直流电压测量装置安装后离控制室较远，则需要重点关注此试验项目。光纤损耗产生的原因很多，常见的有光纤连接器问题、光纤本身问题、弯曲半径过小问题等。若系统光纤损耗过大，则可能造成信号不稳定和误码率高等问题。

3. 监督要求

采取现场见证试验（旁站监督）或者查阅交接试验报告等资料的方式，对应监督要点，审查是否满足要求。

4. 整改措施

当发现该项目相关监督要点不满足时，应及时向设备调试负责人、工程监理人员或向工程建设部门反馈。

2.4.7.3　测量准确度试验（交接试验）

1. 监督要点及监督依据

设备调试阶段直流电压测量装置测量准确度试验（交接试验）监督要点及监督依据见表 2－2－184。

表 2－2－184　　　　设备调试阶段直流电压测量装置测量准确度试验（交接试验）监督

监督要点	监督依据
1. 若现场具备条件，按下述要求进行测量准确度试验。 2. 试验直流电压测量装置在 $0.1U_n$、$0.2U_n$、$1.0U_n$ 电压点的误差，要求误差小于 0.2%	《高压直流输电直流电子式电压互感器技术规范》（Q/GDW 10531—2016）6.3.3　直流电压测量准确度试验

2. 监督项目解析

直流电压测量装置的测量准确度试验（交接试验）是设备调试阶段比较重要的技术监督项目。

设备在设备调试阶段进行测量准确度试验后，将很快投入运行，测量准确度试验是验证设备测量准确度的最后一道关口，重要程度不言而喻。同时，相对于出厂试验中的测量准确度试验，现场交接试验的电压测量点少了 $0.5U_n$、$1.2U_n$，这是考虑到现场试验设备和试验条件有限，在覆盖测量范围的基础上，减轻调试工作量；如果工程建设单位认为有必要，也可以增加电压测量点。

3. 监督要求

采取现场见证试验（旁站监督）或者查阅交接试验报告等资料的方式，对应监督要点，审查是否满足要求。

4. 整改措施

当发现该项目相关监督要点不满足时，应及时向设备调试负责人、工程监理人员或向工程建设部门反馈。

2.4.7.4 分压器参数测量（交接试验）

1. 监督要点及监督依据

设备调试阶段直流电压测量装置分压器参数测量（交接试验）监督要点及监督依据见表 2-2-185。

表 2-2-185　　　　设备调试阶段直流电压测量装置分压器参数测量（交接试验）监督

监督要点	监督依据
1. 直流电压测量装置的一次电压传感器采用阻容分压器，需要分别测量分压器高压臂电阻、电容及低压臂等效电阻、电容。 2. 若电阻和电容的测量值在设计值误差范围内，则互感器通过试验	《高压直流输电直流电子式电压互感器技术规范》（Q/GDW 10531—2016）6.2.6 分压器参数测量

2. 监督项目解析

直流电压测量装置的分压器参数测量（交接试验）是设备调试阶段比较重要的技术监督项目。

目前直流电压测量装置多为阻容分压型，分压器高压臂和低压臂的电阻、电容等参数决定了直流电压测量装置的分压比、准确性。为了保证直流电压测量准确性、必须要保证电阻和电容的测量值在设计值误差范围内。

3. 监督要求

采取现场见证试验（旁站监督）或者查阅交接试验报告等资料的方式，对应监督要点，审查是否满足要求。

4. 整改措施

当发现该项目相关监督要点不满足时，应及时向设备调试负责人、工程监理人员或向工程建设部门反馈。

2.4.7.5 油气要求

1. 监督要点及监督依据

设备调试阶段直流电压测量装置油气要求监督要点及监督依据见表 2-2-186。

表 2-2-186　　　　　　　　设备调试阶段直流电压测量装置油气要求监督

监督要点	监督依据
1. 充气式设备。 （1）SF_6 气体年泄漏率不大于 0.5%。 （2）SF_6 气体充入设备 24h 后取样检测，其含水量小于 150μL/L。 （3）氮气、混合气体等充气式设备年泄漏率和含水量应符合上述规定和厂家规定。 2. 充油式设备。 （1）油中微量水分应符合下述规定： 1）对于 300kV 以上直流电压测量装置，不大于 10mg/L； 2）对于 300～150kV 直流电压测量装置，不大于 15mg/L； 3）对于 150kV 以下直流电压测量装置，不大于 20mg/L。 （2）对电压等级在 100kV 以上的充油式分压器，油中溶解气体组分含量（μL/L）不应超过下列任一值，总烃：10，H_2：50，C_2H_2：0.1	1.《高压直流输电系统直流电压测量装置》（GB/T 26217—2019）6.1 一般要求 6.1.1 结构要求。 2.《高压直流输电系统直流电压测量装置》（GB/T 26217—2019）6.1 一般要求 6.1.1 结构要求。《电力用电流互感器使用技术规范》（DL/T 725—2013）6.9 绝缘油介质主要性能要求。《变压器油中溶解气体分析和判断导则》（DL/T 722—2014）9.2 新设备投运前油中溶解气体含量要求

2. 监督项目解析

直流电压测量装置的油气要求是设备调试阶段比较重要的技术监督项目。

直流电压测量装置通常以气体或者油作为绝缘介质，绝缘介质起着加强绝缘和冷却的作用，若绝缘介质出现问题，将直接影响设备运行。

充气式电压互感器的 SF_6 气体含水量应小于 $150\mu L/L$；若是充氮气、混合气体等充气式设备，也应符合上述规定和厂家规定。

3. 监督要求

采取现场见证取油样过程（旁站监督），并查阅油气试验报告的方式，对应监督要点，审查是否满足要求。

4. 整改措施

当发现该项目相关监督要点不满足时，应及时向设备调试负责人、工程监理人员或向工程建设部门反馈。

2.4.7.6 控制保护要求

1. 监督要点及监督依据

设备调试阶段直流电压测量装置控制保护要求监督要点及监督依据见表 2－2－187。

表 2－2－187 设备调试阶段直流电压测量装置控制保护要求监督

监督要点	监督依据
对互感器传输环节各设备进行断电试验、对光纤进行抽样拔插试验，检验当单套设备故障、失电时，是否导致保护装置误出口	《国家电网公司关于印发防止直流换流站单、双极强迫停运二十一项反事故措施的通知》（国家电网生〔2011〕961 号）7.3.2

2. 监督项目解析

直流电压测量装置的控制保护要求是设备调试阶段比较重要的技术监督项目。

直流电压测量系统的可靠性至关重要，在设备投运前，需要对系统传输性能、各项功能要求等项目进行试验，包括对传输环节各设备进行断电试验、对光纤进行抽样拔插试验等。各试验项目不能遗漏，试验结果应合格。

3. 监督要求

采取现场见证试验（旁站监督）或者查阅试验调试报告等资料的方式，对应监督要点，审查是否满足要求。

4. 整改措施

当发现该项目相关监督要点不满足时，应及时向设备调试负责人、工程监理人员或向工程建设部门反馈。

2.4.8 竣工验收阶段

2.4.8.1 设备本体及组部件

1. 监督要点及监督依据

竣工验收阶段直流电压测量装置设备本体及组部件监督要点及监督依据见表 2－2－188。

表 2－2－188　　　　　　　　竣工验收阶段直流电压测量装置设备本体及组部件监督

监督要点	监督依据
1. 瓷绝缘子及瓷套无破损、无裂纹，法兰无开裂，金属法兰与瓷套胶装部位粘合牢固，防水胶完好；复合绝缘套管表面无老化迹象，憎水性良好。 2. 现场涂覆 RTV 涂层表面要求均匀完整，不缺损、不流淌，严禁出现伞裙间的连丝，无拉丝滴流。RTV 涂层厚度不小于 0.3mm。 3. 均压环应安装水平、牢固，且方向正确。均压环应在最低处打排水孔	1.《国网运检部关于开展竣工验收阶段专项技术监督工作的通知》（运检技术〔2015〕81 号）附件 3 竣工验收阶段技术监督重点检查内容 2.2 互感器 2.2.10。 2.《国网运检部关于印发绝缘子用常温固化硅橡胶防污闪涂料（试行）的通知》（运检二〔2015〕116 号）4.2.1 外观、4.2.2 涂层厚度。 3.《电气装置安装工程　电力变压器、油浸电抗器、互感器施工及验收规范》（GB 50148—2010）5.3.4

2. 监督项目解析

直流电压测量装置的设备本体及组部件是竣工验收阶段比较重要的技术监督项目。

竣工验收是对前期所有工作成效的监督检查。首先要求设备外观良好，瓷绝缘子无破损、无裂纹，复合绝缘套管表面无老化迹象。为避免均压环内积水后严寒天气结冰造成均压环胀裂，需要在均压环最低处打排水孔。

若设备外绝缘防污等级不够而需要涂覆绝缘涂层，那么涂层应满足要求。增涂绝缘涂层的工作一般在运维检修阶段开展，由于涂覆质量检查也属于验收工作，因此也放在竣工验收阶段。

3. 监督要求

采取现场查看设备本体及组部件的方式，对应监督要点，审查是否满足要求。

4. 整改措施

当发现该项目相关监督要点不满足时，应及时向验收小组反映或向建设部门、运检部门反馈。

2.4.8.2　接地

1. 监督要点及监督依据

竣工验收阶段直流电压测量装置接地监督要点及监督依据见表 2－2－189。

表 2－2－189　　　　　　　　竣工验收阶段直流电压测量装置接地监督

监督要点	监督依据
1. 应有两根与主地网不同干线连接的接地引下线，并且每根接地引下线均应符合热稳定校核的要求。连接引线应便于定期进行检查测试。 2. 凡不属于主回路或辅助回路且需要接地的所有金属部分都应接地（如爬梯等）。 3. 外壳、构架等的相互电气连接宜采用紧固连接（如螺栓连接或焊接），以保证电气上连通	1.《国家电网有限公司关于印发十八项电网重大反事故措施（修订版）的通知》（国家电网设备〔2018〕979 号）14.1.1.4。 2.《导体和电器选择设计技术规定》（DL/T 5222—2005）12.0.14

2. 监督项目解析

直流电压测量装置的接地是竣工验收阶段比较重要的技术监督项目。

设备外壳良好接地能防止电气装置的金属外壳带电危及人身和设备安全。直流电压测量装置的二次回路有且仅有一点接地，不允许两点或多点接地，以免形成回路或短路。竣工验收是对设备投运前最后进行的检查，特别要注意防止出现应接地而未接地的情况。

3. 监督要求

采取现场查看设备接地或者查阅施工图纸的方式，对应监督要点，审查是否满足要求。

4. 整改措施

当发现该项目相关监督要点不满足时，应及时向验收小组反映或向建设部门、运检部门反馈。

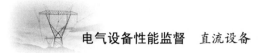

2.4.8.3　端子箱防潮

1. 监督要点及监督依据

竣工验收阶段直流电压测量装置端子箱防潮监督要点及监督依据见表2-2-190。

表2-2-190　　　　　　竣工验收阶段直流电压测量装置端子箱防潮监督

监督要点	监督依据
1. 对户外端子箱和接线盒的盖板和密封垫进行检查，防止变形进水受潮。 2. 检查户外端子箱、汇控柜的布置方式，确认端子箱、汇控柜底座和箱体之间有足够的敞开通风空间，以免潮气进入，潮湿地区的设备应加装驱潮装置。 3. 检查户外端子箱、汇控柜电缆进线开孔方向，确保雨水不会顺着电缆流入户外端子箱、汇控柜	《国家电网公司关于印发防止直流换流站单、双极强迫停运二十一项反事故措施的通知》（国家电网生〔2011〕961号）中"18.2 在新工程的设备采购技术协议谈判、图纸审查、安装调试、验收阶段，各相关单位应按如下要求开展工作。"

2. 监督项目解析

直流电压测量装置的端子箱防潮是竣工验收阶段比较重要的技术监督项目。

端子箱防潮一直是变电设备反事故措施的重要内容，二次回路发生的缺陷有较大比例是由于端子箱或者回路受潮造成的绝缘电阻下降甚至接地故障。

竣工验收工作中，主要现场检查户外端子箱和接线盒的盖板和密封性，检查雨水会不会顺着电缆流入户外端子箱、汇控柜，同时还应检查端子排接线的规范性，箱体内有无遗留物件、是否清洁等。

3. 监督要求

采取现场查看设备端子箱和接线盒的方式，对应监督要点，审查是否满足要求。

4. 整改措施

当发现该项目相关监督要点不满足时，应及时向验收小组反映或向建设部门、运检部门反馈。

2.4.8.4　控制保护要求

1. 监督要点及监督依据

竣工验收阶段直流电压测量装置控制保护要求监督要点及监督依据见表2-2-191。

表2-2-191　　　　　　竣工验收阶段直流电压测量装置控制保护要求监督

监督要点	监督依据
1. 二次回路端子排接线整齐，无松动、锈蚀、破损现象，运行及备用端子均有编号。线缆应排列整齐、编号清晰、避免交叉，并固定牢固。 2. 直流分压器的远端模块、合并单元、接口单元及二次输出回路设置应满足保护冗余配置要求，应完全独立；检查备用模块应充足	1.《国家电网公司直流换流站验收管理规定　第7分册　直流分压器验收细则》[国网（运检/3）912—2018] A.6 直流分压器竣工（预）验收标准卡。 2.《国家电网公司关于印发防止直流换流站单、双极强迫停运二十一项反事故措施的通知》（国家电网生〔2011〕961号）7.3.1、7.3.2

2. 监督项目解析

直流电压测量装置的控制保护要求是竣工验收阶段最重要的技术监督项目之一。

在完成设备安装调试工作后，直流电压测量装置的信号输出、保护功能等都已具备。在竣工验收阶段，技术监督人员应结合设备资料，对设备从硬件组成到软件功能进行全面的核查。

3. 监督要求

采取现场检查和查阅试验调试报告的方式，对应监督要点，审查是否满足要求。

4. 整改措施

当发现该项目相关监督要点不满足时，应及时向验收小组反映或向建设部门、运检部门反馈。

2.4.9 运维检修阶段

2.4.9.1 运维管理

1. 监督要点及监督依据

运维检修阶段直流电压测量装置运维管理监督要点及监督依据见表 2-2-192。

表 2-2-192　　　　　　　　运维检修阶段直流电压测量装置运维管理监督

监督要点	监督依据
1. 巡视周期：检查巡视记录完整，要求每天至少一次正常巡视；每周至少进行一次熄灯巡视；每月进行一次全面巡视。 2. 重点巡视项目包括： （1）检查瓷套清洁、无裂痕，复合绝缘子外套和加装硅橡胶伞裙的瓷套，应无电蚀痕迹及破损、无老化迹象； （2）检查直流测量装置无异常振动、异常声音； （3）检查直流测量装置的接线盒密封完好； （4）检查油位正常，油位上下限标识应清晰；SF_6 压力正常	《高压直流输电直流测量装置运行规范》（Q/GDW 1532—2014）5.1.1 巡视周期、5.1.2 巡视项目和要求。《输变电设备状态检修试验规程》（Q/GDW 1168—2013）6.10.1.2 巡检说明。《高压直流输电直流测量装置检修规范》（Q/GDW 533—2010）6.1 日常维护内容及要求 6.1.1 外观检查

2. 监督项目解析

直流电压测量装置的运维管理是运维检修阶段比较重要的技术监督项目。

运维管理是设备运维的重要内容，设备例行巡视是设备运维管理的重要组成部分，是发现设备缺陷的有效有段；因此，应严格按照巡视周期和巡视要求巡视，不能遗漏巡视项目。

目前，直流电压测量装置存在巡检周期不一致的标准差异化问题。

（1）条款原文。《输变电设备状态检修试验规程》（DL/T 393—2010）的"6.10.1 直流分压器巡检及例行试验"中，外观检查基准周期为 2 周。《输变电设备状态检修试验规程》（Q/GDW 1168—2013）的"6.10.1.1 直流分压器巡检及例行试验项目"中，外观检查基准周期为 2 周。《高压直流输电直流测量装置运行规范》（Q/GDW 1532—2014）的"5.1 例行巡视"中规定例行巡视包括正常巡视、熄灯巡视、全面巡视，关于巡视周期具体要求："a）每天至少一次正常巡视；b）每周至少进行一次熄灯巡视，检查设备有无电晕、放电、接头有无过热现象；c）每月进行一次全面巡视，主要是对设备进行全面的外部检查，对缺陷有无发展作出鉴定，检查设备防火、防小动物、检查接地网及引线是否完好。"

（2）主要差异。《输变电设备状态检修试验规程》（DL/T 393—2010）规定巡检基准周期为 2 周。《输变电设备状态检修试验规程》（Q/GDW 1168—2013）规定巡检基准周期为 2 周。《高压直流输电直流测量装置运行规范》（Q/GDW 1532—2014）中将巡检分为正常巡视、熄灯巡视、全面巡视三类，周期分别为一天、一周、一月。

（3）分析解释。《输变电设备状态检修试验规程》（DL/T 393—2010）和《输变电设备状态检修试验规程》（Q/GDW 1168—2013）是从通用性的角度对巡检周期进行了规定；《高压直流输电直流测量装置运行规范》（Q/GDW 1532—2014）则是从直流输电重要性和特殊性的角度进行了规定。目前，换流站基本上是执行《高压直流输电直流测量装置运行规范》（Q/GDW 1532—2014）的巡检周期。

（4）处理意见。巡检周期按《高压直流输电直流测量装置运行规范》（Q/GDW 1532—2014）的规定执行。建议将《输变电设备状态检修试验规程》（Q/GDW 1168—2013）中"6.10.1.1 直流分压器巡检及例行试验项目：外观检查基准周期为 2 周"修改为"6.10.1.1 直流分压器巡检及例行试验项目：例行巡视包括正常巡视、熄灯巡视、全面巡视。具体要求如下：a）每天至少一次正常巡视；b）每周至少进行一次熄灯巡视，检查设备有无电晕、放电、接头有无过热现象；c）每月进行一次全面巡视。"

3. 监督要求

查阅设备运维资料应完整齐全，现场检查设备状态，对应监督要点，审查是否满足要求。

4. 整改措施

当发现该项目相关监督要点不满足时，应及时向运维人员提出建议并向运检部门反馈。

2.4.9.2　状态检测

1. 监督要点及监督依据

运维检修阶段直流电压测量装置状态检测监督要点及监督依据见表 2－2－193。

表 2－2－193　　　　　　　运维检修阶段直流电压测量装置状态检测监督

监督要点	监督依据
1. 红外测温要求：运维单位每周测温一次；在高温大负荷时应缩短周期。 2. 应定期进行红外测温，建立红外图谱档案，进行纵、横向温差比较，便于及时发现隐患并处理。 3. 紫外检测要求：运维单位、省电科院均 6 个月检测一次，对于硅橡胶套管应缩短检测周期	1.《高压直流输电直流测量装置运行规范》（Q/GDW 1532—2014）4.5 带电检测要求。 2.《输变电设备状态检修试验规程》（Q/GDW 1168—2013）6.10.1.1 直流分压器巡检及例行试验项目。《国家电网有限公司关于印发十八项电网重大反事故措施（修订版）的通知》（国家电网设备〔2018〕979 号）8.4.2.3。 3.《高压直流输电直流测量装置运行规范》（Q/GDW 1532—2014）4.5 带电检测要求

2. 监督项目解析

直流电压测量装置的带电检测是运维检修阶段比较重要的技术监督项目。

带电检测是发现设备潜在隐患和缺陷的重要手段，可以在不停电的情况下，了解设备运行状态；而红外热像检测是目前最有效的手段之一。因此，要求运维单位、电科院要按规定进行红外测温、紫外检测等带电检测项目。

对电压致热型设备，可根据相同型号规格的设备的对应点温升值的差异来判断设备是否正常。电流致热型设备的缺陷宜用允许温升或同类允许温差的判断依据确定。

目前，交流设备还未要求运维单位进行紫外检测，部分运维单位未配置紫外检测仪；根据《高压直流输电直流测量装置运行规范》（Q/GDW 1532—2014）的要求，各换流站运维单位应逐步配置紫外检测仪。

3. 监督要求

查阅带电检测记录和红外图谱库，对应监督要点，审查是否满足要求。

4. 整改措施

当发现该项目相关监督要点不满足时，应及时向运维人员提出建议并向运检部门反馈。

2.4.9.3　例行试验

1. 监督要点及监督依据

运维检修阶段直流电压测量装置例行试验监督要点及监督依据见表 2－2－194。

表 2-2-194　　　　　　　运维检修阶段直流电压测量装置例行试验监督

监督要点	监督依据
1. 直流分压器例行试验包括以下项目。 （1）分压电阻、电容值测量：周期为 3 年；测量高压臂和低压臂电阻阻值，同等测量条件下，初值差不应超过±2%；如属阻容式分压器，应同时测量高压臂和低压臂的等值电阻和电容值，同等测量条件下，初值差不超过±3%，或符合设备技术文件要求。 （2）电压限制装置功能验证：周期为 3 年。 （3）SF$_6$ 气体含水量（充气型）检测：周期为 3 年；SF$_6$ 气体含水量不大于 500μL/L（警示值）。 2. 应使用中性清洗剂对直流分压器复合绝缘子表面进行清洗	1.《高压直流输电直流测量装置检修规范》（Q/GDW 533—2010）6 检修内容及质量要求。《输变电设备状态检修试验规程》（Q/GDW 1168—2013）6.10.1.1 直流分压器巡检及例行试验项目。《输变电设备状态检修试验规程》（DL/T 393—2010）6.10.1 直流分压器巡检及例行试验。 2.《国家电网有限公司关于印发十八项电网重大反事故措施（修订版）的通知》（国家电网设备〔2018〕979 号）中"8.4.2.5 应使用中性清洗剂定期对直流分压器复合绝缘子表面进行清洗。"

2. 监督项目解析

直流电压测量装置的例行试验是运维检修阶段最重要的技术监督项目之一。

根据《输变电设备状态检修试验规程》（Q/GDW 1168—2013）的定义，运维检修阶段的试验分为例行试验和诊断性试验，例行试验通常按周期进行。例行试验是设备状态评价工作的重要依据，是状态检修工作中的重要内容。

在设备运行期间，为掌握设备电气性能状况，按照设备状态检修规程，需要不定期进行例行试验，必要时进行诊断性试验。试验结果是设备状态量的重要组成部分，其准确性直接影响设备状态评价结果。

目前，直流电压测量装置存在例行试验项目不统一的标准差异化问题。

（1）条款原文。《输变电设备状态检修试验规程》（DL/T 393—2010）的"6.10.1 直流分压器巡检及例行试验"中，例行试验项目包括"电压限制装置功能验证"项目。《输变电设备状态检修试验规程》（Q/GDW 1168—2013）的"6.10.1.1 直流分压器巡检及例行试验项目"中，则没有"电压限制装置功能验证"项目，而是将此项目放到了"6.10.2.1 直流分压器诊断性试验项目"中。《高压直流输电直流测量装置检修规范》（Q/GDW 533—2010）的"表 6-1 高压直流测量装置检修内容及周期"中，直流分压器的例行维修内容及要求中包含"电压限制装置功能验证"项目。

（2）主要差异。"电压限制装置功能验证"试验项目在《输变电设备状态检修试验规程》（DL/T 393—2010）、《高压直流输电直流测量装置检修规范》（Q/GDW 533—2010）是例行试验项目；在《输变电设备状态检修试验规程》（Q/GDW 1168—2013）中是诊断性试验项目。

（3）分析解释。《输变电设备状态检修试验规程》（Q/GDW 1168—2013）在上一版本《输变电设备状态检修试验规程》（Q/GDW 168—2008）的基础上，将"电压限制装置功能验证"项目由例行试验项目修改为诊断性试验项目，更符合设备实际运维情况。同时，《输变电设备状态检修试验规程》（Q/GDW 1168—2013）较《输变电设备状态检修试验规程》（DL/T 393—2010）和《高压直流输电直流测量装置检修规范》（Q/GDW 533—2010）修订时间更晚，更具有参考价值。

（4）处理意见。按照《输变电设备状态检修试验规程》（Q/GDW 1168—2013）的规定执行，将"电压限制装置功能验证"作为诊断性试验项目。建议修改《高压直流输电直流测量装置检修规范》（Q/GDW 533—2010）和《输变电设备状态检修试验规程》（DL/T 393—2010）相关内容，将"电压限制装置功能验证"项目作为"直流分压器诊断性试验项目"，而非"例行试验项目"。

3. 监督要求

采用现场见证试验过程（旁站监督）或者查阅例行试验报告的方式，对应监督要点，审查试验项目是否完备、试验结果是否合格，若不合格，查看后续处理文件。

4. 整改措施

当发现该项目相关监督要点不满足时，应及时向运维人员提出建议并向运检部门反馈。

2.4.9.4 状态评价与检修决策

1. 监督要点及监督依据

运维检修阶段直流电压测量装置状态评价与检修决策监督要点及监督依据见表 2-2-195。

表 2-2-195　　　　　运维检修阶段直流电压测量装置状态评价与检修决策监督

监督要点	监督依据
1. 状态评价应实行动态化管理，每次检修或试验后应进行一次状态评价。定期评价每年不少于一次。检修策略应根据设备状态评价的结果动态调整，年度检修计划每年至少修订一次。 2. 新设备投运满 1 年（220kV 及以上），以及停运 6 个月以上重新投运前的设备，应进行例行试验。 3. 现场备用设备应视同运行设备进行例行试验；备用设备投运前应对其进行例行试验；若更换的是新设备，投运前应按交接试验要求进行试验	1.《直流电压分压器状态检修导则》（Q/GDW 1954—2013）3.2 状态评价工作要求、5.1 总体要求。《高压直流输电直流测量装置状态检修导则》（Q/GDW 499—2010）3.2 状态评价工作的要求。 2～3.《输变电设备状态检修试验规程》（DL/T 393—2010）4.2.2 试验说明。《输变电设备状态检修试验规程》（Q/GDW 1168—2013）4.2.2 试验说明。《高压直流输电直流测量装置状态检修导则》（Q/GDW 499—2010）3.3 新投运设备状态检修

2. 监督项目解析

直流电压测量装置的状态评价与检修决策是运维检修阶段比较重要的技术监督项目。

状态检修应遵循"应修必修、修必修好"的原则，依据设备状态评价的结果，考虑设备风险因素，动态制订设备的检修计划，合理安排状态检修的计划和内容。直流电压互感器状态检修工作内容包括停电、不停电测试和试验以及停电、不停电检修维护工作。状态评价应实行动态化管理。每次检修或试验后应进行一次状态评价。

3. 监督要求

查阅设备状态评价报告、年度检修计划、例行试验报告等资料，对应监督要点，审查是否满足要求。

4. 整改措施

当发现该项目相关监督要点不满足时，应及时向运维人员提出建议并向运检部门反馈。

2.4.9.5 故障/缺陷处理

1. 监督要点及监督依据

运维检修阶段直流电压测量装置故障/缺陷处理监督要点及监督依据见表 2-2-196。

表 2-2-196　　　　　运维检修阶段直流电压测量装置故障/缺陷处理监督

监督要点	监督依据
1. 检查消缺记录，审查设备缺陷分类是否正确。 2. 检查消缺记录，审查设备缺陷是否及时按要求处理。危急缺陷处理时限不超过 24h；严重缺陷处理时限不超过 7d；需停电处理的一般缺陷处理时限不超过一个例行试验检修周期，可不停电处理的一般缺陷处理时限原则上不超过 3 个月。 3. 缺陷处理相关信息应及时录入生产管理系统（PMS）。 4. 出现下列情况时，应进行设备更换： （1）瓷套出现裂纹或破损； （2）直流测量装置严重放电，已威胁安全运行； （3）直流测量装置内部有异常响声、异味、冒烟或着火等现象； （4）经红外热像检测发现内部有过热现象。 5. 若有明显漏气（油）点或气（油）压持续下降，则应在气（油）压降至直流系统闭锁前，将相应直流系统停运	1.《高压直流输电直流测量装置运行规范》（Q/GDW 1532—2014）6.2 缺陷分类。 2～3.《电压互感器技术监督导则》（Q/GDW 11081—2013）5.9 运维检修阶段 设备缺陷管理。《高压直流输电直流测量装置运行规范》（Q/GDW 1532—2014）6.1 缺陷管理一般要求。 4～5.《高压直流输电直流测量装置运行规范》（Q/GDW 1532—2014）6.3 异常和故障处理

2. 监督项目解析

直流电压测量装置的缺陷管理是运维检修阶段比较重要的技术监督项目。

若发现设备出现缺陷，应严格按照要求进行缺陷的划分和评估，并应尽快结合停电检修的机会消缺，设备带缺陷运行是有隐患的，部分缺陷还会逐步扩展恶化；对于油气质量、热点等缺陷，在未消缺之前应持续跟踪检测，严防缺陷快速发展。

缺陷处理相关信息应及时、准确录入生产管理系统（PMS）。

3. 监督要求

查阅设备缺陷记录和消缺记录，对应监督要点，审查是否满足要求。

4. 整改措施

当发现该项目相关监督要点不满足时，应及时向运维人员提出建议并向运检部门反馈。

2.4.9.6 反事故措施落实

1. 监督要点及监督依据

运维检修阶段直流电压测量装置反事故措施落实监督要点及监督依据见表 2-2-197。

表 2-2-197　　　　运维检修阶段直流电压测量装置反事故措施落实监督

监督要点	监督依据
1. 对外绝缘强度不满足污秽等级的设备，应喷涂防污闪涂料或加装防污闪辅助伞裙。防污闪涂料的涂层表面要求均匀完整，不缺损、不流淌，严禁出现伞裙间的连丝，无拉丝滴流；RTV 涂层厚度不小于 0.3mm。 2. 每年对已喷涂防污闪涂料的绝缘子进行憎水性抽查，及时对破损或失效的涂层进行重新喷涂。若复合绝缘子或喷涂了 RTV 的瓷绝缘子的憎水性下降到 3 级，应考虑重新喷涂。 3. 对于体积较小的室外端子箱、接线盒，应采取加装干燥剂、增加防雨罩、保持呼吸孔通畅、更换密封圈等手段，防止端子箱内端子受潮，绝缘性能降低。 4. 定期检查室外端子箱、接线盒锈蚀情况，及时采取相应防腐、防锈蚀措施。对于锈蚀严重的端子箱、接线盒应及时更换	1~2.《国家电网有限公司关于印发十八项电网重大反事故措施（修订版）的通知》（国家电网设备〔2018〕979 号）8.4.2 运行阶段。《国网运检部关于印发绝缘子用常温固化硅橡胶防污闪涂料（试行）的通知》（运检二〔2015〕116 号）4.2 涂层。 3~4.《国家电网公司关于印发防止直流换流站单、双极强迫停运二十一项反事故措施的通知》（国家电网生〔2011〕961 号）18.3.2、18.3.3

2. 监督项目解析

直流电压测量装置的反事故措施要求是运维检修阶段比较重要的技术监督项目。

随着运维经验的积累，国家电网有限公司总结梳理了众多反事故措施，如"十八项反事故措施""二十一项反事故措施"等。在这些反事故措施中，有很多是需要在运维检修阶段落实的，如喷涂防污闪涂料或加装防污闪辅助伞裙；外端子箱、接线盒加装干燥剂、增加防雨罩；室外金属组部件的锈蚀防护等。为了保证设备安全可靠运行，应严格落实国家电网有限公司各项反事故措施。

3. 监督要求

现场查看采取的反事故措施，并查阅憎水性测试报告、反事故措施工作记录、巡视记录等资料，对应监督要点，审查是否满足要求。

4. 整改措施

当发现该项目相关监督要点不满足时，应及时向运维人员提出建议并向运检部门反馈。

2.4.9.7 油气要求（诊断性试验）

1. 监督要点及监督依据

运维检修阶段直流电压测量装置油气要求（诊断性试验）监督要点及监督依据见表 2-2-198。

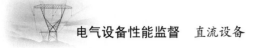

表 2-2-198　　　运维检修阶段直流电压测量装置油气要求（诊断性试验）监督

监督要点	监督依据
1. 充油式设备。 （1）油中微量水分要求：① 330kV 及以上，不大于 15mg/L（注意值）；② 220kV 及以下，不大于 25mg/L（注意值）。 （2）油中溶解气体组分含量要求（注意值）：C$_2$H$_2$ 不大于 2μL/L；H$_2$ 不大于 150μL/L；总烃不大于 150μL/L。 2. 充气式设备。 （1）SF$_6$ 气体年泄漏率不大于 0.5%；运行中设备 SF$_6$ 含水量不大于 500μL/L；设备新充气后至少 24h 后取样检测，含水量不大于 250μL/L。 （2）SF$_6$ 气体成分分析要求：① CF$_4$ 增加不大于 0.1%（新投运不大于 0.05%）（注意值）；② 空气（O$_2$+N$_2$）不大于 0.2%（新投运不大于 0.05%）（注意值）；③ SO$_2$ 不大于 1μL/L（注意值）；④ H$_2$S 不大于 1μL/L（注意值）	1. 充油式设备： （1）《输变电设备状态检修试验规程》（Q/GDW 1168—2013）6.10.2.1 直流分压器诊断性试验项目绝缘油试验（油纸绝缘）、7.1 绝缘油例行试验。《输变电设备状态检修试验规程》（DL/T 393—2010）6.8.2 直流电流互感器诊断性试验（零磁通型）绝缘油试验；7.1 绝缘油例行试验。 （2）《高压直流输电直流测量装置检修规范》（Q/GDW 533—2010）6.检修内容及质量要求 直流分压器：油中溶解气体分析（充油型）。《输变电设备状态检修试验规程》（Q/GDW 1168—2013）6.10.2.1 直流分压器诊断性试验项目 油中溶解气体分析（油纸绝缘）。 2. 充气式设备：《输变电设备状态检修试验规程》（Q/GDW 1168—2013）6.10.1.1 直流分压器巡检及例行试验项目、6.10.2.1 直流分压器诊断性试验项目 SF$_6$ 气体成分分析（SF$_6$ 绝缘）、8.2 SF$_6$ 气体成分分析。《高压直流输电直流测量装置检修规范》（Q/GDW 533—2010）6.检修内容及质量要求 直流分压器：SF$_6$ 气体湿度（充气型）；SF$_6$ 气体成分试验

2. 监督项目解析

直流电压测量装置的油气要求（诊断性试验）是运维检修阶段重要的技术监督项目。

运维检修阶段的试验分为例行试验和诊断性试验。例行试验通常按周期进行，诊断性试验只在诊断设备状态时根据情况有选择地进行。直流电压测量装置一般情况下无须进行油气试验，若怀疑设备性能有异常，则油气试验可作为诊断性试验，试验结果辅助分析设备状态。

3. 监督要求

查阅设备气体检测报告、油中溶解气体和微水分析试验报告等资料，对应监督要点，审查是否满足要求。

4. 整改措施

当发现该项目相关监督要点不满足时，应及时向运维人员提出建议并向运检部门反馈。

2.4.10　退役报废阶段

2.4.10.1　技术鉴定

1. 监督要点及监督依据

退役报废阶段直流电压测量装置技术鉴定监督要点及监督依据见表 2-2-199。

表 2-2-199　　　　退役报废阶段直流电压测量装置技术鉴定监督

监督要点	监督依据
1. 电网一次设备进行报废处理，应满足以下条件之一：① 国家规定强制淘汰报废；② 设备厂家无法提供关键零部件供应，无备品备件供应，不能修复，无法使用；③ 运行日久，其主要结构、机件陈旧，损坏严重，经大修、技术改造仍不能满足安全生产要求；④ 退役设备虽然能修复但费用太大，修复后可使用的年限不长，效率不高，在经济上不可行；⑤ 腐蚀严重，继续使用存在事故隐患，且无法修复；⑥ 退役设备无再利用价值或再利用价值小；⑦ 严重污染环境，无法修治；⑧ 技术落后不能满足生产需要；⑨ 存在严重质量问题不能继续运行；⑩ 因运营方式改变全部或部分拆除，且无法再安装使用；⑪ 遭受自然灾害或突发意外事故，导致毁损，无法修复。	1.《电网一次设备报废技术评估导则》（Q/GDW 11772—2017）中"4 通用技术原则 电网一次设备进行报废处理，应满足以下条件之一：a）国家规定强制淘汰报废；b）设备厂家无法提供关键零部件供应，无备品备件供应，不能修复，无法使用；c）运行日久，其主要结构、机件陈旧，损坏严重，经大修、技术改造仍不能满足安全生产要求；d）退役设备虽然能修复但费用太大，修复后可使用的年限不长，效率不高，在经济上不可行；e）腐蚀严重，继续使用存在事故隐患，且无法修复；f）退役设备无再利用价值或再利用价值小；g）严重污染环境，无法修治；h）技术落后不能满足生产需要；i）存在严重质量问题不能继续运行；j）因运营方式改变全部或部分拆除，且无法再安装使用；k）遭受自然灾害或突发意外事故，导致毁损，无法修复。"

续表

监督要点	监督依据
2. 直流电流测量装置满足下列技术条件之一，且无法修复，宜进行报废：① 严重渗漏油、内部受潮，电容量、介质损耗、乙炔含量等关键测试项目不符合《电磁式电压互感器状态评价导则》（Q/GDW 458—2010）、《输变电设备状态检修试验规程》（Q/GDW 1168—2013）要求；② 瓷套存在裂纹、复合绝缘伞裙局部缺损；③ 测量误差较大，严重影响系统、设备安全；④ 采用 SF₆ 绝缘的设备，气体的年泄漏率大于 0.5%或可控制绝对泄漏率大于 10^{-7} MPa·cm³/s；⑤ 电子式互感器、光电互感器存在严重缺陷或二次规约不具备通用性	2.《电网一次设备报废技术评估导则》（Q/GDW 11772—2017）中"5 技术条件 5.7 互感器满足下列技术条件之一，且无法修复，宜进行报废：a）严重渗漏油、内部受潮，电容量、介质损耗、乙炔含量等关键测试项目不符合 Q/GDW 458、Q/GDW 1168 要求；b）瓷套存在裂纹、复合绝缘伞裙局部缺损；c）测量误差较大，严重影响系统、设备安全；d）采用 SF₆ 绝缘的设备，气体的年泄漏率大于 0.5%或可控制绝对泄漏率大于 10^{-7} MPa·cm³/s；e）电容式电压互感器电磁单元或电容单元存在严重缺陷；f）电子式互感器、光电互感器存在严重缺陷或二次规约不具备通用性。"

2. 监督项目解析

直流电压测量装置的报废必须满足一定条件，过早报废将造成资源浪费。

3. 监督要求

采取现场检查或查阅资料（包括退役设备评估报告）、抽查 1 台退役设备的方式，检查直流电压测量装置是否满足报废条件。记录是否满足要求，并记录抽查设备出厂编号。

4. 整改措施

当技术监督人员在查阅资料时发现设备不满足报废条件，应及时向设备运维管理单位提出要求，重新评估直流电压测量装置是否满足报废条件，明确设备去向。

2.4.10.2 废油、废气处置

1. 监督要点及监督依据

退役报废阶段直流电压测量装置废油、废气处置监督要点及监督依据见表 2-2-200。

表 2-2-200　　　　　　退役报废阶段直流电压测量装置废油、废气处置监督

监督要点	监督依据
退役报废设备中的废油、废气严禁随意向环境中排放，确需在现场处理的，应统一回收、集中处理，并做好处置记录	《运行变压器油维护管理导则》（GB/T 14542—2005）11.2.5 旧油、废油回收和再生处理记录。《六氟化硫电气设备中气体管理和检测导则》（GB 8905—2012）中"11.3.1 设备解体前需对气体进行全面分析，以确定其有害成分含量，制定防毒措施。通过气体回收装置将六氟化硫气体全面回收。严禁向大气排放。"

2. 监督项目解析

对于退役设备中存在废油、废气的，应采取安全、环保的方式处理，并做好记录。

3. 监督要求

查阅退役报废设备废油、废气处理记录，废油、废气处置应符合相关标准要求。

4. 整改措施

当技术监督人员查阅资料或现场检查发现废油、废气处置不符合要求时，应及时向设备运维管理单位提出要求，采用标准方式处理。

2.5 接 地 极

2.5.1 规划可研阶段

2.5.1.1 系统条件

1. 监督要点及监督依据

规划可研阶段接地极系统条件监督要点及监督依据见表 2-2-201。

表 2-2-201　　　　　　　　规划可研阶段接地极系统条件监督

监督要点	监督依据
高压直流输电大地返回系统的入地电流及其持续时间应根据直流输电系统的功能和建设要求确定。如无资料，设计时可按下列内容考虑： 　（1）额定电流及持续时间。额定电流为系统额定直流电流，该电流最长持续时间为额定持续运行时间。对双极系统，如双极分期建成，额定持续运行时间宜取单极建成投运后至双极建成投运前单极大地运行时间；如双极一次建成，额定持续时间宜取 20～60d。 　（2）最大过负荷电流及持续时间。最大过负荷电流宜取额定电流的 1.1 倍。该电流最长持续时间宜取冷却设备投运后最大过负荷电流下的持续运行时间，并不小于 2h。 　（3）最大暂态电流。最大暂态电流宜取额定电流的 1.25～1.50 倍。 　（4）不平衡电流。对双极电流对称运行的直流输电系统，最大不平衡电流宜取额定电流的 1%；对非对称运行的直流输电系统，宜取两极额定电流之差。不平衡电流持续时间宜取直流系统双极正常运行的总时间	《高压直流输电大地返回系统设计技术规程》（DL/T 5224—2014）3.1.2

2. 监督项目解析

系统条件是规划可研阶段重要的技术监督项目。

接地极作为直流输电系统的组成部分，起着在单极大地回线运行方式和双极运行方式中将单极工作电流和双极不平衡电流导入大地和钳制换流阀中性点电位的作用，因此接地极需满足系统条件要求。

3. 监督要求

接地极作为直流输电系统的组成部分，为确保其正常、安全运行，接地极需满足相关系统条件要求。若接地极未能按照系统条件进行设计或不能满足系统条件要求，则可能影响整个直流系统的正常、安全运行。

4. 整改措施

当发现该项目相关监督要点不满足时，应及时向可研审核等部门提出，建议修改可研报告。

2.5.1.2 极址选址

1. 监督要点及监督依据

规划可研阶段接地极极址选址监督要点及监督依据见表 2-2-202。

表 2-2-202 规划可研阶段接地极极址选址监督

监督要点	监督依据
极址选址应涵盖以下内容： （1）极址选择方案应包含自然条件、周围设施和规划的调查资料。 （2）极址导电媒质选择方案对比	《高压直流输电大地返回系统设计技术规程》（DL/T 5224—2014）4.1.2、5.1.1

2. 监督项目解析

极址选择是规划可研阶段重要的技术监督项目。

极址选择受场地自然条件、周围相关设施、相关规划、地方政府及相关部门意见等多种因素影响。接地极类型主要与场地自然条件相关，需通过技术经济论证及综合比较确定。为确保选定的极址技术经济性最优、切实可行，故提出该条款。

3. 监督要求

接地极作为直流输电系统的组成部分，通过查阅可研报告，落实监督要求。极址选择是影响接地极能否顺利建设、能否安全运行、技术经济性是否最优的主要因素。

4. 整改措施

当发现该项目相关监督要点不满足时，应及时向可研审核等部门提出，建议修改可研报告。

2.5.1.3 工程设想

1. 监督要点及监督依据

规划可研阶段接地极工程设想监督要点及监督依据见表 2-2-203。

表 2-2-203 规划可研阶段接地极工程设想监督

监督要点	监督依据
1. 接地极馈电元件布置形式采用水平型或垂直型，接地极的长度或占地面积应以允许的最大跨步电位差为基础；接地极材料及设备应包括馈电元件、石油焦炭及其他辅助材料。 2. 新建工程应考虑安装在线监测系统，包含可见光、红外测温设备、馈线电流传感器、极址围墙和电子围栏以及运行安时数统计和监测系统主机	《高压直流输电大地返回系统设计技术规程》（DL/T 5224—2014）5.1.2、5.2.1、6.0.2、7.0.1。《国网运检部关于印发接地极线路差动保护和接地极在线监测系统技术原则讨论会纪要的通知》（运检一〔2015〕150 号）

2. 监督项目解析

工程设想是规划可研阶段重要的技术监督项目。

工程设想要包括馈电元件布置形式、材料、接地极长度或占地面积、在线监测系统和安防系统等，要充分考虑影响接地极安全稳定运行的各种因素。

3. 监督要求

工程设想应充分考虑监督要点中要求的内容，通过查阅可研报告，落实监督要求。

4. 整改措施

当发现该项目相关监督要点不满足时，应及时向可研审核等部门提出，建议修改可研报告。

2.5.1.4 对周围设施影响的评估

1. 监督要点及监督依据

规划可研阶段接地极对周围设施影响的评估监督要点及监督依据见表 2-2-204。

表 2 – 2 – 204　　　　　　　规划可研阶段接地极对周围设施影响的评估监督

监督要点	监督依据
1. 接地极极址与有中性点有效接地的变电站、发电厂的直线距离不宜小于 10km，接地极与架空地线接地的电力线路的最近距离不宜小于 5km。若小于以上距离，应有相应说明。 2. 接地极应避免穿越建筑物，其正上方与地面建筑物的最小水平距离应不小于 20m。 3. 在接地极与地下金属管道、地下电缆、非电气化铁路、天然气管道等地下金属构件的最小距离（d）小于 10km，或者地下金属管道、地下电缆、非电气化铁路等地下金属构件的长度大于 d 的情况下，应计算接地极地电流对这些设施产生的不良影响	《高压直流输电大地返回系统设计技术规程》（DL/T 5224—2014）5.2.3、9.1.1、9.2.1

2. 监督项目解析

对周围设施影响的评估是规划可研阶段重要的技术监督项目。

接地极对周围相关设施的影响情况是确定极址是否成立的重要因素之一。规划可研阶段应对极址周围相关设施进行全面、详细收资，并分析确定周围设施是否影响极址成立。以往工程中，发生过多起因收资时遗漏了影响极址成立的重要设施、未能准确判定接地极对重要设施的影响或未能落实防护措施，导致极址被否定而不得不重新选址的情况。

3. 监督要求

接地极对周围相关设施影响的评估是否全面、准确，防护措施是否可行，可通过查阅可研报告中对周围设施的评估报告，落实监督要求。

4. 整改措施

当发现该项目相关监督要点不满足时，应及时向可研审核等部门提出，建议修改可研报告。

2.5.1.5　土壤参数

1. 监督要点及监督依据

规划可研阶段接地极土壤参数监督要点及监督依据见表 2 – 2 – 205。

表 2 – 2 – 205　　　　　　　　　规划可研阶段接地极土壤参数监督

监督要点	监督依据
应测定的接地极土壤主要物理参数包括大地电性特性及其结构（含表层土壤电阻率和深层岩石电阻率），土壤热导率、热容率，土壤最高温度、湿度，地下水位等	《高压直流输电大地返回系统设计技术规程》（DL/T 5224—2014）4.2.1

2. 监督项目解析

土壤参数是规划可研阶段重要的技术监督项目。

接地极土壤主要物理参数直接影响接地极入地电流导通情况，对土壤的物理参数的评估是否准确关系到接地极投运后的运行工况，在规划可研阶段要充分进行论证，确保参数满足运行要求。

3. 监督要求

接地极的土壤物理参数影响接地极入地电流导通，通过查阅可研报告，落实监督要求。

4. 整改措施

当发现该项目相关监督要点不满足时，应及时向可研审核等部门提出，建议修改可研报告。

2.5.2 工程设计阶段

2.5.2.1 技术条件

1. 监督要点及监督依据

工程设计阶段接地极技术条件监督要点及监督依据见表 2-2-206。

表 2-2-206　　　　　　　　　　　工程设计阶段接地极技术条件监督

监督要点	监督依据
设计时，技术条件应满足以下条件。 (1) 任一点温度，应计及海拔和水压对水沸点的影响。 (2) 最大跨步电位差按下式计算：U_{pm}=7.42+0.0318ρ_s（ρ_s为电阻率），且不应超过 50V。 (3) 对于公众可接触到的地上金属体，在一极最大过负荷电流下，接触电位差不应大于 7.42+0.008ρ_s。对于公众不可接触到的地上金属体，在单极额定电流下，接地极导体对导流构架（杆塔）间的电压不宜大于 50V。 (4) 通信系统最大转移电位宜不大于 60V。 (5) 对于长期处于单极运行或土壤水分含量少的阳极接地极，额定电流下最大面电流密度应不超过 1A/m²；对于长时间双极运行或土壤中水分含量多的接地极以及垂直型接地极，额定电流下最大面电流密度取值应按水的压力进行修正	《高压直流输电大地返回系统设计技术规程》（DL/T 5224—2014）3.2.2、3.2.5、3.2.6、3.2.7、3.2.9

2. 监督项目解析

技术条件是工程设计阶段重要的技术监督项目。

接地极是直流输电系统的组成部分，为满足系统条件等要求，接地极一般位于耕作地区，由于极址区域一般未永久征地，未设置围墙、围栏等隔离设施，当地居民等非工作人员经常进入极址区域耕作、劳动，为确保接地极正常、安全运行，确保人畜安全、其他设施正常运行，确保居民正常耕作和生活，接地极需满足相关技术条件要求，若接地极不能满足技术条件要求，则可能影响接地极甚至整个直流系统的正常、安全运行，影响人畜安全和其他设施正常运行，影响当地居民的正常耕作和生活。根据接地极的作用、系统条件、运行环境及要求，接地极规划设计时除需满足系统条件要求外，还需满足技术条件要求。

3. 监督要求

通过查阅资料（设计文件、可研、初设评审意见），落实监督要求。

4. 整改措施

当发现该项目相关监督要点不满足时，应及时向业主部门提出，要求修改接地极设计方案。

2.5.2.2 本体设计

1. 监督要点及监督依据

工程设计阶段接地极本体设计监督要点及监督依据见表 2-2-207。

表 2-2-207　　　　　　　　　　　工程设计阶段接地极本体设计监督

监督要点	监督依据
接地极本体设计应满足： (1) 在选择极址时应根据换流站所在地理位置和附近环境条件，通过技术经济论证及综合考虑，择优选择接地极类型；极环尺寸满足温度、跨步电位差等技术条件要求。 (2) 直流接地极埋深一般不小于 1.5m	1. 《高压直流输电大地返回系统设计技术规程》（DL/T 5224—2014）5.1.1、5.2.2。 2. 《高压直流接地极技术导则》（DL/T 437—2012）中"直流接地极埋深应一般不小于 1.5m。"

2. 监督项目解析

接地极本体设计是工程设计阶段重要的技术监督项目。

接地极本体设计是接地极设计的关键，直接影响接地极运行工况以及对周边环境的影响。接地极本体设计应符合现场实际情况，并满足系统条件、技术条件等要求。

3. 监督要求

通过查阅资料（设计文件、可研、初设评审意见），落实监督要求。

4. 整改措施

当发现该项目相关监督要点不满足时，应及时向业主部门提出，要求修改接地极设计方案。

2.5.2.3　导流系统

1. 监督要点及监督依据

工程设计阶段接地极导流系统监督要点及监督依据见表2-2-208。

表 2-2-208　　　　　　　　　工程设计阶段接地极导流系统监督

监督要点	监督依据
导流系统应包括： （1）导流系统布置方式。 （2）导流线绝缘水平，应满足最大暂态过电流下不发生闪络或击穿。 （3）电缆选择、敷设、连接应满足型式、温度、绝缘等要求。 （4）馈电元件与引流电缆和跳线电缆应按相关规程要求进行连接、续接、密封和保护	《高压直流输电大地返回系统设计技术规程》（DL/T 5224—2014）8.1.1、8.1.6、8.1.7、8.2.2、8.2.4～8.2.7

2. 监督项目解析

导流系统是工程设计阶段重要的技术监督项目。

导流系统是与极址地网连接的关键，其布置方式、导流线绝缘水平、电缆选择等均影响接地效果，故作为监督项目提出。

3. 监督要求

通过查阅资料（设计文件、可研、初设评审意见），落实监督要求。

4. 整改措施

当发现该项目相关监督要点不满足时，应及时向业主部门提出，要求修改接地极设计方案。

2.5.2.4　电气性能参数选择

1. 监督要点及监督依据

工程设计阶段接地极电气性能参数选择监督要点及监督依据见表2-2-209。

表 2-2-209　　　　　　　　工程设计阶段接地极电气性能参数选择监督

监督要点	监督依据
设备及导体额定电流、过负荷电流（包含隔离开关、电抗器、电流互感器、导线、管型母线）应满足系统运行的各种工况要求	《高压直流输电大地返回系统设计技术规程》（DL/T 5224—2014）3.2.1

2. 监督项目解析

接地极电气性能参数选择是工程设计阶段重要的技术监督项目。

接地极电气性能参数需满足技术条件要求，以确保电气设备安全正常运行。

3. 监督要求

通过查阅资料（设计文件、可研、初设评审意见），落实监督要求。

4. 整改措施

当发现该项目相关监督点不满足时，应及时向业主部门提出，要求修改接地极设计方案。

2.5.2.5 地下金属构件和铁路

1. 监督要点及监督依据

工程设计阶段接地极地下金属构件和铁路监督要点及监督依据见表 2-2-210。

表 2-2-210 工程设计阶段接地极地下金属构件和铁路监督

监督要点	监督依据
1. 在接地极与地下金属管道、地下电缆、非电气化铁路等地下金属构件的最小距离（d）小于 10km，或者地下金属管道、地下电缆、非电气化铁路等地下金属构件的长度大于 d 时，应计算接地极地电流对这些设施产生的不良影响。 2. 对非绝缘的地下金属管道、铠装电缆以及用水泥或沥青包裹绝缘的地下金属管道，在等效入地电流 I_{eq} 下，泄漏电流和极化电位超标时，应采取保护措施。 3. 对通信电缆，应计算接地极电流对接地装置的腐蚀和电位升	《高压直流输电大地返回系统设计技术规程》（DL/T 5224—2014）9.1.1~9.1.4

2. 监督项目解析

地下金属构件和铁路是工程设计阶段重要的技术监督项目。

当接地极与地下金属构件和铁路太近时，接地极入地电流可能对地下金属构件和铁路产生不良影响。为避免影响地下金属构件和铁路的正常运行，接地极与地下金属构件和铁路应保持一定距离，或采取必要的防护措施。

3. 监督要求

确保接地极附近地下金属构件和铁路正常运行，需评估接地极对附近地下金属构件和铁路的影响，必要时提出防护措施；通过查阅资料（设计文件），落实监督要求。

4. 整改措施

当发现该项目相关监督点不满足时，应及时向业主部门提出，要求修改接地极设计方案。

2.5.2.6 电力设施

1. 监督要点及监督依据

工程设计阶段接地极电力设施监督要点及监督依据见表 2-2-211。

表 2-2-211 工程设计阶段接地极电力设施监督

监督要点	监督依据
1. 与中性点有效接地的变电站、发电厂的直线距离以及与架空地线接地的电力线路的距离应满足要求，若不满足应有说明。 2. 流过变压器中性点的直流电流不宜超过其允许值。 3. 在流过变压器绕组的直流电流大于计算允许值的情况下，应采用合适的限流、隔直装置或其他措施	《高压直流输电大地返回系统设计技术规程》（DL/T 5224—2014）9.2.1、9.2.2、9.2.6

2. 监督项目解析

电力设施是工程设计阶段重要的技术监督项目。

当接地极与中性点有效接地的变电站、发电厂、架空地线接地的电力线路较近时，接地极入地电流可能对其产生不良影响，为避免影响，接地极与其应保持一定距离，或采取必要的防护措施。

3. 监督要求

确保接地极附近中性点有效接地的变电站、发电厂、架空地线接地的电力线路正常运行，需评估接地极对其影响，必要时提出防护措施；通过查阅资料（设计文件），落实监督要求。

4. 整改措施

当发现该项目相关监督要点不满足时，应及时向业主部门提出，要求修改接地极设计方案。

2.5.2.7 建筑物

1. 监督要点及监督依据

工程设计阶段建筑物监督要点及监督依据见表 2-2-212。

表 2-2-212　　　　　　　　　工程设计阶段建筑物监督

监督要点	监督依据
接地极正上方与地面建筑物的最小水平距离应不小于 20m	《高压直流输电大地返回系统设计技术规程》（DL/T 5224—2014）5.2.3

2. 监督项目解析

建筑物是工程设计阶段重要的技术监督项目。

当接地极与地面建筑物较近时，安全距离将得不到满足，为避免影响，接地极与其应保持一定距离。

3. 监督要求

确保接地极附近建筑物的安全，需评估接地极对其影响，必要时提出防护措施；通过查阅资料（设计文件），落实监督要求。

4. 整改措施

当发现该项目相关监督要点不满足时，应及时向业主部门提出，要求修改接地极设计方案。

2.5.2.8 土壤参数和地形图

1. 监督要点及监督依据

工程设计阶段接地极土壤参数和地形图监督要点及监督依据见表 2-2-213。

表 2-2-213　　　　　　　工程设计阶段接地极土壤参数和地形图监督

监督要点	监督依据
1. 应测定的接地极土壤主要物理参数包括大地电性特性及其结构（含表层土壤电阻率和深层岩石电阻率），土壤热导率、热容率，土壤最高温度、湿度、地下水位等。 2. 土壤电阻率参数测量范围应满足要求。 3. 应测量电极埋设层土壤热容率、热导率、土壤湿度等参数，掌握自然最高温度。 4. 宜采用钻探方式进行地质勘探，探明极址土壤类型、覆盖层厚度。勘探范围应满足接地极布置要求，勘探深度宜至基岩。 5. 应测量 1：1000 或 1：2000 地形图，测量范围应满足接地极布置要求	《高压直流输电大地返回系统设计技术规程》（DL/T 5224—2014）4.2 土壤参数测定

2. 监督项目解析

土壤参数和地形图是工程设计阶段重要的技术监督项目。

土壤参数直接关系到接地极本体设计和对周围设施影响评估，地形图是接地极设计的基础资料。

3. 监督要求

通过查阅资料（设计文件），落实监督要求。

4. 整改措施

当发现该项目相关监督要点不满足时，应及时向业主部门提出，要求修改接地极设计方案。

2.5.2.9 线路差动保护

1. 监督要点及监督依据

工程设计阶段接地极线路差动保护监督要点及监督依据见表 2－2－214。

表 2－2－214　　　　　工程设计阶段接地极线路差动保护监督

监督要点	监督依据
1. 一、二次设备配置应满足接地极线路配置差动保护的要求。 2. 接地极线路差动保护属于双极中性区保护的一部分，采用双重化或三重化配置，每套保护的测量回路、接地极至换流站的通信回路（单一路由、纤芯独立）、接地极侧装置电源（一路站用电源、两电三充）等应完全独立。 3. 接地极线路差动保护退出运行时，不能影响直流系统正常运行	《国网运检部关于印发接地极线路差动保护和接地极在线监测系统技术原则讨论会纪要的通知》（运检一〔2015〕150 号）1

2. 监督项目解析

接地极线路差动保护是工程设计阶段重要的技术监督项目。

接地极线路差动保护对接地极故障可以灵敏、快速动作，保障其稳定运行。根据《国网运检部关于印发接地极线路差动保护和接地极在线监测系统技术原则讨论会纪要的通知》（运检一〔2015〕150 号）要求，接地极线路需配置差动保护。

3. 监督要求

通过查阅资料（国家电网有限公司部门文件、设计文件），落实监督要求。

4. 整改措施

当发现该项目相关监督要点不满足时，应及时向业主部门提出，要求修改接地极设计方案。

2.5.2.10 在线监测系统

1. 监督要点及监督依据

工程设计阶段接地极在线监测系统监督要点及监督依据见表 2－2－215。

表 2－2－215　　　　　工程设计阶段接地极在线监测系统监督

监督要点	监督依据
接地极在线监测系统应包含以下设备： （1）设计可见光、红外测温设备。 （2）设计馈线电流传感器。 （3）设计极址围墙和电子围栏。 （4）设计运行安时数。 （5）设计监测系统主机	《国网运检部关于印发接地极线路差动保护和接地极在线监测系统技术原则讨论会纪要的通知》（运检一〔2015〕150 号）3

2. 监督项目解析

接地极在线监测系统是工程设计阶段重要的技术监督项目。

为提高接地极运行维护水平，根据《国网运检部关于印发接地极线路差动保护和接地极在线监测系统技术原则讨论会纪要的通知》（运检一〔2015〕150 号）要求，提出该条款。

3. 监督要求

接地极在线监测系统对接地极正常运行和日常运行维护起着重要作用，通过查阅资料（国家电网有限公司部门文件、设计文件），落实监督要求。

4. 整改措施

当发现该项目相关监督要点不满足时，应及时向业主部门提出，要求修改接地极设计方案。

2.5.3 设备采购阶段

2.5.3.1 导流电缆、配电电缆

1. 监督要点及监督依据

设备采购阶段接地极导流电缆、配电电缆监督要点及监督依据见表2-2-216。

表2-2-216 设备采购阶段接地极导流电缆、配电电缆监督

监督要点	监督依据
1. 导流系统中的导流线、配电电缆、引流电缆的最高允许温度不应低于接地极的最高温度。 2. 对地绝缘水平不应低于6kV。 3. 当馈电元件采用如高硅铸造（铬）铁材料时，自带的引流电缆对地绝缘水平不应低于750V。	《高压直流输电大地返回运行系统设计技术规定》（DL/T 5224—2014）8.1.8

2. 监督项目解析

导流电缆、配电电缆是设备采购阶段重要的技术监督项目。

导流电缆、配电电缆通过接地极入地电流，是接地系统的重要组成部分之一，其性能需要达到技术标准要求。

3. 监督要求

通过查阅资料（包括设计文件中的当地温度和电缆的设计最高运行温度及其绝缘水平），落实监督要求。

4. 整改措施

当发现该项目相关监督要点不满足时，应及时向业主部门提出，更换符合要求的电缆。

2.5.3.2 馈电元件

1. 监督要点及监督依据

设备采购阶段接地极馈电元件监督要点及监督依据见表2-2-217。

表2-2-217 设备采购阶段接地极馈电元件监督

监督要点	监督依据
1. 对于额定电压为±800kV、额定电流为5000A/6250A的直流换流站接地极，其馈电元件应采用高硅铬铁。 2. 馈电元件材料应根据导电性能良好、抗腐蚀性强、机械加工方便、无毒副作用、经济性好的原则，结合工程和市场条件，通过技术经济比较确定。 3. 宜选用碳钢、高硅铸铁、高硅铬铁、石墨等材料。要求碳钢的含碳量宜小于0.5%，石墨材料必须经过亚麻油浸泡处理，高硅铸铁和高硅铬铁化学成分应符合《高压直流输电大地返回运行系统设计技术规定》（DL/T 5224—2014）表7.0.3的规定，若不符合要求应有说明。 4. 当选用高硅铸铁或高硅铬铁作馈电元件时，其成品应带有引流电缆	1.《±800kV特高压直流输电工程换流站标准化设计文件之（二） 接地极本体标准化设计指导书（试行）》2.3.1.1。 2.《高压直流输电大地返回运行系统设计技术规定》（DL/T 5224—2014）7.0.2、7.0.3、7.0.7

2. 监督项目解析

馈电元件是设备采购阶段非常重要的技术监督项目。

按馈电元件的作用，希望馈电元件电导率越高越好，抗腐蚀能力越强越好；基于施工要兼顾环境保护的观点，要求馈电元件有较好的机械加工性能，没有或有尽可能小的毒副作用；从工程实施及管理上讲，希望馈电元件经济便宜、便于采购。

3. 监督要求

馈电元件作为接地极系统重要的导电元件，其性能直接影响到接地极的运行工况；通过查阅资料（包括设计资料和接地极中电极材料的技术报告），落实监督要求。

4. 整改措施

当发现该项目相关监督要点不满足时，应及时向业主部门提出，更换符合要求的馈电元件。

2.5.3.3　石油焦炭

1. 监督要点及监督依据

设备采购阶段接地极石油焦炭监督要点及监督依据见表 2-2-218。

表 2-2-218　　　　设备采购阶段接地极石油焦炭监督

监督要点	监督依据
石油焦炭原材料必须经过 1350℃温度的煅烧，驱散其挥发成分；要求煅烧后的石油焦炭的含碳量不应低于 95%，挥发性不应大于 0.5%，含硫量不应大于 1%	《高压直流输电大地返回系统设计技术规程》（DL/T 5224—2014）7.0.8

2. 监督项目解析

石油焦炭是设备采购阶段重要的技术监督项目。

石油焦炭属于关键馈电元件，必须具备导电性能良好、抗腐蚀性强等相关特点，其性能的好坏将直接决定接地极的使用寿命。

3. 监督要求

石油焦炭是关键馈电元件之一，对接地极安全稳定运行起着至关重要的作用；通过查阅资料（包括设计资料和接地极石油焦炭材料的技术报告），落实监督要求。

4. 整改措施

当发现该项目相关监督要点不满足时，应及时向业主部门提出，更换符合要求的石油焦炭。

2.5.3.4　在线监测系统

1. 监督要点及监督依据

设备采购阶段接地极在线监测系统监督要点及监督依据见表 2-2-219。

表 2-2-219　　　　设备采购阶段接地极在线监测系统监督

监督要点	监督依据
接地极在线监测系统应能应满足前期对比选择的设计方案，配置以下设备： （1）设计可见光、红外测温设备。 （2）设计馈线电流传感器。 （3）设计极址围墙和电子围栏。 （4）设计运行安时数。 （5）设计监测系统主机	《国网运检部关于印发接地极线路差动保护和接地极在线监测系统技术原则讨论会纪要的通知》（运检一〔2015〕150 号）3

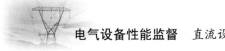

2. 监督项目解析

在线监测系统是设备采购阶段重要的技术监督项目。

为提高接地极运行维护水平，根据《国网运检部关于印发接地极线路差动保护和接地极在线监测系统技术原则讨论会纪要的通知》（运检一〔2015〕150号）要求，提出该条款。

3. 监督要求

接地极在线监测系统对接地极正常运行和日常运行维护起着重要作用；通过查阅资料，包括设计报告、在线监测技术方案，落实监督要求。

4. 整改措施

当发现该项目相关监督要点不满足时，应及时向业主部门提出，更换符合要求的方案。

2.5.4　设备制造阶段

2.5.4.1　馈电元件基本技术要求

1. 监督要点及监督依据

设备制造阶段接地极馈电元件基本技术要求监督要点及监督依据见表2-2-220。

表2-2-220　　　　　　　设备制造阶段接地极馈电元件基本技术要求监督

监督要点	监督依据
1. 如选用高硅铸铁或高硅铬铁，其成品应带有引流电缆。 2. 单元电极带的引流电缆在土壤环境温度为90℃时的额定载流量是否不小于15A。 3. 单元电极引流电缆绝缘强度不低于1kV；最高工作温度不小于90℃。 4. 电缆与高硅铬铁的连接必须牢固可靠，其接触电阻应小于4mΩ，抗拉力不小于电缆拉断力的70%。 其中，2～4条仅针对±800kV直流换流站	1. 《高压直流输电大地返回运行系统设计技术规定》（DL/T 5224—2014）7.0.7。 2～4. 《±800kV 特高压直流输电工程换流站标准化设计文件之（二）　接地极本体标准化设计指导书（试行）》3.2.3

2. 监督项目解析

馈电元件基本技术要求是设备制造阶段重要的技术监督项目。

馈电元件作为接地极系统最重要的组成部分之一，其材质、型式、性能以及连接直接影响导电性能和使用寿命，需满足相关标准、规范的要求。

3. 监督要求

馈电元件对接地极正常运行和日常运行维护起着重要作用，通过查阅资料（高硅铬铁电气性能试验报告），落实监督要求。

4. 整改措施

当发现该项目相关监督要点不满足时，应及时向业主部门提出，更换符合要求的馈电元件。

2.5.4.2　石油焦炭的物理特性

1. 监督要点及监督依据

设备制造阶段接地极石油焦炭的物理特性监督要点及监督依据见表2-2-221。

表 2－2－221　　　　　　　　设备制造阶段接地极石油焦炭的物理特性监督

监督要点	监督依据
石油焦炭成品，其物理特性应符合：电阻率小于 0.3Ω·m，容重 0.9～1.1g/cm³，密度不小于 2g/cm³，孔隙率 45%～55%，热容量不小于 1J/(cm³·K)	《高压直流接地极用煅烧石油焦炭技术条件》（DL/T 1679—2016）5.4

2. 监督项目解析

石油焦炭的特理特性是设备制造阶段非常重要的技术监督项目。

石油焦炭属于关键馈电元件，必须具备导电性能良好、抗腐蚀性强等相关特点，其性能的好坏将直接决定接地极的使用寿命和运行工况。石油焦炭对接地极安全稳定运行起着至关重要的作用，其化学成分是否满足设计的技术要求直接关系到石油焦炭在电流作用下的寿命。

3. 监督要求

通过查阅资料（有资质的第三方检测机构提供的抽检报告），落实监督要求。

4. 整改措施

当发现该项目相关监督点不满足时，应及时向业主部门提出，更换符合要求的石油焦炭。

2.5.4.3　导流电缆的电气性能

1. 监督要点及监督依据

设备制造阶段接地极导流电缆的电气性能监督要点及监督依据见表 2－2－222。

表 2－2－222　　　　　　　设备制造阶段接地极导流电缆的电气性能监督

监督要点	监督依据
应具备电缆的原材料、电缆本体、制造工艺对应的抽检试验报告	《电力电缆抽检作业规范》中规定：应全面落实设备订货合同和设计联络文件的要求

2. 监督项目解析

导流电缆的电气性能是设备制造阶段重要的技术监督项目。

导流电缆中通过接地极入地电流，是接地系统的重要组成部分之一。导流电缆性能影响到接地极电流入地的通过性，其性能需要达到技术标准要求。

3. 监督要求

通过查阅资料（产品材料检测报告）或有资质的第三方检测机构提供的抽检报告，落实监督要求。

4. 整改措施

当发现该项目相关监督点不满足时，应及时向业主部门提出，更换符合要求的电缆。

2.5.4.4　石油焦炭的化学性能

1. 监督要点及监督依据

设备制造阶段接地极石油焦炭的化学性能监督要点及监督依据见表 2－2－223。

表 2－2－223　　　　　　　设备制造阶段接地极石油焦炭的化学性能监督

监督要点	监督依据
煅烧后的石油焦炭的化学成分含量应符合：碳不小于 95%，水分不大于 0.1%，挥发分不大于 0.5%，硫不大于 1%，铁不大于 0.04%，硅不大于 0.06%	《高压直流接地极馈电元件技术条件》（DL/T 1675—2016）5.3

2. 监督项目解析

石油焦炭是设备制造阶段非常重要的技术监督项目。

石油焦炭属于关键馈电元件，必须具备优良的化学性能，其性能的好坏将直接决定接地极的使用寿命和运行工况。石油焦炭对接地极安全稳定运行起着至关重要的作用，其化学成分是否满足设计的技术要求直接关系到石油焦炭在电流作用下的寿命。

3. 监督要求

通过查阅资料（产品材料检测报告）或有资质的第三方检测机构提供的抽检报告，落实监督要求。

4. 整改措施

当发现该项目相关监督要点不满足时，应及时向业主部门提出，更换符合要求的石油焦炭。

2.5.4.5 高硅铬铁的化学性能

1. 监督要点及监督依据

设备制造阶段接地极高硅铬铁的化学性能监督要点及监督依据见表2-2-224。

表2-2-224　　　　　设备制造阶段接地极高硅铬铁的化学性能监督

监督要点	监督依据
高硅铬铁的化学成分含量应满足：硅 14.25%～15.25%，锰 0.5%～1.5%，碳 0.80%～1.4%，铬 4%～5%，磷不大于 0.25%，硫不大于 0.1%	《高压直流接地极馈电元件技术条件》（DL/T 1675—2016）6.1.3

2. 监督项目解析

高硅铬铁的化学性能监督是设备制造阶段非常重要的技术监督项目。

高硅铬铁属于关键馈电元件，必须具备导电性能良好、抗腐蚀性强等相关特点，其性能的好坏将直接决定接地极的使用寿命。高硅铬铁对接地极安全稳定运行起着至关重要的作用，其化学成分是否满足设计的技术要求直接关系到高硅铬铁的寿命。

3. 监督要求

通过查阅资料（设备安装记录、监理报告和音像资料），落实监督要求。

4. 整改措施

当发现该项目相关监督要点不满足时，应及时向业主部门提出，更换符合要求的高硅铬铁。

2.5.4.6 高硅铬铁的金属性能

1. 监督要点及监督依据

设备制造阶段接地极高硅铬铁的金属性能监督要点及监督依据见表2-2-225。

表2-2-225　　　　　设备制造阶段接地极高硅铬铁的金属性能监督

监督要点	监督依据
1. 经自由跌落试验后，高压直流接地极用馈电元件表面不应有裂纹、裂缝等缺陷。 2. 经自由跌落试验后，高硅铸铁和高硅铬铁的抗拉强度应不小于 103N/mm^2。 3. 高硅铸铁、高硅铬铁腐蚀率应不大于 1.0kg/（A·a）。 4. 20℃时，高硅铸铁、高硅铬铁电阻率应不大于 7.2×10^{-5}Ω·m	《高压直流接地极馈电元件技术条件》（DL/T 1675—2016）6.1.4～6.1.6

2. 监督项目解析

高硅铬铁的金属性能是设备制造阶段非常重要的技术监督项目。

高硅铬铁属于关键馈电元件，必须具备物理特性优良、导电性能良好、抗腐蚀性强等相关特点，其性能的好坏将直接决定接地极的使用寿命。高硅铬铁对接地极安全稳定运行起着至关重要的作用，其金属特性是否满足设计的技术要求直接关系到高硅铬铁的寿命。

3. 监督要求

通过查阅资料（产品材料检测报告）或有资质的第三方检测机构提供的抽检报告，落实监督要求。

4. 整改措施

当发现该项目相关监督点不满足时，应及时向业主部门提出，更换符合要求的高硅铬铁。

2.5.4.7 低碳钢的金属性能

1. 监督要点及监督依据

设备制造阶段接地极低碳钢的金属性能监督要点及监督依据见表 2-2-226。

表 2-2-226　　　　　设备制造阶段接地极低碳钢的金属性能监督

监督要点	监督依据
1. 经自由跌落试验后，高压直流接地极用馈电元件表面不应有裂纹、裂缝等缺陷。 2. 经自由跌落试验后，碳钢的抗拉强度应不小于300N/mm²。 3. 碳钢腐蚀率应不大于10kg/（A·a）。 4. 碳钢电阻率应在 $1.746×10^{-7}$～$3.026×10^{-7}$Ω·m 之间	《高压直流接地极馈电元件技术条件》（DL/T 1675—2016）6.1.4～6.1.6

2. 监督项目解析

低碳钢的金属性能是设备制造阶段非常重要的技术监督项目。

低碳钢具有很好的导电性能，且机械加工方便，无毒副作用，经济性好。低碳钢是关键馈电元件之一，对接地极安全稳定运行起着至关重要的作用，其金属特性是否满足设计的技术要求直接关系到低碳钢的寿命。对其报告记录进行抽检，可以有效避免残次品进入现场使用。

3. 监督要求

通过查阅资料（抽检试验报告）或有资质的第三方检测机构提供的抽检报告，落实监督要求。

4. 整改措施

当发现该项目相关监督点不满足时，应及时向业主部门提出，更换符合要求的低碳钢。

2.5.5 设备验收阶段

2.5.5.1 馈电元件验收

1. 监督要点及监督依据

设备验收阶段接地极馈电元件验收监督要点及监督依据见表 2-2-227。

表 2-2-227　　　　　设备验收阶段接地极馈电元件验收监督

监督要点	监督依据
馈电元件材质、馈电元件外观无损伤，不得有泥土等杂物，设备原始资料（包括型式试验报告、原材料检验报告和出厂试验报告）应齐全	《±800kV及以下直流输电系统接地极施工质量检验及评定规程》（DL/T 5275—2019）5.4.1

2. 监督项目解析

馈电元件验收是设备验收阶段重要的技术监督项目。

馈电元件是接地极极环的关键元件，在元件安装前需认真核实现场到货的馈电元件质量。馈电元件深埋入地下，若直流系统运行中出现因馈电元件异常而造成的停运，现场开挖工作量大、施工时间长、费用较高。

3. 监督要求

通过查阅产品合格证、出厂试验报告等方式，落实馈电元件质量监督。

4. 整改措施

当发现该项目相关监督要点不满足时，应及时要求项目业主单位向厂家收集齐全设备原始资料，确保馈电元件质量合格。

2.5.5.2　焦炭验收

1. 监督要点及监督依据

设备验收阶段接地极焦炭验收监督要点及监督依据见表2-2-228。

表2-2-228　　　　　　　　　　　　设备验收阶段接地极焦炭验收监督

监督要点	监督依据
随产品发送的资料中应包括产品合格证、物理成分检验报告，焦炭在施工现场应集中存放；接地极焦炭的主要成分的含量及特性如下：炭大于95%；硫小于1%；挥发物小于0.5%；孔隙率45%~55%；热容率大于1.6J/（cm³·K）	《高压直流接地极技术导则》（DL/T 437—2012）4.5.2

2. 监督项目解析

焦炭验收是设备验收阶段重要的技术监督项目。

焦炭是接地极极环的关键元件，在焦炭安装前需认真核实现场到货的焦炭质量，通过技术资料、产品存放核对情况、现场查勘等方式，落实焦炭质量监督。石油焦炭对接地极安全稳定运行起着至关重要的作用。

3. 监督要求

通过查阅资料（包括设计资料和接地极石油焦炭材料的技术报告），落实监督要求。

4. 整改措施

当发现该项目相关监督要点不满足时，应及时要求项目业主单位向厂家收集齐全设备原始资料，确保焦炭质量合格。

2.5.6　设备安装阶段

2.5.6.1　电极工程活性填充材料铺设

1. 监督要点及监督依据

设备安装阶段接地极电极工程活性填充材料铺设监督要点及监督依据见表2-2-229。

表 2 - 2 - 229   设备安装阶段接地极电极工程活性填充材料铺设监督

监督要点	监督依据
1. 活性填充材料铺设没前应保持干燥；施工现场临时堆放及转运，应做好必要的保护措施，防止对环境的污染及破坏。 2. 铺设前，炭床槽应清理干净，铺设活性填充材料时不应混入杂质，严禁包装袋残留在炭床中。 3. 铺设后应取样送检做密实度试验，其结果应符合设计要求	《±800kV 直流输电系统接地极施工及验收规范》（Q/GDW 227—2008）5.3

2. 监督项目解析

电极工程活性填充材料铺设是设备安装阶段重要的技术监督项目。

电极工程活性填充材料铺设是基础工程，其工程质量将影响到后续工作的开展。若出现工程质量不过关，在运行过程中现场开挖工作量大、施工时间长、费用较高。

3. 监督要求

通过查阅资料（标准化作业卡、安装/监理记录）/现场检查（本体外观部分），落实监督要求。

4. 整改措施

当发现该项目相关监督要点不满足时，应及时要求项目业主单位停止目前铺设工作，具备条件后进行整改并按要求继续工作。

2.5.6.2   电极工程电缆施工

1. 监督要点及监督依据

设备安装阶段接地极电极工程电缆施工监督要点及监督依据见表 2 - 2 - 230。

表 2 - 2 - 230   设备安装阶段接地极电极工程电缆施工监督

监督要点	监督依据
1. 电缆严禁接续。 2. 直埋电缆应埋设于不小于 0.3m×0.3m 的细砂中央，并在其正上方覆盖水泥预制板或砖块，其覆盖宽度应超过电缆两侧各 50mm 以保护电缆。设计有要求时按设计要求执行。 3. 直埋电缆在直线段每隔 50～100m 处、转弯处、穿越沟渠的两岸等处，应设置明显的方位标志或标桩。 4. 与馈电元件接续前，电缆应经耐压试验合格；接续应按《±800kV 直流输电系统接地极施工及验收规范》（Q/GDW 227—2008）第 5.4.2 条的规定，采用放热焊接，焊接接头应经过无损探伤检查合格。 5. 电缆的首端、末端和分支处宜做好标识，标明电缆编号、型号、起始位置	《±800kV 直流输电系统接地极施工及验收规范》（Q/GDW 227—2008）5.5

2. 监督项目解析

电极工程电缆施工是设备安装阶段重要的技术监督项目。

电极工程电缆施工是接地极极址施工的重要组成部分，其施工质量影响到运行后的整体运行工况。电极工程电缆施工若出现工程质量不过关，在运行过程中现场开挖工作量大、施工时间长、费用较高。

3. 监督要求

通过查阅资料（设备安装记录、监理报告），落实监督要求。

4. 整改措施

当发现该项目相关监督要点不满足时，应及时要求项目业主单位停止目前施工，具备条件后进行整改并按要求继续工作。

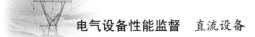

2.5.6.3 配流电缆土方回填

1. 监督要点及监督依据

设备安装阶段接地极配流电缆土方回填监督要点及监督依据见表2-2-231。

表2-2-231 设备安装阶段接地极配流电缆土方回填监督

监督要点	监督依据
1. 炭床上部600mm厚的回填土应采用人工回填,回填时不应破坏炭床形状;500mm范围内的回填土应为细土壤,不得掺杂砂、石等杂物。 2. 开挖时分开堆放的表层土壤应铺设在回填土的最上层,并适当高于坑口周围的地面。当设计有集水要求时,按设计要求施工	《±800kV直流输电系统接地极施工及验收规范》(Q/GDW 227—2008)5.6.1、5.6.2、5.6.4

2. 监督项目解析

配流电缆土方回填是设备安装阶段重要的技术监督项目。

配流电缆土方回填要严格按照相关标准、规范执行,其施工质量将影响到基础沉降。配流电缆土方回填若出现工程质量不过关,在运行过程中现场开挖工作量大、施工时间长、费用较高。

3. 监督要求

通过查阅资料(设备安装记录、监理报告),落实监督要求。

4. 整改措施

当发现该项目相关监督要点不满足时,应及时要求项目业主单位停止目前施工,具备条件后进行整改并按要求继续工作。

2.5.6.4 导流系统工程

1. 监督要点及监督依据

设备安装阶段接地极导流系统工程监督要点及监督依据见表2-2-232。

表2-2-232 设备安装阶段接地极导流系统工程监督

监督要点	监督依据
1. 当导流系统采用架空导线分流方式时,土石方工程、基础工程、铁塔工程、架线工程、接地工程、线路防护工程的施工及验收应符合《±800kV直流输电系统架空接地极线路施工及验收规范》(Q/GDW 229—2008)的有关规定。 2. 当导流系统采用电缆分流方式时,电缆工程施工及验收应符合《±800kV直流输电系统接地极施工及验收规范》(Q/GDW 227—2008)第5.5、6.5、6.6条的规定。 3. 电缆头采用环氧树脂密封时,环氧树脂的配合比应符合制造厂要求,电缆剥除绝缘层段应密封在环氧树脂封头内;电缆绝缘层密封长度应不小于20mm;采用成套电缆头制作时,应符合电缆头施工及验收要求	《±800kV直流输电系统接地极施工及验收规范》(Q/GDW 227—2008)6

2. 监督项目解析

导流系统工程是设备安装阶段重要的技术监督项目。

导流系统是接地极系统最重要的组成部分之一,导流系统安装质量直接决定接地极运行工况,要严格检查确保导流系统安装质量。导流系统架空安装或采用深埋入地下方式且作用重大,若直流系统运行中出现因导流系统问题而造成的停运,现场工作量大、施工时间长、费用较高。

3. 监督要求

通过查阅资料(设备安装记录、监理报告),落实监督要求。

4. 整改措施

当发现该项目相关监督点不满足时，应及时要求项目业主单位停止目前施工，具备条件后进行整改并按要求继续工作。

2.5.6.5 电极工程土方开挖

1. 监督要点及监督依据

设备安装阶段接地极电极工程土方开挖监督要点及监督依据见表 2-2-233。

表 2-2-233　　　　　　　设备安装阶段接地极电极工程土方开挖监督

监督要点	监督依据
1. 开挖前，应根据设计提供和施工现场调查的地质资料、施工现场周边环境，制订电极开挖措施。 2. 开挖前应复测路径进行校验。 3. 炭床槽的断面尺寸和槽底深度应符合设计要求，不得有负偏差；炭床底沿电极方向应平滑，不应出现突变及急弯	《±800kV 直流输电系统接地极施工及验收规范》（Q/GDW 227—2008）5.2

2. 监督项目解析

电极工程土方开挖是设备安装阶段重要的技术监督项目。

电极工程土方开挖前应严格按照规范和相关资料、周边环境开展，断面、槽底和槽床应符合要求。电极工程土方开挖对于电极安装质量影响重大，在开挖时必须严格控制施工质量。

3. 监督要求

通过查阅资料（设备安装记录、监理报告），落实监督要求。

4. 整改措施

当发现该项目相关监督点不满足时，应及时要求项目业主单位停止目前施工，具备条件后进行整改并按要求继续工作。

2.5.6.6 电极工程土方回填

1. 监督要点及监督依据

设备安装阶段接地极电极工程土方回填监督要点及监督依据见表 2-2-234。

表 2-2-234　　　　　　　设备安装阶段接地极电极工程土方回填监督

监督要点	监督依据
1. 炭床上部 600mm 厚的回填土应采用人工回填，回填时不应破坏炭床形状；炭床周围 300~500mm 范围内的回填土应为细土壤，不得掺杂砂、石等杂物。 2. 土方回填分层夯实，每回填 300mm 厚度夯实一次。 3. 开挖时分开堆放的表层土壤应铺设在回填土的最上层，并适当高于坑口周围的地面。当设计有集水要求时，按设计要求施工。 4. 冻土回填时应先将坑内及冻土块中的冰雪清除，将冻土块捣碎后进行回填夯实。冻土回填经历一个雨季后应进行二次回填。 5. 电极穿越沟、渠、塘等低洼地带回填应符合设计边坡坡度、基底处理、基槽标高偏差等要求，以使跨步电位满足安全运行要求。 6. 回填完毕后应按设计要求设置标桩；设计无要求时宜按直线段 50、100m、圆弧段 50m 的间距适当设置标桩	《±800kV 直流输电系统接地极施工及验收规范》（Q/GDW 227—2008）5.6

2. 监督项目解析

电极工程土方回填是设备安装阶段重要的技术监督项目。

电极工程土方回填对于基础沉降和安全运行方面影响重大，回填的方式、夯实要求、表层土壤等必须满足相关标准、规范要求，在回填时必须严格控制施工质量。

3. 监督要求

通过查阅资料（设备安装记录、监理报告）落实监督要求。

4. 整改措施

当发现该项目相关监督要点不满足时，应及时要求项目业主单位停止目前施工，具备条件后进行整改并按要求继续工作。

2.5.6.7 电极工程检测井、引流井施工

1. 监督要点及监督依据

设备安装阶段接地极电极工程检测井、引流井施工监督要点及监督依据见表 2-2-235。

表 2-2-235　　　　　设备安装阶段接地极电极工程检测井、引流井施工监督

监督要点	监督依据
1. 复测定位应符合设计要求。 2. 检测井内功能管安装位置及深度应符合设计要求，安装应垂直、牢固。应按设计要求在管的底部装设滤网，有效防止焦炭及淤泥渗入。应在管口标明其用途及长度。应在管口装设可开启的密封盖。 3. 引流棒安装：引流棒与馈电元件的焊接长度应符合设计要求；引流棒应按设计要求进行绝缘处理；引流棒与电缆接续应采用放热焊接，焊接接头应进行无损探伤检测，并采用浇筑型环氧树脂密封；引流棒绝缘保护层外应装设保护管。 4. 井体编号标识应醒目、清晰、准确。	《±800kV 直流输电系统接地极施工及验收规范》（Q/GDW 227—2008）5.7

2. 监督项目解析

电极工程检测井、引流井施工是设备安装阶段重要的技术监督项目。

电极工程检测井、引流井施工的定位、井内安装工艺、引流棒安装和井体标号等必须满足相关标准、规范要求，其施工质量将影响到运行后的运行工况和维护工作的开展质量，必须严格控制施工质量。

3. 监督要求

通过查阅资料（设备安装记录、监理报告），落实监督要求。

4. 整改措施

当发现该项目相关监督要点不满足时，应及时要求项目业主单位停止目前施工，具备条件后进行整改并按要求继续工作。

2.5.6.8 电极工程渗水井施工

1. 监督要点及监督依据

设备安装阶段接地极电极工程渗水井施工监督要点及监督依据见表 2-2-236。

表 2-2-236　　　　　设备安装阶段接地极电极工程渗水井施工监督

监督要点	监督依据
1. 复测定位应符合设计要求。 2. 断面尺寸应符合设计要求。 3. 基础应夯实，以防止其发生沉降。 4. 井体编号标识应醒目、清晰、准确	《±800kV 直流输电系统接地极施工及验收规范》（Q/GDW 227—2008）5.7

2. 监督项目解析

电极工程渗水井施工是设备安装阶段重要的技术监督项目。

电极工程渗水井施工的定位、基础和井体标号等必须满足相关标准、规范要求，其影响到运行后的运行工况和维护工作的开展质量。

3. 监督要求

电极工程渗水井施工必须严格控制施工质量，通过查阅资料（设备安装记录、监理报告），落实监督要求。

4. 整改措施

当发现该项目相关监督点不满足时，应及时要求项目业主单位停止目前施工，具备条件后进行整改并按要求继续工作。

2.5.6.9 电极工程馈电元件敷设

1. 监督要点及监督依据

设备安装阶段接地极电极工程馈电元件敷设监督要点及监督依据见表 2-2-237。

表 2-2-237　　　　　设备安装阶段接地极电极工程馈电元件敷设监督

监督要点	监督依据
1. 馈电元件应敷设于炭床中心位置，中心偏差不宜大于炭床边长的 5%。 2. 馈电元件敷设路径应圆滑，圆弧段敷设的馈电元件应提前做预弯，不得出现突变及急弯。 3. 电极自然分段点的位置应符合设计要求，分段点馈电元件之间的间距一般不应大于 2m。设计有特殊要求时，应符合设计要求。 4. 电极采用电缆跳线穿越沟渠时，每段跳线应不少于两根并联且其规格符合设计要求。在电极的断开点宜设置均流环	《±800kV 直流输电系统接地极施工及验收规范》（Q/GDW 227—2008）5.4

2. 监督项目解析

电极工程馈电元件敷设是设备安装阶段重要的技术监督项目。

馈电元件是接地极极环的关键元件，在元件安装过程中要严格检查馈电元件敷设工作质量。馈电元件深埋入地下，若直流系统运行中出现因馈电元件问题而造成的停运，现场开挖工作量大、施工时间长，费用较高。

3. 监督要求

通过查阅资料（设备安装记录、监理报告），落实监督要求。

4. 整改措施

当发现该项目相关监督点不满足时，应及时要求项目业主单位停止目前施工，具备条件后进行整改并按要求继续工作。

2.5.6.10 馈电元件接续

1. 监督要点及监督依据

设备安装阶段接地极馈电元件接续监督要点及监督依据见表 2-2-238。

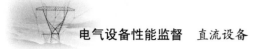

表 2-2-238　　　　　　　　　　　设备安装阶段接地极馈电元件接续监督

监督要点	监督依据
1. 馈电元件与馈电元件的焊接方式应符合设计要求。 2. 馈电元件与其他材质材料焊接应采用放热焊接。 3. 焊接前应进行焊接试验，每名焊工应焊接不少于 3 个试件，检验焊接工艺及焊接质量，进行外观和剖面检查，并记录检查结果。 4. 焊接完成并经自检合格后，应在焊接接头位置打上操作人员钢印	《±800kV 直流输电系统接地极施工及验收规范》（Q/GDW 227—2008）5.4.2

2. 监督项目解析

电极工程馈电元件敷设是设备安装阶段重要的技术监督项目。

馈电元件是接地极极环的关键元件，在元件安装过程中要严格检查馈电元件与馈电元件的焊接接续工作质量。馈电元件深埋入地下，若直流系统运行中出现因馈电元件问题而造成的停运，现场开挖工作量大、施工时间长，费用较高。

3. 监督要求

通过查阅资料（设备安装记录、监理报告），落实监督要求。

4. 整改措施

当发现该项目相关监督要点不满足时，应及时要求项目业主单位停止目前施工，具备条件后进行整改并按要求继续工作。

2.5.7　设备调试阶段

2.5.7.1　接地极接地电阻

1. 监督要点及监督依据

设备调试阶段接地极接地电阻监督要点及监督依据见表 2-2-239。

表 2-2-239　　　　　　　　　　　设备调试阶段接地极接地电阻监督

监督要点	监督依据
应有测量方案、检测报告，报告内应包括设计值与测试值	1.《高压直流接地极技术导则》（DL/T 437—2012）5.4.1、7.4。 2.《直流接地极接地电阻、地电位分布、跨步电位和分流的测量方法》（DL/T 253—2012）5

2. 监督项目解析

接地极接地电阻是设备调试阶段重要的技术监督项目。

直流接地极安装完毕后，主要通过接地电阻、地电位分布、跨步电位、馈电电缆分流等试验，保证设备安全运行。在设备调试阶段应做好接地极接地电阻的测试工作，检测接地极接地电阻是否合格，确保直流系统安全。

3. 监督要求

通过查看资料（试验方案、试验原始记录）/现场检查，落实监督要求。

4. 整改措施

当发现该项目相关监督要点不满足时，应及时要求项目施工单位停止施工，会同设计单位、业主单位分析查明电阻值超标的原因，提出整改方案并落实整改后再进行接地电阻检测，直至合格为止。

2.5.7.2 接地极电流分布测量

1. 监督要点及监督依据

设备调试阶段接地极电流分布测量监督要点及监督依据见表 2－2－240。

表 2－2－240　　　　　　　设备调试阶段接地极电流分布测量监督

监督要点	监督依据
应有测量方案、检测报告，报告内应包括电流和电缆分流系数的设计值与测试值	1.《高压直流接地极技术导则》（DL/T 437—2012）5.3.2。 2.《直流接地极接地电阻、地电位分布、跨步电位和分流的测量方法》（DL/T 253—2012）8

2. 监督项目解析

接地极电流分布测量是设备调试阶段重要的技术监督项目。

直流接地极安装完毕后，主要通过接地电阻、地电位分布、跨步电位、馈电电缆分流等试验，保证设备安全运行。在设备调试阶段就应做好接地极电流分布测量工作，检测接地极馈电电缆是否分流均匀，进而判断电缆运行状态，确保接地极快电缆以及直流系统安全。

3. 监督要求

通过查看资料（试验方案、试验原始记录）/现场检查，落实监督要求。

4. 整改措施

当发现该项目相关监督要点不满足时，应及时要求项目施工单位停止施工，会同设计单位、业主单位分析查明原因，提出整改方案落实整改后再进行接地极电流分布检测，直至合格为止。

2.5.7.3 接地极最大跨步电位试验

1. 监督要点及监督依据

设备调试阶段接地极最大跨步电位试验监督要点及监督依据见表 2－2－241。

表 2－2－241　　　　　　　设备调试阶段接地极最大跨步电位试验监督

监督要点	监督依据
应有测量方案、检测报告，报告内应包括总的入地电流，最大跨步电压设计值、测量点及测量值，以及推算到最大过负荷电流下的最大跨步电压值	1.《高压直流输电大地返回系统设计技术规程》（DL/T 5224—2014）3.2.5。 2.《直流接地极接地电阻、地电位分布、跨步电位和分流的测量方法》（DL/T 253—2012）7

2. 监督项目解析

接地极最大跨步电位试验是设备调试阶段重要的技术监督项目。

直流接地极安装完毕后，主要通过接地电阻、地电位分布、跨步电位、馈电电缆分流等试验，保证设备安全运行。接地极最大跨步电位测量是为了测试接地极工作时是否对周围工作人员产生感知的影响。

3. 监督要求

通过查看资料（试验方案、试验原始记录）/现场检查，落实监督要求。

4. 整改措施

当发现该项目相关监督要点不满足时，应及时要求项目施工单位停止施工，会同设计单位、业主单位分析查明原因，提出整改方案并落实整改后再进行接地极最大跨步电位试验，直至合格为止。

2.5.7.4　接地极接触电位试验

1. 监督要点及监督依据

设备调试阶段接地极接触电位试验监督要点及监督依据见表2-2-242。

表2-2-242　　　　　　　　　设备调试阶段接地极接触电位试验监督

监督要点	监督依据
应有测量方案、检测报告，报告内应包括应包括总的入地电流，接触电位差设计值、测量点及测量值，以及推算到最大过负荷电流下的最大接触电位差	《高压直流接地极技术导则》（DL/T 437—2012）5.6.1

2. 监督项目解析

接地极接触电位试验是设备调试阶段重要的技术监督项目。

直流接地极安装完毕后，主要通过接地电阻、地电位分布、跨步电位、接触电位等试验，保证设备安全运行。接地极接触电位测量是为了测试接地极工作时是否对周围工作人员产生感知的影响。

3. 监督要求

通过查看资料（试验方案、试验原始记录）/现场检查，落实监督要求。

4. 整改措施

当发现该项目相关监督要点不满足时，应及时要求项目施工单位停止施工，会同设计单位、业主单位分析查明原因，提出整改方案并落实整改后再进行接地极接触电位试验，直至合格为止。

2.5.7.5　接地极在线监测系统

1. 监督要点及监督依据

设备调试阶段接地极在线监测系统监督要点及监督依据见表2-2-243。

表2-2-243　　　　　　　　　设备调试阶段接地极在线监测系统监督

监督要点	监督依据
1. 接地极极址围墙内的可见光、红外测温设备能对各种设备及接头进行在线测温和视频监视。 2. 监测系统应能监测每根导流电缆的电流数据。 3. 电子围栏应能按设计规定在相应事件触发下准确发出告警信号。 4. 监测系统应能实时统计运行安时数。 5. 监测系统能实时将数据和图像传送至相应换流站。监测系统与接地极线路差动保护共用OPGW通信和10kV电源。	《国网运检部关于印发接地极线路差动保护和接地极在线监测系统技术原则讨论会纪要的通知》（运检一〔2015〕150号）3

2. 监督项目解析

接地极在线监测系统是设备调试阶段重要的技术监督项目。

接地极在线监测系统对接地极正常运行和日常运行维护起着重要作用。为提高接地极运行维护水平，根据《国网运检部关于印发接地极线路差动保护和接地极在线监测系统技术原则讨论会纪要的通知》（运检一〔2015〕150号）要求，提出该条款。

3. 监督要求

通过查阅资料（设备安装记录、监理报告和音像资料），落实监督要求。

4. 整改措施

当发现该项目相关监督要点不满足时，应及时要求项目施工单位停工整改，会同设计单位、业主单位分析查明原因，提出整改方案并落实整改后再进行调试，直至合格为止。

2.5.8 竣工验收阶段

2.5.8.1 电极电缆

1. 监督要点及监督依据

竣工验收阶段接地极电极电缆监督要点及监督依据见表 2-2-244。

表 2-2-244 竣工验收阶段接地极电极电缆监督

监督要点	监督依据
仅仅针对±800kV 直流换流站： （1）导流电缆走向与路径应与设计保持一致，直埋电缆地面应设置标桩；埋深不小于 1.5m；导流电缆周围宜填充黄沙，黄沙上方用混凝土预制板覆盖。 （2）电缆路径上应设立明显的警示标志，对可能产生外力破坏的区域应采取可靠的防护措施	1.《±800kV 特高压直流输电工程换流站标准化设计文件之（二） 接地极本体标准化设计指导书（试行）》3.1.2.1。 2.《国家电网有限公司关于印发十八项电网重大反事故措施（修订版）的通知》（国家电网设备〔2018〕979 号）13.3.1.3、13.3.2.1

2. 监督项目解析

电极电缆是竣工验收阶段重要的技术监督项目。

±800kV 直流输电系统通常采用电极电缆的配置方式。在竣工验收阶段就做好电极电缆的防外力破坏措施，能有效提高运行阶段的防外力破坏水平，确保直流系统安全。

3. 监督要求

通过查阅资料（电缆交接试验报告）或有资质的第三方检测机构提供的抽检报告（旁站），落实监督要求。

4. 整改措施

当发现该项目相关监督要点不满足时，应及时要求项目施工单位按照监督要点要求逐条落实相关整改措施，确保电极电缆防护措施可靠。

2.5.8.2 电极辅助工程

1. 监督要点及监督依据

竣工验收阶段接地极电极辅助工程监督要点及监督依据见表 2-2-245。

表 2-2-245 竣工验收阶段接地极电极辅助工程监督

监督要点	监督依据
仅仅针对±800kV 直流换流站： （1）水平浅埋型接地极宜安装渗水井，渗水方式应为自然渗水。 （2）渗水井应位于极环正上方，每隔约 50m 设置一处渗水井。 （3）接地极正上方适当位置应安装标桩，并在其上清晰地涂上红白相间的油漆	《±800kV 特高压直流输电工程换流站标准化设计文件之（二） 接地极本体标准化设计指导书（试行）》3.3.2～3.3.4

2. 监督项目解析

电极辅助工程是竣工验收阶段非常重要的技术监督项目。

设备竣工验收后、投运前，对电极辅助工程进行验收，可以有效降低接地极线路入地电阻，防止人身伤害和设备损坏。

3．监督要求

电极辅助工程涉及入地电流导通性能和人身、设备安全，若不进行严格验收将造成严重后果，通过现场抽检（旁站），落实监督要求。

4．整改措施

当发现该项目相关监督要点不满足时，应及时要求项目业主单位向施工单位提出整改要求，确保竣工前验收合格。

2.5.8.3　投运前试验

1．监督要点及监督依据

竣工验收阶段接地极投运前试验监督要点及监督依据见表2－2－246。

表2－2－246　　　　　　　　　竣工验收阶段接地极投运前试验监督

监督要点	监督依据
工程在竣工验收合格后、投运前，应进行以下试验： （1）单极带负荷试运行时，测量接地电极周边跨步电位应满足设计要求，不大于 $7.42V+0.0318\rho_s$（ρ_s 为土壤电阻率）。 （2）单极满负荷运行24h，监测的入地电流应满足设计要求	1.《高压直流输电大地返回系统设计技术规程》（DL/T 5224—2014）3.2.5。 2.《±800kV 及以下直流输电接地极施工及验收规程》（DL/T 5231—2010）12.2

2．监督项目解析

投运前试验是竣工验收阶段非常重要的技术监督项目。

设备竣工验收后、投运前，进行单极带负荷和单极满负荷试验非常有必要，可以通过试验确定跨步电位和入地电流数据是否满足要求。单极带负荷和单极满负荷试验关系到人身安全和周边环境的影响，若在运行过程中超过标准，将造成人身伤害以及设备损坏和电网不良影响。

3．监督要求

通过查阅资料（设备安装记录、监理报告和音像资料），落实监督要求。

4．整改措施

当发现该项目相关监督要点不满足时，应及时要求项目业主单位向施工单位提出整改要求，确保投运前试验合格。

2.5.8.4　在线监测装置

1．监督要点及监督依据

竣工验收阶段接地极在线监测装置监督要点及监督依据见表2－2－247。

表2－2－247　　　　　　　　　竣工验收阶段接地极在线监测装置监督

监督要点	监督依据
1．连续通电，按照现场配置方案组成在线监测系统，工作电压为额定值，进行72h连续通电试验（常温），且应有验收报告。 2．现场试验一般分三种情况： （1）正式投运前； （2）对装置进行的例行校验； （3）怀疑装置有故障时	《变电设备在线监测装置通用技术规范》（Q/GDW 535—2010）6.9、7.4

2．监督项目解析

接地极在线监测系统是竣工验收阶段重要的技术监督项目。

接地极在线监测系统对接地极正常运行和日常运行维护起着重要作用。为提高接地极运行维护水平，根据《国网运检部关于印发接地极线路差动保护和接地极在线监测系统技术原则讨论会纪要的通知》（运检一〔2015〕150 号）要求，提出该条款。

3. 监督要求

通过查阅资料（装置竣工记录、试验报告），落实监督要求。

4. 整改措施

当发现该项目相关监督要点不满足时，应及时要求项目业主单位向施工单位提出整改要求，确保在线监测装置竣工验收合格。

2.5.8.5 环境影响报告

1. 监督要点及监督依据

竣工验收阶段接地极环境影响报告监督要点及监督依据见表 2-2-248。

表 2-2-248 竣工验收阶段接地极环境影响报告监督

监督要点	监督依据
合格的环境影响报告应符合以下要求： （1）环境影响报告应符合国家环境保护部要求。 （2）有环保投资评价，并附工程特性表。 （3）建设项目选址选线方案应进行比选，应评估建设项目所在地的环境现状、影响评价范围并附有关图件。 （4）应明确建设项目评价范围内的环境保护目标分布情况（附相关图件）；按不同环境要素和不同阶段介绍建设项目的主要环境影响及其预测评价结果。 （5）应对公众意见归纳分析，尤其是对反对意见处理情况进行说明；从合法性、有效性、代表性、真实性等方面对公众参与进行总结	《建设项目环境影响报告书简本编制要求》（中华人民共和国环境保护部公告 2012 年第 51 号）1～5

2. 监督项目解析

环境影响报告监督是竣工验收阶段最重要的技术监督项目之一。

环境影响涉及人身安全、电网和设备安全，若在运行过程中超过标准，将产生不可估量的后果。设备竣工验收后、投运前，必须要对其环境影响情况进行验收，确保投运后满足设计文件和国家相关规定要求。

3. 监督要求

通过查阅资料（环境影响报告），落实监督要求。

4. 整改措施

当发现该项目相关监督要点不满足时，应及时要求项目业主单位向施工单位提出整改要求，确保竣工前验收合格。

2.5.9 运维检修阶段

2.5.9.1 运行巡视

1. 监督要点及监督依据

运维检修阶段接地极运行巡视监督要点及监督依据见表 2-2-249。

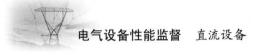

表 2-2-249　　　　　　　　　　　运维检修阶段接地极运行巡视监督

监督要点	监督依据
1. 换流站每月开展一次专业巡视。 2. 巡视项目重点关注：检测井水位正常，土壤无严重干燥情况；渗水井回填土无沉陷，低于附近地面；接地极上回填土不高于附近地面；在线监测系统接地极入地电流平衡；在线监测系统接地极温湿度在正常范围内	1.《国家电网公司直流换流站检修管理规定（试行）》（国家电网企管〔2018〕209号）第五十六条。 2.《国家电网公司直流换流站检修管理规定（试行） 第23分册 接地极检修细则》2.8、2.11

2. 监督项目解析

运行巡视是运维检修阶段重要的技术监督项目。

运行巡视可以根据设备运行状态制订维护、检修策略，提高设备可靠性；作为接地极系统投运后的一种重要设备状态监测方式，在实际工作中十分必要，可以有效掌握设备状态。

3. 监督要求

通过查阅资料（巡视记录），落实监督要求。

4. 整改措施

当发现运行巡视未按照要求开展时，应立即整改。

2.5.9.2　绝缘技术

1. 监督要点及监督依据

运维检修阶段接地极绝缘技术监督要点及监督依据见表 2-2-250。

表 2-2-250　　　　　　　　　　　运维检修阶段接地极绝缘技术监督

监督要点	监督依据
至少每两年测量一次跨步电位和接触电位（单极大地回线运行期间，至少测量一次），每6年测量一次接地电阻	1.《国网运检部关于开展直流接地极管理提升工作的通知》（运检一〔2014〕134号）。 2.《国家电网有限公司关于印发十八项电网重大反事故措施（修订版）的通知》（国家电网设备〔2018〕979号）8.6.2.4

2. 监督项目解析

绝缘技术是运维检修阶段重要的技术监督项目。

运维检修阶段的绝缘技术监督对于人身安全和设备稳定运行具有重要意义，要严格按照相关标准、规范执行。

3. 监督要求

通过查阅资料（设计文件、测量记录、试验报告），落实监督要求。

4. 整改措施

当发现绝缘技术监督未按照要求开展时，应及时要求设备运维单位按照监督要点要求落实整改措施。

2.5.9.3　反事故措施执行情况

1. 监督要点及监督依据

运维检修阶段接地极反事故措施执行情况监督要点及监督依据见表 2-2-251。

表 2-2-251 运维检修阶段接地极反事故措施执行情况监督

监督要点	监督依据
1. 应在监测井和渗水井等上方设置防护栏和警示标志,以防止其遭到破坏。极址围墙完好,无异常声响。 2. 至少每季度检测一次温升、电流分布和水位。 3. 应每 5 年或必要时开挖局部检查接地体腐蚀情况,针对发现的问题要及时进行处理	1.《国网运检部关于开展直流接地极管理提升工作的通知》(运检一〔2014〕134 号)3。 2.《国家电网有限公司关于印发十八项电网重大反事故措施(修订版)的通知》(国家电网设备〔2018〕979 号)8.6.2.4

2. 监督项目解析

反事故措施执行情况是运维检修阶段重要的技术监督项目。

反事故措施是运行单位管理设备安全的重要依据,但在接地极建设、验收阶段部分可能并未参照反事故措施执行,设备运行存在一定的安全隐患。在设备运维检修阶段加强对反事故措施执行情况的监督,能有效提高设备运维水平,确保接地极装置安全稳定运行。

3. 监督要求

通过查阅资料(巡视报告、检修记录、开挖报告)/现场检查,落实监督要求。

4. 整改措施

当发现该项目相关监督点不满足时,应及时要求设备运维单位按照监督要点要求逐条落实相关整改措施,确保严格执行监督条款。

2.5.9.4 最大跨步电位和接触电位

1. 监督要点及监督依据

运维检修阶段接地极最大跨步电位和接触电位监督要点及监督依据见表 2-2-252。

表 2-2-252 运维检修阶段接地极最大跨步电位和接触电位监督

监督要点	监督依据
1. 最大允许跨步电位差按下式计算:$U_{pm}=7.42+0.0318\rho_s$(ρ_s 为电阻率),且不应超过 50V。 2. 对于公众可接触到的地上金属体,在一极最大过负荷电流下,接触电位差不应大于 $7.42+0.008\rho_s$。对于公众不可接触到的地上金属体,在单极额定电流下,接地极导体对导流构架(杆塔)间的电压不宜大于 50V	《高压直流输电大地返回系统设计技术规程》(DL/T 5224—2014)3.2.5、3.2.6

2. 监督项目解析

最大跨步电位和接触电位是运维检修阶段重要的技术监督项目。

测量最大跨步电位和接触电位在确保人身安全的同时,可以掌握接地极的运行情况,应严格按照要求每两年测量一次,且不能超过允许值,应严格执行。

3. 监督要求

通过查阅资料(设备安装记录、监理报告和音像资料),落实监督要求。

4. 整改措施

当发现该项目相关监督点不满足时,应及时要求设备运维单位按照监督要点要求逐条落实相关整改措施,确保严格执行监督条款。

2.5.9.5 直流偏磁对交流变压器的影响

1. 监督要点及监督依据

运维检修阶段接地极直流偏磁对交流变压器的影响监督要点及监督依据见表 2-2-253。

表 2－2－253　　　　　运维检修阶段接地极直流偏磁对交流变压器的影响监督

监督要点	监督依据
1. 应实地测量流过周边有效接地系统变压器中性点的直流电流，直流电流不应超过允许值。 2. 变压器油色谱无异常；铁心和绕组温升不应超过相关标准限值；单台变压器噪声不应大于 90dB（A）；空载损耗增量不应大于 4%	1.《高压直流接地极技术导则》（DL/T 437—2012）6.2、6.3。 2.《220kV～750kV 油浸式电力变压器使用技术条件》（DL/T 272—2012）5.3.8。《110（66）kV～1000kV 油浸式电力变压器技术条件》（Q/GDW 11306—2014）5.2.7

2. 监督项目解析

直流偏磁对交流变压器的影响是运维检修阶段重要的技术监督项目。

直流偏磁的对交流变压器的影响，在设备投运前仅仅通过计算和投运前的试验进行相关的测试；但设备运行后，运行工况复杂多变，对周边交流变压器的影响也随之变化，需要在设备运维检修阶段，加强直流偏磁对交流变压器影响的监测。在运维检修阶段落实直流偏磁对交流变压器的影响监测，能有效提高设备运维水平，确保对周边交流系统的影响在可控范围之内。

3. 监督要求

通过查阅资料（接地极附近变压器中性点电流记录、油色谱记录），落实监督要求。

4. 整改措施

当发现该项目相关监督要点不满足时，应及时要求设备运维单位按照监督要点要求逐条落实相关整改措施，确保对周边交流变压器的影响在可控范围之内。

2.5.10　退役报废阶段

1. 技术鉴定监督要点及监督依据

退役报废阶段接地极技术鉴定监督要点及监督依据见表 2－2－254。

表 2－2－254　　　　　退役报废阶段接地极技术鉴定监督

监督要点	监督依据
1. 电网一次设备进行报废处理，应满足以下条件之一：① 国家规定强制淘汰报废；② 设备厂家无法提供关键零部件供应，无备品备件供应，不能修复，无法使用；③ 运行日久，其主要结构、机件陈旧，损坏严重，经大修、技术改造仍不能满足安全生产要求；④ 退役设备虽然能修复但费用太大，修复后可使用的年限不长，效率不高，在经济上不可行；⑤ 腐蚀严重，继续使用存在事故隐患，且无法修复；⑥ 退役设备无再利用价值或再利用价值小；⑦ 严重污染环境，无法修治；⑧ 技术落后不能满足生产需要；⑨ 存在严重质量问题不能继续运行；⑩ 因运营方式改变全部或部分拆除，且无法再安装使用；⑪ 遭受自然灾害或突发意外事故，导致毁损，无法修复。 2. 直流电流测量装置满足下列技术条件之一，且无法修复，宜进行报废：① 严重渗漏油、内部受潮，电容量、介质损耗、乙炔含量等关键测试项目不符合《电磁式电压互感器状态评价导则》（Q/GDW 458—2010）、《输变电设备状态检修试验规程》（Q/GDW 1168—2013）要求；② 瓷套存在裂纹、复合绝缘伞裙局部缺损；③ 测量误差较大，严重影响系统、设备安全；④ 采用 SF_6 绝缘的设备，气体的年泄漏率大于 0.5%或可控制绝对泄漏率大于 $10^{-7}MPa \cdot cm^3/s$；⑤ 电子式互感器、光电互感器存在严重缺陷或二次规约不具备通用性	1.《电网一次设备报废技术评估导则》（Q/GDW 11772—2017）中"4 通用技术原则 电网一次设备进行报废处理，应满足以下条件之一：a）国家规定强制淘汰报废；b）设备厂家无法提供关键零部件供应，无备品备件供应，不能修复，无法使用；c）运行日久，其主要结构、机件陈旧，损坏严重，经大修、技术改造仍不能满足安全生产要求；d）退役设备虽然能修复但费用太大，修复后可使用的年限不长，效率不高，在经济上不可行；e）腐蚀严重，继续使用存在事故隐患，且无法修复；f）退役设备无再利用价值或再利用价值小；g）严重污染环境，无法修治；h）技术落后不能满足生产需要；i）存在严重质量问题不能继续运行；j）因运营方式改变全部或部分拆除，且无法再安装使用；k）遭受自然灾害或突发意外事故，导致毁损，无法修复。" 2.《电网一次设备报废技术评估导则》（Q/GDW 11772—2017）中"5 技术条件 5.7 互感器满足下列技术条件之一，且无法修复，宜进行报废：a）严重渗漏油、内部受潮，电容量、介质损耗、乙炔含量等关键测试项目不符合 Q/GDW 458、Q/GDW 1168 要求；b）瓷套存在裂纹、复合绝缘伞裙局部缺损；c）测量误差较大，严重影响系统、设备安全；d）采用 SF_6 绝缘的设备，气体的年泄漏率大于 0.5%或可控制绝对泄漏率大于 $10^{-7}MPa \cdot cm^3/s$；e）电容式电压互感器电磁单元或电容单元存在严重缺陷；f）电子式互感器、光电互感器存在严重缺陷或二次规约不具备通用性。"

2. 监督项目解析

技术鉴定是退役报废阶段重要的技术监督项目。

接地极的退役报废流程，直接关系到资产管理的闭环环节。对满足退役报废要求的组部件，应及时进行更换并按照相关规定进行退役、报废流程，确保退役、报废的设备得到妥善处理。

3. 监督要求

现场查阅项目可研报告、项目建议书及设备鉴定意见等，对维护情况进行记录。

4. 整改措施

如应进行退役报废的设备未及时处理，应通知设备运维单位及时进行更换并开展退役报废流程。

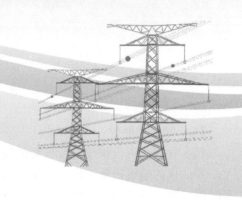

3

换流阀、直流测量装置及
接地极技术监督典型案例

3.1 换 流 阀

【案例1】换流阀阀控电源回路不独立。

1. 情况简介

某换流站阀基电子设备屏体公用电源为两路 24V 电源经耦合器耦合后，通过 F314 空气开关向阀基电子设备柜提供跳闸回路、监视回路电源，公用电源空气开关 F314 跳闸或耦合后电源故障，所有继电器失电，导致控制系统无法收到阀基电子设备报警及跳闸命令信号，只能通过屏柜 H1 指示灯进行监视。该阀基电子设备内部接线如图 2−3−1 所示。

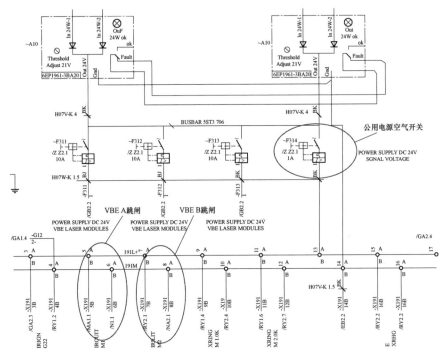

图 2−3−1　该阀基电子设备内部接线示意图

2. 问题分析

《国家电网有限公司关于印发十八项电网重大反事故措施（修订版）的通知》（国家电网设备〔2018〕979 号）中"8.1.1.10 阀控系统应双重化冗余配置，并具有完善的晶闸管触发、保护和监视功能，准确反映晶闸管、光纤、阀控系统板卡的故障位置和故障信息。除光纤触发板卡和接收板卡外，两套阀控系统不得有共用元件，一套系统停运不影响另外一套系统。"《国家电网公司关于印发防止直流换流站单、双极强迫停运二十一项反事故措施的通知》（国家电网生〔2011〕961 号）中"6.2 在设计阶段，设计和制造单位要按如下要求设计：6.2.1 每套阀控系统应由两路完全独立的电源同时供电，一路电源失电，不影响阀控系统的工作。"

3. 处理措施

改造阀控系统电源回路，阀控 A、B 电源独立。

【案例 2】换流阀光缆槽盒使用非阻燃性器件及材料。

1. 情况简介

某换流站换流阀阀塔光缆槽盒放电起火，晶闸管冗余耗尽造成直流系统闭锁。

2. 问题分析

该段光缆槽内壁 4 处非贯穿性树枝状放电，光缆槽压接处轻微放电。因光缆槽未按阻燃设计，运行年限长、性能劣化，在场强集中处易产生树枝状爬电。

光缆槽树枝状放电痕迹如图 2-3-2（a）所示，光缆槽压接处轻微放电痕迹如图 2-3-2（b）所示。

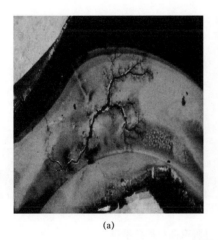

(a)   (b)

图 2-3-2 阀塔光缆槽盒放电痕迹

（a）光缆槽树枝状放电痕迹；（b）光缆槽压接处轻微放电痕迹

3. 处理措施

更换阻尼电容、光缆、槽盒等为阻燃性产品。

【案例 3】阀塔小水管存在交叉磨损。

1. 情况简介

某换流站换流阀漏水保护动作，直流系统闭锁。

2. 问题分析

检查发现水管交叉处未分别包扎，存在直接接触情况，导致水管长时间摩擦而破损。阀塔小水管交叉磨损处如图 2－3－3 所示。

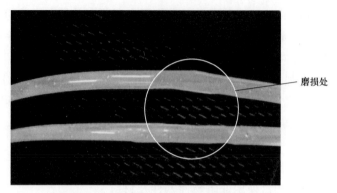

图 2－3－3　阀塔小水管交叉磨损处

3. 处理措施

对换流阀内部冷却水管防振、防磨损措施进行检查，对不满足要求的部位加装防振、防磨损护套。

【**案例 4**】晶闸管电子板质量不满足要求。

1. 情况简介

某换流站在系统调试时换流阀门极单元多次出现故障，导致直流系统异常。

2. 问题分析

针对此换流阀门极单元进行详细检查，发现部分板块存在针脚弯曲或焊接不良等现象。门极单元针脚弯曲和焊接不良如图 2－3－4 所示。

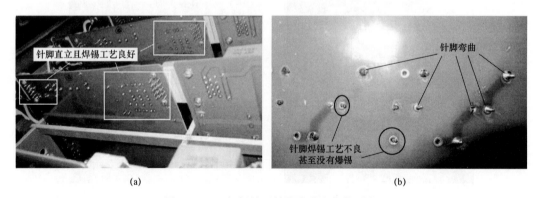

(a)　　　　　　　　　　　　　　　　　　　　(b)

图 2－3－4　门极单元针脚弯曲和焊接不良

（a）针脚弯曲；（b）焊接不良

3. 处理措施

更换电子板后恢复正常。

【**案例 5**】阻尼电阻更换过程中操作步骤不完善。

1. 情况简介

某换流站阀塔水冷阻尼电阻侧壁漏水，漏水保护动作导致极Ⅱ闭锁。

2. 问题分析

某换流站极Ⅱ C 相阀塔第二层 V20 对应的阻尼电阻温度升高，侧面被烧穿喷水，漏水保护动作导致极Ⅱ闭锁。

事故初步原因为在水冷阻尼电阻更换后，电阻内没有进行放气，电阻内冷却水没有循环，导致送电后电阻温度急剧上升，电阻侧壁高温烧穿漏水。阻尼电阻侧面被烧穿如图 2-3-5 所示。

(a)　　　　　　　　　　　　　　(b)

图 2-3-5　阻尼电阻侧面被烧穿

(a) 整体图；(b) 细节图

3. 处理措施

关闭极 Ⅱ C 相阀塔进出水阀及主循环泵，将极 Ⅱ 转为检修。更换了该阻尼电阻，并对附近的阻容进行了测量。2 时 51 分，极 Ⅱ 换流变压器充电成功；3 时 40 分，极 Ⅱ 不带线路 OLT 试验正常；4 时 20 分，极 Ⅱ 恢复运行。

3.2　换流阀冷却系统

【案例 1】阀外风冷系统设计冷却能力不足。

1. 情况简介

某电站设计因未充分考虑周围环境对阀外风冷系统的影响，导致散热风道通风困难，影响了散热效果，最终影响了阀外冷系统冷却能力。

2. 问题分析

因在工程设计阶段未对阀外风冷设备室外散热设备进行合理布置，违反了规划可研阶段设备使用条件监督第 1 项监督要点："阀水冷系统设备使用条件、环境适用性（海拔、污秽、温度、抗振等）应满足要求。"阀外风冷单元 Ⅱ 周边为主控楼、围墙、换流变压器防噪墙，导致空气流通困难，影响散热效果。且在设备采购阶段未考虑热岛效应影响，使采购的设备冷却能力按当地最高气温设计时，受空气流通受阻导致冷却能力受影响，在夏季换流阀冷却系统进阀温度高，需启动辅助喷淋。阀外风冷系统开启辅助降温如图 2-3-6 所示。

3. 处理措施

建议在工程设计阶段除考虑当地最高环境温度外，还要将室外冷却机组合理布置，避免在冷却

图 2-3-6　阀外风冷系统开启辅助降温

塔周围有影响通风、散热的设施。在设备采购阶段要求降温能力比最高环境温度高3~5℃。

4.处理成效

如工程设计阶段对阀外风冷设备进行合理化布置，则现场无影响散热的设备或建筑，保证了阀外风冷设备的冷却能力；设备采购阶段考虑了最高气温补偿，则在特殊炎热天气时也能保证阀外风冷设备的冷却能力，而不需要开启辅助降温措施。技术监督人员发现设计图纸中室外冷却机组布置不合理时，应及时与设计单位进行沟通，对室外冷却机组进行调整，方可保证其冷却能力。

【案例2】阀内水冷系统主循环泵电源回路故障。

1.情况简介

某换流站现场检查发现极Ⅰ1号泵停运，查看泵本体及电动机无异常，极Ⅰ2号泵未启动，1号泵和2号泵控制柜内电源正常。检查发现极Ⅰ1号泵的上级380V电源馈线开关有异味，外观无异常。2号泵的上级380V电源馈线开关无异常。

2.问题分析

现场检查1号泵的进线电源馈线开关故障，380V电源失去导致1号泵停运，违反了《高压直流输电换流阀冷却系统技术规范》（Q/GDW1527—2015）中"5.5.3.6主泵保护 c)主泵供电电源塑壳断路器应配置电流速断和反时限过负荷保护，其定值应躲过主泵的启动电流。"因而事件记录发"泵1故障""控制故障"告警，现场检查1号泵的进线电源开关故障，380V电源失

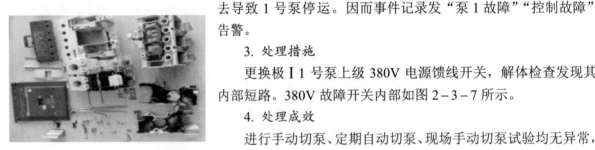

图2-3-7　380V故障开关内部

去导致1号泵停运。因而事件记录发"泵1故障""控制故障"告警。

3.处理措施

更换极Ⅰ1号泵上级380V电源馈线开关，解体检查发现其内部短路。380V故障开关内部如图2-3-7所示。

4.处理成效

进行手动切泵、定期自动切泵、现场手动切泵试验均无异常，更换馈线开关效果良好。

【案例3】阀内水冷系统主循环泵机械密封漏水。

1.情况简介

某换流站主循环泵与管道之间没有设置波纹补偿器，直接采用硬连接，导致电动机轴承损坏。

2.问题分析

换流阀冷却系统运行时，极Ⅱ1号主循环泵轴承机械密封破裂，导致极Ⅱ阀内水冷系统阀漏水保护动作，极Ⅱ控制系统发ESOF指令，导致极Ⅱ闭锁。经检查发现主循环泵与管道之间采用硬连接，违反了《高压直流输电换流阀冷却系统技术规范》（Q/GDW1527—2019）中"5.2.1主循环泵技术要求M)主循环泵进出口应设置柔性连接接头"的规定。主循环泵运行时振动较大，长期运行对轴承造成冲击，最终导致轴承损坏。损坏的主循环泵如图2-3-8所示。

图2-3-8　损坏的主循环泵

3.处理措施

在主循环泵与管道之间增加软连接装置，防止振动对主循环泵轴承造成的冲击。

4. 处理成效

加装软连接后，主循环泵运行的振动对自身冲击效果减弱，设备运行寿命得以提升。

【案例 4】阀内水冷系统主循环泵轴承损坏引发闭锁。

1. 情况简介

某日，某换流站极Ⅰ高端换流阀冷却系统发"换流阀冷却系统泄漏"告警，极Ⅰ高端阀组闭锁，损失功率 2000MW。现场检查发现极Ⅰ高端换流阀冷却系统 P02 主循环泵机械密封处漏水，同时有焦煳气味，运维人员立即停运极Ⅰ高端阀内冷水系统，关闭 P02 主循环泵进水阀门 V028 和出水阀门 V004，断开 P02 主循环泵安全隔离开关和进线电源，将极Ⅰ高端换流阀冷却系统 P02 主循环泵隔离。

更换备用主循环泵后，现场对故障 P02 主循环泵进行拆解，发现机械密封处全部损坏，靠近叶轮侧轴承损坏严重。根据现场拆解泵体后部件损坏情况，主要原因分析如下：水泵轴承箱近叶轮端部轴承限位环断裂脱出，进而导致轴承端盖脱出，轴承滚珠不再均匀分布，重心靠近叶轮侧的泵轴在高速旋转时径向扰动幅度加大，从而导致水泵叶轮端抖动振动，在强大的机械冲击力下，将机械密封撞击破碎，用于冷却机械密封的冷却介质在密闭系统的压力下喷出泄漏。机械密封和轴承破损情况如图 2-3-9 所示。

(a)　　　　　　　　　　　　　(b)

图 2-3-9　机械密封和轴承破损情况

(a) 机械密封破损情况；(b) 轴承破损将机械密封挤出

2. 问题分析

《高压直流输电换流阀冷却系统技术规范》（Q/GDW527—2010）中"5.2.1 主循环泵技术要求 1) 主循环泵电动机应使用耐摩擦的含润滑油的轴承。所有耐磨轴承要求保证至少正常运行 50000h。电动机的转子都应动态平衡和静态平衡。"

3. 处理措施

重新更换轴承设计方案，使用耐受冲击的重载轴承，加注润滑油，保证轴承的使用寿命和抗冲击能力。

4. 处理成效

更换耐受冲击轴承并加注润滑油维护后，可保证主循环泵轴承的耐冲击能力，延长主循环泵的使用寿命，减小了漏水停极的可能。

【案例 5】阀内水冷系统主过滤器阻塞引发闭锁。

1. 情况简介

某换流站设备调试阶段，调试人员对现场阀门进行检查并启动主循环泵。运行一段时间后，通过 OP 面板实时数值显示发现主水流量偏低，主循环泵出水压力偏高，进阀压力偏低。随即对现场进行检查，发现主过滤器 Z01 就地压差表在 50kPa，主过滤器 Z02 就地压差表超过量程，可以初步判断为主过滤器阻塞。随后立即停运换流阀冷却系统，卸下主过滤器检查，发现主过滤器 Z01 污秽度严重，主过滤器 Z02 过压变形。主过滤器污秽及变形情况如图 2-3-10 所示（左边为主过滤器 Z01，右边为主过滤器 Z02）。

图 2-3-10　主过滤器污秽及变形情况

2. 问题分析

《高压直流输电换流阀冷却系统技术规范》（Q/GDW 1527—2015）中："4.4.2 设备及管道清洗要求 a）设备及管道运到现场前应进行内部清洗，清洗完成后需及时密封管口；清洗后的金属表面应清洁，无残留氧化物、焊渣、二次锈蚀、点蚀及明显金属粗晶析出设备上的阀门、仪表等不应受到损伤；b）设备及管道运到现场后应保持内部洁净。"

3. 处理措施

建议在设备制造阶段重点检查对接管路内有无残留物件，及时对管路的清洁度进行跟踪记录；在设备调试阶段重点检查各仪表是否正常，对产生压差的主过滤器进行检查，避免遗留物件阻塞主过滤器；在竣工验收阶段对主过滤器的运行情况进行记录，确保系统内压力正常，无杂质。

4. 处理成效

加强清洁后，系统运行正常，设备运行寿命得以提升。

【案例 6】阀内水冷系统两台主循环泵故障导致直流系统闭锁。

1. 情况简介

某换流站极Ⅰ P1PCP A1/B1 发"极Ⅰ内冷水主循环泵 E1.P1 故障"告警；极Ⅰ内冷水 1 号主循环泵因变频器故障停运，切换到 2 号主循环泵运行。在检修 1 号主循环泵的过程中，极Ⅰ2 号主循环泵因电动机过热故障停运，由于两台主循环泵同时停运，极Ⅰ流量保护动作，导致极Ⅰ闭锁。1 号主循环泵故障原因为变频器保护误报警，而主循环泵启动方式为变频器启动并带动主循环泵变频运行，因此变频器故障后切换主循环泵；2 号主循环泵故障原因是其电动机过热保护使用的热敏电阻接线松动，从而引起电动机过热保护误动。

2. 问题分析

《国家电网公司关于印发防止直流换流站单、双极强迫停运二十一项反事故措施的通知》（国家电网生〔2011〕961 号）中"8.1.10 主泵若采用变频调速启动，应按照以下原则配置主泵启动方式：（1）在主泵启动成功后，可保持变频器方式运行，或采用经延时转工频的运行方式。（2）具备工频直接启动的应急运行方式，在两台主泵的变频器均故障的情况下，可实现主泵变频与工频的自动切换或工频直接启动的方式。"

《高压直流输电换流阀冷却系统技术规范》（Q/GDW 527—2010）中"5.5.3.6 主泵保护 d）主泵电机可装设热敏电阻并构成过热监视，只报警。"

《国家电网公司关于印发防止直流换流站单、双极强迫停运二十一项反事故措施的通知》（国家电网生〔2011〕961 号）中"11.1.1 主泵应冗余配置，并采用定期自动切换设计方案，在切换不成功时应能自动切回。切换时间的选择应恰当，防止切换过程中出现低流量保护误动作闭锁直流。"

3. 处理措施

在设备采购阶段，应在设备采购技术规范书或技术协议中明确主循环泵电动机启停方式，设置工频回路，在变频回路故障时可转工频运行。在竣工验收阶段，应对主循环泵电动机过热保护进行验证，在过热保护报警后不应切换主循环泵，应由运维人员检查后进行判断；且主循环泵切换不成功后应能自动切回，而非两台主循环泵均故障导致跳闸。

4. 处理成效

简化了变频器保护后，变频器误报警的可能性大大降低；建议新建换流站采用可靠性更高的软启动器启动，减少误报警情况；取消热敏电阻后，避免了电动机过热保护报警导致切换主循环泵的情况，增强了运行的可靠性。

3.3 直流电流测量装置

【案例 1】暂态特性不一致导致直流系统闭锁。

1. 情况简介

（1）某换流站极Ⅰ线路故障重启过程中，极Ⅱ直流滤波器严重放电，由于直流滤波器首末端分别采用电子式电流互感器和电磁式电流互感器，暂态特性不一致，导致直流滤波器保护动作，闭锁极Ⅱ。

（2）某换流站电流互感器暂态特性不一致导致换流阀角接桥差动保护动作。原因为交流系统接地故障时，各相电流互感器测量不一致，零序电流会在角接绕组内产生零序环流，有较大的直流分量，造成 D 桥差动保护Ⅳ段动作。

（3）某换流站电流互感器暂态特性不一致导致角接桥差动保护动作。原因为单相故障后双极换流变压器 FS 型电流互感器传变特性变差，与其他两相比较电流发生畸变。暴露出设计时电流互感器选型时未充分考虑电流互感器暂态特性的问题。各相电流波形如图 2－3－11 所示。

2. 问题分析

直流电流测量装置暂态特性不一致违反了工程设计阶段功能要求监督第 4 项监督要点：采用不同性质的电流互感器（电子式和电磁式等）构成的差动保护，保护设计时应具有防止互感器暂态特性不一致引起保护误动的措施。采用电子式电流互感器和电磁式电流互感器作为判据的保护设计，应充分考虑电子式电流互感器与电磁式电流互感器暂态特性不一致的问题，避免不一致导致的保护误动。差动保护应使用相同暂态特性的电流互感器，防止因暂态特性不一致造成保护误动。

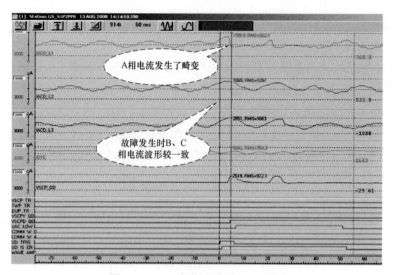

图 2-3-11 各相电流波形示意图

3. 处理措施

技术监督人员应在工程设计阶段加强监督力度，进行电流互感器选型时充分考虑电流互感器的暂态特性问题，防止因暂态特性不一致造成保护误动。同时，对已经存在问题的设备进行改造或者更换，及时消除潜在隐患。

【**案例 2**】电流测量回路未冗余配置导致的直流系统闭锁。

1. 情况简介

（1）某换流站两套直流保护同时运行，保护采用"启动+动作"模式，换流变压器阀侧电流的启动和动作量来自同一个电流互感器绕组，且两套保护共用，导致误动风险大。

（2）某换流站交流滤波器保护电流量的启动和动作共用一块采样板卡，测量故障时将导致启动和动作元件同时动作后出口。直流系统保护如图 2-3-12 所示。

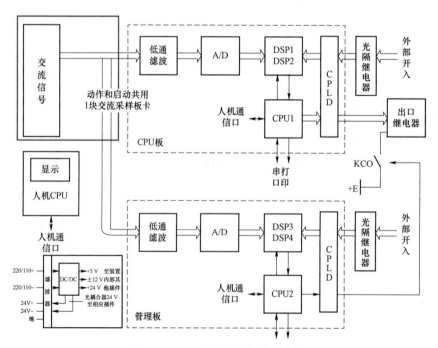

图 2-3-12 直流系统保护示意图

（3）某厂家的直流电子式电流互感器合并单元虽然有两块电源板供电，但其中一块用于激光发射板激光模块供电，另一块用于 CPU 模块及通信模块供电，两路电源无物理上的联系，均为单一电源供电模式，单一电源模块断电会造成单套保护故障退出和控制系统的严重故障。合并单元结构如图 2-3-13 所示。

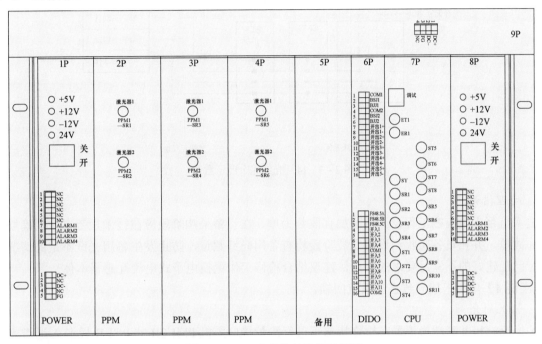

图 2-3-13 合并单元结构示意图

2. 问题分析

电流测量回路冗余配置不满足要求违反了设备采购阶段功能要求监督第 1~3 项监督要点：电流回路各模块及回路数的设计应能够满足控制、保护、录波等设备对回路冗余配置的要求；不同控制系统、不同保护系统所用回路应完全独立，任一回路发生故障，不应影响其他回路的运行；电流回路上的元件、模块应稳定可靠，不同回路间各元件、模块、电源应完全独立，任一回路元件、模块、电源故障不得影响其他回路的运行。每套保护的直流电流测量回路应完全独立，一套保护测量回路出现异常，不应影响到其他各套保护的运行。

3. 处理措施

技术监督人员应在设备采购阶段加强监督力度，对于新建工程，严格按照最新要求进行设备采购和设备验收工作。对不满足要求的换流站测量回路系统进行改造。

【案例 3】备用光纤数量不足。

1. 情况简介

某换流站电子式电流互感器本体处由于光纤无冗余，此处光纤发生故障后，只能更换电子式电流互感器本体，需要陪停相邻一组滤波器，影响直流系统运行。光纤冗余度如图 2-3-14 所示。

2. 问题分析

电子式电流互感器备用光纤数量不足违反了设备采购阶段功能要求监督第 7 项监督要点：直流电子式电流互感器二次回路应有充足的备用光纤，备用光纤一般不低于在用光纤数量的 100%，且不得少于 3 根。电子式电流互感器、光纤传输的直流分压器二次回路应有充足、可用的备用光纤，防止由于备用光纤数量不足导致测量系统不可用。

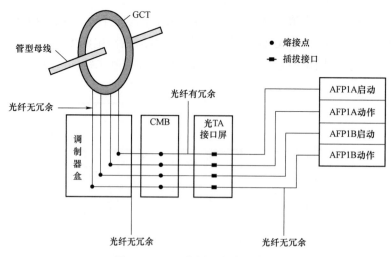

图 2-3-14 光纤冗余度示意图

3. 处理措施

技术监督人员应在工程设计阶段加强监督力度,在设备采购阶段应在技术规范书中明确规定备用光纤数量,并在设备验收和设备安装阶段检查备用光纤数量,防止发生备用光纤不足的情况。同时,对已经建好的不满足要求的站点,建议结合检修工作更换电子式电流互感器本体。

【案例 4】电磁干扰导致直流系统闭锁。

1. 情况简介

某换流站极Ⅱ高端换流器在检修状态下进行测量接口主机 PMI 2B 的 PCI B 板卡 A 通道光功率高报警故障处理,检查 PMI 2B 的 PCI B 板卡、极Ⅱ高端阀厅内的高端电子式电流互感器内的第 2 块远端模块及两者之间的光纤回路过程中,在打开极Ⅱ高端阀厅高端电子式电流互感器本体的顶盖进行 B 系统模块检查时,该电子式电流互感器 A、C 系统模块检测到干扰电流,其中干扰电流最大达 290A,导致极Ⅱ高端换流器阀组差动保护 A、C 套动作(B 套因缺陷处理安全措施要求退出)而发出 S 闭锁直流信号。按照厂家保护设计原理,在高低端阀组连接区域发生接地故障时,阀组差动保护动作后由于相应的阀组隔离开关不具备切断故障电流的能力,非故障换流器仍会向故障点提供短路电流,故障不能消除。因此,换流器阀组差动保护动作后的后果设计为停运故障阀组的同时停运该极非故障阀组,即阀组差动保护动作后将联跳同极非故障换流器。故在极Ⅱ高端换流器阀组差动保护动作后,直接导致了低端换流器 S 闭锁。

经现场分析和电磁干扰试验确认,极Ⅱ高端换流器高压侧电子式电流互感器测量异常,是由于在电子式电流互感器开盖后内部模块受到对讲机电磁干扰所致。

2. 问题分析

直流电子式电流互感器电磁兼容不满足要求违反了设备采购阶段无线电干扰及电磁兼容要求(电子式)监督第 1、2 项监督要点:在 1.1 倍的设备最高电压(U_m)下,电子式互感器与电网连接的外部零件表面在晴天的夜间不应有可见电晕,其无线电干扰电压不应大于 2500μV;直流电子式电流互感器的电磁兼容性能应满足《高压直流输电直流电子式电流互感器技术规范》(Q/GDW 10530—2016)的要求。暴露出的问题如下:打开电子式电流互感器本体的顶盖后,现场电磁干扰会引起电子式电流互感器测量异常;特高压直流同一极的阀组间的一、二次设备不能完全隔离,在退出阀组上工作时可能影响运行阀组,存在安全风险。电磁兼容问题需要引起制造厂商和运维检修人员的注意。

3. 处理措施

技术监督人员应在设备采购阶段加强监督力度，并提出如下建议：

（1）在隔离措施完成前不得打开电子设备的金属外壳，避免电子设备失去电磁屏蔽后受电磁干扰影响。

（2）进一步研究电子式电流互感器远端模块的抗干扰能力，针对全站电子式电流互感器的远端模块及其相应回路采取抗干扰措施，以满足二次设备抗干扰的标准要求。

（3）由于目前阀组差动保护制动量采用阀组高压侧电流 ID_HV_SIDE 进行计算，在阀组退出运行后该保护特性不能可靠制动电流互感器测量干扰产生的差动电流而易发生保护误动，建议进一步研究优化阀组差动保护的算法，采用直流线路电流 IDL 计算阀组差动保护的制动量，提高保护可靠性。

（4）在一个换流器退出运行的情况下，该换流器的任何保护动作均不应该影响同极另一阀组和该极的正常运行，建议进一步完善保护软件功能，确保一次设备停运状态下相应的保护功能正常闭锁。

【案例 5】内部连接线材料不合格导致直流系统闭锁。

1. 情况简介

某换流站极 I 因出线电子式电流互感器内部测量模块故障引起极 I 直流系统极母线差动保护和极差动保护动作，极 I 闭锁。分析原因如下，直流电子式电流互感器的生产厂家更换了供应商，而此供应商的焊接工艺受到欧洲环保法律的限制，直流电子式电流互感器内部连接线没有采用以往直流工程中使用的表面镀金的插孔，即改变了生产工艺，导致连接导线的镀层不满足要求，电流互感器的传感器元件（即串联电阻）至光电转换系统之间的连接电缆出现了问题。由于该连接电缆采用的同轴连接插孔表面没有镀金，仅采用了纯铜插孔，在铜表面发生氧化后，使得接触电阻发生变化，出现接触不良的情况，在运行过程中导致几块电子式电流互感器内部测量板卡的电压输入值突然减小，从而影响了直流线路电流的测量值，导致极差动保护动作，极闭锁。电子式电流互感器本体接线盒如图 2－3－15 所示。

图 2－3－15 电子式电流互感器本体接线盒

2. 问题分析

直流电子式电流互感器内部连接线镀层不满足要求违反了设备制造阶段原材料和组部件监督第2项监督要点：外购原材料/组部件原厂质量保证书、入厂检验报告应齐全合格；查看实物应与检验记录和订货技术协议一致。对于采用新材料、新工艺、新技术的设备，应加强验收，并与厂家深入沟通，优先选用技术成熟的设备。

3. 处理措施

技术监督人员应在设备制造阶段加强监督力度，建议电子式电流互感器内部测量板与信号分布板之间的测量信号电缆使用的同轴连接插孔内表面采用镀金工艺。

【案例6】电子式电流互感器预埋管道结冰导致光纤损坏。

1. 情况简介

某换流站交流滤波器场先后发生4次电子式电流互感器数据无效告警。通过光时域反射仪测量发现4台电子式电流互感器AB套波形基本一致，故障点都是位于光缆端子箱到本体的单模光纤上。光时域反射仪故障波形如图2-3-16所示。

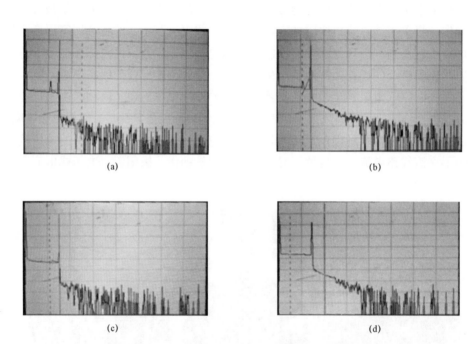

(a)　　　　　　　　　　　　　(b)

(c)　　　　　　　　　　　　　(d)

图2-3-16　光时域反射仪故障波形示意图
(a) 第一台波形；(b) 第二台波形；(c) 第三台波形；(d) 第四台波形

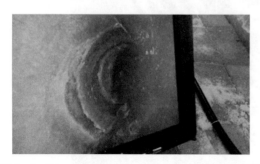

图2-3-17　电子式电流互感器预埋管道内结冰情况

通过检查确认故障点位于光缆端子箱到本体的单模光纤上，而这段光缆预埋在地下管道内；根据换流站的寒冷天气（-30℃），推测管道内可能存在结冰导致光缆受挤压变形而产生告警。

通过内窥镜检查发现光纤敷设用钢管道内确实存在结冰现象，电子式电流互感器预埋管道内结冰情况如图2-3-17所示，从图中可以看出冰已经充实了整个管道。

2. 问题分析

光纤安装时使用的钢制穿管内出现结冰现象，与现场封堵不严有关。违反了设备安装阶段本体及组件安装监督第 2 项监督要点：直流电子式电流互感器光纤接头接口螺母应紧固，接线盒进口和穿电缆的保护管应用硅胶封堵，防止潮气进入。

3. 处理措施

站内首先使用撒盐加防冻液化冰的方式，2d 后两只电子式电流互感器恢复正常但穿管冰仍未完全融化，仍有两只电子式电流互感器未能恢复。随后站内安排施工单位挖开地基，通过加热器加热的方式进行除冰。因为管道内冰比较多，几乎充满了整根管道，又由于管道经过一部分水泥路面，无法进行挖掘，通过这种方式只能除去挖开的部分冰层，水泥路面下部的无法根除。

图 2-3-18　光纤不可逆转损伤

最后通过蒸汽排冰，彻底地将冰排完，然而冰除完后还是没有恢复迹象，故而站里决定抽出光纤检查；抽出后发现光纤已经出现严重伤痕，为不可逆转损伤，光纤不可逆转损伤如图 2-3-18 所示。最后现场更换了电子式电流互感器本体。

【案例7】电子式电流互感器本体测量回路衰耗过大。

1. 情况简介

某换流站 5624 交流滤波器保护 A、B 不平衡电子式电流互感器（阿尔斯通）数据无效，检查发现从电子式电流互感器端子箱到电子式电流互感器一次本体光纤衰耗较大；经分析，原因可能为光缆外部的不锈钢护管由于密封不严进水结冰冻胀，导致光缆损坏。

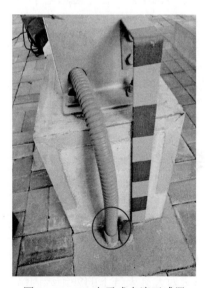

图 2-3-19　电子式电流互感器入地光缆护套封堵不严

现场检查电子式电流互感器本体，发现电子式电流互感器本体调制罐外部光缆入地钢护管密封不严，雨水会沿着蛇皮波纹管护管表面渗入钢护管内部，电子式电流互感器入地光缆护套封堵不严，如图 2-3-19 所示。现场进一步使用钢丝对钢护管内部进行探查，发现在钢护管内部 60cm 处有硬物堵塞管路，而检查备用钢护管则未发现异常堵塞情况。

2. 问题分析

光纤安装时使用的钢制穿管内出现结冰现象，与现场封堵不严有关，违反了设备安装阶段本体及组件安装监督第 2 项监督要点：直流电子式电流互感器光纤接头接口螺母应紧固，接线盒进口和穿电缆的保护管应用硅胶封堵，防止潮气进入。

3. 处理措施

现场组织施工单位重新对所有电子式电流互感器穿管加装密封法兰帽，避免由于密封不严导致管内进水。光纤穿管密封法兰帽如图 2-3-20 所示。

【案例8】零磁通电子模块电源模块故障导致的直流系统闭锁。

1. 情况简介

某换流站极 I 直流保护发"P1 PPRB 直流过流跳闸""保护 Z 闭锁 ON""保护发出跳交流断路器命令""保护发出极隔离命令"，极 I 直流系统闭锁。经检查分析，极 I 保护 B 系统 IDNE 电流值异常，达到 25000A，检查站控制保护室，发现双极中性区直流互感器屏柜 A201 零磁通电子模块机箱发热，且附近有焦煳味。测量其模拟量输出异常，判断该装置故障输出异常，经进一步检查发现其中一个 220V/24V 电源模块故障。电源模块如图 2-3-21 所示。

图 2-3-20　光纤穿管密封法兰帽

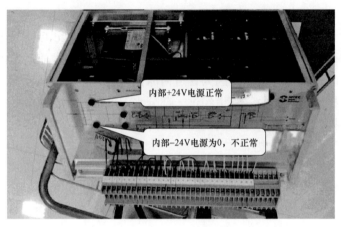

图 2-3-21　电源模块

2. 问题分析

电源模块发生严重过热违反了运维检修阶段运维管理监督第 2 项监督要点：巡视周期要求，检查巡视记录完整，要求每天至少一次正常巡视；每周至少进行一次熄灯巡视；每月进行一次全面巡视。站内人员应对设备进行严格仔细的巡视检查，一经发现有异常应及时分析处理并上报。

3. 处理措施

技术监督人员应在运维管理阶段加强监督力度，并提出如下建议：ABB 公司在零磁通电子模块中增加电容，稳定电源模块故障后的输出电压并提高自检速度；南瑞继保公司将采集零磁通电子模块故障自检报警信号的 RS852 板卡替换为 RS862F 板卡，信号传输由 CAN 总线更换为 TDM 总线；南瑞修改极保护软件逻辑，当运行方式改变（隔离开关位置改变），保护计算不采集该模拟量时，标志该模拟量正常与否的开关量可发信号、严重或轻微故障，但不应发紧急故障影响保护正常运行。

3.4　直流电压测量装置

【案例 1】外绝缘不足问题。

1. 情况简介

（1）某换流站极 I 直流极母线差动保护动作闭锁，检查直流分压器绝缘子表面有明显放电痕迹，均压环上有三处击穿小孔，分压器底座上有一处明显放电痕迹，确认为大雾天气下的外绝缘闪络事故。外绝缘闪络现场照片如图 2-3-22 所示。

（2）某换流站极 I 直流分压器闪络极母线差动保护动作，原因是极母线一次设备发生外绝缘闪络故障，引起母线电压波动。检查发现极 I 直流电压分压器 P1-WP-U1（型号：HVR-FC，编号：104356.1.1）外绝缘表面有明显放电痕迹，均压环上有三处电击穿小孔，最大击穿孔直径约为 30mm。在分压器底部有两处明显放电痕迹，外绝缘闪络现场照片如图 2-3-23 所示。

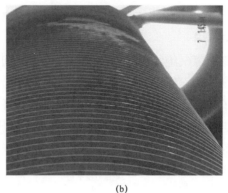

(a)　　　　　　　　　　　　　　　(b)

图 2-3-22　外绝缘闪络现场照片
（a）底部放电痕迹；（b）顶部放电痕迹

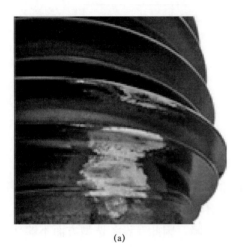

(a)　　　　　　　　　　　　　　　(b)

图 2-3-23　外绝缘闪络现场照片
（a）底部放电痕迹；（b）均压环上放电痕迹

2. 问题分析

外绝缘不满足要求违反了工程设计阶段外绝缘配置监督第 1、3 项监督要点：新建和扩建输变电设备应依据最新版污区分布图进行外绝缘配置；站址位于 c 级及以下污区的设备外绝缘提高一级配置；d 级污区按照 d 级上限配置；e 级污区按照实际情况配置，适当留有裕度。发生外绝缘闪络的极母线直流分压器外绝缘都采用有机合成硅橡胶，本身具备憎水性，绝缘强度比普通绝缘子要高，但在运行中还是出现了外绝缘闪络。现场检查分析后，认为有如下的原因导致闪络故障：外绝缘爬距设计偏小；直流电压分压器均压环设计不合理；直流分压器外绝缘表面憎水性下降。

3. 处理措施

技术监督人员应在工程设计阶段加强监督力度。建议重新进行外绝缘爬距和均压环设计，更换满足新计算结果的直流分压器。为了避免直流电压互感器再次发生闪络故障，提出以下对策：进行外绝缘设计时，要充分考虑污秽等级随着环境发生变化的情况，留有足够的裕度；改善均压环设计，增加绝缘子表面的干弧距离；在停电期间，使用中性清洁剂对直流电压互感器外绝缘表面进行清洗，尽量清除外绝缘表面积污；每年利用停电机会，测试直流电压互感器的憎水性，若发现憎水性超出规定值，对直流电压互感器进行处理或更换。

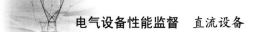

【案例2】 内部绝缘不足导致输出电压异常跌落。

1. 情况简介

某换流站氮气绝缘的直流分压器在运行期间多次发生输出电压异常跌落的情况，造成直流输送功率大幅度波动。经过对故障直流分压器解体检查分析，发现分压器电阻部件外部有多处放电点，复合绝缘子的表面污秽覆盖比较严重，在外部环境为大雾、大雪或者雷电暴雨的情况下，易发生内部径向放电。分析认定测量异常的原因为分压器内部绝缘异常放电，直流分压器电气原理如图 2-3-24 所示。

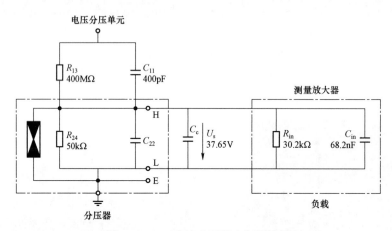

图 2-3-24　直流分压器电气原理图

2. 问题分析

直流电压测量装置内部绝缘异常违反了工程设计阶段设备选型监督第 1 项监督要点：审查设备选型等内容是否符合国家电网有限公司输变配电工程设计相关标准、预防设备事故措施、差异化设计标准等要求。鉴于此厂家的直流分压器多次出现类似故障，因此在设备选型方面不够严谨，需要进一步优化设备选型，提高直流分压器设备运行可靠性，确保直流系统安全稳定运行。

3. 处理措施

技术监督人员应在工程设计阶段加强监督力度，建议将直流分压器内部充氮气改为充 SF_6 气体，以增强内部电场绝缘强度。同时，由于该结构的直流分压器多次发生测量电压异常的瞬间跌落的情况，因此建议更换并停止采购此类型的直流分压器。

【案例3】 电压测量回路冗余配置不足。

1. 情况简介

（1）某换流站单元 2 DCCT 接口屏故障导致直流系统闭锁。单元 2 三套直流保护的直流电流、电压均来自 DCCT 接口屏的 IX9004 模块，该模块单一故障时即可导致直流系统误闭锁。

（2）某换流站极 I 直流控制保护主机故障蓝屏死机，认为该主机内 PCI 接口板卡硬件存在问题，误发信号导致直流系统闭锁。

（3）进行控制保护系统隐患排查时发现，某厂家的直流分压器测量回路共 3 套系统存在共用元件，测量回路中单一的二次故障可能导致低压臂的电阻值发生变化；接口屏合并单元不满足冗余要求，合并单元或传输光纤故障，有极闭锁风险；直流电压测量回路由本体经单一回路至测控系统，分别并接至其他系统，且在柜内短接片在端子排内部，存在单一端子排划开或故障时两系统失去电压闭锁直流系统的风险。测量回路如图 2-3-25 所示。

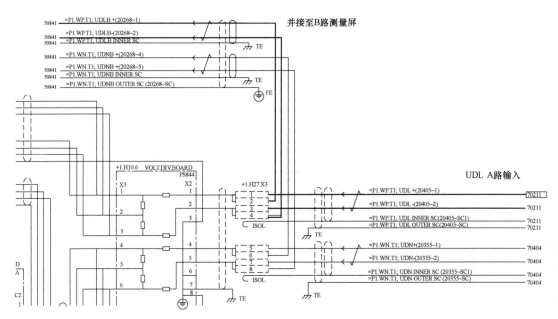

图 2-3-25 测量回路示意图

2. 问题分析

电压测量回路冗余配置不满足要求违反了设备采购阶段功能要求监督第 1~3 项监督要点：电压回路各模块及回路数的设计应能够满足控制、保护、录波等设备对回路冗余配置的要求；不同控制系统、不同保护系统所用回路应完全独立，任一回路发生故障，不应影响其他回路的运行；电压回路上的元件、模块应稳定可靠，不同回路间各元件、模块、电源应完全独立，任一回路元件、模块、电源故障不得影响其他回路的运行。

3. 处理措施

技术监督人员应在设备采购阶段加强监督力度，建议对新建工程，严格按照最新要求进行设备采购和设备验收工作，对不满足要求的换流站电压测量回路进行改造。

【案例 4】二次模块自检功能不完善导致直流系统闭锁。

1. 情况简介

某换流站由于直流分压器二次模块故障导致直流系统闭锁。分析发现，直流 DCCT 接口屏 1 装置无直流电压输出，确认其模拟量输出模块（IX-9006-G2）存在故障，DCCT 接口屏 1 模拟量输出模块输出直流电压值在 120ms 内由 167kV 降至 60kV 左右，一直未恢复，低于直流低电压保护动作定值 83.35kV（$0.5U_d$p.u.），导致 PPRA 直流低电压保护动作，直流系统闭锁。

暴露出的问题是模拟量输出模块（IX-9006-G2）自检功能不完善，在输出模块故障导致输出电压缓慢降低过程中，未能检测出故障并发告警信号。同时，虽然前期已增加直流 DCCT 接口屏装置报警闭锁直流低电压保护功能，但是此次闭锁过程中直流电压为缓慢下降，直流 DCCT 接口屏 1 装置未发出任何告警。

2. 问题分析

直流分压器二次模块没有完善的自检功能违反了设备采购阶段功能要求监督第 4 项监督要点：测量回路应具备完善的自检功能，当测量回路或电源异常时，应发出报警信号并给控制或保护装置提供防止误出口的信号。

直流控制保护系统应具有完善的自检功能，主机、板卡故障时应在发出闭锁命令前退出相应功能，禁止各类错误命令误出口。

3．处理措施

技术监督人员应在设备采购阶段加强监督力度，建议更换直流分压器的二次故障模块，同时升级软硬件系统，二次模块应具备完善的自检功能；同时，采用屏蔽可靠的电缆，以防止电缆受到干扰导致出现异常。

【案例5】气体含水量超标。

1．情况简介

某换流站双极停电消缺期间，对双极直流分压器进行诊断性试验。该直流分压器为充氮气绝缘设备，对气体含水量进行检测发现极Ⅰ直流分压器氮气中含有少量乙炔（0.07μL/L），含水量为197μL/L；极Ⅱ直流分压器氮气含水量为301μL/L，不含乙炔。设备现场照片如图2-3-26所示。

注气阀

图2-3-26　设备现场照片

2．问题分析

直流分压器气体含水量较高违反了运维检修阶段油气要求（诊断性试验）监督第3项监督要点：SF_6气体年泄漏率不大于0.5%；运行中设备SF_6气体含水量不大于500μL/L；设备新充气后至少24h后取样检测，含水量不大于250μL/L。

相关标准规定了SF_6气体的年泄漏率不大于0.5%，运行中设备SF_6气体含水量不大于500μL/L，但是未规定氮气绝缘设备的要求。该直流分压器为充氮气绝缘设备，非SF_6设备，因此无法直接利用现有标准依据。面对这种情况，技术监督人员在参照SF_6气体标准的同时，及时查询产品设备说明书，并与厂家技术人员联系，确认氮气含水量及其他组分要求。根据厂家资料，氮气含水量应不大于200μL/L，因此极Ⅱ直流分压器中氮气含水量超标。

3．处理措施

技术监督人员应在运维检修阶段加强监督力度，考虑到极Ⅰ直流分压器中含水量已接近注意值，因此建议对极Ⅰ和极Ⅱ直流分压器内部的氮气都进行更换处理，并检查含水量和气体组分应符合厂家要求。

【案例6】接线盒密封不满足要求导致直流系统闭锁。

1．情况简介

某换流站由于昼夜温差大、湿度高等原因，引起某±500kV换流站直流分压器二次接线盒内顶部结露，直流分压器二次接线绝缘降低，送至控制保护系统的直流电压值发生异常变化，进而引起直流低电压保护动作、直流系统闭锁。设备现场照片如图2-3-27所示。

2．问题分析

直流分压器二次接线绝缘降低违反了运维检修阶段反事故措施要求监督第3项监督要点：对于体积较小的室外端子箱、接线盒，应采取加装干燥剂、增加防雨罩、保持呼吸孔通畅、更换密封圈等手段，防止端子箱内端子受潮、绝缘降低。运维人员应根据站内设备运行情况、天气情况，采取积极的反事故措施防止端子箱内端子受潮。

(a)   (b)

图 2-3-27   设备现场照片

(a) 二次接线盒外观；(b) 二次接线盒内部

3. 处理措施

技术监督人员应在运维检修阶段加强监督力度，建议更换端子箱或二次接线盒密封条，用玻璃胶对接线盒进行密封，并对端子箱和接线盒加装防雨罩；改善接入接线盒或端子的电缆布线方式，防止凝露或雨水顺着电缆流入接线盒；在接线盒内放置干燥剂，并在年度检修期间检查其内部干燥情况。

【案例 7】二次回路过电压导致直流系统闭锁。

1. 情况简介

某换流站近区雷击导致站内地网电压抬高，同时造成极 I、极 II 直流分压器二次分压板保护间隙击穿，测量电压瞬间跌落，后未能熄弧，致使直流电压始终无法建立，进而引起直流线路欠压保护动作。因两极线路故障互相闭锁另一极的再启动逻辑，导致双极同时停运。

2. 问题分析

直流电压测量装置二次回路过电压保护装置被击穿违反了运维检修阶段例行试验监督第 2 项监督要点：电压限制装置功能验证试验，试验周期 3 年。电压限制装置功能验证作为例行试验，需要定期（3 年）进行验证，确保装置处于正常状态。同时，改进直流分压器二次回路防雷设计，防止雷击引起放电间隙动作及直流系统闭锁。

3. 处理措施

技术监督人员应在运维检修阶段加强监督力度，并提出如下建议：

（1）对直流分压器二次回路接地方式进行整改，信号电缆外屏蔽两端接地，内屏蔽在直流场单端接地，且屏蔽层接地均可靠接入等电位地网。

（2）改进直流分压器二次回路防雷设计，防止雷击引起放电间隙动作，在直流分压器二次回路过压保护间隙串联压敏电阻，提升放电间隙恢复性能。

【案例 8】直流电压测量装置老化导致直流系统闭锁。

1. 情况简介

某换流站极 I 直流保护 PPRA 系统和极 II 直流保护 PPRA 系统发"直流场测量故障""保护出口闭锁"信号，极 I、极 II 先后闭锁。经检查发现 A、B 系统的直流中性线电压测量放大器均工作异常，导致极 I 和极 II 直流保护 A、B 系统均闭锁，引起极 I 和极 II 直流控制系统先后发闭锁命令闭锁直流系统。直流中性线电压互感器二次接线盒如图 2-3-28 所示。

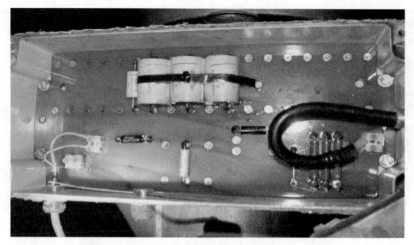

图 2-3-28 直流中性线电压互感器二次接线盒

2. 问题分析

中性线直流电压测量装置老化导致测量异常违反了运维检修阶段状态检修监督第 1 项监督要点：状态评价应实行动态化管理，每次检修或试验后应进行一次状态评价。定期评价每年不少于一次。检修策略应根据设备状态评价的结果动态调整，年度检修计划每年至少修订一次。

经过检查和分析，尽管将故障锁定在放大器，但是未找到具体原因。由于该直流测量装置是 1986 年生产、1989 年投运，二次部分已存在老化现象，历年的年度检修中均存在精度偏移的现象，因此推测是因为元器件的老化引起。

3. 处理措施

技术监督人员应在运维检修阶段加强监督力度，并提出如下建议：

（1）更换备品备件，并进行放大器的性能测试，对极母线上的分压器功率放大器、备品也进行相关测试。

（2）功率放大器报警有可能是电源扰动引起，由于当时功率放大器的电源是单电源供电，因此建议将功率放大器的电源改造成完全冗余的双电源，分别给 A、B 系统供电。

（3）增加中性线电压突变以及中性线电压测量装置功能报警信号启动录波的功能，以便及时发现测量异常。

3.5 接　地　极

【案例 1】隔离开关触头熔断。

1. 情况简介

某换流站极址内隔离开关触头接触不良，在大电流作用下发热熔化断裂后引起拉弧，电弧灼烧引起临近阻断滤波器电抗器着火，隔离开关断裂造成接地极线路电位升高，极址内门型构架上耐张绝缘子处的保护间隙击穿并持续燃弧（电流通过门型架构入地），造成悬式瓷绝缘子破碎及金具断裂，下引线从构架上掉落。由于故障期间电弧持续，接地极线路仅出现较小电压升高，未达到接地极线路开路保护动作的定值和延时条件，所以保护未动作；另外，由于发生故障的设备处于接地极线路阻抗监视范围之外，因此整个过程无报警。接地极事故前后现场照片如图 2-3-29 所示。

(a)　　　　　　　　　　　　　　(b)

图 2-3-29　接地极事故前后现场照片

(a) 事故前照片；(b) 事故后照片

2. 问题分析

在工程设计阶段，设备及导体额定电流、过负荷电流（包含隔离开关、电抗器、电流互感器、导线、管型母线）应满足系统运行的各种工况要求。若在工程设计阶段，技术监督人员发现接触电阻不符合要求，立即要求明确要求，则该类问题应该会被及时检查出而不会影响后续的各阶段工作。在竣工验收阶段和运维检修阶段，虽然未明确对隔离开关的监督项目，但是隔离开关接触电阻的测量属于常规检查项目，也应该将该缺陷及时发现。

3. 处理措施

技术监督人员应在工程设计阶段加强隔离开关接触电阻要求的监督，重点在是否明确对接触电阻值的资料进行检查。若在工程设计阶段，技术监督人员发现未明确隔离开关的接触电阻值，则应当立即要求设计单位对其进行明确。

【案例 2】 分流母线与入地电缆连接线夹存在鼓肚、开裂异常。

1. 情况简介

某换流站运维人员巡视发现接地极分流母线至大地的 12 根电缆下端线夹存在鼓肚现象，5 根线夹开裂（接地极分流电缆 2、接地极分流电缆 4、接地极分流电缆 7、接地极分流电缆 11、接地极分流电缆 12）。

经检查分析，12 根电缆上端线夹全部完好，但 12 根电缆下端线夹鼓肚、开裂，且下端线夹无雨水引流孔，怀疑为电缆下端线夹在冬季雨雪进入线夹结冰膨胀所致。线夹开裂位置如图 2-3-30 所示。

图 2-3-30　线夹开裂位置

2. 问题分析

在工程设计阶段，设备及导体额定电流、过负荷电流（包含隔离开关、电抗器、电流互感器、导线、管型母线）应满足系统运行的各种工况要求。若在工程设计阶段考虑接地极址气候影响以及温度变化，在线夹设计时增加雨水引流孔，将不会发生由于雨水结冰导致线夹的胀裂问题。

3. 处理措施

技术监督人员应在工程设计阶段重点监督线夹结构设计，对于可能存在由于天气变化导致的结冰情况，应增加雨水引流孔。当发现在可能产生结冰地区的线夹未设计雨水引流孔时，应立即要求设计单位更改设计，以满足实际需要。

第 3 部分

换流变压器和平波电抗器技术监督

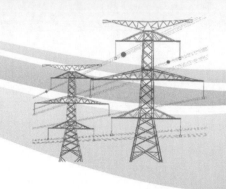

1

换流变压器、干式平波电抗器和油浸式平波电抗器技术监督基本知识

1.1 换流变压器、干式平波电抗器和油浸式平波电抗器简介

1.1.1 换流变压器

1.1.1.1 换流变压器概述

1. 基本原理

换流变压器的基本原理是电磁感应原理，利用该原理改变交流电压。变压器工作原理如图 3-1-1 所示。

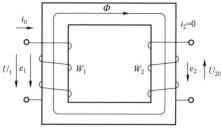

图 3-1-1 变压器工作原理图

在一次绕组上外施一交流电压 U_1 便有 i_0 流入，因而在铁心中激励一交流磁通 Φ，磁通 Φ 同时也流过二次绕组。由于磁通 Φ 的交变作用，在二次绕组中便感应出电动势 e_2。改变二次绕组的匝数，便能改变电动势 e_2 的数值，如果二次绕组接上用电设备，二次绕组便有电压输出，这就是换流变压器的工作原理。

假设一、二次绕组的匝数分别为 W_1、W_2，当换流变压器的一次侧接入频率为 f、电压为 U_1 的正弦交流电源时，根据电磁感应原理，铁心中的交变磁通 Φ 将分别在一、二次绕组中感应出电动势。一次绕组感应电动势为 $e_1 - W \times d\Phi/dt$（$d\Phi/dt$ 为磁通的变化率，负号表示磁通增大时，电动势 e_1 的实际方向与电动势的正方向相反）。

2. 铁心及夹件

变压器中的磁路部分主要由铁心组成。铁心通常由含硅量较高、表面涂有绝缘漆的热轧或冷轧硅钢片叠装而成，其与绕在其上的绕组组成完整的电磁感应系统。电源变压器传输功率的大小，取决于铁心的材料和横截面积。换流变压器铁心为单相四柱式，两个心柱和两个旁轭，两个心柱上的绕组均并联连接，每柱容量为单相容量的一半。铁心采用六级接缝，有效地降低接缝处的空载损耗和空载电流。

夹件一般为板式结构，上夹件无压钉结构，采用腹板下压块压紧器身；下夹件根据铁心和绕组的散热强度可焊导油盒，配合不同位置的导油孔，保证两心柱的各个绕组的油量分配。拉板下部采用挂钩结构与下夹件腹板咬合，上部为螺纹结构，在上夹件腹板内侧穿过上横梁锁紧固定。铁轭上下设置高强度钢拉带紧固。

变压器运行中，铁心及夹件等金属部件均处于强电场中，由于静电感应，在这些金属部件中会产生悬浮电位，可能在某些地方引起放电，故需要接地。但是若有两点或多点接地，在接地点之间会形成闭合回路，主磁道穿过此回路，会产生环流，造成铁心局部过热，甚至引起火情；因此从安全角度考虑，有且只能一点接地。

3. 绕组排列

变压器的绕组紧贴铁心，根据连接的系统不同，习惯称作一次绕组、二次绕组等。换流变压器连接交、直流系统，通常连接交流系统的称为网侧绕组及调压绕组；连接换流阀的称为阀侧绕组。换流变压器绕组的排列方式通常有以下两种：

（1）铁心柱→阀侧绕组→网侧绕组→调压绕组；

（2）铁心柱→调压绕组→网侧绕组→阀侧绕组。

4. 换流变压器与普通变压器的主要差别

换流变压器的阀侧与直流相连，故其阀侧绕组所承受的电压为交流电压和直流电压的叠加。因此，换流变压器在设计、生产和运维各阶段与普通的电力变压器有所区别：

（1）阀侧绕组承受的直流电压对绝缘的影响。额定工作状态下，阀侧绕组端部与地之间以及阀侧绕组与网侧绕组之间的主绝缘上长期承受直流电压；当系统发生潮流反转时，阀侧绕组所承受的直流电压也同时发生极性反转。换流变压器中长期持续受到的交直流叠加电场的作用以及极性反转直流跃变电压的作用，影响换流变压器的绝缘设计。

直流的极性反转试验可视为在稳定的直流电压作用下，突然施加两倍的反向直流电压；此时，电场分布为直流电压下的分布与两倍反极性阶跃电压下的分布的叠加，变压器油中的场强出现最大值，并很快衰减至稳定直流电压作用下的场强，而纸板中的场强则低于其稳定直流电压作用下的场强。所以换流变压器中的电场分布要比普通变压器中的电场分布复杂得多。另外，影响直流场分布的主要技术指标——绝缘材料的电阻率又受温度、湿度、电场强度及加压时间等诸多因素的影响而在很大范围内变化，增加了不稳定性。

因此，换流变压器的主绝缘较普通变压器要采用更多的纸板，组成油—纸隔板系统。其中的纸板不仅在交流场中承担分割油隙的功能，还有在直流场中调节电阻分布，进而影响直流电场分布格局的作用。此外，换流变压器中阀侧引线及其与套管相接处的绝缘结构复杂、介质种类多，影响电场分布的因素也较多，在运行中和试验时发生绝缘损坏的部位主要集中在这里。

（2）直流偏磁问题。换流变压器在运行中，由于交直流线路的耦合、换流阀触发角的不平衡、接地极电位的升高等多方面原因会导致换流变压器阀侧及网侧线圈的电流中产生直流分量，使换流变压器产生直流偏磁现象，从而导致换流变压器损耗、噪声都有所增加。

（3）高次谐波对损耗和温升的影响。换流变压器绕组负载电流中有较高频率的谐波分量，这将引起很高的附加损耗。

（4）有载调压范围大，动作更频繁。为了补偿换流变压器交流侧电压的变化，换流变压器运行时需要有载调压。换流变压器的有载调压开关还参与系统控制，以便于让晶闸管的触发角运行于适当的范围内，从而保证系统运行的安全性和经济性。为了满足直流降压运行的模式，换流变压器有载调压分接范围相对普通的交流变压器要大得多，而且动作更频繁。

（5）换流变压器 Box-in 降噪装置。换流变压器运行时，因阀侧绕组非全波运行，会产生大量谐波，也会造成换流变压器的噪声比普通变压器的噪声大很多。为了减小噪声污染，在特高压换流站的换流变压器上，使用了与常规直流工程中不同的降噪装置，使用吸音材料将换流变压器本体包围起来，称之为 Box-in 降噪装置。

1.1.1.2　换流变压器关键元件

除本体外，换流变压器还有很多附件，比如有载分接开关、网侧套管、阀侧套管、冷却器及其控制柜、潜油泵、储油柜、吸湿器、储油柜油位计、压力释放阀、气体继电器、温度测量装置等。

1. 有载分接开关

有载分接开关在变压器励磁或负载状态下进行操作。当一次绕组侧电压波动，调换线圈的分接连接位置，改变换流变压器一、二次绕组的匝数比，使二次侧的电压稳定在一个规定范围内。一般有载分接开关都连接在一次绕组的中性点分接绕组上，以降低有载分接开关的绝缘成本。

换流变压器有载分接开关由以下部分组成：选择开关、切换开关、极性开关、电位开关、过渡电阻、电动操动机构及相关保护元件等。

EFPH 8557 型换流变压器选用的 VRF 型真空有载分接开关，与常规有载分接开关最大的区别在于切换开关内的灭弧机构采用真空管，寿命长，油中不会大量产生碳粒；在真空中产生的弧电压比在油中或六氟化硫中产生的要低很多，能量消耗和触头磨损降低；真空开关的触头比油浸式开关的更加耐磨（如在 1000A 切换电流下，前者的磨损只相当于后者的 10%）；MR 真空有载分接开关一般可以达到 60 万次的切换寿命；正常情况下操作 30 万次才需维护。

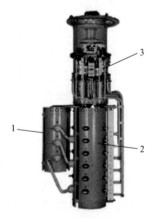

图 3-1-2　有载分接开关内部结构
1—极性选择器；2—分接选择器；3—切换开关

该型有载分接开关同样也是由切换开关、分接选择器（带极性选择器）组成，并由安装在变压器箱壁上电动机构经垂直传动轴、伞齿轮盒和水平传动轴传动。有载分接开关内部结构如图 3-1-2 所示。

2. 套管

换流变压器使用的套管分网侧套管和阀侧套管，网侧套管又分高压侧套管和中性点套管。网侧套管采用瓷质伞裙式油纸电容式套管，并有易于从地面检查油位的储油柜油位计，顶部接线端子可变换方向。阀侧套管分上、下两套管，根据阀侧对地绝缘等级不同，选择不同绝缘强度等级的阀侧套管。阀侧套管采用复合硅橡胶绝缘材料，内空且充有 SF_6 气体，并有 SF_6 压力表进行实时监视或报警。

网侧套管内部采用的是油纸绝缘电容式结构，其主绝缘由油浸式芯子构成，芯子被绝缘油包裹。外部采用伞裙式瓷质材料，有效增大爬电距离。阀侧套管内部采用的是复合硅橡胶材料绝缘电容充气式结构，外部采用伞裙式复合硅橡胶材料，有效增大爬电距离。

3. 冷却器

主流换流变压器冷却器冷却方式属于强迫油循环导向风冷类型。与普通变压器相比，其主要区别在于变压器器身部分的油路不同。普通的油冷却变压器油箱内油路较乱，油沿着绕组和铁心、绕组和绕组间的纵向油道逐渐上升，而绕组段间（或叫饼间）油的流速不大，局部地方还可能没有冷却到，绕组的某些线段和线匝局部温度很高。强迫油循环采用导向冷却，可以改善这些状况。变压器中绕组的发热比铁心发热占的比例大，改善绕组的散热情况还是很有必要的。绕组内冷却结构如图 3-1-3 所示。导向冷却的变压器，在结构上采用了一定的措施（如加挡油纸板、纸筒）后使油按一定的路径流动。采用了导向冷却，泵口的冷油，在一定压力下被送入绕组间、线饼间的油道和铁心的油道中，能冷却绕组的各个部分，这样可以提高冷却效能。

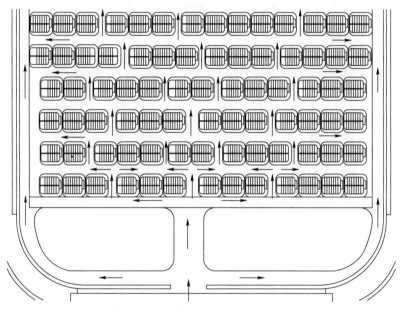

图 3-1-3　绕组内冷却结构示意图

（1）强油循环导向风冷却利用箱底导油结构来实现冷却。对于特大型变压器，为了降低变压器的运输高度，常将下节油箱的加强铁布置在油箱内部。同时，为了避免大电流低压引线引起的箱沿螺栓局部过热，下节油箱高度一般取得较低。这种情况下，从下节油箱箱壁引出导油管将变得困难，但可以采用箱底导油结构。

箱底导油结构是利用箱壁内部加强铁之间的空间作为导油通道，箱底导油盒结构如图 3-1-4 所示。视结构需要可以在下节油箱的高压侧（或低压侧，或高、低压侧）焊上导油盒，该导油盒通过箱壁上的管接头与油箱外面的冷却器连通。来自冷却器的变压器油流经箱底导油盒进入箱底导油通路内，然后利用铁心下夹件下肢板上所开分流孔将冷却油导入器身内部。

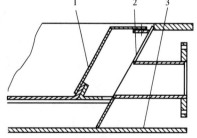

图 3-1-4　箱底导油盒结构示意图
1—导油盒；2—箱壁；3—箱底

对于强油循环导向冷却的变压器而言，当绝缘材料表面的油流速度过高时，有可能造成"油流带电"现象，危及变压器的安全运行。在结构上常采取分流措施，即将来自冷却器油流的一部分直接导入油箱而不进入器身内部，这部分油虽然不对绕组的线饼进行直接冷却，但由于它是冷油进入变压器油箱下部，在油箱内部变热后从上部出油口流出，因而同样带走变压器损耗所产生的热量，使变压器的油面温度降低。

（2）空气冷却器利用空气流通来冷却变压器油。空气冷却器由冷却风扇、潜油泵、散热片、油流指示器等组成。冷却风扇被分隔开来安装，这样的安装便于逐个有选择地开启和关闭风扇。潜油泵提供强迫油循环的动力，油流指示器则用来指示潜油泵是否启动。

每台 EFPH 8557 型换流变压器均有 4 组空气冷却器（竖直方向为组），每组由 4 台冷却风扇及散热片、1 台潜油泵以及控制电路（见下章冷却器控制柜回路）等组成。冷却器如图 3-1-5 所示。

图 3-1-5　冷却器

4. 潜油泵

换流变压器的每组冷却器上装有 1 台潜油泵，潜油泵提供强迫油循环的动力。潜油泵的内部结构与实物如图 3-1-6 所示。潜油泵和电动机室均是由铁质材料构成，再由螺钉固定，连接处的密封使用"O"形环，定子和线圈直接安装在电动机室内，电动机的传动轴用来支撑转子和泵叶轮悬挂两端在球形轴承中，当转子静止，电动机室产生振动时，球形轴承中缓冲器的弹簧可以防损伤。泵叶轮安装时，应小心地调整和平衡。

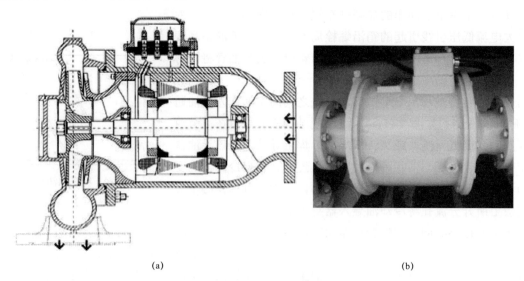

(a)　　　　　　　　　　　　　　　　　　　　　　　　(b)

图 3-1-6　潜油泵

（a）内部结构图；（b）实物图

电动机端子盒具有耐污特性，用于安装电缆。在运输过程中，电缆孔要使用塑料插销密封，可以在进口旁钻出其余尺寸的孔，接线盒的接地使用一个内部接地螺钉。

5. 储油柜

主流换流变压器的储油柜为胶囊式，胶囊式真空储油柜内装有耐油胶囊，胶囊袋内部通过吸湿器与大气相接触，袋外与变压器油相接触。当变压器油箱中的油膨胀和收缩时，储油柜油面上升或者下降，使胶囊向外排气或自行补充气体以平衡袋内外压力，起到呼吸作用。

在高端的 HY 型换流变压器的储油柜，因其尺寸过长，本体储油柜采用双胶囊，在储油柜内部中间用钢板隔开，钢板非全隔离，底部可导通。

6. 吸湿器

吸湿器是储油柜与大气环境相连的元件，可隔离大气中的潮气，当储油柜油位变化时，储油柜胶囊的体积随着油位变化而变化。进入储油柜胶囊的气体经过吸湿器硅胶吸收潮气，进一步防止水分进入变压器油中。

换流变压器的吸湿器分为本体储油柜吸湿器和有载分接开关储油柜吸湿器。吸湿器的作用是在换流变压器负载下降、油温降低造成油体积减小的情况下，给换流变压器提供干燥的空气。在吸湿器中填充有硅胶，硅胶有很好的干燥效果，可以吸收相当于自重 15% 的水分，吸收水分后硅胶会变成粉红色。在吸湿器末端有一油杯，用来防止空气直接进入吸湿器，可以在空气进入前对空气进行净化，注油的时候要注到刻度线所在的位置。

7. 储油柜油位计

换流变压器储油柜油位计包括本体储油柜油位计和有载分接开关储油柜油位计，装在储油柜两侧，其主要是通过磁耦合间接指示储油柜油位。储油柜油位计如图 3-1-7 所示。

储油柜油位计用于显示储油柜内的油位，通常安装在储油柜两端部的法兰上。随着油位的变化，储油柜油位计浮子的升降带动浮杆，从而驱动联动轴。联动轴的运动使得磁铁相互耦合作用，这个作用力使得指针也跟着一起转动。两块磁铁分别安装在储油柜外壳端部的内外两侧。

储油柜油位计内部有油位最高、最低报警触点，当储油柜油位在最高或最低时发出对应报警信号。

图 3-1-7　储油柜油位计

8. 压力释放阀

换流变压器的压力释放阀分别装在有载分接开关油箱和本体油箱顶部。压力释放阀是一种保护装置，当换流变压器油箱或有载分接开关油箱内严重故障（例如电弧）时，换流变压器油的体积会急剧增大，并产生大量气体，压缩压力释放阀的弹簧，若其压力大于压力释放阀的开启压力，压力释放阀就会打开，气体和油则会从压力释放阀喷出，待油箱内的压力低于压力释放阀的开启压力后，压力释放阀会关闭。

9. 气体继电器

换流变压器装有一个气体继电器，位于本体储油柜和本体油箱之间的连接管道。换流变压器装有一个油流继电器，位于有载分接开关储油柜和有载分接开关之间的连接管道。气体继电器和油流继电器可统称为气体继电器，是换流变压器的一种保护用附件，当换流变压器内部有故障后，使油分解产生气体，或在油流冲击时，气体继电器触点动作，给出报警信号或自动切除换流变压器。

（1）气体继电器。气体继电器由一个安装在顶部、起到报警和跳闸作用的铝盒组成。在盒的两侧都预备了两个可视窗口。上方的可视窗口有体积的刻度，可以显示出被收集气体的体积。可视窗口配有带铰链的金属盖。释放收集气体的阀门安装在盒的顶盖上。盖子上有一个测试旋钮，作为报警和跳闸装置的手动测试，当不使用的时候用一个簧帽保护。

气体继电器有两级保护，第一级为轻瓦斯保护，只发报警信号，第二级保护为重瓦斯保护，发报警信号，且发出跳闸信号。气体继电器的原理如下。

1）轻瓦斯保护动作原理：换流变压器在因为发生电弧、短路和过热时产生大量气体，气体聚集在气体继电器上部，使油面降低。当油面降低到一定程度时，上浮球下沉，使控制触点接通，发出报警信号。EFPH 8557 型换流变压器的报警设定值为：气体聚集 250mL，输出 1 对信号触点。

2）重瓦斯保护动作原理：换流变压器内部严重故障（例如产生电弧）时，换流变压器油的体积会急剧增大，油流冲击挡板，挡板偏转并带动板后的联动杆转动上升，使控制触点接通，发出跳闸信号。EFPH 8557 型换流变压器的跳闸设定值为：油流速度为 1.0m/s，输出 3 对信号触点。

气体继电器如图 3-1-8 所示。

（2）油流继电器。油流继电器用于当有载分接开关的切换开关油室内发生严重故障，有载分接开关到储油柜之间的油管发生油的迅速流动时，油流冲击挡板，挡板偏转并带动板后的连动杆转动上升，使干簧管触点接通，发出跳闸信号，保护有载分接开关。EFPH 8557 型换流变压器的跳闸设定值为：油流速度为 1.2m/s，输出 2 对信号触点。

油流继电器的动作元件主要由带永久磁铁的挡板组成，磁铁用于驱动干簧管触点动作。

10. 温度测量装置

换流变压器的温度测量装置有温度传感器和温度计两类。每台换流变压器有 4 个温度传感器，2 个位于换流变压器油箱顶部，2 个位于换流变压器油箱底部；另外还有就地的 1 个油面温度计和 2 个绕组温度计，其探头位于换流变压器油箱顶部，表计位于换流变压器下方侧面。温度测量装置探头接收换流变压器油温变化，并将其转换成电信号（远传信号）或指针指示（就地油位计）。

（1）温度传感器。温度传感器实际上就是随着温度升高而电阻值变大的可变电阻；后台采集传感器的阻值，通过换算得到换流变压器顶部、底部的油温。油温传感器如图 3-1-9 所示。

图 3-1-8 气体继电器

图 3-1-9 油温传感器

（2）温度计。

1）油面温度计。油面温度计是压力式温度计，由指示仪、温包和毛细管三部分组成一个密闭的系统。温包放置在换流变压器顶部温度计座内，温包内充有感温液体。当换流变压器油温度变化时，感温液体的体积也随之变化，从而通过毛细管传递到指示仪上，通过指针显示出来。另外，油面温度计内还有信号触点，例如高端换流变压器信号触点包括：冷却器风机停止 2 个（45、50℃）、报警 1 个（75℃）、跳闸 2 个（85℃）等。油面温度计如图 3-1-10 所示。

2）绕组温度计。绕组温度计是利用"热模拟"原理，依据顶部油温再加上绕组和油的温差（铜油温差）得出的温度。绕组温度计的温包接入阀侧套管电流互感器电流来补偿电流的热效应，并在就地的油面温度计指示仪上显示绕组温度。另外，绕组温度计内还有信号触点，例如高端换流变压器信号触点包括：冷却器风机启动 2 个（75、85℃）、报警 1 个（115℃）、跳闸 2 个（125℃）等。绕组温度计如图 3-1-11 所示。

图 3-1-10　油面温度计　　　　　　　　图 3-1-11　绕组温度计

1.1.2　干式平波电抗器

1.1.2.1　干式平波电抗器简介

干式平波电抗器是高压直流换流站的重要设备之一，平波电抗器的主要作用有：限制直流电流的突变，减小换相失败的可能性；当直流线路故障时，在整流侧调节器的配合下，限制短路电流的峰值，同时还可限制线路和装在线路端的设备的并联电容通过逆变器放电的电流；和直流滤波器一起构成直流输电线路的谐波滤波回路，减小直流线路中电压和电流的谐波分量；防止由直流开关站或直流线路产生的陡波冲击进入阀厅，使换流阀避免遭受过电压损坏；能平滑直流电流中的纹波，避免在低直流功率传输时电流的断续；避免直流侧谐振。

1.1.2.2　干式平波电抗器功能单元

干式平波电抗器主要由绕组、支架、绝缘支柱、均压环、底座等组成。绕组由多层同心换位铝线包组成，每层线包均浇注环氧树脂绝缘，层间垫有隔条，用于保证层间绝缘和散热。每层线圈通过垂直紧固件固定牢靠，以确保绕组振动时不变形。

1.1.2.3　干式平波电抗器关键元件

1. 避雷器

由于干式平波电抗器由多台绕组串联构成，每台绕组上所承受的雷电冲击波电压分布是很不均匀的。试验研究表明，通过与每台绕组并联避雷器保护，基本可以使雷电过电压分布保持均匀分布，降低单台绕组的绝缘水平要求。根据绝缘配合设计研究，极母线侧高压平波电抗器需要并联避雷器对其进行保护。

对于作为平波电抗器保护装置的避雷器而言，将其安装于平波电抗器外侧的平台上，距离电抗器比较近。一般更倾向采用复合外套避雷器，原因有二：① 复合外套质量轻，约为瓷质产品的一半甚至更轻；② 假若避雷器遭遇特殊故障引起爆炸，不会损坏平波电抗器外绝缘。

根据经验，支撑避雷器的独立绝缘子，改为直接用电抗器平台一侧延伸出的刚性臂直接支撑避雷器的结构方式，平波电抗器避雷器支撑方式如图3-1-12所示。

2. 均压环

电抗器均压环由不同规格的电晕环组成，每圈电晕环都是由多段尺寸相同的两端封闭的弧形铝管所组成的非闭合环，电晕环的结构如图3-1-13所示。

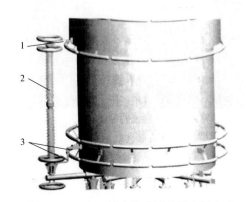

图3-1-12 平波电抗器避雷器支撑方式

1—避雷器上连接板；2—避雷器；3—避雷器连接板

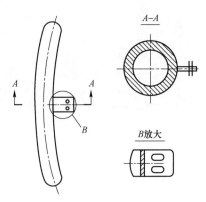

图3-1-13 电晕环结构示意图

电晕环技术要求如下：

（1）电晕环表面光滑，焊口应修平，不允许补腻子。

（2）电晕环表面应进行抛光处理。

（3）电晕环表面喷清漆，不允许喷银粉漆。

（4）电晕环安装板应有明显且不易被擦除的图号标记，不允许将该标记写于包装膜上。此外，还需在包装箱表面写有同样的图号标识和数量。

（5）每台平波电抗器所需电晕环须按工号和序号分别包装，不允许混装。

（6）包装运输过程中不允许有磕碰。

3. 换位导线

干式平波电抗器一般采用扁形换位铝导线绕制。扁形换位铝导线是由多根膜包单股线经过绞合压型后形成双层排列、在一定距离内换位并且相互绝缘的导线。经绞合压型后的导线再包以多层绝缘薄膜带和一层最外层绝缘带。扁形换位铝导线的结构如图3-1-14所示。

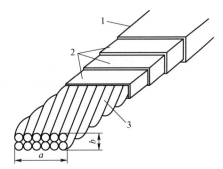

图3-1-14 扁形换位铝导线结构示意图

1—最外层绕包材料；2—薄膜带；3—膜包单股线

1.1.3 油浸式平波电抗器

1.1.3.1 油浸式平波电抗器简介

平波电抗器也称直流电抗器，是直流输电系统中的关键设备之一，一般串接在换流器的直流输出端与直流线路之间。

油浸式平波电抗器的主要作用为：

（1）在直流系统发生扰动或事故时，抑制直流电流的突变速度，以避免事故扩大。

（2）当逆变器发生故障时，可避免引发换相失败。

（3）在交流电压下降时，可减少逆变器换相失败的概率。

（4）当直流线路短路时，可在调节器的配合下，抑制短路电流的峰值。

（5）抑制换流阀产生的纹波电压，并同直流滤波器配合，极大地抑制和削减环流过程中产生的谐波电压和谐波电流，从而大幅度削弱直流线路沿线对通信的干扰。

（6）在直流低负荷时，避免因电流发生间断而导致换流变压器等电感元件产生很高的过电压。

（7）限制线路和装在线路端的容性设备通过换流阀的放电电流，以免损坏换流阀元件。

目前±500kV 直流工程平波电抗器多采用油浸式。由于±800kV 油浸式平波电抗器技能仍未成熟，且造价昂贵，目前并未应用至±800kV 换流站中。

油浸式平波电抗器的结构及实物如图 3-1-15 所示。

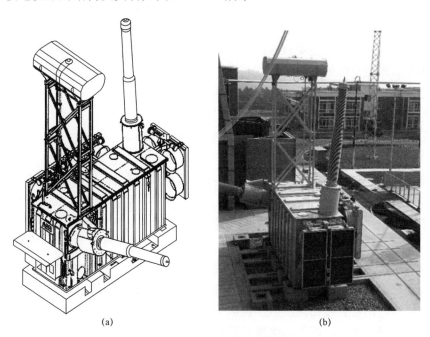

(a)　　　　　　　　　　　　(b)

图 3-1-15　油浸式平波电抗器结构及实物图
(a) 结构图；(b) 实物图

1.1.3.2 油浸式平波电抗器功能单元

油浸式平波电抗器具有成熟的运行经验，通过近几年的技术引进和开发研究，国内现已具有独立设计、制造±500kV 油浸式平波电抗器的能力。油浸式平波电抗器主要包括本体、套管、油箱及储油柜、冷却装置等功能单元。

1. 本体

油浸式平波电抗器的本体主要由铁心、绕组、绝缘材料、引线等构成，本体结构如图 3-1-16 所示。

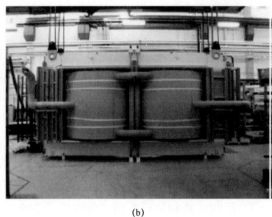

(a)　　　　　　　　　　　　　　　　　(b)

图 3-1-16　油浸式平波电抗器本体结构
(a) 本体内部结构；(b) 绕组引出线

油浸式平波电抗器本体是平波电抗器中最主要的结构，几乎承担着平波电抗器的所有功能。

2. 套管

（1）油浸式平波电抗器套管主要将内部高、低压引线引到油箱外部，不但承担着引线对地绝缘的功能，而且担负着固定引线的作用。

（2）平波电抗器套管需满足的技术要求主要为：

1）必须具有规定的电气强度和足够的机械强度。

2）必须具有良好的热稳定性，并能承受短路时的瞬间过热。

3）密封性能好、通用性强和便于维修。

（3）平波电抗器使用的套管型号较多，通常可分为充油式套管、充气式套管、油气式套管、干式套管。站内常用 GGF 型套管与 GOF 型套管，其中 GGF 型套管为油气式套管，套管与本体油之间通过阀门连接，用于阀侧套管；GOF 型套管与本体油之间直接连通，是平波电抗器的出线套管。

1）GGF 型套管。GGF 型套管主要用于平波电抗器阀侧套管，主要由内室和外室两部分构成。

室内套管内部充满油后与普通的油绝缘套管类似，其底部插入平波电抗器本体，与本体共用绝缘油。由于安装于室内的套管是由油浸式平波电抗器本体穿入阀厅，故需要一个密封系统，防止绝缘油通过平波电抗器流入阀厅，即使当绝缘体受损时，仍可保持密封。

室外套管内部充有一定压力的 SF_6 气体，外部绝缘体由玻璃纤维带环氧树脂管、硅外裙构成。套管中间的导电杆为电流载体，套管法兰处配有抽头，连接到冷凝器心的外层，用于试验抽头。套管法兰连接处通常装有防爆装置，当套管内部气压达到一定值时自动开启泄压，从而起到保护套管的作用。

2）GOF 型套管。GOF 型套管一般用于平波电抗器的出线套管。套管内部充满油，且与本体共用平波电抗器本体油系统。GOF 型套管靠油侧无绝缘子，外部绝缘体玻璃纤维带环氧树脂管、硅外裙构成。

3. 油箱

油浸式平波电抗器油箱是平波电抗器的外壳，内装铁心、绕组与变压器油，同时起到一定的散热作用。油箱应满足以下几点条件：

（1）在保证内部必要的绝缘距离的条件下，尽可能减小体积，以节约用油。

（2）应具有必要的真空强度，以便在检修时能利用油箱进行真空干燥。

（3）油箱外部各种附件的布置应便于安装和维护。

油浸式平波电抗器油箱通常采用低导磁材料，以降低箱盖上的交变磁通，避免出现局部过热现象。油箱上装有油管，用于接通整个油路。油箱壁上一般焊有吊攀，用以起吊整台平波电抗器。箱壁四周焊有加强筋板。油箱壁上装有压力释放阀，用于迅速排出箱内过高的压力。此外，在箱壁上还开有冷却系统的进出口管道，油冷却器就安装或固定在箱壁上。

4. 冷却系统

油浸式平波电抗器一般采用强油循环风冷方式。其工作原理是通过把平波电抗器中的变压器油，利用油泵打入冷却器后再送入油箱，油冷却器做成容易散热的特殊形状，利用风扇吹风作冷却介质，从而将油中热量带走。

强油循环风冷却的平波电抗器均装有空气冷却器，装用冷却器的数量是按平波电抗器总损耗选择的。空气冷却器是用潜油泵强迫油循环使油与冷却介质空气进行热交换的冷却器，它由冷却器本体、潜油泵、风扇电动机、油流指示器、散热片、控制箱等组成。每台平波电抗器有一个总控制箱，可以控制油泵和风扇的自动投入或切除。油浸式平波电抗器冷却器如图 3-1-17 所示。

图 3-1-17 油浸式平波电抗器冷却器

每台平波电抗器安装 6 组冷却器，每组 1 台油泵、2 台风机。投入 5 组冷却器组即可满足额定负荷运行，剩下的一组冷却器作为备用。直流系统解锁，投入一组冷却器；正常运行时根据绕组温度或顶部油温投入冷却器；另当直流电流超过 2250A 时增投一组冷却器，超过 3000A 时再增投一组冷却器。冷却器退出为先投先退原则，当绕组和顶部油温低于设定值，即切除先投入的一组冷却器。

强油循环的冷却系统必须有两个独立的工作电源并能自动切换，当工作电源发生故障时，应自动投入备用电源并发出音响及灯光信号。

必要时，应用高压水枪清洗散热片，清洗时注意水枪朝空气流动的反方向喷射，以免风扇电源受潮。首先将水枪的水压调到最低，冲洗整个冷却器，大约冲洗 10min 后用高压水冲洗。注意保持正确的角度，喷头离冷却器的距离大于 150mm，散热片冲洗方法如图 3-1-18 所示。若清洗距离不当会使清洗污迹流进扇叶导致腐蚀，遗留的清洗剂仍会对设备造成腐蚀。此外，变形的散热片应使用专用工具梳直。

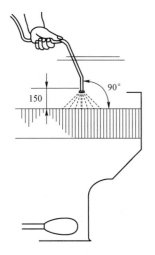

图 3-1-18 散热片冲洗方法

1.1.3.3 油浸式平波电抗器关键元件

1. 铁心

铁心构成平波电抗器的磁路，铁心结构如图 3−1−19 所示。除图 3−1−19 中所示零部件外，还有夹件绝缘、压梁绝缘、夹板绝缘、压钉螺栓、接地片等。

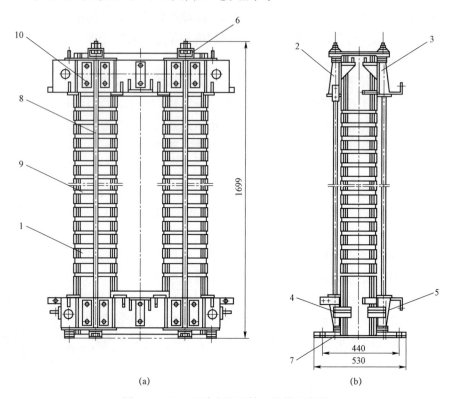

图 3−1−19 平波电抗器铁心结构示意图

（a）正视图；（b）侧视图

1—铁心；2—散热器侧上夹件；3—上夹件；4—散热器侧下夹件；

5—下夹件；6—上压梁；7—下压梁；8—拉螺杆；9—气隙垫块；10—穿心螺杆

铁心采用标准厚度的电工钢片叠成。值得注意的是，平波电抗器通常采用晶粒无取向冷轧电工钢片。在额定工况下，平波电抗器铁心在交、直流同时励磁时，磁通密度已达饱和（因为受尺寸和质量限制，磁通密度取得很高），若采用晶粒取向冷轧电工钢片，会造成电感量过低，使脉流系数超过 30%。而无取向冷轧电工钢片虽然起始饱和磁通密度并不高，但高饱和时，它的磁化曲线仍具有较大的斜率，因而在高饱和工况下尚有较大的脉流电感。

平波电抗器铁心柱截面近似圆形。铁心柱的中间部分做成分段的，每柱有若干段铁心饼。

铁轭截面为矩形，铁轭截面大于心柱截面，这是对矩形铁轭截面的一般要求。在铁轭和铁心饼之间以及铁心饼与铁心饼之间，均安置有气隙垫块，气隙垫块的材料为环氧玻璃布板。

铁心中的磁通在通过气隙时，一部分垂直穿过，另一部分则由气隙外面绕行而过，后者称绕行磁通，通过气隙的磁通如图 3−1−20 所示。气隙越大，绕行磁通越多，绕行磁通垂直穿

图 3−1−20 通过气隙的磁通示意图

1—绕行磁通Φ；2—气隙

过电工钢片边缘时，会产生较大的涡流损耗和噪声。气隙分段后，每段气隙相对减小，绕行磁通相应减少，产生的涡流损耗及噪声就显著减少。

2. 绕组

平波电抗器的每个铁心柱上套有一个绕组。每个绕组由 4 组构成，两铁心柱上相同位置的各组线圈通过连接线彼此并联，构成 4 组电感线圈。每组电感线圈和一台牵引电动机串联。

4 组电感线圈从上到下按 c4y4、c2y2、c3y3、c1y1 排列（即按 4、2、3、1 排列），对应主电路中的 4M、2M、3M、1M 号电动机。

4 组电感线圈共铁心（磁路）布置的设计方式比起 4 组电感线圈设计成独立的 4 个电抗器而言，可以节省空间尺寸和重量。但小电流时，4 组电感线圈的电感值略有差异，上、下两个电感线圈的电感值稍大，中间两个电感线圈的电感值则稍小。设计时，适当加大绕组电感，以使牵引电动机电流的脉动系数都在允许的范围之内。当故障运行时，例如切除一个转向架上的两台电动机，初始电感降低，但牵引电动机在额定电流运行时，由于磁势减少一半，使磁路不饱和，从而使额定电流下的电感变化不大。

绕组采用连续式，两铁心柱上的绕组绕制方向相反。绕组绕制在附有 8 根撑条的绝缘筒上。撑条用电工绝缘纸板加工制成，用以构成油道，加强绕组的散热。绝缘筒用酚醛纸筒制成。同一铁心柱上的 4 组绕组彼此间有 10mm 的油道。

绕组要经过浸漆处理，一般浸 1032 醇酸树脂漆。绕组浸漆可以增加机械强度，但是降低了耐电强度和散热能力。由于平波电抗器额定电流较大，而电压等级并不太高，因此通过浸漆可进一步提升抗短路能力和过载能力。

3. 引线

在平波电抗器绕组外部，连接绕组各引出端和油箱上出线端子的导线称为引线。引线将电感线圈串接在电动机回路。

对引线有电气性能、机械强度和温升三个方面的要求：

（1）在尽量减小器身尺寸的前提下，引线应保证足够的电气强度。

（2）为承受运行的颠簸、长期运行的振动和短路电动力的冲击，引线应具有足够的机械强度。

（3）对长期运行的温升、短路时的温升和大电流引线的局部温升，不应超过规定的限值。

引线的常见形式有棵圆线、纸包圆线、裸母线排、电缆和铜管等。绕组出线通过钎焊焊在铜排上，铜排将绕组出线引到油箱的出线装置处，铜排与出线装置之间再通过软编织线（或接线片）连接。

将两铁心柱上同位置的绕组并联成为一组电感线圈的纸包导线称之为连接线，平波电抗器引线连接如图 3-1-21 所示。

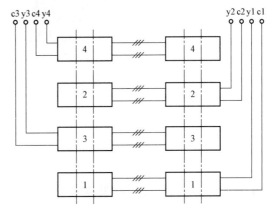

图 3-1-21 平波电抗器引线连接图

4. 储油柜

储油柜安装于平波电抗器油箱之上，与油箱通过管道连接。

平波电抗器储油柜的作用为当本体油的体积随着油温变化而膨胀或缩小时，储油柜起储油和补油作用，能保证油箱内充满油，储油柜如图 3-1-22 所示。油箱一般为满油，但储油柜中油不能太满。当油箱中缺少油时，储油柜中的油就会顺管道流下，补充到油箱中，使之保持满油状态；同时，当变压器负荷增大，油温增高，变压器油膨胀，油

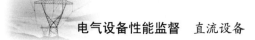

箱中盛不下时，也会顺管道上流，回流到储油柜中。此外，储油柜上配备一个用玻璃封闭的管道，称为防爆管，用于防止平波电抗器发生事故时，油温快速增高，体积急剧膨胀，储油柜中已不能容纳时，油流挤碎玻璃从防爆管冲出，保护平波电抗器不受大的损坏。

图 3-1-22　储油柜

储油柜的侧面还装有油位计，可以监视油位的变化。储油柜内装有橡胶隔膜，用于隔离油与空气的接触，防止油接触空气而受潮。

与储油柜连接的吸湿器起到防止绝缘油受潮的作用。当吸湿器中的干燥剂硅胶因为吸潮 3/4 变成褐色时，就需要更换新的硅胶或者对之进行再生。干燥剂可能存在顶部部分变色的状况，这种状况可能是油管连接处渗漏引起，也可能是平波电抗器内潮气太大；此时需要检查管道接口，并且取油样检查其湿度。平波电抗器吸湿器如图 3-1-23 所示。

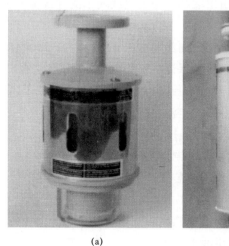

(a)　　　　　　　　　　　(b)

图 3-1-23　平波电抗器吸湿器
(a) 型式 1；(b) 型式 2

1.1.3.4　油浸式平波电抗器主要附件

1. 气体继电器

当平波电抗器发生电弧、局部放电或局部过热等故障时，通常会产生一定量的特定气体，这些气体被收集到继电器盒内并触动报警系统，从而帮助现场运维人员及时发现平波电抗器缺陷并进行消缺处理。

正常情况下气体继电器内充满油，报警装置的浮子在最高点。如果平波电抗器内部有故障发生，平波电抗器内会产生大量气泡，气体会在气体检测继电器内聚集。当气体积累到 300cm³，浮子会下落到一个位置，从而触动报警触点，发轻瓦斯报警。如果收集的气体越来越多，盒子里的油位会降低，直到气体从储油柜释放。这种情况下，较低的一个浮子不会受到影响，如果继续聚集，直到较低的浮子落下，接通跳闸触点，造成平波电抗器保护动作跳闸。气体继电器的结构如图 3-1-24 所示。

2. 油温传感器

平波电抗器有 2 个油温传感器，分别位于平波电抗器顶部和底部。测量系统中充满液体，温度变化时其容量随之变化。温度变化还导致弹簧挡板移动，挡板的移动通过连接系统传输给信号触点。温度传感器提供 4 副微型开关信号触点。油温传感器如图 3-1-25 所示。

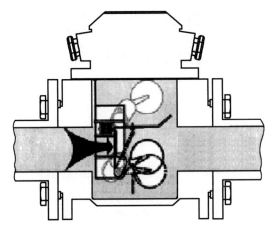

图 3-1-24 气体继电器结构示意图　　　　图 3-1-25 平波电抗器油温传感器

平波电抗器的绕组测量温度是依据油温和绕组电流计算得出的温度。电流互感器内的调节电阻器用来补偿电流的热效应，显示绕组温度。

3. 油温指示器

油位指示器用于显示储油柜内的油位，通常安装在储油柜端部的法兰上，油位指示器如图 3-1-26 所示。油位指示器的指针指示范围从 0~1，将可指示的储油柜容积分为 10 等份。6 段可调长度的浮杆便于油位指示器可用于不同容积的储油柜。受到储油柜的限制，浮杆在 0~1 的指示范围内可转动 60°。假如浮杆向上转动超过 60°，会导致浮杆卡住而不能正常指示。在平波电抗器的铭牌上标注了通常油温下的正常油位线。带连杆的 COMEN LA22 ADM 型油位指示器配有灰色铝质外壳。随着油位的变化，浮子的升降带动浮杆，从而驱动联动轴。联动轴的运动使得磁铁相互作用，这个作用力使得指针也跟着一起转动。两块磁铁分别安装在储油柜外壳端部的内外两侧。油位指示器固定在储油柜端部，指示器内的盘面上有指示刻度。

4. SF₆ 气体密度继电器

为了监视 SF$_6$ 气体套管密封是否良好，气室中的 SF$_6$ 气体是否有泄漏，在套管上装设压力表或者密度计来监视气室压力变化情况。压力表受环境温度影响较大，密度计装有温度补偿装置，受环境温度影响较小。使用的密度计均带有信号触点，也称密度继电器。SF$_6$ 气体密度继电器的结构如图 3-1-27 所示。

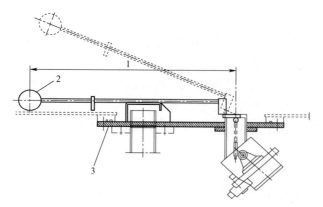

图 3-1-26 油位指示器

1—浮杆长度；2—浮子；3—固定法兰

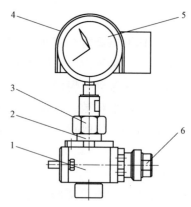

图 3-1-27 SF$_6$ 气体密度继电器结构示意图

1—阀座；2—自封接头；3—接头；4—罩；5—SF$_6$ 密度计；6—护盖

1.2 换流变压器、干式平波电抗器和油浸式平波电抗器技术监督依据的标准体系

1.2.1 换流变压器

换流变压器包含本体、储油柜、套管、有载分接开关、冷却装置和非电量监控装置等诸多功能单元，采用绝缘油、SF$_6$ 气体作为绝缘介质，因此其标准体系包含对多类功能单元技术条件、设计选型、安装施工、交接试验、运行维护、状态评价、竣工验收等方面的要求以及国家电网有限公司发布的一系列反事故措施文件，具体分类如下。

1. 换流变压器整体及各功能单元产品及技术要求

主要是指对换流变压器及其内部功能单元与绝缘介质的使用条件、额定参数、设计与结构以及试验等方面的相关要求，具体包括：

《高压电气设备绝缘技术监督规程》（DL/T 1054—2007）；

《油浸式电力变压器（电抗器）技术监督导则》（Q/GDW 11085—2013）；

《高压直流输电用±800kV 级换流变压器通用技术规范》（Q/GDW 10147—2019）；

《国家电网有限公司关于印发十八项电网重大反事故措施（修订版）的通知》（国家电网设备〔2018〕979 号）；

《国家电网公司关于印发防止变电站全停十六项措施（试行）的通知》（国家电网运检〔2015〕376 号）。

2. 换流变压器及其功能单元设计选型标准

主要是指电网规划设计单位在开展换流变压器选型、参数核算以及零部件设计等工作时依据的产品设计、计算规程及选用导则，具体包括：

《高压直流输电用±800kV 级换流变压器通用技术规范》（Q/GDW 10147—2019）；

《国家电网有限公司关于印发十八项电网重大反事故措施（修订版）的通知》（国家电网设备〔2018〕979 号）。

3. 换流变压器安装施工及验收规范

主要是指设备安装单位在开展换流变压器安装工程的施工与质量验收时依据的相关规范，具体包括：

《±800kV 及以下直流输电工程主要设备监理导则》（DL/T 399—2010）；

《直流换流站电气装置安装工程施工及验收规范》（DL/T 5232—2019）；

《压力式六氟化硫气体密度控制器》（JJG 1073—2011）；

《±800kV 换流站大型设备安装工艺导则》（Q/GDW 255—2009）。

4. 换流变压器设备检测试验标准

主要是指设备检测试验负责单位在开展换流变压器现场调试、交接试验以及检验测量等工作时依据的相关标准，具体包括：

《电气装置安装工程　电气设备交接试验标准》（GB 50150—2016）；

《电力设备用六氟化硫气体》（DL/T 1366—2014）；

《高压直流设备验收试验》（DL/T 377—2010）；

《±800kV 直流系统电气设备交接验收试验》（Q/GDW 275—2009）。

5. 换流变压器运维检修相关标准

主要是指设备运维单位在开展换流变压器状态检修、运行维护、预防性试验、状态评价等工作时依据的相关标准，具体包括：

《直流换流站电气装置安装工程施工及验收规范》（DL/T 5232—2019）；

《六氟化硫电气设备中气体管理和检测导则》（GB/T 8905—2012）；

《油浸式电力变压器（电抗器）技术监督导则》（Q/GDW 11085—2013）；

《输变电设备状态检修试验规程》（Q/GDW 1168—2013）；

《国家电网有限公司关于印发十八项电网重大反事故措施（修订版）的通知》（国家电网设备〔2018〕979 号）。

6. 换流变压器技术监督相关标准

主要是指技术监督单位在开展换流变压器与所用 SF_6 气体全过程技术监督时依据的相关规定，具体包括：

《高压电器设备绝缘技术监督规程》（DL/T 1054—2007）；

《六氟化硫电气设备气体监督导则》（DL/T 595—2016）；

《油浸式电力变压器（电抗器）技术监督导则》（Q/GDW 11085—2013）。

7. 换流变压器反事故措施发文

主要是指在换流变压器设计选型、运输、安装、试验、验收和运行维护等全过程管理方面制订的一系列反事故措施，具体包括：

《电网设备技术标准差异条款统一意见》（国家电网科〔2014〕315 号）；

《国家电网有限公司关于印发十八项电网重大反事故措施（修订版）的通知》（国家电网设备〔2018〕979 号）；

《国家电网公司关于印发防止变电站全停十六项措施（试行）的通知》（国家电网运检〔2015〕376 号）；

《国家电网公司备品备件管理指导意见》（国家电网生〔2009〕376 号）。

1.2.2　干式平波电抗器

干式平波电抗器包含诸多功能单元，标准体系包含对多类功能单元技术条件、设计选型、安装

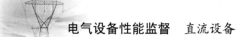

施工、交接试验、运行维护、状态评价、竣工验收等方面的要求以及国家电网有限公司发布的一系列反事故措施，具体分类如下。

1. 干式平波电抗器整体及各功能单元产品及技术要求

主要是指对干式平波电抗器及其内部功能单元与绝缘介质的使用条件、额定参数、设计与结构以及试验等方面的相关要求，具体包括：

《高压电气设备绝缘技术监督规程》（DL/T 1054—2007）；

《高压直流输电系统用±800kV 干式平波电抗器通用技术规范》（Q/GDW 149—2006）；

《国家电网有限公司关于印发十八项电网重大反事故措施（修订版）的通知》（国家电网设备〔2018〕979 号）；

《高压直流输电用干式空心平波电抗器》（GB/T 25092—2010）；

《干式平波电抗器采购标准 第 1 部分：通用技术规范》（Q/GDW 13065.1—2014）；

《国家电网公司关于印发防止变电站全停十六项措施（试行）的通知》（国家电网运检〔2015〕376 号）。

2. 干式平波电抗器及其功能单元设计选型标准

主要是指电网规划设计单位在开展干式平波电抗器选型、参数核算以及零部件设计等工作时依据的产品设计、计算规程及选用导则，具体包括：

《高压直流输电系统用±800kV 干式平波电抗器通用技术规范》（Q/GDW 149—2006）；

《±800kV 高压直流输电系统成套设计规程》（DL/T 5426—2009）；

《高压直流输电用干式空心平波电抗器》（GB/T 25092—2010）；

《高压电气设备绝缘技术监督规程》（DL/T 1054—2007）；

《国家电网有限公司关于印发十八项电网重大反事故措施（修订版）的通知》（国家电网设备〔2018〕979 号）。

3. 干式平波电抗器安装施工及验收规范

主要是指设备安装单位在开展干式平波电抗器安装工程的施工与质量验收时依据的相关规范，具体包括：

《高压直流输电用干式空心平波电抗器》（GB/T 25092—2010）；

《±800kV 及以下直流输电工程主要设备监理导则》（DL/T 399—2010）；

《直流换流站电气装置安装工程施工及验收规范》（DL/T 5232—2019）；

《国家电网公司直流换流站验收管理规定（试行）》［国网（运检/3）912—2018］；

《±800kV 换流站直流高压电器施工及验收规范》（Q/GDW 1219—2014）；

《电力设备监造技术导则》（DL/T 586—2008）；

《±800kV 换流站大型设备安装工艺导则》（Q/GDW 255—2009）；

《压力式六氟化硫气体密度控制器》（JJG 1073—2011）。

4. 干式平波电抗器设备检测试验标准

主要是指设备检测试验负责单位在开展干式平波电抗器现场调试、交接试验以及检验测量等工作时依据的相关标准，具体包括：

《电气装置安装工程 电气设备交接试验标准》（GB 50150—2016）；

《高压直流设备验收试验》（DL/T 377—2010）；

《±800kV 高压直流设备交接试验》（DL/T 274—2012）；

《直流换流站高压直流电气设备交接试验规程》（Q/GDW 111—2004）；

《±800kV 直流系统电气设备交接验收试验》（Q/GDW 275—2009）；

《±800kV 特高压直流设备预防性试验规程》（Q/GDW 299—2009）；

《高压支柱瓷绝缘子现场检测导则》（Q/GDW 407—2010）；

《国家电网公司变电检测管理规定（试行）》[国网（运检/3）829—2017]。

5. 干式平波电抗器运维检修相关标准

主要是指设备运维单位在开展干式平波电抗器状态检修、运行维护、预防性试验、状态评价等工作时依据的相关标准，具体包括：

《六氟化硫电气设备中气体管理和检测导则》（GB/T 8905—2012）；

《电力设备用六氟化硫气体》（DL/T 1366—2014）；

《直流换流站电气装置安装工程施工及验收规范》（DL/T 5232—2019）；

《±800kV 直流换流站运行规程》（Q/GDW 10333—2016）；

《输变电设备状态检修试验规程》（Q/GDW 1168—2013）；

《高压直流输电干式平波电抗器状态评价导则》（Q/GDW 502—2010）；

《高压直流输电干式平波电抗器状态检修导则》（Q/GDW 501—2010）；

《国家电网有限公司关于印发十八项电网重大反事故措施（修订版）的通知》（国家电网设备〔2018〕979 号）；

《国家电网公司变电检测管理规定（试行）》[国网（运检/3）829—2017]；

《国家电网公司变电运维管理规定（试行） 第 1 分册 油浸式变压器（电抗器）运维细则》[国网（运检/3）828—2017]；

《国家电网公司变电检修管理规定（试行） 第 1 分册 油浸式变压器（电抗器）检修细则》[国网（运检/3）831—2017]。

6. 干式平波电抗器技术监督相关标准

主要是指技术监督单位在开展干式平波电抗器技术监督时依据的相关规定，具体包括：

《高压电气设备绝缘技术监督规程》（DL/T 1054—2007）；

《干式电抗器技术监督导则》（Q/GDW 11077—2013）；

《高压直流输电系统用±800kV 干式平波电抗器通用技术规范》（Q/GDW 149—2006）。

7. 干式平波电抗器反事故措施发文

主要是指在干式平波电抗器设计选型、运输、安装、试验、验收和运行维护等全过程管理方面制订的一系列反事故措施，具体包括：

《电网设备技术标准差异条款统一意见》（国家电网科〔2014〕315 号）；

《国家电网有限公司关于印发十八项电网重大反事故措施（修订版）的通知》（国家电网设备〔2018〕979 号）；

《国家电网公司关于印发防止变电站全停十六项措施（试行）的通知》（国家电网运检〔2015〕376 号）；

《国家电网公司备品备件管理指导意见》（国家电网生〔2009〕376 号）。

1.2.3 油浸式平波电抗器

油浸式平波电抗器包含本体、储油柜、套管、冷却装置和非电量监控装置等诸多功能单元，采用绝缘油、SF_6 气体作为绝缘介质，因此其标准体系包含对多类功能单元技术条件、设计选型、安

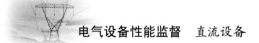

装施工、交接试验、运行维护、状态评价、竣工验收等方面的要求以及国家电网有限公司发布的一系列反事故措施文件，具体分类如下。

1. 油浸式平波电抗器整体及各功能单元产品及技术要求

主要是指对油浸式平波电抗器及其内部功能单元与绝缘介质的使用条件、额定参数、设计与结构以及试验等方面的相关要求，具体包括：

《高压电气设备绝缘技术监督规程》（DL/T 1054—2007）；

《高压直流输电用油浸式平波电抗器》（Q/GDW 20836—2007）；

《油浸式电力变压器（电抗器）技术监督导则》（Q/GDW 11085—2013）；

《高压直流输电用油浸式平波电抗器技术参数和要求》（GB/T 20837—2007）；

《高压直流输电系统用±800kV 油浸式平波电抗器通用技术规范》（Q/GDW 148—2006）；

《国家电网有限公司关于印发十八项电网重大反事故措施（修订版）的通知》（国家电网设备〔2018〕979 号）；

《国家电网公司关于印发防止变电站全停十六项措施（试行）的通知》（国家电网运检〔2015〕376 号）。

2. 油浸式平波电抗器及其功能单元设计选型标准

主要是指电网规划设计单位在开展组合电器选型、参数核算以及零部件设计等工作时依据的产品设计、计算规程及选用导则，具体包括：

《高压直流输电系统用±800kV 级换流器通用技术规范》（Q/GDW 10147—2019）；

《高压直流输电系统用±800kV 油浸式平波电抗器通用技术规范》（Q/GDW 148—2006）；

《高压直流输电用油浸式平波电抗器技术参数和要求》（GB/T 20837—2007）；

《±800kV 直流换流站设计技术规定》（Q/GDW 1293—2014）；

《±1100kV 直流换流站设计规范》（Q/GDW 11678—2017）；

《火力发电厂与变电站设计防火标准》（GB 50229—2019）；

《电力设备典型消防规程》（DL 5027—2015）；

《高压直流输电用油浸式平波电抗器》（Q/GDW 20836—2007）；

《国家电网有限公司关于印发十八项电网重大反事故措施（修订版）的通知》（国家电网设备〔2018〕979 号）。

3. 油浸式平波电抗器安装施工及验收规范

主要是指设备安装单位在开展油浸式平波电抗器安装工程的施工与质量验收时依据的相关规范，具体包括：

《高压直流输电用油浸式平波电抗器技术参数和要求》（GB/T 20837—2007）；

《±800kV 及以下直流输电工程主要设备监理导则》（DL/T 399—2010）；

《直流换流站电气装置安装工程施工及验收规范》（DL/T 5232—2019）；

《国家电网公司关于印发变电和直流专业精益化管理评价规范的通知》（国家电网运检〔2015〕224 号）；

《电力设备监造技术导则》（DL/T 586—2008）；

《±800kV 换流站大型设备安装工艺导则》（Q/GDW 255—2009）；

《电气装置安装工程 电力变压器、油浸电抗器、互感器施工及验收规范》（GB 50148—2010）；

《压力式六氟化硫气体密度控制器》（JJG 1073—2011）。

4. 油浸式平波电抗器设备检测试验标准

主要是指设备检测试验负责单位在开展油浸式平波电抗器现场调试、交接试验以及检验测量等工作时依据的相关标准，具体包括：

《±800kV 高压直流设备交接试验》（DL/T 274—2012）；

《高压直流输电用油浸式平波电抗器技术参数和要求》（GB/T 20837—2007）；

《电气装置安装工程　电气设备交接试验标准》（GB 50150—2016）；

《高压直流设备验收试验》（DL/T 377—2010）；

《直流换流站高压直流电气设备交接试验规程》（Q/GDW 111—2004）；

《±800kV 直流系统电气设备交接验收试验》（Q/GDW 275—2009）；

《±800kV 特高压直流设备预防性试验规程》（Q/GDW 299—2009）；

《国家电网公司变电检测管理规定（试行）》[国网（运检/3）829—2017]。

5. 油浸式平波电抗器运维检修相关标准

主要是指设备运维单位在开展油浸式平波电抗器状态检修、运行维护、预防性试验、状态评价等工作时依据的相关标准，具体包括：

《±800kV 直流换流站运行规程》（Q/GDW 10333—2016）；

《六氟化硫电气设备中气体管理和检测导则》（GB/T 8905—2012）；

《电力设备用六氟化硫气体》（DL/T 1366—2014）；

《直流换流站电气装置安装工程施工及验收规范》（DL/T 5232—2019）；

《换流变压器、平波电抗器检修导则》（DL/T 354—2019）；

《油浸式电力变压器（电抗器）技术监督导则》（Q/GDW 11085—2013）；

《输变电设备状态检修试验规程》（Q/GDW 1168—2013）；

《国家电网有限公司关于印发十八项电网重大反事故措施（修订版）的通知》（国家电网设备〔2018〕979 号）；

《国家电网公司变电检测管理规定（试行）》[国网（运检/3）829—2017]；

《国家电网公司变电运维管理规定（试行）　第 1 分册　油浸式变压器（电抗器）运维细则》[国网（运检/3）828—2017]；

《国家电网公司变电检修管理规定（试行）　第 1 分册　油浸式变压器（电抗器）检修细则》[国网（运检/3）831—2017]。

6. 油浸式平波电抗器技术监督相关标准

主要是指技术监督单位在开展油浸式平波电抗器与所用 SF_6 气体全过程技术监督时依据的相关规定，具体包括：

《六氟化硫电气设备气体监督导则》（DL/T 595—2016）；

《高压电气设备绝缘技术监督规程》（DL/T 1054—2007）；

《油浸式电力变压器（电抗器）技术监督导则》（Q/GDW 11085—2013）；

《高压直流输电系统用±800kV 油浸式平波电抗器通用技术规范》（Q/GDW 148—2006）；

《高压直流输电用油浸式平波电抗器技术参数和要求》（GB/T 20837—2007）。

7. 油浸式平波电抗器反事故措施发文

主要是指在油浸式平波电抗器设计选型、运输、安装、试验、验收和运行维护等全过程管理方面制订的一系列反事故措施，具体包括：

《电网设备技术标准差异条款统一意见》（国家电网科〔2014〕315 号）；

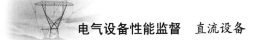

《国家电网有限公司关于印发十八项电网重大反事故措施（修订版）的通知》（国家电网设备〔2018〕979 号）；

《国家电网公司关于印发防止变电站全停十六项措施（试行）的通知》（国家电网运检〔2015〕376 号）；

《国家电网公司备品备件管理指导意见》（国家电网生〔2009〕376 号）。

1.3　换流变压器、干式平波电抗器和油浸式平波电抗器技术监督方法

本节按换流变压器、干式平波电抗器、油浸式平波电抗器的顺序，依次对技术监督工作采用的方法进行具体介绍，包括资料检查、旁站监督、检测试验等。其中，现场的检测试验根据《全过程技术监督精益化管理实施细则》相关技术监督要求的内容，从理论依据、试验方法、接线形式、试验步骤、结果判断等方面进行详细介绍。

1.3.1　资料检查

通过查阅工程可研报告、产品图纸、技术规范书、工艺文件、试验报告、试验方案等文件资料，判断监督要点是否满足监督要求。

1.3.1.1　换流变压器

1. 规划可研阶段

规划可研阶段换流变压器资料检查监督要求见表 3–1–1。

表 3–1–1　　　　规划可研阶段换流变压器资料检查监督要求

监督项目	检查资料	监督要求
换流变压器配置及选型合理性	查阅可研报告、可研审查意见	1. 换流变压器电气参数是否满足相关标准要求。 2. 确定换流变压器台数、预防事故措施、并列运行方式、差异化设计要求等是否满足相关标准要求。 3. 查阅恶劣天气防范措施是否满足相关标准要求
外绝缘配置	查阅科研报告	监督外绝缘配置是否根据当地最新版污区分布图设计，外绝缘配置是否按要求喷涂防污闪涂料等

2. 工程设计阶段

工程设计阶段换流变压器资料检查监督要求见表 3–1–2。

表 3–1–2　　　　工程设计阶段换流变压器资料检查监督要求

监督项目	检查资料	监督要求
主要设计参数	查阅设计文件、可研、初设评审意见	重点监督换流变压器电气参数设计、各组部件、附件设计、保护装置是否满足相关标准要求
火灾探测与灭火系统	查阅设计文件	1. 监督火灾探测与灭火系统满足《火灾自动报警系统设计规范》（GB 50116—2013）中的相关要求。 2. 监督是否按要求设计自动水喷雾灭火或其他满足当地消防部门要求的灭火方式

3. 设备采购阶段

设备采购阶段换流变压器资料检查监督要求见表 3-1-3。

表 3-1-3   设备采购阶段换流变压器资料检查监督要求

监督项目	检查资料	监督要求
物资采购技术规范书	查阅技术规范书、技术协议、订货合同	1. 监督技术规范书中对换流变压器本体及附件的技术参数、性能、结构、试验等方面的技术要求是否齐全。 2. 监督±800kV 换流变压器的装卸及运输是否满足相关标准要求
试验要求	查阅技术规范书、技术协议	1. 监督制造商型式试验、逐个试验等材料是否齐全，试验结果是否满足相关标准要求。 2. 监督试验结果是否满足相关标准要求。 3. 查阅新套管供应商是否提供相应的型式试验报告
绝缘油、SF_6 气体	查阅技术规范书、技术协议	1. 监督换流变压器使用绝缘油是否符合相关标准要求。 2. 监督换流变压器使用 SF_6 气体是否符合相关标准要求

4. 设备制造阶段

设备制造阶段换流变压器资料检查监督要求见表 3-1-4。

表 3-1-4   设备制造阶段换流变压器资料检查监督要求

监督项目	检查资料	监督要求
原材料、组部件检查	查验原厂出厂合格证和检验报告，原材料组部件的供应商、产品合格证、该购件（批次）等的验收报告	1. 查阅资料内容是否与订货合同要求保持一致。 2. 查阅资料是否符合相关标准、文件要求
重要制造、装配工序	查阅监造报告、监造日志	监督换流变压器制造阶段作业环境、硅钢片裁剪、线圈绕制等重要制造工序是否满足要求
出厂试验	查阅出厂检验报告、型式试验报告、材料检验报告、产品合格证、监理报告	1. 监督换流变压器出厂试验试验结果是否齐全且符合相关标准要求。 2. 重点查看非绝缘强度试验、空载试验、负载电流试验、温升试验等是否满足相关标准要求

5. 设备验收阶段

设备验收阶段换流变压器资料检查监督要求见表 3-1-5。

表 3-1-5   设备验收阶段换流变压器资料检查监督要求

监督项目	检查资料	监督要求
出厂资料准确完整	查阅出厂检验报告、型式试验报告、材料检验报告、产品合格证、监理报告	1. 查阅出厂资料内容是否齐全、完整。 2. 查阅出厂资料是否准确
出厂试验	查阅出厂检验报告、型式试验报告、材料检验报告、产品合格证、监理报告	1. 监督换流变压器出厂试验试验结果是否齐全且符合相关标准要求。 2. 重点查看非绝缘强度试验、空载试验、负载电流试验、温升试验等是否满足相关标准要求。 3. 查阅出厂试验用试验仪器是否在合格期内
包装、储存及发货	查阅三维冲击记录仪记录、监理报告	监督三维冲击记录仪记录运输前后是否存在偏差

6. 设备安装阶段

设备安装阶段换流变压器资料检查监督要求见表 3-1-6。

表 3-1-6　　　　　　　　　　　　设备安装阶段换流变压器资料检查监督要求

监督项目	检查资料	监督要求
安装前保管与检查	查阅安装过程记录、监理报告	1. 查阅换流变压器保管期间的压力记录，确保未发生渗漏现象。 2. 确保换流变压器在运至现场后按要求尽快安装，当 3 个月未能安装时，检查现场是否按要求进行了相应工作
本体、附件安装	查阅安装过程记录、监理报告	1. 重点监督现场安装单位及人员资质、安装工艺控制、安装过程是否符合相关规定要求。 2. 监督连接管道安装、密封处理、真空注油、热油循环等过程是否符合相关标准要求
表计	查阅安装过程记录、监理报告	监督继电保护装置、表计是否满足相关标准要求

7. 设备调试阶段

设备调试阶段换流变压器资料检查监督要求见表 3-1-7。

表 3-1-7　　　　　　　　　　　　设备调试阶段换流变压器资料检查监督要求

监督项目	检查资料	监督要求
调试工作组织开展	查阅调试记录	重点监督设备调试单位人员资质、调试方案、预防事故措施是否满足相关标准
调试试验	查阅交接试验报告、仪器检定报告	1. 监督调试阶段各试验项目是否齐全、试验数据是否准确且符合相关标准规定。 2. 监督现场调试用仪器是否在检定有效期内。 3. 监督压力释放阀校验记录
表计	查阅试验报告	监督继电保护装置、表计是否满足相关标准要求

8. 竣工验收阶段

竣工验收阶段换流变压器资料检查监督要求见表 3-1-8。

表 3-1-8　　　　　　　　　　　　竣工验收阶段换流变压器资料检查监督要求

监督项目	检查资料	监督要求
遗留问题	查阅整改问题报告	重点监督换流变压器前期遗留问题是否已经整改并验收合格
技术资料完整性	查阅交接验收报告	监督设备技术资料，如订货技术协议、技术规范书、制造厂产品说明书、安装技术记录、出厂试验报告等，是否齐全、完整
试验	查阅交接试验报告	监督出厂试验、交接试验项目是否完整，试验结果是否满足相关标准要求

9. 运维检修阶段

运维检修阶段换流变压器资料检查监督要求见表 3-1-9。

表 3-1-9　　　　　　　　　　　　运维检修阶段换流变压器资料检查监督要求

监督项目	检查资料	监督要求
巡视	查阅巡视记录	监督巡视是否按照相关标准规定的巡视周期、巡视项目进行
故障/缺陷管理	查阅缺陷记录、缺陷闭环管理报告、PMS 系统记录、事故分析报告、应急抢修记录	1. 查阅缺陷记录是否准确、完整，缺陷定级是否正确。 2. 监督事故应急处置是否到位，事故分析报告、应急抢修记录等是否完整、规范。 3. 监督缺陷是否闭环，并有缺陷闭环管理报告
状态评价	状态评价报告	监督是否按照相关标准要求进行定期评价

监督项目	检查资料	监督要求
检修试验	查阅试验报告、检修记录、PMS 系统记录、检修报告	1. 监督现场检修周期与试验项目应符合相关标准要求。 2. 查阅检修、试验报告应完整、及时，测试数据应符合相关规程要求。 3. 监督例行试验、预防性试验项目试验结果存在异常时，应开展诊断性试验进行综合分析和给出诊断结果，并进行相应处理；异常状况需有详细记录，对于可能存在的运行问题及家族性缺陷需进行分析

10. 退役报废阶段

退役报废阶段换流变压器资料检查监督要求见表 3-1-10。

表 3-1-10　　　　　　　　退役报废阶段换流变压器资料检查监督要求

监督项目	检查资料	监督要求
设备退役	查阅项目可研报告、项目建议书、设备鉴定意见	监督设备退役鉴定审批手续是否规范
设备报废	查阅设备报废处理记录	1. 监督设备报废管理要求是否符合要求。 2. 监督设备履行报废审批程序后，是否按照国家电网有限公司废旧物资处置管理有关规定统一处置，是否存在留用或私自变卖的情况，防止废旧设备重新流入电网

1.3.1.2　干式平波电抗器

1. 规划可研阶段

规划可研阶段干式平波电抗器资料检查监督要求见表 3-1-11。

表 3-1-11　　　　　　　　规划可研阶段干式平波电抗器资料检查监督要求

监督项目	检查资料	监督要求
设备选型	查阅可研报告、可研审查意见、可研批复	1. 监督干式平波电抗器电气参数是否满足相关标准要求。 2. 确定预防事故措施、并列运行方式、差异化设计要求等是否满足相关标准要求。 3. 确定是否具有针对恶劣天气的防范措施
绝缘性能	查阅可研报告、可研审查意见	1. 监督外绝缘配置是否根据当地最新版污区分布图设计。 2. 外绝缘配置是否按要求喷涂防污闪涂料等
噪声	查阅可研报告、可研审查意见、可研批复	监督干式平波电抗器是否满足噪声级要求

2. 工程设计阶段

工程设计阶段干式平波电抗器资料检查监督要求见表 3-1-12。

表 3-1-12　　　　　　　　工程设计阶段干式平波电抗器资料检查监督要求

监督项目	检查资料	监督要求
主要参数	查阅设计文件	重点监督干式平波电抗器电气参数设计（额定直流电压、最大工作电压、额定直流电流、最大连续直流电流、暂态故障电流、额定谐波电流频谱、最大谐波电流频谱等）否满足相关标准要求
选型及组件	查阅设计文件	1. 确定干式平波电抗器选型是否合理。 2. 查阅干式平波电抗器组件设计是否合理，是否满足相关标准要求，是否具有抵御恶劣天气的能力

监督项目	检查资料	监督要求
支柱绝缘子	查阅工程设计资料	1. 确定支柱绝缘子设计、选型是否合理，是否与直流场整体设计相配合。 2. 监督支柱绝缘子爬距是否满足现场污秽条件要求，机械强度是否考虑平波电抗器加装隔音装置时额外增加的风压、重力等因素。 3. 监督平波电抗器支架是否做好隔磁措施。 4. 监督支柱的等电位连接设计是否符合要求

3. 设备采购阶段

设备采购阶段干式平波电抗器资料检查监督要求见表 3-1-13。

表 3-1-13　　　　　设备采购阶段干式平波电抗器资料检查监督要求

监督项目	检查资料	监督要求
设备技术参数	查阅技术规范书、技术协议、供应商投标文件所附型式试验报告	监督干式平波电抗器技术参数是否满足相关标准要求，是否满足变电站直流系统要求
选型及组件	查阅招投标文件、供应商考察、评估报告	1. 监督干式平波电抗器选型是否合理。 2. 确定干式平波电抗器组件（如接线端子、线圈等）是否满足相关标准要求
支柱绝缘子	查阅工程设计资料	1. 支柱绝缘子的设计、选型等是否符合相关标准要求。 2. 支柱绝缘子的电气绝缘水平是否满足相关要求。 3. 支柱绝缘子的爬距是否满足现场污秽条件要求。 4. 支柱绝缘子的机械强度是否考虑平波电抗器加装隔音装置时额外增加的风压、重力等因素

4. 设备制造阶段

设备制造阶段干式平波电抗器资料检查监督要求见表 3-1-14。

表 3-1-14　　　　　设备制造阶段干式平波电抗器资料检查监督要求

监督项目	检查资料	监督要求
重要制造工序	查阅监造报告	1. 检查线圈的绕制是均匀整齐，绝缘撑条是否牢固、是否开裂、是否排列整齐；查看内、外绝缘均压环是否牢固、是否形成环路；查看导线在绕制过程中是否出现导线接头或绝缘损坏。 2. 检查线圈绕制是否平整紧实，导线在绕制过程中是否出现导线接头或绝缘损坏的情况，匝间有无异物等
组部件要求	查阅监造报告	1. 检查通风条的数量、规格是否符合设计要求，是否均匀分布。 2. 检查出线头处的胶是否填满、堵实。 3. 检查涂层材料是否合格，涂层是否均匀，厚度是否满足要求，表面有无损伤
装配要求	查阅出厂试验报告	1. 总装配是否严格按照设计图纸和合同的要求进行附件的组装。 2. 查看各层绕组的导线端头是否牢固地焊接在上、下汇流端子上。 3. 检查避雷器的组数、规格、性能与合同技术协议的配置图是否相符。 4. 检查支撑绝缘子的型号规格、生产商及其出厂文件与技术协议、设备文件、入厂检验报告是否相符

5. 设备验收阶段

设备验收阶段干式平波电抗器资料检查监督要求见表 3-1-15。

表 3-1-15 设备验收阶段干式平波电抗器资料检查监督要求

监督项目	检查资料	监督要求
出厂试验	查阅出厂试验报告、监理报告	1. 监督出厂试验试验结果是否齐全且符合相关标准要求。 2. 重点查看直流电阻、交流电阻与谐波损耗测量、额定电感值（50～2500Hz）、温升试验等是否满足相关标准要求
运输及到货检查	查阅设备现场交接记录、监理报告	1. 监督三维冲击记录仪记录运输前后是否存在偏差。 2. 检查电抗器元件在运输过程中是否符合相关标准要求，起吊过程是否符合规范
开箱检查	查阅监理报告、现场交接记录	1. 检查设备运输过程记录，查看包装、运输安全措施是否完好。 2. 检查确认各项记录数值是否超标

6. 设备安装阶段

设备安装阶段干式平波电抗器资料检查监督要求见表 3-1-16。

表 3-1-16 设备安装阶段干式平波电抗器资料检查监督要求

监督项目	检查资料	监督要求
安装前保管要求	查阅安装过程记录、监理报告	1. 检查平波电抗器顶部、底部的固定支架是否变形和损坏。 2. 检查玻璃纤维绑扎带和线圈接线端子是否损坏、带子断裂或接线端子出现裂缝。 3. 检查表面涂层是否损坏。 4. 检查绝缘子是否包装完整，伞裙、法兰是否有损伤或裂纹，胶合处填料是否完整，结合是否牢固，伞裙与法兰的结合面是否涂有防水密封胶。 5. 安装期间检查线圈通风道是否清洁、无杂物
安装	查阅安装过程记录、监理报告	重点监督平波电抗器降噪装置安装、支柱绝缘子安装等是否符合相关标准要求
消防检查	查阅设计文件	确定火灾探测、灭火系统等是否符合相关标准要求
隐蔽工程	查阅安装过程记录、监理报告	1. 监督混凝土支架施工是否符合设计要求。 2. 监督平波电抗器用钢管支架加工是否按设计要求

7. 设备调试阶段

设备调试阶段干式平波电抗器资料检查监督要求见表 3-1-17。

表 3-1-17 设备调试阶段干式平波电抗器资料检查监督要求

监督项目	检查资料	监督要求
绕组电感	查阅交接试验报告	监督绕组电感测量试验数据是否准确且符合相关标准规定
表面温度分布	查阅交接试验报告	监督表面温度分布测量过程及数据是否符合相关标准规定
噪声	查阅交接试验报告	监督噪声水平是否符合相关标准规定

8. 竣工验收阶段

竣工验收阶段干式平波电抗器资料检查监督要求见表 3-1-18。

表 3-1-18 竣工验收阶段干式平波电抗器资料检查监督要求

监督项目	检查资料	监督要求
消防检查	查阅设计文件	确定火灾探测、灭火系统等是否符合相关标准要求
超声波探伤	查阅焊缝探伤报告	监督支柱绝缘子超声波探伤检测是否符合相关标准要求

9. 运维检修阶段

运维检修阶段干式平波电抗器资料检查监督要求见表 3-1-19。

表 3-1-19　　　　　运维检修阶段干式平波电抗器资料检查监督要求

监督项目	检查资料	监督要求
运行巡视	查阅巡视记录	监督巡视是否按照相关标准规定的巡视周期、巡视项目进行
状态检测	查阅测试记录	1. 监督带电检测是否按照相关标准规定的周期和项目进行。 2. 监督停电试验是否按照相关标准规定的周期和项目进行
故障缺陷处理	查阅事故分析评估报告、重大缺陷分析记录、缺陷闭环管理记录	1. 监督是否按规定定期上报出现的严重、危急缺陷和发生故障的高压电气设备的分析评估报表。 2. 监督年度绝缘缺陷统计和事故统计工作是否按规定完成，对于发现缺陷和故障的设备是否及时开展分析评估工作。 3. 监督缺陷处理是否按照发现、处理和验收的顺序闭环运作
状态评价与检测决策	查阅状态评价报告	1. 监督设备基础数据是否符合要求。 2. 监督是否按规定对平波电抗器开展定期评价。 3. 监督是否按规定对平波电抗器开展动态评价
状态检修	查阅状态评价报告、检修计划	1. 监督状态检修策略是否符合相关标准要求。 2. 监督检修工作开展前是否按检修项目类别开展设备信息收集和现场查勘，并填写查勘记录。 3. 监督检修方案的编制、检修策略的制订是否符合相关标准要求

10. 退役报废阶段

退役报废阶段干式平波电抗器资料检查监督要求见表 3-1-20。

表 3-1-20　　　　　退役报废阶段干式平波电抗器资料检查监督要求

监督项目	检查资料	监督要求
技术鉴定	查阅项目可研报告、项目建议书、设备鉴定意见	监督设备退役鉴定是否符合相关标准要求

1.3.1.3　油浸式平波电抗器

1. 规划可研阶段

规划可研阶段油浸式平波电抗器资料检查监督要求见表 3-1-21。

表 3-1-21　　　　　规划可研阶段油浸式平波电抗器资料检查监督要求

监督项目	检查资料	监督要求
电气主接线设计	查阅可研报告、相关批复、属地电网规划等	确定油浸式平波电抗器的电气主接线设计是否符合相关标准要求
基本参数确定	查阅可研报告、相关批复、属地电网规划等	1. 监督电抗器额定电流的选定是否符合相关标准规定。 2. 监督电抗器的电感值设计是否符合相关标准规定

2. 工程设计阶段

工程设计阶段油浸式平波电抗器资料检查监督要求见表 3-1-22。

表 3-1-22　　　　　工程设计阶段油浸式平波电抗器资料检查监督要求

监督项目	检查资料	监督要求
使用条件	查阅工程设计资料	重点监督确认平波电抗器使用条件是否符合要求

监督项目	检查资料	监督要求
主要设计参数	查阅工程设计资料	重点监督油浸式平波电抗器电气参数设计（额定电流值、各次谐波电流、额定增量电感、额定直流电流下损耗、温升、声级水平、振动水平干扰等）否满足相关标准要求
设备结构及选型设计	查阅工程设计资料	1. 重点监督设备结构设计是否符合相关标准要求。 2. 重点监督设备选型是否符合相关标准要求
附件设计要求	查阅工程设计资料	监督油浸式平波电抗器附件设计是否合理，是否满足相关标准要求
防火	查阅工程设计资料	监督油浸式平波电抗器的防火设计是否合理，是否满足相关标准要求
非电量保护	查阅工程设计资料	监督油浸式平波电抗器的非电量保护设计是否满足相关标准要求

3. 设备采购阶段

设备采购阶段油浸式平波电抗器资料检查监督要求见表 3-1-23。

表 3-1-23　　　　　　设备采购阶段油浸式平波电抗器资料检查监督要求

监督项目	检查资料	监督要求
技术参数	查阅招投标文件、供应商考察/评估报告	监督油浸式平波电抗器技术参数是否满足相关相关标准要求
设备结构及选型要求	查阅技术规范书、订货合同	1. 监督油浸式平波电抗器结构设计和选型是否合理，是否满足相关标准要求。 2. 监督油浸式平波电抗器制造原材料是否满足相关标准要求
附件结构及选型要求	查阅技术规范书、订货合同、出厂试验报告、招投标文件、供应商考察/评估报告等	监督采购厂家油浸式平波电抗器组部件、附件设计等方面的技术要求是否齐全且满足相关标准要求
在线监测装置	查阅技术规范书、技术协议	监督在线监测装置配置是否合理，性能是否成熟可靠，是否符合相关标准要求
非电量保护	查阅招投标文件、供应商考察/评估报告	监督非电量保护装置（如气体继电器、压力释放装置、SF_6 密度继电器等）的配置和参数是否符合相关标准要求
绝缘油	查阅技术规范书等	监督绝缘油的选型是否符合相关标准要求

4. 设备制造阶段

设备制造阶段油浸式平波电抗器资料检查监督要求见表 3-1-24。

表 3-1-24　　　　　　设备制造阶段油浸式平波电抗器资料检查监督要求

监督项目	检查资料	监督要求
重要制造工序	查阅监造报告	监督油浸式平波电抗器制造阶段作业环境、油箱制作、线圈绕制等重要制造工序
重要装配工序	查阅监造报告	监督油浸式平波电抗器制造阶段的铁心装配、油箱加工等重要装配工序

5. 设备验收阶段

设备验收阶段油浸式平波电抗器资料检查监督要求见表 3-1-25。

表3-1-25

监督项目	检查资料	监督要求
出厂试验	查阅监造报告、出厂试验报告	1. 监督出厂试验试验结果是否齐全且符合相关标准要求。 2. 重点查看直流电阻、交流电阻、谐波损耗、温升试验、负载试验、绝缘强度试验等试验是否满足相关标准要求
运输及到货检查	查阅出厂试验报告、监造报告	1. 监督三维冲击记录仪记录运输前后是否存在偏差。 2. 监督电抗器组部件、成套拆卸的组件及零件等是否损坏或受潮

表3-1-25　**设备验收阶段油浸式平波电抗器资料检查监督要求**

6. 设备安装阶段

设备安装阶段油浸式平波电抗器资料检查监督要求见表3-1-26。

表3-1-26　**设备安装阶段油浸式平波电抗器资料检查监督要求**

监督项目	检查资料	监督要求
安装前保管要求	查阅安装过程记录、监理报告	1. 查阅油浸式平波电抗器保管期间的压力记录，确保未发生渗漏现象。 2. 确保换流变压器在运至现场后按要求尽快安装，当3个月未能安装时，检查现场是否按要求进行了相应工作。 3. 监督电抗器组部件、成套拆卸的组件及零件等是否损坏或受潮
排氮和内部检查	查阅安装过程记录、内检记录、监理报告	监督设备排氮和内部检查是否符合相关标准要求
本体、附件安装	查阅安装过程记录、监理报告	1. 重点监督现场安装单位及人员资质、安装工艺控制、安装过程是否符合相关规定要求。 2. 监督平波电抗器本体、附件安装、密封处理等是否符合相关标准要求
非电量保护	查阅安装过程记录、监理报告	监督继电保护装置、表计等是否满足相关标准要求
设备安装质量	查阅安装过程记录、监理报告	监督设备安装质量是否符合相关标准要求
消防检查	查阅设计文件	监督平波电抗器区域是否配置有自动水喷雾系统、气压自动报警管道、自动雨淋阀组装置、火灾自动报警联动等系统
绝缘油	查阅安装过程记录、监理报告	监督油浸式平波电抗器使用的绝缘油是否符合相关标准要求
真空注油	查阅安装过程记录、监理报告	监督油浸式平波电抗器的真空注油是否符合相关标准要求
热油循环	查阅安装过程记录、监理报告	监督油浸式平波电抗器的热油循环是否符合相关标准要求

7. 设备调试阶段

设备调试阶段油浸式平波电抗器资料检查监督要求见表3-1-27。

表3-1-27　**设备调试阶段油浸式平波电抗器资料检查监督要求**

监督项目	检查资料	监督要求
重要试验	查阅交接试验报告	监督调试阶段各试验项目（如直流电阻测量、电感测量、介质损耗测量、泄漏试验等）是否齐全、试验数据是否准确且符合相关标准规定
非电量保护	查阅交接试验报告	监督非电量保护装置是否满足相关标准要求
SF_6气体检测	查阅交接试验报告	监督SF_6气体微水含量是否满足相关标准要求

8. 竣工验收阶段

竣工验收阶段油浸式平波电抗器资料检查监督要求见表 3-1-28。

表 3-1-28 竣工验收阶段油浸式平波电抗器资料检查监督要求

监督项目	检查资料	监督要求
设备本体及组部件	查阅规划可研、工程设计、设备采购、设备制造、设备验收、设备安装、设备调试各阶段技术监督精益化评价表	核查从规划可研到设备调试各阶段的技术监督精益化评价表有无未整改问题，如有应查明原因并督促整改
设备接地	查阅资料	检查铁心和夹件的接地引出套管、套管的末屏接地是否符合产品技术文件的要求
消防检查	查阅设计文件	监督平波电抗器区域是否配置有自动水喷雾系统、气压自动报警管道、自动雨淋阀组装置、火灾自动报警联动等系统
噪声测量	查阅试验报告	监督噪声测量结果是否符合相关标准要求

9. 运维检修阶段

运维检修阶段油浸式平波电抗器资料检查监督要求见表 3-1-29。

表 3-1-29 运维检修阶段油浸式平波电抗器资料检查监督要求

监督项目	检查资料	监督要求
巡视	查阅巡视记录	监督巡视是否按照相关标准规定的巡视周期、巡视项目进行
状态检测	查阅测试记录	1. 监督带电检测是否按照相关标准规定的周期和项目进行。 2. 监督停电试验是否按照相关标准规定的周期和项目进行
故障缺陷处理	查阅事故分析评估报告、重大缺陷分析记录、缺陷闭环管理记录	1. 监督是否按规定定期上报出现的严重、危急缺陷和发生故障的高压电气设备的分析评估报表。 2. 监督年度绝缘缺陷统计和事故统计工作是否按规定完成，对于发现缺陷和故障的设备是否及时开展分析评估工作。 3. 监督缺陷处理是否按照发现、处理和验收的顺序闭环运作
状态评价	查阅状态评价报告	1. 监督是否按规定对平波电抗器开展定期评价。 2. 监督是否按规定对平波电抗器开展动态评价
状态检修	查阅检修报告	1. 监督检修方案的编制、检修策略的制订是否符合相关标准要求。 2. 监督各类状态检修执行是否符合相关标准要求
反事故措施执行情况	查阅检修报告	监督反事故措施是否按照相关标准要求执行
SF_6 气体回收	查阅 SF_6 气体台账	监督 SF_6 气体回收是否严格按照相关标准执行

10. 退役报废阶段

退役报废阶段油浸式平波电抗器资料检查监督要求见表 3-1-30。

表 3-1-30 退役报废阶段油浸式平波电抗器资料检查监督要求

监督项目	检查资料	监督要求
技术鉴定	查阅项目可研报告、项目建议书、设备鉴定意见	监督设备退役鉴定是否符合相关标准要求
SF_6 气体回收	查阅相关资料	监督是否按照相关规范执行 SF_6 气体回收
绝缘油回收	查阅相关资料	监督绝缘油利用及处置是否符合相关标准要求

1.3.2 旁站监督

1.3.2.1 换流变压器

1. 设备制造阶段

设备制造阶段换流变压器旁站监督要求见表 3-1-31。

表 3-1-31　　　　　　　设备制造阶段换流变压器旁站监督要求

监督项目	监督方法	监督要求
重要制造工序	旁站监督	监督换流变压器铁心制作、线圈制作、油箱制作的作业环境、制造工艺是否满足相关标准要求
重要装配工序	旁站监督	监督换流变压器总装配、器身装配、器身干燥、真空注油等的作业环境、装配工艺是否满足相关标准要求
出厂试验	旁站监督、现场抽检	1. 监督换流变压器出厂试验接线是否正确,试验步骤是否符合作业指导书要求,试验数据是否符合相关标准要求。 2. 现场抽检出厂试验用仪器是否有合格证,仪器是否在检定有效期内。 3. 必要时现场抽检关键出厂试验项目

2. 设备安装阶段

设备安装阶段换流变压器旁站监督要求见表 3-1-32。

表 3-1-32　　　　　　　设备安装阶段换流变压器旁站监督要求

监督项目	监督方法	监督要求
安装	旁站监督、现场查看	1. 现场查看设备装箱情况、设备存储情况。 2. 检查换流变压器安装位置,本体和组部件安装是否符合要求。 3. 现场查看连接管道安装、密封处理、真空注油、热油循环等是否满足相关标准要求
继电保护装置及表计	旁站监督、现场查看	1. 现场检查防雨设施是否符合相关标准要求。 2. 现场检查气体密度继电器是否安装有防雨罩,是否位于可观察的位置
土建	旁站监督、现场查看	1. 现场检查钢轨的水平交叉设置应符合设计要求。 2. 现场检查换流变压器铁心及夹件引出线是否采用不同标识,并引出至运行中便于测量的位置

3. 设备调试阶段

设备调试阶段换流变压器旁站监督要求见表 3-1-33。

表 3-1-33　　　　　　　设备调试阶段换流变压器旁站监督要求

监督项目	监督方法	监督要求
试验	旁站监督、现场查看、现场抽查	1. 监督换流变压器调试试验接线是否正确,试验步骤是否符合作业指导书要求,试验数据是否符合相关标准要求。 2. 现场抽检出厂试验用仪器是否有合格证,仪器是否在检定有效期内。 3. 必要时现场抽检关键试验项目
继电保护装置及表计	现场查看	1. 现场检查防雨设施是否符合标准要求。 2. 现场检查气体密度继电器是否安装有防雨罩,是否位于可观察的位置

4. 竣工验收阶段

竣工验收阶段换流变压器旁站监督要求见表 3-1-34。

表 3-1-34　　　　　　　　竣工验收阶段换流变压器旁站监督要求

监督项目	监督方法	监督要求
外绝缘	现场检查、现场抽查	1. 现场检查涂层表面，要求均匀完整，不缺损、不流淌，严禁出现伞裙间的连丝，无拉丝滴流。 2. 现场抽查，要求抽查设备的数量不少于总量的 20% 且不少于 3 台
设备本体及组部件	现场检查	1. 现场检查套管外观、末屏、升高座以及引出线安装是否符合要求。 2. 现场检查储油柜外观、胶囊透气性、安装是否符合要求。 3. 现场检查吸湿器的外观、油封油位和连通管是否符合相关标准要求。 4. 现场检查换流变压器外观，重点检查本体与附件上所有阀门位置是否正确
设备接地	现场检查、现场抽检	1. 现场检查换流变压器铁心及夹件引出线是否采用不同标识，并引出至运行中便于测量的位置。 2. 现场检查套管末屏接地是否良好，是否存在渗漏油现象。 3. 现场检查换流变压器中性点是否有两根与地网主网络的不同边连接的接地引下线

5. 运维检修阶段

运维检修阶段换流变压器旁站监督要求见表 3-1-35。

表 3-1-35　　　　　　　　运维检修阶段换流变压器旁站监督要求

监督项目	监督方法	监督要求
巡视	现场抽查	现场抽查重点巡视项目，并与巡视记录进行比对，确保抽查结果与巡视纪录保持一致
设备检修	现场检查、现场抽查	1. 设备检修时查看试验接线、试验步骤、试验数据是否准确。 2. 检查现场试验用仪器是否有合格证、仪器是否在检定有效期内
反事故措施	现场检查	现场查看是否按照相关标准要求执行反事故措施

1.3.2.2　干式平波电抗器

1. 设备调试阶段

设备调试阶段干式平波电抗器旁站监督要求见表 3-1-36。

表 3-1-36　　　　　　　设备调试阶段干式平波电抗器旁站监督要求

监督项目	监督方法	监督要求
绕组电感	旁站监督	监督绕组电感测量试验数据是否准确且符合相关标准规定
表面温度分布	旁站监督	监督表面温度分布测量过程及数据是否符合相关标准规定
噪声	旁站监督	监督噪声水平是否符合相关标准规定

2. 竣工验收阶段

竣工验收阶段干式平波电抗器旁站监督要求见表 3-1-37。

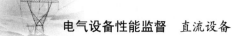

表 3-1-37　　　　竣工验收阶段干式平波电抗器旁站监督要求

监督项目	监督方法	监督要求
本体	现场检查	1. 检查本体外部绝缘涂层、其他部位油漆是否完好。 2. 检查本体风道是否清洁、无杂物
安装检查	现场检查	1. 检查出线端子是否连接良好，不受额外应力。 2. 检查屏蔽环（罩）是否安装良好并等分均匀
支座接地	现场检查	监督平波电抗器支座接地是否可靠，是否按照相关标准要求进行安装

3. 退役报废阶段

退役报废阶段干式平波电抗器旁站监督要求见表 3-1-38。

表 3-1-38　　　　退役报废阶段干式平波电抗器旁站监督要求

监督项目	监督方法	监督要求
技术鉴定	查阅项目可研报告、项目建议书、设备鉴定意见	监督设备退役鉴定是否符合相关标准要求

1.3.2.3　油浸式平波电抗器

1. 设备制造阶段

设备制造阶段油浸式平波电抗器旁站监督要求见表 3-1-39。

表 3-1-39　　　　设备制造阶段油浸式平波电抗器旁站监督要求

监督项目	监督方法	监督要求
重要制造工序	旁站监督	监督油浸式平波电抗器铁心制作、线圈绕制、油箱制作的作业环境、制造工艺是否满足相关标准要求

2. 设备调试阶段

设备调试阶段油浸式平波电抗器旁站监督要求见表 3-1-40。

表 3-1-40　　　　设备调试阶段油浸式平波电抗器旁站监督要求

监督项目	监督方法	监督要求
重要试验	旁站监督、现场查看	监督调试阶段各试验项目（如直流电阻测量、电感测量、介质损耗测量、泄漏试验等）是否齐全、试验数据是否准确且符合相关标准规定
非电量保护	旁站监督、现场查看	监督非电量保护装置是否满足相关标准要求
SF_6 气体检测	旁站监督、现场查看	监督 SF_6 气体微水含量是否满足相关标准要求

3. 竣工验收阶段

竣工验收阶段油浸式平波电抗器旁站监督要求见表 3-1-41。

表 3-1-41　　　　竣工验收阶段油浸式平波电抗器旁站监督要求

监督项目	监督方法	监督要求
油质量检测	现场抽检	具备检测条件时，现场抽检绝缘油是否符合相关标准要求

1.3.3 检测试验

1.3.3.1 换流变压器现场试验

1. SF_6 气体湿度检测

换流变压器安装完毕后，需对阀侧充 SF_6 气体套管进行湿度测量，保证设备安全稳定运行。

（1）SF_6 气体湿度检测方法。换流变压器充 SF_6 气体套管气体湿度测量采用冷凝结露法，使用露点仪连接套管 SF_6 取气口，对 SF_6 气体湿度进行检测。若露点仪具有三合一检测功能，可对气体分解产物、纯度一同进行检测。

（2）现场测试步骤。

1）试验接线。该试验比较简单，只需使用气体取样管连接换流变压器套管气体取气口与检测仪器检测即可。试验时注意仪器接地与废气回收工作。

2）试验步骤。

a. 试验前交代工作地点、工作内容、人员分工、安全措施、安全注意事项。

b. 检查所有试验人员是否到位，检查试验仪器应接地良好。

c. 将套管 SF_6 气体从气室专用口处取样连接测试仪器。

d. 将气体阀门打开至合适的流量，按下测试按钮进行测量。

e. 等待测量值稳定后，读取并记录 SF_6 气体含水量。

f. 按下复归按钮，等仪器镜面恢复到环境温度后，关闭气体阀门，拆除气体取样管，关闭试验仪器。

g. 对测试的试验数据进行分析判断，得出结论。

（3）评价标准。依据《±800kV 高压直流设备交接试验》（DL/T 274—2012）第 5.13 条规定，检测 SF_6 气体微水含量，气体微水含量的测量应在套管重启 48h 后进行，含水量应小于 150μL/L。

2. 网侧绕组直流电阻测量

（1）网侧绕组直流电阻测量方法。将变压器直流电阻测试仪通过测试线与网侧绕组可靠连接，阀侧绕组悬空。

（2）现场测试步骤。

1）试验接线。网侧绕组直流电阻测量试验接线如图 3-1-28 所示。

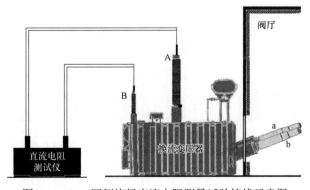

图 3-1-28 网侧绕组直流电阻测量试验接线示意图

2）试验步骤。

a. 核实工作票的内容、安全措施、地点等。

b. 试验前交代工作地点、工作内容、人员分工、安全措施、安全注意事项。

c. 检查所有试验人员是否到位。

d. 检查试验仪器是否接地良好。

e. 检查试验操作人员是否站在绝缘垫上。

f. 将仪器线夹可靠接于网侧被试绕组上。

g. 用万用表测量试验电源确是 220V，打开试验仪器电源开关。

h. 查看试验区内有无其他人员。

i. 确认变压器其他绕组上无人工作，确有试验人员监护。

j. 选择输出电流值。

k. 大声呼唱"开始加压"，得到监护人员回复后按下测试按钮进行测量。

l. 等待测量值稳定后，读取并记录直流电阻值。

m. 按下复归按钮，仪器放电。

n. 等待放电指示在零位后，方可拆除试验线，断开试验电源。

o. 拉开试验电源双刃刀闸开关。

p. 记录变压器油温、环境温度和湿度，对直流电阻值进行温度换算。

q. 对测试的试验数据进行分析判断，得出结论。

r. 拆除试验线。

（3）评价标准。依据《±800kV 直流系统电气设备交接验收试验》（Q/GDW 275—2009）：所有分接位置上测量的直流电阻变化应符合规律；测量时应注明绕组温度，不同温度下测得的电阻值应进行温度换算；同一温度下各相绕组电阻的相互差异应在 2%之内，同一温度下各分接位置电阻的初值差不超过±2%。

3. 绕组连同套管绝缘电阻、吸收比和极化指数测量

（1）测量方法。被测绕组短路加压，其他绕组短路接地，铁心和外壳均接地。

（2）现场测试步骤。

1）试验接线。绕组连同套管绝缘电阻、吸收比和极化指数测量试验接线如图 3-1-29 所示。

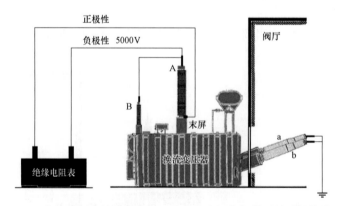

图 3-1-29　绕组连同套管绝缘电阻、吸收比和极化指数测量试验接线示意图

2）试验步骤。

a. 核实工作票的内容、安全措施、地点等。

b. 试验前交代工作地点、工作内容、人员分工、安全措施、安全注意事项。

c. 检查所有试验人员是否到位。

d. 检查试验操作人员是否站在绝缘垫上。

e. 使用 5000V 绝缘电阻表测量,变压器的外壳、铁心、夹件、绝缘电阻表的 E 端接地,非测量绕组短路接地,被试绕组各引出端短接,接绝缘电阻表 L 端进行测量。

f. 查看试验区内有无其他人员。

g. 确认变压器其他绕组上无人工作,确有试验人员监护。

h. 选择输出电压值。

i. 大声呼唱"开始加压",得到监护人员回复后按下测试按钮进行测量。

j. 读取并记录 15、60、600s 时的绝缘电阻值。

k. 按下复归按钮,仪器放电。

l. 等待放电指示在零位后,方可拆除试验线。

m. 记录变压器上层油温、环境温度和湿度,对绝缘电阻值进行温度换算。

n. 对测试的试验数据进行分析判断,得出结论。

o. 拆除试验线。

(3)评价标准。依据《±800kV 直流系统电气设备交接验收试验》(Q/GDW 275—2009):绝缘电阻应换算至同一温度下,与前一次测试结果相比应无明显降低;极化指数一般不低于 1.5,绝缘电阻大于 5000MΩ(检修后 10000MΩ)时可不做要求。

4. 绕组连同套管的介质损耗因数(tanδ)测量

(1)测量方法。被测绕组短路加压,其他绕组短路接地,铁心和外壳均接地。

(2)现场测试步骤。

1)试验接线。绕组连同套管的介质损耗因数测量试验接线如图 3-1-30 所示。

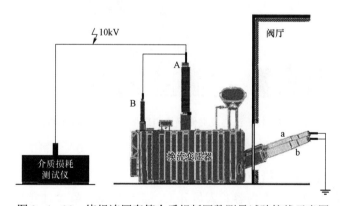

图 3-1-30　绕组连同套管介质损耗因数测量试验接线示意图

2)试验步骤。

a. 核实工作票的内容、安全措施、地点等。

b. 试验前交代工作地点、工作内容、人员分工、安全措施、安全注意事项。

c. 检查所有试验人员是否到位。

d. 检查试验仪器是否接地良好。

e. 检查试验操作人员是否站在绝缘垫上。

f. 试验接线采用反接法。变压器的外壳、铁心、夹件、高压介质损耗电桥的外壳的 E 端接地,非测量绕组短路接地。将变压器被测量绕组各引出端短接，接入高压介质损耗电桥高压输出端。

g. 用万用表测量试验电源确认是否为220V，打开试验仪器电源开关。

h. 查看试验区内有无其他人员。

i. 确认变压器其他绕组上无人工作，确有试验人员监护。

j. 大声呼唱"开始加压"，得到监护人员回复后按下测试按钮进行测量。

k. 等待测量结束后，读取并记录介质损耗因数及电容量数值。

l. 关闭试验仪器，断开试验电源。

m. 待试品和加压设备的输出端充分放电并接地后，方可拆除试验线。

n. 记录变压器上层油温、环境温度和湿度，对介质损耗因数值进行温度换算。

o. 对测试的试验数据进行分析判断，得出结论。

（3）评价标准。依据《±800kV直流系统电气设备交接验收试验》（Q/GDW 275—2009）：介质损耗（20℃）不大于 0.006，与前一次的测试结果相比变化量不大于 30%；电容量与前一次的测试结果相比应无明显变化。

5. 铁心及夹件的绝缘电阻测量

（1）测量方法。铁心加压，测量铁心对地的绝缘电阻；夹件加压，测量夹件对地的绝缘电阻；测量铁心对夹件的绝缘电阻。

（2）现场测试步骤。

1）试验接线。铁心及夹件的绝缘电阻测量试验接线如图3-1-31所示。

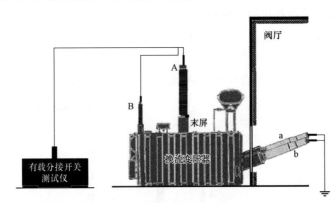

图3-1-31 铁心及夹件绝缘电阻测量试验接线示意图

2）试验步骤。

a. 核实工作票的内容、安全措施、地点等。

b. 试验前交代工作地点、工作内容、人员分工、安全措施、安全注意事项。

c. 检查所有试验人员是否到位。

d. 检查试验操作人员是否站在绝缘垫上。

e. 绝缘电阻测量采用2500V，变压器的外壳、绝缘电阻表的E端接地，非测量绕组短路接地。

f. 接地，拆除铁心（夹件）的外引出接地，测试铁心（夹件）的绝缘电阻。

g. 查看试验区内有无其他人员。

h. 确认本变压器其他绕组上无人工作，确有试验人员监护。

i. 选择输出电压值。

j. 大声呼唱"开始加压"，得到监护人员回复后按下测试按钮进行测量。

k. 读取并记录 60s 时的绝缘电阻值。

l. 按下复归按钮，仪器放电。

m. 等待放电指示在零位后，方可拆除试验线。

n. 记录变压器上层油温、环境温度和湿度。

o. 对测试的试验数据进行分析判断，得出结论。

p. 拆除试验线。

（3）评价标准。依据《±800kV 直流系统电气设备交接验收试验》（Q/GDW 275—2009）：铁心对地绝缘电阻与前次测试结果相比无显著降低，铁心与夹件的绝缘电阻一般不小于 500MΩ。

6. 外施交流耐压试验

（1）试验方法。试验采用串联谐振的原理，按要求连接好试验接线，分别对变压器高、低压侧进行试验。试验时，先在 30%试验电压下调整试验频率至 50Hz 左右，后逐步升高电压至相关标准规定的额定工频耐受电压值，保持 1min，然后迅速、均匀地降压到零。

（2）现场试验步骤。

1）试验接线。试验时，分别对中性点及低压侧进行。试验时，将被试绕组各出线端子短接加压，非被试绕组各出线端子短路接地。外施交流耐压试验接线图如图 3-1-32 所示。

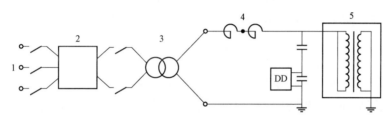

图 3-1-32　外施交流耐压试验接线示意图

1—380V 电源；2—变频电源系统；3—励磁变压器；4—电抗器；5—被试变压器；DD—分压器

2）试验步骤。

a. 确认变压器对外的所有连线已拆除。

b. 网侧套管电流互感器二次短接接地。

c. 被试绕组各出线端子短接加压，非被试绕组各出线端子短路接地。

d. 进行耐压前绕组绝缘电阻测量。

e. 设定保护电压值及分压器高低压分接开关。

f. 串联谐振试验系统先不带主变压器，只对电抗器和分压器空升。

g. 空升结束后带上主变压器，在 30%试验电压以下进行调频。

h. 按照现场试验电压进行试验。

i. 进行耐压后绝缘电阻测量。

j. 试验结束拆除试验接线，将被试品恢复至试验前状态。

（3）评价标准。依据《±800kV 直流系统电气设备交接验收试验》（Q/GDW 275—2009）：试验过程中如无电流电压突变、变压器内部无异响或发出异味，且耐压试验前后的绝缘电阻值无明显变化，则试验合格。

7. 局部放电检测

（1）测量方法。在变压器低压绕组施加交流电压，感应至高压绕组，同时测量高压侧局部放电量。

（2）现场测量步骤。

1）试验接线。局部放电检测试验接线如图 3－1－33 所示。

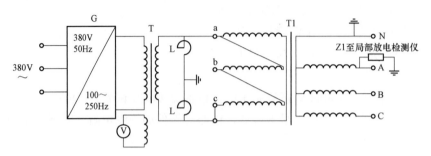

图 3－1－33　局部放电检测试验接线示意图

2）试验步骤。

a. 在试验准备过程中，安装变压器网侧和阀侧套管的均压罩，短接套管式电流互感器二次端子，将试验设备吊装到位。

b. 在试验场地周围装设安全围栏，并派专人看守。

c. 检查变频电源装置，确认变频源接地端已可靠接地，所有散热通风口已打开，输入、输出断路器已合闸。空试变频源无异常后，切断变频器电源，拉开电源开关，将变频源输出端接到升压变压器的低压侧。

d. 按试验接线图接好各试验设备以及仪表，并保证各高电压引线的电气距离，连接中间变压器和被试变压器低压套管端头的导线应用绝缘带固定，防止摆动。

e. 从变压器被试端注入标准方波进行校准；校准按"多端测量、多端校准"的方式进行，在各端头分别注入 500pC 标准信号。

f. 观测背景放电量水平、波形特点、相位等情况并进行记录。如背景放电量值较大，需查明原因并进行处理。

g. 加压前由现场试验负责人复核试验接线，确保接线无误方可加压。

h. 清场，试验人员、安全巡视人员各就各位，试验正式开始。需要试验人员五名以上，由一人总负责、一人观测局放仪、两人操作变频源、一人巡视并负责观察钳形表读数。

i. 变频源操作人员接试验负责人指令，先调谐，回路无异常则开始升压。

j. 在接近 50%试验电压下校核电压，电压校核完毕后，降低电压至零，拆除校核回路。

k. 再次升电压，开始测试。升电压至 1/3～1/2 试验电压，观测局部放电量有无异常，有则必须查明原因。观察各电容分压器、钳形电流表数值，分析试验回路各部分是否正常。

l. 按加压程序给被试变压器加压，测试并记录局部放电起始放电电压、局部放电熄灭电压、各阶段局部放电量等数值。试验过程中一直监视局部放电量，全程记录放电波形、各表计读数。

m. 全部试验结束后，迅速降低试验电压，当电压降到 2/3 试验电压以下时，可以切断电源。

n. 在升压变压器高压端挂接地线，对试验回路充分放电后拆线。

（3）评价标准。依据《±800kV 直流系统电气设备交接验收试验》（Q/GDW 275—2009），在 $1.3U_m/\sqrt{3}$ 电压下进行局部放电量测量，视在放电量应不大于 300pC。

8. 红外检测

（1）一般检测。

1）仪器开机，进行内部温度校准，待图像稳定后对仪器的参数进行设置。

2）根据被测设备的材料设置辐射率，作为一般检测，被测设备的辐射率一般取 0.9 左右。

3）设置仪器的色标温度量程，一般宜设置在环境温度加 10～20K 的温升范围。

4）开始测温，远距离对所有被测设备进行全面扫描，宜选择彩色显示方式，调节图像使其具有清晰的温度层次显示，并结合数值测温手段，如热点跟踪、区域温度跟踪等手段进行检测。应充分利用仪器的有关功能，如图像平均、自动跟踪等，以达到最佳检测效果。

5）环境温度发生较大变化时，应对仪器重新进行内部温度校准。

6）发现有异常后，有针对性地对异常部位和重点被测设备进行近距离精确检测。

7）测温时，应确保现场实际测量距离满足设备最小安全距离及仪器有效测量距离的要求。

（2）精确检测。

1）为了准确测温或方便跟踪，应事先设置几个不同的方向和角度，确定最佳检测位置并做上标记，以供今后的复测用，提高互比性和工作效率。

2）将大气温度、相对湿度、测量距离等补偿参数输入，进行必要修正，并选择适当的测温范围。

3）正确选择被测设备的辐射率，特别要考虑金属材料表面氧化对选取辐射率的影响，辐射率选取具体可参见相关标准。

4）检测温升所用的环境温度参照物体应尽可能选择与被测试设备类似的物体，且最好能在同一方向或同一视场中选择。

5）测量设备发热点、正常相的对应点及环境温度参照体的温度值时，应使用同一仪器相继测量。

6）在安全距离允许的条件下，红外仪器宜尽量靠近被测设备，使被测设备（或目标）尽量充满整个仪器的视场，以提高仪器对被测设备表面细节的分辨能力及测温准确度，必要时，可使用中、长焦距镜头。

7）记录被检设备的实际负载电流、额定电流、运行电压，被检物体温度及环境参照体的温度值。

（3）评价标准。

1）表面温度判断法：主要适用于电流致热型和电磁效应引起发热的设备。根据测得的设备表面温度值，对照《高压开关设备和控制设备标准的共用技术要求》（GB/T 11022—2011）中高压开关设备和控制设备各种部件、材料及绝缘介质的温度和温升极限的有关规定，结合环境气候条件、负载大小进行分析判断。

2）同类比较判断法：根据同组三相设备、同相设备之间及同类设备之间对应部位的温差进行比较分析。

3）图像特征判断法：主要适用于电压致热型设备。根据同类设备的正常状态和异常状态的热像图判断设备是否正常。注意尽量排除各种干扰因素对图像的影响，必要时结合电气试验或化学分析的结果，进行综合判断。

4）相对温差判断法：主要适用于电流致热型设备。特别是对小负载电流致热型设备，采用相对温差判断法可降低小负载缺陷的漏判率。对电流致热型设备，发热点温升值小于 15K 时，不宜采用相对温差判断法。

5）档案分析判断法：分析同一设备不同时期的温度场分布，找出设备致热参数的变化，判断设备是否正常。

6）实时分析判断法：在一段时间内使用红外热像仪连续检测某被测设备，观察设备温度随负载、时间等因素变化的方法。

（4）设备缺陷诊断依据。现场检测可参照《带电设备红外诊断应用规范》（DL/T 664—2016）对设备红外缺陷进行诊断判据判断。

1.3.3.2 干式平波电抗器现场试验

1. 直流电阻测量

（1）测量方法。使用单臂电桥测量直流电阻。

（2）现场测试步骤。

1）试验接线。直流电阻测量试验接线如图 3-1-34 所示。

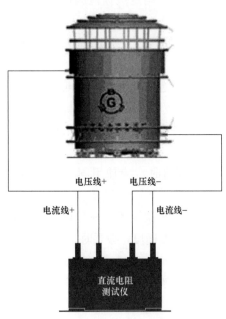

图 3-1-34　直流电阻测量试验接线示意图

2）试验步骤。

a. 核实工作票的内容、安全措施、地点等。

b. 试验前交代工作地点、工作内容、人员分工、安全措施、安全注意事项。

c. 检查所有试验人员是否到位。

d. 检查试验仪器是否接地良好。

e. 检查试验操作人员是否站在绝缘垫上。

f. 将电抗器引出端接入直阻仪。

g. 用万用表测量试验电源确是 220V，打开试验仪器电源开关。

h. 查看试验区内有无其他人员。

i. 确认电抗器上无人工作，确有试验人员监护。

j. 选择输出电流值。

k. 大声呼唱"开始加压"，得到监护人员回复后按下测试按钮进行测量。

l. 等待测量值稳定后，读取并记录直流电阻值。

m. 按下复归按钮，仪器放电。

n. 等待放电指示在零位后，方可拆除试验线，断开试验电源。

o. 记录环境温度和湿度。对直流电阻值进行温度换算。

p. 对测试的试验数据进行分析判断，得出结论。

q. 拆除试验线。

（3）评价标准。依据《±800kV 直流系统电气设备交接验收试验》（Q/GDW 275—2009），直流电阻值与出厂值相比偏差不大于±2%。

2. 电感量测量

（1）测量方法。将电容电感测试仪通过测试线与被测绕组可靠连接，上下出线头处、仪器均接地。

（2）现场测试步骤。

1）试验接线。电感量测量试验接线如图 3-1-35 所示。

2）试验步骤。

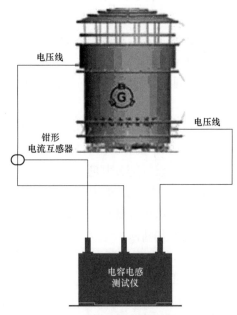

图 3-1-35　电感量测量试验接线示意图

a. 核实工作票的内容、安全措施、地点等。

b. 试验前交代工作地点、工作内容、人员分工、安全措施、安全注意事项。

c. 检查所有试验人员是否到位。

d. 检查试验仪器是否接地良好。

e. 检查试验操作人员是否站在绝缘垫上。

f. 将测试仪器电压端与电抗器引出端相连，用电流钳形表测量电流。

g. 用万用表测量试验电源确是 220V，打开试验仪器电源开关。

h. 查看试验区内有无其他人员。

i. 确认电抗器上无人工作，确有试验人员监护。

j. 选择输出电压值。

k. 大声呼唱"开始加压"，得到监护人员回复后按下测试按钮进行测量。

l. 等待测量值稳定后，读取并记录电感量值。

m. 按下复归按钮，关闭仪器，断开试验电源。

n. 记录环境温度和湿度。

o. 对测试的试验数据进行分析判断，得出结论。

p. 拆除试验线。

（3）评价标准。依据《±800kV 直流系统电气设备交接验收试验》（Q/GDW 275—2009），电感量测量值与前次试验值相比，变化不应大于±2%。

1.3.3.3 油浸式平波电抗器现场试验

1. 套管 SF_6 气体湿度检测

（1）SF_6 气体湿度检测方法。直流油浸式平波电抗器安装完毕后，需对电抗器套管 SF_6 气体湿度进行测量，保证设备安全稳定运行。

直流油浸式平波电抗器套管 SF_6 气体湿度检测采用冷凝结露法，使用露点仪连接套管 SF_6 取气口，对 SF_6 气体湿度进行检测。若露点仪具有三合一检测功能，可对气体分解产物、纯度一同进行检测。

（2）现场测试步骤。

1）试验接线。该试验比较简单，只需使用气体取样管连接油浸式平波电抗器套管气体取气口与检测仪器检测即可。试验时注意仪器接地与废气回收工作。

2）试验步骤。

a. 试验前交代工作地点、工作内容、人员分工、安全措施、安全注意事项。

b. 检查所有试验人员是否到位，检查试验仪器接地良好。

c. 将套管 SF_6 气体从气室专用口处取样连接测试仪器。

d. 将气体阀门打开至合适的流量，按下测试按钮进行测量。

e. 等待测量值稳定后，读取并记录 SF_6 气体含水量。

f. 按下复归按钮，等仪器镜面恢复到环境温度后，关闭气体阀门，拆除气体取样管，关闭试验仪器。

g. 对测试的试验数据进行分析判断，得出结论。

（3）评价标准。依据《±800kV 高压直流设备交接试验》（DL/T 274—2012）第 5.13 条的规定，SF_6 气体微水含量的测量应在套管重启 48h 后进行，含水量应小于 150μL/L。

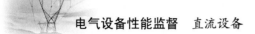

2. 绕组直流电阻测量

（1）现场测试步骤。

1）断开平波电抗器两端的连接线。

2）使用直流电阻测试仪，把测试线接在平波电抗器的两端套管出头上，使用仪器测量后直接读取直流电阻值。

（2）评价标准。依据《直流换流站高压直流电气设备交接试验规程》（Q/GDW 111—2004）规定：在同一电压侧各相（极）之间的比较，扣除原始差异的情况下，同一温度下直流电阻偏差应在 2%之内。

3. 铁心、夹件绝缘电阻测量

（1）检测方法。采用 2500V 绝缘电阻表测量。测量时，首先检测是否存在其他接地点；若无其他接地点，测量铁心绝缘电阻。夹件有单独外引接地线时，还应分别测量铁心对夹件及夹件对地绝缘电阻。

拆开平波电抗器铁心及夹件测试部位的挡板，使用绝缘电阻测试仪，分别测量铁心对地、夹件对地、铁心对夹件的绝缘电阻值。

（2）评价标准。依据《直流换流站高压直流电气设备交接试验规程》（Q/GDW 111—2004）规定：① 绝缘电阻值与出厂试验值比较，无明显降低；② 测量值应不小于 500MΩ。

4. 绕组连同套管的介质损耗因数测量

（1）现场测试步骤。

1）断开平波电抗器两端的连接线，测量时，铁心、外壳应接地。套管表面应清洁、干燥。

2）使用介质损耗电容量测试仪，把测试线接在平波电抗器的一端套管出头上，另一端悬空，使用仪器测量后直接读取介质损耗值。

（2）评价标准。依据《高压直流输电用油浸式平波电抗器技术参数和要求》（GB/T 20837—2007）规定：电抗器介质损耗因数在 20～25℃时应不大于 0.005，非被试绕组接地，被试绕组的介质损耗因数与相同温度下出厂试验数据相比应无显著差别，最大不应大于出厂试验值的 130%。

5. 电感值检测

（1）检测方法。采用施加工频电压、测量工频电流来计算电感值的方法。测量时，通过调压器将工频电压施加到电抗器的引线端子上，用电压表和电流表监视电压和电流，逐步升高电压，直至电流达到 1A，读取电压值、电感值。测量电感器电感值时，要求所用仪器的测量不确定度不大于 0.2%。

（2）评价标准。依据《直流换流站高压直流电气设备交接试验规程》（Q/GDW 111—2004）规定：实测电感值与出厂试验值相比，应无明显差别；测量工频下的阻抗，计算得到电感值与出厂值相比，变化不应大于 2%。

6. 交流电压耐压试验

详见 1.3.3.1 换流变压器现场试验 6. 外施交流电压耐压试验。

7. 局部放电检测

详见 1.3.3.1 换流变压器现场试验 7. 局部放电检测。

8. 红外检测

详见 1.3.3.1 换流变压器现场试验 8. 红外检测。

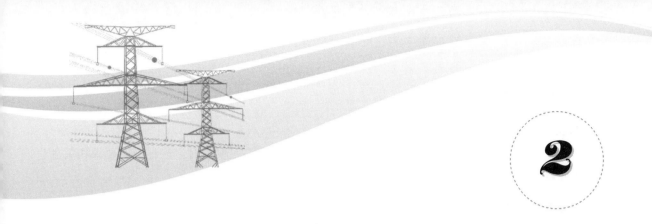

换流变压器、干式平波电抗器和油浸式平波电抗器《全过程技术监督精益化管理实施细则》条款解析

2.1 换流变压器

2.1.1 规划可研阶段

2.1.1.1 电气主接线设计

1. 监督要点及监督依据

规划可研阶段换流变压器电气主接线设计监督要点及监督依据见表3-2-1。

表3-2-1　　　　　　　规划可研阶段换流变压器电气主接线设计监督

监督要点	监督依据
每极或换流单元优先采用12脉动换流器接线，如果由于设备供货的限制或分期建设的需要，可采用多个换流器串联或并联的接线方式	《±800kV 高压直流输电系统成套设计规程》（DL/T 5426—2009）6.3.1

2. 监督项目解析

换流变压器电气主接线设计是规划可研阶段重要的技术监督项目。

换流变压器12脉动换流器接线方式直流电压、交流电流质量好，所含谐波分量少，可以简化滤波装置，节省换流站造价，是优先采用的电气主接线设计方案。如果由于设备供货的限制或分期建设的需要，可采用多个换流器串联或并联的接线方式。

3. 监督要求

查阅可研报告、可研审查意见等相关文件。

4. 整改措施

当技术监督人员查阅资料发现换流变压器电气主接线设计不满足要求时，应记录并要求相关部门进行修正，直至项目均满足要求。

2.1.1.2　容量和台（组）数

1. 监督要点及监督依据

规划可研阶段换流变压器容量和台（组）数监督要点及监督依据见表 3-2-2。

表 3-2-2　　　　　　　　　　　规划可研阶段换流变压器容量和台（组）数监督

监督要点	监督依据
1. 根据分层分区电力平衡结果，结合系统潮流、工程供电范围内负荷及负荷增长情况，电源接入情况和周边电网发展情况，合理确定本工程变压器单台（组）容量、变压比，本期建设的台数和终期建设的台数。 2. 受端电网 330kV 及以上变电站设计时应考虑一台变压器停运后对地区供电的影响，对变压器投运台数进行分析计算	1.《330 千伏及以上输变电工程可行性研究内容深度规定》（Q/GDW 10269—2017）4.2.7。 2.《国家电网公司关于印发十八项电网重大反事故措施（修订版）的通知》（国家电网设备〔2018〕979 号）2.2.1.5

2. 监督项目解析

容量和台（组）数是规划可研阶段比较重要的技术监督项目。

换流变压器容量和台（组）数的选择，要充分考虑供电区域的负荷增长情况，避免换流变压器投运不久出现容量不够的情况。同时，也不能盲目一次性投运大容量变压器，避免变压器长期低负载运行。

3. 监督要求

查阅可研报告、可研审查意见等相关文件。

4. 整改措施

当技术监督人员查阅资料发现换流变压器容量和台（组）数不满足要求时，应记录并要求相关部门进行修正，直至项目均满足要求。

2.1.1.3　基本参数确定

1. 监督要点及监督依据

规划可研阶段换流变压器基本参数确定监督要点及监督依据见表 3-2-3。

表 3-2-3　　　　　　　　　　　规划可研阶段换流变压器基本参数确定监督

监督要点	监督依据
1. 结合潮流、调相调压及短路电流计算，确定变压器的额定主抽头、阻抗、调压方式等。 2. 对于有并联运行要求的变压器：钟时序数要严格相等；电压和电压比要相同；短路阻抗相同，尽量控制在允许偏差范围的±10%以内，还应注意极限正分接位置短路阻抗与极限负分接位置短路阻抗应分别相同。 3. 应确定中性点接地方式：直接接地、经小电抗接地、经小电阻接地、经放电间隙接地等。必要时对变压器第三绕组电压等级及容量提出要求。 4. 优先选用自然油循环风冷或自冷方式的变压器，新建或扩建变压器一般不宜采用水冷方式	1.《330 千伏及以上输变电工程可行性研究内容深度规定》（Q/GDW 10269—2017）4.2.8.1。 2.《电力变压器选用导则》（GB/T 17468—2019）。 3.《330 千伏及以上输变电工程可行性研究内容深度规定》（Q/GDW 10269—2017）4.2.8.1。 4.《国家电网公司关于印发十八项电网重大反事故措施（修订版）的通知》（国家电网设备〔2018〕979 号）9.7.1.1

2. 监督项目解析

换流变压器基本参数确定是规划可研阶段重要的技术监督项目。

换流变压器的基本参数是换流变压器整个寿命周期的基础。换流变压器是否可以承担接入系统潮流变化压力，其基本参数（如额定电压、容量、联结组别、短路阻抗等）是否满足正常使用时的要求及远景发展要求，是否满足国家电网有限公司相关标准、设备选型要求，是否具有应付恶劣天气的能力，全部依托于换流变压器初期对其配置选型进行理性的规划与可行性研究。上述任何一条无法满足要求，都将给换流变压器日后正常运行埋下隐患，影响设备安全、可靠运行。

3. 监督要求

查阅可研报告、可研审查意见等相关文件，同时记录换流变压器相关参数，通过对应依据确保换流变压器配置及选型满足要求。

4. 整改措施

当技术监督人员查阅资料发现换流变压器基本参数不满足要求时，应记录并要求相关部门进行修正，直至项目均满足要求。

2.1.1.4 直流偏磁电流

1. 监督要点及监督依据

规划可研阶段换流变压器直流偏磁电流监督 要点及监督依据见表 3-2-4。

表 3-2-4 规划可研阶段换流变压器直流偏磁电流监督

监督要点	监督依据
应提出与换流变压器相关的直流偏磁电流参数： （1）用于设计的直流偏磁电流。 （2）用于噪声和损耗检验的直流偏磁电流	《±800kV 高压直流输电系统成套设计规程》（DL/T 5426—2009）7.2.11

2. 监督项目解析

直流偏磁电流是规划可研阶段比较重要的技术监督项目。

直流输电单极大地运行情况下，直流偏磁电流引起谐波增加，对变电设备产生诸如变压器绕组振动、噪声、损耗、温升增加等危害，缩短变电设备使用寿命，影响设备安全运行。

3. 监督要求

查阅可研报告、可研审查意见等相关文件，同时记录换流变压器相关参数，通过对应依据确保换流变压器配置及选型满足要求。

4. 整改措施

当技术监督人员查阅资料发现换流变压器直流偏磁电流不满足要求时，应记录并要求相关部门进行修正，直至项目均满足要求。

2.1.2 工程设计阶段

2.1.2.1 使用条件

1. 监督要点及监督依据

工程设计阶段换流变压器使用条件监督要点及监督依据见表 3-2-5。

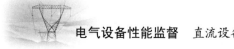

表 3-2-5 工程设计阶段换流变压器使用条件监督

监督要点	监督依据
1. 换流变压器应符合《高压直流输电用±800kV 级换流器通用技术规范》（Q/GDW 10147—2019）和《电力变压器 第 1 部分：总则》（GB 1094.1—2013）中所规定的使用条件。 2. 如果换流变压器的任何部件（如：阀侧套管）伸入阀厅内，则除正常环境温度外，还应规定阀厅内的最高温度。 3. 换流变压器应符合特殊使用条件下的要求。 4. 对于交流场采用 3/2 接线的换流站，设计单位应尽量避免将换流变压器与主变压器共串。对于无法避免的情况，应在主变压器侧安装隔离开关	1.《变流变压器 第 2 部分：高压直流输电用换流变压器》（GB/T 18494.2—2007）4。 2.《高压直流输电用±800kV 级换流变压器通用技术规范》（Q/GDW 10147—2019）4.1、4.2。 3.《国家电网公司防止直流换流站单、双极强迫停运二十一项反事故措施》（国家电网生〔2011〕961 号）21.1

2. 监督项目解析

使用条件是工程设计阶段比较重要的技术监督项目。

换流变压器应符合相关标准中规定的使用条件、特殊条件下的使用要求。应检查阀厅内最高温度，确保伸入阀厅内的换流变压器元件正常运转且不会出现加速老化等影响设备使用寿命周期的现象。此外，若交流场采用 3/2 接线方式，则设计时应尽量避免主变压器与换流变压器共串，以防止换流变压器与主变压器形成直接的影响关系。

3. 监督要求

查阅设计文件、可研、初设审查意见，确保换流变压器设计满足使用要求；若无法满足，应向上级单位及时反馈，并督促设计单位对设计方案尽快进行修改。

4. 整改措施

当技术监督人员查阅资料发现使用条件不满足要求时，应记录并要求相关部门进行修正，直至项目均满足要求。

2.1.2.2 主要设计参数

1. 监督要点及监督依据

工程设计阶段换流变压器主要设计参数监督要点及监督依据见表 3-2-6。

表 3-2-6 工程设计阶段换流变压器主要设计参数监督

监督要点	监督依据
1. 换流变压器的额定参数用额定基波频率下的电流和电压的稳态正弦量来表示。保证的损耗、阻抗和声级均应与额定参数值相对应。 2. 换流变压器初步设计图纸或设计说明书中应包括谐波成分及直流偏磁电流的大。 3. 换流变压器的损耗保证值应在《电力变压器 第 1 部分：总则》（GB 1094.1—2013）规定的偏差范围之内。 4. 换流变压器设计文件应明确保证声级水平（声压级或声强级）和相应的声压级。 5. 对设计成用于同一目的或能互换的相同或相似的换流变压器，各台变压器在主分接下的阻抗及在整个分接范围内的阻抗变化，均应不超过其平均实测值的±2%	1~3.《变流变压器 第 2 部分：高压直流输电用换流变压器》（GB/T 18494.2—2007）6、8。 4~5.《高压直流输电用±800kV 级换流变压器通用技术规范》（Q/GDW 10147—2019）6.8.2、7.14

2. 监督项目解析

主要设计参数是工程设计阶段重要的技术监督项目。

换流变压器的设计参数决定了换流变压器的各类性能及工作能力，是换流变压器是否满足正常运转的关键，也是换流变压器安全可靠运行的基本前提。工程设计阶段，应重点检查换流变压器损耗、阻抗、声级、谐波成分、直流偏磁电流是否满足相关标准要求。

3. 监督要求

查阅设计文件、可研、初设审查意见，确保换流变压器参数满足使用要求；若无法满足，应向上级单位及时反馈，督促设计单位对设计方案尽快进行修改。

4. 整改措施

当技术监督人员查阅资料发现换流变压器主要设计参数不满足要求时，应记录并要求相关部门进行修正，直至项目均满足要求。

2.1.2.3 ±800kV 换流变压器选型要求

1. 监督要点及监督依据

工程设计阶段±800kV 换流变压器选型要求监督要点及监督依据见表 3-2-7。

表 3-2-7 　　　　　　　　工程设计阶段±800kV 换流变压器选型要求监督

监督要点	监督依据
±800kV 电压等级换流变压器应满足以下要求： (1) 型式为单相、双绕组、有载调压、油浸式等。 (2) 冷却方式为强迫油循环风冷（OFAF），经与用户协商，也可以采用强迫导向循环风冷（ODAF）。 (3) 调压方式为网侧中性点有载调压。 (4) 中性点接地方式采取网侧中性点直接接地，阀侧中性点不接地。 (5) 联结组标号为 Ii0（三相组：YNyn0 或 YNd11）	《高压直流输电用±800kV 级换流变压器通用技术规范》（Q/GDW 10147—2019）7.1、7.3、7.8~7.10

2. 监督项目解析

±800kV 换流变压器选型要求是工程设计阶段比较重要的技术监督项目。

±800kV 换流站在电网系统内具有举足轻重的地位，站内换流变压器的选型直接关系着换流站的运行情况。±800kV 换流变压器选型中型式、冷却方式、调压方式、中性点接地方式、联结组别都应符合相关标准要求。

3. 监督要求

查阅技术规范书、技术协议，确保设备结构、设备选型符合要求。现场监督时，对应监督要点条目；若发现有不符合相关标准规定的情况，应记录换流变压器结构、本体选型要求的不符合项，说明具体的结构、本体选型差异，并向上级部门及时反馈，督促设计单位对设计方案尽快进行修改。

4. 整改措施

当技术监督人员查阅资料发现±800kV 极换流变压器选型不满足要求时，应记录并要求相关部门进行修正，直至项目均满足要求。

2.1.2.4 有载分接开关

1. 监督要点及监督依据

工程设计阶段换流变压器有载分接开关监督要点及监督依据见表 3-2-8。

表 3-2-8 　　　　　　　　工程设计阶段换流变压器有载分接开关监督

监督要点	监督依据
1. 有载调压分接开关的调压范围应比较大，特别是可能采用直流降压模式时，要求的调压范围往往高达 20%~30%。 2. 换流变压器有载分接开关不应配置浮球式的油流继电器	1. 《±800kV 高压直流输电系统成套设计规程》（DL/T 5426—2009）7.2.4。 2. 《国家电网有限公司关于印发十八项电网重大反事故措施（修订版）的通知》（国家电网设备〔2018〕979 号）8.2.1.4

2. 监督项目解析

有载分接开关是工程设计阶段比较重要的技术监督项目。

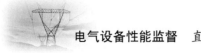

换流变压器有载分接开关的选择是否合理直接影响到换流变压器的调压范围、调压准确度以及运行稳定性。

3. 监督要求

查阅设计文件，确保换流变压器有载分接开关满足要求；若无法满足，应向上级单位及时反馈，督促设计单位对设计方案尽快进行修改。

4. 整改措施

当技术监督人员查阅资料发现换流变压器有载分接开关不满足要求时，应记录并要求相关部门进行修正，直至项目均满足要求。

2.1.2.5 网侧套管

1. 监督要点及监督依据

工程设计阶段换流变压器网侧套管监督要点及监督依据见表3-2-9。

表3-2-9 工程设计阶段换流变压器网侧套管监督

监督要点	监督依据
网侧套管使用油浸式套管，加装易于从地面检查油位的油位指示器	《高压直流输电用±800kV级换流器通用技术规范》（Q/GDW 10147—2019）8.1.1

2. 监督项目解析

网侧套管是工程设计阶段比较重要的技术监督项目。

换流变压器组网侧套管的选择，应考虑运行巡视时油位监测的便捷性。

3. 监督要求

查阅设计文件，确保换流变压器网侧套管满足要求；若无法满足，应向上级单位及时反馈，应督促设计单位对设计方案尽快进行修改。

4. 整改措施

当技术监督人员查阅资料发现换流变压器网侧套管不满足要求时，应记录并要求相关部门进行修正，直至项目均满足要求。

2.1.2.6 阀侧套管

1. 监督要点及监督依据

工程设计阶段换流变压器阀侧套管监督要点及监督依据见表3-2-10。

表3-2-10 工程设计阶段换流变压器阀侧套管监督

监督要点	监督依据
1. 换流变压器阀侧套管不宜采用充油套管。 2. 换流变压器阀侧穿墙套管的封堵应使用非导磁材料	《国家电网有限公司关于印发十八项电网重大反事故措施（修订版）的通知》（国家电网设备〔2018〕979号）8.2.1.1

2. 监督项目解析

阀侧套管是工程设计阶段比较重要的技术监督项目。

换流变压器阀侧套管不宜采用充油套管，以避免对阀厅的污染；阀侧穿墙套管封堵若采用导磁材料会造成套管法兰处局部过热，加速套管老化，影响套管的使用寿命。

3. 监督要求

查阅设计文件，确保换流变压器阀侧套管满足要求；若无法满足，应向上级单位及时反馈，应督促设计单位对设计方案尽快进行修改。

4. 整改措施

当技术监督人员查阅资料发现换流变压器阀侧套管不满足要求时，应记录并要求相关部门进行修正，直至项目均满足要求。

2.1.2.7　在线监测装置

1. 监督要点及监督依据

工程设计阶段换流变压器在线监测装置监督要点及监督依据见表 3-2-11。

表 3-2-11　　　　　　　　　工程设计阶段换流变压器在线监测装置监督

监督要点	监督依据
换流变压器应配置在线监测装置，并将在线监测信息送至后台集中分析	《国家电网有限公司关于印发十八项电网重大反事故措施（修订版）的通知》（国家电网设备〔2018〕979 号）8.2.1.12

2. 监督项目解析

在线监测装置是工程设计阶段比较重要的技术监督项目。

换流变压器应配置在线监测装置，通过对在线监测数据实时查看监督，及时发现换流变压器异常，降低事故风险。

3. 监督要求

查阅设计文件，确保换流变压器在线监测装置满足要求；若无法满足，应向上级单位及时反馈，应督促设计单位对设计方案尽快进行修改。

4. 整改措施

当技术监督人员查阅资料发现换流变压器在线监测装置不满足要求时，应记录并要求相关部门进行修正，直至项目均满足要求。

2.1.2.8　消防配置

1. 监督要点及监督依据

工程设计阶段换流变压器消防配置监督要点及监督依据见表 3-2-12。

表 3-2-12　　　　　　　　　工程设计阶段换流变压器消防配置监督

监督要点	监督依据
1. 极 I 和极 II 换流变压器区域主要配置有自动水喷雾系统、气压自动报警管道、自动雨淋阀组装置、火灾自动报警联动系统。 2. 消防系统和火灾自动报警系统施工应符合《电力设备典型消防规程》（DL 5027—2015）和《火灾自动报警系统施工及验收标准》（GB 50166—2019）的要求	《直流换流站电气装置安装工程施工及验收规范》（DL/T 5232—2019）13.1.2、13.1.3

2. 监督项目解析

消防配置是工程设计阶段比较重要的技术监督项目。

消防设备能够对潜在的火灾隐患及时报警，有利于站内运维人员迅速反应，使用灭火系统扑灭火灾，保障站内设备及工作人员安全。换流变压器室内火灾探测与灭火系统应满足相关标准要求，确保火灾自动报警系统的灵敏度与及时性，确保灭火系统的有效性及安全性。

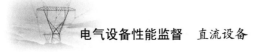

3. 监督要求

查阅设计文件，确保换流变压器消防配置满足相关标准要求；若无法满足，应向上级单位及时反馈，应督促设计单位对设计方案尽快进行修改。

4. 整改措施

当技术监督人员查阅资料发现换流变压器消防配置不满足要求时，应记录并要求相关部门进行修正，直至项目均满足要求。

2.1.2.9 非电量保护

1. 监督要点及监督依据

工程设计阶段换流变压器非电量保护监督要点及监督依据见表 3-2-13。

表 3-2-13　　　　　　　　　工程设计阶段换流变压器非电量保护监督

监督要点	监督依据
1. 换流变压器回路电流互感器、电压互感器二次绕组应满足保护冗余配置的要求。换流变压器非电量保护跳闸触点应满足非电量保护三重化配置的要求，按照"三取二"原则出口。 2. 换流变压器保护应采用三重化或双重化配置。采用三重化配置的换流变压器保护按"三取二"逻辑出口，采用双重化配置的换流变压器保护，每套保护装置中应采用"启动+动作"逻辑。 3. 采用 SF_6 气体绝缘的换流变压器套管应配置 SF_6 气体密度监视装置；监视装置的跳闸触点应不少于 3 对，并按"三取二"逻辑出口。换流变压器阀侧套管应装设可观测的密度（压力）表计，且应安装在阀厅外	1.《国家电网有限公司关于印发十八项电网重大反事故措施（修订版）的通知》（国家电网设备〔2018〕979 号）8.2.1.3、8.2.1.8、8.2.1.9。 2.《国家电网公司防止直流换流站单、双极强迫停运二十一项反事故措施》（国家电网生〔2011〕961 号）1.2.9

2. 监督项目解析

非电量保护是工程设计阶段重要的技术监督项目。

换流变压器非电量保护继电器均应按照"三取二"原则出口，提高保护与控制系统工作能力，降低误操作概率。此外，换流变压器阀侧套管 SF_6 密度继电器应安装在阀侧外，且便于观测，方便运维人员及时了解、记录套管内部气体压力，有效防止应穿墙套管气体泄漏导致的安全事故发生。

3. 监督要求

查阅设计文件，可研、初设评审意见，确保换流变压器非电量保护满足相关标准要求；若不满足，应向上级单位及时反馈，应督促设计单位对设计方案尽快进行修改。

4. 整改措施

当技术监督人员查阅资料发现换流变压器非电量保护参数不满足要求时，应记录并要求相关部门进行修正，直至项目均满足要求。

2.1.2.10 建筑防水

1. 监督要点及监督依据

工程设计阶段换流变压器建筑防水监督要点及监督依据见表 3-2-14。

表 3-2-14　　　　　　　　　工程设计阶段换流变压器建筑防水监督

监督要点	监督依据
1. 对风机防雨罩选型情况进行核查。 2. 核查抗渗混凝土设计结构尺寸	1.《国家电网公司输变电工程标准工艺（三）工艺标准库（2016 年版）》0101011402。 2.《地下工程防水技术规范》（GB 50108—2008）

2. 监督项目解析

建筑防水是工程设计阶段比较重要的技术监督项目。

墙体轴流风机外侧设置防雨罩或固定防雨百叶窗，能有效防止雨水等进入。

3. 监督要求

查阅设计文件，确保换流变压器建筑防水满足相关标准要求；若无法满足，应向上级单位及时反馈，应督促设计单位对设计方案尽快进行修改。

4. 整改措施

当技术监督人员查阅资料发现换流变压器建筑防水不满足要求时，应记录并要求相关部门进行修正，直至项目均满足要求。

2.1.3 设备采购阶段

2.1.3.1 使用条件

1. 监督要点及监督依据

设备采购阶段换流变压器使用条件监督要点及监督依据见表 3-2-15。

表 3-2-15　　　　　　　　　设备采购阶段换流变压器使用条件监督

监督要点	监督依据
1. 换流变压器应符合《电力变压器　第 1 部分：总则》（GB 1094.1—2013）中所规定的使用条件。 2. 如果换流变压器的任何部件（如：阀侧套管）伸入阀厅内，则除正常环境温度外，还应规定阀厅内的最高温度。 3. 在较高环境温度或高海拔环境下的温升，按《电力变压器　第 2 部分：液浸式变压器的温升》（GB 1094.2—2013）和《高压直流输电用±800kV 级换流器通用技术规范》（Q/GDW 10147—2019）相应规定。 4. 在高海拔环境下的外绝缘：按《电力变压器　第 3 部分：绝缘水平、绝缘试验和外绝缘空气间隙》（GB/T 1094.3—2017）、《高海拔外绝缘配置技术规范》（Q/GDW 13001—2014）及《高压直流输电用±800kV 级换流器通用技术规范》（Q/GDW 10147—2019）相应规定	1～2.《变流变压器　第 2 部分：高压直流输电用换流变压器》（GB/T 18494.2—2007）4.1、4.2。 3～4.《高压直流输电用±800kV 级换流器通用技术规范》（Q/GDW 10147—2019）4.2

2. 监督项目解析

使用条件是设备采购阶段重要的技术监督项目。

换流变压器的结构特殊、复杂，关键技术难度高，对制造环境和加工质量要求严格，技术规范书或技术协议中应明确其使用条件。使用条件的规定是对换流变压器技术要求的明确，包括明确正常环境温度、较高环境温度或高海拔环境下的各项要求。

若在设备采购阶段供应商所提供换流变压器不满足使用条件，影响实际使用和设备本质安全，需进行整改分析，采取措施现场修复或换货，甚至退货重新生产；整改工作量大、耗费资金多，造成资源浪费。

3. 监督要求

注意查阅技术规范书或技术协议，以确认换流变压器使用条件是否符合要求；对应监督要点条目，记录换流变压器使用条件是否满足要求。

4. 整改措施

当技术监督人员查阅资料发现该项目相关监督要点不满足时，应立即要求供应商及时查找问题、分析原因，并采取相应的措施进行整改，同时考虑由运检部门按照招投标文件及订货合同条款对供应商发起经济赔偿的要求；如果情节严重的，将报送物资部门，建议按照《国家电网公司供应商不良行为处理管理细则》的规定处理。

2.1.3.2　技术参数

1. 监督要点及监督依据

设备采购阶段换流变压器技术参数监督要点及监督依据见表 3-2-16。

表 3-2-16　　　　　　　　　　设备采购阶段换流变压器技术参数监督

监督要点	监督依据
在变压器询价和订货时，供、需双方需就下列性能参数进行协商，并应在订货合同中予以明确：负载和过负载能力、短路阻抗、直流偏磁电流、绕组额定绝缘水平、声级水平	《高压直流输电用±800kV 级换流器通用技术规范》（Q/GDW 10147—2019）6

2. 监督项目解析

技术参数是设备采购阶段重要的技术监督项目。

设备技术参数需在实际招标文件及采购合同专用条款中明确，以使供需双方标准一致，减少不必要的纠纷。若在设备采购阶段供应商所提供换流变压器不满足设备技术参数性能，会影响实际使用和设备本质安全，需进行整改分析，采取措施现场修复或换货，甚至退货重新生产；整改工作量大、耗费资金多，造成资源浪费。

3. 监督要求

注意查阅技术规范书或技术协议，换流变压器负载和过负载能力、短路阻抗、直流偏磁电流、绕组额定绝缘水平、声级水平等应满足相关要求；对应监督要点条目，记录换流变压器负载和过负载能力、短路阻抗、直流偏磁电流、绕组额定绝缘水平、声级水平不符合项。

4. 整改措施

当技术监督人员查阅资料发现该项目相关监督要点不满足时，应立即要求供应商及时查找问题、分析原因，并采取相应的措施进行整改，同时考虑由运检部门按照招投标文件及订货合同条款对供应商发起经济赔偿的要求；如果情节严重的，将报送物资部门，建议按照《国家电网公司供应商不良行为处理管理细则》的规定处理。

2.1.3.3　铁心和绕组

1. 监督要点及监督依据

设备采购阶段换流变压器铁心和绕组监督要点及监督依据见表 3-2-17。

表 3-2-17　　　　　　　　　　设备采购阶段换流变压器铁心和绕组监督

监督要点	监督依据
铁心和绕组应满足以下要求： （1）铁心应采用高质量、低损耗的晶粒取向冷轧硅钢片，全部绕组应采用铜导线，优先采用半硬铜导线，绕组应有良好的冲击电压波分布，不宜采用加避雷器方式限制过电压。 （2）换流变压器的铁心、夹件、接线装置应与油箱绝缘，通过装在油箱的套管引出，并在油箱下部与油箱连接接地。油箱应有 2 个接地处，应有明显接地符号。接地极板应满足接地热稳定电流要求，并配有与接地线连接用的接地螺钉，螺钉的直径不小于 12mm。 （3）换流变压器铁心及夹件引出线采用不同标识，并引出至运行中便于测量的位置	1.《高压直流输电用±800kV 级换流器通用技术规范》（Q/GDW 10147—2019）8.6。 2.《国家电网有限公司关于印发十八项电网重大反事故措施（修订版）的通知》（国家电网设备〔2018〕979 号）8.2.1.9

2. 监督项目解析

铁心和绕组是设备采购阶段重要的技术监督项目。

换流变压器的铁心和绕组要求应满足技术协议及电网重大反事故措施等要求。若在设备采购阶段供应商所提供附件不满足要求,必将影响实际使用和设备本质安全,需进行整改分析,采取措施现场修复或换货,甚至退货重新生产;整改工作量大、耗费资金多,造成资源浪费。

3. 监督要求

注意查阅技术规范书或技术协议,设备结构、设备选型应符合要求;对应监督要点条目,记录换流变压器铁心和夹件要求的不符合项,说明具体的结构、本体选型差异。

4. 整改措施

当技术监督人员查阅资料发现该项目相关监督要点不满足时,应立即要求供应商及时查找问题、分析原因,并采取相应的措施进行整改,同时考虑由运检部门按照招投标文件及订货合同条款对供应商发起经济赔偿的要求;如果情节严重的,将报送物资部门,建议按照《国家电网公司供应商不良行为处理管理细则》的规定处理。

2.1.3.4 套管

1. 监督要点及监督依据

设备采购阶段换流变压器套管监督要点及监督依据见表 3-2-18。

表 3-2-18   设备采购阶段换流变压器套管监督

监督要点	监督依据
套管应满足以下要求: （1）网侧套管使用油浸式套管,加装易于从地面检查油位的油位指示器;阀侧套管使用干式套管,加装压力表。同时,接地末屏应通过小套管接地。 （2）换流变压器套管额定绝缘水平由具体工程规范确定。 （3）套管爬电比距:网侧线端、中性点套管的最小爬电比距均应不小于 25mm/kV;计算爬电比距时,应进行直径系数的校正;同时,套管应满足爬电系数(即:爬电距离/干弧距离)不大于 3.5;阀侧套管最小爬电比距应不小于 14mm/kV,且应与初设一致。 （4）套管端子允许载荷(连续作业)按具体工程实际设计确定;在具体工程规范书规定的最高环境温度下,换流变压器绕组端子的温度不应超过 IEC 600943-3 的有关规定	《高压直流输电用±800kV 级换流器通用技术规范》(Q/GDW 10147—2019) 8.1

2. 监督项目解析

套管是设备采购阶段重要的技术监督项目。

换流变压器套管要求应满足技术协议及电网重大反事故措施等要求。若在设备采购阶段供应商所提供附件不满足要求,必将影响实际使用和设备本质安全,需进行整改分析,采取措施现场修复或换货,甚至退货重新生产;整改工作量大、耗费资金多,造成资源浪费。

3. 监督要求

注意查阅技术规范书或技术协议,设备结构、设备选型应符合要求;对应监督要点条目,记录换流变压器套管要求的不符合项,说明具体的结构、本体选型差异。

4. 整改措施

当技术监督人员查阅资料发现该项目相关监督要点不满足时,应立即要求供应商及时查找问题、分析原因,并采取相应的措施进行整改,同时考虑由运检部门按照招投标文件及订货合同条款对供应商发起经济赔偿的要求;如果情节严重的,将报送物资部门,建议按照《国家电网公司供应商不良行为处理管理细则》的规定处理。

2.1.3.5 有载分接开关

1. 监督要点及监督依据

设备采购阶段换流变压器有载分接开关监督要点及监督依据见表 3−2−19。

表 3−2−19 设备采购阶段换流变压器有载分接开关监督

监督要点	监督依据
有载分接开关应满足以下要求： （1）额定电流、调压范围应满足具体工程设计要求。 （2）机械寿命不少于 80 万次，电气寿命不少于 20 万次，检修/换油周期不少于 10 万次。 （3）有载分接开关的切换装置应装于与换流变压器主油箱分隔且不渗漏的油箱里，其中的切换开关可单独吊出检修。 （4）有载分接开关油箱应有单独的储油柜、吸湿器、压力释放装置和压力继电器等。有载分接开关的驱动电动机及其附件应装于耐全天候的控制柜内。 （5）新购有载分接开关的选择开关应有机械限位功能，束缚电阻应采用常接方式	1.《高压直流输电用±800kV 级换流器通用技术规范》（Q/GDW 10147—2019）8.2。 2.《国家电网有限公司关于印发十八项电网重大反事故措施（修订版）的通知》（国家电网设备〔2018〕979 号）9.4.1

2. 监督项目解析

有载分接开关是设备采购阶段重要的技术监督项目。

换流变压器有载分接开关要求应满足技术协议及电网重大反事故措施等要求。若在设备采购阶段供应商所提供附件不满足要求，必将影响实际使用和设备本质安全，需进行整改分析，采取措施现场修复或换货，甚至退货重新生产；整改工作量大、耗费资金多，造成资源浪费。

3. 监督要求

注意查阅技术规范书或技术协议，设备结构、设备选型应符合要求；对应监督要点条目，记录换流变压器有载分接开关要求的不符合项，说明具体的结构、本体选型差异。

4. 整改措施

当技术监督人员查阅资料发现该项目相关监督要点不满足时，应立即要求供应商及时查找问题、分析原因，并采取相应的措施进行整改，同时考虑由运检部门按照招投标文件及订货合同条款对供应商发起经济赔偿的要求；如果情节严重的，将报送物资部门，建议按照《国家电网公司供应商不良行为处理管理细则》的规定处理。

2.1.3.6 冷却器

1. 监督要点及监督依据

设备采购阶段换流变压器冷却器监督要点及监督依据见表 3−2−20。

表 3−2−20 设备采购阶段换流变压器冷却器监督

监督要点	监督依据
冷却器应满足以下要求：换流变压器应采用强迫风冷却方式，具有自启动风扇和随流变压器顶层油温及负载自动分级启停冷却系统的功能，当工作或冷却器故障时，备用冷却器能自动投入运行	《高压直流输电用±800kV 级换流器通用技术规范》（Q/GDW 10147—2019）8.3

2. 监督项目解析

冷却器要求是设备采购阶段重要的技术监督项目。

冷却器应符合技术协议及电网重大反事故措施等要求。若在设备采购阶段相关要求不满足，将影响换流变压器质量和实际使用，需要供应商整改分析，采取措施现场修复或换货，甚至重新设计和生产；这将增加企业生产成本，同时拖后工程项目进展，影响设备本质安全。

3. 监督要求

注意查阅技术规范书或技术协议，设备结构、设备选型应符合要求；根据所查资料，对应监督要点条目，记录换流变压器冷却器选型要求的不符合项，说明具体的结构、本体选型差异。

4. 整改措施

当技术监督人员查阅资料发现该项目相关监督要点不满足时，应立即要求供应商及时查找问题、分析原因，并采取相应的措施进行整改，同时考虑由运检部门按照招投标文件及订货合同条款对供应商发起经济赔偿的要求；如果情节严重的，将报送物资部门，建议按照《国家电网公司供应商不良行为处理管理细则》的规定处理。

2.1.3.7 油箱及储油柜

1. 监督要点及监督依据

设备采购阶段换流变压器油箱及储油柜监督要点及监督依据见表 3-2-21。

表 3-2-21   设备采购阶段换流变压器油箱及储油柜监督

监督要点	监督依据
油箱及储油柜应满足以下要求。 （1）换流变压器油箱应装有下列阀门： 1）进油阀与排油阀（在油箱上部和下部应成对角线布置）； 2）油样阀（取样阀的结构和位置应便于取样）； 3）油箱的下部箱壁上应装有油样阀门；油箱上部装滤油阀门，底部应装有排油装置。 （2）换流变压器应配置带气囊的储油柜，储油柜容积应不小于本体油量的10%	1.《高压直流输电用±800kV 级换流器通用技术规范》（Q/GDW 10147—2019）8.4.2。 2.《国家电网有限公司关于印发十八项电网重大反事故措施（修订版）的通知》（国家电网设备〔2018〕979 号）8.2.1.2

2. 监督项目解析

油箱及储油柜是设备采购阶段重要的技术监督项目。

油箱及储油柜应符合技术协议及电网重大反事故措施等要求。若在设备采购阶段相关要求不满足，将影响换流变压器质量和实际使用，需要供应商整改分析，采取措施现场修复或换货，甚至重新设计和生产；这将增加企业生产成本，同时拖后工程项目进展，影响设备本质安全。

3. 监督要求

注意查阅技术规范书或技术协议，设备结构、设备选型应符合要求；根据所查资料，对应监督要点条目，记录换流变压器油箱及储油柜选型要求的不符合项，说明具体的结构、本体选型差异。

4. 整改措施

当技术监督人员查阅资料发现该项目相关监督要点不满足时，应立即要求供应商及时查找问题、分析原因，并采取相应的措施进行整改，同时考虑由运检部门按照招投标文件及订货合同条款对供应商发起经济赔偿的要求；如果情节严重的，将报送物资部门，建议按照《国家电网公司供应商不良行为处理管理细则》的规定处理。

2.1.3.8 就地控制

1. 监督要点及监督依据

设备采购阶段换流变压器就地控制监督要点及监督依据见表 3-2-22。

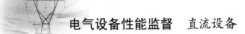

表 3－2－22   设备采购阶段换流变压器就地控制监督

监督要点	监督依据
换流变压器就地控制应满足以下要求： （1）控制柜内的端子排应为阻燃、防潮型，控制跳闸的接线端子之间及与其他端子间均应留有一个空端子，或采用其他隔离措施，以免因短接而引起误跳闸。 （2）控制箱应为户外式，防护等级不低于 IP55 控制箱应采用双回路电源供电。 （3）控制柜内应有可开闭的照明设施，采用防爆型或 LED，并应有适当容量的交流 220V 的加热器，以防止柜内发生水汽凝结。 （4）换流变压器就地控制柜的温湿度满足电子元器件对工作环境的要求	1.《高压直流输电用±800kV 级换流器通用技术规范》（Q/GDW 10147—2019）8.9。 2.《国家电网有限公司关于印发十八项电网重大反事故措施（修订版）的通知》（国家电网设备〔2018〕979 号）8.2.1.11

2. 监督项目解析

就地控制是设备采购阶段重要的技术监督项目。

换流变压器就地控制应符合技术协议及电网重大反事故措施等要求。若在设备采购阶段相关要求不满足，将影响换流变压器质量和实际使用，需要供应商整改分析，采取措施现场修复或换货，甚至重新设计和生产；这将增加企业生产成本，同时拖后工程项目进展，影响设备本质安全。

3. 监督要求

注意查阅技术规范书或技术协议，设备结构、设备选型应符合要求；根据所查资料，对应监督要点条目，记录换流变压器就地控制选型要求的不符合项，说明具体的结构、本体选型差异。

4. 整改措施

当技术监督人员查阅资料发现该项目相关监督要点不满足时，应立即要求供应商及时查找问题、分析原因，并采取相应的措施进行整改，同时考虑由运检部门按照招投标文件及订货合同条款对供应商发起经济赔偿的要求；如果情节严重的，将报送物资部门，建议按照《国家电网公司供应商不良行为处理管理细则》的规定处理。

2.1.3.9　在线监测装置

1. 监督要点及监督依据

设备采购阶段换流变压器在线监测装置监督要点及监督依据见表 3－2－23。

表 3－2－23   设备采购阶段换流变压器在线监测装置监督

监督要点	监督依据
换流变压器应配置成熟可靠的在线监测装置，并将在线监测信息送至后台集中分析	《国家电网有限公司关于印发十八项电网重大反事故措施（修订版）的通知》（国家电网设备〔2018〕979 号）8.2.1.12

2. 监督项目解析

在线监测装置是设备采购阶段重要的技术监督项目。

在线监测装置应符合技术协议及电网重大反事故措施等要求。若在设备采购阶段相关要求不满足，将影响换流变压器质量和实际使用，需要供应商整改分析，采取措施现场修复或换货，甚至重新设计和生产；这将增加企业生产成本，同时拖后工程项目进展，影响设备本质安全。

3. 监督要求

注意查阅技术规范书或技术协议，设备结构、设备选型应符合要求；根据所查资料，对应监督要点条目，记录换流变压器在线监测选型要求的不符合项，说明具体的结构、本体选型差异。

4. 整改措施

当技术监督人员查阅资料发现该项目相关监督要点不满足时，应立即要求供应商及时查找问题、分析原因，并采取相应的措施进行整改，同时考虑由运检部门按照招投标文件及订货合同条款对供应商发起经济赔偿的要求；如果情节严重的，将报送物资部门，建议按照《国家电网公司供应商不良行为处理管理细则》的规定处理。

2.1.3.10 非电量保护

1. 监督要点及监督依据

设备采购阶段换流变压器非电量保护监督要点及监督依据见表 3-2-24。

表 3-2-24　　　　　　　　设备采购阶段换流变压器非电量保护监督

监督要点	监督依据
1. 换流变压器电流互感器、电压互感器二次绕组应满足保护冗余配置的要求。 2. 换流变压器非电量保护跳闸触点应满足非电量保护"三取二"配置的要求，按照"三取二"原则出口。 3. 采用 SF_6 气体绝缘的换流变压器应配置 SF_6 气体密度监视装置；监视装置的跳闸触点应不少于 3 对，并按"三取二"逻辑出口。 4. 换流变压器保护应采用三重化或双重化配置。采用三重化配置的换流变压器保护按"三取二"逻辑出口，采用双重化配置的换流变压器保护，每套保护装置中应采用"启动+动作"逻辑。 5. 换流变压器非电量保护继电器及表计应安装防雨罩。换流变压器有载分接开关不应配置浮球式的油流继电器	《国家电网有限公司关于印发十八项电网重大反事故措施（修订版）的通知》（国家电网设备〔2018〕979 号）8.2.1.3、8.2.1.4、8.2.1.8、8.2.1.9

2. 监督项目解析

非电量保护是设备采购阶段重要的技术监督项目。

换流变压器的非电量保护需满足技术规范，符合工程设计要求。若在设备采购阶段保护装置性能不满足要求，将影响换流变压器质量和实际使用，需要供应商整改分析，采取措施现场修复或换货，甚至重新设计和生产；这将增加企业生产成本，同时拖后工程项目进展，影响设备本质安全。

3. 监督要求

注意查阅技术规范书或技术协议，换流变压器的非电量保护装置应符合要求；对应监督要点条目，记录换流变压器保护装置的不符合项。

4. 整改措施

当技术监督人员查阅资料发现该项目相关监督要点不满足时，应立即要求供应商及时查找问题、分析原因，并采取相应的措施进行整改，同时考虑由运检部门按照招投标文件及订货合同条款对供应商发起经济赔偿的要求；如果情节严重的，将报送物资部门，建议按照《国家电网公司供应商不良行为处理管理细则》的规定处理。

2.1.4 设备制造阶段

2.1.4.1 重要制造工序

1. 监督要点及监督依据

设备制造阶段换流变压器重要制造工序监督要点及监督依据见表 3-2-25。

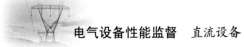

電气设备性能监督　直流设备

表 3-2-25　　　　　　　　　　　设备制造阶段换流变压器重要制造工序监督

监督要点	监督依据
1. 铁心制作的作业环境、材料检查、硅钢片剪裁、铁心叠片和铁心装配应符合国家电网有限公司《换流变压器监造作业规范》要求，铁心片应切口平整，叠片平整，切口无明显毛刺，片间无短路现象，铁心表面无锈迹，叠装后尺寸满足要求，对地及对夹件绝缘、半成品励磁试验，夹件加工质量、非导磁材料及磁屏蔽的使用；铁心与夹件（包括与油箱）的绝缘件爬距（防止因异物短路），接地片外露部分的绝缘，不引出的接地片的位置等。 2. 线圈制作应检查装配环境和工艺文件；检查绕组的绝缘结构、绝缘材料、绕组松紧度的控制、引线的走向及排列等。重点检查线圈绕制、尺寸检查，匝间绝缘检查、焊接检查、撑条与垫块的预处理、线圈电阻检查、恒压、干燥工艺控制及尺寸再检查。 3. 油箱制作应检查油箱的制造过程、焊接的质量和冷却器及其他附件（包括管道、阀门）的质量，油箱强度和密封试验、油箱的抛光及油漆质量应按规范要求进行	《±800kV 级直流系统电气设备监造导则》（Q/GDW 1263—2014）附件一

2. 监督项目解析

重要制造工序是设备制造阶段比较重要的技术监督项目。

铁心制作不符合要求时，将会引起空载损耗和空载电流超标、噪声增大；铁心片间短路会造成铁心内部环流、温度过高甚至烧蚀铁心；非导磁及磁屏蔽的使用能有效防止因涡流原因造成的部件局部发热；铁心与各处的绝缘有效性能防止铁心多点接地、近距离爬电放电现象的发生。绝缘结构不合理、绝缘材料不合格将使设备绝缘强度不能满足要求，将引起设备局部放电甚至击穿；绕组的松紧度、绕制质量的好坏直接影响设备的机械强度及抗短路能力；油箱的制造质量不合格可能引起油箱锈蚀、箱体受压变形、渗油等现象。

技术监督人员应要求供应商严格按照生产工艺的要求执行，不仅可以通过查阅制造过程资料记录，还可通过半成品试验来判断分析产品在制作过程中是否出现导线接头质量问题、绝缘是否破损、油箱是否存在渗漏或变形等情况。

3. 监督要求

可查阅铁心、线圈、油箱监造报告质量见证单中对铁心制作、线圈绕制、油箱制作过程以及制作完成后的质量见证情况，也可查阅制造厂自身对铁心、线圈、油箱制作的过程控制记录及试验记录等质检文件，通过文件资料和实物的对比来检查铁心、线圈、油箱的质量是否符合相关要求。查看设备重要工序过程资料，应满足要求。

4. 整改措施

当发现铁心片毛刺超过工艺标准，可要求供应商对毛刺片进行更换；当发现线圈的绕制不均匀整齐，可要求供应商对线圈进行调整，对于导线、撑条、垫块等不合格部件进行更换，对于绝缘强度薄弱部位进行绝缘加强处理；当油箱机械强度不达标时，应要求供应商重新设计油箱；当油箱出现渗漏时，应要求供应商进行整改处理。

2.1.4.2　重要装配工序

1. 监督要点及监督依据

设备制造阶段换流变压器重要装配工序监督要点及监督依据见表 3-2-26。

表 3-2-26　　　　　　　　　　　设备制造阶段换流变压器重要装配工序监督

监督要点	监督依据
1. 器身装配主要检查线圈套装、绝缘件装配、夹件、压环、插上铁轭并紧固，有载调压开关安装、引线连接等工序。 2. 器身干燥应检查气相干燥设备的能力，干燥工艺条件、流程、质量控制和干燥结束的判定等应符合《±800kV 级直流系统电气设备监造导则》（Q/GDW 1263—2014）要求。	《±800kV 级直流系统电气设备监造导则》（Q/GDW 1263—2014）附件一

监督要点	监督依据
3. 总装配及真空注油主要检查油箱内的绝缘距离、抽真空及真空注油时的抽真空时间和保持的真空度,结果应符合《±800kV级直流系统电气设备监造导则》(Q/GDW 1263—2014)要求	《±800kV级直流系统电气设备监造导则》(Q/GDW 1263—2014)附件一

2. 监督项目解析

重要装配工序是设备制造阶段比较重要的技术监督项目。

器身装配中各组部件的装配质量是否符合工艺要求直接影响设备的绝缘强度及抗短路能力,有载开关的正确安装及引线正确连接能确保设备的正常调压功能。器身干燥不彻底将导致器身绝缘水平不达标。真空注油中的抽真空时间和真空度不符合要求将导致绝缘油的绝缘水平下降,影响设备的运行安全。

技术监督人员应要求供应商严格按照生产工艺的要求执行,不仅可以通过查阅制造过程资料记录,还可通过半成品试验来判断分析产品在制作过程中是否出现导线接头质量问题、绝缘是否破损等情况;可查看器身干燥过程是否符合工艺要求。

3. 监督要求

可查阅监造报告中质量见证单中对器身装配、器身干燥、总装配过程以及装配完成后的成品质量见证情况,也可查阅制造厂自身对装配、干燥、总装过程控制记录及半成品试验记录等质检文件,通过文件资料和实物的对比来检查装配、干燥、总装的质量是否符合相关要求。

4. 整改措施

当半成品试验结果显示异常,应要求供应商对应不合格项进行排查,确定原因后进行整改;若发现器身干燥未能达到工艺要求时,可要求供应商对器身重新进炉干燥处理。

2.1.5 设备验收阶段

2.1.5.1 出厂试验

1. 监督要点及监督依据

设备验收阶段换流变压器出厂试验监督要点及监督依据见表3-2-27。

表3-2-27　　　　设备验收阶段换流变压器出厂试验监督

监督要点	监督依据
1. 对试验设备进行检查,重点检查冲击电压发生器、工频试验设备、直流发生设备、高压测量装置和准确度、高压试验示伤及定位技术(硬件及软件)、特性试验设备(例如,倍频试验机组)和测量设备等,其容量、电压、波形、持续运行时间、测量准确度等应满足换流变压器的试验要求,且各设备的定期校验报告应满足有关规定。 2. 重点见证非绝缘强度试验:空载试验、负载损耗及短路阻抗的测量、温升试验或长时负载电流试验、有载开关操作试验和长时空载试验,试验过程及结果应符合《±800kV级直流系统电气设备监造导则》(Q/GDW 1263—2014)及《高压直流输电用±800kV级换流器通用技术规范》(Q/GDW 10147—2019)的要求。 3. 重点见证绝缘强度试验:长时交流感应电压试验及局部放电测量、操作冲击试验、雷电冲击全波和雷电冲击截波试验、直流耐压及局部放电测量试验、直流电压极性反转及局部放电测量试验、外施工频交流电压及局部放电测量试验、短时交流感应电压试验、长时交流感应电压试验及局部放电测量、油流静电测试,试验过程及结果应符合《±800kV级直流系统电气设备监造导则》(Q/GDW 1263—2014)及《高压直流输电用±800kV级换流器通用技术规范》(Q/GDW 10147—2019)的要求。 4. 试验项目及试验顺序应符合相应的试验标准和技术规范的要求,应检查例行试验、抽样试验的试验记录,所有试验项目的试验结果应满足《±800kV级直流系统电气设备监造导则》(Q/GDW 1263—2014)的要求	1.《±800kV级直流系统电气设备监造导则》(Q/GDW 1263—2014)附件一。 2.《高压直流输电用±800kV级换流器通用技术规范》(Q/GDW 10147—2019)9

2. 监督项目解析

出厂试验是设备验收阶段最重要的技术监督项目之一。

试验设备的准确性、有效性是进行出厂试验的前提，经不合格的试验设备测得的试验数据结果无效。空载、负载损耗超标将引起设备经济性能下降，超载过多，可能造成绕组和绝缘油的过热。绕组过热，会使绝缘老化加快；绝缘油过热，会引起油质劣化，迅速降低设备的绝缘性能，减少设备寿命，甚至烧毁绕组。绝缘试验结果表明，设备绝缘性能强度若不达标，轻者将影响设备使用寿命，重者则直接破坏设备的正常运行。设备的所有试验均应符合要求，才能确保设备的安全稳定运行。

在出厂试验时，不仅要关注试验结果，也要关注试验过程中设备是否有变化、异常。若试验过程中出现异常，应停止试验，查明异常原因并进行排查，正常后方可继续进行试验。

3. 监督要求

可查阅资料（出厂试验报告、型式试验报告、监理报告），应特别注意检查试验人员是否持证上岗，并且保证上岗证有效；注意检查仪器仪表的检定日期是否在有效期内，只有确保仪器仪表的有效才能确保试验结果的有效；检查试验人员是否按照审批的试验方案及试验规程进行试验；注意环境因素对试验数据产生偏差。查看试验数据，比对技术协议要求，确认试验结果是否满足协议值要求。

4. 整改措施

当出厂试验不合格时，应要求供应商对出厂试验不合格情况进行原因分析，并制订相应的处理方案进行整改处理；处理完成后再次进行出厂试验，直至所有出厂试验项目均满足要求，发现问题的同时上报监造委托人。

2.1.5.2　运输

1. 监督要点及监督依据

设备验收阶段换流变压器运输监督要点及监督依据见表 3-2-28。

表 3-2-28　　　　　　　　　　设备验收阶段换流变压器运输监督

监督要点	监督依据
1. 检查所有预装配过的附件是否已做明显配装标记。 2. 检查是否安装压力表，并记录压力表读数。 3. 在换流变压器交接过程中，检查冲击记录仪，在换流变压器运输和装卸中所受冲击应符合产品技术规定，无规定时纵向、横向、垂直三个方向均不应大于 3g	1.《±800kV 级直流系统电气设备监造导则》（Q/GDW 1263—2014）附件一。 2~3.《±800kV 及以下换流站换流变压器施工及验收规范》（GB 50776—2012）5.0.1

2. 监督项目解析

运输是设备验收阶段比较重要的技术监督项目。

发运信息准确能有效避免货物错发、漏发；合理正确的包装方式能一定程度上防止设备在运输途中损坏、损毁；工程师的发运准许能保证设备在发运前处于完整状态，避免出现运输途中的损伤责任不清现象，货到后四方验收一定程度上保证了验收到位；正确、合理地安装三维冲击记录仪，能完整地监测设备在运输途中是否出现加速度超标现象，以判断运输途中是否给设备造成损伤。

应注意在安装三维冲击记录仪时，除了记录三维冲击记录仪的初始记录值外，特别要注意三维冲击记录仪的电池是否足够满足运输时间的需要；曾出现过因为运输时间较长，电池耗尽后三维冲击记录仪无法工作，导致后续运输记录缺失。

3. 监督要求

查看：① 装箱前设备外观是否完好、产品铭牌内容，附带的文件资料、合格证等数量是否准确；② 装箱前附件外观是否完好、数量清点是否符合附件一览表、装箱要求是否符合协议要求；③ 上车后，安装三维冲击记录仪，重点查看数据是否清零、电量是否充足，发车前开机检测；④ 查阅出厂检验报告、型式试验报告、材料检验报告、产品合格证、监理报告。

4. 整改措施

当设备包装不牢固时，可要求供应商对设备进行包装加固，对于标识不清晰的进行重新喷涂。对于错装、漏装三维冲击记录仪的，应要求供应商重新安装。

2.1.5.3 到货检查

1. 监督要点及监督依据

设备验收阶段换流变压器到货检查监督要点及监督依据见表 3-2-29。

表 3-2-29　　　　　　　　　　设备验收阶段换流变压器到货检查监督

监督要点	监督依据
1. 换流变压器就地控制柜内应有可开闭的照明设施,并应有适当容量的交流 220V 的加热器,以防止柜内发生水汽凝结。 2. 有载调压开关应是高速转换电阻式,且有限位装置;切换装置应装于换流变压器主油箱分隔且不渗漏的油箱里且切换开关可单独吊出检修;油箱应有单独的储油柜、吸湿器、压力释放阀装置和压力继电器;有载分接开关应能远程操作,也可在换流变压器旁就地手动操作;有载分接开关应备有累计切换次数的动作记录器和分接位置指示器。 3. 换流变压器应采用强迫风冷却方式,具有自启动风扇和随换流变压器顶层油温及负载自动分级启停冷却系统的功能	《高压直流输电用±800kV 级换流变压器通用技术规范》(Q/GDW 10147—2019) 8.9、8.2、8.3

2. 监督项目解析

到货检查是设备验收阶段重要的技术监督项目。

到货资料是设备在接收前的全过程的全面反映。应根据全面的验收依据进行设备及材料验收才能保证验收全面、到位。安装使用说明书能使用户按照说明书正确合理的安装、使用，避免出现未正确安装、使用设备而造成安全隐患。

在查阅到货资料时，应注意到货资料完整、齐全。

3. 监督要求

可查阅资料（设备现场交接记录/监理报告），根据发运清单清点设备数量以及到货资料，防止漏发；核对资料名称及内容，防止错发。验收完毕后，验收各方应共同签署验收记录。

4. 整改措施

当技术监督人员查阅资料发现供应商提供的资料不齐全或者错误时，应要求供应商进行补充或者更换。

2.1.5.4 在线监测装置

1. 监督要点及监督依据

设备验收阶段换流变压器在线监测装置监督要点及监督依据见表 3-2-30。

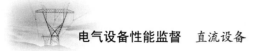

表 3-2-30 设备验收阶段换流变压器在线监测装置监督

监督要点	监督依据
1. 测量误差试验：各组分符合《变压器油中溶解气体在线监测装置技术规范》（Q/GDW 10536—2017）表 1、表 2 要求。 2. 测量重复性试验：相对标准偏差 RSD 应不大于 5%。 3. 最小检测周期试验：装置应能按照所设定的最小检测周期工作，符合《变压器油中溶解气体在线监测装置技术规范》（Q/GDW 10536—2017）表 3、表 4 要求。 4. 交叉敏感性试验：各组分符合《变压器油中溶解气体在线监测装置技术规范》（Q/GDW 10536—2017）表 1、表 2 要求	《变压器油中溶解气体在线监测装置技术规范》（Q/GDW 10536—2017）7.3～7.7

2. 监督项目解析

在线监测装置是设备验收阶段重要的技术监督项目。

在线监测装置的出厂试验应符合技术协议及相关标准要求。

3. 监督要求

可查阅出厂检验报告、型式试验报告、材料检验报告、产品合格证、监理报告等资料。

4. 整改措施

当技术监督人员查阅资料发现供应商提供的资料不齐全或者错误时，应要求供应商进行补充或者更换。

2.1.6 设备安装阶段

2.1.6.1 安装前保管与检查

1. 监督要点及监督依据

设备安装阶段换流变压器安装前保管与检查监督要点及监督依据见表 3-2-31。

表 3-2-31 设备安装阶段换流变压器安装前保管与检查监督

监督要点	监督依据
1. 换流变压器充干燥气体保管必须有压力监视装置，压力应保持为 0.01～0.03MPa，气体的露点应低于 -40℃，应每天检查气体压力，并做好记录，根据环境温度判别是否有漏气现象。 2. 换流变压器在储存期间应保持正压，并有压力表进行监视。 3. 在电气设备充气前应进行抽样复检	1.《直流换流站电气装置安装工程施工及验收规范》（DL/T 5232—2019）。 2.《高压直流输电用油浸式平波电抗器技术参数和要求》（GB/T 20837—2007）7.3。 3.《工业六氟化硫》（GB/T 12022—2014）4.1

2. 监督项目解析

安装前保管与检查是设备安装阶段重要的技术监督项目。

由于设备制造厂提前发货、施工计划调整、设备基础保养等原因，换流变压器到达现场后需现场进行安装前保管与检查。

变压器内充有 0.01～0.03MPa 正压力、露点低于 -40℃的干燥气体是为了确保换流变压器内部干燥、不受潮，外部潮气不会侵入变压器本体内部。每天检查气体压力，并做好记录，根据环境温度及压力监视装置的读数变化情况判别是否有漏气现象。及时发现设备是否密封不严，避免安装前设备内部受潮，影响设备安装及设备运行安全。换流变压器为重型设备，运输过程中三维冲击对内部结构影响较大，运输后需确定设备完好，运输到场就位后的设备及时检查三维冲击记录仪数据，应不大于 3g。换流变压器运至现场后，应尽快进行安装工作；当 3 个月内不能安装时，应在 1 个月内按要求进行相应工作。换流变压器组件、部件（如套管、储油柜、阀门及冷却器、气体继电器、套管、温度计及紧固件等）储存至安装前，应按要求进行附件的相关检查，其附件设备不应损坏和受潮；避免由于个别组件、部件受损或受潮影响整体设备安装进度。

3. 监督要求

开展该项目监督时，可采用查阅资料和现场检查的方式，主要包括安装过程记录、压力巡视记录、三维冲击记录和监理报告；对应监督要点条目，记录是否符合设备安装要求。检查设备包装是否完好，检查设备外观是否有明显伤痕。

4. 整改措施

当发现该项目相关监督要点不满足时，禁止继续施工，应及时报告或向相关职能部门提出相关补救措施建议。

2.1.6.2 排氮和内检

1. 监督要点及监督依据

设备安装阶段换流变压器排氮和内检监督要点及监督依据见表 3-2-32。

表 3-2-32　　　　　　　　　　设备安装阶段换流变压器排氮和内检监督

监督要点	监督依据
1. 对于充氮气运输的换流变压器在内部检查前，排氮方式符合产品说明书要求，可以抽真空排氮并充入干燥空气（露点低于 -40℃），充干燥空气运输的直接补充干燥空气进行内部检查，检查前确保内部氧气含量大于 18%。 2. 本体露空时环境相对湿度必须小于 80%，并适量补充干燥空气保持微正压。 3. 采用绝缘油或抽真空进行排氮时，应符合相关标准要求。 4. 充干燥空气运输的本体，解除压力后可直接进入油箱检查，检查过程中应持续充入露点低于 -40℃ 的干燥空气	1.《直流换流站电气装置安装工程施工及验收规范》（DL/T 5232—2019）7.4。 2.《±800kV 及以下换流站换流变压器施工及验收规范》（GB 50776—2012）6.0.1~6.0.3

2. 监督项目解析

排氮和内检是设备安装阶段重要的技术监督项目。

换流变压器内部结构复杂，内检是对内部结构在运输与保管后进行详细检查最为有效和必要的方式。对于充氮气运输的换流变压器在内部检查前，排氮方式应符合产品说明书要求，可以抽真空排氮并充入干燥空气（露点低于 -40℃），充干燥空气运输的直接补充干燥空气进行内部检查，检查前确保内部氧气含量大于 18%，确保变压器内部不受潮，氧气含量满足内检人员内检时人身安全的需要。本体露空时环境相对湿度必须小于 80%，并适量补充干燥空气保持微正压；避免空气湿度过大，使换流变压器内部受潮影响设备安装质量及运行安全。

3. 监督要求

开展该项目监督时，可采用查阅资料和现场监督旁站的方式，主要包括安装过程记录和监理报告，内检时监督旁站；对应监督要点条目，记录是否符合设备安装要求。

4. 整改措施

当发现该项目相关监督要点不满足时，禁止继续施工，应及时报告或向相关职能部门提出相关补救措施建议。

2.1.6.3 本体安装

1. 监督要点及监督依据

设备安装阶段换流变压器本体安装监督要点及监督依据见表 3-2-33。

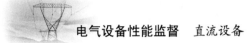

表 3-2-33　　　　　　　　　　　设备安装阶段换流变压器本体安装监督

监督要点	监督依据
1. 需要本体露空安装附件时环境相对湿度必须小于80%，并适量补充干燥空气保持微正压。 2. 套管的安装和内部引线的连接工作在1d内不能完成时，应封好各盖板后抽真空至133Pa以下，注入低于-40℃的干燥空气至0.01～0.03MPa，并应保持此压力	1.《直流换流站电气装置安装工程施工及验收规范》（DL/T 5232—2019）7.5。 2.《±800kV及以下换流站换流变压器施工及验收规范》（GB 50776—2012）6.0.6、7.0.12

2. 监督项目解析

本体安装是设备安装阶段重要的技术监督项目。

换流变压器结构复杂，各部件必须按顺序进行安装，确保设备安装质量、工艺。需要本体露空安装附件时，环境相对湿度必须小于80%，并适量补充干燥空气保持微正压；避免空气湿度过大，使换流变压器内部受潮影响设备安装质量及运行安全。套管的安装和内部引线的连接工作在1d内不能完成时，应封好各盖板后抽真空至133Pa以下，注入低于-40℃的干燥空气至0.01～0.03MPa，并应保持此压力。

3. 监督要求

开展该项目监督时，可采用查阅资料和现场监督旁站的方式，主要包括安装过程记录和监理报告，套管安装和内部引线现场监督旁站；对应监督要点条目，记录是否符合设备安装要求。

4. 整改措施

当发现该项目相关监督要点不满足时，禁止继续施工，应及时报告或向相关职能部门提出相关补救措施建议。

2.1.6.4 储油柜

1. 监督要点及监督依据

设备安装阶段换流变压器储油柜监督要点及监督依据见表 3-2-34。

表 3-2-34　　　　　　　　　　　设备安装阶段换流变压器储油柜监督

监督要点	监督依据
1. 胶囊式储油柜中的胶囊或隔膜式储油柜中的隔膜应完整、无破损，胶囊在缓慢充气胀开后检查应无漏气现象。 2. 油位指示装置动作灵活，指示应与储油柜的真实油位相符，不得出现假油位；指示装置的信号触点位置应正确，绝缘应良好	《±800kV及以下换流站换流变压器施工及验收规范》（GB 50776—2012）7.0.7

2. 监督项目解析

储油柜安装是设备安装阶段重要的技术监督项目。

换流变压器结构复杂，各部件必须按顺序进行安装，确保设备安装质量、工艺。储油柜安装前，应按照产品说明书要求对胶囊式储油柜进行检查，储油柜的安装应符合相关标准要求。储油柜气囊质量直接影响变压器运行时的呼吸质量，所以在安装前务必仔细检查，按说明书标准安装。

3. 监督要求

开展该项目监督时，可采用查阅资料的方式，主要包括安装过程记录和监理报告；对应监督要点条目，记录是否符合设备安装要求。

4. 整改措施

当发现该项目相关监督要点不满足时，禁止继续施工，应及时报告或向相关职能部门提出相关补救措施建议。

2.1.6.5 安装密封处理

1. 监督要点及监督依据

设备安装阶段换流变压器安装密封处理监督要点及监督依据见表 3-2-35。

表 3-2-35　　　　　　　　设备安装阶段换流变压器安装密封处理监督

监督要点	监督依据
1. 所有法兰连接处应用耐油密封垫（圈）密封，密封垫（圈）必须无扭曲、变形、裂纹和毛刺，密封垫（圈）应与法兰面的尺寸相配合。 2. 现场安装部位的密封垫（圈）应更换新的；法兰连接面应平整、清洁，密封垫应擦拭干净，安装位置应准确	1.《直流换流站电气装置安装工程施工及验收规范》（DL/T 5232—2019）7.5。 2.《±800kV 及以下换流站换流变压器施工及验收规范》（GB 50776—2012）7.0.2

2. 监督项目解析

安装密封处理是设备安装阶段重要的技术监督项目。

换流变压器为油浸设备，所有法兰连接处应用耐油密封垫（圈）密封，密封垫（圈）必须无扭曲、变形、裂纹和毛刺，密封垫（圈）应与法兰面的尺寸相配合。现场安装部位的密封垫（圈）应更换新的；法兰连接面应平整、清洁，密封垫应擦拭干净，安装位置应准确；确保其密封良好，防止渗漏；保证密封性，防止密封不严出现渗漏油的情况；确保密封圈的密封性能和使用寿命符合要求。

3. 监督要求

开展该项目监督时，可采用查阅资料的方式，主要包括安装过程记录和监理报告；对应监督要点条目，记录是否符合设备安装要求。

4. 整改措施

当发现该项目相关监督要点不满足时，禁止继续施工，应及时报告或向相关职能部门提出相关补救措施建议。

2.1.6.6 消防检查

1. 监督要点及监督依据

设备安装阶段换流变压器消防检查监督要点及监督依据见表 3-2-36。

表 3-2-36　　　　　　　　设备安装阶段换流变压器消防检查监督

监督要点	监督依据
1. 极 I 和极 II 换流变压器区域主要配置有自动水喷雾系统、气压自动报警管道、自动雨淋阀组装置、火灾自动报警联动系统。 2. 消防系统和火灾自动报警系统施工应符合《电力设备典型消防规程》（DL 5027—2015）和《火灾自动报警系统施工及验收标准》（GB 50166—2019）的要求	《直流换流站电气装置安装工程施工及验收规范》（DL/T 5232—2019）13.1

2. 监督项目解析

消防检查是设备安装阶段重要的技术监督项目。

消防设施安装的各步骤应合格，特别是隐蔽工程，应检验合格后再进行下一步骤，避免返工。

3. 监督要求

开展该项目监督时，可采用查阅资料的方式，主要包括安装过程记录和监理报告；对应监督要点条目，记录是否符合设备安装要求。

4. 整改措施

当发现该项目相关监督要点不满足时，禁止继续施工，应及时报告或向相关职能部门提出相关补救措施建议。

2.1.6.7　绝缘油

1. 监督要点及监督依据

设备安装阶段换流变压器绝缘油监督要点及监督依据见表 3-2-37。

表 3-2-37　　　　　　　　设备安装阶段换流变压器绝缘油监督

监督要点	监督依据
1. 换流变压器绝缘油应满足《电工流体　变压器和开关用的未使用过的矿物绝缘油》（GB 2536—2010）规定，添加抗氧化剂，不应含有 PCB 成分，且不含其他任何添加剂的低含硫环烷基油，注入换流变压器后的新油应满足不大于 5μm 的颗粒不多于 2000 个/100mL 的要求。 2. 变压器新油应由生产厂家提供新油无腐蚀性硫、结构簇、糠醛及油中颗粒度报告。对 500kV 及以上电压等级的变压器还应提供 T501 等检测报告。 3. 到达现场的绝缘油均应有试验记录，并应取样进行简化分析，简化分析不准确时进行全分析。 4. 取样数量：大罐油，每罐应取样，取样数量符合相关标准	1.《高压直流输电用±800kV 级换流变压器通用技术规范》（Q/GDW 10147—2019）8.4.1。 2.《国家电网有限公司关于印发十八项电网重大反事故措施（修订版）的通知》（国家电网设备〔2018〕979 号）9.2.2.3。 3~4.《直流换流站电气装置安装工程施工及验收规范》（DL/T 5232—2019）7.3

2. 监督项目解析

绝缘油是设备安装阶段重要的技术监督项目。

绝缘油的质量直接影响设备的相关试验结果及安全运行。换流变压器本体残油宜抽样做电气强度和微水试验，以判断内部状况，其数值应满足订货合同和产品技术要求。绝缘油应储藏在密封清洁的专用油罐或容器内。到达现场的绝缘油均应有试验记录，并应取样进行简化分析，必要时全分析。取样数量：大罐油，每罐应取样，取样数量符合相关标准；放油时应目测，用油罐车运输的绝缘油，油的上部和底部不应有异样；用小桶运输的绝缘油，应对每桶进行目测，辨别其气味、颜色，检查小桶上的标识正确。

3. 监督要求

开展该项目监督时，可采用查阅资料的方式，主要包括安装过程记录和监理报告；对应监督要点条目，记录是否符合设备安装要求。

4. 整改措施

当发现该项目相关监督要点不满足时，禁止继续施工，应及时报告或向相关职能部门提出相关补救措施建议。

2.1.6.8　真空注油

1. 监督要点及监督依据

设备安装阶段换流变压器真空注油监督要点及监督依据见表 3-2-38。

表 3-2-38　　　　　　　　设备安装阶段换流变压器真空注油监督

监督要点	监督依据
1. 真空注油前，应对变压器油进行脱气和过滤处理，达到产品技术标准后方可注入换流变压器中。 2. 不同牌号的绝缘油或同牌号的新油与运行过的油混合使用前，必须做混油试验。 3. 真空注油前，应检查设备各接地点及油管道已可靠地接地。 4. 换流变压器必须采用真空注油，注油前真空度应达到制造厂的规定值，注油全过程应保持真空。	《直流换流站电气装置安装工程施工及验收规范》（DL/T 5232—2019）7.7

监督要点	监督依据
5. 注入油的油温宜高于器身温度，注油速度不宜大于 100L/min。 6. 油面距油箱顶的空隙约 200mm 停止注油或按制造厂规定执行，真空注油量和破真空方法应符合产品说明书要求，阀侧套管升高座油箱注油按产品技术条件要求进行	《直流换流站电气装置安装工程施工及验收规范》（DL/T 5232—2019）7.7

2. 监督项目解析

真空注油是设备安装阶段重要的技术监督项目。

换流变压器为油浸设备，抽真空、注油工序是其重要工序。真空注油是换流变压器安装工序中的重要工序，应加强监督和管理。注油前，应对变压器油进行脱气和过滤处理，达到产品技术标准后方可注入换流变压器中，防止未经处理过的油中气体含量、含水量、介质损耗值及颗粒度等数据超出滤后注入主变压器前的绝缘油标准，避免油品质量不合格污染设备内部本体。不同牌号绝缘油混合使用有造成个别指标超标的可能性，所以使用前必须进行混油试验。可靠接地可避免触电事故或电火引发的火灾事故。必须采用真空注油，注油前真空度应达到制造厂的规定值，注油全过程应保持真空。注入油的油温宜高于器身温度，注油速度不宜大于 100L/min。利用压力差将绝缘油注入主变压器，控制注油速度，避免速度过快影响主变压器内部结构及安装质量。油面距油箱顶的空隙约 200mm 停止注油或按制造厂规定执行，真空注油量和破真空方法应符合产品说明书要求，阀侧套管升高座油箱注油按产品技术条件要求进行。

3. 监督要求

开展该项目监督时，可采用查阅资料的方式，主要包括安装过程记录和监理报告；对应监督要点条目，记录是否符合设备安装要求。

4. 整改措施

当发现该项目相关监督要点不满足时，禁止继续施工，应及时报告或向相关职能部门提出相关补救措施建议。

2.1.6.9 热油循环

1. 监督要点及监督依据

设备安装阶段换流变压器热油循环监督要点及监督依据见表 3-2-39。

表 3-2-39　　　　　　　　设备安装阶段换流变压器热油循环监督

监督要点	监督依据
1. 热油循环前，应对油管抽真空，将油管中空气抽干净。 2. 对换流变压器本体及冷却器宜同时进行热油循环，如环境温度较低，可间隔4h打开一组冷却器，以保持器身温度。 3. 热油循环过程中，滤油机加热脱水缸中的温度应控制在 60℃±5℃ 范围内。 4. 热油循环时间：±500～±800kV 等级不少于 72h，±500kV 以下等级不少于 48h，同时变压器油试验必须合格。 5. 热油循环结束后，应关闭注油阀门，开启换流变压器所有组件、附件及管路的放气阀排气，当有油溢出时，立即关闭放气阀。静置48h 后，再次排气	《直流换流站电气装置安装工程施工及验收规范》（DL/T 5232—2019）7.8

2. 监督项目解析

热油循环是设备安装阶段重要的技术监督项目。

热油循环是换流变压器设备安装过程中的重要工序，绝缘油的质量高低直接影响换流变压器的绝缘性能及散热性能，应加强监督和管理。热油循环前，应对油管抽真空，将油管中的空气抽干净，

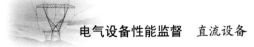

避免油管中的空气混入油中。器身温度会对油温造成影响，保持器身温度有利于保持热油循环油温。热油循环过程中，滤油机加热脱水缸中的温度应控制在 60℃±5℃围内，可有效保持油温，又不会造成油温过高而出现碳化现象。热油循环时间：±500～±800kV 等级不少于 72h，±500kV 以下等级不少于 48h，同时变压器油试验必须合格，确保变压器内部通过热油循环后充分浸润。热油循环结束后，应关闭注油阀门，开启换流变压器所有组件、附件及管路的放气阀排气，当有油溢出时，立即关闭放气阀。静置 48h 后，再次排气。排气是避免换流变压器内部压力过高，注入油位应达到标准油位，待油温冷却后再次排气确保油位正确和内部压力正常。

3. 监督要求

开展该项目监督时，可采用查阅资料的方式，主要包括安装过程记录和监理报告，过程注意注油速度和油温保持，静置时间必须满足要求；对应监督要点条目，记录是否符合设备安装要求。

4. 整改措施

当发现该项目相关监督要点不满足时，禁止继续施工，应及时报告或向相关职能部门提出相关补救措施建议。

2.1.6.10　安装后密封检查

1. 监督要点及监督依据

设备安装阶段换流变压器安装后密封检查监督要点及监督依据见表 3－2－40。

表 3－2－40　　　　　　　　　　设备安装阶段换流变压器安装后密封检查监督

监督要点	监督依据
通过吸湿器接口充入露点低于 −40℃的干燥空气进行密封试验，充气压力 0.03MPa（或按照产品要求执行），24h 无渗漏。密封试验过程注意温度变化对充气压力的影响	1.《直流换流站电气装置安装工程施工及验收规范》（DL/T 5232—2019）7.9。 2.《±800kV 及以下换流站换流变压器施工及验收规范》（GB 50776—2012）11.0.1

2. 监督项目解析

安装后密封检查是设备安装阶段重要的技术监督项目。

换流变压器为油浸设备，安装完成后应及时检查设备密封性。条款差异：施加压力时间长短不同，施加压力大小不同；一般 12h 内压力变化不大，不能发现储油柜有渗漏问题。条款统一意见：按照《800kV 特高压直流设备预防性试验规程》（Q/GDW 299—2009）换流变压器章节第 18 条整体密封试验规定：在储油柜顶部施加 0.035MPa，持续 24h 无渗漏。如有渗漏或是密封不严必须及时处理，确保设备密封性能完好。

3. 监督要求

开展该项目监督时，可采用查阅资料的方式，主要包括安装过程记录和监理报告；对应监督要点条目，记录是否符合设备安装要求。

4. 整改措施

当发现该项目相关监督要点不满足时，禁止继续施工，应及时报告或向相关职能部门提出相关补救措施建议。

2.1.6.11　静置

1. 监督要点及监督依据

设备安装阶段换流变压器静置监督要点及监督依据见表 3－2－41。

表 3-2-41 设备安装阶段换流变压器静置监督

监督要点	监督依据
1. 换流变压器热油循环后,静置 60h 或满足产品技术文件规定后,取本体油样送检。 2. 在施加电压前,其静置时间不应少于 72h 且绝缘油合格。 3. 静置时间应符合产品技术文件规定且不应少于 72h。静置期间,应从换流变压器的套管顶部、升高座顶部、储油柜顶部、冷却装置顶部、连管、压力释放等有关部位进行多次放气	1.《直流换流站电气装置安装工程施工及验收规范》(DL/T 5232—2019)7.10。 2.《±800kV 及以下换流站换流变压器施工及验收规范》(GB 50776—2012)11.0.2

2. 监督项目解析

静置是设备安装阶段重要的技术监督项目。

换流变压器为油浸设备,热油循环后必须静置使其油充分浸润整个主变压器,同时检查油品是否合格。在施加电压前,其静置时间不应少于 72h 且绝缘油合格。静置时间应符合产品技术文件规定且不应少于 72h。静置期间,应从换流变压器的套管顶部、升高座顶部、储油柜顶部、冷却装置顶部、连管、压力释放等有关部位进行多次放气,避免设备内部压力过高。

3. 监督要求

开展该项目监督时,可采用查阅资料的方式,主要包括安装过程记录和监理报告;对应监督要点条目,记录是否符合设备安装要求。

4. 整改措施

当发现该项目相关监督要点不满足时,禁止继续施工,应及时报告或向相关职能部门提出相关补救措施建议。

2.1.6.12 非电量保护

1. 监督要点及监督依据

设备安装阶段换流变压器非电量保护监督要点及监督依据见表 3-42。

表 3-2-42 设备安装阶段换流变压器非电量保护监督

监督要点	监督依据
1. 压力释放装置的安装方向应正确,阀盖和升高座内部应清洁、密封良好,电触点应动作准确,绝缘应良好。 2. SF$_6$ 气体绝缘套管安装后应充注 SF$_6$ 气体到额定压力,充注 SF$_6$ 气体过程中气体密度继电器各压力触点动作应正确。 3. 气体继电器应经检验合格。 4. 换流变压器阀侧套管及穿墙套管应装设可观测的密度(压力)表计,且应安装在阀厅外。 5. 密封性检查:冲入洁净、干燥的 SF$_6$ 气体至额定压力后,进行气体检漏,不得有泄漏点。首次检定时,须扣罩放置 24h 后进行。 6. 测温装置的安装应符合要求。 7. 储油柜的安装应符合要求。 8. 气体密度继电器需安装防雨罩	1.《直流换流站电气装置安装工程施工及验收规范》(DL/T 5232—2019)7.5。 2.《国家电网公司关于印发变电和直流专业精益化管理评价规范的通知》(国家电网运检〔2015〕224 号)直流专业精益化管理评价细则 二十 换流站非电量保护评价细则。 3.《压力式六氟化硫气体密度控制器》(JJG 1073—2011)7.3.7

2. 监督项目解析

非电量保护是设备安装阶段重要的技术监督项目。

非电量保护必须应经检验合格,触点动作正确,无泄漏点,信号回路正确。气体密度继电器各压力触点动作不正确会引起报警信号不准、保护误动作等运行风险。安装在阀厅外可观测的密度表计应便于实时观测压力。气体继电器应经检验合格,安装箭头朝向储油柜。密封性检查:冲入洁净、

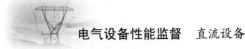

干燥的 SF_6 气体至额定压力后，进行气体检漏，不得有泄漏点。首次检定时，须扣罩放置 24h 后进行。气体继电器应在真空注油完毕后再安装，瓦斯保护投运前必须对信号跳闸回路进行保护试验。防雨罩可有效保护继电器，避免长时间被雨淋造成继电器老化、受潮、二次回路短路等问题。

3. 监督要求

开展该项目监督时，可采用查阅资料的方式，主要包括安装过程记录和监理报告；对应监督要点条目，记录是否符合设备安装要求。

4. 整改措施

当发现该项目相关监督要点不满足时，禁止继续施工，应及时报告或向相关职能部门提出相关补救措施建议。

2.1.6.13 基础检查

1. 监督要点及监督依据

设备安装阶段换流变压器基础检查监督要点及监督依据见表 3－2－43。

表 3－2－43   设备安装阶段换流变压器基础检查监督

监督要点	监督依据
1. 换流变压器铁心及夹件引出线采用不同标识，并引出至运行中便于测量的位置。 2. 换流变压器就位尺寸误差应严格控制，中心线位置偏差应小于 10mm，垂直阀厅本体其长度方向中心线应控制扭转偏差，其长度方向中心线扭转偏差宜小于 5mm	1.《国家电网有限公司关于印发十八项电网重大反事故措施（修订版）的通知》（国家电网设备〔2018〕979 号）8.2.2.1。 2.《直流换流站电气装置安装工程施工及验收规范》（DL/T 5232—2019）7.11

2. 监督项目解析

基础检查是设备安装阶段重要的技术监督项目。

检查钢轨的水平交叉设置应符合设计要求，确保换流变压器能够顺利就位。换流变压器铁心及夹件引出线应采用不同标识，并引出至运行中便于测量的位置。换流变压器就位尺寸误差应严格控制，中心线位置偏差应小于 10mm，垂直阀厅本体其长度方向中心线应控制扭转偏差，其长度方向中心线扭转偏差宜小于 5mm，保证设备安装的工艺和质量。

3. 监督要求

开展该项目监督时，可采用查阅资料和现场检查的方式，主要包括安装过程记录、交接试验报告、监理报告及设计要求；现场测量，对应监督要点条目，记录是否符合设备安装要求。

4. 整改措施

当发现该项目相关监督要点不满足时，禁止继续施工，应及时报告或向相关职能部门提出相关补救措施建议。

2.1.7 设备调试阶段

2.1.7.1 变压比试验

1. 监督要点及监督依据

设备调试阶段换流变压器变压比试验监督要点及监督依据见表 3－2－44。

表 3−2−44　　　　　　　　　　设备调试阶段换流变压器变压比试验监督

监督要点	监督依据
1. 应在所有分接头所位置进行测量。 2. 实测变压比与制造厂铭牌数据相比应无明显差别，且应符合变压比的规律。 3. 变压比的允许误差在额定分接头位置是为 ±0.5%，其他位置为 ±1%。《直流换流站高压直流电气设备交接试验规程》（Q/GDW 111—2004）对其他位置未做规定。 4. ±500kV 设备参照执行	《±800kV 直流系统电气设备交接验收试验》（Q/GDW 275—2009）4.3

2. 监督项目解析

变压比试验是设备调试阶段重要的技术监督项目。

变压器的变压比试验是验证变压器能否达到规定的电压变换效果、变压比是否符合变压器技术条件或铭牌所规定的数值的一项试验。其目的是检查各绕组的匝数、引线装配、分接开关指示位置是否符合要求，提供变压器能否与其他变压器并行的依据。因此，电压比应在所有分接头位置进行测量，实测电压比与铭牌数据相比应无明显差别。《直流换流站高压直流电气设备交接试验规程》（Q/GDW 111—2004）与《高压直流设备验收试验》（DL/T 377—2010）在额定分接头位置变压器允许误差要求一致，但企业标准未规定其他分接头位置变压比允许误差。根据《国家电网公司关于印发电网设备技术标准差异条款统一意见的通知》（国家电网科〔2017〕549 号）的规定，该条细则按照《高压直流设备验收试验》（DL/T 377—2010）的要求执行。电压比测试数据不合格，说明设备可能存在变压器接头松动，分接开关接触不良、挡位错误、匝间短路等许多缺陷，应进行现场处理修复或者设备更换，防止带病投产，影响后期竣工验收和运维检修工作的开展。

3. 监督要求

开展该项目监督，可采用现场见证、查阅设备调试记录及试验测试报告等监督措施，也可采用事后询问调试试验方法，检查调试试验方案，抽查、抽试试验数据。换流变压器设备体积大、高度高，试验接线需要登高作业，因此试验接线时，必须做好试验接头防跌落措施，保证可靠接线；人员要做好登高防护措施，登高车作业要有专人指挥。还要根据所查资料和监督执行记录，评价换流变压器变压比是否符合相关规程规范的技术要求，是否正确反映设备的技术状态。

4. 整改措施

当技术监督人员发现试验数据可疑或不满足相关规程要求时，应要求对相关试验项目进行复测。若数据没有变化，应对相关设备状态进行评估，根据评估结果开展诊断工作。

2.1.7.2　绕组连同套管的外施交流电压试验

1. 监督要点及监督依据

设备调试阶段换流变压器绕组连同套管的外施交流电压试验监督要点及监督依据见表 3−2−45。

表 3−2−45　　　　设备调试阶段换流变压器绕组连同套管的外施交流电压试验监督

监督要点	监督依据
应对网侧中性点进行外施交流电压试验，试验时绕组应短接，并将非试绕组与换流变压器外壳一起可靠接地；按出厂试验电压的 80%（或订货合同规定值）加压，持续时间为 60s	《±800kV 直流系统电气设备交接验收试验》（Q/GDW 275—2009）4.9

2. 监督项目解析

绕组连同套管的外施交流电压试验是设备调试阶段最重要的技术监督项目之一。

绕组连同套管的外施交流电压试验是检验电力变压器绝缘强度最直接、最有效的方法，对发现变压器主绝缘的局部缺陷十分有效，特别对主绝缘受潮、开裂或者运输过程中引起的绕组松动、引线距离不够以及绕组绝缘上附着污染物等，具有决定性的作用。对换流变压器网侧中性点进行外施交流电压试验，绕组应短接，这样可以保证绕组两侧电压相等，耐压电流主要是主绝缘的耐压电流。非被试绕组与换流外壳一起可靠接地，可以同时考察网侧绕组与非被试绕组和外壳的距离和绝缘强度。交流耐压试验是破坏性试验，考虑破坏的累积效应，因此耐压值应为出厂值的 80%，持续时间60s。交流耐压试验不通过，说明变压器内部存在严重缺陷，应进行现场绝缘修复或者设备更换，防止带病投产，影响后期竣工验收和运维检修工作的开展。

3. 监督要求

开展该项目监督，可采用现场见证、查阅设备调试记录及试验测试报告等监督措施，也可采用事后询问调试试验方法，检查调试试验方案，抽查、抽试试验数据。工频交流耐压试验电压高、危险性大，试验前一定要核实设备是否具备试验条件，检查外部温湿度条件和设备邻近工作环境，防止闪络等情况的发生。换流变压器设备体积大、高度高，试验接线需要登高作业，因此试验接线时，必须做好试验接头防跌落措施，保证可靠接线；人员要做好登高防护措施，登高车作业要有专人指挥。试验时还需做好安全防护措施，做好呼唱，人员监护到位，防止发生安全事故。工频交流耐压试验前后均需进行绝缘电阻测试，前后值应无明显差异；试验前后还需进行油试验，前后值也应无明显差异。还要根据所查资料和监督执行记录，评价绕组连同套管的外施交流电压试验是否符合相关规程规范的技术要求，是否正确反映设备的技术状态。

4. 整改措施

当技术监督人员发现试验数据可疑或不满足相关规程要求时，应要求对相关试验项目进行复测。若数据没有变化，应对相关设备状态进行评估，根据评估结果开展诊断工作。

2.1.7.3 绕组连同套管的感应耐压试验和局部放电量测量

1. 监督要点及监督依据

设备调试阶段换流变压器绕组连同套管的感应耐压试验和局部放电量测量监督要点及监督依据见表 3-2-46。

表 3-2-46 设备调试阶段换流变压器绕组连同套管的感应耐压试验和局部放电量测量监督

监督要点	监督依据
1. 应对网侧绕组进行长时感应耐压试验和局部放电试验。 2. 试验程序、试验电压和持续时间按《电力变压器 第 3 部分：绝缘水平、绝缘试验和外绝缘空气间隙》（GB/T 1094.3—2017）的规定进行。 3. 在 $1.3U_m/\sqrt{3}$ 视在放电量应不大于 300pC。 4. ±500kV 设备参照执行	《±800kV 直流系统电气设备交接验收试验》（Q/GDW 275—2009）4.10

2. 监督项目解析

绕组连同套管的感应耐压试验和局部放电量测量是设备调试阶段最重要的技术监督项目之一。

局部放电是较多变压器故障和事故的根源。换流变压器的绝缘结构较复杂，内部发生局部放电的原因很多：如果设计不当，可能造成局部区域场强过高；工艺上存在某些缺点可能会使绝缘中存在气泡，在运行中油质劣化可分解出气泡，机械振动和热胀冷缩造成局部开裂也会出现气泡，在这些情况下都会导致变压器在较低电压下发生局部放电。一旦发生局部放电，闭合式气隙就会发生持续放电，造成绝缘老化。对网侧绕组进行长时感应耐压试验和局部放电试验，能及时有效发现变压器制造和安装工艺的缺陷，对确保变压器的安全运行具有重要意义。局部放电试验应采用合适的加压程序和加压方式，否则容易造成设备损坏和数据超差。在 $1.3U_\mathrm{m}/\sqrt{3}$ 视在放电量不大于 300pC，则认为局部放电试验数据合格。绕组连同套管的感应耐压试验和局部放电量测量不通过，说明变压器内部存在严重缺陷，应进行现场绝缘修复或者设备更换，防止带病投产，影响后期竣工验收和运维检修工作的开展。

3. 监督要求

开展该项目监督，可采用现场见证、查阅设备调试记录及试验测试报告等监督措施，也可采用事后询问调试试验方法，检查调试试验方案，抽查、抽试试验数据。绕组连同套管的感应耐压试验和局部放电量测量电压高、危险性大，试验前一定要核实设备是否具备试验条件，检查外部温湿度条件和设备邻近工作环境，防止闪络等情况的发生。局放试验试验精度要求高，试验时要做好防电晕和防干扰措施，才能保证试验数据的可靠性。换流变压器设备体积大、高度高，试验接线需要登高作业，因此试验接线时，必须做好试验接头防跌落措施，保证可靠接线；人员要做好登高防护措施，登高车作业要有专人指挥。试验时还需做好安全防护措施，做好呼唱，人员监护到位，防止发生安全事故。感应耐压试验前后均需进行绝缘电阻测试，前后值应无明显差异；试验前后还需进行油试验，前后值也应无明显差异。还要根据所查资料和监督执行记录，评价绕组连同套管的感应耐压试验和局部放电量测量是否符合相关规程规范的技术要求，是否正确反映设备的技术状态。

4. 整改措施

当技术监督人员发现试验数据可疑或不满足相关规程要求时，应要求对相关试验项目进行复测。若数据没有变化，应对相关设备状态进行评估，根据评估结果开展诊断工作。

2.1.7.4 阻抗测量

1. 监督要点及监督依据

设备调试阶段换流变压器阻抗测量监督要点及监督依据见表 3-2-47。

表 3-2-47 设备调试阶段换流变压器阻抗测量监督

监督要点	监督依据
若出厂时有低电压阻抗测量数据，则现场试验可采用低电压阻抗测量。与出厂试验值相比，阻抗值变化不宜大于±2%（±500kV 设备参照执行）	《±800kV 高压直流设备交接试验》（DL/T 274—2012）5.19

2. 监督项目解析

阻抗测量是设备调试阶段重要的技术监督项目。

阻抗测量是判断绕组变形的传统方法。其主要是测量电力变压器绕组的短路阻抗并与原始阻抗值进行比较，根据其变化情况来判断绕组是否变形和变形的程度，以作为判断被试变压器是否合格的重要依据之一，因此阻抗测量至关重要。与出厂试验值相比，阻抗值变化不大于±2%，可以认为数据无明显变化，试验数据合格。阻抗测量不合格，说明变压器内部可能存在绕组变形，应采用其他试验方法进行旁证，确定后应查明原因，现场进行修复或者设备更换，防止带病投产，影响后期竣工验收和运维检修工作的开展。

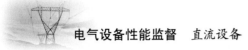

3. 监督要求

开展该项目监督，可采用现场见证、查阅设备调试记录及试验测试报告等监督措施，也可采用事后询问调试试验方法，检查调试试验方案，抽查、抽试试验数据。换流变压器设备体积大、高度高，试验接线需要登高作业，因此试验接线时，必须做好试验接头防跌落措施，保证可靠接线；人员要做好登高防护措施，登高车作业要有专人指挥。还要根据所查资料和监督执行记录，评价换流变压器阻抗是否符合相关规程规范的技术要求，是否正确反映设备的技术状态。

4. 整改措施

当技术监督人员发现试验数据可疑或不满足相关规程要求时，应要求对相关试验项目进行复测。若数据没有变化，应对相关设备状态进行评估，根据评估结果开展诊断工作。

2.1.7.5 绕组频率响应特性测量

1. 监督要点及监督依据

设备调试阶段换流变压器绕组频率响应特性测量监督要点及监督依据见表 3−2−48。

表 3−2−48　　　　　　设备调试阶段换流变压器绕组频率响应特性测量监督

监督要点	监督依据
与出厂试验结果相比应无明显变化（±500kV 设备参照执行）	《±800kV 高压直流设备交接试验》（DL/T 274—2012）5.20

2. 监督项目解析

绕组频率响应特性测量是设备调试阶段重要的技术监督项目。

绕组频率响应特性测量是判断绕组变形的另一种方法，可与阻抗测量方法相互参考和验证。频率响应特性测量的原理是基于变压器可以看成是共地的二端口网络，每台变压器都应有自身响应特性；绕组变形后，其内部参数变化将导致传递函数的变化，响应波形就会发生变化，分析和比较变压器的频率响应特性，就可以判断变压器绕组是否发生了变形。现场实测值与出厂试验数据无明显变化，可以表明换流变压器在运输和安装过程中没有发生变形。频率响应特性测试不合格，说明变压器内部可能存在绕组变形，应采用其他试验方法进行旁证，确定后应查明原因，现场进行修复或者设备更换，防止带病投产，影响后期竣工验收和运维检修工作的开展。

3. 监督要求

开展该项目监督，可采用现场见证、查阅设备调试记录及试验测试报告等监督措施，也可采用事后询问调试试验方法，检查调试试验方案，抽查、抽试试验数据。换流变压器设备体积大、高度高，试验接线需要登高作业，因此试验接线时，必须做好试验接头防跌落措施，保证可靠接线；人员要做好登高防护措施，登高车作业要有专人指挥。还要根据所查资料和监督执行记录，评价换流变压器绕组频率响应特性是否符合相关规程规范的技术要求，是否正确反映设备的技术状态。

4. 整改措施

当技术监督人员发现试验数据可疑或不满足相关规程要求时，应要求对相关试验项目进行复测。若数据没有变化，应对相关设备状态进行评估，根据评估结果开展诊断工作。

2.1.7.6 套管试验

1. 监督要点及监督依据

设备调试阶段换流变压器套管试验监督要点及监督依据见表 3−2−49。

表 3-2-49　　　　　　　　　　设备调试阶段换流变压器套管试验监督

监督要点	监督依据
1. 应进行绝缘电阻测量。 2. 介质损耗因数及电容量测试。 3. 对充油套管进行油色谱分析（必要时）。 4. 检查 SF_6 气体压力。 5. 检查 SF_6 气体含水量。 6. 末屏的绝缘电阻测量。测量值与出厂试验值相比应无明显差别。 7. 介质损耗因数及电容量测量，$\tan\delta$ 值不应大于 0.5%且不应大于出厂试验值的 130%。 8. ±500kV 设备参照执行	1.《±800kV 直流系统电气设备交接验收试验》（Q/GDW 275—2009）4.12。 2.《±800kV 高压直流设备交接试验》（DL/T 274—2012）5.13

2. 监督项目解析

套管试验是设备调试阶段重要的技术监督项目。

套管是换流变压器的重要组成部分，常常因为逐渐劣化或损坏，导致电网事故。套管既有绝缘作用，又有机械上的固定作用。由于套管部位电场分布特殊，运行工况恶劣，为了保证安全运行，套管试验要引起足够的重视。绝缘电阻测量是发现设备绝缘缺陷最简单的试验方法。按照设备设计和制造工艺结构，部分套管是电容型绝缘结构，介质损耗因数及电容量是反映电容型绝缘缺陷的重要数据。绝缘电阻和介质损耗因数测量可以有效发现设备受潮、绝缘介质劣化、大面积污染和贯穿性绝缘损坏等绝缘缺陷。电容量变化可以反映套管内部电容屏断屏、绝缘介质劣化和主绝缘结构发生的形变。油色谱试验是检验油绝缘套管是否发生内部放电的最直接方法。SF_6 套管绝缘强度与 SF_6 气体压力密切相关，检查 SF_6 气体压力可以防止套管绝缘水平下降。在较高的气压下，过量的水分对气体绝缘设备中固体绝缘件表面闪络电压的影响严重，甚至会导致内部闪络事故，长时间运行后会分解产生 HF、SO_2 等产物，对气体绝缘设备中的各种构件产生腐蚀作用，因此需检查 SF_6 气体含水量。末屏的绝缘电阻测量可以反映末屏是否受潮或绝缘损坏。套管试验不合格，确定后应查明原因，现场进行修复或者设备更换，以免影响设备安装、竣工验收和运维检修工作的开展。

3. 监督要求

开展该项目监督，可采用现场见证、查阅设备调试记录及试验测试报告等监督措施，也可采用事后询问调试试验方法，检查调试试验方案，抽查、抽试试验数据。换流变压器设备体积大、高度高，试验接线需要登高作业，因此试验接线时，必须做好试验接头防跌落措施，保证可靠接线；人员要做好登高防护措施，登高车作业要有专人指挥。还要根据所查资料和监督执行记录，评价套管试验是否符合相关规程规范的技术要求，是否正确反映设备的技术状态。

4. 整改措施

当技术监督人员发现试验数据可疑或不满足相关规程要求时，应要求对相关试验项目进行复测。若数据没有变化，应对相关设备状态进行评估，根据评估结果开展诊断工作。

2.1.7.7　有载调压切换装置的检查和试验

1. 监督要点及监督依据

设备调试阶段换流变压器有载调压切换装置的检查和试验监督要点及监督依据见表 3-2-50。

表 3-2-50　　　　　　　设备调试阶段换流变压器有载调压切换装置的检查和试验监督

监督要点	监督依据
1. 在换流变压器不带电、操作电源电压为额定电压的 85%～115%及以上时，操作 10 个循环，在全部切换过程中应无开路和异常，电气和机械限位动作正确且符合产品要求。 2. 切换过程中，切换触头的动作顺序应符合产品技术条件的规定。 3. 过渡电阻阻值、切换时间的数值、正反向切换时间偏差均应符合制造厂技术要求。若换流变压器采用两台有载调压切换装置，则还应测量两台切换装置间的同步偏差。由于变压器结构及接线原因无法测量的，不进行该项试验。 4. 制造厂安装及使用说明书中规定的其他试验，应符合产品说明书的规定。 5. ±500kV 设备参照执行	1.《±800kV 高压直流设备交接试验》（DL/T 274—2012）5.15。 2.《±800kV 直流系统电气设备交接验收试验》（Q/GDW 275—2009）4.14

2. 监督项目解析

有载调压切换装置的检查和试验是设备调试阶段重要的技术监督项目。

有载调压切换装置在变压器运行状态下可用来改变绕组匝数，因此要保证在切换过程中回路不致中断；否则，会由于出现断开点不能灭弧而烧坏变压器。因此，要对变压器的有载调压切换装置进行校核试验，通过试验检查装置在全部切换过程中，分接开关的动作顺序是否符合产品技术条件的规定，各接触点有无开路现象，切换开关转动的角度是否符合要求。有载调压切换装置的检查和试验不合格，说明换流变压器不符合投产的技术要求，确定后应查明原因，现场进行修复或者设备更换，以免影响设备安装、后期竣工验收和运维检修工作的开展。

3. 监督要求

开展该项目监督，可采用现场见证、查阅设备调试记录及试验测试报告等监督措施，也可采用事后询问调试试验方法，检查调试试验方案，抽查、抽试试验数据。换流变压器设备体积大、高度高，试验接线需要登高作业，因此试验接线时，必须做好试验接头防跌落措施，保证可靠接线；人员要做好登高防护措施，登高车作业要有专人指挥。还要根据所查资料和监督执行记录，评价换流变压器有载调压切换装置是否符合相关规程规范的技术要求，是否正确反映设备的技术状态。

4. 整改措施

当技术监督人员发现试验数据可疑或不满足相关规程要求时，应要求对相关试验项目进行复测。若数据没有变化，应对相关设备状态进行评估，根据评估结果开展诊断工作。

2.1.7.8　非电量保护

1. 监督要点及监督依据

设备调试阶段换流变压器非电量保护监督要点及监督依据见表 3-2-51。

表 3-2-51　　　　　　　　　设备调试阶段换流变压器非电量保护监督

监督要点	监督依据
1. 气体密度继电器设定点偏差检定。 2. 无法现场送检的温度计，可以进行协商，但制造厂必须提供出厂检验报告。 3. 对于不送检的温度计，现场必须进行温度的比对检查和信号触电的动作和导通检查。 4. 温度计必须根据制造厂的规定进行整定并报运行单位认可。 5. 气体继电器和压力释放阀在交接和变压器大修时应进行校验	1.《压力式六氟化硫气体密度控制器》（JJG 1073—2011）7.3.9。 2.《直流换流站电力设备安装工程施工及验收规范》（DL/T 5232—2019）。 3.《国家电网有限公司关于印发十八项电网重大反事故措施（修订版）的通知》（国家电网设备〔2018〕979 号）9.3.1.4

2. 监督项目解析

非电量保护是设备调试阶段重要的技术监督项目。

非电量保护元件是电力系统中重要的保护和控制元件。SF_6 绝缘性能在很大程度上取决于 SF_6 气体密度，因此 SF_6 气体密度的监视对保证穿墙套管可靠运行具有重要意义。气体密度继电器设定点的偏差检定可以保证密度继电器监视数据的准确性；采用 SF_6 气体绝缘的穿墙套管监视装置的跳闸触点不少于 3 对，并按"三取二"逻辑出口，可以有效保证设备可靠运行，防止设备保护误动作造成系统跳闸。SF_6 气体密度继电器是保证 SF_6 绝缘型套管可靠运行的重要措施，可以考核产品出厂设备质量和安装质量，有利于减小事故发生概率。气体密度继电器、压力释放阀不合格需查明原因，进行现场修复或者更换，防止带病投产，影响后期竣工验收和运维检修工作的开展。

3. 监督要求

开展该项目监督，可以采用现场见证、查阅设备调试记录及试验测试报告等监督措施，还可以事后询问试验方法，检查试验方案。拆卸和复原密度继电器时一定要注意做好防碰撞措施，防止内部器件损坏，影响仪器精度。根据所查资料和监督执行记录，评价换流变压器气体密度继电器试验数据是否符合相关规程规范的技术要求，是否正确反映设备的技术状态。

4. 整改措施

当技术监督人员发现试验数据可疑或不满足相关规程要求时，应要求对相关试验项目进行复测。若数据没有变化，应对相关设备状态进行评估，根据评估结果开展诊断工作。

2.1.7.9 绝缘油试验

1. 监督要点及监督依据

设备调试阶段换流变压器绝缘油试验监督要点及监督依据见表 3-2-52。

表 3-2-52　　　　　　　　　设备调试阶段换流变压器绝缘油试验监督

监督要点	监督依据
1. 经过油处理，准备注入油箱内的新油应达到下列标准。 界面张力：≥35mN/M。 酸值：≤0.03mg（KOH）/g（油）。 水溶性酸（pH 值）：≥5.4。 机械杂质：无。 闪点：DB-10≥140℃，DB-25≥140℃，DB-45≥135℃。 击穿电压：≥60kV/2.5mm。 90℃时的介质损耗因数：<0.5%。 气体体积含量：<3%。 水分体积含量：<5×10⁻⁶。 2. 换流变压器注油后，应从"底部"和"顶部"取样阀各取 1 份油样，进行下列试验。 击穿电压试验：≥60kV/2.5mm。 90℃时的介质损耗因数：<0.7%。 油样的气体体积含量：<1%。 油样的水分体积含量：<5×10⁻⁶。 3. 油中溶解气体的色谱分析：应在升压或冲击合闸前及额定电压下运行 24h 后，各进行一次换流变压器身内绝缘油中溶解气体的色谱分析。两次测得的氢、乙炔、总烃含量，应符合《变压器油中溶解气体分析和判断导则》（DL/T 722—2014）的规定，且无明显差别。 4. 变压器新油应由厂家提供新油无腐蚀性硫、结构簇、糠醛及油中颗粒度报告。对 500kV 及以上电压等级的变压器还应提供 T501 等检测报告	1.《高压直流设备验收试验》（DL/T 377—2010）4.1。 2.《国家电网有限公司关于印发十八项电网重大反事故措施（修订版）的通知》（国家电网设备〔2018〕979 号）9.2.2.3

2. 监督项目解析

绝缘油试验是设备调试阶段最重要的技术监督项目之一。

绝缘油广泛应用于有载调压切换装置等电力设备中，具有绝缘、冷却和灭弧的作用。为了使绝缘油能够完成其本身的功能，应具有较小的黏度、较低的凝固点、较高的闪点和耐电强度以及较好的稳定性。运行中,绝缘油由于受到氧气、高温、高湿、阳光、强电场和杂质的作用,性能会逐渐变坏,不能充分发挥绝缘油的作用。绝缘油试验不合格,说明换流变压器不符合投产的技术要求,确定后应查明原因,现场进行处理或者更换,以免影响设备安装、后期竣工验收和运维检修工作的开展。

3. 监督要求

开展该项目监督,可以采用现场见证、查阅设备调试记录及试验测试报告等监督措施,还可以事后询问试验方法,检查试验方案。绝缘油样品的好坏直接关系试验结果,因此取样要在晴朗天气进行,周围无浮尘、无油漆作业以及无动火作业,使用正确的取样方法,使用专门的取样工具(油样瓶和针筒)。根据所查资料和监督执行记录,评价换流变压器绝缘油试验数据是否符合相关规程规范的技术要求,是否正确反映设备的技术状态。

4. 整改措施

当技术监督人员发现试验数据可疑或不满足相关规程要求时,应要求对相关试验项目进行复测。若数据没有变化,应对相关设备状态进行评估,根据评估结果开展诊断工作。

2.1.8 竣工验收阶段

2.1.8.1 本体及组部件

1. 监督要点及监督依据

竣工验收阶段换流变压器本体及组部件监督要点及监督依据见表3-2-53。

表3-2-53　　　　　　　　竣工验收阶段换流变压器本体及组部件监督

监督要点	监督依据
换流变压器在移交试运行前应进行全面检查,检查项目应符合下列规定: (1)本体及所有附件应无渗漏油,且无缺陷; (2)本体与附件上所有阀门位置核对正确; (3)本体应固定牢固; (4)本体的接地引下线及其与主接地网的连接应符合设计要求,接地可靠、标识规范; (5)铁心和夹件的接地引出线、套管末屏引出线应可靠接地;电压抽取装置不用时,其抽出端子也应接地;备用电流互感器二次端子应短接接地;套管顶部结构的接触及密封应良好; (6)储油柜和充油套管的油位应正常	《±800kV 换流站换流变压器施工及验收规范》(Q/GDW 1220—2014)5.1

2. 监督项目解析

本体及组部件是竣工验收阶段比较重要的技术监督项目。

换流变压器在移交试运行前应进行全面检查,检查项目应符合相关标准要求,重点检查本体与附件上所有阀门位置是否正确。组部件不齐全或是阀门位置不正确将直接影响换流变压器的安全运行。

3. 监督要求

开展该项目监督时,可采用查阅资料和现场检查的方式,主要包括安装过程记录、试验报告和监理报告,现场检查项目应符合相关标准要求,重点检查本体与附件上所有阀门位置是否正确。

4. 整改措施

当发现该项目相关监督要点不满足时,应要求相关单位及时处理,直至满足相关规范要求。

2.1.8.2 设备接地

1. 监督要点及监督依据

竣工验收阶段换流变压器设备接地监督要点及监督依据见表 3−2−54。

表 3−2−54 竣工验收阶段换流变压器设备接地监督

监督要点	监督依据
1. 换流变压器铁心及夹件引出线采用不同标识，并引出至运行中便于测量的位置。 2. 应在设备投运前检查套管末屏接地良好，应有渗漏油和末屏绝缘状态检查记录。 3. 换流变压器中性点应有两根与地网主网络的不同边连接的接地引下线，并且两根接地引下线均应符合热稳定校核的要求	《国家电网有限公司关于印发十八项电网重大反事故措施（修订版）的通知》（国家电网设备〔2018〕979 号）8.2.2.1、9.5.9、14.1.1.4

2. 监督项目解析

设备接地是竣工验收阶段比较重要的技术监督项目。

良好的设备接地，可以有效地保护设备，现场检查或查阅设备安装调试记录应满足要求。现场抽查设备相关接地情况是否满足要求，抽查的设备数量不少于总量的 40% 且不少于 6 台。

3. 监督要求

开展该项目监督时，可采用查阅资料和现场检查的方式，主要包括安装过程记录和监理报告，不同部位的接地应符合相关规范；对应监督要点条目，记录是否符合设备安装要求。

4. 整改措施

当发现该项目相关监督要点不满足时，应及时报告或向相关职能部门提出整改要求并复验。

2.1.8.3 温升测量

1. 监督要点及监督依据

竣工验收阶段换流变压器温升测量监督要点及监督依据见表 3−2−55。

表 3−2−55 竣工验收阶段换流变压器温升测量监督

监督要点	监督依据
在端对端系统调试中进行额定功率持续运行和过负荷试验时，记录换流变压器油温和铁心温度（如有传感器），用红外检测仪测量油箱表面温度分布，其温升值应符合产品订货合同的规定	《±800kV 高压直流设备交接试验》（DL/T 274—2012）5.17

2. 监督项目解析

温升测量是竣工验收阶段重要的技术监督项目。

温升测量可以了解换流变压器运行时各部件的发热情况，核对所测得的数据是否符合制造厂的技术条件，为安全可靠运行提供依据；确定换流变压器的带负荷能力，校验冷却系统的冷却效能，为检修和改进通风散热积累参考数据。温升试验不合格，说明换流变压器带负荷水平不符合产品设计水平和订货合同的规定，将影响后期竣工验收和运维检修工作的开展。

3. 监督要求

开展该项目监督，可采用现场见证、查阅设备调试记录及试验测试报告等监督措施，也可采用事后询问调试试验方法，检查调试试验方案，抽查、抽试试验数据。温升试验时，换流变压器处于

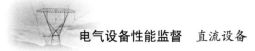

运行状态，因此测温需采用器身传感器测温和红外测温相结合，工作时与带电设备保持足够安全距离，防止试验人员走错间隔。还要根据所查资料和监督执行记录，评价换流变压器温升试验是否符合相关规程规范的技术要求，是否正确反映设备的技术状态。

4. 整改措施

当技术监督人员发现试验数据可疑或不满足相关规程要求时，应要求对相关试验项目进行复测。若数据没有变化，应对相关设备状态进行评估，根据评估结果开展诊断工作。

2.1.8.4 额定电压下的冲击合闸试验

1. 监督要点及监督依据

竣工验收阶段换流变压器额定电压下的冲击合闸试验监督要点及监督依据见表 3-2-56。

表 3-2-56 竣工验收阶段换流变压器额定电压下的冲击合闸试验监督

监督要点	监督依据
在网侧、额定电压下，对换流变压器冲击合闸 5 次，每次间隔时间不小于 5min，第一次冲击合闸后的带电运行时间不少于 30min，其后每次合闸后带电运行时间可逐次缩短，但不应少于 5min。冲击合闸时，应无异常声响等现象，保护装置不应动作。冲击合闸时，可测量励磁涌流及其衰减时间。冲击合闸前后的油色谱分析结果应无明显差别（±500kV 设备参照执行）	《±800kV 高压直流设备交接试验》（DL/T 274—2012）5.16

2. 监督项目解析

额定电压下的冲击合闸试验是竣工验收阶段重要的技术监督项目。

换流变压器进行额定电压下的冲击合闸试验的目的主要有以下两个方面：① 拉开空载变压器时，有可能产生操作过电压，为了检查变压器绝缘强度能否承受全电压或操作过电压，需做冲击合闸试验。② 带电投入空载变压器时，会产生励磁涌流，其值可达 6～8 倍额定电流，励磁涌流开始衰减较快，一般经 0.5～1s 即减到 0.25～0.5 倍额定电流值，但全部衰减时间较长，大容量的变压器可达几十秒；由于励磁涌流产生很大的电动力，为了考核变压器的机械强度，同时考核励磁涌流衰减初期能否造成继电保护装置误动作，需做冲击合闸试验。冲击合闸试验产生的操作过电压不应造成设备内部放电和拉弧，油色谱分析结果应无明显差异。冲击合闸试验不合格，说明换流变压器不符合投产的技术要求，确定后应查明原因，现场进行修复或者设备更换，以免影响后期竣工验收和运维检修工作的开展。

3. 监督要求

开展该项目监督，可采用现场见证、查阅设备调试记录及试验测试报告等监督措施，也可采用事后询问调试试验方法，检查调试试验方案，抽查、抽试试验数据。额定电压下的冲击合闸试验时，换流变压器处于运行状态，因此工作时与带电设备应保持足够安全距离，防止试验人员走错间隔。还要根据所查资料和监督执行记录，评价换流变压器额定电压下的冲击合闸试验是否符合相关规程规范的技术要求，是否正确反映设备的技术状态。

4. 整改措施

当技术监督人员发现试验数据可疑或不满足相关规程要求时，应要求对相关试验项目进行复测。若数据没有变化，应对相关设备状态进行评估，根据评估结果开展诊断工作。

2.1.8.5 消防检查

1. 监督要点及监督依据

竣工验收阶段换流变压器消防检查监督要点及监督依据见表 3-2-57。

表 3-2-57 竣工验收阶段换流变压器消防检查监督

监督要点	监督依据
1. 极Ⅰ和极Ⅱ换流变压器区域主要配置有自动水喷雾系统、气压自动报警管道、自动雨淋阀组装置、火灾自动报警联动系统。 2. 消防系统和火灾自动报警系统施工应符合《电力设备典型消防规程》(DL 5027—2015)和《火灾自动报警系统施工及验收标准》(GB 50166—2019)的要求	《直流换流站电气装置安装工程施工及验收规范》(DL/T 5232—2019)

2. 监督项目解析

消防检查是竣工验收阶段重要的技术监督项目。

火灾探测器能够对潜在的火灾隐患及时报警，有利于站内运维人员迅速反应，使用灭火系统扑灭火灾，保障站内设备及工作人员安全。换流变压器室内火灾探测与灭火系统应满足相关标准要求，确保火灾自动报警系统的灵敏度与及时性，确保灭火系统的有效性及安全性。

3. 监督要求

查阅设计文件，确保换流变压器火灾探测与灭火系统满足相关标准要求；若无法满足，应向上级单位及时反馈，督促设计单位对设计方案尽快进行修改。

4. 整改措施

当技术监督人员查阅资料发现换流变压器火灾探测与灭火系统不满足要求时，应记录并要求相关部门进行修正，直至项目均满足要求。

2.1.8.6 油质量检测

1. 监督要点及监督依据

竣工验收阶段换流变压器油质量检测监督要点及监督依据见表 3-2-58。

表 3-2-58 竣工验收阶段换流变压器油质量检测监督

监督要点	监督依据
对变压器新油进行无腐蚀性硫、结构簇、糠醛及油中颗粒度检测。对 500kV 及以上电压等级的变压器还应提供 T501 等检测报告	《国家电网有限公司关于印发十八项电网重大反事故措施(修订版)的通知》(国家电网设备〔2018〕979 号)9.2.2.3

2. 监督项目解析

油质量检测是竣工验收阶段重要的技术监督项目。

不合格的油品会导致油绝缘性能降低。对变压器新油进行无腐蚀性硫、结构簇、糠醛及油中颗粒度检测，可以保证油品质量合格，满足换流变压器安全运行要求。

3. 监督要求

开展该项目监督时，可采用查阅资料的方式，主要包括安装过程记录和监理报告、调试记录、检验报告。对变压器新油进行无腐蚀性硫、结构簇、糠醛及油中颗粒度检测，对应监督要点条目，记录是否符合设备安装要求。

4. 整改措施

当发现该项目相关监督要点不满足时，应及时报告或向相关职能部门提出整改后重新验收建议。

2.1.8.7 噪声测量

1. 监督要点及监督依据

竣工验收阶段换流变压器噪声测量监督要点及监督依据见表 3-2-59。

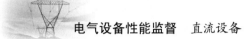

表 3-2-59　　　　　　　　竣工验收阶段换流变压器噪声测量监督

监督要点	监督依据
应在工频额定电压下，根据《电力变压器　第 10 部分：声级测定》（GB/T 1094.10—2003）进行噪声测量。测量的噪声水平或声水平（声压级）应不大于 70dB（A）或依据订货合同规定值（±500kV 设备参照执行）	《±800kV 直流系统电气设备交接验收试验》（Q/GDW 275—2009）4.16

2. 监督项目解析

噪声测量是竣工验收阶段重要的技术监督项目。

噪声对人的危害很大，长期的噪声严重影响人的身体健康。从变压器制造角度，变压器噪声的产生主要有以下几个原因：① 变压器工作磁密选的太高，接近饱和，漏磁太大，产生噪声；② 铁心的材质太差、损耗太高，产生噪声；③ 工作回路中谐波含量、直流分量也会导致铁心甚至线圈的噪声产生；④ 变压器制造工艺不到位，如线圈绕制太松，线圈和铁心之间固定不牢固，铁心固定不牢固，EI 铁心之间存在气隙，工作时产生"蜂鸣"，浸漆工艺处理不到位，变压器外部金属（导磁的）结构件固定不牢固等；⑤ 变压器绝缘处理不好也会产生噪声。噪声试验不合格，说明换流变压器制造过程中材料规格不符合设计要求，运输或者安装过程有可能造成内部设备松动，将影响后期竣工验收和运维检修工作的开展。

3. 监督要求

开展该项目监督，可采用现场见证、查阅设备调试记录及试验测试报告等监督措施，也可采用事后询问调试试验方法，检查调试试验方案，抽查、抽试试验数据。噪声试验时，换流变压器处于运行状态，因此工作时与带电设备应保持足够安全距离，防止试验人员走错间隔。还要根据所查资料和监督执行记录，评价换流变压器噪声试验是否符合相关规程规范的技术要求，是否正确反映设备的技术状态。

4. 整改措施

当技术监督人员发现试验数据可疑或不满足相关规程要求时，应要求对相关试验项目进行复测。若数据没有变化，应对相关设备状态进行评估，根据评估结果开展诊断工作。

2.1.9　运维检修阶段

2.1.9.1　运行巡视

1. 监督要点及监督依据

运维检修阶段换流变压器运行巡视监督要点及监督依据见表 3-2-60。

表 3-2-60　　　　　　　　运维检修阶段换流变压器运行巡视监督

监督要点	监督依据
1. 运行巡视周期应符合相关规定。 2. 巡视项目重点关注：渗漏油、储油柜和套管油位、顶层油温和绕组温度、分接开关挡位指示与监控系统一致、吸湿器变色及受潮情况、声响及振动、冷却装置	《输变电设备状态检修试验规程》（Q/GDW 1168—2013）表 68

2. 监督项目解析

运行巡视是运维检修阶段比较重要的技术监督项目。

通过例行巡视可发现穿墙套管运行时存在的问题和隐患，对设备安全稳定运行起到重要作用。

例行巡视时应重点检查设备外观、现场非电量表计、在线运行参数、带电检测、控制柜等五个方面：
① 针对本体、套管、分接开关、储油柜、冷却器、吸湿器等重要部件，巡视应重点关注运行声音是否有明显差异，外观检查有无破损、漏油、漏气现象，特别注意冷却器潜油泵负压区是否出现渗漏油，以及吸湿器是否呼吸正常；② 针对现场油温、油位、SF_6 密度继电器等非电量表计，巡视应重点关注数值指示是否正常，三相对比有无明显差异；③ 利用一体化在线监测装置对在线运行参数进行巡视，在同功率、同运行环境比对历史趋势是否存在差异，特别注意 SF_6 充气套管压力历史趋势；④ 利用带电检测技术支撑例行巡视，不仅要利用红外测温仪对引线接头、电缆等主通流回路进行巡视，还需对变压器本体非主通流回路进行测温，特别是检查外壳及箱沿应无异常发热，利用紫外检测仪检测绝缘护套有无放电现象；⑤ 对汇控柜、端子箱等二次设备进行巡视，巡视时应关注柜体应密封良好，加热、驱潮等装置运行正常，柜内电缆应无发热烧灼迹象，可利用红外测温仪检查控制元件及端子有无烧蚀、发热。

3. 监督要求

开展该项目监督时，主要采用现场检查和查阅资料的方式，主要检查换流变压器实际的运行状态和换流变压器的相关例行巡视记录。

4. 整改措施

当技术监督人员在现场检查时发现换流变压器本体及其附件工作异常或例行巡视记录不齐全时，应及时将现场情况通知相关运维单位，督促运维单位及时开展相关消缺和整改工作。

2.1.9.2 状态检测

1. 监督要点及监督依据

运维检修阶段换流变压器状态检测监督要点及监督依据见表 3-2-61。

表 3-2-61 运维检修阶段换流变压器状态检测监督

监督要点	监督依据
1. 带电检测周期、项目应符合相关规定。 2. 停电试验应按规定周期开展，试验项目齐全；当对试验结果有怀疑时应进行复测，必要时开展诊断性试验	1.《国家电网公司变电检测管理规定（试行）》[国网（运检/3）829—2017] 附录 A。 2.《输变电设备状态检修试验规程》（Q/GDW 1168—2013）5.1.1、5.1.2

2. 监督项目解析

状态检测是运维检修阶段重要的技术监督项目。

带电检测可及时发现设备运行隐患，结合停电试验，判断设备运行状况，是设备评价和检修的基础。检测周期、项目、试验数据等应该符合相关规定，正确反映设备的技术状态，指导设备投产和后期运行检修。

3. 监督要求

开展该项目监督时，主要采用查阅资料的方式，主要检查换流变压器的状态检测记录。

4. 整改措施

当技术监督人员查阅资料发现状态检测报告不齐全或报告记录存在问题时，应及时将现场情况通知相关运维单位，督促运维单位及时开展相关整改工作。

2.1.9.3 状态评价

1. 监督要点及监督依据

运维检修阶段换流变压器状态评价监督要点及监督依据见表 3-2-62。

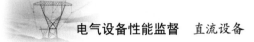

表 3-2-62　　　　　　　　　　运维检修阶段换流变压器状态评价监督

监督要点	监督依据
1. 运维单位每年应在年度检修计划制订前，按照国家电网有限公司《电网设备状态检修管理标准和工作标准》的要求，对所辖范围内的变压器开展定期评价，状态评价报告依照设备管理权限，逐级履行审核、批准手续。定期评价每年不少于一次。 2. 状态评价结果准确，符合《油浸式变压器（电抗器）状态评价导则》（Q/GDW 10169—2016），制订的检修策略符合《油浸式变压器（电抗器）状态检修导则》（Q/GDW 170—2008）。 3. 按照《输变电设备风险评估导则》（Q/GDW 1903—2013）要求进行风险评估。 4. 除定期评价以外，运维单位还应按照国家电网有限公司《电网设备状态检修管理标准和工作标准》的要求开展动态评价，包括新设备首次评价、缺陷评价、不良工况评价、检修评价、特殊时期专项评价等，并制订有针对性的设备维护措施计划，确保设备状态管控到位	《油浸式电力变压器（电抗器）技术监督导则》（Q/GDW 11085—2013）5.9.3

2. 监督项目解析

状态评价是运维检修阶段比较重要的技术监督项目。

通过对换流变压器的状态评价，可以熟悉设备的运行状态并根据运行情况制订合适的检修策略。运维单位每年应在年度检修计划制订前，按照国家电网有限公司《电网设备状态检修管理标准和工作标准》的要求，对所辖范围内的变压器开展定期评价，状态评价报告依照设备管理权限，逐级履行审核、批准手续。定期评价每年不少于一次。状态评价结果应准确，符合《油浸式变压器（电抗器）状态评价导则》（Q/GDW 10169—2016），制订的检修策略应符合《油浸式变压器（电抗器）状态检修导则》（Q/GDW 170—2008）。应按照《国家电网公司输变电设备风险评估导则》要求进行风险评估。除定期评价以外，运维单位还应按照国家电网有限公司《电网设备状态检修管理标准和工作标准》的要求开展动态评价，包括新设备首次评价、缺陷评价、不良工况评价、检修评价、特殊时期专项评价等，并制订有针对性的设备维护措施计划，确保设备状态管控到位。

3. 监督要求

开展该项目监督时，主要采用查阅资料的方式，主要检查换流变压器的状态评价记录。

4. 整改措施

当技术监督人员查阅资料发现状态评价报告不齐全或报告记录存在问题时，应及时将现场情况通知相关运维单位，督促运维单位及时开展相关整改工作。

2.1.9.4　状态检修

1. 监督要点及监督依据

运维检修阶段换流变压器状态检修监督要点及监督依据见表 3-2-63。

表 3-2-63　　　　　　　　　　运维检修阶段换流变压器状态检修监督

监督要点	监督依据
1. 执行 A、B 类检修时，解体、检查、装配、绝缘油处理、器身干燥、注油等关键工序应严格按有关规定执行。同时，应按相关规程要求加强变压器非电量保护、控制装置等附件的维护和校验工作。 2. 变压器停运 6 个月以上重新投运前，应进行例行试验，对于寒冷天气情况，要重新滤油循环。对核心部件或主体进行解体性检查后重新投运的，可参照新设备要求执行。现场备用换流变压器应视同运行设备进行例行试验	《油浸式电力变压器（电抗器）技术监督导则》（Q/GDW 11085—2013）5.9.4

2. 监督项目解析

状态检修是运维检修阶段比较重要的技术监督项目。

按照标准周期对换流变压器开展相关检修试验是保证设备安全稳定运行最基础和有效的方法。每天对设备开展一次外观检查，主要包括油温、油位、冷却系统、套管以及吸湿器等主附件的检查；

每月对设备开展一次红外测温，检查引线接头和设备各部件是否存在异常温升；每月开展一次油中溶解气体分析，检查特征气体是否存在异常升高和超标情况；每年开展一次设备预防性试验和非电量保护继电器校验工作，通过试验检查设备是否存在隐匿性缺陷，通过非电量保护继电器校验检查继电器能否正确动作。

3. 监督要求

开展该项目监督时，主要检查相关记录和试验报告，主要包括巡视记录、红外测温记录、油化试验报告、预防性试验报告以及测温装置、气体继电器、SF_6 密度继电器和压力释放阀校验报告等相关记录和试验报告。

4. 整改措施

当技术监督人员查阅资料发现试验报告不齐全或试验数据存在问题时，应及时将现场情况通知相关运维单位，督促运维单位及时开展相关整改工作。

2.1.9.5　故障缺陷处理

1. 监督要点及监督依据

运维检修阶段换流变压器故障缺陷处理监督要点及监督依据见表 3-2-64。

表 3-2-64　　　　　　　　　　运维检修阶段换流变压器故障缺陷处理监督

监督要点	监督依据
1. 是否定期向上级生产管理部门和绝缘监督委托单位上报出现的严重、危急缺陷和发生故障的高压电气设备的分析评估报表。 2. 是否按时完成年度绝缘缺陷统计和事故统计，并及时上报生产主管部门和绝缘监督委托单位。 3. 对于发现缺陷和发生故障的设备是否及时开展分析评估工作，以指导下一步的生产。 4. 缺陷处理是否按照发现、处理和验收的顺序闭环运作	《高压电气设备绝缘技术监督规程》（DL/T 1054—2007）6.4、5.4.1.13、6.3、5.4.1.10

2. 监督项目解析

故障缺陷处理是运维检修阶段比较重要的技术监督项目。

故障缺陷处理是对现有缺陷的统计和分析，可及时消除缺陷，避免故障发生，形成闭环运作模式。

3. 监督要求

开展该项目监督时，主要查阅事故分析评估报告、重大缺陷分析记录、缺陷闭环管理记录等资料。

4. 整改措施

当技术监督人员查阅资料发现事故分析报告、重大缺陷分析记录、缺陷闭环管理记录等资料不齐全或试验数据存在问题时，应及时将现场情况通知相关运维单位，督促运维单位及时开展相关整改工作。

2.1.9.6　反措执行

1. 监督要点及监督依据

运维检修阶段换流变压器反措执行监督要点及监督依据见表 3-2-65。

表 3-2-65 运维检修阶段换流变压器反措执行监督

监督要点	监督依据
1. 运行期间，换流变压器的重瓦斯保护以及换流变压器有载分接开关油流保护应投跳闸。 2. 当换流变压器在线监测装置报警、轻瓦斯报警或出现异常工况时，应立即进行油色谱分析并缩短油色谱分析周期，跟踪监测变化趋势，查明原因及时处理。 3. 应定期对换流变压器本体及套管油位进行监视。若油位有异常变动，应结合红外测温、渗油等情况及时判断处理。 4. 应定期对换流变压器套管进行红外测温，并进行横向比较，确认有无异常。 5. 当换流变压器有载分接开关挡位不一致时应暂停直流功率调整，并检查挡位不一致的原因，采取相应措施进行处理。 6. 油浸式真空有载分接开关轻瓦斯报警后应暂停调压操作，并对气体和绝缘油进行色谱分析，根据分析结果确定恢复调压操作或进行检修	《国家电网有限公司关于印发十八项电网重大反事故措施（修订版）的通知》（国家电网设备〔2018〕979号）8.2.3.1~8.2.3.5、9.4.5

2. 监督项目解析

反措执行是运维检修阶段比较重要的技术监督项目。

运行期间，换流变压器的重瓦斯保护气体继电器以及换流变压器有载分接开关油流继电器应投跳闸。对应监督要点条目，记录巡视记录是否包括上述要点，现场是否有不符合要点要求的现象。

当换流变压器在线监测装置报警、轻瓦斯报警或出现异常工况时，应立即进行油色谱分析并缩短油色谱分析周期，跟踪监测变化趋势，查明原因及时处理。

监视换流变压器本体及套管油位。若油位有异常变动，应结合红外测温、渗油等情况及时判断处理。应定期对换流变压器套管进行红外测温，并进行横向比较，确认有无异常。

当换流变压器有载调压开关位置不一致时应暂停功率调整，并检查有载调压开关不一致的原因，采取相应措施进行处理。变压器本体、有载分接开关的重瓦斯保护应投跳闸。若需退出重瓦斯保护，应预先制订安全措施，并经总工程师批准，限期恢复。

气体继电器应定期校验。当气体继电器发出轻瓦斯动作信号时，应立即检查气体继电器，及时取气样检验，以判明气体成分，同时取油样进行色谱分析，查明原因及时排除。压力释放阀在交接和变压器大修时应进行校验。运行中的变压器的冷却器油回路或通向储油柜各阀门由关闭位置旋转至开启位置时，以及当油位计的油面异常升高或呼吸系统有异常现象，需要打开放油或放气阀门时，均应先将变压器重瓦斯保护停用。变压器运行中，若需将气体继电器集气室的气体排出时，为防止误碰探针造成瓦斯保护跳闸，可将变压器重瓦斯保护切换为信号方式；排气结束后，应将重瓦斯保护恢复为跳闸方式。

无励磁分接开关在改变分接位置后，必须测量使用分接的直流电阻和变压比；有载分接开关检修后，应测量全程的直流电阻和变压比，合格后方可投运。安装和检修时应检查无励磁分接开关的弹簧状况、触头表面镀层及接触情况、分接引线是否断裂及紧固件是否松动。应加强有载分接开关的运行维护管理，当开关动作次数或运行时间达到制造规定值时，应进行检修，并对开关的切换程序与时间进行测试。

检修时若套管水平存放，安装就位后，带电前必须进行静放，其中 500kV 套管静放时间应大于 36h，110/220kV 套管静放时间应大于 24h。如套管的伞裙间距低于规定标准，应采取加硅橡胶伞裙套等措施，防止污秽闪络。在严重污秽地区运行的变压器，可考虑在瓷套涂防污闪涂料等措施。作为备品的 110（66）kV 及以上套管，应竖直放置；如水平存放，其抬高角度应符合制造厂要求，以防止电容芯子露出油面受潮。对水平放置保存期超过一年的 110（66）kV 及以上套管，当不能确保电容芯子全部浸没在油面以下时，安装前应进行局部放电试验、额定电压下的介质损耗试验和油色谱分析。油纸电容套管在最低环境温度下不应出现负压，应避免频繁取油样分析而造成其负压。运行人员正常巡视应检查记录套管油位情况，注意保持套管油位正常。套管渗漏油时，应及时处理，防止内部受潮损坏。《国家电网公司关于印发防止变电站全停十六项措施（试行）的通知》（国家电网运检〔2015〕376 号）第 11.2.8 条规定：要高度重视变压器套管、穿墙套管等套管类设备防污（雨、雪）闪工作，D 级及以上污区在冬季时应增加清扫频次；要根据套管情况采取喷涂防污闪涂料、安装增爬裙及增设遮挡棚等措施。

3. 监督要求

开展该项目监督时，主要采用现场检查和查阅资料的方式，现场主要检查套管末屏是否接地良好，查阅资料主要检查换流变压器非电量保护定值单中重瓦斯保护是否投跳闸、设备缺陷和检修记录以及气体继电器、SF_6 密度继电器和压力释放阀校验报告等相关记录。

4. 整改措施

当技术监督人员现场检查和查阅资料发现不满足反措相关要求时，应及时将现场情况通知相关运维单位，督促运维单位及时开展相关整改工作。

2.1.9.7 非电量保护

1. 监督要点及监督依据

运维检修阶段换流变压器非电量保护监督要点及监督依据见表 3-2-66。

表 3-2-66　　　　　　　　　　运维检修阶段换流变压器非电量保护监督

监督要点	监督依据
1. 检修期间，应对换流变压器（油浸式平波电抗器）气体继电器和油流继电器接线盒按照每年 1/3 的比例进行轮流开盖检查，对气体继电器和油流继电器轮流校验。 2. 进行密封性试验，进行各触点（如闭锁触点、报警触点）的动作值的校验	1.《国家电网有限公司关于印发十八项电网重大反事故措施（修订版）的通知》（国家电网设备〔2018〕979 号）8.2.3.7。 2.《压力式六氟化硫气体密度控制器》（JJG 1073—2011）7.3.7、7.3.9

2. 监督项目解析

非电量保护是运维检修阶段比较重要的技术监督项目。

气体密度继电器密封性能不良将导致套管 SF_6 绝缘气体泄漏，如不及时发现易导致穿墙套管内 SF_6 气体持续泄漏，影响设备绝缘性能，严重的将造成设备损坏和直流闭锁；气体密度继电器若长时间未进行校验，可能因性能不良造成触点误动，易导致直流闭锁。

3. 监督要求

开展该项目监督时，可采用现场检查和查阅资料的方式。气体密度继电器密封性检查可通过包扎法进行检漏，各触点的动作值可比对穿墙套管非电量保护定值单和气体密度继电器校验报告。

4. 整改措施

当技术监督人员现场检查或查阅资料发现 SF_6 气体存在泄漏或气体密度继电器校验报告不齐全时，应及时将现场情况通知相关运维单位，督促运维单位及时开展相关消缺和整改工作。

2.1.9.8 SF_6 气体回收

1. 监督要点及监督依据

运维检修阶段换流变压器 SF_6 气体回收监督要点及监督依据见表 3-2-67。

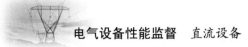

表 3-2-67　　　　　　　　　运维检修阶段换流变压器 SF_6 气体回收监督

监督要点	监督依据
设备解体前应对气体全面分析，确定其有害成分含量，制订防毒措施，通过气体回收装置对 SF_6 气体全部回收；对回收的气体，应按照规定处理再利用	《六氟化硫电气设备中气体管理和检测导则》（GB/T 8905—2012）11.3.1、附录 B

2. 监督项目解析

SF_6 气体回收是运维检修阶段重要的技术监督项目。

SF_6 气体是被《京都议定书》禁止排放的 6 种温室气体之一，直接排入大气会加剧温室效应，对环境保护不利；纯净的 SF_6 无毒，但人体吸入过多会引起窒息；故障后设备内的 SF_6 气体含有大量有毒成分，泄漏后会威胁人体健康。

3. 监督要求

开展该项目监督，通过查阅 SF_6 气体台账的方式，检查是否按规定回收 SF_6 气体。

4. 整改措施

当技术监督人员查阅资料发现 SF_6 气体回收记录不齐全时，应及时将现场情况通知相关运维单位，督促运维单位及时开展相关整改工作。

2.1.10　退役报废阶段

2.1.10.1　技术鉴定

1. 监督要点及监督依据

退役报废阶段换流变压器技术鉴定监督要点及监督依据见表 3-2-68。

表 3-2-68　　　　　　　　　退役报废阶段换流变压器技术鉴定监督

监督要点	监督依据
1. 电网一次设备进行报废处理，应满足以下条件之一：① 国家规定强制淘汰报废；② 设备厂家无法提供关键零部件供应，无备品备件供应，不能修复，无法使用；③ 运行日久，其主要结构、机件陈旧，损坏严重，经大修、技术改造仍不能满足安全生产要求；④ 退役设备虽然能修复但费用太大，修复后可使用的年限不长，效率不高，在经济上不可行；⑤ 腐蚀严重，继续使用存在事故隐患，且无法修复；⑥ 退役设备无再利用价值或再利用价值小；⑦ 严重污染环境，无法修治；⑧ 技术落后不能满足生产需要；⑨ 存在严重质量问题不能继续使用；⑩ 因运营方式改变全部或部分拆除，且无法再安装使用；⑪ 遭受自然灾害或突发意外事故，导致损毁，无法修复。 2. 换流变压器满足下列技术条件之一，宜进行整体或局部报废：① 运行超过 20 年，按照《电力变压器　第 5 部分：承受短路的能力》（GB 1094.5—2008）规定的方法进行抗短路能力校核计算，抗短路能力严重不足，无改造价值；② 经抗短路能力校核计算确定抗短路能力不足，存在线圈严重变形等重要缺陷，或同类型设备短路损坏率较高并判定为存在家族性缺陷；③ 容量已明显低于供电需求，不能通过技术改造满足电网发展要求，且无调拨再利用需求；④ 同类设计或同批产品已有绝缘严重老化或多次发生严重事故，且无法修复；⑤ 运行超过 20 年，试验数据超标、内部存在危害绕组绝缘的局部过热或放电性故障；⑥ 运行超过 20 年，油中糠醛含量超过 4mg/L，按《油浸式变压器绝缘老化判断导则》（DL/T 984—2018）判断设备内部存在纸绝缘非正常老化；⑦ 运行超过 20 年，油中 CO_2/CO 大于 10，按《油浸式变压器绝缘老化判断导则》（DL/T 984—2018）判断设备内部存在纸绝缘非正常老化；⑧ 套管出现严重渗漏、介质损耗值超过《输变电设备状态检修试验规程》（Q/GDW 1168—2013）标准要求，套管内部存在严重过热或放电性缺陷，同类型套管多次发生严重事故，无法修复，可局部报废	《电网一次设备报废技术评估导则》（Q/GDW 11772—2017）4、5.3

2. 监督项目解析

技术鉴定是退役报废阶段最重要的技术监督项目之一。

换流变压器长时间运行或遭受严重不良工况，绝缘受损或老化，本体及组部件无法修复或修复成本高，需要通过技术鉴定综合评价其运行成本、运行风险和环境影响，制订退役报废措施。

3. 监督要求

开展该项目监督时，主要采用查阅资料和现场检查的方式。

4. 整改措施

当技术监督人员查阅资料或现场检查发现换流变压器退役报废申报资料不齐全时，应及时将现场情况通知相关运维单位，督促运维单位及时开展相关整改工作。

2.1.10.2 SF₆气体回收

1. 监督要点及监督依据

退役报废阶段换流变压器 SF_6 气体回收监督要点及监督依据见表 3-2-69。

表 3-2-69　　　　　　　退役报废阶段换流变压器 SF₆气体回收监督

监督要点	监督依据
设备解体前应对气体全面分析，确定其有害成分含量，制订防毒措施，通过气体回收装置对 SF_6 气体全部回收；对回收的气体，应按照规定处理再利用	《六氟化硫电气设备中气体管理和检测导则》（GB/T 8905—2012）11.3.1、附录 B

2. 监督项目解析

SF_6 气体回收是退役报废阶段比较重要的技术监督项目。

SF_6 气体是被《京都议定书》禁止排放的 6 种温室气体之一，直接排入大气会加剧温室效应，对环境保护不利；纯净的 SF_6 无毒，但人体吸入过多会引起窒息；故障后设备内的 SF_6 气体含有大量有毒成分，泄漏后会威胁人体健康。

3. 监督要求

开展该项目监督，通过查阅 SF_6 气体台账的方式，检查是否按规定回收 SF_6 气体。

4. 整改措施

当技术监督人员查阅资料发现 SF_6 气体回收记录不齐全时，应及时将现场情况通知相关运维单位，督促运维单位及时开展相关整改工作。

2.1.10.3 绝缘油回收

1. 监督要点及监督依据

退役报废阶段换流变压器绝缘油回收监督要点及监督依据见表 3-2-70。

表 3-2-70　　　　　　　退役报废阶段换流变压器绝缘油回收监督

监督要点	监督依据
电气设备检修、解体退役或者电气设备中绝缘油利用及处置应符合相关要求	《废矿物油回收利用污染控制技术规范》（HJ 607—2011）10

2. 监督项目解析

绝缘油回收是退役报废阶段比较重要的技术监督项目。

绝缘油的燃点低、生物降解性差，直接排放容易发生火灾、污染土壤和水源，可以通过集中处理和再生重复利用。

3. 监督要求

开展该项目监督，通过查阅绝缘油台账的方式，检查是否按规定回收绝缘油。

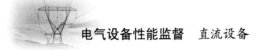

4. 整改措施

当技术监督人员查阅资料发现绝缘油回收记录不齐全时,应及时将现场情况通知相关运维单位,督促运维单位及时开展相关整改工作。

2.2　干式平波电抗器

2.2.1　规划可研阶段

2.2.1.1　电感参数

1. 监督要点及监督依据

规划可研阶段干式平波电抗器电感参数监督要点及监督依据见表 3-2-71。

表 3-2-71　　　　　　　规划可研阶段干式平波电抗器电感参数监督

监督要点	监督依据
根据系统数据和直流性能要求,确定平波电抗器的电感值。保证所选电感值能够满足在最大直流电流到最小直流电流之间平波电抗器总体性能的要求	《±800kV 高压直流输电系统成套设计规程》(DL/T 5426—2009)7.3.1

2. 监督项目解析

电感参数是规划可研阶段比较重要的技术监督项目。

干式平波电抗器电感参数应充分考虑供电可靠性与供电能力,满足国家电网有限公司相关技术文件的要求,保证所选电感值能够满足在最大直流电流到最小直流电流之间平波电抗器总体性能的要求。

3. 监督要求

查阅可研报告、可研审查意见、可研批复等相关文件,同时记录干式平波电抗器相关参数。

4. 整改措施

当技术监督人员查阅资料发现干式平波电抗器电感参数不满足要求时,应记录并要求相关部门进行修正,直至项目均满足要求。

2.2.1.2　温升

1. 监督要点及监督依据

规划可研阶段干式平波电抗器温升监督要点及监督依据见表 3-2-72。

表 3-2-72　　　　　　　规划可研阶段干式平波电抗器温升监督

监督要点	监督依据
在最高环境温度和各种负荷情况下,平波电抗器应满足温升限制,包括绕组平均温升、绕组热点温升和热点温度	《±800kV 高压直流输电系统成套设计规程》(DL/T 5426—2009)7.3.4

2. 监督项目解析

温升是规划可研阶段比较重要的技术监督项目。

干式平波电抗器温升应充分考虑供电可靠性与供电能力，满足国家电网有限公司相关技术文件的要求，具有抵抗恶劣天气的能力。

3. 监督要求

查阅可研报告、可研审查意见、可研批复等相关文件，同时记录温升设计值。

4. 整改措施

当技术监督人员查阅资料发现干式平波电抗器温升不满足要求时，应记录并要求相关部门进行修正，直至项目均满足要求。

2.2.1.3 绝缘性能

1. 监督要点及监督依据

规划可研阶段干式平波电抗器绝缘性能监督要点及监督依据见表 3-2-73。

表 3-2-73　　　　　　　　　规划可研阶段干式平波电抗器绝缘性能监督

监督要点	监督依据
1. 干式平波电抗器外绝缘配置应以最新版污区分布图为基础，综合考虑附近的环境、气象、污秽发展和运行经验等因素确定。 2. 变电站设计时，c 级以下污区外绝缘按 c 级配置；c、d 级污区可根据环境情况适当提高配置；e 级污区可按照实际情况配置。 3. 外绝缘的配置，应满足相应污秽等级对爬电比距的要求，并宜取该等级爬电比距的上限	1～2.《国家电网有限公司关于印发十八项电网重大反事故措施（修订版）的通知》（国家电网设备〔2018〕979 号）7.1.1。 3.《高压电气设备绝缘技术监督规程》（DL/T 1054—2007）5.1.11

2. 监督项目解析

绝缘性能是规划可研阶段比较重要的技术监督项目。

干式平波电抗器应综合考虑变电站所处位置污区分布情况。不同污区等级环境下外绝缘应选用对应类型的产品，采取相应的防污闪措施及爬电比距要求，满足不同污区等级下外绝缘配置标准要求。同时，在高海拔地区，对干式平波电抗器外绝缘配置应进行海拔修正。若干式平波电抗器外绝缘配置无法满足上述要求，易造成外绝缘污闪、闪络等事故发生，严重影响到设备安全、可靠运行。

3. 监督要求

查阅可研报告、可研审查意见等相关文件，对照最新版污区分布图，确认所在区域污区等级及外绝缘配置是否满足要求。若不满足要求，应及时责令进行修改。

4. 整改措施

当技术监督人员查阅资料发现绝缘性能不满足要求时，应记录并要求相关部门进行修正，直至项目均满足要求。

2.2.1.4 噪声

1. 监督要点及监督依据

规划可研阶段干式平波电抗器噪声监督要点及监督依据见表 3-2-74。

表 3-2-74　　　　　　　　　规划可研阶段干式平波电抗器噪声监督

监督要点	监督依据
在额定电流和额定电压以内的所有现场运行工况下，平波电抗器应满足噪声级要求。应结合平波电抗器降噪设备的安装，对其冷却器等附件提出明确的设计要求	《±800kV 高压直流输电系统成套设计规程》（DL/T 5426—2009）7.3.6

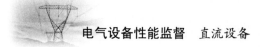

2. 监督项目解析

噪声是规划可研阶段比较重要的技术监督项目。

噪声对人的危害很大，长期的噪声严重影响人的身体健康。从电抗器制造角度，噪声的产生主要有以下几个原因：① 平波电抗器工作磁密选得太高，接近饱和，漏磁太大，产生噪声；② 铁心的材质太差，损耗太高，产生噪声；③ 工作回路中谐波含量、直流分量也会导致铁心甚至线圈的噪声产生；④ 制造工艺不到位，如线圈绕制太松，线圈和铁心之间固定不牢固，铁心固定不牢固，EI 之间存在气隙，工作时产生"蜂鸣"，浸漆工艺处理不到位，外部金属（导磁的）结构件固定不牢固等；⑤ 绝缘处理不好也会产生噪声。噪声试验不合格，说明电抗器制造过程中材料规格不符合设计要求，运输或者安装过程有可能造成内部设备松动，将影响后期竣工验收和运维检修工作的开展。

3. 监督要求

查阅可研报告、可研审查意见、可研批复等相关文件，确认噪声设计是否满足要求。若不满足要求，应及时责令进行修改。

4. 整改措施

当技术监督人员查阅资料发现噪声设计不满足要求时，应记录并要求相关部门进行修正，直至项目均满足要求。

2.2.2　工程设计阶段

2.2.2.1　主要参数

1. 监督要点及监督依据

工程设计阶段干式平波电抗器主要参数监督要点及监督依据见表 3-2-75。

表 3-2-75　　　　　　　　工程设计阶段干式平波电抗器主要参数监督

监督要点	监督依据
1. 平波电抗器的额定直流电压、最大工作电压、额定直流电流、最大连续直流电流、暂态故障电流、额定谐波电流频谱、最大谐波电流频谱应满足直流系统要求。 2. 额定电流应按直流系统额定电流设计，同时考虑各种运行工况下的过电流能力。 3. 暂态故障电流参数选取中，除峰值外，应充分考虑对平波电抗器温升有影响的暂态故障电流波形	《高压直流输电用干式空心平波电抗器》（GB/T 25092—2010）7

2. 监督项目解析

主要参数是工程设计阶段重要的技术监督项目。

干式平波电抗器的参数决定了换流变压器的各类性能及工作能力，是干式平波电抗器能否满足日常及特殊情况下正常运转的关键指标，也是其安全可靠运行的基本前提。工程设计阶段，应重点检查干式平波电抗器额定直流电压、最大工作电压、额定直流电流、最大连续直流电流、暂态故障电流、额定谐波电流频谱、最大谐波电流频谱等是否满足直流系统要求。

3. 监督要求

查阅设计文件，确保主要参数满足使用要求；若无法满足，应向上级单位及时反馈，督促设计单位对设计方案尽快进行修改。

4. 整改措施

当技术监督人员查阅资料发现干式平波电抗器主要参数不满足要求时，应记录并要求相关部门进行修正，直至项目均满足要求。

2.2.2.2 选型及组件

1. 监督要点及监督依据

工程设计阶段干式平波电抗器选型及组件监督要点及监督依据见表 3-2-76。

表 3-2-76 工程设计阶段干式平波电抗器选型及组件监督

监督要点	监督依据
1. 干式平波电抗器采用自冷方式。 2. 股间及匝间绝缘的耐热等级应为 F 级及以上。 3. 干式平波电抗器的外绝缘配置应以最新版污区分布图为基础，综合考虑附近的环境、气象、污秽发展和运行经验等因素确定	1~2.《高压直流输电系统用±800kV 干式平波电抗器通用技术规范》（Q/GDW 149—2006）6.2、6.3。 3.《国家电网有限公司关于印发十八项电网重大反事故措施（修订版）的通知》（国家电网设备〔2018〕979 号）7.1.1

2. 监督项目解析

选型及组件要求是工程设计阶段重要的技术监督项目。

干式平波电抗器选型及组件设计均应满足标准及技术文件要求，这是其长期安全稳定运行的保证。

3. 监督要求

查阅设计文件，以确定平波电抗器的组附件是否符合要求。对应监督要点条目，记录平波电抗器的套管、封堵材料、在线监测装置和外绝缘配置是否满足要求；若发现有不符合相关标准规定的情况，应向上级部门及时反馈，督促设计单位对设计方案尽快进行修改。

4. 整改措施

当技术监督人员查阅资料发现干式平波电抗器选型及组件要求不满足要求时，应记录并要求相关部门进行修正，直至项目均满足要求。

2.2.2.3 支柱绝缘子

1. 监督要点及监督依据

工程设计阶段干式平波电抗器支柱绝缘子监督要点及监督依据见表 3-2-77。

表 3-2-77 工程设计阶段干式平波电抗器支柱绝缘子监督

监督要点	监督依据
1. 支柱绝缘子的爬距应满足现场污秽条件要求。 2. 支柱绝缘子的机械强度应考虑平波电抗器加装隔音装置使用时，额外增加的风压、重力等因素。 3. 电抗器支架应做好隔磁措施。 4. 支柱的等电位连接宜采用铜排，等电位连接的导体不应构成闭合回路，同时不得与地网形成闭合环路，一般采用开口等电位连接后接地	1~2.《高压直流输电系统用±800kV 干式平波电抗器通用技术规范》（Q/GDW 149—2006）6.6。 3~4.《直流换流站电气装置安装工程施工及验收规程》（DL/T 5232—2019）11.4

2. 监督项目解析

支柱绝缘子是工程设计阶段重要的技术监督项目。

干式平波电抗器支柱绝缘子在实际应用中承担着干式平波电抗器支撑、对地绝缘的作用。其设计、选型应和直流场整体设计相匹配，保障安全稳定性。支柱绝缘子绝缘能力应满足技术条件需要，爬距应满足现场污秽条件，防止绝缘失效导致的安全事故发生。支柱绝缘子机械强度应综合考虑各类因素的影响，确保其机械强度满足要求。此外，电抗器支架应做好隔磁措施，支柱等电位连接采

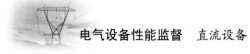
用铜排且不应形成闭合环路，保证支柱绝缘子不会出现局部过热现象。

3. 监督要求

查阅工程设计资料，确保支柱绝缘子符合要求；对应监督要点条目，若发现有不符合规定的情况，应向上级部门及时反馈，督促设计单位对设计方案尽快进行修改。

4. 整改措施

当技术监督人员查阅资料发现支柱绝缘子不满足要求时，应记录并要求相关部门进行修正，直至项目均满足要求。

2.2.3　设备采购阶段

2.2.3.1　设备技术参数

1. 监督要点及监督依据

设备采购阶段干式平波电抗器设备技术参数监督要点及监督依据见表 3-2-78。

表 3-2-78　　　　　　　　设备采购阶段干式平波电抗器设备技术参数监督

监督要点	监督依据
1. 平波电抗器的额定直流电压、最大工作电压、额定直流电流、最大连续直流电流、暂态故障电流、额定谐波电流频谱、最大谐波电流频谱应满足直流系统要求。 2. 额定电流应按直流系统额定电流设计，同时考虑各种运行工况下的过电流能力。 3. 暂态故障电流参数选取中，除峰值外，应充分考虑对平波电抗器温升有影响的暂态故障电流波形	《高压直流输电用干式空心平波电抗器》（GB/T 25092—2010）7

2. 监督项目解析

设备技术参数是设备采购阶段重要的技术监督项目。

设备技术参数是需在实际招标文件及采购合同中明确的技术规范或技术要求。平波电抗器的额定直流电压、最大工作电压、额定直流电流、最大连续直流电流、暂态故障电流、额定谐波电流频谱、最大谐波电流频谱应满足直流系统要求。额定电流应按直流系统额定电流设计，同时考虑各种运行工况下的过电流能力。暂态故障电流参数选取中，除峰值外，应充分考虑对平波电抗器温升有影响的暂态故障电流波形。

3. 监督要求

注意查阅资料，包括供应商投标文件所附型式试验报告；对应监督要点条目，记录相关参数的选择以及选择参数的依据（如计算书等）。

4. 整改措施

当技术监督人员查阅资料发现该项目相关监督要点不满足时，应立即要求供应商及时查找问题、分析原因，并采取相应的措施进行整改，同时考虑由相关部门按照招投标文件及订货合同条款对供应商发起经济赔偿的要求；情节严重的，将报送物资部门，建议按照《国家电网公司供应商不良行为处理管理细则》的规定处理。

2.2.3.2　选型及组件

1. 监督要点及监督依据

设备采购阶段干式平波电抗器选型及组件监督要点及监督依据见表 3-2-79。

表 3-2-79 设备采购阶段干式平波电抗器选型及组件监督

监督要点	监督依据
1. 接线端子允许荷载应按具体工程实际确认，接线位置尺寸及安装应满足设计要求，平波电抗器绕组端子的温度不应超过 IEC 60943 的有关规定。 2. 线圈： (1) 全部线圈应用铝导线，绕组应有良好的冲击电压波分布。 (2) 应严格控制使用场强，确保绕组内不发生局部放电。 (3) 线圈应适度加固，引线应充分紧固，器身形成坚固整体，使其有足够耐受短路的强度。 (4) 高压端和低压端的线圈应采用相同结构，并可互换	1.《高压直流输电系统用±800kV 干式平波电抗器通用技术规范》（Q/GDW 149—2006）6。 2.《干式平波电抗器采购标准　第 1 部分：通用技术规范》（Q/GDW 13065.1—2014）5.1.2

2. 监督项目解析

选型及组件是设备采购阶段重要的技术监督项目。

接线端子允许荷载应按具体工程实际确认，接线位置尺寸及安装应满足设计要求，平波电抗器绕组端子的温度不应超过 IEC 60943 的有关规定。干式平波电抗器对其线圈还有以下要求：① 全部线圈应用铝导线，绕组应有良好的冲击电压波分布；② 应严格控制使用场强，确保绕组内不发生局部放电；③ 线圈应适度加固，引线应充分紧固，器身形成坚固整体，使其具有足够耐受短路的强度；④ 高压端和低压端的线圈应采用相同结构，并可互换。总之，干式平波电抗器选型及组件需满足相关技术规范要求。

若供应商所提供干式平波电抗器不满足要求，必将降低产品质量，影响正常使用，需要供应商整改分析，采取措施现场修复或换货，甚至退货重新生产，整改工作量大、耗费资金多，造成资源浪费。

3. 监督要求

注意查阅资料（招投标文件、供应商考察/评估报告）；根据所查资料，对应监督要点条目，记录是否符合设备采购要求。

4. 整改措施

当技术监督人员查阅资料发现该项目相关监督要点不满足时，应立即要求供应商及时查找问题、分析原因，并采取相应的措施进行整改，同时考虑由相关部门按照招投标文件及订货合同条款对供应商发起经济赔偿的要求；情节严重的，将报送物资部门，建议按照《国家电网公司供应商不良行为处理管理细则》的规定处理。

2.2.3.3 支柱绝缘子

1. 监督要点及监督依据

设备采购阶段干式平波电抗器支柱绝缘子监督要点及监督依据见表 3-2-80。

表 3-2-80 设备采购阶段干式平波电抗器支柱绝缘子监督

监督要点	监督依据
1. 平波电抗器制造单位应提供支柱绝缘子的设计、选型，且支柱绝缘子应与平波电抗器进行统一设计，并与直流场整体设计相配合。 2. 支柱绝缘子的电气绝缘水平应满足本技术条件需求，同时参考《进口 110kV～500kV 棒式支柱绝缘子技术规范》（DL/T 811—2002）的规定。 3. 支柱绝缘子的爬距应满足现场污秽条件要求。 4. 支柱绝缘子的机械强度应考虑平波电抗器加装隔音装置使用时，额外增加的风压、重力等因素	《高压直流输电系统用±800kV 干式平波电抗器通用技术规范》（Q/GDW 149—2006）6.6

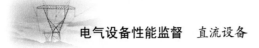

2. 监督项目解析

支柱绝缘子是设备采购阶段重要的技术监督项目。

支柱绝缘子的设计、选型、电气绝缘水平、爬距、机械强度等应符合工程设计要求。

若在设备采购阶段相关要求不满足，将影响干式平波电抗器质量和实际使用，需要供应商整改分析，采取措施现场修复或换货，甚至重新设计和生产，增加企业生产成本，同时拖后工程项目进展，影响设备本质安全。

3. 监督要求

注意查阅工程设计资料；根据所查资料，对应监督要点条目，记录是否符合工程设计要求。

4. 整改措施

当技术监督人员查阅资料发现该项目相关监督要点不满足时，应立即要求供应商及时查找问题、分析原因，并采取相应的措施进行整改，同时考虑由相关部门按照招投标文件及订货合同条款对供应商发起经济赔偿的要求；情节严重的，将报送物资部门，建议按照《国家电网公司供应商不良行为处理管理细则》的规定处理。

2.2.4　设备制造阶段

2.2.4.1　重要制造工序

1. 监督要点及监督依据

设备制造阶段干式平波电抗器重要制造工序监督要点及监督依据见表 3-2-81。

表 3-2-81　　　　　设备制造阶段干式平波电抗器重要制造工序监督

监督要点	监督依据
1. 应主要检查线圈的绕制是否均匀整齐、绝缘撑条是否牢固、是否开裂、是否排列整齐；查看内、外绝缘均压环是否牢固、是否形成环路；查看导线在绕制过程中是否出现导线接头或绝缘损坏。 2. 重点检查线圈绕制是否平整紧实，导线在绕制过程中是否出现导线接头或绝缘损坏，匝间有无异物等	《±800kV 及以下直流输电工程主要设备监理导则》（DL/T 399—2010）7.3.2

2. 监督项目解析

重要制造工序是设备制造阶段比较重要的技术监督项目。

线圈的绕制质量直接关系到绕组的机械强度及抗短路能力。均压环的质量直接关系到电场是否均匀分布。导线的接头损坏使得接头部位载流量增加引起局部发热，绝缘损坏及匝间有异物将引起设备局部放电甚至击穿。通过对电力设备重要工序的检查能够发现过程控制中的薄弱环节，加强制造过程控制，从而保证设备质量。

技术监督人员应要求供应商严格按照生产工艺的要求执行，不仅可以通过查阅制造过程资料记录，还可通过半成品试验来判断分析产品在制作过程中是否出现导线接头质量问题、绝缘是否破损等情况。

3. 监督要求

可查阅监造报告中质量见证单中对线圈绕制过程以及制作完成后的线圈质量见证情况，也可查阅制造厂自身对线圈制作的过程控制记录及线圈试验记录等质检文件，通过文件资料和实物的对比来检查线圈绕制的质量是否符合相关要求。

4. 整改措施

当发现线圈的绕制不均匀整齐，可要求供应商对线圈进行调整，对于导线、撑条、垫块等不合格部件进行更换，对于绝缘强度薄弱部位进行绝缘加强处理。

2.2.4.2 组部件要求

1. 监督要点及监督依据

设备制造阶段干式平波电抗器组部件要求监督要点及监督依据见表 3-2-82。

表 3-2-82　　　　　　设备制造阶段干式平波电抗器组部件要求监督

监督要点	监督依据
1. 通风条的数量、规格要符合设计要求，并且要均匀分布。 2. 出线头处的胶porte填满、堵实。 3. 检查涂料材料是否合格、涂层是否均匀、厚度是否满足要求、表面是否损伤	《±800kV 及以下直流输电工程主要设备监理导则》（DL/T 399—2010）7.3.3

2. 监督项目解析

组部件要求是设备制造阶段比较重要的技术监督项目。

通风条设置合理能有效保证散热效果。出线头正确处理能有效防止触头松动脱落。涂层的材料、厚度及均匀度决定了绝缘强度的高低。

技术监督人员应要求供应商严格按照生产工艺的要求执行，不仅可以通过查阅制造过程资料记录，还可通过半成品试验来判断分析产品在制作过程中是否出现导线接头质量问题、绝缘是否破损等情况。

3. 监督要求

查阅监造报告，记录是否符合设备制造要求。

4. 整改措施

当线圈的通风条、出线头、线圈圈数和出线位置、偏差、固化、涂层等不符合工艺要求时，应要求供应商增加或调整相应的数量及位置；当不能整改时，要求供应商对此线圈进行重新制作。

2.2.4.3 装配要求

1. 监督要点及监督依据

设备制造阶段干式平波电抗器装配要求监督要点及监督依据见表 3-2-83。

表 3-2-83　　　　　　设备制造阶段干式平波电抗器装配要求监督

监督要点	监督依据
1. 应严格按照设计图纸和合同的要求进行附件的组装。安装完成后重点查看均压环（如有）和内置避雷器（如有）的装配质量。 2. 查看各层绕组的导线端头是否牢固地焊接在上、下汇流端子上。 3. 避雷器的组数、规格、性能与订货合同技术协议的配置图相符。 4. 支撑绝缘子的型号规格、生产商及其出厂文件与技术协议、设备文件、入厂检验相符	《±800kV 及以下直流输电工程主要设备监理导则》（DL/T 399—2010）7.3.3 e）

2. 监督项目解析

装配要求是设备制造阶段比较重要的技术监督项目。

所有附件的组装质量的好坏将影响设备的各种功能的实现，特别是均压环和内置避雷器的配置及安装质量决定了设备的内在保护性能。导线接头应焊接牢固，防止脱落造成断路。支撑绝缘子起

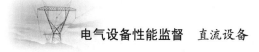

到了绝缘支撑作用。

技术监督人员应要求供应商严格按照生产工艺的要求执行，不仅可以通过查阅制造过程资料记录，还可通过半成品试验来判断分析产品在制作过程中是否出现导线接头质量问题，确认支撑绝缘子的绝缘支撑情况。

3. 监督要求

查阅监造报告，记录是否符合设备制造要求。

4. 整改措施

当均压环（如有）和内置避雷器（如有）的装配质量不符合工艺要求时，可要求供应商重新装配。各层绕组的导线端头焊接不牢固或焊接在上、下汇流端子上，可要求供应商重新焊接。避雷器的组数、规格、性能，支撑绝缘子的型号规格、生产商与订货合同技术协议的配置图不相符时可要求供应商进行更换。

2.2.5　设备验收阶段

2.2.5.1　出厂试验

1. 监督要点及监督依据

设备验收阶段干式平波电抗器出厂试验监督要点及监督依据见表 3-2-84。

表 3-2-84　　　　　　　　　　设备验收阶段干式平波电抗器出厂试验监督

监督要点	监督依据
重点检查试验包括：直流电阻；交流电阻与谐波损耗测量；额定电感值（50～2500Hz）；温升试验或负载试验；直流耐压试验；操作冲击全波试验；雷电冲击全波试验；雷电冲击截波试验；匝间绝缘；声级测量；支撑绝缘子的污秽试验（如需）；暂态故障电流试验（如需），试验结果应符合《±800kV 级直流系统电气设备监造导则》（Q/GDW 1263—2014）及《高压直流输电用干式空心平波电抗器》（GB/T 25092—2010）的要求	《±800kV 及以下直流输电工程主要设备监理导则》（DL/T 399—2010）7.4.2

2. 监督项目解析

出厂试验是设备验收阶段最重要的技术监督项目之一。

试验设备的准确性、有效性是进行出厂试验的前提，经不合格的试验设备测得的试验数据结果无效。电阻不平衡将引起损耗增加，空载、负载损耗超标将引起设备经济性能下降，超载过多可能造成绕组的过热。绕组过热，会使绝缘老化加快，迅速降低设备的绝缘性能，减少设备寿命，甚至烧毁绕组。绝缘试验结果表明设备绝缘性能强度若不达标，轻者将影响设备使用寿命，重者则直接破坏设备的正常运行。设备的所有试验均应符合要求才能确保设备的安全稳定运行。

在出厂试验时，不仅要关注试验结果，也要关注试验过程中设备是否有变化、异常。若试验过程中出现异常，应停止试验，查明异常原因并进行排查，正常后方可继续进行试验。

3. 监督要求

可查阅资料（出厂试验报告、监理报告），应特别注意检查试验人员是否持证上岗，并且保证证件有效；注意检查仪器仪表的检定日期是否在有效期内，只有确保仪器仪表的有效才能确保试验结果的有效；检查试验人员是否按照审批的试验方案及试验规程进行试验；注意环境因素对试验数据产生偏差。查看试验数据，比对技术协议要求，确认试验结果是否满足协议值要求。

4. 整改措施

当出厂试验不合格时，应要求供应商对出厂试验不合格情况进行原因分析，并制订相应的处理方案进行处理；处理完成后再次进行出厂试验，直至所有出厂试验项目均满足要求，发现问题的同时上报委托方。

2.2.5.2 运输及到货检查

1. 监督要点及监督依据

设备验收阶段干式平波电抗器运输及到货检查监督要点及监督依据见表 3-2-85。

表 3-2-85　　　　　　设备验收阶段干式平波电抗器运输及到货检查监督

监督要点	监督依据
1. 应查看或书面见证运输是否安装三维冲击记录仪，并记录三维冲击记录仪的初始值。 2. 电抗器元件必须与运输装备绑扎牢固，在运输期间要避免上下颠簸。起吊元件要用标记的专门吊点，各吊环应同时承载，起吊点各吊绳的交叉夹角不允许超过 90°	1.《±800kV 及以下直流输电工程主要设备监理导则》(DL/T 399—2010) 7.5。 2.《直流换流站电气装置安装工程施工及验收规范》(DL/T 5232—2019) 11.3

2. 监督项目解析

运输及到货检查是设备验收阶段重要的技术监督项目。

正确、合理地安装三维冲击记录仪，能完整地监测设备在运输途中是否出现加速度超标现象，以判断运输途中是否给设备造成损伤。元件与运输装备绑扎牢固，可避免出现设备出现碰伤撞伤。夹角角度不允许超过 90° 是为了防止设备起吊点被横向拉伤。

应注意在安装三维冲击记录仪时，除了记录初始记录值外，特别要注意三维冲击记录仪的电池是否足够满足运输时间的需要；曾出现过因为运输时间较长，电池耗尽后三维冲击记录仪无法工作，导致后续运输记录缺失。

3. 监督要求

查阅资料（设备现场交接记录/监理报告），记录是否符合设备验收要求。

4. 整改措施

当设备包装不牢固时，可要求供应商对设备进行包装加固，对于标识不清晰的进行重新喷涂。对于错装、漏装三维冲击记录仪的，应要求供应商重新安装。

2.2.5.3 开箱检查

1. 监督要点及监督依据

设备验收阶段干式平波电抗器开箱检查监督要点及监督依据见表 3-2-86。

表 3-2-86　　　　　　设备验收阶段干式平波电抗器开箱检查监督

监督要点	监督依据
1. 到货后，应检查设备运输过程记录，查看包装、运输安全措施是否完好。 2. 设备运抵现场后应检查确认各项记录数值是否超标	《国家电网公司直流换流站验收管理规定（试行）》[国网（运检/3）912—2018] 第三十五条

2. 监督项目解析

开箱检查是设备验收阶段重要的技术监督项目。

通过检查设备运输过程记录，查看包装、运输安全措施是否完好，设备运抵现场后检查确认各项记录数值是否超标，能有效排查元件是否因运输而造成损伤。

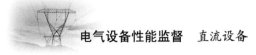

3. 监督要求

查阅资料（设备现场交接记录/监理报告）。

4. 整改措施

验收时，对于数量缺失的组部件应要求供应商补齐，对于运输造成损伤的组部件应要求供应商进行修复甚至重新调换。

2.2.6 设备安装阶段

2.2.6.1 安装前保管与检查

1. 监督要点及监督依据

设备安装阶段干式平波电抗器安装前保管与检查监督要点及监督依据见表3-2-87。

表3-2-87　　　　　设备安装阶段干式平波电抗器安装前保管与检查监督

监督要点	监督依据
1. 检查平波电抗器顶部底部的固定支架是否变形和损坏。 2. 检查玻璃纤维绑扎带和线圈接线端子是否损坏、带子断裂或接线端子出现裂缝。 3. 检查表面涂层是否损坏。 4. 绝缘子应包装完整，伞裙、法兰应无损伤和裂纹，胶合处填料应完整，结合应牢固，伞裙与法兰的结合面应涂有防水密封胶。 5. 安装期间检查线圈通风道应清洁无杂物	1～3.《直流换流站电气装置安装工程施工及验收规范》（DL/T 5232—2019）13.3.5。 4.《±800kV 及以下换流站干式平波电抗器施工及验收规范》（GB 50774—2012）4.2.4。 5.《±800kV 换流站直流高压电器施工及验收规范》（Q/GDW 1219—2014）中"4.2.3 d）线圈通风道内应清洁无杂物。"

2. 监督项目解析

安装前保管与检查是设备安装阶段重要的技术监督项目。

干式平波电抗器由于长时间暴露在户外环境中，安装前应做极为细致的检查。平波电抗器顶部、底部的固定支架是否变形和损坏，直接影响设备安装质量。检查产品运输过程中有无损伤和变形，连接线是否有松动，绝缘是否有破损，表面是否有脏物等。安装前检查可有效发现设备安装前的缺陷情况，从而通知相关单位在安装前尽快处理，避免影响设备安装。

3. 监督要求

开展该项目监督时，可采用查阅资料的方式，主要包括安装过程记录/监理报告。

4. 整改措施

当发现该项目相关监督要点不满足时，应及时停工，报现场监理并由监理通知业主，问题处理后方可继续施工。

2.2.6.2 降噪装置安装

1. 监督要点及监督依据

设备安装阶段干式平波电抗器降噪装置安装监督要点及监督依据见表3-2-88。

表3-2-88　　　　　设备安装阶段干式平波电抗器降噪装置安装监督

监督要点	监督依据
1. 导磁材料组成的框架不应形成闭合磁路，等电位连接应可靠。 2. 降噪装置应确保整体的圆度以均匀电场。 3. 降噪装置安装完成后应具有良好的防雨性能。 4. 均压环（罩）和屏蔽环（罩）应有滴水孔	《±800kV 及以下换流站干式平波电抗器施工及验收规范》（GB 50774—2012）5.2.2

2. 监督项目解析

降噪装置安装是设备安装阶段重要的技术监督项目。

平波电抗器降噪装置安装的工艺质量直接关系投运后运行的环境影响评价,因此特制订该监督项目条款。

导磁材料组成的框架不应形成闭合磁路,等电位连接应可靠,避免产生涡流,并可靠接地。降噪装置应确保整体的圆度以均匀电场。降噪装置安装完成后应具有良好的防雨性能,避免由于雨水侵蚀造成其绝缘性能降低。均压环(罩)和屏蔽环(罩)应有滴水孔,避免积水受冻胀裂均压环(罩)和屏蔽环(罩)。

3. 监督要求

开展该项目监督时,可采用查阅资料的方式,主要包括安装过程记录和监理报告;对应监督要点条目,记录是否符合设备安装要求。

4. 整改措施

当发现该项目相关监督要点不满足时,禁止继续施工,应及时报告或向相关职能部门提出相关补救措施建议。

2.2.6.3 支柱绝缘子安装

1. 监督要点及监督依据

设备安装阶段干式平波电抗器支柱绝缘子安装监督要点及监督依据见表 3-2-89。

表 3-2-89　　　　　　　设备安装阶段干式平波电抗器支柱绝缘子安装监督

监督要点	监督依据
1. 连接螺栓应采用非磁性金属材料制成的螺栓。 2. 绝缘支撑结构下支架底座应可靠接地,支柱绝缘子的接地线不应形成闭合环路。 3. 在电抗器中心 2 倍直径范围内不应形成金属闭合回路	1.《±800kV 及以下换流站干式平波电抗器施工及验收规范》(GB 50774—2012)5.4.1、5.5.3。 2~3.《±800kV 换流站直流高压电器施工及验收规范》(Q/GDW 1219—2014)4.2.13、4.3

2. 监督项目解析

支柱绝缘子安装是设备安装阶段重要的技术监督项目。

支柱绝缘子是设备的主要承载构件,其工艺质量直接关系投运后运行的稳定性,因此特制订该监督项目条款。

连接螺栓应采用非磁性金属材料制成的螺栓,避免因电磁感应而发热。绝缘支撑结构下支架底座应可靠接地,支柱绝缘子的接地线不应形成闭合环路。在电抗器中心 2 倍直径范围内不应形成金属闭合回路,避免涡流产生。

3. 监督要求

开展该项目监督时,可采用查阅资料的方式,主要包括安装过程记录和监理报告;对应监督要点条目,查看支柱绝缘子安装要求是否满足相关规范要求。

4. 整改措施

当发现该项目相关监督要点不满足时,禁止继续施工,应及时报告或向相关职能部门提出相关补救措施建议。

2.2.6.4 消防检查

1. 监督要点及监督依据

设备安装阶段干式平波电抗器消防检查监督要点及监督依据见表 3-2-90。

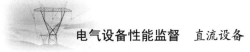

表 3-2-90　　　　　　　设备安装阶段干式平波电抗器消防检查监督

监督要点	监督依据
1. 极Ⅰ和极Ⅱ换流变压器区域主要配置有自动水喷雾系统、气压自动报警管道、自动雨淋阀组装置、火灾自动报警联动系统。 2. 消防系统和火灾自动报警系统施工应符合《电力设备典型消防规程》（DL 5027—2015）和《火灾自动报警系统施工及验收标准》（GB 50166—2019）的要求	《直流换流站电力设备安装工程施工及验收规范》（DL/T 5232—2019）13.1

2. 监督项目解析

消防检查是设备安装阶段重要的技术监督项目。

消防设施安装的各步骤应合格，特别是隐蔽工程，应检验合格后再进行下一步骤，避免返工。

3. 监督要求

开展该项目监督时，可采用查阅资料的方式，主要包括安装过程记录和监理报告；对应监督要点条目，记录是否符合设备安装要求。

4. 整改措施

当发现该项目相关监督要点不满足时，禁止继续施工，应及时报告或向相关职能部门提出相关补救措施建议。

2.2.6.5　隐蔽工程

1. 监督要点及监督依据

设备安装阶段干式平波电抗器隐蔽工程监督要点及监督依据见表 3-2-91。

表 3-2-91　　　　　　　设备安装阶段干式平波电抗器隐蔽工程监督

监督要点	监督依据
1. 混凝土支架施工时必须按照设计要求做好混凝土钢筋的隔磁措施。 2. 平波电抗器用钢管支架加工时应按设计要求做好隔磁措施	《直流换流站电力设备安装工程施工及验收规范》（DL/T 5232—2019）11.2

2. 监督项目解析

隐蔽工程是设备安装阶段重要的技术监督项目。

应对隐蔽工程施工时的隔磁措施做好检查，确保不对设备的安全运行造成影响。

3. 监督要求

开展该项目监督时，可通过查阅资料的方式，包括安装过程记录和监理报告。

4. 整改措施

当发现该项目相关监督要点不满足时，禁止继续施工，应及时报告或向相关职能部门提出相关补救措施建议。

2.2.7　设备调试阶段

2.2.7.1　绕组电感

1. 监督要点及监督依据

设备调试阶段干式平波电抗器绕组电感监督要点及监督依据见表 3-2-92。

表 3-2-92　　　　　　　　　　　设备调试阶段干式平波电抗器绕组电感监督

监督要点	监督依据
绕组电感测量与出厂试验值相比无明显差别。应采用高频阻抗测试仪测量 100～2500Hz 各次谐波下的电感值，测试结果对出厂试验测量值的偏差范围应不超过±3%。测量工频下的阻抗，计算得到电感值与出厂值相比，变化不应大于 2%	《±800kV 直流系统电气设备交接验收试验》（Q/GDW 275—2009）。《±800kV 高压直流设备交接试验》（DL/T 274—2012）8.3。《直流换流站高压直流电气设备交接试验规程》（Q/GDW 111—2004）

2. 监督项目解析

绕组电感是设备调试阶段重要的技术监督项目。

错误的试验数据无法正确反映设备的技术状态，进而影响设备投产和后期运行检修，严重的将造成设备事故和人身事故，危害电网设备安全稳定运行。

3. 监督要求

开展该项目监督，可通过旁站见证或查阅资料（交接试验报告）的方式进行。

4. 整改措施

当技术监督人员发现试验数据可疑或不满足相关规程要求时，应要求对相关试验项目进行复测。若数据没有变化，应对相关设备状态进行评估，根据评估结果开展诊断工作。

2.2.7.2　表面温度分布

1. 监督要点及监督依据

设备调试阶段干式平波电抗器表面温度分布监督要点及监督依据见表 3-2-93。

表 3-2-93　　　　　　　　　　　设备调试阶段干式平波电抗器表面温度分布监督

监督要点	监督依据
表面温度分布测量应在额定运行条件下测量，局部热点温升不应大于 65K 或符合产品技术条件的规定	《±800kV 直流系统电气设备交接验收试验》（Q/GDW 275—2009）6.2.11

2. 监督项目解析

表面温度分布是设备调试阶段重要的技术监督项目。

错误的试验数据无法正确反映设备的技术状态，进而影响设备投产和后期运行检修，严重的将造成设备事故和人身事故，危害电网设备安全稳定运行。

3. 监督要求

开展该项目监督，可通过旁站见证或查阅资料（交接试验报告）的方式进行。

4. 整改措施

当技术监督人员发现试验数据可疑或不满足相关规程要求时，应要求对相关试验项目进行复测。若数据没有变化，应对相关设备状态进行评估，根据评估结果开展诊断工作。

2.2.7.3　噪声

1. 监督要点及监督依据

设备调试阶段干式平波电抗器噪声监督要点及监督依据见表 3-2-94。

表 3-2-94　　　　　　　　　　　设备调试阶段干式平波电抗器噪声监督

监督要点	监督依据
测量的噪声水平或声级水平（声压级）应不大于 70dB（A）或依据订货合同规定值（±500kV 设备参照执行）	《±800kV 直流系统电气设备交接验收试验》（Q/GDW 275—2009）4.16

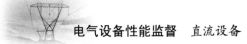

2. 监督项目解析

噪声是设备调试阶段重要的技术监督项目。

噪声对人的危害很大，长期的噪声严重影响人的身体健康。噪声试验不合格，说明电抗器制造过程中材料规格不符合设计要求，运输或者安装过程有可能造成内部设备松动，将影响后期竣工验收和运维检修工作的开展。

3. 监督要求

开展该项目监督，可采用旁站见证、查阅交接试验报告等监督措施。

4. 整改措施

当技术监督人员发现试验数据可疑或不满足相关规程要求时，应要求对相关试验项目进行复测。若数据没有变化，应对相关设备状态进行评估，根据评估结果开展诊断工作。

2.2.8 竣工验收阶段

2.2.8.1 本体检查

1. 监督要点及监督依据

竣工验收阶段干式平波电抗器本体检查监督要点及监督依据见表 3-2-95。

表 3-2-95 竣工验收阶段干式平波电抗器本体检查监督

监督要点	监督依据
1. 本体外部绝缘涂层、其他部位油漆应完好。 2. 本体风道应清洁无杂物	《±800kV 及以下换流站干式平波电抗器施工及验收规范》（GB 50774—2012）6.0.1

2. 监督项目解析

本体检查是竣工验收阶段重要的技术监督项目。

竣工验收阶段的设备本体外观检查是相对比较简单、有效的检查方法。本体外观检查要求：电抗器表面应无破损、脱落或龟裂；表面干净无脱漆锈蚀，无变形，标识正确、完整；瓷套表面无裂纹，清洁，无损伤；包封与支架间紧固带应无松动、断裂，撑条应无脱落；相序标识清晰正确；本体上无异物；线圈通风道内应清洁无杂物。

3. 监督要求

开展该项目监督时，主要采用现场检查方式；对应监督要点条目，记录是否符合要求。

4. 整改措施

当发现该项目相关监督要点不满足时，应责成相关单位及时按相关规范要求进行整改并复检。

2.2.8.2 安装检查

1. 监督要点及监督依据

竣工验收阶段干式平波电抗器安装检查监督要点及监督依据见表 3-2-96。

表 3-2-96 竣工验收阶段干式平波电抗器安装检查监督

监督要点	监督依据
1. 出线端子应连接良好、不受额外应力。 2. 屏蔽环（罩）应安装良好，并应等分均匀	《±800kV 及以下换流站干式平波电抗器施工及验收规范》（GB 50774—2012）6.0.1

2. 监督项目解析

安装检查是竣工验收阶段重要的技术监督项目。

主要检查出线端子是否连接良好、不受额外应力，屏蔽环（罩）是否安装良好，并等分均匀，确保设备安全运行。

3. 监督要求

开展该项目监督时，主要采用现场检查方式；对应监督要点条目，记录是否符合要求。

4. 整改措施

当发现该项目相关监督要点不满足时，应责成相关单位及时按相关规范要求进行整改并复检。

2.2.8.3 支座接地

1. 监督要点及监督依据

竣工验收阶段干式平波电抗器支座接地监督要点及监督依据见表 3-2-97。

表 3-2-97 竣工验收阶段干式平波电抗器支座接地监督

监督要点	监督依据
1. 连接螺栓应采用非磁性金属材料制成的螺栓。 2. 绝缘支撑结构下支架底座应可靠接地，支柱绝缘子的接地线不应形成闭合环路。 3. 在电抗器中心 2 倍直径范围内不应形成金属闭合回路	1.《±800kV 及以下换流站干式平波电抗器施工及验收规范》（GB 50774—2012）5.4.1。 2.《±800kV 及以下换流站干式平波电抗器施工及验收规范》（GB 50774—2012）5.5.3。《±800kV 换流站直流高压电器施工及验收规范》（Q/GDW 1219—2014）4.2.13。 3.《±800kV 换流站直流高压电器施工及验收规范》（Q/GDW 1219—2014）4.3

2. 监督项目解析

支座接地是竣工验收阶段重要的技术监督项目。

设备支座接地属于安全保护接地。保护接地是为防止电气装置的金属外壳带电危及人身和设备安全而进行的接地，就是将正常情况下不带电，而在绝缘材料损坏后或其他情况下可能带电的电器金属部分（即与带电部分相绝缘的金属结构部分）用导线与接地体可靠连接起来的一种保护接线方式，目的是保护人身和设备安全。连接螺栓应采用非磁性金属材料制成的螺栓。绝缘支撑结构下支架底座应可靠接地，支柱绝缘子的接地线不应形成闭合环路。

3. 监督要求

开展该项目监督时，可采用现场检查、查阅资料的方式，主要包括安装过程记录、试验报告和监理报告；对应监督要点条目，记录是否符合设备安装要求。

4. 整改措施

当发现该项目相关监督要点不满足时，应要求相关单位及时整改、处理。

2.2.8.4 消防检查

1. 监督要点及监督依据

竣工验收阶段干式平波电抗器消防检查监督要点及监督依据见表 3-2-98。

表 3-2-98 竣工验收阶段干式平波电抗器消防检查监督

监督要点	监督依据
1. 极 I 和极 II 换流变压器区域主要配置有自动水喷雾系统、气压自动报警管道、自动雨淋阀组装置、火灾自动报警联动系统。	《直流换流站电气装置安装工程施工及验收规范》（DL/T 5232—2019）

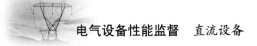

续表

监督要点	监督依据
2. 消防系统和火灾自动报警系统施工应符合《电力设备典型消防规程》（DL 5027—2015）和《火灾自动报警系统施工及验收标准》（GB 50166—2019）的要求	《直流换流站电气装置安装工程施工及验收规范》（DL/T 5232—2019）

2. 监督项目解析

消防检查是竣工验收阶段重要的技术监督项目。

火灾探测器能够对潜在的火灾隐患及时报警，有利于站内运维人员迅速反应，使用灭火系统扑灭火灾，保障站内设备及工作人员安全。换流变压器室内火灾探测与灭火系统应满足相关标准要求，确保火灾自动报警系统的灵敏度与及时性，确保灭火系统的有效性及安全性。

3. 监督要求

查阅设计文件，确保换流变压器火灾探测与灭火系统满足相关标准要求；若无法满足，应向上级单位及时反馈，督促设计单位对设计方案尽快进行修改。

4. 整改措施

当技术监督人员查阅资料发现换流变压器火灾探测与灭火系统不满足要求时，应记录并要求相关部门进行修正，直至项目均满足要求。

2.2.8.5 超声波探伤

1. 监督要点及监督依据

竣工验收阶段干式平波电抗器超声波探伤监督要点及监督依据见表 3-2-99。

表 3-2-99 竣工验收阶段干式平波电抗器超声波探伤监督

监督要点	监督依据
对瓷支柱绝缘子进行超声波探伤检测	《高压支柱瓷绝缘子现场检测导则》（Q/GDW 407—2012）3.1.1

2. 监督项目解析

超声波探伤是竣工验收阶段重要的技术监督项目。

对瓷支柱绝缘子进行超声波探伤检测，可以发现瓷支柱绝缘子内部是否存在影响使用的缺陷。

3. 监督要求

开展该项目监督时，应对所有瓷支柱绝缘子进行超声波探伤检测；对应监督要点条目，记录是否符合设备安装要求。

4. 整改措施

当发现该项目相关监督要点不满足时，应及时报告或向相关职能部门提出相关补救措施建议。

2.2.9 运维检修阶段

2.2.9.1 运行巡视

1. 监督要点及监督依据

运维检修阶段干式平波电抗器运行巡视监督要点及监督依据见表 3-2-100。

表 3-2-100　　　　　　　　运维检修阶段干式平波电抗器运行巡视监督

监督要点	监督依据
1. 运行巡视周期应符合相关规定。 2. 巡检包括外观、声响及振动；例行检查和试验包括红外热像检查；诊断性试验包括绕组电阻值、电感量测量	《输变电设备状态检修试验规程》（Q/GDW 1168—2013）6.2.3

2. 监督项目解析

运行巡视是运维检修阶段重要的技术监督项目。

设备投运后，运维检修部门应按规定定期进行巡视，巡视种类分为例行巡视、专业巡视和特殊巡视。通过巡视，对设备进行外观检查和红外测温，掌握设备运行状态，及时发现设备运行过程中存在的变形、受损及发热等问题，避免设备故障停运，保证设备安全、稳定、可靠运行。

3. 监督要求

开展该项目监督，通过查询资料（巡视记录）方式，检查巡视项目、周期是否符合要求。

4. 整改措施

当技术监督人员查阅资料发现巡视周期不满足相关标准时，应及时将现场情况通知相关运维单位，督促运维单位按照相关标准要求的周期开展相关巡视工作。

2.2.9.2　状态检测

1. 监督要点及监督依据

运维检修阶段干式平波电抗器状态检测监督要点及监督依据见表 3-2-101。

表 3-2-101　　　　　　　　运维检修阶段干式平波电抗器状态检测监督

监督要点	监督依据
1. 带电检测周期、项目应符合相关规定。 2. 停电试验应按规定周期开展，试验项目齐全；当对试验结果有怀疑时应进行复测，必要时开展诊断性试验	1.《国家电网公司变电检测管理规定（试行）》[国网（运检/3）829—2017] 附录 A； 2.《输变电设备状态检修试验规程》（Q/GDW 1168—2013）5.1.1、5.1.2

2. 监督项目解析

状态检测是运维检修阶段重要的技术监督项目。

带电检测可及时发现设备运行隐患，结合停电试验，判断设备运行状况，是设备评价和检修的基础。检测周期、项目、试验数据等应该符合相关规定，正确反映设备的技术状态，指导设备投产和后期运行检修。

3. 监督要求

开展该项目监督时，主要采用查阅资料的方式，主要检查状态检测记录。

4. 整改措施

当技术监督人员查阅资料发现状态检测报告不齐全或报告记录存在问题时，应及时将现场情况通知相关运维单位，督促运维单位及时开展相关整改工作。

2.2.9.3　故障缺陷处理

1. 监督要点及监督依据

运维检修阶段干式平波电抗器故障缺陷处理监督要点及监督依据见表 3-2-102。

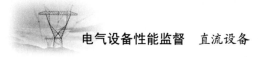

表 3－2－102　　　　　　　　　运维检修阶段干式平波电抗器故障缺陷处理监督

监督要点	监督依据
1. 是否定期向上级生产管理部门和绝缘监督委托单位上报出现的严重、危急缺陷和发生故障的高压电气设备的分析评估报表。 2. 是否按时完成年度绝缘缺陷统计和事故统计，并及时上报生产主管部门和绝缘监督委托单位。 3. 对于发现缺陷和发生故障的设备是否及时开展分析评估工作，以指导下一步的生产。 4. 缺陷处理是否按照发现、处理和验收的顺序闭环运作	《高压电气设备绝缘技术监督规程》（DL/T 1054—2007）6.4、5.4.1.13、6.3、5.4.1.10

2. 监督项目解析

故障缺陷处理是运维检修阶段比较重要的技术监督项目。

故障缺陷处理是对现有缺陷的统计和分析，应及时消除缺陷，避免故障发生，形成闭环运作模式。

3. 监督要求

开展该项目监督时，主要查阅事故分析评估报告、重大缺陷分析记录、缺陷闭环管理记录等资料。

4. 整改措施

当技术监督人员查阅资料发现事故分析报告、重大缺陷分析记录、缺陷闭环管理记录等资料不齐全或试验数据存在问题时，应及时将现场情况通知相关运维单位，督促运维单位及时开展相关整改工作。

2.2.9.4　状态评价与检测决策

1. 监督要点及监督依据

运维检修阶段干式平波电抗器状态评价与检测决策监督要点及监督依据见表 3－2－103。

表 3－2－103　　　　　　　运维检修阶段干式平波电抗器状态评价与检测决策监督

监督要点	监督依据
1. 设备基础数据检查应符合要求。 2. 运维单位每年应在年度检修计划制订前，对平波电抗器进行定期评价，评价应符合相关标准要求。 3. 运维单位应开展设备首次评价、缺陷评价、不良工况评价、检修评价、特殊时期专项评价等动态评价，评价应符合相关标准要求	1.《高压直流输电干式平波电抗器状态评价导则》（Q/GDW 502—2010）附录 A。 2～3.《干式电抗器技术监督导则》（Q/GDW 11077—2013）5.9.8.1、5.9.8.2

2. 监督项目解析

状态评价与检测决策是运维检修阶段比较重要的技术监督项目。

通过对干式平波电抗器的状态评价，可以熟悉设备的运行状态并根据运行情况制订合适的检修策略。

3. 监督要求

开展该项目监督时，主要采用查阅资料的方式，主要检查状态评价记录。

4. 整改措施

当技术监督人员查阅资料发现状态评价报告不齐全或报告记录存在问题时，应及时将现场情况通知相关运维单位，督促运维单位及时开展相关整改工作。

2.2.9.5　状态检修

1. 监督要点及监督依据

运维检修阶段干式平波电抗器状态检修监督要点及监督依据见表 3－2－104。

表 3−2−104   运维检修阶段干式平波电抗器状态检修监督

监督要点	监督依据
1. 状态检修策略应符合要求（周期和项目）；应根据状态评价结果编制状态检修计划；生产计划应与状态检修计划关联。 2. 检修工作开展前，应按检修项目类别开展设备信息收集和现场查勘，并填写查勘记录。 3. 检修工作应编制检修方案，检修方案包括项目应无遗漏。 4. 检修策略制订应符合要求	1.《输变电设备状态检修试验规程》（Q/GDW 1168—2013）。《国家电网公司变电检修管理规定（试行）第 10 分册　干式电抗器检修细则》[国网（运检/3）831—2017]。 2~3.《国家电网公司变电检修管理规定（试行）》[国网（运检/3）831—2017] 48、53~55。 4.《高压直流输电干式平波电抗器状态检修导则》（Q/GDW 501—2010）

2. 监督项目解析

状态检修是运维检修阶段最重要的技术监督项目之一。

按照标准周期对干式平波电抗器开展相关检修试验和带电检测，是保证设备安全稳定运行最基础和有效的方法。试验项目包括每年一次绕组直流电阻测量、绝缘电阻测量、电感测量，带电检测项目包括每月一次红外测温和每半年一次紫外检测。通过对试验和带电检测数据的检查和比对，可以发现设备是否存在隐匿性缺陷。检修工作应做到全过程、痕迹化管控：工作开展前应开展现场踏勘，制订详细和全面的检修方案；工作中应严格按照检修工艺标准开展相关检修工作；工作结束后，应按照要求开展设备验收工作并编写检修总结。

3. 监督要求

开展该项目监督时，主要检查状态评价报告及检修计划等。

4. 整改措施

当技术监督人员查阅资料发现试验数据存在问题时，应及时将现场情况通知相关运维单位，督促运维单位及时开展相关检修、试验和校验工作。

2.2.10　退役报废阶段

1. 干式平波电抗器技术鉴定监督要点及监督依据（见表 3−2−105）

表 3−2−105   退役报废阶段干式平波电抗器技术鉴定监督

监督要点	监督依据
1. 电网一次设备进行报废处理，应满足以下条件之一：① 国家规定强制淘汰报废；② 设备厂家无法提供关键零部件供应，无备品备件供应，不能修复，无法使用；③ 运行日久，其主要结构、机件陈旧，损坏严重，经大修、技术改造仍不能满足安全生产要求；④ 退役设备虽然能修复但费用太大，修复后可使用的年限不长，效率不高，在经济上不可行；⑤ 腐蚀严重，继续使用存在事故隐患，且无法修复；⑥ 退役设备无再利用价值或再利用价值小；⑦ 严重污染环境，无法修治；⑧ 技术落后不能满足生产需要；⑨ 存在严重质量问题不能继续运行；⑩ 因运营方式改变全部或部分拆除，且无法再安装使用；⑪ 遭受自然灾害或突发意外事故，导致毁损，无法修复。 2. 干式平波电抗器满足下列技术条件，宜进行报废：运行 15 年以上且出现绝缘老化现象（如匝间绝缘击穿、固体绝缘变色、严重过热、龟裂等）	《电网一次设备报废技术评估导则》（Q/GDW 11772—2017）4、5.3

2. 监督项目解析

干式平波电抗器技术鉴定是退役报废阶段最重要的技术监督项目之一。

电抗器长时间运行或遭受严重不良工况，绝缘受损或老化，本体及组部件无法修复或修复成本高，需要通过技术鉴定综合评价其运行成本、运行风险和环境影响，制订退役报废措施。

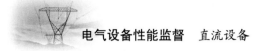

3. 监督要求

开展该项目监督时，主要采用查阅资料和现场检查的方式。

4. 整改措施

当技术监督人员查阅资料或现场检查发现退役报废申报资料不齐全时，应及时将现场情况通知相关运维单位，督促运维单位及时开展相关整改工作。

2.3 油浸式平波电抗器

2.3.1 规划可研阶段

2.3.1.1 电气主接线设计

1. 监督要点及监督依据

规划可研阶段油浸式平波电抗器电气主接线设计监督要点及监督依据见表 3−2−106。

表 3−2−106　　　　　规划可研阶段油浸式平波电抗器电气主接线设计监督

监督要点	监督依据
平波电抗器可以串接在每极直流极母线上，也可以分置串接在每极直流极母线和中性母线上。平波电抗器的接线方式主要根据平波电抗器的制造能力、运输条件和换流站的过电压水平决定	《±800kV 直流换流站设计技术规定》（Q/GDW 1293—2014）7.2.3.5

2. 监督项目解析

电气主接线设计是规划可研阶段重要的技术监督项目。

平波电抗器可以串接在每极直流极母线上，也可以分置串接在每极直流极母线和中性母线上。平波电抗器的接线方式主要根据平波电抗器的制造能力、运输条件和换流站的过电压水平决定。

3. 监督要求

查阅可研报告、可研批复、属地电网规划等相关文件。

4. 整改措施

当技术监督人员查阅资料发现电气主接线设计不满足要求时，应记录并要求相关部门进行修正，直至项目均满足要求。

2.3.1.2 基本参数确定

1. 监督要点及监督依据

规划可研阶段油浸式平波电抗器基本参数确定监督要点及监督依据见表 3−2−107。

表 3−2−107　　　　　规划可研阶段油浸式平波电抗器基本参数确定监督

监督要点	监督依据
1. 平波电抗器的额定电流应按直流系统额定电流选定，并考虑各种运行工况下的过电流能力。 2. 平波电抗器的电感值应能满足在最大直流电流到最小直流电流之间总体性能的要求，并应避免直流侧发生低频谐振	《±1100kV 直流换流站设计规范》（Q/GDW 11678—2017）6.5.3

2. 监督项目解析

基本参数确定是规划可研阶段重要的技术监督项目。

油浸式平波电抗器的基本参数是设备整个寿命周期的基础。参数中的任意一条无法满足要求，都将为换流变压器日后正常运行埋下隐患，影响设备安全、可靠运行。

3. 监督要求

查阅可研报告、可研批复、属地电网规划等相关文件，记录相关参数的选择是否符合要求。

4. 整改措施

当技术监督人员查阅资料发现基本参数不满足要求时，应记录并要求相关部门进行修正，直至项目均满足要求。

2.3.2 工程设计阶段

2.3.2.1 使用条件

1. 监督要点及监督依据

工程设计阶段油浸式平波电抗器使用条件监督要点及监督依据见表 3-2-108。

表 3-2-108　　　　　　　　工程设计阶段油浸式平波电抗器使用条件监督

监督要点	监督依据
1. 如果平波电抗器的任何部件（如套管）伸入阀厅内，则除安装位置正常环境温度外，还应规定阀厅内的最高温度。 2. 流过平波电抗器的电流主要是直流电流，同时还含有各次谐波电流。 3. 通过平波电抗器的负载电流应能适应直流系统直流功率输送的方向	《高压直流输电用油浸式平波电抗器》（Q/GDW 20836—2007）

2. 监督项目解析

使用条件是工程设计阶段重要的技术监督项目。

使用条件的规定是对油浸式平波电抗器技术要求的明确，包括明确海拔、环境温度、安装环境等条件下的各项要求。一旦发现供应商所提供的油浸式平波电抗器不满足使用条件，将需再进行整改，重新生产、改造工作量大、耗费资金多，造成资源浪费，影响设备本质安全。

3. 监督要求

查阅工程设计资料。

4. 整改措施

当技术监督人员查阅资料发现使用条件不满足要求时，应记录并要求相关部门进行修正，直至项目均满足要求。

2.3.2.2 主要设计参数

1. 监督要点及监督依据

工程设计阶段油浸式平波电抗器主要设计参数监督要点及监督依据见表 3-2-109。

表 3-2-109　　　　　　　　工程设计阶段油浸式平波电抗器主要设计参数监督

监督要点	监督依据
1. 平波电抗器的额定电流应不低于直流系统额定电流，并应考虑各种运行工况下的过电流能力。	1.《±800kV 直流换流站设计技术规定》（Q/GDW 1293—2014）7.6.3.2。

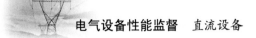

续表

监督要点	监督依据
2. 电抗器在额定直流电流和给定谐波电流下的声级水平（声压级）应不大于80dB（A）。 3. 平波电抗器应能承受由于谐波电压和冲击电流产生的电气和机械应力。 4. 电抗器在额定直流电流和给定谐波电流下的最大振动水平（振幅）应不超过200μm（峰—峰）。 5. 电抗器的增量电感在额定直流电流（或用户规定的直流电流）及以下时应为线性，且其增量电感等于额定增量电感。在额定直流电流（或用户规定的直流电流）以上时的增量电感应满足用户的要求	2.《高压直流输电用油浸式平波电抗器技术参数和要求》（GB/T 20837—2007）3.2。 3.《±800kV 直流换流站设计技术规定》（Q/GDW 1293—2014）7.6.3.4。 4～5.《高压直流输电用油浸式平波电抗器技术参数和要求》（GB/T 20837—2007）3.3、3.5

2. 监督项目解析

主要设计参数是工程设计阶段重要的技术监督项目。

油浸式平波电抗器的各性能参数应符合相关标准中规定的使用条件、运行工况、特殊条件下的使用要求，防止设备参数选择不合理出现运行稳定性问题。

3. 监督要求

查阅工程设计资料。

4. 整改措施

当技术监督人员查阅资料发现油浸式平波电抗器主要设计参数不满足要求时，应记录并要求相关部门进行修正，直至项目均满足要求。

2.3.2.3 设备结构及选型

1. 监督要点及监督依据

工程设计阶段油浸式平波电抗器设备结构及选型监督要点及监督依据见表3-2-110。

表3-2-110　　　　工程设计阶段油浸式平波电抗器设备结构及选型监督

监督要点	监督依据
1. 采用油浸式、户外设计。 2. 冷却方式采用强迫油循环风冷（OFAF），或强迫导向循环风冷（ODAF）。 3. 平波电抗器阀侧套管类新产品应充分论证，并严格通过试验考核后再在直流工程中使用。 4. 电抗器不装设套管式电流互感器	1～2.《高压直流输电系统用±800kV 油浸式平波电抗器通用技术规范》（Q/GDW 148—2006）7。 3.《国家电网有限公司关于印发十八项电网重大反事故措施（修订版）的通知》（国家电网设备〔2018〕979 号）8.2.1.1。 4.《高压直流输电用±800kV 级换流器通用技术规范》（Q/GDW 10147—2019）5.6.10

2. 监督项目解析

设备结构及选型是工程设计阶段最重要的技术监督项目之一。

设备结构及选型是油浸式平波电抗器最关键的技术要求之一。通过对设备结构、选型的检查，可避免出现问题组件进入设备，同时也能避免出现组件以次充好，从源头保证油浸式平波电抗器质量。总之，油浸式平波电抗器设备结构及选型需满足技术规范书要求。供应商所提供的油浸式平波电抗器不满足要求，必将降低产品质量，影响正常使用，将需再进行供应商整改分析，甚至退货重新生产，改造工作量大、耗费资金多，造成资源浪费。阀侧套管不宜采用充油套管，其穿墙套管的封堵材料应使用非导磁材料，确保封堵材料不会出现电磁制热现象，进而影响设备的安全稳定运行。此外，电抗器不要求装设套管式电流互感器。

3. 监督要求

查阅工程设计资料。

4. 整改措施

当技术监督人员查阅资料发现油浸式平波电抗器设备结构及选型不满足要求时，应记录并要求相关部门进行修正，直至项目均满足要求。

2.3.2.4 附件设计要求

1. 监督要点及监督依据

工程设计阶段油浸式平波电抗器附件设计要求监督要点及监督依据见表 3-2-111。

表 3-2-111　　　　　　　工程设计阶段油浸式平波电抗器附件设计要求监督

监督要点	监督依据
1. 油浸式平波电抗器阀侧套管不宜采用充油套管。 2. 油浸式平波电抗器内部故障跳闸后，应自动停运冷却器潜油泵。 3. 应确保平波电抗器就地控制柜的温湿度满足电子元器件对工作环境的要求。 4. 电抗器应装有储油柜，其结构应便于清理内部。储油柜的一端应装有油位计，在最低环境温度未投入运行时，观察油位计应有油位指示。 5. 储油柜应有注油、放油、放气和排污装置。 6. 电抗器应采取防油老化措施，以确保电抗器内部的油不与大气相接触。 7. 电抗器须装设户外式信号温度计，信号触点容量在交流电压 220V 时，不低于 50VA，直流有感负载时，不低于 15W。温度计的引线应用支架固定。信号温度计的安装位置应便于观察	1~3.《国家电网有限公司关于印发十八项电网重大反事故措施（修订版）的通知》（国家电网设备〔2018〕979 号）8.2.1.1、8.2.1.10、8.2.1.11。 4~7.《高压直流输电用油浸式平波电抗器技术参数和要求》（GB/T 20837—2007）5.3.1~5.3.3、5.4.2

2. 监督项目解析

附件设计要求是工程设计阶段比较重要的技术监督项目。

油浸式平波电抗器阀侧套管、冷却器、储油柜等附件的设计和选择，应充分考虑相关标准规范和实际应用条件。

3. 监督要求

查阅工程设计资料。

4. 整改措施

当技术监督人员查阅资料发现附件设计不满足要求时，应记录并要求相关部门进行修正，直至项目均满足要求。

2.3.2.5 防火

1. 监督要点及监督依据

工程设计阶段油浸式平波电抗器防火监督要点及监督依据见表 3-2-112。

表 3-2-112　　　　　　　工程设计阶段油浸式平波电抗器防火监督

监督要点	监督依据
1. 油量为 2500kg 及以上的屋外电抗器与本回路油量为 600kg 以上且 2500kg 以下带油电气设备之间的防火距离要求不能满足 5m 时，应设置防火墙。 2. 户外油浸式变压器之间设置防火墙时，防火墙的高度应高于变压器储油柜，防火墙的长度不应小于变压器贮油池两侧各 1m；防火墙与变压器散热器外廓距离不应小于 1m；防火墙应达到一级耐火等级。 3. 油浸式平波电抗器穿墙套管的封堵应使用阻燃、非导磁材料	1.《火力发电厂与变电站设计防火标准》（GB 50229—2019）6.7.5。 2.《电力设备典型消防规程》（DL 5027—2015）10.3.6。 3.《国家电网有限公司关于印发十八项电网重大反事故措施（修订版）的通知》（国家电网设备〔2018〕979 号）8.2.1.1、8.2.1.9

2. 监督项目解析

防火是工程设计阶段重要的技术监督项目。

油浸式平波电抗器的防火设计是否合理将直接影响设备的安全稳定运行。

3. 监督要求

查阅工程设计资料。

4. 整改措施

当技术监督人员查阅资料发现防火不满足要求时，应记录并要求相关部门进行修正，直至项目均满足要求。

2.3.2.6 非电量保护

1. 监督要点及监督依据

工程设计阶段油浸式平波电抗器非电量保护监督要点及监督依据见表3-2-113。

表3-2-113　　　　　　　工程设计阶段油浸式平波电抗器非电量保护监督

监督要点	监督依据
采用SF₆气体绝缘的平波电抗器套管应配置SF₆气体密度监视，监视装置的跳闸触点应不少于3对，并按"三取二"逻辑出口	《国家电网有限公司关于印发十八项电网重大反事故措施（修订版）的通知》（国家电网设备〔2018〕979号）8.2.1.9

2. 监督项目解析

非电量保护是工程设计阶段重要的技术监督项目。

油浸式平波电抗器非电量保护继电器及表计应安装防雨罩，防止雨水渗漏进入表计降低表计精确度、引起保护误动作。保护与控制继电器均应按照"三取二"原则出口，以提高保护与控制系统工作能力，降低误操作概率。

3. 监督要求

查阅工程设计资料。

4. 整改措施

当技术监督人员查阅资料发现非电量保护不满足要求时，应记录并要求相关部门进行修正，直至项目均满足要求。

2.3.3 设备采购阶段

2.3.3.1 技术参数

1. 监督要点及监督依据

设备采购阶段油浸式平波电抗器技术参数监督要点及监督依据见表3-2-114。

表3-2-114　　　　　　　设备采购阶段油浸式平波电抗器技术参数监督

监督要点	监督依据
在平波电抗器询价和订货时，供、需双方需就下列性能参数进行协商，并应在订货合同中予以明确：额定直流电压；最高连续直流电压；额定直流电流；各次谐波电流；额定增量电感；额定直流电流下的损耗。声级水平、振动水平和温升限值应符合相关标准要求	《高压直流输电用油浸式平波电抗器技术参数和要求》（GB/T 20837—2007）3.1～3.4

2. 监督项目解析

技术参数是设备采购阶段重要的技术监督项目。

应在实际招标文件及采购合同中明确技术规范或技术要求。明确的技术参数要求能让供需双方标准一致，减少不必要的纠纷。

若在设备采购阶段发现供应商所提供平波电抗器不满足技术参数，需进行整改分析，采取措施现场修复或换货，甚至退货重新生产；整改工作量大、耗费资金多，造成资源浪费。

3. 监督要求

注意查阅资料（招投标文件、供应商考察/评估报告），对应监督要点条目，记录是否符合要求。

4. 整改措施

当技术监督人员查阅资料发现该项目相关监督要点不满足时，应立即要求供应商及时查找问题、分析原因，并采取相应的措施进行整改。

2.3.3.2 设备结构及选型要求

1. 监督要点及监督依据

设备采购阶段油浸式平波电抗器设备结构及选型要求监督要点及监督依据见表 3-2-115。

表 3-2-115　　　　　设备采购阶段油浸式平波电抗器设备结构及选型要求监督

监督要点	监督依据
1. 采用油浸式、户外设计。 2. 冷却方式采用强迫油循环风冷（OFAF），或强迫导向循环风冷（ODAF）。 3. 平波电抗器阀侧套管类新产品应充分论证，并严格通过试验考核后再在直流工程中使用。 4. 电抗器不装设套管式电流互感器	1～2.《高压直流输电系统用±800kV 油浸式平波电抗器通用技术规范》（Q/GDW 148—2006）7。 3.《国家电网有限公司关于印发十八项电网重大反事故措施（修订版）的通知》（国家电网设备〔2018〕979 号）8.2.1.1。 4.《高压直流输电用±800kV 级换流器通用技术规范》（Q/GDW 10147—2019）5.6.10

2. 监督项目解析

设备结构及选型是设备采购阶段最重要的技术监督项目之一。

设备结构及选型是油浸式平波电抗器最关键的技术要求之一。通过对设备结构、选型的检查，可避免出现问题组件进入设备，同时也能避免出现组件以次充好，从源头保证油浸式平波电抗器质量。总之，油浸式平波电抗器设备结构及选型需满足技术规范书要求。

若在设备采购阶段供应商所提供的油浸式平波电抗器不满足要求，必将降低产品质量，影响正常使用，需要供应商整改分析，采取措施现场修复或换货，甚至退货重新生产；整改工作量大、耗费资金多，造成资源浪费。

3. 监督要求

注意查阅资料（技术规范书、订货合同）；根据所查资料，对应监督要点条目，记录是否符合设备采购要求。

4. 整改措施

当技术监督人员查阅资料发现该项目相关监督要点不满足时，应立即要求供应商及时查找问题、分析原因，并采取相应的措施进行整改。

2.3.3.3 附件结构及选型要求

1. 监督要点及监督依据

设备采购阶段油浸式平波电抗器附件结构及选型要求监督要点及监督依据见表 3-2-116。

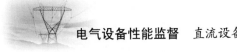

表 3-2-116　　　　　　设备采购阶段油浸式平波电抗器附件结构及选型要求监督

监督要点	监督依据
1. 油箱应满足以下要求： （1）电抗器油箱应承受真空度为 133Pa 和正压力为 98kPa 的机械强度实验，不得有损伤和不允许的永久变形。 （2）电抗器油箱结构型式可以为钟罩式或桶式。 （3）油浸式平波电抗器应配带胶囊的储油柜，储油柜容积应不小于本体油量的 10%。 2. 冷却器应满足以下要求： （1）强油风冷的油泵电动机及风扇电动机应分别有过载、短路和断相保护。 （2）强油风冷的动力电源电压应为三相交流 380V。 3. 控制柜和端子箱应满足以下要求： （1）电抗器及其附件所用控制柜和端子箱应设计合理，控制柜内的端子排应为阻燃、防潮型，控制跳闸的接线端子之间及与其他端子间均应留有一个空端子，或采用其他隔离措施，以免因短接而引起误跳闸。 （2）控制柜内应有可开闭的照明设施，并应有适当容量的交流 220V 的加热器，以防止柜内发生水汽凝结	1.《高压直流输电用油浸式平波电抗器技术参数和要求》（GB/T 20837—2007）5.6.3、5.6.6。《国家电网有限公司关于印发十八项电网重大反事故措施（修订版）的通知》（国家电网设备〔2018〕979 号）8.2.1.1、8.2.1.8。 2.《高压直流输电用油浸式平波电抗器技术参数和要求》（GB/T 20837—2007）5.5。 3.《高压直流输电用±800kV 级换流器通用技术规范》（Q/GDW 10147—2019）8.9

2. 监督项目解析

附件结构及选型要求是设备采购阶段重要的技术监督项目。

油浸式平波电抗器组附件，特别是平波电抗器阀侧套管、油箱结构、冷却器、平波电抗器就地控制（控制箱）系统、成熟可靠的在线监测装置等应满足技术协议及电网重大反事故措施等要求。

若在设备采购阶段供应商所提供的油浸式平波电抗器组附件不满足要求，将影响油浸式平波电抗器质量和实际使用，需要供应商整改分析，采取措施现场修复或换货，甚至重新设计和生产，增加企业生产成本，同时拖后工程项目进展，影响设备本质安全。

3. 监督要求

注意查阅技术规范书、订货合同以及出厂试验报告、供应商考察/评估报告；根据所查资料，对应监督要点条目，记录是否符合设备采购要求。

4. 整改措施

当技术监督人员查阅资料发现该项目相关监督要点不满足时，应立即要求供应商及时查找问题、分析原因，并采取相应的措施进行整改。

2.3.3.4　在线监测装置

1. 监督要点及监督依据

设备采购阶段油浸式平波电抗器在线监测装置监督要点及监督依据见表 3-2-117。

表 3-2-117　　　　　　设备采购阶段油浸式平波电抗器在线监测装置监督

监督要点	监督依据
油浸式平波电抗器应配置成熟可靠的在线监测装置，并将在线监测信息送至后台集中分析	《国家电网有限公司关于印发十八项电网重大反事故措施（修订版）的通知》（国家电网设备〔2018〕979 号）8.2.1.12

2. 监督项目解析

在线监测装置是设备采购阶段比较重要的技术监督项目。

油浸式平波电抗器应配置在线监测装置，通过对在线监测数据实时查看监督，及时发现设备异常，降低事故风险。

3. 监督要求

查阅技术规范书或技术协议。

4. 整改措施

当技术监督人员查阅资料发现油浸式平波电抗器在线监测装置不满足要求时，应记录并要求相关部门进行修正，直至项目均满足要求。

2.3.3.5 非电量保护

1. 监督要点及监督依据

设备采购阶段油浸式平波电抗器非电量保护监督要点及监督依据见表 3-2-118。

表 3-2-118   设备采购阶段油浸式平波电抗器非电量保护监督

监督要点	监督依据
1. 电抗器应装有气体继电器，且触点容量不小于 66VA，直流有感负载时，不小于 15W。积聚在气体继电器内的气体数量达到 250~300mL 或油速度在整定范围内时，应分别接通相应的触点。 2. 电抗器应装有导流式压力释放装置。 3. 油浸式平波电抗器的非电量保护继电器及表计应有防雨罩。 4. 采用 SF$_6$ 气体绝缘的平波电抗器套管应配置 SF$_6$ 气体密度监视装置，监视装置的跳闸触点应不少于 3 对，并按"三取二"逻辑出口	1~2.《高压直流输电用油浸式平波电抗器技术参数和要求》（GB/T 20837—2007）5.2.1、5.2.2。 3~4.《国家电网有限公司关于印发十八项电网重大反事故措施（修订版）的通知》（国家电网设备〔2018〕979 号）8.2.1.4、8.2.1.9

2. 监督项目解析

非电量保护是设备采购阶段重要的技术监督项目。

油浸式平波电抗器的非电量保护需满足技术规范书及设备采购要求。在设备采购阶段，如果保护装置要求不满足，将影响油浸式平波电抗器质量和实际使用，需要供应商整改分析，采取措施现场修复或换货，甚至重新设计和生产，增加企业生产成本，同时拖后工程项目进展，影响设备本质安全。

3. 监督要求

注意查阅资料（招投标文件、供应商考察/评估报告），对应监督要点条目，记录是否符合设备采购要求。

4. 整改措施

当技术监督人员查阅资料发现该项目相关监督要点不满足时，应立即要求供应商及时查找问题、分析原因，并采取相应的措施进行整改。

2.3.3.6 绝缘油

1. 监督要点及监督依据

设备采购阶段油浸式平波电抗器绝缘油监督要点及监督依据见表 3-2-119。

表 3-2-119   设备采购阶段油浸式平波电抗器绝缘油监督

监督要点	监督依据
电抗器所使用的变压器油应符合 IEC 60296 的要求。各制造单位应按各自的技术规范对油中颗粒度进行控制	《高压直流输电用油浸式平波电抗器技术参数和要求》（GB/T 20837—2007）5.5.13

2. 监督项目解析

绝缘油是设备采购阶段重要的技术监督项目。

电抗器所使用的变压器油应符合 IEC 60296 的要求。各制造单位应按各自的技术规范对油中颗粒度进行控制，确保满足技术规范书要求，确保设备本质安全。若在设备采购阶段供应商所提供的

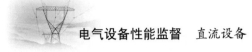

绝缘油不满足要求，必将降低产品质量，影响正常使用，需要供应商整改分析，采取措施现场修复或换货，甚至退货重新生产；整改工作量大、耗费资金多，造成资源浪费。

3．监督要求

注意查阅各项资料，对应监督要点条目，记录是否符合要求。

4．整改措施

当技术监督人员查阅资料发现该项目相关监督要点不满足时，应立即要求供应商及时查找问题、分析原因，并采取相应的措施进行整改。

2.3.4 设备制造阶段

2.3.4.1 重要制造工序

1．监督要点及监督依据

设备制造阶段油浸式平波电抗器重要制造工序监督要点及监督依据见表3-2-120。

表3-2-120　　　　　　　设备制造阶段油浸式平波电抗器重要制造工序监督

监督要点	监督依据
1．主要检查绕组的绝缘结构、绝缘材料、绕组松紧度的控制、引线的走向及排列等。同时，应检查尺寸、焊接工艺、线圈电阻、撑条与垫块的预处理和恒压、干燥工艺控制等。 2．检查中应注意：在导线绕制前，绕线模上各撑条位置间的偏差控制；绕制中使用的拉紧装置应保证幅向紧实；绝缘缺损的修复；导线换位；接头焊接和焊接工艺质量的检查；引出头的处理等应符合工艺文件要求。 3．检查油箱的制造过程、焊接的质量，油箱强度和密封试验应按相关规范要求进行。检查冷却器及其他附件的质量及连接用的管道、阀门等	《±800kV及以下直流输电工程主要设备监理导则》（DL/T 399—2010）7.3.2、7.3.5

2．监督项目解析

重要制造工序是设备制造阶段重要的技术监督项目。

设备制造过程中，设备的过程质量控制是确保设备最终质量的基础，因此，对制造过程中重要工序的检查尤为重要。绕组是平波电抗器的重要部件，对环境要求也非常苛刻；因此，对导线、绝缘材料的质量需严格把关，对于绕组中的接头焊接和压接、引线的包扎、幅向尺寸控制、干燥等工序均应满足相关工艺要求，确保绕组的电气性能和物理性能符合设计要求。油箱是设备的外壳，也是设备的容器，油箱的焊接质量、油箱强度和密封性能是保证设备正常安全运行的基础，因此油箱焊接必须达到相关质量要求。

绕组的绝缘结构、绝缘材料等不符合上述要求时，会引起绝缘性能下降，严重者可能在运行时短路烧毁；线圈焊接不合格，可能导致导线间断路或运行时局部过热，从而影响设备正常运行；绕组的松紧度、绕制质量的好坏直接影响设备的机械强度及抗短路能力。油箱的制造质量不合格可能引起油箱锈蚀、箱体受压变形、渗油等现象。

技术监督人员应要求供应商严格按照生产工艺要求执行，不仅可以通过查阅制造过程检验资料记录，还可通过半成品试验来判断分析产品在制作过程中是否出现导线接头质量问题、绝缘是否破损、油箱是否存在渗漏或变形等情况。

3．监督要求

开展该项目监督，可查阅监造报告或现场检查。

4. 整改措施

当发现线圈的绕制不均匀整齐时，可要求供应商对线圈进行调整，对于导线、撑条、垫块等不合格部件进行更换，对于绝缘强度薄弱部位进行绝缘加强处理；当油箱机械强度不达标时，应要求供应商重新设计油箱；当油箱出现渗漏时，应要求供应商进行整改处理。

2.3.4.2 重要装配工序

1. 监督要点及监督依据

设备制造阶段油浸式平波电抗器重要装配工序监督要点及监督依据见表 3-2-121。

表 3-2-121　　　　　设备制造阶段油浸式平波电抗器重要装配工序监督

监督要点	监督依据
1. 铁心装配：重点检查铁心片的剪切、叠装、捆扎工艺（注意切口平整，捆扎材料应有成熟使用经验），叠片平整度，切口毛刺大小及片间是否存在短路现象，铁心表面是否有锈迹，叠装后尺寸是否满足要求；对地及对夹件绝缘、半成品励磁试验，夹件加工质量、非导磁材料及磁屏蔽的使用；铁心与夹件（包括与油箱）的绝缘件爬距（防止因异物短路），接地片外露部分的绝缘，不引出的接地片的位置等。 2. 油箱加工后，需经机械强度和密封性检查试验，内表面的抛光、涂漆处理等在总装配前应进行验收	《±800kV 及以下直流输电工程主要设备监理导则》（DL/T 399—2010）7.3.4、7.3.6

2. 监督项目解析

重要装配工序是设备制造阶段比较重要的技术监督项目。

装配工序是将加工后的零部件进行装配，装配后的各工艺质量情况直接影响产品的最终质量。铁心、油箱、器身均是平波电抗器的重要部件，在装配过程中如果过程控制不严，均可能对产品质量产生影响；因此，对这些重要工序应严格按照工艺要求和相关标准执行，避免因装配操作不当造成产品质量问题。

铁心片剪切质量直接影响设备的运行，如铁心片毛刺过大，将造成铁心片间短路，从而造成局部过热；器身装配中各组部件的装配质量是否符合工艺要求直接影响设备的绝缘强度及抗短路能力；油箱管路清洁度不符合要求（如有异物），在设备运行时可能导致异物接触到绕组部位从而影响设备运行；金属涂层不合格，将直接影响金属件的使用寿命。

技术监督人员应要求供应商严格按照生产工艺的要求执行，通过过程检验记录与供应商内控检验标准是否一致。

3. 监督要求

开展该项目监督，可查阅监造报告。

4. 整改措施

当半成品试验结果显示异常时，应要求供应商对不合格项进行排查，确定原因后进行整改；若发现器身干燥未能达到工艺要求时，可要求供应商对器身重新进炉干燥处理。

2.3.5　设备验收阶段

2.3.5.1 出厂试验

1. 监督要点及监督依据

设备验收阶段油浸式平波电抗器出厂试验监督要点及监督依据见表 3-2-122。

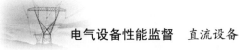

表 3-2-122　　　　设备验收阶段油浸式平波电抗器出厂试验监督

监督要点	监督依据
重点见证试验：直流电阻；交流电阻与谐波损耗测量；增量电感测量；温升试验或负载试验；绝缘强度试验；操作冲击全波试验；雷电冲击全波试验；雷电冲击截波试验；直流耐压及极性反转试验；交流外施耐压试验；油流静电测试（ODAF 或 OFAF）；声级测量；暂态故障电流试验（如需）。试验过程及结果应符合《±800kV 及以下直流输电工程主要设备监理导则》（DL/T 399—2010）及《高压直流输电用油浸式平波电抗器技术参数和要求》（GB/T 20837—2007）的要求	《±800kV 及以下直流输电工程主要设备监理导则》（DL/T 399—2010）7.4.2　试验阶段

2. 监督项目解析

出厂试验是设备验收阶段最重要的技术监督项目之一。

出厂试验是产品最终的质量检验，用于检测产品的各项试验结果是否符合产品技术协议要求、相关国家标准和行业标准；只有产品出厂试验全部合格才能判断该产品为合格产品。

试验设备的准确性、有效性是进行出厂试验的前提，经不合格的试验设备测得的试验数据结果无效。交流电阻与谐波损耗测量超标将引起设备经济性能下降，超载过多，可能造成绕组和绝缘油的过热从而减少设备寿命。温升试验、绝缘试验不合格，会导致设备绝缘性能下降；雷电冲击试验、直流耐压及极性反转试验是设备电气性能的体现，其直接影响设备的使用。因此，设备的所有试验均应符合要求才能确保设备的安全稳定运行。

在出厂试验时，不仅要关注试验结果，也要关注试验过程中设备是否有变化、异常。若试验过程中出现异常，应停止试验，查明异常原因并进行排查，正常后方可继续进行试验。

3. 监督要求

开展该项目监督，可查阅资料（出厂试验报告、型式试验报告、监理报告等），应特别注意检查试验人员是否持证上岗，并且保证证件有效；注意检查仪器仪表的检定日期是否在有效期内，只有确保仪器仪表的有效才能确保试验结果的有效。检查试验人员是否按照审批的试验方案及试验规程进行试验。注意环境因素对试验数据产生影响。查看试验数据，比对技术协议要求，确认试验结果是否满足协议值要求。

4. 整改措施

当出厂试验不合格时，应要求供应商对不合格情况进行原因分析，并制订相应的处理方案进行处理；处理完成后再次进行出厂试验，直至所有出厂试验项目均满足要求。

2.3.5.2　运输及到货检查

1. 监督要点及监督依据

设备验收阶段油浸式平波电抗器运输及到货检查监督要点及监督依据见表 3-2-123。

表 3-2-123　　　　设备验收阶段油浸式平波电抗器运输及到货检查监督

监督要点	监督依据
1. 运输应安装三维冲击记录仪，并记录三维冲击记录仪的初始值，平波电抗器应能承受运输冲击加速度 30m/s²（水平），应在运输中配置备用氮气。 　　2. 平波电抗器可带油或充气进行运输。充气运输时，必须充干燥的氮气或干燥的空气（露点低于-40℃）。运输前应进行密封试验，以确保在充以 20～30kPa 压力时密封良好；平波电抗器主体到达现场后，油箱内的气体压力应保持正压，并有压力表进行监视；平波电抗器在运输期间应保持正压，并有压力表进行监视。 　　3. 平波电抗器组件、部件（如套管、储油柜、阀门及冷却器等）在运输中，直至到货时，不应损坏和受潮。 　　4. 成套拆卸的组件和零件（如气体继电器、套管、温度计及紧固件等）的包装，应保证经过运输期间不损坏和不受潮。 　　5. 成套拆卸的大组件（如储油柜等）运输时可不装箱，但应保证不受损伤，在整个运输过程中不得进水和受潮	1.《±800kV 及以下直流输电工程主要设备监理导则》（DL/T 399—2010）7.5。 2～5.《高压直流输电用油浸式平波电抗器技术参数和要求》（GB/T 20837—2007）7.3、7.6～7.8

2. 监督项目解析

运输及到货检查是设备验收阶段比较重要的技术监督项目。

合理正确的包装方式能一定程度上防止设备在运输途中损坏、损毁；发运信息准确能有效避免货物错发、漏发；设备充气运输时，气体压力必须保持正压；组件运输时不得磕碰和受潮；本体运输时必须安装三维冲击记录仪，正确、合理地安装三维冲击记录仪，能完整地监测设备在运输途中是否出现加速度超标现象，以判断运输途中是否给设备造成损伤。

应注意在安装三维冲击记录仪时，除了记录三维冲击记录仪的初始记录值外，特别要注意三维冲击记录仪的电池是否足够满足运输时间的需要；曾出现过因为运输时间较长，电池耗尽后三维冲击记录仪无法工作，导致后续运输记录缺失。

3. 监督要求

开展该项目监督，查阅出厂检验报告、监理报告等文件资料。

4. 整改措施

当设备包装不牢固时，可要求供应商对设备进行包装加固，对于标识不清晰的进行重新喷涂。对于错装、漏装三维冲击记录仪的，应要求供应商重新安装。

2.3.6 设备安装阶段

2.3.6.1 安装前保管与检查

1. 监督要点及监督依据

设备安装阶段油浸式平波电抗器安装前保管与检查监督要点及监督依据见表 3-2-124。

表 3-2-124　　　设备安装阶段油浸式平波电抗器安装前保管与检查监督

监督要点	监督依据
1. 油浸式平波电抗器充干燥气体保管必须有压力监视装置，压力应保持为 0.01～0.03MPa，气体的露点应低于-40℃，应每天检查气体压力，并做好记录，根据环境温度判别是否有漏气现象。 2. 平波电抗器在储存期间应保持正压，并有压力表进行监视。 3. 平波电抗器到达现场后，当 3 个月内不能安装时，应在 1 个月内进行相应满足相关标准要求的工作。 4. 平波电抗器组件、部件（如套管、储油柜、阀门及冷却器等）储存至安装前，不应损坏和受潮。 5. 成套拆卸的组件和零件（如气体继电器、套管、温度计及紧固件等）的包装，应保证经过运输、储存直至安装前不损坏和不受潮。 6. 成套拆卸的大组件（如储油柜等）运输时可不装箱，但应保证不受损伤，在整个储存过程中不得进水和受潮	1~2.《直流换流站电气装置安装工程施工及验收规范》（DL/T 5232—2019）7.3。 3.《电气装置安装工程　电力变压器、油浸电抗器、互感器施工及验收规范》（GB 50148—2010）4.2.3。 4~6.《高压直流输电用油浸式平波电抗器技术参数和要求》（GB/T 20837—2007）7.6～7.8

2. 监督项目解析

安装前保管与检查是设备安装阶段重要的技术监督项目。

由于设备制造厂提前发货、施工计划调整、设备基础保养等原因，油浸式平波电抗器到达现场后需现场进行安装前保管与检查。

油浸式平波电抗器内充有 0.01～0.03MPa 正压力的露点应低于-40℃的干燥气体，确保换流变压器内部干燥、不受潮，外部潮气不会侵入油浸式平波电抗器本体内部。每天检查气体压力，并做好记录，根据环境温度及压力监视装置的读数变化情况判别是否有漏气现象。及时发现设备是否密封不严，避免安装前设备内部受潮，影响设备安装及设备运行安全。油浸式平波电抗器为重型设备，

运输过程中三维冲击对内部结构影响较大，运输后需确定设备完好；运输到场就位后的设备应及时检查三维冲击记录仪数据，应不大于3g。油浸式平波电抗器运至现场后，应尽快进行安装工作；当3个月内不能安装时，应在1个月内按要求进行相应工作。油浸式平波电抗器组件、部件（如套管、储油柜、阀门及冷却器、气体继电器、套管、温度计及紧固件等）经运输、储存至安装前，应按要求进行附件的相关检查，其附件设备不应损坏和受潮，避免由于个别组件、部件受损或受潮影响整体设备安装进度。

3. 监督要求

开展该项目监督时，可采用查阅资料的方式，主要包括安装过程记录和监理报告；对应监督要点条目，记录是否符合设备安装要求。检查设备包装是否完好，检查设备外观是否有明显伤痕。

4. 整改措施

当发现该项目相关监督要点不满足时，禁止继续施工，应及时报告或向相关职能部门提出相关补救措施建议。

2.3.6.2 排氮和内部检查

1. 监督要点及监督依据

设备安装阶段油浸式平波电抗器排氮和内部检查监督要点及监督依据见表3-2-125。

表3-2-125 设备安装阶段油浸式平波电抗器排氮和内部检查监督

监督要点	监督依据
1. 对于充氮气运输的油浸式平波电抗器在内部检查前，排氮方式符合产品说明书要求，可以抽真空排氮并充入干燥空气（露点低于-40℃），充干燥空气运输的直接补充干燥空气进行内部检查，检查前确保内部氧气含量大于18%。 2. 本体露空时环境相对湿度必须小于80%，并适量补充干燥空气保持微正压	《直流换流站电气装置安装工程施工及验收规范》（DL/T 5232—2019）

2. 监督项目解析

排氮和内部检查是设备安装阶段重要的技术监督项目。

油浸式平波电抗器内部结构复杂，内部检查是对内部结构在运输与保管后进行详细检查最为有效和必要的方式。对于充氮气运输的油浸式平波电抗器在内部检查前，排氮方式应符合产品说明书要求，可以抽真空排氮并充入干燥空气（露点低于-40℃），充干燥空气运输的直接补充干燥空气进行内部检查，检查前确保内部氧气含量大于18%，确保油浸式平波电抗器内部不受潮，氧气含量满足内检人员内检时人身安全的需要。本体露空时环境相对湿度必须小于80%，并适量补充干燥空气保持微正压，避免空气湿度过大使油浸式平波电抗器内部受潮影响设备安装质量及运行安全。

3. 监督要求

开展该项目监督时，可采用查阅资料的方式，主要包括安装过程记录和监理报告；对应监督要点条目，记录是否符合设备安装要求。

4. 整改措施

当发现该项目相关监督要点不满足时，禁止继续施工，应及时报告或向相关职能部门提出相关补救措施建议。

2.3.6.3 本体安装

1. 监督要点及监督依据

设备安装阶段油浸式平波电抗器本体安装监督要点及监督依据见表3-2-126。

表 3-2-126   设备安装阶段油浸式平波电抗器本体安装监督

监督要点	监督依据
1. 需要本体露空安装附件时，环境相对湿度必须小于 80%，并适量补充干燥空气保持微正压。每次宜只打开一处，并用塑料薄膜覆盖，连续露空时间不宜超过 8h，每天工作结束必须补充干燥空气直到压力达到 0.01～0.03MPa。 2. 平波电抗器应装有导流式压力释放装置，当内部压力达到所安装的压力释放装置的启动压力时，压力释放装置应可靠释放压力。至少应在平波电抗器油箱长轴两端，各设置一个压力释放装置	1.《直流换流站电气装置安装工程施工及验收规范》（DL/T 5232—2019）7.5.2。 2.《高压直流输电用油浸式平波电抗器技术参数和要求》（GB/T 20837—2007）5.2.2

2. 监督项目解析

本体安装是设备安装阶段重要的技术监督项目。

油浸式平波电抗器结构复杂，各部件必须按顺序进行安装，确保设备安装质量、工艺。需要本体露空安装附件时，环境相对湿度必须小于 80%，并适量补充干燥空气保持微正压。避免空气湿度过大，使油浸式平波电抗器内部受潮影响设备安装质量及运行安全。套管的安装和内部引线的连接工作在 1d 内不能完成时，应封好各盖板后抽真空至 133Pa 以下，注入低于 −40℃的干燥空气至 0.01～0.03MPa，并应保持此压力，避免设备内部受潮影响设备安装质量及运行安全。

3. 监督要求

开展该项目监督时，可采用查阅资料的方式，主要包括安装过程记录和监理报告；对应监督要点条目，记录是否符合设备安装要求。

4. 整改措施

当发现该项目相关监督要点不满足时，禁止继续施工，应及时报告或向相关职能部门提出相关补救措施建议。

2.3.6.4 冷却器

1. 监督要点及监督依据

设备安装阶段油浸式平波电抗器冷却器监督要点及监督依据见表 3-2-127。

表 3-2-127   设备安装阶段油浸式平波电抗器冷却器监督

监督要点	监督依据
1. 冷却器按制造厂规定的压力值用气压或油压进行密封试验和冲洗（产品特别承诺并充干燥气体运输保管时可不进行）。 2. 油泵转向应正确，转动时应无异常噪声、振动或过热现象，其密封应良好，无渗油或进气现象。 3. 管路中的阀门应操作灵活，开闭位置应正确；阀门及法兰连接处应密封良好。 4. 冷却器起吊应平衡，接口阀门密封、开启位置应预先检查	《直流换流站电气装置安装工程施工及验收规范》（DL/T 5232—2019）7.5.4

2. 监督项目解析

冷却器是设备安装阶段重要的技术监督项目。

油浸式平波电抗器结构复杂，各部件必须按顺序进行安装，确保设备安装质量、工艺。冷却器的安装应满足相关标准要求，安装前应按照制造厂规定的压力值用气压或油压进行密封试验和冲洗，可以有效地确保其密封性和清洁性。避免影响设备整体安装进度及安装质量，确保设备整体的运行安全。

3. 监督要求

开展该项目监督时，可采用查阅资料的方式，主要包括安装过程记录和监理报告；对应监督要点条目，记录是否符合设备安装要求。

4. 整改措施

当发现该项目相关监督要点不满足时，禁止继续施工，应及时报告或向相关职能部门提出相关补救措施建议。

2.3.6.5 套管

1. 监督要点及监督依据

设备安装阶段油浸式平波电抗器套管监督要点及监督依据见表 3-2-128。

表 3-2-128　　　　　　　设备安装阶段油浸式平波电抗器套管监督

监督要点	监督依据
1. SF_6 气体绝缘套管安装后应充注 SF_6 气体到额定压力，充注 SF_6 气体过程应检查各压力触点动作正确，SF_6 气体含水量和气体泄漏率应符合产品技术要求。 2. 高压套管采用 SF_6 气体绝缘套管时，安装后必须全面检查套管油气分离室设置的释放阀处是否出现渗油或漏气。 3. 电抗器铁心和夹件应分别通过套管引出并可靠接地，接地处应有明显的接地符号或"接地"字样	1~2.《直流换流站电气装置安装工程施工及验收规范》（DL/T 5232—2019）7.5.6。 3.《高压直流输电用油浸式平波电抗器技术参数和要求》（GB/T 20837—2007）5.6.9

2. 监督项目解析

套管是设备安装阶段重要的技术监督项目。

油浸式平波电抗器结构复杂，各部件必须按顺序进行安装，确保设备安装质量、工艺。套管的电容式套管安装前应试验合格，瓷套检查无损坏，油位计指示正常；SF_6 气体绝缘套管检查预充压力正常，硅橡胶表面完好，安装过程应符合相关标准要求。确保套管安装前试验数据、外观、油位指示等数据指标完好，具备安装条件，不影响主变压器附件安装的顺序。

3. 监督要求

开展该项目监督时，可采用查阅资料的方式，主要包括安装过程记录和监理报告；对应监督要点条目，记录是否符合设备安装要求。

4. 整改措施

当发现该项目相关监督要点不满足时，禁止继续施工，应及时报告或向相关职能部门提出相关补救措施建议。

2.3.6.6 密封处理

1. 监督要点及监督依据

设备安装阶段油浸式平波电抗器密封处理监督要点及监督依据见表 3-2-129。

表 3-2-129　　　　　　　设备安装阶段油浸式平波电抗器密封处理监督

监督要点	监督依据
1. 所有法兰连接处应用耐油密封垫（圈）密封，密封垫（圈）必须无扭曲、变形、裂纹和毛刺，应与法兰面的尺寸相配合。 2. 现场安装部位的密封垫（圈）应更换新的。 3. 法兰连接面应平整、清洁，密封垫应擦拭干净，安装位置应准确，其搭接处的厚度应与其原厚度相同，橡胶密封垫的压缩量符合产品要求。 4. 通过吸湿器接口充入干燥气体进行密封试验，充气压力 0.015~0.03MPa（按照产品要求执行），24h 无渗漏，密封试验过程注意温度变化对充气压力的影响	《直流换流站电气装置安装工程施工及验收规范》（DL/T 5232—2019）7.5.3、7.9

2. 监督项目解析

密封处理是设备安装阶段重要的技术监督项目。

密封处理不当，影响设备正常运行，会造成渗、漏油缺陷。所有法兰连接处应用耐油密封垫（圈）密封，密封垫（圈）必须无扭曲、变形、裂纹和毛刺，应与法兰面的尺寸相配合。现场安装部位的密封垫（圈）应更换新的。法兰连接面应平整、清洁，密封垫应擦拭干净，安装位置应准确，其搭接处的厚度应与其原厚度相同，橡胶密封垫的压缩量符合产品要求。通过吸湿器接口充入干燥气体进行密封试验，充气压力 0.015～0.03MPa（按照产品要求执行），24h 无渗漏，密封试验过程注意温度变化对充气压力的影响。

3. 监督要求

开展该项目监督时，可采用查阅资料的方式，主要包括安装过程记录和监理报告；对应监督要点条目，记录是否符合设备安装要求。

4. 整改措施

当发现该项目相关监督要点不满足时，禁止继续施工，应及时报告或向相关职能部门提出相关补救措施建议。

2.3.6.7 非电量保护

1. 监督要点及监督依据

设备安装阶段油浸式平波电抗器非电量保护监督要点及监督依据见表 3－2－130。

表 3－2－130　　　　　　　　设备安装阶段油浸式平波电抗器非电量保护监督

监督要点	监督依据
1. SF$_6$ 气体绝缘套管安装后应充注 SF$_6$ 气体到额定压力，充注 SF$_6$ 气体过程气体密度继电器各压力触点动作应正确。 2. 油浸式平波电抗器阀侧套管及穿墙套管应装设可观测的密度（压力）表计，且应安装在阀厅外。 3. 油位表指示必须与储油柜的真实油位相符，不得出现假油位。 4. 气体继电器应经检验合格，安装箭头朝向储油柜。 5. 温度计安装前应经检验合格，信号触点应动作正确，导通良好。 6. 继电器应安装防雨罩	1.《直流换流站电气装置安装工程施工及验收规范》（DL/T 5232—2019）7.5.6。 2.《国家电网公司关于印发变电和直流专业精益化管理评价规范的通知》（国家电网运检〔2015〕224 号）直流专业精益化管理评价细则 二十、换流站非电量保护评价细则。 3～5.《直流换流站电气装置安装工程施工及验收规范》（DL/T 5232—2019）7.5.7。 6.《国家电网有限公司关于印发十八项电网重大反事故措施（修订版）的通知》（国家电网设备〔2018〕979 号）8.2.1.4

2. 监督项目解析

非电量保护是设备安装阶段重要的技术监督项目。

非电量保护装置是油浸式平波电抗器中重要的二次设备，关乎设备的信号回路及保护回路。气体密度继电器各压力触点动作不正确，会引起报警信号不准、保护误动作等运行风险。安装在阀厅外可观测的密度表计便于实时观测压力。气体继电器应经检验合格，安装箭头朝向储油柜。密封性检查：冲入洁净、干燥的 SF$_6$ 气体至额定压力后，进行气体检漏，不得有泄漏点。首次检定时，须扣罩放置 24h 后进行。气体继电器应在真空注油完毕后再安装，瓦斯保护投运前必须对信号跳闸回路进行保护试验。防雨罩可有效保护继电器，避免长时间被雨淋造成继电器老化、受潮、二次回路短路等问题。

3. 监督要求

开展该项目监督时，可采用查阅资料的方式，主要包括安装过程记录和监理报告；对应监督要点条目，记录是否符合设备安装要求。

4. 整改措施

当发现该项目相关监督要点不满足时，禁止继续施工，应及时报告或向相关职能部门提出相关补救措施建议。

2.3.6.8 设备安装质量

1. 监督要点及监督依据

设备安装阶段油浸式平波电抗器设备安装质量监督要点及监督依据见表 3−2−131。

表 3−2−131　　　　　　设备安装阶段油浸式平波电抗器设备安装质量监督

监督要点	监督依据
平波电抗器就位尺寸误差应严格控制，中心线位置偏差应小于 10mm，垂直阀厅本体其长度方向中心线应控制扭转偏差，其长度方向中心线扭转偏差宜小于 5mm	《直流换流站电气装置安装工程施工及验收规范》（DL/T 5232—2019）7.11.8

2. 监督项目解析

设备安装质量是设备安装阶段重要的技术监督项目。

油浸式平波电抗器的设备安装质量直接影响竣工验收及设备的运行安全。平波电抗器就位尺寸误差应严格控制，中心线位置偏差应小于 10mm，垂直阀厅本体其长度方向中心线应控制扭转偏差，其长度方向中心线扭转偏差宜小于 5mm。

3. 监督要求

开展该项目监督时，可采用查阅资料的方式，主要包括安装过程记录和监理报告及设计要求；现场测量，对应监督要点条目，记录是否符合设备安装要求。

4. 整改措施

当发现该项目相关监督要点不满足时，禁止继续施工，应及时报告或向相关职能部门提出相关补救措施建议。

2.3.6.9 消防检查

1. 监督要点及监督依据

设备安装阶段油浸式平波电抗器消防检查监督要点及监督依据见表 3−2−132。

表 3−2−132　　　　　　设备安装阶段油浸式平波电抗器消防检查监督

监督要点	监督依据
平波电抗器区域主要配置有自动水喷雾系统、气压自动报警管道、自动雨淋阀组装置、火灾自动报警联动系统	《直流换流站电力设备安装工程施工及验收规范》（DL/T 5232—2019）13.1.2

2. 监督项目解析

消防检查是设备安装阶段重要的技术监督项目。

消防设施安装的各步骤应合格，特别是隐蔽工程，检验合格后再进行下一步骤，避免返工。

3. 监督要求

开展该项目监督时，可采用查阅资料的方式，主要包括设计文件等；对应监督要点条目，记录是否符合设备安装要求。

4. 整改措施

当发现该项目相关监督点不满足时，禁止继续施工，应及时报告或向相关职能部门提出相关补救措施建议。

2.3.6.10 绝缘油

1. 监督要点及监督依据

设备安装阶段油浸式平波电抗器绝缘油监督要点及监督依据见表 3-2-133。

表 3-2-133　　　　　　　　设备安装阶段油浸式平波电抗器绝缘油监督

监督要点	监督依据
1. 油浸式平波电抗器本体残油宜抽样做电气强度和微水试验，以判断内部状况，其数值应满足订货合同和产品技术要求。 2. 绝缘油的验收与保管应符合下列要求。 （1）到达现场的绝缘油均应有试验记录，并应取样进行简化分析，必要时全分析。 （2）取样数量：大罐油，每罐应取样，取样数量符合相关标准。 （3）放油时应目测，用油罐车运输的绝缘油，油的上部和底部不应有异样；用小桶运输的绝缘油，应对每桶进行目测，辨别其气味、颜色，检查小桶上的标识正确。 3. 新油应试验合格后加注，一般不得混油，如确有需要混油应按照《运行中变压器油质量》（GB/T 7595—2017）的规定执行	1~2.《直流换流站电气装置安装工程施工及验收规范》（DL/T 5232—2019）7.3.6、7.3.5。 3.《±800kV 及以下直流输电工程主要设备监理导则》（DL/T 399—2010）7.3.6

2. 监督项目解析

绝缘油是设备安装阶段重要的技术监督项目。

绝缘油的质量直接影响设备的相关试验结果及安全运行。油浸式平波电抗器本体残油宜抽样做电气强度和微水试验，以判断内部状况，其数值应满足订货合同和产品技术要求。绝缘油应储藏在密封、清洁的专用油罐或容器内。到达现场的绝缘油均应有试验记录，并应取样进行简化分析，必要时全分析。取样数量：大罐油，每罐应取样，取样数量符合标准；放油时应目测，用油罐车运输的绝缘油，油的上部和底部不应有异样；用小桶运输的绝缘油，应对每桶进行目测，辨别其气味、颜色，检查小桶上的标识正确。

3. 监督要求

开展该项目监督时，可采用查阅资料的方式，主要包括安装过程记录和监理报告；对应监督要点条目，记录是否符合设备安装要求。

4. 整改措施

当发现该项目相关监督点不满足时，禁止继续施工，应及时报告或向相关职能部门提出相关补救措施建议。

2.3.6.11 真空注油

1. 监督要点及监督依据

设备安装阶段油浸式平波电抗器真空注油监督要点及监督依据见表 3-2-134。

表 3-2-134　　　　　　　　设备安装阶段油浸式平波电抗器真空注油监督

监督要点	监督依据
1. 注油前电抗器必须进行真空干燥，抽真空布置应满足产品说明书要求，真空泄漏检查应符合产品说明书要求。 2. 真空注油前，应对变压器油进行脱气和过滤处理，达到产品技术标准后方可注入换流变压器或平波电抗器中。	《直流换流站电气装置安装工程施工及验收规范》（DL/T 5232—2019）7.6、7.7

监督要点	监督依据
3. 真空注油前，应检查设备各接地点及油管道已可靠地接地。 4. 平波电抗器必须采用真空注油，注油前真空度应达到制造厂的规定值，注油全过程应保持真空。 5. 注入油的油温宜高于器身温度，注油速度不大于 100L/min。 6. 油面距油箱顶的空隙约 200mm 停止注油或按制造厂规定执行，真空注油量和破真空方法应符合产品说明书要求，阀侧套管升高座油箱注油按产品技术条件要求进行	《直流换流站电气装置安装工程施工及验收规范》（DL/T 5232—2019）7.6、7.7

2. 监督项目解析

真空注油是设备安装阶段重要的技术监督项目。

油浸式平波电抗器为油浸设备，抽真空、注油工序是其重要工序。真空注油是油浸式平波电抗器安装工序中重要工序，应加强监督和管理。注油前应对绝缘油进行脱气和过滤处理，达到产品技术标准后方可注入油浸式平波电抗器中。防止未经处理过的油中气体含量、微水含量、介质损耗值及颗粒度等数据超出滤后注入油浸式平波电抗器前的绝缘油标准，避免油品质量不合格污染设备内部本体。不同牌号绝缘油混合使用有造成个别指标超标的可能性发生，所以使用前必须进行混油试验。可靠接地可避免触电事故或放电火花引发的火灾事故。必须采用真空注油，注油前真空度应达到制造厂的规定值，注油全过程应保持真空。注入油的油温宜高于器身温度，注油速度不宜大于 100L/min。利用压力差将绝缘油注入油浸式平波电抗器，控制注油速度，避免速度过快影响油浸式平波电抗器内部结构及安装质量。油面距油箱顶的空隙约 200mm 停止注油或按制造厂规定执行，真空注油量和破真空方法应符合产品说明书要求，阀侧套管升高座油箱注油按产品技术条件要求进行。

3. 监督要求

开展该项目监督时，可采用查阅资料的方式，主要包括安装过程记录和监理报告；对应监督要点条目，记录是否符合设备安装要求。

4. 整改措施

当发现该项目相关监督要点不满足时，禁止继续施工，应及时报告或向相关职能部门提出相关补救措施建议。

2.3.6.12　热油循环

1. 监督要点及监督依据

设备安装阶段油浸式平波电抗器热油循环监督要点及监督依据见表 3−2−135。

表 3−2−135　　　　　　　　设备安装阶段油浸式平波电抗器热油循环监督

监督要点	监督依据
1. 热油循环前，应对油管抽真空，将油管中空气抽干净。 2. 对平波电抗器本体及冷却器宜同时进行热油循环，如环境温度较低，可间隔 4h 开一组冷却器，以保持器身温度。 3. 热油循环过程中，滤油机加热脱水缸中的温度应控制在 60℃±5℃ 范围内。 4. 热油循环时间：±500～±800kV 等级不少于 72h，±500kV 以下等级不少于 48h，同时变压器油试验必须合格。 5. 热油循环结束后，应关闭注油阀门，开启平波电抗器所有组件、附件及管路的放气阀排气，当有油溢出时，立即关闭放气阀。静置 48h 后，再次排气	《直流换流站电气装置安装工程施工及验收规范》（DL/T 5232—2019）7.8

2. 监督项目解析

热油循环是设备安装阶段重要的技术监督项目。

　　热油循环是油浸式平波电抗器设备安装过程中重要工序，绝缘油质量高低直接影响油浸式平波电抗器的绝缘性能及散热性能，应加强监督和管理。热油循环前，应对油管抽真空，将油管中空气抽干净，避免油管中空气混入油中。器身温度会对油温造成影响，保持器身温度有利于保持热油循环油温。热油循环过程中，滤油机加热脱水缸中的温度应控制在 60℃±5℃ 范围内；既可有效保持油温，又不会造成油温过高而出现碳化现象。热油循环时间：±500～±800kV 等级不少于 72h，±500kV 以下等级不少于 48h，同时油浸式平波电抗器油试验必须合格，确保油浸式平波电抗器内部通过热油循环后充分浸润。热油循环结束后，应关闭注油阀门，开启油浸式平波电抗器所有组件、附件及管路的放气阀排气，当有油溢出时，立即关闭放气阀；静置 48h 后，再次排气。注入油位应达到标准油位，待油温冷却后再次排气可确保油位正确和内部压力正常。

　　3. 监督要求

　　开展该项目监督时，可采用查阅资料的方式，主要包括安装过程记录和监理报告；对应监督要点条目，记录是否符合设备安装要求。

　　4. 整改措施

　　当发现该项目相关监督要点不满足时，禁止继续施工，应及时报告或向相关职能部门提出相关补救措施建议。

2.3.7 设备调试阶段

2.3.7.1 直流电阻测量

　　1. 监督要点及监督依据

　　设备调试阶段油浸式平波电抗器直流电阻测量监督要点及监督依据见表 3-2-136。

表 3-2-136　　　　　　　设备调试阶段油浸式平波电抗器直流电阻测量监督

监督要点	监督依据
绕组连同套管的直流电阻测量：实测直流电阻值与相同温度下出厂试验值相比，其变化幅度不应大于 2%	《直流换流站高压直流电气设备交接试验规程》（Q/GDW 111—2004）7.2、《高压直流设备验收试验》（DL/T 377—2010）7.2

　　2. 监督项目解析

　　绕组连同套管的直流电阻测量是设备调试阶段重要的技术监督项目。

　　绕组连同套管的直流电阻测量可以检验平波电抗器绕组内部导线的焊接质量、引线与绕组的焊接质量，绕组使用导线的规格和材料是否符合设计要求，引线与套管等载流部分接触是否良好，绕组匝间是否短路。绕组连同套管的直流电阻测试数据不合格，说明设备可能存在电抗器接头松动等许多缺陷，应进行现场处理修复或者设备更换，防止带病投产，影响后期竣工验收和运维检修工作的开展。

　　3. 监督要求

　　开展该项目监督，可采用现场见证、查阅设备调试记录及试验测试报告等监督手段，也可采用事后询问试验方法，检查试验方案，复测可疑数据试验项目。查阅试验报告时，试验数据不仅要满足相关规程标准的数据阈值要求，还要注意与历史数据比较无明显变化，数据变化趋势未往恶化方向发展，这样才能判断试验数据合格。根据所查资料和监督执行记录，评价油浸式平波电抗器交接试验报告是否符合相关规程规范的技术要求，是否准确反映设备的技术状态。

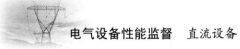

4. 整改措施

当技术监督人员发现试验数据可疑或不满足相关规程要求时,应要求对相关试验项目进行复测。若数据没有变化,应对相关设备状态进行评估,根据评估结果开展诊断工作。

2.3.7.2　电感测量

1. 监督要点及监督依据

设备调试阶段油浸式平波电抗器电感测量监督要点及监督依据见表 3-2-137。

表 3-2-137　　　　　　　　设备调试阶段油浸式平波电抗器电感测量监督

监督要点	监督依据
1. 实测电感值与出厂试验值相比,应无明显差别。 2. 测量工频下的阻抗,计算得到电感值与出厂值相比,变化不应大于 2%	1.《高压直流设备验收试验》(DL/T 377—2010)7.3。 2.《直流换流站高压直流电气设备交接试验规程》(Q/GDW 111—2004)7.3、6.2.2

2. 监督项目解析

电感测量是设备调试阶段重要的技术监督项目。

电感测量可以反映油浸式平波电抗器是否符合设计技术要求。工频下的电感值测试结果可以反映平波电抗器的技术参数。工频电感值与出厂值相比变化不大于 2%,可以认为数据没有明显变化。电感测试数据不合格,说明设备可能存在电抗器匝数不符合设计要求等许多缺陷,应进行现场处理修复或者设备更换,防止带病投产,影响后期竣工验收和运维检修工作的开展。

3. 监督要求

开展该项目监督,可采用现场见证、查阅交接试验报告等方式。

4. 整改措施

当技术监督人员发现试验数据可疑或不满足相关规程要求时,应要求对相关试验项目进行复测。若数据没有变化,应对相关设备状态进行评估,根据评估结果开展诊断工作。

2.3.7.3　介质损耗因数

1. 监督要点及监督依据

设备调试阶段油浸式平波电抗器介质损耗因数监督要点及监督依据见表 3-2-138。

表 3-2-138　　　　　　　设备调试阶段油浸式平波电抗器介质损耗因数监督

监督要点	监督依据
绕组连同套管的介质损耗因数测量: (1)电抗器介质损耗因数在 20~25℃时应不大于 0.005,非被试绕组接地,被试绕组的介质损耗因数与相同温度下出厂试验数据相比应无显著差别,最大不应大于出厂试验值的 130%。 (2)如有需要,应对介质损耗因数进行温度修正	1.《高压直流输电用油浸式平波电抗器技术参数和要求》(GB/T 20837—2007)6.1。 2.《高压直流设备验收试验》(DL/T 377—2010)4.7

2. 监督项目解析

绕组连同套管的介质损耗因数测量是设备调试阶段重要的技术监督项目。

介质损耗因数是判断油浸式平波电抗器绝缘状态的一种较有效的手段,主要用来检查电抗器整体受潮、油质劣化、绕组上附着油泥及严重的局部缺陷。非被试绕组接地可避免耦合电容对介质损耗因数的影响;介质损耗因数与温度密切相关,温度越高,介质损耗因数越大,介质损耗因数应与相同温度下出厂值比较才有意义。被试绕组的介质损耗因数不大于出厂试验值的 130%，可以认为数据无明显差异，绝缘技术状况没有变化。介质损耗因数数据不合格，说明设备内部存在缺陷，应进行现场绝缘修复或者设备更换，防止带病投产，影响后期竣工验收和运维检修工作的开展。

3. 监督要求

开展该项目监督，可采用现场见证、查阅交接试验报告等方式。

4. 整改措施

当技术监督人员发现试验数据可疑或不满足相关规程要求时，应要求对相关试验项目进行复测。若数据没有变化，应对相关设备状态进行评估，根据评估结果开展诊断工作。

2.3.7.4 泄漏试验

1. 监督要点及监督依据

设备调试阶段油浸式平波电抗器泄漏试验监督要点及监督依据见表 3-2-139。

表 3-2-139　　　　　　　　　设备调试阶段油浸式平波电抗器泄漏试验监督

监督要点	监督依据
油箱和冷却器的泄漏试验：平波电抗器安装完毕并充满绝缘油后，当油的高度在盖子处时，用压缩空气施加 50kPa 恒定压力，持续 18h，油箱及附件应不出现可见的油渗漏	《直流换流站高压直流电气设备交接试验规程》（Q/GDW 111—2004）5.2.17。《高压直流设备验收试验》（DL/T 377—2010）4.12

2. 监督项目解析

泄漏试验是设备调试阶段重要的技术监督项目。

油箱和冷却器的泄漏试验是判断油浸式平波电抗器身密封状态的一种较有效的手段。平波电抗器安装完毕并充满绝缘油后，当油的高度在盖子处时，用压缩空气施加 50kPa 恒定压力，持续 18h，可以有效考核平波电抗器耐压力水平，保证了设备焊接工艺。油箱和冷却器的泄漏试验数据不合格，说明设备内部存在缺陷，应进行现场修复或者设备更换，防止带病投产，影响后期竣工验收和运维检修工作的开展。

3. 监督要求

开展该项目监督，可采用现场见证、查阅交接试验报告等方式。

4. 整改措施

当技术监督人员发现试验数据可疑或不满足相关规程要求时，应要求对相关试验项目进行复测。若数据没有变化，应对相关设备状态进行评估，根据评估结果开展诊断工作。

2.3.7.5 非电量保护

1. 监督要点及监督依据

设备调试阶段油浸式平波电抗器非电量保护监督要点及监督依据见表 3-2-140。

表 3-2-140　　　　　　　　　设备调试阶段油浸式平波电抗器非电量保护监督

监督要点	监督依据
1. 气体密度继电器设定点偏差检定。 2. 采用 SF$_6$ 气体绝缘的平波电抗器套管应配置 SF$_6$ 气体密度监视装置，监视装置的跳闸触点应不少于 3 对，并按"三取二"逻辑出口。 3. 温度计安装前应经检验合格，信号触点应动作正确、导通良好，温度计应根据制造厂规定或运行定值进行整定。	1.《压力式六氟化硫气体密度控制器》（JJG 1073—2011）7.3.9。 2.《国家电网有限公司关于印发十八项电网重大反事故措施（修订版）的通知》（国家电网设备〔2018〕979 号）8.2.1.9。

续表

监督要点	监督依据
4. 顶盖上的温度计座内应注以变压器油，密封应良好，无渗油现象；闲置的温度计座也应密封，不得进水。 5. 膨胀式信号温度计的细金属软管不得有压扁或急剧扭曲，其弯曲半径不得小于 50mm	3～5.《直流换流站电力设备安装工程施工及验收规范》（DL/T 5232—2019）7.5.11

2. 监督项目解析

非电量保护是设备调试阶段重要的技术监督项目。

非电量保护装置中，气体密度继电器是电力系统中重要的保护和控制元件。SF_6 绝缘性能在很大程度上取决于 SF_6 气体密度，因此 SF_6 气体密度的监视对保证穿墙套管可靠运行具有重要意义。气体密度继电器设定点的偏差检定可以保证密度继电器监视数据的准确性；采用 SF_6 气体绝缘的穿墙套管监视装置的跳闸触点不少于 3 对，并按"三取二"逻辑出口，可以有效保证设备可靠运行，防止设备保护误动作造成系统跳闸。SF_6 气体密度继电器是保证 SF_6 绝缘型套管可靠运行的重要措施，可以考核产品出厂设备质量和安装质量，有利于减小事故发生概率。气体密度继电器不合格需查明原因，进行现场修复或者更换，防止带病投产，影响后期竣工验收和运维检修工作的开展。

温度计是检测油浸式平波电抗器温度的设备，温度是决定设备绝缘水平的重要因素，温度计的校验精度完全可以影响平波电抗器绝缘水平。绕组温度的测量对于事故的预警以及及时动作有着极其重要的意义，绕组温度计的日常维护以及校验工作不容忽视。无法现场送检的温度计，由制造厂出具合格完整的出厂检验报告，并按制造厂和运行单位要求整定；报告得到运行单位认可后，不送检温度计经现场温度比对检查以及动作和导通检查后，可以保证设备的正常运行。现场多个温度计指示的温度、控制室温度显示装置或监控系统的温度误差不超过 5K，可以认为基本保持一致。温度计不合格需查明原因，进行现场修复或者更换，防止带病投产，影响后期竣工验收和运维检修工作的开展。

3. 监督要求

开展该项目监督，可以采用现场见证、查阅交接试验报告等监督方式。

4. 整改措施

当技术监督人员发现试验数据可疑或不满足相关规程要求时，应要求对相关试验项目进行复测。若数据没有变化，应对相关设备状态进行评估，根据评估结果开展诊断工作。

2.3.7.6　SF_6 气体检测

1. 监督要点及监督依据

设备调试阶段油浸式平波电抗器 SF_6 气体检测监督要点及监督依据见表 3-2-141。

表 3-2-141　　　　　设备调试阶段油浸式平波电抗器 SF_6 气体检测监督

监督要点	监督依据
检测 SF_6 气体微水含量。气体微水含量的测量应在套管充气 48h 后进行，含水量应小于 150μL/L	《±800kV 高压直流设备交接试验》（DL/T 274—2012）5.13

2. 监督项目解析

SF_6 气体检测是设备调试阶段重要的技术监督项目。

SF_6 气体在较高的气压下，过量的水分对气体绝缘设备中固体绝缘件表面闪络电压的影响严重，甚至会导致内部闪络事故，长时间运行后会分解出 HF、SO_2 等产物，对气体绝缘设备中的各种构件会产生腐蚀作用，因此需检查 SF_6 气体微水含量。由于气体刚充进设备时，水分子分布不均匀，需静置 48h 后，待气体稳定后测量气体微水含量，数据才真实可靠。含水量小于 150μL/L，则试验数据合格，可以保证设备安全可靠运行；若试验不合格，确定后应查明原因，现场进行气体回收处理或者设备更换，以免影响设备安装、竣工验收和运维检修工作的开展。

3. 监督要求

开展该项目监督，可以采用现场见证、查阅交接试验报告等方式。

4. 整改措施

当技术监督人员发现试验数据可疑或不满足相关规程要求时，应要求对相关试验项目进行复测。若数据没有变化，应对相关设备状态进行评估，根据评估结果开展诊断工作。

2.3.8　竣工验收阶段

2.3.8.1　设备本体及组部件

1. 监督要点及监督依据

竣工验收阶段油浸式平波电抗器设备本体及组部件监督要点及监督依据见表 3-2-142。

表 3-2-142　　　　竣工验收阶段油浸式平波电抗器设备本体及组部件监督

监督要点	监督依据
1. 本体与附件上的所有阀门位置核对正确。 2. 铁心和夹件的接地引出套管、套管的末屏接地应符合产品技术文件的要求；套管顶部结构的接触及密封应符合产品技术文件的要求。 3. 储油柜和充油套管的油位应正常。 4. 测温装置指示应正确，整定值符合要求。 5. 冷却装置应试运行正常、联动正确；强迫油循环的变压器、电抗器应启动全部冷却装置，循环 4h 以上，并应排完残留空气	《电气装置安装工程　电力变压器、油浸电抗器、互感器施工及验收规范》（GB 50148—2010）4.12.1

2. 监督项目解析

设备本体及组部件是竣工验收阶段比较重要的技术监督项目。

油浸式平波电抗器在移交试运行前应进行全面检查，检查项目应符合相关标准要求。组部件不齐全将直接影响设备的安全运行。

3. 监督要求

开展该项目监督时，可采用查阅资料和现场检查的方式，核查规划可研、工程设计、设备采购、设备制造、设备验收、设备安装、设备调试各阶段技术监督精益化评价表有无未整改问题，如有应查明原因并督促整改。

4. 整改措施

当发现该项目相关监督要点不满足时，应要求相关单位及时处理，直至满足相关规范要求。

2.3.8.2　设备接地

1. 监督要点及监督依据

竣工验收阶段油浸式平波电抗器设备接地监督要点及监督依据见表 3-2-143。

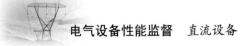

表 3-2-143　　　　　　　　　竣工验收阶段油浸式平波电抗器设备接地监督

监督要点	监督依据
铁心和夹件的接地引出套管、套管的末屏接地应符合产品技术文件的要求	《电气装置安装工程　电力变压器、油浸电抗器、互感器施工及验收规范》（GB 50148—2010）

2. 监督项目解析

设备接地是竣工验收阶段比较重要的技术监督项目。

良好的设备接地，可以有效地保护设备。

3. 监督要求

开展该项目监督时，可采用查阅资料的方式，检查相关资料是否齐全；对应监督要点条目，记录是否符合设备安装要求。

4. 整改措施

当发现该项目相关监督要点不满足时，应及时报告或向相关职能部门提出整改要求并复验。

2.3.8.3　消防检查

1. 监督要点及监督依据

竣工验收阶段油浸式平波电抗器消防检查监督要点及监督依据见表 3-2-144。

表 3-2-144　　　　　　　　　竣工验收阶段油浸式平波电抗器消防检查监督

监督要点	监督依据
平波电抗器区域主要配置有自动水喷雾系统、气压自动报警管道、自动雨淋阀组装置、火灾自动报警联动系统	《直流换流站电力设备安装工程施工及验收规范》（DL/T 5232—2019）13.1.2

2. 监督项目解析

消防检查是竣工验收阶段重要的技术监督项目。

消防设施安装的各步骤应合格，特别是隐蔽工程，检验合格后再进行下一步骤，避免返工。

3. 监督要求

开展该项目监督时，可采用查阅资料的方式，主要包括设计文件等；对应监督要点条目，记录是否符合设备安装要求。

4. 整改措施

当发现该项目相关监督要点不满足时，应及时报告或向相关职能部门提出相关补救措施建议。

2.3.8.4　噪声测量

1. 监督要点及监督依据

竣工验收阶段油浸式平波电抗器噪声测量监督要点及监督依据见表 3-2-145。

表 3-2-145　　　　　　　　　竣工验收阶段油浸式平波电抗器噪声测量监督

监督要点	监督依据
应在工频额定电压下，根据《电力变压器　第 10 部分：声级测定》（GB/T 1094.10—2003）进行噪声测量。测量的噪声水平或声级水平（声压级）应不大于 70dB（A）或依据订货合同规定值（±500kV 设备参照执行）	《±800kV 直流系统电气设备交接验收试验》（Q/GDW 275—2009）4.16

2. 监督项目解析

噪声测量是竣工验收阶段重要的技术监督项目。

噪声对人的危害很大，长期的噪声严重影响人的身体健康。噪声试验不合格，说明设备制造过程中材料规格不符合设计要求，运输或者安装过程有可能造成内部设备松动，将影响后期运维检修工作的开展。

3. 监督要求

开展该项目监督，可采用查阅试验报告等方式进行。

4. 整改措施

当技术监督人员发现试验数据可疑或不满足相关规程要求时，应要求对相关试验项目进行复测。若数据没有变化，应对相关设备状态进行评估，根据评估结果开展诊断工作。

2.3.8.5 油质量检测

1. 监督要点及监督依据

竣工验收阶段油浸式平波电抗器油质量检测监督要点及监督依据见表 3-2-146。

表 3-2-146　　　　　竣工验收阶段油浸式平波电抗器油质量检测监督

监督要点	监督依据
变压器新油应由生产厂家提供新油无腐蚀性硫、结构簇、糠醛及油中颗粒度报告。对 500kV 及以上电压等级的变压器还应提供 T501 等检测报告	《国家电网有限公司关于印发十八项电网重大反事故措施（修订版）的通知》（国家电网设备〔2018〕979 号）9.2.2.3

2. 监督项目解析

油质量检测是竣工验收阶段重要的技术监督项目。

不合格的油品会导致油绝缘性能降低。对变压器新油应进行无腐蚀性硫、结构簇、糠醛及油中颗粒度检测，以保证油品质量合格，满足电抗器安全运行要求。

3. 监督要求

开展该项目监督，具备检测条件时，应对变压器油进行抽测。

4. 整改措施

当发现该项目相关监督要点不满足时，应及时报告或向相关职能部门提出整改后重新验收建议。

2.3.9　运维检修阶段

2.3.9.1　巡视

1. 监督要点及监督依据

运维检修阶段油浸式平波电抗器巡视监督要点及监督依据见表 3-2-147。

表 3-2-147　　　　　运维检修阶段油浸式平波电抗器巡视监督

监督要点	监督依据
1. 巡视周期符合规定。 2. 巡视应包括：外观检查、油温和绕组温度、吸湿器干燥剂、冷却系统声响及振动	《输变电设备状态检修试验规程》（Q/GDW 1168—2013）6.2.1

2. 监督项目解析

巡视是运维检修阶段重要的技术监督项目。

设备投运后，运维检修部门应按规定定期进行巡视，巡视种类分为例行巡视、专业巡视和特殊巡视。通过巡视，对设备进行外观检查和红外测温，掌握设备运行状态，可以及时发现设备运行过程中存在的变形、受损及发热等问题，避免设备故障停运，保证设备安全、稳定、可靠运行。

3. 监督要求

开展该项目监督，可通过查询资料（巡视记录）方式，检查巡视项目、周期是否符合要求。

4. 整改措施

当技术监督人员查阅资料发现巡视周期不满足相关标准时，应及时将现场情况通知相关运维单位，督促运维单位按照相关标准要求的周期开展相关巡视工作。

2.3.9.2　状态检测

1. 监督要点及监督依据

运维检修阶段油浸式平波电抗器状态检测监督要点及监督依据见表3-2-148。

表3-2-148　　　　　运维检修阶段油浸式平波电抗器状态检测监督

监督要点	监督依据
1. 带电检测周期、项目应符合相关规定。 2. 停电试验应按规定周期开展，试验项目齐全；当对试验结果有怀疑时应进行复测，必要时开展诊断性试验	1.《国家电网公司变电检测管理规定（试行）》[国网（运检/3）829—2017]附录A。 2.《输变电设备状态检修试验规程》(Q/GDW 1168—2013) 5.1.1、5.1.2

2. 监督项目解析

状态检测是运维检修阶段重要的技术监督项目。

带电检测可及时发现设备运行隐患，结合停电试验，判断设备运行状况，是设备评价和检修的基础。检测周期、项目、试验数据等应符合相关规定，正确反映设备的技术状态，指导设备投产和后期运行检修。

3. 监督要求

开展该项目监督时，主要采用查阅资料的方式，主要检查状态检测记录。

4. 整改措施

当技术监督人员查阅资料发现状态检测报告不齐全或报告记录存在问题时，应及时将现场情况通知相关运维单位，督促运维单位及时开展相关整改工作。

2.3.9.3　状态评价

1. 监督要点及监督依据

运维检修阶段油浸式平波电抗器状态评价监督要点及监督依据见表3-2-149。

表3-2-149　　　　　运维检修阶段油浸式平波电抗器状态评价监督

监督要点	监督依据
1. 运维单位每年应在年度检修计划制订前，按照国家电网有限公司《电网设备状态检修管理标准和工作标准》的要求，对所辖范围内的平波电抗器开展定期评价，状态评价报告依照设备管理权限，逐级履行审核、批准手续。定期评价每年不少于一次。 2. 状态评价结果准确，符合《油浸式变压器（电抗器）状态评价导则》(Q/GDW 10169—2016)，制订的检修策略符合《油浸式变压器（电抗器）状态检修导则》(Q/GDW 170—2008)。	《油浸式电力变压器（电抗器）技术监督导则》(Q/GDW 11085—2013) 5.9.3

监督要点	监督依据
3. 按照《输变电设备风险评估导则》（Q/GDW 1903—2013）要求进行风险评估。 4. 除定期评价以外，运维单位还应按照国家电网有限公司《电网设备状态检修管理标准和工作标准》的要求开展动态评价，包括对设备首次评价、缺陷评价、不良工况评价、检修评价、特殊时期专项评价等，并制订有针对性的设备维护措施计划，确保设备状态管控到位	《油浸式电力变压器（电抗器）技术监督导则》（Q/GDW 11085—2013）5.9.3

2. 监督项目解析

状态评价是运维检修阶段比较重要的技术监督项目。

通过对油浸式平波电抗器的状态评价，可以熟悉设备的运行状态并根据运行情况制订合适的检修策略。

3. 监督要求

开展该项目监督时，主要采用查阅资料的方式，主要检查状态评价记录。

4. 整改措施

当技术监督人员查阅资料发现状态评价报告不齐全或报告记录存在问题时，应及时将现场情况通知相关运维单位，督促运维单位及时开展相关整改工作。

2.3.9.4 故障缺陷处理

1. 监督要点及监督依据

运维检修阶段油浸式平波电抗器故障缺陷处理监督要点及监督依据见表 3−2−150。

表 3−2−150　　　　　运维检修阶段油浸式平波电抗器故障缺陷处理监督

监督要点	监督依据
1. 是否定期向上级生产管理部门和绝缘监督委托单位上报出现的严重、危急缺陷和发生故障的高压电气设备的分析评估报表。 2. 是否按时完成年度绝缘缺陷统计和事故统计，并及时上报生产主管部门和绝缘监督委托单位。 3. 对于发现缺陷和发生故障的设备是否及时开展分析评估工作，以指导下一步的生产。 4. 缺陷处理是否按照发现、处理和验收的顺序闭环运作	《高压电气设备绝缘技术监督规程》（DL/T 1054—2007）6.4、5.4.1.13、6.3、5.4.1.10

2. 监督项目解析

故障缺陷处理是运维检修阶段比较重要的技术监督项目。

故障缺陷处理是对现有缺陷的统计和分析，应及时消除缺陷，避免故障发生，形成闭环运作模式。

3. 监督要求

开展该项目监督时，主要查阅事故分析评估报告、重大缺陷分析记录、缺陷闭环管理记录等资料。

4. 整改措施

当技术监督人员查阅资料发现事故分析报告、重大缺陷分析记录、缺陷闭环管理记录等资料不齐全或试验数据存在问题时，应及时将现场情况通知相关运维单位，督促运维单位及时开展相关整改工作。

2.3.9.5 状态检修

1. 监督要点及监督依据

运维检修阶段油浸式平波电抗器状态检修监督要点及监督依据见表 3−2−151。

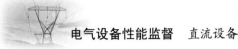

表 3-2-151　　　　　　　运维检修阶段油浸式平波电抗器状态检修监督

监督要点	监督依据
1. 执行 A、B 类检修时，解体、检查、装配、绝缘油处理、器身干燥、注油等关键工序应严格按有关规定执行。同时，应按规程要求加强电抗器非电量保护、控制装置等附件的维护和校验工作。 2. 电抗器停运 6 个月以上重新投运前，应进行例行试验，对于寒冷天气情况，要重新滤油循环。对核心部件或主体进行解体性检修后重新投运的，可参照新设备要求执行。现场备用电抗器应视同运行设备进行例行试验	《油浸式电力变压器（电抗器）技术监督导则》（Q/GDW 11085—2013）5.9.4

2. 监督项目解析

状态检修是运维检修阶段最重要的技术监督项目之一。

按照标准周期对油浸式平波电抗器开展相关检修试验和带电检测，是保证设备安全稳定运行最基础和有效的方法。

3. 监督要求

开展该项目监督时，主要检查检修报告等。

4. 整改措施

当技术监督人员查阅资料发现检修报告不齐全或试验数据存在问题时，应及时将现场情况通知相关运维单位，督促运维单位及时开展相关检修、试验和校验工作。

2.3.9.6　反措执行情况

1. 监督要点及监督依据

运维检修阶段油浸式平波电抗器反措执行情况监督要点及监督依据见表 3-2-152。

表 3-2-152　　　　　　　运维检修阶段油浸式平波电抗器反措执行情况监督

监督要点	监督依据
1. 油浸式平波电抗器内部故障跳闸后，应自动停运冷却器潜油泵。 2. 应确保油浸式平波电抗器就地控制柜的温度、湿度满足电子元器件对工作环境的要求。 3. 运行期间，油浸式平波电抗器的重瓦斯保护应投跳闸。 4. 当油浸式平波电抗器在线监测装置报警、轻瓦斯报警或出现异常工况时，应立即进行油色谱分析并缩短油色谱分析周期，跟踪监测变化趋势查明原因及时处理。 5. 应定期对油浸式平波电抗器本体及套管油位进行监视。若油位有异常变动，应结合红外测温、渗油等情况及时判断处理。 6. 油浸式平波电抗器投运前应检查套管末屏接地是否良好。 7. 检修期间，应对油浸式平波电抗器气体继电器和油流继电器接线盒按照每年 1/3 的比例进行轮流开盖检查，对气体继电器和油流继电器轮流校验	《国家电网有限公司关于印发十八项电网重大反事故措施（修订版）的通知》（国家电网设备〔2018〕979 号）8.2.1.10、8.2.1.11、8.2.3.1～8.2.3.3、8.2.3.6、8.2.3.7

2. 监督项目解析

反措执行情况是运维检修阶段比较重要的技术监督项目。

重瓦斯保护是油浸式平波电抗器最重要的非电量保护，当设备内部发生严重故障产生大量的故障气体导致内部压力激增，重瓦斯保护气体继电器动作使设备跳闸是保护故障不继续扩大的一个重要手段。当设备油色谱在线监测装置报警、轻瓦斯报警或设备出现其他异常时，应立即开展油化试验，检查油浸式平波电抗器绝缘油是否产生故障特征气体来判断设备是否存在内部故障；若有应缩短油色谱分析周期并开展其他带电检测工作，查明故障原因并及时处理相关故障。运行期间，油浸式平波电抗器本体油位应在正常范围内，油位异常升高或异常降低均属于异常情况，需结合红外测温等其他手段判断设备真实油位：如果油位真实升高，应辅以油化试验等其他方法检查油位升高的真实原因；如果油位真实降低，应检查设备是否存在渗漏油情况。套管末屏如果不接地，会使套管绝缘层承受高电压，严重的会使绝缘层击穿对地放电造成设备损坏，所以在投运前或检修时应检查套管末屏接地良好。气体继电器和压力释放阀应定期校验，通过校验检查其能否正确按照定值动作，防止其内部损坏造成触点误动或不动引发更严重的后果。

3. 监督要求

开展该项目监督时，主要采取查阅检修报告的方式。

4. 整改措施

当技术监督人员发现不满足反措相关要求时，应及时将现场情况通知相关运维单位，督促运维单位及时开展相关整改工作。

2.3.9.7 SF$_6$气体回收

1. 监督要点及监督依据

运维检修阶段油浸式平波电抗器 SF$_6$气体回收监督要点及监督依据见表 3-2-153。

表 3-2-153　　　　运维检修阶段油浸式平波电抗器 SF$_6$气体回收监督

监督要点	监督依据
设备解体是否对设备进行气体全面分析，确定其有害成分含量，制订防毒措施，有无通过气体回收装置对 SF$_6$气体全部回收；对回收的气体应按照规定处理再利用	《六氟化硫电气设备中气体管理和检测导则》（GB/T 8905—2012）11.3.1

2. 监督项目解析

SF$_6$气体回收是运维检修阶段重要的技术监督项目。

SF$_6$气体是被《京都议定书》禁止排放的 6 种温室气体之一，直接排入大气会加剧温室效应，对环境保护不利；纯净的 SF$_6$无毒，但人体吸入过多会引起窒息；故障后设备内的 SF$_6$气体含有大量有毒成分，泄漏后会威胁人体健康。

3. 监督要求

开展该项目监督，通过查阅 SF$_6$气体台账的方式，检查是否按规定回收 SF$_6$气体。

4. 整改措施

当技术监督人员查阅资料发现 SF$_6$气体回收记录不齐全时，应及时将现场情况通知相关运维单位，督促运维单位及时开展相关整改工作。

2.3.10　退役报废阶段

2.3.10.1　技术鉴定

1. 监督要点及监督依据

退役报废阶段油浸式平波电抗器技术鉴定监督要点及监督依据见表 3-2-154。

表 3-2-154　　　　退役报废阶段油浸式平波电抗器技术鉴定监督

监督要点	监督依据
1. 电网一次设备进行报废处理，应满足以下条件之一：① 国家规定强制淘汰报废；② 设备厂家无法提供关键零部件供应，无备品备件供应，不能修复，无法使用；③ 运行日久，其主要结构、机件陈旧，损坏严重，经大修、技术改造仍不能满足安全生产要求；④ 退役设备虽然能修复但费用太大，修复后可使用的年限不长，效率不高，在经济	《电网一次设备报废技术评估导则》（Q/GDW 11772—2017）4、5.3

续表

监督要点	监督依据
上不可行；⑤ 腐蚀严重，继续使用存在事故隐患，且无法修复；⑥ 退役设备无再利用价值或再利用价值小；⑦ 严重污染环境，无法修治；⑧ 技术落后不能满足生产需要；⑨ 存在严重质量问题不能继续运行；⑩ 因运营方式改变全部或部分拆除，且无法再安装使用；⑪ 遭受自然灾害或突发意外事故，导致毁损，无法修复。 　　2. 油浸式平波电抗器满足下列技术条件之一，宜进行整体或局部报废：① 运行超过20年，按照《电力变压器　第5部分：承受短路的能力》（GB 1094.5—2008）规定的方法进行抗短路能力校核计算，抗短路能力严重不足，无改造价值；② 经抗短路能力校核计算确定抗短路能力不足、存在线圈严重变形等重要缺陷，或同类型设备短路损坏率较高并判定为存在家族性缺陷；③ 容量已明显低于供电需求，不能通过技术改造满足电网发展要求，且无调拨再利用需求；④ 同类设计或同批产品中已有绝缘严重老化或多次发生严重事故，且无法修复；⑤ 运行超过20年，试验数据超标、内部存在危害绕组绝缘的局部过热或放电性故障；⑥ 运行超过20年，油中糠醛含量超过4mg/L，按《油浸式变压器绝缘老化判断导则》（DL/T 984—2018）判断设备内部存在纸绝缘非正常老化；⑦ 运行超过20年，油中 CO_2/CO 大于10，按《油浸式变压器绝缘老化判断导则》（DL/T 984—2018）判断设备内部存在纸绝缘非正常老化；⑧ 套管出现严重渗漏、介质损耗值超过《输变电设备状态检修试验规程》（Q/GDW 1168—2013）标准要求，套管内部存在严重过热或放电性缺陷，同类型套管多次发生严重事故，无法修复，可局部报废	《电网一次设备报废技术评估导则》（Q/GDW 11772—2017）4、5.3

2. 监督项目解析

技术鉴定是退役报废阶段最重要的技术监督项目之一。

油浸式平波电抗器长时间运行或遭受严重不良工况，绝缘受损或老化，本体及组部件无法修复或修复成本高，需要通过技术鉴定综合评价其运行成本、运行风险和环境影响，制订退役报废措施。

3. 监督要求

开展该项目监督时，主要采用查阅资料（项目建议书、油浸式平波电抗器设备鉴定意见）的方式。

4. 整改措施

当技术监督人员查阅资料或现场检查发现油浸式平波电抗器退役报废申报资料不齐全时，应及时将现场情况通知相关运维单位，督促运维单位及时开展相关整改工作。

2.3.10.2　SF_6 气体回收

1. 监督要点及监督依据

退役报废阶段油浸式平波电抗器 SF_6 气体回收监督要点及监督依据见表3-2-155。

表3-2-155　　　　　退役报废阶段油浸式平波电抗器 SF_6 气体回收监督

监督要点	监督依据
电气设备检修、解体退役或者电气设备中 SF_6 气体质量不满足要求时，是否对设备进行气体全面分析，确定其有害成分含量，制订防毒措施，通过气体回收装置对 SF_6 气体全部回收；严禁向大气排放	《六氟化硫电气设备中气体管理和检测导则》（GB/T 8905—2012）11.3.1

2. 监督项目解析

SF_6 气体回收是退役报废阶段比较重要的技术监督项目。

SF_6 气体是被《京都议定书》禁止排放的6种温室气体之一，直接排入大气会加剧温室效应，对环境保护不利；纯净的 SF_6 无毒，但人体吸入过多会引起窒息；故障后设备内的 SF_6 气体含有大量有毒成分，泄漏后会威胁人体健康。

3. 监督要求

开展该项目监督，通过查阅 SF_6 气体台账的方式，检查是否按规定回收 SF_6 气体。

4. 整改措施

当技术监督人员查阅资料发现 SF_6 气体回收记录不齐全时，应及时将现场情况通知相关运维单位，督促运维单位及时开展相关整改工作。

2.3.10.3 绝缘油回收

1. 监督要点及监督依据

退役报废阶段油浸式平波电抗器绝缘油回收监督要点及监督依据见表 3－2－156。

表 3－2－156 　　　　　退役报废阶段油浸式平波电抗器绝缘油回收监督

监督要点	监督依据
电气设备检修、解体退役或者电气设备中绝缘油利用及处置应符合相关要求	《废矿物油回收利用污染控制技术规范》（HJ 607—2011）

2. 监督项目解析

绝缘油回收是退役报废阶段比较重要的技术监督项目。

绝缘油的燃点低、生物降解性差，直接排放容易发生火灾、污染土壤和水源，可以通过集中处理和再生重复利用。

3. 监督要求

开展该项目监督，通过查阅绝缘油台账的方式，检查是否按规定回收绝缘油。

4. 整改措施

当技术监督人员查阅资料发现绝缘油回收记录不齐全时，应及时将现场情况通知相关运维单位，督促运维单位及时开展相关整改工作。

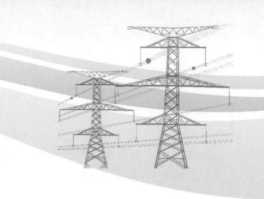

3

换流变压器、干式平波电抗器和油浸式平波电抗器技术监督典型案例

3.1 换 流 变 压 器

【案例1】违反设备采购阶段换流变压器组附件要求，导致到货验收不合格。

1. 情况简介

某换流站换流变压器到货验收时，检测发现其有载分接开关达不到要求，存在可能更换其中的部分结构及组件供货厂家、降低生产成本的情况。

2. 问题分析

经与供应商约谈确认，供应商为了控制成本，更改了工艺设计方案，技术裕度有限。在出厂验收环节或到货验收环节，若对应技术监督项目未得到有效执行时，也可能会使该缺陷未被及时发现。

3. 处理措施

（1）要求项目单位退货至供应商，并要求供应商认真整改，按照采购技术规范要求重新设计和生产。

（2）加强设备采购阶段的监督，规范换流变压器设备选型、组件、支柱绝缘子等的技术要求，明确结构及组件的供应商、产地信息、规格型号等。

（3）以此为契机，针对性开展专项抽检工作；加强设备驻厂监造和关键点见证工作；加强对供应商原材料组部件和生产制造工艺保障的监督检查。

（4）建立完善的供应商不良行为处理机制，严肃质量问题追责处理，建立闭环联动机制，督促供应商重视产品质量，严惩虚假投标、以旧代新、以次充好等行为，推动电工装备制造向中高端迈进。

寄望通过监督和处理，逐步引导供应商自觉提高产品和服务质量，公平参与投标，有序竞争、诚信履约，营造供需双方"扩大范围与保证供应市场稳定、提高工作效率与规范管理行为、追求企业效益与保障社会公平"的关系，旨在达到质量优先、价格合理、诚信双赢的物资采购与供应要求。

【案例 2】 设备调试阶段换流变压器套管发热。

1. 情况简介

某换流站开展直流偏磁调试项目，当极Ⅰ低端直流功率升至 1000MW（正送）时，现场检查发现极Ⅰ低端 Y/YA 相换流变压器阀侧末端套管阀厅墙壁洞口封堵处过热，有烧焦痕迹，红外测温显示过热处温度达到 303℃；对极Ⅰ低端其余换流变压器阀侧套管阀厅墙壁洞口封堵处测温，共有四处洞口封堵过热。该换流站开展极Ⅰ低端大负荷试验，当功率 2000MW 满负荷时，现场检查发现极Ⅰ低端 Y/DA 相阀侧末端套管阀厅墙壁封堵处发热，红外测温为 184℃。

2. 问题分析

极Ⅰ低端换流变压器转检修后，检查极Ⅰ低端 Y/YA 相换流变压器阀侧末端套管洞口封堵，发现该套管与换流变压器洞口封堵防火板接触无空隙。查阅经研院图纸，换流变压器洞口封堵防火板用不燃材料矿棉填充，防火板表面金属为 1.0mm 厚镀锌钢板，外表面敷以 0.25mm 厚聚乙烯薄膜；设计图纸说明中要求墙上的金属构件和换流变压器金属部分之间不可有任何直接的接触，两者之间要有 50mm 的空隙，现场安装时该空隙不可小于 30mm。对比现场检查情况与设计图纸要求，发现现场防火板封堵与阀侧套管之间空隙距离不满足设计要求。

换流变压器阀侧套管中导电杆流过变化的电流产生交变磁场，当阀侧套管升高座金属表面与阀厅墙壁防火板金属部分接触时，防火板金属部分即切割交变磁力线从而在防火板金属表面产生涡流进而产生热量，导致阀厅墙壁封堵防火板发热，温度升高将封堵材料防水膜烧焦。如果换流变压器洞口封堵开口与换流变压器套管表面之间有较大空隙，磁通穿过薄镀锌钢板的狭窄截面时，涡流形成的回路比较狭小，回路中的电动势较小，回路的长度较长，则可以显著减小涡流损耗和发热量，不会形成发热现象。

3. 处理措施

极Ⅰ低端 Y/DA 相阀侧末端套管阀厅墙壁封堵处发热点已处理，需要在下次极Ⅰ低端满负荷时进行复测确认。

针对此缺陷，对双极高端换流变压器穿墙洞口封堵时要严格按照设计图纸要求及说明进行操作，穿孔完成后须经监理和运维单位检查、验收合格。

【案例 3】 设备本体及组附件验收监督不到位导致换流变压器本体压力释放阀动作报警。

1. 情况简介

某换流站调试期间，极Ⅰ高端 Y/DA 相换流变压器本体压力释放报警，本体压力释放阀泄油管喷油。检查发现本体重瓦斯储油柜侧阀门内部状态和外部指示不一致，阀门位置如图 3-3-1 所示，设备阀门实际为关闭状态，导致换流变压器本体与储油柜之间油回路隔绝。

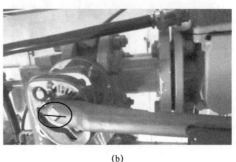

（a）　　　　　　　　　　　　　　（b）

图 3-3-1　阀门位置

（a）错误阀门位置（凹痕与把手垂直）；（b）正确阀门位置（凹痕与把手平行）

2．问题分析

换流变压器投运前，应全面检查油回路阀门实际位置是否正确，避免油回路阀门位置不正确导致设备故障。

3．处理措施

技术监督人员在竣工验收阶段应对阀门进行专项检查和验收，并使用限位装置，保证阀门状态不误动。

【案例4】设备本体及组附件验收监督不到位导致换流变压器本体重瓦斯跳闸误动作闭锁直流系统。

1．情况简介

2016年6月2日，某换流站极Ⅰ Y/D B相换流变压器气体继电器电缆进线从接口盒上方接入，雨水从电缆护套倒灌至气体继电器接线盒，引起重瓦斯保护动作闭锁直流系统。气体继电器电缆进线接线如图3-3-2所示。

2．问题分析

户外端子箱和接线盒的进线电缆额外加装护套时，应具有防止护套进水的措施，避免护套破损后雨水倒灌至端子箱和接线盒内，导致触点受潮、绝缘性能降低。

3．处理措施

针对问题，在竣工验收阶段针对非电量保护继电器接线盒进行专项检查，及早发现缺陷，排除变形、受潮以及进水隐患。

【案例5】例行巡视发现换流变压器本体吸湿器大量漏油。

1．情况简介

某换流站运行期间例行巡视，发现某台高端换流变压器本体吸湿器发生大量漏油情况，胶囊泄漏监测装置报警。

2．问题分析

检查发现储油柜胶囊有2处破裂点，导致内部进油，胶囊破损如图3-3-3所示。该换流变压器的储油柜和胶囊是从变压器厂分别单独运输到现场后组装，安装时胶囊被钝物砸伤，组装后未进行胶囊密封试验。

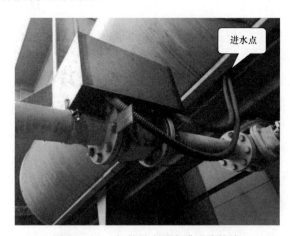

图3-3-2　气体继电器电缆进线接线

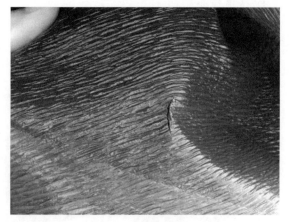

图3-3-3　胶囊破损

3．处理措施

针对该问题，需在工程设计阶段提高设备选型合理性的要求，则可避免发生此类因工艺问题造成胶囊破损导致漏油的缺陷，在停电检修时对胶囊进行专项检查，及时发现胶囊破损的隐患。

【案例 6】反措执行情况监督不到位导致本体压力释放阀动作告警。

1. 情况简介

2015 年 6 月 15 日，某换流站换流变压器本体储油柜与胶囊吸湿器间阀门故障、吸湿器呼吸不畅导致压力释放阀动作。吸湿器与胶囊间虽设置阀门，但阀门开合位置无明显标志，内部开度不足，运维人员无法判断阀门开合位置，无法满足温度升高时及时平衡内外部压力的需求，导致压力释放阀动作。

2. 问题分析

换流变压器和平波电抗器本体储油柜与胶囊吸湿器间若设置阀门，开合位置应具有明显标志。

3. 处理措施

技术监督人员在竣工验收阶段应检查换流变压器本体储油柜与胶囊吸湿器间是否设置阀门，若设置阀门，开合位置应具有明显标志；在运维检修阶段例行巡视期间应检查吸湿器是否通畅，防止吸湿器堵塞引起压力释放阀动作。

3.2 干式平波电抗器

【案例 1】违反设备采购阶段干式平波电抗器选型及组件要求，导致到货验收不合格。

1. 情况简介

某站干式平波电抗器到货验收时，检测发现其股间及匝间绝缘的耐热等级达不到 F 级，内、外线圈表面涂耐紫外线的绝缘防护漆达不到要求，存在可能更换其中的部分结构及组件供货厂家、降低生产成本的情况。

2. 问题分析

经与供应商约谈确认，供应商为了控制成本，更改了工艺设计方案，技术裕度有限。在出厂验收环节或到货验收环节，若对应技术监督项目未得到有效执行时，也可能会使该缺陷未被及时发现。

3. 处理措施

（1）要求项目单位退货至供应商，并要求供应商认真整改，按照采购技术规范要求重新设计和生产。

（2）加强设备采购阶段的监督，规范干式平波电抗器设备选型、组件、支柱绝缘子等的技术要求，明确结构及组件的供应商、产地信息、规格型号等。

（3）以此为契机，针对性开展专项抽检工作；加强设备驻厂监造和关键点见证工作；加强对供应商原材料组部件和生产制造工艺保障的监督检查。

（4）建立完善的供应商不良行为处理机制，严肃质量问题追责处理，建立闭环联动机制，督促供应商重视产品质量，严惩虚假投标、以旧代新、以次充好等行为，推动电工装备制造向中高端迈进。

寄望通过监督和处理，逐步引导供应商自觉提高产品和服务质量，公平参与投标，有序竞争、诚信履约，营造供需双方"扩大范围与保证供应市场稳定、提高工作效率与规范管理行为、追求企业效益与保障社会公平"的关系，旨在达到质量优先、价格合理、诚信双赢的物资采购与供应要求。

【案例2】干式平波电抗器直流电阻与出厂值比较误差超过 2%。

1. 情况简介

某换流站平波电抗器直流电阻交接试验测试值，换算至出厂值，误差超过 2%。

2. 问题分析

干式平波电抗器匝间通过导线涂刷绝缘漆进行绝缘。由于生产、运输和安装过程的振动等原因，绝缘漆存在脱落的可能。直流电阻测试值换算至出厂值误差超过 2%，说明电抗器匝间存在短路，导致电阻值变化。

3. 处理措施

技术监督人员应在设备调试阶段加强设备直流电阻试验值的监督，重点是直流电阻与出厂值误差是否超过 2%，试验结果不满足规程要求要进行资料检查和数据复测，并对同批次设备进行数据复核。

【案例3】专业巡视监督发现平波电抗器金具接头发热。

1. 情况简介

某换流站大负荷试验期间，红外测温发现极Ⅱ极母线 L3 平波电抗器线路侧金具存在过热现象，最高温度达 116℃，平波电抗器发热部位红外热像图及实物如图 3-3-4 所示。

图 3-3-4 平波电抗器发热部位红外热像图及实物
（a）红外热像图；（b）实物图

2. 问题分析

根据该台平波电抗器投运以来历次连接金具发热情况，认为接头过热原因可能是平波电抗器运行过程中振动导致连接金具紧固螺栓松动和连接金具通流裕度不足等问题。

3. 处理措施

为治理过热，现场增大导流板截面积，并且在导流板对接位置增加过渡板以进一步降低载流密度。经核算，改造前载流面积为 25000mm²、载流密度为 0.2A/mm²，改造后载流面积为 63000mm²、载流密度为 0.079A/mm²。直流系统满负荷运行期间，对改造接头进行红外测温，直流场侧接头温度为 62℃，阀厅侧接头温度为 45℃，改造工作效果明显。平波电抗器改造前后结构对比如图 3-3-5 所示。

提高平波电抗器工程设计阶段"平波电抗器主要参数"关于接头载流密度的标准和要求，可避免发生此类金具接头发热的隐患；在运维检修阶段加强对设备的红外测温工作，可及早发现此类金具接头发热的隐患。

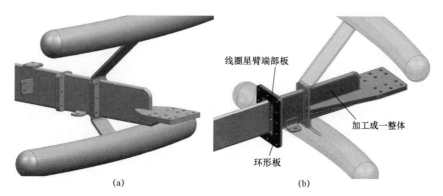

图 3-3-5　平波电抗器改造前后结构对比示意图

（a）改造前；（b）改造后

3.3　油浸式平波电抗器

【案例 1】 违反设备采购阶段油浸式平波电抗器组附件要求，导致到货验收不合格。

1. 情况简介

某换流站油浸式平波电抗器到货验收时，检测发现其就地控制（控制箱）系统达不到要求，存在可能更换其中的组件供货厂家、降低生产成本的情况。

2. 问题分析

经与供应商约谈确认，供应商为了控制成本，更改了工艺设计方案，技术裕度有限。在出厂验收环节或到货验收环节，若对应技术监督项目未得到有效执行时，也可能会使该缺陷未被及时发现。

3. 处理措施

（1）要求项目单位退货至供应商，并要求供应商认真整改，按照采购技术规范要求重新设计和生产。

（2）加强设备采购阶段的监督，规范油浸式平波电抗器组附件设备选型、组件、支柱绝缘子等的技术要求，明确结构及组件的供应商、产地信息、规格型号等。

（3）以此为契机，针对性开展专项抽检工作；加强设备驻厂监造和关键点见证工作；加强对供应商原材料组部件和生产制造工艺保障的监督检查。

（4）建立完善的供应商不良行为处理机制，严肃质量问题追责处理，建立闭环联动机制，督促供应商重视产品质量，严惩虚假投标、以旧代新、以次充好等行为，推动电工装备制造向中高端迈进。

寄望通过监督和处理，逐步引导供应商公平参与投标，有序竞争、诚信履约，营造供需双方"扩大范围与保证供应市场稳定、提高工作效率与规范管理行为、追求企业效益与保障社会公平"的关系，旨在达到质量优先、价格合理、诚信双赢的物资采购与供应要求。

【案例 2】 铁心支持绝缘子存在裂纹导致铁心绝缘电阻下降。

1. 情况简介

某换流站油浸式平波电抗器设备调试阶段交接试验时，发现铁心绝缘电阻相比出厂值有明显下降。

2. 问题分析

经检查，铁心的支持绝缘子有一条贯穿裂纹，导致绝缘电阻测试时，绝缘电阻相比出厂值有明显下降。

3. 处理措施

技术监督人员应在设备出厂和安装阶段加强设备外观检查，在设备制造阶段加强设备绝缘件监督，重点在出厂监造时，检查绝缘件是否全部完成绝缘试验，试验结果不满足要求的需进行资料检查。若在设备制造阶段技术监督人员发现设备绝缘测试卡空白，则应立即停止该支持绝缘子的安装工作，检查同型号、同批次绝缘件绝缘试验是否已完成并合格。若其他绝缘试验合格且外观等其他条件均满足出厂要求，则将该绝缘件进行设备装配。

【案例3】继电器验收监督不到位导致重瓦斯保护误动闭锁直流系统。

1. 情况简介

某换流站因油浸式平波电抗器气体继电器接线盒内进水引起瓦斯保护动作导致直流系统闭锁。检查发现气体继电器变形造成密封不严、进水受潮，导致保护触点绝缘下降、保护误动闭锁直流系统。气体继电器接线盒盖板变形和受潮情况如图 3-3-6 所示。

(a)　　　　　　　　　　　　　　(b)

图 3-3-6　气体继电器接线盒盖板变形和受潮情况

(a) 盖板变形；(b) 受潮情况

2. 问题分析

改进气体继电器结构设计、选材和生产工艺；主设备保护继电器均需加装防雨罩并在盖板扣合处加涂玻璃密封胶；保护继电器接线盒使用厂家规定力矩紧固，以防止螺钉过紧造成继电器盖板变形。改进设计后，未再发生类似故障。

3. 处理措施

技术监督人员在规划可研阶段提高对油浸式平波电抗器气体继电器设备选型的要求，可避免发生此类因继电器接线盒盖板变形导致进水的隐患；在竣工验收阶段，针对非电量保护继电器接线盒应进行专项检查，及早发现缺陷，排除变形、受潮以及进水隐患。

【案例4】反措执行情况监督不到位导致重瓦斯保护容易误动。

1. 情况简介

某换流站开展变电站全站检查时，发现该油浸式平波电抗器气体继电器采用三对触点，即一对轻瓦斯报警触点、两对重瓦斯动作触点，每对重瓦斯动作触点与对应测控系统相连。如果回路上任意一个元件误动将直接出口，闭锁直流系统。

2. 问题分析

将现有继电器换型，即更换为一对轻瓦斯报警触点、三对重瓦斯动作触点的气体继电器。采用"三取二"选择出口，三个保护回路完全相同，具有其各自独立的电源回路、信号输入/输出回路。气体继电器"三取二"跳闸回路如 3-3-7 所示。改进设计后，运行至今未再发生类似故障。

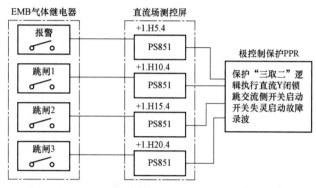

图 3-3-7　气体继电器"三取二"跳闸回路示意图

3. 处理措施

技术监督人员在工程设计阶段应重点检查非电量保护继电器的配置是否满足反措相关要求，提高非电量保护继电器动作的可靠性；在设备竣工验收阶段，应仔细检查保护配置是否存在保护误动的隐患。

第 4 部分

直流开关设备技术监督

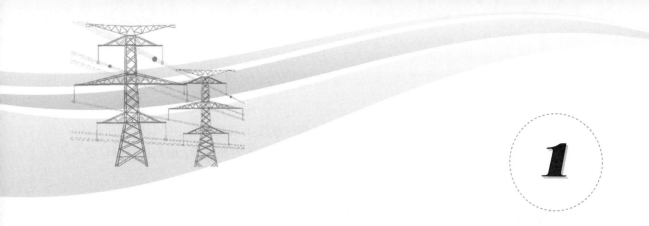

直流开关设备技术监督基本知识

1.1 直流开关设备简介

　　直流输电工程是以直流输电的方式实现电能传输的工程。与传统的交流输电系统相比，直流输电系统有突出的优点：直流输电架空线路只需正负两极导线，杆塔结构简单，线路造价低、损耗小；直流电缆线路输送容量大、造价小、损耗小、不易老化、寿命长，且输送距离远；直流输电不存在交流输电的稳定问题，有利于远距离、大容量送电；采用直流输电可以实现电力系统之间的非同步联网；直流输电输送的有功功率和换流器消耗的无功功率均可由控制系统进行控制；在直流输电作用下，只有电阻起作用，电感和电容均不起作用，且可以很好地利用大地这个良导体；直流输电可方便地进行分期建设和增容扩建，有利于发挥投资效益。直流输电在我国乃至世界是一种发展趋势。

　　直流输电系统一般由整流站、逆变站和直流输电线路三部分组成。其中，整流站是把交流电转化为直流电，逆变站是把直流电转化为交流电，整流站和逆变站统称为换流站，换流站阀侧主接线如图4-1-1所示。直流输电系统又可分为单极系统（正极或负极）、双极系统（正负两极）和背靠

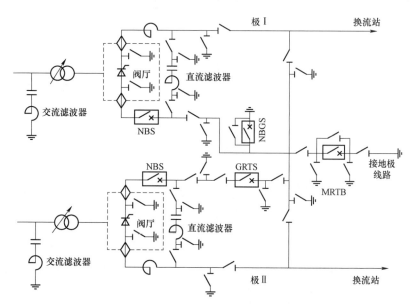

图 4-1-1　换流站阀侧主接线示意图

MRTB—金属回路转换开关；NBGS—中性母线接地开关；GRTS—大地回路转换开关；NBS—中性母线开关

背直流系统（无直流输电线路）三种类型。直流输电工程一般采用双极系统中的双极运行方式。

直流开关设备主要包括直流转换开关、直流隔离开关和直流接地开关等，根据设置的位置不同，其功能也不尽相同，下面分别予以介绍。

1.1.1　直流转换开关

1.1.1.1　直流转换开关分类

直流转换开关的主要用途是在运行中改变运行方式以及清除回路及接地极引线等故障。根据直流回路结构形式的不同以及在回路中的不同作用，直流转换开关主要分为以下四类。

1. 金属回路转换开关（metallic return transfer breaker，MRTB）

MRTB 装设于接地极线回路中，用以将直流电流从单极大地回路转换到单极金属回路，以保证转换过程中不中断直流功率的输送。如果允许暂时中断直流功率的输送，则可不装设 MRTB。MRTB 分闸时，断开 MRTB 所连接的接地极线路，大地回路的电流被全部转移至并联的金属回路，简化的 MRTB 分闸原理如图 4-1-2 所示。根据并联电路的分流原理，一方面，电流 I_N 将按照两条并联支路电阻的反比进行分配；另一方面，在设计 MRTB 时应根据其需要分断的最大电流考虑，此时直流极线电阻值最大，接地极线路电阻值最小。

2. 大地回路转换开关（ground return transfer switch，GRTS）

GRTS 装设在接地极线与极线之间，它是为了用来在不停运的情况下将直流电流从单极金属回路转换至单极大地回路。GRTS 的分闸工况和 MRTB 类似，GRTS 必须与 MRTB 联合使用，其分闸原理如图 4-1-3 所示。

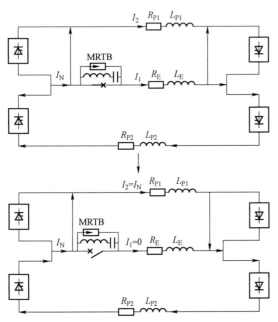

图 4-1-2　简化的 MRTB 分闸原理图

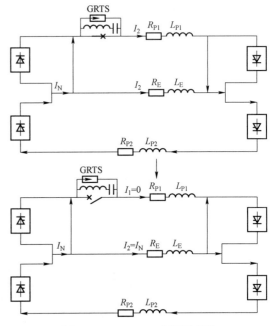

图 4-1-3　GRTS 分闸原理图

I_N—非故障极直流电流；R_{P1}—故障极回路的电阻；
L_{P1}—故障极回路的电感；R_{P2}—正常极回路的电阻；
L_{P2}—正常极回路的电感；R_E—接地极回路的电阻；
L_E—接地极回路的电感

3. 中性母线开关（neutral bus switch，NBS）

当单极计划停运时，换流阀在没有投旁通对的情况下闭锁，换流阀将使该极直流电流降为零，NBS 在无电流情况下分闸。当正常双极运行时，如果一个极的内部出现接地故障，故障极带投旁通对闭锁，则利用 NBS 将正常极注入接地故障点的直流电流转换至接地极线路。NBS 最严酷的工况是如下情形：系统单极故障后换流器投旁通对闭锁，此时正常极通过旁通对向故障极的接地故障点注入一定的直流电流，此时需要 NBS 分闸将此电流转移至接地极线路中，NBS 分闸原理如图 4-1-4 所示。若故障接地点恰在平波电抗器出口处，则电流 I_N 几乎全部流入故障接地点，此时 NBS 的分闸工况最为严重。

4. 中性母线接地开关（neutral bus grounding switch，NBGS，又称高速接地开关）

NBGS 装设于中性线与换流站接地网之间。当接地极线路断开时，不平衡电流将使中性母线电压升高，为了防止双极闭锁，提高高压直流输电系统的稳定性，利用 NBGS 的合闸来建立中性母线与大地的连接，以保持双极继续运行，从而提高高压直流输电系统的可用率。当接地极线路恢复正常运行时，NBGS 必须能将流经它至换流站接地网的电流转换至接地极线路。当 NBS 无法进行转换时，NBGS 也可以提供临时接地通路，以减少 NBS 的转换电流。NBGS 的最严重工况是如下情形：单极故障停运后，接地极线路又因发生故障而断开，因此 NBGS 合闸。接地极线路恢复后，同 NBGS 接地回路构成并联回路，此时要求 NBGS 分闸，将电流转移至接地极线路。由于通过 NBGS 直接连入站内接地网，电流 I_N 几乎全部流入站内接地网。NBGS 分闸原理如图 4-1-5 所示。

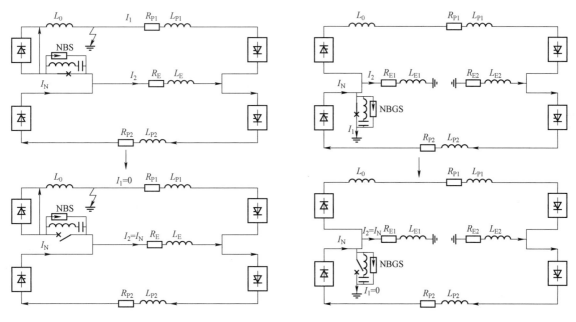

图 4-1-4 NBS 分闸原理图   图 4-1-5 NBGS 分闸原理图

直流电流的开断不像交流电流可以利用交流电流的过零点，为了使直流电流开断或转换，必须利用辅助回路形成电流零点并且提供吸能装置。采用有源辅助回路，由于有源型直流转换开关中的电容器可以预先充电，断路器的选择简单方便，可实施性高；充电装置的设计制造及其运行的稳定性是研发的难点。随着研发技术的提高，各大公司的产品及工程应用都采用了代表直流转换开关发展方向的无源型技术。采用无源型辅助回路，为确保能得到高的电弧电压产生振荡过零，对断路器的结构设计有较高的要求，实施起来风险性较大，但是已有成型的断路器能满足要求，无源型直流转换开关由于不带充电装置，其整体方案设计更具有优势，且运行维护更加方便。

直流转换开关转换直流电流的过程如下：

直流电流转换过程分为两个阶段，即断路器断口电弧熄灭前和熄灭后。当 SF$_6$ 断路器触头开始分离时，断口间产生电弧，由于电弧的不稳定性以及动态负阻特性，在开关断口与 LC 支路构成的环路中激起高频振荡电流，该振荡电流叠加在开关断口的直流电流之上。当振荡电流的幅值超过流过开关断口的直流电流时，流过开关断口的总电流就会出现过零点，此时，SF$_6$ 断路器断口间的电弧熄灭。电弧熄灭后，流过 SF$_6$ 断路器断口的直流电流 i_B 被转移到 LC 支路，并在很短的时间内将电容器充电到避雷器的动作电压水平，此电压称为换向电压。为了能转换直流电流，必须建立足够大的反向转换电压，才能强迫直流电流转到其他路径中，其大小由跨接在断路器两端的避雷器的伏安特性决定。接着避雷器动作 LC 支路中的电流又被转移到避雷器中，随后流过避雷器的电流渐渐减小，直至为零。这样，流过该直流转换开关的直流电流就被渐渐地转移到与之并联的其他回路中去了。由此可知，直流转换开关开断直流电流不是一次性完成的，而是通过一个逐步转换的过程把流过直流转换开关的直流电流转换到与之并联的其他回路中去。避雷器的作用是把电容器上的电压限制到希望的值，并且吸收转换过程的能量。

按照工作原理的不同，直流转换开关一般可分为无源型和有源型两类，其原理如图 4-1-6 所示。

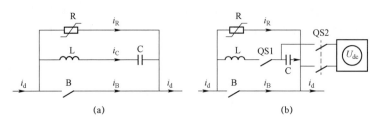

图 4-1-6 直流转换开关原理图
(a) 无源型；(b) 有源型

无源型直流转换开关一般是由 1 台 SF$_6$ 断路器、1 台电容器和 1 台避雷器组成，有时还有 1 台电抗器，无源型直流转换开关的结构如图 4-1-7 所示。有源型直流转换开关，是在无源型直流转换开关的基础上增加了 2 组隔离开关 QS1、QS2 及 1 台直流充电装置 U_{dc}。无源叠加振荡电流方式是利用电弧电压随电流增大而下降的非线性负电阻效应的原理进行工作，在与电弧间隙并联的 LC 回路中产生自激振荡（因此，无源叠加振荡电流方式又被称为无源自激振荡方式），使电弧电流叠加上振荡电流，当总电流过零时实现遮断。因此，这种方式是根据断口间隙电弧的不稳定性，利用电弧电压波动使电弧与 LC 振荡回路之间存在一个充放电过程，并且电弧的非线性负电阻效应又使充放电电流的振幅不断增大，从而实现总电流强迫过零。由于这种方式的控制过程较为简单，因而回路的可靠性较高。鉴于其工作原理，断路器与 LC 回路的参数必须要较好地配合。这种方式的断路器在开断过程中电流过零后即使发生电弧重燃现象，也不会影响之后电流过零点的二次形成。所以，目前我国在特高压直流输电系统中主要使用的是无源自激振荡型的直流转换开关。

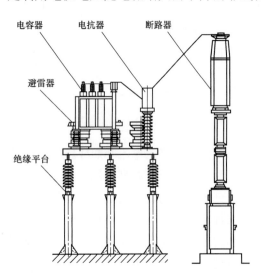

图 4-1-7 无源型直流转换开关结构示意图

有源型叠加振荡电流方式是由外部电源先向振荡回路的电容 C 充电,紧接着电容 C 和电感 L 组成 LC 振荡电路向断路器的断口间隙放电,产生振荡电流叠加在原直流电流之上,在总电流中形成电流过零点。有源型直流转换开关中,电容器开始时并没有和断路器连接,只是由充电器将其预充电到一定的直流电压,在断路器触头分离之后的合适时刻,合上隔离开关 QS2,预充过电的电容器跨接到断路器上。充过电的电容器激发谐振电流,这样,断路器断口电流过零时,断口间电弧熄灭。由此可见,有源型叠加振荡电流方式采用了多个控制步骤,对可靠性有一定影响;但有源型叠加振荡电流方式容易产生足够大的振荡电流,开断的成功率也较高。

对于无源及有源型直流转换开关来说,当断口间电弧熄灭之后,两者的工作原理完全一样。

1.1.1.2 直流转换开关功能单元

直流转换开关包括开断装置、辅助回路、单极合闸开关、绝缘平台及充电装置等功能单元,具体由断路器、电容器、电抗器、避雷器以及绝缘平台等设备组成,其整体外形如图 4-1-8 所示。

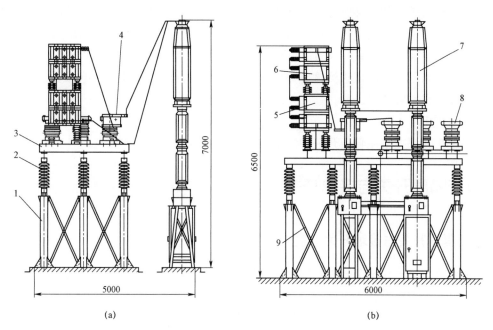

图 4-1-8　直流转换开关整体外形示意图

(a) 视图 1;(b) 视图 2

1—支柱;2—支柱绝缘子;3—H 型钢架;4—电抗器;5、6—电容器组;7—断路器;8—避雷器;9—连接杆

1. 开断装置单元

开断装置是直流转换开关中用以开断电流的装置,一般用交流断路器代替。断路器也单独作为直流转换开关的一个并联支路,采用高压 SF₆ 断路器。断路器灭弧室采用具有特殊结构的自能加压气式灭弧原理,适合开断直流转换电流,整个灭弧室的结构和技术都比较成熟。断路器配一台液压弹簧操动机构,操作功大,性能可靠稳定。

2. 辅助回路单元

辅助回路是直流转换开关中与开断装置并联的电路。无源型直流转换开关的辅助回路通常包括电容器、电抗器和非线性电阻;有源型直流转换开关的辅助回路还包括单极合闸开关和充电装置。辅助回路的作用是产生振荡电流,使流过开断装置的电流产生过零点。

(1)电容器组是由一定数量的电容器单元以及构架等组成的电容器成套装置,一个带套管的钢壳定义为电容器单元，带电部分包在钢壳里。电容器由串联和/或并联电容器单元组成。电容器单元安装在钢架上，钢架安装在支撑架上，并和绝缘平台有电气连接。电容器单元设计为双出线连接结构，这种结构耐爆能力强，外绝缘水平更高，在故障情况下，不容易引起连锁反应性的击穿。

（2）电抗器为干燥绝缘、空心且空气自冷却式。此类设计技术成熟、可靠性高。

（3）非线性电阻由一定数量的避雷器单元构成，每一个单元由一个完整的带底部接线端子和顶部接线端子的外套组成，电阻片封装在外套中。根据要求的最大能量，避雷器由多柱并联组成，电阻片放置在合适的外套中。在设计时，应使每个外套的底部端子与钢制平台直接连接。

3. 单极合闸开关单元

单极合闸开关是有源型直流转换开关中连接电容器和电抗器的开关装置，用于在特定时刻关合电抗器与已充电的电容器的回路以产生振荡。

4. 绝缘平台单元

绝缘平台是在直流转换开关中，满足一定对地绝缘水平，用于支撑直流转换开关辅助回路设备的平台。绝缘平台由统一的支柱绝缘子形成直流转换开关主要元件电容器、避雷器和电抗器的对地绝缘，实现各元件在平台上的电气连接，可大大减少各元件分别进行对地绝缘所用的支柱绝缘子数量，并提供同一安装基准面；并可以通过设计不同规格的绝缘子，变换安装平台用 H 型钢的型号和安装位置，满足超高压、特高压直流输电系统用各电压等级直流转换开关的绝缘要求和工程设计要求，有效提高设计和安装效率。

5. 充电装置单元

充电装置是在有源型直流转换开关中给辅助回路中的电容器充电的装置。

1.1.2　直流隔离开关与接地开关

1.1.2.1　直流隔离开关与接地开关分类

换流站主要负责交—直—交转换功能，因此除装有普通交流变电站所装有的交流设备外，还有与换流有关的直流设备以及相关的辅助设备。直流隔离开关和接地开关除了配合直流转换开关设备进行运行方式的转换外，主要还应用于检修的隔离与接地。通常按照使用场所分为以下几种类型：① 阀厅内接地开关，安装在高压和低压穿墙套管的阀厅侧，以保证阀厅内设备检修时的安全性；② 直流滤波器隔离开关安装在每一直流滤波器的高压侧和低压侧，用于直流滤波器在故障和检修时的隔离；③ 中性母线隔离开关安装在 NBGS 的接地极一侧，以便于检修时的隔离；④ 带有接地开关的高压极线隔离开关安装在每一高压极线上，以便在直流线路检修时将线路与换流站隔离；⑤ 接地极引线隔离开关与 MRTB 并联，为 MRTB 提供旁路；⑥ 其他还包括开关断开状态或检修用的 MRTB 用隔离开关、金属回路隔离开关、MRTB 用接地开关、GRTS 检修用隔离开关。

1.1.2.2　直流隔离开关与接地开关功能单元

1. 直流隔离开关

隔离开关及接地开关的主要作用：在检修电气设备时用于隔离电压，使检修的设备与带电部分之间有明显可见的断口；在改变设备状态时用来配合断路器协同完成倒闸操作，以及进行电路的切换操作及接通或断开小电流电路。隔离开关及接地开关没有灭弧装置，一般只有在电路断开的情况下才能操作。该功能单元主要是由直流隔离开关、接地开关（有的没有）和操动机构箱组成。极线和直流滤波器高压直流隔离开关要配置招弧角。

直流隔离开关的接地开关有带两把闸刀、带一把闸刀和不带闸刀之分。直流隔离开关有三柱水平旋转式或双柱水平伸缩式,接地开关有单臂立开式或单臂垂直伸缩式。相关型式的直流隔离开关如图 4-1-9 和图 4-1-10 所示。

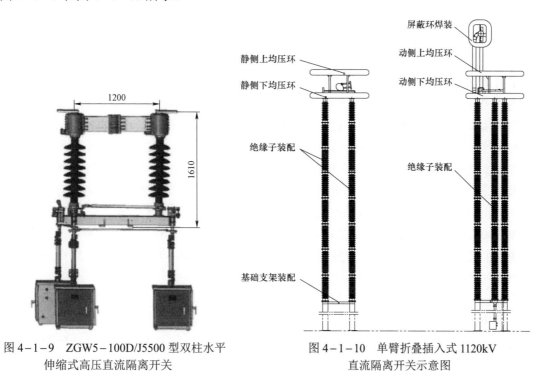

图 4-1-9　ZGW5-100D/J5500 型双柱水平
伸缩式高压直流隔离开关

图 4-1-10　单臂折叠插入式 1120kV
直流隔离开关示意图

直流隔离开关在直流场中主要用于极线侧、中性母线侧、滤波器侧以及断路器附近,与断路器共同构成保护设备,有高压隔离开关、低压隔离开关之分。

按照部件的功能,隔离开关可以分为导电系统、支柱绝缘子和操作绝缘子、操动机构和机械传动系统及底座。

(1)导电系统。隔离开关的导电系统是指隔离开关主导电回路,是系统电流流经的部分,包括接线端子装配部分、端子与导电杆的连接部分、导电杆、动触头和静触头装配等。隔离开关的主导电回路是电力系统主回路的组成部分,承受额定电流的通过,所以导电回路的设计应能耐受 1.1 倍额定电流而不超过允许温升值。

隔离开关的连接部分是指导电系统中各个部件之间的连接,包括接线端子与接线座的连接、接线座与导电杆的连接、导电杆与导电杆的连接(折叠式动触杆)、动触头与静触头之间的连接。这些连接部分有固定连接,也有活动连接(包括旋转部件的导电连接),这些连接部位的可靠性是保证导电系统可靠导电的关键。接线端子及载流部分应清洁且应接触良好,接线端子(或触头)镀银层应无脱落,可挠连接应无折损,表面应无严重凹陷及锈蚀,设备连接端子应涂以薄层电力复合脂。

隔离开关的触头是在合闸状态下系统电流通过的关键部位,它由动、静触头间通过一定的压力接触后形成电流通道。长久地保持动、静触头之间必需的接压力,是保证隔离开关长期可靠运行的关键。触头弹簧应进行防腐防锈处理,应尽量采用外压式触头,如采用内压式触头,其触头弹簧必须采用可靠的防弹簧分流措施。对于静触头悬挂在母线上的单柱式隔离开关或接地开关,静触头应满足额定接触区的要求。触头间应接触紧密,两侧的接触压力应均匀且符合产品技术文件要求;当采用插入连接时，导体插入深度应符合产品技术文件要求。触头表面应平整、清洁，并涂以薄层中性凡士林。

（2）支柱绝缘子和操作绝缘子。隔离开关的支柱绝缘子是用以支撑其导电系统并使其与地绝缘的绝缘子，同时它还支撑隔离开关的进、出引线；操作绝缘子则通过其转动将操动机构的操作力传递至与地绝缘的动触头系统，完成分合闸的操作。不同形式的隔离开关，支柱绝缘子同时也可作为操作绝缘子，既起支持作用，也起操作作用，如双柱式或三柱式隔离开关；但对于单柱式隔离开关，则要分设支柱绝缘子和操作绝缘子，各司其职。不管是支柱绝缘子还是操作绝缘子，它们既是电气元件，也是机械部件。

支柱绝缘子应垂直于底座平面（V形隔离开关除外），且连接牢固；同一绝缘子柱的各绝缘子中心线应在同一垂直线上；同相各绝缘子柱的中心线应在同一垂直平面内。对于易发生黏雪、覆冰的区域，支柱绝缘子在采用大小相间的防污伞形结构的基础上，每隔一段距离应采用一个超大直径伞裙（可采用硅橡胶增爬裙），支柱绝缘子所用伞裙伸出长度为8～10cm；当绝缘子表面灰密为等值盐密的5倍及以下时，支柱绝缘子统一爬电比距应满足要求。爬距不满足规定时，可复合支柱或复合空心绝缘子，也可将未满足污区爬距要求的绝缘子涂覆RTV（室温硫化硅橡胶）。绝缘子表面应清洁，无裂纹、破损、焊接残留斑点等缺陷，绝缘子与金属法兰胶装部位应牢固、密实，在绝缘子金属法兰与瓷件的胶装部位应涂以性能良好的防水密封胶。在钳夹最不利的位置下，隔离开关支柱绝缘子和硬母线的支柱绝缘子不应受额外的作用力。

我国多项直流工程投运以来，随着周围环境的恶化及设备的长时间、大负荷运行，换流站高压直流设备多次出现污闪情况。绝缘子的污闪电压（$U_{50\%}$）通常与试验盐密（ESDD）成幂指数关系，以幂指数对试验结果进行曲线拟合，可得到隔离开关支柱绝缘子的直流污闪电压特性如图 4-1-11 所示。

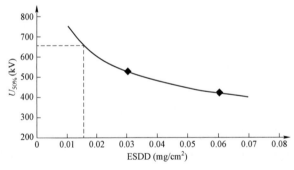

图 4-1-11　隔离开关支柱绝缘子直流污闪电压特性示意图

（3）操动机构和机械传动系统。隔离开关的分合闸是通过操动机构和包括操作绝缘子在内的机械传动系统来实现的，操动机构分为人力操作和动力操作两种机构。人力或动力操作又可分为直接操作和储能操作，储能操作一般是使用弹簧，可以是手动储能，也可以是电动机储能，或者是用压缩介质储能。在机械传动系统中，还包括隔离开关和接地开关之间的防止误操作的机构联锁装置，以及机械连接的分合闸位置指示器。

电动、手动操作应平稳、灵活、无卡涩，电动机的转向应正确，分合闸指示应与实际位置相符、限位装置应准确可靠、辅助开关动作应正确。操动机构输出轴与其本体传动轴应采用无级调节的连接方式。隔离开关、接地开关平衡弹簧应调整到操作力矩最小并加以固定，接地开关垂直连杆应涂以黑色油漆标识。折臂式隔离开关主拐臂调整应过死点。

传动机构拐臂、连杆、轴齿、弹簧等部件表面不应有划痕、锈蚀、变形等缺陷，具有良好的防腐性能。轴销应采用优质防腐、防锈材质，且具有良好的耐磨性能，轴套应采用自润滑无油轴套，其耐磨、耐腐蚀、润滑性能与轴应匹配，转动连接轴承座应采用全密封结构，至少应有两道密封，不允许设注油孔。轴承润滑必须采用二硫化钼锂基脂润滑剂，保证在设备周围空气温度范围内能起到良好的润滑作用，严禁使用黄油等易失效变质的润滑脂。

机构箱应密闭良好，防雨防潮性能良好，箱内安装有防潮装置时，加热装置应完好，加热器与各元件、电缆及电线的距离应大于 50mm；机构箱内控制和信号回路应正确并符合《电气装置安装工程　盘、柜及二次回路接线施工及验收规范》（GB 50171—2012）的有关规定。

（4）底座。隔离开关的底座是支柱和操作绝缘子的装配和固定基础，也是操动机构和机械传动系统的装配基础。隔离开关的底座可分为共底座和分离底座；分离底座中，每极的动、静触头分别装在两个底座上。

2. 阀厅接地开关

阀厅接地开关是安装于阀厅内的接地开关，通常为单柱接地式；根据阀厅设计，其静触头可安装于阀厅内管形母线或均压罩上。

阀厅接地开关的主要功能是实现换流变压器和换流阀检修、停运时的保护性接地。它包括一个刀臂和操动机构（安装在墙上），以及在套管顶部屏蔽罩上或均压环内的固定触点。

阀厅接地开关的元件包括触头、接地端子、刀臂、操动机构、铰接机构和齿轮箱、驱动杆和刀头等。阀厅接地开关合闸和分闸状态分别如图 4-1-12 和图 4-1-13 所示。

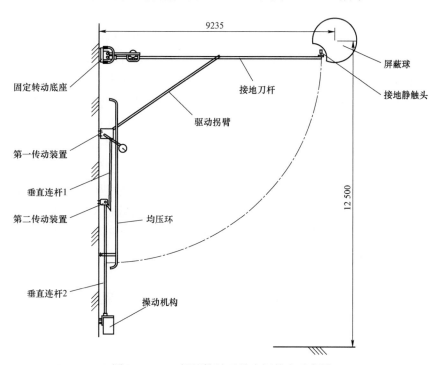

图 4-1-12　阀厅接地开关合闸状态示意图

在闭合状态时，接地开关应能够耐受动态和热稳短路电流。在短路电流的影响下，接地开关不应该打开；操动轴断开时，不应改变接触位置。在短路力、重力、振动、冲击或者偶然碰到操动机构的传动杆时，操动部分不应改变开合的状态。

阀厅内的接地开关一般为侧墙式安装，应安装在整流阀厅内套管附近的墙壁上，并能够耐受以下外力的组合：设备自身的重力，设备额定运行时的电磁力和机械力。同时，接地静触头能适当地

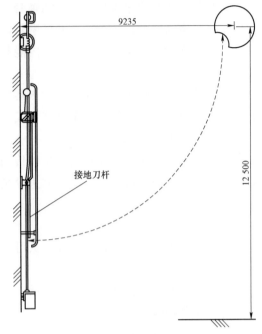

图 4-1-13 阀厅接地开关分闸状态示意图

安装在各种高压设备上，这样可以方便地对高压设备提供接地。

阀厅接地开关主要由墙面上的本体部分和安装在各种高压设备上的接地静触头组成。底座装配、齿轮箱装配和操动机构共同构成了接地开关的本体部分，底座装配上安装有接地刀杆，通过接地刀杆的运动插入接地静触头实现对安装接地静触头设备的接地作用。本体的齿轮箱内装有两个正交的锥形齿轮，这样能够实现转换操动机构的运动方向，四连杆结构由齿轮箱内的拐臂和底座装配的转动座及拉杆共同构成。接地开关承受的电压是根据不同安装位置确定的，为了能够实现不同位置的接地开关都能够顺利地进行分合闸，一般在本体的底座上设置有一对正交的锥齿轮，能够使其与接地刀杆同时运动，通过配重块的重力矩变化来实现对接地刀杆分合闸过程中的重力矩的平衡，以实现接地开关运动高可靠性的运行。

为了将电晕对阀厅内接地开关的影响降低到最低，一般会在接地开关中装设屏蔽环。接地开关的额定电压与它在阀厅中的位置也有关系，在换流变压器的阀绕组侧所承受的电压为直流叠加交流电压。在直流的作用下，自由电荷在不同介质分界面上达到稳定分布后，电流场分布也达到稳态，这时接地开关本体内部的场强分布完全由它的介质电阻率的高低决定。

阀厅接地开关的工作原理为：首先是操动机构执行指定的动作，然后阀厅接地开关利用垂直的连杆来使齿轮箱内的锥齿轮转动起来，并将操动机构由水平的旋转动作转变为垂直的动作，再通过齿轮箱中由拐臂、连杆和转动座构成的四连杆系统共同带动接地刀杆实现转动，实现安装有动触头的接地刀杆上插入或离开接地静触头，从而实现接地开关的分合闸操作。

要注意对接地开关的动触头进行一定的处理：一般实行铜镀银处理，在端部通常采用锥度导向，方便插入接地静触头时有效地减少操作动作带来的阻力，实现顺畅插入。对接地静触头通常采用环形的玫瑰瓣触指，触指通常采用镀银处理，并且在静触头上安装有环形的弹簧，以实现与动触头的多片同时接触，电路中电流通过压紧的银—银触头流过。

一般接地刀杆是通过自身的重力与安装在底座上的配重块配合来保持平衡，因接地刀杆与配重块都是做圆周旋转运动，所以刀杆的重力矩变化曲线在拟合后可以保持平衡，从而使接地开关的操作有较高的平稳可靠性。

1.2 直流开关设备技术监督依据的标准体系

1.2.1 直流转换开关

直流转换开关包含 SF_6 断路器、电容器、电抗器、非线性电阻、单极合闸开关、绝缘平台、充电装置等诸多功能单元，采用 SF₆ 气体作为绝缘介质，因此其标准体系包含对多类功能单元技术条件、设计选型、安装施工、交接试验、运行维护、状态评价、竣工验收等方面的要求以及国家电网有限公司发布的一系列反事故措施文件，具体分类如下。

1. 直流转换开关设备整体及各功能单元产品及技术要求

主要是指对直流转换开关及其内部功能单元与绝缘介质的使用条件、额定参数、设计与结构以及试验等方面的相关要求，具体包括：

《高压直流转换开关》（GB 25309—2010）；

《高压交流断路器》（GB 1984—2014）；

《交流无间隙金属氧化物避雷器》（GB 11032—2010）；

《高压并联电容器使用技术条件》（DL/T 840—2016）；

《高压并联电容器用串联电抗器》（JB/T 5346—2014）；

《电力变压器　第 6 部分：电抗器》（GB 1094.6—2011）；

《工业六氟化硫》（GB/T 12022—2014）。

2. 直流转换开关设备及其功能单元设计选型标准

主要是指电网规划设计单位在开展直流转换开关选型、参数核算以及零部件设计等工作时依据的产品设计、计算规程及选用导则，具体包括：

《高压交流断路器参数选用导则》（DL/T 615—2013）；

《导体和电器选择设计技术规定》（DL/T 5222—2005）；

《并联电容器装置设计技术规程》（SDJ 25—1985）；

《交流金属氧化物避雷器选择和使用导则》（GB/T 28547—2012）；

《干式电抗器技术监督导则》（Q/GDW 11077—2013）。

3. 直流转换开关设备及其功能单元安装施工标准

《电气装置安装工程　高压电器施工及验收规范》（GB 50147—2010）；

《直流换流站电气装置安装工程施工及验收规范》（DL/T 5232—2019）；

《交流高压开关设备技术监督导则》（Q/GDW 11074—2013）。

4. 直流转换开关设备及其功能单元交接试验标准

《电气装置安装工程　电气设备交接试验标准》（GB 50150—2016）；

《高压直流设备验收试验》（DL/T 377—2010）。

5. 直流转换开关设备及其功能单元状态评价标准

《直流断路器状态评价导则》（Q/GDW 1953—2013）；

《SF₆ 高压断路器状态评价导则》（Q/GDW 10171—2016）；

《并联电容器装置（集合式电容器装置）状态评价导则》（Q/GDW 452—2010）；

《金属氧化物避雷器状态评价导则》（Q/GDW 454—2010）。

6. 直流转换开关设备及其功能单元竣工验收标准

《±800kV 及以下直流输电工程启动及竣工验收规程》（DL/T 5234—2010）；

《高压开关设备和控制设备标准的共用技术要求》（GB 11022—2011）。

7. 直流转换开关设备及其功能单元运维检修标准

《直流断路器状态检修导则》（Q/GDW 1952—2013）；

《输变电设备状态检修试验规程》（Q/GDW 1168—2013）。

1.2.2　直流隔离开关与接地开关

直流隔离开关与接地开关标准体系包含对设计选型、安装施工、交接试验、运行维护、状态评价、竣工验收等方面的要求以及国家电网有限公司发布的一系列反事故措施文件,具体分类如下。

1. 直流隔离开关与接地开关设备技术要求

《高压直流隔离开关和接地开关》(GB/T 25091—2010);

《直流隔离开关通用技术规范》[《国家电网公司物资采购标准(2009 年版)　常规直流卷(第二批)》];

《国家电网公司电网实物资产管理规定》(国家电网企管〔2014〕1118 号);

《国家电网有限公司关于印发十八项电网重大反事故措施(修订版)的通知》(国家电网设备〔2018〕979 号)。

2. 直流隔离开关与接地开关设备设计选型标准

《导体和电器选择设计技术规定》(DL/T 5222—2005)。

3. 直流隔离开关与接地开关设备安装施工标准

《直流换流站电气装置工程施工及验收规范》(DL/T 5232—2019);

《建筑变形测量规范》(JGJ 8—2016);

《交流高压开关设备技术监督导则》(Q/GDW 11074—2013)。

4. 直流隔离开关与接地开关设备交接试验标准

《高压直流设备验收试验》(DL/T 377—2010)。

5. 直流隔离开关与接地开关设备状态评价标准

《国家电网公司直流专业精益化管理评价规范》;

《隔离开关和接地开关状态评价导则》(Q/GDW 450—2010)。

6. 直流隔离开关与接地开关设备竣工验收标准

《国家电网公司关于印发防止变电站全停十六项措施(试行)的通知》(国家电网运检〔2015〕376 号)。

7. 直流隔离开关与接地开关设备运维检修标准

《国家电网公司特高压变电站和直流换流站设备状态检修工作标准(试行)》(国家电网生〔2011〕309 号);

《电网设备状态检修管理标准和工作标准》(国家电网企管〔2011〕494 号);

《隔离开关和接地开关状态检修导则》(Q/GDW 449—2010);

《输变电设备状态检修试验规程》(Q/GDW 1168—2013);

《国家电网公司备品备件管理指导意见》(国家电网生〔2009〕376 号)。

1.3　直流开关设备技术监督方法

1.3.1　资料检查

通过查阅工程可研报告、产品图纸、技术规范书、工艺文件、试验报告、试验方案等文件资料,判断监督要点是否满足监督要求。

1.3.1.1 直流转换开关

1. 规划可研阶段

规划可研阶段直流转换开关资料检查监督要求见表 4-1-1。

表 4-1-1 规划可研阶段直流转换开关资料检查监督要求

监督项目	检查资料	监督要求
参数选择	工程可研报告和相关批复	1. 额定运行电压、额定运行电流、额定转换电流等参数应满足实际要求。 2. 高压直流转换开关外绝缘水平、环境适用性（海拔、污秽、温度、抗振等）应满足实际要求和远景发展规划要求

2. 工程设计阶段

工程设计阶段直流转换开关资料检查监督要求见表 4-1-2。

表 4-1-2 工程设计阶段直流转换开关资料检查监督要求

监督项目	检查资料	监督要求
直流转换开关参数选择	设计图纸等	1. 额定运行电压、额定运行电流、最大持续运行电流、额定转换电流、额定短时耐受电流、额定峰值耐受电流等参数应满足实际要求。 2. 高压直流转换开关外绝缘水平、环境适用性（海拔、污秽、温度、抗振等）应满足实际要求。 3. 对于改变运行方式的直流开关（如 MRTB 和 GRTS），应满足在无冷却的情况下按进行两次连续转换设计的要求
振荡回路避雷器参数选择	设计图纸等	避雷器持续运行电压、额定电压、能量吸收能力、压力释放等级、绝缘外套爬电比距等主要参数应满足现有实际需求
振荡回路电容器	设计图纸等	电容器外绝缘符合当地海拔及污秽等级的要求
开断装置（SF_6 断路器）	设计图纸等	SF_6 断路器操动机构应优先选用弹簧机构或液压机构（包括液压弹簧机构）
振荡回路电抗器（如有）	设计图纸等	1. 电抗器动、热稳定性能应满足容量的要求。 2. 支柱绝缘子外绝缘应满足使用地点污秽等级要求。 3. 对于易发生黏雪、覆冰的区域，支柱绝缘子在采用大小相间的防污伞形结构的基础上，每隔一段距离应采用一个超大直径伞裙（可采用硅橡胶增爬裙）

3. 设备采购阶段

设备采购阶段直流转换开关资料检查监督要求见表 4-1-3。

表 4-1-3 设备采购阶段直流转换开关资料检查监督要求

监督项目	检查资料	监督要求
供应商管理	技术规范书等	1. 对首次入网的供应商，应对其资质、生产能力和水平进行评价，对产品质量进行抽检，并提供评估报告。 2. 对在运设备运行质量、服务质量以及抽检结果提出书面报告，并纳入供应商评估
型式试验报告管理	技术规范书等	1. 产品型式试验报告的出具单位必须为国家认可的质检中心。 2. 产品必须具备全套有效的型式试验报告，涵盖高压直流转换开关各分设备，包括开断装置、电容器、避雷器、电抗器（如有）、充电装置（如有）、单极合闸开关（如有）

监督项目	检查资料	监督要求
设备参数	技术规范书等	1. 额定运行电压、额定运行电流、最大持续运行电流、额定转换电流、额定短时耐受电流、额定峰值耐受电流等参数满足工程具体要求。 2. 套管爬距应满足实际工程污秽等级要求。 3. 对于改变运行方式的直流开关（如 MRTB 和 GRTS），应满足在无冷却的情况下按进行两次连续转换设计的要求
开断装置（SF$_6$断路器）选型合理性	技术规范书等	1. 禁止选用存在家族性缺陷的产品。 2. SF$_6$断路器操动机构应优先选用弹簧机构或液压机构（包括液压弹簧机构）。 3. SF$_6$密度继电器应满足不拆卸校验要求。 4. 开关设备机构箱、汇控箱内应有完善的驱潮防潮装置。 5. 对于易发生黏雪、覆冰的区域，套管采用大小相间的防污伞形结构，且每隔一段距离采用一个超大直径伞裙
振荡回路电容器选型合理性	技术规范书等	1. 电容器绝缘介质的平均电场强度不宜高于 57kV/mm。 2. 单只电容器的耐爆容量应不小于 18kJ，电容器的并联数量应考虑电容器的耐爆能力。 3. 电容器组接线宜采用先串后并的接线方式
振荡回路电抗器选型合理性（如有）	技术规范书等	1. 干式空心电抗器应安装在电容器组首端。 2. 电抗器动、热稳定性能应满足容量的要求。 3. 户外电抗器应配置防雨装置。 4. 支柱绝缘子外绝缘应满足使用地点污秽等级要求
振荡回路避雷器选型合理性	技术规范书等	振荡回路避雷器热容量裕度应不小于 30%，避免因避雷器特性不一致导致在运行方式转换过程中击穿（建议项）
户外汇控柜或机构箱	技术规范书等	开关设备机构箱、汇控箱内应有完善的驱潮防潮装置

4. 设备制造阶段

设备制造阶段直流转换开关资料检查监督要求见表 4-1-4。

表 4-1-4　　　　　　　　设备制造阶段直流转换开关资料检查监督要求

监督项目	检查资料	监督要求
设备监造工作	监造资料等	1. 编制详细的监造方案和监造计划。 2. 监造人员、装备数量足够、配置合理。 3. 停工待检（H 点）、现场见证（W 点）、文件见证（R 点）管控到位，记录详尽。 4. 监理通知单实现闭环管理，无遗留问题。 5. 监造报告完整，相关资料收集齐全
开断装置（SF$_6$断路器）机械特性试验	出厂试验报告等	1. 应进行断路器机械特性测试，包含原始机械行程特性曲线。 2. 应进行断路器合-分时间及操动机构辅助开关的转换时间与断路器主触头动作时间之间的配合试验检查
电容器耐压试验	出厂试验报告等	应进行转换电容器端子间直流耐压试验和端子与外壳间交流耐压试验
电容器短路试验	出厂试验报告等	应进行一次电容器单元直流电压放电
避雷器能量耐受试验	出厂试验报告等	所有避雷器电阻片都要进行 3 个序列的大电流冲击，在各序列之间允许冷却至室温，每个序列由 3~4 个连续方波脉冲组成，每个方波宽度为 2~6ms
避雷器电阻片单元试验	出厂试验报告等	避雷器电阻片单元应进行均流试验、并联柱同步试验及组匹配试验
避雷器单元内部局部放电试验	出厂试验报告等	避雷器单元应进行试验电压下内部局部放电试验
避雷器伏安特性试验	出厂试验报告等	应进行每个避雷器电阻片在（8/20）μs 冲击电流下的残压验证电阻片的残压特性，电流大小在 0.5~10kA 范围内选取

监督项目	检查资料	监督要求
充电装置端子间操作 冲击试验（如有）	出厂试验报告等	试验应使用陡波前（小于 250μs）和长波尾（大于 50ms）的波形。 试验包括正负极性各三次全电压冲击和一次降低电压（50%）冲击，降 低电压冲击波形用以参考
充电装置端子间及端子对地 交流耐压试验（干试）和 局部放电测量（如有）	出厂试验报告等	1. 应进行端子间交流耐压试验（干试）和局部放电测量。 2. 应进行端子对地交流耐压试验（干试）和局部放电测量

5. 设备验收阶段

设备验收阶段直流转换开关资料检查监督要求见表 4-1-5。

表 4-1-5 设备验收阶段直流转换开关资料检查监督要求

监督项目	检查资料	监督要求
设备监造报告	设备监造报告等	监造工作计划、监造报告齐全、完整，内容满足监造大纲要求及技术 规范书要求
出厂试验报告	出厂试验报告等	出厂试验报告项目齐全、数据合格，试验报告齐全、完整
开断装置机械磨合	出厂试验报告等、机械磨合记 录等	断路器出厂试验时应进行不少于 200 次机械操作，200 次操作完成后 应彻底清洁壳体内部，再进行其他出厂试验
开断装置机械特性试验	出厂试验报告等	1. 应进行断路器机械特性测试，包含原始机械行程特性曲线。 2. 应进行断路器合－分时间及操动机构辅助开关的转换时间与断路 器主触头动作时间之间的配合试验检查
SF_6 气体资料	SF_6 气体检验报告等	应有绝缘气体的种类、要求的数量和质量要求

6. 设备安装阶段

设备安装阶段直流转换开关资料检查监督要求见表 4-1-6。

表 4-1-6 设备安装阶段直流转换开关资料检查监督要求

监督项目	检查资料	监督要求
设备安装质量管理	资质文件和施工记录等	1. 安装单位及人员资质、工艺控制资料、安装过程应符合相关规定。 2. 对重要工艺环节开展安装质量抽检
导体连接	试验报告、监理报告等	导体连接良好
抽真空处理	监理报告等	抽真空处理时，应采用出口带有电磁阀的真空处理设备，同时禁止使 用麦氏真空计
SF_6 气体质量检查	SF_6 气体检验报告等	1. SF_6 气体必须经 SF_6 气体质量监督管理中心抽检合格，并出具检测 报告。 2. SF_6 气体注入设备后必须进行湿度试验，且应对设备内气体进行 SF_6 纯度检测，必要时进行气体成分分析

7. 设备调试阶段

设备调试阶段直流转换开关资料检查监督要求见表 4-1-7。

表 4-1-7 设备调试阶段直流转换开关资料检查监督要求

监督项目	检查资料	监督要求
调试准备工作	安装单位及人员资质、工艺控 制资料	设备单体调试、系统调试、系统启动调试的调试方案、重要记录、调 试仪器设备、调试人员应满足相关标准和预防事故措施的要求
绝缘平台试验	试验报告等	绝缘平台检查项目齐全且检查结果合格

监督项目	检查资料	监督要求
开断装置导电回路的电阻	试验报告等	实测导电回路的电阻值应符合产品技术条件的规定
开断装置分、合闸时间	试验报告等	应在额定操作电压和气压下进行，实测值应符合产品技术条件的规定
开断装置分、合闸线圈的绝缘电阻和直流电阻	试验报告等	实测分、合闸线圈的绝缘电阻不应低于10MΩ，直流电阻值与出厂值相比，应无明显差别
开断装置操动机构的试验	试验报告等	合闸操作、脱扣操作和机构的模拟操作试验合格
辅助回路合闸开关试验及与主回路断路器联动试验	试验报告等	辅助回路合闸开关合闸时间与主断路器合闸时间的同期性应满足技术规范书的要求
充电装置试验	试验报告等	主要技术参数（输出电压范围、输出电流和绝缘水平）应符合技术规范书的要求
电容器试验	试验报告等	1. 电容量的实测值应符合技术规范书的要求。 2. 端子间（内含放电电阻）及端子对外壳的绝缘电阻应与出厂试验值无明显差别。 3. 支柱绝缘子对地绝缘电阻应不低于500MΩ
电抗器试验	试验报告等	1. 绕组直流电阻值与相同温度下出厂试验值相比，应无明显差别。 2. 实测电感值应与出厂试验值无明显差别。 3. 支柱绝缘子对地绝缘电阻应不低于500MΩ
避雷器试验	试验报告等	1. 绝缘电阻不低于30000MΩ。 2. 参考电压不得低于合同规定值。 3. 持续电流测量与出厂值相比，应无明显差别
SF$_6$气体含水量测定	试验报告等	1. 灭弧室含水量应小于150μL/L。 2. 含水量的测定应在断路器充气48h后进行
密封性试验	试验报告等	年泄漏率应不大于0.5%
气体密度继电器和压力表的校验	试验报告等	气体密度继电器的动作值应符合产品技术条件的规定。压力表指示值的误差及其变差均应在产品相应等级的允许误差范围内

8. 竣工验收阶段

竣工验收阶段直流转换开关资料检查监督要求见表4-1-8。

表4-1-8　　　　　竣工验收阶段直流转换开关资料检查监督要求

监督项目	检查资料	监督要求
竣工验收准备工作	前期各阶段发现问题的整改落实情况	1. 前期各阶段发现的问题已整改，并验收合格。 2. 相关反事故措施应落实。 3. 相关安装调试信息录入生产管理信息系统
技术文件完整性	包括订货技术协议、出厂试验报告、二次回路设计图纸、安装使用说明书、安装过程中的质量控制记录、调试和交接试验报告等	提交的资料文件（包括订货技术协议、出厂试验报告、二次回路设计图纸、安装使用说明书、安装过程中的质量控制记录、调试和交接试验报告等）齐全、完整
备品备件配置完整性	备品、备件、专用工具及测试仪器清单	备品备件齐全
交接试验项目	试验报告等	交接验收试验报告项目齐全且试验结果合格
开断装置本体验收	试验报告等	1. 本体固定牢固、外观清洁，绝缘子完好无损伤。 2. 动作性能符合产品技术文件的规定。 3. 各部件电气连接正确、可靠，接触良好。 4. 本体和操动机构的联动应正常，无卡阻现象。 5. 密度继电器的报警、闭锁整定值应符合产品技术文件的规定，电气回路传动应正确。 6. 管道阀门应处于正确的工作位置。 7. SF$_6$充气压力、泄漏率应符合产品技术文件的规定。 8. 支架及接地引线应无锈蚀和损伤，接地可靠、标识规范

监督项目	检查资料	监督要求
开断装置操动机构验收	试验报告等	1. 操动机构固定牢固，外观清洁。 2. 电气连接应正确、可靠，且接触良好。 3. 液压系统应无渗漏，油位指示应正常，压力表指示应正确。 4. 操动机构与断路器本体的联动应正常，无卡阻现象，分、合闸指示应正确，压力开关、辅助开关动作正确、可靠。 5. 液压操动机构储压器的预压力值、各压力闭锁定值符合产品技术文件的规定，储能时间和补压时间符合产品技术文件的规定。 6. 弹簧操动机构的电动机转向正确，储能时间符合产品技术文件的规定。 7. 操动机构箱的密封良好，电缆封堵良好，加热驱潮装置能可靠投切。 8. 油漆完整，箱体及箱门接地可靠，标识规范。 9. 开关动作计数器动作正常。 10. 远方、就地电动和手动操作均动作正确
直流断路器辅助回路验收	试验报告等	1. 各部件应安装牢固，外观清洁、完好。 2. 电气连接正确、可靠，且接触良好。 3. 绝缘平台的拉紧绝缘子应紧固、可靠，受力均匀。 4. 避雷器组单元的布置应合理。 5. 电抗器单元与平台之间的绝缘良好。 6. 电容器组单元的外壳与平台的连接可靠。 7. 充油元件无渗漏，油位指示正常。 8. 接地可靠、标识规范
绝缘平台验收	试验报告等	在安装前检查各绝缘子应完好；安装完成后，在安装其他附加设备前对绝缘平台进行外观检查，并检查其是否稳固；测量绝缘电阻，绝缘电阻值应不低于 500MΩ
测量导电回路的电阻	试验报告等	实测导电回路的电阻值应符合产品技术条件的规定
分、合闸时间	试验报告等	实测值应符合产品技术条件的规定
电容器电容量	试验报告等	1. 电容量的实测值应符合技术规范书的要求。 2. 支柱绝缘子绝缘电阻应不低于 500MΩ
电抗器直流电阻及电感值	试验报告等	1. 绕组直流电阻值与相同温度下出厂试验值相比，应无明显差别。 2. 实测电感值应与出厂试验值无明显差别。 3. 支柱绝缘子绝缘电阻应不低于 500MΩ
避雷器试验	试验报告等	1. 绝缘电阻不低于 30000MΩ。 2. 参考电压不得低于订货合同规定值。 3. 持续电流测量与出厂值相比，应无明显差别
SF_6 气体含水量测定	试验报告等	1. 与灭弧室相通的气室，SF_6 气体含水量应小于 150μL/L。 2. 不与灭弧室相通的气室，SF_6 气体含水量应小于 250μL/L。 3. SF_6 气体含水量的测定应在断路器充气 48h 后进行

9. 运维检修阶段

运维检修阶段直流转换开关资料检查监督要求见表 4-1-9。

表 4-1-9　　　　　　运维检修阶段直流转换开关资料检查监督要求

监督项目	检查资料	监督要求
常规巡视	巡视记录等	每日检查外观不少于 1 次
		检查直流断路器各部件是否有异常振动声响，是否存在渗漏油情况，弹簧机构弹簧是否断裂或有裂纹，机构箱是否关严密封良好，振荡回路非线性电阻是否有吹弧痕迹，拐臂、连杆、拉杆是否有裂纹，金属件有无锈蚀，构架和基础有无松动、沉降，SF_6 压力应正常，SF_6 压力表工作应正常，弹簧储能情况应正常，检查机构箱、控制箱内照明应正常，加热器应正常投退，温湿度控制器、接触器、继电器等二次器件不应存在异常

续表

监督项目	检查资料	监督要求
特殊巡视	巡视记录等	巡视周期符合规定
		1. 气温骤变时，应增加巡视频次，重点检查油位是否有明显变化，各密封处有否渗漏油现象，各连接引线是否有断股或接头处发红现象，SF_6 压力是否有明显变化，加热器工作应正常。 2. 雷雨、大风、冰雹后，应增加巡视频次，重点检查引线摆动情况及有无断股，设备上有无其他杂物，瓷套管有无放电痕迹及破裂现象，设备箱柜应完好，密封应良好。 3. 浓雾、小雨、大雪时应增加巡视频次，重点检查瓷套管有无沿表面闪络和放电。 4. 大雨天气后应增加巡视频次，重点检查各控制箱和二次端子箱、机构箱有无进水、受潮，温度控制装置应工作正常。 5. 过负荷或负荷剧增、超温、设备发热、系统冲击、跳闸、有接地故障情况时，应增加巡视频次。 6. 设备新投入运行、设备变动、设备经过检修、改造或长期停运后重新投入运行后，应增加巡视频次。 7. 迎峰度夏、迎峰度冬及特殊保电期间，应增加巡视频次。 8. 设备存在缺陷和隐患时，应根据设备具体情况增加巡视频次
带电检测	试验报告、带电检测计划等	1. 检测项目应符合规定。 2. 检测周期应符合规定
故障/缺陷管理	缺陷记录等	针对设备运行中出现的缺陷，要及时组织消缺；针对设备运行中发现的异常及隐患，要加大巡视和检测频度，密切跟踪状态变化，及时制订针对性的处理措施，确保设备安全运行
	事故分析报告、应急抢修记录等	事故应急处置应到位，事故分析报告、应急抢修记录等资料完整、准确
状态评价	状态评价报告等	状态量数据的检查：原始资料、运行资料、检修试验资料、其他资料
		1. 新设备投运后的首次评价，应在 1 个月内组织开展，并在 3 个月内完成。 2. 缺陷发现后的评价应在生产管理信息系统登录缺陷时立即开展，并随缺陷流转过程由相关人员同步进行复评。 3. 家族性缺陷评价应在家族性缺陷发布后 1 个月内完成。 4. 经历不良工况后评价在设备经受不良工况后 1 周内完成。 5. 检修评价在检修试验工作完成后 2 周内完成。 6. 重大保电活动、电网迎峰度夏、迎峰度冬等专项评价应在活动开始前 1 个月内完成
		1. 状态检修策略应符合要求（周期和项目）。 2. 应根据状态评价结果编制状态检修计划。 3. 生产计划应与状态检修计划关联
检修试验	检修报告等	检修周期应满足要求
		检修项目应齐全，结果应合格
		应有设备的出厂资料（说明书、操动机构电气接线图等）
		应编制针对具体设备的检修工艺导则
		检修、试验报告应完整、及时，测试数据应符合相关规程要求
		接头检修应按照"十步法"进行
检修、试验装备配置	仪器配置和保管使用台账	仪器（SF_6 成分分析仪、SF_6 微水分析仪、断路器动作特性测试仪、回路电阻测试仪、SF_6 回收装置、交流耐压装置、组合工具、力矩扳手等）配置应满足配置标准，应满足工作需要，保管使用台账
	备品设备配置清单	备品设备配置数量应满足应急要求，应及时补充（如 SF_6 气体、充气接头等）
检修、试验装备管理	试验、校验报告等	检查装备定期进行试验、校验的情况，重点检查安全工器具试验情况、有强制性要求的仪器校验情况、尚无明确校验标准仪器的比对试验情况，以及备品备件试验情况
	库房管理资料	检查装备库房环境、定置管理

监督项目	检查资料	监督要求
反事故措施执行情况	检修报告等	为防止运行断路器绝缘拉杆断裂造成拒动，应定期检查分合闸缓冲器，防止由于缓冲器性能不良使绝缘拉杆在传动过程中受冲击，同时应加强监视分合闸指示器与绝缘拉杆相连的运动部件相对位置有无变化，或定期进行合、分闸行程曲线测试
		当断路器大修时，应检查液压（气动）机构分、合闸阀的阀针（如有）是否松动或变形，防止由于阀针松动或变形造成断路器拒动
		弹簧操动机构断路器在新装和大修后应进行机械特性试验，包括分（合）闸速度、分（合）闸时间、分（合）闸不同期性、机械行程和超程、行程特性曲线等
		加强操动机构的维护检查，保证机构箱密封良好，防雨、防尘、通风、防潮等性能良好，并保持内部干燥清洁
		加强辅助开关的检查维护，防止由于触点腐蚀、松动变位、触点转换不灵活、切换不可靠等原因造成开关设备拒动
沉降观测	校验报告等	观测次数应视地基土类型和沉降速度大小而定。一般在第一年观测 3～4 次，第二年 2～3 次，第三年后每年 1 次，直至稳定为止
气体密度监视器校验	校验报告等	符合设备技术文件要求

10. 退役报废阶段

退役报废阶段直流转换开关资料检查监督要求见表 4-1-10。

表 4-1-10　　　　　　　　　退役报废阶段直流转换开关资料检查监督要求

监督项目	检查资料	监督要求
设备退役报废	项目可研报告/项目建议书/直流转换开关设备鉴定意见	直流转换开关设备报废鉴定审批手续应规范： （1）各单位及所属单位发展部在项目可研阶段对拟拆除直流转换开关进行评估论证，在项目可研报告或项目建议书中提出拟拆除直流转换开关报废处置建议。 （2）国家电网有限公司设备管理部（整站直流转换开关和原值在 2000 万元及以上且净值在 1000 万元级以上的直流转换开关设备）、各单位及所属单位设备管理部根据项目可研审批权限，在项目可研评审时同步审查拟报废直流转换开关处置建议。 （3）在项目实施过程中，项目管理部门应按照批复的拟报废直流转换开关处置意见，组织实施相关直流转换开关拆除工作。直流转换开关拆除后由设备管理部门组织开展技术鉴定，确定其报废的处置意见
	直流转换开关资产管理相关台账和信息系统	直流转换开关设备报废信息应及时更新： （1）直流转换开关设备报废时应同步更新 PMS（生产管理系统）、TMS（运输管理系统）、OMS（订单管理系统）等相关业务管理系统信息、ERP 系统信息，确保资产管理各专业系统数据完备准确，保证资产账、卡、物动态一致。 （2）直流转换开关设备退役后，由资产运维单位（部门）及时进行设备台账信息变更，并通过系统集成同步更新资产状态信息
	直流转换开关退役设备评估报告	在下列情况下，直流转换开关设备可作报废处理： （1）设备额定转换电流小于安装地转换电流水平。 （2）断路器累积开断电流超过其制造厂给出的电寿命曲线。 （3）断路器操作次数大于其制造厂给出的机械操作次数限值。 （4）设备额定电流小于所安装回路的最大负载电流。 （5）运行日久，其主要结构、机件陈旧，损坏严重，经鉴定再给予大修也不能符合生产要求；或虽然能修复但费用太大，修复后可使用的年限不长，效率不高，在经济上不可行。 （6）腐蚀严重，继续使用将会发生事故，又无法修复。 （7）严重污染环境，无法修治。 （8）淘汰产品，无零配件供应，不能利用和修复；国家规定强制淘汰报废；技术落后不能满足生产需要。 （9）存在严重质量问题或其他原因，不能继续运行。 （10）进口设备不能国产化，无零配件供应，不能修复，无法使用。 （11）因运营方式改变全部或部分拆除，且无法再安装使用。 （12）遭受自然灾害或突发意外事故，导致毁损，无法修复

监督项目	检查资料	监督要求
设备退役报废	直流转换开关报废处理记录	直流转换开关报废管理要求： （1）直流转换开关设备报废应按照国家电网有限公司固定资产管理要求履行相应审批程序，其中国家电网有限公司总部电网资产和各单位 220kV 及以上电压等级整条跨区（省）输电线路，承担跨区（省）输变电功能的关键输变电设备，330kV 及以上主变压器、整站直流转换开关设备，单机容量 2.5 万 kW 及以上的水电机组以及未达到规定报废条件、原值在 2000 万元及以上且净值在 1000 万元及以上的固定资产报废由国家电网有限公司总部审批，各单位填制固定资产报废审批表并履行内部程序后，上报国家电网有限公司总部办理固定资产报废审批手续。 （2）直流转换开关设备履行报废审批程序后，应按照国家电网有限公司废旧物资处置管理有关规定统一处置，严禁留用或私自变卖，防止废旧设备重新流入电网

1.3.1.2 直流隔离开关与接地开关

1. 规划可研阶段

规划可研阶段直流隔离开关与接地开关资料检查监督要求见表 4-1-11。

表 4-1-11　　　　规划可研阶段直流隔离开关与接地开关资料检查监督要求

监督项目	检查资料	监督要求
参数选择	工程可研报告和相关批复	1. 如果隔离开关与接地开关装设在预期覆冰厚度超过 10mm 的环境下，应考虑了严重冰冻条件下操作的要求。 2. 对于安装在海拔高于 1000m 处的直流隔离开关，外绝缘水平应满足要求

2. 工程设计阶段

工程设计阶段直流隔离开关与接地开关资料检查监督要求见表 4-1-12。

表 4-1-12　　　　工程设计阶段直流隔离开关与接地开关资料检查监督要求

监督项目	检查资料	监督要求
参数选择	工程可研报告和相关批复	1. 如果隔离开关与接地开关装设在预期覆冰厚度超过 10mm 的环境下，应考虑了严重冰冻条件下操作的要求。 2. 对于安装在海拔高于 1000m 处的直流隔离开关，外绝缘水平应满足要求
支柱绝缘子选型	工程可研报告和相关批复、设计图纸	1. 户内接地开关瓷支柱绝缘子的爬电比距应不小于 25mm/kV。 2. 户外支柱绝缘子爬距应满足污区图要求
联闭锁设计	一次和二次图纸	直流隔离开关与其配用的接地开关之间应有可靠的机械联锁，并应具有实现电气联锁的条件，此条件应符合相应的运行要求

3. 设备采购阶段

设备采购阶段直流隔离开关与接地开关资料检查监督要求见表 4-1-13。

表 4-1-13　　　　设备采购阶段直流隔离开关与接地开关资料检查监督要求

监督项目	检查资料	监督要求
参数选择	工程可研报告和相关批复	1. 如果隔离开关与接地开关装设在预期覆冰厚度超过 10mm 的环境下，应考虑了严重冰冻条件下操作的要求。 2. 对于安装在海拔高于 1000m 处的直流隔离开关，外绝缘水平应满足要求

监督项目	检查资料	监督要求
选型合理性	技术规范书、一次和二次图纸	应选用符合完善化技术要求的产品,将完善化措施落实到产品的结构设计、选材、加工工艺、组装和试验等各环节中
结构型式	一次和二次图纸	1. 直流隔离开关和接地开关金属件(包括联锁元件)均应防锈、防腐蚀,各螺纹连接部分应防止松动,接地开关应拆装方便,对户外外露铁件(铸件除外)应经防锈处理。 2. 直流隔离开关和接地开关带电部分及其传动部分的结构应能防止鸟类做巢。 3. 直流隔离开关和接地开关触头的触指结构应有防尘措施,对户外型应有自清洁能力。 4. 直流隔离开关和接地开关上需经常润滑的部位应设有专门的润滑孔或润滑装置,在寒冷地区应采用防冻润滑剂。 5. 直流隔离开关和接地开关及其部件、附件的材料自身应有阻燃性。 6. 直流隔离开关和接地开关应配用平板形接线端子,接触面应平整、光洁,满足回路额定电流要求
操动机构	操动机构的一次和二次图纸	1. 应能电动操作和手动操作。 2. 操动机构箱应装设供检修及调整用的人力分、合闸装置。 3. 操动机构的终点位置应有坚固的定位和限位装置,且在分、合闸位置应能将操作柄锁住。 4. 操动机构处于任何动作位置时,均能取下或打开机构箱门,以便检查、修理辅助开关和接线端子。 5. 操动机构箱应有足够的端子板,以供设备内部配线及外部电缆端子连接用,每块端子板应有 15% 的备用端子。 6. 操动机构箱应能防锈、防裂、防止变形,户外金属件应有防腐蚀措施。 7. 机构箱、汇控箱内应有完善的驱潮防潮装置。 8. 操动机构应能防锈、防寒、防小动物、防尘、防潮、防雨,防护等级为 IP55
支柱绝缘子选型	工程可研报告和相关批复、设计图纸	1. 户内接地开关瓷支柱绝缘子的爬电比距应不小于 25mm/kV。 2. 户外支柱绝缘子爬距应满足污区图要求
联闭锁设计	直流隔离开关和接地开关的一次和二次图纸	直流隔离开关与其配用的接地开关之间应有可靠的机械联锁,并应具有实现电气联锁的条件,此条件应符合相应的运行要求
安全接地	安装图纸和相应的计算书	接地端子应有用于连接接地导体的螺栓,螺栓的直径不小于 12mm,紧固螺栓应热镀锌或为不锈钢材料。铜及铜合金与铜或铝的搭接,铜端应镀锡。镀锡层表面应连续、完整,无任何可见的缺陷,如气泡、砂眼、粗糙、裂纹或漏镀,并且不得有锈迹或变色。镀锡层厚度不宜小于 12μm

4. 设备制造阶段

设备制造阶段直流隔离开关与接地开关资料检查监督要求见表 4-1-14。

表 4-1-14　　　设备制造阶段直流隔离开关与接地开关资料检查监督要求

监督项目	检查资料	监督要求
设备监造	监造记录	1. 对敞开式开关设备(330kV 及以上电压等级)、大批量订货的直流隔离开关与接地开关设备及有特殊要求的应进行监造。 2. 编制详细的监造方案和监造计划。 3. 监造人员、装备数量足够、配置合理。 4. 停工待检(H 点)、现场见证(W 点)、文件见证(R 点)管控到位,记录详尽。 5. 监理通知单实现闭环管理,无遗留问题。 6. 监造报告完整,相关资料收集齐全

监督项目	检查资料	监督要求
结构型式	一次和二次图纸	1. 直流隔离开关和接地开关金属件（包括联锁元件）均应防锈、防腐蚀，各螺纹连接部分应防止松动，接地开关拆装方便，对户外外露铁件（铸件除外）应经防锈处理。 2. 直流隔离开关和接地开关带电部分及其传动部分的结构应能防止鸟类做巢。 3. 直流隔离开关和接地开关触头的触指结构应有防尘措施，对户外型应有自清洁能力。 4. 直流隔离开关和接地开关上需经常润滑的部位应设有专门的润滑孔或润滑装置，在寒冷地区采用防冻润滑剂。 5. 直流隔离开关和接地开关及其部件、附件的材料自身应有阻燃性。 6. 直流隔离开关和接地开关应配用平板形接线端子，接触面应平整、光洁，满足回路额定电流要求
操动机构	操动机构的一次和二次图纸	1. 应能电动操作和手动操作。 2. 操动机构箱应装设供检修及调整用的人力分、合闸装置。 3. 操动机构的终点位置应有坚固的定位和限位装置，且在分、合闸位置应能将操作柄锁住。 4. 操动机构处于任何动作位置时，均能取下或打开机构箱门，以便检查、修理辅助开关和接线端子。 5. 操动机构箱应有足够的端子板，以供设备内部配线及外部电缆端子连接用，每块端子板应有15%的备用端子。 6. 操动机构箱应能防锈、防裂、防止变形，户外金属件应有防腐蚀措施。 7. 机构箱、汇控箱内应有完善的驱潮防潮装置。 8. 操动机构箱应能防锈、防寒、防小动物、防尘、防潮、防雨，防护等级为IP55
支持或操作绝缘子	工艺流程卡或有关记录	1. 支持或操作绝缘子瓷件形位公差及外观应符合订货技术协议。 2. 机械强度试验应符合技术要求
支柱绝缘子选型	工程可研报告和相关批复、设计图纸	1. 户内接地开关瓷支柱绝缘子的爬电比距应不小于25mm/kV。 2. 户外支柱绝缘子爬距应满足污区图要求
设备组装	产品组装图纸	1. 直流隔离开关和接地开关在制造厂应进行全面组装，调整好各部件的尺寸，并做好相应的标记。 2. 检查安装尺寸，应满足要求
联闭锁设计	直流隔离开关和接地开关的一次和二次图纸	直流隔离开关与其配用的接地开关之间应有可靠的机械联锁，机械联锁应有足够的强度
绝缘子探伤	瓷件超声波探伤检查的报告、记录	瓷件超声波探伤检查报告、记录齐全
导电杆和触头镀银层厚度检测	检测报告	应逐批对导电杆和触头镀银层进行检测，导电杆和触头的镀银层厚度和硬度应满足技术要求

5. 设备验收阶段

设备验收阶段直流隔离开关与接地开关资料检查监督要求见表4-1-15。

表4-1-15　　　　设备验收阶段直流隔离开关与接地开关资料检查监督要求

监督项目	检查资料	监督要求
支柱绝缘子选型	工程可研报告和相关批复、设计图纸	1. 户内接地开关瓷支柱绝缘子的爬电比距应不小于25mm/kV。 2. 对于易发生黏雪、覆冰的区域，支柱绝缘子在采用大小相间的防污伞形结构的基础上，每隔一段距离应采用一个超大直径伞裙（可采用硅橡胶增爬裙）
绝缘试验	出厂试验报告	主回路的绝缘试验应进行直流耐压试验。试验的参数、试验条件、试验要求应满足相关技术要求
回路电阻检测	出厂试验报告	1. 采用电流不小于100A的直流压降法。 2. 试验条件应尽可能在与相应的型式试验相似的条件（周围空气温度和测量部位）下进行。 3. 测得的电阻不应该超过$1.2R_u$，这里R_u为温升试验（型式试验）前测得的电阻

监督项目	检查资料	监督要求
触指接触压力试验	出厂试验报告	触指接触压力测量结果满足要求
机械操作试验	出厂试验报告	1. 在规定的最低电源电压和/或操作用压力源最低压力下进行 5 次合－分操作循环。 2. 配备联锁的隔离开关和接地开关应经受 5 次操作循环的操作来检查相关联锁的动作情况。在每次操作之前，联锁应置于试图阻止开关装置操作的位置
包装及运输	设备现场交接记录	包装及运输应符合有关规范要求，防振、防潮等措施满足要求

6. 设备安装阶段

设备安装阶段直流隔离开关与接地开关资料检查监督要求见表 4-1-16。

表 4-1-16   设备安装阶段直流隔离开关与接地开关资料检查监督要求

监督项目	检查资料	监督要求
安装质量管理	查阅资料	检查安装单位及人员资质、工艺控制资料、安装过程是否符合相关规定
隐蔽工程检查	监理报告	检查隐蔽工程（土建工程质量、接地引下线、地网）、中间验收是否按要求开展、资料是否齐全完备
安全接地施工	设计图纸	1. 凡不属于主回路或辅助回路且需要接地的所有金属部分都应接地（如爬梯等），外壳、构架等的相互电气连接宜采用紧密连接（如螺栓连接或焊接），以保证电气上连通。 2. 隔离开关和接地开关的底座上应有与规定的故障条件相适应的接地端子和接地导体，接地回路导体应有足够的截面积，具有通过接地短路电流的能力。 3. 接地端子应有用于连接接地导体的螺栓，螺栓尺寸和材料应负荷技术要求
支柱绝缘子选型	工程设计图纸	爬电比距满足要求：户内隔离开关瓷支柱绝缘子的爬电比距应不小于 25mm/kV；户外支柱绝缘子爬距应满足污区图要求
联闭锁设计	直流隔离开关和接地开关的一次和二次图纸	直流隔离开关与其所配装的接地开关间应配有可靠的机械联锁，机械联锁应有足够的强度，并应具有实现电气联锁的条件，此条件应符合相应的运行要求

7. 设备调试阶段

设备调试阶段直流隔离开关与接地开关资料检查监督要求见表 4-1-17。

表 4-1-17   设备调试阶段直流隔离开关与接地开关资料检查监督要求

监督项目	检查资料	监督要求
调试准备工作	查阅资料	设备调试的调试方案、重要记录、调试仪器设备、调试人员是否满足相关标准和预防事故措施的要求
主回路电阻	交接试验报告	1. 电阻测量采用直流压降法，输出电流不小于 100A。 2. 测得的电阻值不应超过型式试验测得的最小电阻值的 1.2 倍
机械操作试验	交接试验报告	1. 电动操动机构的电动机端子的电压在其额定电压值的 85%～110% 范围内时，保证隔离开关和接地开关能可靠地合闸和分闸。 2. 二次控制线圈和电磁闭锁装置：当其线圈接线端子的电压在其额定电压值的 80%～110% 范围内时，保证隔离开关和接地开关能可靠地合闸和分闸。 3. 隔离开关的机械或电气联锁装置应准确可靠
瓷件探伤试验	交接试验报告	不适用于涂刷 RTV 后的瓷绝缘。探伤部位在瓷件法兰根部。采用超声波进行探伤，超声波发生频率 2.5～10MHz
联闭锁设计	直流隔离开关和接地开关的一次和二次图纸	直流隔离开关与其所配装的接地开关间应配有可靠的机械联锁，机械联锁应有足够的强度，并应具有实现电气联锁的条件，此条件应符合相应的运行要求

8. 竣工验收阶段

竣工验收阶段直流隔离开关与接地开关资料检查监督要求见表 4-1-18。

表 4-1-18　　　竣工验收阶段直流隔离开关与接地开关资料检查监督要求

监督项目	检查资料	监督要求
竣工验收准备工作	竣工验收报告	1. 前期各阶段发现的问题已整改，并验收合格。 2. 确认相关反事故措施是否落实。 3. 相关安装调试信息已录入生产管理信息系统
技术文件完整性	技术规范书等	查阅订货技术协议或技术规范书、出厂试验报告、交接试验报告、安装质量检验及评定报告、设备监造报告（如有）、履历卡片、施工图纸及变更设计的说明文件、二次回路设计图纸、安装使用及设备说明书、安装检查和调整记录、质量验收评定记录
主回路电阻	交接试验报告	1. 电阻测量采用直流压降法，输出电流不小于 100A。 2. 测得的电阻值不应超过型式试验测得的最小电阻值的 1.2 倍
机械操作试验	交接试验报告	1. 电动操动机构的电动机端子的电压在其额定电压值的 85%～110% 范围内时，保证隔离开关和接地开关能可靠地合闸和分闸。 2. 二次控制线圈和电磁闭锁装置：当其线圈接线端子的电压在其额定电压值的 80%～110% 范围内时，保证隔离开关和接地开关能可靠地合闸和分闸。 3. 隔离开关的机械或电气联锁装置应正确可靠
安全接地	设计图纸	1. 凡不属于主回路或辅助回路且需要接地的所有金属部分都应接地（如爬梯等）、外壳、构架等的相互电气连接宜采用紧固连接（如螺栓连接或焊接），以保证电气上连通，且接地回路导体应有足够的截面积，具有通过接地短路电流的能力。 2. 接地端子应有用于连接接地导体的螺栓，螺栓的直径不小于 12mm，紧固螺栓应热镀锌或为不锈钢材料
联闭锁设计	直流隔离开关和接地开关的一次和二次图纸	直流隔离开关与其所配装的接地开关间应配有可靠的机械联锁，机械联锁应有足够的强度，并应具有实现电气联锁的条件，此条件应符合相应的运行要求

9. 运维检修阶段

运维检修阶段直流隔离开关与接地开关资料检查监督要求见表 4-1-19。

表 4-1-19　　　运维检修阶段直流隔离开关与接地开关资料检查监督要求

监督项目	检查资料	监督要求
运行巡视	巡视记录	巡视周期、巡视内容符合规定
带电检测	带电检测记录	1. 每周进行红外热像检测不少于 1 次，精确红外热像检测应每月不少于 1 次；迎峰度夏期间，每周进行 2 次红外测温，每月进行 2 次精确测温，并留存红外图像。红外热像图显示应无异常温升、温差和相对温差。 2. 遇到新设备投运、大负荷、高温天气、检修结束送电等情况，应加大测温频次。 3. 用红外测温设备检查隔离开关设备的接头/导电部分，建立红外图谱档案，进行纵、横向温差比较，发现问题应及时处理
故障/缺陷管理	缺陷记录、事故分析报告/应急抢修记录	1. 对运行中设备出现缺陷，要根据缺陷管理要求及时消除，开关专责人应做好缺陷的统计、分析、上报工作。 2. 对运行中设备发生的事故，开关专责人应组织、参与事故分析工作，制订反事故技术措施，并做好事故统计上报工作
状态评价	状态评价报告及检修计划	1. 新投运设备应在 1 个月内组织开展首次状态评价工作；运行缺陷评价随缺陷处理流程完成；家族性缺陷评价在上级家族性缺陷发布后 2 周内完成；不良工况评价在设备经受不良工况后 1 周内完成；检修（A、B、C 类检修）评价在检修工作完成后 2 周内完成。 2. 状态检修策略是否符合要求（周期和项目）；是否根据状态评价结果编制状态检修计划；生产计划是否与状态检修计划关联

监督项目	检查资料	监督要求
检修试验	检修计划、检修报告、作业指导书/卡	1. 检修试验周期是否满足要求。 2. 检修、试验报告是否完整、及时，测试数据是否符合相关规程要求。 3. 例行检查时，具体要求：测量主回路电阻；支柱绝缘子进行超声探伤抽检。 4. 标准化作业指导书（卡）是否执行到位、是否规范
检修、试验装备管理	仪器台账/送检计划	装备定期进行试验、校验的情况，重点检查安全工器具试验情况、有强制性要求的仪器校验情况、尚无明确校验标准仪器的比对试验情况、备品备件试验情况

10. 退役报废阶段

退役报废阶段直流隔离开关与接地开关资料检查监督要求见表 4-1-20。

表 4-1-20　　　　　　　**退役报废阶段直流隔离开关与接地开关资料检查监督要求**

监督项目	检查资料	监督要求
退役转备品	项目可研报告、项目建议书、直流隔离开关设备鉴定意见	1. 退役鉴定审批手续应规范。 2. 退役、再利用信息应及时更新。 3. 备品设备存放管理应规范。 4. 再利用管理应符合相关规定
带电检测	带电检测记录	1. 每周进行红外热像检测不少于 1 次，精确红外热像检测应每月不少于 1 次；迎峰度夏期间，每周进行 2 次红外测温，每周进行 2 次精确测温，并留存红外图像。红外热像图显示应无异常温升、温差和相对温差。 2. 遇到新设备投运、大负荷、高温天气、检修结束送电等情况，应加大测温频次。 3. 用红外测温设备检查隔离开关设备的接头/导电部分，建立红外图谱档案，进行纵、横向温差比较，发现问题应及时处理
故障/缺陷管理	缺陷记录、事故分析报告/应急抢修记录	1. 对运行中设备出现缺陷，要根据缺陷管理要求及时消除，开关专责人应做好缺陷的统计、分析、上报工作。 2. 对运行中设备发生的事故，开关专责人应组织、参与事故分析工作，制订反事故技术措施，并做好事故统计上报工作
状态评价	状态评价报告及检修计划	1. 新投运设备应在 1 个月内组织开展首次状态评价工作；运行缺陷评价随缺陷处理流程完成；家族性缺陷评价在上级家族性缺陷发布后 2 周内完成；不良工况评价在设备经受不良工况后 1 周内完成；检修（A、B、C 类检修）评价在检修工作完成后 2 周内完成。 2. 状态检修策略是否符合要求（周期和项目）；是否根据状态评价结果编制状态检修计划；生产计划是否与状态检修计划关联
检修试验	检修计划、检修报告、作业指导书/卡	1. 检修试验周期是否满足要求。 2. 检修、试验报告是否完整、及时，测试数据是否符合相关规程要求。 3. 例行检查时，具体要求：测量主回路电阻；支柱绝缘子进行超声探伤抽检。 4. 标准化作业指导书（卡）是否执行到位、是否规范
检修、试验装备管理	仪器台账/送检计划	装备定期进行试验、校验的情况，重点检查安全工器具试验情况、有强制性要求的仪器校验情况、尚无明确校验标准仪器的比对试验情况、备品备件试验情况

1.3.2　旁站监督

通过现场查看安装施工、试验检测过程和结果，判断监督要点是否满足监督要求。

1.3.2.1　直流转换开关

1. 设备制造阶段

设备制造阶段直流转换开关旁站监督要求见表 4-1-21。

表 4-1-21   设备制造阶段直流转换开关旁站监督要求

监督项目	监督方法	监督要求
密度继电器	检查密度继电器安装情况	1. SF_6 密度继电器与开关设备本体之间的连接方式应满足不拆卸校验密度继电器的要求，装设在与断路器本体同一运行环境温度的位置。 2. 户外安装的密度继电器应设置防雨罩
户外箱体	检查户外箱体防潮措施	设备机构箱、汇控箱内应有完善的驱潮防潮装置

2. 设备验收阶段

设备验收阶段直流转换开关旁站监督要求见表 4-1-22。

表 4-1-22   设备验收阶段直流转换开关旁站监督要求

监督项目	监督方法	监督要求
外观检查	检查直流转换开关外观	1. 各单元零部件、备品备件、专用工器具应齐全，无锈蚀和损伤变形，不能立即安装时应保持原包装的完整。 2. 瓷质套管或绝缘子表面应光滑，无裂纹，无破损，铸件应无砂眼。 3. 复合绝缘套管或绝缘子应无变形、破损。 4. 充气部件无泄漏，压力值应符合产品技术文件的规定。 5. 充油部件外观无渗漏，具有油位指示的油位正常。 6. 各单元部件出厂合格证及技术文件资料齐全，且应符合订货合同的约定。 7. 制造厂所带的支架和平台应无变形、损伤、锈蚀和锌脱落，制造厂提供的地脚螺栓应满足设计及产品技术文件的要求
密度继电器	检查密度继电器安装情况	1. SF_6 密度继电器与开关设备本体之间的连接方式应满足不拆卸校验密度继电器的要求，装设在与断路器本体同一运行环境温度的位置。 2. 户外安装的密度继电器应设置防雨罩
户外箱体	检查户外箱体防潮措施	设备机构箱、汇控箱内应有完善的驱潮防潮装置

3. 设备安装阶段

设备安装阶段直流转换开关旁站监督要求见表 4-1-23。

表 4-1-23   设备安装阶段直流转换开关旁站监督要求

监督项目	监督方法	监督要求
导体连接	检查导体连接情况	导体连接良好
安全接地施工	检查接地情况	凡不属于主回路或辅助回路且需要接地的所有金属部分都应接地（如爬梯等）。外壳、构架等的相互电气连接宜采用紧固连接（如螺栓连接或焊接），以保证电气上连通
抽真空处理	检查真空处理设备	抽真空处理时，应采用出口带有电磁阀的真空处理设备，同时禁止使用麦氏真空计
开断装置本体安装	检查装置本体安装工艺	1. 断路器的固定应牢固可靠，所有部件的安装位置应按照制造厂的部件编号和规定顺序进行组装，不可混装，所有部件的安装位置正确，安装后的水平度或垂直度应符合产品技术文件规定。 2. 密封槽面应清洁，无划伤痕迹；已用过的密封垫（圈）不得重复使用，对新密封垫（圈）应检查无损伤；涂密封脂时，不得使其流入密封垫（圈）内侧而与 SF_6 气体接触。 3. 应按产品技术文件的规定更换合格的吸附剂。 4. 应按产品技术文件的规定选用吊装器具、选择吊点及吊装程序，复合绝缘子吊装时应采取措施防止绝缘表面损坏。 5. 所有安装螺栓应使用力矩扳手紧固，其力矩值应符合产品技术文件的规定；安装完毕，应将断路器各密封法兰面的连接螺杆表面油污清洗干净，螺杆外露部位涂以性能良好的防水密封胶，但不应堵塞法兰部件上的泄水孔

监督项目	监督方法	监督要求
开断装置机构的安装	检查机构安装工艺	1. 机构固定应牢靠，零部件应齐全、完整、无损伤，且正确安装，各转动部分应涂以适合当地气候条件和产品技术文件的润滑脂。 2. 电动机固定应牢固，转向应正确。 3. 各种接触器、继电器、微动开关、压力开关和辅助开关的动作应正确可靠，触点应接触良好，无烧损或锈蚀；分、合闸线圈的铁心应动作灵活，无卡阻。 4. 机构箱和控制柜箱门应关闭严密，箱体应防水、防尘、防止小动物或昆虫进入，并保持内部干燥清洁；机构箱应有通风和防潮措施；加热驱潮装置中的发热元件与其他元件、电缆及电线的距离应大于 50mm。 5. 机构箱和控制柜（箱）内的二次接线应正确，应符合《±800kV 换流站屏、柜及二次回路接线施工及验收规范》（Q/GDW 224—2008）的要求；二次回路与元件的绝缘合格。 6. 机构箱和控制柜的接地应可靠
避雷器安装	检查避雷器安装工艺	避雷器应以最短的接地线与主接地网连接，其附近应装设符合设计要求的集中接地装置；避雷器外部应完整无缺损，密封应良好，硅橡胶复合绝缘外套憎水性应良好，伞裙应无破损或变形；避雷器安装应牢固，各部位连接应可靠，连接用螺钉的规格和耐腐蚀性能应符合设计要求；绝缘基座及接地应良好、牢靠，引下线截面积应满足要求
电容器安装	检查电容器连接线	电容器之间的连接线应采用软连接
绝缘平台安装	检查绝缘平台安装工艺	1. 严格控制支撑绝缘子安装水平误差，支撑绝缘子安装基面水平误差应不大于 2mm。 2. 各个绝缘拉紧装置连接和接地应可靠，检查拉紧调节装置位置正常，测量拉力正确、平衡

4. 设备调试阶段

设备调试阶段直流转换开关旁站监督要求见表 4-1-24。

表 4-1-24　　　　　　　　**设备调试阶段直流转换开关旁站监督要求**

监督项目	监督方法	监督要求
调试准备工作	对重要工艺环节开展安装质量抽检	设备单体调试、系统调试、系统启动调试的调试方案、重要记录、调试仪器设备、调试人员应满足相关标准和预防事故措施的要求
绝缘平台试验	现场检查	绝缘平台检查项目齐全且检查结果合格
开断装置导电回路的电阻	旁站监督	实测导电回路的电阻值应符合产品技术条件的规定
开断装置分、合闸时间	旁站监督	应在额定操作电压和气压下进行，实测值应符合产品技术条件的规定
开断装置分、合闸线圈的绝缘电阻和直流电阻	旁站监督	实测分、合闸线圈的绝缘电阻不应低于 10MΩ，直流电阻值与出厂值相比，应无明显差别
开断装置操动机构的试验	旁站监督	合闸操作、脱扣操作和机构的模拟操作试验合格
辅助回路合闸开关试验及与主回路断路器联动试验	旁站监督	辅助回路合闸开关合闸时间与主断路器合闸时间的同期性应满足技术规范书的要求
充电装置试验	旁站监督	主要技术参数（输出电压范围、输出电流和绝缘水平）应符合技术规范书的要求
电容器试验	旁站监督	1. 电容量的实测值应符合技术规范书的要求。 2. 端子间（内含放电电阻）及端子对外壳的绝缘电阻应与出厂试验值无明显差别。 3. 支柱绝缘子对地绝缘电阻应不低于 500MΩ
电抗器试验	旁站监督	1. 绕组直流电阻值与相同温度下出厂试验值相比，应无明显差别。 2. 实测电感值应与出厂试验值无明显差别。 3. 支柱绝缘子对地绝缘电阻应不低于 500MΩ

监督项目	监督方法	监督要求
避雷器试验	旁站监督	1. 绝缘电阻不低于 30 000MΩ。 2. 参考电压不得低于订货合同规定值。 3. 持续电流测量与出厂值相比，应无明显差别
SF₆气体含水量测定	旁站监督	1. 灭弧室 SF_6 气体含水量应小于 150μL/L。 2. 含水量的测定应在断路器充气 48h 后进行
密封性试验	旁站监督	年泄漏率应不大于 0.5%
气体密度继电器和 压力表的校验	旁站监督	气体密度继电器的动作值应符合产品技术条件的规定。压力表指示值的误差及其变差均应在产品相应等级的允许误差范围内

1.3.2.2　直流隔离开关与接地开关

1. 设备制造阶段

设备制造阶段直流隔离开关与接地开关旁站监督要求见表 4－1－25。

表 4－1－25　　　　　设备制造阶段直流隔离开关与接地开关旁站监督要求

监督项目	监督方法	监督要求
设备组装	现场见证厂家组装过程	1. 直流隔离开关和接地开关在制造厂应进行全面组装，调整好各部件的尺寸，并做好相应的标记。 2. 检查安装尺寸，满足要求
绝缘件	现场见证绝缘件安装过程	应在绝缘子金属法兰与瓷件的胶装部位涂以性能良好的防水密封胶
导电杆和触头镀银层厚度 检测情况	现场见证镀层的检测 过程和结果	应逐批对导电杆和触头镀银层进行检测，导电杆和触头的镀银层厚度应不小于 20μm、硬度应不小于 120HV

2. 设备验收阶段

设备验收阶段直流隔离开关与接地开关旁站监督要求见表 4－1－26。

表 4－1－26　　　　　设备验收阶段直流隔离开关与接地开关旁站监督要求

监督项目	监督方法	监督要求
绝缘试验	现场查看绝缘试验过程	主回路的绝缘试验应进行直流耐压试验。试验的参数、试验条件、试验要求应满足相关技术要求
回路电阻检测	现场查看回路电阻试验过程	1. 采用电流不小于 100A 的直流压降法。 2. 试验条件应尽可能在与相应的型式试验相似的条件（周围空气温度和测量部位）下进行。 3. 测得的电阻不应该超过 $1.2R_u$，这里 R_u 为温升试验（型式试验）前测得的电阻
触指接触压力试验	现场查看触指接触压力试验过程	触指接触压力测量结果满足要求
机械操作试验	现场查看机械操作试验过程	1. 在规定的最低电源电压和/或操作用压力源最低压力下进行 5 次合－分操作循环。 2. 配备联锁的隔离开关和接地开关应经受 5 次操作循环的操作来检查相关联锁的动作情况。在每次操作之前，联锁应置于试图阻止开关装置操作的位置
包装及运输	现场查看包装及运输后设备情况	包装及运输应符合有关规范要求及防振、防潮等措施
外观检查	现场查看到货设备外观	1. 按照运输单清点，检查运输箱外观应无损伤和碰撞变形痕迹。 2. 各部件无损坏

3. 设备安装阶段

设备安装阶段直流隔离开关与接地开关旁站监督要求见表 4-1-27。

表 4-1-27　　　　　　　设备安装阶段直流隔离开关与接地开关旁站监督要求

监督项目	监督方法	监督要求
安全接地施工	现场查看设备安全接地情况	1. 凡不属于主回路或辅助回路且需要接地的所有金属部分都应接地（如爬梯等），外壳、构架等的相互电气连接宜采用紧固连接（如螺栓连接或焊接），以保证电气上连通。 2. 隔离开关和接地开关的底座上应有与规定的故障条件相适应的接地端子和接地导体，接地回路导体应有足够的截面积，具有通过接地短路电流的能力。 3. 接地端子应有用于连接接地导体的螺栓，螺栓尺寸和材料应负荷技术要求
支柱绝缘子选型	现场查看支柱绝缘子是否符合外绝缘条件	爬电比距满足要求：户内隔离开关瓷支柱绝缘子的爬电比距应不小于 25mm/kV；户外支柱绝缘子爬距应满足污区图要求
联闭锁设计	现场检查/抽查设备联闭锁设计	直流隔离开关与其所配装的接地开关间应配有可靠的机械联锁，机械联锁应有足够的强度，并应具有实现电气联锁的条件，此条件应符合相应的运行要求
操动机构	现场检查设备操动机构运行情况	1. 操动机构操作灵活，无卡涩情况。 2. 手动操作力矩应满足相关技术要求
二次电缆	现场检查二次电缆的连接和敷设情况	由开关场的变压器、断路器、隔离开关和电流、电压互感器等设备至开关场就地端子箱之间的二次电缆应经金属管从一次设备的接线盒（箱）引至电缆沟，并将金属管的上端与上述设备的底座和金属外壳良好焊接，下端就近与主接地网良好焊接。上述二次电缆的屏蔽层在就地端子箱处单端使用截面积不小于 4mm² 多股铜质软导线可靠连接至等电位接地网的铜排上，在一次设备的接线盒（箱）处不接地

4. 设备调试阶段

设备调试阶段直流隔离开关与接地开关旁站监督见表 4-1-28。

表 4-1-28　　　　　　　设备调试阶段直流隔离开关与接地开关旁站监督

监督项目	监督方法	监督要求
主回路电阻	旁站监督	1. 电阻测量采用直流压降法，输出电流不小于 100A。 2. 测得的电阻值不应超过型式试验测得的最小电阻值的 1.2 倍
机械操作试验	旁站监督	1. 电动操动机构的电动机端子的电压在其额定电压值的 85%~110% 范围内时，保证隔离开关和接地开关能可靠地合闸和分闸。 2. 二次控制线圈和电磁闭锁装置：当其线圈接线端子的电压在其额定电压值的 80%~110% 范围内时，保证隔离开关和接地开关能可靠地合闸和分闸。 3. 隔离开关的机械或电气联锁装置应准确可靠
瓷件探伤试验	旁站监督	不适用于涂刷 RTV 后的瓷绝缘。探伤部位在瓷件法兰根部。采用超声波进行探伤，超声波发生频率 2.5M~10MHz
联闭锁设计	旁站监督	直流隔离开关与其所配装的接地开关间应配有可靠的机械联锁，机械联锁应有足够的强度，并应具有实现电气联锁的条件，此条件应符合相应的运行要求

1.3.3　直流开关设备常规电气试验

1.3.3.1　直流转换开关常规电气试验

1. 主回路电阻测量

依据《国家电网公司关于印发电网设备技术标准差异条款统一意见的通知》（国家电网科〔2017〕

549 号）规定，交接验收或灭弧室维修后应进行回路电阻的测量，测量值不得超过出厂试验值的 1.2 倍；例行试验值与交接试验值进行对比，不超过交接试验值的 1.2 倍。

2. SF_6 气体的含水量测定

依据《高压直流设备验收试验》（DL/T 377—2010）规定，直流转换开关内 SF_6 气体含水量应符合下列规定：

（1）与灭弧室相通的气室应小于 150μL/L；

（2）不与灭弧室相通的气室应小于 500μL/L；

（3）含水量的测定应在断路器充气 24h 后进行。

3. 密封性试验

依据《高压直流设备验收试验》（DL/T 377—2010）规定，密封性试验采用体积比灵敏度不低于 $1×10^{-6}$ 的检漏仪对开关各密封部位、管道接头等处进行检测时，检漏仪不应报警；采用收集法进行气体泄漏试验时，以 24h 的漏气量换算，年泄漏率不应大于 1%。密封性试验应在开关充气 24h 后进行。

4. 气体密度继电器、压力表和压力动作阀的校验

依据《高压直流设备验收试验》（DL/T 377—2010）规定，气体密度继电器及压力动作阀的动作值，应符合产品技术条件的规定。压力表指示值的误差及其变差，均应在产品相应等级的允许误差范围内。

5. 测量绝缘拉杆的绝缘电阻

依据《高压直流设备验收试验》（DL/T 377—2010）规定，在常温下测量的绝缘拉杆绝缘电阻不应低于 10000MΩ。

6. 辅助和控制回路的绝缘试验

依据《国家电网公司关于印发电网设备技术标准差异条款统一意见的通知》（国家电网科〔2017〕549 号）规定，交接试验时辅助控制回路的绝缘试验应进行工频试验，试验电压为 2kV，持续时间 1min，不应低于 10MΩ。

7. 机械特性试验

依据《电气装置安装工程　电气设备交接试验标准》（GB 50150—2016）规定，机械特性试验应在直流断路器的额定操作电压、气压或液压下进行；测量断路器主、辅触头的分、合闸时间，测量分、合闸的同期性，测量分、合闸速度（现场无条件安装采样装置的直流转换开关，可不进行本试验），实测数值应符合产品技术规范要求。

8. 辅助开关与主触头时间配合试验

依据《国家电网有限公司关于印发十八项电网重大反事故措施（修订版）的通知》（国家电网设备〔2018〕979 号）规定，对断路器合－分时间及操动机构辅助开关的转换时间与断路器主触头动作时间之间的配合试验检查，合－分时间应符合产品技术规范要求，且满足电力系统安全稳定要求。

9. 测量分、合闸线圈的绝缘电阻和直流电阻

依据《高压直流设备验收试验》（DL/T 377—2010）规定，实测分、合闸线圈的绝缘电阻值不应低于 10MΩ，直流电阻值与出厂试验值相比应无明显偏差。

10. 操动机构试验

依据《高压直流设备验收试验》（DL/T 377—2010）规定，操动机构试验应满足以下要求。

（1）合闸操作：当操作电压为额定操作电压的 80%～110%，且在规定的最低和最高操作压力下，操动机构应可靠动作。

（2）分闸操作：

1）分闸电磁铁在其线圈端子处测得的电压大于额定值的 65%时，应可靠地分闸；当此电压小于额定值的 30%时，不应分闸；

2）附装失压脱扣器的，其动作特性应符合表 4－1－29 的规定。

表 4－1－29 附装失压脱扣器的动作特性

电源电压与额定电源电压的比值	小于 35%	大于 65%	大于 85%
失压脱扣器的工作状态	铁心应可靠地释放	铁心不得释放	铁心应可靠地吸合

3）附装过流脱扣器的，其额定电流应不小于 2.5A，脱扣电流的等级范围及其准确度应符合表 4－1－30 的规定。

表 4－1－30 附装过流脱扣器的脱扣试验参数

过流脱扣器的种类	延时动作	瞬时动作
脱扣电流等级范围（A）	2.5～10	2.5～15
每级脱扣电流的准确度	±10%	
同一脱扣器各级脱扣电流准确度	±5%	

（3）模拟操作试验：

1）当具有可调电源时，可在不同电压、液压条件下，对断路器进行就地或远控操作，每次操作均应正确、可靠地动作，其联锁及闭锁装置回路的动作应符合产品及设计要求；当无可调电源时，只在额定电压下进行试验。

2）操作试验。液压机构的操作试验应按表 4－1－31 进行。

表 4－1－31 液压机构的操作试验

序号	操作类别	操作线圈端子电压与额定电源电压的比值（%）	操作液压	操作次数
1	合、分	110	产品规定的最高操作压力	3
2	合、分	100	额定操作压力	3
3	合	85	产品规定的最低操作压力	3
4	分	65	产品规定的最低操作压力	3
5	合、分、重合	100	产品规定的最低操作压力	3

电磁或弹簧操动机构的操作试验同表 4－1－31，但不进行第 2 项试验。

11. 电容器电容量测量

依据《高压直流设备验收试验》（DL/T 377—2010）规定，应对每一台电容器、每一个电容器桥臂和整组电容器的电容量进行测量；实测电容量应符合技术规范书的要求。

12. 电容器绝缘电阻测量

依据《高压直流设备验收试验》（DL/T 377—2010）规定，用 2500V 绝缘电阻表测量每台电容器端子对外壳的绝缘电阻；实测绝缘电阻值应与出厂试验值无明显差别。

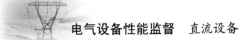

13. 电容器端子间电阻测量

依据《高压直流设备验收试验》（DL/T 377—2010）规定，对装有内置放电电阻的电容器，进行端子间电阻的测量，测量结果与出厂值相比应无明显差别。

14. 电抗器绕组直流电阻测量

依据《高压直流设备验收试验》（DL/T 377—2010）规定，实测直流电阻值与相同温度下出厂试验值相比，应无明显差别。

15. 电抗器电感量测量

依据《高压直流设备验收试验》（DL/T 377—2010）规定，实测电感值与出厂试验值相比，应无明显差别。

16. 电抗器支柱绝缘子绝缘电阻测量

依据《高压直流设备验收试验》（DL/T 377—2010）规定，应用 2500V 绝缘电阻表测量支柱绝缘子的绝缘电阻；绝缘电阻值不应低于 500MΩ。

17. 非线性电阻绝缘电阻测量

依据《电气装置安装工程　电气设备交接试验标准》（GB 50150—2016）规定，绝缘电阻测量包括本体和绝缘底座绝缘电阻测量；本体的绝缘电阻允许在单元件上进行，采用 5000V 绝缘电阻表进行测量，绝缘电阻应不小于 2500MΩ；底座绝缘电阻试验采用 2500V 绝缘电阻表进行测量，绝缘电阻应不小于 5MΩ。

18. 非线性电阻工频参考电压和持续电流测量

依据《电气装置安装工程　电气设备交接试验标准》（GB 50150—2016）规定，非线性电阻对应于工频参考电流下的工频参考电压，整支或分节进行的测试值，应符合产品技术条件的规定；测量非线性电阻在持续运行电压下的持续电流，其阻性电流和全电流值应符合产品技术条件的规定。

19. 非线性电阻直流参考电压和 0.75 倍直流参考电压下的泄漏电流测量

依据《电气装置安装工程　电气设备交接试验标准》（GB 50150—2016）规定，非线性电阻对应于直流参考电流下的直流参考电压，整支或分节进行的测试值，不应低于《交流无间隙金属氧化物避雷器》（GB 11032—2010）规定值，并应符合产品技术条件的规定。实测值与制造厂实测值比较，其允许偏差应为±5%；0.75 倍直流参考电压下的泄漏电流值不应大于 50μA，或符合产品技术条件的规定。

20. 充电装置试验

依据《高压直流设备验收试验》（DL/T 377—2010）规定，按供应商提供的试验程序进行试验，其主要技术参数（输出电压范围、输出电流和绝缘水平）应符合技术规范书的要求。

21. 振荡回路合闸开关试验及与主回路断路器连动试验

依据《高压直流设备验收试验》（DL/T 377—2010）规定，在直流转换开关所有元件安装完毕后，应与主断路器一起进行联动试验，辅助回路合闸开关合闸时间与主断路器分闸时间的同期性，应满足技术规范书的要求。

22. 连续转换试验

在进行电流转换试验中可以考虑进行连续转换试验。连续转换试验仅对 MRTB 和 GRTS 进行。

按照电流转换试验的要求，先进行一次分合操作，在距第一次分闸操作 60s 内再进行一次分闸操作。在连续转换电流试验中，直流转换开关应能成功转换该开关的额定转换电流范围内的直流电流。

1.3.3.2　直流隔离开关与接地开关常规电气试验

1. 直流耐压试验

直流隔离开关和接地开关在例行试验时应进行直流耐压试验，该试验能有效地发现一些被试品的局部缺陷，更好地模拟被试品在实际运行中承受过电压的情况。

（1）试验方法。直流隔离开关和接地开关的直流耐压试验应在新的、清洁、干燥的完整设备上进行，试验持续时间为 30min。直流耐压试验的试验电压值以设备安装地点系统额定电压的 1.5 倍选取。

（2）评价标准。试验时，如果没有发生破坏性放电，则认为直流隔离开关和接地开关通过了试验。

2. 主回路电阻测量

直流隔离开关与接地开关各元件安装完毕后，需进行主回路电阻测量，可以检查主回路中的连接和触头接触情况，以保证设备安全运行。

（1）试验方法。

1）直流电压降法。若采用直流电压降法，直流电源可选用电流大于 100A 的蓄电池组，分流器应选用 100A；直流电压表（mV 级）应选用 0.5 级、多量程的 2 只；测试导线应选用截面积为 16mm^2 的铜线。

直流电压降法的原理是：当在被测回路中通以直流电流时，在回路接触电阻上将产生电压降，测量出通过回路的电流及被测回路上的电压降，即可根据欧姆定律计算出导电回路的直流电阻值。

2）回路电阻测试仪法。若采用回路电阻测试仪法，则回路电阻测试仪（μΩ 级）应选择测试电流大于 100A 的。采用回路电阻测试仪测量 GIS 主回路电阻比较方便、准确。

（2）评价标准。依据《高压直流隔离开关和接地开关》（GB/T 25091—2010）第 7.3 条主回路电阻测量的规定：

1）采用电流不小于 100A 的直流压降法；

2）主回路电阻测量，应该尽可能在与相应的型式试验相似的条件（周围空气温度和测量部位）下进行；

3）测得的电阻不应该超过 $1.2R_u$，这里 R_u 为温升试验（型式试验）前测得的电阻。

3. 辅助及控制回路的绝缘电阻测量

辅助及控制回路应进行绝缘电阻和工频耐受电压试验，检查辅助回路绝缘是否符合技术要求。

（1）试验方法。

1）绝缘电阻测量。采用 1000V 绝缘电阻表测量绝缘电阻。

2）工频耐受电压试验。耐受工频电压值 2000V，持续时间 1min。

（2）评价标准。

1）辅助及控制回路的绝缘电阻不小于 10MΩ。

2）辅助及控制回路在耐压试验中不应发生破坏性放电。

4. 操动机构试验

该试验是为了验证电动操动机构的电动机端子的电压在其额定电压的 85%～110% 范围内能否保证直流隔离开关和接地开关可靠地合闸和分闸，以及二次控制线圈和电磁闭锁装置的线圈接线端子在其额定电压的 80%～110% 范围内能否保证直流隔离开关和接地开关可靠地合闸和分闸。

（1）试验方法。

1）在辅助和控制回路额定电压的 85%和 110%两种情况下，试验设备能否正确工作。

2）二次控制线圈接线端子在其额定电压 80%和 110%两种情况下，试验设备能否正确工作。

（2）评价标准。

1）在辅助和控制回路正常工作电压的 85%和 110%两种情况下，操动机构应该可靠正确动作。在每次操作中，应达到合闸位置和分闸位置，并且有规定的指示和信号。

2）二次控制线圈接线端子在其额定电压 80%和 110%两种情况下，操动机构应该可靠正确动作。在每次操作中，应达到合闸位置和分闸位置，并且有规定的指示和信号，隔离开关的机械和电气联锁装置应正确、可靠。

5. 瓷件超声波探伤试验

超声波探伤试验是指超声波在被检测材料中传播时，材料的声学特性和内部组织的变化对超声波的传播产生一定的影响，通过对超声波受影响程度和状况的探测了解材料性能和结构变化的试验。该试验不适用于涂刷 RTV 后的瓷绝缘。

（1）超声波探伤试验内容。在每个瓷件的端部靠近法兰下方处进行超声波检测，超声波发生频率 2.5～10MHz，不应出现明显的裂纹或点状缺陷。

（2）评价标准。依据《高压支柱瓷绝缘子现场检测导则》（Q/GDW 407—2010），可有以下判据：

1）爬波探伤结果。缺陷波不大于深度 2.0mm 缺陷信号反射波高度，此时应测定其指示长度，指示长度不小于 10mm 时应判定为裂纹，小于 10mm 时应判定为点状缺陷。

缺陷波大于深度 2.0mm 模拟裂纹反射波高度时，指示长度不小于 5mm 应判定为裂纹。

2）纵波斜入射探伤结果。缺陷波与底波同时呈现，当缺陷波高度比底波高度小于 6dB，且缺陷指示长度小于 10mm 时，不判定裂纹；当缺陷指示长度大于 10mm 时，判定为裂纹。

缺陷波与底波同时呈现时，当缺陷波高度与底波高度基本相同，且缺陷指示长度小于 10mm，可判定为点状缺陷；当缺陷指示长度大于 10mm 时，判定为裂纹。

缺陷波与底波同时呈现，缺陷波高度比底波高度大于 6dB，缺陷指示长度小于 10mm 时，可定为裂纹。

3）结果判断。采用任一种方法检测外壁缺陷并判定为裂纹时，应采用另一种方法进行验证，以便最终确定缺陷性质。凡判定为裂纹的支柱绝缘子应判定为不合格。对于不足以判定为裂纹的信号应做好记录，并对安装位置状况进行记录，便于跟踪复查。

6. 联闭锁性能试验

该试验是为了检查直流隔离开关与其配用的接地开关（独立安装的直流隔离开关除外）之间的机械联锁功能。

（1）试验方法。在联锁状态下试图按正常条件操作隔离开关。对隔离开关进行一次合−分操作，在操作前，联锁应置于试图阻止开关装置操作的位置。在进行试验时，仅使用正常的操作力，并且不应对开关装置或联锁进行调整。

（2）评价标准。如果开关装置不能操作，则认为联锁是合格的。在风压、重力、地震或操动机构与隔离开关（接地开关）本体之间的连杆被外力撞击时，隔离开关（接地开关）的结构应能防止从原有位置松脱（从合闸位置断开或从分闸位置转为合闸位置）。

7. 触指接触压力试验

触指接触压力试验结果应满足要求。

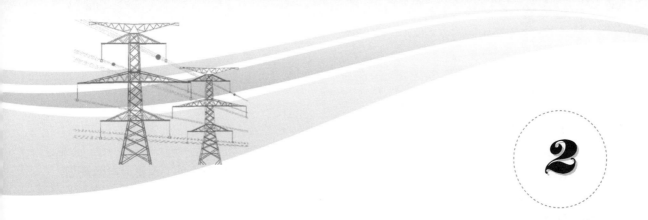

直流开关设备《全过程技术监督精益化管理实施细则》条款解析

2.1 直流转换开关

2.1.1 规划可研阶段

2.1.1.1 参数选择

1. 监督要点及监督依据

规划可研阶段直流转换开关参数选择监督要点及监督依据见表 4-2-1。

表 4-2-1　　　　　　　　　规划可研阶段直流转换开关参数选择监督

监督要点	监督依据
1. 额定运行电压、额定运行电流、最大转换电流、最大持续运行电流、额定操作顺序、绝缘水平、断口间最大设计恢复电压、恢复电压的最大上升率、额定短时耐受电路、额定峰值耐受电流等参数应满足实际要求。 2. MRTB、GRTS 和 NBS 合闸时间小于 100ms，分闸时间小于 30ms，转换失败的重合闸时间根据实际工程研究确定。 3. NBGS 合闸时间小于 55ms，分闸时间小于 30ms。 4. 机械操作次数不小于 2000 次。 5. 开断最大直流电流时的电弧耐受能力不小于 150ms	《高压直流输电直流转换开关技术规范》（Q/GDW 1964—2013）5

2. 监督项目解析

参数选择是规划可研阶段最重要的技术监督项目之一。

设备的参数选择决定了设备投运后能否正常运行和满足一段时期的当地电网发展需求。外绝缘水平、额定运行电压、额定运行电流、额定转换电流等作为直流转换开关的主要参数，一旦确定后将作为设备后续的设计、采购、制造环节的依据，任何更改都需要和厂家进行反复沟通并造成费用的增加。设备一旦投运，其参数的升级往往非常困难，改造工作量大、停电要求高、施工时间长，

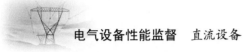

往往只能通过设备更型实现，造成严重浪费。

3. 监督要求

开展该项目监督，查看工程可研报告与相关批复时，除了查看其是否满足工程属地电网规划，还要仔细核对直流转换开关技术参数选择是否合理。对照监督要点，审核是否满足要求。

4. 整改措施

当查看工程可研报告和相关批复发现该项目相关监督要点不满足时，应通知可研报告批复部门或可研编制单位，督促其进行整改。

2.1.1.2 环境适用性

1. 监督要点及监督依据

规划可研阶段直流转换开关环境适用性监督要点及监督依据见表 4−2−2。

表 4−2−2 规划可研阶段直流转换开关环境适用性监督

监督要点	监督依据
1. 该设备应能承受三周正弦波水平加速度和垂直加速度同时加于支持结构最低部分时在共振条件下所发生的动态地震应力，并且安全系数应大于 1.67。 2. 地震强度 9 度地区：地面水平加速度 0.4g；地面垂直加速度 0.2g。 3. 地震强度 8 度地区：地面水平加速度 0.25g；地面垂直加速度 0.125g。 4. 地震强度 7 度地区：地面水平加速度 0.2g；地面垂直加速度 0.1g	《高压直流输电直流转换开关技术规范》（Q/GDW 1964—2013）6.2.2

2. 监督项目解析

环境适用性是规划可研阶段最重要的技术监督项目之一。

设备的环境适用性决定了设备投运后能否正常运行和满足一段时期的当地电网发展需求。抗震能力等作为直流转换开关的主要参数，一旦确定后将作为设备后续的设计、采购、制造环节的依据，任何更改都需要和厂家进行反复沟通并造成费用的增加。设备一旦投运，其参数的升级往往非常困难，改造工作量大、停电要求高、施工时间长，往往只能通过设备更型实现，造成严重浪费。

3. 监督要求

开展该项目监督，查看工程可研报告与相关批复时，除了查看其是否满足工程属地电网规划，还要仔细核对直流转换开关环境适用性是否合理。对照监督要点，审核是否满足要求。

4. 整改措施

当查看工程可研报告和相关批复发现该项目相关监督要点不满足时，应通知可研报告批复部门或可研编制单位，督促其进行整改。

2.1.2 工程设计阶段

2.1.2.1 参数选择

1. 监督要点及监督依据

工程设计阶段直流转换开关参数选择监督要点及监督依据见表 4−2−3。

表 4-2-3   **工程设计阶段直流转换开关参数选择监督**

监督要点	监督依据
1. 额定运行电压、额定运行电流、最大转换电流、最大持续运行电流、额定操作顺序、绝缘水平、断口间最大设计恢复电压、恢复电压的最大上升率、额定短时耐受电路、额定峰值耐受电流等参数应满足实际要求。 2. MRTB、GRTS 和 NBS 合闸时间小于 100ms，分闸时间小于 30ms，转换失败的重合闸时间根据实际工程研究确定。 3. NBGS 合闸时间小于 55ms，分闸时间小于 30ms。 4. 机械操作次数不小于 2000 次。 5. 开断最大直流电流时的电弧耐受能力不小于 150ms	《高压直流输电直流转换开关技术规范》（Q/GDW 1964—2013）5

2. 监督项目解析

参数选择是工程设计阶段最重要的技术监督项目之一。

设备的参数选择决定了设备投运后能否正常运行和满足一段时期的当地电网发展需求。外绝缘水平、额定运行电压、额定运行电流、额定转换电流等作为高压直流转换开关的主要参数，一旦确定后将作为设备后续的设计、采购、制造环节的依据，任何更改都需要和厂家进行反复沟通并造成费用的增加。设备一旦投运，其参数的升级往往非常困难，改造工作量大、停电要求高、施工时间长，往往只能通过设备更型实现，造成严重浪费。

3. 监督要求

开展该项目监督，查看工程可研报告与相关批复时，除了查看其是否满足工程属地电网规划，还要仔细核对直流转换开关技术参数选择是否合理。查看设计图纸等，对照监督要点，审核是否满足要求。

4. 整改措施

当发现该项目相关监督点不满足时，应通知设计单位，督促其进行整改。

2.1.2.2 MRTB、GRTS 连续转换设计

1. 监督要点及监督依据

工程设计阶段 MRTB、GRTS 连续转换设计监督要点及监督依据见表 4-2-4。

表 4-2-4   **工程设计阶段 MRTB、GRTS 连续转换设计监督**

监督要点	监督依据
对于改变运行方式的直流开关（如 MRTB 和 GRTS），应满足在无冷却的情况下按进行两次连续转换设计的要求	《±800kV 高压直流输电系统成套设计规程》（DL/T 5426—2009）中"7.8.1 直流开关 对于改变运行方式的直流开关（如 MRTB 和 GRTS），应要求在无冷却的情况下按进行两次连续转换设计，即分闸后如果电弧不能熄灭则应使断路器再重合闸，然后再分闸。"

2. 监督项目解析

MRTB、GRTS 连续转换设计是工程设计阶段最重要的技术监督项目之一。

MRTB、GRTS 连续转换设计决定了设备投运后能否正常运行和满足一段时期的当地电网发展需求。外绝缘水平、额定运行电压、额定运行电流、额定转换电流等作为高压直流转换开关的主要参数，一旦确定后将作为设备后续的设计、采购、制造环节的依据，任何更改都将需要和厂家进行反复沟通和费用的增加。设备一旦投运，其参数的升级往往非常困难，改造工作量大、停电要求高、施工时间长，往往只能通过设备更型实现，造成严重浪费。

3. 监督要求

开展该项目监督，查看工程可研报告与相关批复时，除了查看其是否满足工程属地电网规划，

还要仔细核对 MRTB、GRTS 连续转换设计是否合理。查看设计图纸等，对照监督要点，审核是否满足要求。

4. 整改措施

当发现该项目相关监督要点不满足时，应通知设计单位，督促其进行整改。

2.1.3　设备采购阶段

2.1.3.1　开断装置选型

1. 监督要点及监督依据

设备采购阶段直流转换开关开断装置选型监督要点及监督依据见表 4－2－5。

表 4－2－5　　　　设备采购阶段直流转换开关开断装置选型监督

监督要点	监督依据
1. 额定电流、运行时最大过负荷电流、额定电压、对应于爬距的基础电压、合闸位置的电流应力、换相电流设计值、在换相电流达到设计值时的主触头间的换相电压、成功换相时的最大燃弧时间、不成功换相时的燃弧电流时间区域、绝缘水平、在电流换相到电容器和非线性电阻后通过断路器的最大设计恢复电压、恢复电压上升率、合闸时间、不成功换相时的重合时间、操作循环等主要参数应满足实际需求。 2. MRTB、GRTS 和 NBS 合闸时间小于 100ms，分闸时间小于 30ms，转换失败的重合闸时间根据实际工程研究确定。 3. NBGS 合闸时间小于 55ms，分闸时间小于 30ms。 4. 机械操作次数不小于 2000 次。 5. 开断最大直流电流时的电弧耐受能力不小于 150ms	1.《高压直流输电直流转换开关技术规范》（Q/GDW 1964—2013）表 A.1 2～5.《高压直流输电直流转换开关技术规范》（Q/GDW 1964—2013）5.7～5.9

2. 监督项目解析

开断装置选型是设备采购阶段非常重要的技术监督项目。

开断装置是振荡回路最重要的元件，是直接开断电弧的部件，为保证其工作可靠性，其外绝缘水平、额定运行电压、额定运行电流、额定转换电流、转换时间等各项参数应满足现场实际需求。若不满足相关要求，可能会导致转换失败，对系统安全稳定运行构成威胁。

3. 监督要求

开展该项目监督，查看设备招标文件时应仔细查看技术规范书中的相关内容。对照监督要点，审核是否满足要求。

4. 整改措施

当查看设备招标技术规范书发现有不满足监督要点有关要求时，应通知物资采购部门进行整改。

2.1.3.2　振荡回路元器件选型

1. 监督要点及监督依据

设备采购阶段高压直流转换开关振荡回路元器件选型监督要点及监督依据见表 4－2－6。

表 4－2－6　　　　设备采购阶段高压直流转换开关振荡回路元器件选型监督

监督要点	监督依据
1. 避雷器最大吸收能量、换相时间、换相时通过非线性电阻的电流、通过非线性电阻的持续电压、在换相时通过非线性电阻的电流时的放电电压、涌流上升时间、两次换相之间的最小时间、电阻冷却之前的最大操作次数、压力释放容量、绝缘水平等主要参数	《高压直流输电直流转换开关技术规范》（Q/GDW 1964—2013）表 A.3～表 A.4

续表

监督要点	监督依据
应满足实际需求。 　2. 电容器额定容量、电容量误差、峰值充电电流、最大持续直流电压应力、放电电阻、换相时端对端最大耐受电压、雷电冲击耐受电压峰值、操作冲击耐受电压峰值、对应于爬距的基础电压等主要参数应满足实际需求。 　3. 电抗器（如有）额定电感量、电感量误差、暂态电流、绝缘水平、端对平台的对应于爬距的基础电压等主要参数应满足实际需求	《高压直流输电直流转换开关技术规范》（Q/GDW 1964—2013）表 A.3～表 A.4

2. 监督项目解析

振荡回路元器件选型是设备采购阶段非常重要的技术监督项目。

避雷器、电容器、电抗器是振荡回路的重要元件，其性能不满足要求易造成直流转换开关转换失败，对系统安全稳定运行造成威胁，必须严格执行相关技术标准的要求。

3. 监督要求

开展该项目监督，查看设备招标文件时应仔细查看技术规范书中的相关内容。对照监督要点，审核是否满足要求。

4. 整改措施

当查看设备招标技术规范书发现有不满足监督要点有关要求时，应通知物资采购部门进行整改。

2.1.3.3　充电装置选型（如有）

1. 监督要点及监督依据

设备采购阶段直流转换开关充电装置选型监督要点及监督依据见表 4−2−7。

表 4−2−7　　　　　　　　　设备采购阶段直流转换开关充电装置选型监督

监督要点	监督依据
充电装置（如有）输入频率、输入电压、输出电压、输出电流、在换相过程中的最大电压应力、最大充电时间、绝缘水平、对应于爬距的基础电压、试验电压、局部放电测量、直流耐受电压、端对端耐受电压、湿式直流耐受电压等主要参数应满足实际需求	《高压直流输电直流转换开关技术规范》（Q/GDW 1964—2013）表 A.5

2. 监督项目解析

充电装置选型是设备采购阶段非常重要的技术监督项目。

充电装置是振荡回路的重要元件，其性能不满足要求易造成直流转换开关转换失败，对系统安全稳定运行造成威胁，必须严格执行相关标准的要求。

3. 监督要求

开展该项目监督，查看设备招标文件时应仔细查看技术规范书中的相关内容。对照监督要点，审核是否满足要求。

4. 整改措施

当查看设备招标技术规范书发现有不满足监督要点有关要求时，应通知物资采购部门进行整改。

2.1.3.4　绝缘平台选型

1. 监督要点及监督依据

设备采购阶段直流转换开关绝缘平台选型监督要点及监督依据见表 4−2−8。

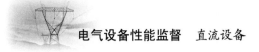

表4-2-8　　　　　　　　　　设备采购阶段直流转换开关绝缘平台选型监督

监督要点	监督依据
平台上的支柱绝缘子对地的雷电冲击耐受电压、最小直流电压耐受水平、操作冲击耐受电压水平、对应于爬距的基础电压等主要参数应满足实际需求	《高压直流输电直流转换开关技术规范》（Q/GDW 1964—2013）表 A.6

2. 监督项目解析

绝缘平台选型是设备采购阶段非常重要的技术监督项目。

绝缘平台是直流转换开关重要的绝缘部件，其性能不满足要求易造成直流转换开关转换失败，对系统安全稳定运行造成威胁，必须严格执行相关技术标准的要求。

3. 监督要求

开展该项目监督，查看设备招标文件时应仔细查看技术规范书中的相关内容。对照监督要点，审核是否满足要求。

4. 整改措施

当查看设备招标技术规范书发现有不满足监督要点有关要求时，应通知物资采购部门进行整改。

2.1.3.5　密度继电器

1. 监督要点及监督依据

设备采购阶段直流转换开关密度继电器监督要点及监督依据见表4-2-9。

表4-2-9　　　　　　　　　　设备采购阶段直流转换开关密度继电器监督

监督要点	监督依据
1. SF$_6$ 密度继电器与开关设备本体之间的连接方式应满足不拆卸校验密度继电器的要求。 2. 装设在与断路器本体同一运行环境温度的位置。密度继电器应装设在与被监测气室处于同一运行环境温度的位置。对于严寒地区的设备，其密度继电器应满足环境温度在 $-40\sim -25℃$ 时准确度不低于 2.5 级的要求。 3. 应采取防止密度继电器二次接头受潮的防雨措施	《国家电网有限公司关于印发十八项电网重大反事故措施（修订版）的通知》（国家电网设备〔2018〕979 号）中"12.1.1.3.1 密度继电器与开关设备本体之间的连接方式应满足不拆卸校验密度继电器的要求。12.1.1.3.2 密度继电器应装设在与被监测气室处于同一运行环境温度的位置。对于严寒地区的设备，其密度继电器应满足环境温度在 $-40\sim -25℃$ 时准确度不低于 2.5 级的要求。12.1.1.3.4 户外断路器应采取防止密度继电器二次接头受潮的防雨措施。"

2. 监督项目解析

密度继电器选型是设备采购阶段非常重要的技术监督项目。

密度继电器是直流转换开关重要的绝缘部件，其校验方式、布置位置及防御措施直接关系到设备运行的稳定性和可靠性，必须严格执行相关反事故措施的要求。

3. 监督要求

开展该项目监督，查看设备招标文件时应仔细查看技术规范书中的相关内容。对照监督要点，审核是否满足要求。

4. 整改措施

当查看设备招标技术规范书发现有不满足监督要点有关要求时，应通知物资采购部门进行整改。

2.1.3.6　电气要求

1. 监督要点及监督依据

设备采购阶段直流转换开关电气要求监督要点及监督依据见表4-2-10。

表 4-2-10　　　　　　　　　　　设备采购阶段直流转换开关电气要求监督

监督要点	监督依据
1. 套管应满足实际工程污秽等级要求。采用复合外套时，最小公称爬电比距应不低于瓷质外套的 75%，爬电系数不宜大于 4.0。 2. 串联主触头（如果适用）之间的分闸同期性不大于 2.5ms。 3. 电源要求。对各回路电源电压要求为：合闸和分闸回路控制电压 110V DC 或 220V DC；操动机构电动机驱动电源电压 380V/220V AC，50Hz；加热电源电压 220V AC，50Hz。 4. 110V DC 辅助触点。额定电流 5A 或 220V DC 辅助触点额定电流 2.5A。 5. 噪声水平。距开关及操动机构直线距离 2m、对地高度 1.5m 处，噪声水平应满足：对户外设备不得超过 110dB（A 声级），对户内设备不得超过 90dB（A 声级）	《高压直流输电直流转换开关技术规范》（Q/GDW 1964—2013）6.1

2. 监督项目解析

电气要求是设备采购阶段非常重要的技术监督项目。

套管外绝缘、主触头同期性、分合闸电源、辅助触点额定电流等直接关系到设备运行的稳定性和可靠性，必须严格执行相关技术标准的要求。

3. 监督要求

开展该项目监督，查看设备招标文件时应仔细查看技术规范书中的相关内容。对照监督要点，审核是否满足要求。

4. 整改措施

当查看设备招标技术规范书发现有不满足监督要点有关要求时，应通知物资采购部门进行整改。

2.1.3.7　户外汇控柜或机构箱

1. 监督要点及监督依据

设备采购阶段直流转换开关户外汇控柜或机构箱监督要点及监督依据见表 4-2-11。

表 4-2-11　　　　　　　　　设备采购阶段直流转换开关户外汇控柜或机构箱监督

监督要点	监督依据
开关设备机构箱、汇控箱内应有完善的驱潮防潮装置	《国家电网有限公司关于印发十八项电网重大反事故措施（修订版）的通知》（国家电网设备〔2018〕979 号）中"12.1.1.5 户外汇控箱或机构箱的防护等级不低于 IP45W，箱体应设置可使箱内空气流通的迷宫式通风口，并具有防腐、防雨、防风、防潮、防尘和防小动物进入的性能。带有智能终端、合并单元的智能控制柜防护等级应不低于 IP55。非一体化的汇控箱与机构箱应分别设置温度、湿度控制装置。"

2. 监督项目解析

户外汇控柜或机构箱是设备采购阶段重要的技术监督项目。

户外汇控柜或机构箱如果不安装驱潮防潮装置，容易导致内部凝露，造成二次部分短路或损坏，从而使直流转换开关控制失效，造成拒动或误动。

3. 监督要求

开展该项目监督，查看设备招投标文件时应仔细查看技术规范书中的相关内容。对照监督要点，审核是否满足要求。

4. 整改措施

当查看设备招标技术规范书发现有不满足监督要点有关要求时，应通知物资采购部门进行整改。

2.1.4　设备制造阶段

2.1.4.1　绝缘件试验

1. 监督要点及监督依据

设备制造阶段直流转换开关绝缘件试验监督要点及监督依据见表 4 - 2 - 12。

表 4 - 2 - 12　　　　　　　　设备制造阶段直流转换开关绝缘件试验监督

监督要点	监督依据
绝缘件必须经过局部放电试验方可装配，要求局部放电量不大于 3pC	《国家电网有限公司关于印发十八项电网重大反事故措施（修订版）的通知》（国家电网设备〔2018〕979 号）中"12.1.1.1 断路器本体内部的绝缘件必须经过局部放电试验方可装配，要求在试验电压下单个绝缘件的局部放电量不大于 3pC。"

2. 监督项目解析

绝缘件试验是设备制造阶段非常重要的技术监督项目。

绝缘件试验可有效发现直流转换开关内部的绝缘缺陷，同时可防止超标的局部放电导致的内部绝缘劣化，对于提升直流转换开关的可靠性具有重要的意义。

3. 监督要求

开展该项目监督，查看订货技术协议、制造图纸与记录等，重点关注各项试验数据是否合格。对照监督要点，审核是否满足要求。

4. 整改措施

当查看设备订货技术协议、制造图纸与记录等发现该项目相关监督要点不满足时，应通知设备供应商进行整改。

2.1.4.2　避雷器均流系数试验

1. 监督要点及监督依据

设备制造阶段直流转换开关避雷器均流系数试验监督要点及监督依据见表 4 - 2 - 13。

表 4 - 2 - 13　　　　　　设备制造阶段直流转换开关避雷器均流系数试验监督

监督要点	监督依据
多柱并联避雷器的电流分布不均匀系数应不大于 1.1	《高压直流换流站无间隙金属氧化物避雷器导则》（GB/T 22389—2008）中"7.8 多柱并联避雷器的电流分布不均匀系数应不大于 1.1。"

2. 监督项目解析

避雷器均流系数试验是设备制造阶段非常重要的技术监督项目。

避雷器均流系数试验是保证避雷器各电阻片特性均匀一致性的重要手段，可有效防止少数电阻片因特性不一致而承受过大的能量导致爆炸。

3. 监督要求

开展该项目监督，查看订货技术协议、制造图纸与试验记录等，重点关注各项试验数据是否合格。对照监督要点，审核是否满足要求。

4. 整改措施

当查看设备订货技术协议、制造图纸与试验记录等发现该项目相关监督要点不满足时，应通知设备供应商进行整改。

2.1.4.3　控制回路

1. 监督要点及监督依据

设备制造阶段直流转换开关控制回路监督要点及监督依据见表 4－2－14。

表 4－2－14　　　　　　　　　设备制造阶段直流转换开关控制回路监督

监督要点	监督依据
1. 分闸回路不应采用 RC 加速设计。 2. 两只跳闸线圈不应共用衔铁，且线圈不应叠装布置。 3. 分合闸控制回路不应串接整流模块、熔断器或电阻器。 4. 分、合闸控制回路的端子间应有端子隔开，或采取其他有效防误动措施	《国家电网有限公司关于印发十八项电网重大反事故措施（修订版）的通知》（国家电网设备〔2018〕979 号）中 "12.1.1.4 断路器分闸回路不应采用 RC 加速设计。12.1.1.8 采用双跳闸线圈机构的断路器，两只跳闸线圈不应共用衔铁，且线圈不应叠装布置。12.1.1.9 断路器分合闸控制回路不应串接整流模块、熔断器或电阻器。12.1.6.3 断路器分、合闸控制回路的端子间应有端子隔开，或采取其他有效防误动措施。"

2. 监督项目解析

控制回路是设备制造阶段非常重要的技术监督项目。

控制回路分闸回路不应采用 RC 加速设计，两只跳闸线圈不应共用衔铁，且线圈不应叠装布置，分合闸控制回路不应串接整流模块、熔断器或电阻器，分、合闸控制回路的端子间应有端子隔开，或采取其他有效防误动措施，这些直接关系到设备运行的稳定性和可靠性，必须严格执行相关反事故措施的要求。

3. 监督要求

开展该项目监督，查看订货技术协议、制造图纸与试验记录等，重点关注各项试验数据是否合格。对照监督要点，审核是否满足要求。

4. 整改措施

当查看设备订货技术协议、制造图纸与试验记录等发现该项目相关监督要点不满足时，应通知设备供应商进行整改。

2.1.4.4　密度继电器

1. 监督要点及监督依据

设备制造阶段直流转换开关密度继电器监督要点及监督依据见表 4－2－15。

表 4－2－15　　　　　　　　　设备制造阶段直流转换开关密度继电器监督

监督要点	监督依据
1. SF_6 密度继电器与开关设备本体之间的连接方式应满足不拆卸校验密度继电器的要求。 2. 装设在与断路器本体同一运行环境温度的位置。密度继电器应装设在与被监测气室处于同一运行环境温度的位置。对于严寒地区的设备，其密度继电器应满足环境温度在 −40℃～−25℃时准确度不低于 2.5 级的要求。 3. 应采取防止密度继电器二次接头受潮的防雨措施	《国家电网有限公司关于印发十八项电网重大反事故措施（修订版）的通知》（国家电网设备〔2018〕979 号）中 "12.1.1.3.1 密度继电器与开关设备本体之间的连接方式应满足不拆卸校验密度继电器的要求。12.1.1.3.2 密度继电器应装设在与被监测气室处于同一运行环境温度的位置。对于严寒地区的设备，其密度继电器应满足环境温度在 −40℃～−25℃时准确度不低于 2.5 级的要求。12.1.1.3.4 户外断路器应采取防止密度继电器二次接头受潮的防雨措施。"

2. 监督项目解析

密度继电器是设备制造阶段非常重要的技术监督项目。

密度继电器是直流转换开关重要的绝缘部件，其校验方式、布置位置及防御措施直接关系到设备运行的稳定性和可靠性，必须严格执行相关反事故措施的要求。

3. 监督要求

开展该项目监督，查看订货技术协议、制造图纸与试验记录等，重点关注各项试验数据是否合格。对照监督要点，审核是否满足要求。

4. 整改措施

当查看设备订货技术协议、制造图纸与试验记录等发现该项目相关监督要点不满足时，应通知设备供应商进行整改。

2.1.5　设备验收阶段

2.1.5.1　开断装置出厂试验

1. 监督要点及监督依据

设备验收阶段直流转换开关开断装置出厂试验监督要点及监督依据见表 4 – 2 – 16。

表 4 – 2 – 16　　　　　设备验收阶段直流转换开关开断装置出厂试验监督

监督要点	监督依据
1. 出厂试验报告项目齐全、数据合格，试验报告齐全、完整，包括辅助和控制回路的耐压试验、主回路电阻测量、机械操作试验、密封性试验、设计和外观检查等。 2. 灭弧室触头材料、喷口材料、瓷件水压及尺寸、机构箱柜体金属材料厚度等应严格执行订货技术协议	1.《高压直流转换开关》（GB/T 25309—2010）C1.2。 2.《交流高压开关设备技术监督导则》（Q/GDW 11074—2013）中"5.4.3 d）结合实际情况对开关设备绝缘件局放试验、灭弧室触头材料、喷口材料、瓷件水压及尺寸检查等工作进行抽查，有重点、有针对性地开展专项技术监督工作。"

2. 监督项目解析

开断装置出厂试验是设备验收阶段非常重要的技术监督项目。

出厂试验报告应项目齐全、数据合格，试验报告齐全、完整，包括辅助和控制回路的耐压试验、主回路电阻测量、机械操作试验、密封性试验、设计和外观检查等；灭弧室触头材料、喷口材料、瓷件水压及尺寸、机构箱柜体金属材料厚度等应严格执行订货技术协议。

3. 监督要求

开展该项目监督，查看设备出厂试验报告，重点关注各项试验数据是否合格。对照监督要点，审核是否满足要求。

4. 整改措施

当查看设备出厂试验报告当发现该项目相关监督要点不满足时，应通知物资部门敦促设备供应商进行整改。

2.1.5.2　单级合闸开关及充电装置出厂试验（如有）

1. 监督要点及监督依据

设备验收阶段单级合闸开关及充电装置出厂试验监督要点及监督依据见表 4 – 2 – 17。

表 4-2-17 设备验收阶段单级合闸开关及充电装置出厂试验监督

监督要点	监督依据
1. 单级合闸开关出厂试验报告项目齐全、数据合格，试验报告齐全、完整，包括辅助和控制回路的耐压试验、主回路电阻测量、机械操作试验、密封性试验、设计和外观检查等。 2. 充电装置出厂试验报告项目齐全、数据合格，试验报告齐全、完整，包括功能试验、端子间操作冲击试验、端子对地直流耐压试验、端子间直流耐压试验、端子间交流耐压试验和局部放电测量、端子对地交流耐压试验和局部放电测量等。在整个试验过程中，应接上充电装置的低压部分并投入运行	《高压直流转换开关》（GB/T 25309—2010）C2.2、C6.2

2. 监督项目解析

单级合闸开关及充电装置出厂试验（如有）是设备验收阶段非常重要的技术监督项目。

出厂试验报告应项目齐全、数据合格，试验报告齐全、完整，包括辅助和控制回路的耐压试验、主回路电阻测量、机械操作试验、密封性试验、设计和外观检查等；充电装置出厂试验报告应项目齐全、数据合格，试验报告齐全、完整，包括功能试验、端子间操作冲击试验、端子对地直流耐压试验、端子间直流耐压试验、端子间交流耐压试验和局部放电测量、端子对地交流耐压试验和局部放电测量等。

3. 监督要求

开展该项目监督，查看设备出厂试验报告，重点关注各项试验数据是否合格；对照监督要点，审核是否满足要求。

4. 整改措施

当查看设备出厂试验报告当发现该项目相关监督要点不满足时，应通知物资部门敦促设备供应商进行整改。

2.1.5.3 振荡回路元器件出厂试验

1. 监督要点及监督依据

设备验收阶直流转换开关段振荡回路元器件出厂试验监督要点及监督依据见表 4-2-18。

表 4-2-18 设备验收阶段直流转换开关振荡回路元器件出厂试验监督

监督要点	监督依据
1. 电容器出厂试验报告项目齐全、数据合格，试验报告齐全、完整，包括电容测量、端子间电压试验、端子与外壳间交流耐压试验、短路试验、内部放电器件试验、密封性试验等。应由制造厂对每一台电容器进行相关试验。 2. 避雷器出厂试验报告项目齐全、数据合格，试验报告齐全、完整，包括能量耐受试验、避雷器伏安特性试验、电阻片单元试验、避雷器单元的试验等。 3. 电抗器（如有）出厂试验报告项目齐全、数据合格，试验报告齐全、完整，包括绕组电阻测量、电感值测量等	《高压直流转换开关》（GB/T 25309—2010）C3.2、C4.2、C5.2

2. 监督项目解析

振荡回路元器件出厂试验是设备验收阶段非常重要的技术监督项目。

避雷器、电容器、电抗器出厂试验报告应项目齐全、数据合格，试验报告齐全、完整。

3. 监督要求

开展该项目监督，查看设备出厂试验报告，重点关注各项试验数据是否合格。对照监督要点，审核是否满足要求。

4. 整改措施

当查看设备出厂试验报告当发现该项目相关监督要点不满足时，应通知物资部门敦促设备供应商进行整改。

2.1.5.4　开断装置机械特性试验

1. 监督要点及监督依据

设备验收阶段直流转换开关开断装置机械特性试验监督要点及监督依据见表 4-2-19。

表 4-2-19　　　　　设备验收阶段直流转换开关开断装置机械特性试验监督

监督要点	监督依据
1. 应进行断路器行程曲线测试，并同时测量分/合闸线圈电流波形。 2. 应进行断路器合-分时间测试。 3. 断路器出厂试验前应进行不少于 200 次机械操作（其中每 100 次操作试验的最后 20 次应为重合闸操作试验）	《国家电网有限公司关于印发十八项电网重大反事故措施（修订版）的通知》（国家电网设备〔2018〕979 号）中"12.1.2.6 断路器交接试验及例行试验中，应进行行程曲线测试，并同时测量分/合闸线圈电流波形。12.1.2.3 断路器产品出厂试验、交接试验及例行试验中，应测试断路器合-分时间。对 252kV 及以上断路器，合-分时间应满足电力系统安全稳定要求。12.1.1.2 断路器出厂试验前应进行不少于 200 次机械操作（其中每 100 次操作试验的最后 20 次应为重合闸操作试验）。"

2. 监督项目解析

开断装置机械特性试验是设备验收阶段非常重要的技术监督项目。

断路器机械特性（包括分合闸时间、机械行程特性曲线等）及操动机构辅助开关的转换时间与断路器主触头动作时间之间的配合情况是决定直流转换开关能够可靠工作的重要影响因素，若机械特性不合格或动作时间配合不满足要求，将可能导致直流开关转换失败。断路器机械行程特性曲线是反映断路器机械特性的重要指标，特别是其原始曲线，将作为后续测试结果的参考标准，必须开展相关测试工作。

3. 监督要求

开展该项目监督，查看设备出厂试验报告，重点关注各项试验数据是否合格。对照监督要点，审核是否满足要求。

4. 整改措施

当查看设备出厂试验报告当发现该项目相关监督要点不满足时，应通知物资部门敦促设备供应商进行整改。

2.1.5.5　继电器试验

1. 监督要点及监督依据

设备验收阶段直流转换开关继电器试验监督要点及监督依据见表 4-2-20。

表 4-2-20　　　　　设备验收阶段直流转换开关继电器试验监督

监督要点	监督依据
进行中间继电器、时间继电器、电压继电器动作特性校验	《国家电网有限公司关于印发十八项电网重大反事故措施（修订版）的通知》（国家电网设备〔2018〕979 号）中"12.1.1.6.2 断路器出厂试验、交接试验及例行试验中，应进行中间继电器、时间继电器、电压继电器动作特性校验。"

2. 监督项目解析

继电器试验是设备验收阶段非常重要的技术监督项目。

设备验收时，应进行中间继电器、时间继电器、电压继电器动作特性校验。

3. 监督要求

开展该项目监督，查看设备出厂试验报告，重点关注各项试验数据是否合格。对照监督要点，审核是否满足要求。

4. 整改措施

当查看设备出厂试验报告当发现该项目相关监督要点不满足时，应通知物资部门敦促设备供应商进行整改。

2.1.5.6 防水密封胶

1. 监督要点及监督依据

设备验收阶段直流转换开关防水密封胶监督要点及监督依据见表 4–2–21。

表 4–2–21　　　　　　　　　　设备验收阶段直流转换开关防水密封胶监督

监督要点	监督依据
检查绝缘子金属法兰与瓷件胶装部位防水密封胶的完好性，必要时复涂防水密封胶	《国家电网有限公司关于印发十八项电网重大反事故措施（修订版）的通知》（国家电网设备〔2018〕979 号）中"12.1.1.11 断路器出厂试验及例行检修中，应检查绝缘子金属法兰与瓷件胶装部位防水密封胶的完好性，必要时复涂防水密封胶。"

2. 监督项目解析

防水密封胶是设备验收阶段非常重要的技术监督项目。

设备验收时，应检查绝缘子金属法兰与瓷件胶装部位防水密封胶的完好性，必要时复涂防水密封胶。

3. 监督要求

开展该项目监督，查看设备出厂试验报告，重点关注各项试验数据是否合格。对照监督要点，审核是否满足要求。

4. 整改措施

当查看设备出厂试验报告当发现该项目相关监督要点不满足时，应通知物资部门敦促设备供应商进行整改。

2.1.5.7 到货验收

1. 监督要点及监督依据

设备验收阶段直流转换开关到货验收监督要点及监督依据见表 4–2–22。

表 4–2–22　　　　　　　　　　设备验收阶段直流转换开关到货验收监督

监督要点	监督依据
1. 各单元零部件、备品备件、专用工器具应齐全，无锈蚀和损伤变形，不能立即安装时应保持原包装的完整。 2. 瓷质套管或绝缘子表面应光滑，无裂纹，无破损，铸件应无砂眼。 3. 复合绝缘套管或绝缘子应无变形、破损。 4. 充气部件无泄漏，压力值应符合产品技术文件的规定。 5. 各单元部件出厂合格证件及技术文件资料齐全，且应符合订货合同的约定。 6. 制造厂所带的支架和平台应无变形、损伤、锈蚀和锌脱落，制造厂提供的地脚螺栓应满足设计及产品技术文件的要求	《±800kV 换流站直流高压电器施工及验收规范》（Q/GDW 1219—2014）5.1.4

2. 监督项目解析

到货验收是设备验收阶段非常重要的技术监督项目。

到货验收及外观检查可有效发现设备外观异常，避免异常设备投入安装使用造成返工等人力物力浪费。零部件及资料齐全可提升后续运维检修工作的便利性。

3. 监督要求

开展该项目监督，查看设备外观、零部件和资料，重点关注外观异常现象。对照监督要点，审核是否满足要求。

4. 整改措施

当查看设备外观、零部件和资料发现该项目相关监督要点不满足时，应通知物资部门敦促设备供应商进行整改。

2.1.5.8 户外汇控柜或机构箱

1. 监督要点及监督依据

设备验收阶段直流转换开关汇控柜或机构箱监督要点及监督依据见表4-2-23。

表4-2-23　　　　　　　　设备验收阶段直流转换开关汇控柜或机构箱监督

监督要点	监督依据
开关设备机构箱、汇控箱内应具备防潮性能	《国家电网有限公司关于印发十八项电网重大反事故措施（修订版）的通知》（国家电网设备〔2018〕979号）中"12.1.1.5 户外汇控箱或机构箱的防护等级应不低于IP45W，箱体应设置可使箱内空气流通的迷宫式通风口，并具有防腐、防雨、防风、防潮、防尘和防小动物进入的性能。带有智能终端、合并单元的智能控制柜防护等级应不低于IP55。非一体化的汇控箱与机构箱应分别设置温度、湿度控制装置。"

2. 监督项目解析

户外汇控柜或机构箱是设备验收阶段重要的技术监督项目。

户外汇控柜或机构箱如果不安装驱潮防潮装置，容易导致内部凝露，造成二次部分短路或损坏，从而使直流转换开关控制失效，造成拒动或误动。

3. 监督要求

开展该项目监督，应实地查看设备，进行相关配件检查。对照监督要点，审核是否满足要求。

4. 整改措施

当查看设备发现该项目相关监督要点不满足时，应通知物资部门敦促设备供应商进行整改。

2.1.6 设备安装阶段

2.1.6.1 绝缘平台安装

1. 监督要点及监督依据

设备安装阶段直流转换开关绝缘平台安装监督要点及监督依据见表4-2-24。

表4-2-24　　　　　　　　设备安装阶段直流转换开关绝缘平台安装监督

监督要点	监督依据
1. 严格控制支撑绝缘子安装水平误差，支撑绝缘子安装基面水平误差应不大于2mm。 2. 各个绝缘拉紧装置连接和接地应可靠、检查拉紧调节装置位置正常、测量拉力正确、平衡	《直流换流站电气装置安装工程施工及验收规范》（DL/T 5232—2019）中"9.3 严格控制支撑绝缘子安装水平误差，支撑绝缘子安装基面水平误差应不大于2mm；各个绝缘拉紧装置连接和接地应可靠、检查拉紧调节装置位置正常、测量拉力正确、平衡。"

2. 监督项目解析

绝缘平台安装是设备安装阶段重要的技术监督项目。

绝缘平台承载着电容器、电抗器及避雷器等大量部件，载荷大、绝缘要求高，若其安装水平误差或拉力不满足要求，容易导致部件移位、倾倒、脱落等后果，对设备安全稳定运行造成威胁。

3. 监督要求

开展该项目监督，可检查施工工艺控制文件，重点查看水平误差、测量拉力等是否满足要求。对照监督要点，审核是否满足要求。

4. 整改措施

当发现该项目相关监督要点不满足时，应通知安装单位进行整改。

2.1.6.2 开断装置本体安装

1. 监督要点及监督依据

设备安装阶段直流转换开关开断装置本体安装监督要点及监督依据见表 4-2-25。

表 4-2-25　　　　　设备安装阶段直流转换开关开断装置本体安装监督

监督要点	监督依据
1. 断路器的固定应牢固可靠，所有部件的安装位置应按照制造厂的部件编号和规定顺序进行组装，不可混装，所有部件的安装位置正确，安装后的水平度或垂直度应符合产品技术文件规定。 2. 密封槽面应清洁，无划伤痕迹。已用过的密封垫（圈）不得重复使用，对新密封垫（圈）应检查无损伤；涂密封脂时，不得使其流入密封垫（圈）内侧而与 SF_6 气体接触。 3. 应按产品技术文件的规定更换合格的吸附剂。 4. 应按产品技术文件的规定选用吊装器具、选择吊点及吊装程序，复合绝缘子吊装时应采取措施防止绝缘表面损坏。 5. 所有安装螺栓应使用力矩扳手紧固，其力矩值应符合产品技术文件的规定；安装完毕，应将断路器各密封法兰面的连接螺杆表面油污清洗干净，螺杆外露部位涂以性能良好的防水密封胶，但不应堵塞法兰部件上的泄水孔	《±800kV 换流站直流高压电器施工及验收规范》（Q/GDW 1219—2014）中"5.3.5 断路器的安装应在制造厂技术人员指导下进行，安装应符合产品技术文件要求。"

2. 监督项目解析

开断装置本体安装是设备安装阶段非常重要的技术监督项目。

开断装置本体是直流转换开关的灭弧元件，其安装工艺的好坏直接关系到设备投运后运行情况的好坏；严格执行相关安装工艺标准，是保障安装质量的前提。设备安装工艺不良，一方面会造成返工，浪费人力物力，影响工期；另一方面对较难发现的不良工艺，容易遗留至运行阶段，影响设备的安全稳定运行。

3. 监督要求

开展该项目监督，可查看各种安装工艺控制文件，同时还应该到现场就关键工艺进行抽查。对照监督要点，审核是否满足要求。

4. 整改措施

当发现该项目相关监督要点不满足时，应通知安装单位进行整改。

2.1.6.3 开断装置机构安装

1. 监督要点及监督依据

设备安装阶段直流转换开关开断装置机构安装监督要点及监督依据见表 4-2-26。

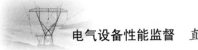

表 4-2-26　　　　　　设备安装阶段直流转换开关开断装置机构安装监督

监督要点	监督依据
1. 机构固定应牢靠，零部件应齐全、正确安装，完整，无损伤，各转动部分应涂以适合当地气候条件和产品技术文件的润滑脂。 2. 电动机固定应牢固，转向应正确。 3. 各种接触器、继电器、微动开关、压力开关和辅助开关的动作应正确可靠，触点应接触良好，无烧损或锈蚀；分、合闸线圈的铁心动作灵活，无卡阻。 4. 机构箱和控制柜箱门应关闭严密，箱体应防水、防尘、防止小动物或昆虫进入，并保持内部干燥清洁；机构箱应有通风和防潮措施；加热驱潮装置中的发热元件与其他元件、电缆及电线的距离应大于 50mm。 5. 机构箱和控制柜（箱）内的二次接线应正确，应符合《±800kV 换流站屏、柜及二次回路接线施工及验收规范》（Q/GDW 224—2008）的要求；二次回路与元件的绝缘合格。 6. 机构箱和控制柜的接地应可靠	《±800kV 换流站直流高压电器施工及验收规范》（Q/GDW 1219—2014）5.4.2

2. 监督项目解析

开断装置机构安装是设备安装阶段非常重要的技术监督项目。

开断装置机构是断路器动作的驱动元件，结构复杂，其安装工艺的好坏直接关系到设备投运后运行情况的好坏；严格执行相关安装工艺标准，是保障安装质量的前提。设备安装工艺不良，一方面会造成返工，浪费人力物力，影响工期；另一方面对较难发现的不良工艺，容易遗留至运行阶段，影响设备的安全稳定运行。

3. 监督要求

开展该项目监督，可查看各种安装工艺控制文件，同时还应该到现场就关键工艺进行抽查。对照监督要点，审核是否满足要求。

4. 整改措施

当发现该项目相关监督要点不满足时，应通知安装单位进行整改。

2.1.6.4　避雷器安装

1. 监督要点及监督依据

设备安装阶段直流转换开关避雷器安装监督要点及监督依据见表 4-2-27。

表 4-2-27　　　　　　设备安装阶段直流转换开关避雷器安装监督

监督要点	监督依据
1. 避雷器应以最短的接地线与主接地网连接，其附近应装设符合设计要求的集中接地装置。 2. 避雷器外部应完整无缺损，密封应良好，硅橡胶复合绝缘外套憎水性应良好，伞裙应无破损或变形。 3. 避雷器安装应牢固，各部位连接应可靠，连接用螺钉的规格和耐腐蚀性能应符合设计要求。 4. 接地应良好、牢靠，引下线截面积应满足要求	《交流金属氧化物避雷器技术监督导则》（Q/GDW 11079—2013）中"5.7.3.1 避雷器应以最短的接地线与主接地网连接，其附近应装设符合设计要求的集中接地装置；避雷器外部应完整无缺损，密封应良好，硅橡胶复合绝缘外套憎水性应良好，伞裙应无破损或变形；避雷器安装应牢固，各部位连接应可靠，连接用螺钉的规格和耐腐蚀性能应符合设计要求；绝缘基座及接地应良好、牢靠，引下线截面积应满足要求。"

2. 监督项目解析

避雷器安装是设备安装阶段重要的技术监督项目。

避雷器是直流转换开关的能量吸收元件，其设备安装工艺的好坏直接关系到设备投运后运行情况的好坏；严格执行相关安装工艺标准，是保障安装质量的前提。设备安装工艺不良，一方面会造成返工，浪费人力物力，影响工期；另一方面对较难发现的不良工艺，容易遗留至运行阶段，影响设备的安全稳定运行。

3. 监督要求

开展该项目监督，可查看各种安装工艺控制文件，同时还应该到现场就关键工艺进行抽查。对照监督要点，审核是否满足要求。

4. 整改措施

当发现该项目相关监督要点不满足时，应通知安装单位进行整改。

2.1.6.5 导体连接

1. 监督要点及监督依据

设备安装阶段直流转换开关导体连接监督要点及监督依据见表 4-2-28。

表 4-2-28　　　　　　　设备安装阶段直流转换开关导体连接监督

监督要点	监督依据
导体连接良好，接头检修应按照"十步法"进行	《国网运检部关于加强换流站接头发热治理工作的通知》(运检一〔2014〕143 号) 中"公司系统各换流站要对主通流回路接头逐一建立档案，年度检修期间严格执行接头检修'十步法'。"

2. 监督项目解析

导体连接是设备安装阶段重要的技术监督项目。

通流导体若连接不当，在设备投运后易造成发热现象，其整改通常须停电，影响供电可靠性。

3. 监督要求

开展该项目监督，可查阅试验报告并进行现场抽查，重点查看回路电阻试验数据是否合格。对照监督要点，审核是否满足要求。

4. 整改措施

当发现该项目相关监督要点不满足时，应通知安装单位进行整改。

2.1.6.6 安全接地施工

1. 监督要点及监督依据

设备安装阶段直流转换开关安全接地施工监督要点及监督依据见表 4-2-29。

表 4-2-29　　　　　　　设备安装阶段直流转换开关安全接地施工监督

监督要点	监督依据
凡不属于主回路或辅助回路且需要接地的所有金属部分都应接地（如爬梯等）。外壳、构架等的相互电气连接宜采用紧固连接（如螺栓连接或焊接），以保证电气上连通	《导体和电器选择设计技术规定》(DL/T 5222—2005) 中"12.0.14 凡不属于主回路或辅助回路且需要接地的所有金属部分都应接地。外壳、构架等的相互电气连接采用紧固连接（如螺栓连接或焊接），以保证电气上连通。"

2. 监督项目解析

安全接地施工是设备安装阶段重要的技术监督项目。

正确接地和金属连接，可有效提高施工安全性，减少感应过电压对人身的伤害。

3. 监督要求

开展该项目监督，可重点进行施工现场的检查。对照监督要点，审核是否满足要求。

4. 整改措施

当发现该项目相关监督要点不满足时，应通知安装单位进行整改。

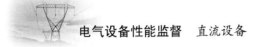

2.1.6.7　密度继电器

1. 监督要点及监督依据

设备安装阶段直流转换开关密度继电器监督要点及监督依据见表 4-2-30。

表 4-2-30　　　　　　　　　设备安装阶段直流转换开关密度继电器监督

监督要点	监督依据
1. SF_6 密度继电器与开关设备本体之间的连接方式应满足不拆卸校验密度继电器的要求。 2. 装设在与断路器本体同一运行环境温度的位置。密度继电器应装设在与被监测气室处于同一运行环境温度的位置。对于严寒地区的设备，其密度继电器应满足环境温度在 -40℃~-25℃ 时准确度不低于 2.5 级的要求。 3. 应采取防止密度继电器二次接头受潮的防雨措施	《国家电网有限公司关于印发十八项电网重大反事故措施（修订版）的通知》（国家电网设备〔2018〕979 号）中"12.1.1.3.1 密度继电器与开关设备本体之间的连接方式应满足不拆卸校验密度继电器的要求。12.1.1.3.2 密度继电器应装设在与被监测气室处于同一运行环境温度的位置。对于严寒地区的设备，其密度继电器应满足环境温度在 -40℃~-25℃ 时准确度不低于 2.5 级的要求。12.1.1.3.4 户外断路器应采取防止密度继电器二次接头受潮的防雨措施。"

2. 监督项目解析

密度继电器是设备安装阶段非常重要的技术监督项目。

密度继电器是直流转换开关重要的绝缘部件，其校验方式、布置位置及防御措施直接关系到设备运行的稳定性和可靠性，必须严格执行相关反事故措施的要求。

3. 监督要求

开展该项目监督，查看订货技术协议、制造图纸与试验记录等，重点关注各项试验数据是否合格；对照监督要点，审核是否满足要求。

4. 整改措施

当查看设备订货技术协议、制造图纸与试验记录等发现该项目相关监督要点不满足时，应通知设备供应商进行整改。

2.1.6.8　SF_6 气体质量检查

1. 监督要点及监督依据

设备安装阶段高压直流转换开关 SF_6 气体质量检查监督要点及监督依据见表 4-2-31。

表 4-2-31　　　　　　　　设备安装阶段高压直流转换开关 SF_6 气体质量检查监督

监督要点	监督依据
1. SF_6 气体必须经 SF_6 气体质量监督管理中心抽检合格，并出具检测报告。 2. SF_6 气体注入设备后必须进行湿度试验，且应对设备内气体进行 SF_6 纯度检测，必要时进行气体成分分析	《交流高压开关设备技术监督导则》（Q/GDW 11074—2013）中"5.7.3 e）7）SF_6 气体必须经 SF_6 气体质量监督管理中心抽检合格，并出具检测报告。8）SF_6 气体注入设备后必须进行湿度试验，且应对设备内气体进行 SF_6 纯度检测，必要时进行气体成分分析。"

2. 监督项目解析

SF_6 气体质量检查是设备安装阶段重要的技术监督项目。

SF_6 气体是断路器的绝缘介质和灭弧介质，其质量直接关系到直流转换开关能否正常转换；特别是 SF_6 气体的纯度和含水量，是衡量 SF_6 气体质量的重要标准，必须经 SF_6 气体质量监督管理中心抽检合格，并出具检测报告 SF_6 气体质量检测报告，重点查看纯度、湿度等是否满足要求。

3. 监督要求

开展该项目监督，可检查 SF_6 气体质量检测报告，重点查看纯度、湿度等是否满足要求。对照监督要点，审核是否满足要求。

4. 整改措施

当发现该项目相关监督要点不满足时，应通知安装单位进行整改。

2.1.7 设备调试阶段

2.1.7.1 开断装置现场试验

1. 监督要点及监督依据

设备调试阶段直流转换开关开断装置现场试验监督要点及监督依据见表 4-2-32。

表 4-2-32　　　　　　设备调试阶段直流转换开关开断装置现场试验监督

监督要点	监督依据
1. 实测导电回路的电阻值应符合产品技术条件的规定。 2. 应在额定操作电压和气压下进行，实测值应符合产品技术条件的规定。 3. 实测分、合闸线圈直流电阻值与出厂值相比，应无明显差别。 4. 合闸操作、脱扣操作和机构的模拟操作试验合格	《高压直流设备验收试验》（DL/T 377—2010）中 "11.3 实测导电回路的电阻值应符合产品技术条件的规定。11.4 应在额定操作电压和气压下进行，实测值应符合产品技术条件的规定。11.5 测量分、合闸线圈的绝缘电阻和直流电阻。11.6 操动机构的试验。"

2. 监督项目解析

开断装置现场试验是设备调试阶段重要的技术监督项目。

导电回路的电阻值反映了导电回路的连接状况，若回路电阻值过大，运行中将会产生发热现象；通过回路电阻测试，可有效避免回路连接状况不良的直流转换开关投入运行。开断装置分、合闸线圈绝缘电阻和直流电阻是反映分、合闸线圈工作状况的重要参数，绝缘电阻或直流电阻异常说明线圈内部发生了损坏，将有可能导致断路器拒动或者误动；设备投运前开展分、合闸线圈的绝缘电阻和直流电阻测试，可有效防止损坏的分合闸线圈投入运行。开断装置操动机构的试验是直接检验操动机构能否正常工作的操作试验，可直观反映操动机构是否异常。

3. 监督要求

开展该项目监督，可查看开断装置现场试验报告，重点查看开断装置现场试验结果是否超标。对照监督要点，审核是否满足要求。

4. 整改措施

当发现该项目相关监督要点不满足时，应通知安装单位进行整改。

2.1.7.2 绝缘平台现场试验

1. 监督要点及监督依据

设备调试阶段直流转换开关绝缘平台现场试验监督要点及监督依据见表 4-2-33。

表 4-2-33　　　　　　设备调试阶段直流转换开关绝缘平台现场试验监督

监督要点	监督依据
1. 在安装前检查各绝缘子是否完好。 2. 安装完成后，在安装其他附加设备前对绝缘平台进行外观检查，并检查其是否稳固	《高压直流转换开关》（GB/T 25309—2010）7.5.1.2 绝缘平台的验收试验

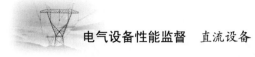

2. 监督项目解析

绝缘平台试验是设备调试阶段重要的技术监督项目。

绝缘平台承载着电容器、电抗器及避雷器等大量部件，载荷大、绝缘要求高，开展其支撑绝缘子和绝缘电阻检查，可有效防止支撑绝缘子损伤或绝缘电阻不合格导致的设备故障。

3. 监督要求

开展该项目监督，可查看调试记录文件等资料，同时还应到现场进行关键部件检查。对照监督要点，审核是否满足要求。

4. 整改措施

当发现该项目相关监督要点不满足时，应通知安装单位进行整改。

2.1.7.3 电容器现场试验

1. 监督要点及监督依据

设备调试阶段直流转换开关电容器现场试验监督要点及监督依据见表4-2-34。

表4-2-34　　　　　　　设备调试阶段直流转换开关电容器现场试验监督

监督要点	监督依据
1. 电容量的实测值应符合规范书的要求。 2. 端子间（内含放电电阻）及端子对外壳的绝缘电阻应与出厂试验值无明显差别	《高压直流设备验收试验》（DL/T 377—2010）中"8.2 电容器试验 8.2.1 电容量测量 a）应对每一台电容器，每一个电容器桥臂和整组电容器的电容量进行测量；b）实测电容量应符合设计规范书的要求。8.2.3 端子间电阻的测量 对装有内置放电电阻的电容器，进行端子间电阻的测量，测量结果与出厂值应无明显差别。"

2. 监督项目解析

电容器现场试验是设备调试阶段非常重要的技术监督项目。

电容器是直流转换开关振荡回路重要的部件之一，电容量、绝缘电阻等参数是反映电容器运行工况的主要参数；开展相关试验监督，可有效发现电容量、绝缘电阻等参数异常，确保投运前电容器处于良好状态。

3. 监督要求

开展该项目监督，可查看电容器试验报告，重点查看试验项目是否齐全及试验结果是否正常。对照监督要点，审核是否满足要求。

4. 整改措施

当发现该项目相关监督要点不满足时，应通知安装单位进行整改。

2.1.7.4 电抗器现场试验（如有）

1. 监督要点及监督依据

设备调试阶段直流转换开关电抗器现场试验监督要点及监督依据见表4-2-35。

表4-2-35　　　　　　　设备调试阶段直流转换开关电抗器现场试验监督

监督要点	监督依据
1. 绕组直流电阻值与相同温度下出厂试验值相比，应无明显差别。 2. 实测电感值应与出厂试验值无明显差别	《高压直流设备验收试验》（DL/T 377—2010）中"8.3 电抗器试验 8.3.1 绕组直流电阻测量 实测直流电阻值与同温下出厂试验值相比，应无明显差别。8.3.2 电感测量 实测电感值与出厂试验值相比，应无明显差别。"

2. 监督项目解析

电抗器现场试验（如有）是设备调试阶段非常重要的技术监督项目。

电抗器是直流转换开关振荡回路重要的部件之一，电感量、绕组直流电阻等参数是反应电抗器运行工况的主要参数；开展相关试验监督，可有效发现电感量、绕组直流电阻等参数异常，确保投运前电抗器处于良好状态。

3. 监督要求

开展该项目监督，可查看电抗器试验报告，重点查看试验项目是否齐全及试验结果是否正常。对照监督要点，审核是否满足要求。

4. 整改措施

当发现该项目相关监督要点不满足时，应通知安装单位进行整改。

2.1.7.5 充电装置现场试验（如有）

1. 监督要点及监督依据

设备调试阶段直流转换开关充电装置现场试验监督要点及监督依据见表 4 – 2 – 36。

表 4 – 2 – 36 　　　　　设备调试阶段直流转换开关充电装置现场试验监督

监督要点	监督依据
1. 主要技术参数（输出电压范围、输出电流和绝缘水平）应符合技术规范书的要求。 2. 辅助回路合闸开关合闸时间与主断路器合闸时间的同期性应满足技术规范书的要求	《高压直流设备验收试验》（DL/T 377—2010）中"11.10.4 充电装置试验 按供应商提供的试验程序进行试验，主要技术参数（输出电压范围、输出电流和绝缘水平）应符合设备规范书的要求。11.10.5 辅助回路合闸开关试验及与主回路断路器联动试验 辅助回路合闸开关在直流断路器所有原件安装完毕后，应与主断路器一起进行联动试验，辅助回路合闸开关合闸时间与主断路器合闸时间的同期性，应满足设备规范书的要求。"

2. 监督项目解析

充电装置现场试验（如有）是设备调试阶段非常重要的技术监督项目。

充电装置是用以对振荡回路电容器进行充电的装置，它是决定直流转换开关能否可靠转换的关键部件之一。对其性能进行检测，特别是检验其输出电压、输出电流和绝缘水平是否正常，可有效防止工作异常的充电装置投入运行对直流装换开关工作可靠性造成威胁。

3. 监督要求

开展该项目监督，可查看充电装置试验报告，重点查看试验项目是否齐全及试验结果是否正常。对照监督要点，审核是否满足要求。

4. 整改措施

当发现该项目相关监督要点不满足时，应通知安装单位进行整改。

2.1.7.6 避雷器现场试验

1. 监督要点及监督依据

设备调试阶段直流转换开关避雷器现场试验监督要点及监督依据见表 4 – 2 – 37。

表 4 – 2 – 37 　　　　　设备调试阶段直流转换开关避雷器现场试验监督

监督要点	监督依据
1. 参考电压不得低于订货合同规定值。 2. 持续电流测量与出厂值相比，应无明显差别	《高压直流设备验收试验》（DL/T 377—2010）中"13 直流避雷器 13.3 参考电压测量 按照厂家规定的交流或直流参考电流值，对整只避雷器进行测量，其参考电压值不得低于合同规定值。13.4 持续电流测量 在工频或直流的持续运行电压下，测量整只或整节避雷器的全电流、阻性电流或直流电流。实测值与出厂值相比，应无明显差别。"

2. 监督项目解析

避雷器现场试验是设备调试阶段非常重要的技术监督项目。

避雷器是直流转换开关振荡回路重要的部件之一，绝缘电阻、参考电压、持续电流等参数是反映电抗器运行工况的主要参数。开展相关试验监督，可有效发现绝缘电阻、参考电压、持续电流等参数异常，确保投运前避雷器处于良好状态。

3. 监督要求

开展该项目监督，可查看避雷器试验报告，重点查看试验项目是否齐全及试验结果是否正常。对照监督要点，审核是否满足要求。

4. 整改措施

当发现该项目相关监督要点不满足时，应通知安装单位进行整改。

2.1.7.7 开断装置机械特性试验

1. 监督要点及监督依据

设备调试阶段直流转换开关开断装置机械特性试验监督要点及监督依据见表 4-2-38。

表 4-2-38　　　　　设备调试阶段直流转换开关开断装置机械特性试验监督

监督要点	监督依据
1. 应进行断路器行程曲线测试，并同时测量分/合闸线圈电流波形。 2. 应进行断路器合-分时间测试	《国家电网有限公司关于印发十八项电网重大反事故措施（修订版）的通知》（国家电网设备〔2018〕979 号）中"12.1.2.6 断路器交接试验及例行试验中，应进行行程曲线测试，并同时测量分/合闸线圈电流波形。12.1.2.3 断路器产品出厂试验、交接试验及例行试验中，应测试断路器合-分时间。对 252kV 及以上断路器，合-分时间应满足电力系统安全稳定要求。"

2. 监督项目解析

开断装置机械特性试验是设备调试阶段重要的技术监督项目。

开断装置分、合闸时间是反映断路器机械特性最重要的参数，如果分、合闸时间不满足要求，将可能会导致断路器分合闸失败，造成严重设备故障。在设备投运前对其进行分、合闸时间测试，可有效避免分、合闸时间测试不满足要求的设备投入运行。

3. 监督要求

开展该项目监督，可查看分、合闸时间测试报告，重点查看分、合闸时间是否超标。对照监督要点，审核是否满足要求。

4. 整改措施

当发现该项目相关监督要点不满足时，应通知安装单位进行整改。

2.1.7.8 振荡参数测量

1. 监督要点及监督依据

设备调试阶段直流转换开关振荡参数测量监督要点及监督依据见表 4-2-39。

表 4-2-39　　　　　设备调试阶段直流转换开关振荡参数测量监督

监督要点	监督依据
开展振荡回路振荡特性测量，测量结果符合产品技术条件规定，包含以下内容： （1）直流转换开关的振荡频率。 （2）直流转换开关的衰减时间常数。 （3）直流转换开关振荡回路的电感值。	《±800kV 直流系统电气设备交接试验》（Q/GDW 1275—2015）中"12.4 振荡回路振荡特性测量。测量结果符合产品技术条件规定。"

监督要点	监督依据
（4）直流转换开关振荡回路的阻尼电阻值。 （5）直流转换开关振荡回路的电容值	《±800kV 直流系统电气设备交接试验》（Q/GDW 1275—2015）中"12.4 振荡回路振荡特性测量。测量结果符合产品技术条件规定。"

2. 监督项目解析

振荡参数测量是设备调试阶段非常重要的技术监督项目。

直流转换开关的振荡参数直接关系到转换过程能否成功，是直流转换开关重要的基本参数。确保投运时振荡参数在合理范围内，是提升直流转换开关可靠性的重要保障。

3. 监督要求

开展该项目监督，可查看振荡参数测量试验报告，重点查看试验项目是否齐全及试验结果是否正常。对照监督要点，审核是否满足要求。

4. 整改措施

当发现该项目相关监督要点不满足时，应通知安装单位进行整改。

2.1.7.9　SF_6气体含水量测定

1. 监督要点及监督依据

设备调试阶段直流转换开关 SF_6 气体含水量测定监督要点及监督依据见表 4－2－40。

表 4－2－40　　　　　　　　设备调试阶段直流转换开关 SF_6 气体含水量测定监督

监督要点	监督依据
1. 灭弧室 SF_6 气体含水量应小于 15μL/L。 2. 含水量的测定应在断路器充气 48h 后进行	《电气装置安装工程　电气设备交接试验标准》（GB 50150—2016）中"13.0.13 测量断路器内 SF_6 气体含水量（20℃的体积分数），应符合下列规定：1）与灭弧室相通的气室，应小于 150μL/L。3）SF_6 气体含水量的测定应在断路器充气 48h 后进行。"

2. 监督项目解析

SF_6气体含水量测定是设备调试阶段非常重要的技术监督项目。

SF_6气体的含水量直接关系到 SF_6 的绝缘性能，含水量超标将有可能导致绝缘失效和灭弧失败；投运前开展微量水含量测量，可提前发现含水量超标问题。SF_6 气体充入断路器后，断路器零部件中含有的水分会逐渐挥发至气体中，其含水量会逐步增长，因此必须在气体充入一定时间后才能进行含水量测量。

3. 监督要求

开展该项目监督，可查看 SF_6 气体的微量水含量试验报告，重点查看试验项目是否齐全及试验结果是否正常。对照监督要点，审核是否满足要求。

4. 整改措施

当发现该项目相关监督要点不满足时，应通知安装单位进行整改。

2.1.7.10　气体密度继电器和压力表的校验

1. 监督要点及监督依据

设备调试阶段直流转换开关气体密度继电器和压力表校验监督要点及监督依据见表 4－2－41。

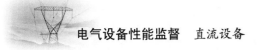

表 4-2-41　　　　　设备调试阶段直流转换开关气体密度继电器和压力表校验监督

监督要点	监督依据
气体密度继电器的动作值应符合产品技术条件的规定。压力表指示值的误差及其变差，均应在产品相应等级的允许误差范围内	《高压直流设备验收试验》（DL/T 377—2010）中"11.9 气体密度继电器及动作压力阀的动作值应符合产品技术条件的规定。压力表指示值的误差及其变差，均应在产品相应等级的允许误差范围内。"

2. 监督项目解析

气体密度继电器和压力表的校验是设备调试阶段非常重要的技术监督项目。

气体密度继电器和压力表是 SF_6 气体密度和压力的测量装置，只有其精度满足要求，才能准确测量 SF_6 气体密度和压力；必须对其进行校验，对不满足精度要求的要进行更换。

3. 监督要求

开展该项目监督，可查看气体密度继电器和压力表的校验报告。对照监督要点，审核是否满足要求。

4. 整改措施

当发现该项目相关监督要点不满足时，应通知安装单位进行整改。

2.1.8　竣工验收阶段

2.1.8.1　交接试验项目

1. 监督要点及监督依据

竣工验收阶段直流转换开关交接试验项目监督要点及监督依据见表 4-2-42。

表 4-2-42　　　　　竣工验收阶段直流转换开关交接试验项目监督

监督要点	监督依据
交接验收试验报告项目齐全且试验结果合格，包括开断装置、绝缘平台、电容器、电抗器（如有）、充电装置（如有）、避雷器、SF_6 气体、气体密度继电器和压力表等相关试验	《高压直流设备验收试验》（DL/T 377—2010）11 直流断路器。《交流高压开关设备技术监督导则》（Q/GDW 11074—2013）中"5.8.3 监督内容及要求：应监督前期各阶段发现问题的整改落实情况。重点监督是否满足以下要求：d）交接验收试验项目齐全且试验结果合格。"

2. 监督项目解析

交接试验项目是竣工验收阶段重要的技术监督项目。

交接试验是设备投运前所开展的最后一次较为全面的试验，对发现投运前设备各种缺陷具有重要的意义。其试验项目必须齐全，试验结果必须合格，才能保证设备在健康状态下投运。

3. 监督要求

开展该项目监督，可查看设备交接试验报告，重点查看试验项目是否齐全及试验结果是否合格。对照监督要点，审核是否满足要求。

4. 整改措施

当发现该项目相关监督要点不满足时，应通知基建或安装调试单位进行整改。

2.1.8.2　开断装置本体验收

1. 监督要点及监督依据

竣工验收阶段直流转换开关开断装置本体验收监督要点及监督依据见表 4-2-43。

表 4 – 2 – 43 竣工验收阶段直流转换开关开断装置本体验收监督

监督要点	监督依据
开断装置本体检查项目齐全且检查结果合格： （1）本体固定牢固，外观清洁，绝缘子完好无损伤。 （2）动作性能符合产品技术文件的规定。 （3）各部件电气连接正确、可靠，接触良好。 （4）密度继电器的报警、闭锁整定值应符合产品技术文件的规定，电气回路传动应正确。 （5）SF_6 充气压力、泄漏率应符合产品技术文件的规定。 （6）支架及接地引线应无锈蚀和损伤，接地可靠，标识规范	《±800kV 换流站直流高压电器施工及验收规范》（Q/GDW 1219—2014）中"5.12.1 六氟化硫断路器本体在验收时，应进行检查。"

2. 监督项目解析

开断装置本体验收是竣工验收阶段重要的技术监督项目。

开断装置本体是直流转换开关的灭弧元件，其安装调试工艺的好坏直接关系到设备投运后运行情况的好坏；严格执行相关安装调试工艺标准，是保障安装调试质量的前提。设备安装调试工艺不良，一方面会造成返工，浪费人力物力，影响工期；另一方面对较难发现的不良工艺，容易遗留至运行阶段，影响设备的安全稳定运行。因此，必须严格按照验收标准开展相关验收工作。

3. 监督要求

开展该项目监督，可查看开断装置本体验收过程控制文件，也可到现场进行实地查看。对照监督要点，审核是否满足要求。

4. 整改措施

当发现该项目相关监督要点不满足时，应通知基建或安装调试单位进行整改。

2.1.8.3 开断装置操动机构验收

1. 监督要点及监督依据

竣工验收阶段直流转换开关开断装置操动机构验收监督要点及监督依据见表 4 – 2 – 44。

表 4 – 2 – 44 竣工验收阶段直流转换开关开断装置操动机构验收监督

监督要点	监督依据
开断装置操动机构检查项目齐全且检查结果合格： （1）操动机构固定牢固，外观清洁。 （2）电气连接应正确、可靠，且接触良好。 （3）操动机构与断路器本体的联动应正常，无卡阻现象，分、合闸指示应正确，压力开关、辅助开关动作正确可靠，储能时间符合产品技术文件的规定。 （4）操动机构箱的密封良好，电缆封堵良好，加热驱潮装置能可靠投切。 （5）油漆完整，箱体及箱门接地可靠，标识规范。 （6）开关动作计数器动作正常。 （7）远方、就地电动和手动操作均动作正确	《±800kV 换流站直流高压电器施工及验收规范》（Q/GDW 1219—2014）中"5.12.2 六氟化硫断路器操动机构在验收时，应进行检查。"

2. 监督项目解析

开断装置操动机构验收是竣工验收阶段重要的技术监督项目。

开断装置操动机构是断路器动作的驱动元件，结构复杂，其安装调试工艺的好坏直接关系到设备投运后运行情况的好坏。严格执行相关安装调试工艺标准，是保障安装调试质量的前提。设备安装调试工艺不良，一方面会造成返工，浪费人力物力，影响工期；另一方面对较难发现的不良工艺，容易遗留至运行阶段，影响设备的安全稳定运行。因此，必须严格按照验收标准开展相关验收工作。

3. 监督要求

开展该项目监督，可查看开断装置操动机构验收过程控制文件，也可到现场进行实地查看。对照监督要点，审核是否满足要求。

4. 整改措施

当发现该项目相关监督要点不满足时，应通知基建或安装调试单位进行整改。

2.1.8.4 辅助回路验收

1. 监督要点及监督依据

竣工验收阶段直流转换开关辅助回路验收监督要点及监督依据见表4-2-45。

表4-2-45 竣工验收阶段直流转换开关辅助回路验收监督

监督要点	监督依据
辅助回路检查项目齐全且检查结果合格： (1) 各部件应安装牢固，外观清洁、完好。 (2) 电气连接正确、可靠，接触良好。 (3) 绝缘平台的拉紧绝缘子应稳固可靠，受力均匀。 (4) 避雷器组单元的布置应正确。 (5) 电容器组单元的外壳与平台的连接可靠。 (6) 接地可靠，标识规范	《±800kV 换流站直流高压电器施工及验收规范》(Q/GDW 1219—2014) 中 "5.12.3 直流转换开关辅助回路设备绝缘平台、避雷器组、电容器组、电抗器在验收时，应进行检查。"

2. 监督项目解析

辅助回路验收是竣工验收阶段重要的技术监督项目。

辅助回路是直流转换开关的振荡回路，其安装调试工艺不良，一方面会造成返工，浪费人力物力，影响工期；另一方面对较难发现的不良工艺，容易遗留至运行阶段，影响设备的安全稳定运行。因此，必须严格按照验收标准开展相关验收工作。

3. 监督要求

开展该项目监督，可查看直流转换开关辅助回路验收过程控制文件，也可到现场进行实地查看。对照监督要点，审核是否满足要求。

4. 整改措施

当发现该项目相关监督要点不满足时，应通知基建或安装调试单位进行整改。

2.1.8.5 绝缘平台验收

1. 监督要点及监督依据

竣工验收阶段直流转换开关绝缘平台验收监督要点及监督依据见表4-2-46。

表4-2-46 竣工验收阶段直流转换开关绝缘平台验收监督

监督要点	监督依据
绝缘平台检查项目齐全且检查结果合格： (1) 检查各绝缘子是否完好。 (2) 在安装其他附加设备前对绝缘平台进行外观检查，并检查其是否稳固	《高压直流设备验收试验》(DL/T 377—2010) 7.5.1.2 绝缘平台的验收试验

2. 监督项目解析

绝缘平台验收是竣工验收阶段重要的技术监督项目。

绝缘平台承载着电容器、电抗器及避雷器等大量部件，载荷大、绝缘要求高，若其安装水平误差或拉尽力不满足要求，容易导致部件移位、倾倒、脱落等后果，对设备安全稳定运行造成威胁。因此，必须严格按照验收标准开展相关验收工作。

3. 监督要求

开展该项目监督，可查看绝缘平台验收过程控制文件，也可到现场进行实地查看。对照监督要点，审核是否满足要求。

4. 整改措施

当发现该项目相关监督要点不满足时，应通知基建或安装调试单位进行整改。

2.1.9 运维检修阶段

2.1.9.1 运行巡视

1. 监督要点及监督依据

运维检修阶段直流转换开关运行巡视监督要点及监督依据见表4-2-47。

表4-2-47　　　　　　　　　运维检修阶段直流转换开关运行巡视监督

监督要点	监督依据
1. 运行巡视周期应符合相关规定。 2. 巡视项目重点关注：开断装置机构状态、振荡回路元器件状态	1.《输变电设备状态检修试验规程》（Q/GDW 1168—2013）表83。 2.《输变电设备状态检修试验规程》（Q/GDW 1168—2013）中"6.14.1.2 巡检说明巡检时，具体要求说明如下：a）外观无异常，高压引线、二次控制电缆、接地线连接正常；瓷套、支柱绝缘子无残损、无异物挂接；加热单元功能无异常；分、合闸位置及指示正确。b）SF_6绝缘断路器，气体密度（压力）正常。c）操动机构状态检查正常。"

2. 监督项目解析

运行巡视是运维检修阶段重要的技术监督项目。

各部件是否有异常振动声响，是否存在渗漏油情况，弹簧机构弹簧是否断裂或有裂纹，机构箱是否关严密封良好，振荡回路非线性电阻是否有吹弧痕迹，拐臂、连杆、拉杆是否有裂痕，金属件有无锈蚀，构架和基础有无松动、沉降，SF_6压力是否正常，SF_6压力表工作是否正常，弹簧储能情况是否正常，检查机构箱、控制箱内照明是否正常，加热器是否正常投退，温湿度控制器、接触器、继电器等二次器件是否存在异常等，这些都关系到直流转换开关能否正常工作。

3. 监督要求

开展该项目监督，可查看巡视记录，重点查看巡视周期及巡视项目是否满足要求。对照监督要点，审核是否满足要求。

4. 整改措施

当发现该项目相关监督要点不满足时，应通知运检单位进行整改。

2.1.9.2 状态检测

1. 监督要点及监督依据

运维检修阶段直流转换开关状态检测要点及监督依据见表4-2-48。

表4-2-48　　　　　　　　　运维检修阶段直流转换开关状态检测监督

监督要点	监督依据
1. 带电检测周期、项目应符合相关规定。 2. 停电试验应按规定周期开展，试验项	1.《国家电网公司变电检测管理规定（试行）》[国网（运检/3）829—2017]附录A、表A.2.1、A.8、A.10。

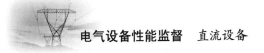

监督要点	监督依据
目齐全；当对试验结果有怀疑时应进行复测，必要时开展诊断性试验	2.《输变电设备状态检修试验规程》（Q/GDW 1168—2013）表 84、表 85

2. 监督项目解析

状态检测是运维检修阶段重要的技术监督项目。

在迎峰度夏前、A 类或 B 类检修后或异常工况后进行带电检测或在线监测可以有效发现设备存在的内部缺陷，同时运用多种手段综合分析可以提高设备状态评估的准确性，防止设备带病运行。

3. 监督要求

开展该项目监督，可查看带电检测计划及带电检测报告等。对照监督要点，审核是否满足要求。

4. 整改措施

当发现该项目相关监督要点不满足时，应通知运检单位进行整改。

2.1.9.3 状态评价与检修决策

1. 监督要点及监督依据

运维检修阶段直流转换开关状态评价与检修决策监督要点及监督依据见表 4-2-49。

表 4-2-49   运维检修阶段直流转换开关状态评价与检修决策监督

监督要点	监督依据
1. 状态评价应基于巡检及例行试验、诊断性试验、在线监测、带电检测、家族缺陷、不良工况等状态信息，包括其现象强度、量值大小以及发展趋势，结合与同类设备的比较，作出综合判断。 2. 依据设备状态评价的结果，考虑设备风险因素，动态制订设备的检修策略，合理安排检修计划和内容	1.《输变电设备状态检修试验规程》（Q/GDW 1168—2013）中"4.3.1 设备的评价应基于巡检及例行试验、诊断性试验、在线监测、带电检测、家族缺陷、不良工况等状态信息，包括其现象强度、量值大小以及发展趋势，结合与同类设备的比较，作出综合判断。" 2.《直流断路器状态检修导则》（Q/GDW 1952—2013）中"4.1 依据设备状态评价的结果，考虑设备风险因素，动态制订设备的检修计划，合理安排状态检修的计划和内容。"

2. 监督项目解析

状态评价与检修决策是运维检修阶段非常重要的技术监督项目。

状态评价是利用收集到的设备各类状态信息，依据相关标准，确定设备状态和发展趋势。状态评价是状态检修的基础，只有评价准确，才能制订科学合理的检修策略。对设备状态展开评价可以及时了解设备运行状态，防患于未然。新投运设备、缺陷设备、存在家族缺陷设备、经历不良工况设备和检修后设备都可能存在一定的运行风险，不进行状态评估可能导致不能及时发现设备问题造成事故。

3. 监督要求

开展该项目监督，可查看评价原始资料、评价报告等。对照监督要点，审核是否满足要求。

4. 整改措施

当发现该项目相关监督要点不满足时，应通知运检单位进行整改。

2.1.9.4 故障/缺陷处理

1. 监督要点及监督依据

运维检修阶段直流转换开关故障/缺陷处理监督要点及监督依据见表 4-2-50。

表 4-2-50　　　　　　　运维检修阶段直流转换开关故障/缺陷处理监督

监督要点	监督依据
1. 发现缺陷应及时记录，缺陷定性应正确，缺陷处理应闭环。 2. 发生危急缺陷，应立即申请停电处理。 3. 发生严重缺陷，应汇报调度和上级领导，并记录在缺陷记录本内进行缺陷传递，在规定时间内安排处理。 4. 发生一般缺陷，应汇报调度，并记录在缺陷记录本内进行缺陷传递，在规定时间内安排处理	1.《交流高压开关设备技术监督导则》（Q/GDW 11075—2013）5.9.3.2、5.9.3.3。 2~4.《高压直流输电直流转换开关运行规范》（Q/GDW 1962—2013）7

2. 监督项目解析

故障/缺陷处理是运维检修阶段重要的技术监督项目。

针对设备运行中出现的缺陷，要及时组织消缺；针对设备运行中发现的异常及隐患，要加大巡视和检测频度，密切跟踪状态变化，及时制订针对性的处理措施，确保设备安全运行。事故应急处置应到位，事故分析报告、应急抢修记录等资料完整、准确。

3. 监督要求

开展该项目监督，可查看缺陷记录、事故分析报告、应急抢修记录等。对照监督要点，审核是否满足要求。

4. 整改措施

当发现该项目相关监督要点不满足时，应通知运检单位进行整改。

2.1.10　退役报废阶段

2.1.10.1　技术鉴定

1. 监督要点及监督依据

退役报废阶段直流转换开关技术鉴定监督要点及监督依据见表 4-2-51。

表 4-2-51　　　　　　　退役报废阶段直流转换开关技术鉴定监督

监督要点	监督依据
1. 电网一次设备进行报废处理，应满足以下条件之一：① 国家规定强制淘汰报废；② 设备厂家无法提供关键零部件供应，无备品备件供应，不能修复，无法使用；③ 运行日久，其主要结构、机件陈旧，损坏严重，经大修、技术改造仍不能满足安全生产要求；④ 退役设备虽然能修复但费用太大，修复后可使用的年限不长，效率不高，在经济上不可行；⑤ 腐蚀严重，继续使用存在事故隐患，且无法修复；⑥ 退役设备无再利用价值或再利用价值小；⑦ 严重污染环境，无法治改；⑧ 技术落后不能满足生产需要；⑨因存在严重质量问题不能继续运行；⑩因运营方式改变全部或部分拆除，且无法再安装使用；⑪遭受自然灾害或突发意外事故，导致毁损，无法修复。 2. 直流转换开关满足下列条件之一，宜进行整体或局部报废：① 累计开断容量（或累计短路开断次数）达到产品设计的累计开断容量（或累计短路开断次数）；② 累计合、分操作次数达到产品设计的额定机械、电气寿命；③ 瓷套存在裂纹等缺损，无法修复；④SF$_6$ 气体的年漏气率大于 0.5%或可控制绝对泄漏率大于 10^{-7}MPa·cm³/s，无法修复；⑤ 操动机构机械磨损严重，主要传动部件变形	1.《电网一次设备报废技术评估导则》（Q/GDW 11772—2017 中"4 通用技术原则 电网一次设备进行报废处理，应满足以下条件之一：a）国家规定强制淘汰报废；b）设备厂家无法提供关键零部件供应，无备品备件供应，不能修复，无法使用；c）运行日久，其主要结构、机件陈旧，损坏严重，经大修、技术改造仍不能满足安全生产要求；d）退役设备虽然能修复但费用太大，修复后可使用的年限不长，效率不高，在经济上不可行；e）腐蚀严重，继续使用存在事故隐患，且无法修复；f）退役设备无再利用价值或再利用价值小；g）严重污染环境，无法治改；h）技术落后不能满足生产需要；i）存在严重质量问题不能继续运行；j）因运营方式改变全部或部分拆除，且无法再安装使用；k）遭受自然灾害或突发意外事故，导致毁损，无法修复。" 2.《电网一次设备报废技术评估导则》（Q/GDW 11772—2017 中"5.6 断路器满足下列条件之一，宜进行整体或局部报废：a）累计开断容量（或累计短路开断次数）达到产品设计的累计开断容量（或累计短路开断次数）；b）累计合、分操作次数达到产品设计的额定机械、电气寿命；c）瓷套存在裂纹等缺损，无法修复；d）SF$_6$ 气体的年漏气率大于 0.5%或可控制绝对泄漏率大于 10^{-7}MPa·cm³/s，无法修复；e）操动机构机械磨损严重，主要传动部件变形。"

2．监督项目解析

技术鉴定是退役报废阶段重要的技术监督项目。

应严格按照相关法律法规和技术规范进行报废前的技术鉴定。

3．监督要求

开展该项目监督，可查阅资料和现场检查，包括查看直流转换开关退役设备评估报告，抽查退役直流转换开关。

4．整改措施

当发现该项目相关监督要点不满足时，应通知运检单位进行整改。

2.1.10.2　废气处理

1．监督要点及监督依据

退役报废阶段直流转换开关废气处理监督要点及监督依据见表4-2-52。

表4-2-52　　　　　　　　退役报废阶段直流转换开关废气处理监督

监督要点	监督依据
退役报废设备中的废气严禁随意向环境中排放，确需在现场处理的，应统一回收、集中处理，并做好处置记录	《六氟化硫电气设备中气体管理和检测导则》（GB 8905—2012）中"11.3.1 设备解体前需对气体进行全面分析，以确定其有害成分含量，制订防毒措施。通过气体回收装置将六氟化硫气体全面回收。严禁向大气排放。"

2．监督项目解析

废气处理是退役报废阶段重要的技术监督项目。

退役报废设备中的废气严禁随意向环境中排放，确需在现场处理的，应统一回收、集中处理，并做好处置记录。

3．监督要求

开展该项目监督，可查阅退役报废设备处理记录，废气处置应符合相关标准要求。

4．整改措施

当发现该项目相关监督要点不满足时，应通知运检单位进行整改。

2.1.10.3　报废管理

1．监督要点及监督依据

退役报废阶段直流转换开关报废管理监督要点及监督依据见表4-2-53。

表4-2-53　　　　　　　　退役报废阶段直流转换开关报废管理监督

监督要点	监督依据
直流转换开关报废管理要求： （1）直流转换开关设备报废应按照国家电网有限公司固定资产管理要求履行相应审批程序，其中国家电网有限公司总部电网资产和各单位220kV及以上电压等级整条跨区（省）输电线路，承担跨区（省）输变电功能的关键输变电设备，330kV及以上主变压器、整站直流转换开关设备，单机容量2.5万kW及以上的水电机组以及未达到规定报废条件、原值在2000万元及以上且净值在1000万元及以上的固定资产报废由国家电网有限公司总部审批，各单位填制固定资产报废审批表并履行内部程序后，上报国家电网有限公司总部办理固定资产报废审批手续。 （2）直流转换开关设备履行报废审批程序后，应按照国家电网有限公司废旧物资处置管理有关规定统一处置，严禁留用或私自变卖，防止废旧设备重新流入电网	《国家电网公司电网实物资产管理规定》（国家电网企管〔2014〕1118号）中"第二十九条 报废管理要求如下：（一）电网资产报废应按照公司固定资产管理要求履行相应审批程序，其中公司总部电网资产和各单位220kV及以上电压等级整条跨区（省）输电线路，承担跨区（省）输变电功能的关键输变电设备，330kV及以上主变压器、整站直流转换开关设备，单机容量2.5万kW及以上的水电机组以及未达到规定报废条件、原值在2000万元及以上且净值在1000万元及以上的固定资产报废由公司总部审批，各单位填制固定资产报废审批表并履行内部程序后，上报公司总部办理固定资产报废审批手续。（二）电网资产履行报废审批程序后，应按照公司废旧物资处置管理有关规定统一处置，严禁留用或私自变卖，防止废旧设备重新流入电网。"

2. 监督项目解析

报废管理是退役报废阶段重要的技术监督项目。

报废管理流程应符合国家电网有限公司相关规定。

3. 监督要求

开展该项目监督，可查阅资料和现场检查，包括查看直流转换开关退役设备评估报告，抽查退役直流转换开关。

4. 整改措施

当发现该项目相关监督要点不满足时，应通知运检单位进行整改。

2.2 直流隔离开关和接地开关

2.2.1 规划可研阶段

1. 设备参数选择监督要点及监督依据

规划可研阶段直流隔离开关和接地开关设备参数选择监督要点及监督依据见表 4-2-54。

表 4-2-54　　　　　　规划可研阶段直流隔离开关和接地开关设备参数选择监督

监督要点	监督依据
1. 如果隔离开关装设在预期覆冰厚度超过 10mm 的环境下，应考虑了严重冰冻条件下操作的要求。 2. 对于安装在海拔高于 1000m 处的直流隔离开关，外绝缘在标准参考大气条件下的绝缘水平应按照《特殊环境条件高原用高压电器的技术要》（GB/T 20635—2006）第 5.1 条进行修正	高压直流隔离开关和接地开关》（GB/T 25091—2010）9.2.6、9.2.8

2. 监督项目解析

设备参数选择是规划可研阶段最重要的技术监督项目之一。

在规划可研阶段，应及早考虑特殊环境条件（高海拔、冰冻地带）对设备参数选择的特殊要求。如果设备装设在冰冻地带，应考虑了操作的要求，如果安装在高海拔地区，外绝缘绝缘水平应按照相关标准进行修正。

设备参数选择至关重要，若特殊环境条件下的参数选择未加以考虑，改造工作工作量大，施工时间长，费用较高。

3. 监督要求

如存在特殊环境条件（高海拔、冰冻地带），在开展该项目监督时，可采用查阅资料的方式，主要包括工程可研报告和相关批复，查看是否考虑了冰冻条件下操作的要求，以及高海拔地区外绝缘的绝缘水平修正。

4. 整改措施

当发现该项目相关监督要点不满足时，应及时修改工程可研报告。

2.2.2 工程设计阶段

2.2.2.1 设备参数选择

1. 监督要点及监督依据

工程设计阶段直流隔离开关和接地开关设备参数选择监督要点及监督依据见表 4-2-55。

表 4-2-55　　　　工程设计阶段直流隔离开关和接地开关设备参数选择监督

监督要点	监督依据
1. 直流隔离开关额定电流应适应于运行中可能出现的任何负载电流。 2. 直流滤波器高压端隔离开关具有开断故障下谐波电流 160A 的能力。 3. 直流隔离开关的额定短时耐受电流应为等效的直流系统最大短路电流；额定短路持续时间为标准值 1s。 4. 如果隔离开关装设在预期覆冰厚度超过 10mm 的环境下，应考虑了严重冰冻条件下操作的要求。 5. 对于安装在海拔高于 1000m 处的直流隔离开关，外绝缘在标准参考大气条件下的绝缘水平应按照《特殊环境条件高原用高压电器的技术要》（GB/T 20635—2006）第 5.1 条进行修正	1.《高压直流隔离开关和接地开关》（GB/T 25091—2010）9。 2.《高压交流隔离开关和接地开关》（GB 1985—2004）8.102.7

2. 监督项目解析

设备参数选择是工程设计阶段最重要的技术监督项目之一。

在工程设计阶段，应及早考虑特殊环境条件（高海拔、冰冻地带）对设备参数选择的特殊要求。如果设备装设在冰冻地带，应考虑了操作的要求，如果安装在高海拔地区，外绝缘绝缘水平应按照相关标准进行修正。同时，还应考虑设备的额定电流、开断能力、额定短时耐受电流等关键性能参数是否满足要求。大部分直流隔离开关正常的运行状态为在电流接近设备额定电流下处于合闸位置很长时间工作而不进行操作，所以，直流隔离开关应具有承受过负荷电流能力（10s、2h 和连续）。在选择直流隔离开关的额定电流时，应使其额定电流适应于运行中以可能出现的任何负载电流。当系统运行中，直流滤波器因故障需要退出运行时，要求直流滤波器高压端隔离开关具有开断故障下谐波电流的能力。直流隔离开关的额定短时耐受电流应为等效的直流系统最大短路电流。

设备参数选择至关重要，若关键参数选择不满足要求或特殊环境条件下的参数选择未加以考虑，改造工作工作量大，施工时间长，费用较高。

3. 监督要求

在开展该项目监督时，可采用查阅资料的方式，主要包括工程可研初设报告和相关批复，查看关键参数选择是否满足要求；如存在特殊环境条件（高海拔、冰冻地带），查看是否考虑了冰冻条件下操作的要求，以及高海拔地区外绝缘的绝缘水平修正。

4. 整改措施

当发现该项目相关监督要点不满足时，应及时修改工程可研初设报告。

2.2.2.2 支柱绝缘子选型

1. 监督要点及监督依据

工程设计阶段直流隔离开关和接地开关支柱绝缘子选型监督要点及监督依据见表 4-2-56。

表 4-2-56　　　　　工程设计阶段直流隔离开关和接地开关支柱绝缘子选型监督

监督要点	监督依据
爬电比距满足要求： （1）户内隔离开关瓷支柱绝缘子的爬电比距应不小于 25mm/kV。 （2）户外支柱绝缘子爬距应满足污区图要求	1.《±800kV 换流站用直流隔离开关和接地开关技术规范》（Q/GDW 289—2009）6.8。 2.《电力系统污区分级与外绝缘选择标准　第 2 部分　直流系统》（Q/GDW 1152.2—2014）6.1

2. 监督项目解析

支柱绝缘子选型是工程设计阶段非常重要的技术监督项目。

对污秽环境绝缘子的选择和其性能的表达，最常用的是依据在系统电压下能耐受该污秽条件所必需的爬电距离；在工程设计阶段，应及早考虑不同污秽环境条件下对支柱绝缘子选型的要求。户内隔离开关瓷支柱绝缘子的爬电比距应不小于 25mm/kV；户外支柱绝缘子爬距应满足污区图要求。

支柱绝缘子选型很重要，若爬电比距不满足要求，改造工作工作量大，施工时间长，费用高。

3. 监督要求

在开展该项目监督时，可采用查阅资料的方式，主要包括工程可研初设报告和相关批复，查看支柱绝缘子爬电比距是否满足要求。

4. 整改措施

当发现该项目相关监督要点不满足时，应及时修改工程可研初设报告。

2.2.2.3　联闭锁设计

1. 监督要点及监督依据

工程设计阶段直流隔离开关和接地开关联闭锁设计监督要点及监督依据见表 4-2-57。

表 4-2-57　　　　　工程设计阶段直流隔离开关和接地开关联闭锁设计监督

监督要点	监督依据
直流隔离开关与其配用的接地开关（独立安装的直流隔离开关除外）之间应有可靠的机械联锁，并应具有实现电气联锁的条件，此条件应符合相应的运行要求	《高压直流隔离开关和接地开关》（GB/T 25091—2010）5.8

2. 监督项目解析

联闭锁设计是工程设计阶段重要的技术监督项目。

直流隔离开关与其配用的接地开关（独立安装的直流隔离开关除外）之间实现机械与电气联锁是避免发生误操作的重要手段。因此，在工程设计阶段，应对联闭锁设计进行监督，隔离开关与其所配装的接地开关间应配有可靠的机械联锁，机械联锁应有足够的强度，并应具有实现电气联锁的条件，此条件应符合相应的运行要求。

3. 监督要求

在开展该项目监督时，可采用查阅资料的方式，包括直流隔离开关的一次和二次图纸，抽查一个间隔的联闭锁设计。

4. 整改措施

当发现该项目相关监督要点不满足时，应及时修改直流隔离开关的一次和二次图纸。

2.2.3 设备采购阶段

2.2.3.1 设备参数

1. 监督要点及监督依据

设备采购阶段直流隔离开关和接地开关设备参数监督要点及监督依据见表 4-2-58。

表 4-2-58 设备采购阶段直流隔离开关和接地开关设备参数监督

监督要点	监督依据
额定电流、额定短时耐受电流、额定峰值耐受电流、额定短时持续时间、直流滤波器高压端隔离开关开合直流滤波器能力等满足工程具体要求： （1）直流隔离开关的额定电压至少应等于其安装地点的系统最高电压； （2）直流隔离开关额定电流应适应于运行中可能出现的任何负载电流； （3）直流滤波器高压端隔离开关具有开断故障下谐波电流的能力； （4）直流隔离开关的额定短时耐受电流应为等效的直流系统最大短路电流；额定短路持续时间为标准值 1s； （5）如果隔离开关装在预期覆冰厚度超过 10mm 的环境下，应考虑了严重冰冻条件下操作的要求；对于安装在海拔高于 1000m 处的直流隔离开关，外绝缘在标准参考大气条件下的绝缘水平应按照《特殊环境条件高原用高压电器的技术要》（GB/T 20635—2006）第 5.1 条进行修正	1.《高压直流隔离开关和接地开关》（GB/T 25091—2010）。 2.《高压交流隔离开关和接地开关》（GB 1985—2004）

2. 监督项目解析

设备参数是设备采购阶段最重要的技术监督项目之一。

在工程设计阶段，应及早考虑特殊环境条件（高海拔、冰冻地带）对设备参数选择的特殊要求。如果设备装设在冰冻地带，应考虑了操作的要求，如果安装在高海拔地区，外绝缘绝缘水平应按照相关标准进行修正。同时，还应考虑设备额定电压、额定电流、额定短时耐受电流、额定峰值耐受电流、额定短时持续时间、直流滤波器高压端隔离开关开合直流滤波器能力等是否满足工程具体要求。直流隔离开关的额定电压至少应等于其安装地点的系统最高电压。大部分直流隔离开关正常的运行状态为在电流接近设备额定电流下处于合闸位置很长时间工作而不进行操作，所以，直流隔离开关应具有承受过负荷电流能力（10s、2h 和连续）。在选择直流隔离开关的额定电流时，应使其额定电流适应于运行中以可能出现的任何负载电流。当系统运行中，直流滤波器因故障需要退出运行时，要求直流滤波器高压端隔离开关具有开断故障下谐波电流的能力。直流隔离开关的额定短时耐受电流应为等效的直流系统最大短路电流。

设备参数选择至关重要，若关键参数选择不满足要求或特殊环境条件下的参数选择未加以考虑，改造工作工作量大，施工时间长，费用较高。

3. 监督要求

在开展该项目监督时，可采用查阅资料的方式，主要包括查阅资料，包括招投标文件、技术规范书，查看关键参数是否满足要求；如存在特殊环境条件（高海拔、冰冻地带），查看是否考虑了冰冻条件下操作的要求，以及高海拔地区外绝缘的绝缘水平修正。

4. 整改措施

当发现该项目相关监督要点不满足时，应及时修改招投标文件、技术规范书，并督促整改。

2.2.3.2 设备选型合理性

1. 监督要点及监督依据

设备采购阶段直流隔离开关和接地开关设备选型合理性监督要点及监督依据见表 4-2-59。

表 4-2-59 设备采购阶段直流隔离开关和接地开关设备选型合理性监督

监督要点	监督依据
应选用符合完善化技术要求的产品，将完善化措施落实到产品的结构设计、选材、加工工艺、组装和试验等各环节中	《高压开关设备技术监督规定》（国家电网生技〔2005〕174号）第七条

2. 监督项目解析

设备选型合理性是设备采购阶段非常重要的技术监督项目。

高压隔离开关是电力系统中使用量最大、应用范围最广泛的高压开关设备，主要起隔离作用。由于结构简单，造价低廉，隔离开关长期不受制造部门和使用部门的重视，其设计、选材、加工工艺、组装调试和质量控制等均处于次要位置，产品的性能和质量难以保证。运行部门在专业管理工作中多年来忽略了对高压隔离开关的管理，尤其是运行维护和检修的管理。

20 世纪 90 年代以后，由于高压 SF_6 断路器的大量使用，突显了高压隔离开关与运行可靠性得到极大改善的 SF_6 断路器不相匹配的矛盾。高压隔离开关的制造质量和运行管理，尤其是运行可靠性已经不能适应电网的技术进步和开关设备技术发展的要求。运行状况表明，高压隔离开关的运行可靠性距电网高运行可靠性的要求相差甚远，它已经并且正在严重地威胁着电力系统的运行安全，这种状况应该而且必须改变。为此，原国家电力公司组织进行了高压隔离开关完善化工作，在全国范围内组织调研，调研内容包括隔离开关在设计、制造及运行中存在的问题，最终形成隔离开关完善化方案，主要针对隔离开关常见的绝缘子断裂、操作失灵、导电回路过热和锈蚀等缺陷进行了完善化设计和完善化改造。同时国家电网有限公司也出台了《关于高压隔离开关订货的有关规定（试行）》，将隔离开关选型订货与完善化相结合，要求新订货的隔离开关必须是性能可靠、满足《关于高压隔离开关订货的有关规定（试行）》各项技术要求的产品。通过新订货设备选用完善化产品以及对非完善化设备进行技改大修，主电网隔离开关运行状况逐步改善，非计划停运率和次数显著下降。因此，在设备采购阶段，应重点监督设备选型合理性，应选用符合完善化技术要求的产品，将完善化措施落实到产品的结构设计、选材、加工工艺、组装和试验等各环节中。

设备选型很重要，若设备不满足完善化要求，运行维护与改造工作工作量大，施工时间长，费用高。

3. 监督要求

在开展该项目监督时，可采用查阅资料的方式，主要包括招投标文件、技术规范书、一次和二次图纸，查看直流隔离开关是否满足完善化技术要求。

4. 整改措施

当发现该项目相关监督要点不满足时，应及时修改招投标文件、技术规范书、一次和二次图纸等，并督促整改。

2.2.3.3 结构型式

1. 监督要点及监督依据

设备采购阶段直流隔离开关和接地开关结构型式监督要点及监督依据见表 4-2-60。

表 4-2-60 设备采购阶段直流隔离开关和接地开关结构型式监督

监督要点	监督依据
1. 直流隔离开关和接地开关金属件（包括联锁元件）均应防锈、防腐蚀，各螺纹连接部分应防止松动，接地开关应拆装方便，对户外外露铁件（铸件除外）应经防锈处理。 2. 直流隔离开关带电部分及其传动部分的结构应能防止鸟类做巢。	《高压直流隔离开关和接地开关》（GB/T 25091—2010）5.1、5.2、5.4

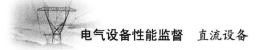

续表

监督要点	监督依据
3. 直流隔离开关触头的触指结构应有防尘措施，对户外型应有自清洁能力。 4. 直流隔离开关上需经常润滑的部位应设有专门的润滑孔或润滑装置，在寒冷地区应采用防冻润滑剂。 5. 隔离开关和接地开关及其部件、附件的材料自身应有阻燃性。 6. 直流隔离开关应配用平板形接线端子，接触面应平整、光洁，满足回路额定电流要求	《高压直流隔离开关和接地开关》（GB/T 25091—2010）5.1、5.2、5.4

2. 监督项目解析

结构型式是设备采购阶段重要的技术监督项目。

在设备采购阶段，应重点监督设备结构型式，将防锈、防腐蚀、防止鸟类做巢、防尘、防冻、阻燃等措施落实到产品的结构设计中。

设备结构型式较重要，若结构型式不满足要求，运维与改造工作工作量较大。

3. 监督要求

在开展该项目监督时，可采用查阅资料的方式，包括直流隔离开关的一次图纸，查看设备结构型式是否满足要求。

4. 整改措施

当发现该项目相关监督要点不满足时，应督促整改。

2.2.3.4 操动机构

1. 监督要点及监督依据

设备采购阶段直流隔离开关和接地开关操动机构监督要点及监督依据见表4-2-61。

表4-2-61　　　　　　设备采购阶段直流隔离开关和接地开关操动机构监督

监督要点	监督依据
1. 直流隔离开关应能电动操作和手动操作。 2. 操动机构箱应装设供检修及调整用的人力分、合闸装置。 3. 操动机构的终点位置应有坚固的定位和限位装置，且在分、合闸位置应能将操作柄锁住。 4. 操动机构处于任何动作位置时，均能取下或打开机构箱门，以便检查、修理辅助开关和接线端子。 5. 操动机构箱应有足够的端子板，以供设备内部配线及外部电缆端子连接用，每块端子板应有15%的备用端子。 6. 操动机构箱应能防锈、防裂、防止变形，户外金属件应有防腐蚀措施。 7. 直流隔离开关设备机构箱、汇控箱内应有完善的驱潮防潮装置，防止凝露造成二次设备损坏，一般应设有两种加热器电源，一种为驱潮防潮设计，应长期投入，功率一般较小，另一为加热电源，在温度低于设定值时投入。 8. 操动机构箱应能防锈、防寒、防小动物、防尘、防潮、防雨，防护等级为IP55	1.《高压直流隔离开关和接地开关》（GB/T 25091—2010）5.6 操作机构。 2.《直流隔离开关通用技术规范》[《国家电网公司物资采购标准（2009 年版） 常规直流卷（第二批）》] 2.3.9

2. 监督项目解析

操动机构是设备采购阶段重要的技术监督项目。

在设备采购阶段，应重点监督设备结构型式，将操动机构箱防锈、防裂、防止变形、防腐蚀、驱潮防潮、防寒、防小动物、防尘、防雨等措施与要求落实到产品的结构设计中。

操动机构是设备最重要的部件之一，若操动机构不满足要求，运维与改造工作工作量较大。

3. 监督要求

在开展该项目监督时，可采用查阅资料的方式，包括直流隔离开关的一次图纸，查看设备结构型式是否满足要求。

4. 整改措施

当发现该项目相关监督要点不满足时，应督促整改。

2.2.3.5 支柱绝缘子选型

1. 监督要点及监督依据

设备采购阶段直流隔离开关和接地开关支柱绝缘子选型监督要点及监督依据见表 4-2-62。

表 4-2-62　　　　　　设备采购阶段直流隔离开关和接地开关支柱绝缘子选型监督

监督要点	监督依据
1. 爬电比距满足要求：户内隔离开关瓷支柱绝缘子的爬电比距应不小于 25mm/kV；户外支柱绝缘子爬距应满足污区图要求。 2. 对于易发生黏雪、覆冰的区域，支柱绝缘子在采用大小相间的防污伞形结构的基础上，每隔一段距离应采用一个超大直径伞裙（可采用硅橡胶增爬裙）	1.《±800kV 换流站用直流隔离开关和接地开关技术规范》（Q/GDW 289—2009）6.8。 2.《电力系统污区分级与外绝缘选择标准　第 2 部分：直流系统》（Q/GDW 1152.2—2014）6.1。 3.《国家电网公司关于印发防止变电站全停十六项措施（试行）的通知》（国家电网运检〔2015〕376 号）11.1.4

2. 监督项目解析

支柱绝缘子选型是设备采购阶段非常重要的技术监督项目。

对污秽环境绝缘子的选择和其性能的表达，最常用的是依据在系统电压下能耐受该污秽条件所必需的爬电距离，在设备采购阶段，应重点监督不同污秽环境条件下对支柱绝缘子选型的要求。户内隔离开关瓷支柱绝缘子的爬电比距应不小于 25mm/kV；户外支柱绝缘子爬距应满足污区图要求。对于易发生黏雪、覆冰的区域，支柱绝缘子在采用大小相间的防污伞形结构的基础上，每隔一段距离应采用一个超大直径伞裙（可采用硅橡胶增爬裙），防止发生闪络事故。

支柱绝缘子选型很重要，若爬电比距不满足要求或未考虑黏雪、覆冰的区域对设备的特殊要求，改造工作工作量大，施工时间长，费用高。

3. 监督要求

在开展该项目监督时，可采用查阅资料的方式，主要包括工程可研初设报告、相关批复、设计图纸等，查看支柱绝缘子爬电比距是否满足要求以及是否考虑黏雪、覆冰的区域对设备的特殊要求。

4. 整改措施

当发现该项目相关监督要点不满足时，应及时修改工程可研初设报告、设计图纸，并督促整改。

2.2.3.6 联闭锁

1. 监督要点及监督依据

设备采购阶段直流隔离开关和接地开关联闭锁监督要点及监督依据见表 4-2-63。

表 4-2-63　　　　　　设备采购阶段直流隔离开关和接地开关联闭锁监督

监督要点	监督依据
直流隔离开关与其配用的接地开关（独立安装的直流隔离开关除外）之间应有可靠的机械联锁，并应具有实现电气联锁的条件，此条件应符合相应的运行要求	《高压直流隔离开关和接地开关》（GB/T 25091—2010）5.8 联锁要求

2. 监督项目解析

联闭锁是设备采购阶段重要的技术监督项目。

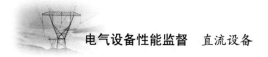

直流隔离开关与其配用的接地开关（独立安装的直流隔离开关除外）之间实现机械与电气联锁是避免发生误操作的重要手段。因此，在设备采购阶段，应对联闭锁设计进行监督，隔离开关与其所配装的接地开关间应配有可靠的机械联锁，机械联锁应有足够的强度，并应具有实现电气联锁的条件，此条件应符合相应的运行要求。

3. 监督要求

在开展该项目监督时，可采用查阅资料的方式，包括直流隔离开关的一次和二次图纸，抽查一个间隔的联闭锁设计。

4. 整改措施

当发现该项目相关监督要点不满足时，应及时修改直流隔离开关的一次和二次图纸。

2.2.3.7　安全接地

1. 监督要点及监督依据

设备采购阶段直流隔离开关和接地开关安全接地监督要点及监督依据见表 4 – 2 – 64。

表 4 – 2 – 64　　　　　　　　设备采购阶段直流隔离开关和接地开关安全接地监督

监督要点	监督依据
接地端子应有用于连接接地导体的螺栓，螺栓的直径不小于 12mm，紧固螺栓应热镀锌或为不锈钢材料。铜及铜合金与铜或铝的搭接，铜端应镀锡。镀锡层表面应连续、完整，无任何可见的缺陷，如气泡、砂眼、粗糙、裂纹或漏镀，并且不得有锈迹或变色。镀锡层厚度不宜小于 12μm	《高压直流隔离开关和接地开关》（GB/T 25091—2010）5.12

2. 监督项目解析

安全接地是设备采购阶段重要的技术监督项目。

安全接地是保障安全和预防事故发生的一项重要技术措施，决不可麻痹大意。隔离开关和接地开关的底座上应有与规定的故障条件相适应的接地端子和接地导体。接地端子应有用于连接接地导体的螺栓，螺栓的直径不小于 12mm。紧固螺栓应热镀锌或为不锈钢材料。

设备安全接地很重要，若接地不满足要求，改造工作量大。

3. 监督要求

查阅资料，包括直流隔离开关的安装图纸和相应的计算书，查看直流隔离开关电气连接及安全接地是否满足要求。

4. 整改措施

当发现该项目相关监督要点不满足时，应督促整改。

2.2.4　设备制造阶段

2.2.4.1　设备监造工作

1. 监督要点及监督依据

设备制造阶段直流隔离开关和接地开关设备监造工作监督要点及监督依据见表 4 – 2 – 65。

表 4-2-65 设备制造阶段直流隔离开关和接地开关设备监造工作监督

监督要点	监督依据
1. 对敞开式开关设备（330kV 及以上电压等级）、大批量订货的直流隔离开关设备及有特殊要求的直流隔离开关设备应进行监造。 2. 编制详细的监造方案和监造计划。 3. 监造人员、装备数量足够、配置合理。 4. 停工待检（H 点）、现场见证（W 点）、文件见证（R 点）管控到位，记录详尽。 5. 监理通知单实现闭环管理，无遗留问题。 6. 监造报告完整，相关资料收集齐全	1.《高压开关设备技术监督规定》（国家电网生技〔2005〕174 号）第九条。 2.《110kV 及以上变电设备监造大纲（试行）》

2. 监督项目解析

设备监造工作是设备制造阶段重要的技术监督项目。

设备监造工作对于设备生产质量具有重要的意义，为了保障直流隔离开关产品质量，满足电网的要求，需要梳理监造流程与重点，保证设备监造工作质量。对敞开式开关设备（330kV 及以上电压等级）、大批量订货的直流隔离开关设备及有特殊要求的直流隔离开关设备应进行监造；编制详细的监造方案和监造计划；监造人员、装备数量足够、配置合理；停工待检（H 点）、现场见证（W 点）、文件见证（R 点）管控到位，记录详尽；监理通知单实现闭环管理，无遗留问题；监造报告完整，相关资料收集齐全。

3. 监督要求

在开展该项目监督时，可采用查阅资料的方式，主要包括监造记录与报告。

4. 整改措施

当发现该项目相关监督要点不满足时，应督促整改。

2.2.4.2 结构型式

1. 监督要点及监督依据

设备制造阶段直流隔离开关和接地开关结构型式监督要点及监督依据见表 4-2-66。

表 4-2-66 设备制造阶段直流隔离开关和接地开关结构型式监督

监督要点	监督依据
1. 直流隔离开关和接地开关金属件（包括联锁元件）均应防锈、防腐蚀，各螺纹连接部分应防止松动，接地开关应拆装方便，对户外外露铁件（铸件除外）应经防锈处理。 2. 直流隔离开关带电部分及其传动部分的结构应能防止鸟类做巢。 3. 直流隔离开关触头的触指结构应有防尘措施，对户外型应有自清洁能力。 4. 直流隔离开关上需经常润滑的部位应设有专门的润滑孔或润滑装置，在寒冷地区应采用防冻润滑剂。 5. 直流隔离开关和接地开关及其部件、附件的材质应能防止因产品在过热或偶尔发生的火花作用下起火燃烧，材料自身应有阻燃性。 6. 直流隔离开关应配用平板形接线端子，接触面应平整、光洁，满足回路额定电流要求	1.《高压直流隔离开关和接地开关》（GB/T 25091—2010）5.6。 2.《国家电网有限公司关于印发十八项电网重大反事故措施（修订版）的通知》（国家电网设备〔2018〕979 号）12.1.1.5。 3.《直流隔离开关通用技术规范》〔《国家电网公司物资采购标准（2009 年版）　常规直流卷（第二批）》〕2.3.9。 4.《高压开关设备技术监督规定》（国家电网生技〔2005〕174 号）第十一条

2. 监督项目解析

结构型式是设备制造阶段重要的技术监督项目。

在设备制造阶段，应重点监督设备结构型式，将防锈、防腐蚀、防止鸟类做巢、防尘、防冻、阻燃等措施落实到产品的结构设计和制造中。

设备结构型式较重要，若结构型式不满足要求，运维与改造工作量较大。

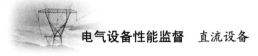

3. 监督要求

在开展该项目监督时，可采用查阅资料（包括直流隔离开关的一次图纸）与现场查看的方式，查看设备结构型式是否满足要求。

4. 整改措施

当发现该项目相关监督要点不满足时，应督促整改。

2.2.4.3 操动机构

1. 监督要点及监督依据

设备制造阶段直流隔离开关和接地开关操动机构监督要点及监督依据见表4-2-67。

表4-2-67　　　　　　　　设备制造阶段直流隔离开关和接地开关操动机构监督

监督要点	监督依据
1. 直流隔离开关应能电动操作和手动操作。 2. 操动机构箱应装设供检修及调整用的人力分、合闸装置。 3. 操动机构的终点位置应有坚固的定位和限位装置，且在分、合闸位置应能将操作柄锁住。 4. 操动机构处于任何动作位置时，均能取下或打开机构箱门，以便检查、修理辅助开关和接线端子。 5. 操动机构箱应有足够的端子板，以供设备内部配线及外部电缆端子连接用，每块端子板应有15%的备用端子。 6. 操动机构箱应能防锈、防裂、防止变形，户外金属件应有防腐蚀措施。 7. 直流隔离开关设备机构箱、汇控箱内应有完善的驱潮防潮装置，防止凝露造成二次设备损坏，一般应设有两种加热器电源，一种为驱潮防潮设计，应长期投入，功率一般较小，另一为加热电源，在温度低于设定值时投入。 8. 操动机构箱应能防锈、防寒、防小动物、防尘、防潮、防雨，防护等级为IP55。 9. 操动机构无变形，无卡涩，操作灵活	1.《高压直流隔离开关和接地开关》（GB/T 25091—2010）5.6。 2.《直流隔离开关通用技术规范》[《国家电网公司物资采购标准（2009年版）　常规直流卷（第二批）》] 2.3.9。 3.《高压开关设备技术监督规定》（国家电网生技〔2005〕174号）第十一条

2. 监督项目解析

操动机构是设备制造阶段重要的技术监督项目。

在设备制造阶段，应重点监督设备结构型式，将操动机构箱防锈、防裂、防止变形、防腐蚀、驱潮防潮、防寒、防小动物、防尘、防雨等措施与要求落实到产品的结构设计与制造中。

操动机构是设备最重要的部件之一，若操动机构不满足要求，运维与改造工作量较大。

3. 监督要求

在开展该项目监督时，可采用查阅资料（包括直流隔离开关的一次图纸）与现场查看的方式，查看设备结构型式是否满足要求。

4. 整改措施

当发现该项目相关监督要点不满足时，应督促整改。

2.2.4.4 支持或操作绝缘子

1. 监督要点及监督依据

设备制造阶段直流隔离开关和接地开关支持或操作绝缘子监督要点及监督依据见表4-2-68。

表4-2-68　　　　　　设备制造阶段直流隔离开关和接地开关支持或操作绝缘子监督

监督要点	监督依据
支持或操作绝缘子瓷件形位公差及外观应符合订货技术协议；机械强度试验应符合技术要求	《高压开关设备技术监督规定》（国家电网生技〔2005〕174号）第十一条

2. 监督项目解析

支持或操作绝缘子是设备制造阶段重要的技术监督项目。

在设备制造阶段，应重点监督支持或操作绝缘子，将支持或操作绝缘子公差与机械强度等要求落实到产品的结构设计与制造中。

3. 监督要求

在开展该项目监督时，可采用查阅资料（工艺流程卡或有关记录）和现场查看的方式。

4. 整改措施

当发现该项目相关监督要点不满足时，应督促整改。

2.2.4.5　支柱绝缘子选型

1. 监督要点及监督依据

设备制造阶段直流隔离开关和接地开关支柱绝缘子选型监督要点及监督依据见表 4 – 2 – 69。

表 4 – 2 – 69　　　　　设备制造阶段直流隔离开关和接地开关支柱绝缘子选型监督

监督要点	监督依据
1.爬电比距满足要求：户内隔离开关瓷支柱绝缘子的爬电比距不小于 25mm/kV；户外支柱绝缘子爬距应满足污区图要求。 2.对于易发生黏雪、覆冰的区域，支柱绝缘子在采用大小相间的防污伞形结构的基础上，每隔一段距离应采用一个超大直径伞裙（可采用硅橡胶增爬裙）	1.《±800kV 换流站用直流隔离开关和接地开关技术规范》（Q/GDW 289—2009）6.8。 2.《电力系统污区分级与外绝缘选择标准　第 2 部分：直流系统》（Q/GDW 1152.2—2014）6.1。 3.《国家电网公司关于印发防止变电站全停十六项措施（试行）的通知》（国家电网运检〔2015〕376 号）11.1.4

2. 监督项目解析

支柱绝缘子选型是设备制造阶段非常重要的技术监督项目。

对污秽环境绝缘子的选择和其性能的表达，最常用的是依据在系统电压下能耐受该污秽条件所必需的爬电距离；在设备制造阶段，应重点监督不同污秽环境条件下对支柱绝缘子选型的要求。户内隔离开关瓷支柱绝缘子的爬电比距应不小于 25mm/kV；户外支柱绝缘子爬距应满足污区图要求。对于易发生黏雪、覆冰的区域，支柱绝缘子在采用大小相间的防污伞形结构的基础上，每隔一段距离应采用一个超大直径伞裙（可采用硅橡胶增爬裙），防止发生闪络事故。

支柱绝缘子选型很重要，若爬电比距不满足要求或未考虑黏雪、覆冰的区域对设备的特殊要求，改造工作工作量大，施工时间长，费用高。

3. 监督要求

在开展该项目监督时，可采用查阅资料的方式，主要包括工程可研初设报告、相关批复、设计图纸等，查看支柱绝缘子爬电比距是否满足要求以及是否考虑黏雪、覆冰的区域对设备的特殊要求。

4. 整改措施

当发现该项目相关监督要点不满足时，应及时修改工程可研初设报告、设计图纸，并督促整改。

2.2.4.6　组装

1. 监督要点及监督依据

设备制造阶段直流隔离开关和接地开关组装监督要点及监督依据见表 4 – 2 – 70。

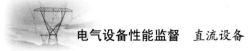

表 4-2-70   设备制造阶段直流隔离开关和接地开关组装监督

监督要点	监督依据
1. 直流隔离开关和接地开关应在生产厂家内进行整台组装和出厂试验，需拆装发运的设备应按相、按柱做好标记，其连接部位应做好特殊标记。 2. 检查安装尺寸，应满足要求	1. 《国家电网有限公司关于印发十八项电网重大反事故措施（修订版）的通知》（国家电网设备〔2018〕979号）12.3.1.8。 2. 《直流隔离开关通用技术规范》〔《国家电网公司物资采购标准（2009年版）　常规直流卷（第二批）》〕2.2.2

2. 监督项目解析

组装是设备制造阶段重要的技术监督项目。

隔离开关在工厂内全面组装、调整可以减少现场安装、调整工作量，能够方便现场安装，而且能在厂内发现隔离开关各部件间的配合问题。因此，要求 220kV 及以上电压等级隔离开关在工厂内进行全面组装。

3. 监督要求

在开展该项目监督时，可采用现场查看和查阅资料（产品组装图纸）的方式。

4. 整改措施

当发现该项目相关监督要点不满足时，应督促整改。

2.2.4.7 机械联锁

1. 监督要点及监督依据

设备制造阶段直流隔离开关和接地开关机械联锁监督要点及监督依据见表 4-2-71。

表 4-2-71   设备制造阶段直流隔离开关和接地开关机械联锁监督

监督要点	监督依据
隔离开关与其所配装的接地开关间应配有可靠的机械联锁，机械联锁应有足够的强度	《国家电网有限公司关于印发十八项电网重大反事故措施（修订版）的通知》（国家电网设备〔2018〕979号）12.3.1.11

2. 监督项目解析

机械联锁是设备制造阶段重要的技术监督项目。

直流隔离开关与其配用的接地开关（独立安装的直流隔离开关除外）之间实现机械与电气联锁是避免发生误操作的重要手段。因此，在设备制造阶段，应对机械联锁设计进行监督，隔离开关与其所配装的接地开关间应配有可靠的机械联锁，机械联锁应有足够的强度。

3. 监督要求

在开展该项目监督时，可采用查阅资料的方式，包括直流隔离开关的一次和二次图纸。

4. 整改措施

当发现该项目相关监督要点不满足时，应督促整改。

2.2.4.8 绝缘子探伤

1. 监督要点及监督依据

要点及监督依据见表 4-2-72。

表 4-2-72　　设备制造阶段直流隔离开关和接地开关绝缘子探伤监督

监督要点	监督依据
瓷件超声波探伤检查报告、记录齐全	《高压支柱瓷绝缘子技术监督导则》（Q/GDW 11083—2013）5.4.1.3

2. 监督项目解析

绝缘子探伤是设备制造阶段重要的技术监督项目。

支柱绝缘子在烧制过程中可能存在肉眼不可见的内部缺陷或裂纹，缺陷支柱绝缘子在运行过程中长期受力可能引起缺陷逐渐发展，导致其机械性能降低，严重时甚至引起支柱绝缘子断裂。运行经验表明，超声波探伤对发现绝缘子内部缺陷具有较好效果。

3. 监督要求

在开展该项目监督时，可采用查阅资料的方式，包括瓷件超声波探伤检查的报告、记录。

4. 整改措施

当发现该项目相关监督要点不满足时，应督促整改。

2.2.4.9　绝缘件

1. 监督要点及监督依据

设备制造阶段直流隔离开关和接地开关绝缘件监督要点及监督依据见表 4-2-73。

表 4-2-73　设备制造阶段直流隔离开关和接地开关绝缘件监督

监督要点	监督依据
应在绝缘子金属法兰与瓷件的胶装部位涂以性能良好的防水密封胶	《国家电网有限公司关于印发十八项电网重大反事故措施（修订版）的通知》（国家电网设备〔2018〕979 号）12.3.1.11

2. 监督项目解析

绝缘件是设备制造阶段非常重要的技术监督项目。

隔离开关的支柱或操作绝缘子的集中受力点在绝缘子下法兰的胶装处。根据绝缘子断裂的事故统计，绝大多数的断裂事故均发生在绝缘子下法兰处，通常是因为法兰处积水生锈或绝缘子在制造过程胶装工艺不合格和上下法兰安装垂直度存在偏差等原因造成。如果绝缘子瓷件下法兰胶装处由于下雨积水造成金属件生锈、冬季积水结冰膨胀，可能造成绝缘子损伤，因此应在其法兰处涂以防水密封胶。

3. 监督要求

在开展该项目监督时，可采用现场查看的方式。

4. 整改措施

当发现该项目相关监督要点不满足时，应督促整改。

2.2.4.10　导电杆和触头镀银层厚度检测情况

1. 监督要点及监督依据

设备制造阶段直流隔离开关和接地开关导电杆和触头镀银层厚度检测情况监督要点及监督依据见表 4-2-74。

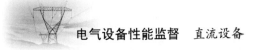

表 4-2-74　　设备制造阶段直流隔离开关和接地开关导电杆和触头镀银层厚度检测情况监督

监督要点	监督依据
应逐批对导电杆和触头镀银层进行检测,导电杆和触头的镀银层厚度应不小于 20μm、硬度应不小于 120HV	《直流隔离开关通用技术规范》[《国家电网公司物资采购标准（2009 年版）　常规直流卷（第二批）》] 2.2.8

2. 监督项目解析

导电杆和触头镀银层厚度检测情况是设备制造阶段重要的技术监督项目。

隔离开关触头镀银层质量是保障隔离开关接触可靠性的关键因素；若隔离开关触头镀银层厚度、硬度不满足要求，长期运行将导致镀层磨损、脱落，引起触头接触电阻增大，造成触头异常发热。因此，应在设备制造阶段对金属镀层进行检查。

3. 监督要求

在开展该项目监督时，可采用查阅资料（检测报告）和现场查看的方式。

4. 整改措施

当发现该项目相关监督要点不满足时，应督促整改。

2.2.5　设备验收阶段

2.2.5.1　支柱绝缘子选型

1. 监督要点及监督依据

设备验收阶段直流隔离开关和接地开关支柱绝缘子选型监督要点及监督依据见表 4-2-75。

表 4-2-75　　设备验收阶段直流隔离开关和接地开关支柱绝缘子选型监督

监督要点	监督依据
1. 爬电比距满足要求：户内隔离开关瓷支柱绝缘子的爬电比距应不小于 25mm/kV；户外支柱绝缘子爬距应满足污区图要求。 2. 对于易发生黏雪、覆冰的区域，支柱绝缘子在采用大小相间的防污伞形结构的基础上，每隔一段距离应采用一个超大直径伞裙（可采用硅橡胶增爬裙）	1.《±800kV 换流站用直流隔离开关和接地开关技术规范》（Q/GDW 289—2009）6.8。 2.《电力系统污区分级与外绝缘选择标准　第 2 部分：直流系统》（Q/GDW 1152.2—2014）6.1。 3.《国家电网公司关于印发防止变电站全停十六项措施（试行）的通知》（国家电网运检〔2015〕376 号）11.1.4

2. 监督项目解析

支柱绝缘子选型是设备验收阶段非常重要监督项目。

对污秽环境绝缘子的选择和其性能的表达，最常用的是依据在系统电压下能耐受该污秽条件所必需的爬电距离；在设备验收阶段，应重点监督不同污秽环境条件下对支柱绝缘子选型的要求。户内隔离开关瓷支柱绝缘子的爬电比距应不小于 25mm/kV；户外支柱绝缘子爬距应满足污区图要求。对于易发生黏雪、覆冰的区域，支柱绝缘子在采用大小相间的防污伞形结构的基础上，每隔一段距离应采用一个超大直径伞裙（可采用硅橡胶增爬裙），防止发生闪络事故。

支柱绝缘子选型很重要，若爬电比距不满足要求或未考虑黏雪、覆冰的区域对设备的特殊要求，改造工作工作量大，施工时间长，费用高。

3. 监督要求

在开展该项目监督时，可采用查阅资料的方式，主要包括工程可研初设报告、相关批复、设计图纸等，查看支柱绝缘子爬电比距是否满足要求以及是否考虑黏雪、覆冰的区域对设备的特殊要求。

4. 整改措施

当发现该项目相关监督要点不满足时，应督促整改。

2.2.5.2 绝缘试验

1. 监督要点及监督依据

设备验收阶段直流隔离开关和接地开关绝缘试验监督要点及监督依据见表 4-2-76。

表 4-2-76　　　　　设备验收阶段直流隔离开关和接地开关绝缘试验监督

监督要点	监督依据
主回路的绝缘试验应进行直流耐压试验。试验应在新的、清洁的和干燥的完整设备上进行，试验持续时间为 30min。直流耐压试验的试验电压值以设备安装地点系统额定电压的 1.5 倍选取	《高压直流隔离开关和接地开关》（GB/T 25091—2010）7.1、9.2.1

2. 监督项目解析

绝缘试验是设备验收阶段重要的技术监督项目。

主回路绝缘试验（直流耐压试验）是鉴定设备绝缘强度最有效和最直接的方法，是出厂试验的一项重要内容，应在出厂验收阶段进行重点监督。

3. 监督要求

在开展该项目监督时，可采用查阅资料（出厂试验报告）和现场查看的方式。

4. 整改措施

当发现该项目相关监督要点不满足时，应督促整改。

2.2.5.3 回路电阻检测

1. 监督要点及监督依据

设备验收阶段直流隔离开关和接地开关回路电阻检测监督要点及监督依据见表 4-2-77。

表 4-2-77　　　　　设备验收阶段直流隔离开关和接地开关回路电阻检测监督

监督要点	监督依据
1. 采用电流不小于 100A 的直流压降法。 2. 主回路电阻测量，应该尽可能在与相应的型式试验相似的条件（周围空气温度和测量部位）下进行。 3. 测得的电阻不应该超过 $1.2R_u$，这里 R_u 为温升试验（型式试验）前测得的电阻	《高压直流隔离开关和接地开关》（GB/T 25091—2010）7.3

2. 监督项目解析

回路电阻检测是设备验收阶段重要的技术监督项目。

金属材料电阻率与温度密切相关，为保证出厂试验回路电阻测试与型式试验的可比性，要求出厂试验主回路电阻测试尽可能在与型式试验相似环境温度下进行，并保证测量部位尽可能一致。研究表明，主回路电阻测试时，试验电流低于 100A 时，接触面膜电阻将影响测量准确度，因此要求试验电流不小于 100A。综合考虑主回路金属材料加工误差、环境条件、仪器误差等因素，要求测得电阻不应超过温升试验（型式试验）前测得电阻的 1.2 倍。

3. 监督要求

开展该项目监督时，可采用查阅资料和现场查看的方式，检查资料主要包括隔离开关出厂试报告与试验方案，检查试验装置、试验方法、试验条件及试验结果是否满足要求。

4. 整改措施

当发现该项目相关监督要点不满足时，应及时要求制造厂进行整改或向相关职能部门提出整改建议。

2.2.5.4　触指接触压力试验

1. 监督要点及监督依据

设备验收阶段直流隔离开关和接地开关触指接触压力试验监督要点及监督依据见表 4－2－78。

表 4－2－78　　　　　设备验收阶段直流隔离开关和接地开关触指接触压力试验监督

监督要点	监督依据
触指接触压力测量结果满足要求	《直流隔离开关通用技术规范》[《国家电网公司物资采购标准（2009 年版）　常规直流卷（第二批）》] 3.2.3

2. 监督项目解析

触指接触压力试验是设备验收阶段重要的技术监督项目。

在出厂验收阶段，应重点监督触指接触压力试验。

3. 监督要求

在开展该项目监督时，可采用查阅资料（出厂试验报告）和现场查看的方式。

4. 整改措施

当发现该项目相关监督要点不满足时，应督促整改。

2.2.5.5　机械操作试验

1. 监督要点及监督依据

设备验收阶段直流隔离开关和接地开关机械操作试验监督要点及监督依据见表 4－2－79。

表 4－2－79　　　　　设备验收阶段直流隔离开关和接地开关机械操作试验监督

监督要点	监督依据
1. 在规定的最低电源电压和/或操作用压力源最低压力下进行 5 次合－分操作循环。 2. 配备联锁的隔离开关和接地开关，应经受 5 次操作循环的操作来检查相关联锁的动作情况。在每次操作之前，联锁应置于试图阻止开关装置操作的位置	1.《高压直流隔离开关和接地开关》（GB/T 25091—2010）7.4。 2.《高压交流隔离开关和接地开关》（GB 1985—2004）7.101

2. 监督项目解析

机械操作试验是设备验收阶段重要的技术监督项目。

为确保隔离开关能够成功操作，应在不施加静态机械负荷、不调整的情况下，开展最低电源电压或人力操作下的合－分操作循环，每次操作循环均应达到分合/闸位置，一般情况下 5 次即可。为保证隔离开关与接地开关机械联锁和电气联锁的可靠性，需开展相关检验，确保联闭锁逻辑正确。

3. 监督要求

在开展该项目监督时，可采用查阅资料（出厂试验报告）和现场查看的方式。

4. 整改措施

当发现该项目相关监督要点不满足时，应督促整改。

2.2.5.6 包装及运输

1. 监督要点及监督依据

设备验收阶段直流隔离开关和接地开关包装及运输监督要点及监督依据见表 4-2-80。

表 4-2-80 设备验收阶段直流隔离开关和接地开关包装及运输监督

监督要点	监督依据
包装及运输应符合有关规范要求及防振、防潮等措施	1.《直流隔离开关通用技术规范》[《国家电网公司物资采购标准（2009 年版） 常规直流卷（第二批）》] 4.3.8 7。 2.《高压直流隔离开关和接地开关》（GB/T 25091—2010）11.1

2. 监督项目解析

包装及运输是设备验收阶段重要的技术监督项目。

在设备验收阶段，应重点监督包装及运输情况。

3. 监督要求

在开展该项目监督时，可采用查阅资料（设备现场交接记录）和现场查看的方式。

4. 整改措施

当发现该项目相关监督要点不满足时，应督促整改。

2.2.5.7 外观检查

1. 监督要点及监督依据

设备验收阶段直流隔离开关和接地开关外观检查监督要点及监督依据见表 4-2-81。

表 4-2-81 设备验收阶段直流隔离开关和接地开关外观检查监督

监督要点	监督依据
1. 按照运输单清点，检查运输箱外观应无损伤和碰撞变形痕迹。 2. 各部件无损坏	《国家电网公司变电验收通用管理规定（试行） 第 4 分册 隔离开关验收细则》[国网（运检/3）827—2017]

2. 监督项目解析

外观检查是设备验收阶段非常重要的技术监督项目。

为确认设备运输过程中是否造成设备（特别是瓷件）损伤，应检查运输箱外观有无损伤和碰撞变形痕迹，瓷件有无裂纹和破损。为保证到货设备外观良好，应检查设备有无损伤变形、锈蚀、漆层脱落。为确认设备支架运输过程中是否遭到撞击，应检查镀锌设备支架有无变形、镀锌层脱落、锈蚀等。

3. 监督要求

在开展该项目监督时，可采用现场查看的方式。

4. 整改措施

当发现该项目相关监督要点不满足时，应督促整改。

2.2.5.8 图纸、技术资料检查

1. 监督要点及监督依据

设备验收阶段直流隔离开关和接地开关图纸、技术资料检查监督要点及监督依据见表 4-2-82。

表 4-2-82 设备验收阶段直流隔离开关和接地开关图纸、技术资料检查监督

监督要点	监督依据
设备外形图、基础安装图、二次原理图及接线图、出厂试验报告、组部件试验报告、主要材料检验报告及安装使用说明书齐全	《国家电网公司变电验收通用管理规定（试行） 第4分册 隔离开关验收细则》[国网（运检/3）827—2017]

2. 监督项目解析

图纸、技术资料检查是设备验收阶段重要的技术监督项目。

为避免漏发、错发设备、附件、备品备件等，应在设备到货后，检查到货设备、附件、备品备件应与装箱单一致，设备技术文件齐全且参数应与设计要求一致。

3. 监督要求

在开展该项目监督时，可采用查阅资料的方式。

4. 整改措施

当发现该项目相关监督要点不满足时，应督促整改。

2.2.6 设备安装阶段

2.2.6.1 安装质量管理

1. 监督要点及监督依据

设备安装阶段直流隔离开关和接地开关安装质量管理监督要点及监督依据见表 4-2-83。

表 4-2-83 设备安装阶段直流隔离开关和接地开关安装质量管理监督

监督要点	监督依据
安装单位及人员资质、工艺控制资料、安装过程是否符合相关规定	《高压开关设备技术监督规定》（国家电网生技〔2005〕174号）第十二条

2. 监督项目解析

安装质量管理是设备安装阶段重要的技术监督项目。

安装质量管理在设备安装阶段是非常重要的方面，而安装单位及人员资质、工艺控制资料、安装过程是否符合相关规定会对设备安装质量有直接的影响。

3. 监督要求

开展该项目监督时，可采用查阅资料和现场监督的方式，主要包括审阅安装单位及人员资质、工艺控制资料、安装过程时的材料是否齐全，对设备安装时重要工艺环节安装质量抽检进行现场监督。

4. 整改措施

当发现该项目相关监督要点不满足时，应及时向相关职能部门提出对应建议。

2.2.6.2 隐蔽工程检查

1. 监督要点及监督依据

设备安装阶段直流隔离开关和接地开关隐蔽工程检查监督要点及监督依据见表 4-2-84。

表 4-2-84　　　　　设备安装阶段直流隔离开关和接地开关隐蔽工程检查监督

监督要点	监督依据
隐蔽工程（土建工程质量、接地引下线、地网）、中间验收是否按要求开展、资料是否齐全完备	《国家电网公司变电验收通用管理规定（试行）第 27 分册　土建设施验收细则》[国网（运检/3）827—2017]

2. 监督项目解析

隐蔽工程检查是设备安装阶段重要的技术监督项目。

隐蔽工程检查在设备安装阶段是非常重要的方面。隐蔽工程在隐蔽后，如果发生质量问题，会造成返工等非常大的损失；为保证设备安装质量，应监督检查隐蔽工程（土建工程质量、接地引下线、地网）、中间验收是否按要求开展、资料是否齐全完备。

3. 监督要求

在开展该项目监督时，可采用查阅资料的方式，包括监理报告等。

4. 整改措施

当发现该项目相关监督要点不满足时，应督促整改。

2.2.6.3 安全接地施工

1. 监督要点及监督依据

设备安装阶段直流隔离开关和接地开关安全接地施工监督要点及监督依据见表 4-2-85。

表 4-2-85　　　　　设备安装阶段直流隔离开关和接地开关安全接地施工监督

监督要点	监督依据
1. 凡不属于主回路或辅助回路且需要接地的所有金属部分都应接地（如爬梯等），外壳、构架等的相互电气连接宜采用紧固连接（如螺栓连接或焊接），以保证电气上连通。 2. 隔离开关和接地开关的底座上应有与规定的故障条件相适应的接地端子和接地导体，接地回路导体应有足够的截面积，具有通过接地短路电流的能力。 3. 接地端子应有用于连接接地导体的螺栓，螺栓的直径不小于 12mm，紧固螺栓应热镀锌或为不锈钢材料	1. 《导体和电器选择设计技术规定》（DL/T 5222—2005）12.0.14。 2. 《高压直流隔离开关和接地开关》（GB/T 25091—2010）5.12

2. 监督项目解析

安全接地施工是设备安装阶段重要的技术监督项目。

安全接地是保障安全和预防事故发生的一项重要技术措施，决不可麻痹大意，应在设备安装阶段重点监督安全接地施工情况。

3. 监督要求

在开展该项目监督时，可采用查阅资料（设计图纸）和现场检查的方式。

4. 整改措施

当发现该项目相关监督要点不满足时，应督促整改。

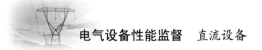

2.2.6.4 支柱绝缘子爬距

1. 监督要点及监督依据

设备安装阶段直流隔离开关和接地开关支柱绝缘子爬距监督要点及监督依据见表4-2-86。

表4-2-86　　　　设备安装阶段直流隔离开关和接地开关支柱绝缘子爬距监督

监督要点	监督依据
爬电比距满足要求：户内隔离开关瓷支柱绝缘子的爬电比距应不小于25mm/kV；户外支柱绝缘子爬距应满足污区图要求	1.《±800kV换流站用直流隔离开关和接地开关技术规范》（Q/GDW 289—2009）6.8。 2.《电力系统污区分级与外绝缘选择标准 第2部分 直流系统》（Q/GDW 1152.2—2014）6.1

2. 监督项目解析

支柱绝缘子爬距是设备安装阶段非常重要的技术监督项目。

对污秽环境绝缘子的选择和其性能的表达，最常用的是依据在系统电压下能耐受该污秽条件所必需的爬电距离；在设备安装阶段，应监督检查支柱绝缘子的爬距。若支柱绝缘子爬电比距不满足要求，改造工作工作量大，施工时间长，费用高。

3. 监督要求

在开展该项目监督时，可采用查阅工程设计资料和现场查看的方式。

4. 整改措施

当发现该项目相关监督要点不满足时，应督促整改。

2.2.6.5 联闭锁

1. 监督要点及监督依据

设备安装阶段直流隔离开关和接地开关联闭锁监督要点及监督依据见表4-2-87。

表4-2-87　　　　设备安装阶段直流隔离开关和接地开关联闭锁监督

监督要点	监督依据
隔离开关与其所配装的接地开关间应配有可靠的机械联锁，机械联锁应有足够的强度。并应具有实现电气联锁的条件，此条件应符合相应的运行要求	《国家电网有限公司关于印发十八项电网重大反事故措施（修订版）的通知》（国家电网设备〔2018〕979号）12.3.1.11

2. 监督项目解析

联闭锁是设备安装阶段重要的技术监督项目。

直流隔离开关与其配用的接地开关（独立安装的直流隔离开关除外）之间实现机械与电气联锁是避免发生误操作的重要手段。在设备安装阶段，应对联闭锁进行监督，隔离开关与其所配装的接地开关间应配有可靠的机械联锁，机械联锁应有足够的强度，并应具有实现电气联锁的条件，此条件应符合相应的运行要求。

3. 监督要求

在开展该项目监督时，可采用查阅工程设计资料和现场检查的方式。

4. 整改措施

当发现该项目相关监督要点不满足时，应督促整改。

2.2.6.6 操动机构

1. 监督要点及监督依据

设备安装阶段直流隔离开关和接地开关操动机构监督要点及监督依据见表 4-2-88。

表 4-2-88　　　　　　　　设备安装阶段直流隔离开关和接地开关操动机构监督

监督要点	监督依据
操动机构操作灵活，无卡涩情况	《高压开关设备技术监督规定》（国家电网生技〔2005〕174 号）第十三条

2. 监督项目解析

操动机构是设备安装阶段重要的技术监督项目。

在设备安装阶段，应重点监督操动机构操作情况。

3. 监督要求

在开展该项目监督时，可采用现场查看的方式。

4. 整改措施

当发现该项目相关监督要点不满足时，应督促整改。

2.2.6.7 二次电缆

1. 监督要点及监督依据

设备安装阶段直流隔离开关和接地开关二次电缆监督要点及监督依据见表 4-2-89。

表 4-2-89　　　　　　　　设备安装阶段直流隔离开关和接地开关二次电缆监督

监督要点	监督依据
由一次设备（如变压器、断路器、隔离开关和电流、电压互感器等）直接引出的二次电缆的屏蔽层应使用截面积不小于 4mm² 多股铜质软导线仅在就地端子箱处一点接地，在一次设备的接线盒（箱）处不接地，二次电缆经金属管从一次设备的接线盒（箱）引至电缆沟，并将金属管的上端与一次设备的底座或金属外壳良好焊接，金属管另一端应在距一次设备 3～5m 之外与主接地网焊接	《国家电网有限公司关于印发十八项电网重大反事故措施（修订版）的通知》（国家电网设备〔2018〕979 号）15.6.2.8

2. 监督项目解析

二次电缆是设备安装阶段重要的技术监督项目。

在设备安装阶段，应重点监督二次电缆安装情况。

3. 监督要求

在开展该项目监督时，可采用现场查看的方式。

4. 整改措施

当发现该项目相关监督要点不满足时，应督促整改。

2.2.7　设备调试阶段

2.2.7.1 调试准备工作

1. 监督要点及监督依据

设备调试阶段直流隔离开关和接地开关调试准备工作监督要点及监督依据见表 4-2-90。

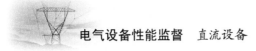

表 4-2-90　　　　　　设备调试阶段直流隔离开关和接地开关调试准备工作监督

监督要点	监督依据
设备调试的调试方案、重要记录、调试仪器设备、调试人员是否满足相关标准和预防事故措施的要求	《交流高压开关设备技术监督导则》（Q/GDW 11074—2013）5.7.1

2. 监督项目解析

调试准备工作是设备调试阶段重要的技术监督项目。

设备调试准备工作在设备调试阶段起着前提和基础的作用。设备单体调试、系统调试、系统启动调试的调试方案、重要记录、调试仪器设备、调试人员是否满足相关标准和预防事故措施的要求，对设备调试质量有直接的影响。规范隔离开关在安装后调试过程前的准备工作，有利于减小故障概率，将设备调整至最佳运行状态。因此，设备单体调试、系统调试、系统启动调试的调试方案、重要记录、调试仪器设备、调试人员应满足相关标准和预防事故措施的要求是保证设备调试效果良好的前提与基础。

3. 监督要求

在开展该项目监督时，可采用查阅资料的方式。

4. 整改措施

当发现该项目相关监督要点不满足时，应督促整改。

2.2.7.2　主回路电阻测量

1. 监督要点及监督依据

设备调试阶段直流隔离开关和接地开关主回路电阻测量监督要点及监督依据见表 4-2-91。

表 4-2-91　　　　　设备调试阶段直流隔离开关和接地开关主回路电阻测量监督

监督要点	监督依据
1. 电阻测量采用直流压降法，输出电流不小于 100A。 2. 测得的电阻值不应超过型式试验测得的最小电阻值的 1.2 倍	1.《国家电网有限公司关于印发十八项电网重大反事故措施（修订版）的通知》（国家电网设备〔2018〕979 号）12.3.2.1。 2.《高压直流隔离开关和接地开关》（GB/T 25091—2010）8.4

2. 监督项目解析

主回路电阻测量是设备调试阶段重要的技术监督项目。

金属材料电阻率与温度密切相关，为保证交接试验回路电阻测试与型式试验的可比性，要求主回路电阻测试尽可能在与型式试验相似环境温度下进行，并保证测量部位尽可能一致。研究表明，主回路电阻测试时，试验电流低于 100A 时，接触面膜电阻将影响测量准确度，因此要求试验电流不小于 100A。综合考虑主回路金属材料加工误差、环境条件、仪器误差等因素，要求测得电阻不应超过温升试验（型式试验）前测得电阻的 1.2 倍。

3. 监督要求

开展该项目监督时，可采用查阅交接试验报告和现场查看的方式。

4. 整改措施

当发现该项目相关监督要点不满足时，应及时要求制造厂进行整改或向相关职能部门提出整改建议。

2.2.7.3 操动机构试验

1. 监督要点及监督依据

设备调试阶段直流隔离开关和接地开关操动机构试验监督要点及监督依据见表 4-2-92。

表 4-2-92　　　　　　设备调试阶段直流隔离开关和接地开关操动机构试验监督

监督要点	监督依据
1. 电动操动机构的电动机端子的电压在其额定电压值的 85%～110% 范围内时，保证隔离开关和接地开关能可靠地合闸和分闸。 2. 二次控制线圈和电磁闭锁装置：当其线圈接线端子的电压在其额定电压值的 80%～110% 范围内时，保证隔离开关和接地开关能可靠地合闸和分闸。 3. 隔离开关的机械或电气联锁装置应准确可靠	《高压直流隔离开关和接地开关》（GB/T 25091—2010）8.6

2. 监督项目解析

操动机构试验是设备调试阶段重要的技术监督项目。

为确保隔离开关能够成功操作，应保证电动操动机构的电动机端子的电压在其额定电压值的 85%～110% 范围内时，隔离开关和接地开关能可靠地合闸和分闸；当其线圈接线端子的电压在其额定电压值的 80%～110% 范围内时，保证隔离开关和接地开关能可靠地合闸和分闸。为保证隔离开关与接地开关的机械联锁和电气联锁可靠性，需开展相关检验，确保联闭锁逻辑正确。

3. 监督要求

在开展该项目监督时，可采用查阅交接试验报告和现场查看的方式。

4. 整改措施

当发现该项目相关监督要点不满足时，应督促整改。

2.2.7.4 绝缘子探伤试验

1. 监督要点及监督依据

设备调试阶段直流隔离开关和接地开关绝缘子探伤试验监督要点及监督依据见表 4-2-93。

表 4-2-93　　　　　　设备调试阶段直流隔离开关和接地开关绝缘子探伤试验监督

监督要点	监督依据
不适用于涂刷 RTV 后的瓷绝缘。探伤部位在瓷件法兰根部。采用超声波进行探伤，超声波发生频率 2.5～10MHz	《高压直流隔离开关和接地开关》（GB/T 25091—2010）8.7

2. 监督项目解析

绝缘子探伤试验是设备调试阶段重要的技术监督项目。

支柱绝缘子在烧制过程中可能存在肉眼不可见的内部缺陷或裂纹，缺陷支柱绝缘子在运行过程中长期受力可能引起缺陷逐渐发展，导致其机械性能降低，严重时甚至引起支柱绝缘子断裂。运行经验表明，超声波探伤对发现绝缘子内部缺陷具有较好效果。

3. 监督要求

在开展该项目监督时，可采用查阅交接试验报告和现场查看的方式。

4. 整改措施

当发现该项目相关监督要点不满足时，应督促整改。

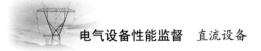

2.2.7.5　联闭锁检查

1. 监督要点及监督依据

设备调试阶段直流隔离开关和接地开关联闭锁检查监督要点及监督依据见表4-2-94。

表4-2-94　　　　　设备调试阶段直流隔离开关和接地开关联闭锁检查监督

监督要点	监督依据
直流隔离开关与其配用的接地开关（独立安装的直流隔离开关除外）之间应有可靠的机械联锁，并应具有实现电气联锁的条件，此条件应符合相应的运行要求	《高压直流隔离开关和接地开关》（GB/T 25091—2010）5.8

2. 监督项目解析

联闭锁检查是设备调试阶段重要的技术监督项目。

直流隔离开关与其配用的接地开关（独立安装的直流隔离开关除外）之间实现机械与电气联锁是避免发生误操作的重要手段。在设备调试阶段，应对联闭锁进行监督，隔离开关与其所配装的接地开关间应配有可靠的机械联锁，机械联锁应有足够的强度，并应具有实现电气联锁的条件，此条件应符合相应的运行要求。

3. 监督要求

在开展该项目监督时，可采用查阅工程设计资料和现场检查的方式。

4. 整改措施

当发现该项目相关监督要点不满足时，应督促整改。

2.2.8　竣工验收阶段

2.2.8.1　验收准备工作

1. 监督要点及监督依据

竣工验收阶段直流隔离开关和接地开关验收准备工作监督要点及监督依据见表4-2-95。

表4-2-95　　　　　竣工验收阶段直流隔离开关和接地开关验收准备工作监督

监督要点	监督依据
1. 前期各阶段发现的问题已整改，并验收合格。 2. 相关反事故措施是否落实。 3. 相关安装调试信息已录入生产管理信息系统	《交流高压开关设备技术监督导则》（Q/GDW 11074—2013）5.8.3

2. 监督项目解析

验收准备工作是竣工验收阶段重要的技术监督项目。

设备竣工验收准备在竣工验收阶段是起着前提和基础的作用。前期各阶段发现的问题是否已整改、相关反事故措施是否落实以及相关安装调试信息是否已录入生产管理信息系统，对设备后期维护及隐患消除有直接的影响。

3. 监督要求

在开展该项目监督时，可采用查阅资料（竣工验收报告）和现场抽查的方式。

4. 整改措施

当发现该项目相关监督要点不满足时,应督促整改。

2.2.8.2 技术文件完整性

1. 监督要点及监督依据

竣工验收阶段直流隔离开关和接地开关技术文件完整性监督要点及监督依据见表 4-2-96。

表 4-2-96　　　　　竣工验收阶段直流隔离开关和接地开关技术文件完整性监督

监督要点	监督依据
订货技术协议或技术规范书、出厂试验报告、交接试验报告、安装质量检验及评定报告、设备监造报告(如有)、履历卡片、施工图纸及变更设计的说明文件、二次回路设计图纸、安装使用及设备说明书、安装检查和调整记录、质量验收评定记录	1.《直流换流站电气装置工程施工及验收规范》(DL/T 5232—2019)15.2.1、15.2.2。 2.《高压开关设备技术监督规定》(国家电网生技〔2005〕174号)第十三条

2. 监督项目解析

技术文件完整性是竣工验收阶段重要的技术监督项目。

竣工验收阶段,应监督技术文件完整性。

3. 监督要求

在开展该项目监督时,可采用查阅资料和现场抽查的方式。

4. 整改措施

当发现该项目相关监督要点不满足时,应督促整改。

2.2.8.3 本体

1. 监督要点及监督依据

竣工验收阶段直流隔离开关和接地开关本体监督要点及监督依据见表 4-2-97。

表 4-2-97　　　　　竣工验收阶段直流隔离开关和接地开关本体监督

监督要点	监督依据
合闸时,动、静触头接触良好,触指夹紧力值满足要求;金属法兰与瓷件胶装部位粘合应牢固,防水胶应完好;伞裙、防污涂料完好;PRTV(防污闪复合涂料)涂层不应存在剥离、破损;各电气连接处力矩检查合格	《国家电网公司直流专业精益化管理评价规范》十一

2. 监督项目解析

本体是竣工验收阶段重要的技术监督项目。

在竣工验收阶段,应重点监督合闸时动、静触头接触状况、伞裙、防污涂料等情况。

3. 监督要求

在开展该项目监督时,可采用现场抽查的方式。

4. 整改措施

当发现该项目相关监督要点不满足时,应督促整改。

2.2.8.4 操动机构

1. 监督要点及监督依据

竣工验收阶段直流隔离开关和接地开关操动机构监督要点及监督依据见表 4-2-98。

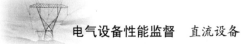

表 4-2-98　　　　　竣工验收阶段直流隔离开关和接地开关操动机构监督

监督要点	监督依据
机构箱门密封良好，箱内无积水；机构操作电源与加热器电源应具有各自独立的电源或独立空气开关；机构箱内加热器应正常工作且具有驱潮加热功能；电缆孔处防火泥封堵正常；现场具备手动操作摇把；设备电动、手动操作正常；操动机构各转动部件灵活、无卡涩现象；分、合闸位置指示正常。隔离开关、接地开关导电管应合理设置排水孔，确保在分、合闸位置内部均不积水。垂直传动连杆应有防止积水的措施，水平传动连杆端部应密封	《国家电网公司直流专业精益化管理评价规范》十一

2. 监督项目解析

操动机构是竣工验收阶段重要的技术监督项目。

在竣工验收阶段，应重点监督操动机构操作等情况。

3. 监督要求

在开展该项目监督时，可采用现场抽查的方式。

4. 整改措施

当发现该项目相关监督要点不满足时，应督促整改。

2.2.8.5　主回路电阻测量

1. 监督要点及监督依据

竣工验收阶段直流隔离开关和接地开关主回路电阻测量监督要点及监督依据见表 4-2-99。

表 4-2-99　　　　竣工验收阶段直流隔离开关和接地开关主回路电阻测量监督

监督要点	监督依据
交接试验报告中主回路电阻测试参数应满足如下要求且结果合格： （1）电阻测量采用直流压降法，输出电流不小于 100A。 （2）测得的电阻值不应超过型式试验测得的最小电阻值的 1.2 倍	1.《国家电网有限公司关于印发十八项电网重大反事故措施（修订版）的通知》（国家电网设备〔2018〕979 号）12.3.2.1。 2.《高压直流隔离开关和接地开关》（GB/T 25091—2010）8.4

2. 监督项目解析

主回路电阻测量是竣工验收阶段重要的技术监督项目。

金属材料电阻率与温度密切相关，为保证交接试验回路电阻测试与型式试验的可比性，要求主回路电阻测试尽可能在与型式试验相似环境温度下进行，并保证测量部位尽可能一致。研究表明，主回路电阻测试时，试验电流低于 100A 时，接触面膜电阻将影响测量准确度，因此要求试验电流不小于 100A。综合考虑主回路金属材料加工误差、环境条件、仪器误差等因素，要求测得电阻不应超过温升试验（型式试验）前测得电阻的 1.2 倍。

3. 监督要求

开展该项目监督时，可采用查阅交接试验报告的方式。

4. 整改措施

当发现该项目相关监督要点不满足时，应及时要求制造厂进行整改或向相关职能部门提出整改建议。

2.2.8.6　操动机构试验

1. 监督要点及监督依据

竣工验收阶段直流隔离开关和接地开关操动机构试验监督要点及监督依据见表 4-2-100。

表 4-2-100　　　　竣工验收阶段直流隔离开关和接地开关操动机构试验监督

监督要点	监督依据
交接试验报告中操动机构试验测试参数应满足如下要求且结果合格： （1）电动操动机构的电动机端子的电压在其额定电压值的 85%～110% 范围内时，保证隔离开关和接地开关能可靠地合闸和分闸。 （2）二次控制线圈和电磁闭锁装置，当其线圈接线端子的电压在其额定电压值的 80%～110% 范围内时，保证隔离开关和接地开关能可靠地合闸和分闸。 （3）隔离开关的机械或电气联锁装置应准确可靠	《高压直流隔离开关和接地开关》（GB/T 25091—2010）8.6

2. 监督项目解析

操动机构试验是竣工验收阶段重要的技术监督项目。

为确保隔离开关能够成功操作，应保证电动操动机构的电动机端子的电压在其额定电压值的 85%～110% 范围内时，隔离开关和接地开关能可靠地合闸和分闸；当其线圈接线端子的电压在其额定电压值的 80%～110% 范围内时，保证隔离开关和接地开关可靠的合闸和分闸。为保证隔离开关与接地开关的机械联锁和电气联锁的可靠性，需开展相关检验，确保联闭锁逻辑正确。

3. 监督要求

在开展该项目监督时，可采用查阅交接试验报告的方式。

4. 整改措施

当发现该项目相关监督要点不满足时，应督促整改。

2.2.8.7　安全接地

1. 监督要点及监督依据

竣工验收阶段直流隔离开关和接地开关安全接地监督要点及监督依据见表 4-2-101。

表 4-2-101　　　　竣工验收阶段直流隔离开关和接地开关安全接地监督

监督要点	监督依据
1. 凡不属于主回路或辅助回路且需要接地的所有金属部分都应接地（如爬梯等），外壳、构架等的相互电气连接宜采用紧固连接（如螺栓连接或焊接），以保证电气上连通，且接地回路导体应有足够的截面积，具有通过接地短路电流的能力。 2. 接地端子应有用于连接接地导体的螺栓，螺栓的直径不小于 12mm，紧固螺栓应热镀锌或为不锈钢材料	1.《导体和电器选择设计技术规定》（DL/T 5222—2005）12.0.14。 2.《高压直流隔离开关和接地开关》（GB/T 25091—2010）5.12

2. 监督项目解析

安全接地是竣工验收阶段重要的技术监督项目。

安全接地是保障安全和预防事故发生的一项重要技术措施，决不可麻痹大意，应在竣工验收阶段重点监督安全接地情况。

3. 监督要求

在开展该项目监督时，可采用查阅资料（设计图纸）和现场检查的方式。

4. 整改措施

当发现该项目相关监督要点不满足时，应督促整改。

2.2.8.8　联闭锁检查

1. 监督要点及监督依据

竣工验收阶段直流隔离开关和接地开关联闭锁检查监督要点及监督依据见表 4-2-102。

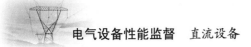

表 4-2-102 竣工验收阶段直流隔离开关和接地开关联闭锁检查监督

监督要点	监督依据
隔离开关与其所配装的接地开关间应配有可靠的机械闭锁，机械闭锁应有足够的强度	《国家电网有限公司关于印发十八项电网重大反事故措施（修订版）的通知》（国家电网设备〔2018〕979 号）12.3.1.11

2. 监督项目解析

联闭锁检查是竣工验收阶段重要的技术监督项目。

直流隔离开关与其配用的接地开关（独立安装的直流隔离开关除外）之间实现机械与电气闭锁是避免发生误操作的重要手段。在设备调试阶段，应对联闭锁进行监督，隔离开关与其所配装的接地开关间应配有可靠的机械闭锁，机械闭锁应有足够的强度。

3. 监督要求

在开展该项目监督时，可采用查阅工程设计资料和现场检查的方式。

4. 整改措施

当发现该项目相关监督要点不满足时，应督促整改。

2.2.9 运维检修阶段

2.2.9.1 运行巡视

1. 监督要点及监督依据

运维检修阶段直流隔离开关和接地开关运行巡视监督要点及监督依据见表 4-2-103。

表 4-2-103 运维检修阶段直流隔离开关和接地开关运行巡视监督

监督要点	监督依据
巡视周期、巡视内容符合规定	《特高压变电站和直流换流站设备状态检修工作标准（试行）》（国家电网生〔2011〕309 号）

2. 监督项目解析

运行巡视是运维检修阶段重要的技术监督项目。

运行巡视工作是运维检修阶段有效发现问题缺陷的重要手段，是后期开展检修的前提。因此，在检查隔离开关相关部件是否有异物、动作是否正常、温度是否正常时，是否能够有效全面及时地进行相关巡视非常重要。

3. 监督要求

在开展该项目监督时，可采用查阅资料（巡视记录）的方式。

4. 整改措施

当发现该项目相关监督要点不满足时，应督促整改。

2.2.9.2 带电检测

1. 监督要点及监督依据

运维检修阶段直流隔离开关和接地开关带电检测监督要点及监督依据见表 4-2-104。

表 4-2-104　　　　运维检修阶段直流隔离开关和接地开关带电检测监督

监督要点	监督依据
1. 每周进行红外热像检测不少于 1 次,精确红外热像检测应每月不少于 1 次;迎峰度夏期间,每周进行 2 次红外测温,每月进行 2 次精确测温,并留存红外图像。红外热像图显示应无异常温升、温差和相对温差。 2. 遇到新设备投运、大负荷、高温天气、检修结束送电等情况,应加大测温频次。 3. 用红外测温设备检查隔离开关设备的接头/导电部分,建立红外图谱档案,进行纵、横向温差比较,发现问题应及时处理	1. 《特高压变电站和直流换流站设备状态检修工作标准(试行)》(国家电网生〔2011〕309 号)七。 2. 《国家电网有限公司关于印发十八项电网重大反事故措施(修订版)的通知》(国家电网设备〔2018〕979 号)8.4.2.3

2. 监督项目解析

带电检测是运维检修阶段重要的技术监督项目。

红外测温是发现设备过热的重要的有效手段,特别是对于设备接头、隔离开关导电回路等。目前各运行单位均已有相应的红外测温制度,均规定了正常的红外测温的周期及高温、大负荷期间的测温周期。部分运行单位规定在变电站设备停电前 3d 内应进行红外测温,发现问题停电时一并处理。

3. 监督要求

在开展该项目监督时,可采用查阅资料(带电检测记录)的方式。

4. 整改措施

当发现该项目相关监督要点不满足时,应督促整改。

2.2.9.3　故障/缺陷管理

1. 监督要点及监督依据

运维检修阶段直流隔离开关和接地开关故障/缺陷管理监督要点及监督依据见表 4-2-105。

表 4-2-105　　　　运维检修阶段直流隔离开关和接地开关故障/缺陷管理监督

监督要点	监督依据
1. 对运行中设备出现缺陷,要根据缺陷管理要求及时消除,开关专责人应做好缺陷的统计、分析、上报工作。 2. 对运行中设备发生的事故,开关专责人应组织、参与事故分析工作,制订反事故技术措施,并做好事故统计上报工作	《高压开关设备技术监督规定》(国家电网生技〔2005〕174 号)第十四条

2. 监督项目解析

故障/缺陷管理是运维检修阶段重要的技术监督项目。

3. 监督要求

在开展该项目监督时,可采用查阅资料(缺陷记录、事故分析报告和应急抢修记录)和现场抽查的方式。

4. 整改措施

当发现该项目相关监督要点不满足时,应督促整改。

2.2.9.4　状态评价

1. 监督要点及监督依据

运维检修阶段直流隔离开关和接地开关状态评价监督要点及监督依据见表 4-2-106。

表 4-2-106 运维检修阶段直流隔离开关和接地开关状态评价监督

监督要点	监督依据
1. 设备基础数据检查：① 原始资料主要包括铭牌参数、型式试验报告、订货技术协议、设备监造报告、出厂试验报告、运输安装记录、交接试验报告、交接验收资料、安装使用说明书等。② 运行资料主要包括运行工况记录、历年缺陷及异常记录、巡检记录、带电检测及在线监测记录等。③ 检修资料主要包括检修报告、试验报告、设备技改及主要部件更换情况。④ 其他资料主要包括同型（同类）设备的异常、缺陷和故障的情况、设备运行环境变化、相关反事故措施执行情况、其他影响安全稳定运行的因素等信息。 2. 新投运设备应在 1 个月内组织开展首次状态评价工作；运行缺陷评价随缺陷处理流程完成；家族性缺陷评价在上级家族性缺陷发布后 2 周内完成；不良工况评价在设备经受不良工况后 1 周内完成；检修（A、B、C 类检修）评价在检修工作完成后 2 周内完成。 3. 状态检修策略是否符合要求（周期和项目）；是否根据状态评价结果编制状态检修计划；生产计划是否与状态检修计划关联	1.《隔离开关和接地开关状态评价导则》（Q/GDW 450—2010）。 2.《电网设备状态检修管理标准和工作标准》（国家电网企管〔2011〕494 号）《电网设备状态评价工作标准》中"5.2 设备动态 本监督条目的依据为评价工作时限。" 3.《隔离开关和接地开关状态检修导则》（Q/GDW 449—2010）

2. 监督项目解析

状态评价是运维检修阶段重要的技术监督项目。

3. 监督要求

在开展该项目监督时，可采用现场检查（与现场铭牌核对/查看运行记录）和查阅资料（状态评价报告、状态评价报告及检修计划）的方式。

4. 整改措施

当发现该项目相关监督要点不满足时，应督促整改。

2.2.9.5 检修试验

1. 监督要点及监督依据

运维检修阶段直流隔离开关和接地开关检修试验监督要点及监督依据见表 4-2-107。

表 4-2-107 运维检修阶段直流隔离开关和接地开关检修试验监督

监督要点	监督依据
1. 例行检查时，具体要求说明如下：① 就地和远方各进行 2 次操作，检查传动部件是否灵活；② 接地开关的接地连接良好；③ 检查操动机构内、外积污情况，必要时需进行清洁；④ 抽查螺栓、螺母是否有松动，是否有部件磨损或腐蚀；⑤ 检查支柱绝缘子表面和胶合面是否有破损、裂纹；⑥ 检查动、静触头的损坏、烧损和脏污情况，情况严重时应予更换；⑦ 检查触指弹簧压紧力是否符合技术要求，不符合要求的应予更换；⑧ 检查联锁装置功能是否正常；⑨ 检查辅助回路和控制回路电缆、接地线是否完好，用 1000V 绝缘电阻表测量电缆的绝缘电阻，应无显著下降；⑩ 检查加热器功能是否正常；⑪ 按设备技术文件要求对轴承等活动部件进行润滑。 2. 下列情形之一，对支柱绝缘子进行超声探伤抽检：① 有此类家族缺陷，隐患尚未消除；② 经历了有明显震感的地震；③ 出现基础沉降。 3. 标准化作业指导书（卡）是否执行到位、是否规范	1~2.《输变电设备状态检修试验规程》（Q/GDW 1168—2013）5.13。 3. 标准化作业相关规定

2. 监督项目解析

检修试验是运维检修阶段重要的技术监督项目。

3. 监督要求

开展该项目监督时，可采用查阅资料（检修计划、检修报告、作业指导书/卡）的方式。

4. 整改措施

当发现该项目相关监督要点不满足时，应督促整改。

2.2.9.6 检修、试验装备配置

1. 监督要点及监督依据

运维检修阶段直流隔离开关和接地开关检修、试验装备配置监督要点及监督依据见表4-2-108。

表4-2-108 运维检修阶段直流隔离开关和接地开关检修、试验装备配置监督

监督要点	监督依据
1. 仪器配置是否满足配置标准,是否满足工作需要(回路电阻测试仪、红外热像检测仪、组合工具、力矩扳手等),保管使用台账。 2. 备品设备配置数量是否满足应急要求,是否及时补充	1.《关于印发国家电网公司输变电装备配置管理规范的通知》(国家电网生〔2009〕483号)。 2.《国家电网公司备品备件管理指导意见》(国家电网生〔2009〕376号)

2. 监督项目解析

检修、试验装备配置是运维检修阶段重要的技术监督项目。

3. 监督要求

在开展该项目监督时,可采用现场检查的方式。

4. 整改措施

当发现该项目相关监督要点不满足时,应督促整改。

2.2.9.7 检修、试验装备管理

1. 监督要点及监督依据

运维检修阶段直流隔离开关和接地开关检修、试验装备管理监督要点及监督依据见表4-2-109。

表4-2-109 运维检修阶段直流隔离开关和接地开关检修、试验装备管理监督

监督要点	监督依据
1. 装备定期进行试验、校验的情况,重点检查安全工器具试验情况、有强制性要求的仪器校验情况、尚无明确校验标准仪器的比对试验情况及备品备件试验情况。 2. 装备库房环境、定置管理	1. 安全工器具试验要求的文件,计量器具校验要求的文件;其他强制性校验要求的文件。 2. 对仪器、设备保管库房环境要求的相关管理规定

2. 监督项目解析

检修、试验装备管理是运维检修阶段重要的技术监督项目。

3. 监督要求

在开展该项目监督时,可采用查阅资料(仪器台账/送检计划)和现场检查的方式。

4. 整改措施

当发现该项目相关监督要点不满足时,应督促整改。

2.2.9.8 反事故措施执行情况

1. 监督要点及监督依据

运维检修阶段直流隔离开关和接地开关反事故措施执行情况监督要点及监督依据见表4-2-110。

表 4-2-110　　　　　运维检修阶段直流隔离开关和接地开关反事故措施执行情况监督

监督要点	监督依据
1. 对不符合完善化技术要求的直流隔离开关、接地开关应进行完善化改造或更换。 2. 合闸操作时，应确保合闸到位，伸缩式隔离开关应检查驱动拐臂过"死点"。 3. 在隔离开关倒闸操作过程中，应严格监视隔离开关动作情况，如发现卡滞应停止操作并进行处理，严禁强行操作。 4. 应密切跟踪换流站周围污染源及污秽等级的变化情况，及时采取措施使设备爬电比距与污秽等级相适应。 5. 每年应对已喷涂防污闪涂料的直流场设备绝缘子进行憎水性检查，及时对破损或失效的涂层进行重新喷涂。若绝缘子的憎水性下降到 3 级，宜考虑重新喷涂	《国家电网有限公司关于印发十八项电网重大反事故措施（修订版）的通知》（国家电网设备〔2018〕979 号）12.3.3.1～12.3.3.3、8.4.2.1、8.4.2.2

2. 监督项目解析

反事故措施执行情况是运维检修阶段重要的技术监督项目。

（1）对不符合国家电网有限公司《关于高压隔离开关订货的有关规定（试行）》完善化技术要求的 72.5kV 及以上电压等级隔离开关、接地开关应进行完善化改造或更换。

（2）合闸操作时，应确保合闸到位，伸缩式隔离开关应检查驱动拐臂过"死点"。

（3）在隔离开关倒闸操作过程中，应严格监视隔离开关动作情况，如发现卡滞应停止操作并进行处理，严禁强行操作。

（4）应密切跟踪换流站周围污染源及污秽等级的变化情况，及时采取措施使设备爬电比距与污秽等级相适应。

（5）每年应对已喷涂防污闪涂料的直流场设备绝缘子进行憎水性检查，及时对破损或失效的涂层进行重新喷涂。若绝缘子的憎水性下降到 3 级，宜考虑重新喷涂。

3. 监督要求

在开展该项目监督时，可采用查阅资料的方式。

4. 整改措施

当发现该项目相关监督要点不满足时，应督促整改。

2.2.10　退役报废阶段

1. 设备退役转备品监督要点及监督依据

退役报废阶段直流隔离开关和接地开关设备退役转备品监督要点及监督依据见表 4-2-111。

表 4-2-111　　　　退役报废阶段直流隔离开关和接地开关设备退役转备品监督

监督要点	监督依据
直流隔离开关设备退役鉴定审批手续应规范： （1）各单位及所属单位发展部在项目可研阶段对拟拆除直流隔离开关进行评估论证，在项目可研报告或项目建议书中提出拟拆除直流隔离开关作为备品备件、再利用等处置建议。 （2）国家电网有限公司设备管理部、各单位及所属单位设备管理部根据项目可研审批权限，在项目可研审查时同步审查拟拆除直流隔离开关处置建议。 （3）在项目实施过程中，项目管理部门应按照批复的拟拆除直流隔离开关处置意见，组织实施相关直流隔离开关拆除工作。直流隔离开关拆除后由设备管理部门组织开展技术鉴定，确定其留作备品、再利用或报废的处置意见。履行鉴定手续后的直流隔离开关由物资部门负责后续保管工作。 （4）需修复后再利用的直流隔离开关设备，应由设备管理部门编制修理项目并组织实施	《国家电网公司电网实物资产管理规定》（国家电网企管〔2014〕1118 号）第二十四～二十六条

2. 监督项目解析

设备退役转备品是退役报废阶段重要的技术监督项目。

3. 监督要求

在开展该项目监督时,可采用查阅资料的方式,包括项目可研报告、项目建议书、直流隔离开关设备鉴定意见。

4. 整改措施

当发现该项目相关监督要点不满足时,应督促整改。

3 直流开关设备技术监督典型案例

3.1 直 流 转 换 开 关

【案例1】 避雷器选型不当导致直流转换开关避雷器损坏故障。

1. 情况简介

2014年5月14日、2014年5月27日、2014年5月28日，某换流站金属回路与大地回路运行方式转换期间，MRTB（0040）断路器保护均动作。

对 GRTS（0040）断路器保护动作进行分析认为：在两条直流线路同塔并架运行后，直流线路感应电压很高（从录波显示至少可达到170kV）。当00401隔离开关和00402隔离开关合上时，0040断路器两端电压就等于直流线路感应电压，而0040断路器并联的避雷器设计额定电压只有18kV，直流线路感应电压使0040断路器并联的避雷器动作，并可能造成避雷器损坏，使0040断路器有电流流过，导致0040断路器保护动作。

随后利用停电机会，对GRTS（0040）断路器避雷器进行了直流参考电压试验和直流泄漏试验。试验发现，5只避雷器中有3只试验数据不合格。

2010年4月，该换流站曾进行过带负荷大地回路与金属回路方式之间的转换，没有出现0040断路器保护动作的问题。但2011年初两条直流线路同塔并架运行后，该换流站直流系统线路感应电压变大，当时设计的0040断路器技术参数已经不适合后来的直流系统运行方式转换。因此，在单极大地回路和金属回路运行方式转换过程中，0040断路器避雷器损坏。

2. 问题分析

避雷器选型不当违反了规划可研阶段直流转换开关参数选择监督第2项监督要点：直流转换开关外绝缘水平、环境适用性（海拔、污秽、温度、抗振等）是否满足实际要求和远景发展规划要求。在工程设计阶段，若相关技术监督项目得到有效执行，也可能避免避雷器损坏。

3. 处理措施

技术监督人员应在规划可研阶段充分考虑远期同杆并架的可能性，设计时设备选型要满足《交流高压开关设备技术监督导则》（Q/GDW 11074—2013）第5.1.3条的规定：应重点监督开关类设备选型、接线方式、额定短时耐受电流、额定峰值耐受电流、额定短路开断电流、外绝缘水平、环境适用性（海拔、污秽、温度、抗振等）是否满足现场运行实际要求和远景发展规划需求。

【案例2】 均压环设计不合理导致直流转换开关电抗器支柱绝缘子闪络故障。

1. 情况简介

2016 年 6 月 2 日，某换流站 0030 断路器大地回路运行转金属回路运行方式转换操作不成功，检查振荡回路电抗器，发现均压环对支柱绝缘子外表面闪络放电。均压环放电点如图 4-3-1 所示，支柱绝缘子放电点如图 4-3-2 所示。

图 4-3-1　均压环放电点　　　　　　图 4-3-2　支柱绝缘子放电点

对 0030 断路器及元件检查及试验，情况如下：

（1）检查单只电容器，无放电痕迹、无漏油、无鼓包等异常现象；单只及整体电容器电容量测量，结果正常。

（2）检查所有避雷器表面、底座，无放电痕迹；对单只避雷器进行直流参考电压测量，结果正常；对避雷器底座绝缘电阻测量，结果正常。

（3）对电抗器本体进行直流电阻、电感量测量，结果正常。

（4）检查 0030 断路器灭弧室绝缘子表面，无放电痕迹；对 0030 断路器 SF$_6$ 气体进行分解产物、含水量测量，结果正常；进行断路器断口回路电阻测量、断路器断口及对地绝缘电阻测量、断路器操动机构试验（绝缘电阻、低电压、线圈直流电阻），结果正常；组织厂家人员进行断路器分合闸时间、速度、行程测试，结果正常。

（5）进行 0030 断路器振荡回路参数测试，结果正常。

通过检查测量，电抗器支柱绝缘子高度 390mm，均压环向下延伸长度 320mm，均压环与支柱绝缘子伞裙边缘最短空气绝缘间隙 170mm。因均压环向下延伸过长，使支柱绝缘子的有效绝缘距离减少，导致绝缘裕度不足。电抗器均压环及支柱绝缘子测量尺寸如图 4-3-3 所示。

通过检查试验分析，认为 0030 断路器大地回路运行转金属回路运行方式转换操作不成功的原因为：0030 断路器设备设计制造时，电抗器均压环设计不合理，均压环与支柱绝缘子伞裙边缘空气间隙设计裕度不足，0030 断路器操作时，产生的操作过电压使电抗器均压环对支柱绝缘子放电，造成转换操作不成功。

2. 问题分析

电抗器支柱绝缘子设计不当违反了工程设计阶段振荡回路电抗器监督第 2 项监督要点：支柱绝

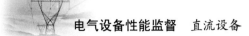

缘子外绝缘应满足使用地点污秽等级要求。

图 4-3-3　电抗器均压环及支柱绝缘子测量尺寸

3. 处理措施

为增加电抗器支柱绝缘子的绝缘裕度，对电抗器均压环联结件进行改进，改进后的联结件与支柱绝缘子底部的最小空气距离为 321mm。

【案例 3】避雷器选型不当导致断路器重合。

1. 情况简介

2014 年 9 月 29 日，某换流站在进行极 Ⅱ 大地回路运行转金属回路运行方式转换的过程中，0030 断路器保护动作，0030 断路器重合，现场发现 0030 断路器振荡回路非线性电阻有明显电弧。对侧换流站金属回路接地保护动作，极 Ⅱ 直流系统闭锁。

检查发现 0030 断路器振荡回路避雷器中有 1 只（共 11 只）底部喷口变形，拆开防爆膜后发现有明显放电痕迹。0030 断路器避雷器内部放电痕迹如图 4-3-4 所示。

图 4-3-4　0030 断路器避雷器内部放电痕迹

由于直流电流的开断不像交流电流可以利用交流电流的过零点，因此开断直流电流必须强迫过零。但是，当直流电流强迫过零时，由于直流系统储存着巨大的能量要释放出来，而释放出的能量又会在回路上产生过电压，引起断路器断口间的电弧重燃，以致造成开断失败；通常通过耗能装置避雷器吸收电压恢复过程中的能量，使断路器开断成功。由于 MRTB 在拉开的过程中，避雷器需要吸收很大的能量且持续时间较长（2~3ms），单只避雷器的热容量无法满足，因此设计并联了 11 只相同特性的非线性电阻，使其具有完全一致的特性，来保证在 MRTB 动作时各只避雷器分摊电流较平均。若避雷器中有一只特性变差（比其他避雷器的残压低），那么在吸收能量的过程中该避雷器就有可能被击穿，造成断路器转换失败。

2. 问题分析

避雷器选型不当违反了设备采购阶段振荡回路避雷器选型合理性监督的监督要点：振荡回路避雷器热容量裕度应不小于 30%，避免因避雷器特性不一致，导致在运行方式转换过程中击穿。在设备制造、设备调试阶段，若相关技术监督项目得到有效执行，也可能避免避雷器击穿。

3. 处理措施

在设备采购时要选用热容量大于 30% 的避雷器，在设备制造、设备调试阶段要对避雷器进行相关试验，以保证避雷器满足带电进行运行方式转换的要求。

【案例 4】电容器选型不当导致电容器损坏。

1. 情况简介

2016 年 9 月 9 日，某换流站进行极 Ⅱ 大地回路运行转金属回路运行方式转换操作，转换操作成功，操作完成后发现 0030 断路器振荡回路一只电容器故障。振荡回路避雷器、电抗器检查无异常，0030 断路器外观检查无异常，故障电容器损坏情况如图 4-3-5 所示。

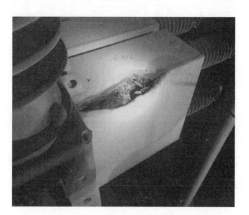

图 4-3-5 故障电容器损坏情况

对电容器进行解剖发现：电容器 PP 膜发生击穿。分析电容器 PP 膜发生击穿的原因为：电容元件耐压强度不足，承受较高的电容造成 PP 膜击穿。电容器故障原因为：电容器选型不当，电容器的场强大于 57kV/mm，在 0030 断路器分闸过程中导致电容器击穿。

2. 问题分析

电容器选型不当违反设备采购阶段振荡回路电容器选型合理性监督第 1 项监督要点：电容器绝缘介质的平均电场强度不宜高于 57kV/mm。在设备制造阶段，若相关技术监督项目得到有效执行，也可能避免电容器击穿。

3. 处理措施

在设备采购阶段选择电容器参数时，应严格控制绝缘介质的平均电场强度不宜高于 57kV/mm；

在设备制造阶段，应严格执行《高压直流转换开关》（GB/T 25309—2010）第 C.3.2.2 和 C.3.2.3 条要求，发现问题的电容器严禁出厂。

【案例 5】设备制造阶段中开断装置 SF_6 气体压力表未装设防雨罩。

1. 情况简介

某换流站户外安装的直流转换开关开断装置 SF_6 气体压力表未装设防雨罩（见图 4-3-6），SF_6 气体压力表可能进水，影响对直流转换开关开断装置 SF_6 气体压力的判断。

图 4-3-6　SF_6 气体压力表未装设防雨罩

2. 问题分析

SF_6 气体压力表未装设防雨罩违反了设备制造阶段密度继电器监督第 2 项监督要点：SF_6 密度继电器与互感器设备本体之间的连接方式应满足不拆卸校验密度继电器的要求，户外安装应加装防雨罩。

3. 处理措施

技术监督人员应在设备制造阶段要求厂家对密度继电器配备防雨罩，防雨罩应能将表、控制电缆接线端子一起放入，防止指示表、控制电缆接线盒和充放气接口进水受潮。若在设备制造阶段未配备防雨罩，在设备安装阶段需加装防雨罩。

【案例 6】密度继电器未装设三通阀导致拆卸过程中密封圈损坏引起漏气。

1. 情况简介

2015 年，某换流站进行直流转换开关密度继电器校验时，由于密度继电器未装设三通阀，每次校验密度继电器时需拆卸密度继电器，拆卸过程中导致密度继电器密封圈损坏，从而引起漏气。

2. 问题分析

密度继电器未装设三通阀违反了设备制造阶段密度继电器监督第 1 项监督要点：密度继电器与开关设备本体之间的连接方式应满足不拆卸校验密度继电器的要求。

3. 处理措施

技术监督人员应在设备制造阶段要求厂家对直流转换开关密度继电器装设三通阀，以满足不拆卸校验密度继电器的要求。对于密度继电器未装设三通阀的直流转换开关，需进行技术改造，对密度继电器加装三通阀。

【案例 7】设备验收不仔细，未发现直流转换开关充电装置套管油位低。

1. 情况简介

2010 年 11 月 12 日，某换流站运维人员在进行巡视时，发现 0010、0020、0030 断路器充电装置绝缘套管顶部油杯显示油位均偏低。通过现场观察分析，0010、0030 的油位均为油杯的 1/2 左右，而 0020 则为油杯的 1/3 左右。现场直流转换开关充电装置套管油位如图 4-3-7 所示。现场检查未发现明显渗漏点，分析油位偏低原因为出厂时充油不足。

（a）　　　　　　　　　　　　　（b）　　　　　　　　　　　　　（c）

图 4-3-7　现场直流转换开关充电装置套管油位

（a）0010 断路器充电装置套管油位；（b）0020 断路器充电装置套管油位；（c）0030 断路器充电装置套管油位

2. 问题分析

充电装置套管油位低违反了设备验收阶段外观检查监督第 5 项监督要点：充油部件外观无渗漏，具有油位指示的油位正常。在竣工验收阶段，若相关技术监督项目得到有效执行，也可能避免充电装置套管油位低。

3. 处理措施

在设备验收、竣工验收阶段，技术监督人员应仔细观察充电装置套管油位，发现油位偏低的情况时，应及时补充绝缘油或更换整个充电装置。

【案例 8】密封圈有损伤导致直流转换开关开断装置漏气。

1. 情况简介

2008 年 2 月 10 日，某换流站双极停运，运行人员在对站内设备进行巡检时发现直流场 0010 断路器上部存在明显的漏气声音，同时空压机站空压机打压次数明显增加。对 0010 断路器进行检查，发现 0010 断路器仅在断开状态下漏气，而在合闸后漏气现象消失。对断路器进行检漏后发现，渗漏点位于断路器顶部控制绝缘子连接法兰处，0010 断路器渗漏点如图 4-3-8 所示。

图 4-3-8　0010 断路器渗漏点示意图

拆开控制绝缘子连接法兰，检查密封圈，发现密封圈有轻微划痕，导致不能起到良好的密封作用，从而引起漏气。

2. 问题分析

密封圈有损伤违反了设备安装阶段开断装置本体安装监督第 2 项监督要点：密封槽面应清洁，无划伤痕迹；已用过的密封垫（圈）不得重复使用，对新密封垫（圈）应检查无损伤；涂密封脂时，不得使其流入密封垫（圈）内侧而与 SF$_6$ 气体接触。在设备调试、竣工验收阶段，若相关技术监督项目得到有效执行，也可能避免开断装置漏气。

3. 处理措施

技术监督人员应在设备安装阶段检查密封槽面、密封圈是否清洁、完好，用过的密封圈不得重复使用。在设备调试、竣工验收阶段，应检查开断装置是否存在漏气现象，对存在漏气现象的部位需拆开检查密封槽面、密封圈，处理有问题的密封槽面，更换新的、完好的密封圈。

【案例 9】开断装置操动机构的试验执行不严格导致掣子断裂隐患未被提前发现。

1. 情况简介

2016 年 1 月 7 日，某换流站运行人员在巡检过程中发现，500kV 直流场 0010 断路器振荡回路开断装置分合闸状态指示异常（见图 4-3-9），通过 0010 断路器振荡回路开关的观察窗口发现该断路器分闸行程指示位置异常。检修人员将观察窗卸下后，发现断路器分闸行程指示未到位，疑似机构卡涩，无法远方就地分合。联系厂家，经厂家人员检查确认，该振荡回路开关的分合闸状态指示异常是由于 0010 断路器振荡回路开断装置掣子断裂引起的（见图 4-3-10）。

图 4-3-9　0010 断路器振荡回路开断装置　　　　图 4-3-10　0010 断路器振荡回路
分合闸状态指示异常　　　　　　　　　　　　开断装置掣子断裂

2. 问题分析

振荡回路开断装置掣子断裂违反了设备调试阶段开断装置操动机构试验监督的监督要点：合闸操作、脱扣操作和机构的模拟操作试验合格。在竣工验收阶段，若相关技术监督项目得到有效执行，也可能避免开断装置掣子断裂。

3. 处理措施

在设备调试、竣工验收阶段，应进行合闸操作、脱扣操作和机构的模拟操作试验，检查机构元件是否存在裂纹，发现问题及时进行处理，避免运行过程中设备损坏，甚至造成事故扩大。

【案例 10】断路器高速隔离开关回路电阻测试不严格导致回路电阻超标。

1. 情况简介

某换流站，年度检修期间测试 0060 断路器高速隔离开关导电回路电阻，2011 年为 88.5μΩ、2012 年为 107.8μΩ、2013 年为 87.5μΩ，数据大大超出厂家标准。分析高速隔离开关回路电阻超标原因为：调试阶段未严格执行回路电阻测试标准，导致回路电阻超标。

2. 问题分析

高速隔离开关导电回路电阻超标违反了设备调试阶段开断装置导电回路电阻监督的监督要点：实测导电回路的电阻值应符合产品技术条件的规定。在竣工验收阶段，若相关技术监督项目得到有效执行，也可能避免高速隔离开关回路电阻超标。

3. 处理措施

在设备调试、竣工验收阶段，技术监督人员应严格执行《高压直流设备验收试验》（DL/T 377—2010）中"11.3 实测导电回路的电阻值应符合产品技术条件的规定，对导电回路电阻超标的高速隔离开关进行处理直至合格。"

【案例 11】操动机构箱密封检查不仔细导致直流接地报警。

1. 情况简介

2016 年 7 月 15 日，某换流站发直流接地告警。检查发现 0020 断路器操动机构箱内部端子排上有水迹。分析直流接地报警的原因为：0020 断路器操动机构箱密封条有裂纹，在连续暴雨天气下，雨水顺着操动机构箱连接处的缝隙渗入，滴落在端子排上，引起直流接地。

2. 问题分析

操动机构箱进水违反了竣工验收阶段开断装置操动机构验收监督第 7 项监督要点：操动机构箱的密封良好，电缆封堵良好，加热驱潮装置能可靠投切。在设备安装阶段，若相关技术监督项目得到有效执行，也可能避免操动机构箱进水。

3. 处理措施

在设备安装、竣工验收阶段，技术监督人员应检查操动机构箱密封条是否良好，在连续暴雨天气是否有渗水的可能，发现问题及时要求施工单位通过更换密封条和涂抹密封胶的方式进行整改。

【案例 12】密度继电器二次接线检查不仔细导致断路器重合。

1. 情况简介

2012 年 7 月 17 日，某换流站在极 Ⅱ 正常停运后，将极 Ⅰ 由大地回路运行转金属回路运行过程中，因极 Ⅱ 隔离开关 05122 辅助触点不到位，导致顺控无法继续执行。在进行该缺陷处理完毕后，两次手动分开 0030 断路器，两次保护动作重合 0030 断路器。直流场高压直流断路器、隔离开关状态如图 4-3-11 所示。

从图 4-3-11 可以看出，此时大地回路及金属回路均有电流流过，由于此时站内运行方式不在正常运行方式下，故要么将状态回退到单极大地运行，要么将状态步进至单极金属运行。

第一次手动分开 0030 断路器时，保护动作重合 0030 断路器。第二次手动降低直流功率后（大地回路运行转金属回路运行时，保护逻辑将流过接地极的电流降至 1450A，再进行方式转换），再次分开 0030 断路器时，保护动作重合 0030 断路器。

0030 断路器技术参数表明最大分断电流为 3885A，因此应该能开断 2800A 电流。

通过对 0030 断路器充电装置进行检查，充电电压为 5.2～6.6kV（正常范围为 5～20kV），充电装置工作正常。

两次手动分 0030 断路器时，断路器的充电装置未报故障，所以操作时未启动功率回降，直接执行分断路器指令正确。通过分析事件报文，两次操作 0030 断路器已分开后，由保护动作重合断路器。

查看程序中 0030 断路器保护判据为 MRTB：$|I_{DEL1}+I_{DEL2}|>75A$。当 MRTB 分开后流过电流大于 75A 时，断路器保护动作重合该断路器。

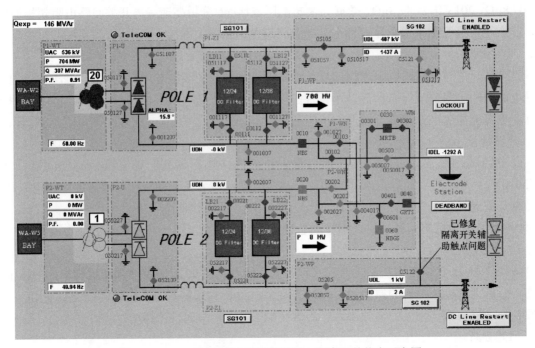

图 4-3-11 直流场高压直流断路器、隔离开关状态示意图

经过检查，发现 0030 断路器密度继电器接线松动，分析 0030 断路器重合闸原因为：密度继电器接线在 0030 断路器多次操作振动后松动，导致 0030 断路器压力低闭锁分闸操作，流过 0030 断路器的电流大于 75A，重合闸动作重合 0030 断路器。

2. 问题分析

密度继电器二次接线松动违反了竣工验收阶段开断装置本体验收监督第 5 项监督要点：密度继电器的报警、闭锁整定值应符合产品技术文件的规定，电气回路传动应正确。在设备安装阶段，若相关技术监督项目得到有效执行，也可能避免密度继电器二次接线松动。

3. 处理措施

在设备安装阶段，技术监督人员应确保开断装置安装工艺符合以下要求：各种接触器、继电器、微动开关、压力开关和辅助开关的动作应正确可靠，触点应接触良好，无烧损或锈蚀；分、合闸线圈的铁心应动作灵活，无卡阻。在竣工验收阶段，应仔细检查二次接线是否有虚接的情况，检查二次线的固定螺栓是否紧固，发现问题及时整改。

【案例 13】未执行"十步法"导致高压直流转换开关接线板过热。

1. 情况简介

2013 年 7 月 29 日，某换流站运行人员红外测温发现 0020 断路器接线板过热，过热点温度达 49.7℃（环境温度为 35℃）。

在 2014 年年度检修期间，检查发现接头处有导电膏硬化发黑，分析发热原因为：导电膏长时间运行后变硬，引起接线板处接触不良，回路电阻增大，引起接线板过热。

2. 问题分析

接线板过热违反了运维检修阶段检修试验监督第 6 项监督要点：国家电网有限公司系统各换流

站要对主通流回路接头逐一建立档案，年度检修期间严格执行接头检修"十步法"。在设备调试阶段，若相关技术监督项目得到有效执行，也可能避免接线板过热。

3. 处理措施

在年度检修期间，应严格执行接头检修"十步法"，测试高压直流断路器主通流回路电阻应不超过 15μΩ，对于超过 15μΩ 的接头处进行处理直至回路电阻合格。

【案例 14】 未及时提出报废处置建议导致报废流程滞后。

1. 情况简介

2010 年，某换流站进行高压直流断路器的换型改造时，未在项目可研阶段对拟拆除直流断路器进行评估论证，未在项目可研报告或项目建议书中提出拟拆除直流断路器报废处置建议，导致拆下的旧的直流断路器长时间堆放在换流站。

2. 问题分析

未及时提出报废处理建议违反了退役报废阶段设备报废鉴定监督第 1 项监督要点：各单位及所属单位发展部在项目可研阶段对拟拆除直流断路器进行评估论证，在项目可行性研究报告或项目建议书中提出拟拆除直流断路器报废处置建议。

3. 处理措施

在直流断路器换型改造时，应提出旧断路器报废处理建议，并履行报废流程，避免拆下的旧断路器长时间堆放在换流站。

3.2　直流隔离开关和接地开关

【案例 1】 直流隔离开关选型不当导致外绝缘能力下降。

1. 情况简介

2007 年 5 月 14 日，某换流站站内下有毛毛雨，05105 直流隔离开关绝缘子表面出现长约 10cm 的电弧。

2. 问题分析

该换流站建站时间比较早，当时的规划设计未考虑到经济的快速发展和周边环境污染恶化，直流隔离开关的外绝缘水平设计值偏低；在恶劣天气下，绝缘子表面形成放点通道，出现电弧。

直流隔离开关选型不当违反了规划可研阶段直流隔离开关参数选择监督的监督要点：高压直流隔离开关外绝缘水平、环境适用性（海拔、污秽、温度、抗振等）是否满足实际要求和远景发展规划要求。在规划可研阶段，若相关技术监督项目得到有效执行，可能避免避雷器损坏。"

3. 处理措施

对现有直流隔离开关可以采取喷涂 PRTV、增加伞裙等方式增加爬电距离，提高外绝缘水平。

技术监督人员应在规划可研阶段充分考虑远期污秽环境恶化的情况，设计时设备选型要满足《交流高压开关设备技术监督导则》（Q/GDW 11074—2013）第 5.1.3 条的规定：应重点监督开关类设备选型、接线方式、额定短时耐受电流、额定峰值耐受电流、额定短路开断电流、外绝缘水平、环境适用性（海拔、污秽、温度、抗振等）是否满足现场运行实际要求和远景发展规划需求。

【案例 2】 部件设计裕度太小导致直流隔离开关发热。

1. 情况简介

2007 年 4 月 12 日，某换流站运行人员进行红外测温时，发现直流场 05105 直流隔离开关触头处温度异常，在随后的跟踪过程中发现该直流隔离开关温度持续偏高，最高温度达到 115℃（设计温度为 105℃），05105 直流隔离开关红外热像图如图 4-3-12 所示。同比 05205 直流隔离开关温度为 33.6℃，05205 直流隔离开关红外热像图如图 4-3-13 所示，相对温差达到 242%。根据《带电设备红外诊断技术应用》（DL/T 664—2016）附录 H 规定，隔离开关刀口温度超过 130℃或相对温差超过 95%，即认定为紧急缺陷，须立即处理。

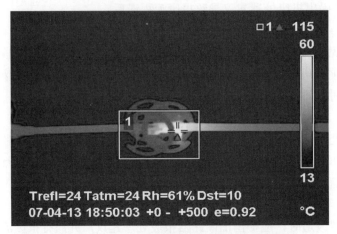

图 4-3-12　05105 直流隔离开关红外热像图

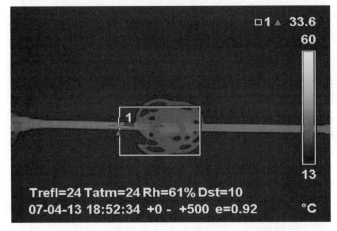

图 4-3-13　05205 直流隔离开关红外热像图

2. 问题分析

从红外热像图上可以看出，隔离开关温度最高点的位置并不在刀口处，而是在母触头尾端与导电杆连接的螺栓处。由于该位置发热，热量传递到刀臂上，导致红外图谱上母触头刀臂上温度也比较高，而公触头的刀臂上却没有类似的现象；由此可初步判断引起直流隔离开关发热的位置在母触头尾端与导电杆连接的螺栓处，该位置由四个螺栓将母触头的尾端与导电杆相连接。从现场情况看，发热直流隔离开关的镀银层未磨损，触头表面清洁且具有自清洁能力，合闸到位，触指弹簧未见异常，检修过程有厂家技术人员指导且合乎规范要求。因而，初步分析直流隔离开关发热可能是母触头尾端与导电杆连接的螺栓或过渡板设计存在缺陷：如接触面设计不足、材质不满足通流要求或压接力矩不够等。螺栓和过渡板设计与通流能力设计密切相关，设计通流能力大，则相应的螺栓和过渡板设计如接触面、材质等也将按大通流要求来设计，发热的概率也会更小。

直流隔离开关额定电流设计为 3213A 和 3586A（分别在最高环境温度 40.8℃下和 20℃下的值），

正常运行（满负荷时）电流为 3000A。直流隔离开关正常满负荷运行电流同额定设计电流的比值为 83%～93%（高温满负荷期间长期为 93%）。根据运行经验，高压隔离开关的工作电流一般只能用到其额定工作电流的 60%左右，如果超过 70%就可能发生过热。

《高压直流隔离开关和接地开关》（GB/T 25091—2010）第 9.2.2 条规定：直流隔离开关的额定电流应从 3150、4000、4500、5000A 中选取。大部分直流隔离开关正常的运行状态为在电流接近设备额定电流下处于合闸位置很长时间工作而不进行操作，所以，直流隔离开关应具有承受过负荷电流能力（10s、2h 和连续）。在选择直流隔离开关的额定电流时，应使其额定电流适应于运行中以可能出现的任何负载电流。

现场直流隔离开关额定电流的设计违反了上述规定，设计不合理，触头接触面较小，并且母触头过渡板面积较小，裕度较小，通流能力不足，在长期大电流下工作时容易出现过热。

3. 处理措施

现场对该换流站双极直流开关场的高压隔离开关触头全部进行了更换（双极出线和跨接线上各 2 台）。旧型号隔离开关的接触面有 3 片，新型号隔离开关的接触面有 6 片，新型号隔离开关公触头的整体面积增加。旧过渡板采用铝合金材料，新过渡板采用铜质镀银层，新过渡板的导电能力更好。

技术监督人员应在工程设计阶段加强设备监督，重点计算和核查直流隔离开关导电部分的载流能力，并且要留有足够的裕度。对载流能力偏小、裕度偏小的设计，应督促设计人员重新设计和校核。

【案例 3】额定电流的选择偏小导致直流隔离开关发热故障。

1. 情况简介

2013 年 4 月 16 日，某换流站开展特高压直流 6400MW 满负荷试验，现场检测发现换流站直流场部分 400kV 直流隔离开关的温度偏高，具体情况如下：该换流站大负荷期间发现直流场 80112、80121、80212、80221 隔离开关出现过热现象，温度分别为 102、80、110℃和 101℃，超出了允许值。80112 直流隔离开关红外热像图如图 4-3-14 所示。经过分析判定现场出现发热的原因为：① 静触头与接线板（汇流板）的接触面积太小；② 螺栓较小，接触力较小；③ 接线板（汇流板）较薄。

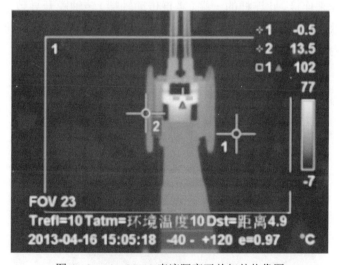

图 4-3-14 80112 直流隔离开关红外热像图

2. 问题分析

现场对该换流站 400kV 直流隔离开关静触头备品进行了解体检查，直流隔离开关静触头材质为铜镀银，汇流板材质为铝镀银，隔离开关静触头与汇流板的接触面积为 49.48cm²，厚度为 1.5cm。铝的载流能力按照 1A/mm² 计算，直流隔离开关静触头与汇流板之间接触面的通流能力为 4948A，略小于直流隔离开关额定电流 5000A。

《高压直流隔离开关和接地开关》（GB/T 25091—2010）第 9.2.2 条规定：直流隔离开关的额定电流应从 3150、4000、4500、5000A 中选取。大部分直流隔离开关正常的运行状态为在电流接近设备额定电流下处于合闸位置很长时间工作而不进行操作，所以，直流隔离开关应具有承受过负荷电流能力（10s、2h 和连续）。在选择直流隔离开关的额定电流时，应使其额定电流适应于运行中以可能出现的任何负载电流。

现场直流隔离开关额定电流的设计违反了上述规定，设计不合理，裕度太小，采用了铝材，通流能力比铜材差，在长期大电流下工作时容易出现过热。

3. 处理措施

将接线板厚度增加，由 t12 型改为 t25 型，静触头与汇流板的连接螺栓由 M10 改为 M12，增加与接线板的接触压力，汇流板和静触头的接触面改为镀银，非接触面进行刷漆处理。处理后，直流隔离开关运行良好，未再出现过热现象。

技术监督人员应在工程设计阶段加强设备监督，重点计算和核查直流隔离开关导电部分的载流能力，选择通流能力大的铜或铜镀银触头、接线板，并且要留有足够的裕度。对载流能力偏小、裕度偏小的设计，应督促设计人员重新设计和校核。

【案例 4】部件选择不合理导致直流隔离开关动作异常。

1. 情况简介

2016 年 6 月 1 日，某换流站运行人员接国调中心令执行极 I 低端换流器转连接顺控操作过程中，发现极 I 低端阀组旁通回路 80126 直流隔离开关无法分闸到位。检修人员立即对现场进行检查，发现隔离开关处于合闸位置。

2. 问题分析

对 80126 隔离开关进行检查，发现隔离开关操动机构竖直传动轴顶部与动触头拐臂的连接依靠一根两端可转动的连杆来连接，此连杆的一端（竖直传动轴端）转轴脱开导致了隔离开关拒动，80126 直流隔离开关拐臂轴承脱落如图 4-3-15 所示。此连杆两端的转动轴均为球面万向转动轴承，球面轴承与轴之间的连接为过盈配合方式，轴杆表面没有螺纹、卡扣、销子孔等。

图 4-3-15　80126 直流隔离开关拐臂轴承脱落

隔离开关导电基座操作拐臂处，杆端轴承连接头脱落，脱落原因是杆端承球套与连接轴之间过盈配合公差过小，连接力不能满足长期使用要求造成，属设备质量问题。违反了《高压开关设备技术监督规定》（国家电网生技〔2005〕174 号）第十一条表 2 中隔离开关监造项目规定：操动机构应无变形，无卡涩，操作灵活。

3. 处理措施

将球头连接杆部分的直径加大，提高抗剪切性能。对连接杆进行更换，对直流隔离开关进行调整，直流隔离开关现场试分合操作应正常，对直流隔离开关整体进行回路电阻测量结果应合格。对隔离开关整体进行回路电阻测量结果为 69μΩ，与前次测量结果比较无异常。

技术监督人员应在设备采购阶段加强部件采购监督，对关键部件进行化学分析和拉力、压力试验，确保关键部件满足现场工况要求。

【案例 5】设备制造阶段触头镀银层磨损导致直流隔离开关发热故障。

1. 情况简介

2014 年 7 月 7 日，某换流站运行人员进行红外测温时，发现 05105 直流隔离开关触头处温度高达 100℃，05105 直流隔离开关红外热像图如图 4-3-16 所示。在随后的跟踪过程中，温度一直保持在 90～100℃。根据《带电设备红外诊断技术应用》（DL/T 664—2016）附录 H 规定，隔离开关刀口温度超过 90℃或相对温差超过 80%，即认定为严重缺陷，需安排停电计划进行处理。

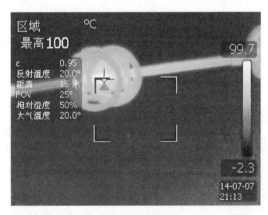

图 4-3-16　05105 直流隔离开关红外热像图

2. 问题分析

2014 年 10 月 25 日，对 05105 直流隔离开关过热点进行处理，发现动、静触头镀银层部分脱落，05105 隔离开关的动、静触头分别如图 4-3-17 和图 4-3-18 所示。初步判断 05105 隔离开关发热原因为动、静触头镀银层部分脱落，触指镀银层磨损严重，已经露出铜，导致接触电阻增大，引起发热。违反了《直流隔离开关通用技术规范》[《国家电网公司物资采购标准（2009 年版）　常规直流卷（第二批）》] 中"2.2.8　5）导电杆和触头的镀银层厚度应≥20μm、硬度应≥120HV。"

3. 处理措施

现场应对该换流站双极直流开关场的高压隔离开关触头全部进行改造，选择导电能力和耐磨能力强的动、静触头，并对动、静触头接触部位进行材质和镀层厚度检测。改造结束后，进行回路电阻测量，并在日常运维中加强红外测温监测。

 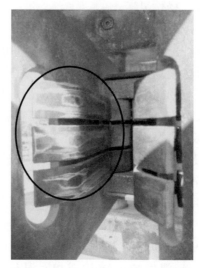

图 4-3-17　05105 隔离开关动触头　　　图 4-3-18　05105 隔离开关静触头

技术监督人员应在设备制造阶段加强设备监督，重点检查直流隔离开关导电部分的材质和镀层厚度，若厂家未进行该项目的检查和试验，应停止所有直流隔离开关的装配工作。待厂家完全按照《直流隔离开关通用技术规范》[《国家电网公司物资采购标准（2009 年版）　常规直流卷（第二批）》]第 2.2.8 条的要求，对每台直流隔离开关开展了检查和试验，方可进行直流隔离开关的装配。

【案例 6】直流隔离开关绝缘子破损。

图 4-3-19　直流隔离开关绝缘子破损

1. 情况简介

2006 年 10 月 12 日，某换流站进行直流隔离开关设备验收时，发现运输箱有破损，打开木箱，发现绝缘子有破损，已经无法使用。直流隔离开关绝缘子破损如图 4-3-19 所示。

2. 问题分析

直流隔离开关绝缘子是易损件，在吊装、运输过程中容易受到外力损坏。直流隔离开关绝缘子破损违反了设备验收阶段外观检查监督的监督要点，《国家电网公司变电验收管理规定（试行）　第 4 分册　隔离开关验收细则》[国网（运检/3）827—2017]中规定：① 按照运输单清点，检查运输箱外观应无损伤和碰撞变形痕迹。② 各部件无损坏。为了加强对设备吊装、运输过程的监督，必须在设备验收阶段加强监督，从而保证直流隔离开关的完好、可用。

3. 处理措施

在设备验收阶段，技术监督人员应重点对直流隔离开关的各个部件进行认真检查，及时发现破损或缺失的部件，并进行补充。

【案例 7】传动轴轴封盖脱落。

1. 情况简介

2006 年 3 月 1 日，某换流站运行人员进行设备验收时，发现直流场 00101 直流隔离开关主拐臂传动轴轴封盖脱落，脱落和完好的直流隔离开关轴封盖分别如图 4-3-20 和图 4-3-21 所示。

图 4-3-20　00101 直流隔离开关轴封盖脱落　　　图 4-3-21　00201 直流隔离开关轴封盖完好

2. 问题分析

主拐臂传动轴轴封盖脱落，违反了设备安装阶段操动机构监督的监督要点，《高压开关设备技术监督规定》（国家电网生技〔2005〕174 号）第十三条（一）高压开关设备安装重点监督内容中规定：操动机构操作灵活、无卡涩情况；

00101 直流隔离开关在安装过程中，主拐臂传动轴轴封未安装到位。轴封盖的主要作用是防尘、防水，若轴封盖脱落，外部水分及污秽进入内部传动部位，易造成润滑劣化、堆积污垢及锈蚀，可导致隔离开关传动部位卡滞，严重时造成隔离开关本体拒动。如果施工人员在设备安装阶段严格执行技术监督项目，可以避免在设备验收阶段出现轴封盖脱落。

3. 处理措施

对主拐臂传动轴轴封进行恢复，并上润滑油。操作几次，保证传动轴转动无卡涩，上下连杆传动顺滑。

技术监督人员应在设备验收阶段加强对设备各个部件的检查，重点是直流隔离开关各个传动机构、螺栓、螺母等常动部件，对出现锈蚀、破损、变形的部件及时督促安装单位进行处理。

【案例 8】直流隔离开关无机械联锁隐患未被提前发现。

1. 情况简介

2016 年 1 月 7 日，某换流站进行设备调试时，02102 直流隔离开关有可靠的电气联锁，但现场未发现隔离开关与其所配装的接地开关间的机械联锁。02102 直流隔离开关无机械联锁如图 4-3-22 所示。

2. 问题分析

直流隔离开关无机械联锁违反了设备调试阶段设备电气闭联锁检查监督的监督要求。《高压直流隔离开关和接地开关》（GB/T 25091—2010）第 5.8 条规定：直流隔离开关与其配用的接地开关（独立安装的直流隔离开关除外）之间应有可靠的机械联锁，并应具有实现电气联锁的条件，此条件应符合相应的运行要求。在隔离开关操作过程中，存在带接地开关合隔离开关的风险。在设备制造、设备验收阶段，若相关技术监督项目得到有效执行，也可能避免直流隔离开关现场无机械联锁。

图 4-3-22　02102 直流隔离开关无机械联锁

3. 处理措施

在设备调试验收阶段，技术监督人员应认真核查直流隔离开关的机械联锁和电气联锁，并进行联锁试验，检验联锁是否可靠。在设备制造、设备验收阶段，应按照技术监督项目要求，检查设备组件是否齐全、能否满足现场要求，避免在设备调试阶段才发现缺少机械联锁。

【案例 9】机构箱密封不严导致机构箱进水。

1. 情况简介

2006 年 9 月 15 日，某换流站进行竣工验收。验收中对直流隔离开关机构箱打开柜门进行检查，发现 05205 直流隔离开关机构箱底部有少量积水。分析直流隔离开关机构箱进水的原因为：机构箱密封条安装不整齐、粘连不牢固、出现变形，在连续暴雨天气下，雨水顺着密封条的缝隙渗入机构箱内部。

2. 问题分析

操动机构箱进水违反了竣工验收阶段中操动机构验收监督第 4 项监督要点：机构箱门密封良好，箱内无积水。在设备安装阶段，安装单位忽视了相关技术监督项目，未能认真检查操动机构箱密封情况。如果重视技术监督项目，应可能避免操动机构箱进水。

3. 处理措施

在设备安装、竣工验收阶段，技术监督人员应检查操动机构箱密封条排列是否整齐、粘连是否牢固、有无变形。特别在连续暴雨天气后，应加强防水情况检查，发现问题及时要求施工单位通过更换密封条和涂抹密封胶的方式进行整改。

【案例 10】绝缘子防水胶脱落。

1. 情况简介

2016 年 7 月 15 日，某换流站进行竣工验收，在对直流隔离开关 80116 本体进行检查时，发现一只支持绝缘子与金属法兰连接处起皮严重。防水胶脱落，有可能造成连接处进水，容易造成连接处锈蚀、破损、断裂。80116 直流隔离开关防水胶脱落如图 4-3-23 所示。

图 4-3-23　80116 直流隔离开关防水胶脱落

2. 问题分析

金属法兰与瓷件胶装部位防水胶脱落违反了竣工验收阶段本体验收监督的监督要点：金属法兰与瓷件胶装部位粘合应牢固，防水胶应完好。在设备制造、安装阶段，若相关技术监督项目得到有效执行，也可能避免防水胶脱落。

3. 处理措施

严格按照《国家电网公司直流专业精益化管理评价规范》"第十一条　直流隔离开关（接地开关）评价细则"要求，对直流隔离开关金属法兰与瓷件胶装部位的防水胶进行检查，对出现破损的部位重新涂抹防水胶。在设备制造、安装阶段应正确吊装，防止防水胶在搬运、安装过程中被碰擦损坏。

【案例 11】未执行"十步法"导致高压直流隔离开关接线板过热。

1. 情况简介

2013 年 7 月 29 日，某换流站运行人员红外测温发现 80112 直流隔离开关靠极 I 高阀厅侧基座与出线金具连接处温度异常，过热点温度达 109.8℃（环境温度为 34℃）。80112 直流隔离开关接线板红外热像图如图 4-3-24 所示。

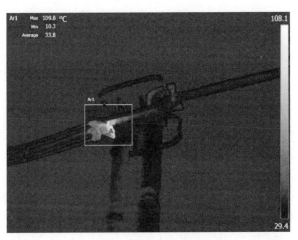

图 4-3-24　80112 直流隔离开关接线板红外热像图

对接线板进行检查，外观正常，无损伤。在拆开连接板后，发现两接触面平整，无明显划痕，但有导电膏硬化现象，如图 4-3-25 和图 4-3-26 中红圈位置。分析发热原因为：导电膏长时间运行后变硬，引起接线板处接触不良，回路电阻增大，引起接线板过热。

图 4-3-25　80112 发热点接触面 1

图 4-3-26　80112 发热点接触面 2

2. 问题分析

运维检修过程中，接线板过热违反了《国网运检部关于加强换流站接头发热治理工作的通知》（运检一〔2014〕143 号）中的规定：国家电网有限公司系统各换流站要对主通流回路接头逐一建立档案，年度检修期间严格执行接头检修"十步法"。在设备安装、调试阶段，若相关技术监督项目得到有效执行，也可能避免接线板过热。

3. 处理措施

在年度检修期间，应严格执行接头检修"十步法"，测试高压直流隔离开关主通流回路电阻应不超过 15μΩ，对于超过 15μΩ 的接头处进行处理直至回路电阻合格。在新换流站投运前，应按照接头检修"十步法"对直流场主通流回路进行检查。

参 考 文 献

[1] 刘振亚. 特高压直流电气设备 [M]. 北京：中国电力出版社，2009.

[2] 郑劲. 换流变压器及监造技术 [M]. 北京：中国电力出版社，2016.

[3] 刘洪泽. 平波电抗器 [M]. 北京：中国电力出版社，2016.

[4] 中国南方电网公司超高压输电公司. ±800kV 云广特高压直流输电系统典型故障分析及现场处理 [M]. 北京：中国电力出版社，2016.